Jahrbuch 1936
der
Lilienthal-Gesellschaft für Luftfahrtforschung

München und Berlin
Kommissionsverlag von R. Oldenbourg

Herausgegeben von der

Lilienthal-Gesellschaft für Luftfahrt-

forschung, Berlin

Druck von R. Oldenbourg, München

Printed in Germany

Die Lilienthal-Gesellschaft für Luftfahrtforschung

Von A. Baeumker

Das Jahrbuch 1935 der »Vereinigung für Luftfahrtforschung« (VLF) ist das erste und zugleich das letzte Jahrbuch dieser Vereinigung gewesen. Nach dreijähriger erfolgreicher Arbeit ist die Vereinigung für Luftfahrtforschung zur »Lilienthal-Gesellschaft für Luftfahrtforschung« auf Anordnung des Reichsministers der Luftfahrt *Göring* und seines Staatssekretärs *Milch* umgewandelt worden. In ihren Zielen vereinigt die neue Gesellschaft die Arbeitsweise der aufgelösten Vereinigung für Luftfahrtforschung zugleich mit der Tradition und der Tätigkeit der »Wissenschaftlichen Gesellschaft für Luftfahrt« (WGL). Denn auch diese hat sich, um die Zusammenfassung des wissenschaftlichen Lebens in einem einzigen Organ zu ermöglichen, in der ersten Hälfte des Jahres 1936 aufgelöst.

Die Aufgabe der Lilienthal-Gesellschaft für Luftfahrtforschung hat Generaloberst *Göring* zur Eröffnungssitzung des Präsidiums und des Senats am 12. Juni d. J. mit folgenden Worten gekennzeichnet:

> »Möge es der Gesellschaft gelingen, unter Ausnutzung unserer besten Kräfte die Luftfahrtforschung zu vertiefen und Wege zu finden, die unsere tapferen Flieger zu immer größeren Leistungen bei ihrem schweren Dienst befähigen.
>
> Ihre Bestrebungen zur Förderung besonders erfinderischer Köpfe finden meine volle Unterstützung.
>
> Den Zusammenschluß des gesamten technisch-wissenschaftlichen Personals der Luftfahrt durch Ihre Gemeinschaftsarbeiten und die Heranführung der Jugend an Luftfahrtwissenschaft und -technik bitte ich mit allen Mitteln zu fördern.«

Nahezu fünfundzwanzig Jahre hat die Wissenschaftliche Gesellschaft für Luftfahrt, deren Gründung das Werk führender Luftfahrer und Wissenschaftler der Vorkriegszeiten war, ihre Arbeiten mit oft großen Erfolgen durchgeführt. Die Vereinigung für Luftfahrtforschung hat in systematischer Weise ihre Arbeiten auf die wissenschaftliche Vertiefung der Forschung gerichtet und sich hiermit gerade in den Zeiten des Wiederaufbaues unserer Luftfahrt nach Erlangung der Freiheit zur Luft große Verdienste erworben. Die Verdienste beider Gesellschaften für die Luftfahrttechnik werden unvergessen bleiben. Die leitenden Persönlichkeiten beider Gesellschaften wurden auf Wunsch des Reichsministers der Luftfahrt als Ehrenmitglieder bzw. Mitarbeiter in die Lilienthal-Gesellschaft übernommen.

Der Aufbau der Lilienthal-Gesellschaft lehnt sich stark an die Gliederung der aufgelösten Vereinigung für Luftfahrtforschung an. Jedoch wurden auch die langjährigen Erfahrungen der Wissenschaftlichen Gesellschaft für Luftfahrt berücksichtigt. Dies gilt insbesondere für die Betätigung der neuen Gesellschaft auf dem Gebiete des öffentlichen Vortragswesens. Der derzeitige Aufbau und die wissenschaftliche Arbeitsverteilung der Lilienthal-Gesellschaft ergeben sich aus der folgenden

Gliederung der Lilienthal-Gesellschaft

Schirmherr

der Reichsminister der Luftfahrt und Oberbefehlshaber der Luftwaffe, Generaloberst *Hermann Göring*

A. Ehrenmitglieder

Thomsen, Hermann
Generalmajor i. d. Luftwaffe, Westerland a. Sylt.

Dürr, Ludwig
Dr.-Ing. E. h., Friedrichshafen.

Schütte, Johann
Geh. Regierungsrat, Prof. Dr.-Ing. E. h., Berlin.

Wagenführ, Felix
Oberstleutnant a. D., Brandenburg, Havel.

B. Gesamtleitung der Gesellschaft

Präsidium

Bosch, Carl
Geh. Kommerzienrat, Prof. Dr., Dr. h. c., Heidelberg.

Prandtl, Ludwig
Prof. Dr. phil., Dr.-Ing. E. h., Dr. techn. h. c., D. Sc. h. c., Direktor des Kaiser-Wilhelm-Instituts für Strömungsforschung, Göttingen.

Baeumker, Adolf
Ministerialrat und Abteilungschef im Reichsluftfahrtministerium, Berlin, Geschäftsführender Präsident.

Senat

von Cochenhausen, Friedrich
Generalleutnant, Präsident der Deutschen Gesellschaft für Wehrpolitik und Wehrwissenschaften, Berlin.

Dierbach, Ernst
Dr.-Ing., Deutsche Lufthansa A. G., Berlin.

Dornier, Claudius
Dr.-Ing. E. h., Friedrichshafen.

Freiherr von Gablenz, Carl-August
Direktor und Vorstandsmitglied der Deutschen Lufthansa A. G., Berlin.

Georgii, Walter
Prof. Dr. phil., Direktor des Deutschen Forschungsinstituts für Segelflug, Darmstadt.

Gessner, Wilhelm
Direktor und Vorstandsmitglied der Hansa Luftbild G. m. b. H., Berlin.

von Gronau, Wolfgang
Präsident des Aero-Club von Deutschland, Berlin.

Heinkel, Ernst
Dr.-Ing. E. h., Dr. phil. h. c., Rostock.

Hertwig, August
Geh. Regierungsrat, Prof. Dr.-Ing. E. h., Vorsteher der Versuchsanstalt für Statik der Baukonstruktionen, Berlin.

Hoff, Wilhelm
Prof. Dr.-Ing., Technische Hochschule, Berlin.

Kamm, Wunibald
Prof. Dr.-Ing., Direktor des Forschungsinstituts für Kraftfahrwesen und Fahrzeugmotoren, Stuttgart.

Karlewski, Erich
Generalleutnant, Kommandeur der Lufttechnischen Akademie, Berlin-Gatow.

Kempf, Günther
Dr.-Ing., Direktor der Hamburgischen Schiffbau-Versuchsanstalt, Hamburg.

Koppenberg, Heinrich
Dr., Vorsitzender des Vorstandes der Deutschen Versuchsanstalt für Luftfahrt E. V., Berlin-Adlershof.

Krupp von Bohlen-Halbach, Gustav, Dr., a. o. Gesandter u. Bevollmächtigter Minister, Essen.

Lahs, Rudolf
Konteradmiral a. D., Präsident des Reichsverbandes der Deutschen Luftfahrtindustrie, Leiter der Wirtschaftsgruppe Luftfahrtindustrie, Berlin.

Madelung, Georg
Prof. Dr.-Ing., Leiter des Flugtechnischen Institutes an der Technischen Hochschule, Stuttgart.

Müller-von der Heyden, Werner
Dipl.-Ing., Deutsche Lufthansa A. G., Berlin.

Nägel, Adolf
Prof. Dr.-Ing., Dr. rer. pol. h. c., Dr. rer. techn. E. h., Direktor des Maschinenlaboratoriums, Technische Hochschule, Dresden.

Rein, Hermann
Prof. Dr. med., Direktor des Physiologischen Instituts, Universität, Göttingen.

Seewald, Friedrich
Dr.-Ing., Leiter der Deutschen Versuchsanstalt für Luftfahrt E. V., Berlin-Adlershof.

Seydel, Edgar
Dr.-Ing., Leiter des Instituts für Festigkeit der Deutschen Versuchsanstalt für Luftfahrt E. V., Berlin-Adlershof.

Graf von Soden-Fraunhofen, Alfred
Dipl.-Ing., Friedrichshafen.

Scheubel, Franz-Nikolaus
Prof. Dr.-Ing., Direktor des Aerodynamischen Instituts, Technische Hochschule, Darmstadt.

Schult, Heinrich
Dr.-Ing., Vorsitzender des Vereins deutscher Ingenieure, Berlin.

Trendelenburg, Ernst
Dr., Staatssekretär i. e. R., Leiter der Reichsgruppe Industrie, Berlin.

Zenneck, Jonathan
Geh. Reg.-Rat, Prof. Dr. rer. nat., Dr.-Ing. E. h., Direktor des Physikalischen Instituts, Technische Hochschule, München.

Generalsekretär

Stuchtey, Karl
Prof. Dr. phil., Berlin.

C. Wissenschaftliche Arbeit

Ausschuß für Strömungsforschung

Vorsitzender: *Seewald, Friedrich*, Dr.-Ing., Leiter der Deutschen Versuchsanstalt für Luftfahrt E. V., Berlin-Adlershof.

Fachgruppe für Aerodynamik

Vorsitzender: *Seewald, Friedrich*, Dr.-Ing., Leiter der Deutschen Versuchsanstalt für Luftfahrt E. V., Berlin-Adlershof.

Stellvertr. Vorsitzender: *Blenk, Hermann*, Dr. phil., Leiter des Instituts für Strömungsforschung der Deutschen Forschungsanstalt Braunschweig, z. Z. Berlin-Adlershof.

Fachgruppe für Hydrodynamik

Vorsitzender: *Kempf, Günther*, Dr.-Ing., Direktor der Hamburgischen Schiffbau-Versuchsanstalt, Hamburg.

Stellvertr. Vorsitzender: *Wagner, Herbert*, Prof. Dr.-Ing., Direktor des Flugtechnischen Instituts, Technische Hochschule, Berlin.

Ausschuß für Forschungsaufgaben im Flugzeugbau

Vorsitzender: *Hoff, Wilhelm*, Prof. Dr.-Ing., Technische Hochschule, Berlin.

Fachgruppe für Konstruktion und Fertigung

Vorsitzender: *Seydel, Edgar*, Dr.-Ing., Leiter des Instituts für Festigkeit der Deutschen Versuchsanstalt für Luftfahrt E. V., Berlin-Adlershof, in Verbindung mit

Thalau, Karl, Prof. Dr.-Ing., Kassel.

Stellvertr. Vorsitzender: *Thelen, Robert*, Flieger-Hauptstabsingenieur, Leiter der Prüfstelle für Luftfahrzeuge, Berlin.

Fachgruppe für Festigkeitsfragen

Vorsitzender: *Hertwig*, *August*, Geh. Regierungsrat, Prof. Dr.-Ing. E. h., Vorsteher der Versuchsanstalt für Statik der Baukonstruktionen, Berlin.

Stellvertr. Vorsitzender: *Seydel*, *Edgar*, Dr.-Ing., Leiter des Instituts für Festigkeit der Deutschen Versuchsanstalt für Luftfahrt E. V., Berlin-Adlershof.

Ausschuß für Triebwerkforschung

Vorsitzender: *Nägel*, *Adolf*, Prof. Dr.-Ing., Dr. rer. pol. h. c., Dr. rer. techn. E. h., Direktor des Maschinenlaboratoriums, Technische Hochschule, Dresden.

Fachgruppe für Flugmotorenforschung

Vorsitzender: *Kamm*, *Wunibald*, Prof. Dr.-Ing., Direktor des Forschungsinstituts für Kraftfahrwesen und Fahrzeugmotoren, Stuttgart.

Stellvertr. Vorsitzender: *Kurtz*, *Oskar*, Dipl.-Ing., Direktor bei der Deutschen Versuchsanstalt für Luftfahrt E. V., Berlin-Adlershof.

Fachgruppe für Luftschraubenforschung

Vorsitzender: *Scheubel*, *Franz-Nikolaus*, Prof. Dr.-Ing., Direktor des Aerodynamischen Instituts, Techn. Hochschule, Darmstadt.

Ausschuß für Werkstofffragen

Vorsitzender: *Müller-von der Heyden*, *Werner*, Dipl.-Ing., Deutsche Lufthansa A. G., Berlin.

Stellvertr. Vorsitzender: *Bollenrath*, *Franz*, Priv.-Doz., Dr.-Ing., Leiter des Instituts für Werkstofforschung der Deutschen Versuchsanstalt für Luftfahrt E. V., Berlin-Adlershof.

Ausschuß für Forschungsaufgaben des angewandten Fliegens

Vorsitzender: *Freiherr von Gablenz*, *Carl-August*, Direktor und Vorstandsmitglied der Deutschen Lufthansa A. G., Berlin.

Fachgruppe für Flugfunkwesen

Vorsitzender: *Zenneck*, *Jonathan*, Geh. Regierungsrat, Prof. Dr. rer. nat., Dr.-Ing. E. h., Direktor des Physikalischen Instituts, Technische Hochschule, München.

Stellvertr. Vorsitzender: *Faßbender*, *Heinrich*, Prof. Dr. phil., Vorsteher des Instituts für elektrische Schwingungslehre und Hochfrequenztechnik, Berlin.

Fachgruppe für Flugnavigierung

Vorsitzender: *von Gronau*, *Wolfgang*, Präsident des Aero-Club von Deutschland, Berlin.

Stellvertr. Vorsitzender: *Freiherr von Buddenbrock*, *Friedrich*, Deutsche Lufthansa A. G., Berlin.

Fachgruppe für Häfen- und Landeeinrichtungen

Vorsitzender: *Dierbach*, *Ernst*, Dr.-Ing., Deutsche Lufthansa A. G., Berlin.

Stellvertr. Vorsitzender: *Böttger*, *Rudolf*, Major a. D., Direktor der Berliner Flughafen-Gesellschaft m. b. H., Präsident des Reichsverbandes der Deutschen Flughäfen, Berlin.

Ausschuß für Segelflugwesen

Vorsitzender: *Georgii*, *Walter*, Prof. Dr. phil., Direktor des Deutschen Forschungsinstituts für Segelflug, Darmstadt.

Stellvertr. Vorsitzender: *Hirth*, *Wolf*, Dipl.-Ing., Segelfliegerkapitän, Stuttgart-Zuffenhausen.

Ausschuß für Luftbildwesen

Vorsitzender: *Gessner, Wilhelm*, Direktor und Vorstandsmitglied der Hansa Luftbild G. m. b. H., Berlin.

Stellvertr. Vorsitzender: *Lacmann, Otto*, Prof. Dr.-Ing., Technische Hochschule, Berlin.

Ausschuß für Flugmedizinische Forschung

Vorsitzender: *Rein, Hermann*, Prof. Dr. med., Direktor des Physiologischen Instituts, Universität Göttingen.

Stellvertr. Vorsitzender: *Strughold, Hubertus*, Oberregierungsrat, Prof. Dr. med., Leiter des Luftfahrtmedizinischen Forschungsinstituts des Reichsluftfahrtministeriums, Berlin.

D. Verwaltungsarbeit (Arbeitsgruppen)

Veranstaltungen

Freiherr von Gablenz, Carl-August, Direktor und Vorstandsmitglied der Deutschen Lufthansa A. G., Berlin.

Altvater, Karlotto, Kapitän z. S. a. D., Berlin.

Ausschreibungen, Wettbewerbe, Leistungsprämien

Seewald, Friedrich, Dr.-Ing., Leiter der Deutschen Versuchsanstalt für Luftfahrt E. V., Berlin-Adlershof.

Ehrungen

Prandtl, Ludwig, Prof. Dr. phil., Dr.-Ing. E. h., Dr. techn. h. c., D. Sc. h. c., Direktor des Kaiser-Wilhelm-Instituts für Strömungsforschung, Göttingen.

Wissenschaftliche Veröffentlichungen der Gesellschaft

Betz, Albert, Prof. Dr.-Ing., Dr. phil., Direktor der Aerodynamischen Versuchsanstalt, Göttingen.

Stipendien

Madelung, Georg, Prof. Dr.-Ing., Leiter des Flugtechnischen Institutes an der Technischen Hochschule, Stuttgart.

Wissenschaftliche Auslandsbeziehungen

Georgii, Walter, Prof. Dr. phil., Direktor des Deutschen Forschungsinstituts für Segelflug, Darmstadt.

Beziehungen zu inländischen Wissenschaftsorganisationen und zur Wirtschaft

Krupp von Bohlen-Halbach, Gustav, Dr., a. o. Gesandter u. Bevollmächtigter Minister, Essen	zur Kaiser-Wilhelm-Gesellschaft zur Förderung der Wissenschaften.
von Cochenhausen, Friedrich, Generalleutnant, Präsident der Deutschen Gesellschaft für Wehrpolitik und Wehrwissenschaften, Berlin	zur Deutschen Gesellschaft für Wehrwissenschaft und Wehrpolitik.
Körber, Friedrich, Prof. Dr., Direktor des Kaiser-Wilhelm-Instituts für Eisenforschung, Düsseldorf	zur Bunsen-Gesellschaft.
Lahs, Rudolf, Konteradmiral a. D., Präsident des Reichsverbandes der Deutschen Luftfahrtindustrie, Leiter der Wirtschaftsgruppe Luftfahrtindustrie, Berlin	zur Wirtschaftsgruppe Luftfahrtindustrie.
Rein, Hermann, Prof. Dr. med., Direktor des Physiologischen Instituts, Universität, Göttingen	zur luftfahrtmedizinischen Forschung.
Schult, Dr.-Ing., Vorsitzender des Vereins deutscher Ingenieure, Berlin	zum Verein deutscher Ingenieure.

Trendelenburg, Ernst, Dr., Staatssekretär i. e. R., Leiter d. Reichsgruppe Industrie, Berlin — zur Reichsgruppe Industrie.

Künstlerische Fragen

Sagebiel, Ernst, Prof. Dr., Berlin.

Presse *Orlovius, Heinz,* Dr., Berlin.

Ein Vergleich mit dem Jahrbuch 1935 der Vereinigung für Luftfahrtforschung zeigt, daß im wesentlichen die Gliederung dieser heute aufgelösten Vereinigung auch in der neuen Gesellschaft beibehalten wurde. Die Erweiterungen und Ergänzungen gegenüber diesem erst im Jahre 1935 abgeschlossenen Arbeitsaufbau haben sich im wesentlichen aus denjenigen Aufgaben der neuen Gesellschaft ergeben, die die Pflege der äußeren Beziehungen der Luftfahrtforschung betreffen, wie z. B. die Abhaltung öffentlicher wissenschaftlicher Vorträge, die Veranstaltung von Ausschreibungen, Wettbewerben sowie die Bewilligung von Leistungsprämien, Stipendien für technische Ausbildung, die Verleihung von Ehrungen verschiedener Art und die Pflege der Auslandsbeziehungen zu verwandten Organisationen des In- und Auslandes.

Organisatorisch völlig unabhängig, aber mit der Lilienthal-Gesellschaft durch das gemeinsame Arbeitsgebiet stark verbunden, wurde auf die persönliche Initiative des Herrn Reichsministers der Luftfahrt hin durch Erlaß des Führers und Reichskanzlers vom 24. Juli 1936 die *»Deutsche Akademie der Luftfahrtforschung«* gebildet. Die Arbeitsweise dieser Akademie und ihre Zusammensetzung unterscheidet sich grundsätzlich von der Arbeitsweise der Lilienthal-Gesellschaft. Während der Lilienthal-Gesellschaft — wissenschaftlich-technisch gesehen — die Behandlung aller wichtigen Fragen der Luftfahrttechnik der Gegenwart und nahen Zukunft in ihrer Gesamtheit obliegt und dabei die Pflege der Wechselbeziehungen zwischen den einzelnen technischen Fachgebieten einen wichtigen Teil der Gesamtaufgaben darstellt, ist die Akademie der Luftfahrtforschung eine freie Vereinigung von Gelehrten, deren Initiative weniger vom Standpunkte des technischen Bedürfnisses unserer Luftfahrt als von der Richtung der eigenen und persönlichen schöpferischen Ideenwelt ihre Ausgangspunkte findet.

Wir sehen zwei verschiedene, im Gesamtleben der allgemeinen Wissenschaften und Technik in gleicher Weise bewährte Organisationsformen nebeneinander — nicht im Geiste einer sich in Gegensätzen bewegenden Konkurrenz, sondern in gegenseitiger Ergänzung. Auf der einen Seite steht die Arbeitsweise der fachtechnischen, auf wissenschaftlicher Grundlage arbeitenden Gesellschaft als Zusammenschluß eines breiten Kreises an wichtiger Stelle schaffender Menschen, auf der anderen Seite das im Gebiete der Geistes- und Naturwissenschaften in Jahrhunderten bewährte Prinzip der »Akademie« im Sinne eines freien Zusammenschlusses besonders ausgewählter und anerkannt bedeutender Gelehrter in einer

Vereinigung, die sich des besonderen Schutzes des Staates und seiner obersten Führung erfreut.

Die Arbeitsprobleme, die der Lilienthal-Gesellschaft vom Reichsminister der Luftfahrt gestellt wurden, sind ebensosehr für die Zukunft unserer wissenschaftlichen Entwicklung als auch für die Fortschritte des Standes unserer Gesamttechnik von großer Bedeutung. Forschung kann um ihrer selbst getrieben werden, und die Möglichkeiten der Auswertung für den praktischen Anwendungsbereich der menschlichen Kultur können, wenn man es so will, dabei mehr oder weniger dem Zufall überlassen bleiben. Viele hochbedeutende Zweige unserer Industrie verdanken ihre Existenz letzten Endes diesem Vorgehen. Gerade die Forschung im Gebiete der Naturwissenschaften und ihre Ergebnisse beweisen in einer großen Zahl von Beispielen die Richtigkeit eines solchen Vorgehens auf Wegen, deren letzte Ziele niemals vorauszubestimmen sind[1]). — Ein anderer Teil der Forschung wiederum muß die ungezählten Probleme des Tages und der näheren Zukunft lösen und wird damit zum Diener des Fortschrittes der allgemeinen Technik in der Gegenwart. — Große, allgemeine Wissenszweige der modernen Technik können letzten Endes heute niemals darauf verzichten, beide Verfahren gleichzeitig, nebeneinander und hierbei auch beide mit dem gleichen Nachdruck zu verfolgen.

Auch die Luftfahrtforschung, die mit den sich in schnellem Fluß verändernden Erfahrungen der Gegenwart so eng verbunden ist, kann weder darauf verzichten, gegenwartsnahe Forschung auf ihrem besonderen Gebiete zu betreiben, noch auch die Bereiche der in den weiten Fernen liegenden Möglichkeiten aufzuhellen.

Dem Reichsminister der Luftfahrt *Göring* und seinem Staatssekretär *Milch* ist es zu verdanken, daß sich die Luftfahrtforschung ihre selbständige Stellung schaffen und erhalten konnte, und zwar in einem Rahmen, der in zunehmendem Maße den Kräften Rechnung zu tragen sucht, die sich nach dem unglücklichen Ausgange des Weltkrieges ohne Beteiligung Deutschlands in den großen Mächten des Auslandes entwickelt haben.

Die Arbeitsweise und Gliederung dieser neuen aufstrebenden deutschen Luftfahrtforschung vereinigt die Erfahrungen der großen Vergangenheit im deutschen Wissenschaftsleben mit dem zum Durchbruch gekommenen Gesichtspunkt eines verantwortungsfreudigen Führertums. Sowohl die Lilienthal-Gesellschaft als auch die Deutsche Akademie der Luftfahrtforschung übertragen den führenden Persönlichkeiten eine eigene und persönliche Verantwortung, ohne dabei die Möglichkeiten der Initiative der Nichtbeauftragten in der wissenschaftlichen Zielsetzung und den Austausch der Erfahrungen aller Mitarbeiter auf wissenschaftlich-technischem Gebiete zu hemmen. Im Gegenteil, beide Organe übertragen ihren wissenschaftlichen Mitarbeitern die Pflicht zur sachlichen Meinungsäußerung, ohne aber hierdurch den für die Führung auf den einzelnen Gebieten maß-

[1]) Vgl. hierzu den Vortrag von Landrat *W. Tengelmann*, VDI, »Sinn und Bedeutung der technischen Forschung«, gehalten am 27. 5. 1936 auf der 74. Hauptversammlung des Vereins deutscher Ingenieure.

geblichen Persönlichkeiten die Verantwortung für die letzte Entscheidung abzunehmen.

Der Führer und Reichskanzler hat am 24. Juli d. J. eigenhändig den Erlaß über die Bildung der Deutschen Akademie der Luftfahrtforschung herausgegeben und dem Reichsminister der Luftfahrt hierbei persönlich die Leitung übertragen. Der Reichsminister der Luftfahrt, Generaloberst *Göring*, hat als Präsident der Akademie dem Staatssekretär der Luftfahrt, General der Flieger *Milch*, die Stelle eines der beiden Vizepräsidenten der Akademie übertragen. — Überdies hat der Reichsminister der Luftfahrt, wie schon ausgeführt, die Schirmherrschaft der Lilienthal-Gesellschaft übernommen. — Damit sind die beiden, den Zusammenschluß des geistigen Lebens unserer Luftfahrttechnik übernehmenden Organe unmittelbar an die höchste Führung des Reiches und seiner Luftfahrt angeschlossen; sie sind in diesen Staat eingebaut. Die Luftfahrtindustrie, die als hochbedeutender Einzelzweig unserer Wirtschaft eine einzigartige Zwischenstellung zwischen der Verkehrsmittel erzeugenden Industrie und der Rüstungsindustrie innehat, hat damit auf dem Boden neutraler, rein technische und wissenschaftliche Ziele erstrebender Arbeit die Möglichkeit, in direkter Berührung mit höchsten Stellen der Reichsregierung ihren bedeutsamen Aufgaben nachzugehen. Die Luftfahrtwissenschaft aber, deren Wurzeln sowohl aus den allgemeinen Wissenschaften als auch aus den Arbeiten der Industrie viele neue Kräfte schöpfen, erhält in den beiden neuen Organen die für ihre Arbeiten erforderliche stetige und lebendige Verbindung zu der obersten Führung unserer Luftfahrt wie auch zur ausübenden Luftfahrt selbst in den Erzeugerwerken, im Luftverkehr und in der Luftwaffe.

Wir müssen uns lange umsehen, um Beispiele ähnlich großzügiger Einstellung zu den bedeutsamen Aufgaben der Luftfahrtwissenschaft und -technik zu finden. In den Vereinigten Staaten ist das durch großzügige wissenschaftliche Arbeiten auf luftfahrttechnischem Gebiet weltbekannte National Advisory Committee for Aeronautics dem Präsidenten der Vereinigten Staaten unmittelbar unterstellt. Dieses Organ konnte aus der unmittelbaren Unterstellung unter den Regierungschef eines der ganz großen und mächtigen Völker der Welt zweifellos bedeutende Vorteile ziehen. Seine Arbeiten haben viel zu dem schnellen Aufschwung der Luftfahrtforschung nach dem Weltkrieg — ehedem beinahe eine Domäne der deutschen Wissenschaft — beigetragen. Deutschlands jugendliche, bewegliche Staatsführung hat nun auch auf diesem Gebiete einen wichtigen Schritt nach vorwärts getan, dessen günstige Auswirkungen die künftige Arbeit beweisen soll.

Die großzügige Einstellung des Reichsministers der Luftfahrt und seines Staatssekretärs enthält für die ganze Luftfahrtwissenschaft und -technik eine ernste Verpflichtung: mit allen Kräften in einem einheitlichen Wollen mitzuarbeiten an der Neugestaltung unseres luftfahrtwissenschaftlichen Lebens, hierbei dieser Wissenschaft auch dann die größte Unterstützung zu verleihen, wenn ein sichtbarer Erfolg unmittelbar aus diesen Arbeiten zunächst nicht erwartet werden kann.

Einige wissenschaftliche Beiträge aus der Lilienthal-Gesellschaft für Luftfahrtforschung

Die Enträtselung des Menschenfluges durch Forschung und Erfahrung

Eine Würdigung Otto Lilienthals

Von Heinrich Schepelmann*)

Systematische Forschung und systematische, im Experiment mit dem Gleitflugzeug gewonnene Erfahrung haben der Menschheit den Flug geschenkt. Der Größe der fliegerischen Tat Otto Lilienthals steht die von ihm erbrachte wissenschaftliche Leistung in nichts nach. Beide bedingen sich gegenseitig, und nur in ihrer Zusammenschau läßt sich eine Würdigung des fliegerischen Lebenswerkes Otto Lilienthals erbringen, die dem Genius ebenso gerecht wird wie dem Tatmenschen und den Anteil Deutschlands an der Bezwingung der Luft in das rechte Licht rückt. In seinem epochalen Werk »Der Vogelflug als Grundlage der Fliegekunst«, das er im Untertitel als einen »Beitrag zur Systematik der Flugtechnik« bezeichnet, sagt Lilienthal selbst: »Die einfache theoretische Überlegung kann hier (Lilienthal spricht an dieser Stelle von der Notwendigkeit der Erforschung der Gesetze des »Luftwiderstandes« als der Fundamente der Flugtechnik) nur Vermutungen, aber keine Überzeugungen hervorrufen. Der einfache praktische Versuch kann wohl positive Resultate zutage fördern, aber der weitere Ausbau zu einer umfassenden Erkenntnis wird dennoch wiederum auch eingehende theoretische Überlegung nötig machen, und so ist nur denkbar, daß das rechte Licht über dieses noch so dunkle Forschungsgebiet verbreitet wird, wenn Theorie und Praxis erfolgreich Hand in Hand gehen.« Für ihn gab es keinen Zweifel, daß »Forschung und Erfahrung, die sich an Erfahrung reiht«, dem Menschen zum Flug verhelfen müßten.

Gewiß sind schon vor Lilienthal manche wertvollen theoretischen Erörterungen und gedanklichen Spekulationen angestellt, manche zutreffenden Einzelfeststellungen durch Modellversuche getroffen, von dem Franzosen *Pénaud* erstmalig Berechnungen über das Kräftespiel am Flugzeug erbracht und einfache Stabilitätsfragen gefördert, von dem Engländer *Cayley* die Bedeutung des gewölbten Tragflügels erkannt und von dem Engländer *Phillips* 1884 zum Patent angemeldet worden — was Lilienthal übrigens unbekannt blieb —; systematische Forschung mit dem Ergebnis fester Werte und Formeln für die gesetzmäßigen Zusammenhänge der Flugvorgänge aber ist vor Lilienthal nicht getrieben, geschweige denn sind theoretische Ergebnisse im praktischen Flugversuch verifiziert worden. Zutreffend urteilt daher auch *M. J. B. Davy*, der Flughistoriker des Londoner Science-Museums über Lilienthals Bedeutung mit den Worten: »Lilienthal brachte Ordnung in den herrschenden Gedankenwirrwarr und zwang das, was vorher als geheimnisvolles Rätsel angesehen wurde, in eine feste Form der Bewegungslehre. Dadurch befähigte er seine Nach-

*) Hauptmann (E) im Reichsluftfahrtministerium, Dr. rer. pol.

folger zum Weiterarbeiten auf festen Grundlagen und zum Ausarbeiten der von ihm vorgearbeiteten Theorien.«

Lilienthal war sich darüber klar, daß das Flugproblem mit der bisherigen »reinen Theorie«, mit der abstrakten Aufstellung von Behauptungen und Formeln, die mit der Wirklichkeit im Widerspruch standen und erheblich voneinander abwichen, nicht gelöst werden konnte. Nur ein auf Naturbeobachtung aufgebautes System ineinandergreifender Er-

Abb. 60.
Otto Lilienthal im letzten Lebensjahr.

kenntnisse, die einen Rückschluß auf die zum Fliegen aufzuwendende Kraft und die Größe des Luftwiderstandes zuließen, konnte die allgemeinen Prinzipien des freien Fluges vermitteln und so eine konstruktive Behandlung des Flugproblems ermöglichen. Der Vogel ist das Vorbild! Was der Dreizehnjährige auf der Karlsburger Heide bei Anklam begonnen hatte, als er den Störchen das Geheimnis des Abfluges gegen den Wind ablauschte, vollendet der gereifte Mann in der Begründung der »Fliegemechanik«, der wissenschaftlichen Mechanik des Fliegens oder »Physik des Fliegens«, wie wir heute sagen würden, an Hand der Erforschung des Storchenfluges. In dichterischer Form läßt er im »Vogelflug« den Storch selbst die vom Menschen zu leistenden systematischen Forschungsarbeiten schildern:

»Doch treibt Dich die Sehnsucht, im Fluge uns gleich
Dahinzuschweben, im Lüftebereich
Die Wonnen des Flug's zu genießen,

So sieh' unsern Flügelbau, miß unsere Kraft,
Und such' aus dem Luftdruck, der Hebung uns schafft,
Auf Wirkung der Flügel zu schließen.

Dann forsche, was uns zu tragen vermag
Bei unserer Fittiche mäßigem Schlag,
Bei Ausdauer unseres Zuges!
Was uns eine gütige Schöpfung verlieh'n,
Draus mögest Du richtige Schlüsse dann zieh'n,
Und lösen die Rätsel des Fluges.«

Die Rätsel sind gelöst worden. In 23jähriger mühsamer, vom unerschütterlichen Glauben an den endlichen Erfolg getragener Forscherarbeit hat Otto Lilienthal, bei der Durchführung der erforderlichen Versuche von seinem Bruder Gustav unterstützt, das Flugproblem des Rätselhaften entkleidet und in das klare Licht der wissenschaftlichen Erkenntnis gestellt. Auch wer nicht mit der Physik des Fliegens hinreichend vertraut ist, wird das Ausmaß der geleisteten Forscherarbeit an dem in den zitierten Gedichtsstrophen enthaltenen Arbeitsprogramm ermessen können, wenn er sich klar macht, daß zu Lilienthals Zeiten nur derjenige Luftwiderstand wirklich bekannt war, der durch die Bewegung einer dünnen, ebenen Platte senkrecht zu ihrer Flächenausdehnung entsteht. Schon die Bewegung geneigter ebener Flächen aber wurde, wie Lilienthal im »Vogelflug« hervorhebt, völlig abweichend beurteilt. Es galt also, von Grund auf anzufangen und im Wege der Forschung die Fundamente für die Aufstellung zutreffender flugtechnischer Berechnungen zu legen. Wie das geschah und zu welchen praktischen Ergebnissen es führte, legt *Gerhard Halle*, der Schwiegersohn Gustav Lilienthals, im Schlußkapitel seines kürzlich im VDI-Verlag erschienenen Buches »Otto Lilienthal, der erste Flieger« in einer sehr anschaulichen und plastischen Zusammenfassung dar. Die Ausführungen *Halles*, dessen Werk auf jahrelangem vergleichenden Quellenstudium beruht und es erstmalig unternommen hat, auch den wissenschaftlichen Standort Otto Lilienthals eingehend zu bestimmen, seien daher nachstehend wiedergegeben, um so mehr, als die erwähnte, in großer Linienführung sich bewegende Zusammenfassung einer Anregung des Verfassers dieses Beitrages für das Jahrbuch der Lilienthal-Gesellschaft entsprungen ist:

»Forscher sein, heißt vor allem: messen und rechnen. So können wir wohl als die erste wichtige Etappe jenen Sommerabend auf dem stillen pommerschen Gut bezeichnen, wo die Brüder nach vergeblichen Flugversuchen schließlich ihren Apparat an eine Rolle hingen und durch ein Gegengewicht feststellten: »Wieviel Kilogramm können wir denn tatsächlich durch unsere Flügelschläge heben?« Dann das Erstaunen, als die Rechnung zeigt: »das ist ja weit mehr, als nach den Formeln und Theorien in den technischen Handbüchern möglich sein dürfte!« Und nun wird durch einen besonderen Meßapparat diese wichtige »Schlagwirkung« näher untersucht.

Durch Vorwärtsfliegen läßt sich weiterhin an Flugarbeit sparen: das glaubten die Brüder herauszufühlen; das bestätigten theoretische Überlegungen. Auch die Vögel zeigten ja, daß schnelles Fliegen leichter sein müsse als langsames. Aber Modellversuche bringen eine neue Enttäuschung, indem das Vorwärtsfliegen entgegen den Erwartungen keine nennenswerten Vorteile gewährt. Die Angaben der technischen Handbücher über Größe und Richtung der Luftkräfte erwiesen sich also in der Praxis als völlig unzuverlässig.

Da ging den jungen Ingenieuren erst das ganze Problem in allen seinen Schwierigkeiten auf. Sie sahen ein, nur ein völliger Neubau konnte wirklich brauchbare Ergebnisse zeitigen; selbst die einfachsten Grundlagen durften nicht ungeprüft hingenommen werden. Jetzt wurden sie zu wirklichen Wissenschaftlern, indem sie bewußt daran gingen, die Flugfrage in ihre Teilaufgaben zu zerlegen und sich durch sorgfältige Versuche davon zu überzeugen: was ist wirklich?

Messungen an ebenen Flächen bestätigten bald, daß die Luftkraft-Resultierende besonders bei spitzen Winkeln so ungünstig liegt, daß an ein kraftsparendes Fliegen nicht zu denken war. Die klare Erkenntnis von der ausschlaggebenden Bedeutung dieser Tatsache hätte zweifellos die Brüder in eine Stimmung tiefer Niedergeschlagenheit versetzen müssen, wenn die eingehende Beobachtung fliegender Vögel in der freien Natur ihnen nicht die Gewißheit gegeben hätte: »Da stimmt etwas nicht. Der Flug des Vogels erfordert sicher nicht eine so hohe Arbeitsleistung, wie nach unseren bisherigen Kenntnissen aufzuwenden wäre!«

Die nunmehr eintretende Berührung mit der Gedankenwelt englischer und französischer Flugforscher klärt die Anschauungen der Lilienthals und ermutigt sie zur Weiterarbeit. Das ziemlich unbestimmte, etwas buntscheckige Gewirr flugtechnischer Neuigkeiten, welches von der anderen Seite des Ärmelkanals herüberdringt, verdichtet sich schließlich für die beiden Brüder zu der Frage: »vielleicht stimmten bisher alle Berechnungen deshalb so wenig mit der Wirklichkeit überein, weil wir den Vogelflügel als ebene Fläche betrachteten? Wie ist der Vogelflügel denn tatsächlich geformt? Welchen Auftrieb und welchen Widerstand erfährt er? Gibt es etwa noch günstigere Flügelformen als die in der Natur vorkommenden?«

Wir haben im einzelnen dargestellt, wie zielbewußt die Überlegungen, wie planmäßig die Versuche der Lilienthals waren, welche an den Pfingsttagen des Jahres 1874 in einer Berliner Turnhalle zu der für die Flugtechnik entscheidenden Entdeckung der Vorteile leichtgewölbter Flächen führten. Der Forderung historischer Gerechtigkeit sind wir nachgekommen, indem wir bei den Vorläufern Lilienthals sorgsam jede Anwendung solcher Flächen, jede Vorahnung ihrer günstigen Wirkung aufspürten, auch wenn sie mehr auf Vermutungen als auf Versuchsergebnissen beruhten. Wir mußten ferner zugeben, daß das erste Patent auf gewölbte Flächen tatsächlich im Jahre 1884 dem Engländer *Phillips* erteilt wurde. Trotzdem können wir zweifellos als die eigentlichen Erfinder die Brüder Lilienthal betrachten, welche nur durch die Zeitumstände, vor allem durch ihre schlechte wirtschaftliche Lage verhindert waren, ihre Entdeckung sofort zu veröffentlichen und in die Praxis zu überführen.

Es folgt eine Pause von reichlich zehn Jahren, ausgefüllt von der Sorge um den Broterwerb; dann steht Otto Lilienthal wirtschaftlich selbständig da. Nun können die Brüder mit reichlicheren Mitteln an größeren und verbesserten Meßapparaten ihre früheren Ergebnisse nachprüfen und ergänzen. Sie sind keine weltfremden Gelehrten; alle ihre wissenschaftlichen Versuche dienen ja einem praktischen Ziel. So richten sie ihr Augenmerk besonders auf die empfindlichsten Lücken damaliger Flugforschung, vor allem auf den Auftrieb und Widerstand verschieden gewölbter Flächen bei kleinen Anstellwinkeln. Als die Vorgänge beim Vogelflug ihnen keine wesentlichen Rätsel mehr aufgeben, als sie wissen, wie die Tragflächen eines Flugzeuges geformt und wie sie bewegt werden müssen, da machen sie Halt. Die Meßapparate werden beiseite gepackt, und Otto Lilienthal gibt durch Vorträge sowie durch Veröffentlichung seines Buches uneigennützig den wenigen Fachleuten das Material an die Hand, um mit mehr Aussicht auf Erfolg als bisher ihre Flugzeuge zu bauen . . . .

Jetzt, nach Abschluß der wissenschaftlichen Vorarbeiten durfte er sich mit Recht im Besitze des ganzen Rüstzeuges fühlen, um seine Lebensaufgabe endlich zu erfüllen. Nach seiner Überzeugung stand die Flugtechnik an dem entscheidenden Wendepunkt: es mußte ein Weg in die Praxis des freien Fluges gefunden werden. Was hätte näher gelegen, als alle Hilfsmittel der damaligen hochentwickelten Technik aufzubieten und unter Einsatz seiner großen Fähigkeiten als Konstrukteur nun ein vollendetes Flugzeug zu bauen und zu erproben, etwa ähnlich den kunstvollen Gebilden des Engländers *Maxim* oder des Franzosen *Ader*!

Statt dessen stellt sich Lilienthal mit einem ganz einfachen Flügelpaar in den Wind und erlebt sofort dessen zerstörende Kraft, ohne sich aber — wie seine Vorgänger — durch diesen Mißerfolg abschrecken zu lassen. Nach Tausenden von Absprüngen, nach zahlreichen Flügelbrüchen, manchem gefährlichen Absturz mit verstauchten Knochen: lächerliche 25 m Flugstrecke! War dieser mühevolle Weg die zähe Beharrlichkeit wert, mit der er beschritten wurde? War das nicht bloßer Eigensinn eines Phantasten, der sich in eine Sackgasse verrannt hatte?

Dann aber steht dieser Mann, zunächst etwas zaghaft, auf den viel höheren Rhinower Bergen und merkt nach den ersten vorsichtigen Absprüngen: er hat etwas gelernt, er beherrscht den Wind! Rasch verlängert sich die Flugstrecke, der kühne Flieger kann allerlei kunstvolle Wendungen ausführen und zeigt seinen erstaunten Zeitgenossen, wie leicht der Mensch mit schwachgewölbten Flügeln bei geschickter Lenkung vom bewegten Luftmeer getragen wird. Der in weiser Beschränkung gewählte Weg des Gleitfluges eines einzelnen Menschen mittels ganz einfacher Tragflächen erweist sich als ungemein entwicklungsfähig.

Inzwischen ist aber auch der Konstrukteur zu seinem Recht gekommen, wenn auch zunächst in bescheidenem Maße. Spannweite und Flügeltiefe erhalten nach den Erfahrungen der Praxis ihre zweckmäßigsten Abmessungen. Das anfangs feste, waagerechte Leitwerk wird drehbar gemacht, so daß es bei der Landung nach oben ausschlagen kann; es rückt weiter ab und umfaßt das senkrechte Leitwerk, welches sich gleich bei den ersten Versuchen als notwendig erwiesen hatte. Die starren Tragflächen der ersten Apparate werden durch eine glückliche Konstruktion zu rasch zusammenlegbaren Flügeln umgebildet, die sich jedem Profil anpassen können. Damit ist ein Versuchsgerät ersten Ranges geschaffen: ohne Anwendung besonderer Mittel, ohne wesentlichen Zeitverlust können Profile verschiedenster Krümmung miteinander verglichen werden und somit Theorie und Praxis in steter, befruchtender Wechselwirkung bleiben.

Dann stellen sich schwierigere Aufgaben ein: die Forderung besserer Gleichgewichtserhaltung führt zur Erprobung von Formänderungen an den Flügeln und schließlich zum Doppeldecker. Das Ziel des Dauerfluges kann jetzt näher ins Auge gefaßt werden: Flügelschlagapparate werden gebaut und dafür geeignete Motoren konstruiert, um schrittweise und vorsichtig die Flugstrecke zu verlängern. Die Verwendung dicker Tragflächenprofile ist vorbereitet, neue Steuerungsmethoden sollen versucht werden — da reißt ein jäher Fliegertod den Unermüdlichen kurz vor dem lockenden Ziel hinweg.«

Das lockende Ziel war der Dauerflug. Die Gleitflüge sah er nur als die ersten unsicheren Kinderschritte des Menschen in die große unbekannte Welt des Fliegens an. Sie waren ihm nur Durchgangsstufe, notwendig der Erfahrung wegen, durch welche die Forschung immer von neuem befruchtet werden mußte, notwendig aber auch, um zunächst einmal mit der Luft, mit dem Wind, diesem »unstäten Gesellen«, vertraut zu werden. Dem Idealisten stand der Realist im technischen Denken und Handeln um nichts nach. Der Mann, den es, dem Vogelvorbild gleich, himmelan mit allen Fasern seines Herzens zog, stand zugleich auch mit beiden Beinen auf der Erde. Immer wieder betont er, daß es nur schrittweise vorwärts gehen könnte. Er war auch ein Mensch mit weltoffenem Sinn, ohne Vorurteile und vorgefaßte Meinungen, ein aufgeschlossener Geist, dem jede engstirnige Verranntheit fern lag. Das gilt es im Auge zu behalten, um seine ganze Bedeutung für die Geschichte der Luftfahrt und die Entwicklung des Flugwesens nach seinem Tode abzuschätzen, die andere Wege gegangen ist, als sie ihm damals als Ideallösung vorschwebten.

Der Genius hat Anspruch darauf, mit dem ihm adäquaten Maß gemessen und aus dem Geist heraus begriffen zu werden, den seine Werke uns offenbaren. Es ist daher ebenso abwegig, Otto Lilienthal einseitig auf das Flügelschlagflugzeug festzulegen wie ihn etwa ausschließlich als Vater des Segelflugsports zu reklamieren. Aus guten Gründen trat er für die Verwirklichung des Dauerfluges nach Art des Vogels zu einer Zeit ein, als der leichte Verbrennungsmotor noch nicht existierte. Die Nachahmung des Segelfluges der Vögel war die einzige Möglichkeit, um überhaupt zur Theorie und von der Theorie zur Praxis und damit in befruchtender Wechselwirkung von »Fliegekunst« und »Fliegemechanik« zur Lösung des Flugproblems zu kommen, und der als Dauerflug angestrebte Ruderflug der Vögel war unter den damaligen Verhältnissen die rationellste, weil kraftsparende Flugmethode. Es wäre eine Beeinträchtigung der genialen Forschungsarbeiten Lilienthals, wenn man bei aller seiner Vorliebe für das Schlagflügelflugzeug die Unvoreingenommenheit übersähe, mit der er, der uneigennützig und vorurteilsfrei nur der Sache diente und ständig die interessierten wissenschaftlichen Kreise über die Fortschritte seiner Forschungen und Flugversuche auf dem laufenden hielt, auch den Bemühungen um den Starrflügler mit Drehschlagpropeller gegenüberstand. Er hat sich nicht nur mehrfach ernsthaft mit der Methode des Drehschlagpropellers beschäftigt, sondern seine grundsätzliche Meinung u. a. in wichtigen Dokumenten niedergelegt, an denen vorbeizugehen wir nicht berechtigt sind.

In zwei an den Hamburger Flugforscher *Eugen Kreiß* gerichteten Briefen aus den Jahren 1893 und 1894 nimmt Lilienthal zu den Plänen von *Kreiß* über den Drehschlagpropeller mit folgenden Worten Stellung: »Die einzige Methode, welche meines Erachtens nach in gewissem Grade die Vorteile des Flügelschlages zu bieten imstande wäre, sind die hebenden und gleichzeitig vorwärtstreibenden Luftschrauben. Ich drückte bereits meine Meinung dahin aus, daß mit derartigen, sinnreich ausgeführten Einrichtungen sich vielleicht auch recht vorteilhafte Resultate erzielen ließen. Den Ausschlag kann allein die Praxis geben, man muß versuchen, was Luft und Wind dazu sagen, und deshalb wäre es wünschenswert, einige der bis jetzt hierin aufgetauchten Ideen in die Wirklichkeit übertragen zu sehen, damit des unfruchtbaren Streites schließlich ein Ende wird.« Im Juniheft 1894 der »Zeitschrift für Luftschiffahrt« findet sich eine eingehende Abhandlung Lilienthals über »Allgemeine Gesichtspunkte bei Herstellung und Anwendung von Flugapparaten«. Den hier vertretenen Gedankengängen ist um so größere Bedeutung beizumessen, weil sie schon in der Zeit der Reife liegen und eine grundsätzliche Auffassung darstellen, von der Lilienthal nicht mehr abgewichen ist. Dort heißt es: »Als ein Nachteil der oszillierenden Flügel gegenüber den rotierenden Flugmaschinen ist freilich zu erwähnen die ungleichartige, periodisch abwechselnde Hebewirkung derselben, während die sich gleichmäßig drehenden Apparate auch eine ruhige, gleichmäßige Hebewirkung haben müssen. Seitdem wir aber wissen, daß die Schlagbewegungen der Flügel wesentlich verstärkte hebende Luftdrucke erzeugen, muß uns die dadurch erzielte Kraftersparnis wichtiger erscheinen als die gleichmäßige Tragewirkung von Schrauben oder Rädern, so lange nicht erwiesen ist, daß auch diese zur Erzielung eines freien Fluges gut benutzbar sind. Es liegt nicht in meiner Absicht, unter den dynamischen Flugvorrichtungen ausschließlich dem Prinzip des Vogelfluges das Wort zu reden; doch die allgemeine Erörterung dieser Fragen führt unwillkürlich dahin, die Bevorzugung rotierender Flugvorrichtungen als einem Vorurteil entspringend zu kennzeichnen.«

Der Tod hat Otto Lilienthal daran gehindert, das letzte Ziel, die Verwirklichung des Dauerfluges, zu erreichen. Die Brüder *Wright* sind als erste ans Ziel gelangt, indem sie auf Lilienthals Forschungsergebnissen aufgebaut, sich, beraten von den Lilienthalschülern *Chanute* und *Herring*, wie Lilienthal mittels eines Gleitflugzeuges zunächst mit Luft und Wind vertraut gemacht haben, um dann ihre eigene Lösung, den Motorflug mit Drehschlagpropeller, durchzuführen. Was sie Lilienthal zu verdanken hatten, haben sie freudig und offen anerkannt. Die neue große Repräsentantin der deutschen Luftfahrtwissenschaft, die »Lilienthal-Gesellschaft für Luftfahrtforschung« hat dem Genius in ihrer Namensgebung den Dank des deutschen Volkes erstattet und damit gleichzeitig dem wissenschaftlichen Nachwuchs das größte Vorbild vor Augen gestellt, das die Fluggeschichte bisher kennt. Möge der Nachwuchs sich stets zum Leitziel setzen, was Otto Lilienthal mit den klassischen Worten also niedergelegt hat: »Es gibt zwar technische Schwierigkeiten, technische Unmöglichkeiten aber gibt es nicht.«

Aufgaben und Aussichten der Theorie in der Strömungsforschung

Von A. Betz*)

Einleitung

Der Konstrukteur braucht für eine erfolgreiche Tätigkeit Unterlagen, welche ihm gestatten, die Wirkung seiner Maßnahmen rasch und sicher zu übersehen. Diese Unterlagen werden teils durch Versuche, teils durch allgemein gültige Überlegungen und Berechnungen geschaffen. Bei noch wenig entwickelter Technik ist der Versuch das nächstliegende Hilfsmittel und führt am schnellsten zum Ziel. Je mehr aber eine Technik fortschreitet, desto mehr wird es nötig, die gewonnenen Erkenntnisse durch theoretische Überlegungen zu ordnen, zu ergänzen und zu verallgemeinern. Die auftretenden Einzelfragen werden nämlich immer zahlreicher und schwieriger und können durch Versuche nur noch mit einem ungewöhnlichen Aufwand an Zeit und Kosten gelöst werden.

In der Strömungsforschung ist sowohl die Versuchstechnik wie die Theorie stark entwickelt. Doch hat man den Eindruck, daß die Theorie nicht in dem Maße gefördert worden ist, wie es ihrer mit dem raschen Fortschritt der Technik ständig zunehmenden Wichtigkeit entsprechen würde. Es werden heute noch viele Fragen durch kostspielige Versuche bearbeitet, die bei entsprechendem Ausbau der theoretischen Forschung einfacher und billiger durch die Theorie gelöst werden könnten. Die folgenden Zeilen sollen einen kleinen Einblick in die bestehenden Möglichkeiten der theoretischen Forschung bieten und Anregung geben, wie man diesen Teil der Forschung fruchtbarer gestalten kann.

Aufgaben der Theorie

Das ideale Ziel der technischen Forschung wäre die Schaffung von einfachen Formeln, Zahlentafeln und Schaubildern, aus denen der Konstrukteur bequem alles entnehmen kann, was er braucht. Von diesem Ziel sind wir leider in den meisten Fällen noch sehr weit entfernt. Wir können etwa vier Stufen des Standes der Forschung und dementsprechend drei Gruppen von Aufgaben unterscheiden:

1. Es gibt Fälle, in denen wir den Vorgang an sich noch gar nicht oder nur sehr unvollkommen verstehen. Als Beispiel seien etwa die Erscheinungen der Turbulenz genannt. Hier liegt das Hauptgewicht der Forschung beim Versuch. Die Theorie ist dabei aber ein wesentliches Hilfsmittel: man nimmt probeweise manche Umstände als wichtig, andere als unwesentlich an, errechnet die sich theoretisch daraus ergebenden Folgerungen und findet aus der mehr oder weniger guten Übereinstimmung mit den Versuchsergebnissen, welche Annahmen zulässig sind und welche nicht. Bei diesem Stand ist die Forschung naturgemäß am nötigsten, aber auch am

*) Prof. Dr., Kaiser-Wilhelm-Institut für Strömungsforschung, Göttingen.

schwierigsten. Insbesondere erfordert der richtige Einsatz der theoretischen Überlegungen nicht nur gutes mathematisches Geschick, sondern auch feinfühliges Ahnen der physikalischen Vorgänge. Die Aussichten auf Erfolg lassen sich da nur schwer abschätzen.

2. In anderen Fällen besitzen wir zwar eine klare Erkenntnis der maßgebenden Vorgänge, die sich meist auch formelmäßig durch Gleichungen darstellen läßt; aber die mathematische Aufgabe, diese Gleichungen zu lösen, bietet solche Schwierigkeiten, daß man aus der vorliegenden Erkenntnis keinen Nutzen ziehen kann. Zu dieser Gruppe gehörte z. B. bis vor einigen Jahren die Aufgabe, die Strömung hinter einem Propeller bei geringstem Energieverlust zu ermitteln. Die grundsätzlichen Bedingungen für diese Strömung waren seit langem bekannt und auch einfach zu formulieren[1]). Aber erst 1928 nach vielen vergeblichen Bemühungen anderer Forscher gelang es *S. Goldstein*, diese Strömung zahlenmäßig zu berechnen[2]). Ein Fortschritt ist in diesen Fällen meist an die Arbeit besonders begabter Menschen gebunden, hängt also auch sehr stark vom Zufall ab.

3. Sehr häufig ist zwar die Lösung einer Aufgabe mathematisch durchzuführen, aber mit einem solchen Aufwand an Arbeit verbunden, daß die Anwendung wohl für den Forscher in Frage kommt, nicht aber für den praktischen Konstrukteur, der nur hinreichend kurze und einfache Verfahren brauchen kann. Hierzu gehört z. B. die eben erwähnte *Goldsteinsche* Berechnung des günstigsten Propellers; aber auch zahlreiche Aufgaben aus der Tragflügeltheorie und aus anderen Gebieten fallen darunter. Ein Fortschritt kann hier auf zweierlei Weise erzielt werden: Entweder sucht man das Lösungsverfahren so zu vereinfachen, daß es den praktischen Anforderungen genügt, oder wenn dies nicht möglich ist, so kann man mit dem zwar verwickelten, aber doch brauchbaren Verfahren so viele Beispiele berechnen, daß sich der Konstrukteur durch Interpolation das heraussuchen kann, was er nötig hat (teilweise ist die erwähnte Arbeit von *Goldstein* in dieser Richtung ausgebaut). Diese Gruppe von Aufgaben hat die meiste Aussicht auf Erfolg. Die Aufgaben dieser Art sind sehr zahlreich und bei genügend intensiver Beschäftigung wird man sicher viele Verfahren vereinfachen können.

4. Bei der Endstufe ist der Vorgang nicht nur vollständig aufgeklärt, sondern die Ergebnisse sind auch in einer solchen Form dargestellt, daß sie der Praktiker bequem verwenden kann. Als Beispiel sei etwa die Theorie des induzierten Widerstandes der Tragflügel erwähnt.

Die Theorie der Tragflügel als Beispiel

Unter den der Theorie zugänglichen Vorgängen spielen die am Tragflügel eine hervorragende Rolle einmal wegen ihrer großen praktischen

---

[1]) *A. Betz*, Schraubenpropeller mit geringstem Energieverlust. Mit einem Zusatz von *L. Prandtl*. Nachr. d. K. Ges. d. Wissensch. zu Göttingen. Math.-phys. Kl. 1919, S. 193 (Neudruck in *Prandtl-Betz*, Vier Abhandlungen zur Hydro- und Aerodynamik, Göttingen 1927, Auslieferung durch J. Springer).

[2]) *S. Goldstein*, On the Vortex Theory of Screw Propeller. Proc. Poy. Soc. A, Vol. 123 (1929).

Wichtigkeit, dann aber auch, weil hier die Theorie schon recht erfolgreich vorgedrungen ist. Es sollen daher an diesem Beispiel Stand und Aussichten der Theorie etwas eingehender erörtert werden.

Wenn eine Strömung verlustlos vor sich geht, d. h. ohne Umsetzung von mechanischer Energie in Wärme, so ergeben sich besonders einfache Verhältnisse. Solche Strömungen nennt man Potentialströmungen, da sie gewissen mathematisch gut erforschten Gesetzen folgen, in denen ein besonderer Begriff, das Potential, eine Rolle spielt. Beim Flügel lassen sich die mit dem Auftrieb zusammenhängenden Vorgänge weitgehend als Potentialströmung behandeln, da mit dem Auftrieb, der ja senkrecht zur Bewegungsrichtung steht, keine Arbeitsleistung und damit auch kein Energieverlust verbunden ist, und der Widerstand und die mit ihm zusammenhängenden Energieverluste meist nur klein sind und den Vorgang nicht stark stören. So ist auch alles, was mit dem Auftrieb allein zusammenhängt, der Theorie sehr weitgehend zugänglich. Der Stand der Theorie entspricht hierbei etwa den Stufen drei und vier. Erheblich schwieriger ist die Behandlung der Vorgänge, bei denen gerade die Abweichung von der Potentialströmung wesentlich ist, insbesondere die Berechnung des Widerstandes[3]) und des Höchstauftriebes der Flügel. Hier befindet sich die Theorie vielfach noch auf der Stufe eins und zwei, teilweise allerdings auch schon auf der Stufe drei.

Flügelprofil

Da die Spannweite der Flügel meist groß gegenüber der Flügeltiefe ist, lassen sich die Einflüsse der Profilform und die Einflüsse ihrer Verteilung über die Spannweite unabhängig voneinander behandeln: Es gibt eine Theorie der Flügelprofile (ebenes Strömungsproblem) und eine Theorie der Flügel endlicher Spannweite (räumliches Problem).

Für die theoretische Behandlung des Flügelprofiles werden hauptsächlich zwei Verfahren angewandt. Bei dem einen wird eine Verteilung von Wirbeln bzw. von Quellen und Senken im Innern oder auf der Oberfläche des Profiles so bestimmt, daß sich eine Strömung ergibt, welche der Profilform folgt. Dieses Verfahren ist bis jetzt hauptsächlich zur Ermittelung der Eigenschaften sehr dünner Profile herangezogen worden, wobei man näherungsweise auch dickere Profile behandeln kann, indem man sie durch ihre Skelettlinie (Mitte zwischen Saug- und Druckseite) ersetzt. An der Entwicklung dieser Theorie sind hauptsächlich *Prandtl*, *Birnbaum*, *Munk* und *Glauert* beteiligt[4]). Das Verfahren gibt manche Einzelheiten, insbesondere z. B. die Vorgänge an der Profilnase, nicht richtig wieder.

---

[3]) Der beim Flügel endlicher Spannweite auftretende sog. induzierte Widerstand hängt mit dem Auftrieb zusammen und läßt sich mit den Sätzen der Potentialströmung berechnen.

[4]) *W. Birnbaum*, Die tragende Wirbelfläche als Hilfsmittel zur Behandlung des ebenen Problems der Tragflügeltheorie. ZAMM Bd. 3 (1923), S. 290. — *M. M. Munk*, Elements of the wing section theory and of the wing theory. NACA-Rep. Nr. 191 (1924). — *H. Glauert*, The elements of aerofoil and airscrew theory. Cambridge, University Press, 1926.

Es gewährt aber einen raschen und guten Überblick über den Einfluß bestimmter Formgebungsmaßnahmen. So tritt z. B. der Einfluß von Wölbung und S-Schlag auf die Druckpunktwanderung besonders klar hervor. Infolge der einfachen Zusammenhänge zwischen Flügelform und ihrer Wirkung läßt sich auch leicht die Form ermitteln, welche bestimmte gewünschte Eigenschaften hat. Diese Theorie befindet sich bereits auf der Stufe vier, wobei es natürlich durchaus noch möglich und erwünscht ist, Einzelheiten noch einfacher und bequemer vorzubereiten.

Das zweite Verfahren benützt als Hilfsmittel die konforme Abbildung der Profile auf einen Kreis. Zu einem bequemen Werkzeug (Stufe vier) ist es nur bei Beschränkung auf die sog. *Joukowsky*-Profile geworden, deren Abbildung sich besonders leicht ausführen läßt[5]). Verallgemeinerungen erhöhen meist den Arbeitsaufwand erheblich (Stufe drei) und kommen doch dem praktischen Ziel, jedes gegebene Profil behandeln zu können, nicht genügend nahe. Ein stärkeres Interesse als für solche Verallgemeinerungen besteht deshalb an einem praktisch brauchbaren Verfahren, beliebige Profile auf den Kreis abzubilden. Obwohl die Ansätze zu einem solchem Verfahren schon lange zurückliegen[6]), so ist es doch erst in den letzten Jahren wieder energischer aufgegriffen und zu einer brauchbaren Form entwickelt worden[7]). Man bildet dabei eine dem Profil möglichst nahekommende Figur auf einen Kreis ab, wobei diese Figur so gewählt ist, daß sich die Abbildung leicht ausführen läßt (*Joukowsky*-Profil). Das Profil selbst geht dann in eine etwas vom Kreis abweichende Linie über, die sich durch ein Näherungsverfahren noch vollends in den Kreis überführen läßt. Diese Theorie ist etwa auf Stufe drei einzuordnen. Um sie der Praxis zugänglich zu machen, muß man eine große Anzahl von Beispielen durchrechnen. *Theodorsen* (a. a. O.) hat in dieser Richtung bereits einen wertvollen Anfang gemacht.

Das zuletzt erwähnte Verfahren löst die Aufgabe, zu einem gegebenen Profil seine Eigenschaften, z. B. die Druckverteilung zu ermitteln. Ebenso wie bei dem Verfahren der Wirbelfelder, liegt es nahe, auch hier durch Umkehrung der Rechnung zu einer gewünschten Druckverteilung das Profil zu suchen, das diese Druckverteilung hat. Dabei ergeben sich aber grundsätzliche Schwierigkeiten, die hauptsächlich auf folgende zwei Umstände zurückzuführen sind: Einmal lassen sich nicht alle Druckverteilungen verwirklichen, sondern nur solche, deren resultierende Kraft keine Widerstandskomponente enthalten, da ja in der Potentialströmung kein Widerstand entstehen kann. Dann setzt die Angabe einer Druckverteilung eigentlich bereits die Kenntnis der Profilform voraus; denn man kann streng genommen die Verteilung der Drücke nur angeben, wenn man die Oberfläche kennt, auf welche die Drücke verteilt sind. Wenn man diesen grund-

[5]) *E. Trefftz*, Graphische Konstruktion *Joukowskyscher* Tragflächen. ZFM Bd. 4 (1913), S. 130.

[6]) *Th. v. Kármán* u. *E. Trefftz*, Potentialströmung um gegebene Tragflächenquerschnitte. ZFM Bd. 9 (1918), S. 111.

[7]) *T. Theodorsen* u. *I. E. Garrick*, General potential theory of arbitrary wing sections. NACA Rep. Nr. 452 (1932).

sätzlichen Schwierigkeiten durch zweckmäßige Formulierung der Aufgabe Rechnung trägt, z. B. die Druckverteilung über der Abwicklung des Profilumfanges vorgibt, so läßt sich auch diese Aufgabe mit erträglichem Aufwand an Zeit und Mühe behandeln[8]) (Stufe drei). Bei dem Verfahren der Wirbelfelder traten diese Schwierigkeiten nicht in Erscheinung, weil sie durch die ohnehin gemachten Vernachlässigungen unterdrückt sind.

Flügel endlicher Spannweite

Beim Flügel mit endlicher Spannweite können wir drei Gruppen von theoretischen Aufgaben unterscheiden:

1. Berechnung der Flügelform und ihrer Eigenschaften, insbesondere des induzierten Widerstandes bei gegebener Auftriebsverteilung.
2. Flügel mit dem geringsten bei gegebenem Auftrieb möglichen Widerstand.
3. Berechnung der Auftriebsverteilung und der Flügeleigenschaften bei gegebener Flügelform.

Nachdem kurz vor dem Kriege die grundsätzlichen Schwierigkeiten der Theorie des endlichen Flügels überwunden waren, fanden die beiden ersten Aufgaben bald eine weitgehende Bearbeitung, die sehr erfolgreich war und wegen ihrer Einfachheit in der Praxis Eingang fand (Stufe vier). Diese Dinge sind daher so bekannt, daß es sich erübrigen dürfte, darauf ausführlich einzugehen. Die dritte Aufgabengruppe bot lange Zeit erheblich mehr Schwierigkeiten, und zwar ausschließlich in mathematischer Hinsicht (Stufe zwei). Sie war mit einem tragbaren Aufwand an Zeit und Mühe nur zu behandeln, wenn man Ungenauigkeiten in Kauf nahm, die praktisch doch bedenklich waren. Erst vor wenigen Jahren wurde durch *J. Lotz* ein Lösungsverfahren gefunden[9]), das die bisherigen Unzulänglichkeiten vermied und etwa der Stufe drei entspricht[10]).

Mittels der Tragflügeltheorie in ihrem jetzigen Stand ist man in der Lage, praktisch alle Aufgaben zu behandeln, bei denen der Vorgang durch den Auftrieb bestimmt ist. Die Zahl dieser Aufgaben ist sehr groß und es bedarf nur intensiver Arbeit, um die Theorie praktisch nutzbar zu machen. Dabei ist zu beachten, daß sich der Aufgabenkreis im Laufe der Zeit verschoben hat und die Anforderungen an die Theorie immer schärfer wurden. In der ersten Zeit interessierte hauptsächlich der induzierte Widerstand, eine Größe, die sich als ein Mittelwert über den ganzen Flügel darstellt. Bei seiner Berechnung spielen daher Einzelheiten in der Auftriebsverteilung keine merkliche Rolle. Damit hängt die Einfachheit der Ergebnisse auf

---

[8]) *A. Betz*, Änderung der Profilform zur Erzielung einer vorgegebenen Änderung der Druckverteilung. Luftfahrtforschung Bd. 11 (1934), S. 158.

[9]) *J. Lotz*, Berechnung der Auftriebsverteilung beliebig geformter Flügel. ZFM Bd. 22 (1931), S. 189.

[10]) Dieses und einige weitere neuere Verfahren erfordern als Hauptanteil des Arbeitsaufwandes die Zerlegung gegebener Funktionen in Fourier-Reihen. Es besteht daher die angewandt-mathematische Aufgabe, einfache und rasche Verfahren für diese Reihenentwicklungen bei hohen Gliederzahlen zu finden.

diesem Gebiet zusammen. Heute interessieren vielfach Dinge, welche in viel stärkerem Maße von Feinheiten abhängen. So erfordert z. B. bei der Berechnung der Querruderwirkungen die Unstetigkeit in der Flügelform eine genauere und umständlichere Behandlung. Auch die dabei auftretenden Festigkeitsfragen erfordern eine Behandlung, die sehr stark ins einzelne gehen muß. Sehr hoch werden die Anforderungen an die Theorie bei der Behandlung der Fragen des Abwindes, d. h. der durch den Flügel hervorgerufenen Störung der Strömung, vor allem an der Stelle des Leitwerkes. Dieser Abwind ist besonders empfindlich auf die lokale Verteilung des Auftriebes am Flügel, so daß sich hier schon kleine Änderungen in der Flügelform ungewöhnlich stark auswirken. Diese erhöhten Ansprüche der Praxis erforderten im Laufe der Zeit immer weitergehenden Ausbau der Theorie, der zwar grundsätzlich keine Schwierigkeiten bietet, aber wegen des wachsenden Zeitaufwandes vor allem auf Vereinfachung der mathemathischen Verfahren hindrängt.

So zahlreich und fruchtbar auch die Aufgaben sind, welche mit der Tragflügeltheorie bei verlustloser Strömung behandelt werden können, so bleiben ihr doch eine Menge wichtiger Fragen unzugänglich, die nur durch eine die Verlustvorgänge aufklärende Theorie erschlossen werden können. Auch auf diesem Gebiet ist man erfolgreich vorgedrungen.

Widerstand

Die Entstehung des Flüssigkeitswiderstandes ist grundsätzlich durch die *Prandtlsche* Theorie der Reibungsschichten geklärt worden[11]). Im Innern der Flüssigkeit entsteht zunächst im allgemeinen eine Potentialströmung. In einer dünnen Schicht, welche an feste Wände angrenzt, entsteht eine wesentlich verschiedene Strömung, von der sich Teile ablösen, in die Potentialströmung wandern und diese verändern. Die theoretische Behandlung des Widerstandes muß daher von den Vorgängen in solchen Reibungsschichten ausgehen. So lange die Reibungsschicht laminar, d. h. in gleichgerichteten Stromlinien fließt, läßt sich der Vorgang als zähe Flüssigkeitsströmung theoretisch verfolgen. Die mathematischen Schwierigkeiten sind aber abgesehen von einfacheren Sonderfällen ziemlich groß (Stufe drei). Vielfach ist nun außerdem die laminare Strömung unstabil und geht in eine turbulente über. Diese Art von Bewegung ist von der Strömung in Rohren her schon länger bekannt. Wenn auch die inneren Zusammenhänge der turbulenten Bewegung nicht vollständig klargestellt sind, so haben wir doch eine gute qualitative Vorstellung davon und vor allem ist es gelungen, die experimentell gut untersuchten Gesetze der turbulenten Rohrströmung durch theoretische Überlegungen auf die Strömung in turbulenten Reibungsschichten zu übertragen[12]).

---

[11]) *L. Prandtl*, Über Flüssigkeitsbewegung bei sehr kleiner Reibung. Verh. d. III. internat. Math.-Kongr. Heidelberg 1904 (Neudruck in *Prandtl-Betz*, Vier Abhandlungen zur Hydro- u. Aerodynamik, Göttingen 1927, Auslieferung durch J. Springer).

[12]) *Th. v. Kármán*, Über laminare und turbulente Reibung. ZAMM Bd. 1 (1921), S. 233.

Ergänzend wurde der Einfluß der Druckverteilung längs der Strömung, der Krümmung und der Rauhigkeit der Oberfläche experimentell aufgeklärt[13]). Mit Hilfe der gefundenen Gesetzmäßigkeiten können wir schon eine ganze Reihe von Teilerscheinungen in der turbulenten Reibungsschicht theoretisch verfolgen. Viele derartige Aufgaben stehen schon auf Stufe drei, einzelne, wie z. B. die Oberflächenreibung, sogar auf Stufe vier. Es besteht gute Aussicht, daß wir in absehbarer Zeit den ganzen Verlauf der Reibungsschicht theoretisch berechnen können, obwohl manche dazugehörigen Teilfragen zum Teil noch den Stufen eins und zwei angehören. Damit ist dann für Körper kleinen Widerstandes, wozu auch Flügel im nicht abgerissenen Zustande gehören, ohne weiteres der Widerstand gegeben. Für Körper großen Widerstandes, wozu auch Flügel im abgerissenen Zustand gehören, müssen noch die Wirkungen der von der Oberfläche abgelösten, mit der Strömung fortschwimmenden Teile der Reibungsschicht genauer verfolgt werden. Auch hier besteht Aussicht, Gesetzmäßigkeiten zu finden, welche gestatten, die Vorgänge wenigstens angenähert theoretisch zu verfolgen[14]) (Stufe eins und zwei).

Wege zum Fortschritt

Beim Tragflügel hat man den Eindruck, daß nicht mehr viel daran fehlt, um alles Wissenswerte auf theoretischem Wege ermitteln zu können. Dieses Ziel ist aus dem Grunde sehr wichtig, weil mit der Vergrößerung der Abmessungen und mit der Erhöhung der Geschwindigkeit Fragen auftreten, denen die Windkanäle nicht mehr gewachsen sind. Ähnlich günstig ist der Stand der Theorie auf einigen anderen Gebieten, z. B. beim Propeller, ferner bei Körpern kleinen Widerstandes, insbesondere bei Luftschiffkörpern[15]); auch die Vorgänge bei Geschwindigkeiten oberhalb der Schall-

---

[13]) *E. Gruschwitz*, Die turbulente Reibungsschicht in ebener Strömung bei Druckabfall und Druckanstieg. Ing.-Arch. Bd. 2 (1931), S. 322. — *H. Schmidbauer*, Verhalten turbulenter Reibungsschichten an erhaben gekrümmten Wänden. Diss. 1934. München. Kurzer Bericht in Luftfahrtforschung Bd. 13 (1936), S. 160. — *L. Prandtl* u. *H. Schlichting*, Das Widerstandsgesetz rauher Platten, Werft-Reederei-Hafen Bd. 15 (1934), S. 1. — *H. Schlichting*, Experimentelle Untersuchungen zum Rauhigkeitsproblem, Ing.-Arch. Bd. 7 (1936), S. 1. — *L. Prandtl*, Neuere Ergebnisse der Turbulenzforschung. VDI-Zeitschrift Bd. 77 (1933), Nr. 5. — *H. Schlichting*, Neuere Untersuchungen über die Turbulenzentstehung. Die Naturwissenschaften Bd. 22 (734), S. 376.

[14]) *Th. v. Kármán-H. Rubach*, Über den Mechanismus des Flüssigkeits- und Luftwiderstandes. Phys. Ztschr. Bd. 13 (1912), S. 49. — *H. Schlichting*, Über das ebene Windschattenproblem. Diss. Göttingen 1930 (Ing.-Arch. Bd. 1 (1930), S. 533).

[15]) *G. Fuhrmann*, Theoretische und experimentelle Untersuchungen an Ballonmodellen. Diss. Göttingen 1912 (Jahrbuch d. Motorluftschiff-Studiengesellschaft 1911—1912). — *Th. v. Kármán*, Berechnung der Druckverteilung an Luftschiffkörpern. Abhandl. Aachen Heft 6 (1927). — *J. Lotz*, Zur Berechnung der Potentialströmung um quergestellte Luftschiffkörper. Ing.-Arch. Bd. 2 (1931), S. 507. — *W. Klemperer*, Luftschiffmeßtechnik. Handb. d. Experimentalphysik Bd. IV, Teil III. Leipzig 1930.

geschwindigkeit[16]) sind der Theorie weitgehend zugänglich. Es würde sich daher sicher lohnen, wenn man mehr Energie als bisher der theoretischen Forschung widmen würde.

Ein wesentliches Hemmnis ist der Umstand, daß es an geeigneten Bearbeitern fehlt. Es gibt anscheinend nicht sehr viele Menschen mit guter Begabung für angewandte Mathematik. Wenn aber von diesen sich einer intensiv mit Strömungsproblemen befaßt, so ist das ein seltener Zufall. Nun wird die Zahl derer, welche die Theorie in den Stufen eins und zwei erfolgreich bearbeiten können, immer sehr klein sein. Aber die zahlreichen Aufgaben der Stufe drei könnten in wesentlich größerem Umfange gefördert werden, wenn sich mehr Leute damit befassen würden. Dazu müßte aber das Studium der angewandten Mathematik auf unseren Hochschulen ausgedehnter und eingehender betrieben werden.

Eine Erleichterung der Arbeit für den theoretischen Forscher würde ein großzügiger Ausbau der Zahlentafeln wichtiger mathematischer Funktionen bedeuten. Da hierzu in der Hauptsache nur Hilfskräfte nötig sind, so ist dieser Weg der Förderung ohne weiteres möglich und nur eine Frage richtiger Organisation. Es ist auch an verschiedenen Stellen, vor allem z. B. von japanischer Seite erfreuliche Arbeit auf diesem Gebiete geleistet worden.

Ein weiteres wichtiges Mittel für die Erleichterung der mathematischen Arbeit ist die Schaffung von Rechenmaschinen. Hierunter sind nicht nur die üblichen Multiplikations- und Additionsmaschinen zu verstehen, sondern Einrichtungen zur Lösung schwierigerer mathematischer Aufgaben. So gibt es verschiedene Verfahren zur Lösung von Potentialaufgaben (elektrische Stromfelder, Membranen); dazu gehören u. a. auch die Integratoren zum Berechnen von Quell-Senken-Strömung nach *Föttinger*[17]). Eine großzügige Anlage von Maschinen zur Lösung von Differentialgleichungen ist von *Bush* im Massachusetts Institute in Cambridge-Mass./USA. aufgestellt worden[18]) und hat sich recht gut bewährt. Auf diesem Gebiet der Rechenmaschinen ist die Entwicklung noch sehr jung und man kann hier noch große Erfolge erwarten.

Zusammenfassung

Die theoretische Forschung wird mit dem Fortschreiten der technischen Entwicklung immer wichtiger. Wie an dem Beispiel des Tragflügels gezeigt wird, kann die Theorie bereits sehr viele Aufgaben lösen, während andere der Lösung nahe sind. Die Theorie könnte der Praxis erheblich mehr Nutzen bringen, wenn man sie energischer betreiben würde.

---

[16]) *A. Busemann*, Gasdynamik. Hdb. d. Experimentalphysik Bd. IV, Teil I. Leipzig 1931.

[17]) *H. Föttinger*, Fortschritte der Strömungslehre im Maschinenbau und Schiffbau. Jahrbuch d. Schiffbautechn. Gesellsch. 1924, S. 295.

[18]) *V. Bush*, Recent Progress in analysing machines, Proceedings of the 4th internat. Congr. f. Applied Mech. Cambridge, England, 1935. — *T. S. Gray*, A Photo-Electric Integraph. Publications from the Massachusetts Institute of Technology, Serial No. 73, 1931. — *V. Bush*, The Differential Analyser. A New Machine for Solving Differential Equations. Publications from the Massachusetts Institute of Technology, Serial No. 75, 1931.

Die Strömungsverhältnisse im Schraubenstrahl

Von F. Weinig*)

Der Einfluß der Schraube auf das Flugzeug als Anlaß zur näheren Untersuchung der Strömungsverhältnisse im Schraubenstrahl

Während die Strömungsverhältnisse im Schraubenstrahl für die Wirksamkeit der Schraube selbst nur von untergeordneter Bedeutung sind und deshalb bei der Darlegung der Schraubentheorie im engeren Sinne nicht weiter behandelt zu werden brauchen, sind sie für das Flugzeug selbst von großer Wichtigkeit; liegen doch meist erhebliche und gerade auch für das Fliegen besonders wichtige Teile des Flugzeuges im Schraubenstrahl. Die Wirksamkeit des Leitwerkes, die Auftriebsverteilung über die Spannweite, Auftrieb und Widerstand und u. U. Längs-, Roll- und Giermoment werden oft entscheidend durch den Schraubenstrahl beeinflußt. Aus diesem Grunde also ist eine nähere Untersuchung der Strömungsverhältnisse im Schraubenstrahl besonders wichtig.

Stark vereinfachtes Bild des Schraubenstrahls

Da sich ein Schraubenstrahl mit beliebiger Verteilung der Zusatzgeschwindigkeit praktisch sehr ähnlich so verhält wie ein Schraubenstrahl mit konstanter Zusatzgeschwindigkeit, so möge zunächst ein solcher betrachtet werden. Wir wollen aber noch annehmen, daß diese Zusatzgeschwindigkeit v_a nur klein sei im Vergleich zur Fluggeschwindigkeit v_0. Dann können wir die durch die Schraube hervorgerufene zusätzliche Strömung darstellen durch Überlagerung zweier Strömungsanteile. Der erste Strömungsanteil besteht aus einer Potentialströmung, welche im Unendlichen die Geschwindigkeit Null besitzt, deren Stromlinien im Unendlichen entspringen und auf dem Schraubenkreis endigen. Das Unendliche enthält also eine Quelle und der Schraubenkreis Senken, deren gesamte Schluckfähigkeit der Ergiebigkeit der Quelle im Unendlichen entspricht. Die Normalkomponenten der Geschwindigkeiten auf dem Schraubenkreis sollen nun konstant sein. Auf dem Schraubenkreis gilt also als Randbedingung

$$v_n = -\frac{\partial \varphi}{\partial n} = \frac{v_a}{2} = \text{konst.}$$

Da nun auf der Vorderseite $\partial n = \partial x$, auf der Rückseite $\partial n = -\partial x$, so wird auf der Vorderseite

$$v_x = v_n = -\frac{\partial \varphi}{\partial n} = \frac{v_a}{2}$$

und auf der Rückseite

$$v_x = -v_n = +\frac{\partial \varphi}{\partial n} = -\frac{v_a}{2}.$$

*) Dr.-Ing. habil., a. o. Professor an der Technischen Hochschule Berlin, Deutsche Versuchsanstalt für Luftfahrt E.V., Berlin-Adlershof.

Für das Potential φ und die Stromfunktion ψ dieser achsensymmetrischen Potentialströmung gelten die Differentialgleichungen

$$\Delta\varphi = \frac{\partial^2\varphi}{\partial x^2} + \frac{\partial^2\varphi}{\partial r^2} + \frac{1}{r}\frac{\partial\varphi}{\partial r} = 0$$

$$\overline{\Delta}\psi = \frac{\partial^2\psi}{\partial x^2} + \frac{\partial^2\psi}{\partial r^2} - \frac{1}{r}\frac{\partial\psi}{\partial r} = 0.$$

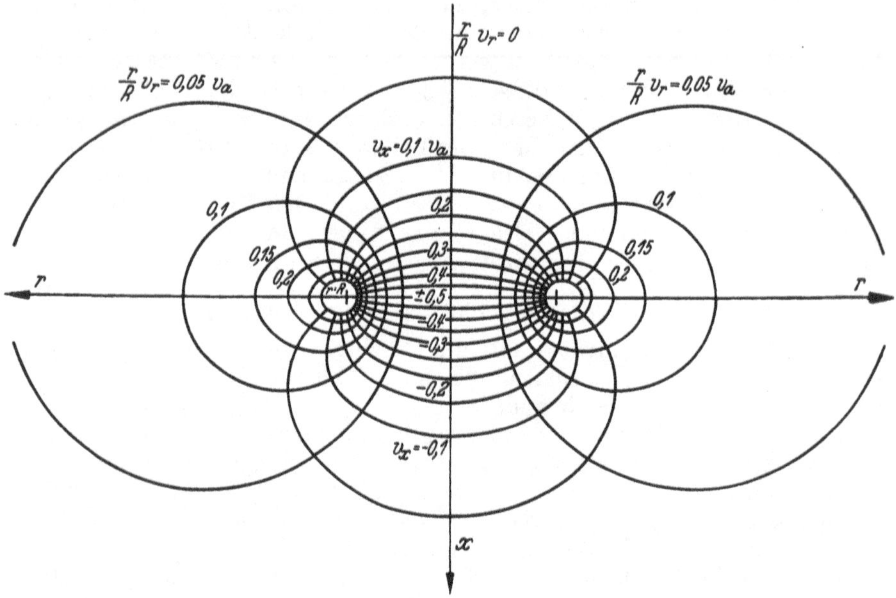

Abb. 1. Potentiallinien und Stromlinien eines Wirbelringes und ihre Deutung als Linien gleicher Axialkomponenten v_x und des r/R-fachen der Radialkomponenten v_r des einen Anteils der durch eine Schraube hervorgerufenen Störung bei konstanter Schubverteilung.

Diese Strömung könnte man nun dadurch ermitteln, daß man sich den Schraubenkreis mit Ringsenken belegt denkt, deren Schluckfähigkeit

$$-dE = -2\pi r\,dr \cdot v_a$$

ist. Durch Integration würde man hieraus das gesuchte Strömungsfeld erhalten. Ebenso erhielte man hieraus auch die Strömungsgeschwindigkeiten bzw. ihre Komponenten v_x und v_r, deren Kenntnis für die Einwirkung der Schraube auf das Flugzeug besonders wichtig ist.

Erinnert man sich jedoch, daß

$$\Delta v_x = \Delta - \frac{\partial\varphi}{\partial x} = -\frac{\partial}{\partial x}\Delta\varphi = 0, \text{ wobei } \Delta = \frac{\partial^2}{\partial x^2} + \frac{\partial^2}{\partial r^2} + \frac{1}{r}\frac{\partial}{\partial r} \text{ bedeutet,}$$

$$\overline{\Delta}\, r\, v_r = \overline{\Delta}\,\frac{\partial\psi}{\partial r} = \frac{\partial}{\partial x}\,\overline{\Delta}\,\psi = 0, \text{ wobei } \overline{\Delta} = \frac{\partial^2}{\partial x^2} + \frac{\partial^2}{\partial r^2} - \frac{1}{r}\frac{\partial}{\partial r} \text{ bedeutet,}$$

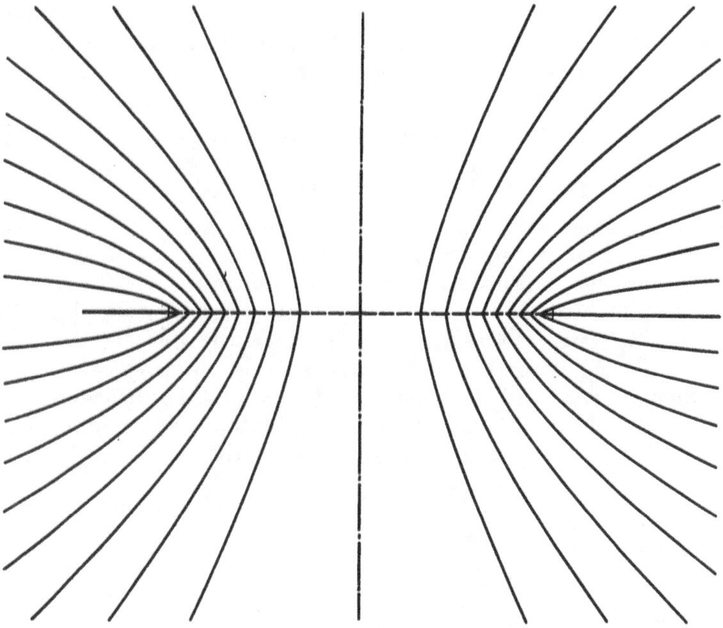

Abb. 2. Der eine Anteil der durch eine Schraube hervorgerufenen Störung bei konstanter Schubverteilung.

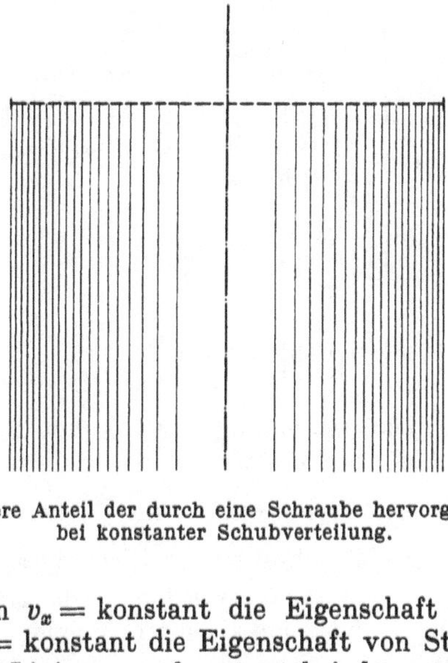

Abb. 3. Der andere Anteil der durch eine Schraube hervorgerufenen Störung bei konstanter Schubverteilung.

daß also die Linien $v_x =$ konstant die Eigenschaft von Potentiallinien und die Linien $rv_r =$ konstant die Eigenschaft von Stromlinien haben, so ergibt sich, daß die Linien $v_x =$ konstant bei den gegebenen Randbedingungen gleich den Potentiallinien $\varphi =$ konstant und die Linien $rv_r =$ konstant gleich den Stromlinien $\psi =$ konstant der durch einen Wirbelring erzeugten Strömung (1)[1]) sind. Der Wirbelring liegt dabei in der Schraubenkreisberandung. Der »Zirkulation« entspricht

$$»\Gamma« = v_a$$

Der entsprechende »Potential«sprung ist im Schraubenkreis zu denken und hat von $+\frac{v_a}{2}$ auf $-\frac{v_a}{2}$ stattzufinden, vgl. Abb. 1.

Aus den Linien konstanter Geschwindigkeitskomponenten v_x und rv_r erhält man dann sehr leicht auch die Potentiallinien und Stromlinien des ersten Anteils der Störungsströmung. Er ist in Abb. 2 dargestellt.

Der zweite Anteil der Störungsströmung ist nur in dem Gebiete hinter dem Schraubenkreis hinzuzufügen. Davor und außerhalb dieses Gebietes stellt der gefundene erste Anteil an der Störungsströmung diese schon selbst hinreichend dar. Als zweiten Anteil der Störungsströmung hat man eine Parallelströmung der konstanten Geschwindigkeit $+v_a$ im Gebiete hinter der Schraube anzubringen, Abb. 3.

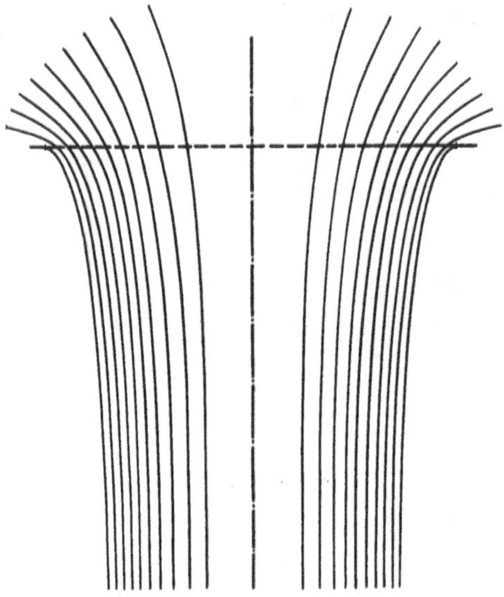

Abb. 4. Die durch eine Schraube hervorgerufene Störung und die durch eine Schraube im Stande hervorgerufene Strömung in erster Näherung bei konstanter Schubverteilung.

Diese gesamte Störungsströmung, Abb. 4, hat dann folgende Eigenschaften: Aus dem Unendlichen strömt der Schraube von überall her Luft zu. In der Schraubenkreisebene ist die Zusatzgeschwindigkeit $+\frac{v_a}{2}$ vorhanden, weit hinter der Schraube die Zusatzgeschwindigkeit $+v_a$.

Diese Strömung ist in Abb. 4 dargestellt. Überlagert man nun dieser Strömung die der Fluggeschwindigkeit entsprechende Parallelgeschwindig-

[1]) Die in Klammern ( ) gesetzten Ziffern beziehen sich auf das Schrifttumverzeichnis am Ende der Arbeit.

keit v_0, so erhält man ein brauchbares Bild des Schraubenstrahls. In Abb. 5 ist ein solches für $\frac{v_a}{v_0} = 0{,}4$ gezeichnet. Beim Durchgang durch die Schraubenkreisebene ändert sich die Axialgeschwindigkeit stetig, Abb. 6. Der Druck jedoch ändert sich unstetig, Abb. 7.

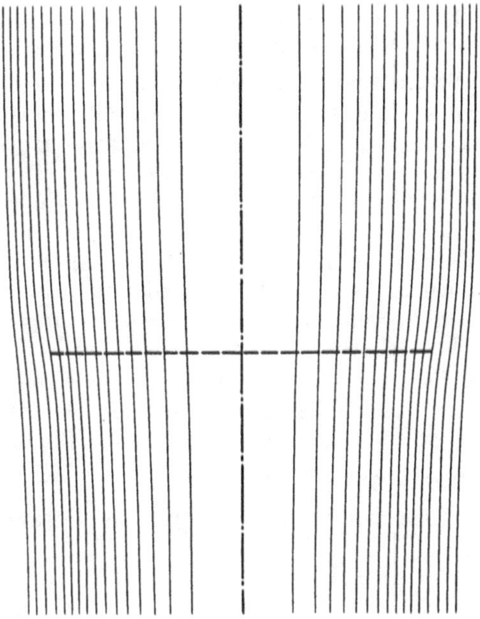

Abb. 5. Die durch eine Schraube beeinflußte Strömung für den Fall $v_a/v_0 = 0{,}4$ als Beispiel bei konstanter Schubverteilung.

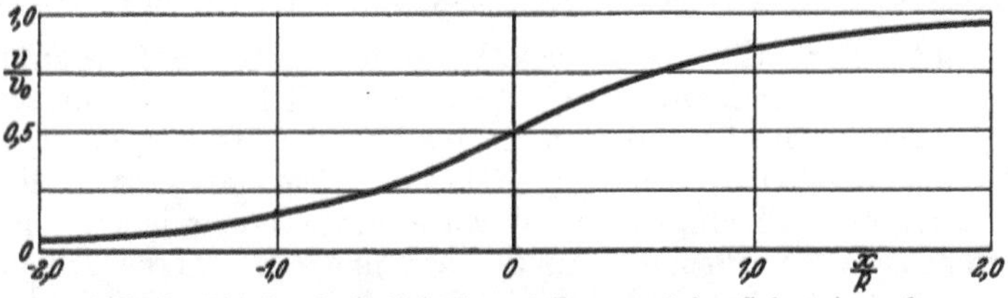

Abb. 6. Die Geschwindigkeitsverteilung auf der Schraubenachse bei konstanter Schubverteilung.

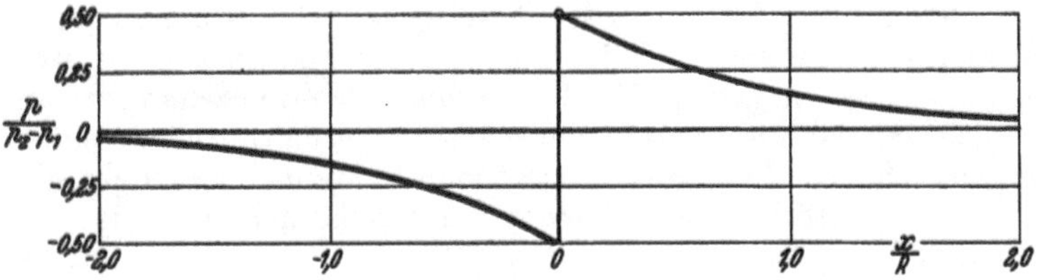

Abb. 7. Die Druckverteilung auf der Schraubenachse bei konstanter Schubverteilung.

Allgemein hat man

$$\frac{v_a}{v_0} = \sqrt{1 + c_s} - 1$$

zu setzen, wobei $c_s = \dfrac{S}{\frac{\varrho}{2} v_0^2 \pi R^2}$ den Schubbelastungsgrad bedeutet.

Ist nun v_a nicht konstant über den Schraubenkreis, so kann man die Geschwindigkeitsverteilung im Strahl in folgender Weise abschätzen:

Man zeichnet zunächst die Stromlinien des Strahles so, als ob $v_a = v_0 (\sqrt{1 + c_s} - 1) =$ konstant wäre. Längs jeder dieser Stromlinien ist dann in erster Näherung die Axialkomponente der Störgeschwindigkeit gleich den durch die Abb. 1 angegebenen Vielfachen der wirklich erteilten Zusatzgeschwindigkeit. Die Radialgeschwindigkeiten sind in erster Näherung ungeändert.

Die in Wirklichkeit vorhandenen Umfangskomponenten kann man nach dem Drallsatz in erster Näherung aus den Umfangskomponenten in der Schraubenkreisebene berechnen, wenn man die Radienänderungen gleich den bei konstanten v_a errechneten setzt.

Einer konstanten Zusatzgeschwindigkeit v_a entspricht aber eine Schraube konstanter Zirkulation. Vernachlässigt man also die Unterschiede der Zusatzgeschwindigkeit, so muß man folgerichtig auch für die Umfangskomponente v_u

$$r \cdot v_u = \text{konst}$$

setzen. Am Umfange ($r = R$) ist dann bei Vernachlässigung des Strahlunterdrucks

$$\frac{v_u}{u} = 1 - \sqrt{1 - k_s} = 1 - \sqrt{1 - \lambda^2 c_s}\,.$$

Beschreibung des Aufrollens der Wirbelfläche hinter einer Schraube

Die hinter der Schraube zurückbleibenden schraubenflächenförmigen Wirbelbänder rollen sich ähnlich wie die ebenen Wirbelflächen hinter einem Tragflügel (2) sowohl von außen, d. h. der Flügelspitze her, als von innen, d. h. von der Flügelwurzel her, auf, so daß nach beendetem Aufrollvorgang von jedem schraubenflächigen Wirbel, wie er hinter einem jeden Schraubenflügel zunächst vorhanden ist, ein äußerer und ein innerer Einzelwirbelfaden zurückbleibt. Die Zirkulation eines jeden dieser Wirbelfäden ist gleich dem Größtwert der Zirkulation längs des Schraubenflügels. Das Aufrollen geschieht aber nicht nur von der Flügelspitze und der Flügelwurzel her, sondern auch von der Stelle des Größtwertes der Zirkulation. Das Aufrollen vollzieht sich verhältnismäßig rasch und ist u. U. im wesentlichen schon nach einem geringen Teil einer Schraubenumdrehung vollendet. Der Beobachtung ist dieser Aufrollvorgang in verhältnismäßig einfacher Weise zugänglich. Bei in Wasser betriebenen Schrauben sammeln sich im Kern der Wirbel Luftblasen an. Nach den Wirbelkernen zu ist das Druckgefälle so groß, daß die gegenüber dem Wasser sehr leichten Luftblasen dorthin schwimmen müssen. Die Druckerniedrigung ist aber auch Ursache des Ausscheidens von im Wasser gelöster Luft oder anderer Gase, oder wenn die Druckerniedrigung groß genug ist, sogar einer Verdampfung.

Durch die Ansammlung von Luft oder durch Verdampfung in diesen Unterdruckgebieten der Wirbelkerne von Schiffsschrauben werden diese bei klarem Wasser beim Anfahren schon ohne weitere Vorkehrungen sichtbar. *O. Flamm* gelang es darüber hinaus auch in einem kleinen Versuchs-

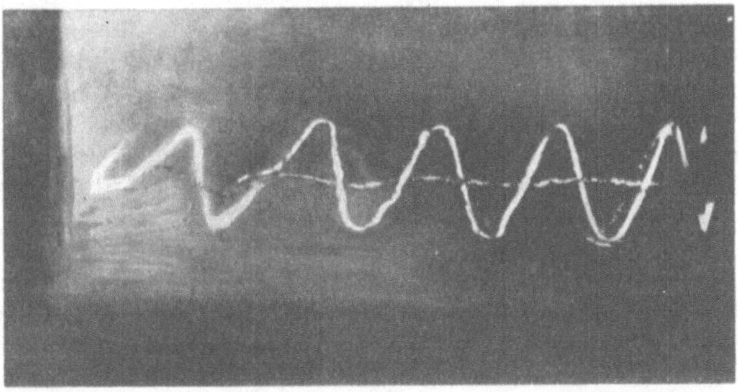

Abb. 8. Von einem einzelnen Flügel einer in Wasser fahrenden Schraube ausgehende Spitzenwirbel und Fußwirbel, deren Wirbelkern durch darin angesammelte Luftblasen sichtbar wird.

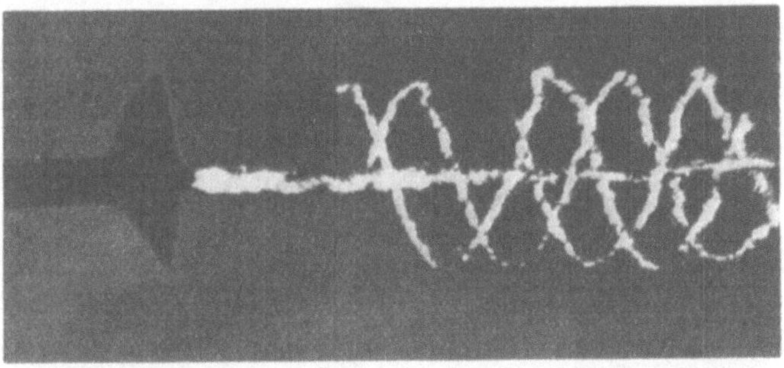

Abb. 9. Die von einer im Wasser fahrenden dreiflügeligen Schraube ausgehenden Spitzenwirbel und Nabenwirbel, deren Wirbelkern durch darin angesammelte Luftblasen sichtbar wird.

tank mit freifahrenden elektrisch angetriebenen Schraubenmodellen schon 1909 diesen Vorgang eingehend zu untersuchen und im Lichtbild festzuhalten (3). Abb. 8 und 9 zeigen Ausschnitte aus diesen Lichtbildern. In beiden Fällen handelt es sich um den Versuch mit einer dreiflügeligen Modellschraube. Im ersten Beispiel, Abb. 8, ist die Luft aber nur an einem Schraubenflügel eingebrochen, vermutlich wegen nicht ganz gleichartiger Ausbildung der Flügel und wegen der nur kleinen Belastung, so daß man gerade hier sehr leicht den Vorgang zu verfolgen vermag. Gleich hinter der Schraube beginnen die mit Luft erfüllten Wirbelgebiete. Während aber der Bahndurchmesser des Spitzenwirbels schnell, wenn auch nicht viel, kleiner wird und bald seinen Endwert erreicht, was einem schnellen

Aufrollen des Wirbelbandes entspricht, ist der Nabenwirbel zunächst in der Schraubenachse gelegen und erweitert seinen Bahndurchmesser nur sehr allmählich. Das rührt daher, daß die Wirbeldichte in Nähe der Flügelspitzen, wie ganz allgemein, groß ist. Dem entspricht ein schnelles Einrollen. Gegen die Nabe zu ist die Wirbeldichte, wie ganz allgemein, wesentlich geringer und daher das Aufrollen viel weniger rasch. Daß das Druckgefälle beim Beginn des Einrollens noch so klein sein kann, daß sich die Luftbläschen nicht so rasch sammeln können, um die Lage des Unterdruckgebietes schon beim Beginn des Einrollens zu kennzeichnen, geht aus dem zweiten der Arbeit von *O. Flamm* entnommenen Beispiel, Abb. 9, hervor, wo zwar das in Nähe der Nabe vorhandene Unterdruckgebiet schon von Beginn an von Luft erfüllt ist, die Spitzenwirbel aber erst nach einem verhältnismäßig großen Wege. Diese Verzögerung der Ansammlung von Luftblasen ist durch kleine Belastung bedingt, weil hierbei nicht nur das endgültige Druckgefälle klein ist, sondern auch zum Aufrollen ein längerer Weg benötigt wird. Bei der Untersuchung der Hohlraumbildung durch Verdampfung bei Schiffsschrauben benutzte *C. A. Parsons* 1919 einen mit entgastem Wasser gefüllten, unter Unterdruck gesetzten geschlossenen Tank (4). Ein von *Parsons* an einer dreiflügeligen Modellschraube gewonnenes Bild ist in Abb. 10 wiedergegeben. Auch hier ist die Lage der Spitzenwirbel recht deutlich zu erkennen.

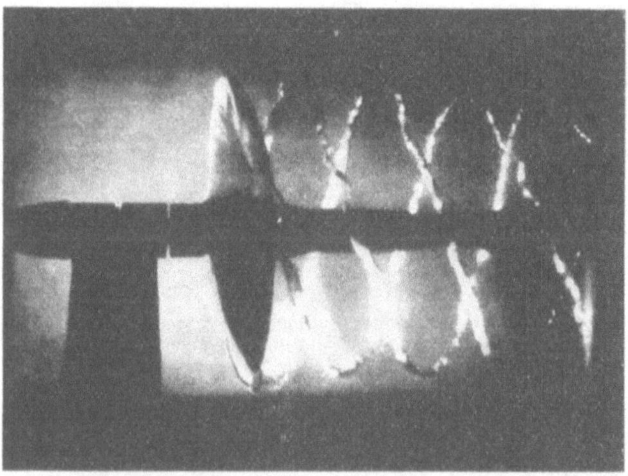

Abb. 10. Die von einer dreiflügeligen Schraube in entgastem Wasser am Stand ausgehenden Spitzenwirbel, bei denen der Wirbelkern durch die Hohlraumbildung infolge Erreichung des Dampfdruckes im Wirbelkerngebiet sichtbar wird. Hierbei ist die Kontraktion und Steigungszunahme der Schraubenwirbel deutlich zu erkennen.

Aus diesen Bildern ist aber neben der Zusammenziehung des Bahndurchmessers der Spitzenwirbel auch eine allmähliche Zunahme der Steigung zu erkennen, welche der Beschleunigung am Anfange des Schraubenstrahls entspricht.

Auch bei Luftschrauben ist das Einrollen der Spitzenwirbel allerdings nur selten und dazu nicht besonders deutlich ohne weiteres zu beobachten, nämlich bei sehr großem relativem Feuchtigkeitsgehalt der Luft. Im Unterdruckgebiet bildet sich dann Nebel, welcher den Vorgang sichtbar macht.

Bei Modellversuchen an Luftschrauben ist die Beobachtung des Einrollens neuerdings *Valensi* gelungen (5). Hierbei wurde durch eine feine Düse Rauch der die Luftschraube durchströmenden Luft beigesetzt und zwar nacheinander an verschieden weit von der Luftschraubenachse entfernten Stellen. Hierbei konnten von der Flügelspitze und von den Flügelwurzeln ausgehende Haupteinrollungen beobachtet werden, auch seitlich von der sich neutral verhaltenden Stelle des Zirkulationsgrößtwertes je eine Nebeneinrollung. Es ist also so, als würde das schraubenflächige Wirbelband an der Stelle des Zirkulationsgrößtwertes eingerissen. Die in der Nachbarschaft davon allerdings recht geringe Wirbeldichte gestattet kein so heftiges Einrollen wie an den Flügelspitzen oder auch nur wie an den Flügelwurzeln. Der Vorgang werde durch die Skizze der Abb. 11 veranschaulicht. Als Beispiel eines solchen durch Raucheinblasen gewonnenen Bildes diene die Abb. 13.

Abb. 11. Skizze zur Erläuterung des Aufrollvorgangs im Motorflug.

Abb. 12. Skizze zur Erläuterung des Aufrollvorgangs im Sturzflug.

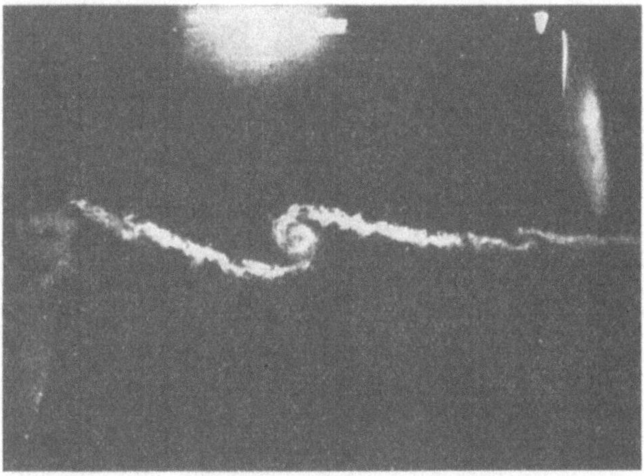

Abb. 13. Aufrollvorgang an den Flügelspitzen einer Schraube im Motorflugzustand, sichtbar gemacht durch Rauchbeimischung mittels einer feinen Düse.

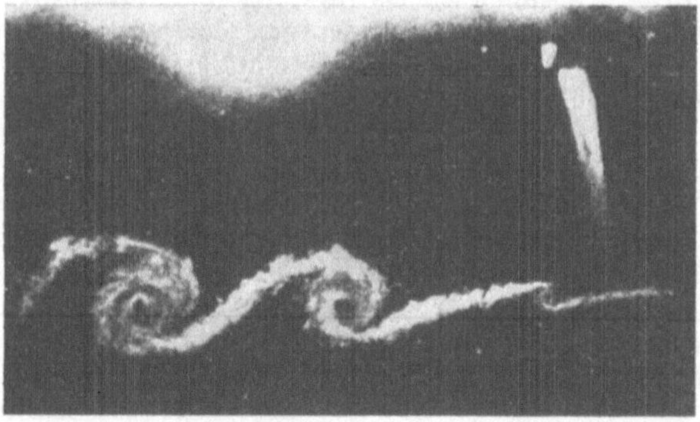

Abb. 14. Aufrollvorgang an den Flügelspitzen einer Schraube im Sturzflugzustand, sichtbar gemacht durch Rauchbeimischung mittels einer feinen Düse.

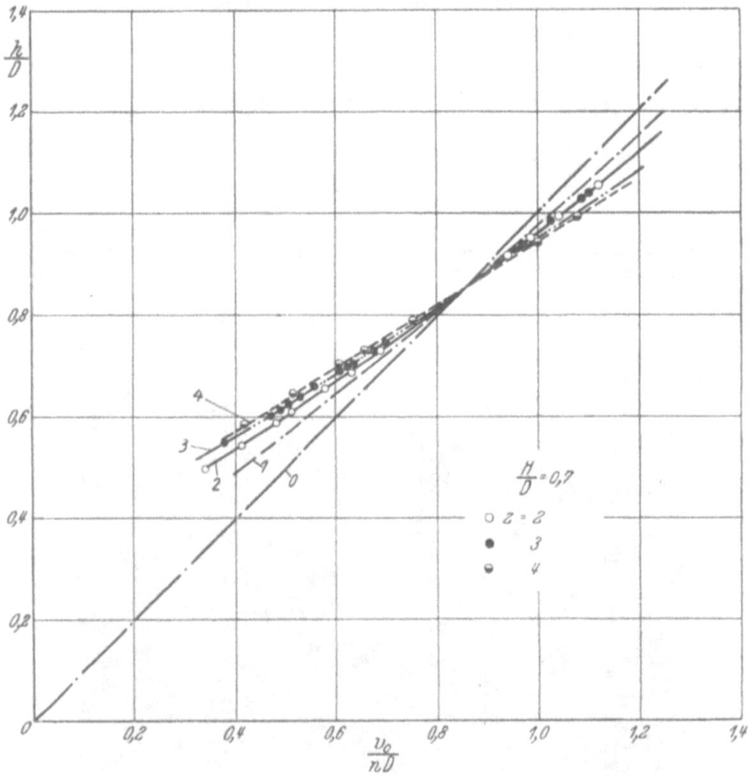

Abb. 15. Abhängigkeit der Ganghöhe h der Schraubenwirbel vom Fortschritt v_0/n je Umdrehung bei gleicher Flügelform und gleichem Steigungsverhältnis H/D und verschiedener Flügelzahl z.

Läuft die Schraube mit so großem Fortschrittsgrade, daß sie keinen Schub mehr erzeugt, sondern einen Widerstand erfährt und dabei keine Leistung mehr aufnimmt, sondern abgibt, läuft die Schraube also als Windmühle, wie dies im Sturzflug vorkommt, so hat die Zirkulation ein anderes Vorzeichen und damit auch die Wirbeldichte der Wirbelbänder. Das Aufrollen geschieht dann mit umgekehrtem Drehsinn, wie die Skizze der Abb. 12 veranschaulicht. Abb. 14, welche durch Raucheinblasen gewonnen wurde, möge hierzu als Beispiel dienen.

Solange eine Schraube einen Schub erzeugt, ist die Steigung h der Schraubenwirbel größer, als dem Fortschritt $H_0 = \frac{v_0}{n}$ der Schraube bei einer Umdrehung entspricht. h ist also schon vorhanden, wenn $H_0 = 0$ ist, also am Stande. Nach dem Übergang von der Erzeugung eines Schubs zur Erzeugung eines Widerstandes wird h kleiner als H_0. Bei dem der beschriebenen Beobachtung wegen des Fehlens der Zirkulation nicht zugäng-

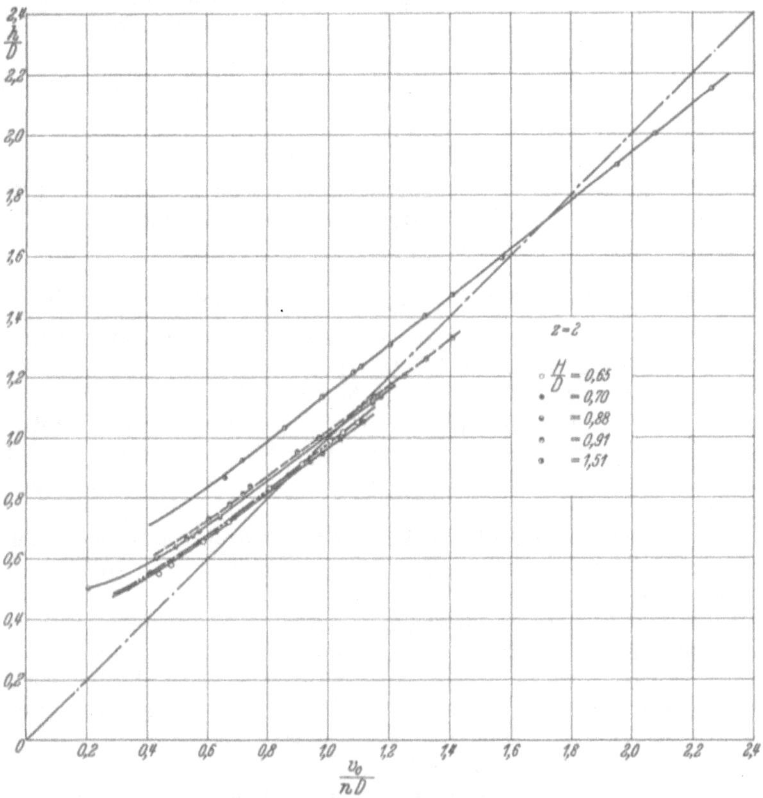

Abb. 16. Abhängigkeit der Ganghöhe h der Schraubenwirbel vom Fortschritt v_0/n je Umdrehung bei gleicher Flügelform und gleicher Flügelzahl z und verschiedenem Steigungsverhältnis H/D.

lichen Zustand h gleich H_0, ist der Schub Null. Je größer der Schubbelastungsgrad bei gegebenem Fortschrittsgrad ist, um so größer ist $h - H_0$.

Bei gleichem Blattbreitenverhältnis muß also $h - H_0$ um so größer sein, je größer die Steigung H und je größer die Flügelzahl $\mathfrak{z}$ der Schraube ist. *Valensi* hat für die von ihm untersuchte Schraubenfamilie den in Abb. 15 und 16 dargestellten Zusammenhang gefunden.

Beim Vergleich mit dem Einrollen des Wirbelbandes hinter einem Tragflügel fällt zunächst die Heftigkeit des Einrollens bei der Schraube auf. Begründet ist diese durch den im Vergleich zum Zirkulationsabfall nach den Enden des Tragflügels zu im allgemeinen viel heftigeren Zirkulationsabfall bei der Schraube an der Flügelspitze. Darüber hinaus muß man aber auch beachten, daß der von den Flügelspitzen der Schraube zurückgelegte Weg bei der Betrachtung von der Seite her sehr stark verkürzt erscheint, so daß die vergleichsweise Heftigkeit des Einrollens zu einem wesentlichen Teil nur vorgetäuscht ist und unter Zugrundelegung des zurückgelegten Weges der Schraubenspitzen doch mit dem Aufrollen des Wirbelbandes hinter einem Tragflügel vergleichbar wird. Die Nebeneinrollungen von der Stelle des Zirkulationsgrößtwertes eines Tragflügels nach beiden Seiten hin wurden allerdings bisher noch nicht beschrieben. Es dürfte jedoch kaum ein Zweifel an deren Existenz auch beim Tragflügel bestehen; dennoch wäre deren Untersuchung wünschenswert, da sie sicherlich Einfluß auf die Verhältnisse an den Leitwerken üblicher Flugzeuge haben.

Ersatz der nichtstationären schraubensymmetrischen Strömung weit hinter der Schraube durch eine stationäre achsensymmetrische

Da die Steigung h des schraubenförmigen Wirbelfadens größer ist als der Fortschritt $H_0 = \frac{v_0}{n}$ der Schraube je Umdrehung, so ist die schraubensymmetrische Strömung weit hinter der Schraube weder relativ zum Flugzeug noch zur Schraube stationär. Im Mittel jedoch läßt sich diese nichtstationäre Strömung, z. B. für die Untersuchung des Einflusses der Schraube auf das Flugzeug, durch eine achsensymmetrische stationäre ersetzen. Man hat sich hierzu die schraubenförmigen Spitzen- und Fußwirbel gleichmäßig flächenhaft je auf den den Schraubenlinien zugehörigen Zylindern vom Radius r_a und r_i verteilt zu denken. Man erhält dadurch eine gleichmäßige flächenhafte Verteilung von schraubenförmigen Wirbeln auf diesen Zylindern. Die Steigung h dieser Wirbel ist die gleiche wie die der Ausgangswirbel.

Denkt man sich nun jeden dieser Elementarschraubenwirbel durch einen stufenförmigen Wirbel ersetzt, so kann man die in Achsenrichtung liegenden Teile der Wirbel und ebenso die in Umfangsrichtung liegenden je für sich zusammenfassen. Dadurch erhält man den Ersatz der Schraubenwirbelsysteme auf den beiden Zylindern durch je ein System aus parallel zur Achse verlaufenden geraden Wirbelfäden und durch je ein System von senkrecht zur Achse verlaufenden ringförmigen Wirbelfäden.

Wir untersuchen zunächst das von einem auf einem Zylinder gleichmäßig verteilten System von Stabwirbeln erzeugte Geschwindigkeitsfeld. Im Äußeren wirkt ein solcher mit stabförmigen Wirbeln gleichmäßig besetzter Zylinder wie ein einziger Stabwirbel gleicher Gesamtzirkulation $\overline{\Gamma}_\mathfrak{z}$ in der Achse des Zylinders. Im Innern dagegen ist keine Geschwindigkeit vorhanden. Da für den inneren wie äußeren Zylinder die Gesamtzirkulation $\overline{\Gamma}_\mathfrak{z}$ gleich groß aber von entgegengesetztem Vorzeichen ist, ergibt sich, daß im gemeinsamen Inneren und gemeinsamen Äußeren beider Zylinder die von dem Stabwirbelsystem herrührende Umfangsgeschwindigkeit v_u verschwindet, im Gebiete dazwischen aber

$$v_u = \frac{\overline{\Gamma}_\mathfrak{z}}{2\pi r} \qquad (r_i < r < r_a)$$

ist. Einen von den Stabwirbeln herrührenden axialen Geschwindigkeitsanteil gibt es nicht.

Nun haben wir noch das von einem auf einem Zylinder gleichmäßig verteilten Ringwirbelsystem herrührende Geschwindigkeitsfeld zu untersuchen. Im Unendlichen ist die Geschwindigkeit als unverändert zu betrachten. Daraus folgt aber, daß im ganzen Äußeren des Zylinders durch das Ringwirbelsystem die Strömung ungeändert bleibt.

Beim Durchgang durch den Zylinder ändert sich die Axialkomponente dann sprunghaft entsprechend der Wirbeldichte des Ringwirbelsystems. Im Innern wird daher durch das Ringwirbelsystem eine konstante axiale Zusatzgeschwindigkeit $\overline{v}_a$ erzeugt. Diese ist gleich der Wirbeldichte

$$\overline{v}_a = \frac{\overline{\Gamma}_\mathfrak{z}}{h}.$$

Die Wirbeldichte und damit die axiale Zusatzgeschwindigkeit ist der Quotient aus Gesamtzirkulation $\overline{\Gamma}_\mathfrak{z}$ und der Steigung h der Schraubenwirbellinien. Diese Steigung h selbst berechnet sich aber aus der Zahl n der Umdrehungen in der Zeiteinheit und der Fortschrittsgeschwindigkeit v_w des Wirbelsystems. Diese ist aber der Mittelwert zwischen der im Äußeren vorhandenen Fortschrittsgeschwindigkeit v_0 und der im Inneren gegenüber v_0 um $\overline{v}_a$ vermehrten Geschwindigkeit $\overline{v}_m = v_0 + \overline{v}_a$, so daß also

$$v_w = v_0 + \frac{\overline{v}_a}{2}$$

ist und damit

$$h = \frac{v_w}{n} = \frac{v_0 + \frac{\overline{v}_a}{2}}{n} \qquad \left(n = \frac{\omega}{2\pi}\right).$$

Damit ergibt sich

$$\overline{v}_a = \frac{n\overline{\Gamma}_\mathfrak{z}}{v_0 + \frac{\overline{v}_a}{2}}.$$

Dies ist eine quadratische Gleichung für $\overline{v}_a$

$$\overline{v}_a^2 + 2\overline{v}_a v_0 = 2n\overline{\Gamma}_\mathfrak{z}.$$

$$\overline{v}_a = \sqrt{v_0^2 + 2n\overline{\Gamma}_\mathfrak{z}} - v_0 = v_0\left(\sqrt{1 + \frac{2n\overline{\Gamma}_\mathfrak{z}}{v_0^2}} - 1\right)$$

und damit

$$\frac{\bar{v}_m}{v_0} = \sqrt{1 + \frac{2n\bar{\Gamma}_z}{v_0^2}}\,. \quad \ldots\ldots\ldots\ldots \quad \text{(I)}$$

Hierin kann $\frac{2n\bar{\Gamma}_z}{v_0^2}$ noch umgeformt werden

$$\frac{2n\bar{\Gamma}_z}{v_0^2} = \frac{2n z\Gamma_m}{v_0^2} \cdot \frac{\bar{\Gamma}_z}{z\Gamma_m} = \frac{2n z\Gamma_m}{v_0^2} \cdot \frac{\bar{\Gamma}}{\Gamma_m}\,.$$

Ist Γ_m die mittlere Zirkulation an den Schraubenflügeln, deren Spitzenradius R sei,

$$\Gamma_m = \int_0^1 \Gamma\, d\left(\frac{r}{R}\right)^2$$

und die mittlere Durchflußgeschwindigkeit in der Schraubenkreisebene

$$v_m = v_0 + \frac{v_a}{2}\,,$$

so ergibt sich nach dem von *Föttinger* abgeleiteten Turbinenleistungssatz, wenn $Q = F_s \cdot v_m$ die Durchflußmenge ist, als Leistung (6)

$$N = \varrho \frac{\omega}{2\pi} Q\, z\Gamma_m = \varrho n v_m \pi R^2 z \Gamma_m.$$

Hiermit wird

$$\frac{2n z\Gamma_m}{v_0^2} = \frac{N}{\frac{\varrho}{2} v_0^3 \pi R^2} \cdot \frac{v_0}{v_m} = \frac{k_d}{\lambda^3} \cdot \frac{v_0}{v_m}$$

und damit

$$\frac{2n\bar{\Gamma}_z}{v_0^2} = \frac{\bar{\Gamma}}{\Gamma_m} \cdot \frac{k_d}{\lambda^3} \cdot \frac{v_0}{v_m}\,, \quad \ldots\ldots\ldots \quad \text{(II)}$$

wobei

$$k_d = \frac{N}{\frac{\varrho}{2} u^3 \pi R^2}$$

die Leistungsziffer, $\lambda = \frac{v_0}{u}$ den Fortschrittsgrad bedeuten. Die Leistung der Schraube muß sich sowohl aus den Drall- und Durchflußverhältnissen in der Schraubenkreisebene wie auch aus denen in einer Ebene weit hinter der Schraube berechnen lassen.

In der Schraubenkreisebene berechnet sich

$$N = \varrho n v_m \pi R^2 z \Gamma_m,$$

weit dahinter entsprechend

$$N = \varrho n \bar{v}_m \pi (r_a^2 - r_i^2)\, z\bar{\Gamma} \qquad (z\bar{\Gamma} = \bar{\Gamma}_z).$$

Durch Gleichsetzen ergibt sich hieraus

$$K = \frac{r_a^2 - r_i^2}{R^2} = \frac{\Gamma_m}{\Gamma} \cdot \frac{v_m}{\bar{v}_m} \quad \text{(III)}$$

Die Durchflußgeschwindigkeit v_m durch die Schraubenkreisebene läßt sich mit Hilfe der Kontinuitätsgleichung bestimmen. Man denkt sich hierbei die Wirbelbänder schon in der Schraubenkreisebene aufgerollt (Index ∞). Die Zusatzgeschwindigkeiten in axialer Richtung können dort aber nur halb so groß sein wie weit dahinter, so daß auch Innen- und Außenradius der Wirbelflächen in der Schraubenkreisebene etwas anders werden, als weit dahinter.

Wir schreiben

$$\frac{r_{a\infty}^2 - r_{i\infty}^2}{R^2} = K_\infty, \quad \frac{r_a^2 - r_i^2}{R^2} = K.$$

Dann muß also wegen der zu verlangenden Gleichheit der Leistung und der Durchflußmenge sein

$$\bar{v}_m K = \bar{v}_{m\infty} K_\infty$$

oder

$$K_\infty = \frac{\bar{v}_m}{\bar{v}_{m\infty}} K. \quad \text{(IV)}$$

Soll die gleiche Menge durch den Schraubenkreis strömen sowohl im Falle der nichtaufgerollten wie im Falle der aufgerollten Wirbelflächen, so muß sein

$$v_m \pi R^2 = \bar{v}_{m\infty} \pi (r_{a\infty}^2 - r_{i\infty}^2) + v_0 \pi (R^2 - (r_{a\infty}^2 - r_{i\infty}^2))$$

oder

$$v_m = \bar{v}_{m\infty} K_\infty + v_0 (1 - K_\infty). \quad \text{(V}$$

Da nun

$$\bar{v}_{m\infty} = v_0 + \frac{\bar{v}_a}{2}, \qquad \bar{v}_m = v_0 + \bar{v}_a$$

oder

$$\bar{v}_{m\infty} = \bar{v}_m - \frac{\bar{v}_a}{2} = \frac{\bar{v}_m}{2} + \frac{v_0}{2}$$

ist, so wird

$$\frac{\bar{v}_m}{\bar{v}_{m\infty}} = \frac{2 \frac{\bar{v}_m}{v_0}}{\frac{\bar{v}_m}{v_0} + 1} \quad \text{(VI)}$$

Setzt man (IV) und (VI) in (V) ein, so erhält man

$$v_m = \bar{v}_m K + v_0 \left(1 - \frac{2 \frac{\bar{v}_m}{v_0}}{\frac{\bar{v}_m}{v_0} + 1} K \right)$$

und mit (III)

$$v_m = v_m \frac{\Gamma_m}{\overline{\Gamma}} + v_0 - v_m \frac{2\frac{\Gamma_m}{\overline{\Gamma}}}{\frac{\overline{v}_m}{v_0} + 1}$$

und damit

$$v_m \left(1 - \frac{\Gamma_m}{\overline{\Gamma}} \frac{\frac{\overline{v}_m}{v_0} - 1}{\frac{\overline{v}_m}{v_0} + 1}\right) = v_0 .$$

Setzt man dies Ergebnis in (II) ein, so erhält man

$$\frac{2n\overline{\Gamma}_\delta}{v_0^2} = \frac{\overline{\Gamma}}{\Gamma_m} \cdot \frac{k_d}{\lambda^3} \left(1 - \frac{\Gamma_m}{\overline{\Gamma}} \frac{\frac{\overline{v}_m}{v_0} - 1}{\frac{\overline{v}_m}{v_0} + 1}\right)$$

und da nach (I) auch

$$\frac{2n\overline{\Gamma}_\delta}{v_0^2} = \left(\frac{\overline{v}_m}{v_0}\right)^2 - 1,$$

so wird zur Bestimmung von $\frac{\overline{v}_m}{v_0}$ gewonnen

$$1 + \frac{k_d}{\lambda^3} \left(\frac{\overline{\Gamma}}{\Gamma_m} - \frac{\frac{\overline{v}_m}{v_0} - 1}{\frac{\overline{v}_m}{v_0} + 1}\right) = \left(\frac{\overline{v}_m}{v_0}\right)^2 .$$

Die sich hieraus ergebenden $\frac{\overline{v}_m}{v_0}$ sind in Abb. 17 in Abhängigkeit von $\frac{k_d}{\lambda^3}$ und $\frac{\overline{\Gamma}}{\Gamma_m}$ dargestellt. Hiermit läßt sich auch gewinnen

$$\frac{v_m}{v_0} = \frac{1}{1 - \frac{\Gamma_m}{\overline{\Gamma}} \frac{\frac{\overline{v}_m}{v_0} - 1}{\frac{\overline{v}_m}{v_0} + 1}} = \frac{\frac{\overline{v}_m}{v_0} + 1}{\frac{\overline{v}_m}{v_0}\left(1 - \frac{\Gamma_m}{\overline{\Gamma}}\right) + \left(1 + \frac{\Gamma_m}{\overline{\Gamma}}\right)}$$

und damit

$$K = \frac{r_a^2 - r_i^2}{R^2} = \frac{\Gamma_m}{\overline{\Gamma}} \frac{v_m/v_0}{\overline{v}_m/v_0}$$

$$= \frac{\Gamma_m}{\overline{\Gamma}} \frac{1 + v_0/\overline{v}_m}{\frac{\overline{v}_m}{v_0}\left(1 - \frac{\Gamma_m}{\overline{\Gamma}}\right) + \left(1 + \frac{\Gamma_m}{\overline{\Gamma}}\right)} = \frac{\Gamma_m}{\overline{\Gamma}} \frac{1\Big/\frac{\overline{v}_m}{v_0}}{1 - \frac{\Gamma_m}{\overline{\Gamma}} \frac{\frac{\overline{v}_m}{v_0} - 1}{\frac{\overline{v}_m}{v_0} + 1}} .$$

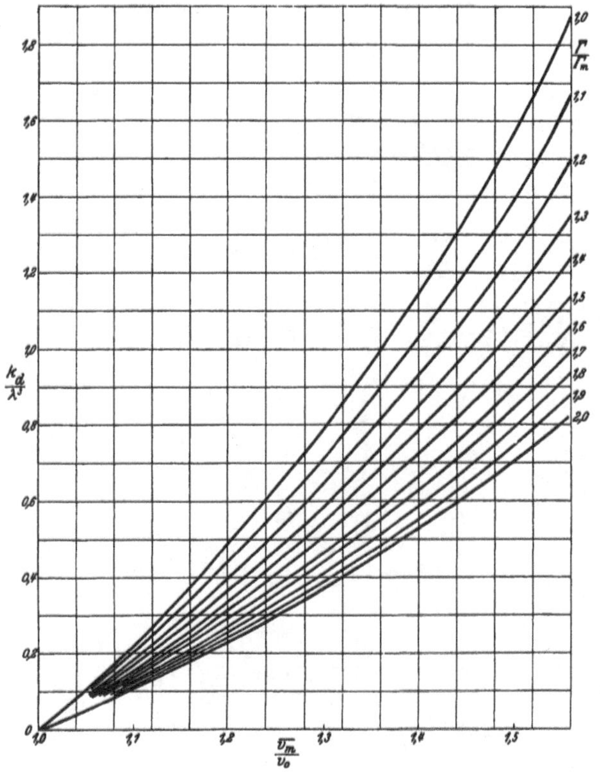

Abb. 17. Darstellung des Zusammenhanges zwischen $\frac{kd}{\lambda^3}$, $\frac{\Gamma}{\Gamma_m}$, $\frac{\bar{v}_m}{v_0}$.

Nachdem die Größe $K = \frac{r_a^2 - r_i^2}{R^2}$ berechnet worden ist, muß noch das Verhältnis r_a/r_i berechnet werden. Dies kann man unter Zuhilfenahme des Schubes S. Der Schub ist aber nicht allein zu errechnen aus dem Anteil S_v, welcher der Vermehrung der axialen Geschwindigkeit entspricht, sondern auch aus der Verminderung S_p, welche durch den Strahlunterdruck p_u hervorgerufen wird. Es muß also sein

$$S = S_v - S_p .$$

Hierbei ist dann

$$S_v = \varrho \bar{v}_m \pi (r_a^2 - r_i^2) \bar{v}_a$$

$$S_p = \int_0^{r_a} p_u 2\pi r \, dr .$$

Der Unterdruck p_u ist

$$p_u = \frac{\varrho}{2} (v_u^2 - v_{ua}^2) \qquad \text{für } r_i < r < r_a$$

$$p_u = \frac{\varrho}{2} (v_{ui}^2 - v_{ua}^2) \qquad \text{für } r < r_i .$$

Die Umfangskomponente v_u berechnet sich aus der Zirkulation

$$\bar{\Gamma}_{\mathfrak{z}} = 2\pi r v_u$$

zu

$$v_u = \frac{\bar{\Gamma}_{\mathfrak{z}}}{2\pi} \cdot \frac{1}{r}.$$

Hiermit wird

$$p_u = \frac{\varrho}{2} \frac{\bar{\Gamma}_{\mathfrak{z}}^2}{4\pi^2} \left(\frac{1}{r^2} - \frac{1}{r_a^2}\right) \qquad \text{für } r_i < r < r_a$$

$$p_u = \frac{\varrho}{2} \frac{\bar{\Gamma}_{\mathfrak{z}}^2}{4\pi^2} \left(\frac{1}{r_i^2} - \frac{1}{r_a^2}\right) \qquad \text{für } r < r_i$$

und damit

$$S_p = \frac{\varrho \bar{\Gamma}_{\mathfrak{z}}^2}{4\pi} \left[\int_0^{r_i} \left(\frac{1}{r_i^2} - \frac{1}{r_a^2}\right) r\,dr + \int_{r_i}^{r_a} \left(\frac{1}{r^2} - \frac{1}{r_a^2}\right) r\,dr\right]$$

$$S_p = \frac{\varrho \bar{\Gamma}_{\mathfrak{z}}^2}{8\pi} \left[\int_0^{r_i^2} \left(\frac{1}{r_i^2} - \frac{1}{r_a^2}\right) dr^2 + \int_{r_i^2}^{r_a^2} \left(\frac{1}{r^2} - \frac{1}{r_a^2}\right) dr^2\right]$$

$$S_p = \frac{\varrho \bar{\Gamma}_{\mathfrak{z}}^2}{8\pi} \left[\left(\frac{1}{r_i^2} - \frac{1}{r_a^2}\right) r_i^2 + \ln \frac{r_a^2}{r_i^2} - \frac{1}{r_a^2} (r_a^2 - r_i^2)\right]$$

$$S_p = \frac{\varrho \bar{\Gamma}_{\mathfrak{z}}^2}{8\pi} \ln \frac{r_a^2}{r_i^2} = \frac{\varrho \bar{\Gamma}_{\mathfrak{z}}^2}{4\pi} \ln \frac{r_a}{r_i}.$$

Die Leistung N ist

$$N = \varrho \bar{v}_m \pi (r_a^2 - r_i^2)\, n \bar{\Gamma}_{\mathfrak{z}}$$

oder mit

$$\frac{2 n \bar{\Gamma}_{\mathfrak{z}}}{v_0^2} = \gamma, \qquad \frac{\bar{v}_m}{v_0} = \sqrt{1+\gamma}$$

$$N = \frac{\varrho}{2} v_0^2 \pi (r_a^2 - r_i^2)\, \gamma \sqrt{1+\gamma}.$$

Der Gesamtschub ist

$$S = S_v - S_p = \varrho \bar{v}_m \pi (r_a^2 - r_i^2)\, \bar{v}_a - \frac{\varrho \bar{\Gamma}_{\mathfrak{z}}^2}{4\pi} \ln \frac{r_a}{r_i}$$

oder mit

$$\varrho \bar{v}_m \pi (r_a^2 - r_i^2) = \frac{N}{n \bar{\Gamma}_{\mathfrak{z}}}, \qquad \frac{2 n \bar{\Gamma}_{\mathfrak{z}}}{v_0^2} = \gamma, \qquad \frac{\bar{v}_a}{v_0} = \sqrt{1+\gamma} - 1$$

$$S = \frac{2N}{v_0} \frac{\sqrt{1+\gamma} - 1}{\gamma} - \frac{\varrho v_0^4}{16 \pi n^2} \gamma^2 \ln \frac{r_a}{r_i}$$

oder mit dem Wirkungsgrad

$$\eta = \frac{v_0 S}{N}$$

$$\eta = \frac{2(\sqrt{1+\gamma}-1)}{\gamma} - \frac{\varrho v_0^5}{16 \pi n^2 N} \gamma^2 \ln \frac{r_a}{r_i}.$$

Mit

$$k_d = \frac{N}{\frac{\varrho}{2} \omega^3 \pi R^5}, \qquad n = \frac{\omega}{2\pi}, \qquad \lambda = \frac{v_0}{\omega R}$$

wird

$$\frac{\varrho v_0^5}{16 \pi n^2 N} = \frac{\lambda^5}{2 k_d}$$

und damit

$$\ln \frac{r_a}{r_i} = \frac{2 k_d}{\lambda^5 \gamma^2} \left(\frac{2(\sqrt{1+\gamma}-1)}{\gamma} - \eta \right).$$

Bei der Ableitung obiger Gleichungen wurde Reibungsfreiheit der Strömung vorausgesetzt. Da die axialen Zusatzgeschwindigkeiten im wesentlichen durch den Schub bedingt sind, ist es daher zweckmäßig, für η jenen Wirkungsgrad η_{id} einzusetzen, der sich bei Reibungsfreiheit für den erreichten Schubbelastungsgrad c_s ergeben würde und entsprechend statt der wirklichen Drehmomentziffer k_d jene zu nehmen, welche bei idealen Verhältnissen dem erreichten Schubbelastungsgrad entspräche, also

$$k_{d\,id} = k_d \cdot \frac{\eta}{\eta_{id}}.$$

Nunmehr sollen noch die Umfangskomponenten berechnet werden. Mit $\Gamma_\mathfrak{z} = 2 \pi r v_u$ wird

$$N = \varrho v_m \pi (r_a^2 - r_i^2) \omega r v_u$$

oder mit $\frac{v_0}{\omega R} = \lambda$

$$k_d = \frac{N}{\frac{\varrho}{2} \omega^3 \pi R^5} = 2 \frac{\bar{v}_m}{v_0} \frac{v_u}{v_0} K \cdot \frac{r}{R} \lambda^2$$

und damit

$$\frac{r}{R} \frac{v_u}{v_0} = \frac{k_d}{2 \frac{\bar{v}_m}{v_0} K \lambda^2}.$$

Beispiel für die Vereinfachung des Strömungsbildes bei Berücksichtigung des Aufrollvorgangs

Die Zirkulationsverteilung über den Schraubenflügel möge bekannt sein. Dann kann $\frac{\Gamma_m}{\Gamma}$ bestimmt werden.

In Abb. 18 ist als Beispiel eine aus Versuchen (7) gefundene Verteilung der Tangentialgeschwindigkeit v_u/v_0 über dem Schraubenradius auf-

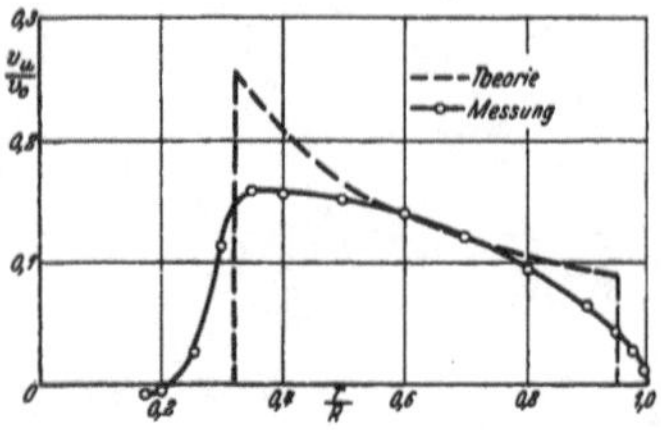

Abb. 18. Verteilung der Umfangskomponente hinter einer Schraube und Vergleich mit den Ergebnissen der Theorie der völlig aufgerollten Wirbelflächen.

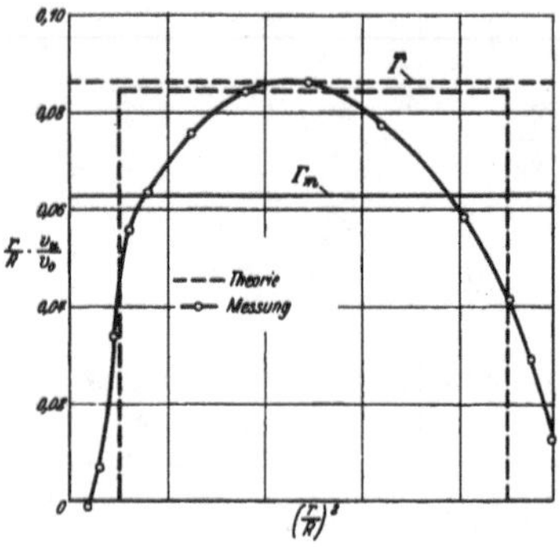

Abb. 19. Verteilung des Dralls hinter einer Schraube und Vergleich mit den Ergebnissen der Theorie der völlig aufgerollten Wirbelflächen.

getragen. Hieraus läßt sich die Zirkulationsverteilung

$$\frac{\Gamma}{2\pi R v_0} = \frac{r}{R}\,\frac{v_u}{v_0}$$

bestimmen. Für das Beispiel liegt der Zirkulationsgrößtwert bei $r/R = 0{,}58$.

In Abb. 19 ist $\frac{r}{R} \cdot \frac{v_u}{v_0}$ über $(r/R)^2$ aufgetragen. Durch Planimetrieren wird

$$\frac{\Gamma_m}{\Gamma} = 0{,}73$$

gefunden.

Für das Beispiel ist k_d[2]) $= 0{,}00582$, $\lambda = 0{,}198$, $\eta = 0{,}770$[3]) und damit

$$k_s = \frac{\eta}{\lambda}\,k_d = 0{,}0226, \qquad c_s = \frac{k_s}{\lambda^2} = 0{,}577.$$

Bei Reibungsfreiheit wäre hierfür

$$\eta_{id} = 0{,}825^{3)} \quad \text{statt} \quad \eta = 0{,}770^{3)}$$
$$k_{d\,id} = 0{,}00543 \quad \text{statt} \quad k_d = 0{,}00582.$$

Aus der Beziehung

$$1 + \frac{k_d}{\lambda^3}\,\frac{\Gamma}{\Gamma_m} - \frac{k_d}{\lambda^3}\,\frac{\frac{\bar{v}_m}{v_0} - 1}{\frac{\bar{v}_m}{v_0} + 1} = \left(\frac{\bar{v}_m}{v_0}\right)^2$$

---

[2]) $k_d = \frac{16}{\pi^3}\,k_Q$. [3]) geschätzt.

ergibt sich für

$$\frac{k_d}{\lambda^3} = 0{,}702 \qquad \frac{k_d}{\lambda^3}\frac{\bar{\Gamma}}{\Gamma_m} = 0{,}960$$

$$\frac{\bar{v}_m}{v_0} = 1{,}36.$$

Bei gleichmäßiger Verteilung des Schubs über den ganzen Schraubenkreis und ohne Strahldrehung hätte sich

$$\left(\frac{\bar{v}_m}{v_0}\right) = \sqrt{1 + c_s} = 1{,}252$$

ergeben. Die Zusatzgeschwindigkeit $\bar{v}_a$ ist also das

$$\frac{0{,}360}{0{,}252} = 1{,}43\,\text{fache}$$

der sich sonst errechnenden.

Aus

$$\frac{v_m}{v_0} = \frac{1}{1 - \dfrac{\Gamma_m}{\bar{\Gamma}} \dfrac{\dfrac{\bar{v}_m}{v_0} - 1}{\dfrac{\bar{v}_m}{v_0} + 1}}$$

ergibt sich für

$$\frac{\Gamma_m}{\bar{\Gamma}} = 0{,}73; \qquad \frac{\bar{v}_m}{v_0} = 1{,}36$$

$$\frac{v_m}{v_0} = 1{,}123$$

und damit

$$K = \frac{\Gamma_m}{\bar{\Gamma}} \cdot \frac{v_m/v_0}{\bar{v}_m/v_0} = 0{,}73 \cdot \frac{1{,}123}{1{,}360} = 0{,}603 = \frac{r_a^2 - r_i^2}{R^2}.$$

Mit

$$\gamma = \left(\frac{\bar{v}_m}{v_0}\right)^2 - 1 = 0{,}85$$

wird

$$\ln\frac{r_a}{r_i} = \frac{2\,k_{d\,id}}{\lambda^5\gamma^2} \cdot \left(\frac{2\,(\sqrt{1+\gamma} - 1)}{\gamma} - \eta_{id}\right)$$

$$\ln\frac{r_a}{r_i} = \frac{2 \cdot 0{,}00543}{0{,}000303 \cdot 0{,}723} \cdot \left(\frac{2\,(\sqrt{1{,}85} - 1)}{0{,}85} - 0{,}825\right)$$

$$\ln\frac{r_a}{r_i} = 0{,}496 \cdot 0{,}022 = 1{,}09.$$

Also

$$\frac{r_a}{r_i} = 2{,}97$$

und wegen $\frac{r_a^2 - r_i^2}{R^2} = 0{,}603$

$$\left(\frac{r_i}{R}\right)^2 = \frac{0{,}603}{2{,}97^2 - 1} = 0{,}0772$$

oder

$$\frac{r_i}{R} = 0{,}278; \qquad \frac{r_a}{R} = 0{,}826.$$

Für $\frac{\bar{v}_m}{\bar{v}_{m\infty}}$ ergibt sich

$$\frac{\bar{v}_m}{\bar{v}_{m\infty}} = \frac{2\,\frac{\bar{v}_m}{v_0}}{\frac{\bar{v}_m}{v_0} + 1} = \frac{2 \cdot 1{,}36}{2{,}36} = 1{,}15$$

und damit

$$K_\infty = \frac{r_{a\infty}^2 - r_{i\infty}^2}{R^2} = \frac{\bar{v}_m}{\bar{v}_{m\infty}} \cdot K = 0{,}696.$$

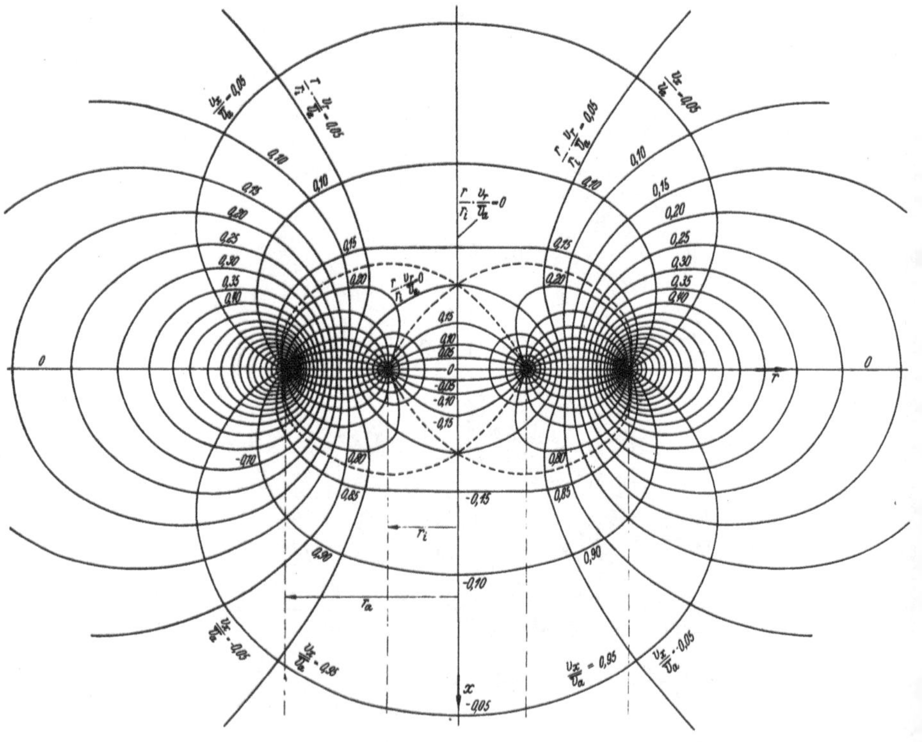

Abb. 20. Linien gleicher Axialkomponenten v_x und des r/r_i-fachen der Radialkomponenten im Felde einer Schraube nach der Theorie der völlig aufgerollten Wirbelfläche für den Fall $r_i/r_a = 0{,}4$ als Beispiel.

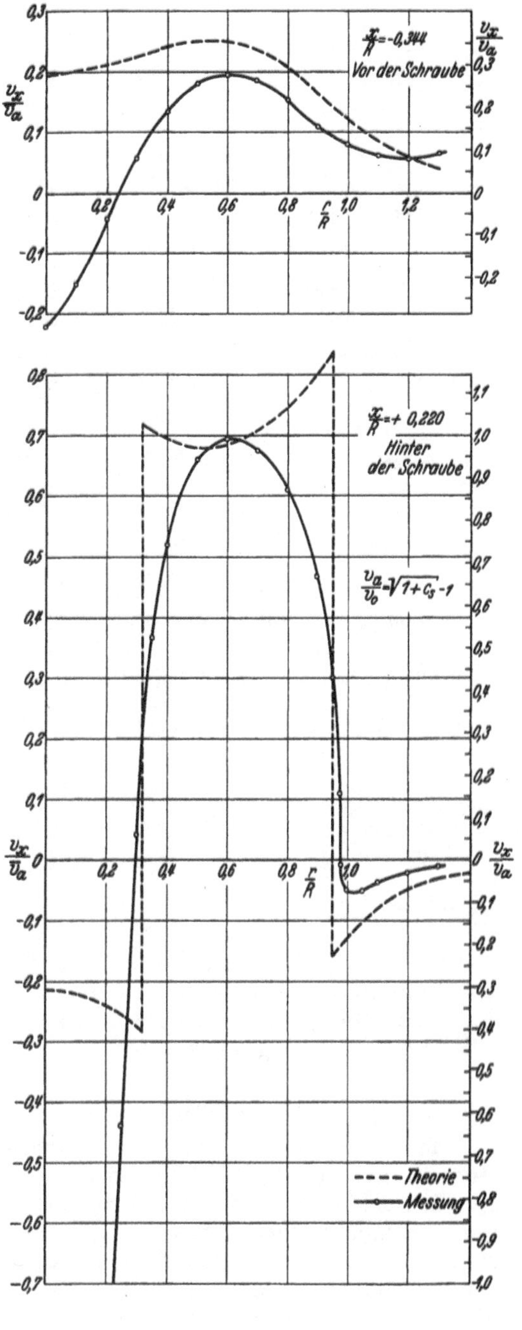

Abb. 21. Verteilung der Axialkomponenten $\frac{v_x}{v_a}$ vor und hinter einer Schraube und Vergleich mit der Theorie der völlig aufgerollten Wirbelflächen. Ein Teil des Unterschiedes ist auf den Einfluß der Mischung und der Nabe zurückzuführen.

In erster Näherung darf

$$\frac{r_{a\infty}}{r_{i\infty}} = \frac{r_a}{r_i}$$

gesetzt werden, womit sich

$$\frac{r_{i\infty}}{R} = 0{,}322, \quad \frac{r_{a\infty}}{R} = 0{,}952$$

ergibt.

Denkt man sich die Schraubenwirbelbänder schon gleich hinter der Schraube aufgerollt, so kann die Strömung dargestellt werden durch einen gleichmäßig mit Senken besetzten Kreisring, deren Dichte $\bar{v}_a$ ist, und eine dahinter überlagerte Parallelströmung. Innen- und Außenradius des Kreisrings sind $r_{i\infty}$ und $r_{a\infty}$.

In Abb. 20 ist ein Bild der Geschwindigkeitsverteilung einer solchen Strömung für den Fall $\frac{r_{i\infty}}{r_{a\infty}} = 0{,}4$ als Beispiel dargestellt. In dem oben wiedergegebenen Beispiel ist allerdings $r_i/r_a = 0{,}337$. Welche Geschwindigkeiten in axialer und in radialer Richtung sich hierfür im Abstande $\frac{x}{R} = -\,0{,}344$ vor der Schraube und im Abstande $\frac{x}{R} = +\,0{,}220$ hin-

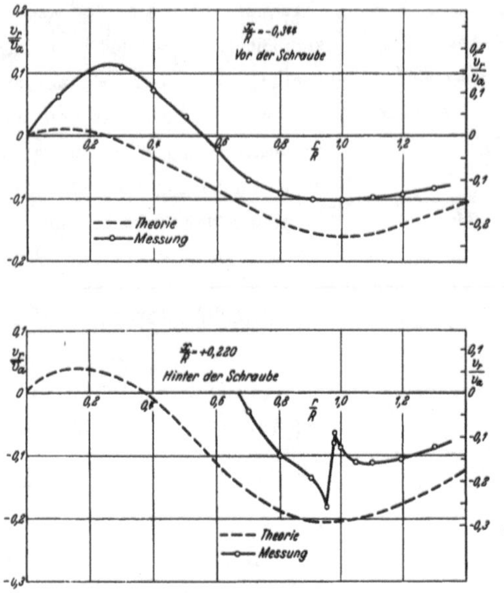

Abb. 22. Verteilung der Radialkomponenten $\frac{v_r}{v_a}$ vor und hinter einer Schraube und Vergleich mit der Theorie der völlig aufgerollten Wirbelflächen. Ein Teil des Unterschiedes ist auf den Einfluß der Mischung und der Nabe zurückzuführen.

ter der Schraube ergeben würden, ist zusammen mit Versuchsergebnissen in Abb. 21 und 22 wiedergegeben.

Für die Umfangskomponente erhalten wir, wenn wir wieder Reibungsfreiheit zugrunde legen, mit $k_{a\,id} = 0{,}00543$, $\frac{\bar{v}_m}{v_0} = 1{,}36$, $K = 0{,}603$, $\lambda = 0{,}198$ aus

$$\frac{r}{R} \cdot \frac{v_{u\,id}}{v_0} = \frac{k_{a\,id}}{2\,\frac{\bar{v}_m}{v_0} \cdot K \cdot \lambda^2}$$

$$\frac{r}{R} \cdot \frac{v_{u\,id}}{v_0} = 0{,}0846.$$

Das Ergebnis der Rechnung ist mit dem des Versuchs in Abb. 19 verglichen. Der Vergleich der Rechnungsergebnisse zeigt eine im allgemeinen wohl befriedigende Übereinstimmung, soweit man eine solche überhaupt von einer derartigen Näherungsrechnung verlangen darf.

Betrachtung über die Turbulenz im Schraubenstrahl

Die Ergebnisse der Betrachtungen über das Aufrollen der Wirbelbänder hinter der Schraube können selbstverständlich die wirklichen Verhältnisse nur ganz roh erfassen. Tatsächlich ist das ganze Strömungsgebilde labil und wegen der Reibung der allmählichen Vermischung unterworfen. Das Gebiet der Zusatzgeschwindigkeiten verflacht sich daher immer mehr und breitet sich entsprechend aus. Im Längsschnitt durch den Schraubenstrahl kann man daher drei Gebiete unterscheiden:

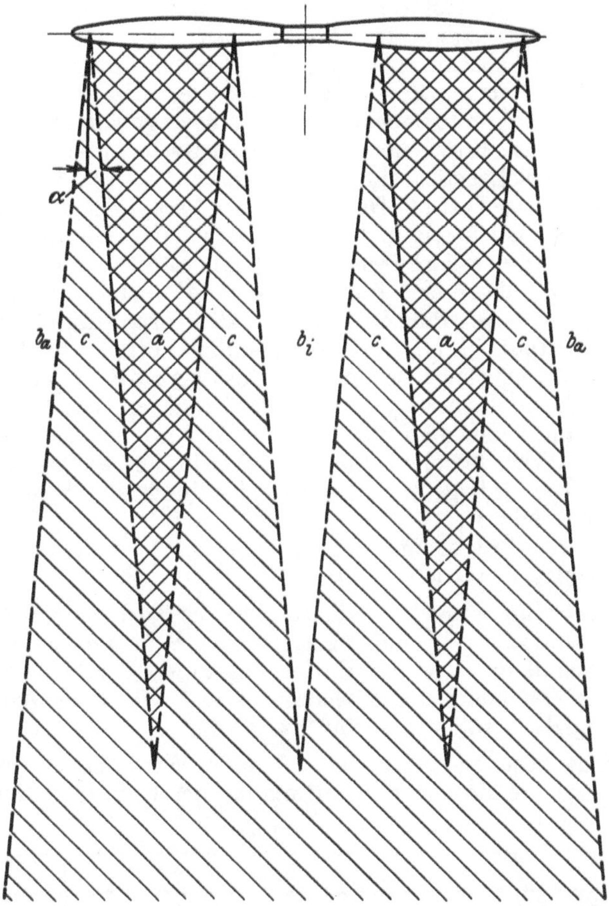

Abb. 23. Skizze der Strahlenausbreitung und Mischung. Im Gebiete b_a ist die Turbulenz die der freien Atmosphäre. In den Gebieten a, b_i, c ist sie wesentlich vergrößert. Der Ausbreitungswinkel α ist der Größenordnung nach $0{,}1 \cdot \bar{v}_a/\bar{v}_m$ im Bogenmaß.

a) das Gebiet der unverminderten Zusatzgeschwindigkeit,
b) das Gebiet der ungeänderten Strömung,
c) das Mischgebiet.

Die Begrenzungen dieser Gebiete sind durch Abb. 23 roh gekennzeichnet. In jedem Querschnitt muß natürlich der Impulssatz befriedigt werden. Für die Drallströmung gilt ähnliches.

Der Mischvorgang und die auch ursprünglich sehr ungleiche Wirbelverteilung im Schraubenstrahl bedingen offenbar eine außerordentlich starke Turbulenz innerhalb des Schraubenstrahls. Man darf ohne weiteres annehmen, daß sie wesentlich stärker ist als die verhältnismäßig geringe

Turbulenz der freien Atmosphäre, aber selbst noch beträchtlich stärker ist als in den turbulenzreichsten Windkanälen.

Hieraus ist wiederum ein erheblicher Einfluß auf die Eigenschaften der im Schraubenstrahl liegenden Tragflügelprofile zu erwarten. Die Austauschbewegung im turbulenten Gebiete bedingt ja eine Energiezufuhr in die Grenzschicht. Energiereichtum der Grenzschicht bedingt aber deren Fähigkeit, bei Druckanstieg am Profil länger anliegen zu bleiben, als dies bei Energiearmut der Fall ist. Dies ist eine aus Versuchen mit Grenzschichtabsaugung, mit Spaltflügeln und mit Zublasen wohlbekannte Erscheinung.

Über das Maß der Turbulenz im Schraubenstrahl wurden zwar bisher keine Versuche durchgeführt. Die Analyse von Motorflugpolaren und Gleitflugpolaren zeigte aber, daß die Auftriebsvermehrung durch den Einfluß des Schraubenstrahls im allgemeinen wesentlich über das Maß hinausgeht, das aus der Vermehrung der axialen Zusatzgeschwindigkeiten und der Veränderung der wirksamen Anstellung der Profile zu erwarten ist (8), und zwar auch dann, wenn man die Verhältnisse bei dem oben betrachteten Einrollen der Wirbelbänder und die Vermehrung der axialen Zusatzgeschwindigkeiten infolge des Unterdrucks durch die Schraubenstrahldrehung berücksichtigt.

Zur weiteren Erforschung des tatsächlichen Verhaltens müssen zwei Wege eingeschlagen werden.

1. Die Feststellung und u. U. die Analyse der Turbulenz im Schraubenstrahl und zwar in Abhängigkeit vom Belastungsgrad und Fortschrittsgrad und von der Entfernung hinter der Schraube.
2. Die Untersuchung des Verhaltens von Profilen im Windstrom in Abhängigkeit von der Turbulenz.

Allerdings besitzen die bisher gebauten Windkanäle verschiedenen Turbulenzgrad, wie sich durch Bestimmung der kritischen Kennzahl $\mathfrak{R}_{kr}$

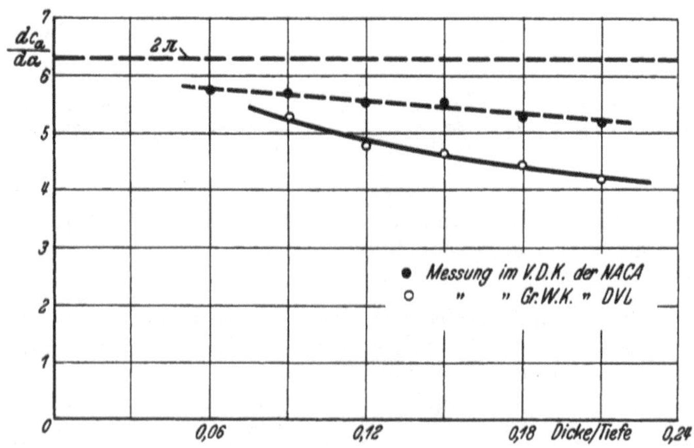

Abb. 24. Einfluß der Turbulenz auf $dc_a/d\alpha_\infty$, erläutert an Meßergebnissen im V. D. K. des NACA und im G. W. K. der DVL, welche verschiedene Turbulenz besitzen.

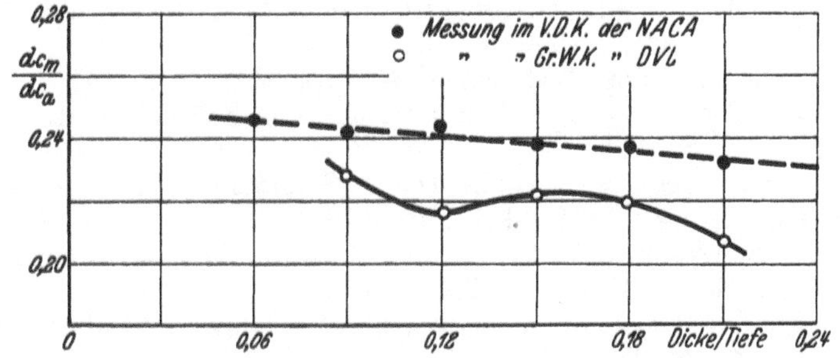

Abb. 25. Einfluß der Turbulenz auf dc_m/dc_a, erläutert an Meßergebnissen im V. D. K. des NACA und im G. W. K. der DVL, welche verschiedene Turbulenz besitzen.

von Kugeln zeigen ließ (9). Durch ähnliche Versuche wurde auch der Turbulenzgrad der freien Atmosphäre bestimmt, und zwar ergab sich erfreulicherweise, daß dieser klein ist und nahezu gleich dem des großen Windkanals der Deutschen Versuchsanstalt für Luftfahrt (DVL) (10), so daß die Meßergebnisse in diesem Kanal die Verhältnisse außerhalb des Schraubenstrahls und im Fluge vermutlich recht gut wiedergeben. Für systematische Versuche ist es aber wünschenswert, in einer geeigneten Weise die Turbulenz des gleichen Kanals weitgehend und beliebig ändern zu können.

Welcher Einfluß durch die Änderung durch die Turbulenz aber zu erwarten ist, läßt sich schon an den Meßreihen an den Profilen NACA 2409 bis 2424 beurteilen, welche sowohl im Veränderliche-Dichte-Kanal des NACA (11) wie im großen Windkanal der DVL (12) durchgeführt wurden. Die Ergebnisse der Untersuchung sind nach Umrechnung auf die Verhältnisse bei ebener Profilströmung in Abb. 24 und 25 dargestellt. Die Turbulenz des NACA-Kanals ist erheblich anders ($\mathfrak{R}_{kr} = 1{,}2 \cdot 10^5$) (13) als die des DVL-Kanals ($\mathfrak{R}_{kr} = 3{,}7 \cdot 10^5$) (10). Bei gleichen Anstellwinkeln ist im NACA-Kanal der Auftrieb größer und der Neutralpunkt weiter hinten gelegen als im DVL-Kanal. Insbesondere der Einfluß auf den Auftrieb wird mit zunehmender Dicke des Profils immer größer, womit sich, da im allgemeinen gerade die dicksten Flügelteile im Schraubenstrahl liegen, die große Auftriebserhöhung im Schraubenstrahl zwanglos erklärt.

Sowohl Widerstandsänderung wie Druckpunktverlagerung dürften neben der Auftriebsverteilung und der Erhöhung von $c_{a_{max}}$ noch Beachtung verdienen. Daß die Druckpunktverlagerung aber unmittelbar durch eine einfache Beziehung mit der Auftriebsveränderung zusammenhängt, soll an anderer Stelle dargelegt werden.

Schrifttum

1. *H. Lamb*, Lehrbuch der Hydrodynamik. 2. Deutsche Auflage, § 161.
2. *L. Prandtl*, Tragflügeltheorie II, Vier Abhandlungen zur Hydrodynamik und Aerodynamik, Göttingen 1927, S. 58.

3. *O. Flamm*, Die Schiffsschraube und ihre Wirkung auf das Wasser, München und Berlin 1909.
4. *C. A. Parsons*, Trans. Inst. Naval Architects 1919, S. 223.
5. *J. Valensi*, Ecoulement de l'air autour d'une helice, Science Aérienne Bd. 4, 1935, S. 97.
6. *H. Föttinger*, Über die physikalischen Grundlagen der Turbinen und Propellerwirkung. ZFM Bd. 13, 1922, S. 233.
7. *Fage*, *Lock*, *Howard* und *Bateman*, Experiments with a family of Airscrews, Br. ARC R & M 829.
   Lock und *Bateman*, The Measurement of Airflow Around an Airscrew Br. ARC R & M 955.
8. *F. Seewald*, Flugversuche mit Meßnaben zur Bestimmung der aerodynamischen Eigenschaften der Luftfahrzeuge. Jahrb. d. DVL 1931, S. 17.
9. *S. Hoerner*, Versuche mit Kugeln betreffend Kennzahl, Turbulenz und Oberflächenbeschaffenheit. Lufo Bd. 12, 1935, S. 42.
10. *M. Kramer*, Der 5 × 7-m-Windkanal der DVL. Lufo Bd. 12, 1935, S. 181.
11. *Jakobs*, *Ward*, *Pinkerton*, The Characteristics of 78 Related Airfoil Sections from tests in the Variable-Density Wind-Tunnel. NACA Rep. 460.
12. *Kramer* und *Doetsch*, Untersuchung der Profilreihe NACA-24 im 5 × 7-m-Windkanal. (Unveröffentlicht.)
13. *C. B. Millikan* und *A. C. Klein*, The effect of Turbulence Aircraft, Engineering Bd. 5 (1933), S. 169.
    C. B. Millikan, Further Experiments on the Variation of the Maximum Lift Coefficient with Turbulence and Reynolds Number. Trans. Amer. Soc. Mech. Engineering Bd. 56 (1934), S. 816.

Beeinflussung der Auftriebsverteilung durch den Schraubenstrahl*)

Von Irmgard Lotz**)

Einleitung

Während für die Berechnung der Auftriebsverteilung eines Tragflügels in einer sonst ungestörten Parallelströmung seit langem mehrere Verfahren vorliegen, ist die Berechnung der Auftriebsverteilung eines Flügels unter Berücksichtigung des Schraubenstrahleinflusses, abgesehen von rohen Näherungen, bisher nicht behandelt. Als rohe Näherungen darf man wohl alle die Rechnungen bezeichnen, die zwar berücksichtigen, daß ein Teil des Flügels in einem Gebiet erhöhter Geschwindigkeit liegt, aber außer acht lassen, daß auf der Oberfläche des Schraubenstrahles eine bestimmte Druckbedingung zu erfüllen ist. Als erster hat *Koning*[1]) diese Bedingungen an der Strahloberfläche bei der Berechnung der Auftriebsverteilung eines vom Schraubenstrahl beeinflußten Flügels berücksichtigt. Es zeigte sich, daß diese Grenzbedingungen einen sehr erheblichen Einfluß haben. *Koning* mußte zur Vereinfachung seiner Rechnung allerdings Voraussetzungen machen, welche den Anwendungsbereich der Ergebnisse stark einschränken. Trotzdem ist diese erste Behandlung des Problems so grundlegend, daß es sich lohnt, sich eingehender damit zu befassen.

Versuchsergebnisse zu diesem Problem liegen nur in ganz unzureichendem Umfange vor. *Koning* selbst hat zur Prüfung seiner Rechnungen eine Untersuchung von *Wieselsberger*[2]) herangezogen, in der aber nur die Änderung des Gesamtauftriebs des Flügels durch den Schraubenstrahl gemessen ist. Inzwischen hat *Stüper* an der Aerodynamischen Versuchsanstalt in Göttingen in einer noch nicht veröffentlichten Untersuchung die Druckverteilung an einem Tragflügel bestimmt, der einen drallfreien Strahl erhöhter Geschwindigkeit schneidet. Für eine Prüfung der Koningschen Theorie sind diese Ergebnisse aber auch nicht zu verwerten, da die Voraussetzungen, die *Koning* machen mußte, trotz der Drallfreiheit nicht ganz erfüllt sind. Die Versuche bilden aber doch eine wesentliche Ergänzung zu dem Problem Tragflügel im Schraubenstrahl.

In der vorliegenden Arbeit soll zunächst ein Bericht über die Koningsche Abhandlung gegeben werden, indem die einschränkenden Voraussetzungen dieser Rechnung klargelegt werden, der Rechnungsgang skizziert wird und die Ergebnisse dargestellt werden. Im Anschluß daran werden die Meßergebnisse von *Wieselsberger* und *Stüper* zum Vergleich mitgeteilt.

---

*) Mitteilung aus der Aerodynamischen Versuchsanstalt zu Göttingen.

**) Dr.-Ing., Aerodynamische Versuchsanstalt Göttingen.

[1]) *W. F. Duraud*, Aerodynamic Theory, Vol. IV, Div. M, Influence of the propeller on other parts of the airplane structure by *C. Koning*. Berlin 1935. — Die Abb. 4, 5, 6, 9, 12, 15, 16, 17, 18, 19 und 25, 26 sind aus diesem Handbuch genommen, allerdings wurden die Abb. 15, 16, 17 vereinfacht.

[2]) s. Fußnote S. 67.

Voraussetzungen und Grundgesetze für den Tragflügel und den Schraubenstrahl

Der Tragflügel wird durch einen tragenden Faden ersetzt, dessen Zirkulation an jeder Stelle der Spannweite gleich der Zirkulation des dort vorhandenen Flügelprofils ist. Der Auftrieb eines jeden Profilschnittes ändert sich linear mit dem wirksamen Anstellwinkel. Da bei nicht konstanter Auftriebsverteilung an jeder Stelle der Spannweite freie Wirbel abgehen und diese einen Abwind w erzeugen, ist der wirksame Anstellwinkel α_e gleich dem geometrischen α_g vermindert um den induzierten α_i, der gleich $\frac{w}{V}$ ist, vgl. Abb. 1,

$$\alpha_e = \alpha_g - \alpha_i .$$

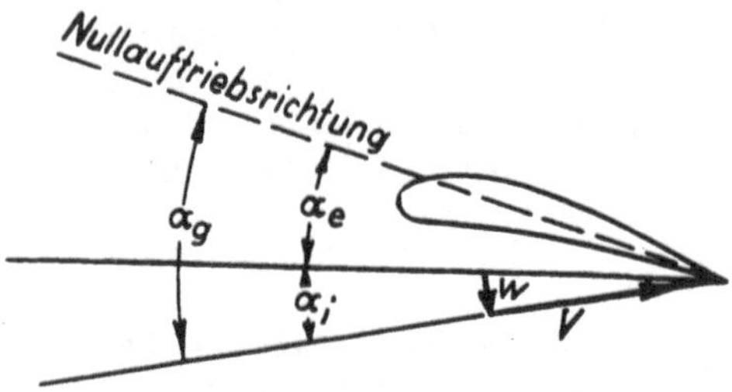

Abb. 1. Anstellwinkelbezeichnung.

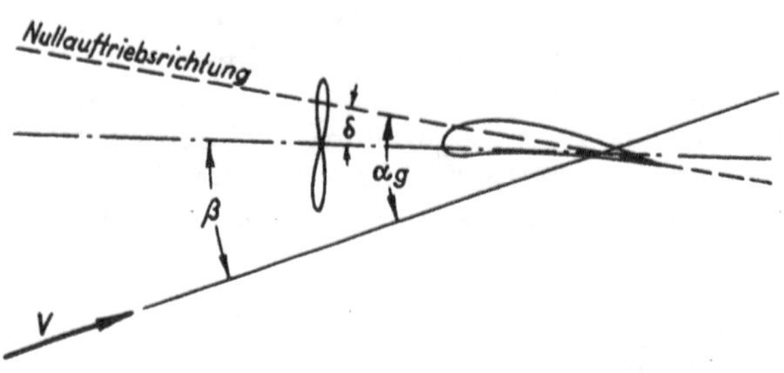

Abb. 2. Lage des Flügels zum Schraubenstrahl und zur Windrichtung.

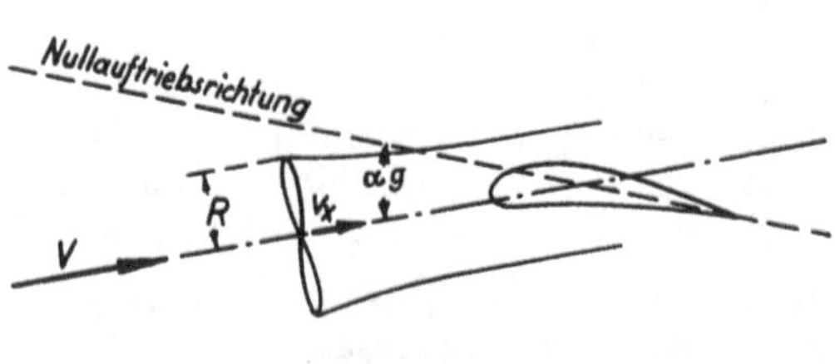

Abb. 3. Spezielle, von *Koning* behandelte Lage des Schraubenstrahles zur Windrichtung (v_x = Zusatzgeschwindigkeit zum Strahl).

Die gegenseitige Lage von Tragflügel und Schraubenstrahl zeigt Abb. 2. Die Nullauftriebsrichtung des Tragflügels bildet mit der Schraubenachse den Winkel δ. Der Winkel der Schraubenachse mit der Windrichtung ist $\beta = \alpha_g - \delta$. In der Abbildung ist angenommen, daß der Flügel den

Schraubenstrahl schneidet, aber auch wenn der Flügel außerhalb des Schraubenstrahles liegt, ist eine, wenn auch geringe, Wirkung auf die Auftriebsverteilung des Flügels vorhanden.

Der Winkel β ist während des Fluges veränderlich, δ hingegen ist fest. *Koning* behandelt nun nur den in Abb. 3 gezeigten Fall, daß der Winkel zwischen Schraubenachse und Windrichtung null ist. Durch diese Beschränkung ergeben sich bedeutende mathematische Erleichterungen. Da der Tragflügel durch einen tragenden Faden ersetzt wird, kann der Anstellwinkel $\alpha_g = \delta$ beliebige Werte annehmen.

Was nun den Schraubenstrahl selber betrifft, so pflegten die früheren Rechnungen den Schraubenstrahl in einer Parallelströmung in Richtung der Schraubenachse in der Weise zu idealisieren, daß sie einfach annahmen: in einer Parallelströmung befindet sich ein beiderseits unendlich langer Strahl erhöhter Geschwindigkeit. Die Geschwindigkeit im Außenraum sei V, im Strahl sei sie $(1 + s)\ V$, wobei s eine positive kleine Zahl ist. *Koning* hat, obwohl er später auch gezwungen ist, teilweise zu dieser Idealisierung zurückzukehren, doch die Strömung »Schraubenstrahl in Parallelströmung« etwas näher untersucht, weil die radialen Störungsgeschwindigkeiten auf einen exzentrisch zum Schraubenstrahl liegenden Flügel wie eine Verwindung des Flügels wirken. Außerdem sind im Außenraum des Strahles noch Zusatzgeschwindigkeiten in Windrichtung vorhanden, die mit dem Abstand von der Strahlachse abnehmen und in derselben Weise wirken (s. S. 64, Gl. II a).

Da die Koningsche Behandlung der Strömung »Drallfreier Schraubenstrahl in Parallelströmung« von den bekannten[3]) etwas abweicht, soll sie hier kurz dargestellt werden.

Der Propeller wird durch eine Scheibe, an der ein Drucksprung stattfindet, ersetzt. Abb. 4 zeigt den Druckverlauf und den Verlauf der zusätzlichen Längsgeschwindigkeit v_x in der Strahlachse. Es wird nun angenommen, daß dieser Wert der Geschwindigkeit v_x, der sich für die Strahlachse errechnet, jeweils über den ganzen Querschnitt gilt. Für diese zusätzliche Längsgeschwindigkeit findet *Koning*:

$$v_x = a\,V\left(1 + \frac{x}{\sqrt{R^2 + x^2}}\right), \qquad \ldots\ldots\ldots\ldots \quad (1)$$

wobei R den Radius der Propellerscheibe und x den achsialen Abstand von ihr bedeutet. Die Konstante a hängt vom Belastungsgrad c_s der Schraube[4]) ab:

$$a = \frac{1}{2}\left(-1 + \sqrt{1 + c_s}\right),$$

für kleine c_s: $\qquad a = \frac{c_s}{4}$.

---

[3]) *Kimmel*, ZFM, III, 1912, S. 53 und *Wieselberger*, Abh. des Aerodynamischen Instituts Aachen, Heft 13, 1933, S. 3.

[4]) Vgl. Hütte I, 26. Aufl. S. 403.

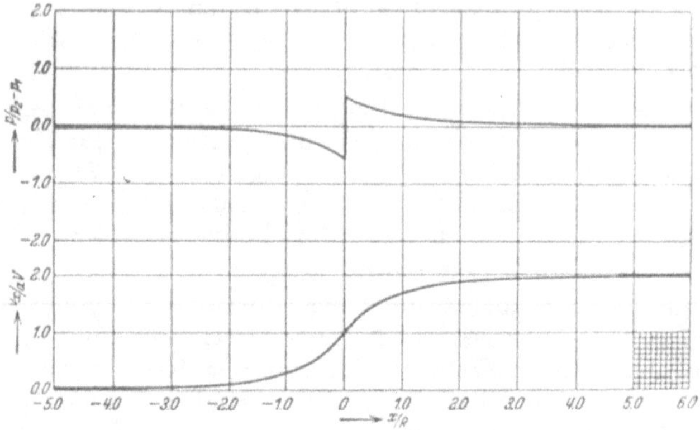

Abb. 4. Druckverlauf und Verlauf der zusätzlichen Geschwindigkeit in Strahlachse ($a \sim c_s/4$).

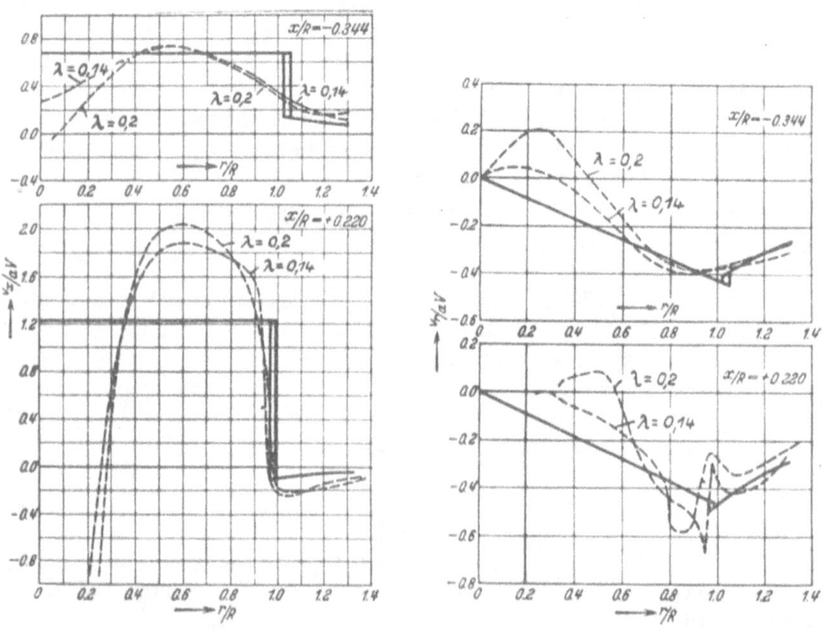

Abb. 5 und 6. Vergleich der gerechneten (ausgezogene Kurve) und gemessenen (gestrichelte Kurve) Zusatzgeschwindigkeit v_x und v_r im Strahl (λ = Fortschrittsgrad der Schraube).

Aus Kontinuitätsgründen ergibt sich die zu der oben angeschriebenen axialen Störungsgeschwindigkeit gehörende radiale im Strahl zu

$$v_r = -\frac{1}{2} \frac{a\, V\, R^2 r}{\sqrt{R^2 + x^2}^3} \qquad (2)$$

Außerhalb des Strahles ergibt sich

$$v_x = -\frac{1}{2} a V \frac{R^2 x}{\sqrt{x^2+r^2}^3} \quad \ldots\ldots\ldots\ldots \quad (3)$$

$$v_r = -\frac{1}{2} a V \frac{R^2 r}{\sqrt{x^2+r^2}^3} . \quad \ldots\ldots\ldots\ldots \quad (4)$$

Man sieht, daß bei den vorgenommenen Vereinfachungen die radiale Geschwindigkeit für nicht zu kleine Werte x fast linear nach außen zunimmt. Der Vergleich der gerechneten Werte für v_x und v_r mit den experimentell ermittelten ist in Abb. 5 und 6 dargestellt[5]).

Im Verlauf der Rechnung wird stets angenommen, daß $a = \frac{v_x(0)}{V}$ so klein ist, daß Glieder, die a^2 enthalten, vernachlässigt werden können.

Rechnungsgang

Um die Auftriebsverteilung eines Tragflügels in einer Parallelströmung mit Schraubenstrahl zu bestimmen, müssen wir zunächst die resultierende Strömung um den Flügel betrachten.

Die gesamte Strömung kann aus folgenden Teilen zusammengesetzt werden:

1. »Ungestörte Parallelströmung« mit der Geschwindigkeit V (kein Propeller, kein Flügel vorhanden).
2. »Propellerströmung«. Damit ist die Differenz zwischen der Strömung (1) und der Strömung mit Propeller ohne Tragflügel gemeint.
3. »Tragflügelströmung«, die zusätzliche Strömung, die durch den Tragflügel in der Parallelströmung in Abwesenheit vom Propeller hervorgerufen wird.
4. »Zusätzliche Tragflügelströmung«, die Strömung, die durch die Zirkulationsänderung infolge der durch den Schraubenstrahl geänderten Geschwindigkeiten hervorgerufen wird.
5. »Zusatzströmung«, der Anteil, der notwendig ist, um die Schraubenstrahlrandbedingung zu erfüllen (s. unten).

Auf der Schraubenstrahloberfläche gelten bestimmte Randbedingungen, die von der Gesamtströmung erfüllt werden müssen, s. Abb. 7:

A. Die Druckbedingung $p_{\mathrm{I}} = p_{\mathrm{II}}$, weil auf die Strahloberfläche keine äußeren Kräfte wirken.

B. Eine Bedingung für die Normalgeschwindigkeiten: $V_{n\mathrm{I}} = V_{n\mathrm{II}}$, weil auf der Oberfläche keine Flüssigkeit entsteht oder verschwindet. Da die Strömung stationär ist, gilt außerdem $V_{n\mathrm{I}} = V_{n\mathrm{II}} = 0$.

Diese Bedingungen werden durch die Strömung 1 und 2 erfüllt, durch 3 und 4 dagegen verletzt. Deshalb muß eine Zusatzströmung (5) eingeführt werden, um diesen Fehler zu kompensieren.

---

[5]) Die Strahlkontraktion ist in der Theorie nicht berücksichtigt. In den Abbildungen kommt dies durch die Doppellinien an der Strahlgrenze zum Ausdruck.

Um die Strömungsberechnung unter Berücksichtigung der Strahlrandbedingungen durchführen zu können, sind weitere Vereinfachungen nötig. Die Axialgeschwindigkeit im Strahl wird konstant, d. h. unabhängig von x gesetzt, und zwar gleich dem Wert, der sich aus Gleichung (1) (S. 59) ergibt, wenn für die x-Koordinate die des tragenden Fadens eingesetzt wird; diese Geschwindigkeit wird mit $s \cdot V$ bezeichnet.

Die Bestimmung der Zusatzströmung (5) stellt die besondere Schwierigkeit des gesamten Problems dar; sie besteht aus zwei Teilen: einem, der dem tragenden Faden entspricht und einem, der den abgehenden Wirbeln entspricht. Zunächst soll der letztere Anteil behandelt werden.

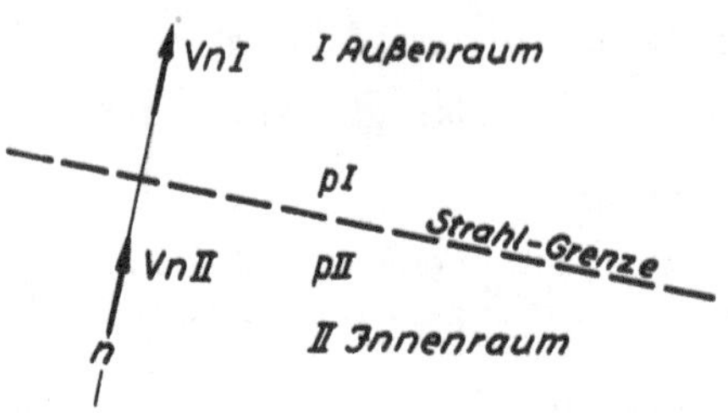

Abb. 7. Zur Bestimmung der Randbedingungen auf der Strahloberfläche.

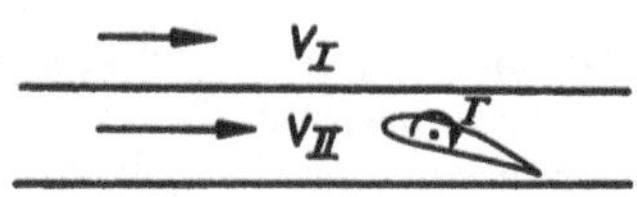

Abb. 8. Tragflügel im beiderseits unendlich langen Strahl.

Wenn man annimmt, daß die Axialgeschwindigkeit im Schraubenstrahl konstant ist, und daß sich dieser Strahl konstanten Querschnittes von $-\infty$ bis $+\infty$ erstreckt, Abb. 8, sind die von den abgehenden Wirbeln herrührenden Zusatzgeschwindigkeiten an der Stelle des Flügels gerade halb so groß als in großer Entfernung hinter dem Flügel ($x \rightarrow \infty$). Das bedeutet aber, daß man zur Bestimmung der Abwärtsgeschwindigkeit w am Flügel nur die Verhältnisse unendlich weit hinter dem Flügel kennen muß. Diese sind wesentlich leichter zu berechnen, da sie von x unabhängig sind, wir also in einer Ebene senkrecht zur Schraubenachse eine ebene Strömung haben.

Wir betrachten nun einen abgehenden Wirbel und die zu ihm gehörige Zusatzströmung, die man auf Grund der Bedingungen $p_{\mathrm{I}} = p_{\mathrm{II}}$ und $V_{n\mathrm{I}} = V_{n\mathrm{II}} = 0$ leicht bestimmen kann. Sie hat zwar für Außen- und Innenraum verschiedene Ausdrücke, läßt sich aber durch eine Art Spiegelung darstellen, s. Abb. 9. Die Intensität der Spiegelwirbel ist aus der Abbildung zu ersehen. Man bemerkt, daß die Zusatzströmung von Wirbeln der Größenordnung $s \cdot \Gamma$ erzeugt wird. Einflüsse von der Größenordnung $s^2 \cdot \Gamma$ sind dabei vernachlässigt. Der in Strahlmitte liegende Spiegelwirbel bleibt ohne Einfluß, da es beim Tragflügel immer zwei entgegengesetzt drehende zu einem Hufeisenwirbel gehörende abgehende Wirbel gibt, deren Spiegelbilder in Strahlmitte sich zerstören.

Was nun den tragenden Faden anbelangt, so muß ein unendlich breiter Tragflügel konstanter Tiefe und konstanten Anstellwinkels, der in einer gewöhnlichen Parallelströmung konstante Zirkulation hat, wenn er einen Schraubenstrahl schneidet, Abb. 10, notwendig Zirkulationsänderungen erfahren. Die im Strahl vergrößerte Geschwindigkeit ruft eine Vergrößerung der Zirkulation hervor, die aber nicht einfach der Geschwindigkeitserhöhung proportional ist, sondern auch die Oberflächenbedingung erfüllen muß. Ihre Berechnung bietet besondere Schwierigkeiten und ist auch bei *Koning* nicht exakt durchgeführt. Auf die näherungsweise Ermittlung kommen wir später (S. 65/66) zurück.

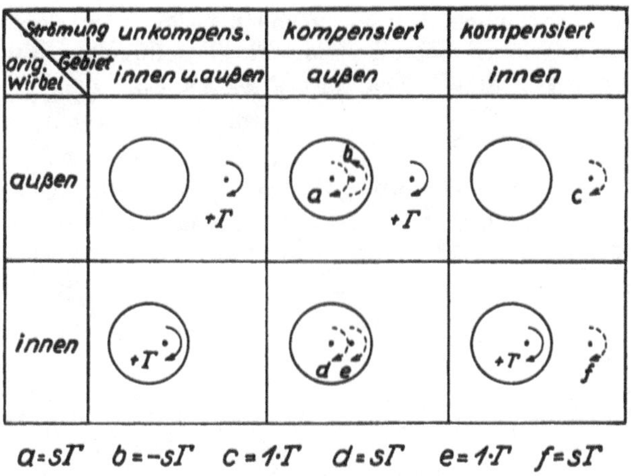

Abb. 9. Spiegelung an der Schraubenstrahlgrenze; ausgezogen: Wirbel im betrachteten Bereich; gestrichelt: Wirbel außerhalb dieses Bereiches.

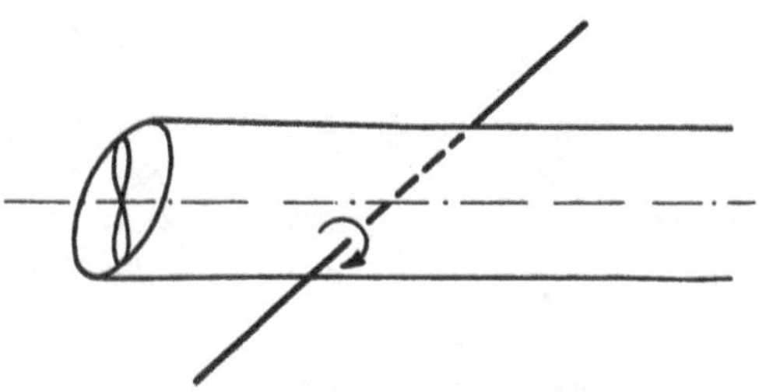

Abb. 10. Unendlich breiter Flügel schneidet den Schraubenstrahl.

Zunächst wollen wir die Hauptgleichung der Tragflügeltheorie so anschreiben, daß man die Wirkung der einzelnen Teile der Strömung sehen kann. Die Zirkulation sei Γ; für Γ setzt *Koning* eine Entwicklung nach der Größe a (s. S. 59) an, die berücksichtigt, daß die Abweichung von dem Wert Γ_0, den der Tragflügel in einer Parallelströmung ohne Schraubenstrahl hat, klein ist:

$$\Gamma = \Gamma_0 + \Gamma_1 \cdot a + \ldots\ldots$$

Glieder von der Größenordnung a^2 und höhere werden vernachlässigt (s. S. 61). Für den Abwind erhält man dann auch eine Entwicklung:

$$w(\Gamma) = w_0(\Gamma_0) + w_1(\Gamma_0) \cdot a + w_0(\Gamma_1) \cdot a + \ldots\ldots$$

dabei bedeutet:

$w_0(\Gamma_0)$ = der Abwind eines Tragflügels in ungestörter Parallelströmung.

$w_1(\Gamma_0) \cdot a$ = die Änderung von w, wenn der Propeller eingeführt wird, aber das Wirbelsystem nicht geändert wird.

$w_0(\Gamma_1) \cdot a$ = die Änderung, die die Zirkulationsänderung durch den Schraubenstrahl in einer Strömung ohne Schraubenstrahl hervorbringt.

Alle weiteren Änderungen werden vernachlässigt, weil sie mit höheren Potenzen von a gehen. Schreibt man die Tragflügelgleichung (Anstellwinkel α_g von der Nullauftriebsrichtung gerechnet)

$$\alpha_g = \alpha_e + \alpha_i \qquad \begin{pmatrix}\text{wobei} & \alpha_e = f(\Gamma) \\ & \alpha_i = w/V\end{pmatrix}$$

in Γ und w an[6]) und berücksichtigt, daß sich jeweils alle Glieder ohne und alle mit a kompensieren müssen, dann erhält man die beiden Gleichungen $\left(\text{mit } C_1 = \frac{d c_a}{d \alpha_\infty}\right)$:

$$\text{I} \qquad \frac{w_0(\Gamma_0)}{V} + \frac{2}{C_1 t}\frac{\Gamma_0}{V} = \alpha_g$$

$$\text{II} \qquad \frac{w_0(\Gamma_1)}{V} + \frac{2}{C_1 t}\frac{\Gamma_1}{V} = \frac{1}{V^2}\left[w_0(\Gamma_0) + \frac{2}{C_1 t}\Gamma_0\right]\frac{v_x}{a} - \frac{1}{V}\frac{v_z}{a} - \frac{w_1(\Gamma_0)}{V},$$

oder, wenn $\Gamma_1 \cdot a = \Delta\Gamma$ gesetzt wird,

$$\text{IIa} \qquad \frac{w_0(\Delta\Gamma)}{V} + \frac{2}{C_1 t}\frac{\Delta\Gamma}{V} = \alpha_g \cdot \frac{v_x}{V} - \frac{v_z}{V} - \frac{a\, w_1(\Gamma_0)}{V}.$$

Diese beiden Gleichungen stellen das linearisierte Problem »Tragflügel im Schraubenstrahl« dar.

Die erste Gleichung ist nichts anderes als die gewöhnliche Gleichung zur Bestimmung der Zirkulation eines Tragflügels in einer sonst nicht gestörten Parallelströmung. Erst wenn man diese gelöst hat, kann man die zweite bearbeiten. Zur Lösung wird statt der Spannweitenkoordinate y wie vielfach üblich der Winkel δ eingeführt:

$$y = -\frac{b}{2}\cos\delta.$$

Für die Zirkulation wird ein trigonometrischer Ansatz gemacht:

$$\Gamma_0 = \Sigma\, \alpha_{e_n} \sin n\delta$$
$$\Delta\Gamma = \Sigma\, \beta_n \sin n\delta.$$

Der Lösungsgang der ersten Gleichung ist bekannt[7]); die zweite läßt sich in der gleichen Weise behandeln, wenn man die rechte Seite als eine ge-

[6]) Vgl. *L. Prandtl* u. *A. Betz*, Vier Abhandlungen zur Hydro- und Aerodynamik, Göttingen 1927. Tragflügeltheorie I. Mitteilung S. 29.

[7]) *I. Lotz*, Berechnung der Auftriebsverteilung beliebig geformter Flügel, ZFM 1931, S. 189.

gebene Anstellwinkelverteilung betrachtet. Man entwickelt:

$$\left[\alpha_g \frac{v_x}{V} - \frac{v_z}{V} - a\,\frac{w_1(\Gamma_0)}{V}\right] \sin\delta = \Sigma\,\varepsilon_n \sin n\delta.$$

Den Abwindanteil $w_1(\Gamma_0)$ kann man nur in den Fällen, in denen der Tragflügel den Schraubenstrahl nicht schneidet, bestimmen. Deshalb kann man nach der erwähnten Methode zunächst nur zwei Fälle behandeln:

I. Flügel vor dem Propeller. Vor dem Propeller sind zwar die Geschwindigkeiten gegenüber der Parallelströmung auch schon gestört, aber es gibt keine Diskontinuitätsfläche, wie sie hinter dem Propeller durch die Strahloberfläche dargestellt wird. In diesem Fall ist in guter Näherung $w_1(\Gamma_0) = 0$.

II. Flügel hinter dem Propeller, aber außerhalb des Strahles. In diesem Fall ist ein Abwind $w_1(\Gamma_0)$ vorhanden, der aber durch die oben beschriebene Spiegelung der abgehenden Wirbel berücksichtigt werden kann. *Koning* ersetzt in diesem Fall — nur für die Berechnung von $w_1(\Gamma_0)$! — den Tragflügel durch einen Hufeisenwirbel.

Wenn der Tragflügel den Schraubenstrahl schneidet, tritt nun die schon erwähnte Schwierigkeit auf, daß die Zusatzströmung für den tragenden Faden noch nicht ermittelt ist. Man kennt von $w_1(\Gamma_0)$ bislang nur den Anteil $w_1^*(\Gamma_0)$ der abgehenden Wirbel, nicht dagegen den Anteil $w_1^{**}(\Gamma_0)$ der durch den tragenden Faden hervorgerufen wird. Gleichung (IIa) muß man daher so behandeln, daß man zunächst den Zirkulationsanteil $\Delta^*\Gamma$, der zu der gedachten Verwindung

$$\alpha_g \frac{v_x}{V} - \frac{v_z}{V} - a\,\frac{w_1^*(\Gamma_0)}{V}$$

gehört, bestimmt. Der Anteil $\Delta^{**}\Gamma$, der durch $a\dfrac{w_1^{**}(\Gamma_0)}{V}$ erzeugt wird, läßt sich nicht mit Hilfe der Gleichung (IIa) berechnen, weil für den tragenden Faden eine Trennung der Summe

$$w_0(\Delta^{**}\Gamma) + a\,w_1^{**}(\Gamma_0)$$

nicht möglich ist. Um $\Delta^{**}\Gamma$ zu berechnen, betrachtet *Koning* zunächst den unendlich breiten, ebenen Tragflügel konstanter Tiefe, der einen Strahl mit erhöhter Geschwindigkeit zentrisch schneidet. Darnach schätzt er den Anteil $\Delta^{**}\Gamma$ für den endlichen Flügel ab.

Die Lösung für den unendlich breiten Tragflügel gelingt mit Hilfe der konformen Abbildung und einem trigonometrischen Potentialansatz, der die komplizierten, weil auf verschiedenen Randteilen verschiedenen, Randbedingungen erfüllt, Abb. 11. Die Zirkulationsänderung hängt ab vom Verhältnis der Flügeltiefe zur Strahlbreite. Abb. 12 zeigt die Zirkulations-, Auftriebs- und Abwindänderung durch den Schraubenstrahl. Die grobe Näherung, die nur die Geschwindigkeitsänderung im Strahl, nicht aber die Druckbedingung auf der Strahloberfläche berücksichtigte, ist gestrichelt eingetragen. Bemerkenswert ist, daß der Auftriebszuwachs zwar anders über die Spannweite verteilt ist, aber den gleichen Gesamt-

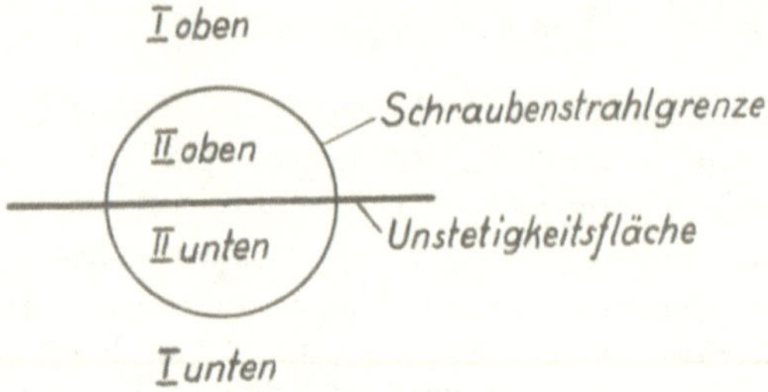

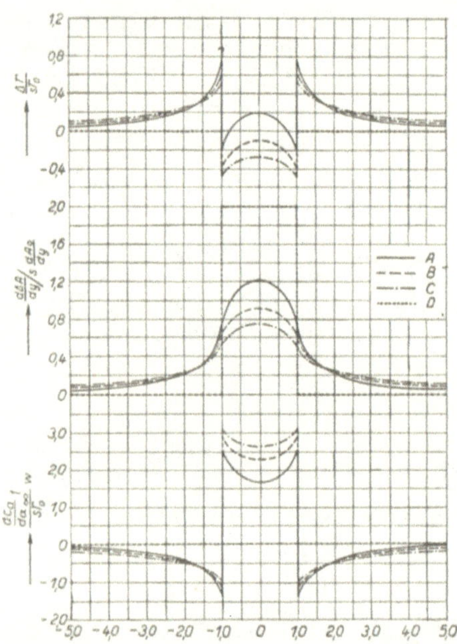

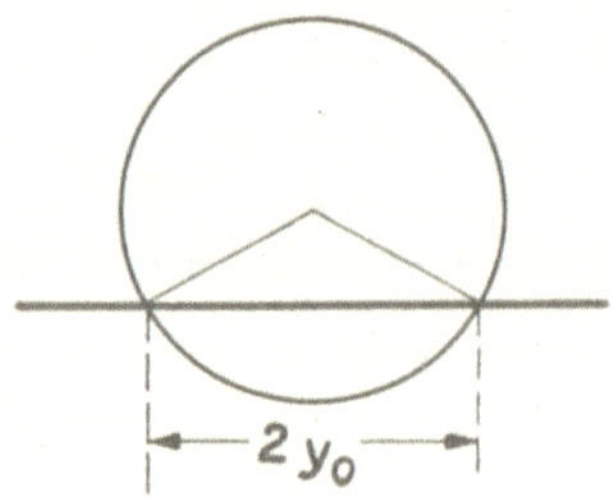

betrag hat. Insofern nimmt es nicht wunder, daß die rohen Näherungen immer durch die Versuche, die nur den Auftriebszuwachs maßen, bestätigt wurden, vgl. z. B. *Ferrari*[8]).

Für den endlich breiten Flügel nimmt nun *Koning* an, daß der vom Strahl herrührende Beitrag des tragenden Fadens zum Abwind $w_0\,(\varDelta^{**}\Gamma) + a\,w_1^{**}\,(\Gamma_0)$ derselbe ist wie für einen unendlich breiten Flügel gleicher Tiefe und gleichen Anstellwinkels wie der endliche im Strahlbereich, auch dann noch, wenn der endliche Flügel exzentrisch liegt, Abb. 13. In diesem Fall wird als Vergleich ein unendlich breiter Flügel in einem Strahl vom Durchmesser $2\,y_0$, s. Abb. 13, gewählt. Den Beitrag der abgehenden Wirbel

---

[8]) *C. Ferrari*, Sulla influenza dell' elica sulle caratteristiche aerodinamiche dell' ala. L'Aerotecnica, Vol. XIII, S. 989.

berechnet er der Einfachheit halber durch Ersatz des Flügels durch einen Hufeisenwirbel.

Vergleich mit Versuchen

Die Messungen von *Wieselsberger*

Wieselsberger[9]) hat einen Rechteckflügel von 0,16 m Tiefe und 0,96 m Spannweite und dem Göttinger Profil 436 untersucht; der Schraubenstrahl hatte 0,265 m Durchmesser. Die Windgeschwindigkeit betrug 20 m/s; die Umdrehungszahl der Schraube 7000 in 1 min. Die übrigen notwendigen Daten sind in der neben Abb. 14 stehenden Zahlentafel angegeben. Der tragende Faden hat die Koordinaten $x = 0$ und z_0, die Propellerscheibe die Koordinate x_0.

Koning hat nun für verschiedene Stellungen Flügel — Strahl die Zirkulationsänderungen durch den Schraubenstrahl ausgerechnet für den Fall, daß der Anstellwinkel eines elliptisch geformten Flügels so gewählt ist, daß der Flügel in einer Parallelströmung ohne Schraubenstrahl den Auftrieb Null hätte. Weiter hat er den Wert $\Delta \frac{d c_a}{d \alpha}$, die Änderung des Wertes $\frac{d c_a}{d \alpha}$, durch den Schraubenstrahl ermittelt. Die Ergebnisse sind in den Abbildungen 15 bis 18 aufgetragen und mit den Versuchen von *Wieselsberger* verglichen. Da der rechteckige Flügel von *Wieselsberger* ein Spannweitenverhältnis 1:6 hat, ist es wohl noch gestattet, die Rechnungen für einen elliptisch geformten Flügel zum Vergleich heranzuziehen.

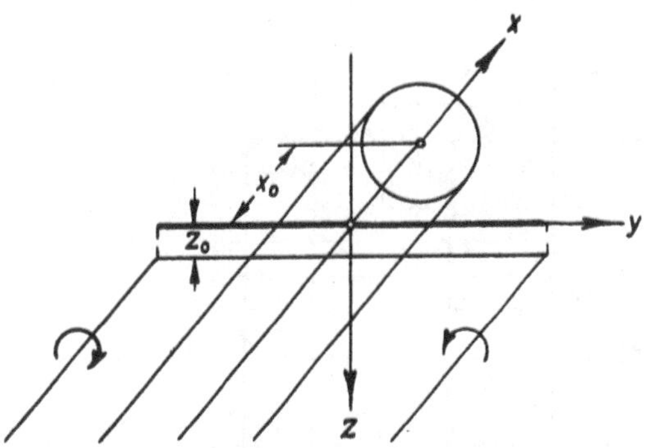

	Flügel vorn	Flügel hinten
$\lvert x_0 \rvert$	+ 0,17 m	0,105 m
c_s	0,51	0,5
a	0,115	0,112
s	0,024	0,182

Abb. 14. Koordinatensystem.

Zu den Abbildungen ist folgendes zu bemerken:

Der Auftriebszuwachs für $c_{a_0} = 0$ wird durch die Theorie noch nicht sehr gut wiedergegeben. Hieran ist vielleicht die rohe Näherung der Zusatzströmung für den endlichen Tragflügel im Anteil des tragenden Fadens schuld. Nähere Überlegungen bestätigen die Richtung der Abweichung. Hingegen liefert die Theorie einen guten Wert für die Steigungsänderung für den Flügel hinter dem Propeller. Insbesondere die in Abb. 19 folgende

[9]) Ergebnisse der Aerodynamischen Versuchsanstalt zu Göttingen, I. Lieferung S. 11 1921.

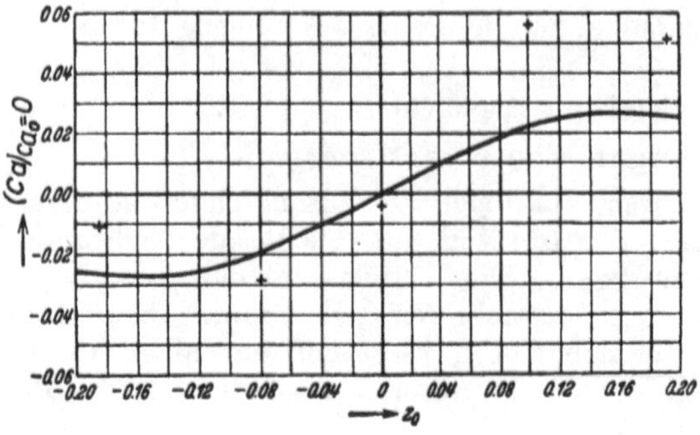

Abb. 15 (links) und 16 (unten). Flügel vor dem Propeller, + experimentelle Werte.

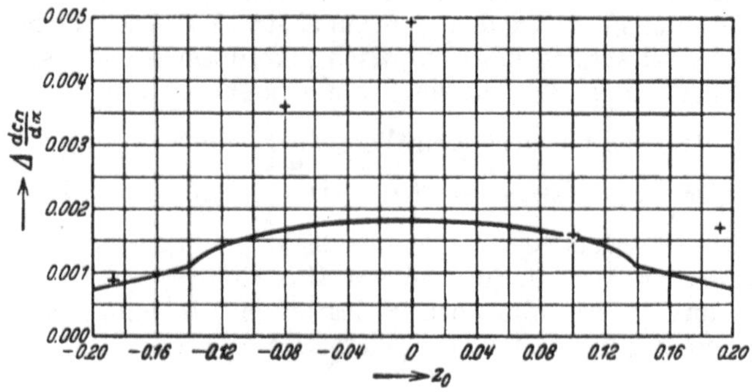

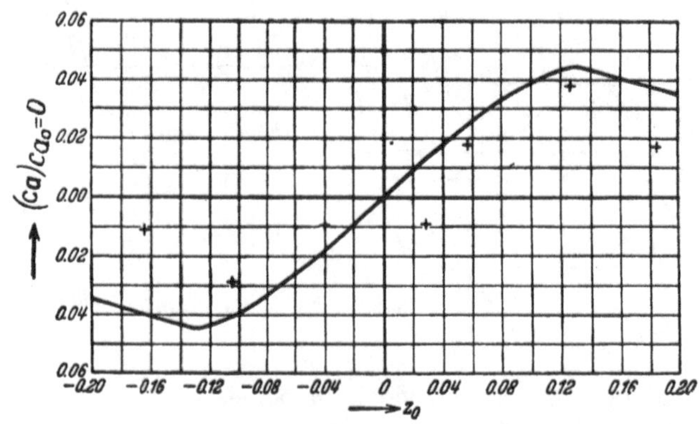

Abb. 17. Flügel hinter dem Propeller, + experimentelle Werte.

Aufteilung zeigt deutlich, wie notwendig es ist, die »Zusatzströmung« zu berücksichtigen.

Die Messungen von *Stüper*

Stüper hat die Druckverteilung an einem Tragflügel, der einen drallfreien Strahl schneidet, bestimmt. Dieser Strahl wurde nicht durch einen Propeller, sondern durch ein aus einer Düse ausblasendes Gebläse mit

Gleichrichter erzeugt. Der Tragflügel hatte symmetrisches Profil (Göttingen 409). Um den Spannweiteneinfluß zu verringern, wurde der Flügel mit Endscheiben versehen, Abb. 20.

Der drallfreie Strahl hat einen Durchmesser von 0,12 m. Das Verhältnis Strahldurchmesser zu Flügeltiefe beträgt also nur 0,6 im Gegensatz zu den Wieselsbergerschen Messungen, wo $D/t = 1{,}66$ ist. Die Strahlachse fällt mit der Windrichtung zusammen, die Flügelvorderkante liegt in Strahlmitte, der Flügel wird um die Vorderkante gedreht.

Abb. 21 zeigt die Staudruckverteilung im drallfreien Strahl bei einer Geschwindigkeitserhöhung von 18 bzw. 36 % im Strahl. Die Staudruckerniedrigung am Rand rührt von der Reibungsschicht des Gebläsekörpers her. Sie bedingt eine Störung, die den Vergleich mit der Theorie erschwert.

Abb. 22 zeigt die Verteilung des Auftriebs für den Flügel mit und ohne

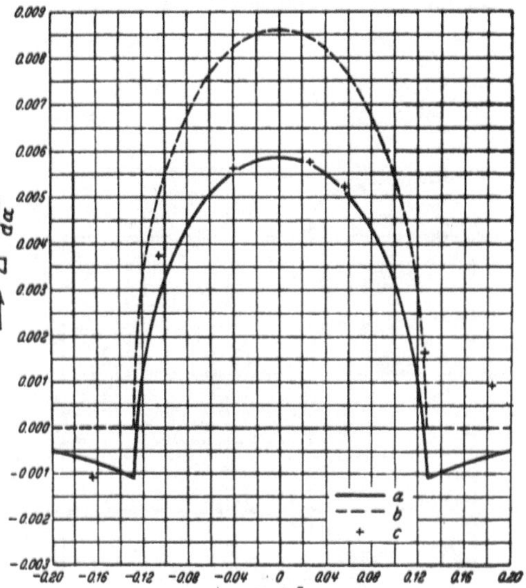

Abb. 18. Flügel hinter dem Propeller;
a = gerechnet,
b = gerechnet (angenähert),
c = experimentelle Werte.

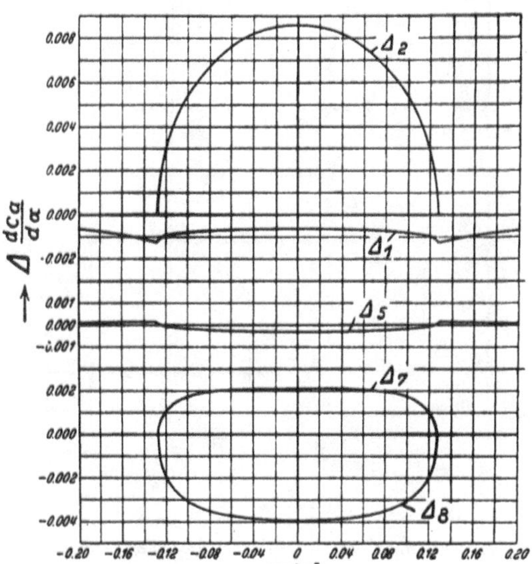

Abb. 19.
Zur Erklärung der Aufteilung:
Δ_1: v_x außerhalb des Strahles
Δ_2: v_x innerhalb des Strahles
Δ_3: v_z außerhalb des Strahles
Δ_4: v_z innerhalb des Strahles
(Δ_3 und Δ_4 ohne Einfluß auf $\frac{d c_a}{d \alpha}$)
Δ_5, Δ_6: Zusatzströmung der abgehenden Wirbel
Δ_7, Δ_8: Zusatzströmung des tragenden Fadens.

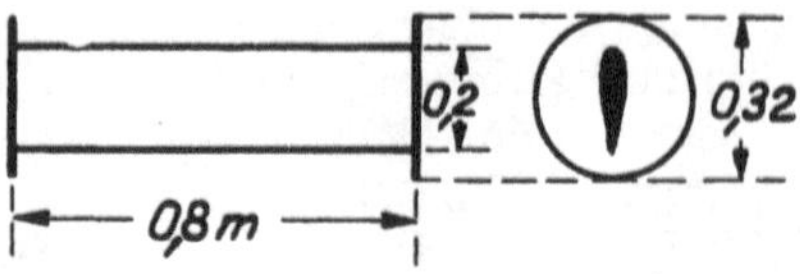

Abb. 20. Grund- und Seitenriß des Tragflügels mit Endscheiben.

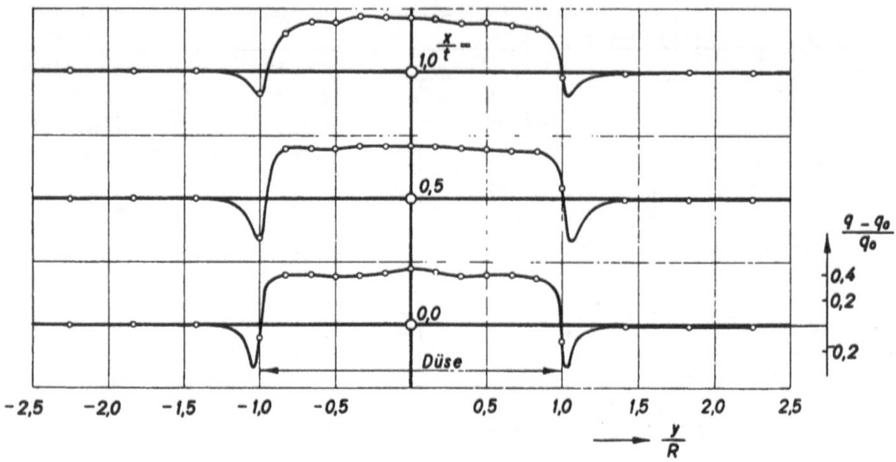

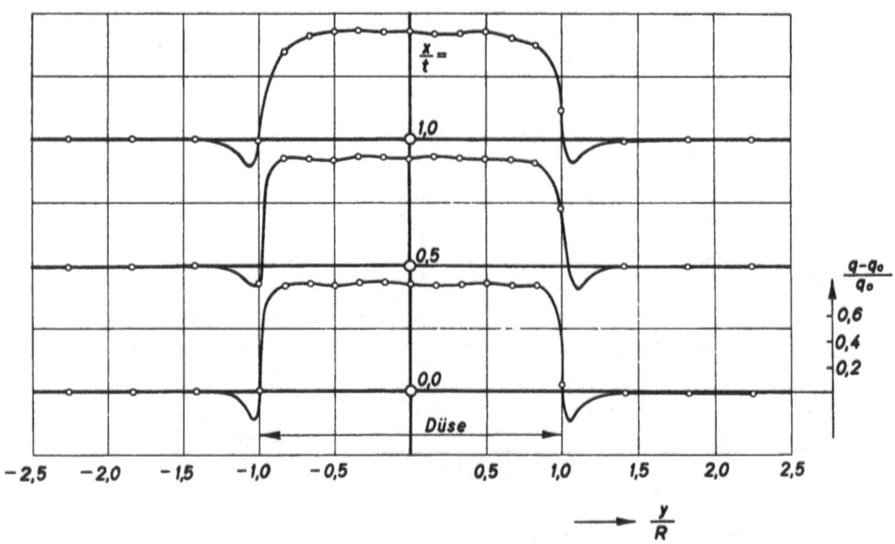

Abb. 21 a und b. Staudruckverteilung im drallfreien Strahl bei einer Geschwindigkeitserhöhung von 18 bzw. 36 % im Strahl.

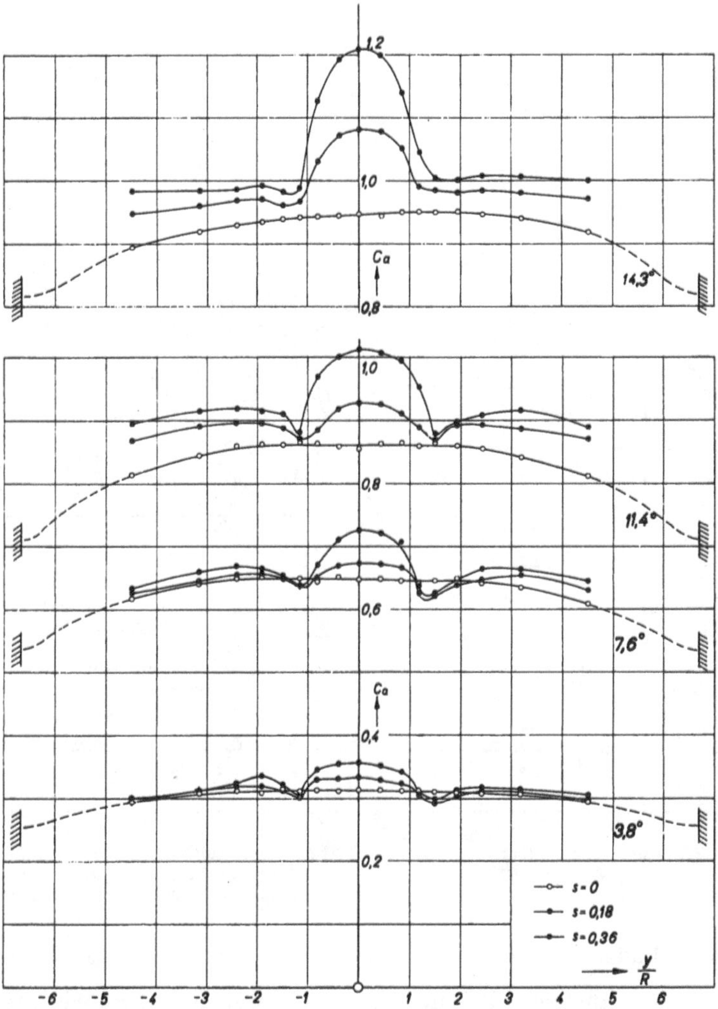

Abb. 22. Verteilung des Auftriebs über den Flügel mit und ohne Strahl.

Strahl. Aus der aus der Druckverteilung ermittelten Auftriebsverteilung wurde das Verhältnis der örtlichen Steigerung der Auftriebsziffer zur Auftriebsziffer an der gleichen Stelle beim Flügel ohne Strahl ermittelt, s. Abb. 23[10]). Dabei zeigt sich eine starke Abhängigkeit dieses Wertes $\frac{\Delta c_a(y)}{c_{a_0}(y)}$ vom Anstellwinkel. Da nach der Koningschen Theorie der Hauptteil der Auftriebsänderung von dem durch den Strahl hindurchgesteckten

[10]) Aus Platzgründen sind nur die rechten Hälften im Bild wiedergegeben.

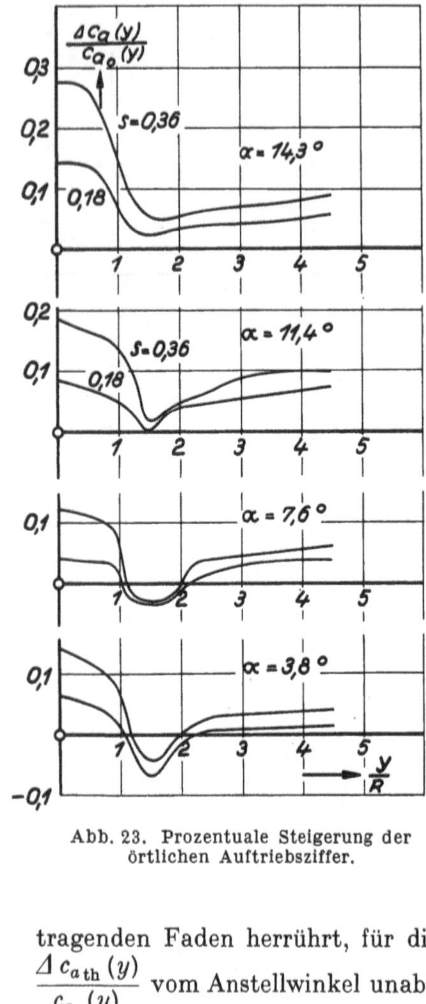

Abb. 23. Prozentuale Steigerung der örtlichen Auftriebsziffer.

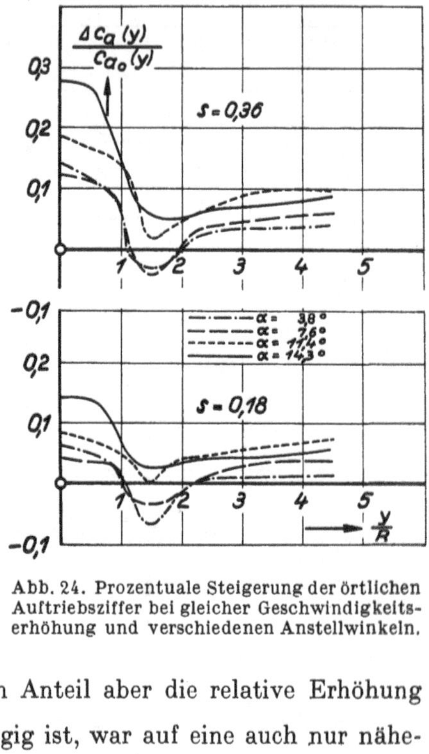

Abb. 24. Prozentuale Steigerung der örtlichen Auftriebsziffer bei gleicher Geschwindigkeitserhöhung und verschiedenen Anstellwinkeln.

tragenden Faden herrührt, für diesen Anteil aber die relative Erhöhung $\frac{\Delta c_{a\,\mathrm{th}}(y)}{c_{a_0}(y)}$ vom Anstellwinkel unabhängig ist, war auf eine auch nur näherungsweise Übereinstimmung der theoretischen und experimentellen Ergebnisse nicht zu rechnen. Die Abhängigkeit des Wertes $\frac{\Delta c_a(y)}{c_{a_0}(y)}$ kann man dadurch erklären, daß der Strahl, dessen Durchmesser wesentlich kleiner als die Tiefe des Flügels ist, bei wachsendem Anstellwinkel des Flügels sich auf der Druckseite seitlich immer weiter ausbreitet. Dadurch wird aber die örtliche Auftriebserhöhung durch den Strahl geringer. Für den höchsten Anstellwinkel tritt scheinbar eine bessere Übereinstimmung mit der Theorie ein; diese wird dadurch hervorgerufen, daß die Strömung um den Tragflügel ohne Strahl abgerissen ist, während die Theorie mit nicht abgerissener Strömung rechnet.

Abb. 24 zeigt die Kurven $\frac{\Delta c_a(y)}{c_{a_0}(y)}$ für gleiche Strahlgeschwindigkeitserhöhung s und verschiedenen Anstellwinkel. Man sieht deutlich, wie der Strahl sich seitlich ausbreitet.

Da bei mehrmotorigen Maschinen ein Verhältnis Strahldurchmesser zu Tiefe, wie es *Stüper* gewählt hat, vorkommt, sieht man hier eine neue Einschränkung der Koningschen Theorie: Die Flügeltiefe muß so klein sein, daß der Strahlquerschnitt im wesentlichen erhalten bleibt.

Einfluß des Schraubenstrahles auf den Abwind in Leitwerksnähe

Nachdem nun die Auftriebsverteilung für einen Flügel im Schraubenstrahl bekannt ist, kann man sich überlegen, welchen Einfluß der Schraubenstrahl auf den Abwind in Leitwerksnähe hat. Dabei kann man aber nun nicht einfach nach dem Biot-Savartschen Gesetz bei vorgegebener Zirkulationsverteilung den Abwind an jeder Stelle ausrechnen, weil sonst wieder die Druckbedingung an der Schraubenstrahloberfläche nicht erfüllt ist. Nimmt man aber an, daß am Leitwerk schon fast die Verhältnisse wie unendlich weit hinter dem Flügel herrschen, dann kann man den Abwind für die Fälle, die die Koningschen Voraussetzungen umfassen, behandeln. Aus Abb. 25 und 26 sieht man, welche zusätzlichen Abwärtsgeschwindigkeiten je nach der Lage der einzelnen Teile zueinander am Leitwerk auftreten. Abb. 26 zeigt das Leitwerk selber im Schraubenstrahl oder in Nachbarschaft des Schraubenstrahles. Für das Leitwerk gelten dieselben

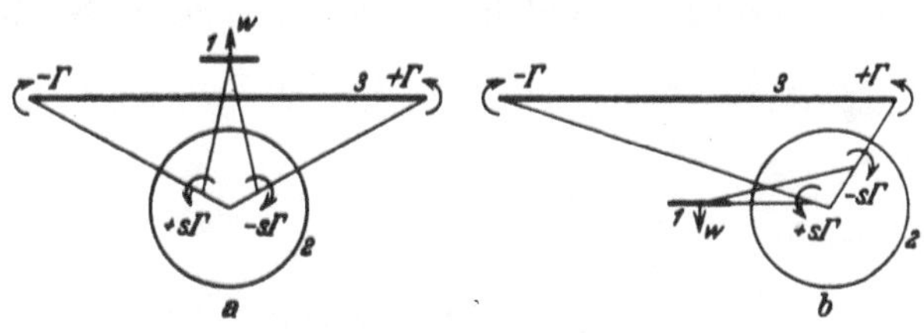

Abb. 25. Einfluß der Zusatzströmung des Flügels auf das Leitwerk.
a = Leitwerk oberhalb des Schraubenstrahles.
b = Leitwerk seitlich des Schraubenstrahles.
1 = Leitwerk, 2 = Schraubenstrahloberfläche, 3 = Flügel.

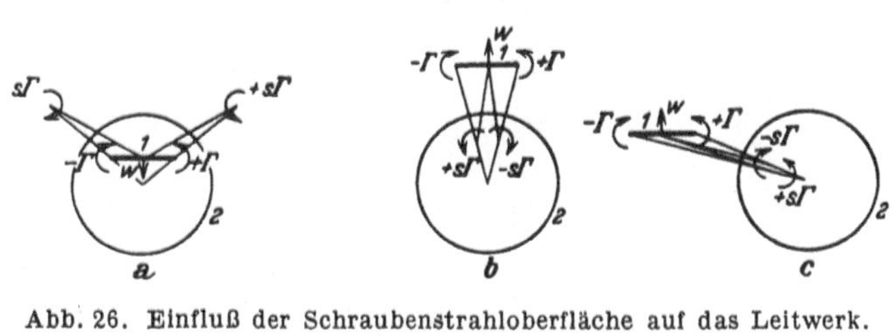

Abb. 26. Einfluß der Schraubenstrahloberfläche auf das Leitwerk.
a = Leitwerk innerhalb des Schraubenstrahles.
b u. c = Leitwerk außerhalb des Schraubenstrahles.
1 = Leitwerk, 2 = Schraubenstrahloberfläche.

Gesetze wie für einen Flügel, nur daß hier auch der Fall vorkommt, daß dieser kleine Flügel ganz im Strahl liegt.

Schlußfolgerung

Die Koningsche Theorie ist auf den Fall beschränkt, daß die Schraubenstrahlachse in Windrichtung liegt. Da der Drall des Schraubenstrahles nicht berücksichtigt wird, gibt sie nur den symmetrischen Anteil der Änderung der Auftriebsverteilung, zu dem noch ein unsymmetrischer Anteil vom Schraubendrall herrührend hinzukommt. Letzterer liefert wenigstens in erster Näherung zur Änderung des Gesamtauftriebs keinen Beitrag, so daß seine Vernachlässigung für diese Größe keinen Fehler mit sich bringt. Die Koningschen Rechnungen liefern allerdings auch bezüglich der Auftriebsverteilung eine wichtige Erkenntnis, nämlich daß durch die zusätzliche Längsgeschwindigkeit im Strahl die Verteilung auch außerhalb des Strahles noch in einem beträchtlichen Gebiet geändert wird, was alle Versuche bestätigen. Ein Vergleich der errechneten und gemessenen Auftriebsverteilung eines Flügels, der einen drallfreien Strahl schneidet, ergibt als weitere Voraussetzung für die Anwendbarkeit der Theorie, daß die Flügeltiefe im Verhältnis zum Schraubenstrahldurchmesser so klein sein muß, daß der Strahlquerschnitt im wesentlichen erhalten bleibt. Die Vermischungszone des Strahles mit der umgebenden Strömung und der Einfluß des Strahles auf die Grenzschicht am Flügel werden nicht berücksichtigt. Die wichtigsten zunächst noch zu klärenden Fragen dürften etwa folgende sein: Einfluß des Dralles, Einfluß der Neigung des Propellerstrahles zur Windrichtung, Einfluß der Deformation des Schraubenstrahles.

Gestaltfestigkeit und Konstruktion

Von A. Thum*)

Nach der alten, früher allgemein üblichen Konstruktionslehre berechnete man einen beliebig geformten Bauteil, indem man die höchste auftretende Beanspruchung bestimmte und sie mit der an einem glatten Zerreißstab gemessenen Zugfestigkeit in Beziehung setzte. Wie die Werkstoffuntersuchungen der letzten Jahre immer eindringlicher gezeigt haben, war diese Berechnungsart in den meisten Fällen nur ein Notbehelf, mit dem man sich über die Unmöglichkeit hinwegtäuschte, einen Bauteil den tatsächlichen Verhältnissen entsprechend nachrechnen zu können. Die genaue Erforschung ergab, daß sowohl die tatsächlich vorliegenden Beanspruchungen als auch das wahre Werkstoffverhalten oft wesentlich verschieden von den nach der alten Konstruktionslehre gemachten Annahmen und Voraussetzungen waren[1]). Man rechnete z. B. schon bei der Bestimmung der Spannungen mit idealisierten Annahmen, indem man Spannungsspitzen, die an sog. Kerbstellen auftreten und die ein Vielfaches der nach der alten Konstruktionslehre berechneten Nennspannung betragen können, vernachlässigte. Da derartige Kerbstellen durch den Verwendungszweck eines Bauteils bedingt fast ausnahmslos in jedem Konstruktionsteil vorkommen, sei es in Form von Querschnittsübergängen, Kraftangriffsstellen, Umlenkstellen des Kraftflusses usw. ist eine Berücksichtigung dieser formbedingten Spannungsverteilung unumgänglich notwendig.

Von gleicher Wichtigkeit ist die Beachtung des gesamten Spannungszustandes, was nach den alten Berechnungsverfahren nur in wenigen Fällen durchgeführt worden ist, ebenso der Einfluß der verschiedenen Spannungszustände auf die Werkstoffestigkeit. Zur Schaffung einer neuen Konstruktionslehre, die den wirklich auftretenden Verhältnissen Rechnung trägt, ist es notwendig, zwei Grundaufgaben zu lösen:

1. die Frage der Spannungsverteilung und des Spannungszustandes in einem beliebig geformten Teil,
2. die Frage des Werkstoffverhaltens bei verschiedener Beanspruchung und verschiedenen Spannungszuständen.

Spannungszustand und Spannungsverteilung

Die mathematisch genaue Erfassung der Spannungsverteilung und der Spannungszustände ist nur in ganz wenigen Fällen möglich. Es handelt sich hierbei meistens um Fälle, die mit praktisch vorkommenden Bauteilen nur wenig Ähnlichkeit haben[2]). Selbst bei verhältnismäßig einfachen Fällen der Praxis ist eine mathematische Auflösung der auf Grund der Elastizi-

*) Prof. Dr., Technische Hochschule Darmstadt.

[1]) *A. Thum*, Neuere Anschauungen in der Gestaltung, Vortrag auf der VDI-Hauptversammlung 1936.

[2]) *H. Neuber*, Ingenieurarchiv Bd. 6 (1935), S. 133; *U. Wegener*, Ingenieurarchiv Bd. 5 (1934), S. 449; *R. Sonntag*, Z. a. M. M. Bd. 9 (1929), S. 1.

tätstheorie aufgestellten Gleichungen nicht möglich. In einigen dieser Fälle konnte man durch Heranziehen physikalischer Vorgänge, die den gleichen mathematischen Gesetzen gehorchen und der Messung zugänglich waren, eine mehr oder weniger genaue versuchsmäßige Lösung erhalten.

Solche Verfahren sind für zweidimensionale Probleme der Zug-Druck- und Biegebeanspruchung das spannungsoptische Verfahren[3]), bei dem Modellkörper aus Glas oder physikalisch ähnlichen Stoffen untersucht werden, die unter Belastung nur in Richtung der Hauptspannungen schwingendes Licht durchlassen. Bei Verdrehbeanspruchungen führt das feldelektrische Modell[4]), das die Übereinstimmung der Gleichungen eines elektrischen Feldes mit den Spannungsgleichungen benützt, und das Gleichnis der unter gleichmäßigem Druck durchgebogenen Membrane (Seifenhautmodell), das in ähnlicher Weise die Übereinstimmung der Gleichungen für die Durchbiegung einer Membran mit den elastischen Gleichungen benützt, zu brauchbaren Ergebnissen.

Abb. 1. Dehnungsmessungen an einer Pleuelstange.

Mit diesen Versuchen sind jedoch auch nur ganz spezielle, einfache Aufgaben lösbar, wie z. B. die Bestimmung der Spannungsverteilung an einfachen Winkelecken, Querschnittsübergängen, Stäben mit Querbohrung u. ä. In den meisten Fällen können nur Feindehnungsmessungen an fertigen Konstruktionsteilen Aufschluß über die Spannungsverteilung geben. Die hierzu benutzten Feindehnungsmesser müssen hohe Meßgenauigkeit bei möglichst kleiner Meßlänge haben, damit die Spannungen praktisch punktförmig erfaßt werden können. Es sind die verschiedenartigsten Dehnungsmesser sowohl für statische, Abb. 1, als auch für dynamische Belastungen, Abb. 2, entwickelt worden, die sich zum Teil als recht brauchbar erwiesen haben[5]).

Als Ergebnis dieser Untersuchungen erhält man die tatsäch-

---

[3]) *A. Thum* u. *F. Wunderlich*, ATM V 132—10; *L. Föppl* u. *H. Neuber*, Festigkeitslehre mittels Spannungsoptik, München-Berlin 1935.

[4]) *A. Thum* u. *W. Bautz*, ATM V 132—11; *A. Thum* u. *W. Bautz*, Z. VDI Bd. 78 (1934), S. 17.

[5]) *E. Lehr*, Maschinenbau Bd. 10 (1931), S. 711; *E. Lehr* u. *H. Granacher*, Forschg. Bd. 7 (1936), S. 66; *O. Dietrich* u. *E. Lehr*, Z. VDI Bd. 76 (1932), S. 973; *F. Seewald*, Maschinenbau Bd. 10 (1931), S. 725.

liche Spannungsverteilung an gekerbten Stellen. Den Konstrukteur interessieren von diesen Ergebnissen insbesondere Angaben über die Höhe der an einer Kerbstelle auftretenden Spannungsspitze. Diese Werte werden ihm zweckmäßig vermittels der »Formziffer« α_k angegeben, das ist das Verhältnis der Spannungsspitze $\sigma_{\max}$ zur Nennspannung σ_n[6]). Unter Nennspannung versteht man hierbei die Spannung, die sich aus den vereinfachten Annahmen der alten Konstruktionslehre ergibt. Zum Gebrauch für den Konstrukteur wird man zweckmäßig die durch Versuche gefundenen α_k-Werte in Zahlen- oder Kurventafeln zusammenfassen, wie dies in Abb. 3 an einem Beispiel gezeigt ist[7]).

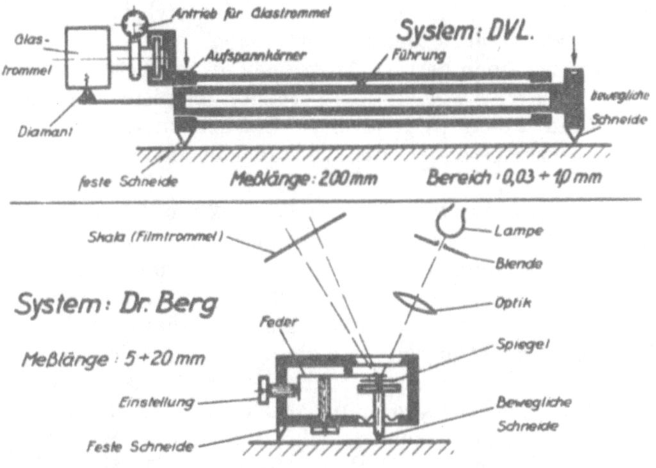

Abb. 2. Dynamische Dehnungsmesser.

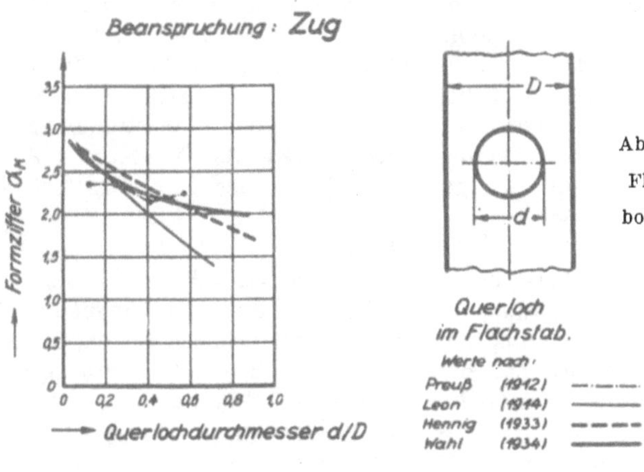

Abb. 3. Formziffer für Flachstab mit Querbohrung bei Zugbeanspruchung.

6) *A. Thum* u. *W. Bautz*, Z. VDI Bd. 79 (1935), S. 1303.

7) *E. Lehr*, Spannungsverteilung in Konstruktionselementen, Berlin 1934.

Sicherheitszahlen

Neben der Kenntnis der Spannungsverhältnisse ist für den Konstrukteur in gleicher Weise die Kenntnis der Werkstoffeigenschaften unbedingt erforderlich. Die Werkstoffeigenschaften, die man bisher dem Konstrukteur zur Verfügung stellte, waren Zugfestigkeit, Streckgrenze und Dehnung und zum Teil auch Biegefestigkeit und Verdrehfestigkeit, die an einem glatten Zerreißstab gemessen wurden. Diese Festigkeitswerte ergaben jedoch keinerlei Anhaltspunkte für das Verhalten der Werkstoffe bei betriebsmäßigen Belastungsverhältnissen und beliebiger Formgebung. Aus diesem Grunde führte man bisher sog. Sicherheitszahlen in die Berechnung von Konstruktionsteilen ein, um die Unsicherheit in der Kenntnis des wahren Werkstoffverhaltens zu vertuschen.

Solange wir noch geringe Ansprüche an die Leistungsfähigkeit unserer Maschinen stellten, war dieses Vorgehen bequem und ungefährlich, da es nicht darauf ankam, irgendwo an Gewicht zu sparen und man daher so reichlich überbemessen konnte, daß Brüche im allgemeinen nicht zu befürchten waren.

Mit der Weiterentwicklung der Technik mußten jedoch die Ansprüche, die wir an unsere Maschinen stellen, immer höher geschraubt werden. Besonders im neuzeitlichen Fahrzeug- und Flugzeugbau und im Bau schnelllaufender Maschinen trat die Forderung nach geringstem Gewicht immer mehr in den Vordergrund, da die gestellten hohen Leistungsforderungen nur durch den Leichtbau zu lösen sind. Dieser Leichtbau ist aber nur möglich, wenn man in der Beanspruchung der Werkstoffe bis zur äußersten Grenze geht. Hierbei kann man natürlich bei der Bemessung nicht mehr mit Sicherheitszahlen rechnen, die durch rohe Schätzungen gefunden wurden. Insbesondere bei Neukonstruktionen, für die noch keine Anhaltspunkte vorliegen, wird man auf diese Art oft erst nach schweren Mißerfolgen zu einer brauchbaren Lösung kommen. Eine bruchsichere, wirtschaftliche Neukonstruktion ist nur möglich, wenn die tatsächlich auftretenden Beanspruchungsarten und Spannungsverhältnisse und das Werkstoffverhalten unter diesen Beanspruchungen bekannt sind. Das, was der Konstrukteur braucht, sind demnach nicht nur die Angaben über Zugfestigkeit, Streckgrenze und Dehnung des zu verwendenden Werkstoffes, sondern die Angabe von Werten, die wir neuerdings unter dem Begriff »Gestaltfestigkeit« zusammenfassen.

Gestaltfestigkeit

Unter Gestaltfestigkeit[8]) eines Werkstückes versteht man einen Festigkeitswert der bei einem bestimmten Werkstoff und einer vorliegenden Form und konstruktiven Anordnung bei einer ganz bestimmten Beanspruchungsart gefunden worden ist. Zur Erläuterung des Begriffes Gestaltfestigkeit sind in Abb. 4 einige Gestaltfestigkeitswerte zusammengestellt[9]). Bei

[8]) *A. Thum* u. *W. Bautz*, Stahl u. Eisen Bd. 55 (1935), S. 1025; *A. Thum* u. *W. Bautz*, Schweiz. Bauzeitung Bd. 106 (1935), S. 25.

[9]) *A. Thum* u. *H. Wiegand*, Z. VDI Bd. 77 (1933), S. 1061; *H. Wiegand*, Über die Dauerfestigkeit von Schraubenwerkstoffen und Schraubenverbindungen. Diss. Darmstadt 1933.

allen dargestellten Teilen ist der gleiche Werkstoff verwendet worden, der an einem glatten Zerreißstab eine Zugfestigkeit von etwa 38 kg/mm² aufweist. Die Teile waren alle der gleichen Belastungsart (Zug-Druck-Schwingbeanspruchung) unterworfen. Die Unterschiede in den angegebenen Festigkeiten sind also nicht allein durch die Formgebung des Teiles (glatter Stab, gekerbter Stab, Stab mit Gewinde), sondern auch durch die konstruktive Anordnung oder Gestaltgebung (Stiftschraube, Schraube mit normaler Stahlmutter, mit Entlastungskerbe, mit Gußmutter) bedingt. Bei Änderung sowohl der Belastungsart als auch des Werkstoffes wird man in jedem Fall wieder andere Werte der Gestaltfestigkeit erhalten.

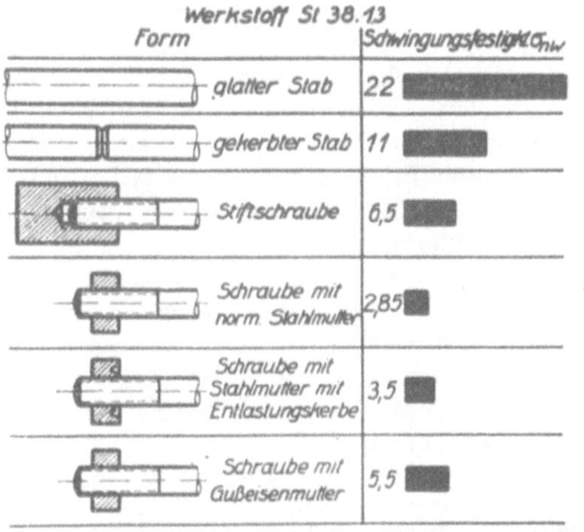

Die angegebenen Zahlenwerte sind Nennspannungen, d. h. Spannungen, die unter Annahme gleichmäßiger Spannungsverteilung über den Querschnitt berechnet sind (Werte nach Wiegand)

Abb. 4. Einfluß der Formgebung und der konstruktiven Anordnung auf die Gestaltfestigkeit bei Zug-Druckbeanspruchung.

Zur Ermittlung der Gestaltfestigkeit ist eine große Anzahl von Versuchen notwendig. Um eine planmäßige Erfassung aller Erscheinungen zu gewährleisten, mußte man mit Versuchen an einfachen Teilen beginnen und anschließend auf verwickeltere Teile übergehen. Die ersten Erkenntnisse über die Bedeutung der Gestaltfestigkeit sind an glatten Stäben und Stäben mit einfachen Kerben (z. B. Rundstab mit halbkreisförmiger Rille, Welle mit Bund bei verschiedenen Abrundungen usw.) gefunden worden. Da für diese einfachen Teile eine Ermittlung der Spannungsverteilung mittels der spannungsoptischen bzw. feldelektrischen Verfahren möglich war, waren diese Versuche geeignet, grundlegende Erkenntnisse über das Werkstoffverhalten bei verschiedenen Spannungszuständen und bei verschiedener Spannungsverteilung insbesondere bei der in der Praxis am häufigsten vorkommenden Dauerbeanspruchung namentlich durch wechselnde Kräfte zu ergeben. Sie ergaben weiterhin wertvolle Einblicke in die Bruch- und Fließvorgänge.

Einfluß von Spannungszustand und Spannungsverteilung

Für den Konstrukteur besonders wichtig sind hierbei die Erkenntnisse über den Einfluß des Spannungszustandes und der Spannungsverteilung auf die Festigkeit[10]). Aus den Versuchen konnte man schließen, daß nicht nur bei ruhend oder zügig beanspruchten Teilen die Fließgefahr die Bemessung der Bauteile bestimmt, sondern daß auch bei Dauerbeanspruchung, sowohl bei gleichbleibender Last (Dauerstandbeanspruchung), als auch bei wechselnder Last die Bruchgefahr etwa einer Fließgefahr gleichkommt. Streng richtig wäre die Beurteilung der Bruchgefahr nach der Gestaltänderungsenergie, die jedoch ebenso wie die Theorie der Fließgefahr den Einfluß der Ungleichmäßigkeit der Spannungsverteilung, der später noch näher darglegt wird, nicht berücksichtigt. Da die Abweichungen der beiden Theorien nicht sehr groß sind, wird es für die Praxis zweckmäßiger sein, nach der anschaulicheren Theorie der Fließgefahr zu arbeiten.

Nach dieser Theorie dürfen die bei der Beanspruchung auftretenden bleibenden Dehnungen ein bestimmtes Maß nicht überschreiten. Diese unterhalb der Bruchgefahr auftretenden Fließerscheinungen (Gleitungen), die im Gefüge als sog. Gleitlinien, Abb. 5, zu erkennen sind, sind bei Wechselbeanspruchungen allerdings äußerst klein, so daß sie mit den uns heute zur Verfügung stehenden Mitteln größenmäßig nur äußerst schwer nachzuweisen sind. Dagegen können sie bei Dauerstandbeanspruchung bzw. bei Wechselbeanspruchungen mit verhältnismäßig geringer Lastwechselzahl leicht meßbare Werte annehmen, ohne daß ein Bruch eintritt. Die kritischen Verformungswerte, die gerade noch ohne Bruch ertragen werden können, nennen wir Grenzgleitung.

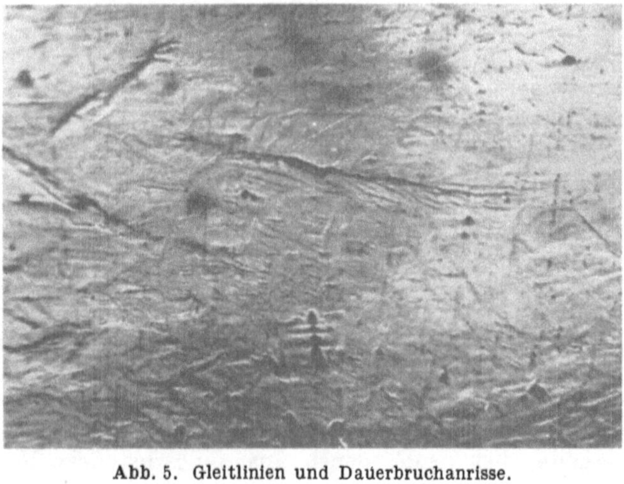

Abb. 5. Gleitlinien und Dauerbruchanrisse.

10) W. *Bautz* u. *H. Ochs*, Z. VDI Bd. 79 (1935), S. 1450; *W. Kuntze*, Metallwirtschaft Bd. 10 (1931), S. 895; *A. Thum* u. *W. Bautz*, Schweiz. Bauzeitg. Bd. 106 (1935), S. 25.

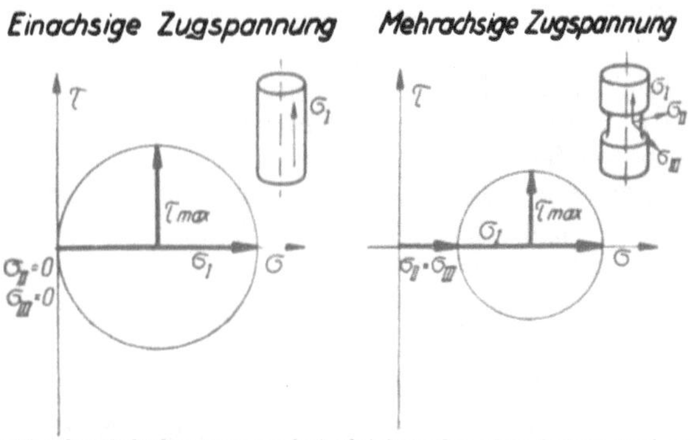

Abb. 6. Größe der Schubspannung bei gleichgroßer einachsiger und mehrachsiger Zugbeanspruchung (Mohrsche Darstellung).

Der Betrag der Gleitung ist nach der *Mohrschen* Theorie im wesentlichen von der Höhe der größten Schubspannung abhängig. Die größte Schubspannung ist nun ihrerseits wieder durch den Spannungszustand bedingt; sie wird verschiedene Größen annehmen, je nachdem ob ein einachsiger oder ein mehrachsiger Spannungszustand vorliegt. Wie Abb. 6 zeigt, ist bei einem mehrachsigen Spannungszustand, d. h. bei einem Spannungszustand, bei dem alle drei Hauptspannungen einen positiven Wert haben, bei der gleichen größten Hauptspannung σ_I die größte Schubspannung τ_{max} kleiner als bei einem einachsigen Spannungszustand. Hieraus folgt, daß bei mehrachsigem Spannungszustand ein geringeres Fließen eintreten wird und auf diese Weise ein Bruch erst bei höherer Spannung σ_I eintritt.

Der Einfluß einer ungleichmäßigen Spannungsverteilung wirkt sich in zweifacher Hinsicht aus. Erstens entstehen in diesem Falle im allgemeinen Spannungen in den beiden anderen Hauptspannungsrichtungen durch Behinderung der Querkontraktion, und zwar ist dies so zu erklären, daß durch die ungleichmäßige Spannungsverteilung sich auch eine ungleichmäßige Querkontraktion einstellen müßte. Diese ungleichmäßige Querkontraktion läßt jedoch der Werkstoffzusammenhalt nicht zu, so daß als notwendige Folge Querspannungen entstehen und so der Spannungszustand mehrachsig wird. Diese Erscheinung bedingt wiederum einen Einfluß auf die Fließgefahr im Sinne der *Mohrschen* Theorie.

Als zweites war festzustellen, daß ein Fließen erst dann eintreten kann, wenn ein Werkstoffquerschnitt von einer gewissen Mindestgröße einem Spannungszustand unterworfen ist, der an sich eine Fließgefahr bedeutet[11]). Steigt z. B. eine Spannungsspitze so steil an, daß nur ein ganz geringer Werkstoffquerschnitt von ihr betroffen wird, dann werden die benachbarten, gering beanspruchten Teile ein Fließen verhindern können, vor-

[11]) *A. Thum* u. *F. Wunderlich*, Forschg. Ing. Wes. Bd. 3 (1932), S. 261. *A. F. Maier*, Einfluß des Spannungszustandes auf das Formänderungsvermögen der metallischen Werkstoffe, Berlin (1935).

ausgesetzt, daß der hochbeanspruchte Werkstoffquerschnitt klein genug ist.

Praktisch wirken sich diese Erscheinungen so aus, daß an einer Kerbstelle sowohl im Innern des Querschnittes infolge der Mehrachsigkeit des Spannungszustandes als auch an der Oberfläche, an der eine Hauptspannung immer verschwindet, infolge der stark veränderlichen Spannungsverteilung, Abb. 7, Fließbehinderung vorhanden ist. Diese Tatsache bewirkt, daß an einer Kerbstelle Spannungsspitzen ertragen werden können, die wesentlich über den Spannungen liegen, die bei gleichmäßiger Spannungsverteilung (also am glatten Stab) noch zu ertragen sind.

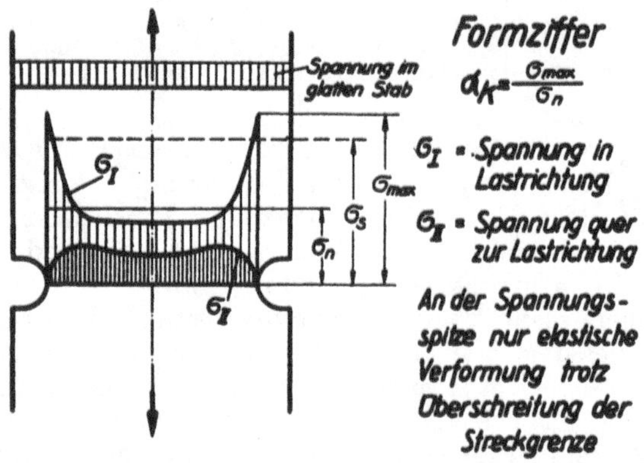

Abb. 7. Spannungsverteilung im gekerbten Zugstab in Längs- und Querrichtung

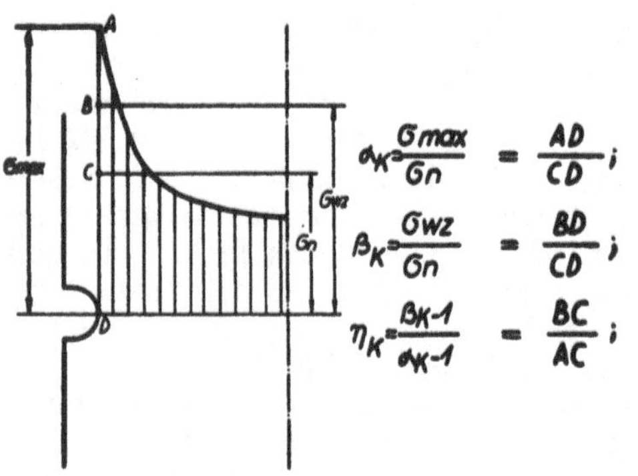

Abb. 8. Kerbwirkung und Kerbempfindlichkeit.

Um eine formelmäßige Erfassung dieser Verhältnisse zu ermöglichen, ist man bisher einen Weg gegangen, der an dem in der Abb. 8 dargestellten, auf Wechselzug beanspruchten Stab mit einer einfachen Kerbe erläutert werden soll. In Abb. 8 ist die Spannungsverteilung eingezeichnet, wie sie an der Dauerfestigkeit dieses gekerbten Stabes herrscht. Weiterhin ist in dieses Bild die Dauerfestigkeit eines glatten Stabes aus dem gleichen

Werkstoff (σ_{wz}) eingezeichnet. Das Verhältnis der größten Spannung σ_{max} zur Nennspannung σ_n gibt die Formziffer α_k. Unter Nennspannung wollen wir hierbei, wie schon erwähnt, die sich aus der vorliegenden Spannungsverteilung ergebende mittlere Spannung verstehen. Sie ist gleich der Spannung, die sich bei einer gleichmäßigen Spannungsverteilung über den Querschnitt ergeben würde. Die Spannungsspitze σ_{max} übersteigt die Nennspannung um den Betrag $(\alpha_k - 1)\,\sigma_n$.

Die Wechselfestigkeit des Werkstoffes, d. h. die Dauerfestigkeit eines auf Zug beanspruchten glatten, polierten, zylindrischen Stabes ist durch die Größe σ_{wz} gegeben. Wie schon erwähnt wurde, kann die größte Spannung je nach der Art des Werkstoffes und der Form der Kerbe diese Wechselfestigkeit σ_{wz} um einen gewissen Betrag überschreiten. Es kann eine gewisse örtliche Überbeanspruchung ertragen werden, in Abb. 8 dargestellt durch die Strecke *AB*, ohne daß ein Dauerbruch eintritt. Gesucht ist nun diejenige Nennspannung $\sigma_{n\,zul.}$, die von dem Werkstoff bei der betreffenden Kerbform gerade noch dauerbruchsicher ertragen wird. Wir können uns den ganzen Vorgang der Einfachheit halber so vorstellen, als ob im Kerbgebiet nicht die volle Größe der Spannungsspitze $\alpha_k \cdot \sigma_{n\,zul.} - \sigma_{n\,zul.}$ zur Auswirkung kommt, sondern nur ein kleinerer Wert, durch *BD* in der Abbildung dargestellt, der gleich $\beta_k \cdot \sigma_{n\,zul.}$ ist. β_k bedeutet dabei die sog. Kerbwirkungszahl. Für das Verhältnis, in dem die Spannungsspitze gleichsam gemildert wird, wurde die Bezeichnung Kerbempfindlichkeitszahl η_k angewandt.

Mit diesen Beziehungen ist formal das Problem der Dauerhaltbarkeit von Konstruktionsformen auf die Ermittlung einer einzelnen Größe, der Kerbempfindlichkeitszahl η_k[12]) zurückgeführt, aber praktisch noch kein großer Vorteil erzielt; denn die Kerbempfindlichkeit ist keine reine Werkstoffeigenschaft. Sie ist vielmehr eine schwierig erfaßbare Funktion von Form, Werkstoff und Oberflächenzustand; sie muß der Größe der bleibenden Grenzgleitung und dem fließbehindernden Einfluß Rechnung tragen. Die vorläufige Anwendung der Kerbempfindlichkeitszahl kann daher lediglich eine Krücke bedeuten, der wir uns in manchen Fällen bedienen, um von der Dauerfestigkeit des zylindrischen Stabes auf die Gestaltfestigkeit einer beliebigen Konstruktion hinüberzuhumpeln, wenigstens so lange noch nicht genügend Unterlagen über die Gestaltfestigkeit unserer verschiedenen Konstruktionsteile selbst vorliegen.

Gestaltfestigkeit von Formelementen und Bauteilen

Nachdem nun an einfachen, gekerbten Stäben die Grundlagen der Gestaltfestigkeit ermittelt war, mußte die nächste Aufgabe gelöst werden, zahlenmäßige Werte über die Gestaltfestigkeit von Konstruktionsteilen zu finden. Um auch hier ein systematisches Vorgehen zu gewährleisten,

[12]) *R. Mailänder*, Stahl u. Eisen Bd. 55 (1935), S. 39; *R. Mailänder*, Techn. Mitt. Krupp Bd. 3 (1935), S. 108; *E. Lehr* u. *R. Mailänder*, Arch. Eis.-Hüttenwes. Bd. 9 (1935/36), S. 31; *W. Schwinning*, *M. Knoch* u. *K. Uhlemann*, Z. VDI Bd. 78 (1934), S. 1469.

mußte mit einfachen Formelementen (z. B. Welle mit Bund, Welle mit Keilnut oder Querbohrung, Querschnittsübergänge, Winkelecken usw.) begonnen werden; die Fortsetzung bildeten Versuche an einfachen Verbindungsteilen (z. B. Schrumpfsitze, Einwalzstellen, Schraubverbindungen, Schweiß- und Nietverbindungen usw.). Die letzte Stufe bildet die Untersuchung von ganzen Bauteilen (z. B. Kurbelwellen, Flugschrauben, Zahnräder, Gehäuse, Lager, Kesseltrommeln, hochbeanspruchte Teile des Fahrzeugbaues, wie Achsschenkel, Lenkteile, Stoßdämpfer, Federn usw.). Alle diese Teile sind unter betriebsmäßiger Belastung zu prüfen, also je nachdem, wie das betreffende Teil im Betrieb belastet wird, durch eine einmalige oder eine verhältnismäßig geringe Anzahl von Gewaltbeanspruchungen (z. B. Schlagbeanspruchung) oder durch wechselnde Beanspruchungen bei Lastwechselzahlen von etwa 10000 bis 100000 (Zeitfestigkeit) oder durch wechselnde Beanspruchungen bei sehr hohen Lastwechselzahlen (mehrere Millionen, Dauerfestigkeit) oder schließlich durch gleichbleibende Belastung über längere Zeit (Dauerstandfestigkeit).

Neben dem Einfluß des Werkstoffes und der Formgebung ist hierbei auch der Einfluß der absoluten Größe eines Bauteiles zu prüfen, um Anhaltspunkte zu bekommen, wie weit die an kleinen Formteilen ermittelten Ergebnisse auf größere Teile gleicher Form und gleichen Werkstoffes übertragen werden können, was besonders dann wichtig ist, wenn aus Ergebnissen an kleinen, leicht zu prüfenden Modellen auf die Festigkeitsverhältnisse größerer Teile geschlossen werden muß. Versuche haben gezeigt, daß ein derartiger Größeneinfluß tatsächlich vorhanden ist, so daß in manchen Fällen bei der Untersuchung der Bauteile in natürlicher Größe ganz erhebliche Abweichungen von den Festigkeitswerten gefunden wurden, die am verkleinerten Modell gemessen waren. Modellversuche können wohl Vergleichswerte über die Gestaltfestigkeit bringen, d. h. man kann sie benutzen, um die gefährdeten Stellen zu finden und um günstige Formen zu entwickeln Die absoluten Werte der Gestaltfestigkeit dürfen jedoch nicht ohne weiteres auf größere Bauteile übertragen werden. Die bisher vorliegenden Versuchsergebnisse zeigen, daß an großen Bauteilen mit beträchtlichen Querschnitten unter Umständen bedeutende Minderungen der Gestaltfestigkeit auftreten.

Die Versuche an Formelementen und Bauteilen dienen ferner zur Ermittlung der Wirkung äußerer Einflüsse wie höhere Temperatur, Korrosion u. ä., die durch den Verwendungszweck und die Betriebsbedingungen gegeben sind.

Das Ergebnis aller dieser Versuche sind Werte der Gestaltfestigkeit, wie sie der Konstrukteur zum Entwurf neuer Konstruktionen braucht. Darüber hinaus bieten diese Untersuchungen Erkenntnisse über die Möglichkeit der Steigerung der Festigkeitseigenschaften eines Bauteils bei den verschiedensten Beanspruchungsarten durch zweckmäßige Formgebung, richtige Werkstoffauswahl und richtige Wahl der Herstellungs- und Nachbehandlungsverfahren.

Anwendung der Gestaltfestigkeit bei der Formgebung

Ganz allgemein sind zum Entwurf einer Konstruktion folgende Richtlinien zu geben. Die Grundform eines Konstruktionsteiles ist meistens durch den Verwendungszweck in großen Umrissen festgelegt. Aufgabe des Konstrukteurs ist es nun, innerhalb dieses Rahmens die Ausführung so zu gestalten, daß der Werkstoff in allen Teilen möglichst bis zur Grenze beansprucht wird, so daß das Teil der Forderung des neuzeitlichen Leichtbaues entsprechend ein möglichst geringes Gewicht erhält. Die Wirtschaftlichkeit der Herstellung darf dabei natürlich nicht außer acht gelassen werden.

Belastungsarten

Zur rein konstruktiven Formgebung muß zunächst die Belastungsart des zu entwerfenden Teiles bestimmt werden. Allgemein sind folgende Belastungsarten möglich:

1. Belastung durch ruhende Kräfte;
2. Belastung durch wechselnde Kräfte;
3. Belastung durch eingeleitete Arbeitsbeträge (z. B. Schlagarbeit);
4. Belastung durch Zwangsverformungen (solche Zwangsverformungen können z. B. durch Verformungen benachbarter Teile, durch ungleichmäßige Erwärmungen u. ä. hervorgerufen werden).

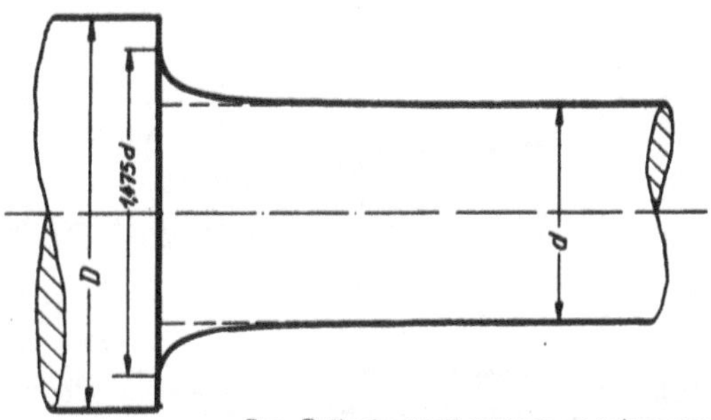

Abb. 9. Entlastungsübergang für Biege- oder Verdrehbeanspruchung an abgesetzten Wellen.

Der Entlastungsübergang wurde experimentell in Anlehnung an die Randkurve eines aus einer Bodenöffnung frei ausfließenden Strahls ermittelt.

Längs des mit stetig veränderlicher Krümmung konstruierten Übergangs herrscht die gleiche Spannung wie im dünnen Wellenteil, die Formziffer des Übergangs ist daher $\alpha_K = 1$

Bei der Beurteilung der Belastungsart darf ferner namentlich bei wechselnder Belastung die Belastungsdauer nicht außer acht gelassen werden. Je nach der Anzahl der während der Lebensdauer eines Teiles auftretenden Lastwechsel werden die zulässigen Beanspruchungen höher oder niedriger sein, man wird z. B. bei einer Gesamtwechselzahl von etwa 10000 bis 100000 die sog. Zeitfestigkeit, bei höheren Lastwechselzahlen (mehrere Millionen) die Dauerfestigkeit zugrunde legen.

Ruhende und wechselnde Kräfte

Ist eine Konstruktion durch ruhende oder wechselnde Kräfte beansprucht, so sind bei der Bemessung im allgemeinen nur die notwendigen

Querschnittsflächen bzw. Widerstandsmomente zur Verfügung zu stellen, damit die Spannungen nicht unzulässig hoch werden. Die zulässigen Spannungen ergeben sich aus der Gestaltfestigkeit des betreffenden Teiles bei der vorliegenden Beanspruchung wie sie z. B. durch Versuche unter Betriebsbedingungen ermittelt worden ist. Sind Formziffer und Kerbempfindlichkeitszahl für Gestalt und Werkstoff des Bauteiles bekannt, so kann die Gestaltfestigkeit auch durch Rechnung gefunden werden. In vielen Fällen wird es ferner dem geübten Konstrukteur möglich sein, bei Kenntnis der Gestaltfestigkeit ähnlicher Teile die Gestaltfestigkeit des zu entwerfenden Teiles ohne großen Fehler abzuschätzen. Teile, die besonders wechselnden Kräften unterworfen sind, können durch zweckmäßige Formgebung in ihrer Gestaltfestigkeit oft wesentlich gesteigert werden. Durch Schaffung allmählicher Querschnittsübergänge (Entlastungsübergang)[13]) und durch Vermeidung schroffer Umlenkungen des Kraftflusses kann manche unnötige Spannungserhöhung durch Kerbwirkung vermieden werden. Abb. 9 zeigt als Beispiel einen derartigen allmählichen Querschnittsübergang, der keine Spannungserhöhung bewirkt.

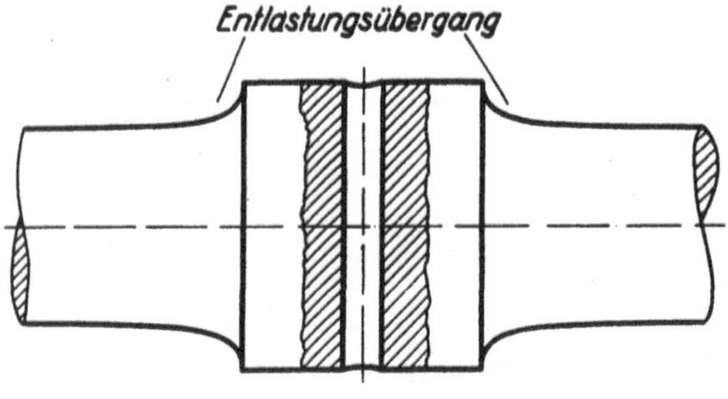

Abb. 10. Körper gleicher Spannung, Verstärkung gefährdeter Stellen.

Wie schon erwähnt, bedingt die Forderung nach möglichst geringem Gewicht eine gleichmäßige Werkstoffausnützung in allen Teilen. Es muß demnach wenn irgend möglich vermieden werden, daß an einer Stelle des Konstruktionsteiles der Werkstoff nur gering beansprucht wird, während an anderen Stellen hohe Beanspruchungen auftreten. Die ideale Lösung dieser Forderung ist der »Körper gleicher Spannung«, der in allen Bauteilen, bei denen es auf höchste Ausnützung des Werkstoffes ankommt, anzustreben ist.

In vielen Fällen werden jedoch Kerbwirkungen und damit Spannungsspitzen aus konstruktiven Gründen nicht ganz zu vermeiden sein. Man wird hier die Forderung nach möglichst gleicher Spannung in allen Teilen dadurch zu verwirklichen suchen, daß man die Kerbstellen im Verhältnis der Kerbwirkungszahl gegenüber der ungekerbten Stelle verstärkt. Abb. 10

---

[13]) *R. V. Baud*, Diss. Zürich 1934; *A. Thum* u. *W. Bautz*, Forschg. Ing.-Wes. Bd. 6 (1935), S. 269.

zeigt als Beispiel eine solche Ausführung an einer Welle mit Querbohrung. Sowohl die verstärkte Kerbstelle als auch der Querschnittsübergang, der als Entlastungsübergang ausgebildet ist, sowie der glatte Teil sind bei dieser Formgebung gleich hoch belastet, so daß die Bruchgefahr an allen Stellen gleich ist.

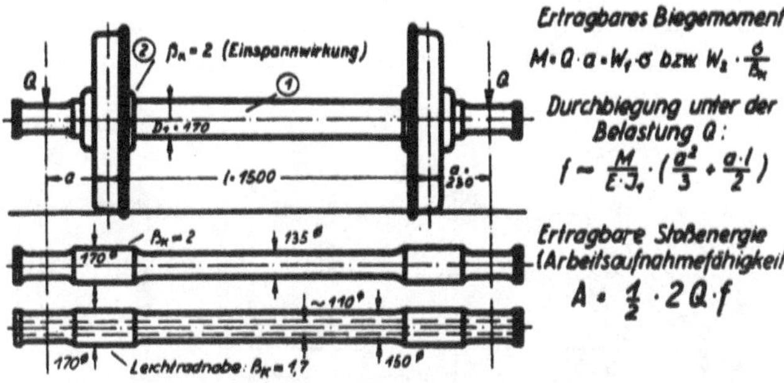

	Gewicht kg	Ertragbares Moment M (cmkg) bei ①		bei ②	J_1 (cm⁴)	f (cm)	A (cmkg)
Starre Achse	340	480 · σ	$\beta_K \sim 2$	240 · σ	4100	$110 \cdot \frac{\sigma}{E}$	$1150 \cdot \frac{\sigma^2}{E}$
Eingezog. Achse	275	240 · σ	$\beta_K \sim 2$	240 · σ	1630	$280 \cdot \frac{\sigma}{E}$	$2900 \cdot \frac{\sigma^2}{E}$
Hohl-Achse	165	240 · σ	$\beta_K \sim 1{,}7$	240 · σ	1770	$260 \cdot \frac{\sigma}{E}$	$2700 \cdot \frac{\sigma^2}{E}$

Abb. 11. Festigkeitseigenschaften von starrer Achse, eingezogener Achse und eingezogener Hohlachse. Ausbildung als Körper gleicher Spannung und größtmöglicher Arbeitsfähigkeit bei geringstem Gewicht.

Abb. 11 zeigt die Anwendung der gleichen Gesichtspunkte auf eine Eisenbahnachse[14]). Bei der in der Abbildung oben dargestellen starren Achse kann infolge der Einspannwirkung an der Stelle des Nabensitzes nur die Hälfte des Biegemomentes ertragen werden wie im Schaft, d. h. die ganze Achse ist bis auf die beiden Einspannstellen nur zur Hälfte ausgenutzt. Zieht man die Achse im Schaft, wo keine Kerbwirkung vorhanden ist (Mitte der Abbildung), im Verhältnis der Kerbwirkungszahl der Nabensitzstelle ein, so erhält man eine Achse, die die gleiche Belastung erträgt, wie die oben dargestellte starre Achse, die jedoch infolge besserer Werkstoffausnützung ein viel geringeres Gewicht hat.

Eine noch weitergehende Verringerung des Gewichtes bei gleicher Tragfähigkeit erhält man durch Anwendung der eingezogenen Hohlachse. Hierbei ist der im Innern der Welle liegende Werkstoff, der bei Biegung nur sehr geringe Spannungen aufnimmt, ausgebohrt. Das hierdurch verringerte Widerstandsmoment kann durch eine geringfügige Verstärkung des Außendurchmessers ausgeglichen werden. Bei einer derartigen »Schalenbauweise« ergeben sich auch über die Querschnittsdicke keine großen Spannungsunterschiede mehr, so daß eine solche Hohlachse praktisch ein Körper

---

[14]) *E. Kreißig*, Stahl und Eisen Bd. 56 (1936), S. 33.

gleicher Spannung ist, durch den die beste Werkstoffausnützung erreicht wird. Ein Vergleich der in Abb. 11 dargestellten Gewichte läßt die Tragweite dieser Maßnahmen erkennen.

Lassen sich scharfe Kerbwirkungen aus konstruktiven Gründen durch Verbesserung der Formgebung nicht mehr vermeiden, so kann man in manchen Fällen, wie Abb. 12 zeigt, durch zusätzliche Kerben (Entlastungskerben)[15]), die den Spannungsfluß günstiger gestalten bzw. die Kerbstelle entlasten, eine Verbesserung der Gestaltfestigkeit erzielen.

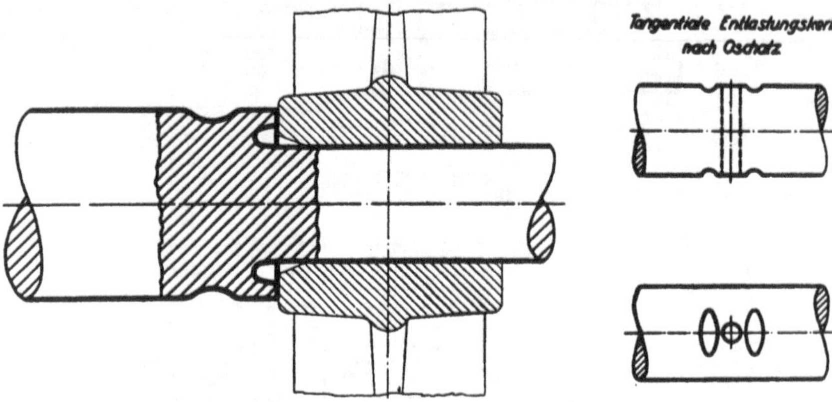

Abb. 12. Entlastungskerben an abgesetzter und an querdurchbohrter Welle.

Schlagbeanspruchung und Zwangsverformung

Bei Beanspruchung von Konstruktionsteilen durch Einleiten einer bestimmten Arbeitsmenge (z. B. Schlagarbeit) oder durch Zwangsverformungen, die durch Verformung benachbarter Teile, durch ungleichmäßige Erwärmung oder durch ähnliche Einflüsse erzeugt werden können, führen wieder andere Gesichtspunkte zu einer zweckmäßigen Gestaltung.

Eine eingeleitete Arbeit muß in Verformungsarbeit des Bauteiles umgesetzt werden, und zwar derart, daß nur elastische Verformungen auftreten. Die durch den Schlag oder die Zwangsverformung auftretenden Spannungen müssen so gering bleiben, daß sie keine plastischen Verformungen verursachen. Geringe Kräfte und somit geringe Spannungen erzielt man bei Schlag durch nachgiebige Konstruktionen, bei denen infolge Aufnahme der Arbeit längs eines großen Verformungsweges nur geringe Kräfte entstehen können. Besonders wichtig also ist hierbei die Schaffung eines möglichst großen arbeitsfähigen Volumens, um eine möglichst geringe spezifische Verformung zu erhalten.

Besteht ein Bauteil aus Teilen mit stark wechselnden Querschnitten bzw. Widerstandsmomenten, so werden, wie eine einfache Rechnung zeigt,

---

[15]) *H. Oschatz*, Gesetzmäßigkeiten des Dauerbruches und Wege zur Steigerung der Dauerhaltbarkeit gekerbter Konstruktionen. Mitt. MPA Darmstadt H. 2, Berlin 1933.

bei Schlagbeanspruchung und Zwangsverformungen praktisch nur die schwachen Teile beansprucht. Haben daher diese schwachen Stellen nur eine geringe örtliche Ausdehnung, d. h. nur ein kleines Arbeitsvolumen (scharfe Kerbstellen), so müssen die Beanspruchungen sehr hoch werden. Ist dagegen das Volumen dieser schwächsten Stelle groß, d. h. haben wir eine große »Dehnlänge«, dann werden die Beanspruchungen klein bleiben. Abb. 13 zeigt diese Tatsache an durch Verdrehungsschlag beanspruchten Wellen. Die untere Welle mit kurzer Dehnlänge erhält bei der gleichen Schlagbeanspruchung mehr als die dreifache Spannung als die zweite Welle, bei der die ganze Länge zur Arbeitsaufnahme herangezogen wird, da sie eine große Dehnlänge besitzt.

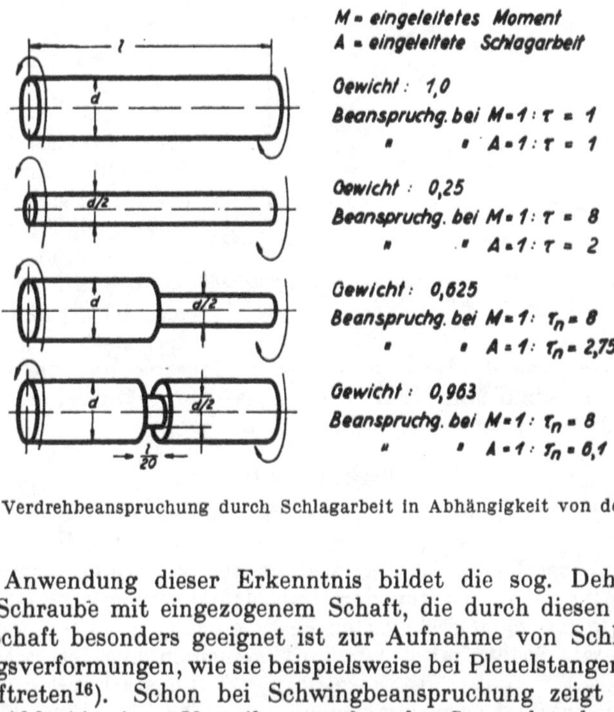

Abb. 13. Verdrehbeanspruchung durch Schlagarbeit in Abhängigkeit von der Gestalt.

Eine Anwendung dieser Erkenntnis bildet die sog. Dehnschraube, d. i. eine Schraube mit eingezogenem Schaft, die durch diesen dehnungsweichen Schaft besonders geeignet ist zur Aufnahme von Schlagarbeiten und Zwangsverformungen, wie sie beispielsweise bei Pleuelstangenschrauben häufig auftreten[16]). Schon bei Schwingbeanspruchung zeigt die Dehnschraube, Abb. 14, einen Vorteil gegenüber der Starrschraube, indem sie infolge ihrer flacheren Kennlinie im Spannungsdehnungsschaubild nur einen geringeren Teil der Gesamtnutzlast übernimmt, während ein größerer Teil zur Entspannung der vorgespannten Teile gebraucht wird. In noch größerem Maße wirkt sich dieser Unterschied bei Schlagbeanspruchung und Zwangsverformung aus, wo schon die auftretende Kraft infolge der geringeren Starrheit kleiner wird.

---

[16]) *A. Thum* u. *F. Debus*, Vorspannung u. Dauerhaltbarkeit von Schraubenverbindungen. Mitt. MPA Darmstadt H. 7, Berlin (1936).

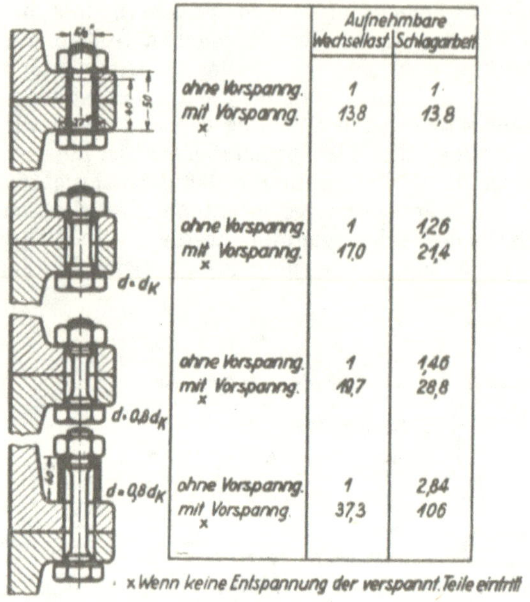

Abb. 14. Aufnehmbare Wechsellasten und Schlagarbeiten bei Dehnschrauben.

Zusammengesetzte Beanspruchung

In vielen Fällen treten in unseren Bauteilen zusammengesetzte Beanspruchungen auf, d. h. gleichzeitige Beanspruchung durch ruhende Kräfte, durch wechselnde Kräfte, durch Schlagarbeiten und durch Zwangsverformungen. Eine zweckmäßige Konstruktion erfordert hierbei den Körper möglichst gleicher Spannung und möglichst gleicher Arbeitsfähigkeit in allen Querschnitten. Praktisch wird sich das so auswirken, daß man die unvermeidbaren Kerbstellen und Kraftangriffsstellen verstärkt, während man die glatten Teile soweit wie möglich schwächt, damit diese die Stoßenergie und die Zwangsverformungen aufnehmen und auf diese Weise die gefährdeten Kerbstellen von zusätzlichen Spannungen verschont bleiben.

Werkstoffeinfluß

Neben der reinen Formgebung ist die richtige Werkstoffauswahl eine besonders brennende Frage. Versuche der letzten Zeit haben gezeigt, daß es namentlich bei Teilen, bei denen durch den Verwendungszweck scharfe Kerbwirkungen nicht zu vermeiden sind, oft unwirtschaftlich ist, zu Werkstoffen mit immer mehr gesteigerten Festigkeitseigenschaften überzugehen. Hochgezüchtete Stähle haben z. B. im allgemeinen eine derart hohe Kerbempfindlichkeit[12]), daß ihre Gestaltfestigkeit an stark gekerbten Formteilen bei Wechselbeanspruchung nicht wesentlich höher liegt als bei Verwendung eines Gußwerkstoffes, der zwar eine geringere Zugfestigkeit hat, dafür aber weniger kerbempfindlich ist. Dabei wird die Herstellung von derartig verwickelten Teilen durch Gießen wesentlich billiger. Namentlich die neuzeitlichen hochwertigen Gußeisensorten werden den Stahl an vielen Stellen wieder verdrängen können. Es seien hier nur die guten Erfolge mit gegossenen Kurbelwellen erwähnt[17]). In Zahlentafel 1 sind Gestalt-

[17]) *A. Thum* u. *K. Bandow*, Z. VDI Bd. 80 (1936), S. 23; *A. Thum*, Geschmiedete und gegossene Kurbelwellen. Vortrag auf der ATG-Hauptversammlung 1936.

festigkeitswerte an Kurbelwellen aus verschiedenen Werkstoffen und die diesen Werkstoffen eigene, am glatten Zerreißstab gefundenen Festigkeitswerte gegenübergestellt. Die Zahlentafel zeigt, daß die Gestaltdauerfestigkeit eines derartigen Bauteils mit hoher Kerbwirkung überraschend niedrig ist, daß also die Anwendung eines hochgezüchteten, hochfesten Werkstoffes nur einen geringen Nutzen bringt.

Zahlentafel 1

Verdrehschwingfestigkeit von Kurbelwellen aus verschiedenen Werkstoffen

Werkstoff	Zugfestigkeit σ_B	Verdrehschwingfestigkeit τ_{Bw}
St.C 45.61	84	8,3 — 8,5
St.C 45.61	150	8,3 — 8,5
Temperguß	etwa 40	6,0
Perlitguß	etwa 32	6,0 — 6,5

Man darf sich demnach bei der Werkstoffauswahl nicht nur nach Werten wie Streckgrenze, Zugfestigkeit und Dehnung richten, maßgebend ist die Gestaltfestigkeit, die mit dem betreffenden Werkstoff bei vorliegender Form, Beanspruchungsart und Betriebsbedingung erreicht wird. Bei einer solchen Beurteilung werden sich oft ganz andere Verhältnisse ergeben, als bei der Beurteilung nach Zugfestigkeit und Streckgrenze.

Formgebungsverfahren und Nachbehandlungsverfahren

Von gleicher Wichtigkeit ist die Wahl des Formgebungsverfahrens. Man kann hierfür nur sehr schwer Richtlinien aufstellen, da neben der Werkstoffauswahl und die durch den Verwendungszweck bedingte Gestaltung die Bearbeitungsmöglichkeit und die Wirtschaftlichkeit der Herstellung eine große Rolle spielen. Man wird daher in jedem Einzelfalle die Vor- und Nachteile der einzelnen Verfahren gegeneinander abwägen müssen, um zu einer in jeder Hinsicht zufriedenstellenden Konstruktion zu kommen.

Die spanabhebende Bearbeitung ist verhältnismäßig teuer und zeitraubend, so daß sie meistens nur als zusätzliche Bearbeitungsart benutzt wird, während die Grundform durch Schmieden, Warm- oder Kaltpressen bei verformungsfähigen Werkstoffen und durch Gießen bei gießbaren Werkstoffen hergestellt wird. Schmieden ist im allgemeinen nur bei sehr einfachen Teilen anzuwenden, bei verwickelteren Teilen wegen der Wirtschaftlichkeit nur bei Einzelanfertigung. Bei Massenanfertigung wird sich das Warm- oder Kaltpressen mehr empfehlen. Diese Verfahren haben den Vorteil, daß sie im allgemeinen nur sehr wenig spanabhebende Nachbearbeitung erfordern und eine sehr gute Oberflächenbeschaffenheit ergeben. Beim Kaltpressen ist besonders auf die verfestigende Wirkung der Kaltverformung hinzuweisen, durch die sich in vielen Fällen eine erhöhte Gestaltfestigkeit erzielen läßt.

Das Gießen gibt uns besondere Freiheit in der Gestaltungsmöglichkeit. Mit diesem Formgebungsverfahren können auch verwickelte Teile verhältnismäßig billig hergestellt werden. Auf die Verwendungsmöglichkeit besonders kerbunempfindlicher Werkstoffe zur Erzielung einer guten Gestaltfestigkeit ist schon hingewiesen worden.

In welchem Maße die Schweißverfahren das Gießen verdrängen werden, läßt sich im Augenblick noch nicht entscheiden, da beide Formgebungsverfahren sich heute sehr rasch weiter entwickeln, so daß wir erst später nach Abschluß einer gewissen Entwicklungsperiode erkennen werden, für welche Gebiete das eine oder das andere Verfahren günstiger sein wird. Im Vergleich zum Nieten wird sich das Schweißen überall da durchsetzen, wo Verbindungen mit verhältnismäßig geringer Kerbwirkung vorliegen, also insbesondere bei solchen Verbindungen, bei denen man durch Schaffung allmählicher Querschnittsübergänge bzw. durch entsprechende Maßnahmen konstruktiver Art einen guten Kraftfluß erzielen kann, und auch dort, wo man die Schweißnähte in verhältnismäßig niedrig beanspruchte Teile legen kann, so daß die durch konstruktive Kerben bedingten Spannungserhöhungen außerhalb der Schweiße liegen[18]) (z. B. Rahmen- und Trägerverbände, Kessel- und Behälterbau). Das Nieten wird man auch in Zukunft in gewissen Fällen noch nicht ganz verlassen können, besonders da, wo aus konstruktiven Gründen eine sehr starke Kerbwirkung nicht zu vermeiden ist und wo sehr unübersichtliche Spannungsverhältnisse vorliegen. Hier bietet das Nieten infolge einer gewissen Nachgiebigkeit manchmal günstigere Spannungsverhältnisse und so eine höhere Gestaltfestigkeit.

Es würde zu weit führen, näher auf Einzelheiten einzugehen, es soll nur noch darauf hingewiesen werden, daß es vollkommen falsch ist, sich nur auf einzelne Fertigungsverfahren festzulegen. An der richtigen Stelle angewandt, bringt jedes Verfahren seine Vorteile. Aufgabe des Konstrukteurs ist es, für jeden Zweck das Herstellungsverfahren ausfindig zu machen, bei dem bei größter Wirtschaftlichkeit die größtmögliche Gestaltfestigkeit zu erreichen ist. Hierbei wird man in manchen Fällen zur Herstellung eines Teiles verschiedene Verfahren gleichzeitig anwenden, indem man z. B. komplizierte gegossene Teile mit einfachen gewalzten Teilen durch Schweißen verbindet und auf diese Weise höhere Festigkeitseigenschaften (Gewichtsersparnis) erzielt, als wenn man die ganze Konstruktion beispielsweise nur durch Gießen hergestellt hätte.

Auf den Einfluß der Nachbehandlungsverfahren wie Vergüten, Härten, Oberflächenhärten, Einsatzhärten, Nitrieren usw., kann hier ebenfalls nicht näher eingegangen werden, da ihre Anwendung in jedem einzelnen Fall durch Werkstoff, Form und Verwendungszweck gegeben ist. Es soll nur noch auf die Möglichkeit einer Steigerung insbesondere der Dauerhaltbarkeit gekerbter Teile durch Aufbringen günstiger Eigenspannungen

---

[18]) *A. Thum*, Z. VDI Bd. 79 (1935), S. 690; *A. Thum* u. *Th. Lipp*, Gießerei Bd. 21 (1934), S. 41, 64, 89 und 131; *G. Bierett*, Elektroschweißung Bd. 6 (1935), S. 141; Kuratoriumsbericht, Dauerfestigkeitsversuche mit Schweißverbindungen, Berlin 1935; Anleitungsblätter »Schweißen im Maschinenbau«. Bearbeitet vom Fachausschuß f. Schweißtechnik (erscheinen demnächst).

hingewiesen werden[19]). Ein solches künstlich aufgebrachtes Eigenspannungssystem muß derart beschaffen sein, daß es zusammen mit den Lastspannungen einen Spannungszustand ergibt, der weiter von der Bruchgefahr entfernt ist, als der durch die Lastspannungen allein bedingte Spannungszustand. Solche Eigenspannungssysteme, die in den meisten Fällen Druckeigenspannungen an der Kerbstelle sein werden, können beispielsweise durch Drücken, Walzen, Rollen oder durch geeignete Wärmebehandlung aufgebracht werden. Sie bringen oft da, wo alle anderen Mittel versagen, noch eine erhebliche Verbesserung mit sich. Abb. 15 zeigt als Beispiel an einem einfachen Teil die festigkeitssteigernde Wirkung derartiger Eigenspannungen, deren Wirksamkeit bei diesem Teil durch zusätzliche Entlastungskerben noch weiter erhöht werden konnte.

Angewandtes Verfahren	Stabdurchmesser: 18 ÷ 20 mm Lochdurchmesser: 3,5 mm	St. 37.11		St. 50.11	
		σ'_{wn} kg/mm²	Steigerung %	σ'_{wn} kg/mm²	Steigerung %
quer durchbohrt, unbehandelt	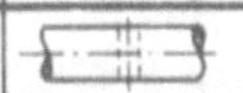	15,5	0	17	0
Entlastungskerben eingefeilt	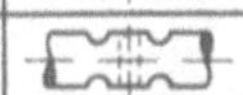	17.5	13	19.5	14
Flachstempel 20 ⌀ 20 to gedrückt	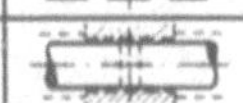	21,5	38,5	28	65
Flachstempel 20 ⌀ 20 to gedrückt Entlastungskerben eingefeilt		20	29	–	–
Lochrand und Entlastungskerben mit Profilstempel gleichzeitig gedrückt	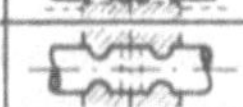	17 bis 18	10 bis 15	–	–
Entlastungskerben eingedrückt ohne Berührung des Lochrandes		21	35,5	–	–
Entlastungskerben in vorher mit Flachstempel gedrückten Stab eingedrückt	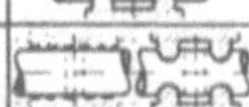	30	95	32	88
gereckt	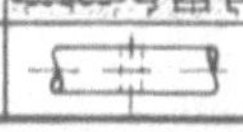	18	16	20	18

Abb. 15. Steigerung der Dauerhaltbarkeit querdurchbohrter Wellen. Wirkung von Entlastungskerben und Eigenspannungen.

Die Aufgabe des neuzeitlichen Konstrukteurs ist es nun, sich in die Erkenntnisse der Forschung einzuarbeiten und sie beim Entwerfen seiner Bauteile zweckmäßig zu verwerten. Es wird dann möglich sein, durch richtige Formgebung und zweckmäßige Auswahl von Werkstoff, Herstellungsverfahren und Nachbehandlungsverfahren das Höchstmaß an Gestaltfestigkeit und Wirtschaftlichkeit herauszuholen und so die Forderung der Zeit nach Höchstleistung zu erfüllen.

---

[19]) *A. Thum* u. *W. Bautz*, Forschg. Ing.-Wes. Bd. 6 (1935), S. 121; *A. Thum* u. *W. Bautz*, Steigerung der Dauerhaltbarkeit von Formelementen durch Kaltverformung, Mitt. MPA Darmstadt, H. 8, Berlin 1936. — *G. Seeger*, Untersuchungen über die Wirkung von Druckvorspannungen auf die Dauerhaltbarkeit metallischer Werkstoffe, Berlin 1935.

Über die Drillung dünnwandiger, versteifter Kreiszylinderschalen

Von E. Schapitz*)

I. Aufgabe der Untersuchung

Eine Kreiszylinderschale mit dünner Haut, welche durch Längsversteifungen und durch Spante ausgesteift ist, Abb. 1, sei auf Drillung beansprucht. Im folgenden sollen die Spannungsverteilung in der Schale und die Verformung vom Beginn der Belastung bis zum Bruch untersucht werden.

Für die Flugzeugstatik ist das vorliegende Problem bedeutungsvoll, weil die Kreiszylinderschale als schematischer Ersatz für die verschiedenartig aufgebauten Schalenrümpfe dient. Die letzteren sind bei mehreren Lastfällen auf Biegung mit Querkraft und Drillung gleichzeitig beansprucht. Eine Untersuchung des Verhaltens der Schalen unter zusammengesetzter Belastung setzt voraus, daß man ihre Festigkeit und Steifigkeit unter den einfachen Beanspruchungen kennt. Die Drillung ist der einfachste Fall der Schubbeanspruchung; die Beanspruchung durch Normalkräfte und die durch Biegemomente sind früher untersucht worden. Wahrscheinlich ist es auch möglich, die Festigkeiten der Schalen bei zusammengesetzter Belastung aus einfachen Formeln abzuschätzen, wenn die Festigkeiten bei den einfachen Beanspruchungen bekannt sind. Hierdurch ist eine eingehende Untersuchung des bisher nur wenig behandelten Drillproblems[1]) gerechtfertigt.

Die Untersuchung ist eingeschränkt auf Schalen, deren Hautstärke s gegenüber dem Zylinderhalbmesser r_H sehr klein ist ($s:r < 1:400$); ferner

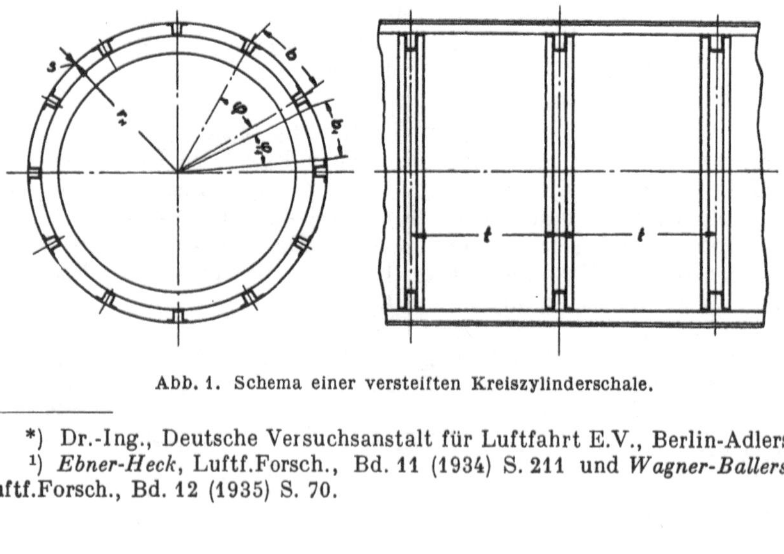

Abb. 1. Schema einer versteiften Kreiszylinderschale.

*) Dr.-Ing., Deutsche Versuchsanstalt für Luftfahrt E.V., Berlin-Adlershof.

[1]) *Ebner-Heck*, Luftf.Forsch., Bd. 11 (1934) S. 211 und *Wagner-Ballerstedt*, Luftf.Forsch., Bd. 12 (1935) S. 70.

wird vorausgesetzt, daß mindestens sechs Längsversteifungen am Umfang in gleichen Abständen b angeordnet sind und daß auch die Spanten überall gleiche Abstände t haben. Die letzteren seien nur mit den Längsversteifungen, aber nicht mit der Haut verbunden. Der Querschnitt der Längsversteifungen soll symmetrisch sein; die Rahmensteifigkeit des aus den Versteifungen gebildeten Systems sei zu vernachlässigen.

Im folgenden werden zunächst die bisher vorliegenden Möglichkeiten geprüft, die Ausbeulspannung der Haut einer versteiften Kreiszylinderschale bei Drillung zu berechnen. Im III. Abschnitt wird das Verhalten der Schale nach dem Ausbeulen der Haut eingehend untersucht, und zwar sowohl rechnerisch auf Grund einer verfeinerten Zugfeldtheorie, als auch an Hand von Drillversuchen, welche mit versteiften Kreiszylinderschalen in der Deutschen Versuchsanstalt für Luftfahrt (DVL) durchgeführt worden sind. Schließlich wird (im IV. Abschnitt) die Möglichkeit untersucht, das Bruchdrillmoment aus den Ergebnissen von Knickbiegeversuchen mit Teilschalen vorauszuberechnen.

II. Das Ausbeulen der Haut

Die Blechfelder zwischen den Längsversteifungen können als lange Blechstreifen (Breite b) mit ursprünglich zylindrisch gekrümmter Mittelfläche angesehen werden, die bei Drillung auf Schub beansprucht sind. Für die Beulspannung solcher gekrümmter Streifen gibt es bisher noch keine theoretisch begründete Formel.

Für die Beulspannung der unversteiften Kreiszylinderschale (Länge l) bei Schub hat *Donnell* eine Formel errechnet, die man für große Verhältnisse $r_H : s$ in folgender Form schreiben kann:

$$\tau_0 = 0{,}769 \frac{E}{(1-\mu^2)^{5/8}} \left(\frac{s}{r_H}\right)^{\frac{5}{4}} \left(\frac{r_H}{l}\right)^{1/2},$$

worin E den Elastizitätsmodul und μ die *Poissonsche* Konstante bedeuten. Für $\mu = 0{,}3$ wird

$$\tau_0 = 0{,}815\, E \left(\frac{s}{r_H}\right)^{\frac{5}{4}} \left(\frac{r_H}{l}\right)^{1/2} \quad \ldots \ldots \ldots \ldots (1)$$

Faßt man die Blechabschnitte zwischen den Längsversteifungen als nachgiebig eingespannte, auf Schub beanspruchte Platten auf, so ist ihre Beulfestigkeit $\tau_0' = 5 \frac{E}{1-\mu^2} \left(\frac{s}{b}\right)^2$ von der Größenordnung der nach (1) errechneten Beulspannung τ_0, bei sehr kleinen Abständen b sogar noch größer. Man wird also erwarten, daß bei versteiften Schalen die nach (1) errechneten Beulspannungen τ_0 zu klein sind. Anderseits hat *Donnell* gezeigt, daß infolge des Einflusses der Vorbeulen die Versuchswerte stets kleiner sind als die errechneten Werte.

Für die Knickschubspannung gekrümmter Blechwandträger gibt *H. Wagner* auf Grund von Versuchen die Formel an:

$$\tau_K = k_R\, E\, s/r_H + k_B \cdot E\, (s/b)^2, \quad \ldots \ldots \ldots (1a)$$

worin $k_R = 0{,}12$ ist und für k_E bei eingespannten Rändern $k_E = 9{,}1$, bei aufgelagerten Rändern $k_E = 5{,}3$ einzusetzen ist. Die Koeffizienten sind hierbei auf ein mittleres Seitenverhältnis bezogen, nicht auf einen langen Streifen.

Drillversuche, welche in der DVL mit versteiften Kreiszylinderschalen durchgeführt wurden (s. auch unter III, 2), lieferten die auf Zahlentafel I aufgeführten Ergebnisse.

Zahlentafel I

Beulspannungen und Beulmomente der Haut nach Rechnung und Versuch

1	2	3	4	5	6	7	8	9	10
Trommel	Hautstärke	Halbmesser der Schale	Zentriwinkel	Versuchswerte		Errechnete Werte[1])			
						Nach Donnell		Nach Wagner[2])	
				Beulmoment	Beulspannung	Beulmoment	Beulspannung	Beulmoment	Beulspannung
Nr.	mm	r_H mm	$\varphi_1 = b_1/r_H$	kgcm	kg/cm²	kgcm	kg/cm²	kgcm	kg/cm²
II	0,4	400	0,320	31 200	77,6	18 600	46,3	59 100	144
III	0,39	400	0,280	22 200	56,9	18 850	48,3	68 200	175
IV	0,54	400	0,490	53 400	99,0	35 800	66,4	71 100	132

[1]) mit $E = 740\,000$ kg/cm² und $\mu = 0{,}3$.
[2]) für eingespannte Ränder mit $k_E = 9{,}1$.

Die Formel von *Donnell* ergibt demnach etwas zu geringe Werte, doch ist die Übereinstimmung im Hinblick auf die Unsicherheit bei der versuchsmäßigen Ermittlung der Beulspannung als befriedigend anzusehen. Bei den vorliegenden Versuchsstücken (Trommel II, III und IV) heben also der Einfluß der Vorbeulen und derjenige der Versteifungen einander ungefähr auf. Aus dieser Beobachtung dürfen auf Schalen von anderen Abmessungen keine Schlüsse gezogen werden, zumal die Trommeln III und IV bereits vorbeansprucht waren und Vorbeulen aufwiesen. Die Formel (1a) von *H. Wagner* hatte sich bei Versuchen mit

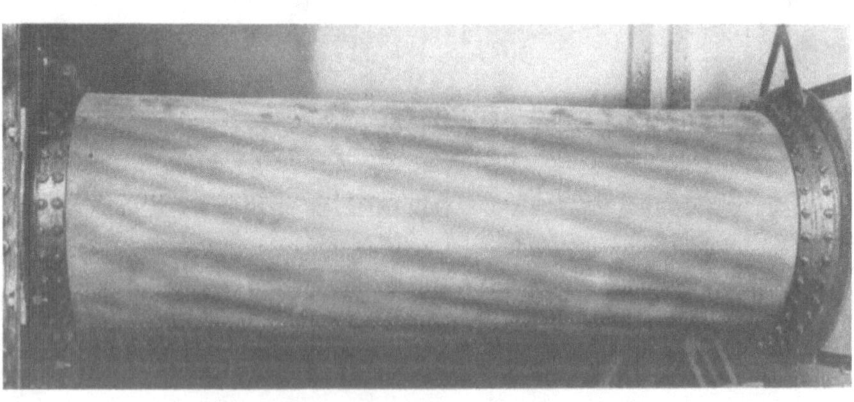

Abb. 2. Trommel *II* nach dem Ausbeulen der Haut.

Abb. 3. Trommel *III* nach dem Ausbeulen der Haut.

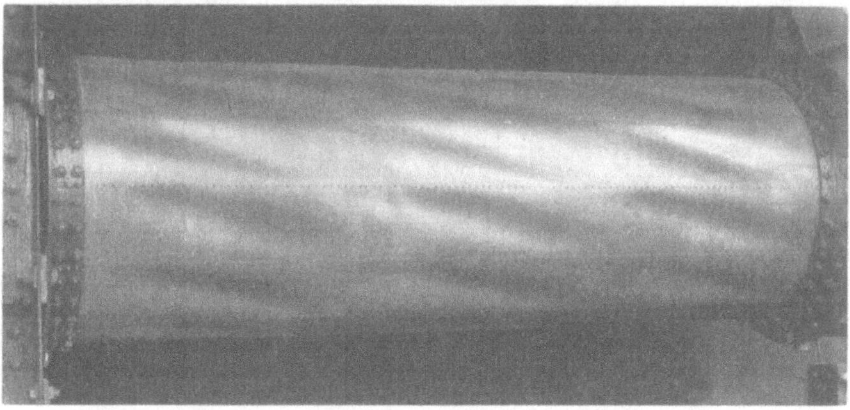

Abb. 4. Trommel *IV* nach dem Ausbeulen der Haut.

zwischen starren Randgliedern eingespannten gekrümmten Blechfeldern gut bewährt. Bei den vorliegenden Versuchen liefert sie nicht allein zu große Werte, sondern sie erfaßt auch den Unterschied in der Beulfestigkeit der Haut bei den Trommeln III und IV qualitativ nicht. Zur Erklärung dieser Unstimmigkeit kommt außer dem Einfluß der Vorbeulen derjenige der Einspannung in Frage. Auch hatten die früher untersuchten Blechabschnitte im Gegensatz zu den Hautabschnitten an den untersuchten Schalen nur eine kurze Länge.

Das Problem der Ausbeulspannung für die Haut der versteiften Kreiszylinderschale bei Drillung ist also noch ziemlich ungeklärt. Eine genauere rechnerische Untersuchung ist in der DVL zur Zeit im Gange.

Bei den folgenden theoretischen Überlegungen und Versuchsauswertungen wird die Beulspannung nach der Formel (1) berechnet.

III. Spannungen und Verformungen nach dem Ausbeulen der Haut

I. Theoretische Überlegungen

a) Die grundlegenden Hypothesen über das Zugfeld

Bis zum Ausbeulen der Haut ($\tau < \tau_0$) ist die Spannungsverteilung völlig gleichmäßig. Die Spannungshauptachsen sind unter 45° zur Mantellinie geneigt und die Hauptspannungen haben die Größen $\sigma_1 = +\tau$ und $\sigma_2 = -\tau$. Die Längsversteifungen werden um den gleichen Winkel gedrillt wie die Schale, während die Querversteifungen unbelastet bleiben.

Mit dem Ausbeulen der Haut tritt eine Spannungsumlagerung ein. Die entstehenden Hautfalten, welche auf den Abb. 2 bis 4 an einigen Schalen gezeigt sind, übertragen nämlich im wesentlichen Zugspannungen in ihrer Längsrichtung, während sie in ihrer Querrichtung nur geringe Spannungen übertragen. Durch die Umlenkung der Falten wird das Versteifungssystem radial nach innen belastet. Außerdem müssen die Längsversteifungen die Schale in Längsrichtung abstützen, werden also auf Druck beansprucht. Die Abb. 2 bis 4 lassen erkennen, daß sich die Faltenbildung auf die freien Blechfelder zwischen den Längsversteifungen beschränkt; die mit den Längsversteifungen vernieteten Hautstreifen beulen nicht aus. Über die Vorgänge beim Bruch s. IV. Abschnitt.

So lange es kein Verfahren gibt, den Ausbeulzustand gekrümmter Blechfelder bei Schub mit Mitteln der Elastizitätstheorie zu erfassen, muß man geeignete Hilfsvorstellungen benützen. Im folgenden wird als »Zugfeld« ein auf Grund der Beobachtungen erdachter Zustand bezeichnet, welcher den wirklichen Spannungs- und Verformungszustand ersetzt und eine übersichtliche Rechnung ermöglicht. Die hierbei eingeführten Hypothesen beziehen sich sowohl auf das Verzerrungsfeld als auch auf die Spannungsverteilung.

Das Verzerrungsfeld wird als homogen angesehen und die mit der Beulenbildung verbundene ungleichmäßige Verzerrung wird durch eine mittlere Zusammenziehung der Haut in der Umfangsrichtung ersetzt. Diese Verkürzung des Umfangs durch die Faltenbildung (im folgenden als Faltung ζ_v bezeichnet) wird folgendermaßen ermittelt: Die Spuren der Mittelfläche der ausgebeulten Haut mit den durch die Schalenachse gelegten Längsschnittebenen haben Wellenform, Abb. 5, und gestatten bei hinreichend großer Schalenlänge die eindeutige Ermittlung von je einem mittleren Hautradius in jeder Schnittebene. Die Grundlinie der mit diesen mittleren Radien gebildeten Zylinderfläche (»Ersatzfläche«) verläuft zwischen den Versteifungen meist zwischen dem ursprünglichen Bogen und der Sehne und ist bei hinreichender Länge der Schale symmetrisch zur »Feldmitte«, s. Abb. 5. Ist b_1' ihre Bogenlänge zwischen den Versteifungen und b_1 die ursprüngliche Bogenlänge, so ist die Faltung ζ_v definiert durch $\zeta_v = \frac{b_1' - b_1}{b_1}$. Ist der Bogen durch die Faltung zur Sehne verkürzt, so ist (mit $\varphi_1 = b_1/r_H$)

$$\zeta_v = \frac{2\, r_H \sin \varphi_1/2 - r_H \cdot \varphi_1}{r_H \cdot \varphi_1}.$$

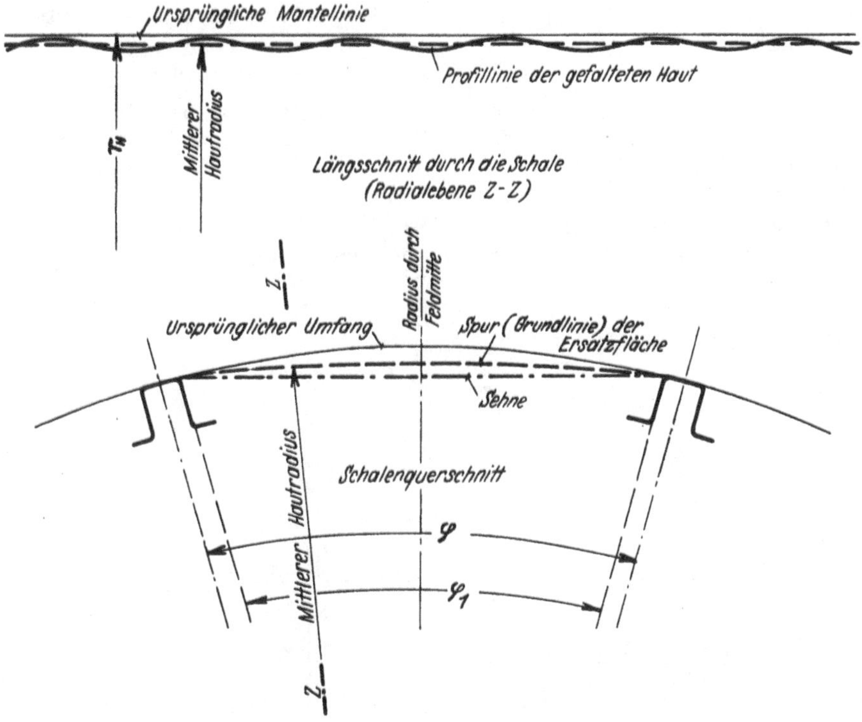

Abb. 5. Ermittlung der Faltung ζ_γ.

Die Reihenentwicklung von $\sin \varphi_1/2$ führt beim Abbrechen nach dem Glied dritten Grades zu der Form $\zeta_v = -\varphi_1^2/24$.[2])

Für das Spannungsfeld wird angenommen, daß im Bereich zwischen den Versteifungen die Spannungshauptachsen mit den Dehnungshauptachsen zusammenfallen und demnach überall gleichgerichtet sind. Ferner werden über die zweite Hauptspannung σ_2 Annahmen gemacht, welche im Abschnitt III, 1c näher erläutert werden. Die Hautstreifen über den Längsversteifungen werden in derjenigen Breite als Teile der Längsversteifungen angesehen, in welcher sie die Längsversteifungen berühren. Bei geschlossenen Profilen wird der Streifen zwischen den Nietreihen als zu den Versteifungen gehörend angesehen.

b) Allgemeine Ansätze für die Dehnungen und die Spannungen

Abb. 6 zeigt einen von zwei Längsversteifungen und zwei Spanten begrenzten Abschnitt und die Wahl des Koordinatensystems. Aus der Theorie der ebenen Verzerrung ergibt sich für den Winkel α der Haupt-

[2]) Die Faltung wurde von *H. Wagner* (a. a. O.) erstmalig in die Berechnung des Hauptachsenwinkels eingeführt.

dehnungsrichtung zur positiven x-Achse (ε ist die größte positive Dehnung):

$$\mathrm{tg}^2\,\alpha = \frac{\varepsilon - \varepsilon_x}{\varepsilon - \varepsilon_y}. \qquad (2a)$$

Um die Annahme des homogenen Verzerrungsfeldes zu berücksichtigen, werden für die örtlich veränderlichen Spannungen und Verformungen Mittelwerte für den Bereich $o < x < t$ bzw. $-b_1/2 < y < +b_1/2$ eingesetzt. Bezeichnet $\overline{\sigma}_1$ den Mittelwert der Hauptzugspannung σ_1, $\overline{\sigma}_x$ den Mittelwert der Druckspannung σ_x in den Längsversteifungen, so gilt, unter Vernachlässigung der von σ_2 herrührenden Querdehnung:

$$\varepsilon = \frac{\overline{\sigma}_1}{E}.$$

Außerdem ist:

$$\varepsilon_x = \frac{\overline{\sigma}_x}{E}.$$

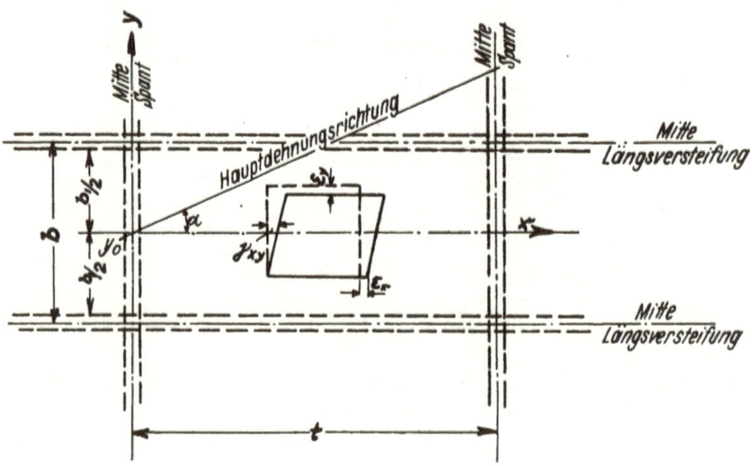

Abb. 6. Koordinatensystem und Verzerrungskomponenten.

Die Dehnung ε_y setzt sich aus drei Anteilen zusammen: der Spantzusammendrückung $\varepsilon_{y1} = \sigma_y/E$ (σ_y Druckspannung im Spant), der Faltung ζ_y und der bezogenen Verkürzung des Schalenumfanges ε_{y2}, welche von den Durchbiegungen f der Längsversteifungen und den örtlichen Eindrückungen Δr_H an ihren Auflagepunkten an den Spanten herrührt.

Es ist also $\varepsilon_{y2} = -1/r_H(\overline{f} + \Delta r_H)$ und

$$\varepsilon_y = \sigma_y/E + \zeta_y - 1/r_H(\overline{f} + \Delta r_H).$$

Hierin ist $\overline{f}$ der Mittelwert der Durchbiegungen f zwischen zwei Spanten. Der Ansatz 2a kann umgeformt werden in:

$$\mathrm{tg}^2\,\alpha = \frac{\overline{\sigma}_1 - \overline{\sigma}_x}{\overline{\sigma}_1 - \sigma_y - E\left[\zeta_y - \frac{\overline{f} + \Delta r_H}{r_H}\right]}. \qquad (2b)$$

Die Schiebung γ_{xy} ergibt sich aus der Verzerrungstheorie zu:

$$\gamma_{xy} = 2 \operatorname{ctg} \alpha (\varepsilon - \varepsilon_x) = 2 \operatorname{tg} \alpha (\varepsilon - \varepsilon_y)$$

und unter Einsetzen von (2a) zu:

$$\gamma_{xy} = 2 \sqrt{(\varepsilon - \varepsilon_x)(\varepsilon - \varepsilon_y)}. \qquad (3)$$

Der Drillwinkel der ganzen Kreiszylinderschale (Länge l) ist:

$$\psi = \gamma_{xy} \cdot l / r_H = 2\, l / r_H \sqrt{(\varepsilon - \varepsilon_x)(\varepsilon - \varepsilon_y)}. \qquad (4)$$

Zur Berechnung dieser Deformationen ist zunächst der Spannungszustand in der ausgebeulten Haut zu betrachten. Die im Querschnitt der Kreiszylinderschale von der Haut aufzunehmende Schubspannung ist bei dem Drillmoment T:

$$\tau = \frac{T}{2 \pi r_H^2 s}. \qquad (5)$$

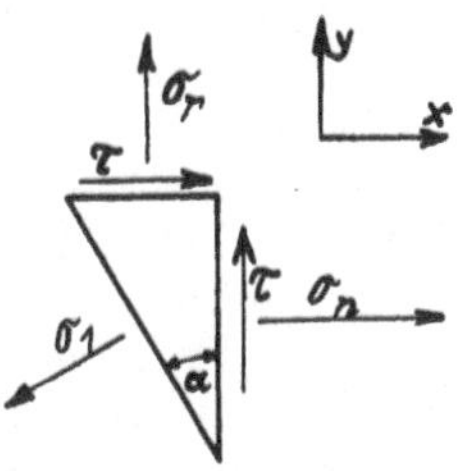

Abb. 7. Gleichgewicht am Hautelement.

Die Gleichgewichtsbedingungen für das Hautelement, Abb. 7, lauten, wenn σ_n die Normalspannung im Querschnitt senkrecht zur Mantellinie und σ_r die Ringspannung ist:

$$\sigma_1 = \sigma_n + \tau \operatorname{tg} \alpha$$

$$\sigma_1 = \sigma_r + \tau \operatorname{ctg} \alpha.$$

Aus den allgemeinen Gesetzmäßigkeiten des Spannungszustandes folgt:

$$\sigma_1 + \sigma_2 = \sigma_n + \sigma_r.$$

Durch Umformen folgen aus diesen Beziehungen die Gleichungen:

$$\left.\begin{aligned} \sigma_1 &= \frac{\tau}{\sin \alpha \cos \alpha} + \sigma_2 \\ \sigma_r &= \tau \operatorname{tg} \alpha + \sigma_2 \\ \sigma_n &= \tau \operatorname{ctg} \alpha + \sigma_2 \end{aligned}\right\} \qquad (6)$$

Der Winkel α sei bekannt; als unbekannt sind die vier Spannungen σ_1, σ_2, σ_n und σ_r anzusehen. Da nur drei Gleichungen zur Verfügung stehen, ist für eine der Spannungen, z. B. für die zweite Hauptspannung σ_2, noch eine Annahme notwendig.

c) Besondere Annahmen über verschiedene Arten des »Zugfeldes«

Im folgenden werden die unter III, 1a, angegebenen Hypothesen über das Zugfeld durch Annahmen über die Faltung ζ_y und über die zweite Hauptspannung σ_2 ergänzt. Hierbei werden die Begriffe des »vollständigen« und des »unvollständigen« Zugfeldes eingeführt.

Unter vollständigem Zugfeld sei im folgenden ein Spannungs- und Verformungszustand verstanden, bei welchem die zweite Hauptspannung

σ_2 sowohl örtlich als auch mit der Belastung unveränderlich ist und bei welchem die Faltung ζ_v einer Verkürzung des Bogens zwischen den Versteifungen zur Sehne entspricht, also $\zeta_v = -\varphi_1^2/24$ ist. Ein Sonderfall von vollständigem Zugfeld ist das von *H. Wagner* eingeführte einachsige Zugfeld mit $\sigma_2 = 0$ und $\zeta_v = -\varphi_1^2/24$.

Als unvollständig wird ein Zugfeld bezeichnet, bei welchem die Hauptspannung σ_2 eine Funktion der Koordinaten x und y und der Schubspannung τ ist und bei welchem die Faltung ζ_v den Wert $-\varphi_1^2/24$ noch nicht erreicht hat.

Versuche an Blechwandträgern mit ebenem Stegblech sowie die unter III, 2 beschriebenen Versuche haben gezeigt, daß mit wachsender Belastung der Zustand des unvollständigen Zugfeldes in den des vollständigen übergeht. Dieser Vorgang sei mit »Strecken« des Zugfeldes bezeichnet.

Bei der im folgenden Abschnitt durchgeführten Berechnung der Spannungen wird ein Fall eines vollständigen Zugfeldes behandelt, für welchen $\sigma_2 = -\tau_0$ gesetzt und damit angenommen wird, daß die beim Ausbeulen der Haut herrschende zweite Hauptspannung auch bei der weiteren Deformation in ihrer Größe erhalten bleibt. Außerdem wird ein durch die Versuche nahegelegter Fall eines unvollständigen Zugfeldes erörtert. Für diesen wird vorausgesetzt, daß nur in der Mitte des Feldes zwischen zwei Längsversteifungen ($y = 0$; s. Abb. 6) die Hauptspannung σ_2 den Wert $\sigma_2 = -\tau_0$ erhält. An allen anderen Stellen soll dagegen σ_2 von den Koordinaten und der Belastung auf Grund folgender Überlegung abhängig bleiben: Die Normalspannung σ_n ist (s. (6)) bei $y = 0$ für $\sigma_2 = -\tau_0$ eine von der Abszisse x unabhängige Zugspannung (σ_{nm}), bei $y = b/2$, s. Abb. 8, ist sie dagegen (Spannung σ_{nL}) durch die zusammengesetzte Druck- und Biegebeanspruchung der Längsversteifung bestimmt. Während nun bei vollständigem Zugfeld bei $y = b_1/2$ ein Sprung der Spannung (von σ_{nm} auf σ_{nL}) vorausgesetzt wird, soll bei unvollständigem Feld der Übergang stetig sein. Für $y = 0$ ist:

$$\sigma_n = \sigma_{nm} = \tau \operatorname{ctg} \alpha - \tau_0. \qquad (7)$$

Für den Übergang soll gelten:

$$\sigma_n = \sigma_{nm} - (\sigma_{nm} - \sigma_{nL}) \sin^{1/\omega}\left(\frac{\pi y}{b_1}\right), \qquad (8)$$

worin der Exponent $1/\omega$ von der Belastung abhängt.

Abb. 8 zeigt nämlich, daß sich mit abnehmendem ω die Kurve $\sigma_n(y)$ immer besser an die Gerade $\sigma_n = \sigma_{nm}$ anschmiegt. Für $\omega = 0$ wird im Bereich $0 < y < b_1/2$: $\sigma_n = \sigma_{nm}$ und damit der Zustand des vollständigen Zugfeldes erreicht. Das mit wachsender Belastung eintretende »Strecken« des Zugfeldes ist also mit einer Abnahme von ω gegen Null hin verbunden. Für $\omega = 0{,}5$ ist $\sigma_n(y)$ eine einfache Sinuswelle. — Die Veränderlichkeit von σ_2 ergibt sich aus (6), (7) und (8) zu:

$$\sigma_2 = \sigma_n - \tau \operatorname{ctg} \alpha = -\tau_0 (\tau \operatorname{ctg} \alpha - \tau_0 - \sigma_{nL}) \sin^{1/\omega}\left(\frac{\pi y}{b_1}\right).$$

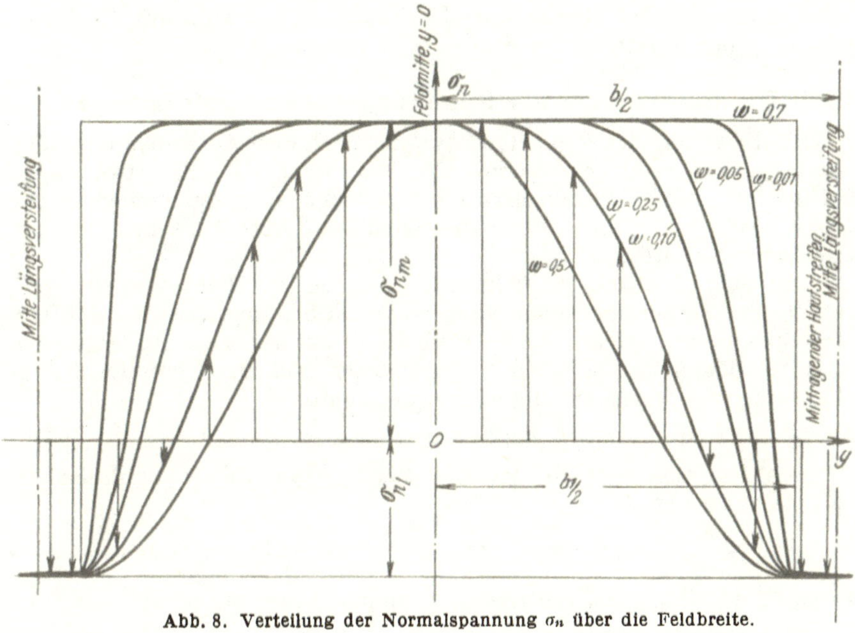

Abb. 8. Verteilung der Normalspannung σ_n über die Feldbreite.

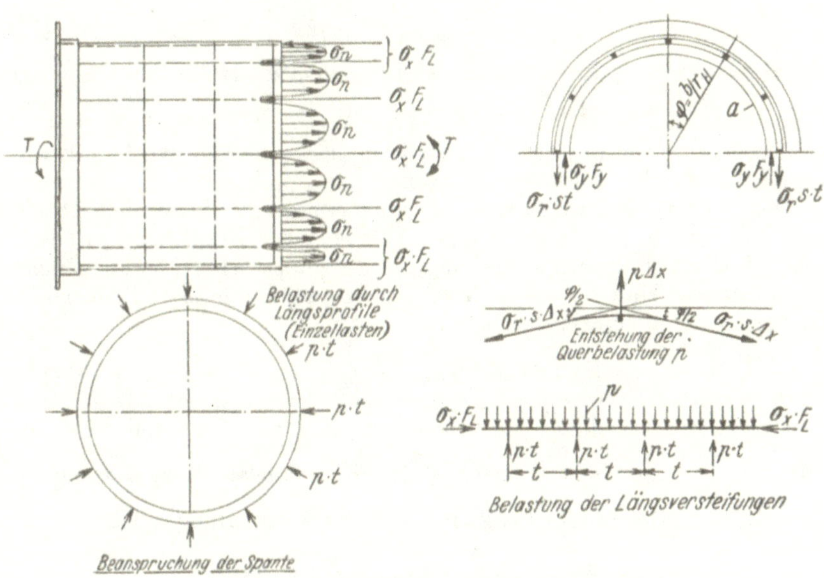

Abb. 9. Belastung des Versteifungssystems.

Da σ_{nL} von τ und x und außerdem ω von τ abhängt, ist σ_2 von x, y und τ abhängig. Zur Berechnung der Spannung σ_{nL} muß auf die Beanspruchung der Versteifungen eingegangen werden.

d) Die Berechnung der Spannungen und Verformungen

Die Belastung des Versteifungssystems nach dem Ausbeulen der Haut besteht in einer radialen Zusammendrückung infolge der Ringspannungen und in einer axialen Druckbelastung infolge der Normalspannungen. Die Längs- und Querschnitte durch die Schale auf Abb. 9 machen den Zusammenhang deutlich.

Der Schnitt durch die Feldmitte zwischen den Längsversteifungen, Abb. 9, muß wegen der Radialsymmetrie auch bei biegesteifem Blech von Schubspannungen senkrecht zur Blechoberfläche frei sein. In den beiden unter c) erläuterten Fällen von vollständigem und unvollständigem Zugfeld beträgt die Ringspannung in diesem Schnitt

$$\sigma_{r_m} = \tau \operatorname{tg} \alpha - \tau_0. \quad \ldots \ldots \ldots \ldots (10)$$

Aus dem Gleichgewicht der Halbschale (a) in Abb. 9 ergibt sich die Spantspannung zu:

$$\sigma_y \cdot F_y + \sigma_{r_m} \cdot s \cdot t = 0, \text{ also } \sigma_y = -\frac{s \cdot t}{F_y} (\tau \operatorname{tg} \alpha - \tau_0), \quad \ldots (11)$$

worin F_y die Querschnittsfläche der Spanten bedeutet.

Wegen der Radialsymmetrie der »Ersatzfläche« ergibt sich die Streckenlast, welche infolge der Ringspannung die Längsversteifungen in radialer Richtung belastet, zu:

$$p = 2\, \sigma_{r_m} \cdot s \cdot \sin \varphi/2. \quad \ldots \ldots \ldots (12a)$$

Ist der Winkel φ klein genug, daß man $\sin \varphi/2 \sim \varphi/2$ setzen kann, so ist

$$p = \sigma_{r_m} \cdot s \cdot \varphi = s\, \varphi\, (\tau \operatorname{tg} \alpha - \tau_0). \quad \ldots \ldots (12b)$$

Bei unvollständigem Zugfeld und gekrümmter Ersatzfläche wird hierbei eine Biegesteifigkeit des Bleches vorausgesetzt.

Die Längsversteifungen sind im allgemeinen Fall als an vielen Stellen durch die Spante gestützte Stäbe anzusehen; die Biegemomente sind nach der Clapeyronschen Gleichung zu berechnen. Bei überall gleichem Spantabstand t sind sie wie an zwei Enden eingespannte Balken belastet und das Biegemoment ergibt sich zu:

$$M_b = \frac{p\, t^2}{2} [1/6 - x/t + x^2/t^2] = 1/2\, s\, \varphi\, t^2 (\tau \operatorname{tg} \alpha - \tau_0) [1/6 - x/t + x^2/t^2] \quad (13)$$

Der Mittelwert dieses Momentes zwischen zwei Spanten wird Null, weill $\int_0^t M_b\, dx$ wegen der an beiden Enden parallelen Einspanntangenten verschwindet. Die Durchbiegung der Längsversteifungen ist:

$$y_L = \frac{p}{E\, J_L} \cdot \frac{t^4}{24} (x^2/t^2 - 2\, x^3/t^3 + x^4/t^4); \quad \ldots \ldots (14a)$$

ihr Mittelwert beträgt

$$\bar{f} = \frac{p\, t^4}{720\, E\, J_L} = \frac{s\, \varphi\, t^4}{720\, E\, J_L} (\tau \operatorname{tg} \alpha - \tau_0). \quad \ldots \ldots \quad (14\text{b})$$

Hierin ist J_L das Trägheitsmoment des Querschnitts der Längsversteifung einschließlich des als mittragend vorausgesetzten Hautstreifens. W_L soll das Widerstandsmoment in bezug auf die an der Hautseite gelegene Randfaser bedeuten. Die zusammengesetzte Normalspannung in der Haut über der Versteifung ist

$$\sigma_{n\,L} = \sigma_x + M_b/W_L, \quad \ldots \ldots \ldots \ldots \quad (15)$$

wenn σ_x die mittlere Druckspannung in den Längsversteifungen ist. Der Mittelwert $\bar{\sigma}_{n\,L}$ zwischen zwei Spanten ist $\bar{\sigma}_{n\,L} = \bar{\sigma}_x$, weil der Mittelwert von M_b verschwindet.

Da an der Schale keine Normalkraft angreift, folgt unter Berücksichtigung der Radialsymmetrie für die Druckspannung σ_x in den Längsversteifungen:

$$\sigma_x \cdot F_L + 2\, s \int_0^{\frac{b_1}{2}} \sigma_n\, dy = 0$$

(F_L Querschnitt der Längsversteifungen) und damit

$$\sigma_x = -\frac{2\, s}{F_L} \int_0^{\frac{b_1}{2}} \sigma_n\, dy. \quad \ldots \ldots \ldots \ldots \quad (16)$$

Zunächst sei der Fall des unvollständigen Zugfeldes betrachtet und in (16) der Ansatz (8) eingesetzt. Damit wird

$$\sigma_x = -\delta \left[\sigma_{n\,m} - \frac{2}{\pi} (\sigma_{n\,m} - \sigma_{n\,L}) \int_0^{\frac{\pi}{2}} \sin^{1/\omega} \chi\, \delta \chi \right]. \quad \ldots \ldots \quad (17)$$

Hierin bedeuten $\delta = \frac{b_1 \cdot s}{F_L}$ und $\chi = \frac{\pi\, y}{b_1}$.

Das Integral $J(\omega) = \frac{2}{\pi} \int_0^{\frac{\pi}{2}} \sin^{1/\omega} \chi\, d\chi$ errechnet sich für ganzzahlige, durch 2 teilbare Werte von $1/\omega = m$ aus der Beziehung[3]):

$$\frac{2}{\pi} \int_0^{\frac{\pi}{2}} \sin^m \chi\, d\chi = \frac{2}{2^m} \frac{m!}{\left(\frac{m}{2}!\right)^2}. \quad \ldots \ldots \ldots \quad (18\text{a})$$

Ist m nicht durch 2 teilbar, so ist die Formel

$$\frac{2}{\pi} \int_0^{\frac{\pi}{2}} \sin^m \chi\, d\chi = \frac{2^m \left(\frac{m-1}{2}!\right)^2}{\pi \cdot m!} \quad \ldots \ldots \ldots \quad (18\text{b})$$

[3]) s. z. B. *Jahnke-Emde*, Funktionentafeln, 2. Aufl., S. 95.

anzuwenden. Da ω in der Regel ziemlich klein ($< 0{,}5$), m also groß ist, kann man die Berechnung auf die ganzzahligen Werte von m beschränken und die übrigen interpolieren. Abb. 10 zeigt eine Kurve des Integrals $J(\omega)$ im Bereich von $\omega = 0$ bis $\omega = 0{,}5$. Formt man (17) durch Einsetzen von (15) um, so kann man nach σ_x auflösen und erhält (mit $\sigma_b(x) = M_b/W_L$)

$$\sigma_x = \frac{-\delta}{1 + \delta\, J(\omega)} \left[\sigma_{n\,m} (1 - J(\omega)) + \sigma_b(x)\, J(\omega)\right].$$

Mit der Abkürzung: $R = \dfrac{1 - J(\omega)}{1 + \delta\, J(\omega)}$ erhält dieser Ansatz die Form:

$$\sigma_x = -\delta R \left[\sigma_{n\,m} + \sigma_b(x) \frac{J(\omega)}{1 - J(\omega)}\right]. \quad \ldots\ldots \quad (19)$$

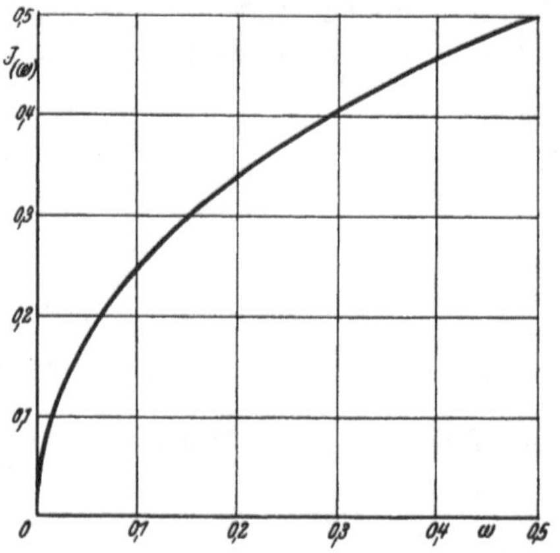

Abb. 10. Kurve des Integrals $J(\omega) = \frac{2}{\pi} \int\limits_0^{\pi/2} \sin^{1/\omega} \chi\, d\chi$.

Bei unvollständigem Zugfeld ist also die Druckspannung σ_x in ähnlicher Weise von der Abszisse x abhängig wie das Biegemoment. Da der Mittelwert von $\sigma_b(x)$ zwischen zwei Spanten verschwindet, ist der Mittelwert von $\overline{\sigma_x}$:

$$\overline{\sigma_x} = -\delta\, R\, \sigma_{n\,m} = -\delta\, R\, (\tau \operatorname{ctg} \alpha - \tau_0). \quad \ldots\ldots \quad (20)$$

Bei vollständigem Zugfeld ist $\omega = 0$ und und damit $J(\omega) = 0$; hiermit wird $R = 1$ und die Druckspannung σ_x' unabhängig von x:

$$\sigma_x' = -\delta\, \sigma_{n\,m} = -\delta\, (\tau \operatorname{ctg} \alpha - \tau_0). \quad \ldots\ldots \quad (20\,\mathrm{a})$$

Da bei unvollständigem Zugfeld $R < 1$ ist, werden die Längsversteifungen geringer belastet als beim vollständigen Zugfeld.

Die Hauptspannung σ_1 hat bei vollständigem Zugfeld überall den Wert (vgl. die Ableitung zu (6)):

$$\sigma_{1\,m} = \sigma_{n\,m} + \tau \operatorname{tg} \alpha. \quad \ldots\ldots \quad (21)$$

Bei unvollständigem Zugfeld herrscht diese Spannung in der Feldmitte ($y = 0$). Außerhalb der Feldmitte ($y > 0$) ist:

$$\sigma_1 = \sigma_n + \tau \operatorname{tg} \alpha = \sigma_{n\,m} - (\sigma_{n\,m} - \sigma_{n\,L}) \sin^{1/\omega}\left(\frac{\pi y}{b_1}\right) + \tau \operatorname{tg} \alpha.$$

Der Mittelwert von σ_1 im ganzen Feld ist

$$\overline{\sigma_1} = \frac{2}{b_1 t} \int_0^t \int_0^{\frac{b_1}{2}} \sigma_1 \, dx \, dy = \sigma_{nm} + \tau \operatorname{tg} \alpha - (\sigma_{nm} - \overline{\sigma_x}) J(\omega).$$

Nach Einsetzen von (20) ergibt sich:

$$\overline{\sigma_1} = \tau \operatorname{tg} \alpha + \sigma_{nm} [1 - J(\omega)(1 + \delta R)]$$

und da aus der Definition von R folgt:

$$1 - J(\omega)(1 + \delta R) = R,$$

so ist

$$\overline{\sigma_1} = R(\tau \operatorname{ctg} \alpha - \tau_0) + \tau \operatorname{tg} \alpha. \quad \ldots \ldots \quad (22)$$

Die zur Berechnung des Hauptachsenwinkels α erforderlichen Glieder $\overline{\sigma_1}$, $\overline{\sigma_x}$, σ_y, $\overline{\tau}$ ergeben sich aus den Ansätzen (22), (20), (11) und (14). Den Ansatz (2a) für $\operatorname{tg}^2\alpha$ erweitert man mit E/τ_0 bzw. (im Falle des einachsigen Zugfeldes) mit E/τ und erhält mit den Abkürzungen $\vartheta = \tau/\tau_0$, $\gamma = s \cdot t/F_y$ und $\varkappa = \frac{s \varphi t^4}{720 r_H \cdot J_L}$: im Falle des unvollständigen Zugfeldes und des vollständigen Zugfeldes mit $\sigma_2 = -\tau_0$:

$$\operatorname{tg}^2 \alpha = \frac{Z}{N},$$

wobei

$$Z = R(1 + \delta)(\vartheta \operatorname{ctg} \alpha - 1) + \vartheta \operatorname{tg} \alpha \quad \ldots \ldots \quad (23\text{a})$$

und

$$N = R(\vartheta \operatorname{ctg} \alpha - 1) + \vartheta \operatorname{tg} \alpha + (\gamma + \varkappa)(\vartheta \operatorname{tg} \alpha - 1) - \zeta_y \cdot E/\tau_0 + \frac{\Delta r_H}{r_H} E/\tau_0$$

ist.

Beim vollständigen Zugfeld mit $\sigma_2 = -\tau_0$ ist hierin $R = 1$ und $\zeta_y = -\varphi_1^2/24$ zu setzen. Der Drillwinkel ψ ergibt sich aus (4) zu

$$\psi = 2\, l/r_H \cdot \tau_0/E \sqrt{Z N}. \quad \ldots \ldots \quad (24)$$

Im Sonderfall des einachsigen Zugfeldes ($\sigma_2 = 0$) wird

$$\operatorname{tg}^2 \alpha = \frac{(1 + \delta) \operatorname{ctg} \alpha + \operatorname{tg} \alpha}{\operatorname{ctg} \alpha + \operatorname{tg} \alpha (1 + \gamma + \varkappa) + \frac{E}{\tau}\left(\frac{\varphi_1^2}{24} + \frac{\Delta r_H}{r_H}\right)} \quad \ldots \quad (23\text{b})$$

und der Drillwinkel

$$\psi = 2 \frac{l}{r_H} \cdot \frac{\tau}{E} \sqrt{\left[(1+\delta) \operatorname{ctg} \alpha + \operatorname{tg} \alpha\right]\left[\operatorname{ctg} \alpha + \operatorname{tg} \alpha (1 + \gamma + \varkappa) + \frac{E}{\tau}\left(\frac{\varphi_1^2}{24} + \frac{\Delta r_H}{r_H}\right)\right]}. \quad \ldots \quad (24\text{a})$$

Die gesamten Spannungs- und Deformationsgleichungen sind in der Zahlentafel II zusammengestellt.

Setzt man zunächst für die verschiedenen durch $\vartheta = \tau/\tau_0$ gekennzeichneten Belastungszustände die Größen R, Δr_H und ζ_y als bekannt voraus,

Zahlentafel II

Zusammenstellung der Formeln zur Berechnung der Drillung dünnwandiger, versteifter Kreiszylinderschalen

Spannung bzw. Verformung	Berechnung unter Voraussetzung eines vollständigen Zugfeldes	Berechnung unter Voraussetzung eines unvollständigen Zugfeldes	Berechnung nach *Ebner* und *Heck*
Schubspannung	$\tau = \frac{T}{2\pi r_H^2 s} = \vartheta \cdot \tau_0$		
Beulschubspannung nach *Donnell*	$\tau_0 = 0{,}815\, E \left(\frac{s}{r_H}\right)^{5/4} \cdot \left(\frac{r_H}{l}\right)^{1/2}$		
Spantspannung σ_y	$\sigma_y = -\frac{s \cdot t}{F_y} \tau_0 (\vartheta \operatorname{tg} \alpha - 1)$		$\sigma_y = -\frac{s\,t}{F_y} \tau_0 \operatorname{tg} \alpha (\vartheta - 1)$
Streckenlast p der Längsversteifungen	$p = s\,\varphi\,\tau_0 (\vartheta \operatorname{tg} \alpha - 1)$		$p = s\,\varphi\,\tau_0 \operatorname{tg} \alpha (\vartheta - 1)$
Biegespannungen der Längsversteifungen $\sigma_b(x)$	$\sigma_b(x) = \frac{s\,\varphi\,t^2}{2\,W_L} \tau_0 (\vartheta \operatorname{tg} \alpha - 1) \left(\frac{1}{6} - \frac{x}{t} + \frac{x^2}{t^2}\right)$		$\sigma_b(x) = \frac{s\,\varphi\,t^2}{2\,W_L} \tau_0 \operatorname{tg} \alpha (\vartheta - 1) \left(\frac{1}{6} - \frac{x}{t} + \frac{x^2}{t^2}\right)$
Durchbiegung der Längsversteifungen (Mittelwert)	$\bar{f} = \frac{s\,\varphi\,t^4}{720\,E\,J_L} \tau_0 (\vartheta \operatorname{tg} \alpha - 1)$		$\bar{f} = \frac{s\,\varphi\,t^4}{720\,E\,J_L} \tau_0 \operatorname{tg} \alpha (\vartheta - 1)$
Normalspannung σ_n	$\sigma_n = \tau_0 (\vartheta \operatorname{ctg} \alpha - 1)$	$\sigma_n = \tau_0 (\vartheta \operatorname{ctg} \alpha - 1) \left[1 - \sin^{1/\omega}\left(\frac{\pi y}{b_1}\right)(1 + \delta R)\right] - \sigma_b(x) \frac{\delta}{1+\delta} (1 - R) \sin^{1/\omega}\left(\frac{\pi y}{b_1}\right)$	$\sigma_n = \tau_0 \operatorname{ctg} \alpha (\vartheta - 1)$

Hauptspannung σ_1	$\sigma_1 = \tau_0 \left(\frac{\vartheta}{\sin\alpha \cos\alpha} - 1 \right)$	$\sigma_1 = \sigma_n + \tau \operatorname{tg} \alpha$	$\sigma_1 = \tau_0 \frac{(\vartheta - 1)}{\sin\alpha \cos\alpha}$
Hauptspannung σ_2	$\sigma_2 = -\tau_0$	$\sigma_2 = \sigma_n - \tau \operatorname{ctg} \alpha$	im überlagerten Zugfeld: $\sigma_2 = 0$
Druckspannung σ_x in den Längsversteifungen	$\sigma_x = -\delta \tau_0 (\vartheta \operatorname{ctg} \alpha - 1)$	$\sigma_x = -\delta R \tau_0 (\vartheta \operatorname{ctg} \alpha - 1) - \frac{\delta}{1+\delta} (1 - R) \sigma_b(x)$	$\sigma_x = -\delta \tau_0 \operatorname{ctg} \alpha (\vartheta - 1)$
Lastenverhältnis $\lambda = P_L/Q$	$\lambda = -\frac{b_1}{\varphi \cdot t} \frac{\vartheta \operatorname{ctg} \alpha - 1}{\vartheta \operatorname{tg} \alpha - 1}$	$\lambda = -\frac{b_1}{\varphi \cdot t} R \frac{\vartheta \operatorname{ctg} \alpha - 1}{\vartheta \operatorname{tg} \alpha - 1}$	$\lambda = -\frac{b_1}{\varphi \cdot t} \cdot \operatorname{ctg}^2 \alpha$
Hauptachsenwinkel α $\operatorname{tg}^2 \alpha = Z/N$	$Z = (1+\delta)(\vartheta \operatorname{ctg} \alpha - 1) + \vartheta \operatorname{tg} \alpha$ $N = \vartheta (\operatorname{ctg} \alpha + \operatorname{tg} \alpha) - 1 + (\gamma + \varkappa)(\vartheta \operatorname{tg} \alpha - 1) + \frac{E}{\tau_0} \left(\frac{\varphi_1^2}{24} + \frac{\Delta r_H}{r_H} \right)$	$Z = R(1+\delta)(\vartheta \operatorname{ctg} \alpha - 1) + \vartheta \operatorname{tg} \alpha$ $N = R(\vartheta \operatorname{ctg} \alpha - 1) + \vartheta \operatorname{tg} \alpha + (\gamma + \varkappa)(\vartheta \operatorname{tg} \alpha - 1) - E/\tau_0 (\zeta_y - \Delta r_H/r_H)$	$Z = (\vartheta - 1)(\operatorname{tg} \alpha + \operatorname{ctg} \alpha (1+\delta))$ $N = (\vartheta - 1)(\operatorname{ctg} \alpha + \operatorname{tg} \alpha (1 + \gamma + \varkappa)) + E/\tau_0 (\varphi_1^2/24 + \Delta r_H/r_H)$
Drillwinkel ψ	$\psi = 2 l/r_H \cdot \tau_0/E \sqrt{Z \cdot N}$		

Abkürzungen: $\chi = \frac{\pi y}{b_1}$ $\quad J(\omega) = \frac{2}{\pi} \int_0^{\frac{\pi}{2}} \sin^{1/\omega} \chi \, d\chi;$ $\quad R = \frac{1 - J(\omega)}{1 + \delta J(\omega)};$ $\quad \delta = \frac{b_1 \cdot s}{F_L};$ $\quad \gamma = \frac{s \cdot t}{F_y};$ $\quad \varkappa = \frac{s \varphi t^4}{720 r_H \cdot J_L}$

so werden die Spannungen und Formänderungen in einer versteiften Kreiszylinderschale bei Drillung folgendermaßen berechnet:

Man berechnet aus (1) oder einer verbesserten Formel die Beulschubspannung τ_0 der Haut. Die Faktoren γ, $\varkappa$ und δ sind bekannte Konstruktionsgrößen. Man schätzt zunächst den Winkel α und prüft, ob die Gleichung (23a) bzw. (23b) erfüllt ist. Ist dies nicht der Fall, so wählt man α größer oder kleiner, je nachdem die rechte Seite der Gleichung zu groß oder zu klein ausfiel. Das Verfahren konvergiert ziemlich rasch. Mit der Funktion α (ϑ) zusammen berechnet man zweckmäßig nach (24) bzw. (24a) die Drillwinkel ψ. Sind diese Funktionen ermittelt, so ergeben sich die Spannungen und Formänderungen aus den Formeln der Zahlentafel II.

e) Vorläufige Annahmen über das »Strecken« des Zugfeldes

Die im vorhergehenden Abschnitt abgeleitete Rechnung ist nur durchzuführen, wenn die Funktionen ζ_y (ϑ) und R (ϑ) oder ω (ϑ) bekannt sind.

Beide Funktionen dürften im wesentlichen nur von den beiden Parametern s/r_H und $\varphi_1 = b_1/r_H$ abhängen, da mechanische Ähnlichkeit vorauszusetzen ist. Zu ihrer genaueren Bestimmung sind eingehende Versuche erforderlich.

Die Funktionen ζ_y (ϑ) und R (ϑ) können z. B. ermittelt werden, indem man an einer versteiften Schale die Spantspannung σ_y genau mißt und aus den Meßergebnissen mit Hilfe der Beziehung (11) den Winkel α bestimmt. Mißt man außerdem an der Stelle $x/t = 1/2 + \frac{\sqrt{3}}{6}$ ($M_b = 0$) die mittlere Druckspannung σ_x in den Längsprofilen, so kann man aus (20) R (ϑ) bestimmen. Ferner muß der Drillwinkel ψ (ϑ) aus Versuchen bestimmt werden; aus (24) und (23a) ergibt sich (für $\Delta r_H = 0$):

$$\zeta_y = \tau_0/E\,[R\,(\vartheta \operatorname{ctg}\alpha - 1) + \vartheta \operatorname{tg}\alpha + (\gamma + \varkappa)(\vartheta \operatorname{tg}\alpha - 1)] - \\ - \frac{\psi^2\, r_H^2 \cdot E}{4\, l^2\, \tau_0^2\,[R\,(1+\delta)(\vartheta \operatorname{ctg}\alpha - 1) + \vartheta \operatorname{tg}\alpha]}. \qquad (25)$$

Die Gleichung (23a) für $\operatorname{tg}^2\alpha$ kann als Kontrolle dienen.

Für die Auswertung der im Abschnitt III, 2 beschriebenen Versuche wurden für die Funktionen ζ_y (ϑ) und R (ϑ) vorläufige Annahmen eingeführt, und zwar für die Faltung:

$$\zeta_y = -\frac{\varphi_1^2}{24}\sqrt{\frac{\vartheta - 1}{\vartheta_z - 1}}, \qquad (26)$$

wobei angenommen wird, daß das unvollständige Zugfeld in ein vollständiges übergegangen ist, wenn $\vartheta = \tau/\tau_0$ den als Freiwert eingeführten Wert ϑ_z erreicht hat.

Für die Veränderlichkeit des Reduktionsfaktors R wurde im Versuchsbereich ein linearer Zusammenhang angenommen, wobei ein nach $\vartheta = 1$ extrapolierter Wert R_0 als zweiter Freiwert eingeht. Die angenommene Beziehung lautet:

$$R = R_0 + (1 - R_0)\frac{\vartheta - 1}{\vartheta_z - 1}. \qquad (27)$$

Im Abschnitt III, 2, wird gezeigt werden, welche Freiwerte R_0 und ϑ_z bei den einzelnen Ausführungen zu wählen sind und wie sich die angenommenen Beziehungen beim Vergleich mit den Messungen bewähren.

f) Vergleich mit früheren Berechnungsverfahren

Die früher von *Ebner* und *Heck*[4]) und von *Wagner* und *Ballerstedt*[4]) abgeleiteten Berechnungsverfahren für die versteifte Kreiszylinderschale bzw. für den Blechwandträger mit gekrümmtem Stegblech setzen das vollständige, einachsige Zugfeld voraus und sehen den Faltungsanteil ζ_y als plötzlich mit dem Ausbeulen eintretend und hernach unabhängig ($\zeta_y = -\varphi^2/24$) von der weiteren Belastung an. Das Mittragen der Hautstreifen über den Längsversteifungen wird vernachlässigt. Die Beulfestigkeit der Haut wird berücksichtigt, indem statt der Schubspannung τ in alle Ansätze[5]) der Überschuß $\tau - \tau_0$ eingesetzt wird. Man denkt sich dabei dem einachsigen Spannungszustand des Zugfeldes den reinen Schubzustand im Augenblick des Ausbeulens überlagert. Die Richtung der Hauptdehnung fällt, da beide Zustände nicht die gleichen Hauptachsen haben, nur mit der Hauptspannungsrichtung des Zugfeldes, nicht aber mit der aus der Überlagerung resultierenden Hauptspannungsrichtung zusammen. Die Formeln für das Verfahren von *Ebner* und *Heck* sind in der Zahlentafel II aufgeführt; die Rechnung wurde (s. Abschnitt III, 2) an den Versuchsergebnissen geprüft.

2. Drillversuche mit versteiften Kreiszylinderschalen

a) Durchführung und Auswertung der Versuche

Die für die Drillversuche in der DVL verwendeten Kreiszylinderschalen (»Trommeln«) sind auf Abb. 11 schematisch dargestellt; die Hauptabmessungen sind aus der Zahlentafel III zu entnehmen. Die Trommeln *III* und *IV* hatten vor den Spannungsmessungen und den Bruchdrillversuchen Vorbelastungen durch andersartige Versuche erhalten.

Die Belastungsvorrichtung zur Einleitung des reinen Drillmoments zeigt Abb. 12. Die Längenänderungen wurden mit Dehnungsmessern System *Huggenberger* und System *Okhuizen-Staeger* gemessen, welche durch Spiralfedern an den Versuchsstücken befestigt wurden. Der Ermittlung der Spannungen aus den Längenänderungen wurde das Elastizitätsmaß $E = 740000$ kg/cm² zugrunde gelegt.

Da die mit der Beulenbildung verbundenen starken Erschütterungen eine genaue Anzeige der Dehnungsmesser während des Beulvorganges verhinderten, mußten die Dehnungsänderungen von einer Vorlast an gemessen werden, welche erheblich über der Ausbeullast lag. Die Stufen des Drillmoments, innerhalb denen die Spannungsänderungen gemessen wurden, waren:

bei Trommel *II* . . . . . . 133500 kgcm und 178100 kgcm
bei Trommel *III* und *IV* . . 71300 kgcm und 133500 kgcm.

---

[4]) s. *Ebner-Heck* und *Wagner-Ballerstedt* a. a. O.

[5]) *Wagner* und *Ballerstedt* nehmen hiervon die Hauptspannung σ_1 aus; hierdurch entsteht in der Nähe des Ausbeulens eine Ungenauigkeit, auf die von den Verfassern hingewiesen wird.

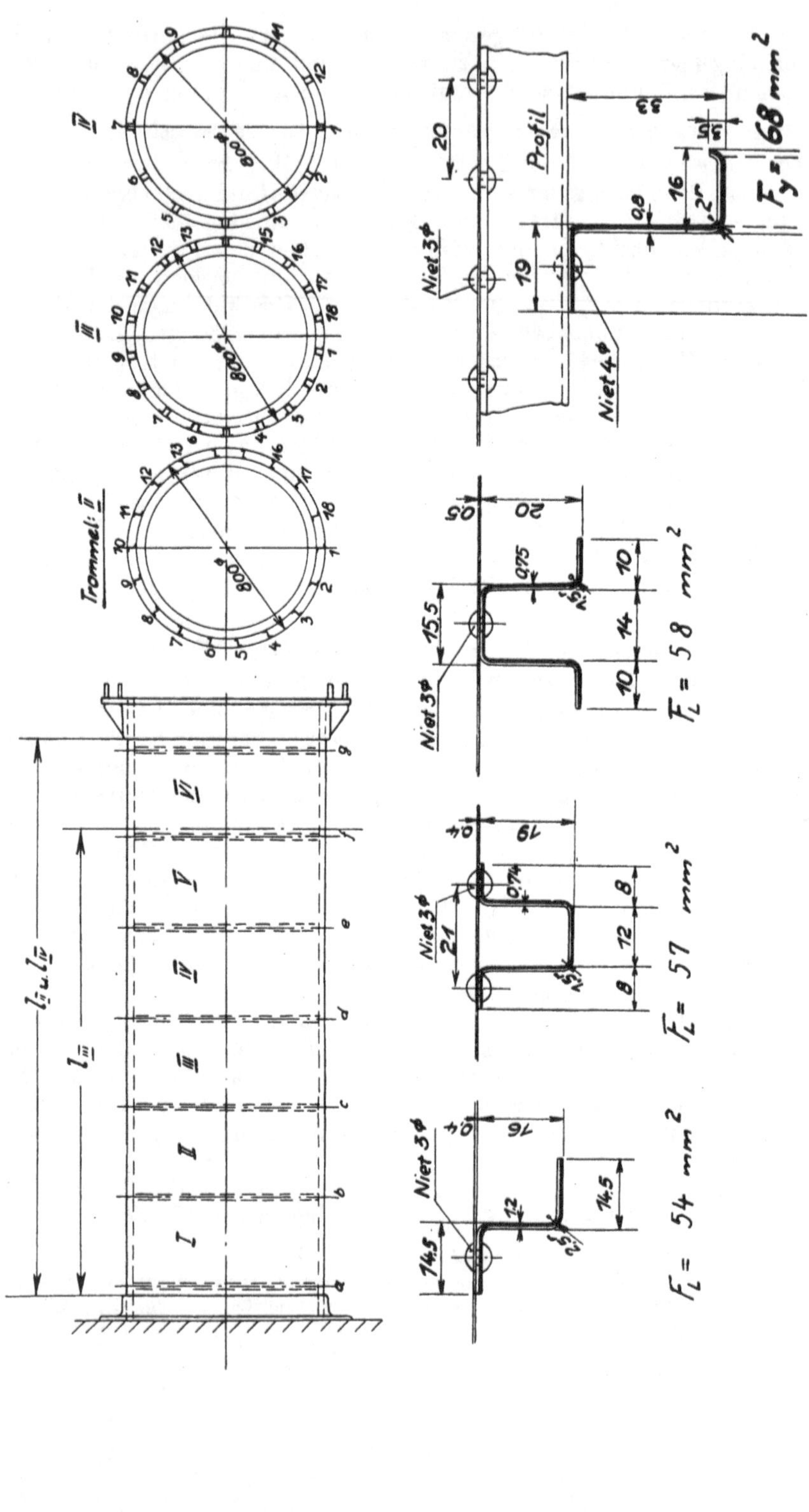

Abb. 11. Schematische Darstellung der Versuchsstücke.

Zahlentafel III

Überblick über die Abmessungen der Versuchsstücke

Trommel Nr.	Hautstärke mm	Querschnitte: Längsprofil cm²	Querschnitte: Haut cm²	Querschnitte: Gesamt cm²	Prozentualer Anteil der Längsprofile am Gesamtquerschnitt	Anzahl der Längsprofile	Spantabstand cm	Länge l der Versuchstrommel zwischen den Einspannringen mm	Bemerkungen
II	0,4	18 × 0,432 = 0,77	10,50	18,27	42,6	18	36	2200	
III	0,39	8,72	10,04	18,76	46,5	18	36	1840	
IV	0,54	6,25	13,95	22,20	31,0	12	36	2200	Feinmeßversuch
								1840	Bruchversuch

Zwischen diesen Laststufen wurden die Änderungen folgender Spannungen gemessen:

1. der Hauptzugspannung (»Zugdiagonalenspannung«) σ_1,
2. der Druckspannung σ_x in den Längsversteifungen,

Abb. 12. Versuchsanordnung für Drillversuche.

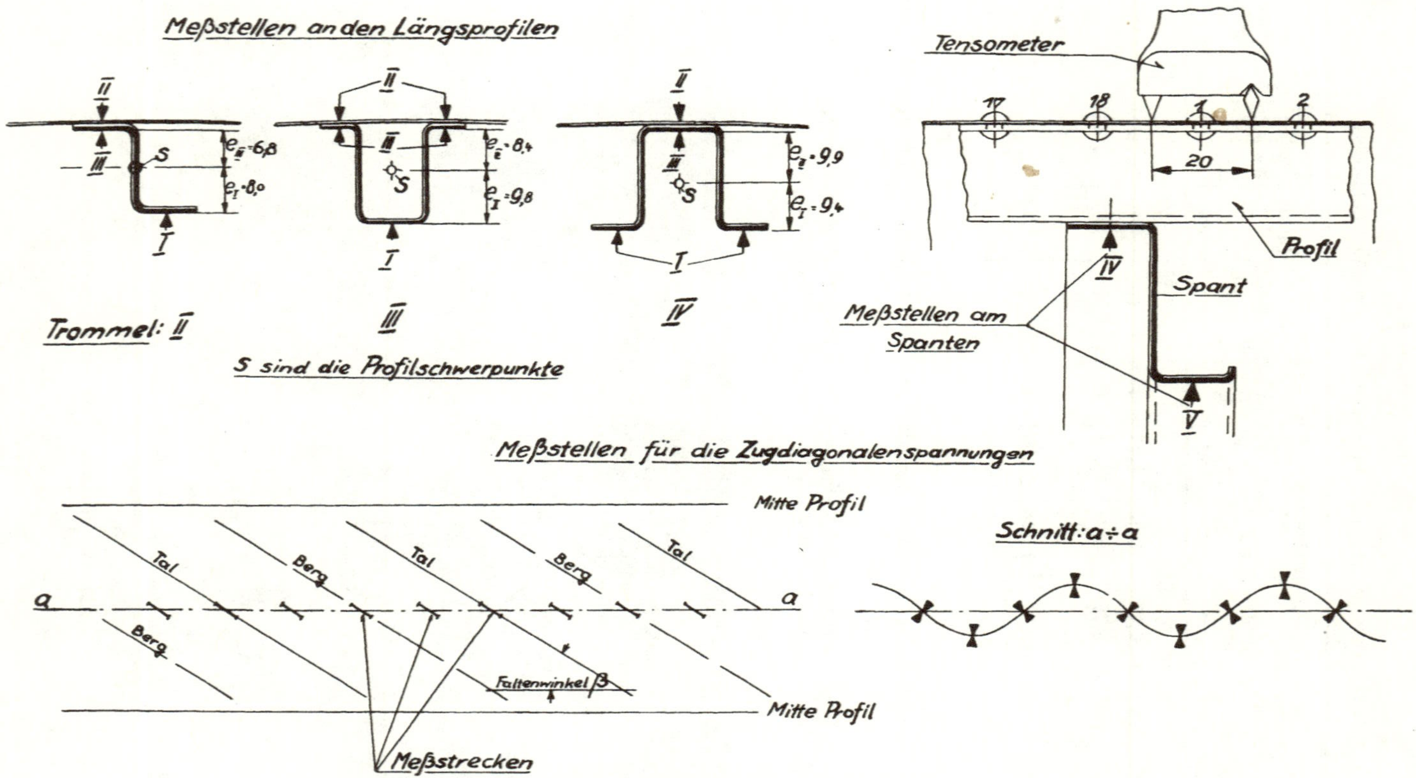

Abb. 13. Überblick über die Meßstellen.

3. der Druckspannung σ_y in den Spanten,
4. der Biegespannungen σ_b in den Längsversteifungen.

Abb. 13 gibt einen Überblick über die Meßstellen. Die Zugdiagonalenspannungen wurden an einer Feldmittellinie zwischen zwei Längsversteifungen gemessen, und zwar an den tiefsten und an den höchsten Punkten sowie an den Wendepunkten der Falten. Die Dehnungsmesser wurden hierbei mit der Meßstrecke in der Richtung der Falten aufgesetzt. Die Spannungsmessungen an den Längsversteifungen erfolgten nicht nur an den Profilen, sondern auch an den Hautstreifen über denselben, und zwar — zur Prüfung der Abhängigkeiten $\sigma_x(x)$ und $\sigma_b(x)$ — an je fünf Stellen in drei Feldern zwischen den Spanten.

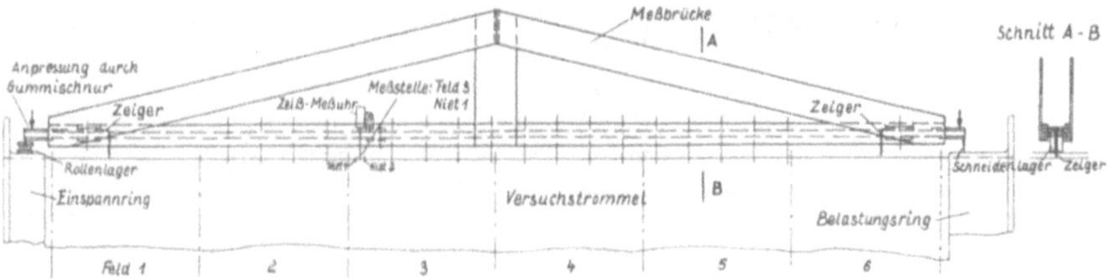

Abb. 14. Meßbrücke.

Die Drillwinkel der Schalen wurden im ganzen Verformungsbereich bis zum Bruch gemessen. Im Bereich der obenerwähnten Laststufen wurden die elastischen Linien der Längsversteifungen und die Faltenform aufgenommen. Zur Aufnahme der Drillwinkel diente Lote, welche am Einspannring und am Belastungsring befestigt waren. Die Verformungen an der Trommeloberfläche wurden mit Hilfe einer von Ing. *Freitag* konstruierten Meßbrücke, Abb. 14, aufgenommen. Dieselbe trägt 18 Meßuhren, welche längs einer Mantellinie der Schale radiale Verschiebungen der Oberflächenpunkte anzeigen können. An einer Längsversteifung war hiermit die Aufnahme der elastischen Linien bei verschiedenen Belastungen und auch die Bestimmung der Verschiebung der Auflagerpunkte an den Spanten möglich. Zur Aufnahme der Faltenform wurde die Brücke bei Nullast und bei den oben angegebenen Laststufen an zwei Blechfeldern längs je drei Mantellinien von gleichem Abstand angesetzt. Die Messungen an der Trommeloberfläche erfolgten nur bei den Trommeln *III* und *IV*.

Das Biegemoment M_b und die mittlere Druckspannung σ_x in den Längsversteifungen sind aus den gemessenen Spannungen σ_{I} und σ_{III} an den Meßstellen *I* und *III*, Abb. 13, nach folgenden Formeln zu berechnen:

$$M_b = \frac{(\sigma_{\mathrm{III}} - \sigma_{\mathrm{I}})\, J_L}{|e_{\mathrm{III}}| + |e_{\mathrm{I}}|} \qquad (28)$$

$$\sigma_x = \frac{\sigma_{\mathrm{III}}\, |e_{\mathrm{I}}| + \sigma_{\mathrm{I}}\, |e_{\mathrm{III}}|}{|e_{\mathrm{III}}| + |e_{\mathrm{I}}|} \qquad (29)$$

Setzt man die Druckspannungen positiv ein, so ergeben sich diejenigen Biegemomente positiv, welche auf der Hautseite der Profile Zugspannungen bewirken. Die zu den Meßstellen *I* und *III* gehörenden Abstände e_{I} und e_{III} vom Profilschwerpunkt sind nur mit ihren Beträgen einzusetzen. Wegen der Größen J_L, e_{I} und e_{III} hängt die Lage der nach (28) und (29) errechneten Punkte von der Annahme über das Mittragen eines Hautstreifens ab. Diese »Versuchswerte« von M_b und σ_x können also nur mit Rechnungswerten verglichen werden, welche auf Grund der gleichen Annahme errechnet sind.

Beim Vergleich zwischen der Rechnung und den Versuchen wurde angenommen, daß die örtlichen Eindrückungen Δr_H, welche die Spante

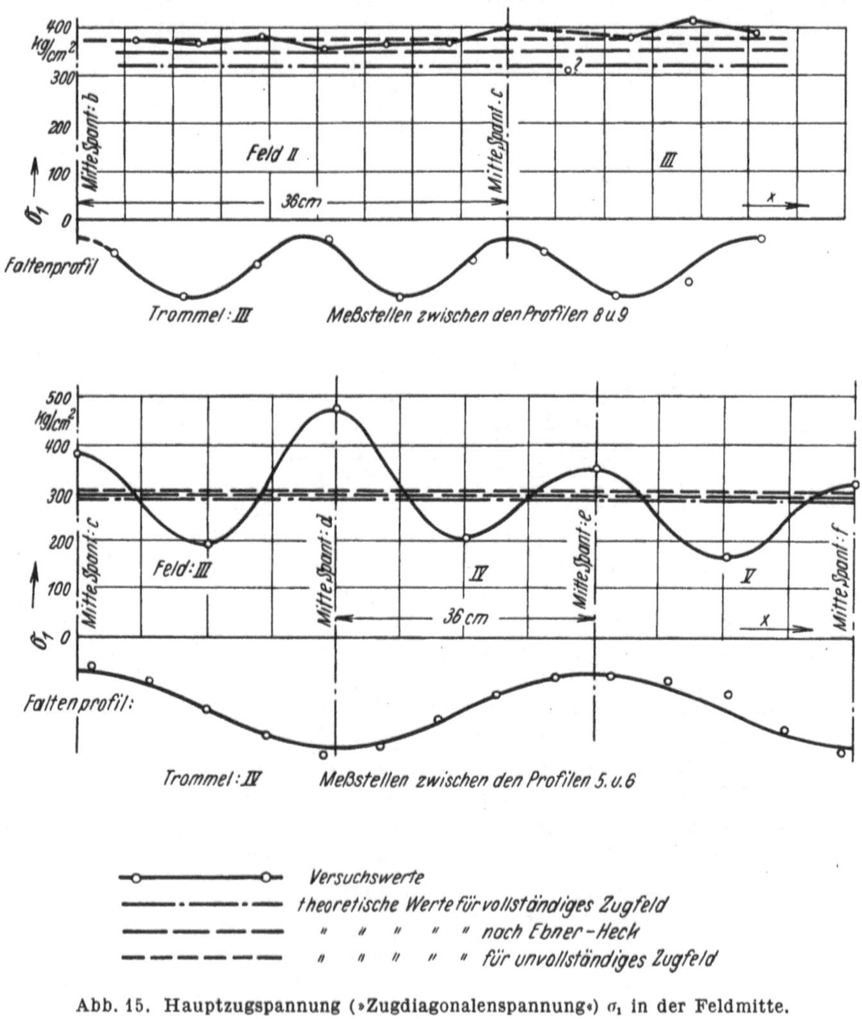

Abb. 15. Hauptzugspannung (»Zugdiagonalenspannung«) σ_1 in der Feldmitte.

an den Auflagerpunkten der Längsversteifungen erfahren, im Bereich vom Beginn des Ausbeulens ($\tau = \tau_0$) bis zum Ende des obenerwähnten Meßbereichs proportional der Querbelastung p sind. Der Anstiegsfaktor wird durch Vergleich der gemessenen Eindrückungen am Anfang und am Ende des Meßbereichs und der zugehörigen Querbelastungen ermittelt. Für den Bereich vom Ende des Meßbereichs bis zum Bruch wurde der Anstiegsfaktor halb so groß wie im Meßbereich angenommen, um zu berücksichtigen, daß durch den Einfluß der Stege die Spante gegen wachsende örtliche Eindrückungen immer härter werden. Die Eindrückungen sind auf den Abb. 24 und 25 zu erkennen.

Die Trommeln *III* und *IV* wurden sowohl unter der Voraussetzung des vollständigen als auch unter der des unvollständigen Zugfeldes nach den im Abschnitt III, 1 abgeleiteten Berechnungsverfahren durchgerechnet; außerdem wurde das Berechnungsverfahren von *Ebner* und *Heck* geprüft. Soweit ein unvollständiges Zugfeld vorausgesetzt war, wurden die Freiwerte R_0 und ϑ_z so gewählt, daß die Abweichungen der Rechnungswerte von den Meßergebnissen bei den Drillwinkeln und bei den (im Abschnitt IV erläuterten) Bruchfestigkeiten so klein wie möglich wurden. Die Werte sind in Zahlentafel IV eingetragen.

b) Die Spannungen in den Schalen

Alle im folgenden behandelten Spannungsänderungen beziehen sich auf die unter III, 1a, angegebenen Stufen des Drillmoments.

Die Änderungen der für die Feldmitte zwischen den Längsversteifungen ermittelten Hauptzugspannung σ_{1m} sind in Abb. 15 über der Abszisse x aufgetragen; darunter ist das Faltenprofil angedeutet. Die Meßwerte sind bei der Trommel *III* (dünne Haut, viele Falten) an den verschiedenen Stellen der Falten im wesentlichen gleich, während sie bei der Trommel *IV* an den höchsten und tiefsten Stellen der Falten Maximalwerte haben und an den Wendepunkten Minima aufweisen. Bei der Trommel *II* streuen die Meßwerte stark um einen über die Länge ungefähr konstanten Mittelwert. Die Rechnungswerte, welche sich nach allen Methoden über x konstant ergeben, liegen durchweg mitten im Streubereich der Meßwerte, so daß sich die Anschauung eines in der Feldmitte vollständigen Zugfeldes bestätigt.

Die aus den Meßergebnissen mit Hilfe der Beziehung (28) errechneten Werte des Biegemoments M_b, Abb. 16, verlaufen über x nach Art einer Biegemomentenlinie bei gleichmäßig verteilter Last und beiderseitiger Einspannung. Die Kurven der für vollständiges und unvollständiges Zugfeld errechneten Werte decken einander und ergeben bei Trommel *III* zu große Werte. Bei Trommel *IV* ist die Übereinstimmung besser, doch fallen einige Versuchswerte in der Nähe von $x = t$ heraus.

Für die Druckspannungen σ_x in den Längsversteifungen, Abb. 17, ergibt sich, daß die Meßwerte in der Mitte zwischen den Spanten kleiner sind als an den Spantpunkten $x = 0$ und $x = t$. Die für unvollständiges Zugfeld errechnete Kurve läuft bei Trommel *III* durch den Streubereich der Meßwerte; bei Trommel *IV* entspricht sie zwar dem Verlauf der Versuchspunkte, doch werden die Spannungen etwa um 50% zu hoch errechnet.

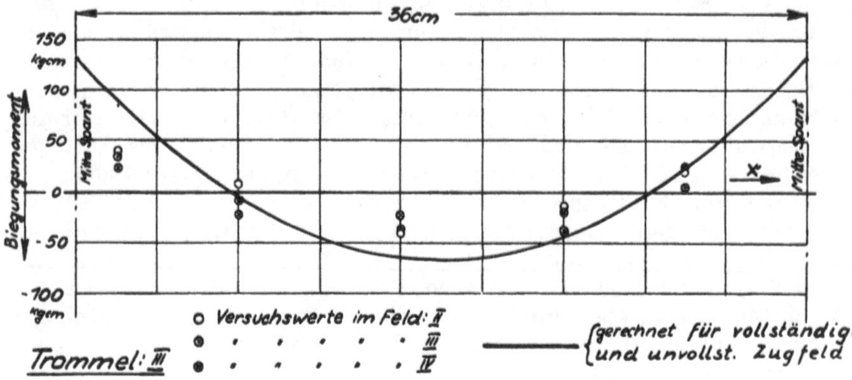

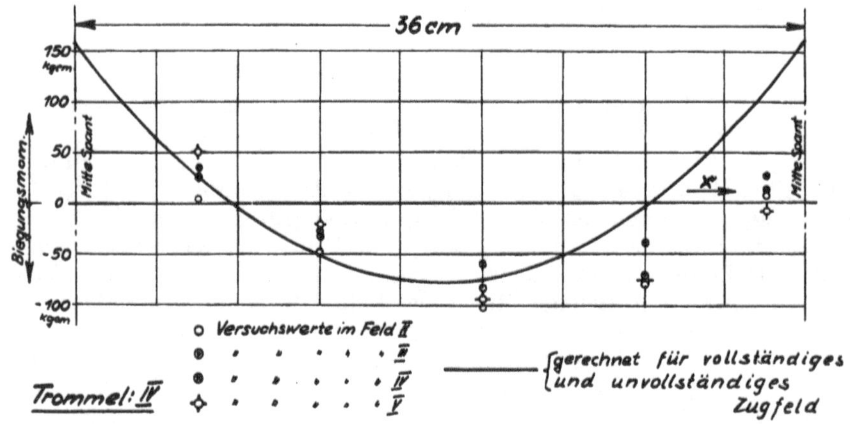

Abb. 16. Biegemomentenlinien der Längsversteifungen (Versuchswerte und errechnete Werte).

Bei Voraussetzung eines vollständigen Zugfeldes erfaßt die Rechnung die Veränderlichkeit von σ_x mit x nicht; die Werte selbst werden, besonders bei der Trommel *IV*, wesentlich zu hoch. Bei der Berechnung nach *Ebner* und *Heck* sind die Fehler noch größer.

Die Meßergebnisse der Spantspannungen σ_y, Abb. 18, sind bei der Trommel *III* an den Auflagerpunkten der Längsversteifungen durch örtliche Verbiegung der Flanschen verfälscht; zur Mittelwertbildung dürfen also nur die Werte an den Stellen zwischen den Längsversteifungen herangezogen werden. Die für vollständiges und für unvollständiges Zugfeld errechneten Werte decken sich wiederum; sie sind bei der Trommel *III*

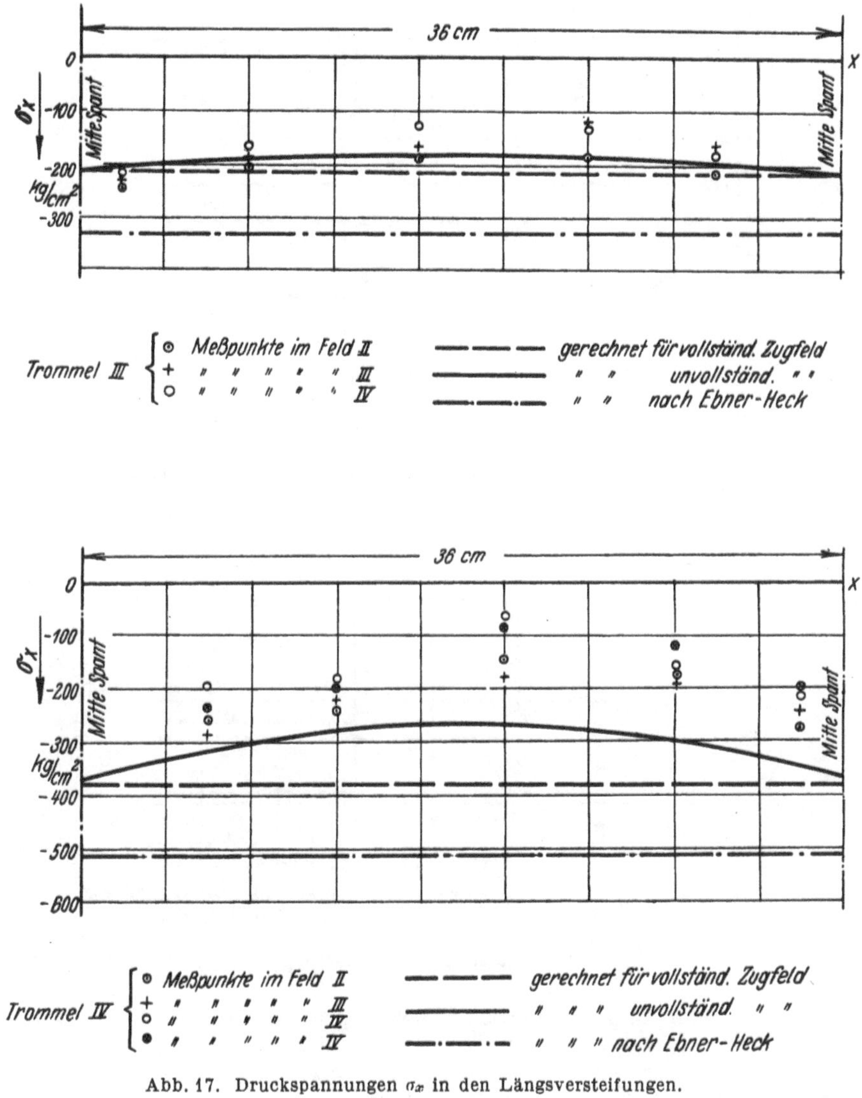

Abb. 17. Druckspannungen σ_x in den Längsversteifungen.

um etwa 25% zu groß, während sie bei Trommel *IV* am Rand des Streubereichs der Meßpunkte liegen. Bei der Berechnung nach *Ebner* und *Heck* werden die Fehler noch größer.

c) Die Formänderungen

Über die Beulfigur der Haut ist aus den Abb. 2 bis 4 zu entnehmen, daß die Wellenlänge der Falten mit zunehmender Breite der Blechfelder zwischen den Längsversteifungen zunimmt. Die Wellenlänge und die Lage

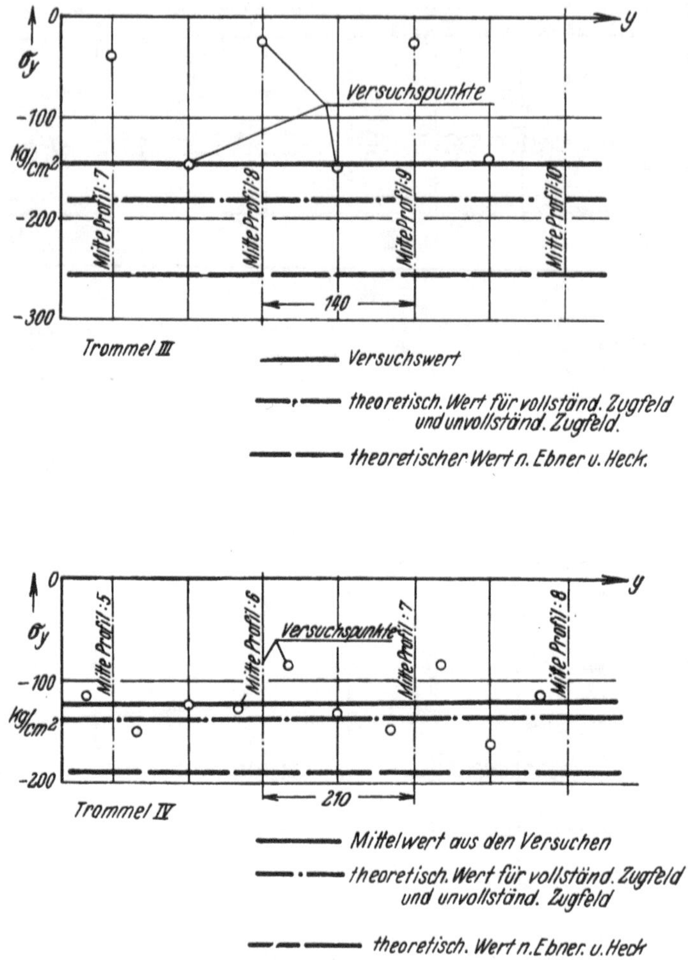

Abb. 18. Druckspannungen σ_y in den Spanten.

der Falten ändert sich im Verlauf der Verformung nicht wesentlich, jedoch vertiefen sich die Falten und die Umlenkungsstellen an den Längsversteifungen treten deutlich hervor. Der »Faltenwinkel«, welchen die Mantellinien der in der Mitte zwischen den Längsversteifungen ungefähr prismatischen Falten mit den Mantellinien des Kreiszylinders bilden, bleibt bei wachsender Drillung im wesentlichen konstant. Die Abb. 19 zeigt bei den Trommeln *III* und *IV* Querprofile der Beulfigur in Schnitten senkrecht zur Mantellinie. Die Mittelkurve dieser Profile, welche die Spur der im Abschnitt III, 1a, erwähnten »Ersatzfläche« ist, liegt bei der Trommel *III*

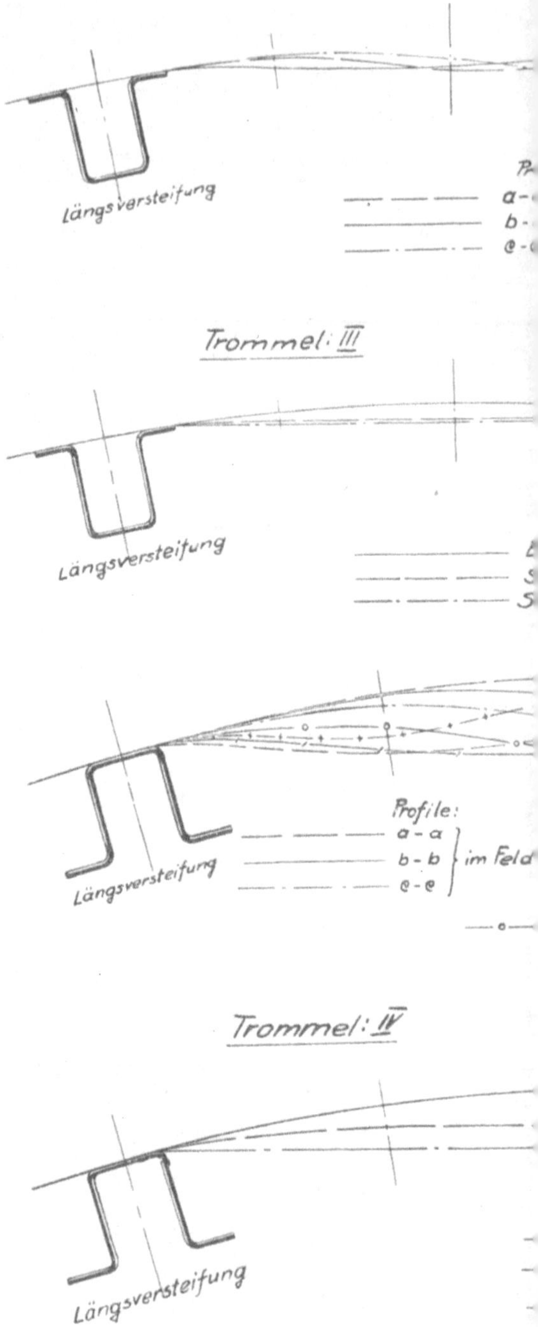
Längsversteifung
Trommel: III
Längsversteifung
Profile:
a - a
b - b
e - e
im Feld
Längsversteifung
Trommel: IV
Längsversteifung

Abb.

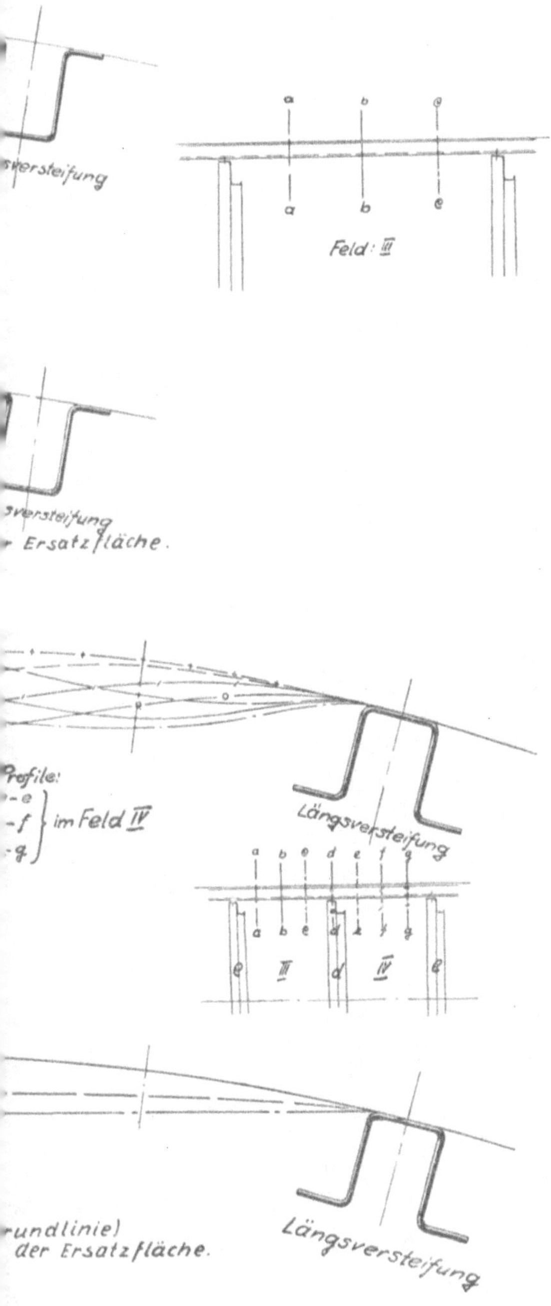
sversteifung
Feld: III
sversteifung
Ersatzfläche.
Profile:
im Feld IV
Längsversteifung
III
IV
undlinie)
der Ersatzfläche.
Längsversteifung

guren.

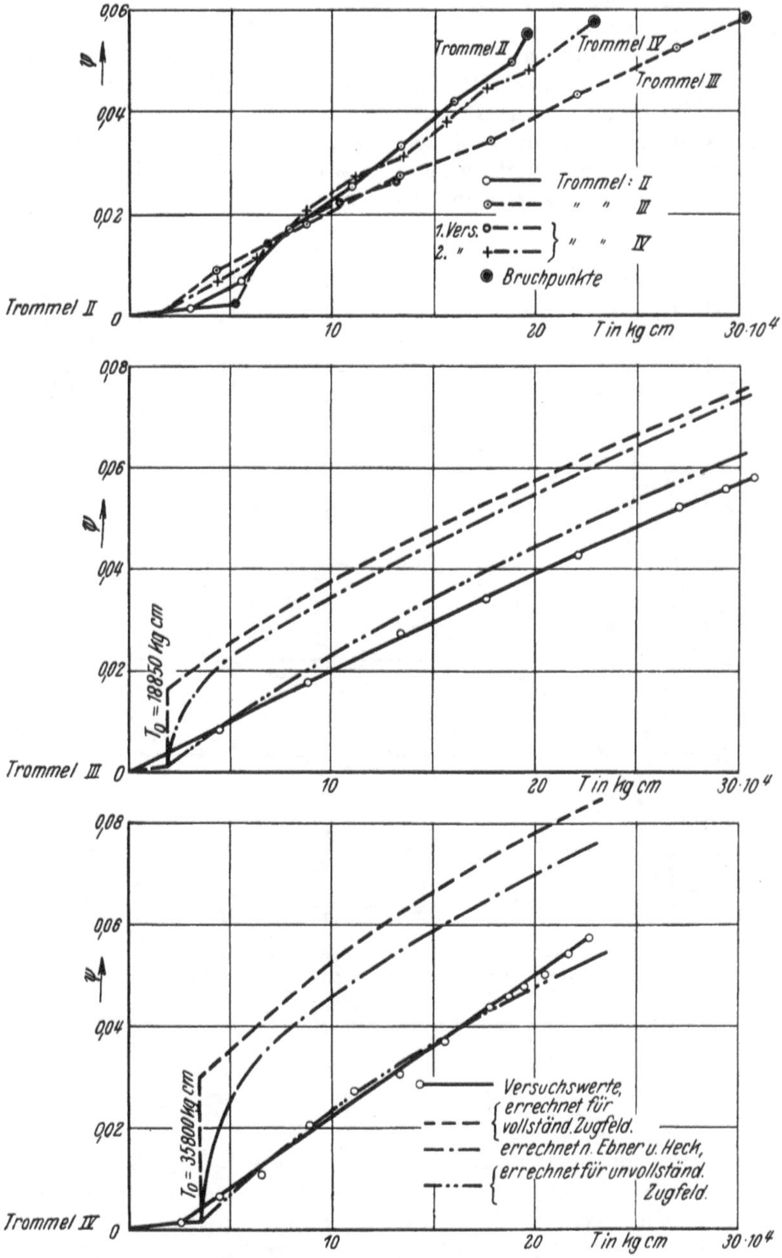

Abb. 20. Auftragung der gemessenen und errechneten Drillwinkel ψ.

nahe der Sehne, bei der Trommel *IV* zwischen dem ursprünglichen Kreisbogen und der Sehne.

Die Auftragung der auf die ursprüngliche freie Länge von 220 cm umgerechneten beobachteten Drillwinkel, Abb. 20, zeigt, daß die Trommel *II* gegenüber Drillung am weichsten ist und daß die Trommel *III* die größte Drillsteifigkeit hat. Trommel *IV* zeigte bei der ersten Belastung beim Ausbeulen eine plötzliche Zunahme des Drillwinkels, welche bei Wiederholung der Belastung nicht mehr beobachtet wurde.

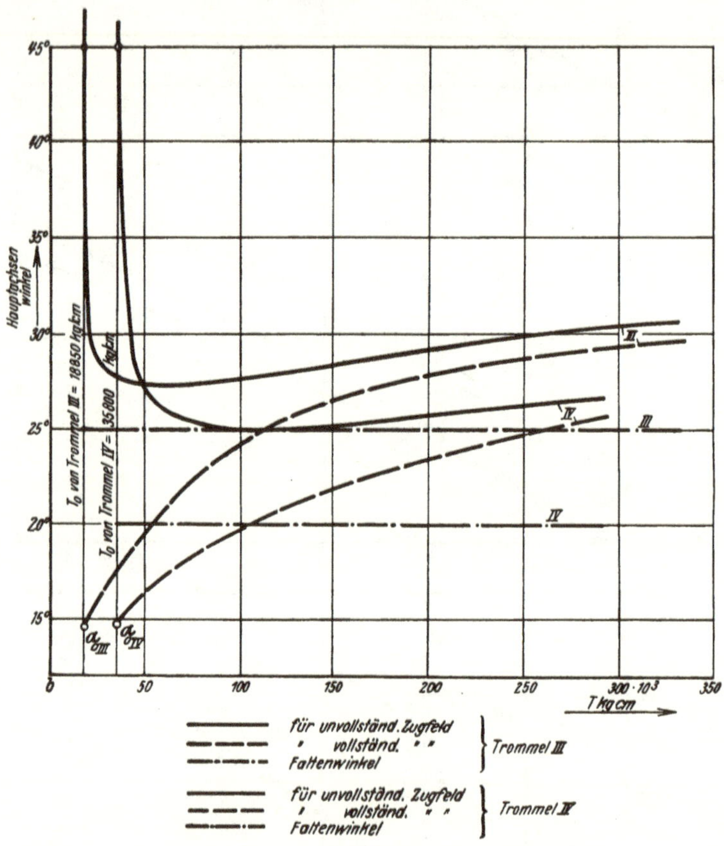

Abb. 21. Auftragung der Hauptachsenwinkel α.

Abb. 21 zeigt eine Auftragung der errechneten Winkel α der Hauptachsenrichtungen über den Drillmomenten. Setzt man bei der Berechnung ein unvollständiges Zugfeld voraus, so ergibt sich, daß der Winkel α beim Ausbeulen von 45^0 mit vertikaler Tangente abnimmt, dann ein Minimum durchläuft und hernach langsam wieder ansteigt. Bei der Rechnung für vollständiges Zugfeld springt der Winkel α bei $\tau = \tau_0$ auf einen von den Konstruktionsgrößen und der Beulspannung τ_0 abhängigen Winkel α_0 und steigt dann stetig an. In beiden Fällen würden sich die Winkel bei sehr großen Werten von T/T_0 ein und demselben, nur noch von γ, $\varkappa$ und δ abhängigen Wert nähern, wenn bis dahin keine Änderung des Materialverhaltens eintreten würde. Die errechneten Hauptachsenwinkel stimmen mit den gemessenen Faltenwinkeln nicht überein. Grundsätzlich sind elastische Schiebungen in den unter dem Faltenwinkel geneigten Richtungen durchaus denkbar. — Bei der Berechnung nach *Ebner* und *Heck* springt der Hauptachsenwinkel α bei $T = T_0$ von 45^0 auf 0^0, um sofort wieder mit vertikaler Tangente anzusteigen und weiterhin ähnlich wie bei der Rechnung für vollständiges Zugfeld zu verlaufen.

Setzt man bei der Berechnung der Drillwinkel, Abb. 20, ein unvollständiges Zugfeld voraus, so kann man durch geeignete Wahl der Freiwerte R_0 und ϑ_z die errechnete Kurve $\psi\ (T)$ zu befriedigender Deckung mit den Versuchspunkten bringen. Bei der Trommel *III* sind die errechneten Werte etwas zu groß, weil bei günstigerer Wahl der Freiwerte die errechnete Bruchfestigkeit (s. unter IV) zu groß ausfallen würde. Am Beulpunkt ($\tau = \tau_0$) ergibt die Rechnung einen kleinen Sprung des Drillwinkels, weil der von der zweiten Hauptspannung σ_2 und der Querdehnung herrührende Anteil von ε in (2a) und (4) unberücksichtigt bleibt. Setzt man ein vollständiges Zugfeld voraus, so ergibt sich bei $T = T_0$ infolge der plötzlich hinzutretenden Faltung ζ_y ein großer Sprung des Drillwinkels; die errechneten Werte werden im ganzen Bereich viel zu groß. Bei der Berechnung nach *Ebner* und *Heck* ergibt sich am Beulpunkt $\psi = 0$ und $\frac{d\,\psi}{d\,T} = \infty$; im weiteren Verlauf werden die errechneten Drillwinkel ebenfalls zu groß, doch ist der Fehler etwas kleiner als bei der Rechnung mit dem vollständigen Zugfeld.

d) Kritik der Berechnungsverfahren

Unter der Annahme eines unvollständigen Zugfeldes kann die Rechnung für die Trommeln *III* und *IV* durch Wahl geeigneter Freiwerte R_0 und ϑ_z sowohl hinsichtlich der Drillsteifigkeit als auch hinsichtlich der Drillbruchfestigkeit zu befriedigender Übereinstimmung mit den Versuchsergebnissen gebracht werden (s. Abb. 20 und Abschnitt IV). Die vorläufigen Annahmen (26) und (27) sind also zur Erfassung des »Streckens« der Blechfelder einigermaßen brauchbar. Mit den gewählten Freiwerten ergeben sich die Druckspannungen σ_x in den Längsversteifungen bei der Trommel *III* im Meßbereich richtig, bei der Trommel *IV* zu groß. Letzteres dürfte daran liegen, daß die Kurve $R\ (\vartheta)$ gegen $\vartheta = \tau/\tau_0 = 1$ hin stärker als linear abnimmt. Die Ringspannungen werden bei der Trommel *IV* offenbar richtig errechnet, weil sich die Versuchs- und Rechnungswerte bei den Biegemomenten und den Spantspannungen annähernd decken. Bei der Trommel *III* sind die errechneten Werte für das Biegemoment und die Spantspannung zu groß. Dies kann dadurch erklärt werden, daß auch in der Feldmitte zwischen den Längsversteifungen die zweite Hauptspannung von der Schubspannung τ etwas abhängt. Eine vollständige Klärung ist erst möglich, wenn durch Versuche die Gesetzmäßigkeiten R (ϑ) und ζ_y (ϑ) ermittelt sind.

Rechnet man unter der Voraussetzung eines vollständigen Zugfeldes, so erhält man viel zu große Drillwinkel. Diese Abweichung ist vor allem auf die Annahme einer mit dem Ausbeulen in voller Größe auftretenden Faltung ζ_y zurückzuführen. Die Druckspannungen in den Längsversteifungen ergeben sich im Meßbereich bei Trommel *III* einigermaßen richtig, weil $R \sim 1$ ist; dagegen macht sich der Umstand, daß $R < 1$ ist, bei der Trommel *IV* durch wesentlich zu große Rechnungswerte für σ_x bemerkbar. Für die Spantspannungen und die Biegemomente gilt das gleiche wie bei unvollständigem Zugfeld.

Die Rechnung nach *Ebner* und *Heck* ergibt bei den Druckspannungen in den Versteifungen infolge der Vernachlässigung der mittragenden Hautstreifen und (besonders bei Trommel *IV*) infolge der andersartigen Berücksichtigung der Beulfestigkeit der Haut noch größere Fehler als die Rechnung für vollständiges Zugfeld. Auch bei den Spantspannungen werden die Abweichungen größer. Die Rechnung nach *Wagner und Ballerstedt* liefert ähnliche Ergebnisse wie die nach *Ebner* und *Heck.*

Zu einer Ermittlung der Drillsteifigkeit werden also genaue Versuche über das Verhalten der Blechfelder im Ausbeulzustand nötig; die Berücksichtigung des »unvollständigen« Zugfeldes ist hierfür unerläßlich. Dagegen eignet sich die Rechnung unter Voraussetzung eines vollständigen Zugfeldes zur Abschätzung der zu erwartenden Spannungen, da sie ihre Größenordnung erfaßt und stets auf der sicheren Seite bleibt.

IV. Untersuchungen über das Bruchdrillmoment

1. Das Bruchdrillmoment und seine Berechnung

Das Bruchdrillmoment ist, wie die Zahlentafel IV zeigt, bei der Trommel *III* am größten, bei der Trommel *II* am kleinsten. In allen Fällen erfolgt der Bruch durch Knickbiegung der Längsversteifungen. Bei der

Zahlentafel IV

Vergleich der errechneten und der im Versuch ermittelten Bruchdrillmomente

Trommel	Gemessenes Bruchdrill-moment T_B kgcm	Errechnete Werte für das Bruchdrillmoment und Abweichungen					
		für vollständiges Zugfeld		für unvollständiges Zugfeld			
		errechnetes Bruchmoment kgcm	Ab-weichung %	Freiwerte R_0	Freiwerte ϑ_z	errechnetes Bruchmoment kgcm	Ab-weichung %
II	198 500	—	—	—	—	—	—
III	307 000	309 800	+ 1,0	0,85	43	318 200	+ 3,8
IV	231 000	198 200	— 16,2	0,72	60	250 000	+ 8.1

Trommel *II*, s. Abb. 22 und 23, verdrehen sich hierbei die Längsversteifungen, so daß das wirksame Trägheitsmoment der Profilquerschnitte mit wachsender Belastung immer kleiner wird. Die Trommel *III*, s. Abb. 24, zeigt diese Erscheinung wegen der geschlossenen Profilform nicht; der Bruch

Abb. 22. Bruchbild der Trommel *II* bei reiner Drillung, Innenansicht.

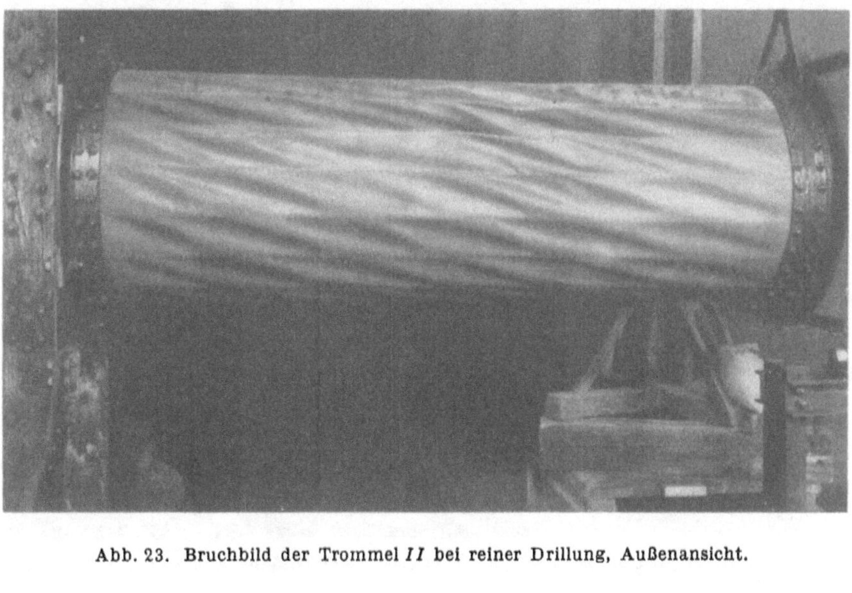

Abb. 23. Bruchbild der Trommel *II* bei reiner Drillung, Außenansicht.

Abb. 24. Bruchbild der Trommel *III* bei reiner Drillung, Innenansicht.

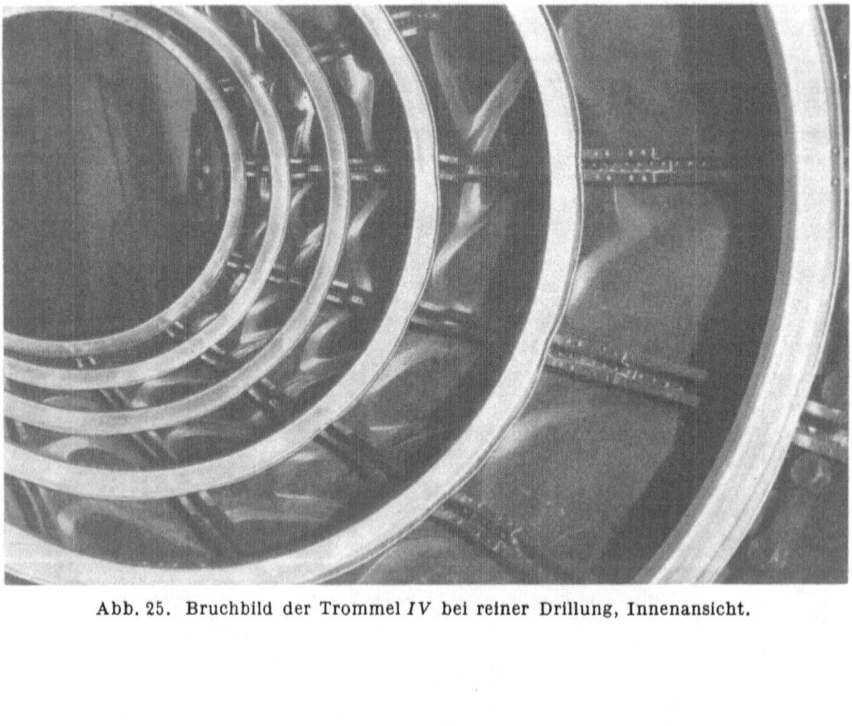

Abb. 25. Bruchbild der Trommel *IV* bei reiner Drillung, Innenansicht.

erfolgt durch Einbeulen der Profilflanschen. Bei der Trommel IV, s. Abb. 25, verdrehen sich die Stege der offenen Hutprofile einzeln, während der Profilrücken eingebeult wird. Die mit den Profilen vernieteten Blechstreifen werden nur an den eigentlichen Bruchstellen infolge des Ausknickens der Profile eingebeult; an den übrigen Stellen bleiben sie glatt. Dieser Umstand gestattet, die Annahmen über das Mittragen des Bleches auch bei der Berechnung des Bruchdrillmomentes zu benützen.

Es liegt nahe, das Bruchdrillmoment auf Grund von Knickbiegeversuchen mit Teilschalen zu berechnen. Im folgenden wird vorausgesetzt, daß die Spante stark genug sind, um ein Ausknicken der Längsversteifungen in je einer Welle in jedem Spantfeld zu bewirken.

Die Druckkraft in einer Längsversteifung ist $P_L = \overline{\sigma}_x \cdot F_L$; die auf ihr zwischen zwei Spanten ruhende Querlast ist $Q = p \cdot t$. Das Verhältnis $\lambda = P_L/Q$ zwischen beiden ergibt sich aus (12b) und (20) zu:

$$\lambda = -\frac{b_1}{\varphi \cdot t} \cdot R \frac{\vartheta \operatorname{ctg} \alpha - 1}{\vartheta \operatorname{tg} \alpha - 1} \quad \text{mit} \quad \vartheta = \tau/\tau_0. \quad . \quad . \quad . \quad . \quad (30)$$

Bei Schalen mit dünner Haut und kräftigen Versteifungen kann man in der Nähe des Bruches $\lambda \sim -\frac{b_1}{\varphi \cdot t} R \operatorname{ctg}^2 \alpha$ setzen. Das Verhältnis λ

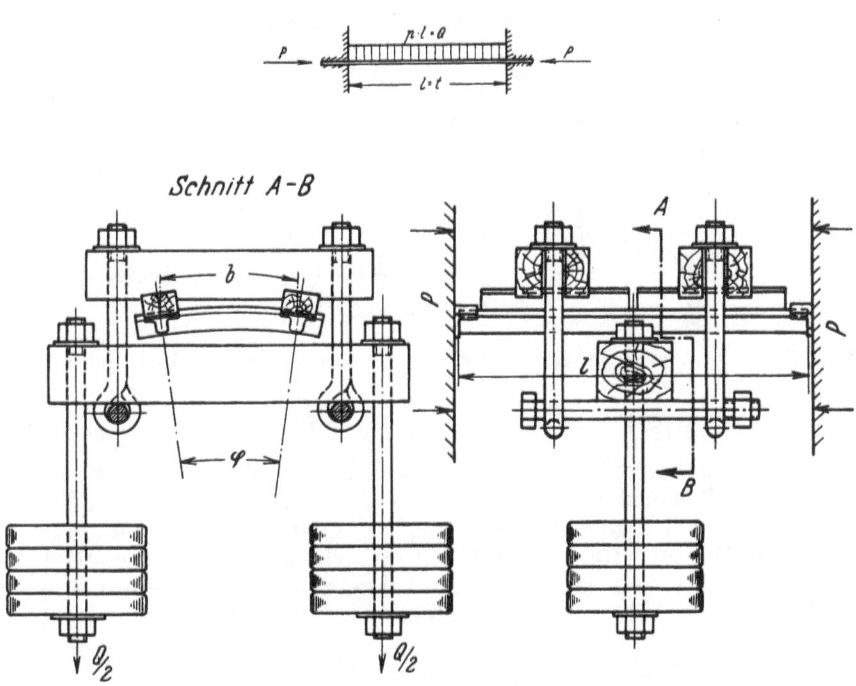

Abb. 26. Belastungsschema und Versuchseinrichtung für die Knickbiegeversuche mit Teilschalen.

hängt also von ϑ ab; diese Funktion λ (ϑ) ist zu berechnen, wenn man α (ϑ) und R (ϑ) kennt. Die auf jede Versteifung wirkende Längslast ist

$$P_L = -\delta R F_L \cdot \tau_0 (\vartheta \operatorname{ctg} \alpha - 1). \quad \quad (31)$$

Bei den Knickbiegeversuchen erhalten die Teilschalen, deren Länge dem Spantabstand entspricht, eine gleichmäßig verteilte Querlast. Die Enden der Profile sind einzuspannen. Abb. 26 zeigt das Belastungsschema und die Versuchseinrichtung. Bei den Versuchen wird das Verhältnis $\lambda = P_L/Q$ variiert; man erhält die Bruchlasten P_{LB} in Abhängigkeit von λ, Abb. 27. Kennt man die Abhängigkeit P_{LB} (λ) und die Funktion λ (ϑ), Abb. 28, so kann man auch eine Funktion P_{LB} (ϑ) bestimmen, welche die Längslasten ergibt, die bei den verschiedenen Spannungsverhältnissen ϑ auf Grund der zugehörigen Lastverhältnisse λ noch getragen werden. Der Schnittpunkt der Kurven P_L (ϑ) und P_{LB} (ϑ) bestimmt dasjenige Spannungsverhältnis ϑ_B, bei welchem ein Bruch der Schale infolge Erschöpfung der Tragfähigkeit der Längsprofile zu erwarten ist. Das Bruchdrillmoment ist $T_B = \vartheta_B \cdot T_0$. Die Überlegung gilt nur für den Fall, daß die Längslast P_L unterhalb der Eulerschen Knicklast für gestützte Stabenden bleibt.

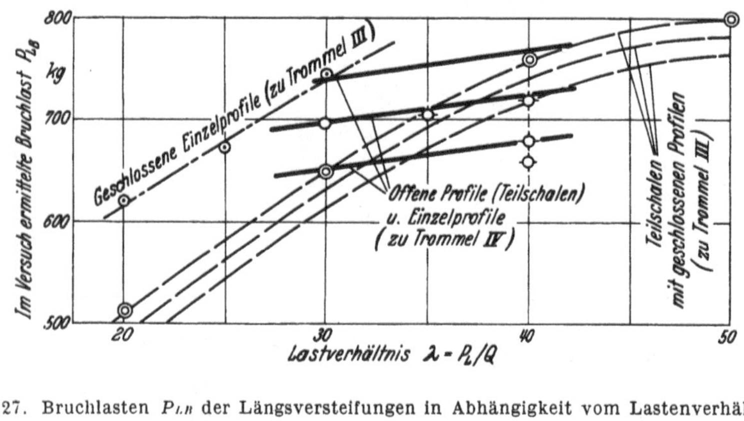

Abb. 27. Bruchlasten P_{LB} der Längsversteifungen in Abhängigkeit vom Lastenverhältnis λ.

2. Die Knickbiegeversuche mit Teilschalen

Die Teilschalen bestanden aus zwei Längsprofilen mit dazwischen genietetem Hautfeld und entsprachen einem Blechfeld der betreffenden Vollschale. Die Längen der Teilschalen waren dem Spantabstand der Vollschale gleich. Der Hautabschnitt wurde nicht an den Einspannwinkeln befestigt und erhielt keine äußeren Druckkräfte. Die Querlast wurde, s. Abb. 26, mit Hilfe von Holzleisten und Filzzwischenlagen möglichst gleichmäßig auf die Länge verteilt.

Der Versuchsablauf und das Bruchaussehen entsprach durchaus demjenigen bei der Vollschale. Die Profile der zur Trommel *III* gehörenden Teilschalen gingen durch Einbeulen der Flanschen zu Bruch; die Profile

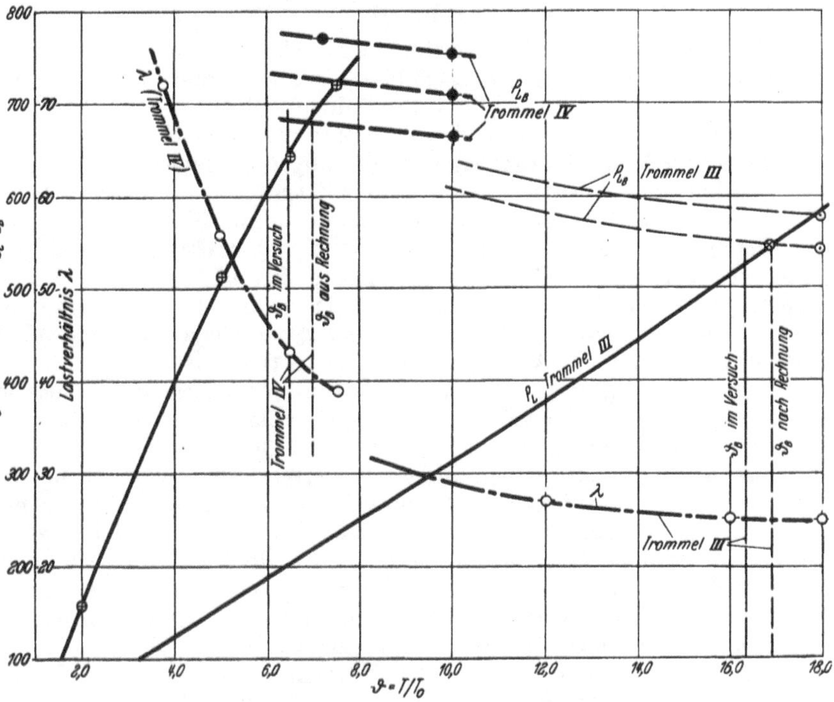

Abb. 28. Lastenverhältnisse λ, Längskräfte P_L und Tragfähigkeiten P_{LB} der Längsversteifungen in Abhängigkeit von $\vartheta = T/T_0$.

der Teilschalen 13a (Trommel *IV*) brachen dagegen durch Wegdrehen der Stege.

Die Versuche ergaben, s. Abb. 27, bei den Teilschalen mit geschlossenen Profilen (zu Trommel *III*) eine zuerst rasche, später langsame Zunahme der Bruchlast P_{LB} mit dem Lastenverhältnis $\lambda = P_L/Q$. Bei den Teilschalen mit offenen Profilen (Trommel *IV*) ist im untersuchten Bereich (λ zwischen 3 und 4) die Bruchlängslast nur noch wenig vom Lastenverhältnis abhängig. Alle Versuche zeigen einen breiten Streubereich. Bei der Berechnung der Drillfestigkeit ist der untere Rand dieses Bereiches maßgebend, da der Bruch stets vom schwächsten einer großen Anzahl gleich beanspruchter Blechfelder her eingeleitet wird.

Wurden statt einer Teilschale zwei Einzelversteifungen belastet, so erwiesen sich dieselben im Falle geschlossener Profile trotz des fehlenden Hautabschnittes als fester als die Teilschalen, weil bei den letzteren das Ausbeulen der Profilflanschen von der Haut her eingeleitet wird. Bei den Teilschalen mit offenen Profilen hatten die Hautabschnitte keinen Einfluß auf die Festigkeit.

3. Prüfung der Berechnung an den Versuchsergebnissen

Die Berechnung der Bruchdrillmomente wurde sowohl unter der Voraussetzung des vollständigen Zugfeldes als auch unter der des unvollständigen Zugfeldes durchgeführt. Die Zahlentafel IV zeigt die Ergebnisse und gestattet einen Vergleich derselben mit den Versuchswerten.

Unter der Voraussetzung eines vollständigen Zugfeldes errechnete sich das Bruchdrillmoment der Trommel *III* auf 1,5% genau, während bei der Trommel *IV* das errechnete Bruchdrillmoment um 16,2% zu klein war. Hieraus geht hervor, daß bei dünner Haut und kräftigen Versteifungen unter der Voraussetzung eines vollständigen Zugfeldes die Festigkeit genügend genau berechnet werden kann. Bei etwas dickerer Haut und schwächeren Versteifungen ergibt diese Rechnung zu kleine Werte, weil das Zugfeld auch beim Bruch noch nicht völlig gestreckt ist.

Die Rechnung unter der Voraussetzung unvollständigen Zugfeldes enthält die Freiwerte R_0 und ϑ_z, welche bei Trommel *IV* so gewählt werden konnten, daß für die Drillwinkel Versuch und Rechnung die gleichen Ergebnisse lieferten. Mit diesen Freiwerten errechnet sich das Bruchdrillmoment um 8,1% zu hoch; diese Abweichung ist von der Größenordnung der Streuung bei den Knickbiegeversuchen. Bei der Trommel *III* wurden die Freiwerte so gewählt, daß sowohl bei den Drillwinkeln als auch bei den Bruchdrillmomenten die Abweichung gering blieb. Mit einem Wert $R_0 = 0{,}74$ decken sich die Versuchs- und Rechnungswerte für die Drillwinkel; dagegen errechnet sich das Bruchdrillmoment um etwa 25% zu hoch.

Zu berücksichtigen ist, daß der Knickbiegeversuch mit Teilschalen die Wirkung der Faltenumlenkung an den Längsversteifungen nicht völlig wiedergibt, weil die Falten — im Gegensatz zu der beim Teilschalenversuch aufgebrachten Querlast — die Profilflansche wegbiegen und hierdurch das Ausbeulen derselben einleiten.

V. Zusammenfassung und Folgerungen

Über die Drillung dünnwandiger, versteifter Kreiszylinderschalen sind nach der vorstehenden Untersuchung folgende Aussagen möglich:

1. Für das Ausbeulmoment der Haut gibt es bisher keine allgemein gültige Formel. Zwar stimmten bei den Versuchen in der DVL die nach der Formel von *Donnell* für die Drillbeulfestigkeit unversteifter Kreiszylinderschalen errechneten Werte befriedigend genau mit den Versuchsergebnissen überein — die Einflüsse der Versteifungen und der Vorbeulen hoben einander ungefähr auf —; doch kann dieses Ergebnis nicht als allgemein gültig angesehen werden.

2. Die rechnerische Untersuchung des Zustandes der Schale nach dem Ausbeulen der Haut beruht auf der Zugfeldtheorie. Das Verzerrungsfeld wird hierbei als homogen angesehen. Die mit der Beulenbildung verbundene Verzerrung wird durch eine mittlere Zusammenziehung der Haut in der Umfangsrichtung (Faltung ζ_y) ersetzt. Dieselbe kann höchstens den Wert $\zeta_y = -\varphi_1{}^2/24$ annehmen, falls die Bogenlänge zwischen den Längsversteifungen (Zentriwinkel φ_1) sich bis zur Sehnen-

länge verkürzt hat. Für das Spannungsfeld wird angenommen, daß die Spannungshauptachsen mit den Dehnungshauptachsen zusammenfallen und deshalb überall gleichgerichtet sind. Außerdem werden über die zweite Hauptspannung σ_2 Annahmen gemacht. Die Annahmen über die Faltung ζ_v und über die Hauptspannung σ_2 führen dazu, zwei Arten von Zugfeld zu unterscheiden: das vollständige Zugfeld, in welchem die Faltung ζ_v den größten möglichen Wert $\zeta_v = -\varphi_1{}^2/24$ erreicht hat und in welchem die Hauptspannung σ_2 örtlich unveränderlich und von der Belastung unabhängig ist, und das unvollständige Zugfeld, in welchem $\zeta_v < \varphi_1{}^2/24$ ist und in welchem σ_2 sowohl örtlich verschieden als auch von der Belastung abhängig ist. Die Berechnung erstreckte sich auf einen Fall von vollständigem Zugfeld ($\sigma_2 = -\tau_0$) und auf einen Fall mit unvollständigem Zugfeld. Für den letzteren wurde angenommen, daß der Spannungszustand in der Mitte zwischen den Längsversteifungen (mit $\sigma_2 = -\tau_0$) stetig in den Spannungszustand übergeht, welcher in den Hautstreifen über den Längsversteifungen herrscht und sich aus der zusammengesetzten Druck- und Biegebeanspruchung der letzteren ergibt. Aus den Beobachtungen bei Versuchen ergibt sich, daß mit wachsender Belastung das unvollständige Zugfeld sich zum vollständigen Zugfeld »streckt«. Die Funktionen, nach denen sich hierbei die Faltung und die Kenngrößen des Spannungsfeldes ändern, werden in Ermangelung ausreichenden Versuchsmaterials vorläufig angenommen.

3. Bei den in der DVL durchgeführten Drillversuchen an versteiften Kreiszylinderschalen wurden an der Haut, an den Längsversteifungen und an den Spanten Spannungsmessungen durchgeführt. Außerdem wurden die Verformungen an der Schalenoberfläche aufgenommen und die Drillwinkel der Schalen gemessen. Der Vergleich zwischen den Ergebnissen von Rechnung und Versuch ergab, daß unter der Voraussetzung eines vollständigen Zugfeldes viel zu große Drillwinkel und zu hohe Spannungen in den Längsversteifungen und in den Spanten errechnet wurden. Setzte man dagegen ein unvollständiges Zugfeld voraus, so konnte man durch Wahl geeigneter Kenngrößen für das »Strecken« des Zugfeldes die Rechnungsergebnisse den Versuchsergebnissen weitgehend anpassen.

4. Wendet man die Berechnungsverfahren auch auf den Bereich des Bruchdrillmomentes an, so kann man das letztere aus Knickbiegeversuchen mit Teilschalen hinreichend genau vorausberechnen. Bei dünner Haut und kräftigen Versteifungen liefert die Rechnung für vollständiges Zugfeld ein hinreichend genaues Ergebnis. Bei dicker Haut und schwachen Versteifungen führt diese Rechnung zu einer Unterschätzung der Bruchdrillfestigkeit, so daß für eine genaue Rechnung ein unvollständiges Zugfeld vorausgesetzt werden muß.

5. Weitere theoretische Untersuchungen sind notwendig über die Beulfestigkeit der Haut an versteiften Kreiszylinderschalen bei Drillung, ferner über die nach dem Ausbeulen entstehende Knickfigur und das zugehörende Spannungsfeld, um die Annahmen der vorstehenden Berechnungen theoretisch zu prüfen.

6. Weitere Versuche sind notwendig, um den Vorgang des Streckens der Blechfelder von der ersten Beulenbildung an bis zur Bildung eines vollständigen Zugfeldes zu klären. Zur Berechnung der Bruchdrillmomente versteifter Kreiszylinderschalen sind außerdem Untersuchungen über die Knickbiegefestigkeiten der Versteifungsprofile bei verschiedenartigen Lastverhältnissen P_L/Q notwendig.

Bei den Arbeiten zum vorstehenden Bericht hat Herr Ing. *Freitag* die Durchführung der Spannungs- und Verformungsmessungen geleitet und mit wertvollen Anregungen zur Entwicklung des neuen Berechnungsverfahrens beigetragen. An den Auswertungen nahmen die Herren *Kromm*, *Rutz* und *Feller* teil.

Forschungsergebnisse auf dem Gebiet der Flugmotoren aus Veröffentlichungen des Jahres 1935/36

Von W. Kamm*)

Die Ergebnisse der Forschung des abgelaufenen Jahres, soweit sie in Veröffentlichungen behandelt sind, erstrecken sich auf das Gebiet der allgemeineren Motorenfragen und auf die Sondergebiete der Verbrennungsvorgänge, der Kraftstoffaufbereitung, der Höhenmotoren, der Lader und Abgasturbinen, der Kühlung, der Schwingungen, der Luftschrauben und der Kraftstoffe.

Allgemeine Motorenforschung

Auf dem Gebiet der allgemeinen Motorenforschung bezeichnete *Capon* (1)[1]), der die Entwicklung der Motoren als im wesentlichen abgeschlossen ansieht, kleines Leistungsgewicht und niedrigen Brennstoffverbrauch bei kleinstem Stirnwiderstand als die derzeit wichtigsten Entwicklungsziele und begründete die Leistungssteigerungen, die durch Verbesserung der Kolben, Lager, Ventile und des Verbrennungsraumes sowie durch höhere Klopffestigkeit der Brennstoffe erzielt wurden. Er stellte den Übergang zum Schiebermotor als notwendig in Aussicht und erwähnte die Vorteile der Benzineinspritzung und die dem Leichtbrennstoffmotor im Vergleich zum Dieselmotor wieder in erhöhtem Maße zugewandte Aufmerksamkeit der Entwicklung.

Auch in Berichten (2) über die NACA-Forschungstätigkeit findet die Erhöhung der Motorleistung durch Verbesserung der Kraftstoffeigenschaften, durch Verringerung des schädlichen Widerstandes und durch Verbesserung des Luftschraubenwirkungsgrades im Zusammenhang mit der verbesserten Verkleidung und der Kühlung der Motoren ihre Würdigung. Sie erwähnen die Grenzen der Leistung, die mit einfachen und doppelten Sternmotoren erreicht sind und berichten über den Vergleich der Benzineinspritzung in das Saugrohr und in die Zylinder, anerkennen aber weitere Untersuchungen über die Einspritzverfahren für Dieselmotoren als wichtiges Ziel.

Young (3) behandelt die Mittel zur Verbesserung des luftgekühlten Motors und erwähnt die Ergebnisse der Leistungssteigerung und Kraftstoffersparnis bei luftgekühlten Sternmotoren, wie sie erzielt sind durch günstige Motorbauweise und gut durchentwickelte Kühlung, durch Regelung des Kraftstoffgemisches, durch Verwendung von klopffesten Kraftstoffen mit 92 bis 100 Oktanzahl und durch Weiterentwicklung der Werkstoffe.

Ein Bericht (4) über die Fortschritte des Flugmotors des letzten Jahres in England erwähnt, daß die Vorteile, die sich bisher aus der Dieselmotor-

---

*) Dr.-Ing., Professor an der Technischen Hochschule Stuttgart, Direktor des Forschungsinstituts für Kraftfahrwesen und Fahrzeugmotoren.

[1]) Die in Klammer ( ) gesetzten Zahlen beziehen sich auf das Quellenverzeichnis am Ende der Arbeit.

entwicklung ergeben haben, auf den Vergasermotor durch Einführung der Benzineinspritzung übertragen worden sind, und daß die Vergasereinrichtung ihrerseits durch Vermeidung der Vereisung mittels kleiner selbsttätig geregelter Alkoholzusätze verbessert und die Gemischregelung mit dem Erfolg einer bis zu 30% gehenden Brennstoffersparnis durchgebildet worden ist.

Auf diese Fortschritte der selbsttätigen Regelung von Eintrittsluftdruck, Lufttemperatur im Vorverdichter, Öltemperatur und Gemisch weist auch *Nutt* (5) hin, der weiterhin die Einführung der dynamischen Drehschwingungsdämpfer an der Kurbelwelle erwähnt und für den Leistungsbereich unter 1000 PS die Vorherrschaft einreihiger, luftgekühlter Sternmotoren feststellt. Die Vorbereitung der weiteren Entwicklung erstreckt sich auf zweireihige Sternmotoren und auf die wassergekühlten Motoren, die für die höheren Leistungen erneut stark in Betracht gezogen werden.

Eine Rundfrage über die Aussichten des Dieselflugmotors (6) ergibt, daß diesem, der aus Sicherheitsgründen gerne gesehen werden würde, ein so hohes Leistungsgewicht eigen sei, daß seine Anwendung nur auf sehr langen Strecken vorteilhaft erscheint.

Demgegenüber sind aber die Leistungsgewichte der Junkers-Dieselflugmotoren zu erwähnen, die schon ganz im Bereich der Leistungsgewichte flüssigkeitsgekühlter Vergasermotoren liegen. Die Hindernisse, die dem Dieselflugmotor im Wege stehen, sind nicht allein sein Gewicht, sondern seine noch etwas größeren äußeren Abmessungen und Bauformen, die einen Einbau mit kleinstem Stirnwiderstand noch nicht ermöglichen, sowie der Umstand, daß die Entwicklung der Dieselflugmotoren als eine beginnende angesehen werden muß und daher die Entwicklungsreife des Vergaserflugmotors von ihm bei weitem nicht erreicht ist.

Den gegenwärtigen Stand des Flugmotorenbaus kennzeichnet *Goßlau* (7) in dem Sinn, daß Neigung zur Zunahme der luftgekühlten Stern- und Reihenmotoren bestehe. Er vergleicht die Kühlverfahren und die Zylinderanordnungen hinsichtlich der Kühlverlustleistung und der Widerstandsfläche, erwähnt auch seinerseits die durch die Verbesserung der Treib- und Schmierstoffe, insbesondere der ersteren durch Bleizusatz, erzielten Fortschritte und erörtert das Verwendungsgebiet des Dieselflugmotors im Langstreckenflug. Er würdigt auch die Vorteile der verstellbaren Luftschrauben und stellt die Neigung der Entwicklung zur Verwendung großer Zylinderzahlen bei kleinen Zylinderabmessungen fest. Er erwähnt das Wiedererscheinen des Schiebermotors und behandelt den Stand der Entwicklung der Auflader für den Höhenflug und der Motorregelung, wobei er die motorische Selbstreglung durch Zusammenwirken von Verstellschraube, Drehzahl- und Ladedruckregler erörtert. Er schließt mit einem Ausblick auf den Stratosphärenflug.

Als Ergebnis dieser Ausführungen über die allgemeine Flugmotorenentwicklung und ihre Begründung durch die Forschung kann entnommen werden, daß der Leichtbrennstoffmotor, insbesondere in seiner neueren Ausbildung als Einspritzmotor, gegenüber dem Schwerölmotor wesentlich im Vordergrund steht, die Entwicklung des letzteren noch langer Arbeit zur Erzielung einer gewissen Reife bedarf, daß in den Motorbauformen bei Leistungen, die mit 800 bis 1000 PS Höchstleistung begrenzt sind, der einfache, schnell und billig zu bauende 9 Zylinder-Sternmotor überwiegt, in dem Gebiet der Leistungen von 1200 bis 1400 PS Höchstleistung der Doppelsternmotor sich in der Reifung befindet und für darüber hinausgehende Leistungsgrößen neue Bauformen in der Vorbereitung sind, die zu einem wesentlichen Teil auf der Anwendung der Flüssigkeitskühlung beruhen.

Verbrennungsvorgänge

Auf dem Gebiet der Verbrennungsvorgänge äußern sich *Rothrock* und *Waldron* (8) über die Flammenbildung im Dieselmotor an Hand von Filmaufnahmen des Brennraums mit einer Bildhäufigkeit von 2500 in 1 s und unter Aufnahme des Zeitdruckverlaufes mit einem optischen Gerät. Die Bilder zeigen eine gewisse Schichtung der Zylinderladung bei mäßiger Luftbewegung, sie ergeben, daß der Anfangspunkt der Verbrennung in seiner Lage im Kraftstoffstrahl durch das Luft-Kraftstoff-Verhältnis nicht beeinflußt wird, daß die Diffusion der Gase nur gering und daher die Bildung einer guten Mischung von Luft-Brennstoff im Brennraum schwierig ist.

Retel (9) behandelt die Möglichkeiten der Beeinflussung des Verbrennungsvorgangs im Dieselmotor und stellt die Verringerung des Zündverzugs durch hohe Verdichtung und in geringem Maß durch Steigerung der Drehzahl fest, sowie die kleinen Änderungen des Zündverzugs mit der Voreinspritzung und der Pumpen- und Düsenart. Er bezeichnet unter Erörterung des Zusammenhangs zwischen Entzündung und Tropfendurchmesser die Verbesserung der Zerstäubung als notwendig und erwähnt den Einfluß der Voreinspritzung und des Zündverzugs auf die Detonationserscheinungen.

Rabezzona und *Kalmar* (10) erörtern die Abhängigkeit der Vorgänge im Brennraum von dessen Gestalt, von der Lage der Zündkerze, vom Gemischverhältnis, vom Wärmeaustausch zwischen Gas- und Zylinderwand und vom Zündzeitpunkt. Sie stellen fest, daß doppelte Zündung bei magerem Gemisch von Vorteil ist.

Lure (11) behandelt die Vorgänge bei der Explosion im Zusammenhang mit Verbrennungsversuchen in einer kugel- und zylinderförmigen Bombe. Er untersucht den Einfluß der Form des Brennraums sowie des Verhältnisses zwischen Oberfläche und Inhalt auf den Verlauf des Druckes in Abhängigkeit von der Zeit. Die Versuche mit 6 Kohlenwasserstoffen zeigen eine Abhängigkeit der Höchstdrücke und der zum Erreichen dieser Höchstdrücke notwendigen Zeit vom Mischungsverhältnis. Lichtbildaufnahmen des Verbrennungsverlaufes und die Feststellung des Erreichens des Höchstdruckes vor dem Auftreffen der Verbrennungsfront auf die Gefäßwandung deuten auf Wärmeverluste während der Verbrennung hin und stützen die Annahme einer Nachverbrennung.

Alcock (12) untersucht, davon ausgehend, daß die Luftwirbelung der Ladung ein bekanntes Mittel für die Brennstoffmischung im Dieselzylinder ist, die Drehbewegung der Luft mit Wirbelmessern und findet, daß es für jede Verbrennungskammer einen Höchstwert für die Wirbelung oder einen Höchstwert für das Verhältnis der Umdrehungen der Ladung zu den Umdrehungen des Motors je Minute gibt, bei dem der beste Betriebszustand des Motors erzielt wird. In den meisten Fällen ist das Wirbelverhältnis über einem großen Drehzahlbereich angenähert gleich. Die bedeutendste Wirkung der Wirbelbildung ist, daß sie den Kraftstoffstrahl zerreißt, in feinen Teilen mit dem Brenngas fortbewegt und den schweren Teilen des Brennstoffs den Zutritt frischer Luft für die Verbrennung vermittelt.

Brennstoffaufbereitung und Vergaser

Auf dem Gebiet der Brennstoffaufbereitung und der Vergaser behandelt *Preuß* (13) die Entwicklungsrichtungen im Vergaserbau in einer Übersicht über die neueren Vergaser für leicht flüchtige Kraftstoffe und behandelt den Gütegrad der Zerstäubung und des Gleichhaltens des Mischungsverhältnisses. Er beschreibt Vergaser mit Beschleunigungspumpen, Vergaser für Auflademotoren mit selbsttätiger Regelung des Gemischverhältnisses und schwimmerlose Vergaser für den Kunstflug.

Hase (14) untersucht den Durchfluß von Kraftstoffen durch Düsen im Vergaser mit dem Ergebnis, daß die durchfließende Kraftstoffmenge nicht nur vom Unterdruck, sondern auch vom spezifischen Gewicht des Kraftstoffes abhängt. Je niedriger letzteres ist, um so größer ist die Durchflußmenge. Er gibt Wege zur Beeinflussung der entstehenden Fehler an.

Über die Eisbildung in Vergasern äußert sich *Clothier* (15), der als Mittel zur Vermeidung der Vereisungsgefahr die Anwendung von Alkohol, die Vergaserheizung und die Luftvorwärmung behandelt und aus der Erörterung der Nachteile, die die Luftvorwärmung hinsichtlich des Leistungsverlustes und die Vergaserheizung in baulicher Hinsicht besitzt, auf die Anwendung von Alkohol als das sicherste und einfachste Mittel schließt. Der Alkohol wird bei Vereisungserscheinungen dem Brennstoff selbsttätig dadurch zugesetzt, daß das durch die Verengung der vereisten Luftdüse auftretende Druckgefälle ein Membranventil steuert, das den Zufluß von Alkohol zum Brennstoff regelt.

Ein düsenloser Vergaser (16) wird beschrieben, dem die Vorteile der Einfachheit guter Brennstoffverteilung und selbsttätiger Gemischregelung nachgerühmt werden. Der Brennstoff strömt durch ein Nadelventil, wird dann von einem Luftstrahl zerrissen und durch einen Ringraum gepreßt, der den engsten Teil des Gemischrohres bildet. Dort tritt der Hauptluftstrom hinzu, der durch einen durch den Ansaug-Unterdruck des Motors bewegten Kegel geregelt wird.

Bei einem anderen Vergaser (17) wird Luftregelung mittels doppelter Luftdüse in der Form angewandt, daß bei hohen Luftgeschwindigkeiten durch Schließbleche verschlossene seitliche Öffnungen selbsttätig freigegeben werden derart, daß die Luftgeschwindigkeit nicht weiter ansteigt. Eine Doppelbrennstoffdüse regelt die Brennstoffzufuhr mit der Drehzahl und Belastung und eine Zusatzdüse sorgt für Gemischanreicherung bei hoher Leistung.

Ein für Kunstflug- und Jagd-Flugzeuge entwickelter Zenith-Vergaser (18) besteht im wesentlichen aus drei Teilen: dem Druckregler, der an Stelle des Schwimmers tritt, einem selbsttätigen Ventil und der Vergaserdüse, die veränderlich ist und mit der Drosselklappe durch Nocken gesteuert wird. Die Vereisungs- und Brandgefahr sollen damit verringert sein. Für Höhenflug ist eine Korrektorvorrichtung vorgesehen.

Regelung

Auf dem Gebiet der Flugmotorenregelung betonen *Knott* und *Beardsley* (19) die Notwendigkeit, den Flugzeugführer, insbesondere bei Höhenflug, von Bedienungsmaßnahmen zu entlasten und die Gemischzusammensetzung nicht seinem Gutdünken zu überlassen, sondern durch selbsttätig arbeitende Vorrichtungen die sicheren Temperaturen des Motors bei sparsamster Einstellung zu gewährleisten. Sie beschreiben den Ladedruckregler, den Hobson-Penn-Gemischregler und die Pratt und Wittney-Leistungs- und Gemischregelung.

Brennstoffeinspritzung

Über Versuche mit Brennstoffeinspritzung bei Flugmotoren berichtet *Campbell* (20), der eine beträchtliche Wirkungsgradsteigerung nach Ersetzen der gewöhnlichen Vergaser durch Brennstoffeinspritzpumpen erzielte. Die Höhe des Verbrauches an sich ist durch das angesaugte vergrößerte Luftvolumen bedingt, das sich durch die Verkleinerung der Strömungswiderstände in der Ansaugleitung ergibt.

Höhenmotoren

Auf dem Gebiet der Höhenmotoren liegen bemerkenswerte Ausführungen vor, so beispielsweise von *Ricardo* (21) über Thermodynamik und Gemischbildung beim Höhenmotor. Er äußert sich über die voraussichtliche Entwicklungsrichtung des Höhenflugmotors innerhalb der nächsten 5 Jahre unter Annahme einer Betriebshöhe von 12000 m. Die Aufrechterhaltung eines Druckes von 500 mm QS für die Motoraufladung und auch für das Kabineninnere reicht aus. Die Benzineinspritzung in Verbindung mit dem Schiebermotor ist die aussichtsreichste Lösung der Höhenflugaufgabe. Als Verdichter eignet sich eine zweistufige Anlage, deren erste Stufe ein Kreiselverdichter mit Abgasturbine, die zweite Stufe ein Verdrängergebläse mit Zahnradantrieb ist. Die Zwischenkühlung soll in der Doppelwandung der Kabine vorgenommen werden. Für den Motor ist Flüssigkeitskühlung notwendig, die Anwendung zweier Kraftstoffarten zweckmäßig, eines Kraftstoffes mit hoher Klopffestigkeit für den Steigflug und eines einfachen Kraftstoffes für den Dauerflug in der Höhe. Die Anwendung der Verstellschraube ist notwendig.

Auch *Anastasi* (22) empfiehlt in seinen Ausführungen über Höhenflugmotoren, über Leistungssteigerung und Kühlung die Anwendung der Überbemessung der Motoren mit Aufladung unter Bewerkstelligung der letzteren durch den Staudruck und durch ein mehrstufiges Gebläse. Der Antrieb des Gebläses soll in der ersten Stufe vom Motor aus durch Zahnräder erfolgen und in größeren Höhen mit Abgasturbine. Die Untersuchung der Kühlverhältnisse ergibt die Untauglichkeit der Luftkühlung in größeren Höhen. Der Flächenkühlung an Flügel und Rumpf werden gute Aussichten zugeschrieben und auch die Notwendigkeit des Verstellpropellers wird erwähnt.

Für Höhenmotoren empfiehlt *Waseige* (23) die Verwendung vieler Zylinder mit kleiner Bohrung und die Anwendung hoher Drehzahl sowie die Verwendung von Schleudergebläsen zur Aufladung unter elastischem Antrieb vom Motor und Zwischenschaltung einer Rutschkupplung. Für größere Höhen befürwortet er mehrere Geschwindigkeitsstufen mit mechanischer oder hydraulischer Schaltung. Die Vergaser- und Verdichteranordnung ist dabei abhängig von den Überladeverhältnissen und der Motorbauart.

Die im Zusammenhang mit Stratosphärenflügen stehenden technischen Aufgaben behandeln *Sullivan* und *Carter* (24) unter Forderung des Vorverdichters mit Abgasantrieb. Die Verwendungsmöglichkeit des Dampfantriebs wird erörtert, ebenso der Raketenantrieb. Auch hier wird die luftdichte Kabine mit Aufladung verlangt und festgestellt, daß der Widerstand des Flugzeuges auf das Mindestmaß beschränkt werden muß unter Anwendung der Verstellschraube und der Verdampfungskühlung.

Lader und Abgasturbinen

Auf dem Gebiet der Lader und Abgasturbinen behandelt *Pierre Léglise* (25) Turboverdichter und Abgasturbine und erörtert als Hauptschwierigkeit für die Turbine die begrenzte Werkstoffestigkeit des Laufrads mit der Schlußfolgerung, daß durch Kühlvorrichtungen für Laufrad und Gehäuse die Möglichkeit der Verwendung der heutigen Werkstoffe geschaffen werden muß.

Über Roots-Gebläse finden sich Ausführungen (26), die als deren Vorteile die Betriebssicherheit, das kleine Gewicht, den geringen Raumbedarf, den hohen Gesamtwirkungsgrad und die billige Herstellung anführen, als Nachteile die unzureichende Förderung bei niederen Drehzahlen und die Spaltverluste. Als zweckmäßige Höhe wird 6000 m angegeben und als erreichbarer volumetrischer Wirkungsgrad 80%. Der adiabetische Wirkungsgrad ist dem des Kreiselladers überlegen.

Eine besondere Art eines Umlaufverdichters wird beschrieben (27), der aus zwei sich schneidenden zylindrischen, wassergekühlten Räumen besteht, in welchen zwei mit nasenförmigen Ansätzen versehene Läufer entgegengesetzt sich drehen. Der Verdichter erfordert keine innere Schmierung und hat geringen Verschleiß. Als volumetrischer Wirkungsgrad wird bei 2 at Lieferdruck 90% angegeben.

Für Drehkolbenverdichter gibt *Venediger* (28) an, daß nach Versuchen ein wirtschaftlicher Betrieb nur in engem Drehzahlbereich möglich ist und der isothermische Wirkungsgrad bei 2000 U/min höchstens 46% beträgt.

In beschreibenden Ausführungen (29) werden die Ladegebläse von Delage, Farman, Gnome-Rhône, Hispano-Suiza, Potez, Renault und Salmson behandelt.

Weitere Ausführungen (30) beziehen sich auf ein Schaufelgebläse von *H. Kratzer*, das große Raumverdrängung und wenig Einzelteile, die der Reibung unterworfen sind, aufweist. Es besteht aus einem dreischaufeligen Läufer in einem Gehäuse. Die Schaufeln führen ungleichmäßige Bewegungen aus und unterliegen beim Fördern Beschleunigungen.

Ein Kreiselverdichter (31) mit ungleichmäßiger Bewegung der Flügel wird beschrieben, der einen guten volumetrischen Wirkungsgrad besitzt.

Über den zweistufigen Lader von *Farman* (32) wird ausgeführt, daß er geringere Geschwindigkeiten benötige als ein einstufiger Lader mit gleicher Leistung. Er läuft bis 4300 m einstufig, von 4300 bis 9000 m Höhe wird mittels Reibungskupplung die zweite Stufe zugeschaltet. Der Vergaser befindet sich in der Auslaßleitung des Verdichters.

Der Überlader im Rolls Royce-Motor Kestrel (33) wird als einstufiges Gebläse mit 22 000 U/min beschrieben. Der Antrieb des Flügelradritzels erfolgt über drei Zahnräder, die mit Fliehkraftkupplung ausgerüstet sind. Die Höhe, für die das Gebläse gebaut ist, beträgt 4000 m.

Léglise (34) beschreibt die Rateau-Abgasturbine beim Potez-Motor. Die Gebläseanlage steht senkrecht auf Mitte Motor und besteht aus der Abgasturbine und dem Turbolader. Die Turbine wird mit Druck von etwa 2 at unter periodischer Beaufschlagung gespeist, wofür eine besondere Entnahmeventilsteuerung am Motor notwendig ist. Das Gebläse ist unmittelbar mit der Turbine gekuppelt.

Kühlung

Auf dem Gebiet der Kühlung erstrecken sich die Bestrebungen im allgemeinen auf die Verminderung des Kühlungswiderstandes.

So wird auch die Entwicklung der Verdampfungskühlung System *Fairly* (35) damit begründet, daß der Kühlerwiderstand bei dieser Kühlungsart verringert ist. Wasser und Dampf werden vom Kühlmantel zu einer Schleuder geführt und getrennt. Das Wasser geht zum Kühlmantel zurück, der Dampf strömt in mehrere Niederschlagsräume, die an der Ober- und Unterfläche des Flügels liegen. Das Kondensat wird in einen Sammler gepumpt und zur Kühlung wieder verwendet.

Graham Forsyth (36) befaßt sich mit der Flüssigkeitskühlung, deren Vorteil er in der leichteren thermischen Beherrschung des Motors bei hohem Verdichtungsgrad und in der Anwendungsmöglichkeit höherer Drehzahlen (was allerdings mit der Bauart des Motors zusammenhängt) und damit besserer Hubraumleistung und kleiner Stirnfläche sieht. Er erwähnt, daß selten noch reine Wasserkühlung angewandt wird, und daß die Verdampfungskühlung mit Glykol als Kühlmittel die Kühlfläche auf $\frac{1}{3}$ vermindert. Beschuß des Kondensators ergab nur geringen Dampfverlust.

Thiemann (37) gibt als Grund für die konstruktiven Schwierigkeiten der Luftkühlung an, daß sich die Luft leichter als die Flüssigkeit von den Wandungen ablöse und erwähnt die bekannten Mittel der Verbesserung der Luftführung durch Blechmäntel, deren Wirksamkeit er mit 50% ansetzt. Zur Erzielung bester Kühlung werden Stahlzylinder mit Aluminiumrippen empfohlen und die Anwendung dünner, hoher Rippen, deren Teilung mit steigender Luftgeschwindigkeit kleiner werden kann.

Über Untersuchungen des Einflusses der Kühlwassertemperatur auf die Motorleistung in einem Curtis D 12-Motor am Höhenprüfstand berichten *Garlock* und *Ellis* (38) mit dem Ergebnis, daß die Reibung mit steigender Kühlwassertemperatur sinkt, die Bremsleistung unterhalb 2700 m Höhe mit steigender Kühlwassertemperatur sinkt und oberhalb dieser Höhe steigt. Der spezifische Brennstoffverbrauch fällt allgemein mit der Kühlwassertemperatur.

Über Meßergebnisse zur Frage der Ummantelung der Zylinder bei Luftkühlung innerhalb des Townendringes berichtet *Hartshorn* (39) mit dem Ergebnis, daß bei bestimmter Wärmeableitung die Anordnung von rückwärtigen Leitblechen im Townendring beinahe den halben Wert des Leistungsaufwandes gegenüber freien Zylindern im Townendring ergibt, und daß vollständige Ummantelung noch günstigere Ergebnisse liefert.

Smith (40) untersucht bei Wasserkühlung die Beeinflussung der Temperaturen der Mantel- und Zylinderwand sowie des Kühlers durch Kesselsteinansätze mit dem Ergebnis, daß 1,5 mm Kesselsteindicke zu einer Temperaturerhöhung von 182° C auf 282° C führe und den Korrosionsangriff besonders bei Aluminiumteilen erhöhe. Zur Verhütung des Kesselsteinansatzes durch Ablagerung gibt er chemische Mittel oder vorheriges Kochen mit bindenden Stoffen, z. B. Gelatine, an.

Zur Frage der besten Ausbildung eines Flüssigkeitskühlers berichtet *Worth* (41) über Untersuchungen an verschiedenen Kühlern, die ergeben, daß von den Kühlern gleicher Kühlleistung nicht der mit kleinster Stirnfläche die geringste Verlustleistung hat, weil er großen Durchgangswiderstand besitzt, sondern ein größerer Kühler mit kleinerer Luftgeschwindigkeit, bei dem die Summe aus äußerem Widerstandsverlust, Durchgangsverlust und Auftriebsverlust einen Mindestwert beträgt.

Zur Motorkühlung bei Höhenflugmotoren berichtet *Rougeron* (42) über Untersuchungen der Eignung der Flüssigkeits-, Dampf- und Luftkühlung. Er lehnt diese Verfahren in der üblichen Form für den Stratosphärenflug ab. Bei Verdoppelung der Geschwindigkeit nimmt nach seinen Untersuchungen der Wärmeübergang um 62% zu, der Widerstand um 280%. Für jedes Flugzeug muß daher die günstigste Kühlluftgeschwindigkeit ermittelt werden. Er empfiehlt eine Vergrößerung der Kühler und eine Verbindung von Wasser- und Luftkühlung sowie eine Aufteilung der Kühlerfläche und eine Unterteilung der Kühlluftöffnungen, da die Strömungsstörungen schneller wachsen als der Querschnitt. Er empfiehlt die Ausbildung besonderer Kühlerverkleidungen sowie die Anwendung kleiner Luftmengen und hoher Temperaturen für die Erzielung der Kühlung.

Schwingungen

Auf dem Gebiet der Schwingungen befaßt sich *Lürenbaum* (43) mit den mit dem Triebwerk zusammenhängenden Flugzeugschwingungen und erwähnt die möglichen Maßnahmen zur Bekämpfung. Die heutigen Flugmotoren sind trotz theoretisch guten Massenausgleichs und hohen Gleichgangs nicht schwingungs- und erschütterungsfrei. Es ereignen sich noch Kurbelwellen- und Propellerschwingungsbrüche, Dauerbrüche am Flugzeug und Zerstörungen der Bordgeräte. Die Wirkung des inneren Massenausgleichs des Motors läßt sich durch größere Formsteifigkeit des Gehäuses verbessern, eine Verbesserung der Schwingungen durch Verstimmung der Schwingungssysteme. Er erwähnt den Einbau von sehr steifen Kurbelwellen bei neueren Motoren und die noch wirksamere Möglichkeit der Einschaltung einer entsprechend weichen Kupplung zwischen Kurbelwelle und Luftschraube. Er verlangt die das ganze Triebwerk gegen das Flugzeug abfedernde weiche Aufhängung, die im wichtigsten Drehzahlbereich niedrige Beanspruchungen bei zulässigen Schwingungsausschlägen ermöglicht.

Über die Luftschrauben-Biegeschwingungen äußert sich *Liebers* (44) in dem Sinne, daß das Schwingungsverhalten der laufenden Luftschraube nicht einheitlich beurteilt wird und insbesondere die Rechnungsergebnisse für die Bestimmung der Frequenz der Oberschwingungen bei Berücksichtigung der Fliehkräfte auseinandergehen.

Über die Schwingungen an Motorvorbauten äußert sich *von Schlippe* (45) und stellt fest, daß reine Dreh- und Biegeschwingungen an räumlichen Maschinenfundamenten, also auch an Flugzeugmotor-Vorbauten nicht auftreten. Die Schwingungen sind stets Pendelschwingungen um eine Achse nach 6 Freiheitsgraden; die meistens symmetrische Anordnung vereinfacht aber die Behandlung des Problems.

Taylor (46) beschreibt als Drehschwingungsdämpfer an Kurbelwellen die neue Anordnung der pendelnd an der Welle angebrachten Masse, die ein ausgleichendes Drehmoment ausübt. Ihre Vorteile sind geringes Gewicht, einfache Anordnung, Abhängigkeit der Arbeitsweise nur von den wirkenden Drehimpulsen (also nicht von der Steifigkeit der Welle und den Trägheitsmomenten) und von der Art und dem Antrieb der Luftschraube. Aufgenommene Torsiogramme zeigen die erzielte Schwingungsfreiheit.

Über die Drehschwingungsdämpfung im Luftschraubenantrieb äußert sich *Carter* (47), der die erzwungenen Drehschwingungen eines einfachen Motorsystems mit Federnabe und Dämpfung durch flüssige oder trockene Reibung berechnet und das bei Anwendung von trockenen Reibungsdämpfern nötige Rutschdrehmoment mit 80 bis 100% des Größwertes der ersten Oberschwingung ermittelt.

Zusammenhang der Luftschraube mit dem Flugmotor

Über den Zusammenhang der Luftschraube mit dem Flugmotor liegen verschiedene Berichte vor, so von *Hartmann* (48) über die Fräge der Verstellschrauben. Er weist nach, daß die Wirkung der Verstellschraube, die eine Reihe von festen Luftschrauben ersetzt, aus den für die feste Schraube bekannten Werten bestimmt werden kann, und daß ihre Vorteile nicht allein in der Erhöhung des Wirkungsgrades, sondern im wesentlichen darin liegen, daß der Motor mit dem Höchstdrehmoment und der Höchstdrehzahl unter allen Betriebsverhältnissen laufen kann. Die Verstellschraube ist daher von besonderem Vorteil bei der Verwendung von Untersetzungsgetrieben und Überlademotoren.

Mit ähnlichen Fragen befassen sich *Walker* und *Clarkson* (49), die die Vorteile der Verstellschraube damit kennzeichnen, daß sie eine bessere Schubwirkung, insbesondere beim Steigflug, ergibt, wodurch Schnellflugzeuge größere Lasten tragen können. Mit Hilfe einer Verstellschraube lasse sich die beförderte Last um 58%, oder bei derselben Last die Geschwindigkeit um 30% erhöhen.

Mehr nach der Luftschraubenseite hin gehen die Untersuchungen von *Douglas* (50), die ausführen, daß hohe Fortschrittsgeschwindigkeiten von Luftschrauben nicht eine Zunahme der Umfangsgeschwindigkeiten bedingen, welche bei mäßigen Werten gute Wirkungsgrade ergeben. Dagegen fordert der Höhenflug hohe Umfangsgeschwindigkeiten. Die Lärmwirkung begrenzt die Umfangsgeschwindigkeit auf etwa $^3/_4$ der Schallgeschwindigkeit. *Douglas* (51) gibt Änderungen des Schubes in Abhängigkeit von der Umfangsgeschwindigkeit an.

In einem Aufsatz über Verstellschrauben (52) wird die Forderung nach diesen in Zusammenhang mit dem Schnellflug und der Verwendung der Getriebemotoren gebracht, wobei zur Entlastung des Führers selbsttätige Verstellung angestrebt werden soll. Doch liegen noch Schwierigkeiten mit der Zuführung des für die Betätigung nötigen Drucköles zur Nabe vor.

Über die Luftschraubenbremsen äußert sich *Quick* (53) in dem Sinne, daß es beim Ansetzen zur Landung von Vorteil ist, wenn nach Drosselung der Motoren die Schrauben gebremst werden können, damit die den Auftrieb störende Turbulenz der in Umlauf bleibenden Schrauben in ihrer Wirkung auf den beim Landen ohnehin kleinen Auftrieb vermindert werden kann, was die Erreichung einer niedrigen Landegeschwindigkeit erleichtert. Weiter wird ausgeführt, daß die Schwingungen, die bei Umlauf des Propellers ohne Zündung entstehen, vermieden werden und bei Motorschäden zur Vermeidung von Zerstörungen die Schraube sofort abgebremst werden kann.

Lampton (54) hat aus Untersuchungen am Lycoming-Smith-Verstellpropeller Resonanzschwingungen festgestellt, die als Biegeschwingungen hervorgerufen werden durch die Motor-Drehkräfte, als Drehschwingungen durch Änderungen der Winkelgeschwindigkeit und durch die Eigenschwingungsfrequenz der Motoraufhängung. Als weitere Einflüsse auf die Verstellschraube nennt er Änderungen des Schraubenstrahls, Biegung und Torsion der Kurbelwellen und Biegung der Propellerwelle.

Kraftstoffe

Auf dem Gebiet der Kraftstoffe behandeln *Evans*, *Dodds*, *Garner* (55) die Bestrebungen, bei Flugzeug-Kraftstoffen höhere Oktanzahlen zu erreichen und erwähnen, daß Kraftstoffe mit Oktanzahlen bis 100 bereits hergestellt sind und die Erweiterung der Oktanskala über 100 hinaus beabsichtigt sei.

Klein (56) gibt zahlenmäßig die Erhöhung der Leistung der Flugmotoren mit gesteigerten Oktanwerten an. Bei Verwendung von Brennstoffen mit Oktanzahl 93 konnte eine Zunahme der Leistung um 33% gegenüber der Leistung mit Kraftstoffen von 50 Oktan festgestellt werden. Eine weitere

Erhöhung der Oktanzahl von 92 bis 100 bedeute einen erneuten Leistungsgewinn von 20 bis 30%.

Evans, *Dodds* und *Garner* (57) beschäftigen sich weiterhin mit dem Wesen der Oktanzahl und stellen deren Abhängigkeit von der Motorbauart und der Betriebsart fest. Auch erörtern sie die Nachteile der bisherigen Druckanstiegsmessung. Zur besseren Feststellung der Klopffestigkeit wird eine Druckskala für die Oktanwerte 85 bis 100 und ihre Ausdehnung auf höhere Klopffestigkeit als die des Iso-Oktan vorgeschlagen.

Beschlüsse der I.A.T.A. (58) befassen sich mit den internationalen Vorschriften über Brennstoffe, die auf den Flugplätzen zur Verfügung stehen müssen. Sie erstrecken sich auf die Oktanzahl, auf besondere Vorschriften für Aethylbenzin, z. B. bezüglich des Gummigehaltes und des Gefrierpunktes, der unter — 50° C liegen soll.

Über die Bedeutung der Brennstoffflüchtigkeit für die Motorleistung berichten *Eisinger* und *Barnard* (59), deren Untersuchungen ergeben, daß für eine Temperaturerniedrigung um etwa 30° C in der Gemischleitung eine Leistungserhöhung um 15 bis 20% erzielt wird. Sie behandeln die Möglichkeit der Leistungserhöhung durch Ausnützung höherer Brennstoffflüchtigkeit.

Prevost (60) behandelt die Anforderungen des Konstrukteurs an die Kraftstoffe, der gleichbleibenden Wärmeinhalt, ausreichende Klopffestigkeit, Eignung der Brennstoffe für leichtes Anlassen (10% Verdunstungspunkt) verlangt. Die Beschleunigungs- und Drosselungsmöglichkeit hänge von der Verdunstungsfähigkeit ab, Alkohol wirke erschwerend. Weiter wird der Vorgang der Dampfbildung in der Kraftstoffleitung, die Eignung der Brennstoffe für vollkommene Verbrennung, die Stetigkeit der Kraftstoffe und die Verwendung von Alkohol behandelt.

In seinen Ausführungen über die Fortschritte des Verbrennungsmotors und seiner Kraftstoffe berichtet *Ricardo* (61), daß neuerdings Kraftstoffe mit 95 Oktan zur Verfügung stehen, die keinen höheren Bleizusatz aufweisen als die bisherigen Kraftstoffe mit 87 Oktan, so daß bei dieser erhöhten Klopffestigkeit keine größere Korrosionsgefahr vorliegt. Die Erhöhung der Oktanzahl ermöglicht eine weitere Steigerung des Verdichtungsverhältnisses, wodurch Leistungsgewinn und Kraftstoffersparnisse ermöglicht werden. Die Höchstdrücke steigen aber, wodurch sich das Motorgewicht vergrößert. Vorteilhafter ist es, den Vorzug höherer Oktanzahl statt durch Erhöhung des Verdichtungsverhältnisses durch verstärkte Überladung auszunutzen und dabei abgasgetriebene Lader, verbunden mit Spülung des Brennraums und mit Brennstoffeinspritzung zu verwenden. Auch bei Dieselmotoren wirkt eine weitere Erhöhung der Verdichtungsverhältnisse nicht vorteilhaft. Durch wärmeisolierenden Einsatz im Brennraum und durch Verwendung von Kraftstoffen mit hoher Cetenzahl läßt sich der Zündverzug herabsetzen und dadurch günstige Verbrennung und weicher Gang erzielen.

Mit den Möglichkeiten der Verringerung des Kraftstoffverbrauchs bei Zünder-Flugmotoren befassen sich *Löhner* und *Helmbold* (62) in besonderer Würdigung der Bedeutung kleinsten Kraftstoffverbrauchs für Reichweite und Wirtschaftlichkeit auf lange Strecken. Mittel zur Verringerung des Verbrauchs sind die Gemischregelung, die Anwendung eines so großen Luftüberschusses, daß gerade noch Klopfen und zu hohe Temperaturen vermieden werden, eines hohen Verdichtungsverhältnisses und die Verwendung von klopffesteren Kraftstoffen beim Start und Steigflug.

Auf dem Gebiet der Dieselölforschung wird im Hinblick auf die mit der Erhöhung der Drehzahl der Dieselmaschine auftretende größere Empfindlichkeit gegenüber den Kraftstoffen über zwei Versuchsverfahren berichtet (63), von denen das eine sich auf die Feststellung des kritischen Verdichtungsverhältnisses und das andere auf die der Zündverzögerung erstreckt.

Zu dem Versuch der Kennzeichnung der Dieselöle hinsichtlich ihrer Zündungseigenschaften berichtet *Mac Gregor* (64) über Versuche im CFR-Motor, bei denen die kritische Verdichtung bzw. der kritische Verdichtungsdruck als Maßstab der Zündfähigkeit diente. Er wurde in Zusammenhang mit der Cetenzahl gebracht.

Mit der Cetenzahl befaßt sich auch *Thiemann* (65), der für schnelllaufende Dieselmotoren eine Zündwilligkeit entsprechend der Cetenzahl 50 bis 55 verlangt. Die besten Dieselöle haben höchstens 60 Ceten, woraus gefolgert wird, daß der Dieselmotor eine schmälere Kraftstoffgrundlage hat als der Vergasermotor.

Mit den Verfahren der Klopffestigkeitsmessungen für Flugmotorenkraftstoffe befaßt sich *Baß* (66), der über Änderungen der Zylindertemperatur bei Änderungen von Gemisch, Oktanzahl, Gemischeintrittstemperatur, Zündeinstellung berichtet, sowie über den Einfluß der Kraftstoffsiedepunkte und über die Eigenschaften des Iso-Oktan.

Zusammenfassung

Die vorstehende Zusammenstellung der wesentlichen Ergebnisse aus den Veröffentlichungen über Flugmotorenforschung und -entwicklung des Jahres 1935 und 1936 zeigt, daß die im Gang befindlichen Arbeiten auf dem Gebiet von großer Mannigfaltigkeit sind und sich insbesondere auf die Gewinnung von Gestaltungsgrundlagen für die weitere allgemeine Ausbildung der Flugmotoren zu größeren Leistungen und größerer Betriebssicherheit erstrecken sowie auf die Verbesserung der Vorgänge im Motor, insbesondere der Verbrennung, und auf die Vervollkommnung der wesentlichen Bauteile zur Erzielung sicherer, hoher Leistungen und guter Höhenleistungen.

Einen breiten Raum nehmen dabei die in der letzten Zeit erzielten Fortschritte in der Erhöhung der Klopffestigkeit der Brennstoffe und die damit gleichgehende Erhöhung der Leistungsausnützung der Motoren ein, sowie die Vorarbeiten für die Anpassung der Vorverdichtungseinrichtungen und der Kühlungsanlagen an die kommenden Aufgaben des Höhenflugzeugs.

Ein Ausschnitt aus den Veröffentlichungen eines Jahres liefert natürlich keinen vollständigen Überblick über die im Gang befindlichen Forschungs- und Entwicklungsarbeiten. Manche in der Übersicht nicht zur

Sprache gekommenen Aufgaben und Arbeiten sind Gegenstand der laufenden Behandlung, so daß der Umfang der auf dem Flugmotorengebiet geleisteten und weiterhin zu leistenden Arbeiten nur angenähert abgeschätzt werden kann.

Quellenverzeichnis

(1) *R. S. Capon*, Luftwissen, Sonderheft Dez. 1935 S. 28.
(2) NACA-Bericht, Luftwissen Bd. 3 (1936) Nr. 4 S. 101.
(3) *R. W. Young*, J. Soc. Automot. Engr. Bd. 38 (1936) Nr. 6 S. 234.
(4) Fortschritte d. Flugmotors i. England. Engr. 1936, Januar.
(5) *A. Nutt*, J. Aeron. Sci. Bd. 3 (1936) Nr. 4 S. 137.
(6) Aussichten für Dieselflugmotoren. Flight Bd. 28 (1935) Nr. 1388 S. 132.
(7) *F. Goßlau*, Z. VDI Bd. 79 (1935) Nr. 19 S. 569.
(8) *A. M. Rothrock* u. *C. D. Waldron*, NACA-Rep. Nr. 545 (1935).
(9) *R. Retel*, S I A 35/8.
(10) *H. Rabezzana* u. *St. Kalmar*, Automot. Ind. Vol. 72 (1935) Nr. 9 S. 324.
(11) *Y. Lure*, Publ. scient. techn. Min. de l'Air. Nr. 78 (1935).
(12) *I. F. Alcock*, Inst. Mechan. Egrs. Bd. 128 (1934).
(13) *M. Preuß*, Z. VDI Bd. 80 (1936) Nr. 7 S. 175.
(14) *R. Hase*, ATZ Jg. 39 (1936) Nr. 3 S. 58.
(15) *W. C. Clothier*, Luftfahrtschr. d. Ausl. Bd. 1 (1935) Nr. 5 S. 209 u. Nr. 6 S. 217.
(16) Vergaser (Düsenlos), Commerc. Mot. Bd. 59 (1934) Nr. 1514 S. 194.
(17) Vergaser-Luftströmungsregelung, Automot. Ind. Bd. 73 (1935) Nr. 7 S. 211.
(18) Zenith-Vergaser, Riv. Aeron. Jg. 11 (1935) Nr. 7 S. 100.
(19) *E. W. Knott* u. *M. Y. Beardsley* jr., Luftfahrtschr. d. Ausl. Bd. 1 (1935) Nr. 4 S. 173.
(20) *I. F. Campbell*, Luftfahrtschr. d. Ausl. Bd. 1 (1935) Nr. 2 S. 135.
(21) Vortrag *Ricardo*, Luftwissen Bd. 3 (1936) Nr. 7 S. 46.
(22) Vortrag *Anastasi*, Reale Accad. d'Italia 1935.
(23) *Ch. Waseige*, Sci. Aer. Bd. 3 Nr. 6 S. 467.
(24) *G. C. Sullivan* u. *B. L. Carter*, Aero Digest Bd. 24 (1934) Nr. 5.
(25) *Pierre Léglise*, Luftfahrtschr. d. Ausl. Bd. 1 (1935) Nr. 4 S. 170.
(26) Roots-Gebläse, ARC-Reports Nr. 1538.
(27) Rotationsverdichter, Engineering Bd. 137 (1934) Nr. 3561 S. 425.
(28) *H. I. Venediger*, ATZ Jg. 36 (1934) Nr. 23 S. 579, Nr. 24 S. 619.
(29) Ladegebläse, Aeronautique. Jg. 17 (1935) Nr. 191 S. 78.
(30) Schaufelgebläse von *H. Kratzer*, Luftfahrtschr. d. Ausl. Bd. 2 (1936) Nr. 7 S. 168.
(31) Kreiselverdichter, Automot. Ind. Bd. 74 (1936) Nr. 11 S. 408.
(32) Überlader, Flight Bd. 27 (1935) Nr. 1375 S. 486.
(33) Überlader am Kestrel VI, Flight Bd. 27 (1935) Nr. 1370 S. 326.
(34) *Pierre Léglise*, Aeronautique Jg. 17 (1935) Nr. 193 S. 151.
(35) Verdampfungskühlung, Aerophile Jg. 45 (1935) Nr. 5 S. 146.
(36) *A. Graham Forsyth*, Roy. Aeron. Soc. Bd. 39 (1935) Nr. 294 S. 449.

(37) *A. E. Thiemann*, Motorkritik 1936 Nr. 3 u. 5.
(38) *E. A. Garlock* u. *G. Ellis*, NACA Techn. Notes Nr. 476 (1933).
(39) *Hartshorn A. S.*, ARC-Rep. and Memor. Nr. 1641.
(40) *E. A. Smith*, Engineering Bd. 137 (1934) Nr. 3565 S. 535.
(41) *Worth*, Aviation Bd. 34 (1935) Nr. 8 S. 19.
(42) *Rougeron*, Aeronautique 1935, Nr. 194 S. 187, Nr. 195 S. 206 u. Nr. 196 S. 249.
(43) *Lürenbaum*, Luftfahrtforschung Bd. 11 (1935) Nr. 7 S. 200.
(44) *Liebers*, Luftfahrtforschung Bd. 12 (1935) Nr. 5 S. 155.
(45) *B. von Schlippe*, Luftfahrtforschung Bd. 11 (1934) Nr. 2 S. 57.
(46) *E. S. Taylor*, J. Soc. Automot. Engr. Bd. 38 (1936) Nr. 3 S. 81.
(47) *B. C. Carter*, ARC Rep. Nr. 1557 (1934).
(48) *E. P. Hartmann*, NACA Techn. Notes Nr. 484.
(49) *C. C. Walker* u. *R. M. Clarkson*, Flight Bd. 26 (1934) Nr. 1337 S. 822.
(50) *G. P. Douglas*, Reale Accad. d'Italia 1935.
(51) Verstellschrauben, Engineering Bd. 139 (1935), Nr. 3620 S. 561.
(52) *Lachmann*, Luftfahrtschr. d. Ausl. Bd. 2 (1936) Nr. 4 S. 79.
(53) *Raymond B. Quick*, Luftfahrtschr. d. Ausl. Bd. 1 (1935) Nr. 5 S. 198.
(54) *G. T. Lampton*, Trans. Amer. Soc. mech. Engr. Bd. 58 Nr. 4 S. 163.
(55) *Evans*, *Dodds* u. *Garner*, Luftfahrtschr. d. Ausl. Bd. 2 (1936) H. 5 S. 109.
(56) *F. D. Klein*, Luftfahrtschr. d. Ausl. Bd. 1 (1935) Nr. 3 S. 151.
(57) *Evans*, *Dodds* und *Garner*, J. Inst. Petrol. Techn. Bd. 21 (1935) S. 1000.
(58) Beschlüsse der IATA, Interavia Nr. 253 (1935) S. 1.
(59) *Eisinger* u. *Barnard*, J. Soc. Automot. Engr. Bd. 37 (1935) Nr. 2 S. 293.
(60) *P. Prevost*, S.I.A. 1935 Bd. 3 S. 170.
(61) Vortrag *Ricardo*, Luftwissen Bd. 3 (1936) Nr. 3 S. 73.
(62) *K. Löhner* u. *T. H. Helmbold*, Luftfahrtforsch. Bd. 13 (1936) Nr. 1 S. 10.
(63) Dieselölforschung, SAE-J. 1935 Nr. 6 S. 206.
(64) *Mc Gregor*, Automot. Ind. 1936 Nr. 3 S. 83.
(65) *Thiemann*, ATZ Jg. 38 (1935) Nr. 19 S. 486.
(66) *E. L. Baß*, J. Roy. Aeron. Soc. Bd. 39 (1935) Nr. 298 S. 879.

Anwendung des spannungsoptischen Verfahrens im Luftfahrzeugbau

Von G. Mesmer*)

Das spannungsoptische Verfahren ist auf die Untersuchung ebener elastischer Spannungszustände beschränkt. Derartige Zustände treten in ebenen Blechen auf, die in ihrer Ebene beansprucht werden; bei ihnen ist unter weiter unten genannten Bedingungen die Spannungsverteilung unabhängig von den Werkstoffkennzahlen, so daß eine Modelluntersuchung übertragbare Werte ergibt. Die in durchsichtigen Modellen aus Zelluloid, Bakelit, Trolon oder Glas unter der Wirkung elastischer Spannungen und Verformungen auftretenden Doppelbrechungserscheinungen werden mit polarisiertem Licht optisch gemessen und ergeben unmittelbar die Größe des in jedem Modellpunkt vorhandenen Hauptspannungsunterschieds (Hauptschubspannung) sowie die Hauptspannungsrichtungen. Die gewöhnliche Anordnung ist dabei so, daß die ebene Modellscheibe von einem polarisierten Lichtstrahl senkrecht durchleuchtet wird; vor dem Modell befindet sich die Lichtquelle und das Polarisatorprisma, hinter dem Modell das Analysatorprisma und der Beobachtungsschirm.

Anwendung auf Stabverbindungen und ebene Bleche

Für Luftfahrzeugprobleme fand diese Anordnung bisher einzelne Anwendungen auf Modelle von Rippen, durchlöcherten Trägern, Beschlägen u. ä.[1]). Bei Rippen ließ sich beispielsweise der Spannungsverlauf an den Stabübergängen (abgerundete Ecken) verfolgen, ebenso konnten in Blechträgern mit gewichtssparenden Löchern die Spannungen an den Lochrändern ermittelt werden, ebenfalls unter der Voraussetzung ebener oder fast ebener Spannungszustände. In ebenen Blechteilen von Beschlägen wurden die Spannungsgrößen und der Spannungslinienverlauf untersucht oder es wurden mehrere Beschlagformen unter der gleichen Belastung verglichen und die bei gleicher Spannungshöhe leichteste Form bestimmt. Ein Zelluloidmodell eines Luftschiffgerüstes wurde ebenfalls einmal teilweise nach dem spannungsoptischen Verfahren vermessen. Da es sich im Luftfahrzeugbau jedoch bisher meistens um Stabverbindungen handelte, deren Spannungen leicht mit Längsdehnungsmessern bestimmt werden können, blieben die Versuche durchweg auf einzelne kleinere Arbeiten beschränkt. Besonders nützlich erscheinen geplante Versuche über die Spannungsverteilungen in ebenen Blechspanten mit Ausschnitten, deren verwickelte Form eine rechnerische Spannungsbestimmung meistens nicht mehr gestattet.

*) Dr. phil., Aerodynamisches Institut der Technischen Hochschule Aachen.

[1]) Über Arbeiten dieser Art berichtete z. B. *M. V. Tesăr*, Paris, in »La Technique Aeronautique« 1934.

Anwendung im Schalenbau

Neuerdings treten durch die häufiger verwendete Schalenbauweise weitere Probleme auf, deren Untersuchung spannungsoptisch möglich ist. Beim Schalenbau handelt es sich zwar gewöhnlich nicht um streng ebene Zustände, immerhin liegen in weiteren Bereichen oft fast ebene Probleme vor, solange die einzelnen Schalenelemente auf Schub, Zug und Druck, aber nicht auf Biegung beansprucht werden. Beispielsweise lassen sich die Spannungszustände kurz vor dem Ausbeulen sowie die Spannungen in der Umgebung ausgebildeter Zugfalten in belasteten Schalen untersuchen, wobei die Einflüsse aufgehefteter Versteifungen oder steifer Rahmen ermittelt werden können.

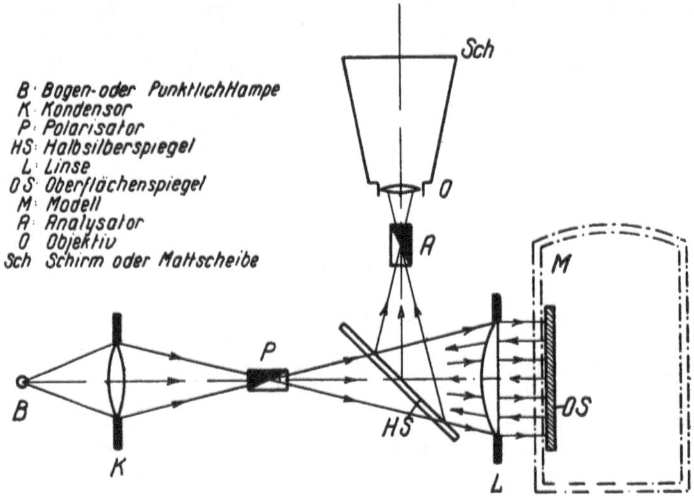

Abb. 1. Gerät zur spannungsoptischen Untersuchung mit gespiegeltem Strahlenverlauf.

Wenn beim Schalenbau röhrenartige Bauelemente vorliegen, ist die gewöhnliche optische Anordnung unzweckmäßig. Es wurde daher ein Gerät mit gespiegeltem Strahlenverlauf nach Abb. 1 gebaut. Das von der Lichtquelle *B* stammende Licht konvergiert hinter dem Kondensor *K* und durchläuft den Polarisator *P*. Ein Teil des Lichtes wird dann von dem Halbsilberspiegel *HS* fortreflektiert, die restliche Lichtmenge durchdringt den Spiegel und wird dann von der Linse *L* zu einem parallelen oder leicht konvergenten Strahl zusammengefaßt, der das durchsichtige Modell *M* senkrecht durchstrahlt. Unmittelbar hinter dem Modell wirft ein ebener, oberflächenversilberter Spiegel *OS* das Licht zurück, so daß es abermals das Modell und die Linse durchdringt und wieder auf den Halbsilberspiegel trifft. Ein Teil des Lichtes durchdringt wieder den Spiegel, das übrige Licht wird zum Analysatorprisma *A* und dem Objektiv *O* gelenkt. Auf dem Schirm *Sch* wird schließlich das Modell *M* scharf abgebildet. Das zweite. im Spiegel *OS* sichtbare Bild des Modells erscheint mit leichter Unschärfe ebenfalls auf dem Schirm, es muß sich möglichst vollkommen mit dem Hauptbild decken. Da das polarisierte Licht das Modell zweimal durchdringt, verdoppelt sich der optische Effekt bei gleicher Spannung (diese Wirkung ist für die bessere Auswertung sehr erwünscht); außerdem kann das Modell hinter dem Spiegel röhrenförmig geschlossen sein, ohne den Strahlengang zu stören.

Zwei Nachteile dieser Anordnung sind der erhebliche Lichtverlust an dem Halbsilberspiegel und die an dem gleichen Spiegel verursachte zusätzliche Polarisation. Der erste Mangel kann durch eine ausreichend helle Lichtquelle, der zweite durch geeignete Einstellung der Polarisationsebene ziemlich ausgeglichen werden. Bei gewölbten Modellen muß man kleine, jeweils fast ebene Flächenelemente untersuchen, die man senkrecht zum Lichtstrahl einstellt.

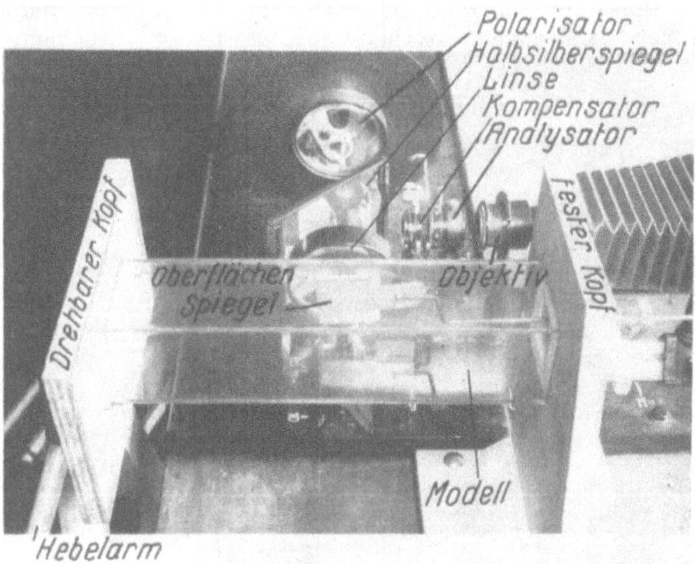

Abb. 2. Ansicht der Versuchsanordnung.

Mit einem derartigen Gerät können nun weitere Aufgaben untersucht werden, von denen genannt seien:

1. die Verteilung der elastischen Spannungen bei gegebener Beanspruchung der Schale (Torsion oder Biegung des Gesamtkörpers) in der Umgebung von irgendwelchen Öffnungen, die das Schalenelement unterbrechen,
2. die Wirkung von Verstärkungen, die mit der Schale verbunden sind (Längsstäbe, Diagonalstäbe, Randverstärkungen von Öffnungen) auf die Spannungsverteilung. Zelluloidmodelle sind für diese Versuche besonders gut geeignet, da auch verwickelte Modellformen

leicht hergestellt werden können und Verstärkungen leicht fest eingeklebt werden können,

3. der Kraftfluß von steifen Trägern (Holmen) in die Schale.

Ergebnisse von grundsätzlichen Versuchen

Vor der Inangriffnahme spezieller praktischer Aufgaben wurden einige grundsätzliche Versuche durchgeführt, die zwar keine unmittelbare praktische Bedeutung haben, deren Ergebnis aber rechnerisch nachprüfbar ist. Über eine Versuchsreihe sei im folgenden kurz berichtet.

Es handelte sich um ein Rohr quadratischen Querschnitts unter Torsionsbeanspruchung. Verwendet wurde ein 400 mm langes Zelluloidrohr von 4 mm Plattenstärke mit einer äußeren Höhe $D = 100$ mm ($D_{\text{innen}} =$ 92 mm). Die Gesamtanordnung zeigt Abb. 2. Man erkennt einzelne der in Abb. 1 dargestellten Geräte; das Torsionsmoment wurde durch Hebelbelastung (links unten im Bild sichtbar) eingeleitet. Der im Bild erkennbare in den Strahlengang geschaltete Kompensator (Drehkompensator

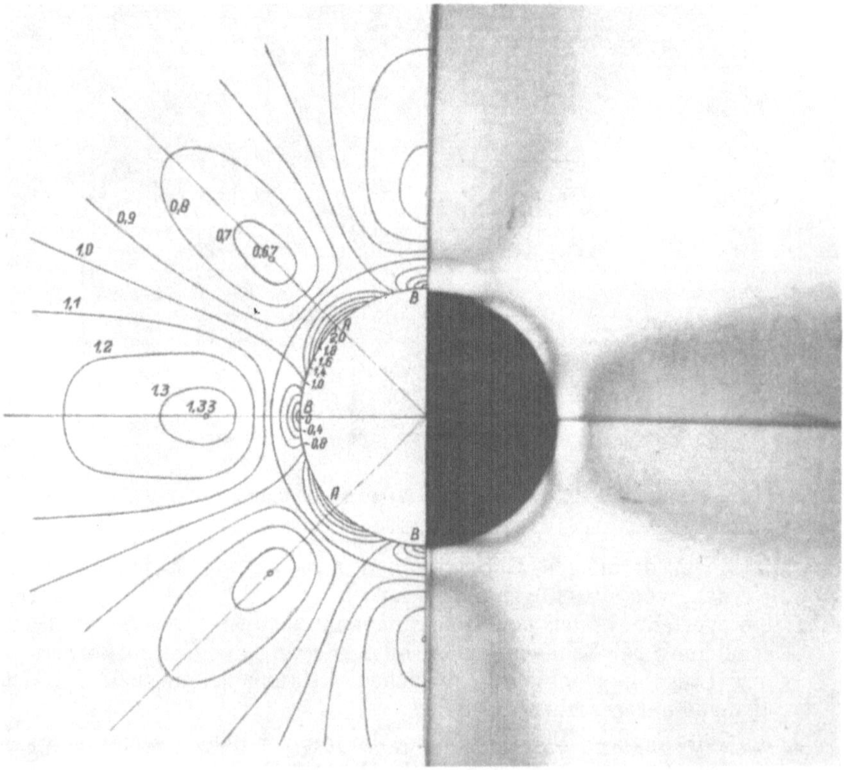

Abb. 3. Errechnete Schubspannungsverteilung in einem schubbeanspruchten unendlich großen Blech mit einem Kreisloch (links) und (rechts) spannungsoptische Aufnahme einer Linie $\tau_{max} =$ const in der Umgebung eines Loches.

nach *Ehringhaus*) dient dazu, die im Modell vorhandene Doppelbrechung durch eine meßbare, entgegengesetzt gleiche Doppelbrechung aufzuheben. Die Kompensatorablesung wird nach einer Zahlentafel unmittelbar in Spannungswerte umgerechnet.

Beim vollständigen Rohr zeigte sich zunächst, daß im mittleren Drittel der Rohrlänge die Wände bis zum Rand praktisch gleichmäßig auf Schub beansprucht wurden. Die gemessene Schubverteilung entsprach bis zum Rand auf 1 bis 2% genau der aus dem Moment errechneten Spannung.

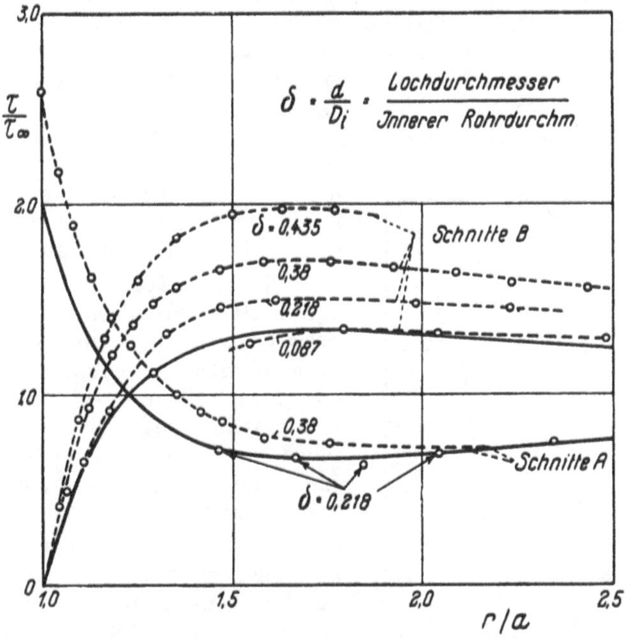

Abb. 4. Schubspannungsverlauf in der Umgebung eines Kreisloches in einem unendlich großen Blech (ausgezogene Kurven, errechnet) und in einem quadratischen Rohr (gestrichelte Kurven, gemessen).

In der Mitte einer Seitenfläche wurde nun ein Loch mit einem Durchmesser $d = 8$ mm gebohrt, das Lochdurchmesserverhältnis $\delta = d : D_i$ betrug also $8 : 92 = 0{,}087$. Die Umgebung des Loches muß sich dann etwa wie die Umgebung eines Loches im unendlich großen, durch reinen Schub beanspruchten Blech verhalten.

Zum Vergleich wurde die Schubspannungsverteilung im schubbeanspruchten unendlich großen Blech mit einem Kreisloch vom Halbmesser a gerechnet. Die errechneten Linien $\tau_{max} =$ const sind in der linken Hälfte der Abb. 3 mitgeteilt. Man erkennt am Lochrand Punkte mit erhöhter Schubspannung (Punkte A, $\tau/\tau_\infty = 2$) und Punkte mit verschwindendem Schub (Punkte B, $\tau/\tau_\infty = 0$). Auf den Radien durch die Punkte

A und B ergibt sich rechnerisch ein τ-Verlauf, der in den stark gezeichneten Kurven der Abb. 4 dargestellt ist. Beide Kurven gehen bei $r/a = \sqrt{1,5} = 1,225$ durch $\tau/\tau_\infty = 1$, bei $r/a = \sqrt{3} = 1,732$ erreichen beide einen Extremwert, der beim Radius durch A den Wert 2/3, beim Radius durch B den Wert 4/3 annimmt.

Beim Vergleich mit dem Rohr ist zu erwarten, daß die endlichen Rohrabmessungen die Spannungen durchweg erhöhen. Von besonderem Interesse ist dabei der Einfluß des Lochdurchmesserverhältnisses δ, da man sich mit wachsendem δ der Form wirklicher Konstruktionen etwas nähert. Lochdurchmesser von 20, 35, 40 und 70 mm wurden vermessen ($\delta = 0,218$, 0,38, 0,435 und 0,76), die verschiedenen Meßergebnisse in einem Diagonalschnitt (durch A) und in einem Schnitt quer zur Rohrachse (durch B) sind in Abb. 4 eingezeichnet. Es zeigt sich, daß die Spannungen im senkrechten Schnitt B mit wachsendem δ schnell anwachsen, während im Diagonalschnitt A für $\delta = 0,218$ noch praktisch die Spannungen des Falles $\delta = 0$ herrschen. Nur unmittelbar am Lochrand steigen die Spannungen hier stärker an.

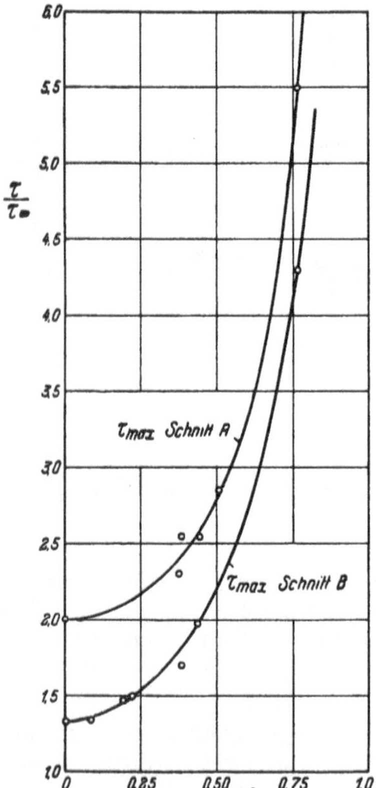

Abb. 5. Größtspannungen der untersuchten Schnitte in Abhängigkeit vom Lochdurchmesserverhältnis.

Die rechte Hälfte von Abb. 3 stellt zum weiteren Vergleich eine spannungsoptische Aufnahme einer Linie $\tau_{\max} =$ const in der Umgebung eines Loches mit 15,5 mm Dmr. ($\delta = 0,168$) dar. Die Übereinstimmung der photographischen Kurve mit der entsprechenden Linie ($\tau/\tau_\infty \sim 1,1$) ist im allgemeinen befriedigend.

Die Größtspannungen der beiden untersuchten Schnitte (im Schnitt A am Rand, im Schnitt B etwa an der theoretisch erwarteten Stelle) sind in Abb. 5 noch einmal über δ zusammengestellt.

Bei kleinen Bohrungen ist die Randspannung schwer zu messen und konnte nur durch Extrapolation geschätzt werden, bei größeren Löchern erfolgt die Randwertmessung leicht und genau. Bei $\delta = 0,6$ bis 0,7 erreicht die größte Schubspannung in beiden Schnitten das Doppelte des Wertes für $\delta = 0$; als Höchstwert wurde für $d = 70$ mm ($\delta = 0,76$) eine Spannungserhöhung von 4,3 bzw. 5,5 gegenüber dem vollständigen Rohr gemessen.

Ähnliche Zusammenhänge wird man auch bei vieleckigen Löchern mit scharfen oder abgerundeten Ecken sowie bei gewölbten Rohrflächen erwarten müssen; systematische Versuche hierzu werden durchgeführt.

Die Übertragbarkeit der Ergebnisse auf geometrisch ähnliche größere Bauteile ist möglich, wenn isotrope oder quasiisotrope Werkstoffe verwendet werden und wenn die Lasten längs je eines Randes ein Gleichgewichtssystem bilden. Als Beispiel eines Falles, der im Zelluloidmodellversuch nicht mehr streng untersucht werden kann, diene der Spannungszustand infolge von zwei entgegengesetzt gleichen Einzellasten, von denen die eine am Rand eines Loches, die andere am Rand eines zweiten Loches angreift. In diesem Fall hängt die Spannungsverteilung auch von der Querdehnungszahl des Werkstoffes ab. Aber auch bei Belastungsfällen dieser Art ist der bei der Übertragung auf andere Werkstoffe auftretende Fehler im allgemeinen klein. Da man Metalle, Preßstoffe und Sperrholz mit 120° Faserrichtung als praktisch isotrop auffassen darf, ergibt sich hiermit ein weiter Bereich praktischer Anwendungen.

Vorträge aus den Tagungen der Ausschüsse und Fachgruppen der Lilienthal-Gesellschaft für Luftfahrtforschung

Die aerodynamische Entwicklung des Ju 86-Tragflügels

Von A. W. Quick*)

Vorgetragen am 20. März 1936 in Dessau

Einleitung

Wenn ich im Rahmen dieser kurzen Arbeit über die aerodynamische Entwicklung des Ju 86-Tragflügels berichten werde, so ist wohl selbstverständlich, daß nicht alle Gebiete der Aerodynamik am Tragflügel berührt werden können; vielmehr möchte ich mich im wesentlichen auf die besonders in letzter Zeit aufgeworfene Frage der Kippsicherheit um die Längsachse beschränken.

Überblick über die Tragflügelentwicklung

Zunächst möchte ich einen ganz kurzen Überblick über den Gang der Entwicklung der Tragflügelumrißformen von verschiedenen Junkers-Flugzeugen geben, vgl. Zahlentafel 1.

Man erkennt auf Abb. 1 und Zahlentafel 1, daß im Laufe der Zeit die Zuspitzung der Tragflügel immer größer wurde. Auf der linken Seite sind drei Flügelformen von bekannten Typen in Wellblechausführung gezeichnet, während rechts drei Flügel in Glattblechausführung zu sehen sind.

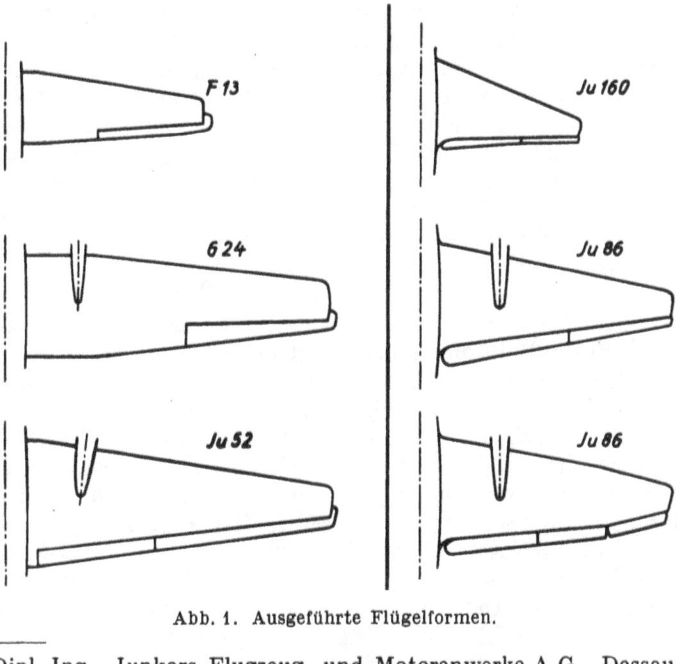

Abb. 1. Ausgeführte Flügelformen.

---

*) Dipl.-Ing., Junkers Flugzeug- und Motorenwerke A.G., Dessau.

Zahlentafel 1

Entwicklung der Tragflügelumrißformen (vgl. hierzu Abb. 1)

Baumuster	Entwurfsjahr	Trapezverhältnis $\frac{t_i}{t_a}$
F 13	1919	2,3
G 24	1924	2,2
Ju 52	1928	3,0
Ju 160	1932	3,7
Ju 86	1933	3,7

Für die Ju 86 wurde ein zweiter Flügel konstruiert, der sich von dem ersten durch seine größere Völligkeit, andere Aufteilung der Hilfsflügel und stärkere Verwindung, vgl. Abb. 2, unterscheidet. Die stärker werdende Zuspitzung hatte ihre Begründung in der fortschreitenden Suche nach Möglichkeiten, welche die Flugleistungen verbessern könnten. Zunächst ergaben sich wegen der günstigeren statischen Verhältnisse beträchtliche Vorteile hinsichtlich Gewichtsersparnis; ferner erhielt man durch stärkere Trapezformen in der Nähe der Flügelwurzel mehr Raum für Brennstoffunterbringung und Anordnung von Motoren. Auch ergab die Unterbringung von Fahrwerken im Flügel wiederum bessere Verhältnisse beim Trapezflügel und führte so zu Widerstandsersparnissen.

Die Kippsicherheit und ihre Beeinflussung

Die stark erhöhten Anforderungen der letzten Zeit zeigten nun bei dem ersten Flügel der Ju 86 gewisse Unzulänglichkeiten bezüglich der Quersteuerbarkeit bei großen Auftriebsbeiwerten. Die heutige Forderung der Kippsicherheit verlangt, daß bei stetiger Vergrößerung des Anstellwinkels das Flugzeug bis über das $c_{a_{\max}}$ hinaus quersteuerbar sein muß, und daß es erwünscht ist, wenn in der Nähe des $c_{a_{\max}}$ kopflastige Momente auftreten, die das Flugzeug wieder auf kleinere Anstellwinkel bringen wollen. Dieses wird z. B. dadurch möglich, daß der Beginn der Ablösung der Strömung in Rumpfnähe eintritt und sich von hier allmählich über den Flügel ausbreitet.

Ich will nun kurz die Einflüsse besprechen, die sich auf die Kippsicherheit auswirken. Wenn man davon absieht, daß auch die Größe des Flugzeuges einen Einfluß auf die Schnelligkeit des Abkippens hat, so hängt sie im wesentlichen von der Auftriebsverteilung über die Spannweite und von den Eigenschaften der Flügelprofile an jeder Stelle ab. Beides ist nun in den praktisch vorkommenden Fällen nicht leicht vorauszusagen.

Für die Ermittlung der Auftriebsverteilung gibt es gewisse rechnerische Möglichkeiten. Mit dem Ansatz von *Glauert*, nach dem die Zirkulationsverteilung über die Spannweite als Sinusreihe angesetzt wird, und der Erweiterung dieses Ansatzes von Frl. *Lotz*, daß auch die Anstellwinkel- und die Flügeltiefenverteilung als trigonometrische Reihe eingeführt wird, oder nach dem Approximationsverfahren von *Fuchs* lassen sich die Verteilungen des Auftriebes näherungsweise ermitteln. Als Nachteil dieser Rechnung wird die mangelnde Konvergenz bei Unstetigkeiten empfunden, die z. B. durch den Ausschlag von Klappen oder Hilfsflügeln praktisch immer gegeben sind. Es ist erfreulich, daß in dieser Hinsicht Fortschritte für die nächste Zeit zu erwarten sind. Ferner ist bei diesen Rechnungen Voraussetzung, daß die tragende Linie senkrecht zur Flugrichtung liegt. Eine Berücksichtigung der Pfeilform bedeutet nach den heute bekannten Verfahren aber einen wesentlich größeren Rechenaufwand. Auch können die Einflüsse von Rumpf und Flügelmotoren nur zum Teil erfaßt werden.

Bei der Ermittlung der Profileigenschaften interessiert in diesem Zusammenhang besonders die Größe des $c_{a\,max}$ und des zugehörigen Anstellwinkels α_{max}. Hier sind nun eine Reihe von Einflüssen vorhanden, die für den Beginn der ersten Ablösung entscheidend sein können:

1. Zunächst muß man sich bei dem Aufsuchen der maximalen Auftriebsbeiwerte aus verschiedenen Windkanalmessungen über die Turbulenz der Kanäle unterrichten und eine Übertragung der Ergebnisse auf die Verhältnisse in der freien Atmosphäre vornehmen.
2. Es ist zu beachten, daß an einem trapezförmigen Flügel sich die Kennwerte längs der Spannweite schon beträchtlich verändern.
3. Ein besonders wichtiger Punkt ist der Einfluß des Dickenverhältnisses auf das $c_{a\,max}$ und α_{max}. Es ist bekannt, daß bei sehr dünnen Profilen das $c_{a\,max}$ wesentlich kleiner ist als bei Profilen mittlerer Dicke und, weil im allgemeinen aus Gründen der Widerstandsersparnis die Dickenverhältnisse zum Flügelende hin bisher abnahmen, so entstand hierdurch eine Gefahr des frühzeitigen Ablösens im äußeren Teil des Flügels.
4. Ferner sind die Einflüsse der Größe und Lage der Wölbung des Profils auf $c_{a\,max}$ und α_{max} zu beachten, sofern diese sich längs der Spannweite ändert. Es kann im Hinblick auf die Übersichtlichkeit und Klarheit der Verhältnisse empfohlen werden, möglichst viele dieser Einflüsse durch Konstanthalten der Größen auszuschalten, sofern dieses im Hinblick auf die Flugleistungen zu vertreten ist.
5. Ein weiterer wichtiger Punkt ist die Notwendigkeit der Kenntnis von $c_{a\,max}$ und α_{max} bei Hilfsflügelanordnungen. Es ist bekannt, daß Hilfsflügel an der Flügelnase das $c_{a\,max}$ und α_{max} wesentlich heraufsetzen und eine örtliche Verwendung in Frage kommt. Hilfsflügel oder Klappen am hinteren Teil des Profils setzen auch das $c_{a\,max}$ wesentlich herauf, dagegen wird das α_{max} mit zunehmendem Ausschlag des Hilfsflügels herabgesetzt. Diese Erscheinung ist zunächst vorteilhaft, weil im mittleren Teil des Flügels die Hilfsflügel stärker angestellt werden als außen.
6. Von besonderem Einfluß auf die Größe des $c_{a\,max}$ ist die Pfeilform des Flügels. Eine Pfeilform nach hinten bewirkt vermutlich wegen des Abfließens der Grenzschicht nach außen, daß die äußeren Profile früher das $c_{a\,max}$ erreichen. Zweckmäßig erscheint daher, wenn die Pfeilform $= 0$ oder schwach nach hinten gemacht wird, da auf diese Weise bei Ablösungsbeginn im mittleren Teil kopflastige Momente entstehen. Diese Festlegung bedeutet allerdings beim

Entwurf des Flugzeuges eine Erschwerung der Schwerpunktsfragen, weil das Flügelschwenken ein einfaches Verfahren der Schwerpunktsregelung ist.

7. Ferner möchte ich kurz erwähnen, daß Störungen durch Rumpf und Anbauten am Flügel und der Propellerstrahl wesentlichen Einfluß auf $c_{a\,max}$ und α_{max} haben. Ich möchte in diesem Zusammenhang auf die Wirkung einer guten Flügel-Rumpfverkleidung hinweisen, die das frühzeitige Ablösen bei großen Auftriebsbeiwerten in Rumpfnähe verhindert und bezüglich der Erreichung der Kippsicherheit erschwerend wirkt. Ferner ist es wichtig, ob die Oberfläche des Flügels aus Wellblech oder Glattblech besteht. Durch diese beiden Einflüsse ist beispielsweise das günstigere Verhalten der Ju 52 trotz ähnlich großer Zuspitzung des Flügels wie bei der Ju 86 im wesentlichen zu erklären.
8. Schließlich möchte ich noch den Einfluß von Baufehlern erwähnen. Wenn man annimmt, daß der Flügel an jeder Stelle der Spannweite mit Beulen von konstanter Tiefe behaftet ist, so wirken sich diese in Gebieten kleinerer Flügeltiefe prozentual wesentlich stärker aus. Wir hatten bei unseren Flugversuchen Gelegenheit, dieses an einem Flügelende beobachten zu können und nach sorgfältiger Beseitigung der Bauabweichungen die frühzeitige Ablösung zu verhindern.

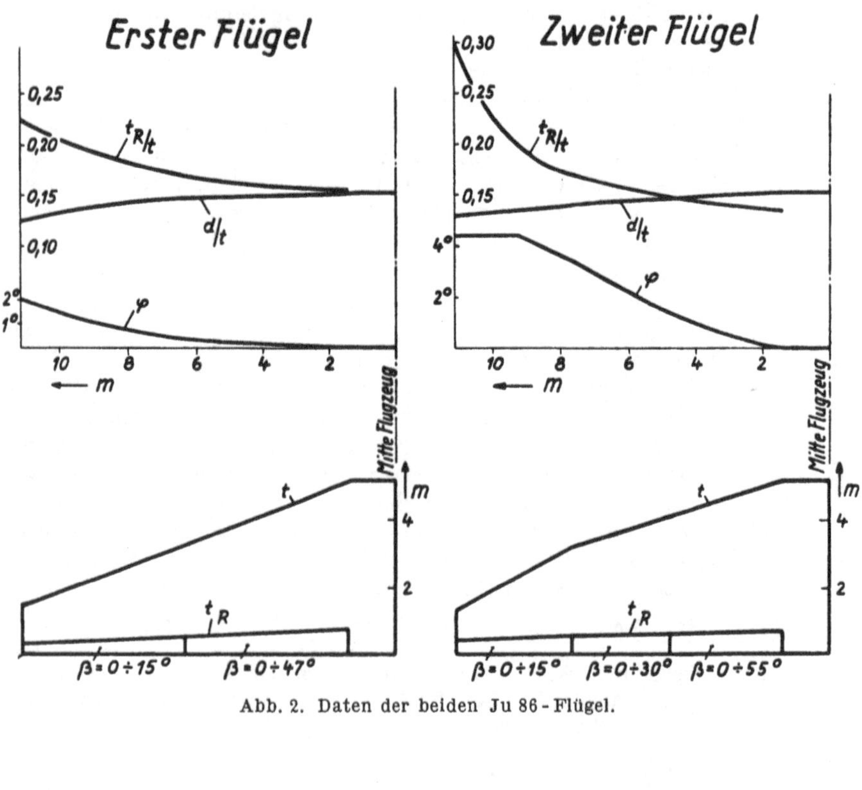

Abb. 2. Daten der beiden Ju 86 - Flügel.

Ergebnisse der Rechnung

Im folgenden möchte ich die Ergebnisse einiger Rechnungen besprechen, die bezüglich der Flügel der Ju 86 ausgeführt wurden und die Form des zweiten Flügels begründen.

In Abb. 2 sind die Daten des ersten ausgeführten Flügels aufgetragen. Man erkennt die starke Trapezform an dem Tiefenverlauf, das abnehmende Dickenverhältnis und das zunehmende Tiefenverhältnis der Hilfsflügel. Die Wölbung ist konstant. Die Hilfsflügel werden für die Landung im mittleren Teil bis zu 47° angestellt. Gleichzeitig werden die Querruder um 15° angestellt und können dann natürlich noch um weitere Winkel im Sinne der Querruderbetätigung ausgeschlagen werden. Ferner sieht man den Verlauf der Flügelverwindung. Dieser Verlauf entsteht dadurch, daß das Endprofil gegen das Wurzelprofil um 2° negativ angestellt ist und aus konstruktiven Gründen die Erzeugenden des Flügelkörpers gerade Linien sind. Sie werden schon hier sehen, daß diese Verwindung keinen großen Einfluß auf die Verteilung des Auftriebes bei großen c_a-Werten haben kann. Auf die Daten des zweiten Flügels komme ich noch zurück.

Auf Abb. 3 sieht man die für den ersten Flügel ermittelte Auftriebsverteilung für den unverwundenen Flügel. Sie ist hier in der Form $\frac{c_a \cdot t}{c_{a\,\text{mittel}}}$ zusammen mit t aufgetragen. Die Flächen unter den beiden Kurven sind inhaltsgleich, und es folgt, daß die mittleren und äußeren Gebiete der Halbspannweite ein größeres örtliches c_a haben als es am äußersten Flügel-

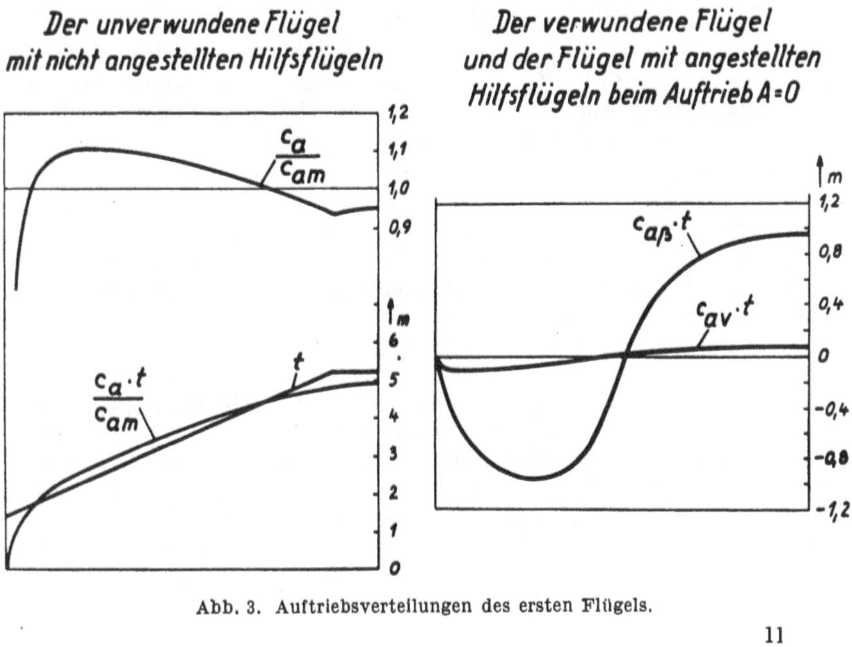

Abb. 3. Auftriebsverteilungen des ersten Flügels.

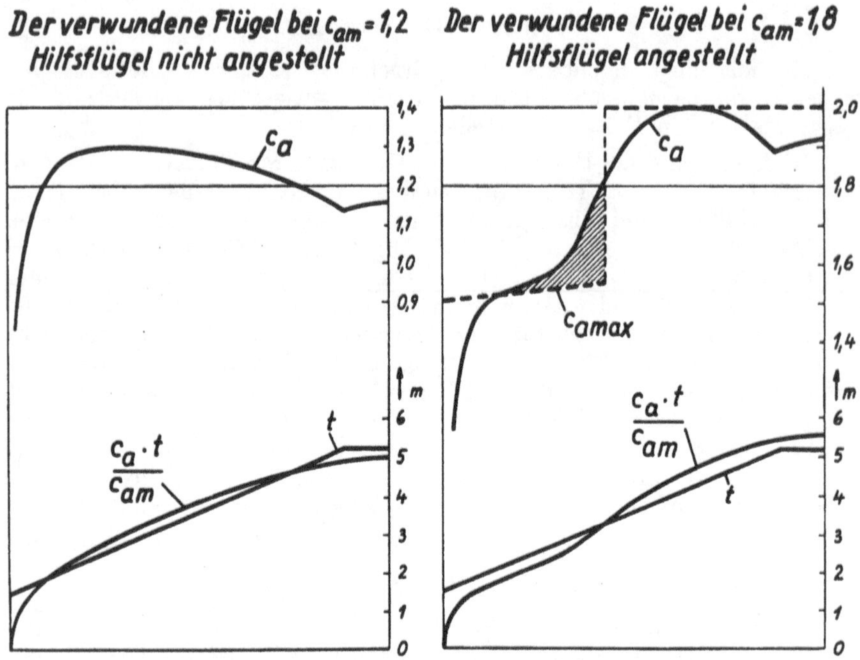

Abb. 4. Auftriebsverteilungen des ersten Flügels für $c_{am} = 1{,}2$ und $c_{am} = 1{,}8$.

ende und in der Mitte des Flugzeuges der Fall ist. Darüber ist $\frac{c_a}{c_{a\,m}}$ aufgetragen und man erkennt die prozentuale Überbelastung dieser Gebiete. Auf der rechten Seite ist die Auftriebsverteilung infolge Verwindung und infolge angestellter Hilfsflügel beim Auftrieb Null gezeichnet. Auch hier erkennt man den geringen Anteil der Verwindung.

Die Überlagerung für den Flug mit nicht angestellten Hilfsflügeln bei einem mittleren c_a-Wert von 1,2 bzw. für den Flug mit angestellten Hilfsflügeln bei einem mittleren c_a-Wert von 1,8 sind in Abb. 4 gezeichnet. Man sieht, daß bei einem $c_{a\,m}$ von 1,2 die äußeren Gebiete höhere c_a-Werte haben und daß mit großer Wahrscheinlichkeit die Ablösung in diesen Gebieten beginnen wird. Die Verwindung hat eine nur unwesentliche Änderung ergeben. Bei angestellten Hilfsflügeln wird der Auftrieb weiter zur Mitte verlagert, und das bedeutet aerodynamisch eine Vergrößerung des Trapezverhältnisses und eine entsprechende induzierte Wirkung, die sich für die äußeren Profile ungünstig auswirkt. Anderseits hat der Flügel im mittleren Bereich mit seiner stärkeren Hilfsflügelanstellung einen kleineren α_{max}-Wert als außen, was sich bezüglich des Beginns des Ablösens günstig auswirkt, so daß nur der Unterschied dieser beiden Wirkungen übrigbleibt. In Abb. 4 sind diese beiden Einflüsse im Verlauf von c_a und $c_{a\,max}$ zu erkennen. Ferner sieht man, daß an der Unstetigkeitsstelle eine Überbelastung der äußeren Teile (schraffiert) eintreten muß und hier eine Gefahr für die frühzeitige Ablösung vorhanden ist, die um so größer sein wird, je größer die Unstetigkeit ist.

Unter Berücksichtigung dieser Rechnungen und der obigen Überlegungen wurden nun die Daten für den zweiten Flügel festgelegt, vgl. Abb. 2. Erschwerend war, daß die gleiche Flügeltiefe an der Flügelwurzel eingehalten werden mußte, um die Flügel-Rumpfverbindung nicht abändern zu müssen. Zunächst entschlossen wir uns, den Grundriß etwas völliger zu machen, und, um mit einem Minimum an Flächenvergrößerung auszukommen, wurde an den meistgefährdeten Stellen des Flügels die Flügeltiefe am stärksten vergrößert. Dieses führte unter Berücksichtigung konstruktiver Gründe zu dem Knick an der verhältnismäßig weit außen liegenden Stelle. Diese Maßnahme genügte allein noch nicht, sondern es wurde auch die Verwindung des Flügels vergrößert und vor allem der Verlauf der Verwindung so festgelegt, daß sie an den meistgefährdeten Stellen schon sehr wirksam werden konnte. Auch die noch beträchtliche Zuspitzung des Flügelendes wurde durch diesen Verlauf berücksichtigt. Am äußersten Flügelende hat es keinen Sinn mehr, die Verwindung zu steigern, weil hier immer die c_a-Werte gegen Null gehen und ein Abreißen der Strömung bei gut ausgebildeten Profilen nicht zu erwarten ist. Dieses bestätigen uns sowohl die Windkanal- wie Flugversuche. Ferner entschlossen wir uns zu einer Dreiteilung der Hilfsflügel, weil dadurch die Unstetigkeiten im Hilfsflügelausschlag verkleinert wurden und die Gefahr für örtliche c_a-Überbelastungen verringert wurde.

Der Verlauf des Dickenverhältnisses unterscheidet sich von dem des ersten Flügels nicht nennenswert, denn eine Abnahme erschien nach den vorhandenen Versuchsunterlagen in diesen Grenzen zulässig.

Außer diesen Änderungen wurden noch eine Reihe weiterer Möglichkeiten in Erwägung gezogen, z. B. bewegliche oder feste Hilfsflügel an der Flügelnase, Schlitze in der Flügelnase nach dem Vorschlag von *Betz*, oder künstliche Störungsstellen im mittleren Bereich des Flügels usw. Leider kann ich aus räumlichen Gründen hier nicht weiter erörtern, warum wir bei diesem Flügel nicht auch diese Vorschläge berücksichtigt haben, sondern will nur erwähnen, daß wir sie versuchsmäßig weiter verfolgen bzw. verfolgt haben.

Auf Abb. 5 sind nun die Ergebnisse der Rechnung für den zweiten Flügel zu sehen, und zwar wieder die örtliche c_a-Verteilung für den unverwundenen Flügel und die Auftriebsverteilung für den verwundenen Flügel und für den Flügel mit angestellten Hilfsflügeln beim Auftrieb Null. Die c_a-Werte sind im mittleren Gebiet der Halbspannweite wesentlich gesunken und die Kuppe in der Nähe des Flügelendes wird durch die an dieser Stelle große Verwindung besonders berücksichtigt.

Auf Abb. 6 sind die Überlagerungen für einen mittleren c_a-Wert von 1,2 gezeichnet und man wird den großen Einfluß der Flügelverwindung feststellen. Es besteht jetzt die Hoffnung, daß zuerst im inneren Teil das $c_{a_{\max}}$ erreicht wird. Auch wenn die Hilfsflügel angestellt sind, ergibt sich bei $c_{a_{\text{mittel}}} = 1{,}8$ eine c_a-Verteilung, die noch ein erstes Ablösen im mittleren Teil des Flügels erwarten läßt. Natürlich wird der Einfluß der Ver-

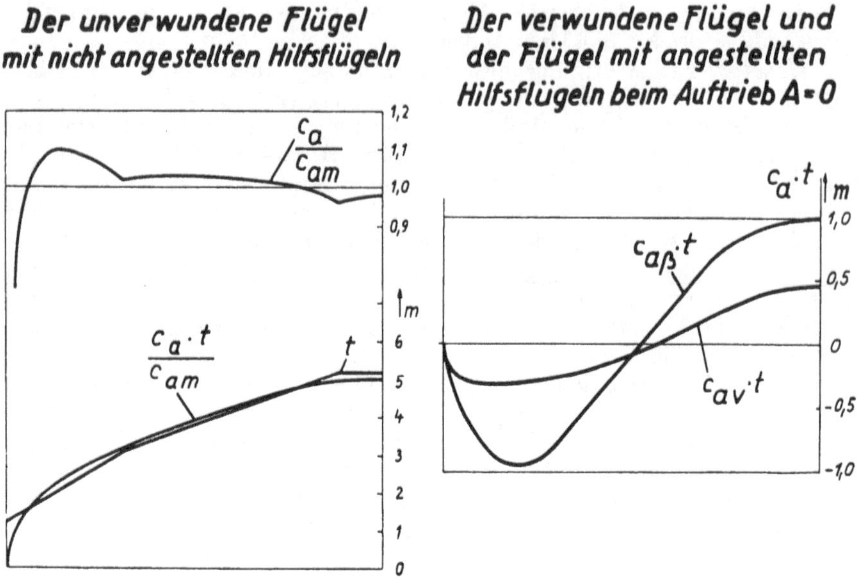

Abb. 5. Auftriebsverteilungen des zweiten Flügels.

windung mit zunehmendem c_a-Wert geringer und dieses macht bei immer weiterer Vergrößerung der $c_{a\max}$-Werte die Verwindung schließlich zu einem unwirtschaftlichen Mittel, um die örtlichen c_a-Werte am Flügelende zu erniedrigen.

Ganz kurz möchte ich die Leistungsversuche erwähnen. Durch die Flächenvergrößerung und durch den zusätzlichen induzierten Widerstand bei kleinen c_a-Werten ergab sich ein Geschwindigkeitsverlust von etwa 1,5 bis 2% der Maximalgeschwindigkeit, was durch den Flugversuch der Größenordnung nach bestätigt wurde. Dieser Verlust ist beträchtlich. Er mußte aber wegen der Wichtigkeit der Kippsicherheit in Kauf genommen werden. In diesem Falle gelang es allerdings, durch sonstige Verbesserungen am Flugzeug diesen Verlust nicht nur auszugleichen, sondern sogar noch eine Verbesserung der Maximalgeschwindigkeit zu erzielen.

Ergebnisse der Windkanalversuche

Nun möchte ich über einige Ergebnisse unserer Windkanalversuche berichten. Es wurde ein Modell der Ju 86 mit dem ersten und zweiten Flügel gebaut. Die Spannweite betrug 2,40 m und die Windgeschwindigkeit etwa 35 m/s.

Auf Abb. 7 und 8 sind die Ergebnisse einiger Strömungsbeobachtungen eingetragen. Bei nicht angestellten Hilfsflügeln, Abb. 7, begann die Ablösung bei beiden Flügeln an den nach der Rechnung vorausgesagten Stellen, also beim ersten im äußeren und beim zweiten im mittleren Bereich. Die Ausbreitung erfolgte in der angedeuteten Weise einigermaßen

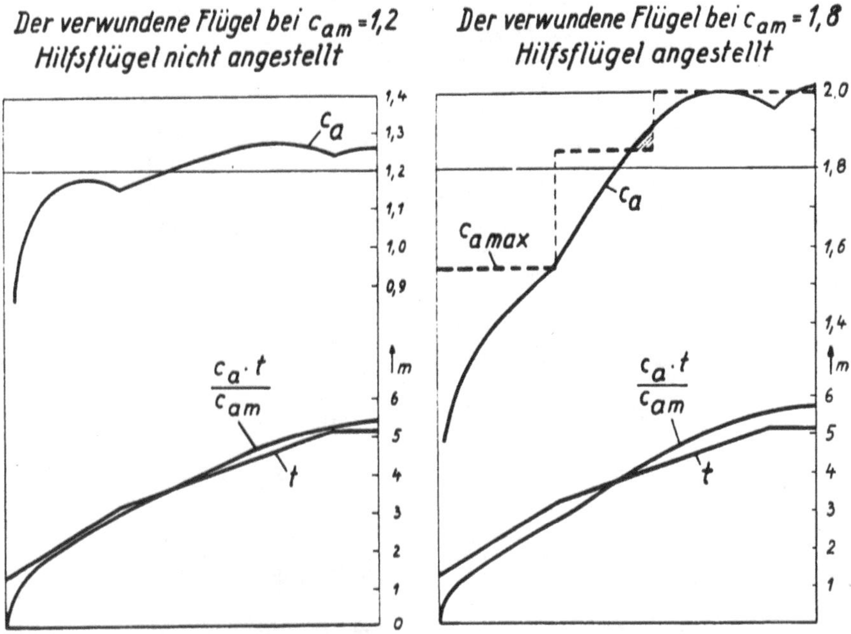

Abb. 6. Auftriebsverteilungen des zweiten Flügels für $c_{am} = 1{,}2$ und $c_{am} = 1{,}8$.

stetig. Der Anstellwinkelunterschied zwischen dem ersten und zweiten Flügel ist im wesentlichen durch die infolge der Verwindung verschiedenen Nullauftriebsrichtungen der beiden Flügel bedingt.

Bei angestellten Hilfsflügeln, Abb. 8, begann die Ablösung beim ersten Flügel im äußeren Teil und breitete sich dann ziemlich plötzlich über große Teile des Flügels aus. Beim zweiten Flügel begann die Ablösung hinter dem Motorvorbau und an der Flügel-Rumpfverkleidung, breitete sich hier ein wenig aus und schritt schließlich auch verhältnismäßig schnell fort. Ganz allgemein konnte man feststellen, daß die Ablösung um so schneller sich ausbreitete, je höher das $c_{a\max}$ war.

Auf Abb. 9 zeige ich einige Ergebnisse weiterer Versuche. Über den Anstellwinkel des Flugzeuges ist der c_a-Verlauf des zweiten Flügels gezeichnet, ferner ist das Längsmoment des Flugzeuges ohne Leitwerk um den theoretischen Neutralpunkt aufgetragen. Da die c_m-Linie im Bereich kleinerer Anstellwinkel keine Parallele zur Abszisse ist, so folgt daraus zunächst, daß der tatsächliche Neutralpunkt unter dem störenden Einfluß von Motor und Rumpf wesentlich weiter vorne liegt. Ferner sieht man, daß der geradlinige Verlauf schon vor dem $c_{a\max}$ im Sinne der Kopflastigkeit verlassen wird.

Darüber ist der Zuwachs des Rollmomentes einer Flügelhälfte aufgetragen, das bis zum $c_{a\max}$ stetig steigt und nach Erreichen des $c_{a\max}$ abfällt. Ferner wurden Autorotationsversuche gemacht, und zwar wurde das Modell um eine Längsachse drehbar gelagert und der An-

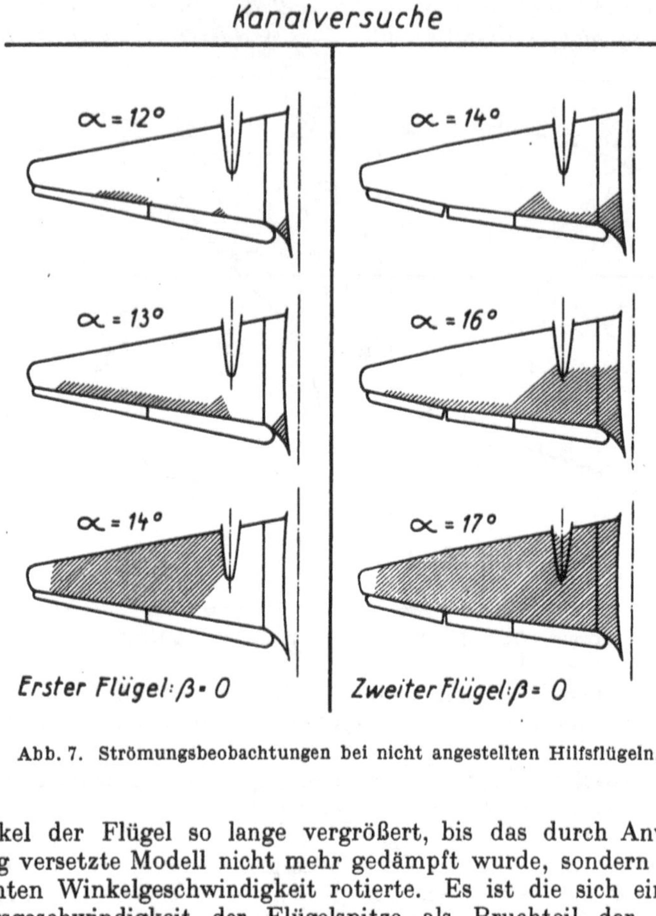

Abb. 7. Strömungsbeobachtungen bei nicht angestellten Hilfsflügeln.

stellwinkel der Flügel so lange vergrößert, bis das durch Anwerfen in Drehung versetzte Modell nicht mehr gedämpft wurde, sondern mit einer bestimmten Winkelgeschwindigkeit rotierte. Es ist die sich einstellende Umfangsgeschwindigkeit der Flügelspitze als Bruchteil der Anblasgeschwindigkeit aufgetragen. Man sieht, daß kurz vor dem $c_{a_{max}}$ die Autorotation beginnt. Sie beginnt beim zweiten Flügel um 3 bis 4^0 später, als beim ersten Flügel. Ähnlich ist es mit der Umkehr des Rollmomentes. Für den Landefall hat man also 4^0 Anstellwinkel gegenüber dem ersten Flügel mehr zur Verfügung, bevor das Flugzeug eine Kippneigung hat. Für die Betrachtung im Fluge, wo es ja auf den c_a-Wert ankommt, ist allerdings zu berücksichtigen, daß infolge der geringeren Verwindung des ersten Flügels dieser Unterschied nur 2^0 betragen wird. Es konnte durch diese Flügelausbildung nicht erwartet werden, daß das Flugzeug niemals in Autorotation geraten kann, sondern sie sollte nur bezwecken, daß bei stetiger Vergrößerung des Anstellwinkels vor Beginn der Autorotation kopflastige Momente auftreten, die das Flugzeug bei vernünftiger Handhabung vorher wieder auf kleinere Anstellwinkel bringen und so das Kippen beim Flug mit großem c_a-Wert vermeiden.

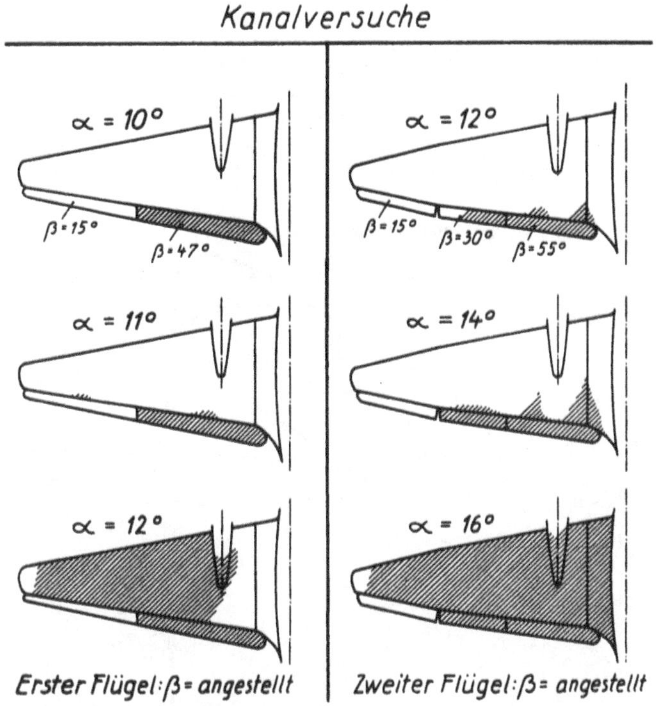

Abb. 8. Strömungsbeobachtungen bei angestellten Hilfsflügeln.

Da die Versuche noch nicht abgeschlossen sind, können bis jetzt nur diese Teilergebnisse gezeigt werden.

Ergebnisse der Flugversuche

Im folgenden werde ich noch von den Ergebnissen einiger Flugversuche berichten. Die Flügel der Ju 86 wurden auf der Oberseite mit zahlreichen Wollfäden bedeckt und durch langsames Überziehen in großer Höhe der Verlauf der Strömungsablösung beobachtet. Das Flugzeug wurde so lange langsam gezogen und mit dem Querruder zu halten versucht, bis Abkippen über dem Flügel oder eine kopflastige Bewegung eintrat.

Bei nicht angestellten Hilfsflügeln, Abb. 10, konnte der Beginn der Ablösung an den gleichen Stellen festgestellt werden, wie sie sich nach der Rechnung und den Kanalversuchen ergaben, also beim ersten Flügel außen und beim zweiten Flügel innen. Die Ausbreitung erfolgte von diesen Punkten aus verhältnismäßig langsam über den ganzen Flügel. Während das Flugzeug mit dem ersten Flügel durch dauerndes Ausschlagen des Doppelflügel-Querruders im allgemeinen auch in der Querlage gehalten werden konnte, traten beim zweiten Flügel außerdem stärkere kopflastige Momente auf, die das Flugzeug auf kleinere Anstellwinkel brachten.

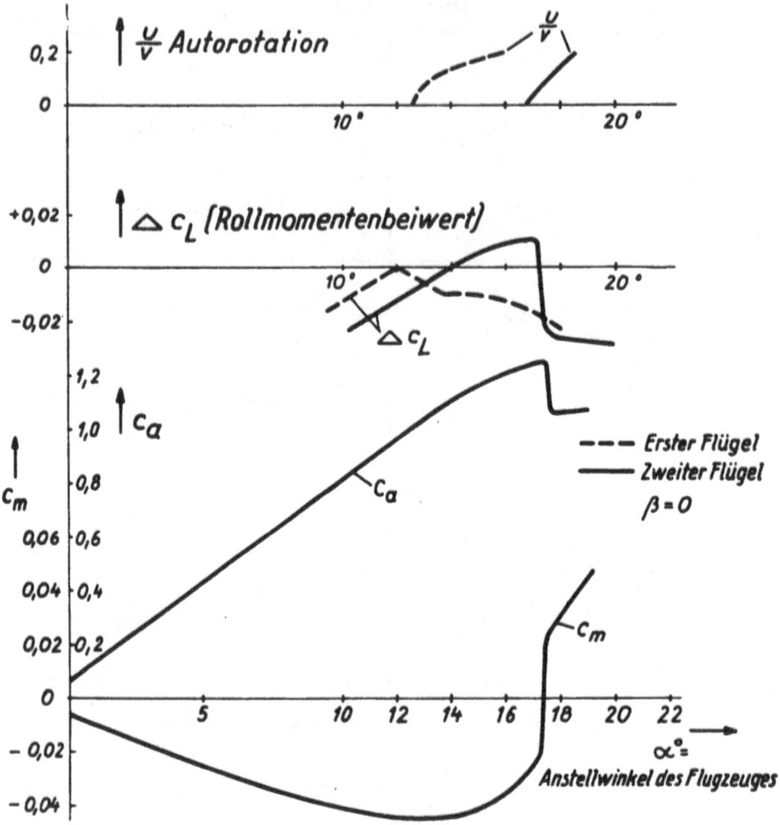

Abb. 9. Windkanalmessungen.

Bei voll angestellten Hilfsflügeln, Abb. 11, begann beim ersten Flügel die Ablösung an der äußeren Seite der Unstetigkeitsstelle und breitete sich dann über den Flügel aus, wobei das Flugzeug ohne größere Warnung über den Flügel kippte und nach einem gewissen Höhenverlust wieder mühelos in die Normallage zurückgebracht werden konnte. Beim zweiten Flügel begann die Ablösung stets im mittleren Teil, und es zeigten sich größere kopflastige Momente, die einerseits für den Führer eine deutliche Warnung darstellen und bei weiterem Ziehen das Flugzeug auf kleinere Anstellwinkel brachten.

Ferner wurden zahlreiche Landungen unter ungünstigen Umständen ausgeführt, die stets das Ablösen der Strömung im mittleren Teil erkennen ließen. Ein Kippen auf den Flügel trat hierbei in der bisherigen Erprobung nicht ein.

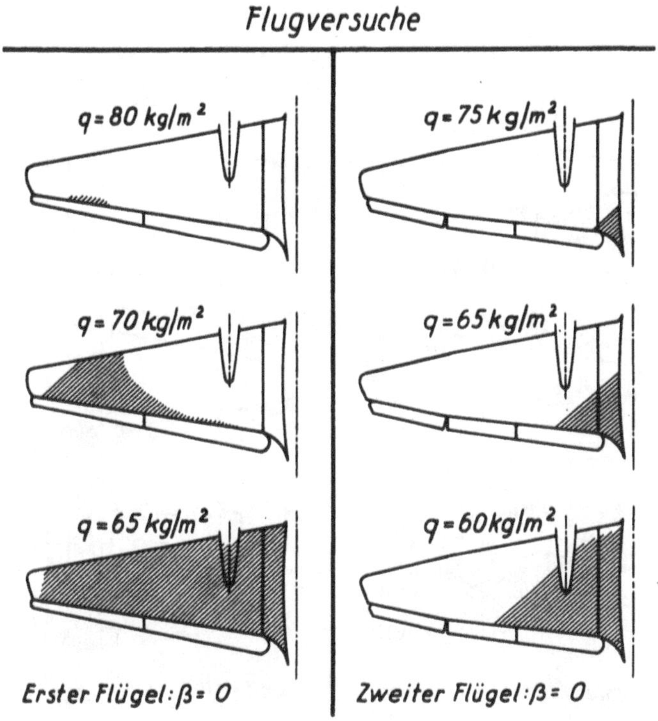

Abb. 10. Strömungsbeobachtungen bei nicht angestellten Hilfsflügeln.

Schluß

Ich glaube, durch diese kurzen Ausführungen ein Bild über die Möglichkeiten und die Schwierigkeiten in der Frage der Kippsicherheit gegeben zu haben, und möchte abschließend noch darauf hinweisen, daß auch andere Wege zu diesem Ziel führen. Aber die Formgebung eines Flügels wird immer ein Kompromiß aus vielen Gesichtspunkten sein, und wie die Praxis lehrt, werden die für einen Zweck angewandten Mittel immer sehr kritisch betrachtet werden müssen, damit sie in anderer Hinsicht keine Überraschungen ergeben.

Zusammenfassung

Zunächst wird ein Überblick über die Flügelformen älterer Flugzeuge gegeben und deren Ausbildung begründet. In neuerer Zeit zeigten sich in Verbindung mit der Erhöhung der Anforderungen an die Flugeigenschaften Schwierigkeiten in der Beherrschung des Gleichgewichtes um die Flugzeuglängsachse bei großen Auftriebsbeiwerten. Es werden die Kippsicherheit und deren Beeinflußbarkeit behandelt und in diesem Zusammenhang die

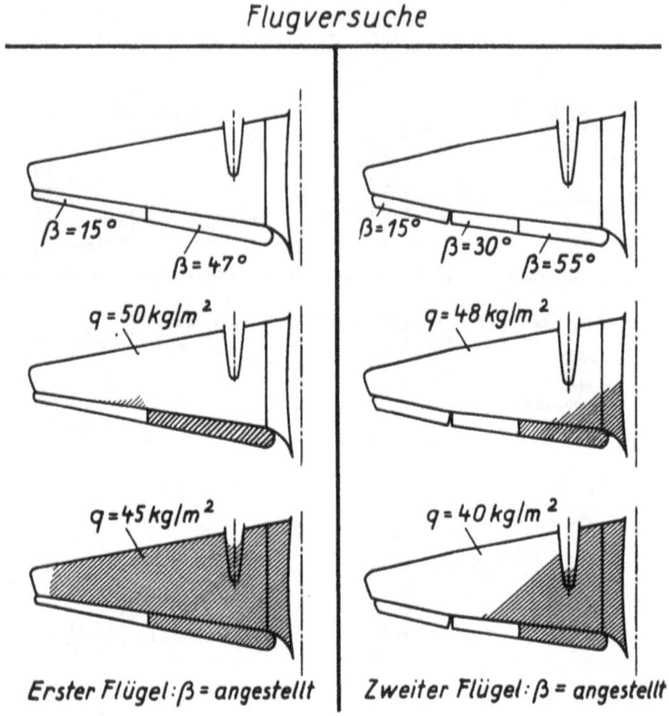

Abb. 11. Strömungsbeobachtungen bei angestellten Hilfsflügeln.

Auftriebsverteilungen und Profileigenschaften von zwei für die Ju 86 ausgeführten Flügeln besprochen. Ferner wird über einige Ergebnisse von Windkanalmessungen und Flugversuchen mit den beiden Flügeln berichtet.

Neue Untersuchungen über die Seitenstabilität der Flugzeuge

Von F. Wenk*)

Vorgetragen am 20. März 1936 in Dessau

Einführung

Die Seitenstabilität beruht auf gewissen flugmechanischen Besonderheiten eines Flugzeugs, durch welche der stationäre Flugzustand des Geradeausflugs oder ein stationärer Flugzustand mit sonstwie vorgegebener horizontaler Drehgeschwindigkeit der Flugbahn auch nach irgendwelchen Störungen ohne Zutun des Flugzeugführers wiederhergestellt wird. Die Forderung der absoluten Kurshaltung dagegen überschreitet ihrem Wesen nach bereits den Rahmen der Seitenstabilitätsforderungen nach dieser Begriffsbestimmung. Die Flugmechanik der Längsstabilität läßt sich im allgemeinen fast völlig von der Flugmechanik der Seitenstabilität trennen.

Diejenigen Flugeigenschaften, welche durch die Seitenstabilität bedingt werden, sind wichtig für den Streckenflug, den Blindflug und den überzogenen Flug. In den beiden ersten Fällen ermöglichen es gute Seitenstabilitätseigenschaften, den Flugzeugführer von einer dauernden Teilbeanspruchung beim Fliegen zu befreien, die ihn bei schlechten Seitenstabilitätseigenschaften in seiner navigatorischen und sonstigen Tätigkeit behindern würde. Diese Inanspruchnahme kann bei böigem Wetter oder bei längeren Blindflügen sehr hoch werden. Im Blindflug gefährdet sogar der Mangel an Seitenstabilität auch bei den modernsten Flugzeugmustern mit modernstem Instrumentarium noch mitunter die Flugsicherheit. Der dritte Fall, der überzogene Flug, wird zweckmäßig abgesondert von den vorgenannten Fällen betrachtet und bearbeitet; er sei hier nur der Vollständigkeit halber erwähnt, da die allgemeine Seitenstabilitätstheorie zunächst auch ihn mit umfaßt.

Die eingangs genannte Seitenstabilitätsforderung läßt sich grundsätzlich durch geeignete Flugwerksgestaltung und durch geeignete Automatik in durchaus befriedigendem Maße erfüllen und ist in Einzelfällen auch erfüllt worden.

Die grundlegenden theoretischen Erkenntnisse und ihre bemerkenswertesten flugtechnischen Anwendungen entstammen fast durchweg bereits der Vorkriegs- und Kriegszeit.

Die theoretischen Unterlagen wurden im vergangenen Jahrzehnt durch die Deutsche Versuchsanstalt für Luftfahrt zu einer neueren allgemeineren Formulierung zusammengefaßt. Diese Formulierung von *G. Mathias* hat sich bisher als durchaus zweckmäßig erwiesen. Ihre weitere Verallgemeinerung bis zu demjenigen Stand, welcher alle diesbezüglichen

*) Dr., Deutsche Versuchsanstalt für Luftfahrt E. V., Berlin-Adlershof.

heute vorliegenden flugmechanischen Probleme zu betrachten gestattet, z. B. auch die meisten Automatikfragen, bietet keine Schwierigkeiten mehr.

Die flugtechnisch-praktischen Probleme sind ebenfalls schon sehr früh eingehend bearbeitet worden. Das Problem der inhärenten Seitenstabilität, also flugtechnisch dasjenige der zweckentsprechenden Flugwerksgestaltung, ist bereits in der ersten Entwicklungsperiode der Flugtechnik, besonders erfolgreich auch in Deutschland, gelöst worden durch eine Reihe von besonderen Tragflügelformen. Der Taubenflügel, der Möwenflügel und der geschränkte Pfeilflügel sind die bekanntesten dieser Tragflügelformen. Die Seitenstabilisierung sonstiger Flugzeuge durch Automatik ist im vergangenen Jahrzehnt mit Hilfe zahlreicher konstruktiver Lösungen versucht worden, ebenfalls mit grundsätzlich völlig befriedigendem Erfolg.

In der heutigen flugtechnischen Praxis wird von diesen Erkenntnissen und Erfahrungen auffallend wenig Gebrauch gemacht. Einer der Hauptgründe dafür scheint es zu sein, daß zu wenig quantitativ anwendbare Unterlagen vorhanden sind. Die bisherigen Lösungen und Lösungskombinationen haben meist einen qualitativen flugtechnischen Kunstgriff zur Grundlage, welcher irgendwelche Stabilitätsgrenzen in so weite Ferne rückt, daß sie quantitativ nicht berücksichtigt zu werden brauchen. Anderseits sind fast alle diese Lösungen mit einem konstruktiven Aufwand, einem Mehrgewicht, einer Flugleistungs- oder Flugeigenschaftseinbuße verbunden, also mit irgendeinem betriebstechnischen Nachteil, dessen quantitative Verminderung erwünscht erscheint. Es sei hier darauf hingewiesen, daß dieser betriebstechnische Nachteil mitunter beträchtlich überschätzt worden ist. Trotzdem muß die Schaffung quantitativer versuchsmäßiger Unterlagen als eine derzeitige Forschungsaufgabe bezeichnet werden. Ein großer Teil dieser Unterlagen ist noch zu liefern oder liegt noch nicht in geeigneter Form vor.

In der Hauptsache wird es sich um die Bestimmung aerodynamischer Formfaktoren handeln, während sonstige flugmechanisch wichtige Größen der Seitenstabilität, z. B. die Trägheitsradien, entweder von vornherein bekannt sind oder nach den von der Deutschen Versuchsanstalt für Luftfahrt (DVL) erprobten Verfahren bestimmt werden können.

Die aerodynamischen Formfaktoren können durch den Modellversuch im Windkanal und am aerodynamischen Rundlauf, außerdem aber auch am fliegenden Flugzeug gemessen werden.

Die neuen Untersuchungen der DVL

Die Arbeiten der DVL waren nunmehr zunächst daraufhin gerichtet, die theoretischen Erkenntnisse zu erweitern und versuchsmäßig auf ihre Richtigkeit zu prüfen.

Es konnte eine frühere einschränkende Voraussetzung der Theorie fallen gelassen werden und die Stabilisierung durch Automatik in erster Näherung mittels der genannten Gesamtformulierung dargestellt werden. Die Stabilitätskriterien ließen sich in einfacher Weise präzisieren mit Hilfe der Gesetzmäßigkeiten, welche für die Stabilitätsschwingungen eines freifliegenden Flugzeugs gelten und gleichzeitig zu deren Analyse dienen können. Der unsymmetrische Einfluß der Luftschraube auf die Seitenstabilität wurde theoretisch und versuchsmäßig untersucht.

Soweit die Seitenstabilitätstheorie bisher versuchsmäßig überprüft wurde, erwies sich überall ihre befriedigende Übereinstimmung mit der Praxis.

Modellversuche der DVL an Tragflügelreihen und einzelnen Flugzeugmustern dienten der Bestimmung einzelner Seitenstabilitätsfaktoren im Sinne der gekennzeichneten Forschungsaufgabe, Versuche, wie sie auch im Ausland laufend weitergeführt werden.

Näher eingegangen werde nunmehr auf die Seitenstabilitätsuntersuchungen am fliegenden Flugzeug, welche von der Flug-Abteilung der DVL durchgeführt wurden. Es handelt sich dabei erstens um ein Verfahren zur Bestimmung einzelner aerodynamischer Seitenstabilitätsfaktoren im stationären Fluge, zweitens um eine Analyse der Seitenstabilitätsschwingungen selbst.

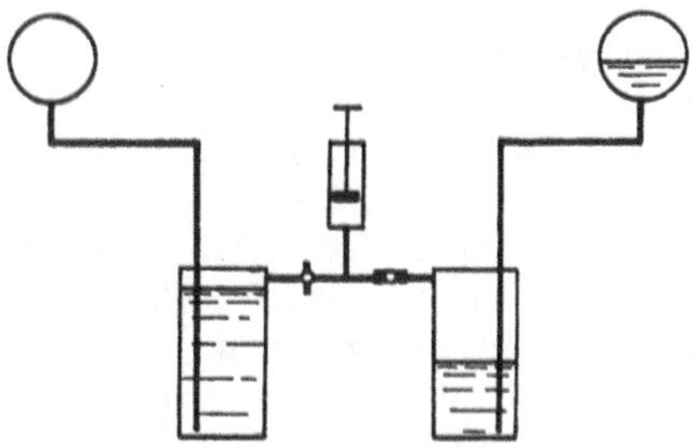

Abb. 1. Trimmtankschema.

Das erste Meßverfahren besteht darin, daß beim stationären Flug zusätzliche, künstlich hervorgerufene Momente um die Längs- und Hochachse im Gleichgewicht stehen müssen mit den entsprechenden Luftkraftmomenten bei einem gewissen Schiebewinkel oder bei einer gewissen Bahndrehungsgeschwindigkeit. Bei den vorliegenden Untersuchungen wurden solche zusätzlichen Momente erzeugt durch einen kleinen Bremsschirm, welcher an einem Flügelende angebracht ist und durch ein Zusatzgewicht am anderen Flügel. Da diese Momente in einem aerodynamisch bedingten Verhältnis stehen müssen, wurde das Zusatzmoment um die Längsachse dadurch willkürlich einstellbar gestaltet, daß kleine Wassertanks in den Flügeln eine zusätzliche Seitentrimmung vom Führersitz aus während des Fluges ermöglichten, Abb. 1.

Zur Messung gelangen die hauptsächlichsten Seitenstabilitätsfaktoren der statischen Seitenstabilität, und zwar das Schieberrollmoment und die Richtungsstabilität im Geradeausflug mit Schiebewinkel, das Wenderollmoment und die Wendedämpfung im Kurvenflug ohne Schiebewinkel. Die Kurvenflugmessungen erwiesen sich nur bei hinreichender Spiralsturzstabilität als durchführbar und zeigten auch hierbei eine bisher noch nicht völlig befriedigende Meßgenauigkeit. Dagegen war die Meßgenauig-

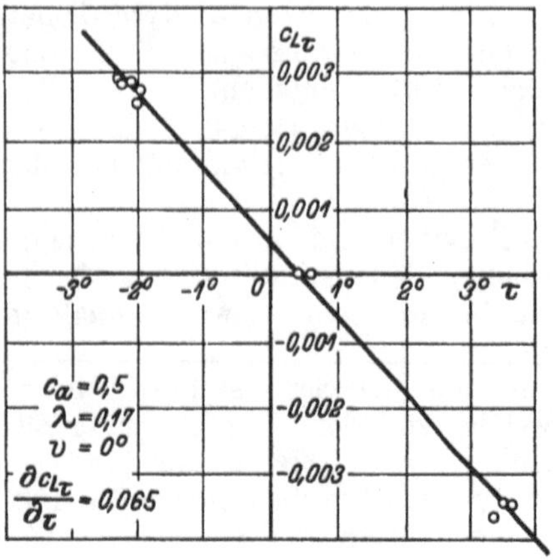

Abb. 2. Flugmessung des Schieberollmomentes.

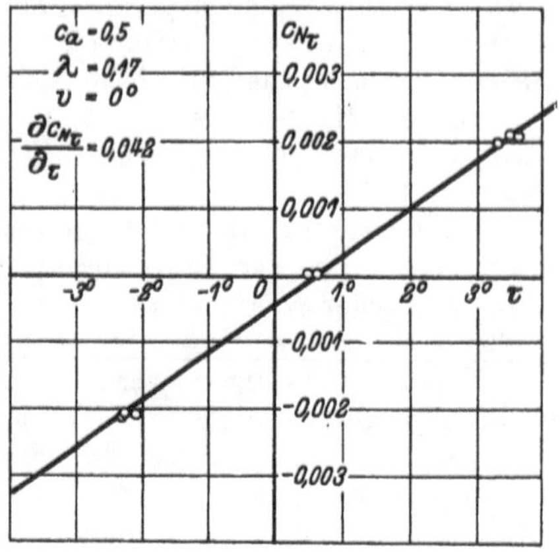

Abb. 3. Flugmessung der Richtungsstabilität.

keit der Geradeausflugmessungen gemäß dem Verwendungszweck bereits bei den ersten Untersuchungen ausreichend.

Abb. 2 und 3 zeigen eine solche Messung der Momente und damit des »Schiebe-Rollmoments« und der »Richtungsstabilität«, also der Momenten-Ableitungen nach dem Schiebewinkel. Die in der Seitenstabilitäts-Theorie vorausgesetzte Linearität des Kurvenverlaufs scheint nach den bisherigen Messungen bei den verwendeten Versuchsflugzeugen in Schiebewinkelbereichen bis $\pm 5^0$ befriedigend gewahrt zu sein. Als Versuchsparameter werden zweckmäßig der Auftriebsbeiwert des Tragflügels und der Fortschrittsgrad der Luftschraube verwendet. Gemessen wurde zunächst nur mit festgestellten Seiten- und Querrudern. Die Meßgeräte zur Messung des Schiebewinkels, der Flugbahn-Drehgeschwindigkeit usw. waren bei den Versuchen im wesentlichen dieselben, welche auch für die Vermessung von Stabilitätsschwingungen verwendet wurden.

Das zweite Meßverfahren besteht in einer geeigneten Vermessung der freien Stabilitätsschwingungen eines fliegenden Flugzeugs. Als hauptsächlichste Meßveränderliche dienen hier der Schiebewinkel τ und der Hängewinkel φ_x. Als Versuchsflugzeug wurde zunächst ein zweisitziges Segelflugzeug verwendet, um den störenden Einfluß der Luftschraube ausgeschaltet zu wissen. Später erwies sich jedoch auch das Motorflugzeug — als Versuchsflugzeug diente eine Albatros L 103 — als durchaus geeignet zu einer solchen Schwingungsvermessung. Beide Flugzeuge waren mit Rudereinstellvorrichtungen und Ruderfeststellvorrichtungen versehen. Gemessen wurde auch hier vorerst mit feststehendem Seiten- und Querruder. Bei genügend leichtgehenden Rudern dürfte sich das Verfahren aber auch auf Stabilitätsmessungen mit freien Rudern anwenden lassen.

Das Flugzeug wurde zunächst auf einen gewissen Geradeausflug mit einer definierten Nullstellung der Ruder eingestellt; dann wurde bei blokkiertem Seitenruder mit dem Querruder eine Störung gegeben. Diese

Störung wird durch die Rolldämpfung, wie es die Seitenstabilitätstheorie verlangt, in einem Bruchteil einer Sekunde aperiodisch soweit gedämpft, daß sich nunmehr nur noch zwei Seitenstabilitätsbewegungen überlagern, nämlich eine rasche abklingende Gierschwingung, welche sich sehr deutlich im Schiebewinkel kennzeichnet, und eine relativ schwach positiv oder negativ gedämpfte aperiodische Spiralsturzbewegung.

Abb. 4 bis 7 zeigen einzelne Meßergebnisse. Das Meßverfahren wird sich voraussichtlich noch verfeinern lassen. Trotzdem können die drei wichtigsten Meßgrößen bereits aus den vorliegenden Ergebnissen mit be-

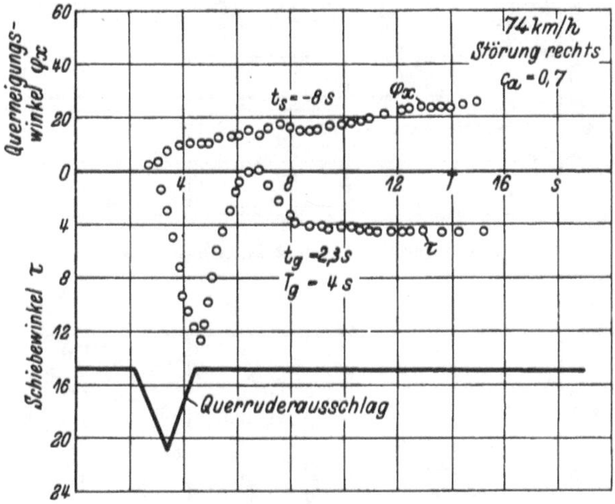

Abb. 4. Schwingungsmessung an »Grunau 8«.

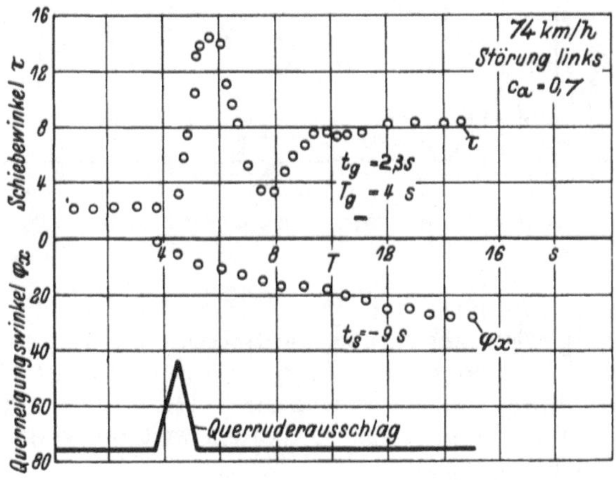

Abb. 5. Schwingungsmessung an »Grunau 8«.

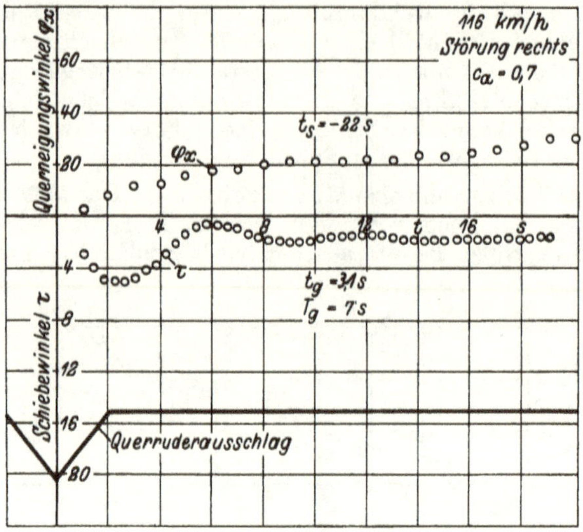

Abb. 6. Schwingungsmessung an Albatros L 103.

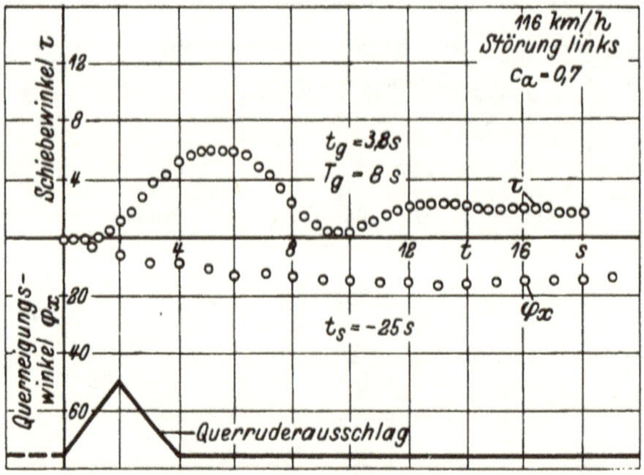

Abb. 7. Schwingungsmessung an Albatros L 103.

friedigender Genauigkeit entnommen werden. Es sind dies die Relaxationszeit t_s der Spiralsturzbewegung, die Relaxationszeit t_g der Gierschwingung und die Schwingungsdauer T_g der Gierschwingung. Bei den vorhandenen Versuchsflugzeugen läßt sich die V-Stellung und Pfeilstellung in beträchtlichen Grenzen verstellen, so daß ein weiteres Versuchsprogramm mit verschiedenen Variationen der wichtigsten Versuchsparameter zur Durchführung gelangen kann.

Schlußbemerkungen

Das erste der beschriebenen Flugmeßverfahren, die Bestimmung einzelner Seitenstabilitätsfaktoren im stationären Fluge, erwies sich als zu mühsam, um allgemeiner verwendet zu werden. Das Verfahren wird am Platze sein, wo es gilt, die Originalgrößenmessung mit einer fraglichen Modellmessung zu vergleichen. Als Beispiel möge die V-Stellungswirkung schrägstehender Abfangstreben genannt werden, die sich wegen des kleinen Kennwertes dieser Streben am Modell nur unbefriedigend messen läßt.

Das zweite Verfahren dagegen, die Schwingungsanalyse, verspricht eine sehr allgemeine Anwendungsmöglichkeit für alle diejenigen Fälle, wo die Seitenstabilitätseigenschaften von vorhandenen Flugzeugmustern genauer untersucht werden sollen. Mit diesem Verfahren kann beispielsweise quantitativ die Frage untersucht werden, ob es vorteilhafter ist, das Seitenleitwerk oder die V-Stellung zu ändern, um die Seitenstabilität zu verbessern, ferner die Frage, wie groß eine V-Stellungsänderung sein muß, um eine bestimmte Spiralsturzdämpfung zu erzielen. Ganz allgemein gestattet die flugmechanische Auswertung der Schwingungsanalyse, welche auf exakten Beziehungen beruht, einen für den Normalflug in den meisten Fällen völlig befriedigenden Einblick in die Stabilitätsverhältnisse des untersuchten Flugzeugmusters. Es können damit drei wichtige aerodynamische Kenngrößen der Seitenstabilität gewonnen werden, welche in einem verhältnismäßig einfachen Näherungszusammenhang mit den bekannten einzelnen Faktoren der Seitenstabilitätstheorie stehen.

Durch die beschriebenen Meßverfahren werden die bisherigen Möglichkeiten der Modellmessung soweit vervollständigt, daß nunmehr jedes flugtechnische Einzelproblem der Seitenstabilität in befriedigender Weise meßtechnisch bearbeitet werden kann. Damit sind die Mittel geschaffen, die quantitativen Unterlagen der Theorie bis etwa zu demjenigen Stand zu erweitern, welchen die Längsstabilitäts-Aerodynamik heute erreicht hat.

Einfluß der Flügelgestaltung auf die Querruderwirkung

Von A. Lippisch*)

Vorgetragen am 8. Mai 1936 in Friedrichshafen

Die auf der *Prandtl*schen Tragflügeltheorie aufgebauten Verfahren zur Berechnung der Auftriebsverteilung eines Tragflügels haben bei der aerodynamischen und konstruktiven Entwicklung der Tragflügel Verwendung gefunden. Die besondere Anwendung dieser Verfahren zur Berechnung der Querruderwirkung ist in verschiedenen Arbeiten[1]) bereits teilweise behandelt worden, jedoch fehlt es heute noch an einer mehr allgemeinen Darstellung dieser Verfahren, um beim Entwurf eines Flugzeugflügels die Querruderwirkung in ihrer Abhängigkeit von der Querrudergestaltung und dem Querruderantrieb abschätzen zu können.

Die theoretische Behandlung dieser Probleme ist z. Z. nur möglich im Bereich des linearen Auftriebsanstiegs, so daß die Vorausberechnung im Gebiete des Höchstauftriebes und darüber hinaus noch nicht möglich ist. Das gleiche gilt für die Berücksichtigung der schrägen Anblasung des Flügels, deren Einfluß ebenfalls rechnerisch noch nicht erfaßt werden kann. Die vorliegende Untersuchung beschränkt sich deshalb auf das z. Z. durch die Verfahren zur Berechnung der Auftriebsverteilung erschlossene Gebiet, in dem, wie weiter unten gezeigt werden kann, die Theorie gute Übereinstimmung zwischen Messung und Rechnung liefert.

Wie oben bereits angedeutet, werden in der Ableitung der verwendeten Beziehungen bereits bekannte Formulierungen wiederholt, um eine einheitliche und möglichst vollständige Darstellung zu gewährleisten.

Theoretische Unterlagen zur Berechnung der Ruderwirkung

Flügelprofil mit Klappe

Die Wirkung des Klappenausschlages auf die Änderung der aerodynamischen Beiwerte eines Flügelprofils wird bei den weiter unten angeführten Rechnungen an Hand des einfachen Näherungsansatzes von *Glauert* bestimmt. In neueren Arbeiten[2]) sind exakte Formeln zur theoretischen Berechnung der Klappenwirkung angegeben worden, die insbesondere zur Vorausberechnung der Luftkräfte bei größeren Klappenausschlägen vorteilhaft verwendet werden.

Der *Glauert*sche Näherungsansatz bestimmt die Änderung der Nullauftriebsrichtung im Verhältnis zum Klappenausschlag als

$$\frac{\partial \alpha_0}{\delta \beta} = \frac{1}{\pi}\left[\pi - \operatorname{arc\,cos}\left(2\,\frac{t_r}{t} - 1\right) + 2\sqrt{\left(1 - \frac{t_r}{t}\right)\cdot\frac{t_r}{t}}\right]. \quad . \quad . \quad . \quad (1)$$

*) Ing., Deutsches Forschungsinstitut für Segelflug, Darmstadt, Flughafen.

[1]) *I. Lotz*, Berechnung der Auftriebsverteilung, ZFM, 1931. — *M. M. Munk*, NACA Rep. 197. — *F. N. Scheubel*, ZFM 1925, Quermomente und Kursmomente eines Tragflügels. — *H. Glauert*, The elements of aerofoil and airscrew theory 1926.

[2]) *F. Keune*, Auftrieb einer geknickten ebenen Platte, Luftfahrtforschung Bd. 13, Nr. 3.

Weiterhin läßt sich die Änderung des Momentenbeiwertes bestimmen als

$$\frac{\partial c_{m0}}{\partial \beta} = 2\left(1 - \frac{t_r}{t}\right)\sqrt{\left(1 - \frac{t_r}{t}\right)\frac{t_r}{t}} \quad \ldots\ldots\ldots \quad (2)$$

Da die Beziehung unter der Voraussetzung abgeleitet wurde, daß der Klappenwinkel β klein bleibt, zeigen sich gegenüber Messungsergebnissen bestimmte systematische Abweichungen, wie dies Abb. 1 an einem Beispiel erläutert. Es zeigt sich nämlich, daß die gemessene Ruderwirkung hinter dem theoretisch-geradlinigen Anstieg zurückbleibt, was einmal durch die obige Annahme bedingt wird und anderseits die Folge von örtlichen Abreißerscheinungen ist.

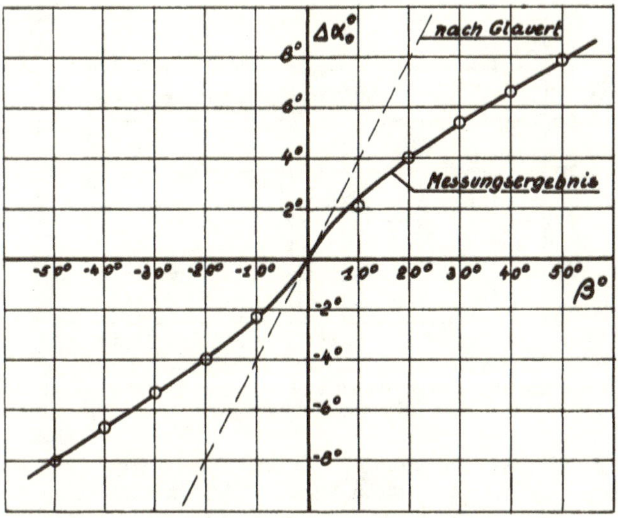

Abb. 1. Klappenwirkung nach Theorie und Messung.

Um diesen Unterschied zwischen Rechnung und Messung berücksichtigen zu können, führen wir den Klappenwirkungsgrad η_β ein, der durch systematische Auswertung von Klappenmessungen bestimmt werden kann. Hierbei kann festgestellt werden, daß der Klappenwirkungsgrad vom Ausschlagwinkel und von der prozentualen Klappentiefe abhängig ist. Mit wachsendem Ausschlagwinkel sinkt der Wirkungsgrad ab, während bei geringeren Klappentiefen der Wirkungsgrad eine weitere Verminderung erfährt. Da der letztere Einfluß nicht sehr stark ins Gewicht fällt, haben wir bisher bei unseren Rechnungen lediglich den durch Klappenausschlag bedingten Klappenwirkungsgrad berücksichtigt und den in Abb. 2 dargestellten Verlauf von η_β als brauchbaren Mittelwert aus einer Anzahl von Messungen bestimmt. Bei dem weiter unten angegebenen Vergleich zwischen Rechnung und Messung wurde der Einfluß der Klappentiefe ebenfalls berücksichtigt, wobei der Klappenwirkungsgrad aus der Rollmomenten-

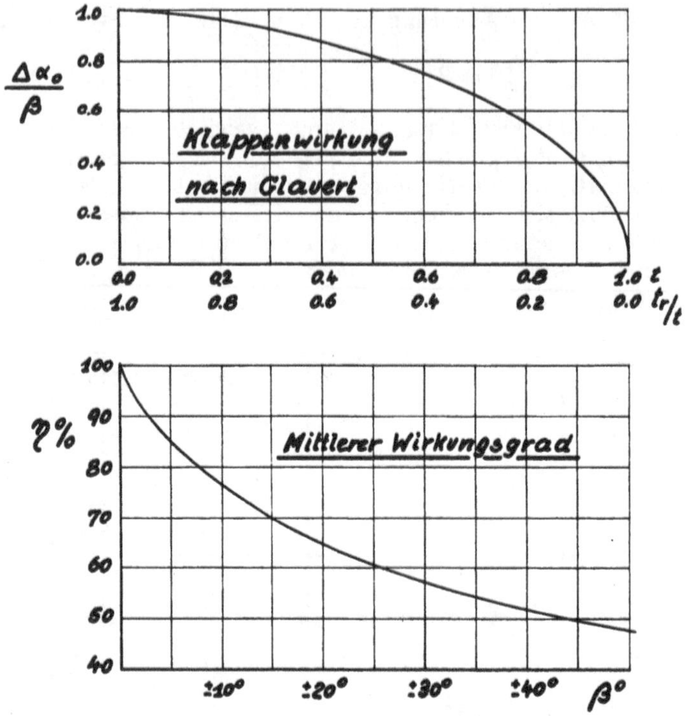

Abb. 2. Klappenwirkung nach *Glauert* und mittlerer Klappenwirkungsgrad nach Messungsergebnissen.

messung abgeleitet werden konnte. Die hier wiedergegebenen Beziehungen gelten für normale Klappen ohne Schlitz oder Innenausgleich. Trotzdem können die Beziehungen auch näherungsweise für anders geartete Klappenanordnungen verwendet werden.

Bestimmung der Querruderwirkung durch Berechnung der Auftriebsverteilung

Querruderbeiwerte

Zur Bestimmung der Querruderwirkung muß eines der bekannten Verfahren zur Berechnung der Auftriebsverteilung angewendet werden[3]).

Die Wirkung einer bestimmten Querruderanordnung ist gekennzeichnet durch den Verlauf der Beiwerte c_{m_q} und c_{m_s} in Abhängigkeit vom Auftriebsbeiwert und vom Klappenausschlag. Hierin ist der Rollmomentenbeiwert c_{m_q} definiert als

$$c_{m_q} = \frac{M_q}{q\,F\,b} \qquad (3)$$

[3]) Die folgende Darstellung stützt sich auf die Arbeit von *A. Lippisch*, Verfahren zur Bestimmung der Auftriebsverteilung längs der Spannweite, Luftfahrtforschung, Bd. 12, 1935, Nr. 3.

und der Giermomentenbeiwert c_{m_s} als

$$c_{m_s} = \frac{M_s}{q\,F\,b} \quad \text{. . . . . (4)}$$

Die Momente sind auf windfeste bzw. flugbahnfeste Achsen bezogen. c_{m_q} ist linksdrehend positiv in Flugrichtung gesehen, also Querruderausschlag rechts nach unten, links nach oben. c_{m_s} ist ebenfalls linksdrehend positiv im Sinne einer Linksschwenkung des Flugzeugs[4]). Weiterhin bedeutet ein positiver Querruderausschlag linke Klappe nach unten, rechte Klappe nach oben, so daß ein negatives Rollmoment erzeugt wird.

Das Rollmoment

Wir berechnen zuerst an Hand der Auftriebsverteilung den Rollmomentenbeiwert c_{m_q}. Hierbei setzen wir die halbe Spannweite gleich der Einheit und erhalten die Auftriebsverteilung in Form einer Fourier-Reihe als

$$c_a\,t = \sum_1^{\infty} a_n \sin n\,\varphi. \quad \text{. . . . . (5)}$$

In Anlehnung an die oben angegebene Arbeit können wir die Gesamtauftriebsverteilung in vier verschiedene Anteile trennen. Hiervon beschreiben die Normalverteilung und die Nullverteilung die Auftriebsverteilung des Flügels im beschleunigungsfreien Geradeausflug. Die Querruderwirkung wird beschrieben durch die Normalrollverteilung und die Rollnullverteilung, die durch die geraden Glieder der obigen Reihe gebildet werden. Berechnet man aus der Auftriebsverteilung das Rollmoment, so zeigt sich bekanntlich, daß dieses nur von den Koeffizienten a_2 abhängig ist und bestimmt wird als

$$\frac{M_q}{q} = -\,a_2 \cdot \pi/4. \quad \text{. . . . . (6)}$$

Mit Hilfe der oben angegebenen Definition für den Rollmomentenbeiwert ist dieser nun auch durch a_2 bestimmt als

$$c_{m_q} = -\,a_2\,\frac{\pi\,\Lambda}{32}. \quad \text{. . . . . (7)}$$

An Hand der Auftriebsverteilung kann man für eine gegebene Flügel- und Querruderform den Koeffizienten a_2 durch harmonische Analyse bestimmen und so auf einfache Weise den Einfluß verschiedener Maßnahmen auf den Rollmomentenbeiwert untersuchen. Im allgemeinen wird man hierbei den Rollmomentenbeiwert im Verhältnis zum Ruderausschlagwinkel β ableiten, sofern man nicht von vornherein gezwungen ist, den Klappenwirkungsgrad bei der Analyse zu berücksichtigen. Man bestimmt dann

$$c_{m_q} = \left(\frac{a_2}{\beta}\,\frac{\pi\,\Lambda}{32}\right)\beta\,\eta_\beta \quad \text{. . . . . (7a)}$$

---

[4]) Siehe *Blenk, Mathias*, Falu-Norm, ZFM 1932, S. 666.

In vielen Fällen genügt es, den Klappenwirkungsgrad als Mittelwert einzuführen, da hiermit die Rechnung wesentlich an Übersichtlichkeit gewinnt.

Das Giermoment

Die unsymmetrische Auftriebsverteilung durch Querruderausschlag erzeugt nun nicht nur ein Rollmoment um die Bahnachse, sondern auch ein Giermoment um die Auftriebsachse. Dies Giermoment entsteht einmal dadurch, daß der entgegengesetzte Ruderausschlag ungleiche Profilwiderstände an den Flügelenden hervorruft und weiterhin dadurch, daß der induzierte Widerstand nicht mehr symmetrisch über die Spannweite verteilt ist, Abb. 3.

Abb. 3. Auftriebs- und induzierte Widerstandsverteilung bei Querruderausschlag.

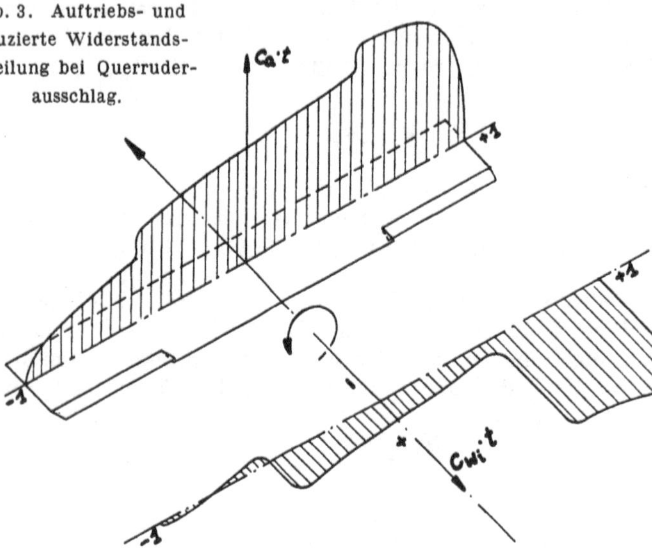

Die Bestimmung des ersten Anteils muß auf Grund von Messungsergebnissen ausgeführt werden. Da die Klappenuntersuchungen in diesem Punkt sehr unsicher sind, ist die Berechnung des Giermomentes durch Profilwiderstände nur mit erheblichen Unsicherheiten ausführbar. Demgegenüber läßt sich aber das Giermoment aus dem induzierten Widerstand, oder das sog. induzierte Giermoment, auf einfache Weise aus der Auftriebsverteilung ableiten. Ist die Auftriebsverteilung durch eine Fourierreihe gegeben, so ist das induzierte Giermoment[5])

$$\frac{M s_i}{q} = \frac{\pi}{32} (3 a_1 a_2 + 5 a_2 a_3 + 7 a_3 a_4 + 9 a_4 a_5 + \ldots) \quad . \quad . \quad . \quad (8)$$

[5]) Siehe *Wieselsberger*, Theoretische Untersuchungen über Querruderwirkung 1927.

wobei wiederum die halbe Spannweite als Einheit eingeführt ist. Hieraus errechnet sich der Beiwert des induzierten Giermomentes zu

$$c_{m_{si}} = \frac{\pi \Lambda}{256} \sum_{1}^{\infty} (2n+1)\, a_n \cdot a_{n+1}.$$

Bedenkt man nun, daß a_1 dem Auftriebsbeiwert des ganzen Flügels $c_{a_{ges}}$ und a_2 dem Rollmomentenbeiwert c_{m_q} verhältig ist, so erhält man

$$c_{m_{si}} = - c_{m_q} \cdot \frac{c_{a\,ges}}{\pi \Lambda} \left(3 + 5 \frac{a_3}{a_1} + 7 \frac{a_3}{a_1} \cdot \frac{a_4}{a_2} + 9 \frac{a_4}{a_2} \cdot \frac{a_5}{a_1} + \ldots \right) \quad . \quad . \quad (9)$$

Um die verschiedenen Einflüsse der Flügel- und Querruderformgebung, sowie des Querruderantriebes genauer übersehen zu können, ist es vorteilhaft, die Koeffizienten der Gesamtauftriebsverteilung in ihre Anteile aus den Elementarverteilungen zu trennen. Hierbei ist folgendes zu beachten: Der gerade unverwundene Flügel beliebiger Umrißform liefert die sog. Normalverteilung. Hierbei ändern sich alle Koeffizienten proportional dem Auftriebsbeiwert $c_{a_{ges}}$ bzw. a_1. Die Verhältniszahlen $\frac{a_3}{a_1}, \frac{a_5}{a_1}, \frac{a_7}{e_1}$ sind dem Flügelumriß charakteristische Formbeiwerte, die nur noch geringfügig durch die Profildicke beeinflußt werden. Die Änderung des Auftriebsbeiwertes ändert also lediglich die Koeffizienten der Normalverteilung, deren Verhältniszahlen a_3/a_1 usw. mit dem Index n bezeichnet werden mögen.

Die gleichzeitige Verwindung des Flügels (Schränkung) bedingt eine vom Gesamtauftrieb unabhängige Nullverteilung, deren Koeffizienten durch den Index Δ, also mit $a_{3\Delta}$, $a_{5\Delta}$, $a_{7\Delta}$ bezeichnet werden. Da der Gesamtauftrieb der Nullverteilung = 0 ist, enthält diese kein a_1-Glied.

Wollen wir weiterhin die Querruderwirkung bei Differentialantrieb bestimmen, so müssen wir bedenken, daß der Ausschlag des Differentialquerruders zusammengesetzt gedacht werden kann aus einem gleichsinnigen Hochziehen beider Ruder und einer gegenläufigen Ruderverstellung. Das abwärts schlagende Ruder bleibt dann im Ausschlagwinkel hinter dem aufwärtsschlagenden zurück. Um also die Differentialwirkung rechnerisch berücksichtigen zu können, müssen wir noch die Schränkung durch Differentialwirkung einführen, deren Koeffizienten eine Nullverteilung darstellen, die sich im allgemeinen proportional dem Ruderausschlagwinkel β ändert[6]). Wir bezeichnen diese Koeffizienten deshalb mit dem Index β als $a_{3\beta}$, $a_{5\beta}$ usw. Die geraden Koeffizienten der Reihe ändern sich proportional dem Rollmoment bzw. dem Klappenausschlagwinkel β. Theoretisch sind diese Koeffizienten vom Gesamtauftrieb völlig unabhängig, da die Rollverteilung von den anderen Elementarverteilungen nicht beeinflußt wird. Die Verhältniszahlen a_4/a_2, a_6/a_2, a_8/a_2 usw. sind reine Querruderformbeiwerte, die nicht mehr von β abhängig sind, da der Zusammenhang mit dem Klappenausschlagwinkel über a_2 bzw. c_{m_q} erfolgt. Somit läßt sich nunmehr das induzierte Giermoment bzw. dessen Beiwert anschreiben als

---

[6]) Im einzelnen wird man diese Verhältnisse zwischen β-Querruder und β-Schränkung an Hand des ausgeführten Querruderantriebs bestimmen.

$$c_{m_{s_i}} = -c_{m_q}\left[\frac{c_a}{\pi \Lambda}\left(3+5\left(\frac{a_3}{a_1}\right)_n+7\left(\frac{a_3}{a_1}\right)_n\cdot\frac{a_4}{a_2}+9\,\frac{a_4}{a_2}\left(\frac{a_5}{a_1}\right)_n+\ldots\ldots\right)\right.$$
$$+\frac{1}{8}\left(5\,a_{3\Delta}+7\,a_{3\Delta}\cdot\frac{a_4}{a_2}+9\,\frac{a_4}{a_2}\cdot a_{5\Delta}+\ldots\ldots\right)$$
$$\left.+\frac{1}{8}\left(5\,a_{3\beta}+7\,a_{3\beta}\,\frac{a_4}{a_2}+9\,\frac{a_4}{a_2}\,a_{5\beta}+\ldots\ldots\right)\right]. \quad \ldots\ldots \quad (10)$$

Der Ausdruck für $c_{m_{s_i}}$ trennt sich damit in drei Glieder, von denen das erste Glied außer vom Rollmoment auch vom Gesamtauftrieb abhängig ist und das Giermoment des unverwundenen Flügels mit Querruder ohne Differentialwirkung darstellt. Die beiden weiteren Glieder sind auftriebsunabhängig und können als Nullmomentenbeiwert $c_{m_{s_{i_0}}}$ gewertet werden. Es ist also

$$c_{m_{s_{i_0}}} = \frac{c_{m_q}}{8}\left[\left(5\,a_{3\Delta}+7\,a_{3\Delta}\cdot\frac{a_4}{a_2}+9\,\frac{a_4}{a_2}\cdot a_{5\Delta}+\ldots\ldots\right)+\right.$$
$$\left.+\left(5\,a_{3\beta}+7\,a_{3\beta}\cdot\frac{a_4}{a_2}+9\,\frac{a_4}{a_2}\cdot a_{5\beta}\ldots\right)\right].$$

Der erste Anteil wird durch die Flügelschränkung hervorgerufen und ändert sich linear mit dem Rollmoment bzw. dem Klappenausschlagwinkel.

Der zweite Anteil zeigt den durch Differentialwirkung hervorgerufenen Einfluß auf das Giermoment. Da sowohl die geraden, als auch die ungeraden Koeffizienten vom Ausschlagwinkel abhängig sind, ändert sich dieser zweite Anteil proportional dem Quadrat des Klappenausschlagwinkels.

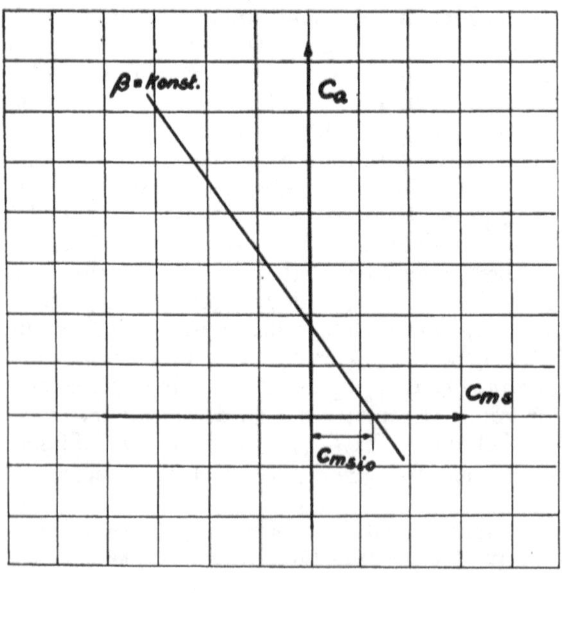

Abb. 4. Verlauf von c_{m_s} als Funktion von c_a.

Wir können also ganz allgemein für den Giermomentenbeiwert schreiben:

$$c_{m_{si}} = -c_{m_q}\left(P \cdot \frac{c_a}{\pi \Lambda} + C_{\Delta} + C_{\beta}\right) \quad \ldots \ldots \quad (10\,a)$$

Durch vergleichende Auftriebsverteilungsrechnungen kann man den Verlauf der Faktoren P, C_{Δ}, C_{β} ableiten. Tragen wir das Giermoment in Abhängigkeit vom Auftriebsbeiwert auf, Abb. 4, so gibt $\frac{P}{\pi \Lambda}$ die Neigung der Geraden an, während C_{Δ} und C_{β} eine Parallelverschiebung der Geraden erzeugen.

Wünschen wir nun eine möglichst gute Querruderwirkung, so werden wir bestrebt sein, ein dem Sinne des Querruderausschlags wirksames Giermoment hervorzurufen. Das heißt, wir müssen dann verlangen, daß bei einem positiven Rollmoment auch ein positives Giermoment eintritt. Da die Neigung der Geraden im allgemeinen stets negative Werte annimmt, müssen wir dafür sorgen, daß sowohl C_{Δ} als auch C_{β} den negativen Anteil $\frac{P}{\pi \Lambda} c_a$ mehr als ausgleichen. Um diese Verhältnisse durch eine Beispielsrechnung näher beleuchten zu können, wurden an verschiedenen Flügeln verschiedene Querruderanordnungen theoretisch untersucht, und im folgenden sollen die Ergebnisse näher betrachtet werden.

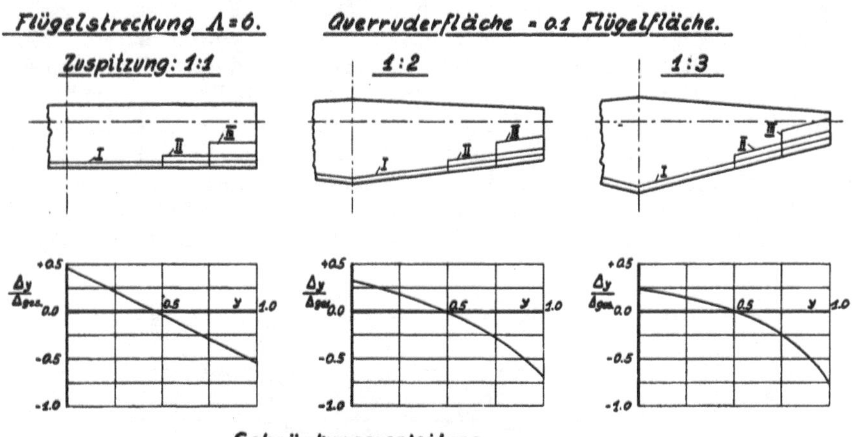

Abb. 5. Die rechnerisch untersuchte Flügelreihe mit verschiedenen Querrudern.

Vergleichsrechnung

Der Rechnung zugrunde gelegt wurden drei Flügel mit gleichem Seitenverhältnis und verschiedener Zuspitzung, und zwar ein Rechtecksflügel und zwei Trapezflügel 1:2 und 1:3 verjüngt. Die Flügelstreckung betrug bei allen Flügeln $\Lambda = 6$. Bei einer Querruderfläche von 10% des Flügelinhalts wurden drei Querruderanordnungen, und zwar über die

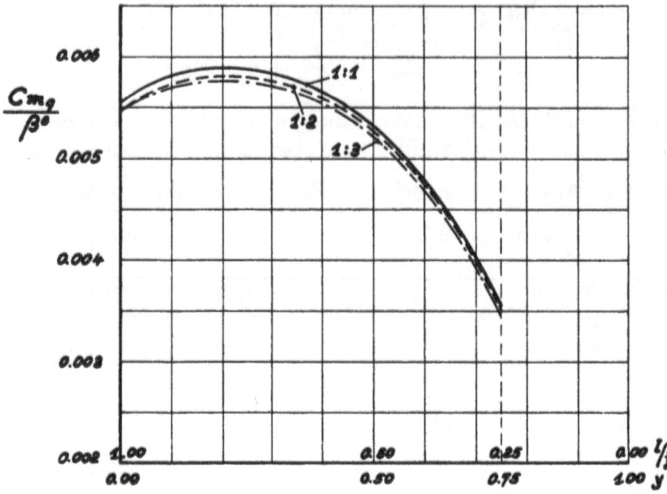

Abb. 6. Rollmomentenbeiwert c_{m_q} bei verschiedener Klappenlänge und Zuspitzung.

ganze Halbspannweite, über 50% der Halbspannweite und über 25% der Halbspannweite untersucht, Abb. 5. Um den Einfluß einer gleichseitigen Verwindung des Flügels kennen zu lernen, wurde die Auftriebsverteilung weiterhin für die ebenfalls in der Abb. 5 dargestellten Schränkungen bestimmt. Bei den Trapezflügeln ergibt sich kein geradliniger Schränkungsverlauf, da die Flügel als geradlinig gestraakt angenommen wurden. Abb. 6 zeigt das Rechnungsergebnis für den Verlauf von c_{m_q}/β^0. Der Rechnung wurde die theoretische Klappenwirkung nach *Glauert* zugrunde gelegt, so daß bei verschiedenen Klappenausschlägen der Wirkungsgrad noch berücksichtigt werden muß. Wir sehen, daß die Zuspitzung

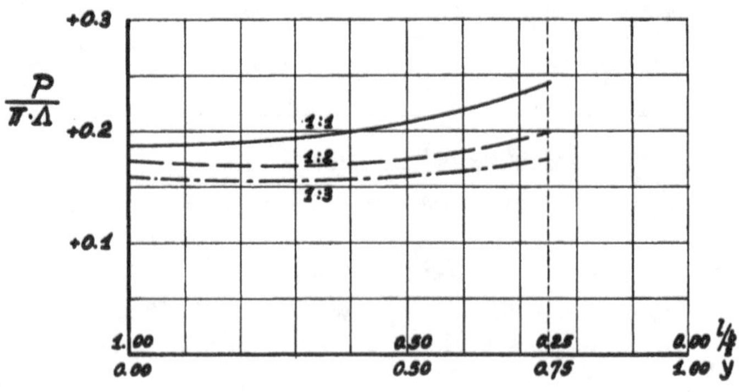

Abb. 7. $\frac{P}{\pi\,\Lambda}$ als Funktion der Querruderlänge bei verschiedener Zuspitzung.

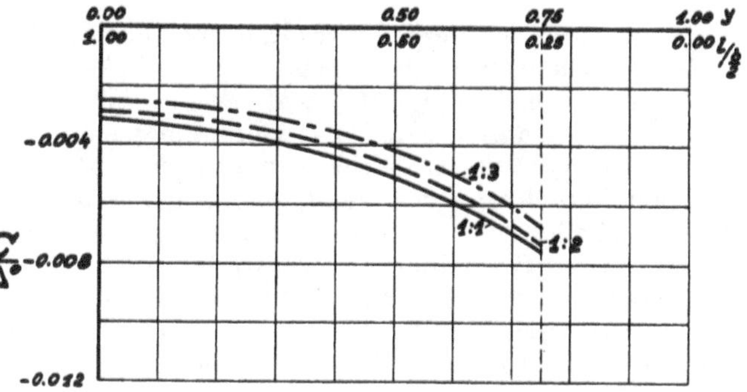

Abb. 8a.

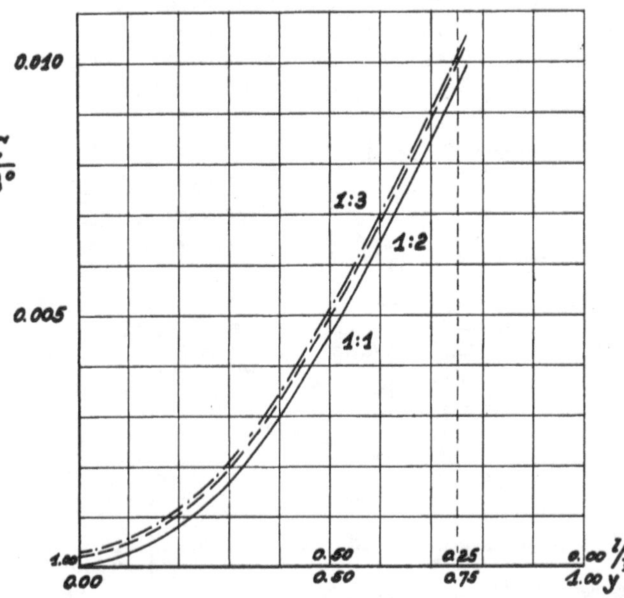

Abb. 8b.

Abb. 8a und b. $\frac{C}{\Delta^\circ}$ und $\frac{C}{\beta^\circ}$ in Abhängigkeit von der Querruderlänge.

keinen wesentlichen Einfluß auf das Rollmoment hat. Alle drei Kurven zeigen einen Höchstwert bei einer Querruderlänge von 80% der Halbspannweite. In Praxis wird sich dieser Höchstwert noch etwas nach außen verschieben, da der Klappenwirkungsgrad mit zunehmender Tiefe günstiger wird. Bemerkenswert ist der starke Abfall des Rollmomentes bei den tiefen kurzen Querrudern.

Abb. 7 zeigt weiterhin den Verlauf von $P/\pi\Lambda$. Man erkennt hieraus, daß das negative Giermoment beim Rechteckflügel am größten wird, und daß mit zunehmender Zuspitzung des Flügels eine Verminderung des Giermomentes eintritt. Weiterhin zeigt sich, daß das Giermoment bei kurzen Querrudern zunimmt, so daß diese Querruderformen auch in dieser Hinsicht als ungünstig bezeichnet werden müssen.

Abb. 8 zeigt den Verlauf von C/Δ^0 und C/β^0. Man sieht, daß der Ausgleich des negativen Giermomentes durch Flügelschränkung oder Querruderhochziehen bei kurzen Querrudern leichter zu erreichen ist. Allerdings sind die Werte im Verhältnis $P/\pi\Lambda$ klein, insbesondere für C/Δ^0.

Um weiterhin den Einfluß der Ruderform übersehen zu können, wurden am Rechtecksflügel drei Ruderanordnungen bei dreieckigem Rudergrundriß gerechnet. Das Ergebnis zeigt Abb. 9. Man erkennt, durch Vergleich der Kurven, daß das Dreiecksruder schlechtere Querruderwirkung hervorruft. Allerdings sind die Unterschiede nur geringfügig und können gegebenenfalls durch Wirkungsgradverbesserung praktisch gegenüber dem Rechteckruder ausgeglichen werden. Das Rechnungsergebnis für C/β^0 ist besonders bemerkenswert durch den steilen Anstieg des stabilisierenden Beiwertes bei kurzen tiefen Querrudern. Hier zeigt sich eine deutliche Überlegenheit solcher Ruderanordnungen.

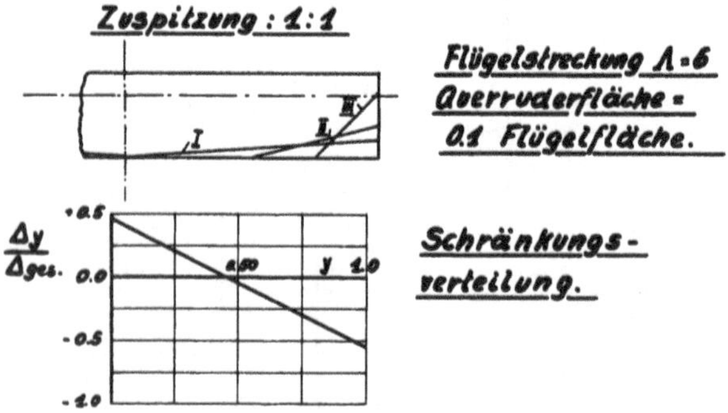

Abb. 9a.

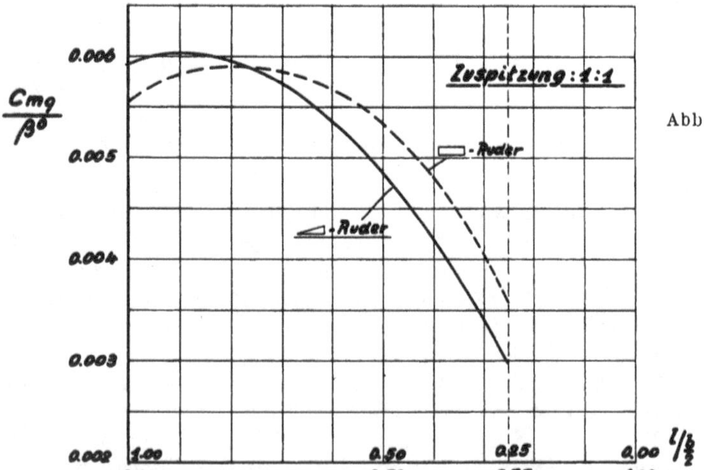

Abb. 9b.

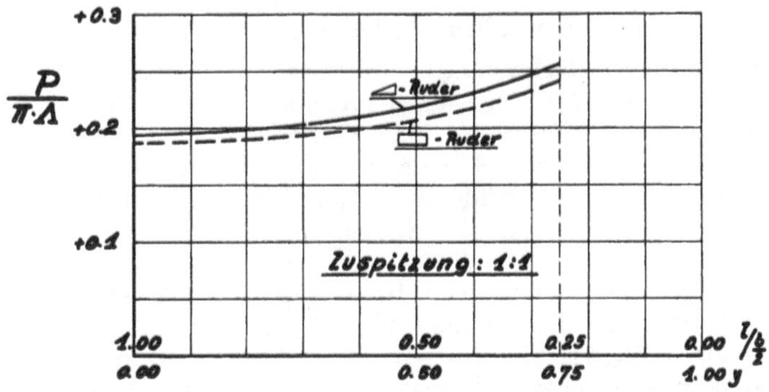

Abb. 9 c.

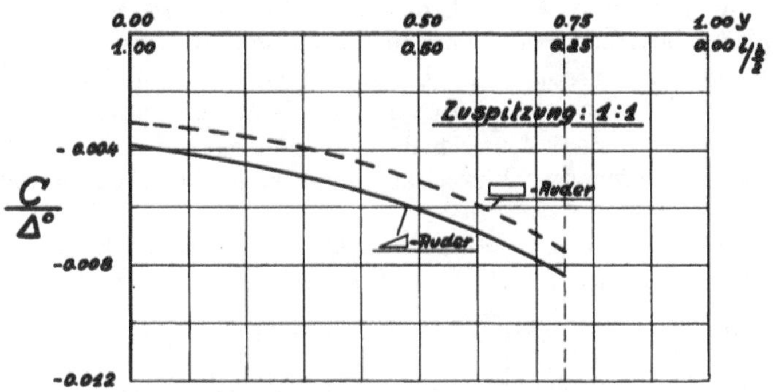

Abb. 9 d.

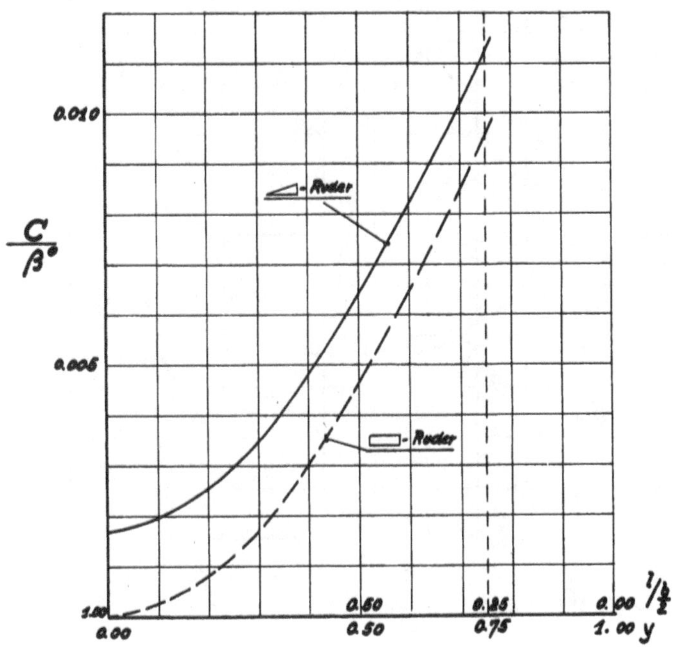

Abb. 9 e.

Abb. 9 a bis e. Rechnungsergebnisse für dreieckige Ruderumrisse am Rechteckflügel.

Vergleich mit Meßergebnissen

Zum Vergleich zwischen Rechnung und Messung wurden die im NACA-Report Nr. 419[7]) veröffentlichten Messungsergebnisse mit der Rechnung verglichen. Es handelt sich hierbei um eine Versuchsreihe an Rechteckflügeln mit verschiedenen Querruderlängen und Querrudertiefen. Da die Querruderflächen der einzelnen Ausführungsarten nicht konstant gehalten wurden, wurde das Rechnungsergebnis auf Grund der *Glauert*schen Näherung umgerechnet.

Die Messungsergebnisse, die in Abb. 10 dargestellt sind, wurden so aufgetragen, daß sowohl das Rollmoment in Abhängigkeit des Klappenausschlagwinkels als auch das Giermoment in Abhängigkeit vom Rollmoment und vom Klappenausschlag leicht abgelesen werden können. Da theoretisch für konstante Auftriebsbeiwerte eine lineare Beziehung zwischen c_{m_q} und c_{m_s} bestehen muß, wurden die Meßpunkte gleicher Auftriebsbeiwerte miteinander verbunden. Unter Zugrundelegung der theoretischen Werte von c_{m_q}/β^0 wurden weiterhin die Klappenwirkungsgrade abgeleitet. Man erkennt hierbei deutlich die Verminderung des Klappenwirkungsgrades mit abnehmender Querrudertiefe, wie dies bereits eingangs erwähnt wurde.

Der geradlinige Verlauf von c_{m_s} als Funktion von c_{m_q} ist bei kleineren Klappenausschlägen bis etwa 30⁰ in Übereinstimmung mit der Theorie

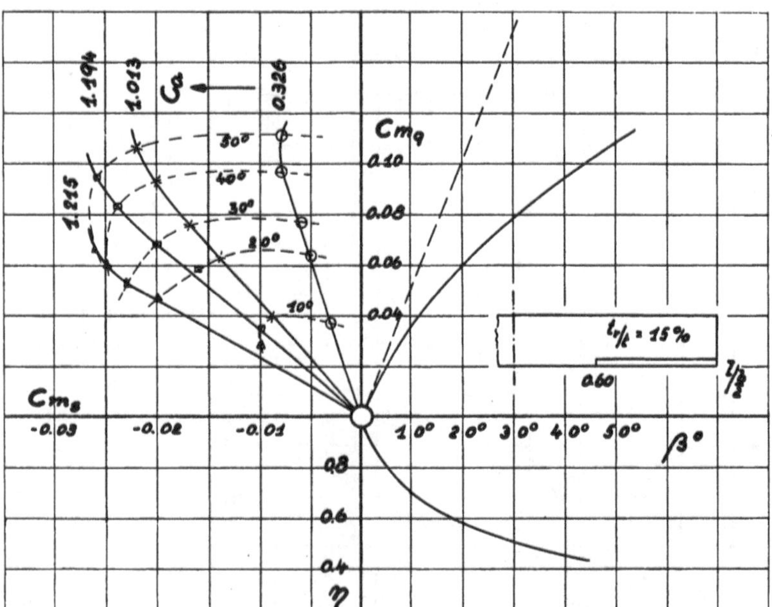

Abb. 10 a.

[7]) NACA-Report 419: Windtunnel research comparing lateral control, *F. E. Weick* und *C. I. Wensinger.*

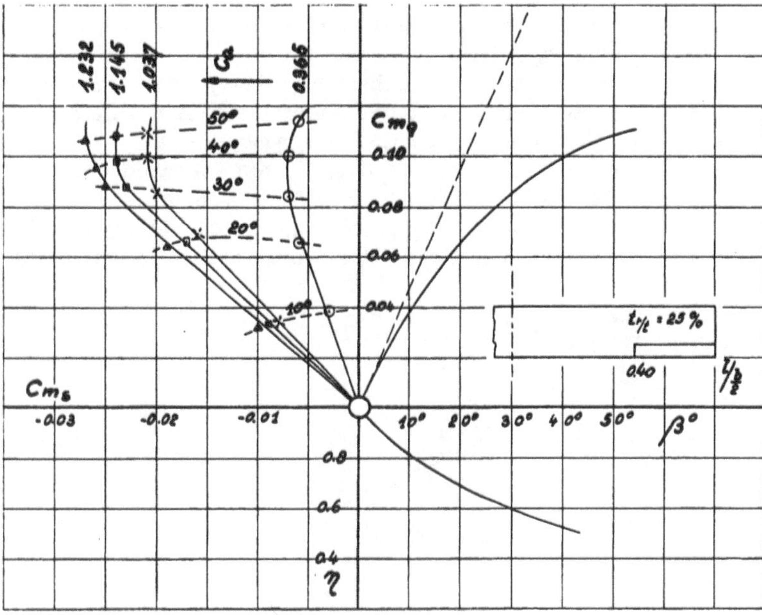

Abb. 10b.

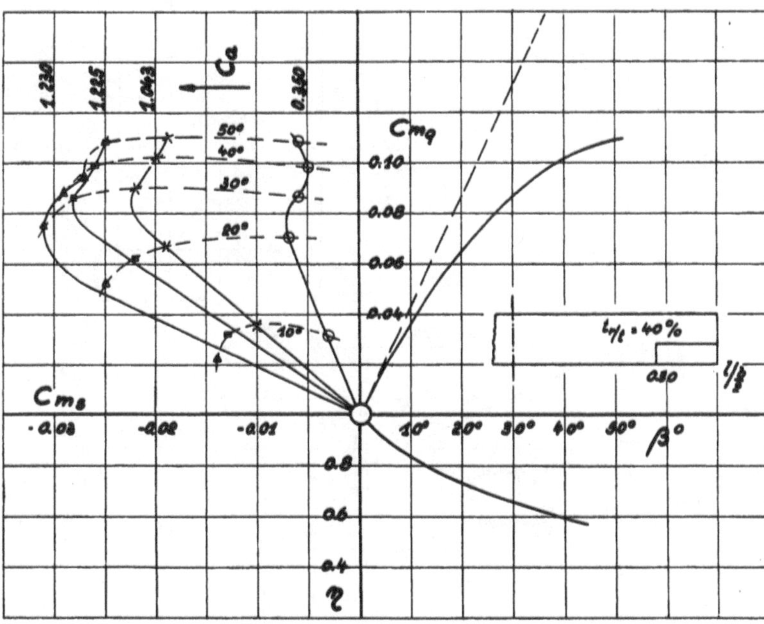

Abb. 10c.

Abb. 10a bis c. Meßergebnis für Roll- und Giermomente an Rechteckflügeln mit verschiedenen Querrudern ohne Differentialwirkung.

gewährleistet. Darüber hinaus steigt das negative Giermoment nicht mehr so steil an und zeigt bei einigen Anordnungen sogar eine Verminderung von c_{m_s} bei wachsendem c_{m_q}. Diese Ursache ist darauf zurückzuführen, daß die Wirkung der nach unten ausgeschlagenen Klappe gegenüber dem Ausschlag nach oben schwächer wird, so daß dadurch eine Art Differentialwirkung einsetzt, die das negative Giermoment vermindert.

Wertet man nun die Neigungen dc_{m_s}/dc_{m_q} für die verschiedenen Auftriebsbeiwerte für die geradlinigen Teile der Kurven aus, so erhält man den in Abb. 11 aufgetragenen Verlauf. Vergleicht man diesen Verlauf mit der sich aus der Theorie ergebenden Größe des induzierten Kursmomentes,

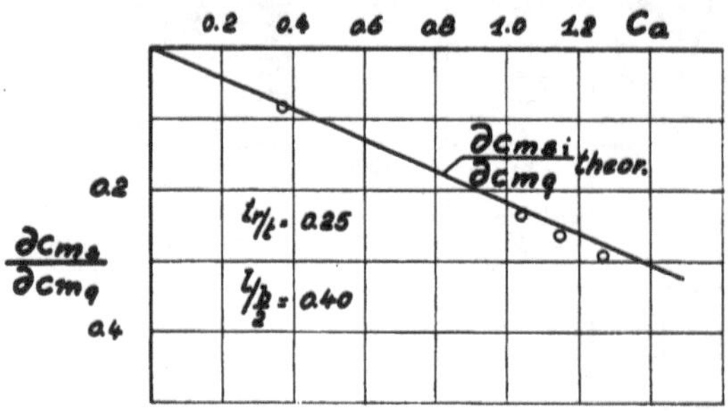

Abb. 11 a.

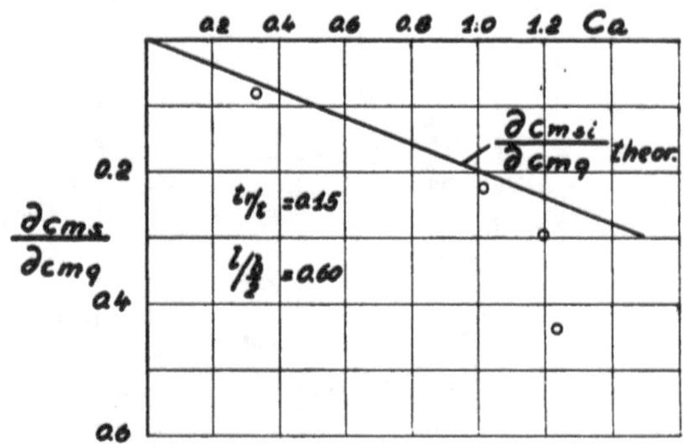

Abb. 11 b (rechts)

Abb. 11 c (unten)

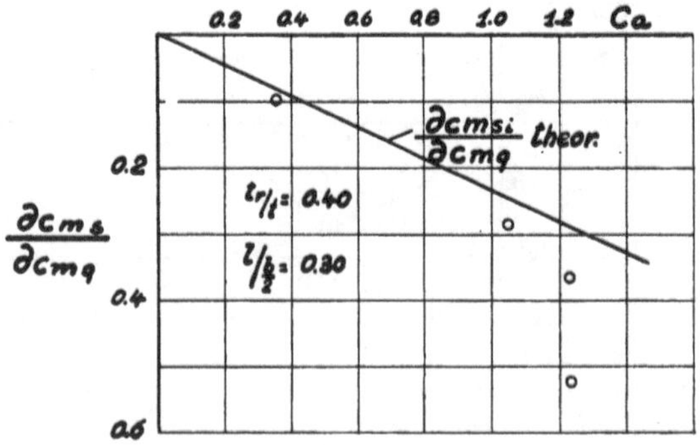

Abb. 11 a bis c. $\frac{\delta c_{m_s}}{\delta c_{m_q}}$-Vergleich zwischen Rechnung und Messung.

so erkennt man, daß im Bereich kleiner Auftriebsbeiwerte das Giermoment auch praktisch nur aus dem Anteil der Induktion abgeleitet werden kann. Bei größeren Auftriebsbeiwerten ist das gemessene negative Giermoment größer als der induzierte Anteil. Man könnte diese Erscheinung zum Teil durch das Anwachsen des Giermomentes aus ungleichen Profilwiderständen ableiten. Diese Erklärung ist jedoch nicht ausreichend, da der Anstieg dann nicht geradlinig verlaufen könnte. Vielmehr muß man die Erhöhung des Giermomentes bei größeren Auftriebsbeiwerten dadurch erklären, daß die Auftriebsverteilung in diesem Bereich nicht mehr mit der rechnerisch ermittelten Auftriebsverteilung übereinstimmt, da der Auftriebsanstieg der Profile bereits von der theoretisch angenommenen Geraden abweicht. Wir wissen aus Druckverteilungsmessungen über die Spannweite, daß die Auftriebsverteilung bei größeren Auftriebsbeiwerten tatsächlich völliger ausfällt, als sie das Rechnungsergebnis liefert. Diese Form der Auftriebsverteilung des Rechteckflügels bei großen Auftriebsbeiwerten ist vergleichbar mit der theoretischen Auftriebsverteilung eines nach außen verbreiterten Flügels. Demnach müssen die Werte für $P/\pi\Lambda$ größer ausfallen, als das Rechnungsergebnis des Rechteckflügels.

Die Versuchsergebnisse zeigen also, daß das Giermoment bei großen Auftriebsbeiwerten ebenfalls aus dem induzierten Anteil erklärt werden kann unter Berücksichtigung der wahren Gestalt der Auftriebsverteilung.

In Abb. 12 wurde weiterhin eine Messung mit Differentialquerruderantrieb aufgetragen, um auch hier einen Vergleich zwischen Rechnung und Messung durchführen zu können. Die Übereinstimmung der Neigungen ist auch hier zwischen Theorie und Versuch befriedigend. Da bei der Messung mit einseitig ausgeschlagenem Querruder die hierdurch hervorgerufenen Änderungen des Auftriebsbeiwertes nicht festgestellt wurden, ist der Vergleich der $c_{m_{si_0}}$-Werte nur durch Abschätzung möglich. Wir haben aus dem Rechnungsergebnis und einigen Messungsergebnissen mit gleichseitig hochgestellten Klappen die Auftriebsänderung abgeschätzt und hieraus den Verlauf der Nullpunkte in Abhängigkeit vom Klappenwinkel bestimmt. Verglichen mit der Rechnung, die ja eine quadratische Abhängigkeit zwischen $c_{m_{si_0}}$ und β liefern muß, liegen die gemessenen Punkte oberhalb der gerechneten Kurve. Die Ursache beruht hier zweifellos auf dem unberücksichtigten Anteil des Giermomentes aus dem Profilwiderstand.

Zusammenfassend kann gesagt werden, daß eine befriedigende Übereinstimmung zwischen Rechnung und Messung nachgewiesen werden kann, so daß die Ergebnisse einer Querrudervergleichsrechnung für die Praxis brauchbare Ergebnisse liefern werden.

Kursstabilität bei der stationären Rolle

Wir haben bisher die Kursstabilität beim feststehenden Flügel mit Querruderausschlag betrachtet. Es soll im folgenden gezeigt werden, daß diese Betrachtungen erweitert werden müssen, wenn wir es mit einem Vorgang zu tun haben, der der stationären Rolle entspricht. Nach Einleitung des Querruderausschlages beginnt die Rollbewegung des Flügels, die sich

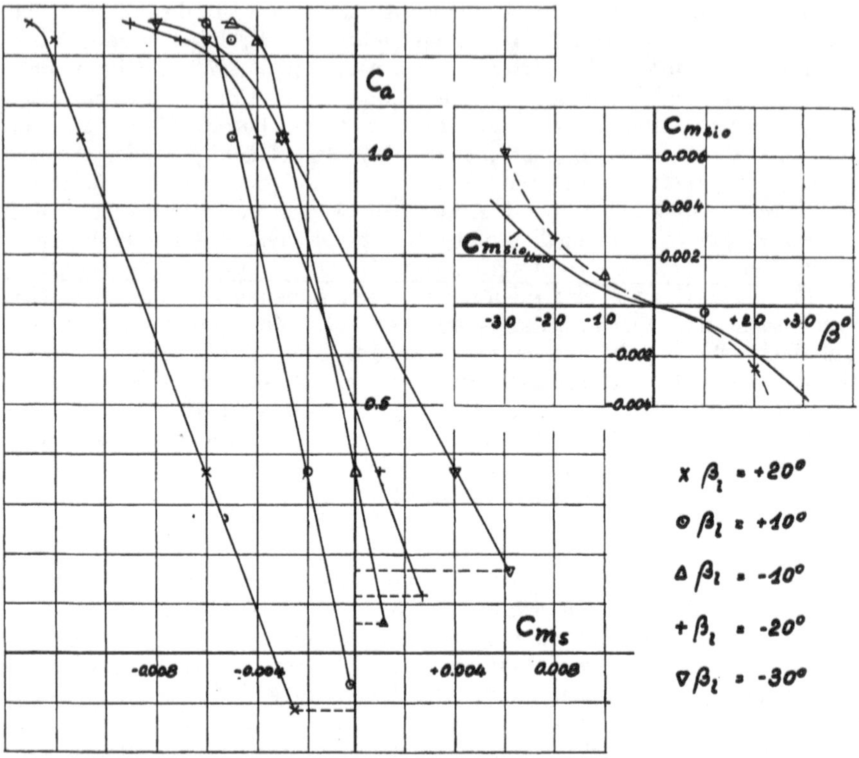

Abb. 12. Rechteckflügel mit Differentialquerruder 1 : 1; $\frac{l}{b/2} = 0{,}40$; $\frac{t_r}{t} = 0{,}25$.

so weit steigert, daß das Rollmoment selbst Null wird. Der Anstellwinkelverlauf ist dahingehend geändert, daß der heruntergehende Flügel Anstellwinkelvergrößerung, und der heraufgehende Flügel Anstellwinkelverminderung erfährt. Diese Änderung des Anstellwinkels bedingt auch eine Änderung der Anblasrichtung am Orte des Flügels, so daß der Auftrieb beim heruntergehenden Flügel nach vorne, und beim heraufgehenden Flügel nach hinten geneigt ist. Bezogen auf die mittlere Anblasrichtung, bzw. die Bewegungsrichtung des ganzen Flügels liefert der Auftrieb nunmehr auch ein Giermoment, das durch die nach vorn, bzw. nach hinten gerichteten Teilkomponenten des Auftriebs erzeugt wird. Der heruntergehende Flügel erfährt somit Vortrieb, und der heraufgehende Flügel Rücktrieb. Auf Grund der bekannten Beziehung, wie sie zur Bestimmung der Roll- und Giermomente des feststehenden Flügels verwendet wurden, kann man auch für die stationäre Rollbewegung das Giermoment ableiten. Dieses Giermoment besteht einmal aus dem bereits bekannten Anteil infolge des induzierten Widerstandes, als induziertes Giermoment, während ein zweiter Anteil als Rollgiermoment bezeichnet werden kann. Der erste Anteil ist uns

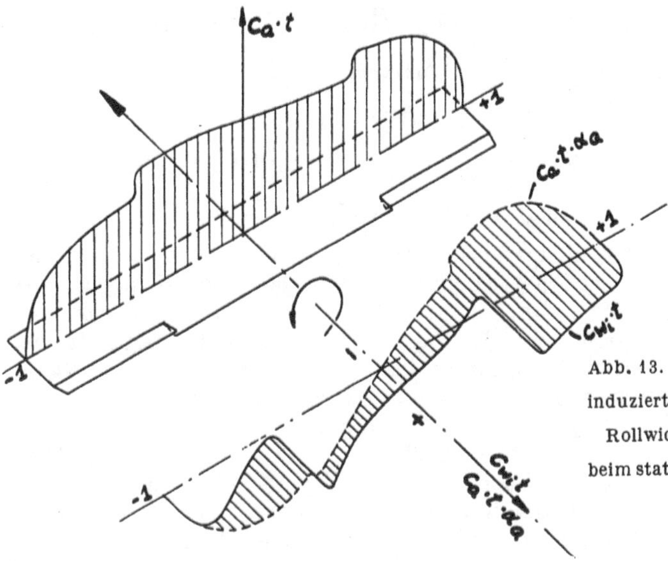

Abb. 13. Auftriebsverteilung, induzierte Widerstands- und Rollwiderstandsverteilung beim stationären Rollvorgang.

aus den vorausgegangenen Rechnungen bekannt, während der zweite Anteil bestimmt ist als:

$$c_{m_{s\omega}} = -k\,\beta\,\frac{\Lambda \cdot c_a}{8}\left(1 + \frac{a_3}{a_1}\right) \qquad -k = \frac{\alpha_q/y}{\beta} \quad \ldots \ldots \quad (14)$$

Auf Abb. 13 ist der Verlauf der verschiedenen Anteile des Giermomentes beim stationären Rollvorgang dargestellt. Es ist $c_{w_i}\,t$ das induzierte Giermoment bei der stationären Rolle, während $c_a\,t\,\alpha_q$ das Rollgiermoment darstellt. Aus der Ableitung des Rollgiermomentes geht hervor, daß hier nur die Glieder a_1 und a_3 der Auftriebsverteilung wirksam werden, und daß das Giermoment durch Rollbewegung instabil ist, solange a_1 größer als a_3 wird. Dies ist fast bei allen Ausführungsformen der Fall, und nur bei stark geschränktem Flügel und kleinen Auftriebsbeiwerten wird das Giermoment der stationären Rolle Null werden.

Leider sind bisher diese Zusammenhänge noch nicht experimentell verfolgt worden, denn die bisher bekannten Autorotationsmessungen wurden alle mit um die Auftriebsachse festen Flügeln ausgeführt.

Über die Stabilität der Bewegung läßt sich dann nur wenig aussagen, da die Schiebebewegung in der Stabilitätsbetrachtung nicht vernachlässigt werden darf, und Instabilität vor der Erreichung des Höchstauftriebs hervorrufen kann.

Zusammenfassend läßt sich sagen, daß die Auftriebsverteilungsrechnung uns heute bereits Hilfsmittel an die Hand gibt, um die Kursstabilität bei Rollbewegungen zu betrachten, so daß wir beim Entwurf eines Flügels Aussagen über die Querruderwirkungen machen können. Es ist notwendig, die Zusammenhänge weiterhin experimentell zu erforschen, damit die Vorausberechnung durch experimentelle Unterlagen gestützt werden kann.

Beitrag zur Berechnung von Flügelschwingungen und des Querrudereinflusses auf diese

Von W. Quessel*)

Vorgetragen am 17. Juli 1936 in Bremen

Anlaß der Untersuchung

Nachdem wir den Kragarm der Hs 122 als räumlichen Flügel mit den Freiheitsgraden Biegung — Drehung, d. h. ohne Berücksichtigung des Querruders, untersucht haben, unter der Voraussetzung, daß das vollkommen massenausgeglichene Querruder das Schwingungsverhalten des Flügels nicht wesentlich beeinflussen kann, haben wir uns die Aufgabe gestellt, die Richtigkeit dieser Annahme rechnerisch zu prüfen. Diese Untersuchung haben wir jedoch nicht am räumlichen Flügel mit Querruder, sondern am ebenen Ersatzflügel durchgeführt. Der ebene Ersatzflügel ergibt zwar Werte der kritischen Geschwindigkeit, die von denen der räumlichen Rechnung erheblich abweichen können, zur Untersuchung grundsätzlicher Zusammenhänge ist jedoch der ebene Flügel ohne Zweifel geeignet.

Die Biege- und Verdrehsteifigkeit des Ersatzflügels wurden so bestimmt, daß seine Biege- und Drehfrequenz dieselben wurden wie die des räumlichen Flügels, während die anderen Baugrößen Mittelwerte der längs der Spannweite veränderlichen Baugrößen des räumlichen Flügels sind.

Freiheitsgrade Flügelbiegung — Flügeldrehung

Ohne Berücksichtigung des Querruders ergibt der ebene Ersatzflügel eine kritische Geschwindigkeit von 258 m/s. Um einen Überblick über die Verhältnisse bei den Freiheitsgraden Biegung — Drehung zu bekommen, haben wir die reduzierte Verdrehsteifigkeit q verändert. Abb. 1 stellt die kritische Geschwindigkeit in Abhängigkeit von der reduzierten Verdrehsteifigkeit dar. In dem praktisch in Frage kommenden Bereich etwa $q > 1000$ nimmt die kritische Geschwindigkeit ungefähr mit der Quadratwurzel aus q ab, jedoch wird sie bei einer bestimmten, allerdings sehr kleinen reduzierten Verdrehsteifigkeit $q = q_0$ null. Bei einer weiteren Abnahme der reduzierten Verdrehsteifigkeit wird die kritische Geschwindigkeit größer, bis die kritische Geschwindigkeit des Flatterns größer wird als die kritische Geschwindigkeit des Auskippens, so daß dann die statische Unstabilität früher eintritt als die dynamische.

Eine von unserem Rechenbeispiel unabhängige Untersuchung hat ergeben, daß sich bei jedem Flügel eine Verdrehsteifigkeit angeben läßt, bei welcher die kritische Geschwindigkeit Null wird, wenn die Baugrößen des Flügels die Bedingung $4\,(1-\varepsilon) > \mu'\,\sigma' > 1-\varepsilon$ erfüllen. Hier ist ε die auf die halbe Flügeltiefe bezogene Rücklage der elastischen Achse hinter dem Druckpunkt, μ' die reduzierte Masse mit Berücksichtigung der Luft-

*) Dipl.-Ing., Henschel Flugzeugwerke A. G., Schönefeld bei Berlin.

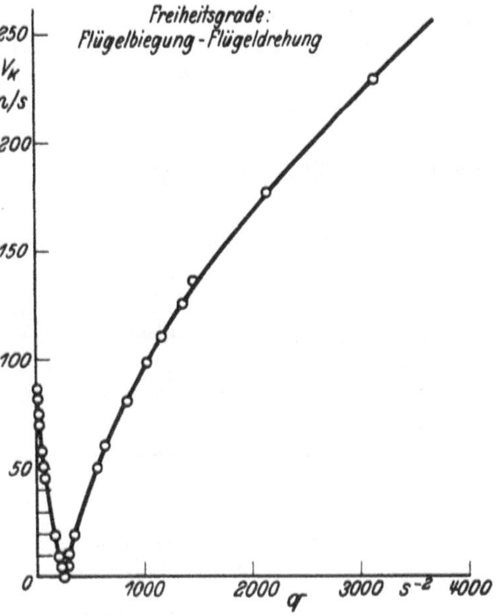

Abb. 1. Kritische Geschwindigkeit in Abhängigkeit von der reduzierten Verdrehsteifigkeit.

massen, σ' die auf die halbe Flügeltiefe bezogene Rücklage des Schwerpunktes hinter der elastischen Achse, ebenfalls mit Berücksichtigung der Luftmassen. Das Produkt $\mu'\sigma'$ ist ein Maß für die Massenkopplung. Die Verdrehsteifigkeit, bei welcher die kritische Geschwindigkeit Null wird, ist identisch mit derjenigen Verdrehsteifigkeit, bei welcher der Flügel in der Standschwingung den hinteren Druckpunkt ($1/4$ Flügeltiefe von der Hinterkante) als Drehpunkt hat. Erfüllt also der Flügel die Bedingung $4\,(1-\varepsilon) > \mu'\sigma' > 1-\varepsilon$ und dreht er sich in der Standschwingung um den hinteren Druckpunkt, so ist seine kritische Geschwindigkeit Null.

Das Steifigkeitsverhältnis $\varphi = \frac{\text{red. Biegesteifigkeit}}{\text{red. Verdrehsteifigkeit}}$, bei dem die kritische Geschwindigkeit Null wird, ist so groß, wie es bei wirklichen Flügeln kaum vorkommen kann. Darum hat das Auftreten einer kritischen Geschwindigkeit Null bei den Freiheitsgraden Biegung — Drehung kaum eine praktische Bedeutung. Jedoch ist die Kenntnis der Querrudersteifigkeit (unter Querrudersteifigkeit wird hier wie im folgenden ausschließlich die Steifigkeit der Querrudersteuerung verstanden), bei der die kritische Geschwindigkeit null wird, für die Beurteilung des Schwingungsverhaltens eines Flügels mit Querruder von ausschlaggebender Bedeutung.

Freiheitsgrade Flügelbiegung — Querruderdrehung

Es hat sich ergeben, daß bei den Freiheitsgraden Biegung — Querruder bei einer Querrudertiefe $t_Q = 0{,}146\,t$ (t = Flügeltiefe) bei vollkommen massenausgeglichenem Querruder nicht nur in unserem Falle, sondern auch bei beliebigen Baugrößen keine Anfachungsmöglichkeit vorhanden ist. Eine Untersuchung bei anderen Querrudertiefen wurde nicht durchgeführt; es ist jedoch sehr wahrscheinlich, daß dieses Ergebnis auch für alle praktisch in Frage kommenden Querrudertiefen gilt.

Freiheitsgrade Flügeldrehung — Querruderdrehung

Bei den Freiheitsgraden Drehung — Querruder erhalten wir für unseren Ersatzflügel bei vollkommenem Massenausgleich eine kritische Geschwindigkeit von 140 m/s gegenüber 258 m/s bei den Freiheitsgraden Biegung — Drehung. Bei einem $2\frac{1}{2}$ mal kleineren Querrudermassen-Trägheitsmoment erhalten wir sogar nur 107 m/s gegenüber 258 m/s bei den Freiheitsgraden Biegung — Drehung. Die Rechnung mit den Freiheitsgraden Drehung — Querruder kann also auch bei vollkommen massenausgeglichenem Querruder auf wesentlich niedrigere kritische Geschwindigkeiten führen als die Rechnung mit den Freiheitsgraden Biegung — Drehung.

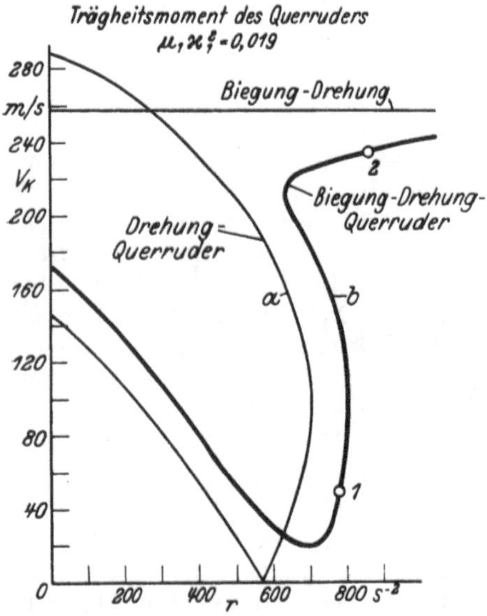

Abb. 2. Kritische Geschwindigkeit in Abhängigkeit von der Querrudersteuerungs-Steifigkeit bei zwei und drei Freiheitsgraden.

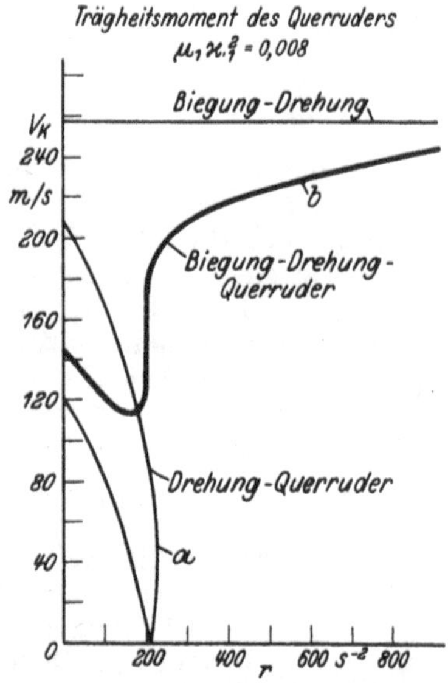

Abb. 3. Kritische Geschwindigkeit in Abhängigkeit von der Querrudersteuerungs-Steifigkeit bei zwei und drei Freiheitsgraden.

Um einen Überblick über die Verhältnisse bei den Freiheitsgraden Drehung — Querruder zu bekommen, haben wir die reduzierte Querrudersteifigkeit variiert. Kurve *a*, Abb. 2, stellt die kritische Geschwindigkeit in Abhängigkeit von der Querrudersteifigkeit dar. Die kritische Geschwindigkeit nimmt mit steigender Querrudersteifigkeit ab, wird bei einer bestimmten Querrudersteifigkeit $r = r_0$ null und nimmt bei weiterer Erhöhung der Querrudersteifigkeit zu. Wesentlich ist, daß oberhalb einer bestimmten Querrudersteifigkeit keinerlei Anfachungsmöglichkeit vorhanden ist.

Kurve *a*, Abb. 3, stellt die kritische Geschwindigkeit in Abhängigkeit von der Querrudersteifigkeit bei einem 2½mal kleineren Querrudermassen-Trägheitsmoment dar. Hier nimmt die kritische Geschwindigkeit ebenfalls mit zunehmender Querrudersteifigkeit ab, wird bei einer bestimmten Querrudersteifigkeit $r = r_0$ null und steigt sehr rasch bei weiterer Erhöhung der Querrudersteifigkeit. Auch hier läßt sich eine bestimmte Querrudersteifigkeit angeben, oberhalb welcher keinerlei Anfachungsmöglichkeit besteht. Bei dem kleineren Querrudermassen-Trägheitsmoment ist die kritische Geschwindigkeit kleiner. Der Wert r_0 ist auch kleiner. Abb. 2 und 3 zeigen, daß diejenige Querrudersteifigkeit, oberhalb welcher keine Anfachungsmöglichkeit mehr vorhanden ist, ungefähr dem Wert r_0, bei welchem die kritische Geschwindigkeit null wird, entspricht. Es ergibt sich ferner, daß bei einer Querrudersteifigkeit $r = r_0$ die Eigenfrequenz des Querruders $\bar{\nu}_Q$ stets ungefähr gleich der Drehfrequenz des Flügels ν_d ist. Bei der Beurteilung des Einflusses der Querrudersteifigkeit und des Querrudermassen-Trägheitsmomentes sind nun grundsätzlich drei verschiedene Fälle zu unterscheiden.

1. $r \ll r_0$ bzw. $\nu_Q \ll \nu_d$.

In diesem Falle bewirkt eine Erhöhung der Querrudersteifigkeit bzw. eine Herabsetzung des Querrudermassen-Trägheitsmomentes eine Abnahme der kritischen Geschwindigkeit.

2. $r \cong r_0$ bzw. $\nu_Q \cong \nu_d$.

In diesem Falle genügt eine verhältnismäßig geringe Erhöhung der Querrudersteifigkeit bzw. eine verhältnismäßig geringe Herabsetzung des Querrudermassen-Trägheitsmomentes, um jede Anfachungsmöglichkeit vollständig zu unterbinden.

3. $r \gg r_0$ bzw. $\nu_Q \gg \nu_d$.

In diesem Falle ist bei den Freiheitsgraden Drehung — Querruder bei vollkommen massenausgeglichenem Querruder keine Anfachungsmöglichkeit vorhanden.

Der Flügel mit drei Freiheitsgraden

Der Flügel mit drei Freiheitsgraden entspricht am meisten dem wirklichen Flügel. Daher sind die Ergebnisse der Rechnung mit drei Freiheitsgraden maßgebend. Die Rechnung mit je zwei Freiheitsgraden hat nur insofern einen Wert, als die Ergebnisse dieser vereinfachten Rechnung in bestimmten Bereichen mit der Rechnung mit drei Freiheitsgraden einigermaßen übereinstimmt.

Bei drei Freiheitsgraden erhalten wir für unseren Ersatzflügel bei vollkommenem Massenausgleich des Querruders eine kritische Geschwindigkeit von 165 m/s gegenüber 258 m/s bei Vernachlässigung des Querruders. Bei einem 2½mal kleineren Querrudermassen-Trägheitsmoment erhalten wir sogar nur 135 m/s gegenüber 258 m/s bei den Freiheitsgraden Biegung — Drehung. Wir sehen also, daß auch das vollkommen massenausgeglichene Querruder die kritische Geschwindigkeit ganz wesentlich herabsetzen kann.

Bei den Freiheitsgraden Drehung — Querruder haben wir eine noch kleinere kritische Geschwindigkeit erhalten, nämlich 140 m/s für unseren Ersatzflügel und 107 m/s bei $2\frac{1}{2}$mal kleinerem Querrudermassen-Trägheitsmoment. Die Rechnung mit den Freiheitsgraden Drehung — Querruder ist also etwas zu ungünstig.

Um einen Überblick über die Verhältnisse bei drei Freiheitsgraden zu bekommen, haben wir die reduzierte Querrudersteifigkeit variiert. Kurve *b*, Abb. 2, stellt die kritische Geschwindigkeit in Abhängigkeit von der Querrudersteifigkeit dar. Die kritische Geschwindigkeit nimmt bei steigender Querrudersteifigkeit ab, fällt jedoch nicht bis auf null, sondern erreicht bloß ein Minimum und nimmt dann bei weiterer Zunahme der Querrudersteifigkeit sehr rasch zu. Bei größeren Querrudersteifigkeiten nähert sie sich asymptotisch dem Wert, den wir bei den Freiheitsgraden Biegung — Drehung erhalten haben. Bei einem $2\frac{1}{2}$mal kleineren Massenträgheitsmoment, Kurve *b*, Abb. 3, haben wir ebenfalls zuerst eine Abnahme der kritischen Geschwindigkeit, dann ein rasches Steigen und ferner eine asymptotische Annäherung an den Wert der kritischen Geschwindigkeit, den wir bei den Freiheitsgraden Biegung — Drehung erhalten haben. In beiden Fällen entspricht die Querrudersteifigkeit, bei der die kritische Geschwindigkeit sehr stark zunimmt, derjenigen Querrudersteifigkeit, bei welcher bei den Freiheitsgraden Drehung — Querruder die Anfachungsmöglichkeit aufhört. Um diesen starken Anstieg physikalisch deuten zu können, haben wir im Punkt 1 und 2 der Kurve *b*, Abb. 2, die Amplitudenverhältnisse berechnet. Wir haben die Drehamplitude $B = 1$ gesetzt und erhielten für Punkt 1 die Biegeamplitude $A = 0{,}23$ und die Querruderamplitude $C = 8$, für Punkt 2 erhielten wir dagegen $A = 0{,}56$ und $C = 0{,}9$. Wir haben eine Zunahme der Biegeamplitude auf das $2\frac{1}{2}$fache und eine Abnahme der Querruderamplitude auf $^1/_9$. Infolge einer geringen Erhöhung der Querrudersteifigkeit schlägt hier also eine vorwiegend Drehung-Querruder-Schwingung mit sehr kleiner Biegeamplitude in eine ausgesprochene Biegung-Drehung-Schwingung um, an der das Querruder nur sehr schwach beteiligt ist.

Bei der Beurteilung des Einflusses der Querrudersteifigkeit und des Querrudermassen-Trägheitsmomentes muß man ebenso wie bei den Freiheitsgraden Drehung — Querruder grundsätzlich drei Fälle unterscheiden.

1. $r \ll r_0$ bzw. $\nu_Q \ll \nu_d$.

In diesem Fall bewirkt eine Erhöhung der Querrudersteifigkeit bzw. eine Herabsetzung des Querrudermassen-Trägheitsmomentes eine Abnahme der kritischen Geschwindigkeit.

2. $r \cong r_0$ bzw. $\nu_Q \cong \nu_d$.

In diesem Fall genügt schon eine geringe Erhöhung der Querrudersteifigkeit bzw. eine geringe Herabsetzung des Querrudermassen-Trägheitsmomentes, um die in diesem Bereich sehr kleine kritische Geschwindigkeit sehr stark zu erhöhen und dem Wert, den man bei den Freiheitsgraden Biegung — Drehung erhält, weitgehend zu nähern, wobei man dann den Anteil des Querruders an der Schwingung sehr stark herabsetzt.

3. $r \gg r_0$ bzw. $\nu_Q \gg \nu_d$.

In diesem Fall hat das Querruder nur einen geringen Anteil an der Schwingung und die kritische Geschwindigkeit weicht nur wenig von dem Wert ab, den man bei Vernachlässigung des Querruders, also bei den Freiheitsgraden Biegung — Drehung erhält.

Da die Eigenfrequenz des Querruders und die Drehfrequenz des Flügels sehr leicht experimentell ermittelt werden können, ist es auf Grund der obigen Überlegungen möglich, ohne jede Rechnung festzustellen, ob das Querruder das Schwingungsverhalten des Flügels wesentlich beeinflussen kann und ob es möglich ist, durch geeignete Maßnahmen diesen Einfluß auf ein geringes Maß einzuschränken.

Das gilt jedoch nur für die symmetrische Schwingung. Bei der symmetrischen Schwingung werden keine Kräfte auf den Steuerknüppel übertragen, so daß der Flügel sich so verhält, als ob der Steuerknüppel vollständig festgehalten wäre, unabhängig davon, ob er in Wirklichkeit vom Piloten gehalten wird oder nicht. Die Querrudersteuerung kommt also bei der symmetrischen Schwingung unter allen Umständen als elastisches Glied voll zur Geltung.

Bei der antisymmetrischen Schwingung werden die Massen- und Luftkräfte, die auf das Querruder wirken, auf den Steuerknüppel übertragen. Wird der Steuerknüppel losgelassen, so macht er die Schwingung mit und die Quersteuerung fällt als elastisches Glied heraus. Wir haben dann, unabhängig von der Steifigkeit der Quersteuerung, immer den Fall $r = 0$. Wird aber der Steuerknüppel vom Piloten gehalten, so wirkt die Kraft des Piloten jedenfalls dämpfend, anderseits kommt aber die Quersteuerung als elastisches Glied wieder teilweise zur Geltung. Da die Wirkung der Kraft des Piloten kaum rechnerisch erfaßt werden kann, ist sie zu vernachlässigen. Man muß also bei antisymmetrischer Schwingung mit $r = 0$ rechnen, womit man auf der sicheren Seite ist, wenn man die Querruderdämpfung nicht zu hoch ansetzt.

Anfachung und Dämpfung durch die Luftkräfte

Die Kurven *a*, Abb. 2, und *a*, Abb. 3, zeigen, daß bei den Freiheitsgraden Drehung — Querruder außer einer niedrigen kritischen Geschwindigkeit, die im vorigen allein in Betracht gezogen wurde, immer noch eine zweite höhere kritische Geschwindigkeit vorhanden ist. Aus Kurve *b*, Abb. 2, ist zu ersehen, daß bei drei Freiheitsgraden in einem beschränkten Steifigkeitsbereich drei Werte der kritischen Geschwindigkeit auftreten. Die physikalische Bedeutung mehrerer Werte der kritischen Geschwindigkeit ebenso wie der kritischen Geschwindigkeit Null, die wir bei den Freiheitsgraden Biegung — Drehung und Drehung — Querruder erhalten haben, ist nicht ohne weiteres klar. Wir haben daher versucht, uns dadurch

Klarheit zu verschaffen, daß wir das Schwingungsverhalten des Flügels bei einer beliebigen Geschwindigkeit untersuchten, wobei die kritische Geschwindigkeit als Sonderfall erscheint.

Der ebene dämpfungsfreie Flügel mit drei Freiheitsgraden schwingt in ruhender Luft — die eine vollkommene Flüssigkeit sein soll — mit drei verschiedenen Frequenzen und den dazugehörigen Amplitudenverhältnissen und mit unveränderlichen Amplituden, wenn er durch einen Stoß aus der Ruhelage gebracht wird. Mit dem harmonischen Ansatz $y = Al\, e^{i\nu t}$, $\beta = Be^{i\nu t}$, $\gamma = C\, e^{i\nu t}$, wo

$y =$ Ausschlag der elastischen Achse,
$\beta =$ Drehausschlag des Flügels,
$\gamma =$ Drehausschlag des Querruders,
$A =$ Schlagamplitude der elastischen Achse,
$B =$ Drehamplitude des Flügels,
$C =$ Drehamplitude des Querruders,
$\nu =$ Kreisfrequenz der Schwingung,
$t =$ Zeit

ist, erhält man aus den drei Bewegungsgleichungen drei homogene Gleichungen mit drei Unbekannten A, B, C, die nur dann gleichzeitig befriedigt werden können, wenn die in diesem Fall reelle Nennerdeterminante Δ verschwindet. Die Bedingung $\Delta = 0$ liefert uns eine in ν^2 kubische Gleichung, aus der sich die drei Werte der Frequenz ergeben.

Wird der Flügel mit einer bestimmten Geschwindigkeit angeblasen, so treten zu den Massen- und Federkräften die Luftkräfte hinzu, die auf jede der drei Schwingungen dämpfend oder anfachend wirken. Jede dieser drei Schwingungen hat nicht mehr konstante, sondern abnehmende oder zunehmende Amplituden. Statt des harmonischen Ansatzes müssen wir daher den allgemeinen Ansatz $y = Al\, e^{\lambda t}$, $\beta = B\, e^{\lambda t}$, $\gamma = C\, e^{\lambda t}$ machen, wo $\lambda = \frac{\vartheta}{2\pi} + i\nu$, ν die Frequenz und das logarithmische Dekrement ϑ ein Maß für die Zunahme oder Abnahme der Amplituden ist. Mit diesem Ansatz erhalten wir aus den Bewegungsgleichungen wiederum drei Gleichungen mit den Unbekannten A, B und C, die nur dann gleichzeitig befriedigt werden können, wenn die Nennerdeterminante verschwindet. Da jedoch die Luftkräfte gegen die Bewegung phasenverschoben sind, wird die Nennerdeterminante komplex. Die Bedingung $\Delta = \Delta' + i\Delta'' = 0$ liefert uns zwei Gleichungen $\Delta' = 0$, $\Delta'' = 0$, aus denen die zwei Unbekannten ν und ϑ bestimmbar sind. Führen wir die Rechnung für mehrere Werte der Geschwindigkeit durch, so erhalten wir als Maß für die Zunahme oder Abnahme der Amplituden das logarithmische Dekrement ϑ in Abhängigkeit von der Anströmgeschwindigkeit. Wenn eine der drei Kurven $\vartheta = f\,(v)$ bei $v = v_k$ die v-Achse schneidet, während die anderen im Negativen (Dämpfung) verlaufen, so wird bei dieser Geschwindigkeit eine Schwingungsform weder gedämpft noch angefacht, während die anderen zwei gedämpft werden. Wird der Flügel bei dieser Geschwindigkeit angestoßen, so klingen die zwei gedämpften Schwingungen rasch ab, während die dritte mit konstanter Amplitude bestehen bleibt. Wir haben also eine einzige harmonische Schwingung.

Küssner faßt diesen Zustand von vornherein ins Auge und macht daher den harmonischen Ansatz. Statt der Unbekannten ϑ tritt jetzt als Unbekannte die kritische Geschwindigkeit auf, bei der $\vartheta = 0$ wird. Wir haben wieder zwei Gleichungen $\Delta' = 0$, $\Delta'' = 0$ mit zwei Unbekannten ν und v_k. Das Verschwinden der Nennerdeterminante, das an sich eine notwendige Bedingung für die Befriedigung der Bewegungsgleichungen bei jeder Schwingung ist, wird bei Annahme einer harmonischen Schwingung zum Kriterium für die Richtigkeit dieser Annahme, d. h. zum Kriterium dafür, daß die Schwingung mit konstanter Amplitude vor sich geht. Die kritische Geschwindigkeit ist also eine Geschwindigkeit, bei der eine der Kurven $\vartheta = f(v)$ die v-Achse schneidet. Wir haben bei zunehmender Geschwindigkeit entweder einen Übergang einer gedämpften Schwingung in eine angefachte oder aber umgekehrt den Übergang einer angefachten Schwingung in eine gedämpfte. Ob der erste oder zweite Fall vorliegt, wird durch die Küssnersche Rechnung an sich nicht entschieden. Nun stellt man sich allgemein unter kritischer Geschwindigkeit einzig und allein diejenige Geschwindigkeit vor, oberhalb welcher eine Schwingung angefacht wird. Nicht jedes Ergebnis der Rechnung nach *Küssner* ist also eine kritische Geschwindigkeit in diesem Sinne.

Die Frage, ob man bei einer errechneten kritischen Geschwindigkeit mit einem Übergang von der Dämpfung zur Anfachung oder umgekehrt zu tun hat, läßt sich auch ohne Berechnung der Anfachung entscheiden, indem man in irgendeiner Weise Baustoff- oder Querruderdämpfung in die Rechnung einführt bzw., falls schon bei der ersten Rechnung mit Dämpfung gerechnet wurde, den Wert der Dämpfung vergrößert und zusieht, ob die neue kritische Geschwindigkeit größer oder kleiner als die ursprüngliche ist. Ist sie größer, so hat man bei zunehmender Geschwindigkeit einen Übergang von der Dämpfung zur Anfachung, ist sie dagegen kleiner, so hat man umgekehrt einen Übergang von der Anfachung zur Dämpfung. In beiden Fällen muß nämlich die Anfachung durch die Luftkräfte größer werden, damit die größere Dämpfung durch die Anfachung aufgewogen wird. Haben wir bei zunehmender Geschwindigkeit einen Übergang von Dämpfung zu Anfachung, so muß die Geschwindigkeit steigen, haben wir dagegen einen Übergang von Anfachung zu Dämpfung, so muß die Geschwindigkeit abnehmen, damit die Anfachung durch die Luftkräfte größer wird.

Für unseren Flügel erhalten wir bei den Freiheitsgraden Biegung — Drehung Kurve *a*, Abb. 4. Wir haben bei $v > v_k$ Anfachung und bei $v < v_k$ Dämpfung. Die zweite nur im Negativen verlaufende Kurve ist nicht eingezeichnet worden. Hat der Flügel Baustoffdämpfung, so wird er mit konstanter Amplitude schwingen, wenn die Baustoffdämpfung durch die Anfachung gerade gedeckt wird; die kritische Geschwindigkeit nimmt dann zu, jedoch nicht wesentlich, weil die Anfachung mit zunehmender Geschwindigkeit stark zunimmt. Durch die Baustoffdämpfung kann also die kritische Geschwindigkeit nur verschoben werden, die Anfachungsmöglichkeit kann nicht unterbunden werden. Kurve *c*, Abb. 4, zeigt den

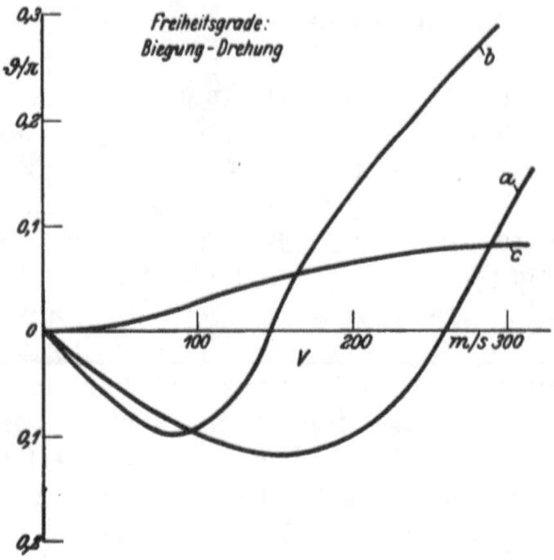

Abb. 4. Logarithmisches Dekrement in Abhängigkeit von der Anströmgeschwindigkeit.

Verlauf der Anfachung bei einem Flügel, dessen nach *Küssner* errechnete kritische Geschwindigkeit null ist. Diese Kurve berührt die v-Achse bei $v = 0$ und verläuft nur im Positiven. Da die Anfachung nur sehr langsam zunimmt, ist die kritische Geschwindigkeit außerordentlich stark von der Baustoffdämpfung abhängig. Der Flügel, dessen kritische Geschwindigkeit bei Vernachlässigung der Baustoffdämpfung null ist, ist dadurch gekennzeichnet, daß die Luftkräfte auf ihn bei jeder auch noch so kleinen Geschwindigkeit anfachend wirken und daß seine kritische Geschwindigkeit sehr stark von der Baustoffdämpfung abhängt.

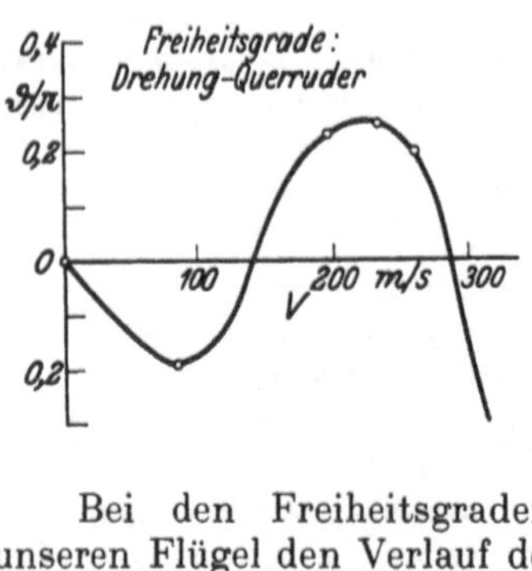

Abb. 5. Logarithmisches Dekrement in Abhängigkeit von der Anströmgeschwindigkeit.

Bei den Freiheitsgraden Drehung — Querruder erhalten wir für unseren Flügel den Verlauf der Anfachung nach Abb. 5. Bei $v_k = 140$ m/s haben wir einen Übergang von Dämpfung zur Anfachung, während bei $v_k = 284$ m/s umgekehrt die Anfachung in Dämpfung übergeht. Die kritische Geschwindigkeit $v_k = 284$ m/s ist also eine Geschwindigkeit, unterhalb welcher der Flügel flattert. Das Vorhandensein eines beschränkten Anfachungsbereiches hat zur Folge, daß bei einer hinreichend großen Querruder- oder Baustoffdämpfung die Anfachungsmöglichkeit unterbunden werden kann, wenn der Höchstwert der Anfachung die Dämpfung nicht mehr aufwiegt.

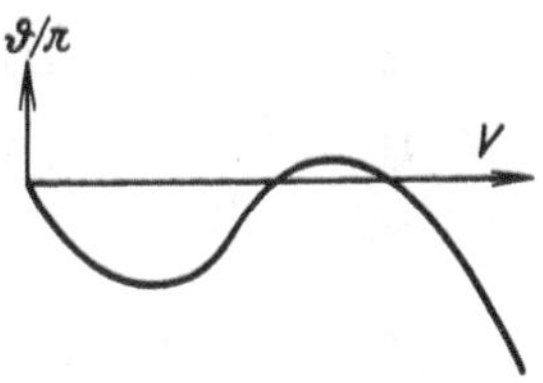

Abb. 6.

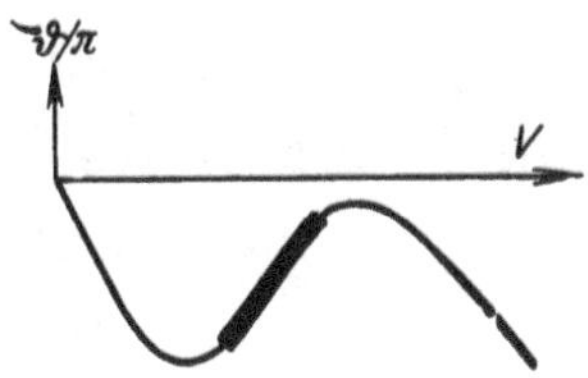

Abb. 7.

Abb. 6 und 7. Möglichkeiten für den Verlauf der Kurven für das logarithmische Dekrement.

Das logarithmische Dekrement, in Abhängigkeit von der Geschwindigkeit, kann bei einem Flügel den Verlauf Abb. 6 haben. Wird der kleine Anfachungsbereich in Abb. 6 überflogen und setzt infolge eines Stoßes das Flattern ein, so wird die Amplitude zunächst zunehmen. Da jedoch die Baustoffdämpfung mit zunehmender Amplitude wächst, wird sich im Maximum der Anfachung nur eine solche Amplitude einstellen, bei der die Dämpfung die Anfachung gerade aufwiegt. Wir hätten also eine Schwingung mit begrenzter Amplitude, die sowohl bei Herabsetzung als auch bei Erhöhung der Geschwindigkeit abklingt, also eine Schwingung, die als gutartiges Flattern bezeichnet wird.

Bei einem Verlauf des logarithmischen Dekrements nach Abb. 7 würde im Flugschwingungsversuch in dem stark ausgezogenen Bereich eine starke Zunahme der Resonanzamplituden auftreten, die als Zeichen der Annäherung an die kritische Geschwindigkeit gilt. Der Flugschwingungsversuch würde also in diesem Falle eine Anfachungsmöglichkeit vortäuschen, die in Wirklichkeit nicht vorhanden ist.

Bedeutung und Größe der Querruderdämpfung für das ebene Problem des Flügelflatterns (als Ergebnis der Durchrechnung eines Beispiels)

Von G. Boelk*)

Vorgetragen am 17. Juli 1936 in Bremen

Einleitung

In das Beispiel des Baumusters Hs 122, mit dessen Hilfe die Errechnung der kritischen Geschwindigkeit nach *Küssner* (ebenes Problem) bei den Henschel Flugzeugwerken durchgeführt wurde, ist auch die Querruderdämpfung eingeführt worden.

Die Ergebnisse der Einführung der Querruderdämpfung in die Rechnung bei zwei und drei Freiheitsgraden sollen in folgendem dargelegt werden.

Zuvor soll aber ein Bericht über die Versuche gegeben werden, die bei den Henschel Flugzeugwerken unternommen wurden, um Grundlagen für die Größe der Querruderdämpfung, und zwar nur an Maschinen neuerer Bauart zu gewinnen.

Versuche zur Ermittlung der Querruderdämpfung

Der erste Versuch wurde mit Hilfe der aerodynamischen Abteilung der Deutschen Versuchsanstalt für Luftfahrt (DVL), die weiteren vom Versuchslaboratorium der Henschel Flugzeugwerke durchgeführt.

Das Versuchsprogramm war dabei so gedacht, daß die Größe der Querruderdämpfung zuerst bei verschiedenen Maschinen des gleichen Baumusters, dann bei möglichst vielen Maschinentypen festgestellt werden sollte.

Die Versuche sind als Ausschwingversuche ausgeführt worden. Eine an der Querruderhinterkante angebrachte Last wird plötzlich gelöst und die Ausschwingkurve mit Hilfe geeigneter Meßgeräte aufgenommen. Als Federungsglied des Querruders wirkt hierbei das Steuerungsgestänge der Querrudersteuerung, das bei verschiedenen Maschinen verschiedene Grade der Steifigkeit aufweisen kann.

Überlegungen über den Zustand der Querrudersteuerung während der Ausschwingversuche führten dazu, während dieser Versuche den Knüppel festzulegen. Die Auswertung der Ausschwingkurven für diesen Zustand bringt als Ergebnis ganz wesentlich geringere Dämpfungs-Dekremente als bei einem Zustand, bei dem der Knüppel so festgehalten wird, wie es im Fluge seitens des Piloten geschieht. Im Falle der Blockierung des Knüppels sind die Dekremente der Dämpfung also die niedrigsten, die beim Ausschwingen des Querruders überhaupt auftreten. Sie sind aber für die Rechnung mit der Querruderdämpfung sichere Werte, wie später noch zu besprechen sein wird.

---

*) Dipl.-Ing., Henschel Flugzeugwerke A.G., Schönefeld bei Berlin.

Ein weiterer Grund, warum man den Zustand des blockierten Knüppels als Grundlage für die Versuche wählte, ist, daß dieser Fall rekonstruierbar ist und eine Vergleichsgrundlage für die Ergebnisse der Querruder-Ausschwingversuche an den einzelnen Maschinen bietet. Die Versuche des Versuchslaboratoriums der Henschel Flugzeugwerke sind daher alle im Zustand des blockierten Knüppels ausgeführt worden.

In Zahlentafel 1 sind die Ergebnisse der Versuche für sechs verschiedene Maschinen des Baumusters Hs 122, außerdem für vier Einzeltypen zusammengestellt worden.

Zahlentafel 1

Zusammenstellung der Versuchsergebnisse

Versuch	Muster	Frequenz ν_Q sec^{-1}	Federungsmoment des Querruders M/φ	Bezogene Querruder-steifigkeit r sec^{-2}	log-Dekrement ϑ	Kennwert der Querruder-dämpfung $\Delta k'$
4	Hs 122	74	105	73	0,48	0,0015
6	»	81	126	88	0,55	0,0018
7	»	93	165	115	0,42	0,0016
10	»	76	110	76	0,71	0,0022
13	»	80	123	86	0,61	0,0020
22	»	74	103	72	0,83	0,0025
28	Hs 125	77	61	42	0,93	0,0029
32	Hs 121	151	233	162	2,1	0,0124
36	Hs 123	95	116	81	2,13	0,0082
38	W 34	48	45	31	0,52	0,0010

In der vorletzten Spalte dieser Tabelle ist das logarithmische Dekrement ϑ angegeben, die Größe, die sich aus der Auswertung der Ausschwingversuche ergibt. Zur Einführung der Dämpfung in die Rechnung nach *Küssner* bedarf die Größe des logarithmischen Dekrements noch einer Reduktion, als deren Ergebnis wir den Wert $\Delta k'$ errechnen, den wir den Nennwert der Querruderdämpfung nennen.

Wie die Zahlentafel 1 angibt, bewegt sich der Wert $\Delta k'$ — sämtliche Versuche gleich im ganzen betrachtet — zwischen den Grenzen $\Delta k' = 0{,}0010$ und $\Delta k' = 0{,}0124$, während das logarithmische Dekrement zwischen $\vartheta = 0{,}42$ und $\vartheta = 2{,}13$ schwankt. Das Ergebnis der Versuche zeigt also, daß die Querruderdämpfung in der Größe zwar schwankt, daß sie aber innerhalb eines bestimmten Rahmens angegeben werden kann.

Als weiteres Ergebnis der Versuche wurde die Frequenz der abklingenden Querruderschwingungen ν_Q gewonnen, die das Maß für die Steifigkeit des Querruder-Steuerungsgestänges darstellt. Mit Hilfe der experimentell ermittelten Frequenz der Querruderschwingung mit dem Steuerungsgestänge als Federungsglied läßt sich das Federungsmoment M/φ des Querruders um seine Drehachse angeben. Damit gewinnt man endlich die bereits in der Küssnerschen Rechnung angegebene Verdrehsteifigkeit r des Querruders um seine Drehachse mit dem Steuerungsgestänge als Glied, das die Steifigkeit bestimmt.

Der Wert der bezogenen Steuerungssteifigkeit r schwankt nach den Versuchen bei den Maschinen des Baumusters Hs 122 zwischen $r = 72$

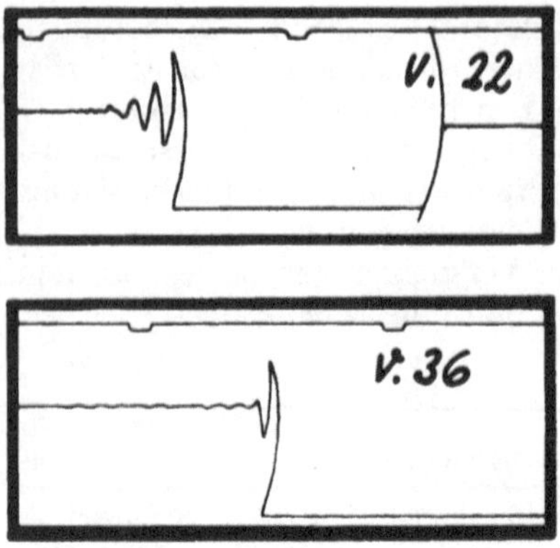

Abb. 1. Ausschwingkurven.

und $r = 115$, bei allen in der Zahlentafel angeführten Maschinen zwischen $r = 31$ und $r = 162$; das besagt, daß die bei den gemessenen Maschinen vorhandene Quersteuersteifigkeit sich nur innerhalb recht geringer Grenzen bewegt.

In Abb. 1 sind Ausschwingkurven von zwei Maschinentypen wiedergegeben. Die erste ist die einer Maschine des Baumusters Hs 122, die zweite zeigt diejenige Kurve, die bei den Versuchen das höchste logarithmische Dekrement und damit die höchste Querruderdämpfung brachte.

Einführung der Querruderdämpfung in die Schwingungsrechnung nach Küssner

Für die Biege- und Drehschwingung des Flügels führt *Küssner* die Dämpfung als Phasenverschiebung zwischen Auslenkung und elastischer Kraft ein, da es sich beim Flügel im wesentlichen um reine Werkstoffdämpfung handelt.

Die Querruderdämpfung ist jedoch keine Baustoffdämpfung. Sie setzt sich aus mehreren Einflüssen zusammen, von denen zwar die Werkstoffdämpfung eine gewisse Rolle spielt, wobei jedoch die Lagerreibung den wesentlichen Faktor der Dämpfung darstellt.

Es ist daher nicht angängig, die Querruderdämpfung als Phasenverschiebung zwischen Querruderbewegung und der Elastizität der Steuergestänge in die Rechnung einzuführen. Ganz unzulässig ist das im Falle der antisymmetrischen Querruderschwingung bei losgelassenem Ruderknüppel, wobei die Federung des Gestänges 0 wird, die Dämpfung dagegen vorhanden ist.

Die Querruderdämpfung wird daher als Moment um die Querruderachse in die Rechnung eingeführt, das sinusförmig veränderlich, mit der Winkelgeschwindigkeit des Querruders phasengleich und von der Frequenz unabhängig ist.

$$M = \frac{D}{\nu}\,\frac{d\gamma}{dt}$$

$$M = i\,D\,C\,e^{i\nu t}$$

$\gamma = C\,e^{i\nu t}$, worin C die Amplitude des Querruders ist.

Nach Reduktion des angeführten Ausdruckes für das Dämpfungsmoment, die die Küssnersche Rechnung erfordert, erhält man für die bezogene Querruderdämpfung $\Delta k'$ den Ausdruck

$$i\,\Delta k' = i\,\frac{D}{\pi\,\varrho\,\nu^2\,l^4}.$$

Betrachtet man den Schwingungsvorgang im Ausschwingversuch, so zeigt die folgende Rechnung die Einführung des im Versuch gewonnenen logarithmischen Dekrementes in den obigen Ausdruck für $\Delta k'$.

Die Differentialgleichung der nicht angefachten Querruderschwingung lautet:

$$I \frac{d^2 \gamma}{d t^2} + R \gamma + \frac{D_Q}{\nu_Q} \frac{d \gamma}{d t} = 0,$$

worin I das Massenträgheitsmoment des Querruders um die Querruderdrehachse (mit Berücksichtigung der Luftmasse)

ν_Q die Eigenfrequenz des Querruders ist.

$\frac{D_Q}{\nu_Q}$ ist der Dämpfungsbeiwert.

Wir erhalten dann mit dem Ansatz für die Querruderauslenkung $\gamma = C e^{\lambda t}$, für das logarithmische Dekrement den Ausdruck

$$\vartheta = \frac{\pi}{I} \frac{D_Q}{\nu_Q^2} \text{ oder } \frac{D_Q}{\nu_Q^2} = \frac{\vartheta}{\pi} \cdot I.$$

Es ist dann

$$\Delta k' = \frac{D}{\pi \varrho \nu^2 l^4} = \frac{D_Q}{\pi \varrho \nu_Q^2 l^4} \frac{D}{D_Q} \frac{\nu_Q^2}{\nu^2}$$

$$\Delta k' = \frac{\vartheta}{\pi} \mu_1 (\varkappa_1^2 + \sigma_1^2) \frac{D}{D_Q/b_Q} \frac{\nu_Q^2}{\nu^2},$$

worin

$\mu_1 (\varkappa_1^2 + \sigma_1^2)$ das bezogene Massenträgheitsmoment des Querruders um die Drehachse,

b_Q die Querruderbreite ist.

Ist in diesem Ausdruck das Dämpfungsmoment wie im Ansatz frequenzunabhängig und ist ferner $\nu_Q \neq \nu$, so wird aus

$$D = \frac{D_Q}{b_Q}$$

$$\Delta k' = \frac{\vartheta}{\pi} \mu_1 (\varkappa_1^2 + \sigma_1^2) \frac{\nu_Q^2}{\nu^2}.$$

Gelingt es, durch Anbringen von Zusatzmassen im Ausschwingversuch die Eigenfrequenz ν_Q des Querruders gleich oder annähernd gleich der zu erwartenden Flatterfrequenz ν zu machen, so wird

$$\Delta k' = \frac{\vartheta}{\pi} \mu_1 (\varkappa_1^2 + \sigma_1^2).$$

Ist das Dämpfungsmoment proportional der Frequenz, so wird bei

$$\frac{D}{\nu} = \frac{D_Q/b_Q}{\nu_Q}$$

$$\Delta k' = \frac{\vartheta}{\pi} \mu_1 (\varkappa_1^2 + \sigma_1^2) \frac{\nu_Q}{\nu}.$$

Ergebnisse der Rechnung bei Einführung der Querruderdämpfung (bei massenausgeglichenem Querruder)

Die Querruderdämpfung geht bei der Rechnung nach *Küssner* in folgende Kombinationen von Freiheitsgraden ein:

Flügelbiegung und Querruderdrehung

Von *W. Quessel*[1]) wurde dargelegt, daß bei diesen Freiheitsgraden bei massenausgeglichenen Querrudern und bei dem im berechneten Beispiel vorhandenen Tiefenverhältnis $\frac{t_Q}{t} = 0{,}146$ eine Anfachung nicht erfolgt.

Bei den Freiheitsgraden Flügeldrehung — Querruderdrehung ergibt die Einführung einer Querruderdämpfung wesentliche Veränderungen gegenüber der Kurve ohne Dämpfung.

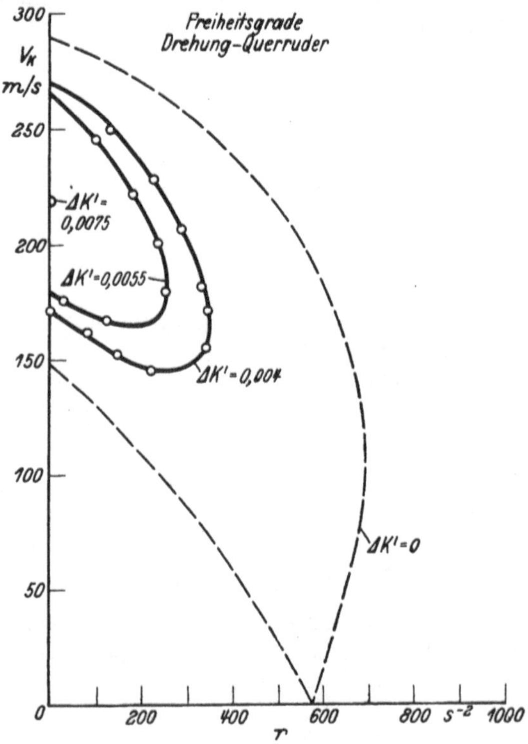

Abb. 2. Kritische Geschwindigkeit in Abhängigkeit von der Quersteuer-Steifigkeit r bei verschiedenen Dämpfungen $\Delta k'$.

Wenn man die Verhältnisse bei der Querrudersteuerungssteifigkeit $r = 0$, also bei dem von dem Steuergestänge gelösten Querruder betrachtet, so zeigt Abb. 2 bei Einführung einer Dämpfung von $\Delta k' = 0{,}0055$ ein Ansteigen der ersten kritischen Geschwindigkeit um etwa 20%, außerdem

[1]) s. S. 196.

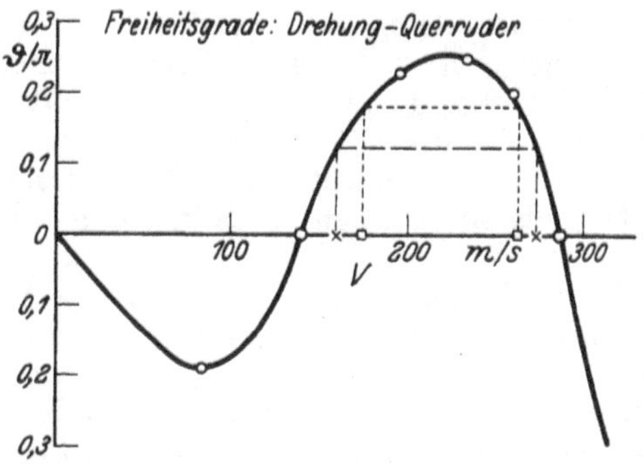

Abb. 3. Logarithmisches Dekrement in Abhängigkeit von der Anblasegeschwindigkeit.

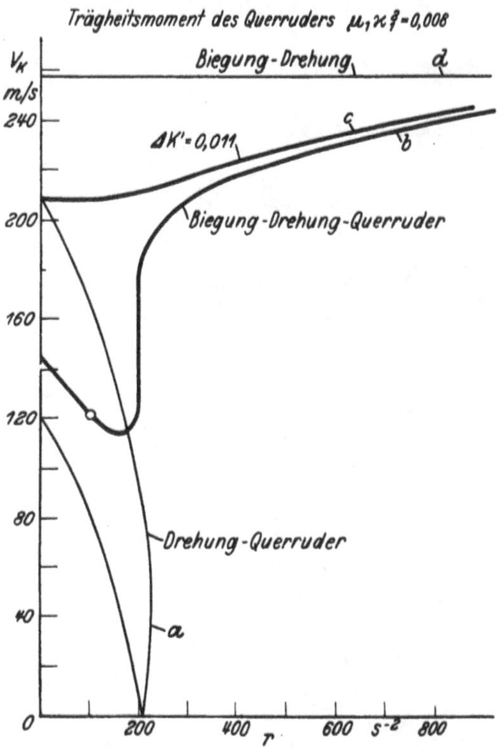

Abb. 4. Kritische Geschwindigkeit in Abhängigkeit von der Quersteuer-Steifigkeit r bei zwei und drei Freiheitsgraden (mit und ohne Dämpfung).

eine Herabsetzung der oberen kritischen Geschwindigkeit. Die beiden kritischen Geschwindigkeiten rücken aufeinander zu.

Die Querruderdämpfung engt weiterhin den Bereich der Steuerungssteifigkeit r ein, innerhalb dessen eine Anfachung möglich ist. Bei einer Dämpfung $\Delta k' = 0{,}0075$ ist der Punkt erreicht, bei dem die Dämpfung gleich groß wie die vorhandene Anfachung ist.

Betrachten wir die Kurve der Anfachung in Abhängigkeit von der Anblasgeschwindigkeit, Abb. 3, so zeigt sich, daß bei Einführung einer Dämpfung die erste kritische Geschwindigkeit steigt, während die zweite sinkt. Das geschieht, weil im ersten Fall eine höhere, im zweiten eine niedrigere Anblasgeschwindigkeit notwendig ist, um die Anfachung durch die Luftkräfte zu erzeugen, die notwendig ist, um den der Dämpfung entsprechenden Betrag auszugleichen.

Erhöht man die Dämpfung, im vorliegenden Fall z. B. auf $\Delta k' = 0{,}0075$, so ist der Stand gegeben, von dem ab bei noch höherer Dämpfung eine Anfachung überhaupt unmöglich ist.

Ist das Querruderträgheitsmoment kleiner, z. B. wie in Abb. 4, Kurve *a*, $\mu_1 \varkappa_1^2 = 0{,}008$ statt vorher $\mu_1 \varkappa_1^2 = 0{,}019$, so steigert sich der Einfluß der Dämpfung noch mehr. Es ist hierbei schon eine fünfmal kleinere Dämpfung $\Delta k' = 0{,}0015$ ausreichend, um die Anfachungsmöglichkeit vollständig zu unterbinden.

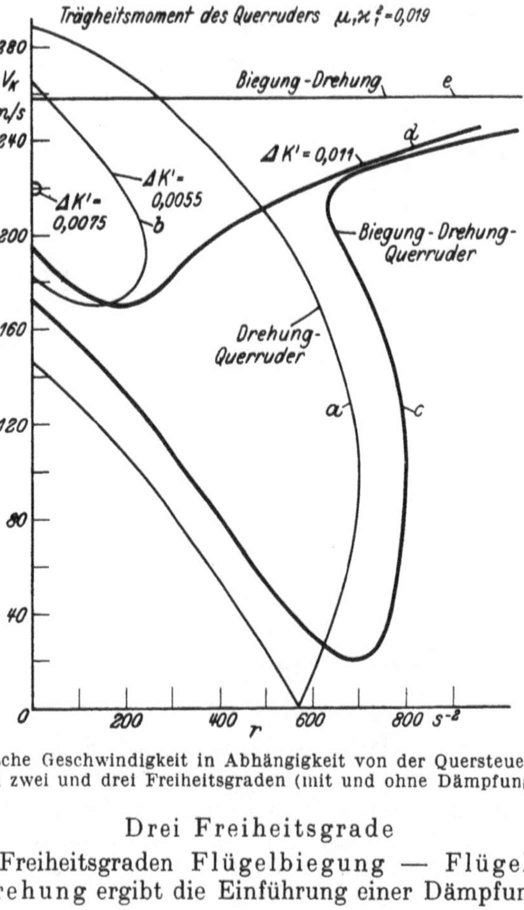

Abb. 5. Kritische Geschwindigkeit in Abhängigkeit von der Quersteuer-Steifigkeit *r* bei zwei und drei Freiheitsgraden (mit und ohne Dämpfung).

Drei Freiheitsgrade

Bei drei Freiheitsgraden Flügelbiegung — Flügeldrehung — Querruderdrehung ergibt die Einführung einer Dämpfung von $\Delta k' =$

0,011 das Kurvenbild Abb. 5, Kurve *d*. Es zeigt sich, wieder bei $r = 0$ betrachtet, auch hier ein Ansteigen der kritischen Geschwindigkeit. Dies ist ganz besonders der Fall in dem Bereich um $r \sim= r_{\min}$. Hierin ist mit $r_{\min}$ diejenige Quersteuersteifigkeit bezeichnet, bei der der tiefste Punkt der Kurve *c* erreicht ist. Es handelt sich näherungsweise um den Punkt, bei dem bei den Freiheitsgraden Flügeldrehung — Querruderdrehung die Nullstelle der kritischen Geschwindigkeit vorhanden ist, vgl. Abb. 5, Kurve *a*.

Verfolgt man die Kurve mit Dämpfung, Abb. 5, Kurve *d*, über die einzelnen Bereiche der Quersteuersteifigkeit *r*, so kann festgestellt werden,

bei $r > r_{\min}$ fällt die Kurve mit Dämpfung fast mit derjenigen ohne Dämpfung zusammen. Die Einführung einer Dämpfung bringt daher in diesem Bereich keine Vorteile.

bei $r \sim= r_{\min}$ erhöht die Dämpfung in besonders großem Maße die kritische Geschwindigkeit. Die Dämpfung beseitigt hierbei vollständig die charakteristische Spitze der Kurve ohne Dämpfung.

bei $r < r_{\min}$ bringt die Dämpfung eine Erhöhung der kritischen Geschwindigkeit um etwa 15%.

Bei einem zweieinhalbmal kleineren Massenträgheitsmoment $\mu_1 \varkappa_1^2 = 0{,}008$, Abb. 4, Kurve *c*, sind die eben geschilderten Verhältnisse noch wesentlich krasser. Bei $r < r_{\min}$ läßt eine Dämpfung von $\varDelta k' = 0{,}011$ die kritische Geschwindigkeit um rd. 50% ansteigen.

Ergebnisse der Rechnung bei Berücksichtigung einer Unwucht des Querruders

Waren dies die Verhältnisse bei völlig massenausgeglichenem Querruder, so sollen im folgenden die Rechenergebnisse gezeigt werden, die eine Vor- oder Rücklage des Querruderschwerpunktes berücksichtigen.

Bei zwei Freiheitsgraden (Flügeldrehung — Querruderdrehung) zeigt Abb. 6, Kurve *b*, die Wirkung einer R ü c k l a g e des Querruderschwerpunktes von 2 cm bei einer Querrudertiefe von 30 cm.

Gegenüber der Kurve ohne Dämpfung bei massenausgeglichenem Querruder, Kurve *a*, sinkt bei $r = 0$ die erste kritische Geschwindigkeit, während die zweite beträchtlich steigt. Im Zusammenhang mit dem früher Gesagten läßt sich bereits ohne Rechnung feststellen, daß eine größere Dämpfung als bei dem massenausgeglichenen Querruder nötig sein wird, um die Anfachungsmöglichkeit auszuschließen.

Dies zeigt sich tatsächlich. Kurve *c* gibt die Ergebnisse bei Einführung einer Dämpfung von $\varDelta k' = 0{,}005$ an, Kurve *d* bei einer solchen von $\varDelta k' = 0{,}011$. Man kann abschätzen, daß ein Wert $\varDelta k' = 0{,}015$ zur Ausschließung der Anfachungsmöglichkeit nötig sein wird.

Eine Rücklage des Querruderschwerpunktes erwies sich also als ungünstig.

Ein wesentlich anderes Bild ergibt sich bei einer Vorverlegung des Querruderschwerpunktes. Eine V o r l a g e von $\sigma_1 l = 2$ cm bringt als Er-

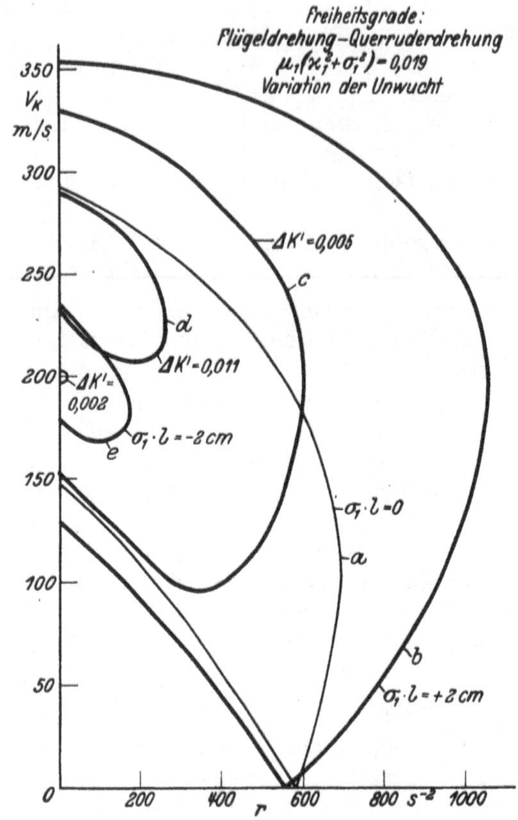

Abb. 6.

Einfluß einer Vor- und Rücklage des Querruderschwerpunktes bei zwei Freiheitsgraden.

gebnis Abb. 6, Kurve *e*. Es ist nur noch eine Dämpfung von $\Delta k' = 0{,}002$ erforderlich, um eine Anfachung unmöglich zu machen.

Ein klares Bild zeigt sich bei Berücksichtigung aller drei Freiheitsgrade, Abb. 7. Die Kurve *a* gibt die kritische Geschwindigkeit ohne Dämpfung bei massenausgeglichenem Querruder an; Kurve *b* bringt das Ergebnis bei einer Dämpfung von $\Delta k' = 0{,}011$.

Legt man den Schwerpunkt des Querruders um 2 cm vor, so ist bei Kurve *c*, allerdings bis auf den Bereich $r > r_{\min}$, ein Ansteigen der kritischen Geschwindigkeit zu beobachten.

Führt man endlich außer der Vorlage des Schwerpunktes von 2 cm noch eine Dämpfung von $\Delta k' = 0{,}011$ in die Rechnung mit drei Freiheitsgraden ein, so erhöht sich, Abb. 7, Kurve *d*, in allen Bereichen der Quersteuersteifigkeit die kritische Geschwindigkeit. Dies ist besonders stark der Fall im Zustand $r \sim = r_{\min}$, während im Bereich $r < r_{\min}$ eine Erhöhung der kritischen Geschwindigkeit um etwa 20%, im Bereich $r > r_{\min}$ eine etwas geringere vorhanden ist.

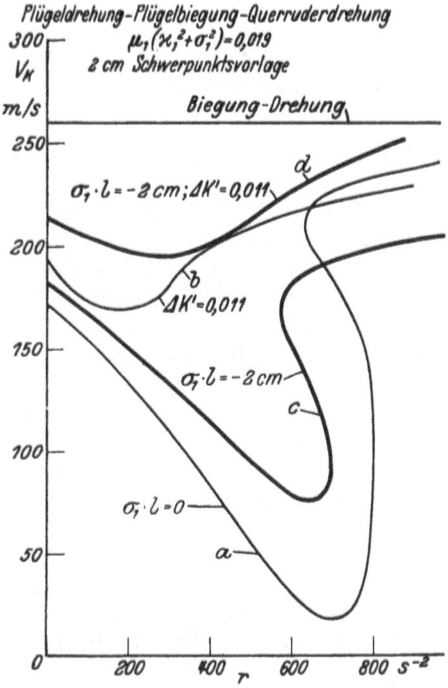

Abb. 7. Einfluß der Vorlage des Querruderschwerpunktes bei drei Freiheitsgraden.

Zusammenfassung

Zusammenfassend kann nach Durchrechnung des Beispiels über den Einfluß der Dämpfung bei drei Freiheitsgraden bei massen- und nicht massenausgeglichenem Querruder folgendes gesagt werden:

Befindet man sich mit der vorhandenen Quersteuersteifigkeit im Bereich sehr großer Steifigkeit, also $r > r_{\min}$, so trägt eine durchschnittliche Querruderdämpfung nichts oder nur wenig zur Erhöhung der kritischen Geschwindigkeit bei.

Steht der Steifigkeitsbereich $r \sim = r_{\min}$ in Frage, so bringt eine Dämpfung sehr viel, indem sie, wie im Beispiel, Abb. 7, gezeigt, in diesem Bereich die Spitze der Kurve mit den sehr niedrigen kritischen Geschwindigkeiten beseitigt. Hierin wird sie durch eine Vorlage des Querruderschwerpunktes noch unterstützt.

Von besonderer Bedeutung ist jedoch Dämpfung und Schwerpunktvorlage in dem Bereich der Quersteuersteifigkeit $r < r_{\min}$.

In diesem Bereich setzen nämlich Dämpfung und Schwerpunktvorlage oder einer von diesen beiden Faktoren allein immer die kritische Geschwindigkeit herauf, während eine Erniedrigung des Massenträgheitsmomentes sogar eine Verschlechterung der Verhältnisse bringt.

Die Dämpfung wirkt also für die kritische Geschwindigkeit niemals im schädlichen Sinne, in den Bereichen $r \sim = r_{\min}$ und $r < r_{\min}$ sogar stark günstig. Nun ist die Dämpfung, die beim Zustande blockierten Knüppels im Ausschwingversuch gemessen wird, die geringste. Da sie aber allgemein nur günstigen Einfluß zeigt, ist der im Fall des blockierten Knüppels gemessene Wert stets ein sicherer für die Berechnung.

Windkanalversuche zum ebenen Problem der Flügelschwingungen

Von Herbert Voigt*)

Vorgetragen am 17. Juli 1936 in Bremen**)

Versuchseinrichtung

Die Windkanalversuche der Deutschen Versuchsanstalt für Luftfahrt (DVL) zum ebenen Problem sind bisher an sechs Flügelmodellen durchgeführt, die symmetrisches Profil von 10 bzw. 12% Dickenverhältnis, eine Spannweite von 80 cm und eine Tiefe von 25 cm bzw. 50 cm besaßen. Zwei Flügel besaßen durchlaufendes Querruder. Die Flügel waren zur Erzielung zweidimensionaler Strömung zwischen zwei Wänden aufgehängt.

Die Aufhängung war innerhalb der Seitenwände untergebracht und bestand aus zwei am Flügel befestigten Seitenteilen, an die auf jeder Seite vier Schraubenfedern angeschlossen waren. Mit dem Angriffspunkt der Federn und ihrem Abstand voneinander wurden die Lage der elastischen Achse und der elastische Halbmesser festgelegt. Zur Änderung der Masse, der Schwerpunktslage und des Trägheitshalbmessers dienten Gewichte, die an den Seitenteilen festgeklemmt wurden.

Die Schwingungen wurden durch zwei Hohlspiegel aufgezeichnet, von denen der eine die Verdrehung des Flügels und der zweite durch eine einfache Hebelübersetzung die Biegung, d. h. die Vertikalbewegung, auf lichtempfindliches Papier aufzeichnete.

Die Eigendämpfung der Anlage war vernachlässigbar gering. Sie konnte künstlich erhöht werden, indem man die unteren Federn in Glyzerin-Wassergemischen arbeiten ließ.

Versuchsergebnisse

Von den zahlreichen Ergebnissen der Windkanalversuche kann ich im Rahmen dieser Arbeit nur einige streifen.

Theorie und Versuch

Über den Vergleich der Versuchsergebnisse mit den Ergebnissen der theoretischen Rechnung nach *Küssner* und *Wagner-Kassner* sei kurz folgendes gesagt: Bei den ersten Versuchen vor etwa $^5/_4$ Jahren, die mit wesentlich schwereren Flügeln (Massenverhältnis $\mu = 10$ bis 13) durchgeführt wurden, wurde in vielen Fällen eine völlige Übereinstimmung zwischen Theorie und Versuch erzielt, wie Abb. 1 zeigt. Die Dämpfung beim Versuch ist durch Ausschwingversuche bestimmt.

Bei den neueren Versuchen liegt die versuchsmäßig bestimmte kritische Geschwindigkeit durchweg höher als die theoretische, wohl deshalb, weil die wesentlich leichteren Flügel mit $\mu = 2$ bis 6 mit ihrer geringen schwin-

---

*) Dr.-Ing., Deutsche Versuchsanstalt für Luftfahrt E. V., Berlin-Adlershof.

**) Hierzu wurde ein Film mit Zeitlupenaufnahmen gezeigt.

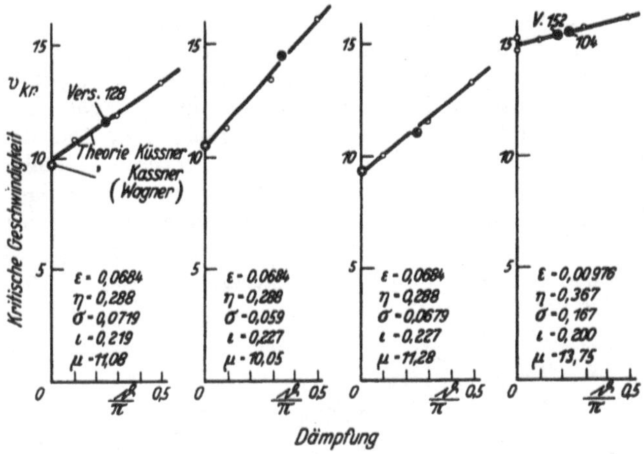

Abb. 1. Vergleich zwischen Theorie und Versuch (Versuche April 1935).

genden Masse durch die kleinsten vom Windkanalgebläse herrührenden Schwankungen und Wirbelreste gestört wurden. Bemerkenswert ist allerdings, daß in einzelnen Fällen angefachte Schwingungen bis an den Staudruck Null heran beobachtet wurden.

Bei den neueren Versuchen war ferner die trockene Reibung, die zunächst die Schwingungen instabil gestaltet hatte, ausgeschaltet. Es wuchsen nun die Amplituden der angefachten Schwingungen mit dem Staudruck stetig an, so daß man in den meisten Fällen die Größe der Amplitude genau einregeln konnte. Aus diesen Beobachtungen ist zu schließen:

1. Entgegen den Erkenntnissen der Theorie, die sich auf der Annahme unendlich kleiner Schwingungen aufbaut, tritt bei endlichen Amplituden eine Dämpfung durch die Luft auf. Diese läßt die scharfe Trennlinie der Theorie zwischen angefachter und gedämpfter Schwingung zu einem breiten Bande des stabilen Bereichs werden, dessen obere Grenze durch die Festigkeit des Flugzeugs gegeben ist.

2. In vielen Fällen kann die theoretisch ermittelte Geschwindigkeit vom Flugzeug auch deshalb überschritten werden, weil durch die Turbulenz der Luft, zumal bei böigem Wetter, die Schwingungen noch weiter gedämpft werden.

Eine künstliche Dämpfung hat bei den Versuchen die kritische Geschwindigkeit durchweg erhöht. Wie weit hier Theorie und Versuch übereinstimmen, darüber muß später berichtet werden, wenn die noch laufenden Auswertungen abgeschlossen sind.

Zusammenhang zwischen Standschwingung, angefachter Schwingung und Fremderregung

Besondere Bedeutung haben in der letzten Zeit Flugschwingungsversuche mit Fremderregung gewonnen, bei denen durch die Erregung das Einsetzen der angefachten Schwingung vorausbestimmt werden kann.

Von anderer Seite ist ferner versucht, durch besondere Art der Erregung schon im Stand eine der angefachten Schwingung ähnliche Schwingung zu erzeugen. Drittens interessiert ganz allgemein die Frage, wie weit die Standschwingungen mit den im Film ebenfalls gezeigten angefachten Schwingungen verwandt sind und wie weit sie sich ineinander überführen lassen.

Zur Klärung dieser Fragen haben wir an unseren Modellen, die sich mit ihrem einfachen Aufbau besonders dazu eigneten, einige Standversuche und einige Windkanalversuche mit Fremderregung durch Gummizug gemacht. Dabei zeigte sich zunächst, daß der Angriffspunkt lediglich die Amplitude der Schwingungen und die Oberschwingungen beeinflußt, für die Art der Schwingungen aber ohne jede Bedeutung ist.

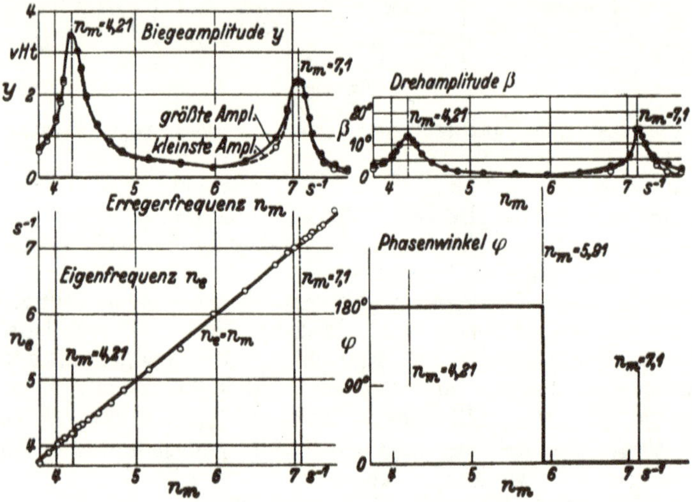

Abb. 2. Standschwingungen (Erregung an Hinterkante).

Die Vorgänge bei Standschwingungen

Abb. 2 zeigt: Oben sind die Schwingungsamplituden über der Erregerfrequenz aufgetragen, links die Biegeamplituden und rechts die Drehamplituden. Deutlich sind zwei Resonanzen zu erkennen. Die Schwingungen sind sehr regelmäßig, denn größte und kleinste Amplituden weichen wenig voneinander ab. Die Eigenfrequenz des Flügels ist durchweg gleich der Erregerfrequenz. Der Phasenwinkel zwischen Biege- und Drehschwingung beträgt zunächst 184°, d. h. die Verdrehung erreicht ihr Minimum, wenn die Biegung ihr Maximum erreicht. Der Flügel dreht also um eine Achse, die vor ihm liegt. Der Phasenwinkel ändert sich sprungartig im Bereich der kleinsten Amplituden, und mit einem Male ist die zweite Schwingungsform da, eine Drehung um eine Achse hinter der elastischen Achse, bei der Verdrehung und Biegung zu gleicher Zeit ihr Maximum erreichen. Ein Übergang zwischen beiden Schwingungsformen oder irgendwelche abweichenden Phasenwinkel sind nicht beobachtet worden. Natürlich können Phasenverschiebungen durch sehr starke, exzentrisch gelegene Dämpfungen entstehen. Dieser Fall hat aber wohl für den praktischen Flugzeugbau keine Bedeutung, ist deshalb auch nicht untersucht worden. Stößt man den Flügel an, ohne ihn periodisch zu erregen, dann enthält die Ausschwingkurve beide Grundfrequenzen miteinander vermischt. Abb. 3 und 4 geben noch einmal zwei Schriebe von den beiden Standresonanzen wieder, aus denen man die eben erörterten Einzelheiten ebenfalls erkennen kann.

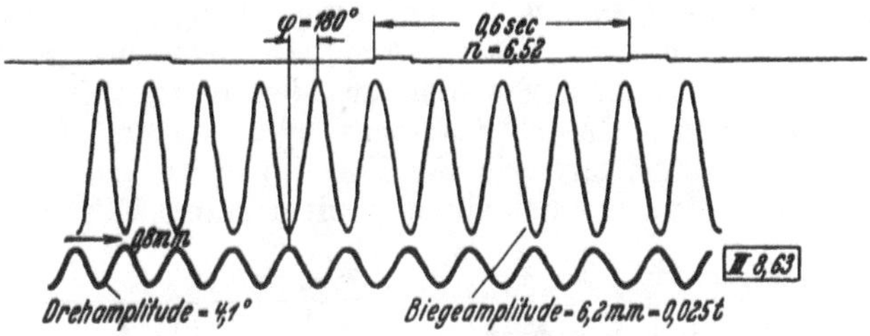

Abb. 3. Standschwingungen mit 180° Phasenwinkel (Drehung um Achse vor der elastischen Achse), erste Standresonanzschwingung.

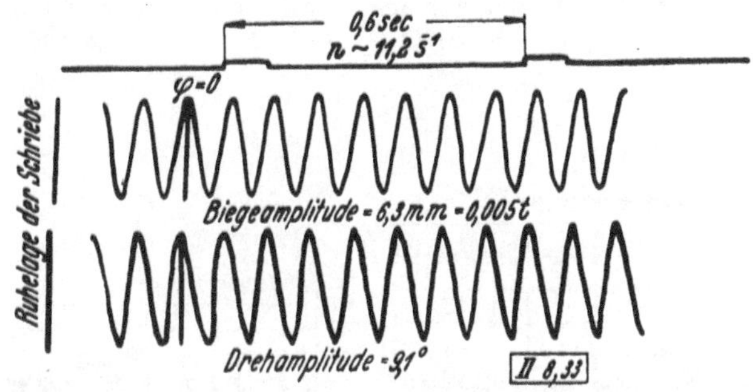

Abb. 4. Standschwingung mit 0° Phasenwinkel (Drehung um Achse hinter der elastischen Achse), zweite Standresonanzschwingung.

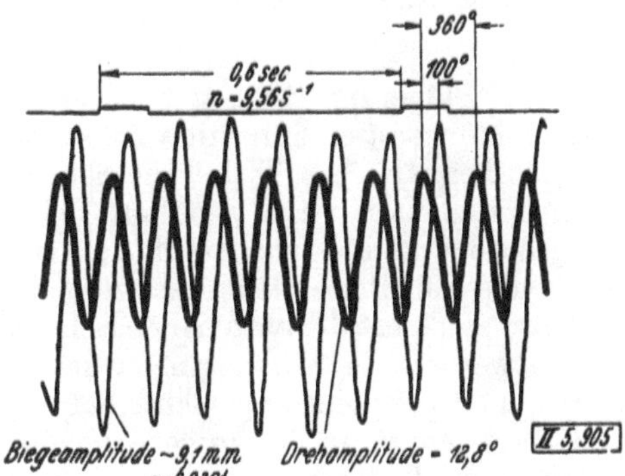

Abb. 5. Angefachte Schwingung mit 100° Phasenwinkel.

Abb. 5 zeigt im Gegensatz dazu den Schrieb einer angefachten Schwingung — ohne Erregung — mit 100° Phasenverschiebung. Die Schwingung, deren Kennwert $\frac{v}{\nu t}$ ziemlich niedrig ist, ist ebenso regelmäßig wie die Standschwingung.

Abb. 6 zeigt das Entstehen einer angefachten Schwingung ohne Erregung. Während der Flügel zunächst nur eine leichte Unruhe zeigt, die durch die Störungen im Strahl bedingt ist, und hier nicht aufgezeichnet ist, wachsen oberhalb des kritischen Staudrucks die Amplituden der Biegung und Drehung stetig und ziemlich steil an. Frequenz und Phase haben einen bestimmten, nur wenig geänderten Wert. Der einzelne Schwingungszustand zeigt Schwankungen, wie man aus den Kurven für größte und kleinste Amplitude sehen kann. Diese Schwankungen sind durch die Störungen im Strahl bedingt, gegen die der Flügel im vorliegenden Falle empfindlich ist, da es sich um eine Schwingung mit höherem Kennwert handelt.

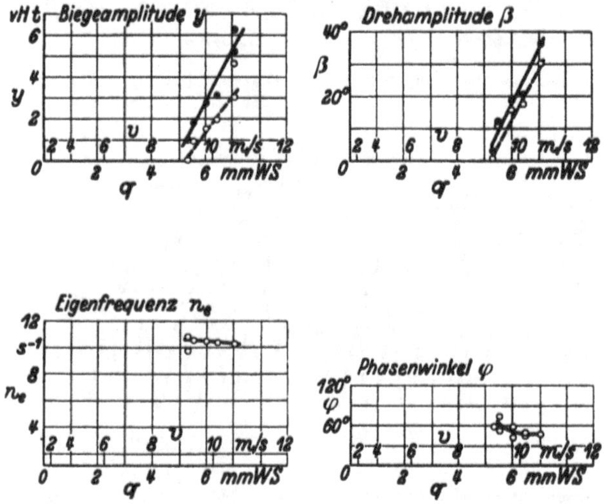

Abb. 6. Entstehung einer angefachten Schwingung ohne Erregung $V = \frac{v}{\nu \cdot t} = 0{,}4$.

Wir betrachten nun den Fall, daß der Flügel im Stand mit der ersten Grundresonanz erregt wird. Was geschieht, wenn er nun mit wachsender Geschwindigkeit angeblasen wird? Wir erkennen, Abb. 7, daß die Schwingung bereits durch kleine Windgeschwindigkeiten stark gedämpft wird; sie wird ferner unregelmäßig, denn größte und kleinste Amplitude sind sehr verschieden voneinander. Frequenz und Phase behalten zunächst noch ihren Wert. Die Anblasung stört also zunächst die bestehende Schwingung, ohne ihr Wesen zu ändern. Nun werden die Schwingungen immer unregelmäßiger und schließlich setzt sich die eigentliche angefachte Schwingung mit ihrer eigenen Frequenz und Phase entgegen der aufgezwungenen Standfrequenz durch (vgl. die Punkte ohne Erregung).

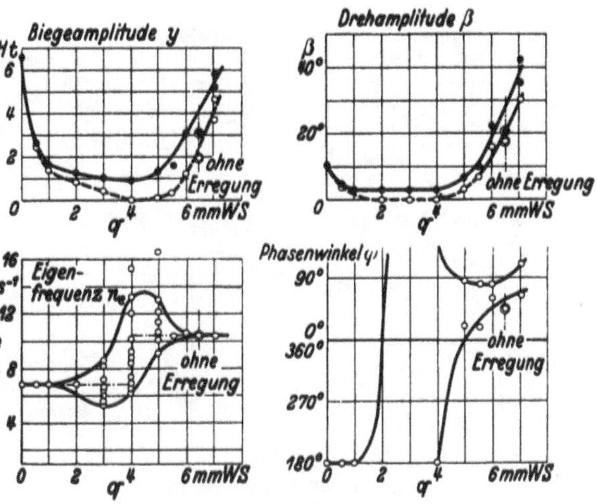

Abb 7. Einfluß einer Anblasung auf den mit erster Resonanz erregten Flügel.
(Erregerfrequenz $n_{III} = 6{,}76$.)
○ bezw. ● Versuchspunkte ohne Erregung.

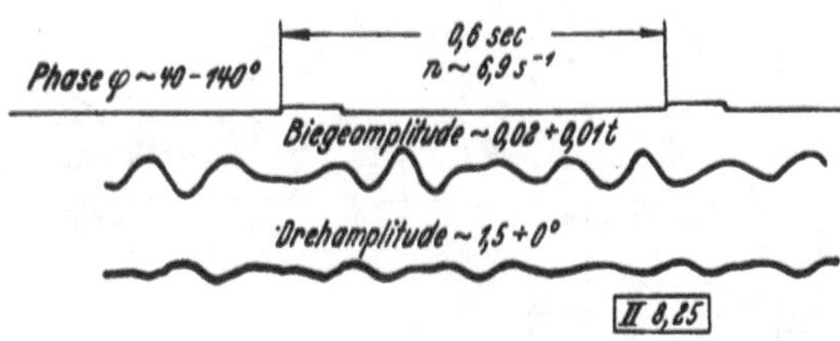

Abb. 8. Störung einer Schwingung durch Fremderregung.
(Erregerfrequenz 6,76 s^{-1}, Eigenfrequenz = 7,0 s^{-1}, $q = 4$ mm WS.)

Abb. 8 zeigt einen Schrieb aus dem gestörten Übergangsgebiet, der deutlich zwei verschiedene Schwingungen enthält.

Ähnlich liegen die Verhältnisse, wenn der mit der zweiten Standfrequenz im Stand schwingende Flügel angeblasen wird. Nur findet hier der Übergang zur angefachten Schwingung viel leichter statt, weil die Frequenz und die Phase der beiden Schwingungen weniger voneinander verschieden sind, Abb. 9.

Von besonderem Interesse ist die Abb. 10, bei der der Flügel mit der kritischen Frequenz zunächst im Stand erregt wird. Man hat eine Standschwingung vom Charakter der zweiten Grundfrequenz vor sich, der Phasenwinkel ist zunächst Null. Es genügt nun aber eine geringe Anblasung, um den Flügel zu einer sauberen, luftkraftgekoppelten Schwingung zu bringen. Mit zunehmendem Staudruck wachsen Amplitude und Phase stetig an.

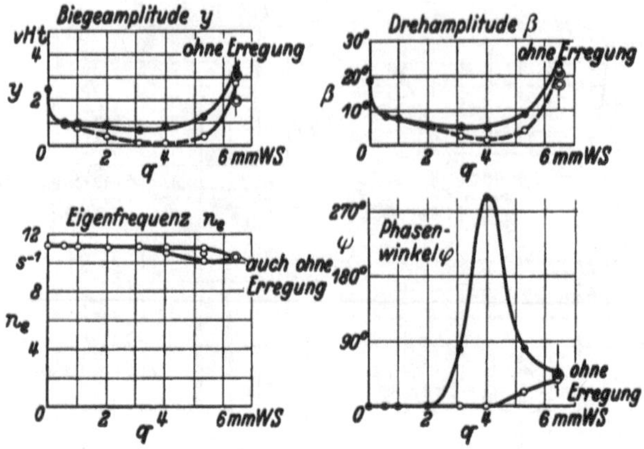

Abb. 9. Einfluß einer Anblasung auf den mit zweiter Resonanz erregten Flügel. (Erregerfrequenz $n_m = 11{,}04$.)

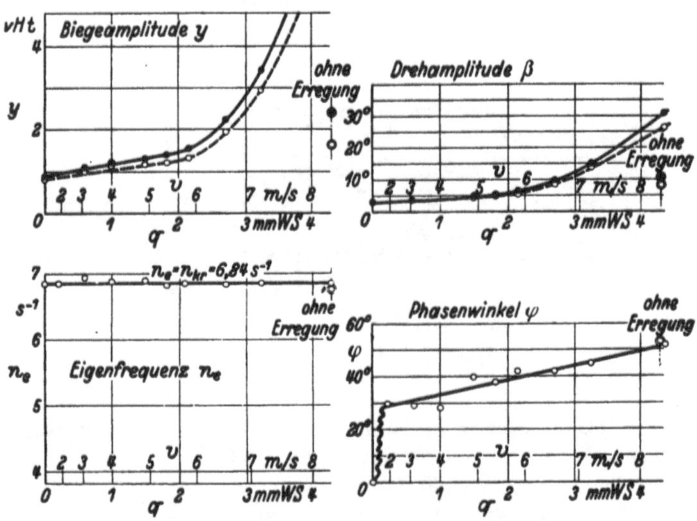

Abb. 10. Verhalten eines mit der kritischen Frequenz erregten Flügels bei verschiedenen Anströmgeschwindigkeiten.

Abb. 11 würde einem Fluge mit konstantem Staudruck (75% des kritischen Staudrucks) entsprechen, bei dem die Erregerfrequenz geändert wird. Während man zunächst völlig ungeordnete Schwingungen mit stark wechselnden Amplituden, Phasen und Frequenzen hat, paßt sich die Eigenfrequenz erst unmittelbar im Resonanzgebiet der Erregerfrequenz an, die Amplituden werden gleichmäßig, Biegung und Drehung sind einander sauber zugeordnet. Die Phase wird durch die Erregerfrequenz

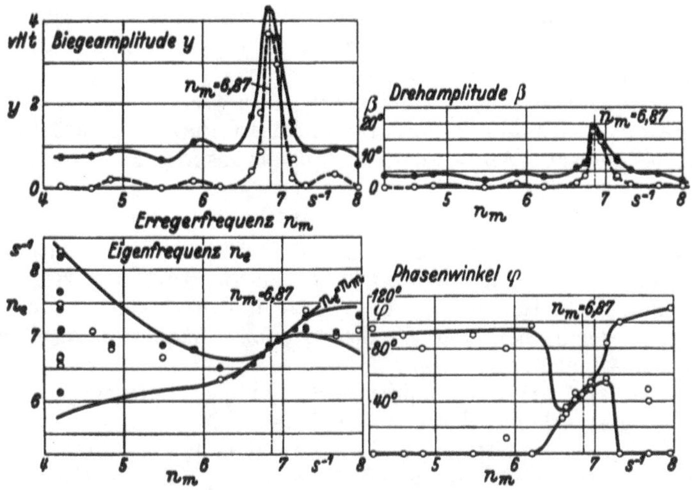

Abb. 11. Verhalten eines fremderregten Flügels bei 0,85 v_{krit}.

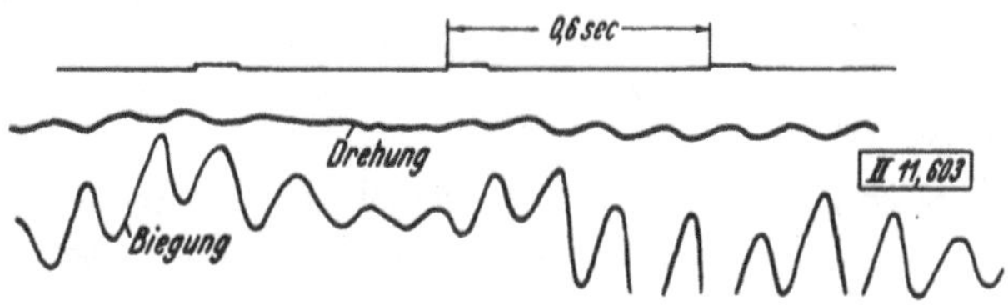

Abb. 12. Flügel an der Grenze der statischen Stabilität.

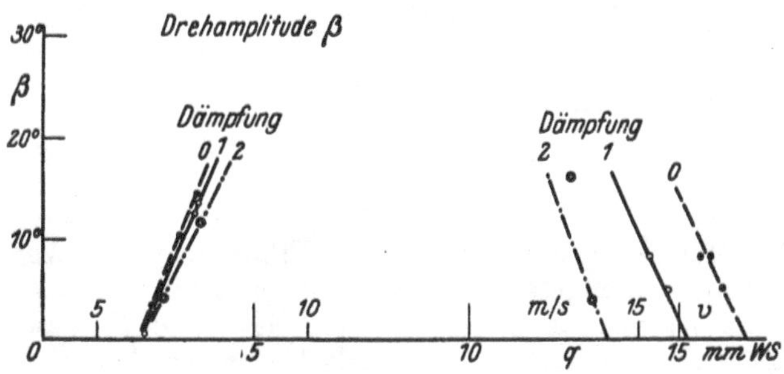

Abb. 13. Einfluß der Drehdämpfung des Flügels, Querruder nahezu ausgeglichen.

etwas beeinflußt. Dicht hinter dem Resonanzgebiet zerfällt die Schwingung wieder.

Ein Schrieb, der besonders deutlich den Grenzfall der statischen Stabilität zeigt, bei dem infolge kleiner Verdrehsteifigkeit und einiger Rücklage der elastischen Achse hinter dem Angriffspunkt der Luftkräfte das verdrehende Moment der Luftkräfte stärker wächst als das rückdrehende Moment der Federung und der Flügel daher aperiodisch auskippt, ist in Abb. 12 wiedergegeben. Der Schrieb zeigt den ersten Beginn dieses Zustandes. Die Verdrehungen sind noch kaum wahrnehmbar, die kurzen Biegeschwingungen sind auf die Turbulenz des Windkanals zurückzuführen, während das langsame Auswandern des Flügels das Erreichen der Stabilitätsgrenze zeigt.

Querruder

Von den Querruderversuchen möchte ich nur zwei Diagramme mit den Freiheitsgraden Flügeldrehung und Querruderdrehung zeigen, die in vollem Umfange die Rechnungen von *Quessel* und *Boelk* über den begrenzten kritischen Bereich bei den Freiheitsgraden Flügeldrehung-Querruderdrehung bestätigen[1]).

Abb. 13 zeigt die Drehamplitude des Flügels, aufgetragen über dem Staudruck. Man erkennt deutlich den Beginn und das Ende des kritischen Gebietes. Man erkennt ferner, daß eine zusätzliche Dämpfung der Flügeldrehung das kritische Gebiet einengt. Abb. 14 zeigt die Beziehung zwischen Querruderdämpfung und kritischem Bereich. Die Dämpfungen sind dabei durch zwischen Flügel und Querruder gesteckte Papierstreifen herbeigeführt, also in ihrer Größe nicht genau festgelegt. Auch hier wird durch die Dämpfung das kritische Gebiet eingeengt und schließlich ganz vernichtet.

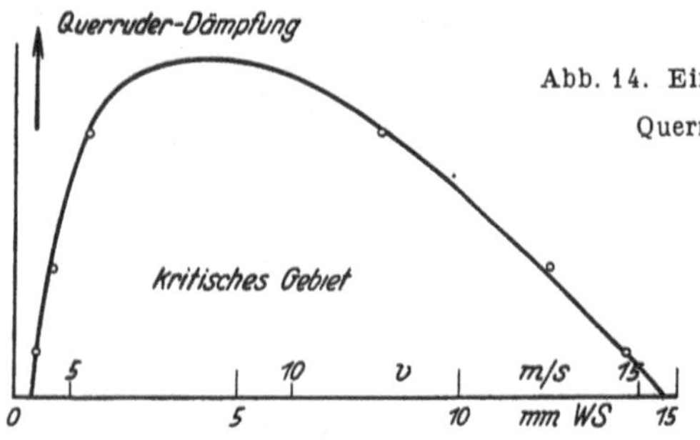

Abb. 14. Einfluß der Querruder-Dämpfung, Querruder nicht ausgeglichen.

Dämpfer

Zum Schluß will ich noch einmal (vgl. Film) auf unsere Versuche über aktive Dämpfung von angefachten Schwingungen zu sprechen kommen. Die Dämpfer bestanden aus vier je 6 g schweren Gewichten (insgesamt 4% des Flügelgewichts) und konnten auf einer Blattfeder verschoben werden. Die Blattfeder war in der Mitte am Flügel befestigt und trug an ihren Enden Gabeln. Innerhalb der Gabeln lagen zwei federnde Blechsegmente, die in ihrer Mitte dicht beieinanderlagen, also dem Schwinger freies Spiel ließen, außen dagegen auseinander geklemmt werden konnten. Je mehr dies geschah, um so stärker nahm die Reibung mit der Amplitude zu. Die Untersuchungen zeigten, daß die Dämpfer in ihrer Wirkung nur wenig

[1]) Siehe S. 196 und S. 206.

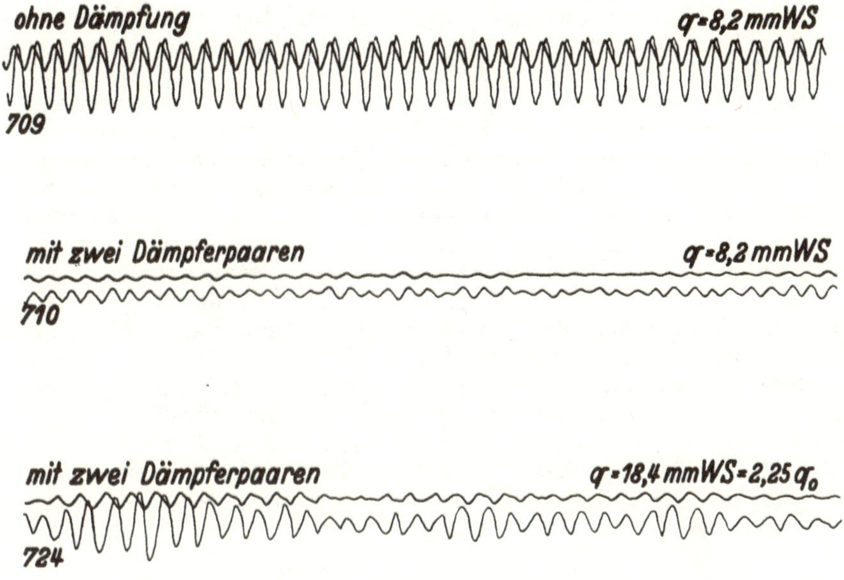

Abb. 15. Vernichtung einer angefachten Schwingung durch Dämpfer.

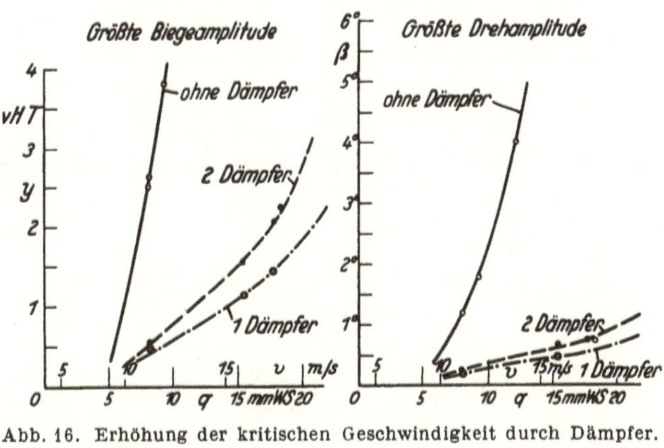

Abb. 16. Erhöhung der kritischen Geschwindigkeit durch Dämpfer.

empfindlich gegen Verstimmung der Eigenfrequenz sind und daß auch in allen Fällen zwischen größter Schwingungsamplitude und der eingestellten Reibungszunahme ein günstiger Ausgleich erfolgt. Die Dämpfer waren nur am Flügel befestigt und wurden nicht etwa durch ein raumfestes System gesteuert.

Abb. 15 zeigt die Wirksamkeit der Dämpfer an Hand von drei Schwingungsschrieben. Oben der Flügel ohne Dämpfer: Eine saubere, angefachte Schwingung. Darunter der Flügel mit Dämpfern bei dem gleichen Staudruck. Die Schwingung ist fast völlig vernichtet. Der dritte Schrieb zeigt denselben Flügel beim doppelten Staudruck. Auch hier sind die Amplituden noch kleiner als beim ersten Schrieb. Man erkennt deutlich, wie die aufkommende Schwingung zurückgehalten und vernichtet wird. Anscheinend haben die Schwinger neben der Eigenschaft, die Schwingungsenergie durch Reibung zu vernichten, die Eigenschaft, den anfachenden Phasenwinkel zwischen Biege- und Drehschwingung nach der einen oder anderen Seite hin zu verstimmen und auch auf diese Weise, also durch Ausschaltung der anfachenden Luftkräfte, die Schwingung zu vernichten. Wird der Staudruck nun weiter gesteigert, dann setzen die Schwingungen schlagartig ein.

Abb. 16 zeigt schließlich die größten Amplituden der Biege- und der Drehschwingungen über dem Staudruck, einmal ohne Dämpfer und dann mit Dämpfern. Man erkennt auch hier die Wirkung der Dämpfer. Bemerkenswert ist, daß hier der vordere Schwinghebel allein noch günstiger wirkte als beide Hebel zusammen. Wahrscheinlich ist es günstig, die schwingende Masse möglichst weit vorn anzubringen, weil sie dort am stärksten durch die Drehschwingungen erregt wird. Weitere Untersuchungen über Dämpfer, die nur auf Biegung oder nur auf Drehung ansprechen, sollen noch folgen.

Bisher vorliegendes Material über Windstärken und Seegänge auf den verschiedenen Meeren

Von G. Kempf*)

Vorgetragen am 23. März 1936 in Hamburg

Für den Bau von Seeflugzeugen bedarf noch die Frage der beim Niedergehen im Seegang auftretenden Beanspruchungen der Klärung. Diese Beanspruchungen werden, abgesehen von den Eigenschaften des Flugzeugs, bedingt durch die Eigenschaften des Seeganges, und als eine unserer Aufgaben haben wir es daher betrachtet, diese Eigenschaften näher zu ergründen.

Die Fragen, die wir uns zunächst stellen, lauten:

1. Was liegt bisher vor an Material?
2. Wie ist es gewonnen und unter welchen Gesichtspunkten?
3. Welche Erkenntnisse liefert dieses Material für unsere Zwecke und inwieweit ist es verwertbar?
4. Welches ist heute der Stand der Seegangsforschung und ihrer Verfahren?
5. Welche Wege sind einzuschlagen, um für unsere Zwecke geeignetes Material zu gewinnen.

Über das bisher vorliegende Material soll der folgende Aufsatz eine Zusammenfassung geben, um ein Urteil darüber zu ermöglichen, wieweit es verwendbar ist.

Eine Zusammenstellung des Schrifttums[1]), angefangen mit *Newton* 1687 bis zu *Weinblum* 1936 umfaßt etwa 50 Veröffentlichungen. Die Beobachtungsarbeit beginnt vor etwa 100 Jahren 1838, wo *Scott Rusell* einen report of the committee of waves herausgibt. 50 Jahre später, um 1890, beginnen dann genauere Messungen.

Die ersten Beobachtungen beruhen auf Schätzungen der Wind- und Seegangstärke nach dem Augenschein. Die Windstärken wurden nach der Beaufort-Skala von 1 bis 12 geschätzt. Das war zur Zeit der Segelschiffe ziemlich genau möglich auf Grund der Stabilität der Schiffe und der Festigkeit der Segel. Es war also eigentlich eine ziemlich exakte Winddruckmessung.

Diese Verbundenheit des Seemannes mit der Windstärke hörte erst mit Zunahme der Dampfschiffe auf, und die Winddruckmessung wich der Windgeschwindigkeitsmessung, zunächst nicht zum Vorteil der Zuverlässigkeit, wie wir sehen werden.

Die Seegangsstärken richten sich als Folge der Windwirkung nach den Windstärken, Abb. 1. Aber im Laufe der Zeit — mit Eintritt der Dampfschiffahrt — kehrte sich die Beurteilung von Windstärke und Seegangsstärke als Folgeerscheinung um, so daß man unwillkürlich all-

---

*) Dr.-Ing., Hamburgische Schiffbau-Versuchsanstalt.

[1]) Am Schlusse der Arbeit wiedergegeben.

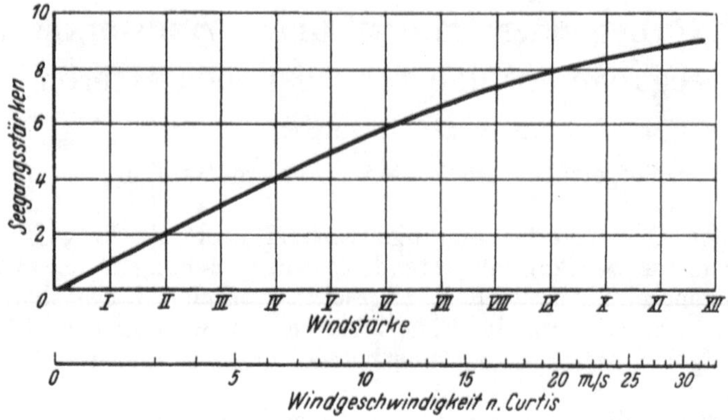

Abb. 1. Wind- und Seegangsstärken.

mählich die Windstärke nach dem Aussehen der See beurteilte. Der Seegang wurde das primäre auch schon deshalb, weil das Dampfschiff ihm viel mehr ausgeliefert ist bzw. ihm entgegenfahren muß als das im Winde liegende Segelschiff. Nun wurde das Aussehen der See maßgebend für die Beurteilung und ist es auch heute noch berechtigterweise, vgl. Zahlentafel 1.

So ergaben sich umfangreiche Beobachtungen und meist gute Mittelwerte für die verschiedenen Gegenden.

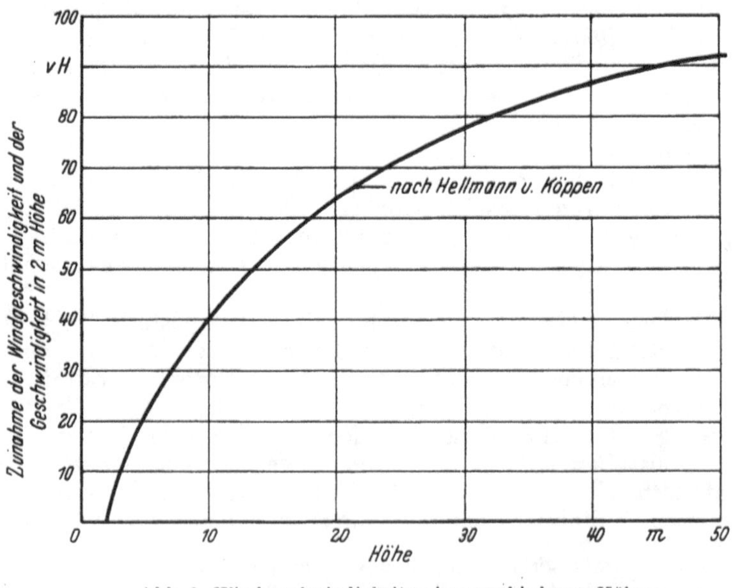

Abb. 2. Windgeschwindigkeiten in verschiedenen Höhen.

Zahlentafel 1

Seegangsstärken

Windstärke Beaufort	Seegangs-stärken	Wellen-höhen m	Örtliche Einwirkung des Windes auf die See
0	0	0	Spiegelglatte See
1	1	unter 1	kleine, schuppenförmig aussehende Wellen, ohne Schaumkämme
2	2	1	Wellen sind kurz und ausgeprägter; ihre Kämme beginnen sich zu brechen, der Schaum ist nicht weiß, sondern von glasigem Aussehen
3	3	2,2	die Wellen werden länger, es bilden sich vielfach Schaumkämme
4	4	3,2	die Wellen nehmen mehr ausgeprägte lange Form an, überall bilden sich weiße Schaumkämme
5	5	4,2	größere Wellenberge, deren weiße Schaumkämme größere Flächen einnehmen
6	6	5,3	die See türmt sich, wird brechend; der weiße Schaum beginnt sich in Streifen zur Windrichtung zu legen
7 8	7	6,5—7,7	Höhen und Länge der Wellen und ihrer Kämme nehmen sichtlich zu; der Schaum legt sich in dichteren Streifen zur Windrichtung
9 10	8	9,3—10,5	es entwickeln sich hohe Wellenberge mit langen, sich überstürzenden Kämmen; die großen Schaumflächen legen sich bald in dichten, weißen Streifen zur Windrichtung. Die Meeresoberfläche gewinnt im ganzen ein weißes Aussehen
11 12	9	13,0 und darüber	die See ist mit weißem, streifenförmig zur Windrichtung liegendem Schaum bedeckt; der Wind verweht die Kante der Wellenkämme zu Gischt (Orkanschaum). Von der Gewalt des Windes wird die Luft mit dem Gischt des verwehten Windwassers so angefüllt, daß keine Fernsicht mehr ist

Bei Einbruch der wissenschaftlichen Messungen änderte sich die Sachlage vollkommen; denn nun erhielt man statt psychologisch gebildeter Mittelwerte genau gemessene Einzelwerte, die aus psychologischen Gründen meist Höchstwerte waren, während die Mittelwerte nach wie vor bei Seeleuten und Malern zu finden waren.

Durch die Windmessungen ging der physikalische Zusammenhang mit der Seegangsbildung zunächst verloren, schon allein, weil bei gleichbleibender Windstärke sich die Geschwindigkeit erheblich mit der Meßhöhe über der Oberfläche ändert, vgl. Abb. 2, und selten angegeben ist, wo der Wind gemessen wurde. So entstanden um 50% veränderliche Meßangaben für die gleiche Windstärke.

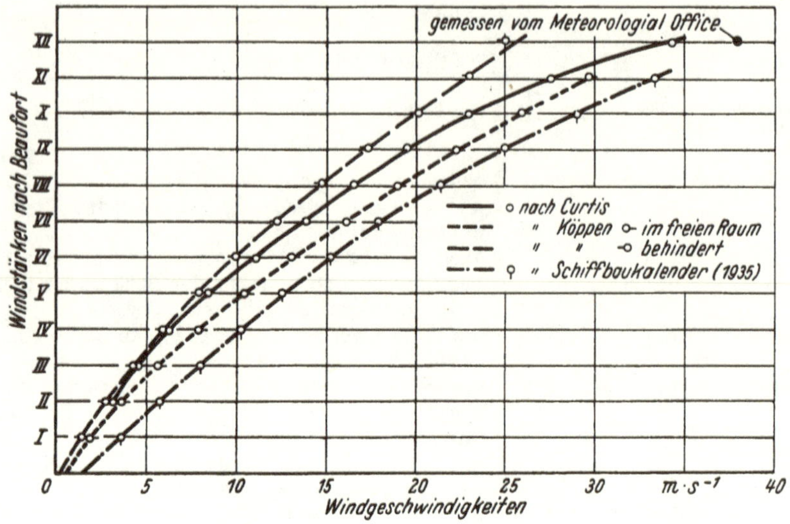

Abb. 3. Beziehung zwischen Windstärke und Windgeschwindigkeit.

Die Windmessung ist eben nur eine Punktmessung, während der Druck auf die Besegelung eines Schiffes eine Feldmessung darstellt, ebenso die Beurteilung der Windstärke nach dem Aussehen der See einer Feldmessung entspricht.

Die Windkurve von *Curtiss* habe ich als mittlere Kurve für den Zusammenhang mit der Stärke zugrunde gelegt, vgl. Abb. 3.

Am leichtesten ist von der Struktur des Seeganges seine Periode zu messen und daraus die Wellenlängen. So liegt darüber wohl das zuverlässigste Material vor. Wenn auch dieses erhebliche Abweichungen in seinen Angaben aufweist, so liegt das an den örtlichen Verschiedenheiten, die sich aus der Wassertiefe und der Erstreckung der freien Oberfläche und der Küstenbegrenzung ergibt, wie besonders auch aus der zeitlichen Einwirkung des herrschenden Windes und vorhergehender Winde. Gibt doch z. B. *Paris* an, daß bei langdauernden Winden sich die Wellenlänge vervierfachen kann.

Übereinstimmende Beobachtungen kann man also immer nur bei gleicher zeitlicher Windwirkung erwarten, selbst wenn die örtlichen Gegebenheiten die gleichen sind.

Bis Wind- und Seestärke 6 sind allerdings, wie Abb. 4 zeigt, die Beobachtungsangaben für die freien tiefen Meere noch einigermaßen gleichförmig und das genügt für unsere Zwecke wahrscheinlich.

Wesentlich schwieriger werden die Verhältnisse, wenn es sich um die Wellenhöhen handelt. Kleinere Höhen lassen sich auf größeren Fahrzeugen immer noch einigermaßen zuverlässig nach Höhenmarken an der Schiffswand abschätzen, wenn das Schiff noch keine wesentlichen Tauchschwingungen vollführt; darüber hinaus werden die Beobachtungen aber

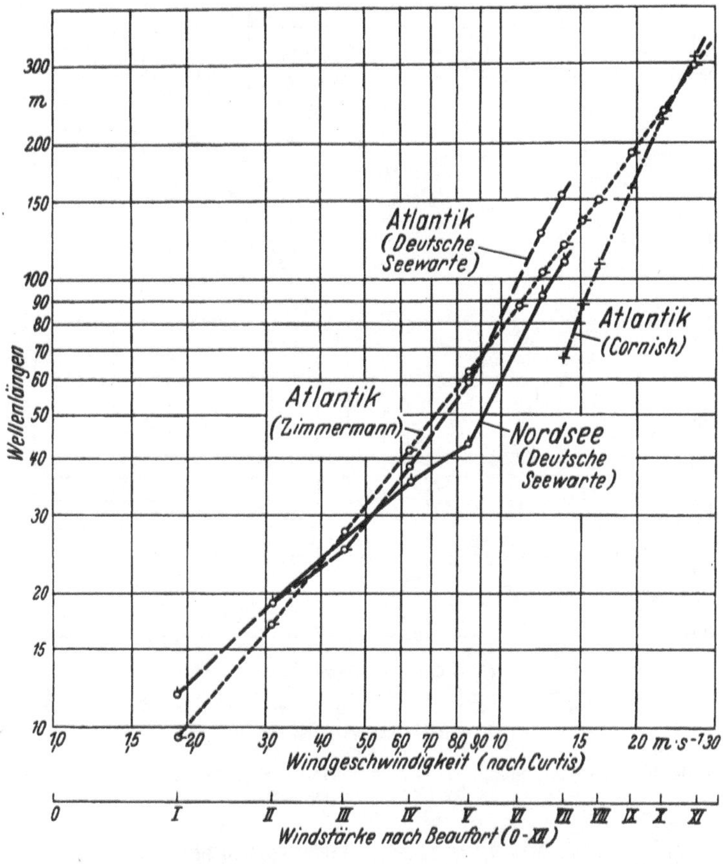

Abb. 4. Beziehung zwischen Wellenlängen und Windgeschwindigkeiten.

zunehmend unsicher. Wir haben zahlreiche Beobachtungen zusammengetragen. Die Abweichungen sind doch recht beträchtlich, vgl. Abb. 5.

Besonders deutlich werden die Verhältnisse, wenn man einmal versucht, eine größere Zahl von vorliegenden Beobachtungen über Wellenlänge und Wellenhöhe zusammenzutragen, Abb. 6. Da ergeben sich z. B. für eine Wellenlänge von 200 m geschätzte und gemessene Wellenhöhen von 4 m, 8,5 m, 13 m und 16 m. Wenn man sich aber überlegt, wie die Wellenhöhen zustande kommen können, dann überrascht das noch nicht einmal so stark.

Man muß doch bedenken, daß einmal die zeitlichen und örtlichen Einwirkungen mitspielen. Nach *Paris* bedingt die längere Dauer der Windwirkung etwa eine Verdoppelung der Wellenhöhe bei gleichzeitiger Verlängerung der Welle. Aber denkt man an die Wirkung von Böen, so kann man sich vorstellen, daß diese jedesmal längere und höhere Wellen auf-

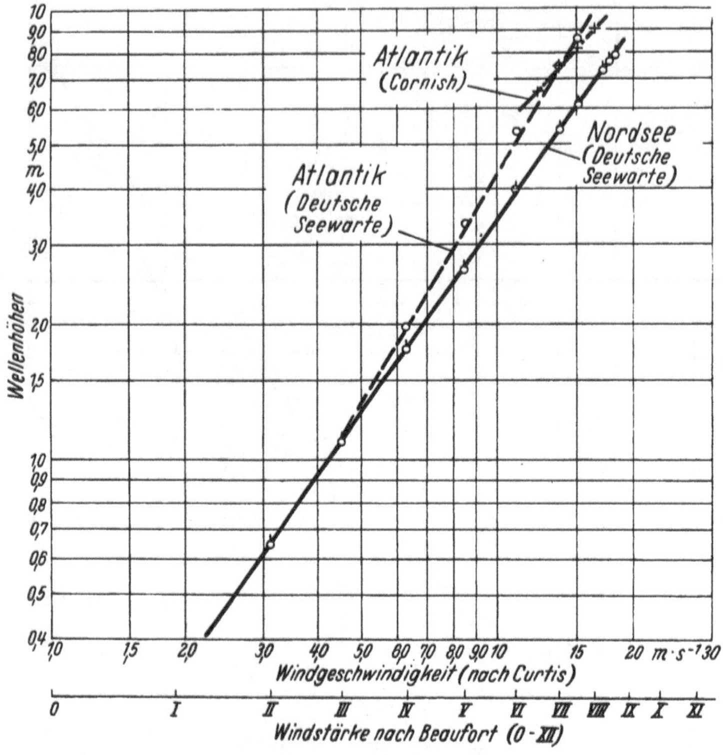

Abb. 5. Wellenhöhen in Abhängigkeit von der Windstärke; gemessen auf Feuerschiffen in der Nord- und Ostsee.

stauen, welche dann mit vergrößerter Geschwindigkeit über die der mittleren Windstärke entsprechenden normalen Wellen hinwegrollen und bei Resonanzzuständen entsprechend hohe und steile Einzelwellen erzeugen müssen.

Eine Vorstellung der so erzeugten Wellenstruktur läßt sich aus der von meinem Mitarbeiter *H. Hoppe* auf der Hochseemeßfahrt der »San Francisco« im Dezember 1934 aufgezeichneten Schiffsgeschwindigkeit ableiten. Das Geschwindigkeitsdiagramm[2]) zeigt bei Windstärke 7 von vorn einen periodischen Verlauf der Schiffsgeschwindigkeit von 9½ bis 7½ Knoten. In etwa halbstündigen Perioden fällt die Schiffsgeschwindigkeit für 2 bis 5 min Dauer von 9½ bis auf 7½ Knoten ab. Das ließe sich wohl durch Resonanzzustände aus Böenperioden erklären.

Diese Messung zeigt zugleich, daß ein Schiff ein recht zuverlässiges Gerät zur Messung mittlerer Seegangszustände darstellt, wie es ja auch öfter dazu benutzt worden ist, allerdings meist nur unter Verwendung seiner Rollschwingungen.

[2]) Vgl. *H. Hoppe*, Werft, Reederei, Hafen Bd. 16 (1935) Nr. 22.

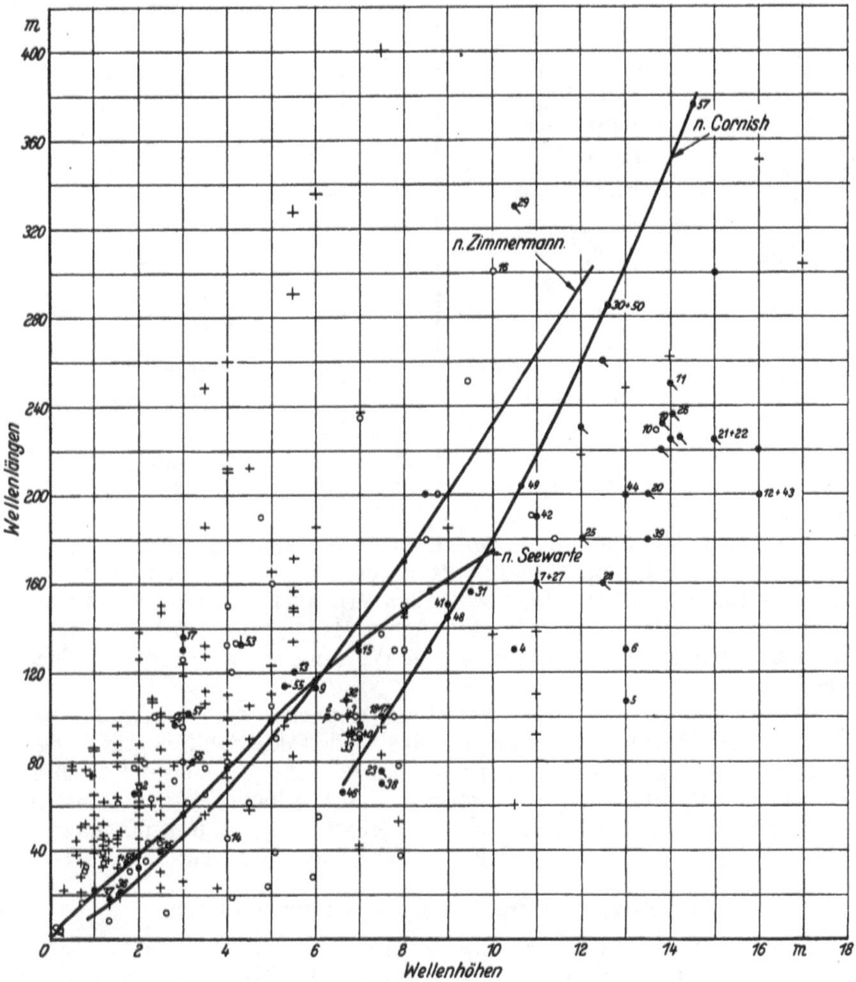

Nord-Atlantik
Süd-Atlantik
Indisches Gebiet
Ostchinesisches Meer
Stiller Ozean
Mittelmeer
Genfer See
Neue Messungen n. *Zimmermann*
Alte Messungen n. *Zimmermann*

Abb. 6. Beziehung zwischen Wellenhöhen und Wellenlängen. (Vgl. die erklärenden Angaben S. 234.)

Zu Abb. 6. Verzeichnis der Meßpunkte.

Nr.	Beobachter	Ort	Nr.	Beobachter	Ort
1	*Forel*	Genfer See	30	*Cornish*	Nord-Atlantik
2	*Paris*	Ostchinesisches Meer	31	»	»
3	*Cornish*	Mittelmeer	32	»	Mittelmeer
4	*Larisch*	Neufundlandbank	33	»	»
5	*Cornish*	Liverpool-Boston	34	»	»
6	*Scoresby*	Nord-Atlantik	35	»	Genfer See
7	*Larisch*	Agulhaes-Bank	36	»	» »
8	*Paris, Larisch*	Süd-Atlantik	37	»	» »
9	» »	»	38	St. Franzisko	Nord-Atlantik
10	*Howe*	Stiller Ozean	39	»	»
11	*Posen*	» »	40	»	»
12	St. Franzisko	Nord-Atlantik	41	»	»
13	*Larisch*	Englischer Kanal	42	»	»
14	Nautikal-Magazin	Nordsee	43	»	»
15	*Schott*	Süd-Atlantik	44	»	»
16	*Cornish*	»	45	»	»
17	*Larisch*	»	46	*Cornish*	»
18	»	»	47	»	»
19	*Abercromby*	Stiller Ozean	48	»	»
20	*David*	» »	49	»	»
21	*Howe*	» »	50	»	»
22	*Le Mütt*	» »	51	*Paris*	Süd-Atlantik
23	*Larisch*	» »	52	»	»
24	»	» »	53	»	Indisches Gebiet
25	»	» »	54	»	» »
26	»	» »	55	»	» »
27	»	» »	56	»	Ostchinesisches Meer
28	»	» »	57	»	Stiller Ozean
29	»	» »	58	»	Genfer See

Ich persönlich halte die Fahrtregistrierung eines Schiffes bei Fahrt gegen Seegang, bei welcher mit Hilfe unseres Stevenlogs nicht nur jeder Wellendurchgang aufgezeichnet wird, sondern auch die Gesamtfahrt, für ein sehr zuverlässiges und aufschlußreiches Meßverfahren zur Ermittlung der Struktur des Seeganges, weil es die Wirkung auf eine größere Fläche integriert.

Wie aufschlußreich dieses Verfahren sich erwiesen hat, zeigen vergleichende Modellversuche, bei denen das Modell des Schiffes gegen regelmäßigen künstlichen Seegang gefahren wurde, Abb. 7. Dieses Verfahren, welches zur Ermittlung von mittleren Fahrtverlusten zweckmäßig ist, mag nun allerdings zur Ermittlung von Höchstbeanspruchungen noch nicht genügen, aber es schien mir doch angebracht, ihrer hier Erwähnung zu tun.

Verhältnisse in den deutschen Küstengewässern

Für unsere Zwecke interessieren zunächst vorwiegend unsere Küstengewässer, und daher haben wir uns bemüht, das Material der dort aufgestellten Feuerschiffe auszuwerten.

Es ergibt sich, daß in der Ostsee, Abb. 8, die Wellenhöhen von 1 m eine Häufigkeit von 20% haben, die Höhen von 2 m eine solche von 5 bis 7% und Höhen von 3 m nur noch von 2%.

In der Nordsee, Abb. 9, beträgt die Häufigkeit der Wellenhöhen zwischen 1 und 2 m 20%, Wellenhöhen von 2,5 m 10% und von 4 m 2%.

Über die Steilheit der Wellen liegen bisher nur die letzthin gemessenen Einzelwerte vor; gerade hierauf müßte aber wohl für unsere Zwecke in Zukunft besonderer Wert gelegt werden.

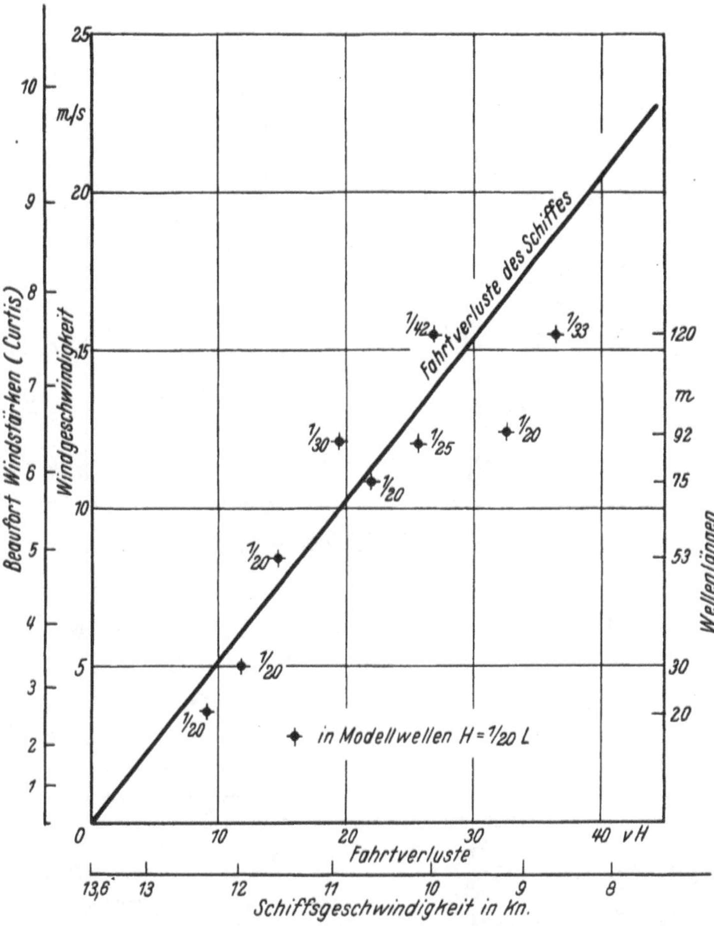

Abb. 7. Fahrtverlust der »San Francisco« bei verschiedenen Winden und Wellen.

Zusammenstellung des Schrifttums über Wind- und Meereswellen-Beobachtung

1687 *Newton*, Philosophiae naturalis principia mathematica, London.
1796 *de la Coudraye*, Théorie des vents et des ondes.
1825 *Weber*, *E. H.* und *W.*, Wellenlehre, auf Experimente gegründet.
1838 *Scott-Russell*, Report of the committee of waves. Brit. Assoc. Rep. 7, Liverpool meeting, London.
1839 *Aimée*, Sur le mouvement des Vagues, C. R. IX. Paris.
1845 *Scott Russell*, Report on waves. Rep. 14. meeting; Brit. Ass. Ld.
1846 *Stokes*, Cambridge and Dublin Math. Journal IV.
1850 *Scoresby*, On Atlantic waves, their magnitude, velocity and phenomena. Brit. Assoc. Rep. Ldn, 1851.

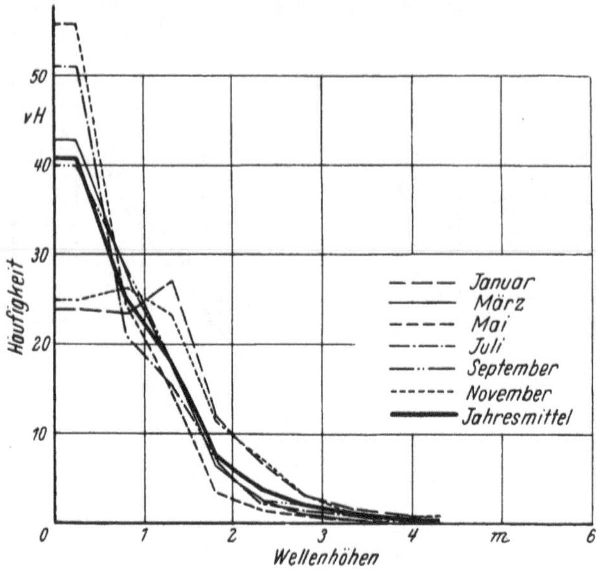

Abb. 8. Häufigkeit der Wellenhöhen in %; Gjedser Rev., Ostsee.

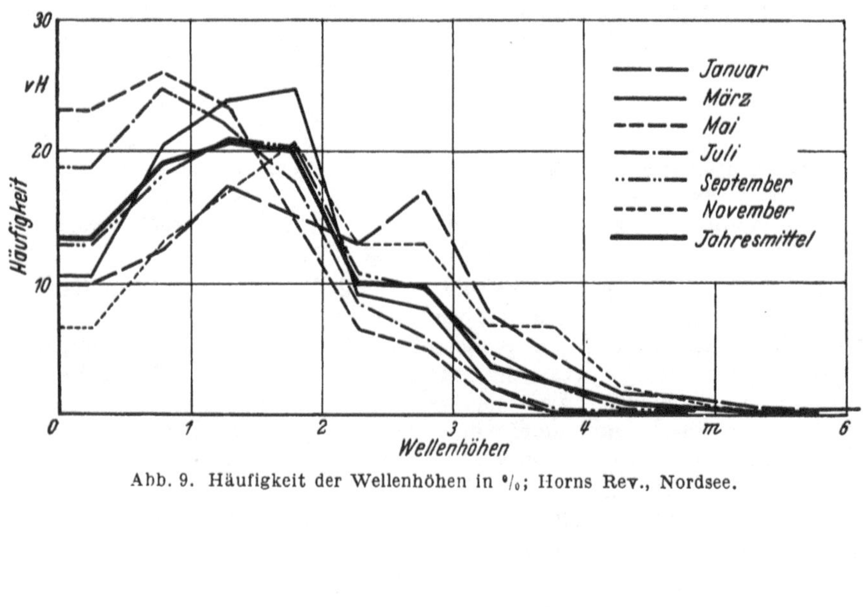

Abb. 9. Häufigkeit der Wellenhöhen in %; Horns Rev., Nordsee.

1864 *Rankine*, On the exact form of waves near the surface of deepwater. Phil. Trans. Roy. Soc. Ld CXIII.
1866 *Coupvent des Bois*, Mémoire sur la hauteur des vagues à la surface des océans (Comptes rendues).
1867 *Paris*, Description and use of a wave-tracer and a roll tracer. T. i. IV. A.
1871 *Thomson*, Hydrokinetic solutions and observations. Phil. Mag 1871.
1871 *Paris*, Des mouvements des vagues. Revue mar. et colon. XXXI, Paris.
1876 *Lord Ragleigh*, On waves, Phil. Mag. I.
1879 *Antoine*, Les lames des haute mer.
1888 *Abercromby*, Observations on the height, lenght and velocity of ocean waves. Phil. Mag. XXV.
1890 *Börgen*, Über den Zusammenhang zwischen der Windgeschwindigkeit und den Dimensionen der Meereswellen. Ann. d. Hydrogr. Berlin, XVIII.
1893 *Schott*, Wissenschaftliche Ergebnisse einer Forschungsreise zur See, 1891/92. Pet. Mitt. Ergänzungsheft 109, Gotha.
1894 *Wien*, *W*. Über den Einfluß des Windes auf die Gestalt der Meereswellen. Stz. Ber. Kgl. Ak. Wiss. Bln. II.
1896 *Gassenmayer*, Wellenmessungen im Atlantischen Ozean, Mitt. a. d. Geb. d. Seewesens, XXIV, Polen.
1897 *Curtis*, An attempt to determine the velocity equivalents of wind forces estimated by Beauforts scale (R. Meteor. Soc.).
1898 *Koeppen*, Windgeschwindigkeiten (Archiv d. Deutsch. Seewarte).
1901 *Cornish*, The height of waves. Proc. of the meeting of the Brit. Assoc. at Glasgow.
1903 *Rottok*, Meereswellen-Beobachtungen. Ann. d. Hydrographie 1903.
1904 *Cornish*, *V*., Terrestrial surface waves. Brit. Assoc. Rep. 73 Ldn.
1904 *Reinicke*, Einfluß des Windes und des Seeganges auf die Geschwindigkeit von Dampfern. Ann. d. Hydrographie 1904.
1905 *Laas*, *W*., Photographische Messungen der Meereswellen, V.D.I. 1905, Nr. 47.
1905 *Laas*, *W*., Dasselbe, S.T.G. 1905.
1905 *Heidke*, Einfluß des Windes auf die Fahrt von Dampfern, Ann. d. Hydrographie 1905.
1907 *Krümmel*, *O*., Handbuch der Ozeanographie, Bd. 1 Stuttgart.
1909 *Chatley*, The force of the Wind.
1909 *Kohlschütter*, Wellen- und Küstenaufnahmen. Forschungsreise SMS Planet 1906/07, III. Ozeanographie, Bln.
1910 *Cornish*, *V*., Waves of the sea and other matter waves. Ldn.
1911 *Krümmel*, *O*., Handbuch der Ozeanographie, Bd. 2 Stuttgart.
1911 *Wheeler*, Wind- und Wellendaten. Scient. Americ.
1916 *Cornish*, *V*., Observations of wind, wave and swell in the North Atlantic Ocean. Quart. Journ. R. Met. Soc. Ldn.

1920 *Zimmermann*, Aufsuchung von Mittelwerten für die Formen ausgewachsener Meereswellen auf Grund alter und neuer Beobachtungen. Schiffbau, XXI, S. 663.

1925 *Graf von Larisch-Moennich*, Sturmsee und Brandung. Bielefeld und Leipzig.

1926 *Baschin*, Das Schäumen des Meereswassers. Ann. d. Hydrographie, 1926.

1926 *Köppen*, Über geschätzte Windstärken und gemessene Windgeschwindigkeiten. Ann. d. Hydrographie 1926.

1927 *Petersen*, Zur Bestimmung der Windstärke auf See. Ann. d. Hydrographie, 1927, H. 10.

1927 *Seilkopf*, Seegang und Brandung vom Luftfahrzeug aus.

1928 *Schumacher*, Die stereophotogrammetrischen Wellenaufnahmen der Deutschen Atlantik Expedition. Zeitschr. d. Ges. Erdkunde, Bln., Ergänzungsheft 3.

1930 *Laws*, Notes on the behaviour of two passenger vessels during a voyage to and from Australia. T. i. N. A. 1930, S. 99.

1934 *Cornish*, *V.*, Ocean waves. Cambridge.

1934 *Seilkopf*, Die meteorologische Navigation in der Seeschiffahrt. Der Seewart 1934, H. 4.

1936 *Schnadel*, Beanspruchung des Schiffes im Seegang. VDI. 1936, H. 8.

1936 *Weinblum*, Stereophotogrammetrische Wellenaufnahmen. San Francisco. S.T.G. 1936.

Untersuchung des Seegangs mit Hilfe der Stereophotogrammetrie

Von A. Schumacher*)

Vorgetragen am 23. März 1936 in Hamburg

Meßverfahren

Die Verwendung der Stereophotogrammetrie für die Untersuchung der Meereswellen ist fast so alt wie die Stereophotogrammetrie selbst. Die ersten Versuche stammen aus den Jahren 1904/5; sie wurden ausgeführt von der Marine (unter wissenschaftlicher Betreuung durch *E. Kohlschütter*) und von *W. Laas*. Diese ersten Aufnahmen, die sofort die Brauchbarkeit des Verfahrens bewiesen, wurden durch die notwendige Rücksicht auf gewisse Beschränkungen im Ausmeßverfahren noch ziemlich beeinträchtigt. Die Platten mußten, um im Stereokomparator mit einem erträglichen Arbeitsaufwand ausgemessen werden zu können, bei der Aufnahme in einer Ebene liegen, und die Verbindungslinien der entsprechenden Lochmarken mußten parallel sein. (Eine Ungenauigkeit von 1′ macht sich schon störend bemerkbar.) Die somit erforderliche genaue Ausrichtung der Apparate erforderte Aufstellung auf solidem Unterbau. Man konnte sich also nicht weit von Deck entfernen oder man konnte die Apparate an einem starren Träger befestigen (zweiter Versuch von *Laas* vom Jahre 1913), der in die Takelage geheißt wurde, aber wieder nicht zu lang werden durfte, sollte er gleicherweise handlich und starr bleiben. Bei beiden Arten der Ausbringung war es schwer, den beiden Grundforderungen der Stereophotogrammetrie einigermaßen gerecht zu werden, nämlich

der Standlinie eine angemessene Länge zu geben und
die Apparate genügend hoch über der Meeresoberfläche auszubringen.

Mit fortschreitender Entwicklung der Ausmeßgeräte sind größere Freiheiten hinsichtlich der Lage der Platten zueinander möglich geworden. Heute ist bei dem Stereoplanigraphen von *Zeiß* oder dem Aerokartographen von *Hugershoff* die Hauptbedingung für die Ausmeßbarkeit, daß die Platten im Ausmeßgerät so zueinander orientiert werden können wie bei der Aufnahme selbst, und daß sie dann wieder ein stereoskopisches Bild ergeben. Wichtig ist außerdem gerade für die Auswertung von Wellenaufnahmen der Übergang zur selbsttätigen Zeichnung von Schichtlinien an Stelle der Einzelbestimmung einer beschränkten Anzahl Punkte, zwischen denen dann nach Schätzung Schichtlinien eingezeichnet wurden. (Von diesem letztgenannten Fortschritt konnte *W. Laas* 1913 bereits für die Ausmessung von Wellenaufnahmen Gebrauch machen.)

Angesichts dieser eben angedeuteten Fortschritte schien es lohnend, während der Deutschen Atlantischen Expedition (»Meteor«), die in den Jahren 1925/27 den tropischen und südlichen Atlantischen Ozean befahren hat, erneut stereophotogrammetrische Wellenaufnahmen zu versuchen.

---

*) Reg.-Rat, Dr., Deutsche Seewarte, Hamburg.

Wegen der recht beschränkten Raumverhältnisse kam nur eine Vorrichtung in Frage, die in die Takelage geheißt wurde, dabei aber zerlegbar sein mußte. Es mußte deshalb möglich sein, die Lage der beiden Kammern zueinander bei jeder Aufnahme zu ermitteln. Dies wird bei der von *Carl Zeiß*, Jena, für die Deutsche Atlantische Expedition gelieferten Vorrichtung erreicht, indem unter jeder der beiden eigentlichen Aufnahmekammern — mit dieser fest verbunden, aber um 90° verschwenkt — eine Hilfskammer angebracht ist, Abb. 1. Die beiden Hilfskammern sind einander zugewandt und photographieren sich gegenseitig. Auf allen vier Platten muß die Kimm erscheinen; dann sind genügend Unterlagen vorhanden, um die Lage der Hauptplatten zueinander zu bestimmen. Alle vier Verschlüsse werden gleichzeitig elektromagnetisch ausgelöst; daß die Auslösung bei gut gepflegter Vorrichtung tatsächlich gleichzeitig erfolgt, ist durch Versuche (Photographieren eines fallenden Körpers vor einer Skala mit allen vier Apparaten) nachgeprüft worden. Die Hauptkammern haben das Plattenformat 13 × 18 cm, *Zeiß*-Tessar 1:6,3 und Brennweite 210 mm.

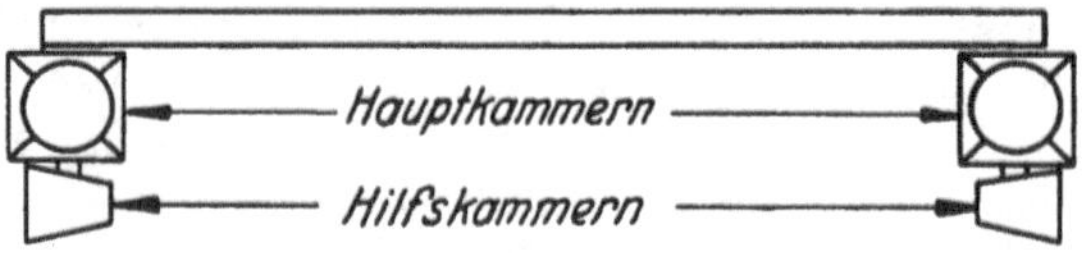

Abb. 1. Skizze der Meßeinrichtung.

Die Standlinie mußte auf »Meteor« auf 6 m, die Aufnahmehöhe auf 13 bis 14 m beschränkt werden, an sich kein allzu großer Fortschritt gegenüber den früheren Arbeiten, aber ausreichend, um diejenigen Seegangsverhältnisse zu erfassen, bei denen auf der völlig ungeschützten Back mit der Vorrichtung überhaupt noch gearbeitet werden konnte. Allerdings ist es bei einer Standlinie von 6 m Glückssache, bei etwas stärkerer See gerade eine Wellenlänge von Tal zu Tal oder von Kamm zu Kamm günstig in das Meßfeld zu bekommen. (Die Tiefe des Meßfeldes beträgt bei den Plänen von der »Meteor«-Expedition 150 bis 200 m, die Breite an der hinteren Grenze 150 bis 175 m.) Die ideale Forderung ist natürlich eine so lange und so hoch gelegene Standlinie, daß auch bei grober See mehrere Wellenzüge überschaut und ausgemessen werden können. Um nach dieser Richtung hin die Arbeiten vom »Meteor» ergänzen zu können, ermöglichte die Notgemeinschaft dem Verfasser dankenswerterweise zwei Winterreisen über den Nordatlantischen Ozean, wofür die Hamburg-Amerika Linie in überaus entgegenkommender Weise freie Fahrt auf dem Dampfer »Deutschland« zur Verfügung stellte.

Auf der »Deutschland« betrug die Höhe der Apparate über Wasser 24 m, bei einer Standlinienlänge von 14,77 m. Das Meßfeld ist mehr als ½ km tief und schon im mittleren Abstand von der Aufnahmevorrichtung etwa 250 m, an der hinteren Grenze reichlich 400 m breit, so daß meist die Möglichkeit bestand, mehrere Wellenlängen zu erfassen.

Außerdem wurde die Aufnahmevorrichtung von der Notgemeinschaft der Deutschen Seewarte für Aufnahmen des Verfassers während der ersten

Versuchsfahrt des Flugzeughilfsschiffs »Westfalen« der Deutschen Lufthansa zur Verfügung gestellt, ferner für gemeinsame Versuche mit der Deutschen Versuchsanstalt für Luftfahrt bzw. Hamburgischen Schiffbau-Versuchsanstalt und der Erprobungsstelle Travemünde auf der Lübecker Bucht. In diesen Fällen handelte es sich darum, die Seegangsverhältnisse beim Anwassern von Flugbooten und Seeflugzeugen festzuhalten. Die Ausmessung dieser Aufnahmen ist noch nicht ganz abgeschlossen; sie erfolgt, wie die aller früheren Aufnahmen durch die Photogrammetrie G.m.b.H., München.

Die rechnerische Genauigkeit der Ausmessung steigt ganz bedeutend mit wachsender Höhe der Apparate über dem Wasser, vgl. Zahlentafel 1[1]). Die Zahlentafel zeigt die Fehlerverhältnisse bei dem ersten Versuch von *Laas* 1904/5, bei dem die außerordentliche Standlinie leider infolge zu geringer Aufnahmehöhe nicht voll zur Geltung kam, auf »Meteor«, wo das Meßfeld infolge der Kürze der Standlinie bis höchstens 250 m ausgedehnt werden konnte, und auf der »Deutschland«, wo die bislang weitaus günstigsten Bedingungen vorlagen. Ein Anhalt dafür, daß die rechnerischen Fehlergrenzen tatsächlich innegehalten werden, ergab sich aus verschiedenen Aufnahmen während der »Meteor«-Reise[2]). Bei den Arbeitsplänen, die im Maßstab 1:500 gezeichnet sind, dürften die Zerrungen des Papiers von gleicher Größenordnung sein wie die Ungenauigkeiten des Ausmeßverfahrens.

Zahlentafel 1

Genauigkeit der Ausmessung

Jahr	1904/05	1925/27	1929	1904/05	1925/27	1929
Name des Schiffes	Preußen	Meteor	Deutschland	Preußen	Meteor	Deutschland
Länge der Basis in m	22,18	6,00	14,77	22,18	6,00	14,77
Höhe der Apparate über dem Wasser m	9	13	24	9	13	24
Entfernung von den Apparaten in m	Entfernungsfehler			Höhenfehler für eine 10 m hohe Welle		
	cm	cm	cm	cm	cm	cm
	±	±	±	±	±	±
50	3,3	1,7		0,7	0,3	
100	13,1	6,8	2,2	1,3	0,7	0,2
150	29,8	15,4	5,0	2,0	1,0	0,3
200	52,5	27,3	8,9	2,6	1,4	0,4
250	82,1	42,7	13,8	3,3	1,7	0,6
300	118,1	—	19,9	3,9	—	0,7
400	210,1	—	35,4	5,3	—	0,9
500	328,3	—	55,4	6,6	—	1,1
600	472,7	—	79,7	7,9	—	1,3
650	—	—	93,6	—	—	1,4

[1]) Über ihre Berechnung s. Annalen der Hydrographie, Bd. 54 (1926) S. 396.

[2]) Vgl. hierüber Verhandlungen der Ozeanographischen Konferenz, Ergänzungsheft 3 der Zeitschrift der Gesellschaft für Erdkunde, Berlin 1928, S. 111.

Meßergebnisse

Aus den Ergebnissen wurden zunächst zwei Wellenpläne von abnehmenden Windseen und zwei Pläne von ausgeprägter Dünung, fast ohne gleichzeitige Windwellen, sämtlich von der »Deutschland« aus aufgenommen, vorgeführt[3]). Bei annähernd gleicher Wellenlänge (165 bis 180 m) und Wellenhöhe (5 bis 6 m) tritt die Verschiedenheit von Windsee und Dünung in den Schichtlinienplänen wie in den daraus entnommenen Profilen deutlich hervor. Bei der Windsee lassen sich zwar auch längere Wellenzüge (quer zur Fortpflanzungsrichtung) verfolgen; sie erreichen aber nicht die ununterbrochene Gleichmäßigkeit wie bei der Dünung. Ferner zeigen die Profile die verhältnismäßig steile und unsymmetrische Form der Windsee im Gegensatz zu den abgerundeten und vielfach fast symmetrischen Formen ausgereifter Dünungen. Bei der vorgeführten Windsee war der Seegang von den Nautikern auf Stärke 6 bis 7, der Wind auf Stärke 7 bis 8 geschätzt worden. Die Böschungen an der Vorderseite eines Wellenberges von reichlich 7 m größter Höhe betragen in der 6—5 m-Schicht (also etwa 1½ m unter der Kuppe) 13° bis 17°, in der 5—4 m-Schicht 12° bis 15° und in der 4—3 m-Schicht 7° bis 10°, bestimmt als Mittelwert einer Fläche von 30 bis 40 m Breite. An einer anderen Kuppe, die näher am Überbrechen war, wurden als Mittelwert 25°, im einzelnen über 30° bestimmt. Die zuerst betrachtete Kuppe, die sich recht gut aus dem zugehörigen Wellenzuge heraushebt, enthält vom »Mittelwasserniveau«, also von dem Niveau an, auf das etwa bei glatter See die ganze Welle eingeebnet zu denken wäre (3,8 m), bis zum Gipfel bei 7,2 m eine Wassermasse von 19200 t.

Von der Dünung gibt der eine Plan zwei parallele Kämme in etwa 250 m bzw. 350 bis 400 m Erstreckung wieder, ohne sie in ihrer vollen Ausdehnung zu erfassen. (Ausgereifte Dünungen in solcher Ausprägung, wie sie von der »Deutschland« aus in zwei Plänen festgehalten werden konnten, wurden während der 512 Seetage der »Meteor«-Reise nur zwei- oder dreimal beobachtet; infolge der ungünstigen Beleuchtungsverhältnisse ist keine auswertbare Aufnahme gelungen.) Die mittlere Wellenlänge dieser Dünung beträgt 160 bis 165 m, bei 4 bis 5 m Wellenhöhe und Böschungswinkeln von 9° bis 13°, letztere wieder in ähnlicher Weise bestimmt wie bei den obengenannten Beispielen. Denkt man sich aus dieser Dünung einen Wasserblock herausgeschnitten, der in einer Breite von 40 m von Wellental zu Wellental reicht, so würde dieser Wasserblock 13500 t Wasser enthalten.

Von den Aufnahmen der Deutschen Atlantischen Expedition wurden zunächst zwei Stadien einer rasch aufgekommenen Windsee bei Kap Hoorn vorgeführt[4]). Bei einer Windwelle von rund 7 m Wellenhöhe wurde der Inhalt der anscheinend gerade vor dem Überbrechen stehenden Kuppe zu 125 t Wasser berechnet.

---

[3]) Die Pläne erscheinen zusammen mit denen von der »Meteor«-Reise in den Wissenschaftlichen Ergebnissen der Deutschen Atlantischen Expedition Bd. VII, II. Teil, 1. Lieferung.

[4]) Vgl. den oben angegebenen Bericht in der Zeitschrift der Gesellschaft für Erdkunde Erg.-Heft 3, S. 116 bis 120 u. Tafel II.

Abb. 3. Rechte Wellenaufnahme zu Abb. 2 (Passatsee vom 1. Juli 1933).

Im Hinblick auf den Seeflug erscheinen die Aufnahmen geringerer Seegangsstärken von besonderem Interesse, und unter diesen wieder — mit Rücksicht auf den Flugverkehr nach Süd- und Nordamerika — Aufnahmen aus der Passatregion. Hierzu konnte bei der »Meteor«-Reise schon eine Anzahl Pläne gewonnen werden[5]).

Weiteres Material ist, wie schon erwähnt, während der Versuchsfahrt des Flugzeughilfsschiffs »Westfalen« der Deutschen Lufthansa im Frühsommer 1933 beigebracht worden. Die Aufnahmevorrichtung war hier nahezu längsschiffs ausgebracht, meist wieder mit fast 15 m Standlinie, aber nur in etwa 9 m Höhe über dem Wasser. Die zu gewärtigende Ungenauigkeit in Entfernung und Höhe ist daher wesentlich größer als bei den Aufnahmen auf Dampfer »Deutschland«, bleibt aber doch merklich unter den für die »Preußen« in Zahlentafel 1 angegebenen Werten. Abb. 2 zeigt den Schichtlinienplan und Abb. 3 die Ansicht einer Passatsee, die während der Rückfahrt bei steifem Passat zwischen Kap Verde und Kap Blanco angetroffen wurde. Da das Schiff Wind und See fast genau von vorn hatte, so wurde in der Richtung der Wellenkämme photographiert, und beide Abhänge der Wellen sind gleich gut dargestellt. Besonders gut ausgeprägt ist ein Kamm, der sich in der Mitte des Planes, etwas links von der Spitze des unteren Pfeiles beginnend, bis in etwa 330 m Abstand vom Schiff hinaus erstreckt (wenn man ihn durch die 2 m-Schichtlinie begrenzt), dabei

[5]) Beispiel s. a. a. O. S. 115 u. 116 und Tafel I, Abb. 49.

mehrfach die Höhe von 3 m überschreitet und in etwa 260 m Abstand vom Schiff nahezu 4 m Höhe erreicht. Die allgemeine Fortpflanzungsrichtung der Wellen ist unzweifelhaft die durch den Pfeil links angegebene (von N ½W nach S½O — 355° nach 175°); der eben gekennzeichnete Wellenzug zeigt dazu sehr schön den bogigen Verlauf der Einzelwellenzüge, mit dem Voraneilen der niederen Teile. Die höchsten Kuppen für sich allein erstrecken sich häufig wieder genau senkrecht zur allgemeinen Wind- und Seegangsrichtung, z. B. die Kuppe bei etwa 315 m (die von dem sogleich zu erwähnenden Schnitt *I* getroffen wird) mindestens von 2,6 m aufwärts bis zur höchsten Schichtlinie (3,2 m) — ein Beispiel für die Verschiedenheit zwischen der Gesamtwirkung des Windes auf die Wasseroberfläche und der Einwirkung auf kleinere Einzelflächen, wobei die abweichende Richtung der Kuppe ohne weiteres einleuchtet.

Durch den Plan sind zunächst vier Schnitte *I*, *II*, *III* und *IV* in der allgemeinen Wind- und Seegangsrichtung gelegt worden, die am unteren Rande im doppelten Maßstab des Planes — ohne Überhöhung — wiedergegeben sind. Besonders die mittleren Kuppen — die Schnitte durch den obenerwähnten Wellenzug — zeigen die charakteristische Form der Windsee. Da höchstens Schnitt *III* und *IV* diesen Wellenzug einigermaßen senkrecht treffen, sind in etwa 250 bis 330 m Abstand vom Schiff noch weitere 30 Einzelschnitte genau senkrecht durch den Wellenrücken gelegt, die nur von Wellental zu Wellental reichen. Von diesen sind die 12 ersten und die 12 letzten (in den beiden Tälern durch Nullkreise begrenzt) zu je einer Mittelwelle von 50 m Länge zusammengefaßt worden und gleichfalls unten rechts in Abb. 2 wiedergegeben. Das Verhältnis des vorderen zum rückwärtigen (dem Winde zugekehrten) Abhang ist bei der oberen Mittelwelle 38:62, bei der unteren 41:59, das Verhältnis von Länge zu Höhe 1:21,3 bzw. 1:20,2. Die durchschnittliche Wellenlänge ist bei den der oberen Mittelwelle zugrunde liegenden Schnitten 1 bis 12 46,4 m, bei der unteren aus den Schnitten 19 bis 30 gebildeten 46,1 m. Auf diese beiden Wellenlängen umgerechnet, haben die beiden Mittelwellen einen Flächeninhalt von 49 und 60 m²; der Wasserblock von 27,5 m Breite, aus dem jede dieser Mittelwellen gewonnen ist, enthält demnach 1350 bzw. 1650 t Wasser. Die Böschungen, bestimmt auf Flächen von 20 bis 30 m Breite, die im Plan durch feine Punktierung kenntlich gemacht sind, betragen am vorderen, windabgewandten Abhang in der Fläche *A* nahe der Kuppe unterhalb 3 m 17 bis 20°, zwischen 2 und 1 m 11 bis 13°, unterhalb 1 m 7 bis 10°, in der Fläche *B* zwischen 2 und 1 m 15° und etwas mehr. Am rückwärtigen Abhang hat die Fläche *C* zwischen 3 und 2,6 m 15 bis 17°, zwischen 2,6 und 2 m 7 bis 9°, zwischen 2 und 1 m 5 oder 6°, darunter 5°, die Fläche *D* zwischen 3 und 2,6 m 14 bis 16°, von 2,4 bis 2 m 7 bis 9°, zwischen 2 und 0,8 m 5 bis 7°.

Daß endlich auch kleinste Wellenformen (Seegang 1 bis 3) stereophotogrammetrisch erfaßt werden können, zeigen zwei Beispiele aus den heimischen Meeren, zunächst ein Plan aus dem Kattegat, mit dem üblichen Schichtlinienabstand von 20 cm, und ein Plan aus der Lübecker Bucht, bei dem die Schichtlinien nur 10 cm Abstand haben, damit möglichst viele

Abb. 4. Schichtlinienplan von

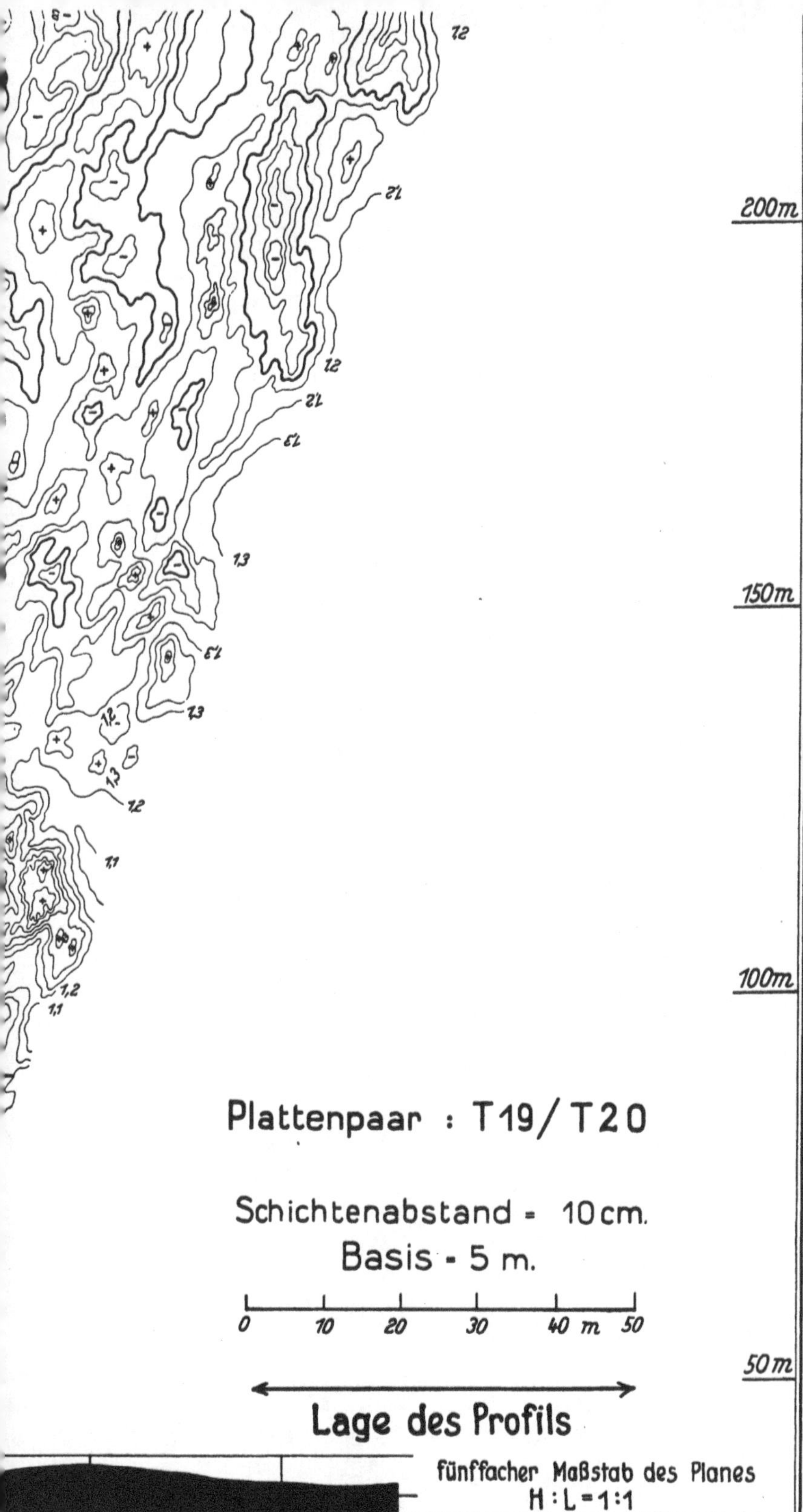

ter See in der Lübecker Bucht.

Abb. 5. Rechte Wellenaufnahme zu Abb. 4 (See in der Lübecker Bucht vom 19. Oktober 1933).

Feinheiten in der Struktur dieses schwachen Seegangs (geschätzt 2 bis 3, Richtung etwa aus Ostnordost) wiedergegeben werden, vgl. Abb. 4 und 5. Auch hier tritt — besonders im Vordergrunde — die Neigung zu bogigem Verlauf der Wellenkämme hervor, die übrigens auch aus dem obenerwähnten Plan der Kap-Hoorn-See[6]) zu entnehmen ist. Die Fortpflanzungsrichtung der Wellen ist von links nach rechts; ebenso verläuft das Profil (unten), das im fünffachen Maßstab des Planes, aber ohne Überhöhung, einen Schnitt durch die beiden über 1,9 bzw. 1,7 m hohen Kuppen *A* und *B* im Vordergrunde gibt. An der 1,9 m hohen Kuppe kommen in der 1,8—1,4 m-Schicht Böschungswinkel von 15° bis 16°, in der 1,4—1,2 m-Schicht solche von 8° vor. Diese Kuppe enthält von der 1,4 m-Schicht aufwärts, also wieder in dem Teil, der etwa oberhalb des Still- oder Mittelwasserniveaus liegt, 23 t Wasser. Bei einem anderen deutlich ausgeprägten Wellenberg *C* in der Mitte des Meßfeldes (in 150 bis 200 m Abstand von den Apparaten), bei dem das Stillwasser annähernd mit der 1,0 m-Schicht gleichgesetzt werden kann, beträgt die Wassermasse dieser Kuppe (von 1,0 bis etwas über 1,4 m reichend) 32 t. Die Böschungswinkel sind hier geringer, zwischen 4° und 7°.

Zusammenfassend sei über die

Verwendbarkeit der Stereophotogrammetrie

für die Untersuchung der Wasserwellen gesagt:

Der auf einer einzelnen Stereo-Aufnahme beruhende Plan kann naturgemäß sehr wenig Aufschlüsse über die Welle als Bewegungsvorgang geben.

[6]) a. a. O. S. 118, Abb. 52.

Will man z. B. aus Profilen, die aus diesen Einzelplänen gewonnen sind, Schlüsse hinsichtlich der Orbitalbahn ziehen, so ist immerhin die Annahme nötig, daß das zeitliche Nacheinander hinreichend genau durch das örtliche Nebeneinander des Augenblicksbildes ersetzt werden kann.

Für die Untersuchung der Abhängigkeit des Seegangs vom Wind ist das vollständige Fehlen näherer Angaben über den Wind, die der Feinheit des Schichtlinienbildes einigermaßen entsprechen, bedauerlich. Bei den eingangs vorgeführten Plänen von der »Deutschland« ist das Meßfeld 14 ha groß; über einer solchen Fläche sind naturgemäß bedeutende Unterschiede in der Windstruktur zu gewärtigen. Normalerweise besitzt man für den Wind nur die Angabe der Richtung und die Schätzung der Stärke in Beaufort-Graden. Diesem bisherigen Mangel könnte allerdings noch am ehesten gerade bei Seegangs- und Winduntersuchungen für den Seeflug abgeholfen werden, da es sich hier um die geringeren Stärkegrade handelt und die Untersuchungen meist in küstennahen Gewässern stattfinden werden. Hierbei sollte die einwandfreie Ausbringung einiger Windmeßstellen möglich sein.

Für die statistische Gegenüberstellung von Windstärken und Wellenabmessungen und für die Eichung der üblichen neunteiligen Skala des Seegangs sind durch die Stereophotogrammetrie erstmalig genaue Unterlagen beigebracht worden. Überhaupt ist die Stereophotogrammetrie für die räumliche und morphologische Untersuchung der Wellen das exakte Mittel (Bestimmung von Wellenlängen und -höhen, von Kammlängen, Böschungswinkeln, des Volumens und damit der Masse). Besonders für die Zwecke des Seeflugs ist dabei auf möglichst dichte Lage der Schichtlinien Wert zu legen, um Untersuchungen über die Struktur im kleinen zu ermöglichen. An mehreren der vorgeführten Pläne konnte gezeigt werden, wie sich in den von 20 zu 20 cm gezeichneten Schichtlinien ein schwacher, durch den augenblicklich herrschenden Wind erzeugter Seegang von dem gröberen, aus größerer Entfernung stammenden Seegang oder auf der Dünung abhebt.

Um die räumliche und zeitliche Untersuchung zu verkoppeln, wurde bei Gelegenheit von Flugzeugerprobungen im Herbst 1933 vor Travemünde die Aufnahmevorrichtung der Notgemeinschaft mit dem Seegangsmeßgerät von *Pabst* gleichzeitig gebraucht. Leider erlaubte die Kürze der jeweils zur Verfügung stehenden Zeit nicht, so zu manövrieren, daß das Seegangsmeßgerät immer einwandfrei im Meßfeld der Aufnahmevorrichtung lag. Eine genaue Verknüpfung der einzelnen Aufnahmen mit den zeitlichen Profilen des Seegangsmeßgerätes ist daher nicht möglich.

Zu erstreben wäre natürlich ein annähernd kinematographisch-stereophotogrammetrisches Aufnahmeverfahren. Rein technisch wird eine Einrichtung konstruierbar sein, die eine Aufnahmefolge von einer oder von wenigen Sekunden ermöglicht und also gestattet, auch Wellen von kleiner Periode mehrmals zu erfassen. Schwieriger erscheint es, bei Aufnahmen vom bewegten Schiff aus die einzelnen Pläne, z. B. für Orbitalbahnuntersuchungen, genügend genau miteinander zu koppeln. Bei festem Standpunkt, etwa am Strande oder auf einem Leuchtturm, würde diese Schwierigkeit eher zu überwinden sein; allerdings handelt es sich dann nicht mehr um ungestörte Wellen über tiefem Wasser.

Trotz der etwas bedrückenden Aussicht auf die außerordentliche Fülle von Plänen und Profilen, die schon durch eine Aufnahmereihe von der Dauer einiger Wellenperioden angesammelt würde, wäre es zweifellos erfreulich, wenn die Anforderungen der Praxis den Bau einer solchen kinematographisch-stereophotogrammetrischen Vorrichtung nötig machen würden.

Überblick über die Wellenmessungen auf dem M.S. »San Francisco«

Von G. Weinblum*)

Vorgetragen am 23. März 1936 in Hamburg

Aufgaben der Messungen

Im Herbst 1934 wurde unter der Leitung der Professoren *Schnadel* und *Horn* der Technischen Hochschule Berlin auf dem Motorfrachtschiff der Hamburg-Amerika-Linie »San Francisco« eine Hochseemeßfahrt unternommen, deren Aufgabe es war, festzustellen, wie weit die wissenschaftlichen Anschauungen über die Festigkeit, See- und Vortriebseigenschaften von Schiffen und die beim Entwurf geltenden Verfahren der Wirklichkeit nahekommen. Die Ergebnisse der Forschungsreise, die von Hamburg durch den Panamakanal zur Westküste Nordamerikas und zurück führte, sind in einem gesondert erschienenen 1. Bericht ausführlich niedergelegt[1]).

Eine grundlegende Aufgabe dieser Forschungsreise war die Ermittlung der Wellenformationen, die einen doppelten Zweck verfolgte: Erstens einen mehr speziellen, indem für die sonstigen Messungen (Beanspruchungen, Bewegungen im Seegang) der jeweils herrschende Seegang festgestellt werden sollte, und zweitens den allgemeineren, unsere Kenntnisse über Wellenhöhen, -längen usw. bei verschiedenen Windstärken zu vermehren.

Neben dem stereophotogrammetrischen Meßverfahren waren noch zwei weitere Verfahren zur Bestimmung der Wellenerscheinungen vorgesehen: Messung der Wellenkontur am Schiff, vorgeschlagen und durchgeführt von *G. Weiß*, und Anwendung der bekannten DVL-Boje von *W. Pabst*[2]). Das letztgenannte Aufzeichnungsverfahren, das neben manchen Nachteilen auch gewisse Vorzüge gegenüber der photographischen Aufnahme besitzt, konnte leider nicht durchgeführt werden, da die nicht unbeträchtlichen Schwierigkeiten der zweckmäßigen Handhabung der Boje im schweren Seegang zu Beginn der Reise nicht übersehen werden konnten; ich möchte aber darauf hinweisen, daß in allen Fällen, in denen man mit einem Stoppen oder Beidrehen des Schiffes rechnen kann, das Gerät Verwendung finden sollte.

Weiß hat sein elektrisches Kontaktverfahren an der eingangs genannten Stelle beschrieben; einige Ergebnisse seiner Messungen sind für sonstige Auswertungen verwandt worden[3]); es ist zu hoffen, daß *Weiß* weitere Mit-

---

*) Dr.-Ing. habil., Preußische Versuchsanstalt für Wasserbau und Schiffbau, Berlin.

[1]) Jahrbuch der Schiffbautechnischen Gesellschaft Bd. 37 (1936). Dieser Veröffentlichung kann alles Nähere entnommen werden; insbesondere sind dort auch alle Institutionen und Persönlichkeiten genannt, die das Zustandekommen der Meßfahrt ermöglicht haben.

[2]) *W. Pabst*, Z.F.M. 1933.

[3]) Siehe den Bericht von *Schnadel*, ebendaselbst.

teilungen über seine Ergebnisse machen wird, die freilich mehr den Schiffbauer als den Seeflugzeugbauer interessieren, da es sich um Wellenprofile, die durch die Schiffsbewegungen mehr oder weniger deformiert sind, handelt.

Ich will hier kurz über die mir übertragenen stereophotogrammetrischen Wellenmessungen berichten.

Die Anordnung der Meßbildkammern wird durch den Zweck der Untersuchungen und die Beschränkungen, die Schiff und Apparatur auferlegen, bestimmt. Auf der »San Francisco« — einem Schiff von etwa 13000 t Verdrängung und rd. 135 m Länge — wurden die Apparate backbord neben der Kommandobrücke aufgestellt; der horizontale Abstand der optischen Achsen (Basislänge) war 7,6 m, die mittlere Höhe über der Schwimmwasserlinie ungefähr 15 m. Diese an und für sich als recht günstig angesehenen Werte reichten für Aufnahmen in schwerer Sturmsee nicht ganz aus; das Blickfeld genügt wohl, eine einzelne große Welle festzulegen, nicht aber mehrere Wellenzüge. Obgleich die Meßbildkammern sich gut bewährt haben und bei günstigerer Aufstellung und gewissen Vorkehrungen gegen Spritzer noch mehr werden leisten können, sind wir z. Z. dabei, Überlegungen für eine weitere Entwicklung der Geräte anzustellen[4]). Maßgebend ist dabei u. a. der Gesichtspunkt, durch Anordnung von Filmkassetten die Bildfolge so zu beschleunigen, daß auch die Wellengeschwindigkeit ermittelt werden kann und man eine größere Anzahl von Wellenzügen einer Gruppe erhält.

Ergebnisse der Messungen

Die Ergebnisse der Auswertung, die *Block* mit dem Aerokartographen von *Hugershoff* vorgenommen hat, erscheinen in der Form von Schichtlinien, Beispiele s. Abb. 1 und 2, aus denen durch zweckentsprechende Schnitte die Wellenprofile abgeleitet werden können.

Zunächst bestätigt sich die von *Schumacher* mitgeteilte Beobachtung, daß die Wellenhöhen bei mäßigen Seegängen leicht unterschätzt werden. Bei verhältnismäßig unbedeutenden Bewegungen des Schiffes und etwa 8 m/s Windgeschwindigkeit wurden z. B. größte Niveaudifferenzen der Meeresoberfläche von 7,5 m gemessen, die Wellenlängen betrugen 70 bis 100 m (es ist sehr wohl zu unterscheiden zwischen den Begriffen »größte auf einem Schichtlinienplan festgehaltene Niveaudifferenz« und »Wellenhöhe«). Für den Schiffbauer ist neben den absoluten Werten besonders der mittlere Gradient oder das Verhältnis Wellenhöhe zu -länge wichtig; für kleinere Fahrzeuge, wie z. B. auch Flugboote, haben daneben die lokalen Gradienten, s. Abb. 3 bis 5, eine große Bedeutung.

Abb. 1 zeigt uns eine Sturmaufnahme vom 11. Dezember 1934. Neben der Hauptrichtung des Seegangs (ungefähr entgegengesetzt dem Schiffskurse) konnte man öfters mächtige, verhältnismäßig kurze Querkämme beobachten, von denen einer auf diesem Bilde festgehalten ist. Diese Quer-

[4]) Zusammen mit Prof. Dr. *Lacmann* und Vermessungsingenieur *W. Block*, die die Auswertung der Meßbilder durchgeführt haben.

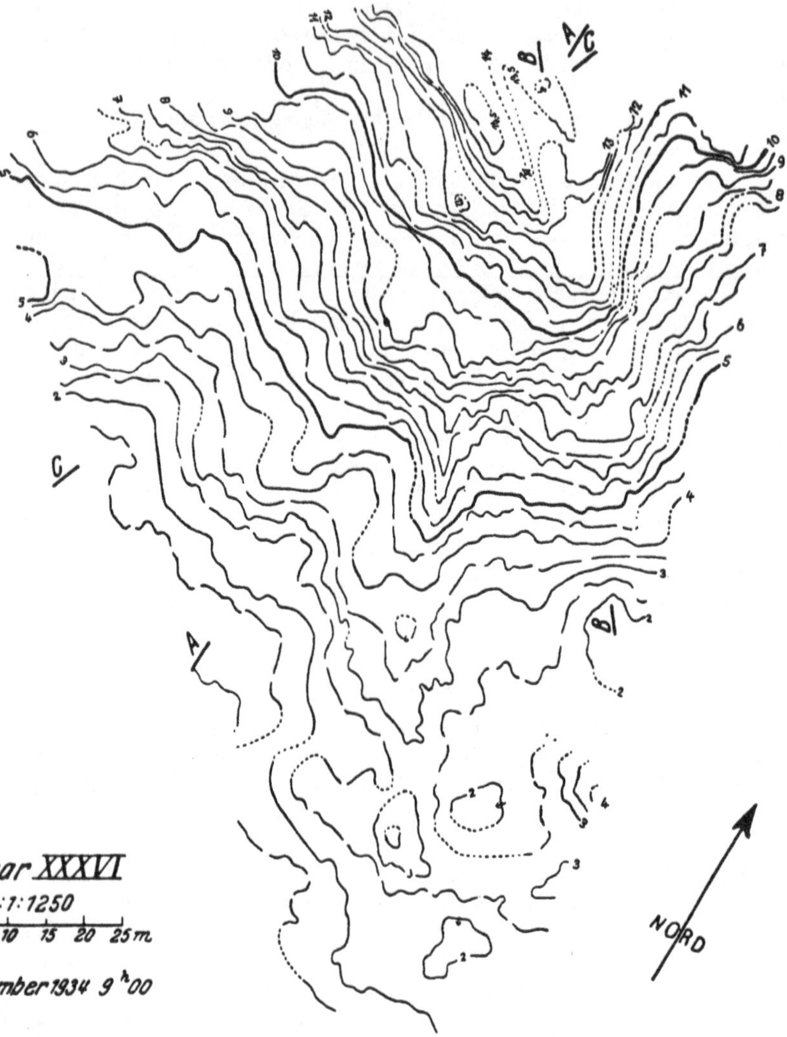

Abb. 1. Stereophotogrammetrische Auswertung von Wellenbildern. Aufgenommen während der Hochseemeßfahrt an Bord des M. S. »San Francisco« von Dozent Dr.-Ing. habil. *G. Weinblum*, Preußische Versuchsanstalt f. Wasserbau u. Schiffbau. Am Aerokartographen ausgewertet von Vermessungsingenieur *W. Block*, Lehrstuhl für Photogrammetrie an der T. H. Berlin.

kämme schlossen die Wellentäler ab und erschwerten in vielen Fällen eine genaue Bestimmung der Wellenlänge; es ist dies ein Grund, weswegen in Zukunft die Kammern wesentlich höher anzuordnen sind.

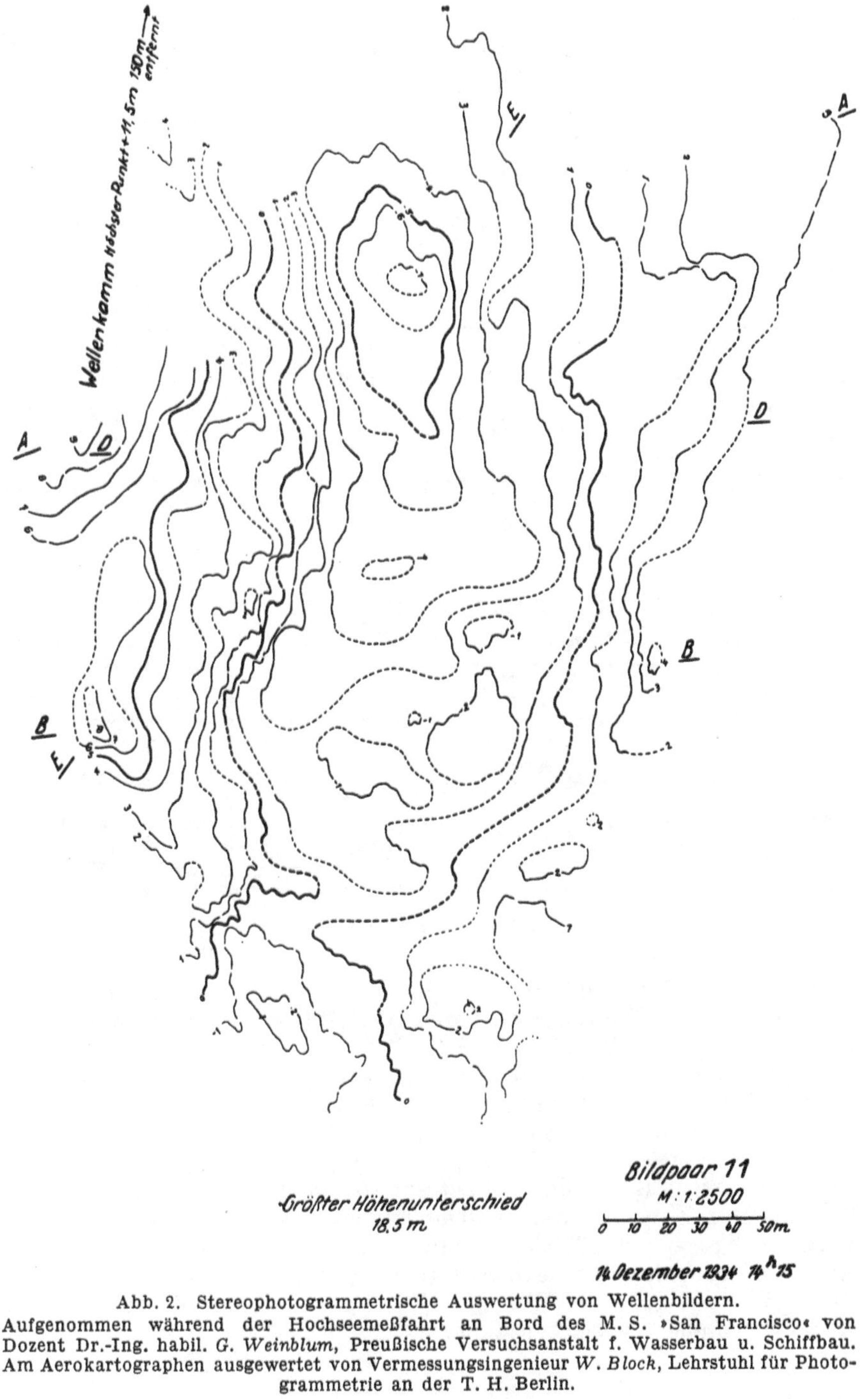

Abb. 2. Stereophotogrammetrische Auswertung von Wellenbildern.
Aufgenommen während der Hochseemeßfahrt an Bord des M. S. »San Francisco« von Dozent Dr.-Ing. habil. *G. Weinblum*, Preußische Versuchsanstalt f. Wasserbau u. Schiffbau. Am Aerokartographen ausgewertet von Vermessungsingenieur *W. Block*, Lehrstuhl für Photogrammetrie an der T. H. Berlin.

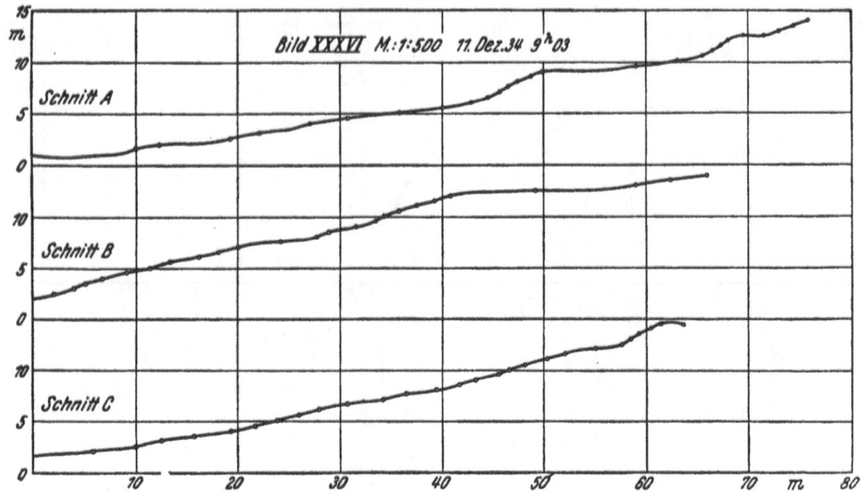

Abb. 3. Wellenprofile.

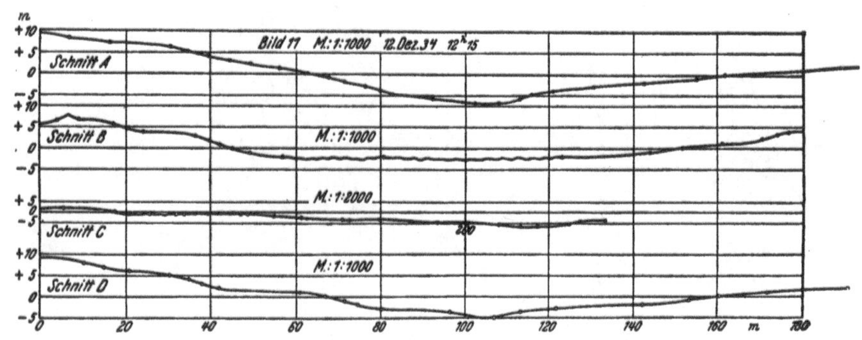

Abb. 4. Wellenprofile.

Die größte Niveaudifferenz auf Abb. 1 beträgt 13,5 m; beachtenswert sind die mächtigen lokalen Gradienten: vgl. Abb. 3 im Schnitt *B—B* über 12 m ca. 0,33 (19°), über 20 m ca. 0,22 (13°), im Schnitt *A—A* bis 0,45 und 0,60. Das Hauptprofil ist durch kleinere überlagerte Wellen stark verzerrt, wie es bei Beginn des Sturmes (während der Aufnahme Windgeschwindigkeit bis 30 m/s) natürlich ist.

Das Glanzstück der Messungen ist in Abb. 2 wiedergegeben. Die größte gemessene Höhendifferenz beträgt 18,5 m, der Unterschied zwischen Wellenberg und -tal mindestens 16 m; letzteres ist durch einen tiefen, verhältnismäßig schmalen Trichter gebildet. Die Wellenlänge läßt sich nicht genau angeben, sie hat jedenfalls weit über 200 m betragen. Abb. 4 zeigt die zugehörigen Schnitte (Wellenprofile), aus denen man die lokalen und mittleren Gradienten ersehen kann.

Einige Wellenprofile bei beginnendem Sturm sind in Abb. 5 dargestellt; beachtlich sind die scharfen Kuppen.

Auf Grund der von uns gewonnenen Meßergebnisse muß gefolgert werden, daß die in verschiedenen wissenschaftlichen und populären Ab-

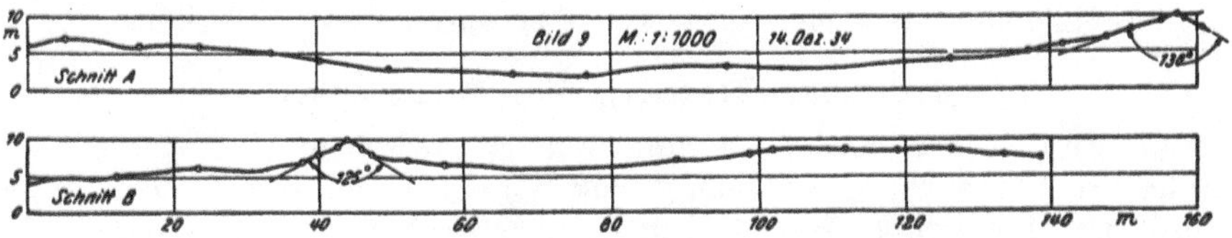

Abb. 5. Wellenprofile.

handlungen und Büchern verbreiteten Angaben über die größten im Atlantischen Ozean vorkommenden Sturmwellen im wesentlichen überholt sind, da die Grenzen für die Wellenhöhen und insbesondere die Längen viel zu niedrig genannt werden. In gutem Einklang mit unseren Ergebnissen sind die Beobachtungen von *V. Cornish* und Schätzungen von *Basset* und *Hodgkinson.* Unsere Feststellungen haben besondere Bedeutung für den Entwurf der großen Schnelldampfer; denn auch die größten Fahrzeuge müssen mit Wellenlängen rechnen, die der Schiffslänge gleichkommen; in solchen Wellen sind aber angenähert die größten Beanspruchungen und Stampfausschläge zu erwarten. Den Konstrukteur von Seeflugzeugen werden, wie betont, besonders die kleinen Nebenwellen mit ihren steilen Gradienten interessieren. Eigentümlicherweise sind trotz des heftigen Sturmes schwere Brecher auf Kämmen nicht gemessen und kaum beobachtet worden; die Kämme hatten eher eine abgeflachte Form. Man kann verstehen, daß bei solchen Wellenformationen kleine Fahrzeuge trotz der ungeheuren Höhen immerhin Aussicht haben, durchzukommen, wofür zahlreiche Überquerungen des Ozeans sprechen.

Die Länge der Wellenkämme (Frontlänge), die in der Hauptrichtung des Seegangs liefen, war recht beträchtlich; sie kommt in den Meßbildern nicht zum Ausdruck, ist aber durch Beobachtung und photographische Aufnahmen belegt. Kurz waren dagegen die genannten z. T. mächtigen Erhebungen, die die Wellentäler abschlossen, s. Abb. 1; sie bildeten oft Pyramidenseen.

Die Untersuchung der Struktur des Seegangs im großen, d. h. die Zusammenfassung von Wellenzügen, erfordert eine höhere Anordnung der Apparatur, größere Basislänge und häufigere Aufnahmefolge. Durch diese Maßnahmen wird die Wahrscheinlichkeit, besonders große Wellen zu erfassen, ganz entscheidend gesteigert. Trotz der Unterstützung durch einen erfahrenen Offizier, welcher bei der Auswahl der Zeitpunkte für die Aufnahmen behilflich war, ist es mir nur selten gelungen, die größte Erhebung einer Gruppe festzuhalten; es ist daher sehr wahrscheinlich, daß größte Niveauunterschiede von 20 und mehr Metern während der von uns angetroffenen Stürme aufgetreten sind, besonders wenn man berücksichtigt, daß während der Regenböen die Aufnahmen versagten. Auch die Frage, wie viele Wellen gewöhnlich eine besonders hohe Gruppe bilden, bzw. ob irgendein Sachverhalt dem verbreiteten Glauben zugrunde liegt, daß bestimmte ungerade Wellen besonders hoch sind, wird sich statistisch entscheiden lassen. Dem Auge bot die ausgewachsene Sturmsee eine gewisse Regelmäßigkeit dar; wir haben häufig eine große Anzahl gewaltiger Wasserhügel hintereinander abrollen sehen, sie war aber durchaus veränderlich.

Modelluntersuchungen über Wasserwellen

Unsere Kenntnis der Zusammenhänge zwischen Windstärke und Höhe des Seegangs, ja überhaupt von der Erregung von Wellen durch Wind, ist sehr gering. Bekanntlich haben *Helmholtz* und *Lord Kelvin* gezeigt, daß bei bestimmten Geschwindigkeiten eines horizontalen Luftstromes über einem horizontalen Wasserspiegel letzterer gegenüber kleinen Störungen nicht mehr stabil bleibt; *Jeffreys* hat aber nachgewiesen, daß die aus solchen Betrachtungen abgeleitete kritische Geschwindigkeit wesentlich höher ist als der Wirklichkeit entspricht. Er schlägt deshalb zwei Methoden vor, die eine Erklärung der Entstehung von Oberflächenwellen durch Wind geben können: die Betrachtung der Reibungswirkung und des Abdeckeffekts (»sheltering effect«).

Letztere wesentlich aussichtsreichere Anschauung besagt kurz folgendes: Der Wind drückt auf die Luvseite der Welle, sucht die Wassermassen tiefer zu verschieben, wird umgelenkt und übt einen beträchtlichen Druck aus. Auf der Leeseite ist Deckung vorhanden oder sogar eine Wirbelströmung, die der Windströmung entgegengesetzt ist; bei Wellen, die mit dem Winde laufen, besteht daher die Tendenz, daß die Amplituden anwachsen. Selbstverständlich kann der Wind nur anfachend wirken, solange er schneller als die Wellen ist. Eine sehr klare Zusammenfassung unserer theoretischen Erkenntnisse ist in dem schönen Buche von *Thorade* »Probleme der Wasserwellen« enthalten.

Eine Bedeutung für die quantitative Abschätzung kann die Theorie erst gewinnen, wenn Versuchsmaterial vorliegt.

In diesem Zusammenhang darf ich auf den hohen Wert des Modellversuchs für die Klärung dieser grundsätzlichen Fragen hinweisen; er sollte daher neben den Versuchen auf See, die statistisches Material erbringen, mehr beachtet werden. Mit Unterstützung des Kuratoriums der Jagor-Stiftung in Berlin ist es mir ermöglicht worden, in der Preußischen Versuchsanstalt solche Beobachtungen einzuleiten, die vor allem dem Studium der Eigenschaften der Impulswellen, wie sie in unseren Schlepprinnen erzeugt werden, und der Windwellen dienen. Ich glaube, daß aus Versuchen mit dynamisch ähnlichen Modellen im »künstlichen« Seegang der Seeflugzeugbau ebenso wie der Schiffbau manchen Nutzen ziehen wird, was z. Z. noch nicht genügend verwirklicht wird.

Die besonderen Aufgaben der Seegangsforschung für die Luftfahrt

Von C. Hubrich*)

Vorgetragen am 23. März 1936 in Hamburg

Für verschiedene Aufgaben der zivilen und militärischen Luftfahrt wird die Entwicklung und der Einsatz von Seeflugzeugen auch in weiterer Zukunft notwendig sein. Zur Überbrückung weiter Seeräume im Post- und Fluggastverkehr sind das Vorhandensein von natürlichen End- und Zwischenhäfen, verkehrspolitische Gesichtspunkte, Rücksicht auf die Psyche des Fluggastes und andere Gründe bestimmend für die Verwendung von Seeflugzeugen. Für solche Übersee-Verkehrsflugzeuge großer Reichweite mit mehrfach unterteiltem Triebwerk wird hohe Seefähigkeit wegen der stark verminderten Notlande-Wahrscheinlichkeit gegenüber anderen Forderungen zurückstehen müssen. Bei Seeflugzeugen für militärische Verwendung, vor allem bei Bordflugzeugen und Fernerkundern ist Seefähigkeit eine Forderung ersten Ranges. In Sonderfällen muß eine über das bis heute Erreichte weit hinausgehende Seefähigkeit gefordert werden.

Die Seefähigkeit eines Flugzeuges kann getrennt nach zwei Hauptgesichtspunkten beurteilt werden:

Für Start und Landung sind Festigkeitsfragen ausschlaggebend, während dynamische Fragen und Windeinfluß zunächst untergeordnet sind; für das Manövrieren und Treiben liegt der Vergleich mit den Problemen der »Dynamik des Schiffes« nahe; der Einfluß des Windes ist dabei von größter Bedeutung. Alle unter dem Sammelbegriff der Seefähigkeit zusammengefaßten Einzelanforderungen sind unmittelbar und im hohen Grade vom Seegang abhängig. Für diese Abhängigkeit liegen eine beträchtliche Zahl von Einzelerfahrungen vor; wissenschaftlich begründet oder auch nur statistisch belegt sind die Zusammenhänge nicht.

Der Grund dafür ist einmal, daß die bis heute in der Seefliegerei übliche und den Seegangsbezeichnungen der Schiffahrt und Metereologie angenäherte Definierung des Seeganges den besonderen Verhältnissen, die für Seeflugzeuge gelten, nicht gerecht wird. Anderseits ist durch die mangelnde Kenntnis der Faktoren des Seeganges, die für die Verwendung des Seeflugzeuges ausschlaggebend sind und die seiner Verwendung Grenzen setzen, die Verbindung zwischen den Lastannahmen für Schwimmwerke und den äußeren Bedingungen, für die diese Lastannahmen gelten sollen, sehr unsicher. Auf dem Gebiete der dynamischen Fragen fehlt der Zusammenhang noch so gut wie vollkommen. Die

Aufgabe der Seegangsforschung

für die Luftfahrt ist es, die Grundlagen zu schaffen, auf denen die anderen Forschungsgebiete aufbauen können. Eine Aufgabestellung in diesem Sinne wurde bereits vor einigen Jahren von *Pabst* in seinem Bericht »Über

*) Dipl.-Ing., Erprobungsstelle Travemünde.

ein Gerät zur Messung und Aufzeichnung des Seeganges«[1]) gegeben. Diese Aufgabenstellung ist auch heute noch richtunggebend. Zahlreiche Messungen mit dem Gerät nach DVL-*Pabst* in verschiedenen Seebereichen und Verarbeitung der Ergebnisse in Zusammenhang mit Windmessungen können sicher dazu beitragen, die Einsatzbedingungen für Seeflugzeuge besser kennenzulernen. Es ist bedauerlich, daß seit dem Erscheinen des *Pabst*schen Berichtes, von Einzelmessungen der Abteilung Hydrodynamik der Deutschen Versuchsanstalt für Luftfahrt abgesehen, noch keine systematischen Beobachtungen in dieser Richtung durchgeführt worden sind. Dies ist dadurch begründet, daß das Gerät in der ersten Ausführung für Dauerbetrieb noch nicht geeignet war und daß Messungen im freien Seeraum über längere Zeit große praktische Schwierigkeiten entgegenstehen.

Die Beurteilung des Seeganges nur nach Wellenlänge und Höhe und dem Verhältnis dieser beiden Werte, wie sie sich aus den Aufzeichnungen des DVL-Seegangsschreibers ergibt, muß für die Zwecke der Seefliegerei noch ergänzt werden. Gerade solche Verhältnisse, die für Seeflugzeuge erfahrungsgemäß besonders gefährlich sind, wie Überlagerungen von Wellenzügen aus verschiedener Richtung werden von diesem Meßverfahren nicht ausreichend erfaßt. Es ist in der Seefliegerei gebräuchlich, solche Überlagerungen getrennt nach Dünung und Seegang verschiedener Stärke und Richtung zu bezeichnen. Dabei ist mit einer Angabe wie »Seegang 2 aus Ost mit Dünung 2 aus NO« gemeint, daß die Gesamtwellenhöhen Seegang 2 nur unwesentlich übersteigen, durch die seitliche Komponente aber besondere Gefahrmomente vorliegen. Die Erforschung derartiger Seegangsformen und ihrer Häufigkeit ist für die Seefliegerei besonders wichtig.

Von Einzelproblemen, die im Werk von *Thorade* »Probleme der Meereswellen« angeführt sind, und die von *Weinblum* in seinem Bericht über die »San-Francisko«-Reise als für die Fragen des Schiffbaues belangvoll bezeichnet werden, möchte ich die folgenden wiederholen, da aus ihrer Lösung auch für die Fragen der Luftfahrt Vorteile zu erhoffen sind.

1. Welches ist die äußere Form der Dünung und der Windwellen, sofern es permanente Wellen gibt. Welche Form nehmen die Wellen vor dem Überbrechen an?
2. Besteht der Seegang, insbesondere auch eine Sturmsee, die längere Zeit der Einwirkung eines aus einer Richtung kommenden Windes ausgesetzt ist, aus einigermaßen gleichförmigen Wellenzügen; ist die Fiktion eines regelmäßigen Seegangs berechtigt? Wesentlicher als das Problem der Sturmsee sind für die Luftfahrt allerdings die Seegänge, die sich bei den häufigsten Windrichtungen und Windstärken auf den in Frage kommenden Meeresteilen einstellen, da es stets eine obere Grenze geben wird, bei der das Seeflugzeug nur noch Flugzeug sein kann, und die Berührung mit der See sicheren Verlust bedeutet.

Als erweiterte Aufgabenstellung der Seegangsforschung für Luftfahrtzwecke werden folgende Anregungen zur Erörterung gestellt:

---

[1]) 360. Bericht der Deutschen Versuchsanstalt für Luftfahrt (DVL), Aerodyn. Abtl. 111. Mitteilung der HSVA, Seeflugzeugabteilung.

1. Durch Zusammenarbeit von Forschungsstellen, Flugzeughaltern, Flugzeugführern, Führern von Bergungsschiffen, Wetterwarten usw. ist eine Seegangstabelle zu entwickeln, die den Anforderungen der Luftfahrt angepaßt ist. Für die Kennzeichnung von Seegängen sind Kurzzeichen für die Beschreibung von Richtungsunterschieden zwischen Wind und Seegang, für regelmäßigen Seegang oder Überlagerungen vorzusehen. Auch die charakteristischen Unterschiede zwischen Seegang und Dünung sind zu berücksichtigen. Durch einen Fragebogen, der von allen den Stellen unabhängig zu bearbeiten wäre, bei denen Erfahrungen zu erwarten sind, könnten die ersten Grundlagen für eine solche Seegangstabelle geschaffen werden.
2. Aufgabe der Forschung ist es weiter, durch systematische Beobachtungen die Häufigkeit der für die Seefliegerei wichtigen Seegangsstärken und -formen festzustellen und die Ergebnisse in Tabellen- oder Kartenform festzulegen. Durch solche Karten soll der Entwicklung die Möglichkeit gegeben werden, zu beurteilen, mit welchen Seegängen für bestimmte Verwendungszwecke zu rechnen ist, also welche Forderungen hinsichtlich Seefähigkeit von einem bestimmten Flugzeugmuster erfüllt werden müssen. Gleichzeitig ergibt sich die Möglichkeit, bei der Erprobung von Seeflugzeugen solche Seegänge aufzusuchen, die bei dem späteren Einsatz mit großer Wahrscheinlichkeit häufig angetroffen werden.
3. Für die Weiterarbeit an den Problemen der Seefestigkeit und der Dynamik der Seeflugzeuge müssen die vorher erwähnten Häufigkeitskarten durch genaue Einzeldarstellungen besonders charakteristischer Seegangsformen ergänzt werden, die am sichersten durch das stereophotogrammetrische Verfahren zu erhalten sind. Genaue Angaben über Windgeschwindigkeit und -richtung besonders in geringer Höhe über der Wasseroberfläche sind zusätzlich nötig.

Die Frage der Festigkeit bei Start und Landung wird auch aus genauer Kenntnis der zu erwartenden Seegänge vorläufig keinen unmittelbaren Nutzen ziehen können; doch muß auch das Problem des L a n d e s t ö ß e s i m S e e g a n g in Angriff genommen werden, um den fehlenden Zusammenhang zwischen Lastannahmen und Seegang herzustellen. Die Lastannahmen für Schwimmwerke in ihrer heutigen Form beziehen sich auf Flugzeuge geringer bis normaler Seefähigkeit. Durch Verwertung aller vorhandenen Einzelerfahrungen muß festgestellt werden, welchen Seegängen nach oben vorgeschlagener Seegangstabelle ein Flugzeug, das für normale Seefähigkeit gebaut ist, sicher standhält. Darüber hinaus müssen auch für höhere Anforderungen sichere Unterlagen geschaffen werden, so daß die gefühlsmäßige Erhöhung der c-Faktoren durch feste und begründete Werte ersetzt werden kann. Eine engere Unterteilung der Lastannahmen in etwa drei oder vier Beanspruchungsgruppen, die in festem Zusammenhang mit der neuen Seegangstafel stehen, ist dabei anzustreben.

Für eine erfolgreiche Bearbeitung der Fragen des dynamischen Verhaltens eines Seeflugzeuges auf dem Wasser ist die genaue Kenntnis und möglichst analytische Darstellung der äußeren Umstände Bedingung.

Forschungsaufgaben über den Sicherheitsgrad und die Schwingungssicherheit von Flugzeugen

Von K. H. Rühl*)

Vorgetragen am 28. Januar 1936 in Darmstadt

Berechnung der kritischen Geschwindigkeit

Die Sicherheit eines Flugzeuges gegen Bruch verlangt neben der richtigen Erfassung der äußeren Last usw. die Sicherung der dynamischen Stabilität der Flügel und Leitwerke. Dazu, d. h. zur Vorberechnung der kritischen Geschwindigkeit, bei der angefachte Flügelschwingungen eintreten können, bestehen verschiedene Verfahren. Die wichtigsten sind:

das Verfahren von *Blenk-Liebers*,
das Verfahren von *Küssner* (1929 veröffentlicht),
und das Verfahren von *Wagner*,

das 1935 vorgetragen wurde und auf Untersuchungen zurückgeht, die im Auftrag der Henschel Flugzeug-Werke begonnen wurden. Nach diesen und anderen Verfahren sind im letzten Jahre in der Festigkeitsabteilung der Henschel Flugzeug-Werke Vergleichsrechnungen für einen bestimmten Flügel (ohne Querruder) als Beispiel durchgeführt worden. Dabei wurde unterschieden zwischen folgenden Arten der Rechnungsverfahren:

A) Rechnungsverfahren, die die freien Wirbel nicht berücksichtigen,
B) Rechnungsverfahren, die den räumlichen Flügel durch einen ebenen Flügel ersetzen,
C) Rechnungsverfahren, die den Flügel als räumliches Problem behandeln.

Das erste Ergebnis der Rechnungen zeigt Zahlentafel 1.

Zahlentafel 1.

Gerechnete kritische Geschwindigkeit eines Flugzeugflügels.

		m/s
Verfahren A	(Ohne freie Wirbel)	105 bis 121
Verfahren B	(Ebener Ersatzflügel)	240 » 268
Verfahren C	(Räumlicher Flügel, erste Rechnung vgl. dazu unten)	375 » 340

Die Verfahren A liefern danach geringere kritische Geschwindigkeiten als die übrigen; die Vernachlässigung der freien Wirbel ist also sicherlich nicht zulässig. Auch zwischen den Verfahren B und C ergaben sich beträchtliche Unterschiede. Zu beachten ist dabei, daß der gerechnete Flügel wenig von einem Rechteckflügel abwich. Da der Ersatz des räumlichen Flügels durch den ebenen aber eine Mittelwertbildung darstellt, ist anzunehmen, daß die Unterschiede zwischen den Verfahren B und C um so größer werden, je mehr der untersuchte Flügel im Verlauf der Flügeltiefen,

*) Dr.-Ing., Henschel Flugzeug-Werke A.G., Schönefeld b. Berlin.

Steifigkeitswerte usw. von einem Flügel mit konstanten Werten abweicht, daß also für Trapezflügel z. B. die Fehler der Verfahren B mehr ausmachen. Eine richtige Erfassung erscheint demnach nur durch Verfahren möglich, die den Flügel als räumliches Problem behandeln, wie es *Küssner* in seiner erwähnten Veröffentlichung tut. Die angestellten Rechnungen wurden verschiedenen an der Frage der Flügelschwingungen arbeitenden Stellen (Deutsche Versuchsanstalt für Luftfahrt, Dr. Küssner, Flugtechnisches Institut Berlin) vorgelegt und die folgenden Mitteilungen sind das Ergebnis dieser Zusammenarbeit.

Um die Richtigkeit der Rechnungen zu prüfen, war zunächst überlegt worden, ob eine Nachrechnung tatsächlich aufgetretener Flügelschwingungen eine Nachprüfung ermöglichte. Nach Rücksprache mit der Deutschen Versuchsanstalt für Luftfahrt (statische Abteilung) ergab sich jedoch, daß genügend geklärte Fälle, in denen Flügel mit einwandfrei massenausgeglichenen Querrudern Schwingungen gezeigt hatten, nicht vorlagen. Deshalb wurden die von der aerodynamischen Abteilung der Deutschen Versuchsanstalt für Luftfahrt ausgeführten Modellversuche zum Vergleich herangezogen und von der großen Zahl dieser Versuche 9 Versuche, die das ebene Problem behandelten, rechnungsmäßig geprüft. Die Rechnung wurde dabei zunächst ohne Kenntnis der beim Versuch gemessenen kriti-

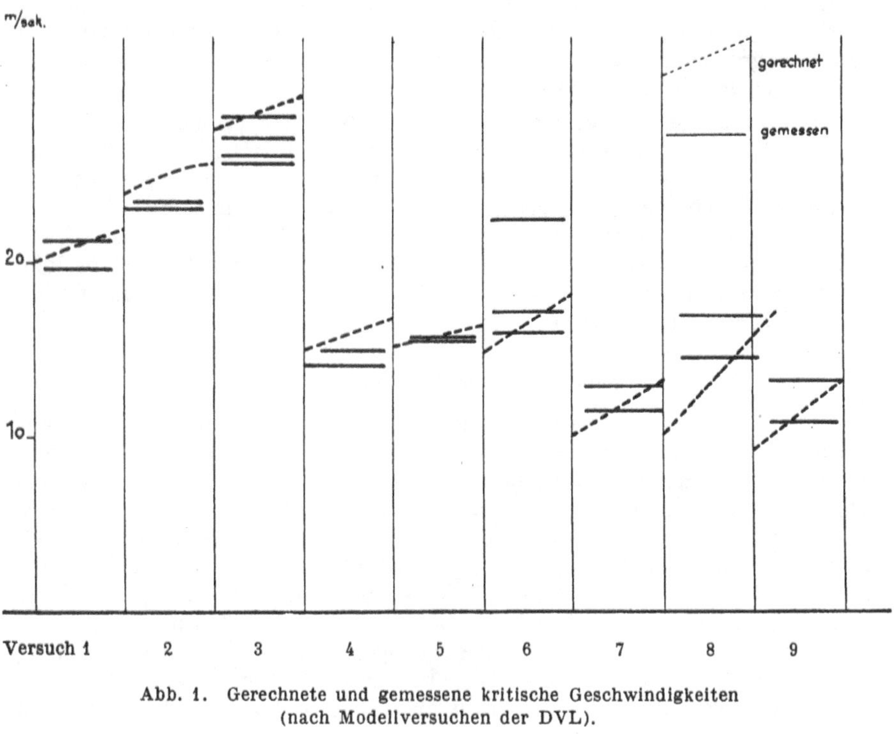

Abb. 1. Gerechnete und gemessene kritische Geschwindigkeiten (nach Modellversuchen der DVL).

schen Geschwindigkeiten durchgeführt. Das Ergebnis dieser Rechnungen zeigt Abb. 1. In ihr sind die für verschiedene Dämpfungen gerechneten kritischen Geschwindigkeiten als gestrichelte Linien eingetragen. Die Rechnung für verschiedene Dämpfungen war notwendig, da die Dämpfung nicht vollkommen genau bestimmt war. Die gemessenen kritischen Geschwindigkeiten und zwar sowohl diejenigen, bei denen Flattern begann, wie diejenigen, bei denen Flattern aufhörte (die stets etwas niedriger liegen), sind als horizontale Linien gezeichnet. Sie stimmen sämtlich sehr gut mit den vorberechneten Werten überein. Es erscheint damit hinreichend bewiesen, daß die physikalischen Grundlagen der durchgeführten Berechnung richtig sind.

Hinsichtlich des räumlichen Problems (Verfahren C) stellte es sich als notwendig heraus, vor allem die Konvergenz des benutzten Verfahrens und die Berechtigung und den Einfluß der benutzten Abminderungskoeffizienten für die Abweichung der Luftkräfte beim endlichen und unendlichen Flügel zu prüfen. Diese Rechnungen sind noch nicht abgeschlossen, sie lassen eine Verschiebung des zuletzt errechneten Wertes in den Grenzen von 300 bis 350 m/s wahrscheinlich erscheinen. Zur Prüfung dieser Rechnung sind Versuche mit räumlichen Modellen dringend erforderlich und es ist wünschenswert, bei diesen Versuchen eine enge Verbindung zwischen Rechnung und Versuch herzustellen derart, daß zunächst aus der Rechnung heraus die Abmessungen und Größen des Modells möglichst richtig bestimmt werden. Unter »richtig« ist dabei ein Modell zu verstehen, bei dem ein großer Unterschied zwischen der Rechnung als ebenes und als räumliches Problem zu erwarten ist.

Weiter ist es notwendig, auch die Frage der Querruder, nämlich den Einfluß auch massenausgeglichener Querruder zu untersuchen. Möglicherweise kann nämlich auch durch massenausgeglichene Querruder die kritische Geschwindigkeit erheblich beeinflußt werden. Berechnungen darüber sind zur Zeit im Gange, werden aber erst in einigen Wochen fertig sein. Wünschenswert ist es, bei den vorgesehenen ebenen Versuchen auch diese Frage in das Programm aufzunehmen und einige Modelle auf Grund von Vorberechnungen zu entwerfen.

Bemessung der tragenden Teile

Damit ist ein wichtiges Teilgebiet der Flugzeugfestigkeit behandelt. Umfassender noch ist die Frage der Bemessung aller tragenden Teile überhaupt. Die Bemessung der Flugzeuge ist heute festgelegt durch die Vorschrift bestimmter im Betrieb vorkommender Lasten, die ohne Gefährdung aufgenommen werden müssen und die Forderung bestimmter Spannen, die zwischen den Spannungen bei diesen Lasten und den Bruchbeanspruchungen der Bauteile liegen sollen. Diese Spannungen werden als Sicherheitsgrade bezeichnet. Die Notwendigkeit solcher Sicherheitsgrade wird meist oder oft damit begründet, daß sie Ungenauigkeiten der Lastannahmen, der Rechnung und der Ausführung decken und auftretende bleibende Formänderungen verhindern sollen. Daß diese Begründung nicht ausreichend ist, zeigt schon die Betrachtung der Zahlenwerte. Diese schwanken zwischen 3,0 und 1,1 nach folgender Zahlentafel:

Lastfall	Sicherheitsgrad
Motordrehmoment	3,0
Sichere Lasten, Zugglieder	2,0
Seltene Lasten, Zugglieder	1,65
Sehr seltene Lasten, Zugglieder	1,22
Sehr seltene Lasten, Druckglieder	1,1

Damit ist sogar Überschreitung der Streckgrenze zulässig. Es beträgt das Verhältnis der zugelassenen Betriebsspannung zur Streckgrenze für

	$\sigma_{zul}/\sigma_{0,2}$
Sichere Lastfälle	0,74
Seltene Lastfälle	0,89*)
Sehr seltene Lastfälle	1,12*)

(*) für $\sigma_{0,2} = 0,74\,\sigma_B$)

während die Brückenbauvorschriften der Deutschen Reichsbahn z. B. $\sigma_{zul}/\sigma_{0,2} = 0,67$ vorschreiben.

Diese Abstufung kann durch die obenerwähnten Bedingungen nicht begründet werden, denn die Rechnungsungenauigkeiten usw. werden stets wenigstens ungefähr gleich sein. Sie folgt vielmehr aus dem Charakter der Lastfälle selbst, und zwar der verschiedenen Häufigkeit der einzelnen Lastfälle, die ja schon in ihrer Benennung als seltene, sehr seltene usw. zum Ausdruck kommt. Die vorgeschriebenen sog. Sicherheitsgrade sind also, wenn auch nicht ganz vollständig, so doch überwiegend durch die Unterschiede der Bruchlast bei einmaliger und wiederholter Belastung bestimmt. Sie müßten logischerweise analog zur Herabminderung der statischen Festigkeit durch häufige Lastwechsel festgesetzt werden. Will man sie kritisch beurteilen, muß man auf diese ihre Grundbedeutung zurückgehen. Dazu ist es jedoch notwendig, die Forschungsunterlagen zu schaffen. Erforderlich ist die Beantwortung zweier Fragen:

1. Mit welcher Häufigkeit treten die einzelnen Lasten, z. B. die sicheren Lasten, auf?
2. Welche Tragfähigkeiten, im Vergleich zur Tragfähigkeit bei einmaliger Last, sind hierbei in den Bauteilen vorhanden?

Über die erste Frage sind in der Firma Henschel einige Überlegungen angestellt worden. Sie gingen von der wahrscheinlichen Einsatzdauer, den jährlichen Flugstunden und der Häufigkeit der Beanspruchungen aus und führten zu dem Ergebnis, daß die Lastwechselzahlen für sichere Lasten zwischen den Grenzen von 10^3 und 10^4 liegen werden.

Über die Zeitfestigkeit von Werkstoffen bei Lastwechselzahlen in dieser Größenordnung von 10^4 sind in der Versuchsanstalt der Henschel Flugzeug-Werke einige Versuche, die allerdings nur als Vorversuche zu betrachten sind, ausgeführt worden. Rohre aus Chrom-Molybdänstahl nach Fliegnorm 1452.9 und aus Dural nach Fliegnorm 3115.5 wurden in

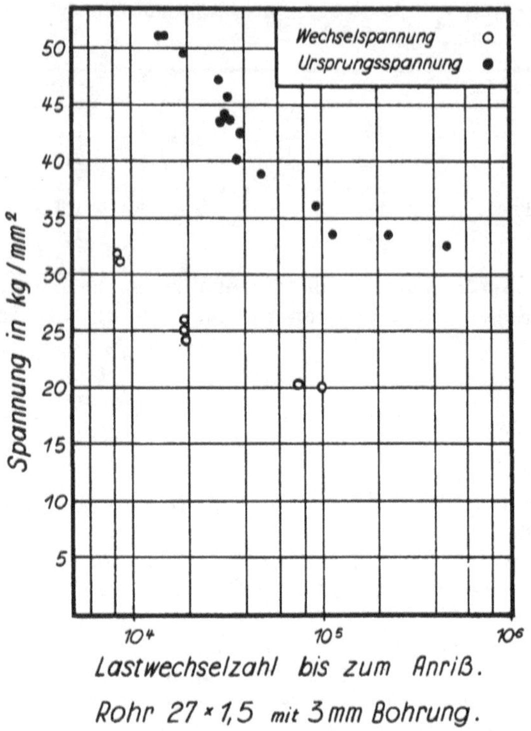

Abb. 2. Zeitfestigkeit von Cr-Mo-Rohren, Fliegwerkstoff 1452.9.

einer selbsterbauten Maschine gebogen. Zur Darstellung der in Bauteilen unvermeidlichen Kerbwirkungen erhielten sie eine in der höchstbeanspruchten Faser liegende Bohrung von 3 mm. Die Ergebnisse der Versuche zeigen Abb. 2 und 3.

Die statischen Festigkeitswerte dieser Rohre waren:

Chrom-Molybdän . . . . . $\sigma_{0,2}$ = 68,4 bis 75,1 kg/mm²
σ_B = 74,7 bis 80,0 kg/mm²
Duralrohre . . . . $\sigma_{0,2}$ = 31,4 bis 33,1 kg/mm²
σ_B = 43,3 bis 46,1 kg/mm²

Dauerversuche mit einfachen, nicht gelochten Zerreißstäben aus Duralblechen entsprechend Fliegnorm 3115.5 (entsprechend Dural ZB 1/3), ausgeführt auf einer Mohr- und Federhaff-Zerreißmaschine mit einer Vorrichtung für Wechselbelastungen nach Prof. *Gaber*, führten zu Werten nach Abb. 4.

Die Versuche zeigen, daß sich aus einer Untersuchung der Zeitfestigkeiten bei den in Frage kommenden Lastwechselzahlen unter Umständen noch Veränderungen in den notwendigen Sicherheitsgraden ergeben werden.

Voraussetzung dazu ist allerdings die Sammlung eingehender Versuchsunterlagen.

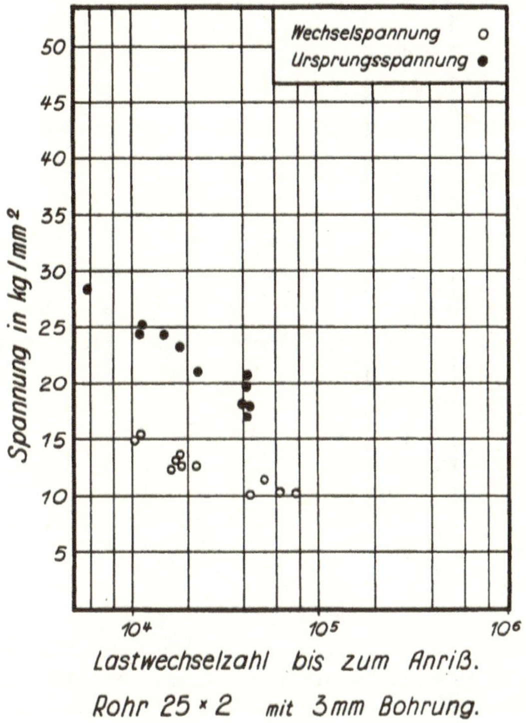

Abb. 3. Zeitfestigkeit von Dural-Rohren. Fliegwerkstoff 3115.5.

Zu beanstanden ist nach den vorgetragenen Überlegungen die jetzige Vorschrift, daß bei 1,35facher sicherer Last die Streckgrenze nicht überschritten werden darf. Diese Vorschrift ist zwecklos, da sie infolge der vollständigen Vernachlässigung der Formziffer und der Werkstoffeigenschaften kein Bild über die tatsächliche Festigkeit bei wiederholter Belastung geben kann. Sie weicht nur wenig ab von der allgemeinen Vorschrift über das Verhältnis der sicheren und der Bruchspannungen; von zwei sich stets nahezu überdeckenden Vorschriften ist aber immer eine als überflüssig zu betrachten. Praktisch ist die Vorschrift weiter für viele maßgebenden Lastfälle durch die verringerten Sicherheitsgrade außer Kraft gesetzt. Anderseits zwingt sie zu großen Rechenarbeiten und zu einer erheblichen Erschwerung der Werkstoffprüfung.

Auf die Erfordernisse der Werkstoffprüfung sollten jedoch die Lastannahmen Rücksicht nehmen. Den Ausgleich beider grundsätzlich zu überlegen, ist auch eine vor allem wichtige Forschungsaufgabe, denn heute stehen beide in einem gewissen Gegensatz. Die Streckgrenzenvorschrift z. B. verhindert unter Umständen die Ausnützung der Werkstoffestigkeit. Die Werkstoffprüfung aber pflegt ihre volle Erhaltung mit einem großen Aufwand an Zeit, Mitteln und Opfern, nämlich Beanstandungen, zu erzwingen, ohne die Streckgrenze selbst in gleichem Umfang nachzuprüfen.

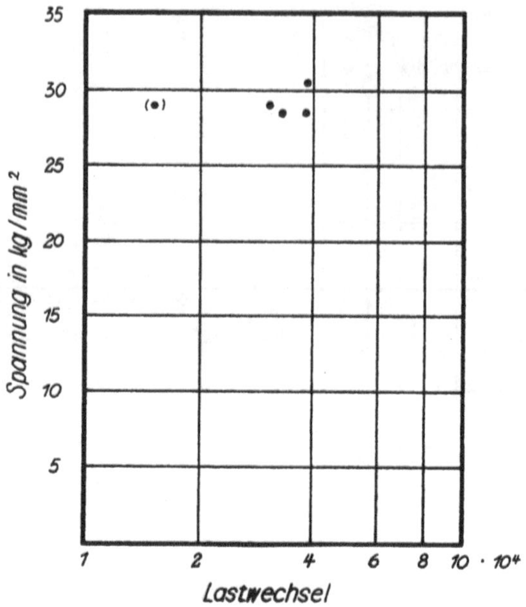

Abb. 4. Zeitfestigkeit von Dural-Flachstäben, Fliegwerkstoff 3115.5 bei Dauerzugbelastung (untere Laststufe etwas über 0).

Weiter ist es bei den Lastannahmen klar, daß sie nicht alle Fälle, sondern nur einen bestimmten Teil bis zu einer bestimmten geringen Wahrscheinlichkeit herab, decken. Bei einer Böenfestsetzung von 10 m/s z. B. sind sicher einige Streuwerte nicht erfaßt. Die Werkstoffprüfung geht jedoch von der Forderung aus, alle Streuwerte auszuscheiden. Sie ist sich zwar vollkommen bewußt, daß sie durch keine Prüfung (die immer nur Stichproben erfaßt), Streuwerte ausschließen kann; falls sie jedoch einmal zufälligerweise auf Streuwerte stößt, ist sie gezwungen, diese auszuscheiden. Die Arbeit, die heute darauf verwendet wird, um solche Streuwerte zu erfassen und auszuschalten, ist ebenso groß, wie die tatsächliche Bedeutung dieser Streuwerte gering ist. Hier die Unterlagen für einen Ausgleich zu schaffen, wäre eine dankbare Aufgabe; die Fragestellung könnte etwa folgende sein:

Bis zu welcher Häufigkeitsgrenze und welcher Wertgrenze können Ausfallwerte der Werkstoffestigkeit zugelassen werden, damit eine gleiche Wahrscheinlichkeit der Sicherheit wie bei den sonstigen Bestandteilen des Festigkeitsnachweises (Lastannahmen, Rechnung) entsteht?

Der gemeinsame Grundzug aller besprochenen Forschungsaufgaben besteht darin, daß sie auf die Grundlagen der notwendigen Anforderungen zurückgehen und daß sie scharf auf die zu lösenden Fragen abgestellt werden sollen. Sie stellen damit das dar, was unter praktischer Forschung zu verstehen ist.

Spannungsmeßverfahren

Von E. Siebel*)

Vorgetragen am 21. Februar 1936 in Düsseldorf

Als Spannung bezeichnet man die auf die Flächeneinheit bezogenen Kraftwirkungen an der Oberfläche oder im Innern eines Körpers. In allen den Fällen, in denen sich die Spannungsverhältnisse durch einfache Gleichgewichtsbetrachtungen erfassen lassen, bereitet die Spannungsbestimmung keine Schwierigkeiten. Man kann dann die äußeren Kraftwirkungen messen und vermag daraus Schlüsse auf die inneren Kraftwirkungen, also die auftretenden Spannungen, zu ziehen. Von dieser Möglichkeit der Spannungsermittlung machen wir in der Werkstoffprüfung ausgiebig Gebrauch. Sie bleibt aber praktisch auf diejenigen Fälle beschränkt, bei welchen in den Versuchskörpern eine gleichmäßige Spannungsverteilung herrscht. Bei ungleichförmiger Spannungsverteilung führt die Messung der äußeren Kräfte nur dann zum Ziel, wenn sich durch elastizitätstheoretische Überlegungen Aussagen über die Spannungsverteilung innerhalb des Körpers machen lassen.

Möglichkeiten der Spannungsmessung

Eine unmittelbare Messung der Spannungen selbst, also der am Flächenelement angreifenden Kraftwirkungen, kommt nur an der Oberfläche in Betracht. So z. B. wenn die Oberfläche eines Körpers durch einen Flüssigkeitsdruck beansprucht wird und damit die Normalspannung überall diesem Flüssigkeitsdruck entspricht. Ein weiteres Beispiel für eine unmittelbare Spannungsmessung in der Berührungsfläche zweier Körper sind die Untersuchungen über die Druckverteilung im Walzspalt, welche vor einiger Zeit im Kaiser-Wilhelm-Institut für Eisenforschung durchgeführt wurden[1]). In diesem Falle wurden die beim Walzen an einem Flächenelement der Walzoberfläche von 8×1 mm² auftretenden Kraftwirkungen mit Hilfe einer piezoelektrischen Meßeinrichtung gemäß Abb. 1 bestimmt, die in der Walze selbst eingebaut war. Da der Meßstift während der Drehung der Walze die ganze Länge des Walzspaltes abtastete, war es möglich, die Verteilung des Walzdruckes in der Berührungsfläche zwischen Walzen und Walzgut mit Hilfe eines von der Meßeinrichtung gesteuerten Oszillographen aufzuzeichnen. In Abb. 2 ist die Druckverteilung dargestellt, wie sie bei der Kaltwalzung von 30 mm breiten Aluminiumbändern von 2 mm Dicke auf glatten und aufgerauhten Walzen ermittelt wurde.

In der Mehrzahl der Fälle, bei welchen die elastizitätstheoretischen Betrachtungen nicht zum Ziele führen, ist es möglich, weitgehend Aufschlüsse über die Spannungsverteilung durch mittelbar wirkende Meßverfahren zu gewinnen.

---

*) Dr.-Ing., Professor an der Technischen Hochschule Stuttgart.

[1]) *E. Siebel* und *W. Lueg*, »Untersuchung über die Spannungsverteilung im Walzspalt.« Mitt. K. W. Inst. Eisenforschung Bd. 15 (1933) S. 1.

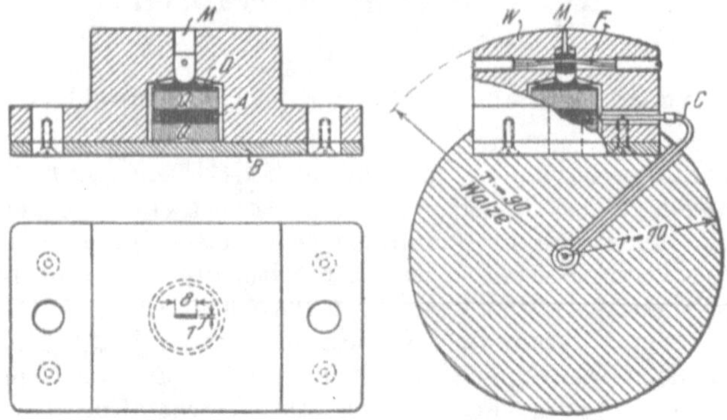

Abb. 1. Piezoelektrische Druckmeßdose
A Metallplatte, *B* Grundplatte, *C* Verbindungsleitung zum Röhrenvoltmeter, *D* Druckstück, *F* Feder, *M* Meßstift, *Q* Quarzscheibe, *W* Walzensegment.

Zur Verfügung stehen folgende Verfahren:

Bezeichnung	Meßgrundlage
Mechanische Verfahren (Dehnungsmessung) (Verkrümmungsmessung)	Ermittlung der Spannungen aus den Formänderungen unter Benutzung des durch das Hookesche Gesetz gegebenen Zusammenhangs zwischen diesen Größen.
Optische Verfahren	Benutzung der akzidentellen Doppelbrechung isotroper durchsichtiger Werkstoffe zur Bestimmung der Hauptspannungsrichtung und Hauptspannungsunterschiede.
Röntgen-Verfahren	Bestimmung der Gitterverzerrung der Kristallite aus den Interferenzerscheinungen bei der Rückstrahlung. Ermittlung der der Gitterverzerrung entsprechenden Spannungen.

Bei den mechanischen Meßverfahren benutzt man hierzu den einfachen Zusammenhang zwischen Spannungen und Formänderungen bei elastischer Beanspruchung, der es gestattet, an jeder Stelle die auftretenden Spannungen zu berechnen, sobald die entsprechenden Dehnungen gemessen sind. Die Grundlage der optischen Meßverfahren bildet die sog. akzidentelle Doppelbrechung isotroper durchsichtiger Werkstoffe, die darin besteht, daß ein Strahl polarisierten Lichtes bei der Durchdringung des belasteten Versuchskörpers in zwei parallel zu den Hauptspannungsrichtungen schwingende Komponenten zerlegt wird, die sich mit verschiedener Geschwindigkeit fortpflanzen, wobei der Gangunterschied der Hauptspannungsdifferenz proportional ist. Bei der röntgenographischen Spannungsmessung schließlich werden die Gitterverzerrungen der Kristallite, aus denen sich das Gefüge der betreffenden Werkstoffe aufbaut, bestimmt

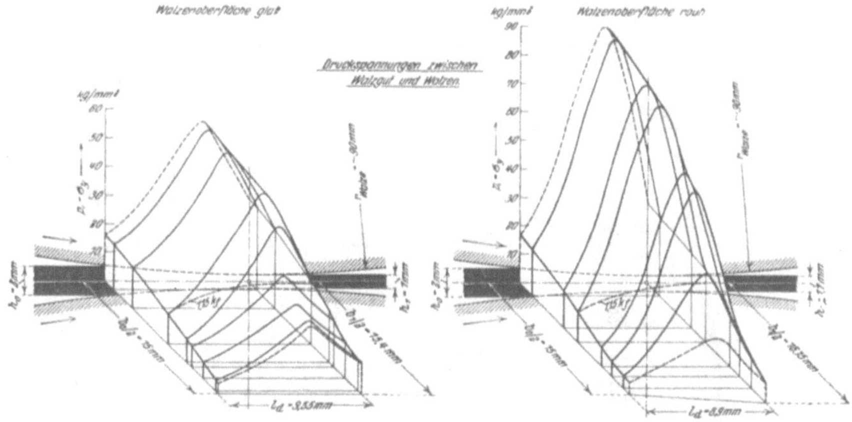

Abb. 2. Druckverteilung im Walzspalt.

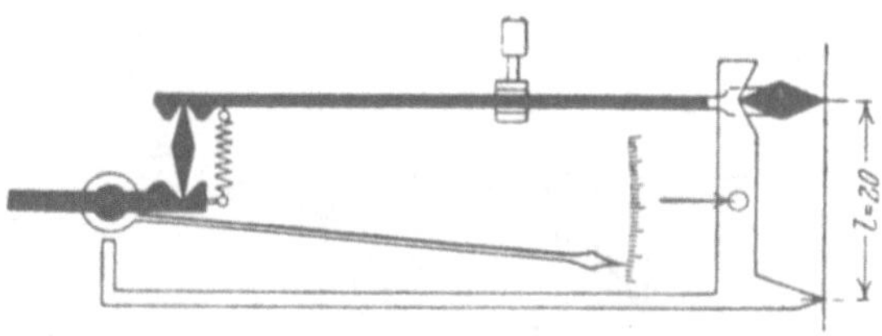

Abb. 3. Dehnungsmesser nach Huggenberger (Schema).

und daraus die Spannungen, die zur Deformation des Kristallgitters geführt haben, berechnet.

Mechanische Meßverfahren

Auf Einzelheiten der mechanischen Meßverfahren sei hier nicht eingegangen. Da die Dehnungsmessungen nur an der Oberfläche ausgeführt werden können, läßt sich mit ihrer Hilfe auch nur die Spannungsverteilung an der Oberfläche ermitteln.

Die Meßgenauigkeit hängt dabei einmal von der gewählten Meßlänge und dem Übersetzungsverhältnis des Dehnungsmessers ab, und weiterhin vom Elastizitätsmodul sowie der durch die Elastizitätsgrenze gegebenen Belastbarkeit des Werkstoffes. Bei weichem Flußstahl mit einem Elastizitätsmodul $E = 20000$ kg/mm² und einer Streckgrenze von $\sigma_F = 20$ kg/mm² beträgt die Meßgenauigkeit bei Verwendung eines Dehnungsmessers nach Abb. 3 mit 1250facher Übersetzung und einer Meßstrecke von 10 mm, falls die Größe des Ausschlages auf $1/2$ mm genau geschätzt wird, 0,4 kg/mm² bzw. $0{,}4/20 = 2\%$ der Streckgrenze, ist also für technische Zwecke vollkommen ausreichend. Bei den Dehnungsmessern läßt sich das Übersetzungsverhältnis noch um eine Zehnerpotenz vergrößern. Dabei leidet jedoch die einfache Handhabung des Gerätes, so daß man von

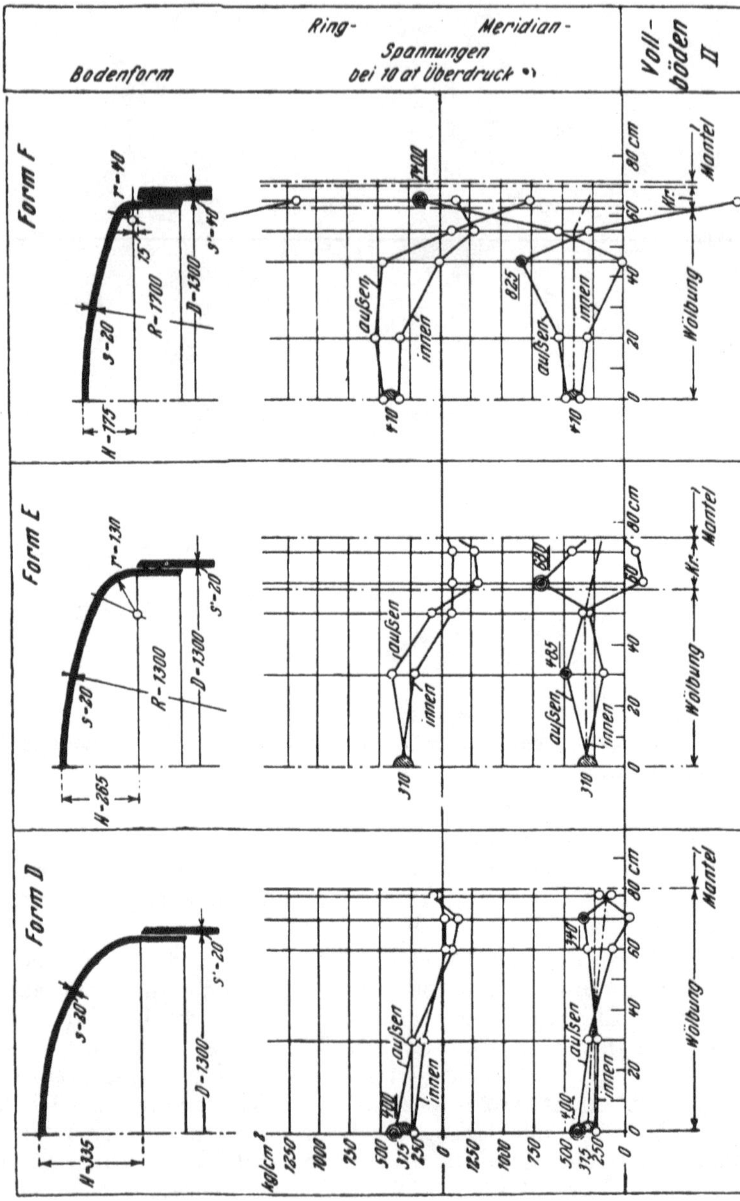

Abb. 4. Spannungsverteilung in Kesselböden.

einer mehr als 2000fachen Übersetzung nur dann Gebrauch macht, wenn die starke Ungleichförmigkeit des Spannungszustandes an Kerben, Querschnitts-Übergängen od. dgl. dazu zwingt, die Meßlänge zu verkleinern, um so die auftretenden Spannungsspitzen noch mit genügender Genauigkeit zu erfassen.

Sind die Versuchskörper auf Biegung beansprucht, so lassen sich die entsprechenden Spannungen durch Verkrümmungsmessungen ermitteln. Durch eine Vereinigung von Dehnungsmessungen und Verkrümmungsmessungen ist es auch möglich, über die Spannungsverteilung an der oberen und unteren Seite von plattenförmigen Körpern Aufschluß zu gewinnen, die nur von einer Seite zugänglich sind. Als Beispiel für eine derartige Meßweise bringe ich die Spannungsverteilung an Kesselböden gemäß Abb. 4, wie sie im Jahre 1925 im Kaiser-Wilhelm-Institut für Eisen-

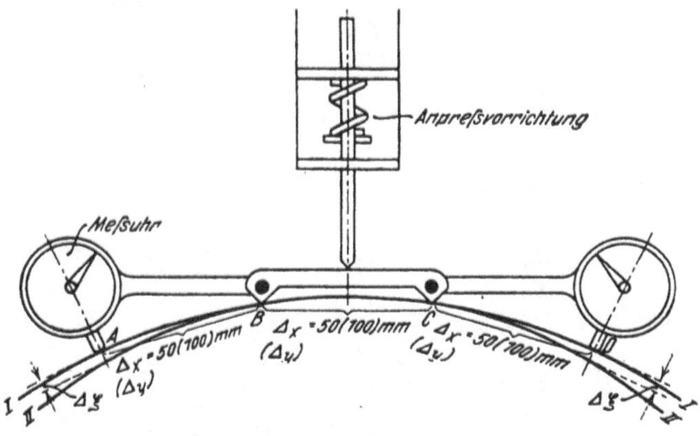

Abb. 5. Krümmungsmesser mit Meßuhren.

forschung ermittelt wurde[2]). Die Schwierigkeiten der Verkrümmungsmessungen wachsen mit zunehmender Dicke des Werkstückes, da die Verkrümmungen, die zu einer bestimmten Biegungsspannung gehören, in entsprechendem Maße abnehmen. Das bei den Bodenuntersuchungen für die Verkrümmungsmessungen benutzte Meßgerät zeigt Abb. 5. Die zur Erzielung genügender Ausschläge gewählte große Meßlänge von 150 bzw. 300 mm ergibt nur dann brauchbare Meßwerte, wenn sich die Verkrümmungen ganz allmählich ändern. Eine kleinere Meßlänge (20 mm) läßt sich mit Hilfe der in Abb. 6 wiedergegebenen Anordnung[3]) erzielen, bei der besondere Meßfüsse auf das Werkstück aufgesetzt werden, während die eigentliche Messung durch ein Tensometer erfolgt. Die Handhabung dieser Meßanordnung ist jedoch nicht einfach. Bei den Verkrümmungsmessungen

[2]) Mitt. K.W.Inst. Eisenforsch. Bd. 7 (1925) S. 113, Bd. 8 (1926) S. 1.

[3]) Eine Beschreibung dieser Meßanordnung findet sich in Mitt. K. W. Inst. Eisenforschg. B. 9 (1927) S. 296.

muß daher stets mit größeren Fehlern als bei den Dehnungsmessungen gerechnet werden.

Messung der Eigenspannungen nach mechanischen Verfahren

Sollen die Eigenspannungen eines Körpers durch mechanische Meßverfahren bestimmt werden, so ist hierzu erforderlich, die Spannungen an der Stelle, an welcher die Messung erfolgen soll, durch Werkstofftrennung auszulösen. Die Nachteile dieses Verfahrens liegen auf der Hand, da es eine mehr oder weniger große Zerstörung des Werkstückes bedingt. Es besteht weiterhin die Gefahr, daß das Ergebnis verfälscht werden kann, wenn die zur Spannungsauslösung erforderliche Werkstofftrennung nicht mit ganz einwandfrei arbeitenden Werkzeugen erfolgt, und schließlich kann das Ergebnis noch dadurch beeinflußt werden, daß bei der Spannungs-

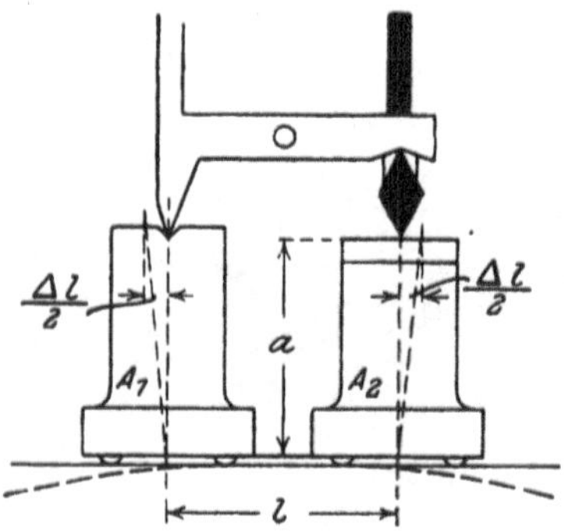

Abb. 6. Krümmungsmesser mit Tensometer.

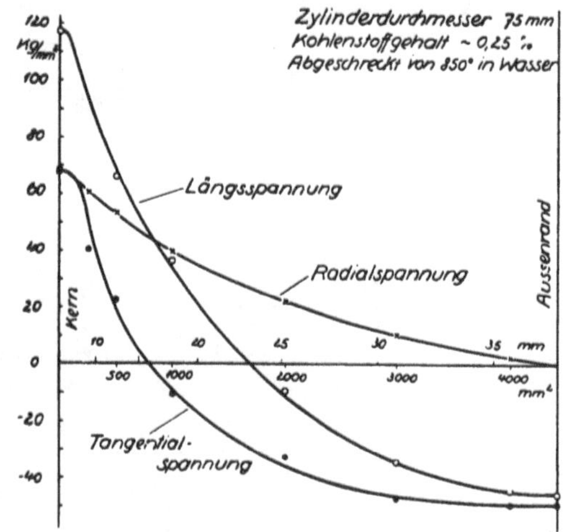

Abb. 7. Eigenspannungen in einer abgeschreckten Welle.

auslösung Fließen eintritt. Ein Beispiel für die letztgenannte Fehlermöglichkeit bildet ein Versuchskörper von 75 mm Dmr. aus Flußstahl mit 0,25% C, der von 850° in Wasser abgeschreckt wurde, worauf die Spannungsverteilung nach dem Ausbohrverfahren gemäß Abb. 7 bestimmt wurde. Wie die Abbildung erkennen läßt, steht der Kern des Werkstückes nach dem Abschrecken unter sehr hohen, allseitigen Zugspannungen. Beim Ausbohren werden die Radialspannungen aber im Bohrungsrand zum Verschwinden gebracht, wodurch eine so große Hauptspannungsdifferenz entsteht, daß Fließen eintritt. Die aus den beim Ausbohren auftretenden Formänderungen an der Außenseite berechneten Eigenspannungen werden daher für den Kern des Werkstückes zu hoch ermittelt.

Schwierigkeiten bereitet bei der mechanischen Bestimmung der Eigenspannung die Messung der während der Spannungsauslösung auftretenden

Formänderungen. Beim Ausbohrverfahren nach *Sachs*[4]) wie auch beim Anbohrverfahren nach *Mathar*[5]) können die Meßgeräte während der Spannungsauslösung aufgesetzt bleiben. Dabei ist es aber erforderlich, mit besonderer Vorsicht zu verfahren, da die Schneidenmeßgeräte empfindlich gegen Erschütterungen sind. Außerdem müssen Erwärmungen des Werkstückes vermieden werden, da sonst Fehlmessungen durch die überlagerten Wärmedehnungen entstehen. Beim sog. Netzverfahren wurde zunächst der Versuch gemacht, das Meßmarkennetz vor und nach der Spannungsauslösung mit einem Meßmikroskop auszumessen[6]). Brauchbare Ergebnisse konnten nach dem letztgenannten Verfahren erst erzielt werden, seit in der Materialprüfungsanstalt Stuttgart ein geeigneter Setzdehnungsmesser gemäß Abb. 8 entwickelt wurde, der mit einem Meßkeil arbeitet und eine

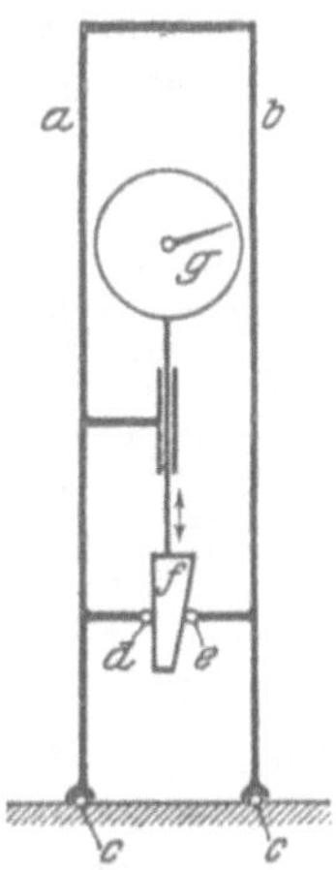

Abb. 8. Setzdehnungsmesser nach *Pfender*.

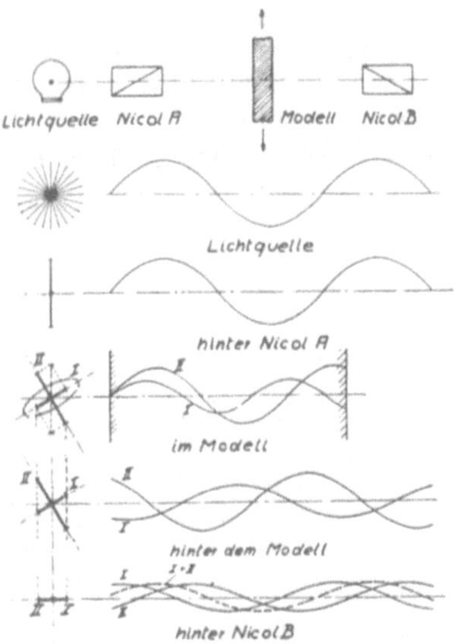

Abb. 9. Wirkungsweise der spannungsoptischen Messung.

500fache Übersetzung besitzt. Die Meßgenauigkeit beträgt dann bei 20 mm Meßlänge und einer Ablesegenauigkeit von 0,5 mm bei Flußstahl etwa 1 kg/mm². Dabei werden die Meßpunkte durch kleine Stahlkugeln, die in die Oberfläche des Körpers eingepreßt werden, festgelegt. Während das Ausbohrverfahren nach *Mathar* Rückschlüsse über die Veränderung des Spannungszustandes mit zunehmender Tiefe erlaubt, ermittelt man nach dem Netzverfahren nur die Eigenspannungen an der Oberfläche des Versuchskörpers.

[4]) Z. Metallkunde, Bd. 19 (1927) S. 352.
[5]) Arch. Eisenhüttenwes. Bd. 6 (1932/33) S. 277.
[6]) Autog. Metallbearb. Bd. 27 (1934) S. 305.

Optische Verfahren

Optische Spannungsmessungen sind nur an durchsichtigen Körpern möglich. Dieses Verfahren läßt sich daher normalerweise nur an Modellkörpern durchführen. Außerdem bleibt es auf die Untersuchung ebener Spannungszustände beschränkt. Abb. 9 zeigt schematisch die Wirkung der akzidentellen Doppelbrechung. Durch eine punktweise Ermittlung der Stellung der zur Polarisation verwendeten gekreuzten Nikols bei größter Verdunkelung oder größter Aufhellung oder durch Aufnahme der sog. Isoklinen, auf denen die Hauptspannungsrichtungen in die Polarisationsebene fallen, lassen sich die Hauptspannungsrichtungen sehr einfach und sicher festlegen. Hingegen bereitet die Ermittlung der absoluten Größe der Hauptspannung gewisse Schwierigkeiten. Hier ist einmal die Beobachtung der sog. Isochromaten im zirkularpolarisierten weißen Licht möglich, wobei jede Interferenzfarbe einer bestimmten Hauptspannungsdifferenz entspricht, oder es wird der Gangunterschied zwischen den in den Hauptspannungsrichtungen schwingenden Komponenten des Ausgangsstrahls durch Kompensatoren gemessen und so der Spannungsunterschied festgestellt. Wird schließlich nach dem Verfahren von *Favre*[7]) gemäß Abb. 10

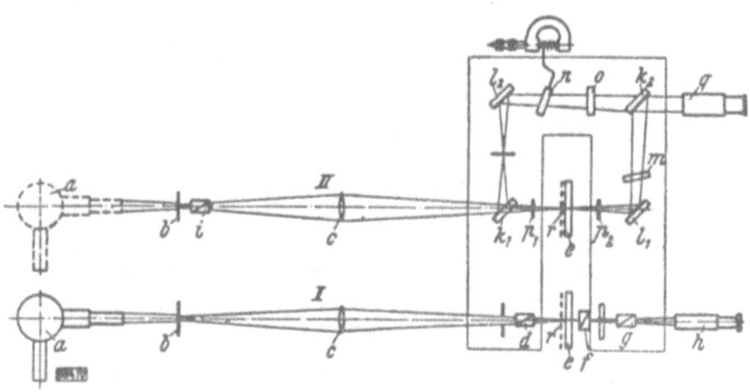

I. Strahlengang zur Messung der Hauptspannungsrichtung und der Hauptspannungsdifferenz
- *a* Quecksilberdampflampe mit Grünfilter
- *b* Punktblende
- *c* Linse
- *d* Polarisator
- *e* Modell mit Aluminiumblende *r*
- *f* Kompensator von *Babinet-Soleil*
- *g* Analysator
- *h* Ablesefernrohr

II. Strahlengang zur Messung der Phasenverschiebung des 1. und 2. Teilstrahls gegenüber dem ankommenden Strahl
- *a* Lichtquelle
- *b* Punktblende
- *c* Linse
- *i* Polarisationsprisma
- k_1; k_2 halbdurchlässig verspiegelte planparallele Platten
- l_1; l_2 Oberflächenspiegel
- *n* planparallele Platte im Winkel verstellbar zur Messung der Interferenzstreifen (Kompensator von *Jamin*)
- *m* planparallele Platte zum Ausgleich des Kompensators von *Jamin*
- *o* planparallele Platte zum Ausgleich des Modells
- p_1; p_2 Halbwellenlängenplättchen
- *q* Fernrohr zum Ablesen der Interferenzstreifen des Interferometers

Abb. 10. Versuchsanordnung nach *Favre*.

[7]) Schweiz. Bauzeitung Bd. 90 (1927) S. 291.

der Gangunterschied gemessen, den der das Modell durchdringende Strahl gegenüber dem primären Strahl erfährt, so ist dieser Gangunterschied der Größe der auftretenden Hauptspannungen selbst proportional.

Das spannungsoptische Verfahren ist hiernach besonders geeignet zur Bestimmung der Hauptspannungsrichtung in scheibenförmigen Körpern. Durch drei unter 45° zueinander vorgenommenen mechanischen Dehnungsmessungen am gleichen Punkt lassen sich die Hauptspannungsrichtungen zwar auch ermitteln. Geringe Fehler bei den Dehnungsmessungen bedingen hier jedoch bereits große Abweichungen im weiteren Rechnungsgang. Anderseits läßt sich die absolute Größe der auftretenden Spannungen am schnellsten und sichersten durch Dehnungsmessungen festlegen. Von *E. Siebel* und *E. Kopf*[8]) wurde daher vorgeschlagen, zur Untersuchung der Beanspruchungsverhältnisse in gelochten Platten die beiden Meßverfahren zu kombinieren und die Hauptspannungsrichtungen optisch, die Größe der Hauptspannungen aber durch Dehnungsmessungen zu bestimmen. Für die Dehnungsmessungen wurden dabei Modellplatten aus Zelluloid gemäß Abb. 11 benutzt. Bei dem niederen Elastizitätsmodul des Zelluloids (rd. 250 kg/mm²) und der im Verhältnis hierzu hoch liegenden Elastizitätsgrenze (rd. 3 kg/mm²) ist es möglich, mit derartigen Modellen sehr große Dehnungen durch kleine Kraftwirkungen zu erzeugen. Im vorliegenden Falle wurde die Belastung der Modellplatten mit Bleigewichten vorgenommen. In Abb. 12 ist die nach dem kombinierten Meßverfahren ermittelte Spannungsverteilung für eine Platte mit Bohrungen in rechteckiger Anordnung wiedergegeben[8]).

Dehnlinienverfahren

Bei den Untersuchungen an gelochten Platten wurde als weiteres Verfahren zur Bestimmung der Hauptspannungsrichtung noch das Dehnlinienverfahren nach *Dietrich* und *Lehr*[9]) herangezogen. Bei demselben wird der zu prüfende Körper vor der Belastung mit einem spröden Überzug aus Kolophonium oder dgl. versehen, in welchem beim Aufbringen der Last Risse entstehen, die senkrecht zur Richtung der größten positiven Dehnung verlaufen. Aus der Art, wie die Risse einsetzen und sich ausdehnen, lassen sich bereits Schlüsse über die Größe der Spannungen und über die Lage der Stelle größter Beanspruchung ziehen. In Abb. 13 sind die Dehnlinien, die an einer gelochten Platte beobachtet wurden, dargestellt. Für die Anwendung des Dehnlinienverfahrens sind Modellkörper aus vergütbaren Aluminiumlegierungen besonders geeignet, weil sich hier die Dehnlinien wegen des geringen Elastizitätsmoduls dieses Werkstoffes viel leichter erzielen lassen als mit Stahl. Von *Dietrich* und *Lehr* ist in Vorschlag gebracht worden, das Dehnlinienverfahren mit Dehnungsmessungen zu kombinieren, für welche ein Meßgerät mit kleiner Meßstrecke Verwendung finden sollte. Auch hier findet sich also der Gedanke, die Hauptspannungsrichtungen

---

[8]) Beanspruchung in gelochten Platten, Forschungsheft Nr. 369, Berlin 1934.

[9]) *Dietrich* und *E. Lehr*, Z. VDI, Bd. 76 (1932) S. 973.

Abb. 11. Spannungsermittlung an Zelluloidmodellen.

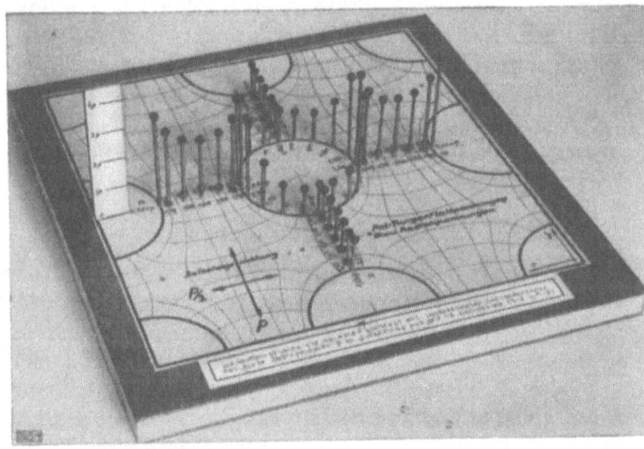

Abb. 12. Hauptspannungsrichtungen und Spannungsverteilung in einer gelochten Platte.

durch ein Sonderverfahren zu ermitteln, die Größe der Spannungen aber durch Dehnungsmessungen zu bestimmen.

Ich möchte an dieser Stelle noch darauf hinweisen, daß in vielen Fällen einfache

Versuche an Gummimodellen

bereits gute qualitative Einblicke in die Beanspruchungsverhältnisse eines Körpers ergeben. Die Formänderungen werden hierbei so groß, daß sie ohne besondere Meßvorrichtung wahrgenommen werden. Anderseits wird dadurch von dem Grundsatz abgegangen, daß die Gestalt des Versuchskörpers während der Belastung erhalten bleiben muß. Bei dem Versuchsmaterial verlaufen weiterhin Dehnung und Spannung nicht proportional. In

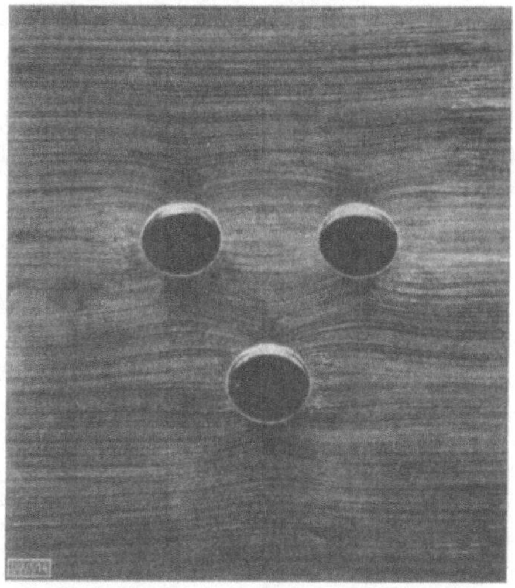

Abb. 13. Dehnlinien in einer gelochten Platte mit drei Bohrungen.

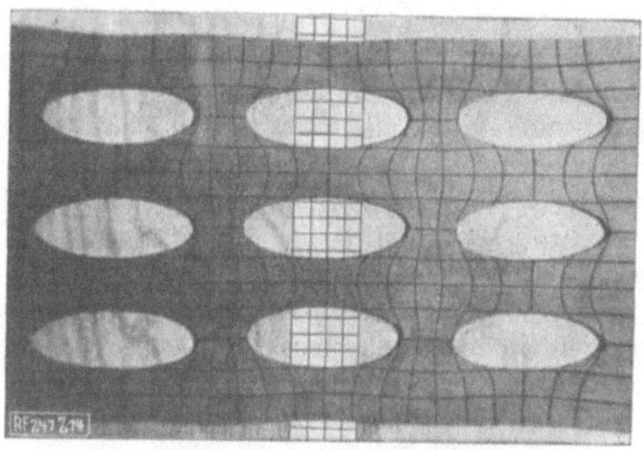

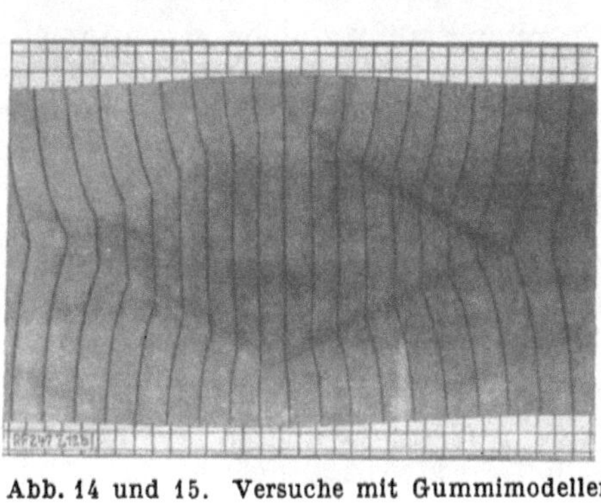

Abb. 14 und 15. Versuche mit Gummimodellen.

Abb. 14 und 15 sind einige derartige Versuche dargestellt, die von *Stoll*[10]) in Stuttgart ausgeführt wurden. Von Interesse ist hier insbesondere die Auswirkung einer örtlichen Verstärkung an einer gezogenen Platte gemäß Abb. 15. Vorschläge von *Mathar*, die räumliche Wirkung bei der stereoskopischen Beobachtung des Modellkörpers aus Gummi in gespanntem und entlastetem Zustande auszunutzen, sind meines Wissens bisher praktisch noch nicht ausgenutzt worden.

Röntgenographische Verfahren

Bei der röntgenographischen Spannungsmessung werden die Netzebenenabstände der Kristallite, aus denen der zu untersuchende Körper aufgebaut ist, mit Hilfe der auftretenden Interferenzerscheinungen bei der Rückstrahlung einfarbigen Röntgenlichtes ermittelt. Die Spannungen, die an der angestrahlten Stelle vorhanden sind, lassen sich dann durch einen Vergleich mit den im spannungsfreien Zustand vorhandenen Gitterkonstanten oder durch eine weitergehende Untersuchung der Gitterverzerrung mittels Rückstrahlaufnahmen in verschiedener Richtung[11]) berechnen. Das Verfahren gestattet es, die Oberflächenspannung eines Körpers rein örtlich zu erfassen, da jeweils nur ein Stück der Oberfläche von 1 bis 10 mm² Fläche angestrahlt wird. Insbesondere ermöglicht dieses Verfahren es auch, Eigenspannungsmessungen an der Oberfläche eines Körpers ohne Zerstörung desselben vorzunehmen. Anderseits verhält sich das Verfahren hinsichtlich der Meßgenauigkeit, die bei einfachen Spannungsmessungen zu erzielen ist, etwas ungünstiger als die mechanischen und optischen Meßverfahren. Die auftretenden Meßfehler müssen bei Stahl, wenn saubere Interferenzlinien erzielt werden, auf ± 2 kg/mm² geschätzt werden. Eine Steigerung der Meßgenauigkeit durch eine Verbesserung des Meßverfahrens erscheint dabei wenig wahrscheinlich. Ist der Gefügeaufbau des Werkstoffes grobkörnig oder bewirken Unterschiede in der Gefügebeschaffenheit oder Kaltverformung eine Verbreiterung der Interferenzlinien, so wird die Meßgenauigkeit noch verringert. Das Verfahren erfordert weiterhin kostspielige Einrichtungen und Aufnahmezeiten, die die bei den übrigen Verfahren benötigten Zeiten zur Durchführung der Messung überschreiten.

Vergleich der Verfahren

Will man die Spannungsmeßverfahren gegeneinander werten und den Anwendungsbereich festlegen, so kommt man zu folgenden Ergebnissen:

1. Das Gebiet, über welches sich die Messung erstreckt, ist bei der spannungsoptischen Messung und der röntgenographischen Spannungsmessung sehr klein, während bei dem mechanischen Meßverfahren verhältnismäßig große Meßlängen am günstigsten sind und die Schwierigkeiten der Dehnungsmessung bei einer Verkleinerung der Meßstrecke unter 10 mm ganz außerordentlich ansteigen. Das spannungsoptische Verfahren wie auch das Röntgenverfahren sind daher besonders dann am Platze, wenn die Dehnungsmessung zur Erfassung von Spannungsspitzen nicht ausreicht.

---

[10]) *Stoll*, Forsch. Ing.-Wes. Bd. 2 (1931) Nr. 9.
[11]) Z. f. Metallkunde Bd. 27 (1935) S. 196.

2. Hinsichtlich der Meßgenauigkeit und der Kürze des zur Messung erforderlichen Zeitaufwandes stehen die mechanischen Meßverfahren an erster Stelle. Bei der Ausmessung eines Meßmarkennetzes mit dem Setzdehnungsmesser lassen sich Leistungen von bis zu 100 Meßpunkten in der Stunde erzielen. Auch beim Arbeiten mit dem Tensometer ist die eigentliche Messung schnell erledigt. Dem gegenüber wird die für jeden Meßpunkt erforderliche Zeit bei Anwendung des spannungsoptischen Verfahrens zu mindestens 15 min angegeben. Beim Röntgenverfahren muß mit einer Belichtungszeit von dieser Dauer bei den Rückstrahlaufnahmen gerechnet werden. Bei starker Ausblendung steigt die Belichtungszeit auf ein Vielfaches dieses Wertes. Hinzu tritt dann die Entwicklung und Auswertung der Aufnahmen. Für normale Spannungsbestimmungen wird man daher meist den mechanischen Meßverfahren den Vorzug geben.

3. Auch hinsichtlich der Versuchseinrichtungen schneiden die mechanischen Verfahren günstig ab. Ein Dehnungsmeßgerät läßt sich zum Preise von RM. 100,— bis 200,— herstellen. Demgegenüber betragen die Kosten für eine Röntgeneinrichtung mehrere 1000,— RM.

4. Sowohl die mechanischen als auch die röntgenographischen Messungen lassen sich am Versuchsstück selbst ausführen, während für die Durchführung des optischen Verfahrens stets Modellkörper erforderlich sind. Bei größeren und sperrigen Stücken wird die Anwendung der Rückstrahlmethode häufig daran scheitern, daß es Schwierigkeiten bereitet, die Röntgenröhre an das Stück zu bringen.

5. Die Ermittlung der Eigenspannungen ist bei den mechanischen Meßverfahren nur unter gänzlicher oder teilweiser Zerstörung des Versuchsstückes möglich. Demgegenüber lassen sich nach dem Röntgenverfahren diese Spannungen durch einfaches Anstrahlen des unverletzten Stückes bestimmen. Hier besitzt das Röntgenverfahren also einen unleugbaren Vorzug. Voll auszuwirken vermag sich dies erst, nachdem durch die neueren Röntgenuntersuchungen die Grundlagen für eine Bestimmung der Einzelspannungen und eine Anwendung des Verfahrens auch in den Fällen gegeben sind, wo die Verbreiterung der Interferenzlinien früher keine befriedigende Meßgenauigkeit gewährleistete.

Über mechanische Verfahren zur Bestimmung der Eigenspannungen

Von F. Bollenrath*)

Vorgetragen am 21. Februar 1936 in Düsseldorf

Einleitung

Unter Eigenspannungen versteht man die in einem festen Körper ohne Einwirkung äußerer Kräfte — abgesehen von der Schwerkraft — vorhandenen Spannungen. Manchmal werden sie als innere Spannungen, Restspannungen, Nachspannungen, Vorspannungen, verborgene elastische Spannungen bezeichnet. Je nach der Entstehungsursache heißen sie z. B. auch Wärme-, Abschreck-, Härte-, Reck-, Bau-, Naht-, Schrumpf- und Schweißspannungen. Auch die Spannungen, die in einem vielteiligen Bauwerk (Brücke, Kessel usw.) unter dem Eigengewicht und durch den Zusammenbau in den einzelnen Bauteilen auftreten, werden oft unter den Begriff der Eigenspannungen gefaßt (1)[1]).

Die Ursachen für die Entstehung der Eigenspannungen sind so außerordentlich zahlreich, daß nur die wichtigsten und meistens vorkommenden hier angeführt werden. Je nach der Veranlassung können die Eigenspannungen über größere Bereiche oder den ganzen Körper verteilt sein oder sich auch auf einzelne Kristallite und Kristallgruppen beschränken, so daß sie nicht mit mechanischen Mitteln, sondern nur mit polarisiertem Licht im Mikroskop oder an ihren Auswirkungen auf das Gefüge und einigen mechanischen sowie physikalischen Eigenschaften zu erkennen sind.

Viele Schwierigkeiten verursachen die Eigenspannungen, die infolge zeitlich sich ändernder hoher Wärmegefälle beim Abkühlen und Erhitzen auftreten. Sie können bei manchen Werkstoffen eine solche Höhe erreichen, daß eine Zerstörung eintritt. Sie spielen eine besondere Rolle bei der Vergütung von Stählen. Hierbei kommen sie selten allein vor, sondern werden noch verstärkt durch Umwandlungs- und Ausscheidungsspannungen, wenn durch die Temperaturänderung Phasenumwandlungen (z. B. $\alpha \rightleftarrows \gamma - Fe$) und neue Phasen erzeugt werden, insbesondere, wenn die neuen Phasen gegenüber den früheren erhebliche Volumen-, Wärmeausdehnungs- und Wärmeleitfähigkeitsunterschiede aufweisen. Hierunter fallen auch die Spannungen infolge Schweißens und Lötens.

Eine weitere Ursache für die Eigenspannungen ist eine ungleichmäßige, gemischt-elastisch-plastische Verformung, wie z. B. mit Recken, Ziehen, Kaltwalzen, Richten, Biegen, Pressen und Schmieden verbunden ist. Ferner beim Nieten und beim Zusammenbau mit Schrauben und Keilen entstehen innere Spannungen.

Die Eigenspannungen können sowohl vorteilhaft als auch nachteilig sein. Bei manchen Verbindungsarten ist zur Sicherung eine Vorspannung

---

*) Dr.-Ing., Deutsche Versuchsanstalt für Luftfahrt E. V., Berlin-Adlershof.

[1]) Die in Klammern gesetzten Zahlen beziehen sich auf den Schrifttumnachweis am Schlusse der Arbeit.

erforderlich. Ebenfalls für viele Bauteile wie Kanonenrohre und Turbinenläufer sind Vorspannungen von großem Wert. Einen wesentlichen Einfluß haben die Eigenspannungen auf das Verhalten gegenüber mechanischen und besonders chemischen Beanspruchungen, auf den Ablauf von vielen inneren Vorgängen bei der Wärmebehandlung und die physikalischen Eigenschaften.

Verfahren

Die mechanischen Verfahren zur Bestimmung der Eigenspannungen haben zur gemeinsamen Grundlage die Spannungsberechnung mit Hilfe des Elastizitätsmoduls aus Verformungen, die während der Entstehung der Eigenspannungen oder durch teilweise bzw. vollständige Spannungsauslösung bei mehr oder weniger weitgehender Aufteilung des Versuchsstückes oder auch durch örtlich begrenzte Verletzungen bewirkt werden. Ihrer Natur nach sind die mechanischen Verfahren nur beschränkt anwendbar auf Versuchskörper in jeweils besonders geeigneten Formen. Vielfach müssen gewisse willkürliche Annahmen über die Spannungsverteilung und manche Vernachlässigungen bei der Spannungsbestimmung gemacht werden, so daß sie teilweise überhaupt nur den Nachweis des Vorhandenseins und der Art der Eigenspannungen und nur in einigen wenigen Fällen eine qualitative Auswertung erlauben.

Die im folgenden gemachte Einteilung ist nicht streng kennzeichnend, sondern die verschiedenen Verfahren wurden nach einigen gemeinsamen Merkmalen zu einzelnen Gruppen zusammengefaßt.

Streifenmethode

Aus der Verformung von streifenförmigen Teilen, die vom Versuchskörper abgetrennt werden, können in verschiedener Weise Eigenspannungen nachgewiesen und ihre Wirkungsrichtung angegeben werden. Sie eignen sich vorzugsweise für zylindrische Rohre und Stäbe.

Nach Abb. 1 werden bei Rohren (2) oder Rundstäben (3, 4) in Richtung der Längsachse schmale Streifen herausgetrennt. Unter Annahme eines über die Streifenlänge gleichmäßig verteilten Biegemomentes, bei einer über die Dicke linear oder exponentiell (5, 6) verteilt vorausgesetzten Spannungsverteilung wird aus dem Biegepfeil »*f*« oder aus der Krümmung auf die mittlere Biegespannung geschlossen. Das Ergebnis hängt zudem sehr von der Wahl der Streifenbreite (7) (Änderung des Trägheitsmomentes) ab. Tangential- und Radialspannungen werden im

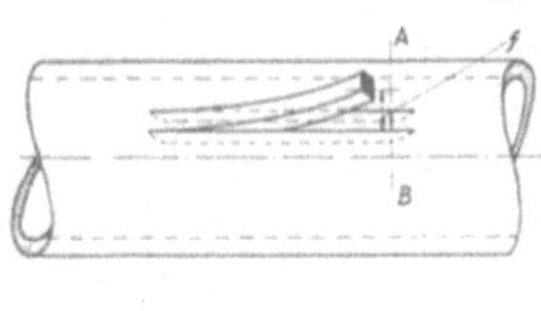
Abb. 1.

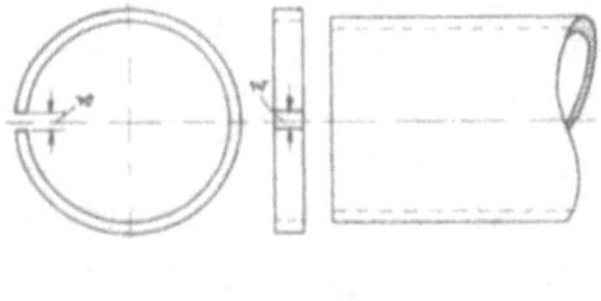
Abb. 2.

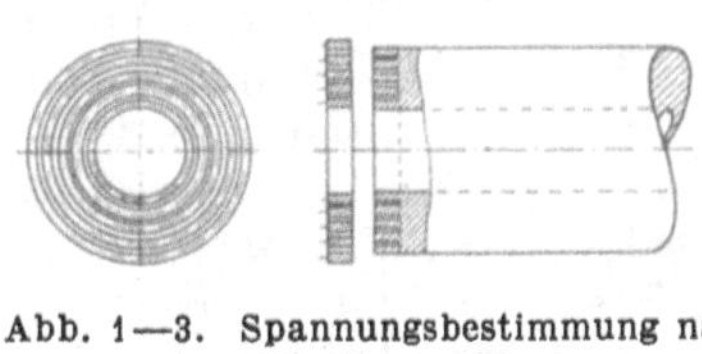
Abb. 3.

Abb. 1—3. Spannungsbestimmung nach dem Streifenverfahren.

einzelnen nicht berücksichtigt. Daher gibt dieses Verfahren nur qualitativen Aufschluß, zumal über die Verteilung der Biegespannungen nichts bekannt ist. Das gleiche gilt für die Spannungsermittlung aus der Verformung von Stäben rechteckigen Querschnittes, die aus Rundstäben (3, 4, 8) ausgearbeitet werden. Nach einer Abwandlung der Streifenmethode werden von Rohren Ringe, d. h. Streifen in Umfangsrichtung (9), nach Abb. 2 abgestochen und radial geschlitzt. Aus dem Klaffen des Schlitzes oder aus der Durchmesseränderung ergibt sich ein Maß für die ungefähre Größe der Biegemomente in Umfangsrichtung. Die Verteilung über die Dicke kann durch stufenweises Abtragen von Schichten (10) auf chemischem oder mechanischem Wege und aus der hierdurch bewirkten Änderung der Aufbiegung abgeleitet werden.

Werden zwischen den gleichen Breiten an dickwandigen Rohren oder an Rundstäben nach Abb. 3 Ringe abgestochen, so kann man aus der Durchmesseränderung von zuvor auf der Stirnseite aufgezeichneten Kreisen auf radiale und tangentiale Eigenspannungen schließen (10, 11, 12). Längsspannungen müssen allerdings vernachlässigt werden.

Zu einer größeren Genauigkeit als die vorhin gekennzeichneten Verfahren im einzelnen führt die aufeinanderfolgende Anwendung aller auf den gleichen Versuchskörper (8). Diese Verfahren sind besonders angenehm zur Untersuchung dünnwandiger Rohre, bei denen einige der weiter unten angeführten für massive Stäbe und dickwandige Rohre sehr gute Verfahren nicht mehr anwendbar sind.

Auch die Formänderung an Rundstäben, die in Längsrichtung teilweise abgefräst wurden, ist zur Eigenspannungsbestimmung herangezogen worden (13).

Ausbohrverfahren (Zerspannungsverfahren)

Vielfache Anwendung, insbesondere auch zur quantitativen Bestimmung der Eigenspannungen und ihrer Verteilung über den Querschnitt, haben die Verfahren gefunden, die auf einer allmählichen Querschnittsminderung durch Abtragen einzelner Schichten auf chemischem oder mechanischem Wege von außen oder innen her — Ausbohrverfahren — die Eigenspannungen auslösen (14, 15, 16, 17, 18, 19, 20). Diese Verfahren sind mit annehmbarem Aufwand anzuwenden, vor allem bei zylindrischen Körpern mit Kreisquerschnitt unter der Voraussetzung rotationssymmetrischer Spannungsverteilung. Teillösungen infolge der Vernachlässigung einer oder zweier Spannungskomponenten (14, 16, 18) können zu erheblichen Fehlern führen (17). Die Ermittlung des gesamten räumlichen Spannungszustandes hat zuerst *G. Sachs* (17) nach dem Ausbohrverfahren durchgeführt auf der Grundlage folgender Voraussetzungen: 1. Die Form des Probestabes ist symmetrisch zur Längsachse; 2. die Spannungsverteilung bleibt über die Länge des Probestabes gleich und ist symmetrisch zum Querschnittsmittelpunkt; 3. die Entfernung eines Querschnittanteils erzeugt in dem Restquerschnitt eine der damit ausgelösten Kraft entsprechende Längenänderung, die an allen Punkten des Restquerschnittes gleich ist; 4. für die Berechnung wird zugrunde gelegt die Anwendbarkeit — neben den allgemeinen Gleichungen der Elastizitätstheorie — der Gleichungen für Rohre unter innerem und äußerem Druck.

Die jeweils ab- bzw. auszudrehenden Schichten müssen bei großem Spannungsgefälle genügend dünn sein. Immer muß jedoch schließlich die Spannung der Randfaser extrapoliert werden. Da ist es möglich, daß die Nullage verschoben (19) wird. Ferner werden alle Bestimmungen mindestens um den Betrag derjenigen Eigenspannungen gefälscht, die durch die Bearbeitung zur Spannungsauslösung erzeugt werden und eine beträchtliche Höhe über eine nicht zu vernachlässigende Tiefe erreichen können. Bei Untersuchungen an verschiedenen Stählen schwankten diese Spannungen je nach dem Bearbeitungsverfahren zwischen 35 kg/mm² Druck und 13 kg/mm² Zug (19a). Röntgenographisch wurden Bearbeitungs-

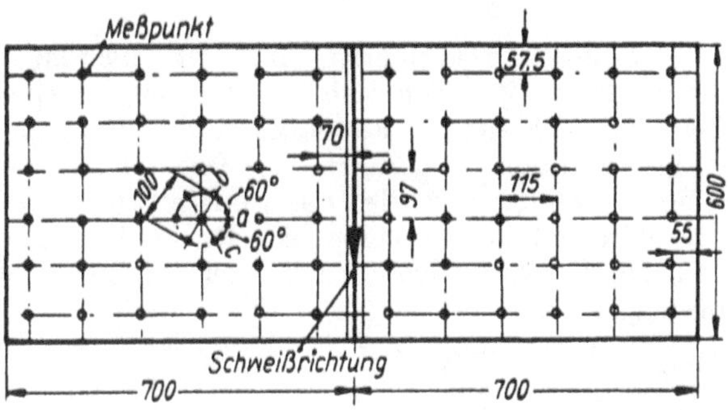

Abb. 4. Spannungsermittlung nach dem Sternverfahren.

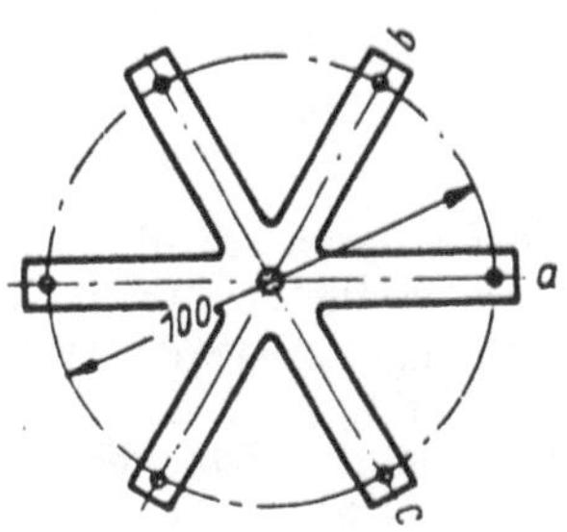

spannungen bis zu 40 kg/mm² Zug gefunden (19b). Solche Bearbeitungsspannungen verursachen auch, wie bekannt, bei den röntgenographischen Spannungsmessungen große Schwierigkeiten bei der Trennung der zu beobachtenden Spannungen von den Sekundärspannungen.

Sternverfahren

Zur Untersuchung der Eigenspannungen bei ebenen Spannungszuständen in plattenförmigen Körpern eignet sich recht gut das Sternverfahren (21). Die örtlich herrschenden Spannungen können genügend genau ermittelt werden, wenn der Gradient über die Länge der Meßstrecke sich nicht zu stark ändert. Nach Abb. 4 werden über den Versuchskörper eine Reihe von Meßstellen verteilt. Radial vom Meßpunkt aus werden unter einem Winkel von 60° zueinander drei Meßstrecken symmetrisch aufgezeichnet und so genau wie möglich ausgemessen. Dann werden in Sternform die Meßstrecken *a*, *b* und *c* mit gemeinsamem Mittelpunkt herausgeschnitten. Aus der Längenänderung dieser Meßstrecken können die Hauptspannungen (σ_I, σ_{II}) dann der Richtung und Größe nach wie folgt ermittelt werden, wenn die Spannungen quer zur Plattenebene gleich Null vorausgesetzt werden:

$$\sigma_{\mathrm{I,\,II}} = \frac{E}{3}\left(\frac{e}{1-\mu} \pm \sqrt{2}\,\frac{d}{1+\mu}\right)$$

$$\operatorname{tg} 2\varphi = \sqrt{3}\,\frac{\delta_b}{\delta_a\,\delta_c}.$$

Hierbei sind: $\sigma_{\mathrm{I}}, \sigma_{\mathrm{II}}$ = Hauptspannungen,
φ = Richtungswinkel von σ_{I} gegen die kurze Achse der Platte,
$\varepsilon_a, \varepsilon_b, \varepsilon_c$ = Rückfederungen in den drei Meßstrecken a, b, c.

Ferner ist

$$e = \varepsilon_a + \varepsilon_b + \varepsilon_c$$

$$\delta_a = \varepsilon_a - \varepsilon_b; \quad \delta_b = \varepsilon_b - \varepsilon_c; \quad \delta_c = \varepsilon_c - \varepsilon_a$$

$$d = \sqrt{\delta_a^2 + \delta_b^2 + \delta_c^2}.$$

Ändern sich über die Plattendicke die Spannungen parallel zur Plattenmittelebene linear, so können die zusätzlichen Spannungen infolge Biegung ebenfalls gefunden werden. Die Messung der Formänderung bei der Spannungsauslösung wird auf beiden Seiten ausgeführt. Die Rechnungen nach den vorhin angeschriebenen Gleichungen werden dann mit mittleren Dehnungen $\varepsilon_m = \frac{1}{2}(\varepsilon_v + \varepsilon_r)$ durchgeführt, wobei ε_v die Rückfederung auf der Vorderseite und ε_r auf der Rückseite bezeichnen. Bei der Blechdicke »h« ist dann die Krümmung nahezu

$$\frac{1}{\varrho} = \frac{\varepsilon_v + \varepsilon_r}{h}.$$

Für die Biegespannung folgt dann

$$\sigma' = {}^1/_2\,(\varepsilon_v \pm \varepsilon_r)\,E.$$

Netzverfahren

Das Netzverfahren (22, 23, 24) ist dadurch gekennzeichnet, daß die Oberfläche des Versuchsstückes mit netzförmig angeordneten Meßlinien oder -punkten versehen wird, deren Abstandsänderung infolge der Verspannung oder bei der Spannungsauslösung durch Aufteilung beobachtet wird. Wird von den Spannungen bei ihrer Erzeugung die Streckgrenze nicht überschritten und bei Temperatureinwirkung nicht verlagert, so kann die Spannungsänderung bei Stücken, die im Anfangszustand spannungsfrei und mit dem Meßnetz versehen sind, ohne Zerstörung ermittelt werden. In allen anderen Fällen muß die Spannung möglichst weitgehend durch Aufteilung in entsprechend kleine Stücke ausgelöst werden. Es genügt, die Formänderung bei dieser Entspannung, die mit dem Abbau der geringsten Spannungen beginnen muß (25), zur qualitativen Spannungsermittlung bei großen Meßlängen unter Umständen mit einer genauen Schieblehre (26) zu messen. Zur genaueren Ausmessung, insbesondere bei kleineren Meßlängen bis herunter zu 20 mm ist jedoch eine mikroskopische (21) Messung, eine Messung mit Hilfe eines Spiegelapparates nach dem Martensprinzip (27) oder am bequemsten vielleicht noch mit einem Setzdehnungsmesser (28, 29) auszuführen.

Die Bedingungen für die Anwendbarkeit sind Körper mit geringen Querabmessungen, Spannungsverteilung über die Dicke gleichbleibend oder linear sich ändernd, Spannungen quer zur Oberfläche vernachlässigbar klein, Spannungsgefälle in bezug auf die Länge der Meßstrecke gleichbleibend oder nur wenig sich ändernd. Steil aus dem Spannungsfeld sich erhebende Spannungsspitzen werden nicht erfaßt.

Eine bisher noch nicht auf ihre Berechtigung nachgeprüfte Voraussetzung ist ferner, daß bei der Aufteilung des Probekörpers keine plastischen Verformungen vorkommen, welche schon bei geringsten Beträgen die Eigenspannungen sehr stark heruntersetzen. Es ist nicht von der Hand zu weisen, daß derartige Spannungsverteilungen vorkommen können.

Bohrverfahren nach *Mathar*

Gegenüber allen bisher erwähnten hat das von *J. Mathar* (30, 31) ausgearbeitete Verfahren der Spannungsermittlung aus den durch eine örtlich beschränkte Störung des Kräftegleichgewichtes bewirkten Verformungen den Vorzug, daß es das zu untersuchende Objekt nicht dem weiteren Gebrauch entzieht und von der Form des Objektes unter gewissen Bedingungen ziemlich unabhängig ist. Zudem kann es auch zur Untersuchung von Spannungszuständen, die von äußeren Kräften herrühren, benutzt werden. Das wesentliche dieses Verfahrens sei an Hand der Ausführungsform der Ermittlung von Eigenspannungen durch Messen von Bohrlochverformungen kurz erläutert.

Die um ein an der Meßstelle ausgeführtes Bohrloch (die Bezeichnung »Bohrloch« ist nicht ganz zutreffend, da in Wirklichkeit zur Vermeidung der beim üblichen Bohrer entstehenden Lochwandverformungen ein Stirnfräser zur Erzeugung eines kreiszylindrischen Loches angewandt wird; mit diesem Stirnfräser ist ein Vorbohrer geringeren Durchmessers zur Schaffung einer Zentrierung verbunden) infolge der Spannungsauslösung erfolgte Verformung wird mit geeigneten Geräten ausgemessen. Man ermittelt während der Bohrung in Abhängigkeit von der Bohrtiefe mit besonders ausgebildeten, auf dem Prinzip des Martens-Spiegelapparates aufgebauten Dehnungsmessern die Änderung des Durchmessers eines konzentrisch zur Bohrung angeordneten Kreises. Ist der Spannungszustand mehrachsig und besteht kein örtlich schnell sich änderndes Spannungsgefälle, so genügte es an drei Bohrungen, deren Wirkungsbereiche bei der Spannungsauslösung sich nicht überschneiden, die Dehnungen in drei verschiedenen Richtungen zur vollständigen Festlegung des Spannungszustandes zu messen. Einfacher ist jedoch nach Abb. 5 die Messung der radialen Verlagerung a, b, c dreier auf einem zur Bohrung konzentrischen Kreise liegender Meßpunkte A, B, C in drei verschiedenen Richtungen während des Bohrens.

Nach *Mathar* (30) dient dazu ein Meßgerät, dessen Festpunkt in radialer Richtung außerhalb des gestörten Bereiches liegt. Dadurch, daß nur die radialen Verformungen zur Spannungsbestimmung herangezogen werden, und die Verformung erst in einigem Abstand vom Lochrande gemessen wird, kommt eine Fälschung durch die dem Fräsen eigene, an sich schon sehr

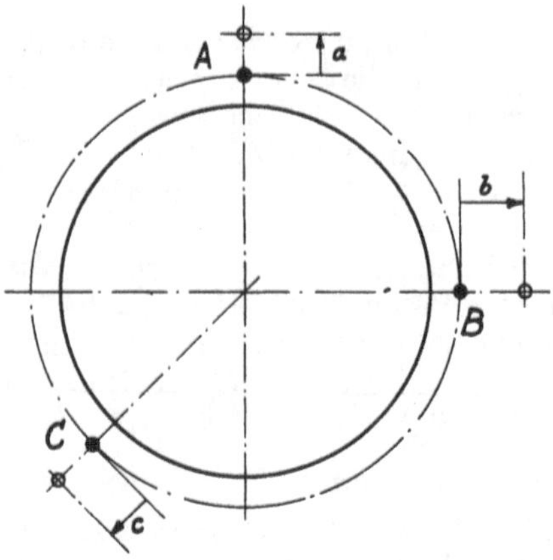

Abb. 5. Bestimmung der Eigenspannung nach *Mathar.*

geringe Randverformung nicht in Frage. Ferner werden hierdurch die Fehler durch ein Fließen am Lochrande infolge der Spannungserhöhung in den das Bohrloch in Richtung Höchstspannungen tangierenden Fasern nicht sehr groß und können meist vernachlässigt werden. Denn nur die entsprechende Querdehnung an dieser Stelle fälscht die Messung. Erstrecken sich z. B. bei Flußstahl die Fließfiguren über einen Bereich gleich dem Bohrdurchmesser, so ist die aus der gesamten radialen Verlagerung des Meßpunktes im Abstande von dem etwa 0,3fachen Halbmesser des Bohrloches vom Lochrande ermittelte Spannung um 12 bis 20% zu hoch.

Der Schluß auf die Fehlergröße aus den Fließbereichen in dem Plattenwerkstoff (30a) ist jedoch nicht mehr zulässig, sobald eine derartige Inhomogenität wie in der Schweißnaht selbst vorliegt, die nicht durch den Gefügeaufbau in und neben der Naht, sondern in noch stärkerem Maße durch den großen Sprung bezüglich der mechanischen Eigenschaften bedingt ist. Liegt doch z. B. bei einem mit umhüllter Elektrode geschweißten Kesselblech I oft in der Naht eine um mehr als 120% höhere Streckgrenze vor als neben der Naht: Löst man in der Naht oder gleich neben der Naht die Spannungen örtlich aus, so kann im Kesselblech Fließen auftreten, ohne daß der Nahtwerkstoff über die Streckgrenze sich zu verformen braucht. Daß die Spannungen in der Schweißnaht die Streckgrenze des Plattenwerkstoffes um ein erhebliches überschreiten müssen, geht aus den später mitgeteilten Versuchen über den Spannungsabbau hervor. Selbst wenn der Plattenwerkstoff durch äußere Kräfte zum Fließen gebracht wird, bleiben in der Naht u. U. noch bedeutende Eigenspannungen erhalten, die verschwunden sein müßten, wenn sie die Streckgrenze des Plattenwerkstoffes nicht um die Restspannungen übertroffen hätten.

Aus dem Wesen des Verfahrens ergibt sich, daß es vor allem geeignet ist für Körper mit geringen Querabmessungen. Jedoch kann auch an dickwandigen Versuchsstücken die örtliche Spannung bestimmt werden, wenn die Spannungen mit der Tiefe sich nicht stark ändern, und die Spannungen in Bohrrichtung sehr gering sind. Überhaupt können nur ebene Spannungszustände zuverlässig erfaßt werden. Auf die Spannungen quer zur Oberfläche kann in einzelnen Fällen qualitativ geschlossen werden. Sind nur Spannungen in einer bekannten Richtung parallel zur Oberfläche vorhanden, so können sie nach einfachen Eichversuchen an Zug- oder Druckstäben bestimmt werden. Ihre Größe wird dann absolut genau ermittelt.

Bei ebenen Spannungszuständen erfolgt die Spannungsbestimmung zweckmäßig nach den Lehren der Elastizitätstheorie für Spannungszustände in gelochten Stäben (32, 33, 34, 35) oder nach Eichversuchen an Zugstäben.

Zweiachsige Spannungszustände mit bekannten Hauptspannungsrichtungen werden durch einfache Überlagerung zweier einachsiger Zustände erhalten. Für den einfachsten Fall geschieht dann z. B. die Errechnung der Spannungen aus der Bohrlochverformung wie folgt:

$$G\xi = \left[\frac{m-1}{m}\cdot\frac{a^2}{r} + \frac{(r^2-a^2)\,a^2}{4\,r^3}\right]\sigma_{\mathrm{I}} - \left[\frac{m-2}{2\,m}\cdot\frac{a^2}{r} + \frac{(r^2-a^2)\,a^2}{4\,r^3}\right]\sigma_{\mathrm{II}}$$

$$G\eta = \left[\frac{m-1}{m}\cdot\frac{a^2}{r} + \frac{(r^2-a^2)\,a^2}{4\,r^3}\right]\sigma_{\mathrm{II}} - \left[\frac{m-2}{2\,m}\cdot\frac{a^2}{r} + \frac{(r^2-a^2)\,a^2}{4\,r^3}\right]\sigma_{\mathrm{I}}.$$

Hierin bedeuten:

G = Schubelastizitätsmodul,
a = Bohrlochhalbmesser,
r = Durchmesser des Kreises der Meßpunkte,
ξ = Verschiebung des Meßpunktes in der X-Richtung,
η = Verschiebung des Meßpunktes in der Y-Richtung,
m = Querzahl,
σ_{I} = Spannung in X-Richtung,
σ_{II} = Spannung in Y-Richtung.

Für Stahl wird unter Annahme von $m = 10/3$, $a = 6$ mm und $r = 8$ mm:

$$\sigma_{\mathrm{I}} = G\,(0{,}3215\,\xi + 0{,}123\,\eta)$$
$$\sigma_{\mathrm{II}} = G\,(0{,}3215\,\eta + 0{,}123\,\xi).$$

Auch für den Fall, daß sich über die Tiefe die Spannungen ändern, kann mit Erfolg das Bohrlochverfahren nach folgenden Ausführungen benutzt werden. Allerdings wird vorausgesetzt, daß in der jeweilig beobachteten Tiefe die ursprünglich herrschende Spannung sich nicht mehr ändert, wenn durch die Bohrung das bis dahin reichende Material entfernt wird, als bei gleichmäßiger Spannungsverteilung über die Dicke. Nach Bohrversuchen an Biegestäben erscheint diese Annahme als berechtigt.

Ist nach Abb. 6 für eine gewisse Probendicke die radiale Verlagerung des Meßpunktes in Abhängigkeit von der Bohrtiefe bei gleichmäßig über die Dicke verteilter Spannungsverteilung $\sigma_1, \sigma_2 \ldots$ bekannt, so kennzeichnet der in verschiedener Tiefe $t_1, t_2 \ldots$ zu der Bohrkurve gehörende Neigungswinkel α, β; α_2, β_2; ... die dort erfolgende Spannungsauslösung. Daher ist auch selbst bei einer die Streckgrenze bei mehrachsigem Spannungszustand erreichenden Spannung das Bohrlochverfahren immer zur Ermittlung der Spannungen zunächst der Oberfläche brauchbar, da die Bohrung nur so wenig tief geführt werden kann, daß ein Teil der Bohrkurve erhalten wird, ohne eine plastische Verformung auszulösen.

Wird z. B. bei Flußstahl durch ein Bohrloch nach Erreichen einer gewissen Bohrtiefe die örtliche Spannungsüberhöhung so groß, daß die

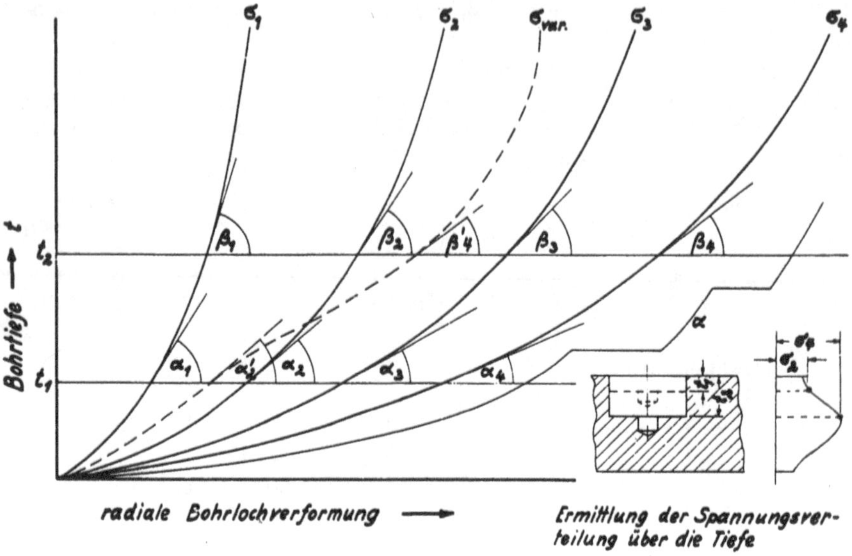

Abb. 6. Bohrverformungen in Abhängigkeit von der Bohrtiefe für verschiedene Spannungen.

sog. Stützwirkung der weniger belasteten Nachbarschaft oder das Spannungsgefälle nach der Kontinuitätsbedingung für die Verschiebung (36, 37, 38, 39) nicht mehr ausreicht, um die Spannungserhöhung aufrechtzuerhalten, so brechen die Spannungsspitzen ein und wandern zu den nächstgelegenen, weniger angestrengten Fasern ab, wobei zugleich Fließen eintritt. Dieser Vorgang kann auf der Bohrkurve leicht beobachtet werden, vgl. Kurve *a*, Abb. 6, so daß diese Stellen nicht zur Spannungsermittelung herangezogen werden. Für diese Fälle ist nicht experimentell geklärt, ob trotz der überelastischen Verformung die Spannungen nicht doch unter den aus der Verformung errechneten bleiben. Röntgenographische Messungen werden hier Aufschluß geben können.

Man sieht also, daß sich das Bohrlochverfahren differentiell auswerten läßt und eine hohe Genauigkeit erreicht wird.

Der Anwendungsbereich des *Mathar*-Verfahrens kann mit der Vervollkommnung der Auswertverfahren noch erheblich erweitert werden, wie z. B. auf die Erfassung der Spannungszustände an der Oberfläche beliebig geformter Bauteile, insbesondere aber auch an sehr dünnwandigen Konstruktionselementen. Am meisten Erfolg verspricht noch hierbei die stereophotogrammetrische Verschiebungsmessung, die schon verschiedentlich mit Erfolg (40) angewandt worden ist. Die Deutsche Versuchsanstalt für Luftfahrt hat ein Verfahren ausgearbeitet, welches die bei der Aufnahme möglichen Fehler sehr herabsetzt, die durch Unterschiede im Objektivabstand vom Objekt, infolge nicht achsenrechter Einstellung der Kamera, durch Neigung der Platte gegenüber Kameraachse usw. erzeugt werden. Das Prinzip der Kamera ist folgendes: Der Objektivträger besitzt zwei Objektive, eines mit einer Vergrößerung von etwa 20fach für die auszuwertenden Aufnahmen und ein Mikroskop mit etwa 500facher Vergrößerung, die einzeln die auszumessende Stelle abbilden. Mit dem Mikroskop, das sich auf einem Kreuztisch befindet, kann die genaue Entfernung der Kamera vom Objekt an Hand der Bildschärfe eingestellt werden. Durch Abtasten der mit einer Aufnahme jeweils auszumessenden Fläche kann die senkrechte Einstellung kontrolliert werden. Durch eine sehr sorgfältige Lagerung der Platte in der Kassette und durch sorgfältige Passung der Kassette auf den Kameraboden werden Verlagerungen bei verschiedenen aufeinanderfolgenden Aufnahmen über die zulässigen Grenzen hinaus vermieden. Wenn die Versuche zeigen sollten, daß die Genauigkeit (angestrebt wird, die Spannungen bis auf 0,5 bis 1,0 kg/mm² genau zu bestimmen, wie es bei dickeren Platten nach dem Mathar-Verfahren bis jetzt bei 6 bis 8 mm Meßlänge möglich ist) bei 20facher Vergrößerung genügt, kann man mit dem Bohrlochdurchmesser auf 1 bis 0,6 mm heruntergehen. Eine derartige Genauigkeit wird ohne besondere Hilfsmittel auch dann erreicht, wenn das Objekt während der Spannungsauslösung gegenüber dem Objektiv nicht bewegt wird. Das Bohrverfahren kann dann unter dieser Bedingung angewandt werden, wenn an der auszumessenden Stelle das kleine Loch z. B. mit einem Winkelbohrer gebohrt wird, wie von *Dirksen* (Aerodynamisches Institut, Technische Hochschule Aachen) vorgeschlagen wurde.

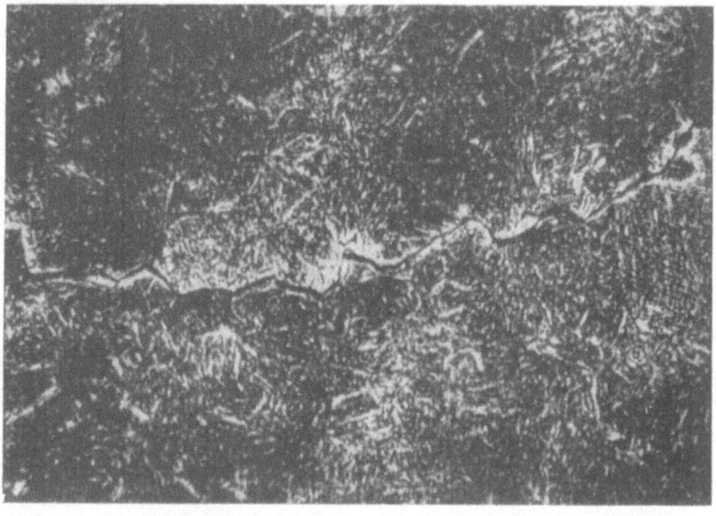

Abb. 7. Härteriß infolge überhitzter Härtung nach *E. Houdremont.*

Untersuchungsergebnisse.

Aus der Praxis der Werkstoffbehandlung und der Fertigung liegen eine Unzahl von Erfahrungen vor über die bis zur Zerstörung des Werkstoffes an sich als auch fertiger Bauteile führenden Eigenspannungen, allein und im Zusammenwirken mit oft sehr geringen äußeren Kräften und chemischen Einwirkungen.

Außerordentliche Beachtung erfordern die Abschreckspannungen bei der Wärmebehandlung der Werkstoffe, insbesondere der Vergütungsstähle zur Vermeidung von Härterissen, wie sie Abb. 7 (41) an einem überhitzt gehärteten Stahl zeigt. Über Abschreckspannungen (27, 43 bis 55) und Gußspannungen (42) liegt eine große Anzahl von Versuchen vor, die alle bisher erkannten Einflüsse behandeln, als da sind:

Abkühlungsgeschwindigkeit, Legierungszusammensetzung, Umwandlungen und Wärmeleitfähigkeit. Den meisten Aufschluß brachten hier Ausbohrversuche nach dem Verfahren von *Sachs*, sowohl an massiven Rundstäben als auch an Hohlzylindern (18, 20, 56, 57). Bei aushärtbaren Legierungen sind die Abschreckspannungen von merklichem Einfluß auf die Festigkeitswerte, die demgemäß über die Querschnitte verschieden werden (38). Die Härterisse sind häufig mikroskopisch klein und schwer zu finden. Aus geringen Anrissen und örtlich hohen Eigenspannungen sind zahlreiche Brüche an vielen Flugzeugteilen entstanden. Ein Beispiel zeigt Abb. 8 von Kolbenbolzen eines Flugmotors. Härterisse, die durch ma-

Abb. 8. Ermüdungsbrüche an Kolbenbolzen, eingeleitet durch Härterisse.

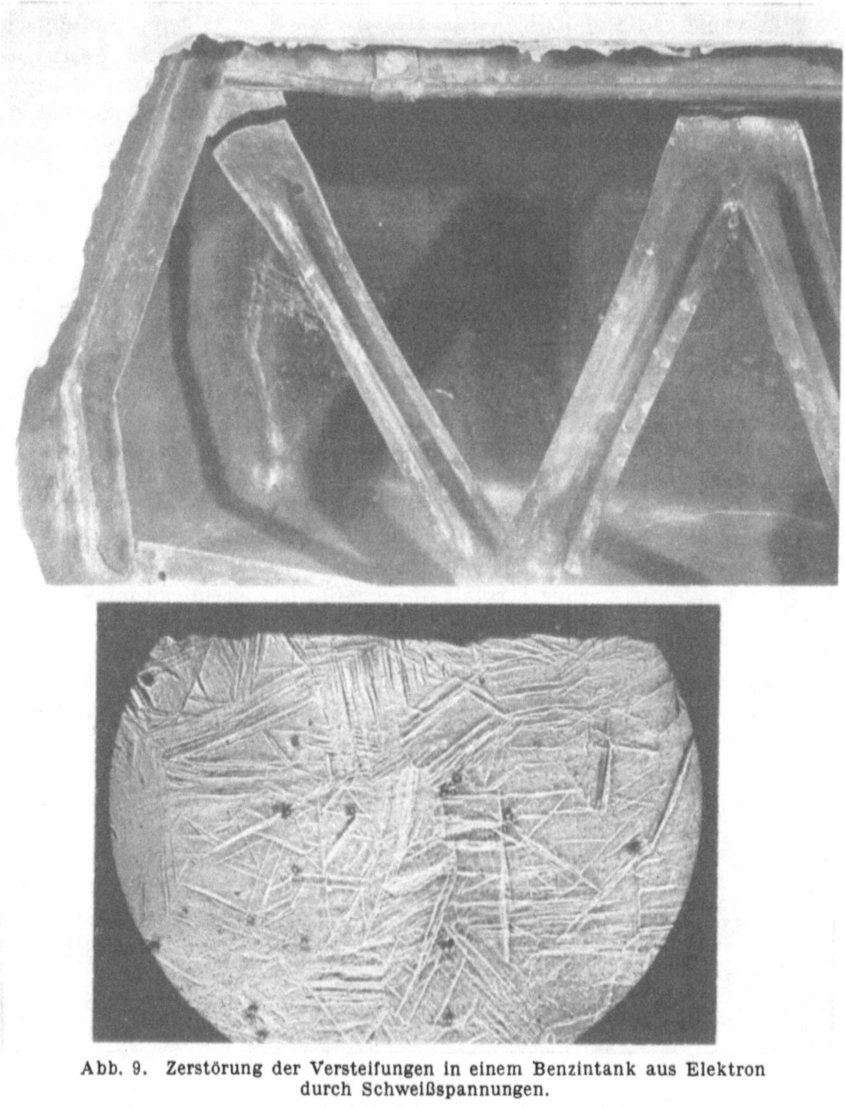

Abb. 9. Zerstörung der Versteifungen in einem Benzintank aus Elektron durch Schweißspannungen.

gnetische Prüfverfahren (Ferroskop, Magnaflux, Ferroflux) an Bruchstücken (mittleres Bild in Abb. 8) deutlich gemacht sind, führten zu Ermüdungsbrüchen, die von der Innenseite aus gehen, sich bald durch die ganze Wand hindurch fortpflanzen (links) und schließlich zur vollständigen Zerstörung (rechts) führen. Recht hoch können ferner die Gußspannungen werden, die nach dem Mathar-Verfahren aufschlußreich untersucht worden sind (42).

Zur Genüge bekannt sind die vielen Schweißrisse an Konstruktionen aus dünnwandigen Stahlteilen, die — abgesehen von anderen metallurgischen und konstruktiven Gründen — wesentlich von Schweißspannungen mitverursacht sind. Welche Verformungen die Schweißspannungen während der Abkühlung in dem Temperaturgebiete unterhalb 400° C noch bewirken, zeigen die in Abb. 9 dargestellten Zerstörungen an einem Brennstofftank aus Elektron. Die Versteifungen sind durch die Schweißspannungen vollständig durchgerissen. Aus dem Gefügebild geht hervor, daß erhebliche plastische Verformungen den Rissen vorausgegangen sind. Daß die Schweißrisse selbst an sonst recht dehnungsfähigen Werkstoffen auftreten, ist in dem durch die Schweißung hervorgerufenen räumlichen Spannungszustand begründet, der eine plastische Formänderung stark behindert.

Gerade in den letzten Jahren sind die Schweißspannungen nach dem Netzverfahren (58 bis 62a), Ausbohrverfahren (63), Bohrlochverfahren (64), Sternverfahren (65) und Streifenverfahren (66) in ausgedehntem Maße untersucht worden. Selten sind jedoch auf irgendeinem Gebiete derartig verschiedenartige Ergebnisse erzielt worden wie bei den Spannungsmessungen an Schweißverbindungen. Man ist noch weit davon entfernt, die Auswirkung der vielen, selten gleichgehaltenen Einflußgrößen im einzelnen geklärt zu haben, viel weniger noch sie zu beherrschen. Daher stehen scheinbar einige mit großer Sorgfalt durchgeführte Messungen miteinander in Widerspruch. Die Arbeiten haben aber immerhin manchen wertvollen Aufschluß über die Höhe und die Verteilung der Schweißspannungen in Abhängigkeit von den vielen Einflußgrößen gebracht. Für gerade Nähte zwischen ebenen Platten ergab sich, daß die Hauptspannungsrichtungen in der Naht nach Abb. 10 parallel und senkrecht zur Naht verlaufen, wie aus

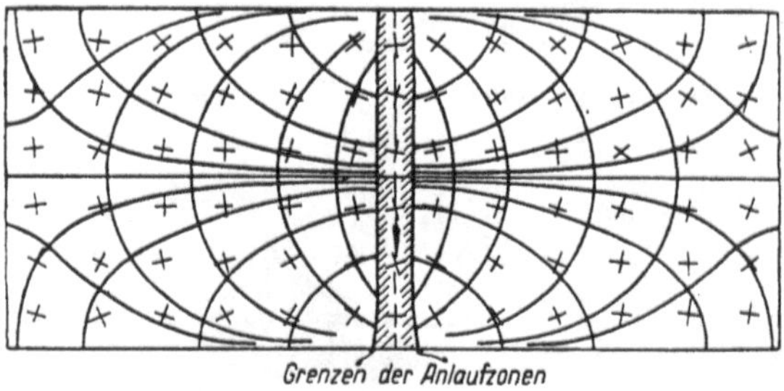

Abb. 10. Hauptspannungslinien bei einer elektrisch geschweißten Platte.

Symmetriegründen zu erwarten ist. [An längeren Nähten zeigte sich, daß in den Nahtmitten die Fließbedingungen erreicht werden bei oft starker Streckengrenzenerhöhung bis zu 80 und 100% und erheblichen Streckgrenzenerniedrigungen an den Nahtenden, wie Abb. 11 für gasgeschweißte Nähte zeigt. Ferner zeigte sich eine deutliche Abhängigkeit der Spannungen von Plattendicke, wie sie z. B. Abb. 12 für elektrisch geschweißte Nähte wiedergibt. Die Spannungsverteilung zeigt schematisch Abb. 13 für einen Längs- und Querschnitt durch die Nahtmitte. Aus diesen Unter-

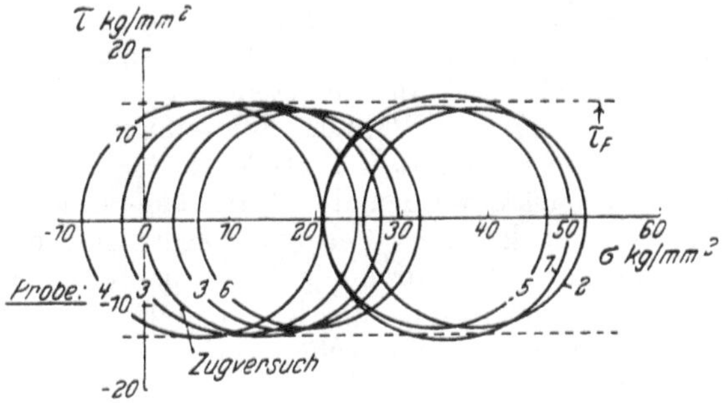

Abb. 11. Eigenspannungszustände in autogen geschweißten Nähten in Mohrscher Darstellung.

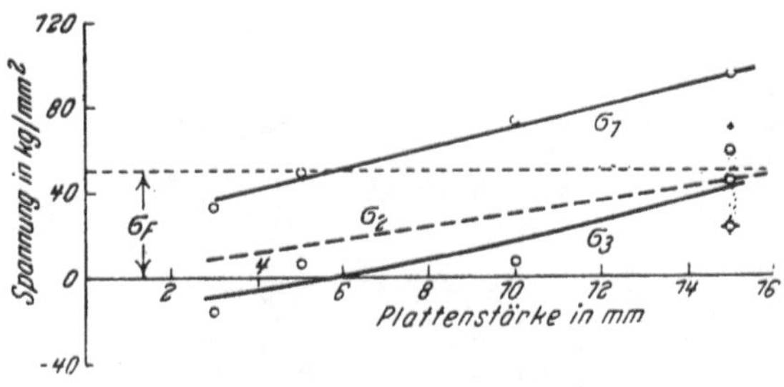

Abb. 12. Eigenspannungen in der Mitte elektrisch hergestellter Schweißnähte bei verschiedenen Plattenstärken.

suchungen ergab sich, daß die Schweißspannungen im wesentlichen von der Streckgrenze des Platten- und Zusatzwerkstoffes abhängen, und zwar werden sie von dem Werkstoff mit der höheren Streckgrenze bestimmt. Sie wachsen bis zum Grenzzustand für die Fließbedingungen mit der ohne Unterbrechung hergestellten Nahtlänge, dem bei der Schweißung ent-

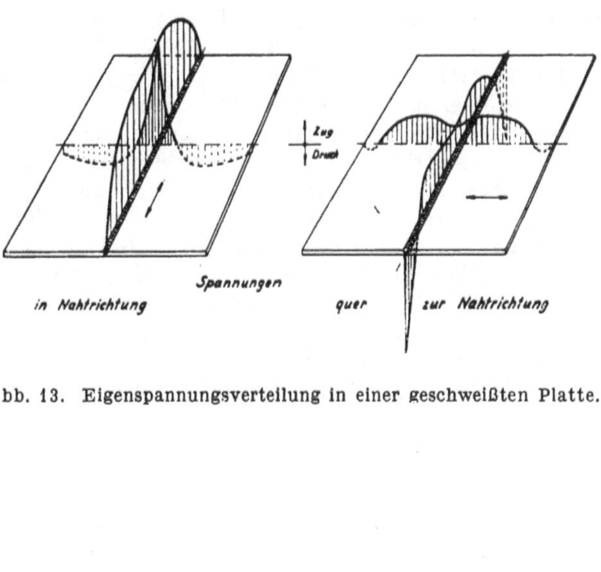

Abb. 13. Eigenspannungsverteilung in einer geschweißten Platte.

stehenden Wärmegefälle und der Plattendicke. Danach können sie also gering gehalten werden durch die Abstimmung der mechanischen und physikalischen Eigenschaften von Zusatz- und Plattenwerkstoff durch Unterteilung der Naht in Abschnitte (39) und Wahl des Schweißverfahrens, natürlich unter Berücksichtigung der geforderten Festigkeiten.

Höher als an freibeweglichen Teilen werden die Schweißspannungen in einem konstruktiven Verband. Im letzteren Falle überlagern sich den Nahtspannungen die Spannungen von der durch die Eigenspannung behinderten Schrumpfung. Besonders hoch wird die Bruchgefahr mit abnehmender Wandstärke, da die Dehnung bei gehobenen Temperaturen mit der Wandstärke bedeutend abnimmt.

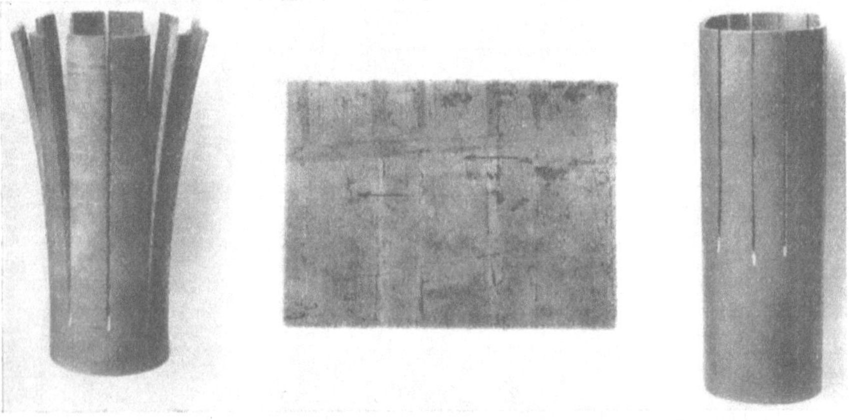

Abb. 14. Spannungskorrosion an Profilrohren aus Elektron AZM.

Die Frage der Schweißempfindlichkeit dünnwandiger Stähle (67) kann ohne die Berücksichtigung der Schweißspannungsfrage niemals erschöpfend behandelt werden, da ohne die Kenntnis der Entwicklung der Schweißspannungen und ihrer Einflußgrößen eine schweißgerechte Konstruktion nicht ausgebildet werden kann. Diese Fragen sind brennend im Flugzeugbau und die heute vielerorts auftretenden Schwierigkeiten verlangen eine umfassende Untersuchung nicht nur auf rein technologischem Wege, da hieraus eine Erklärung nicht erwachsen kann, sondern auch festigkeitstheoretische und metallurgische Untersuchungen.

Recht umfangreich sind die Untersuchungen über die Eigenspannungen infolge mechanischer Verformungen wegen ihrer großen Bedeutung für fast sämtliche Eigenschaften der Werkstoffe. Alle Formgebungsarbeiten — außer Gießen — verlangen plastische Verformungen sowohl bei gehobener als auch bei Raumtemperatur durch Pressen, Ziehen, Richten, Recken, Walzen u. a. m. Da diese Verformungen nicht in gleichem Maße über den ganzen Körper erfolgen, bleiben hohe Eigenspannungen zurück, die oft bis an die Festigkeit heranreichen, sowohl infolge des Mechanismus der Verformung von Kristallit zu Kristallit sehr verschieden und mikroskopisch sind, aber auch ebenso hoch makroskopisch über dem Körper verteilt sind.

Die bekanntesten Folgen dieser Art von Spannungen sind plötzliche Brüche bei der Lagerung, bei chemischen Angriffen — Spannungskorrosion

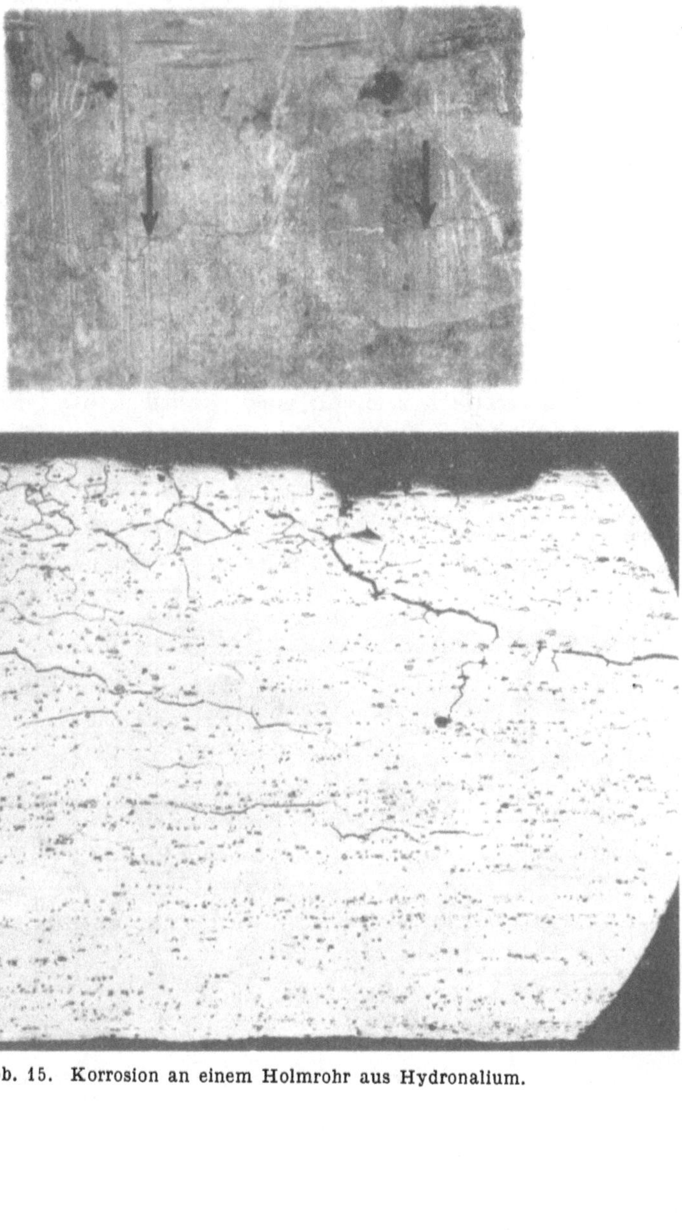

Abb. 15. Korrosion an einem Holmrohr aus Hydronalium.

— (Seasoncracking) usw. (68, 69, 14, 15, 70, 71). Wenn eine Wärmebehandlung möglich ist, können diese Spannungen durch Glühen ganz oder bis auf sehr geringe Werte beseitigt werden. Besonders gefährlich sind sie bei gewissen Messingsorten und Bronzen, Eisenlegierungen, Nickel, Aluminium- und Magnesiumlegierungen (72 bis 75). Manche Legierungen sind so empfindlich gegen Spannungskorrosion, daß sie bei sonst guten Eigenschaften für den Flugzeugbau nicht herangezogen werden können. Abb. 14 zeigt ein Profilrohr aus einer Mg-Legierung, das nach dem Streifenverfahren sehr hohe Eigenspannungen bis über die Elastizitätsgrenze infolge des Ziehprozesses aufweist, die ein frühzeitiges Versagen durch Spannungskorrosion herbeiführten. Durch Glühen konnten derartige Rohre, wie Abb. 14 rechts zeigt, von den Eigenspannungen befreit werden. Für eine Al-Legierung bringt Abb. 15 ein Beispiel, wo ein Holmrohr durch Spannungskorrosion zerstört wurde.

Auch bei rein statischen und dynamischen Belastungen sind Eigenspannungen sehr nachteilig. Sie erklären z. B. das Knicken gezogener Stahlrohre bei viel geringeren Lasten, als nach der an einfachen Probestäben ermittelten Festigkeit zu erwarten ist. Die Spannungen in den Randzonen kaltgezogener Rohre sind besonders hoch.

Bei ungeeigneter Kalibrierung, durch Walzen bei zu tiefen Temperaturen und sehr ungleichmäßige Abkühlung werden ebenfalls in Walzprofilen in Ausnahmefällen Eigenspannungen fast bis an die Fließgrenze erzeugt, wie das Bohrverfahren z. B. für einen Breitflanschträger (30), Abb. 16,

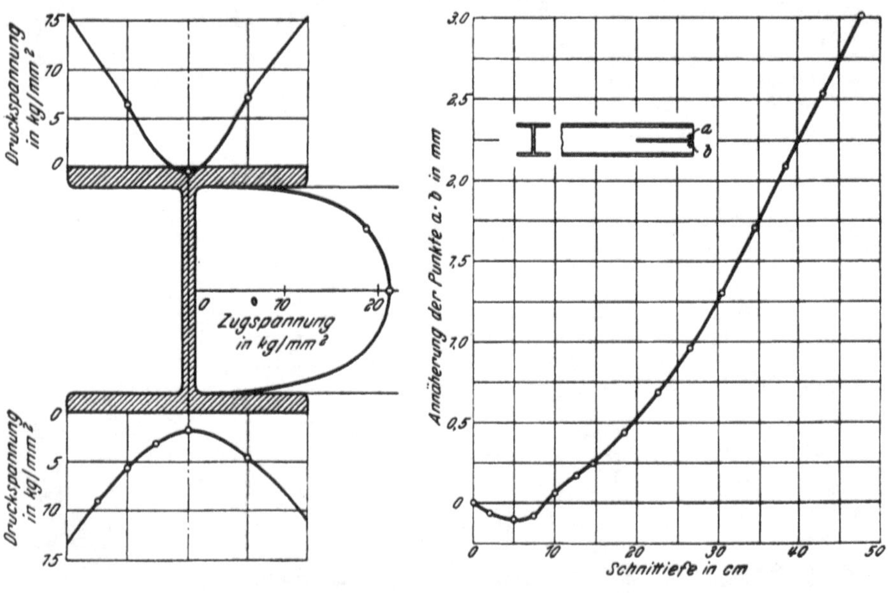

Abb. 16. Eigenspannungen in einem Breitflanschträger NP 20 nach *Mathar*.

ergeben hat. Dadurch, daß an dem untersuchten Träger durch einen Sägeschnitt die von den Spannungen um die Längsachse wirkenden Momente sich auswirken konnten, wurde an der mit der Schnittlänge zunehmenden Verbiegung der Trägerhälften die hohe mit dem Bohrverfahren erreichbare Genauigkeit nachgewiesen. Ein einzelner Richtdruck an einem **[-Profil** erzeugte Stegspannungen bis zu 14 kg/mm² nach Abb. 17. Bei röntgenographischen Prüfungen (75a) an Stützen, zusammengeschweißt aus Nasenprofilen und Stegen aus Stahl, zeigte sich, daß zwar die Eigenspannungen vornehmlich auf die äußeren Zonen beschränkt blieben, aber auch eine beachtliche Höhe (bis zu —53 und —31 kg/mm², Summe der Hauptspannungen, Druck) aufwiesen und als Walz- bzw. Richtspannungen gedeutet wurden. Es ist hierbei bemerkenswert, daß vom Schweißen fast überhaupt keine Spannungen mehr herrühren.

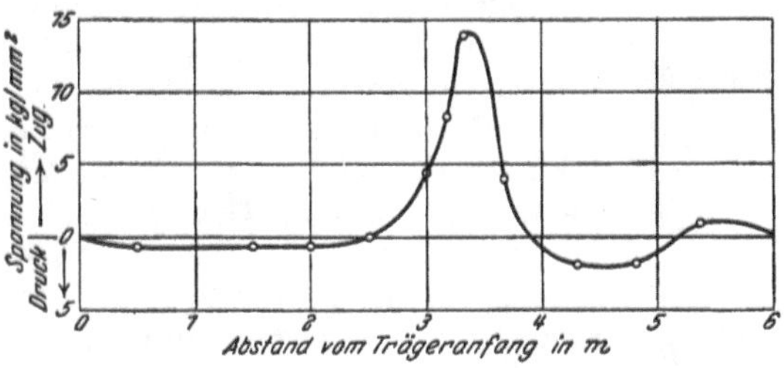

Abb. 17. **Eigenspannungen** in der Stegmitte **eines** U-Trägers nach ***Mathar***.

An Luftschrauben aus Al-Legierungen wurde eine Erhöhung der Festigkeit an der Einspannstelle der Wurzel durch Oberflächendrücken erzielt. Die Untersuchung des beim Oberflächendrücken entstehenden Eigenspannungszustandes ergab nach dem Ausbohrverfahren (76) die Spannungsverteilung nach Abb. 18. Hiernach erklärt sich die Verbesserung der Dauerwechselfestigkeit durch die hohe Druckvorspannung in den äußeren Fasern.

Über die Bedeutung der Eigenspannungen bei Belastungen durch äußere Kräfte und über den Spannungsabbau

Die Wirkung der Eigenspannungen auf die Festigkeit gegenüber Spannungen durch äußere Kräfte, die wir der Einfachheit halber Zusatzspannungen nennen wollen, hängt, abgesehen von ihrer Größe, ganz davon ab, auf welche Weise die Eigenspannungen entstanden sind. Ist bei der Entstehung der Eigenspannungen keine Veränderung der elastischen Eigenschaften (Elastizitäts-, Proportionalitätsgrenzen usw.) und vor allem keine örtlich beschränkte Verfestigung verursacht worden, sind sie einfach den Zusatzspannungen zu überlagern. Dies kann z. B. der Fall sein bei Eigenspannungen infolge ungleichmäßiger Abkühlungsgeschwindigkeit über den Querschnitt oder infolge von Umwandlungen und Zerfallsvorgängen, die

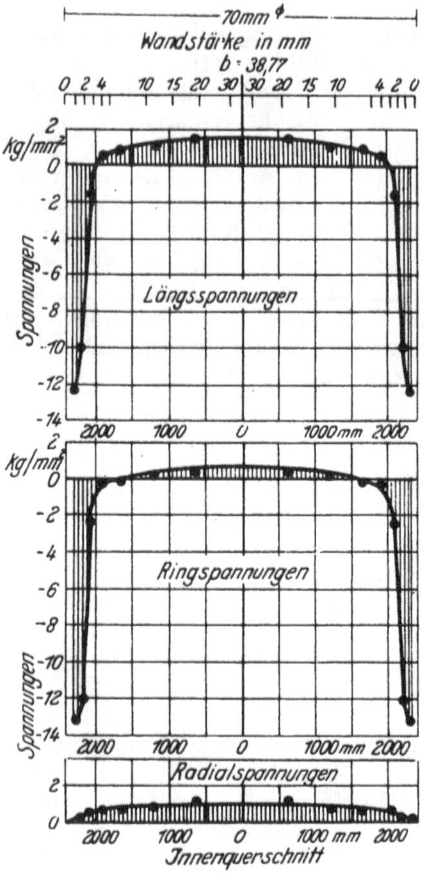

Abb. 18. Eigenspannungen in einem gedrückten Elektronstab nach *G. Sachs*.

an verschiedenen Stellen zeitlich nacheinander erfolgen. Hierbei wird vorausgesetzt, daß sich die Festigkeitsbetrachtungen auf einen Endzustand bei einer Temperatur beschränken, welche die mechanischen Eigenschaften noch nicht merklich verändert hat.

Weit wichtiger sind die durch ungleichmäßige Verformung hervorgerufenen und mit Verfestigung verbundenen Eigenspannungen. Hierdurch geht die Isotropie und Homogenität des Werkstoffes verloren. Bei der außerordentlichen Mannigfaltigkeit der Eigenspannungsarten und ihres Zustandekommens läßt sich ihr Einfluß auf die weitere Belastbarkeit nicht allgemein behandeln. Aus diesem Grunde wollen wir uns auf einige charakteristische Fälle bei statischen und dynamischen Zusatzspannungen beschränken.

Als Beispiel für hauptsächlich einachsige Eigenspannungen, die durch Kaltverformung verursacht sind, betrachten wir die Verhältnisse bei einem zylindrischen Balken mit Rechteckquerschnitt, der ursprünglich gekrümmt war und dann durch ein Biegemoment, in der Ebene der Längsachse und Hochachse um die Querachse drehend, gerade gerichtet worden ist. Dieser Balken werde dann durch ein in gleicher Weise wirkendes Biegemoment beansprucht. Welche Eigenspannungen durch das Kaltrichten entstehen, geht aus Abb. 19 hervor, wobei angenommen ist, daß die Festigkeitseigenschaften bei Zug und Druck gleich sind. Die Richtkraft R erzeuge eine größte Biegespannung $\pm\, \sigma_{\max}$, die etwas die Spannung an der Proportionalitätsgrenze $\sigma_{\pm P}$ und Streckgrenze überschreitet. Ferner ist vorausgesetzt, daß die Verformung V_R linear mit dem Abstand von der neutralen Achse wächst. Dann entsteht die Biegespannungsverteilung σ_R. In den äußeren Fasern werden bleibende Verformung und Verfestigung hervorgerufen. Wird die Richtkraft soweit vermindert, daß die vorher gerade bis zur Elastizitätsgrenze angestrengte Faser wieder vollständig entlastet wird, dann sind alle Fasern zwischen neutraler Achse und dieser

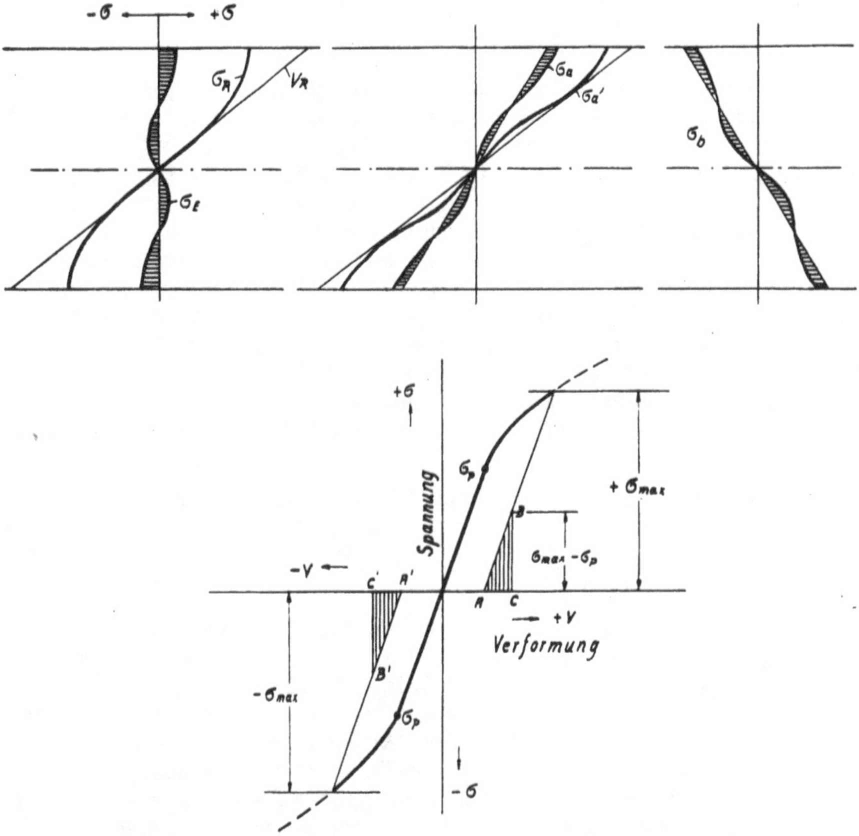

Abb. 19. Eigenspannungen an einem nachgerichteten Balken.

Faser spannungsfrei. Alle übrigen Fasern stehen noch unter Spannung entsprechend der von den Flächen $A\,B\,C$ ($A^1\,B^1\,C^1$) im Spannungsverformungsdiagramm beschriebenen Energie. Beim Verschwinden der Richtkräfte entsteht infolgedessen der mit σ_E angedeutete Eigenspannungszustand. Wird anschließend durch äußere Biegemomente belastet, die gleichsinnig dem Richtmomente drehen, so entwickelt sich ein Spannungszustand entsprechend den mit σ_a' bzw. σ_a bezeichneten Kurven, je nach dem die durch die frühere Verformung gehobene Elastizitätsgrenze überschritten wird oder nicht. Wirkt ein gegensinnig drehendes Moment, so entsteht ein Eigenspannungszustand entsprechend der Kurve σ_b. Hieraus folgt, daß nach anfänglichen Eigenspannungen infolge ungleichmäßiger Kaltverformung eine lineare Spannungsverteilung nicht mehr möglich ist. Durch die Eigenspannungen wird also das elastische Verhalten beeinträchtigt bei gegensinniger Beanspruchung und die Knickfestigkeit wird herabgesetzt.

Dazu kommt die in gleicher Weise wirkende Herabsetzung der Elastizitätsgrenze durch den Bauschinger-Effekt (77, 78, 79).

Es würde zu weit führen, weitere derartige Beispiele für andere einachsige Eigenspannungszustände hier zu bringen. Erwähnt seien lediglich noch die in gleicher Weise wirkenden Eigenspannungen bei kalt gezogenen Rohren und massiven Stäben. Auch hier entstehen, wie wir an dem Elektronprofilrohr in Abb. 14 gesehen haben, über die Wandstärke ungleichmäßig verteilte Eigenspannungen, die besonders — je nach dem Ziehverfahren — an der Außen- oder Innenseite wegen der Verfestigung sehr hoch sein können. Sie vermindern die Knickkräfte ganz erheblich, so daß die Vorteile der Kaltverfestigung oft gar nicht ausgenutzt werden können, vor allem im von Kármánschen Knickbereich. Das gleiche gilt für Abschreckspannungen. Bei einigen kaltgezogenen Stahlrohren zeigten Versuche der Deutschen Versuchsanstalt für Luftfahrt, daß auch bei Zug die Streckgrenze kaum erhöht wird, trotzdem die Bruchfestigkeit wesentlich gesteigert worden war.

Allgemein kann man sagen, daß Eigenspannungszustände, die durch Vorbeanspruchungen mit sehr geringen bleibenden Verformungen erzeugt werden, von geringer Bedeutung für die Festigkeit eines Bauteiles bei statischer Beanspruchung sind.

Sind aber die bei einer Kaltverformung hervorgerufenen Verfestigungen erheblich und ist außerdem das Spannungsgefälle groß, so tritt eine erheblich Formänderungsbehinderung (80 bis 85, 36), d. h. Versprödung ein, durch die das Arbeitsvermögen stark herabgesetzt wird. Wichtig ist dies für Bauteile, denen eine große Arbeitsaufnahme zugemutet wird. Das Verhalten bei zusätzlicher Beanspruchung ist verschieden, je nachdem den Eigenspannungen ein ein- oder mehrachsiger Spannungszustand überlagert wird, da im letzteren Falle die Formänderungsbehinderung u. U. noch weiter getrieben wird, wenn die Zusatzspannungen alle den Eigenspannungen gleich gerichtet sind.

Über das Verhalten der Eigenspannungen bei zusätzlicher Beanspruchung liegen aus den letzten Jahren einige quantitative Untersuchungen an geschweißten Teilen (29, 37 bis 39) vor. Abb. 20 bringt ein Beispiel von einer 1800 mm langen Schweißnaht, die in Nahtrichtung durch Zug belastet wurde. Die Deformationsmessungen während der Be- und Entlastung ergaben, daß die geringsten Zusatzspannungen schon bleibende Formänderungen hervorrufen. Nach den Eigenspannungszuständen, wie sie durch Abb. 11 dargestellt werden, ist dies natürlich klar, da bei Erhöhung der Hauptspannung in Nahtrichtung die Fließbedingung sofort überschritten wird. Da nur ganz kleine Formänderungen den Eigenspannungen entsprechen, tritt sofort ein Spannungsabbau ein, der um so leichter und vollständiger erfolgt, je kleiner das Spannungsgefälle und die Eigenspannung an sich sind, und je besser die mechanischen Eigenschaften des Naht- und Grundwerkstoffes einander angeglichen sind. Bei drei verschiedenen Schweißarten am gleichen Plattenwerkstoff ergaben sich

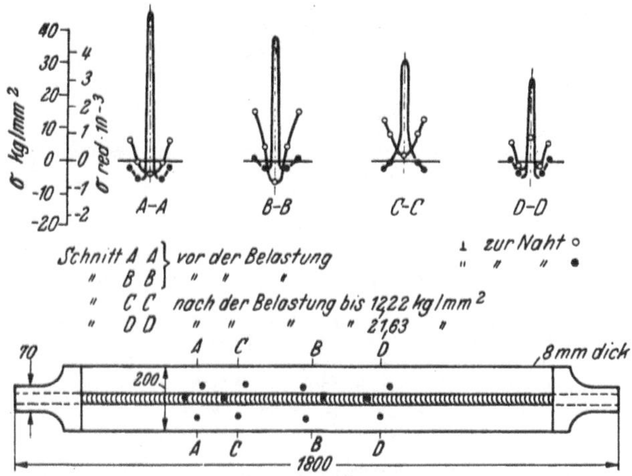

Abb. 20. Eigenspannungen und Spannungsabbau an einem mit umhüllter Elektrode geschweißten Zugstab. Belastung in Nahtrichtung.

Dehnungsbeträge und Spannungsabbau nach Zahlentafel 1 bei gleichen Zusatzspannungen.

Während in diesen Beispielen einem räumlichen Eigenspannungszustand eine einachsige Zusatzspannung überlagert wurde, schien es von Bedeutung zu sein, wie sich mehrachsige Zusatzspannungen auswirken. Um den Fall der Überlagerung eines zweiachsigen Spannungszustandes zu verwirklichen, wurde ein geschweißter Kessel[2]) von praktischen Ausmaßen gewählt nach Abb. 21. Die Ergebnisse aus der jüngsten Zeit sind sehr aufschlußreich und sollen hier kurz in den Hauptzügen mitgeteilt werden.

Der Gang der Untersuchungen war so, daß zuerst die Schweißspannungen nach dem Schweißen ohne jede Nachbehandlung bestimmt wurden. Dann wurde durch Innendruck der Kessel stufenweise bis nahe an die Fließgrenze des Plattenwerkstoffes belastet unter sorgfältiger Beobachtung der in den Nähten auftretenden Verformungen. Nach jeder Belastungs-

---

[2]) Durch das Entgegenkommen der Industriegas A.-G. Zweigstelle Wagiro, Köln, der Mannesmann-Röhrenwerke, Düsseldorf, und des Aerodynamischen Institutes der Technischen Hochschule Aachen, wurden diese Versuche ermöglicht. Den Herren Prof. Dr.-Ing. Dr. *K. Wieselsberger*, Dir. Dr.-Ing. E. h. *F. Rosdeck*, Prof. Dr.-Ing. E. h. *Eilender*, Dir. Dr.-Ing. *Schneider*, Dr.-Ing. *H. Mies* und Obering. *Jamm* sei für die wohlwollende Unterstützung hier der herzlichste Dank ausgesprochen. Die Messungen wurden im Aerodynamischen Institut Aachen von Herrn Dipl.-Ing. *H. Drosio* durchgeführt, dem der Verfasser zu großem Dank verpflichtet ist

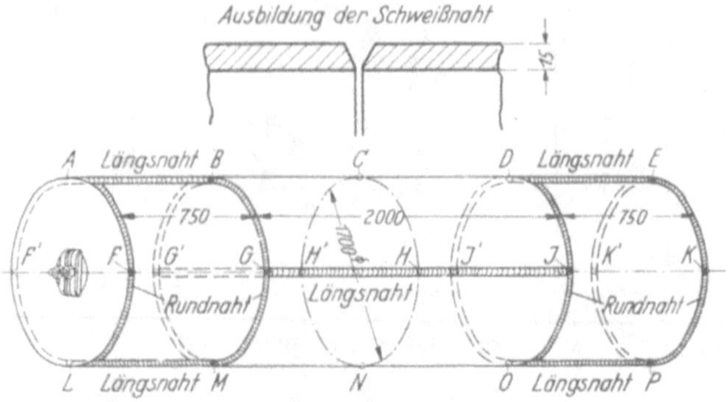

Abb. 21. Elektrisch geschweißte Versuchstrommel.

Abb. 22. Versuchsanordnung zur Bestimmung der Eigenspannung.

Zahlentafel 1

Spannungsabbau in Schweißnähten bei zusätzlichen Belastungen in Nahtrichtung

	Gas-schmelz-schweißung	Elektrische Schweißung auf umhüllter Elektrode	nackter Elektrode
Zusatzspannung kg/mm²	21,65	21,65	21,65
Bleibende Verformung %	0,075	0,0175	— 0,025
Abbau der Höchstspannung um % .	78	63	33
Restliche Eigenspannung in kg/mm² .	5,00	9,35	23,00

stufe wurden die Eigenspannungen gemessen. Die Änderung der Eigenspannungen in Verbindung mit den Verformungen läßt schon einen Schluß auf die Bedeutung der Schweißspannungen für die Festigkeit zu.

Die Eigenspannungen wurden nach dem *Mathar*-Verfahren aus der Verformung in der Nachbarschaft eines Bohrloches ermittelt. Den Versuchsaufbau zeigt Abb. 22. Man sieht die Lagerung des Kessels, ferner in Abb. 23 die besonders ausgebildete Bohrmaschine mit den in und quer zur Nahtrichtung angesetzten Matharschen Dehnungsmessern zur Beob-

Abb. 23. Anordnung der Bohr- und Meßvorrichtung zur Bestimmung der Eigenspannung.

Abb. 24. Versuchsanordnung zur Bestimmung der Zusatzspannung.

achtung der radialen Verlagerung der Meßpunkte in Abhängigkeit von der Bohrtiefe. Abb. 24 bringt die Anordnung der zahlreichen Huggenberger Dehnungsmesser zur Untersuchung der Verformungen während der Be- und Entlastung in den drei Belastungsstufen. Die Dehnungsmesser wurden mit Magneten befestigt. Überhaupt wurde peinlichst darauf geachtet, daß jegliche unbeabsichtigte Störung des ursprünglichen Eigenspannungsbildes vermieden wurde. Außerdem wurde in Nahtnähe in Abständen von fünf zu fünf Zentimentern und in weiterer Entfernung in Abständen von zehn zu zehn Zentimetern die Krümmung der Kesselwand in achsialer und tangentialer Richtung gemessen. Diese Maßnahme erwies sich als sehr

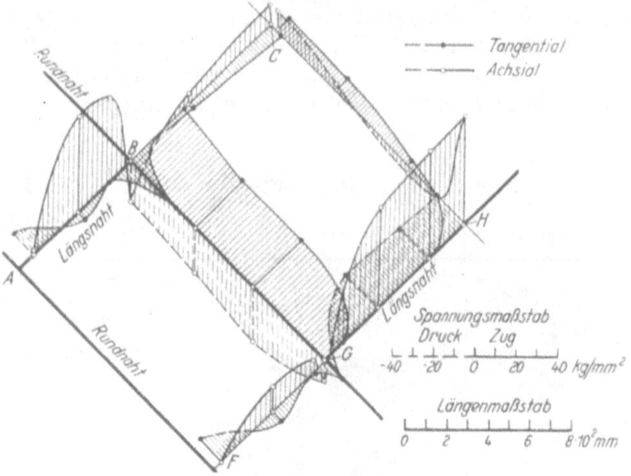

Abb. 25. Schweißspannungen im Anfangszustand.

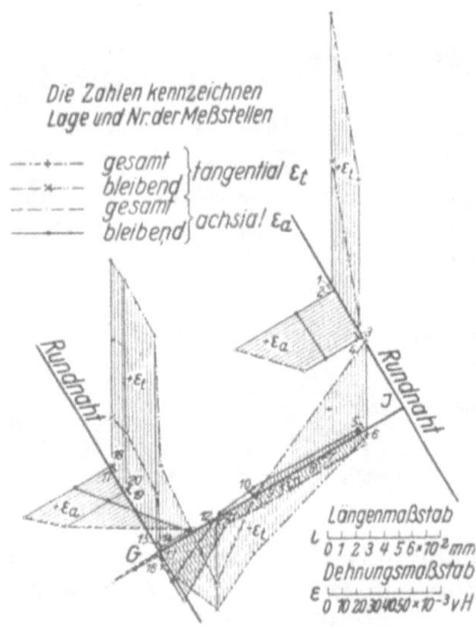

Abb. 26. Verformungen in den Nähten bei der dritten Belastungsstufe: Innendruck 42 kg/cm².

nützlich, da durch unvermeidliche Krümmungsabweichungen an vielen Stellen ein Unterschied der Zusatzspannungen bewirkt wurde, der zwar für die Festigkeit des Kessels an sich bedeutungslos, für den Spannungsabbau jedoch sehr wesentlich ist. Die zur Verfügung stehenden Mittel gestatten nicht, die Eigenspannungsmessungen auch an der Kesselinnenseite durchzuführen. Daher werden im folgenden Mittelwerte, die sich hauptsächlich auf die äußere Hälfte bis $^2/_3$ der Kesselwand beziehen, mitgeteilt.

Abb. 25 bringt die Verteilung der Schweißspannungen über den Teil des Kessels, der durch die angeschriebenen Buchstaben in Abb. 21 gekennzeichnet ist, im Anfangszustand über Rund- und Längsnähte. Die höchsten Spannungen treten in den geraden Längsnähten auf und nicht, wie bisher immer angenommen wurde, in den Rundnähten, weil diese in Unglücksfällen vielleicht öfter versagt haben als jene. Die Ursache ist wohl die, daß die Steifigkeit in der Achsrichtung größer und ein Verwerfen der

Platten infolge der Schrumpfung schwieriger ist, als in tangentialer Richtung. Die größte Eigenspannung tritt, wie auch zu erwarten war, in Nahtrichtung auf und reicht bis zu 50 kg/mm². Dies könnte man für außergewöhnlich halten, ist aber bei einer Streckgrenze des Nahtwerkstoffes bis zu 48 und 50 kg/mm² nicht verwunderlich. Eigenartig ist die Spannungsverteilung an den Stellen, wo Rund- und Längsnähte zusammentreffen.

Die Verformungen infolge inneren Überdrucks sind, wie Abb. 26 zeigt, recht beachtenswert, sowohl was ihre Höhe und Vorzeichen, als auch den Anteil an bleibender und elastischer Verformung sowie das Verhältnis zwischen letzteren betrifft. Ohne die Anwesenheit der Eigenspannungen und ihre Kenntnis und ohne die Abweichungen der Form vom Kreisringquerschnitt könnten sie nicht verstanden werden. An allen Stellen, wo die elastische Verformung gegensinnig den erwarteten verlaufen oder niedriger bleiben, ist die Krümmung stärker als dem mittleren Halbmesser entspricht. Entsprechend kleinere Krümmung ist an den Stellen vorhanden, wo die Verformungen erheblich größer sind. Dazu kommt, daß schon sofort bei den geringsten Belastungen in den Nähten die Fließbedingung überschritten wird und sofort bleibende Verformung auftritt, wo die Zusatzspannungen in Richtung der Eigenspannungen verlaufen. Einige Kurven für die Verformung in Abhängigkeit vom inneren Überdruck zeigen die recht verwickelten Verhältnisse in Abb. 27. Die aus den elastischen Verformungen

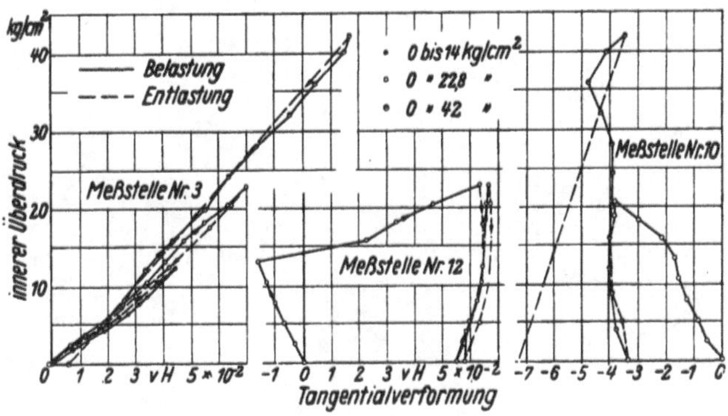

Abb. 27. Verformungen infolge inneren Überdrucks an verschiedenen Meßstellen.

errechneten Zusatzspannungen bringt Abb. 28 für 14 kg/cm² inneren Überdruck. An den Meßstellen 17 und 18 bzw. 1 und 2 z. B. auf den beiden Rundnähten sind die Spannungen größer als die Sollwerte und fallen darunter ab an den Meßstellen 13 bis 16. An den Meßstellen 5 bis 12 der Längsnaht sind sie sogar negativ ausgefallen. Hier wirken sie selbstverständlich einem Spannungsabbau entgegen, und hier liegt der Grund dafür, daß die Eigenspannungen sich an diesen Stellen nicht geändert haben, klar zutage.

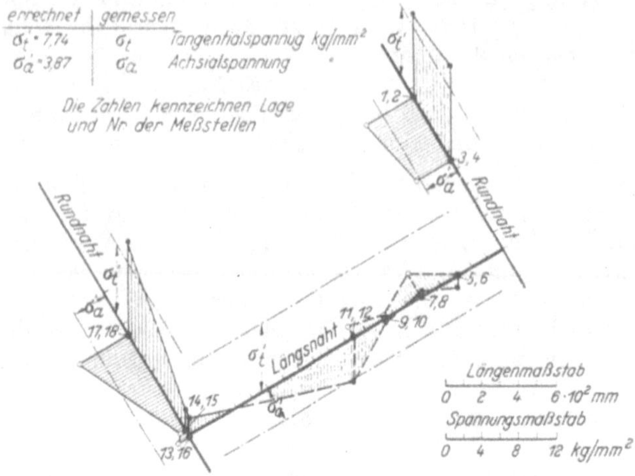

Abb. 28.
$p = 14$ kg/cm².

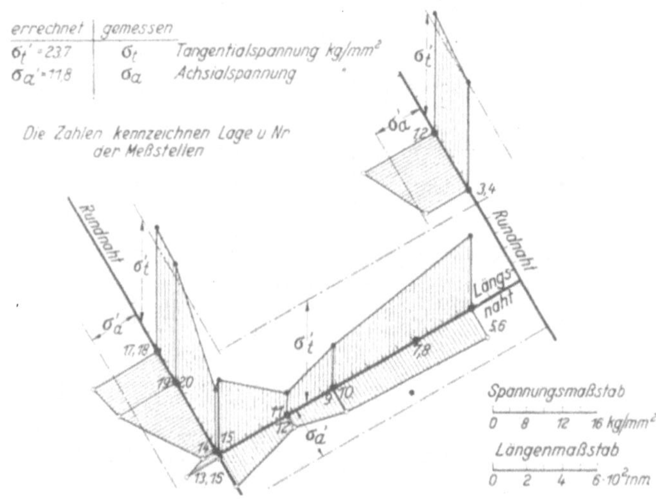

Abb. 29.
$p = 42$ kg/cm².

Abb. 28 und 29. Spannungen durch inneren Überdruck.

Auf die Verhältnisse in den Rundnähten sei besonders hingewiesen. In jedem Stadium des Spannungsabbaus bleiben für bestimmte Zusatzlasten die Unterschiede zwischen den beiden Hauptspannungen in und parallel zur Nahtrichtung gleich. Dies bietet eine Bestätigung der Zuverlässigkeit der Eigenspannungsermittlung. In Abb. 29, in der die Zusatzspannungen für 42 kg/cm² inneren Überdruck dargestellt sind, werden die an Hand der Abb. 28 angedeuteten Einflüsse der Formabweichungen auf die Spannungshöhe noch deutlicher. Besonders auf die Achsial- und Tangentialspannungen in der Längsnaht sei hingewiesen. An keiner

Stelle sind außen die Spannungen erzeugt worden, die aus dem Kesseldurchmesser sich ergeben, weil die zu große Krümmung hier den mittleren Zugspannungen ein Biegemoment entwickelt, das außen Druck und innen Zug ergibt. Daher kommt es, daß an den Längsnähten an diesem Kessel die Schweißspannungen an der Außenseite nicht so stark wie in den Rundnähten abgebaut wurden. Den Eigenspannungszustand nach der bis zu 42 kg/cm² Innendruck reichenden Belastungsstufe zeigt Abb. 30. Wie sich

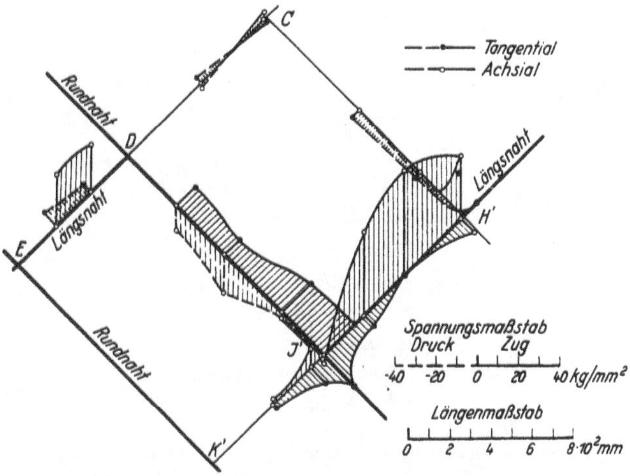

Abb. 30. Schweißspannungen nach der dritten Belastungsstufe (42 kg/cm²).

allmählich die Eigenspannungen mit der Steigerung des inneren Überdruckes verringern, ersieht man aus Abb. 31 u. 32. Hier sind in Abhängigkeit von innerem Überdruck die Mittelwerte aus den Eigenspannungen in den Rund- und Längsnähten, ferner aus den gesamten Messungen gemittelte Werte der Eigenspannungen aufgetragen, getrennt für die Eigenspannungen in achsialer und tangentialer Richtung. Extrapoliert man auf den Nullwert, so ergibt sich der für einen vollständigen Spannungsabbau notwendige Überdruck zu rd. 77 kg/cm², entsprechend einer Höchstspannung von 43 kg/mm², also gleich der unteren Streckgrenzenspannung des in die Naht eingeschmolzenen Zusatzwerkstoffes. Die Fließgrenze des Plattenwerkstoffes beträgt etwa 24 kg/mm². Daraus erhellt, daß die Eigenspannungen des Werkstoffes mit der in der Schweißverbindung vorkommenden höchsten Fließgrenze für den Spannungsabbau auch bei zweiachsigem Zusatzspannungssystem maßgebend ist, in Bestätigung früherer Ergebnisse bei überlagertem einachsigem Spannungszustand. Daß die Versuchswerte in Abb. 31 und 32 streuen, ist für die sich oft und stark ändernden Eigenspannungen nicht verwunderlich. Nach diesen ersten Messungen dürfte jedoch aus Abb. 31 klar hervorgehen, daß die Eigenspannungen σ_a und σ_t

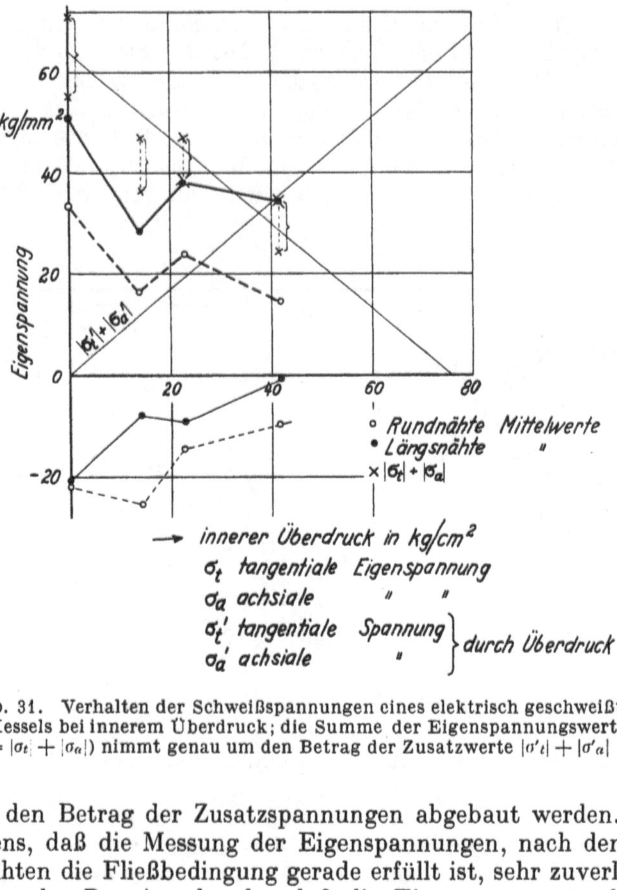

Abb. 31. Verhalten der Schweißspannungen eines elektrisch geschweißten Kessels bei innerem Überdruck; die Summe der Eigenspannungswerte ($x = |\sigma_t| + |\sigma_a|$) nimmt genau um den Betrag der Zusatzwerte $|\sigma'_t| + |\sigma'_a|$ ab.

genau um den Betrag der Zusatzspannungen abgebaut werden. Dies beweist erstens, daß die Messung der Eigenspannungen, nach denen in den Schweißnähten die Fließbedingung gerade erfüllt ist, sehr zuverlässig sind. Zweitens ist der Beweis erbracht, daß die Eigenspannungen für weitere statische Belastungen vollständig belanglos sind, wenn der Werkstoff in und neben der Naht die geringe plastische Verformung noch hergibt, die der höchsten Eigenspannung entspricht. Für die dritte Hauptspannung kann daraus mit Sicherheit geschlossen werden, daß sie zwischen den beiden von der Messung erfaßten liegt, wie früher vorausgesetzt wurde (36).

Das Verhalten der Eigenspannungen bei zusätzlichen Wechselbelastungen ist ebenfalls in einigen Fällen (29, 86 bis 97) untersucht worden. Nach den Formänderungen, die an einem Kessel unter Innendruck bei Wechselbelastung auftraten, erfolgte der wesentlichste Rückgang der Eigenspannungen durch die erste Belastung. Die gleichen Ergebnisse ergaben sich bei Dauerbelastungen an geschweißten Stäben. Hieraus folgt für Eigenspannungen von der Art Schweißspannungen, daß sie bei Wechselbelastung nicht in gleicher Weise wie von äußeren Kräften erzeugte Vorspannungen in Rechnung zu setzen sind, da sie sofort abgebaut werden. Bei den in Abb. 14 dargestellten Rohren aus einer Mg-Legierung ergaben

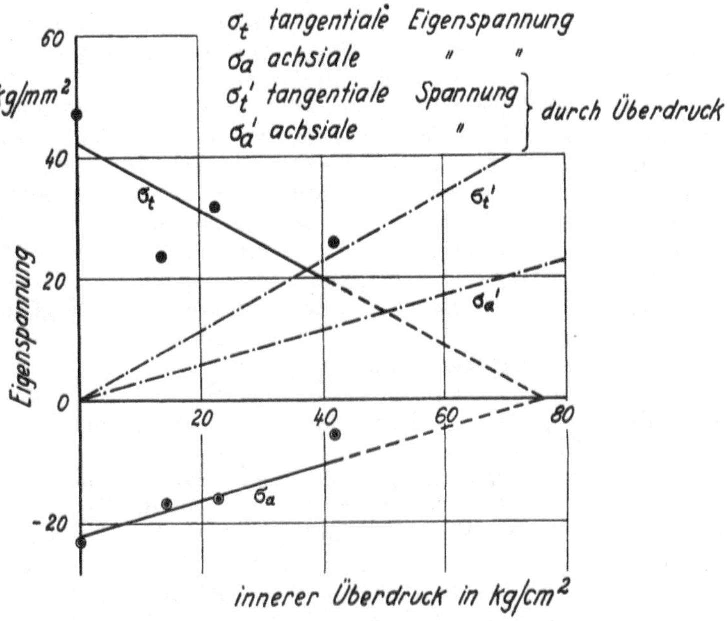

Abb. 32. Abbau der Eigenspannungen des elektrisch geschweißten Kessels im Vergleich zum Anwachsen der Zusatzspannungen; Mittelwerte für Rund- bzw. Längsnähte.

Dauerwechselversuche, daß die Dauerbiegefestigkeit nach der Beseitigung der Eigenspannungen und nach Verbesserung des Herstellungsverfahrens auf das Drei- und Vierfache gesteigert wurde.

Das gleiche zeigte sich auch bei Abschreckspannungen (98), die nach dem Ausbohrverfahren von *Sachs* beobachtet wurden. Hiernach erhöhen Druckspannungen in den Außenfasern die Wechselfestigkeit um etwa 20%, während Zugspannungen — jedoch erst in beträchtlicher Höhe — hier umgekehrt wirken, weil die Ursprungsfestigkeit bei Druck höher liegt als bei Zug und daher ein Überschreiten der Quetschgrenze eher zulässig ist.

Auch durch Oberflächendrücken erzeugte Eigenspannungen (Druckspannungen) bewirken zusammen mit der Werkstoffverdichtung (76, 100) und Verfestigung eine Erhöhung der Biegeschwingungsfestigkeit um rd. 25%.

Gegenüber den Spannungen durch Abschrecken und Kaltverformung, die solange nicht bedenklich erscheinen, als der Werkstoff noch für einen Spannungsabbau genügend plastisch bleibt, sind Unterschiede in den elastischen Eigenschaften der verschiedenen in einer Schweißnaht zusammengebauten Werkstoffe auch für die Zugschwingungsfestigkeit nachteilig (101).

Zusammenfassung

Die mechanischen Verfahren zur Bestimmung der Eigenspannungen werden dargestellt. Sie sind nach ihrer Ausführungsart beschränkt auf bestimmte einfache Körperformen. Einige eignen sich besser für Rohre und Stäbe mit Kreisquerschnitt, mit einfachen rotationssymmetrischen Spannungsverteilungen, die über die Länge des Versuchsstückes gleichbleiben. Andere Methoden sind vorwiegend auf ebene Platten und Schalen gleichbleibender Dicke anzuwenden, wobei zuverlässig nur ebene Spannungszustände erfaßt werden, und die senkrecht zu der Plattenmittelebene wirkenden Spannungen vernachlässigt werden müssen. Die meisten Verfahren bedingen in ihrer Anwendung die Zerstörung des zu untersuchenden Objektes. Lediglich das *Mathar*-Verfahren erfordert so geringfügige Verletzungen, daß für weitere Untersuchungen und für die praktische Verwendung die Versuchsstücke erhalten bleiben.

Die mit diesen Verfahren bestimmten Spannungszustände haben wertvolle Fingerzeige für den Herstellungsgang von Werkstücken und für die Werkstoffbehandlung gegeben.

Aus zahlreichen Versuchen geht die Bedeutung der Eigenspannungen für die Festigkeit der Bauteile hervor. Die Wirkung der Eigenspannungen hängt nicht nur von ihrer Verteilung und Höhe an sich ab, sondern auch die Art der Entstehung und die damit verbundene Beeinflussung der Werkstoffeigenschaften sind wesentlich für eine nachteilige oder vorteilhafte Wirkung bei zusätzlichen zügigen und wechselnden Spannungen durch äußere Kräfte.

Schrifttum

(1) Handbuch der Experimentalphysik, Bd. 5 (1930).

(2) *Anderson, R. J.*, und *E. G. Fahlman*, Zeitschrift für Metallkunde Bd. 16 (1924) S. 379, Journ. Inst. Met. Bd. 32 (1924) S. 367, Bureau of Standards Bd. 18 (1924) S. 229.

(3) *Kreitz, K.*, Stahl und Eisen Bd. 51 (1931) S. 667.

(4) *Buchholtz, H.*, und *H. Bühler*, Stahl und Eisen Bd. 52 (1932) S. 490.

(5) *Fox, J.*, Engineering, Bd. 129 (1930) S. 65.

(6) *Crampton, D. K. Preprint*, American Institut of Mining and Metallurgical Engineers, Okt. 1932.

(7) *Crampton, D. K.*, American Inst. of Mining and Metallurgical Engineers, Technical Publication Nr. 297, Febr. 1930.

(8) *Dawidenkow*, Zeitschrift für Metallkunde Bd. 24 (1932) S. 25/29.

(9) *Hatfield, W. A.*, und *G. L. Thirkell*, Journ. Inst. Met. Bd. 22 (1919) S. 67.

(10) *Klein*, Mitteilungen KWI für Eisenforschung Bd. 11 (1929) S. 331.

(11) *Macrae, E.*, Overstrain in Metals, Stationary Office, London 1930.

(12) *Kalakuzky*, Untersuchung der inneren Spannungen in Gußeisen und Stahl, St. Petersburg (1889).

(13) *Merica, D.*, und *R. W. Woodward*, U. S. Bureau of Standards, Technical Paper 82 (1917).

(14) *Heyn, E.*, und *O. Bauer*, Stahl und Eisen Bd. 31 (1911) S. 760, Internationale Zeitschrift für Metallographie Bd. 1 (1911) S. 16/50.

(15) *Heyn, E.*, Journ. Inst. Metals Bd. 12 (1914) S. 1.
(16) *Howard, E.*, Trans. American Institut of Metals Bd. 7 (1913) S. 101; Test of Metallurgy, Watertown Arsenal 285 (1893).
(17) *Sachs, G.*, Zeitschrift für Metallkunde Bd. 19 (1927) S. 352.
(18) *Greene, O. V.*, Trans. Am. Soc. Steal Treating Bd. 18 (1930).
(19) *Möller*, Archiv für Eisenhüttenwesen 1934/35 Heft 5 S. 213.
(19a) *Ruttmann W.*, Technische Mitteilungen Krupp Bd. 4 (1936) S. 89/97.
(19b) *Wever, Franz*, und *Hermann Möller*, Mitt. Kais.-Wilh.-Inst. für Eisenforschung, Düsseldorf Bd. 18 (1936) Abhandlg. 297 S. 27/30.
(20) *Kempf, L. W.*, *H. L. Hopkins* und *E. V. Ivanso*, Techn. Publication Nr. 535 (1934) American Institute Min. and Metallurgical Engineers.
(21) *Mies, O.*, Die Wärme Bd. 57 (1934) S. 115.
(22) *Bierett, G.*, Bericht über die 71. VDI-Hauptversammlung 1933 S. 22.
(23) *Sandelowsky, S.*, Elektroschweißung Bd. 2 (1931) S. 48.
(24) *Melcher, K.*, Elektroschweißung Bd. 4 (1933) S. 7.
(25) *Doernen*, Der Stahlbau Bd. 6 (1933) Heft 3 S. 22.
(26) *Reinhard*, Die Wärme Bd. 56 (1933) S. 56.
(27) *Bühler, H.*, *H. Buchholtz* und *E. H. Schulz*, Archiv für Eisenhüttenwesen Bd. 5 (1931/32) S. 413.
(28) *Huggenberger, A. U.*, ZVDI Bd. 76 (1932) S. 417.
(29) *Siebel, E.*, und *M. Pfender*, Archiv für Eisenhüttenwesen Bd. 7 (1933/34) S. 407.
(30) Archiv für Eisenhüttenwesen Bd. 6 (1932/33) S. 277.
(30a) *Meßmer, G.*, Archiv für Eisenhüttenwesen Bd. 10 (1936/37) S. 59.
(31) D.R.P. Nr. 570900.
(32) *Kirsch*, ZVDI Bd. 42 (1898) S. 797.
(33) *Leon, A.*, und *F. Willheim*, Z. Mathematik und Physik Bd. 64 (1916) S. 233.
(34) *Leon, A.*, und *F. Willheim*, Mitt. Staatl. Techn. Versuchsamtes Wien Bd. 3 (1914) S. 33/50 und 37/52.
(35) *Timoshenko, S.*, und *W. Dietz*, Trans. Am. Soc. Mech. Eng. Bd. 47 (1925) S. 199/237.
(36) *Bollenrath, F.*, Stahl und Eisen Bd. 54 (1934) S. 630.
(37) *Bollenrath, F.*, Stahl und Eisen Bd. 54 (1934) S. 873.
(38) *Bollenrath, F.*, Abhandlungen aus dem Aerodynamischen Institut Technische Hochschule Aachen, Berlin (1934), Verlag Jul. Springer, Heft 14 S. 27.
(39) *Bollenrath, F.*, Archiv für Eisenhüttenwesen Bd. 9 (1935/36) S. 203.
(40) *Dirksen, B.*, 3. intern. Kongreß techn. Mechanik Bd. 2 S. 181/184, Stockholm 1930.
(41) *Houdremont, E.*, Sonderstahlkunde (1935), Verl. Jul. Springer, Berlin.
(42) *Mathar, J.*, *H. Nipper* und *E. Hugo*, Die Gießerei Bd. 20 (1933) S. 114.
(43) *Heyn, E.*, Materialienkunde für den Maschinenbau Bd. II (1912) S. 331.

(44) *Heyn, E.*, Physikalische Metallographie (s. Abschnitt über Wärmespannungen).
(45) *Masing, G.*, Zeitschrift technische Physik Bd. 3 (1922) S. 167.
(46) *Brayshaw, S. N.*, Journ. Iron and Steel Inst. Bd. 103 (1921) S. 131.
(47) *Benedicks, G.*, Journ. Iron Steel Inst. Bd. 103 (1921) S. 237.
(48) *Schwinning*, Journ. Iron Steel Inst. Bd. 103 (1921) S. 230.
(49) *Honda, K.*, Journ. Iron Steel Inst. Bd. 103 (1921) S. 251.
(50) *Mc. Cance, A.*, Journ. Iron Steel Inst. Bd. 103 (1921) S. 267.
(51) *Portevin, A.*, Revue de Métallurgie Bd. 19 (1922) S. 267.
(52) *Mc. Lean, Jasper T.*, Engineering Bd. 118 (1924) S. 343.
(53) *Buchholtz, H.* und *H. Bühler*, Archiv für Eisenhüttenwesen Bd. 6 (1931/32) S. 247.
(54) *Bühler, H.*, und *E. Scheil*, Archiv für Eisenhüttenwesen Bd. 6 (1932/1933) S. 283; Bd. 7 (1933/34) S. 359.
(55) *Howard Scott*, Bureau of Standards. Scientific Papers Bd. 20 (1925) S. 399.
(56) *Fuchs, S.*, Mitteilungen Forschungs-Institut Vereinigte Stahlwerke Dortmund Bd. 3 (1933) S. 199.
(57) *Buchholtz, H.*, und *H. Bühler*, Archiv für Eisenhüttenwesen Bd. 7 (1933/34) S. 315.
(58) *Siebel, E.*, und *M. Pfender*, Archiv für Eisenhüttenwesen Bd. 7 (1933/34), S. 407.
(59) *Bierett, G.*, ZVDI Bd. 78 (1934) S. 709.
(60) *Bierett, G.*, und *G. Grüning*, Autogene Metallbearbeitung Bd. 27 (1934) S. 259.
(61) *Bierett, G.*, Elektroschweißung Bd. 4 (1933) S. 61.
(62) *Bierett, G.*, und *G. Grüning*, Stahlbau Bd. 6 (1933) S. 169.
(62a) *Gerold, E.* und *H. Müller-Stock*, Archiv für Eisenhüttenwesen Bd. 10 (1936/37) S. 33.
(63) *Ebel* und *Reinhard*, Autogene Metallbearbeitung Bd. 27 (1934) S. 305.
(64) *Bollenrath, F.*, a. a. O.
(65) *Mies, O.*, a. a. O.
(66) *Reinhard*, Die Wärme Bd. 56 (1933) S. 56.
(67) *Bollenrath, F.*, und *H. Cornelius*, FB 528 (1936).
(68) *Moore, H.*, *Beckinsale, S.*, und *C. F. Mollison*, Journ. Inst. Metals Bd. 25 (1921) I S. 25/152; Engineering Bd. 111 (1921) S. 300; Bd. 112 (1921) S. 262.
(69) *Moore, H.*, und *S. Beckinsale*, Journ. Inst. Metals Bd. 23 (1920) S. 225; Bd. 27 (1922) S. 149; Engineering Bd. 109 (1920) S. 393; Bd. 113 (1922) S. 337.
(70) *Bühler, H.*, und *H. Buchholtz*, Archiv für Eisenhüttenwesen Bd. 7 (1933/34) S. 427.
(71) Handbuch Exper. Physik Bd. 5 (1930) S. 92, 475 (Akad. Verlagsges., Leipzig).
(72) *Brenner, P.*, Z. Metallkunde Bd. 24 (1932) S. 145.
(73) *Brenner, P.*, Luftfahrtforschung Bd. 12 (1935) Nr. 3 S. 107.

(74) *Hatfield* und *Thirkell*, Journ. Inst. Met. Bd. 12 (1919) S. 67.
(75) *Schmidt, E. K. O.*, DVL-Jahrbuch (1931) S. 495.
(75a) *Wever, Franz*, und *A. Rose*, Mitteilungen Kaiser-Wilhelm-Institut für Eisenforschung Düsseldorf Bd. 18 (1936) Abhandlg. 298.
(76) *Sachs, G.*, VLF-Tagungsbericht 043/008 (1935) S. 29/56.
(77) *Bauschinger*, Mitt. Mech. Techn. Labor. Techn. Hochschule München Bd. 13 (1886).
(78) *Sauerwald, F.*, Lehrbuch der Metallkunde (1929) Verlag Jul. Springer, Berlin; *Sachs, G.*, Handbuch der Experimentalphysdik Bd. 5 (1930), Akad. Verl. Ges., Leipzig.
(79) DVL-Berichte, Kf. 200/7 *Gatzek*, Eigenschaften und Schweißbarkeit von den im Flugzeugbau verwandten Cr-Mo-Stählen.
(80) *v. Kármán, Th.*, a. a. O.
(81) *Thum, A.*, und *F. Wunderlich*, Forschg. Ing. Wes. Bd. 3 (1932) S. 261.
(82) *Buchmann, W.*, Forschg. Ing. Wes. Bd. 5 (1934) S. 36.
(83) *Prager, W.*, Forschg. Ing. Wes. Bd. 4 (1933) S. 95.
(84) *Vieregge, F. H.*, Archiv für Eisenhüttenwesen Bd. 7 (1933/34) S. 679.
(85) *Thum, A.*, und *W. Buchmann*, Archiv für Eisenhüttenwesen Bd. 7 (1933/34).
(86) *Gough, H. J.*, The Fatigue of Metals. Scott, Greenwood and Co. (1924), London.
(87) *Gillet, H. W.*, und *E. L. Mack*, Molybdenum, Cerium and Related, Alloys Steels (1925), Chem. Catalog Co., Inc., New York.
(88) *Moore, H. F.*, und *J. B. Kommers*, Fatigue of Metals (1927), Mc Graw-Hill Book Co, New York.
(89) *Lessels, J. M.*, Trans. Am. Soc. Steel Treat. 11 (1927) S. 413.
(90) *Thum, A.*, ZVDI Bd. 75 (1931) S. 1328.
(91) *Smith, J. H.*, *C. A. Conner* und *F. H. Armstrong*, Journ. Iron Steel Inst. Bd. 120 (1929) S. 267.
(92) *French, H. J.*, Trans. Am. Soc. Steel Treat. Bd. 21 (1933) S. 899.
(93) *Döring, H.*, Veröff. Wöhler Inst. Braunschweig Heft 5 (1930).
(94) *Behrens, P.*, Veröff. Wöhler Inst. Braunschweig Heft 6 (1930).
(95) *Hottenrott, E.*, Veröff. Wöhler Inst. Braunschweig Heft 10 (1932).
(96) *Armbruster, A.*, Z. Bayer. Revisionsver. Bd. 36 (1932) S. 199.
(97) *Thum, A.*, und *H. Oschatz*, Forsch. Geb. Ingenieurwesen Bd. 3 (1932) S. 87.
(98) *Buchholtz, H.*, und *H. Bühler*, Archiv für Eisenhüttenwesen Bd. 6 (1933) S. 335.
(99) *Buchholtz, H.*, und *H. Bühler*, Stahl und Eisen Bd. 53 (1933) S. 1330.
(100) *Föppl, O.*, *Behrens, O.*, und *Dusold, Th.*, Zeitschr. f. Metallkunde Bd. 25 (1933) S. 279.
(101) *Diepschlag, E.*, *Matting, A.*, und *G. Oldenburg*, Arch. für Eisenhüttenwesen Bd. 9 (1935/36) S. 341.

Der heutige Stand des Röntgenverfahrens zur Messung der Summe der Hauptspannungen

Von F. Wever*)

Vorgetragen am 21. Februar 1936 in Düsseldorf

Die Röntgenverfahren zur Messung elastischer Spannungen stimmen mit den mechanischen Verfahren darin überein, daß sie ebenso wie diese auf eine Bestimmung elastischer Dehnungen zurückgreifen. Die Messung einer Dehnung bedeutet aber dem Sinne dieses Wortes nach die Bestimmung einer Längenänderung, d. h. im vorliegenden Falle, der elastischen Längenänderung beim Übergang aus dem unverspannten in den verspannten Zustand. Bei den mechanischen Verfahren kann die Kenntnis der Meßlänge in unverspanntem Zustande nicht anders erlangt werden, als daß dieser Zustand an der Meßstelle selbst durch irgendeinen Eingriff künstlich erzeugt wird. Die Eigentümlichkeit der Röntgenverfahren besteht im Gegensatz dazu darin, daß die Meßlänge in unverspanntem Zustande als bekannt vorausgesetzt oder ohne zerstörenden Eingriff ermittelt werden kann. Die Röntgenverfahren machen daher nunmehr auch in allen denjenigen Fällen eine Spannungsmessung möglich, wo eine Zerstörung des Prüfstückes nicht zugelassen werden kann, und bei denen daher die mechanischen Verfahren grundsätzlich ausscheiden. Die

röntgenoptischen Grundlagen

der Spannungsmessung sind sehr einfach. Nach der Braggschen Beziehung besteht ein gesetzmäßiger Zusammenhang zwischen der Wellenlänge λ eines monochromatischen Röntgenstrahles, dem Abstande d paralleler Netzebenen in dem bestrahlten kristallinen Werkstoff und dem Winkel ϑ, unter dem das Röntgenlicht an diesen Netzebenen reflektiert wird:

$$\lambda = 2\, d \sin \vartheta.$$

Diese Beziehung ermöglicht in geläufiger Weise eine Bestimmung von d durch Messung des Beugungswinkels ϑ bei bekanntem d. Diese Bestimmung wird, wie unmittelbar ersichtlich, um so genauer, je näher ϑ an 90^0 heranrückt.

Wir gelangen so zur Rückstrahlaufnahme, deren Grundlagen aus Abb. 1 hervorgehen. Für die Abstandsbestimmung Probe — Film wird die Probe oberflächlich mit einem Eichstoff bestrichen, dessen Netzebenenabstand d bekannt ist. Es hat sich als zweckmäßig erwiesen, bei der Untersuchung von Eisen und Stahl einen Aufstrich von feinkristallinem Goldmehl zu verwenden. Bei Benutzung von Kobalt-K-Strahlung liegen dann die Beugungswinkel sehr nahe bei 80^0. Die erzielte Genauigkeit ist im Vergleich zu dem experimentellen Aufwand erstaunlich groß. Bei gut ausgebildetem Kristallgefüge und entsprechend scharfen Interferenzringen

*) Prof. Dr. phil., Kaiser-Wilhelm-Institut für Eisenforschung, Düsseldorf.

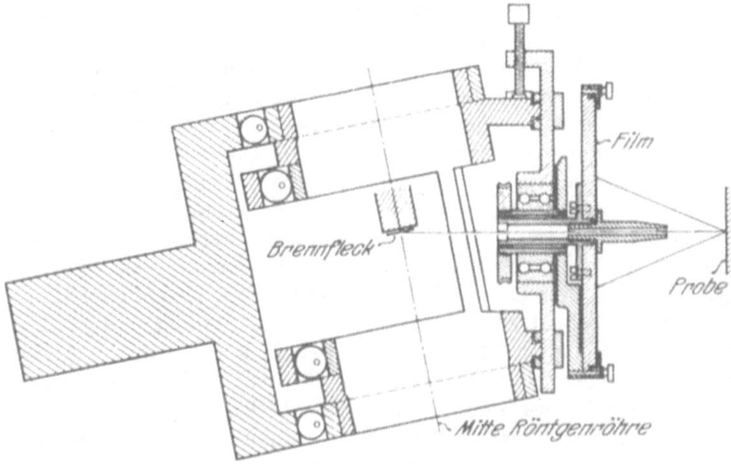

Abb. 1. Rückstrahlkammer mit engem Strahlenbündel.

beträgt die Genauigkeit der Bestimmung von d im Mittel etwa $\pm 1 \cdot 10^{-4}$ A. Allerdings ist die Linienschärfe bei technischen Werkstoffen häufig sehr viel schlechter, jedoch hat die Erfahrung ergeben, daß auch dann noch Messungen von befriedigender Genauigkeit möglich sind.

Es sei gleich hier eingeschoben, daß die verwendeten Röntgenstrahlen nur sehr wenig tief in das Werkstück eindringen und daher das Verfahren grundsätzlich nur den Spannungszustand an der Oberfläche zu erfassen gestattet.

Der Übergang von der soeben skizzierten Gitterkonstantenbestimmung zur Spannungsmessung braucht nicht durch einen ausführlichen elastizitätstheoretischen Ansatz belegt zu werden. Es genügt zu wissen, daß den beiden Hauptkomponenten eines oberflächlichen Spannungszustandes, σ_1 und σ_2, eine Querverkürzung

$$\frac{d - d_0}{d_0} = \frac{\nu}{E}(\sigma_1 + \sigma_2)$$

in Richtung senkrecht zur Oberfläche entspricht, die durch die Röntgenaufnahme unmittelbar erfaßt wird. Das Röntgenverfahren liefert demnach in seiner ursprünglichen Form mit senkrechter Einstrahlung die Summe der Hauptspannungen an der Oberfläche, dagegen bleiben die Lage der Hauptspannungen und deren Größe selbst unbekannt. Die Genauigkeit der Spannungsmessung beträgt bei gut ausgebildetem Kristallgefüge etwa ± 2 kg/mm². Zur

Prüfung des Verfahrens

wurden mit Hilfe von Zerreißmaschinen und Biegevorrichtungen bekannte Spannungszustände künstlich erzeugt und röntgenographisch gemessen. Diese Versuche erbrachten die zuverlässige Bestätigung, daß das Röntgenverfahren in der Tat eine Spannungsmessung mit der angegebenen Genauigkeit ermöglicht. Darüber hinaus wurden bemerkenswerte Beobachtungen über den Verformungsvorgang selbst gesammelt. So wurden in einer ersten von *Möller* und *Barbers* gemeinsam durchgeführten Untersuchungsreihe beobachtet, daß bei ungleichförmiger Spannungsverteilung Spannungen auftreten können, die weit über der normalen Streckgrenze des Werkstoffes liegen. Zur Erklärung dieser Überspannungen wurde angenommen, daß die benachbarten, niedriger beanspruchten Teile eine Stützung der höher beanspruchten übernehmen und so ein Fließen verhindern. In einer späteren Arbeit der gleichen Forscher wurden an scheinbar homogenen Proben und bei homogener Verformung von Meßstelle zu Meßstelle als auch von Laststufe zu Laststufe sehr erhebliche Spannungsschwankungen beobachtet, die weit über die Meßgenauigkeit liegen. Abb. 2 zeigt ein Beispiel für einen Zugversuch, bei dem in jeder Laststufe an sechs verschiedenen Stellen gemessen wurde. Es muß angenommen werden, daß diese Schwankungen durch sehr kleine örtliche bildsame Formänderungen hervorgerufen werden, wenn auch an der Maschine selbst noch kein Fließen beobachtet werden konnte. Es muß Aufgabe weiterer Versuche sein, diese Vorgänge an der Grenze zwischen elastischer und bildsamer Verformung aufzuklären.

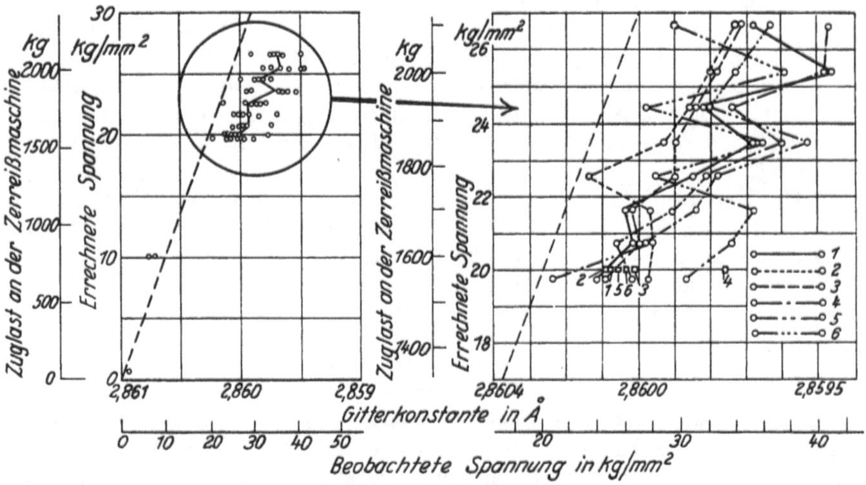

Abb. 2. Spannungs-Gitterkonstanten-Schaubild.

Praktische Anwendung des Verfahrens

Einer umfangreicheren Anwendung des Verfahrens auf praktische Aufgaben der Spannungsmessung standen zunächst noch die langen Belichtungszeiten im Wege, die bei der beschriebenen Anordnung nötig waren. Hier konnte Abhilfe geschaffen werden durch Ausnutzung des *Seemann*-

Bohlinschen Fokussierungsprinzips, bei dem nicht ein eng ausgeblendeter einzelner Röntgenstrahl, sondern ein weit geöffnetes Strahlenbündel verwendet wird. Die Aufnahmekammer, Abb. 3, hat nur eine einzige Blende, durch die vom Brennfleck ausgehend eine größere Probenfläche beleuchtet

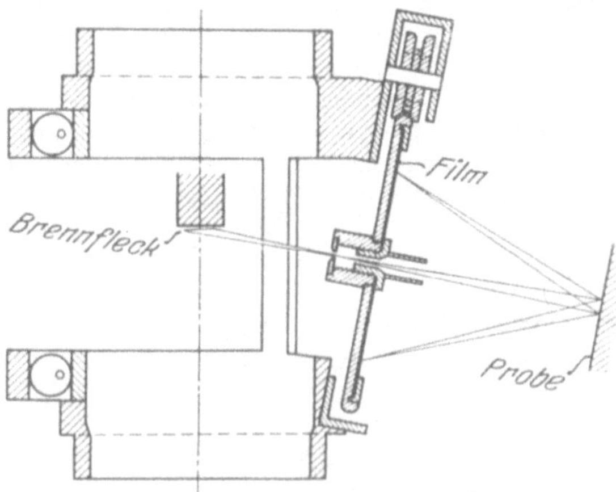

Abb. 3. Rückstrahlkammer mit weitem Strahlenbündel.

wird. Wenn die Abmessungen so gewählt werden, daß Blenden, Interferenzkreis auf dem Film und belastete Probenfläche auf einer Kugel liegen, so werden alle Interferenzstrahlen auf dem Film wieder in einem Kreise vereinigt, so daß trotz der großen Öffnung des Strahlenbündels, in dem jetzt die ganze Brennfleckintensität vereinigt ist, doch eine scharfe Abbildung gewährleistet wird. Eine sorgfältige Prüfung der Meßgenauigkeit mit dieser Kammer ergab, daß sie nicht kleiner ist als bei der alten Kammer mit engem Strahlenbündel. Die Belichtungszeiten dagegen gehen von 2 bis 3 h auf 20 bis 30 min, bei Anwendung von offenen Röhren mit großem Brennfleck und hoher Belastbarkeit sogar bis auf 1 bis 2 min herunter.

Nach diesen ausgedehnten Voruntersuchungen gingen wir an eine praktische Aufgabe. Das S t a h l s k e l e t t d e s I n s t i t u t s n e u b a u s bot dazu eine willkommene Gelegenheit. Es wurden Messungen an einigen geschweißten Stützen der Werkstatthalle durchgeführt. Nach der statischen Berechnung sollten hier durch die einseitige Dachabdeckung an der gezogenen Seite $+ 0{,}5$ kg/mm² und an der gedrückten Seite $- 0{,}9$ kg/mm² Spannung entstehen. Das Ergebnis der Messungen war völlig überraschend und unerwartet. Es wurden nämlich an allen Stellen der Oberfläche, wo auch untersucht wurde, in der Nähe der Schweißnaht oder entfernt davon, auf Stegblech oder Nasenblech, überall Druckspannungen gemessen. Die Spannungen schwankten ohne erkennbaren Zusammenhang mit der Aufnahmestelle von etwa 30 bis 50 kg/mm². Der Gegensatz zu den rechnungsmäßigen Spannungen ist sehr bemerkenswert.

Die weitere Untersuchung führte zu der Erkenntnis, daß diese Spannungen nicht erst durch das Zusammenschweißen hervorgerufen werden, sondern daß sie schon nach dem Walzen vorhanden sind und durch das Richten der Bleche weiter verstärkt werden. Durch stufenweises Abätzen der Bleche wurde schließlich der Spannungszustand nach innen hin verfolgt. Dabei ergab sich, daß die Spannungen von den hohen Druckwerten an der Oberfläche nach dem Innern zu sehr steil abfallen, so daß in etwa $^4/_{10}$ mm Tiefe schon keine merklichen Spannungen mehr vorhanden sind. Es handelt sich also hier um reine Oberflächenspannungen. Der vorliegende Fall bietet ein eindrucksvolles Beispiel dafür, wie gefährlich es sein kann, aus einer Spannungsmessung an der Oberfläche auf den Gesamtzustand und damit auf die Verwendbarkeit eines Werkstoffes zu schließen.

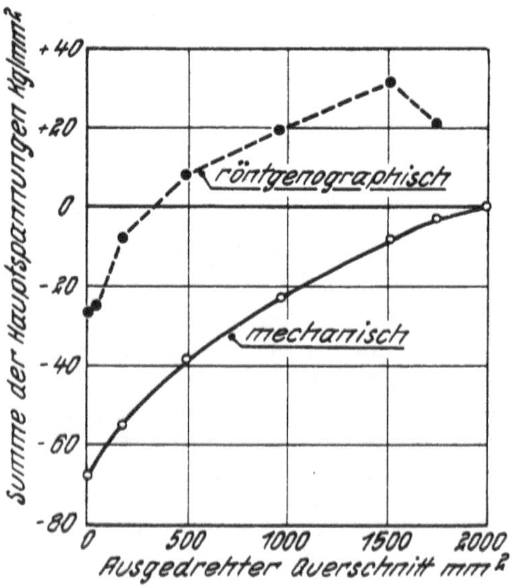

Abb. 4. Spannungen an der Oberfläche während des Ausbohrversuches, I.

Die gleiche Erscheinung, daß an der äußersten Oberfläche ganz andere Spannungen bestanden als weiter im Innern, beobachteten wir auch an einem anderen Versuch. An einer von 650° in Wasser abgeschreckten Stahlwelle sollten die Wärmespannungen nach dem Sachsschen Ausbohrverfahren durch stufenweises Ausbohren und Längen- und Dickenmessung in jeder Stufe bestimmt werden. Gleichzeitig wurden die Spannungen an der Probenoberfläche röntgenographisch gemessen. Abb. 4 zeigt das Ergebnis der beiden Meßverfahren. Von einer Übereinstimmung kann keine Rede sein, solange man die Absolutwerte betrachtet; dagegen beweist der parallele Verlauf der beiden Schaulinien, daß die Änderungen der Spannungen zwischen den zwei Ausbohrstufen recht gut übereinstimmen. Auch hier ist der Gegensatz der beiden Meßverfahren auf eine zusätzliche Spannung an der Probenoberfläche zurückzuführen, die im Ausbohrverfahren nicht erfaßt werden kann, weil dazu das praktisch unmögliche Ausbohren bis auf die Wandstärke Null notwendig wäre.

Bemerkenswert ist noch, daß die zusätzlichen Spannungen an der Oberfläche in diesem Fall durch ein Abdrehen der Probe nach dem Abschrecken entstanden sind. Der Nachweis wurde auf folgende Weise erbracht: An einer anderen, in gleicher Weise behandelten Welle wurde ein Streifen in der Mitte nicht abgedreht, sondern nur durch Ätzen von der Zunderschicht befreit. Auf dem abgedrehten Teil wurde ein Streifen etwa ½ mm tief abgeätzt, um den Einfluß des Abdrehens zu beseitigen. Auf beiden Streifen wurden dann in jeder Ausbohrstufe Aufnahmen gemacht. Das Ergebnis ist in Abb. 5 wiedergegeben. Die Übereinstimmung ist danach erheblich besser als im ersten Beispiel. Die jetzt noch bestehenden Unterschiede sind wahrscheinlich darauf zurückzuführen, daß bei der mechanischen Messung eine Mittelung über alle Querschnitte der ganzen Länge vorgenommen wird, während röntgenographisch der einzelne Querschnitt erfaßt wird.

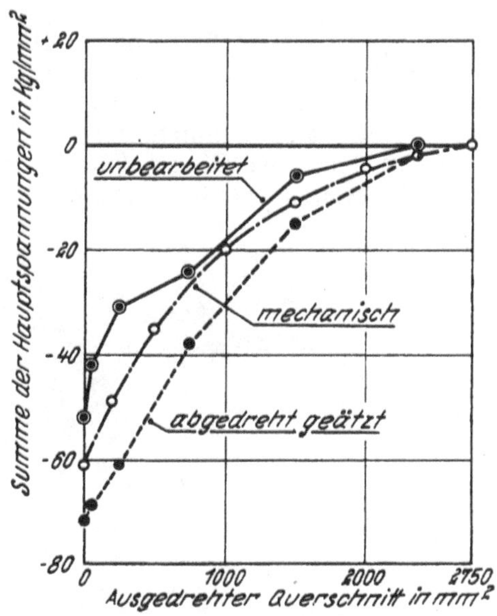

Abb. 5. Spannungen an der Oberfläche während des Ausbohrversuches, II.

Eine andere bemerkenswerte Anwendung des Verfahrens konnte im Auftrage der Deutschen Versuchsanstalt für Luftfahrt durchgeführt werden. Es waren uns eine Reihe von Knotenstücken und Bauteilen aus Stahl und aus Leichtmetall vorgelegt worden, an denen die Eigenspannungen gemessen werden sollten. Von den dazu durchgeführten Meßreihen seien hier nur zwei herausgegriffen, die wegen ihrer ganz verschiedenartigen Spannungsverteilung besonders bemerkenswert sind. So wurden in allen geschweißten und gegossenen Proben sehr unregelmäßige Spannungsverteilungen gefunden, bei denen keine Beziehungen, etwa zur Probenform oder zur Lage der Schweißnähte erkennbar waren. Als Beispiel ist in Abb. 6 ein Dreieck aus Kohlenstoffstahlrohren gezeigt, an dem die Messungen der guten Linienschärfe wegen mit besonders guter Genauigkeit gemacht werden konnten. Die Meßstellen sind im Bilde eingetragen, die Spannungen schwanken von Ort zu Ort ganz unregelmäßig von etwa $+6$ bis -27 kg/mm².

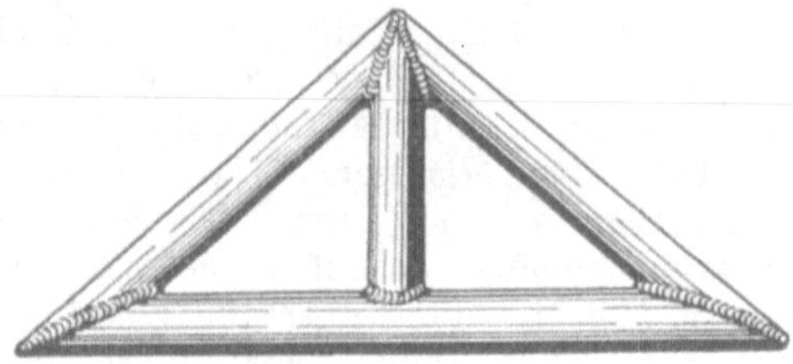

Abb. 6. Geschweißtes Dreieck aus Kohlenstoffstahl.

Ein ganz anderes Ergebnis lieferte dagegen die Untersuchung eines durch Kaltverformung entstandenen profilierten Duraluminiumrohres, Abb. 7. Die Messungen wurden auf drei Ringen von wesentlich verschiedener Querschnittsform durchgeführt. Die Querschnitte sind in Abb. 8 herausgezeichnet. An Ring 1 finden wir Spannungen zwischen -7 und $+23$ kg/mm², und zwar liegt die kleinste Zug- bzw. größte Druckspannung

Abb. 7. Profiliertes Duraluminium.

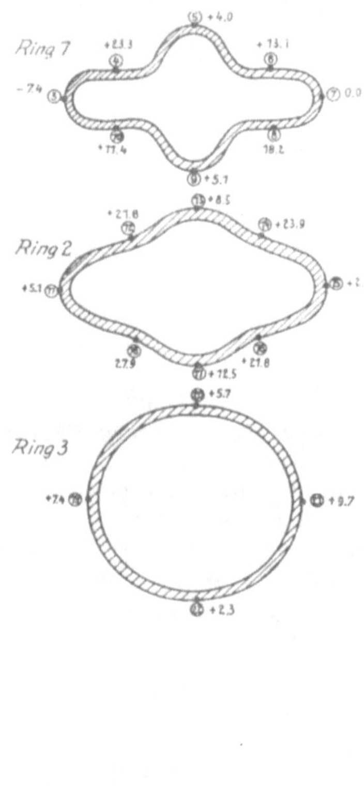

Abb. 8 (rechts). Spannungsverteilung im profilierten Duraluminrohr.

an den Stellen stärkster Krümmung 3 und 7. An den etwas weniger gekrümmten Stellen 5 und 9 sind die Zugspannungen größer, und die größten Zugspannungen finden wir an den ebenen Stellen 4, 6, 8 und 10. Die Zugspannung nimmt danach mit abnehmender Krümmung zu. Am Ring 2 wird dieses Ergebnis vollkommen bestätigt. Insbesondere sind an den hier ebenfalls untersuchten Stellen entgegengesetzter Krümmung 12, 14, 16 und 18 die Zugspannungen noch größer als an den ebenen Stellen des Ringes 1. An dem ovalen Ring 3 sind die Beziehungen zwischen Krümmungen und Spannung entgegengesetzt. Die Zugspannung nimmt hier mit abnehmender Krümmung zu.

Durch die vorgelegten Beispiele dürfte genügend unter Beweis gestellt sein, daß das Röntgenverfahren in der Lage ist, den oberflächlichen Spannungszustand spannungsbehafteter Werkstücke mit befriedigender Genauigkeit zu erfassen. Damit rückt das Schwergewicht einen Schritt weiter vor in Richtung auf die Frage, in welcher Weise innere Spannungen das Verhalten unter betriebsmäßigen Belastungen beeinflussen. Nachdem mit dem Röntgenverfahren ein Hilfsmittel an die Hand gegeben ist, den Spannungszustand fortlaufend ohne störenden Eingriff zu verfolgen, sollte von dieser Möglichkeit nunmehr auch in weitem Umfange Gebrauch gemacht werden.

Einzelbestimmung von Oberflächenspannungen mit Röntgenstrahlen

Von R. Glocker*)

Vorgetragen am 21. Februar 1936 in Düsseldorf

Das von uns[1]) ausgearbeitete Röntgenverfahren zur Einzelbestimmung von Oberflächenspannungen ist eine Erweiterung des Verfahrens von *Wever* und *Möller*[2]) zur Bestimmung der Summe der Hauptspannungen, und zwar in dreifacher Hinsicht:

1. Messung der Größe der einzelnen Hauptspannung und Bestimmung ihrer Richtung bei unbekannter Lage.
2. Messung der Größe von beliebigen Spannungskomponenten gegebener Richtung, die nicht Hauptspannungen zu sein brauchen.
3. Wegfall der bisher notwendigen Bestimmung der Gitterkonstante im spannungsfreien Zustand.

Grundlagen des Verfahrens

Die Röntgenstrukturaufnahme eines kristallinen Stoffes liefert die Atomabstände in einer gegebenen Richtung, also eine Strecke. Wie kann man nun die Dehnung, das heißt die Verlängerung oder Verkürzung einer Strecke messen, ohne die ursprüngliche Länge der Strecke im spannungsfreien Zustand zu kennen? Diese Aufgabe erscheint zunächst paradox.

Nun läßt sich mit den Formeln der Elastizitätstheorie zeigen, daß jede beliebige Oberflächenspannungskomponente bestimmt ist durch die Differenz zweier Dehnungen in zwei außerhalb der Oberflächenebene verlaufenden Richtungen. Bei dieser Differenzbildung hebt sich die ursprüngliche Länge der Strecke heraus[3]); die Differenz der Dehnungen kann dargestellt werden durch die Differenz der Gitterkonstanten in den beiden Richtungen im Zustande der elastischen Beanspruchung.

Zur Bestimmung der Größe einer Oberflächenspannungskomponente, z. B. der Längsspannung σ_l eines zylindrischen Körpers, Abb. 1, sind zwei Röntgeninterferenzaufnahmen mit den Einstrahlungsrichtungen *I* und *II* erforderlich. Die Richtung *I* ist das Lot auf der Oberfläche; die Richtung *II* liegt in der Ebene durch dieses Lot und die Span-

*) Dr. phil., Professor an der Technischen Hochschule Stuttgart.

[1]) *R. Glocker* und *E. Osswald*, Z. f. Techn. Phys. Bd. 16 (1935) S. 238. — *F. Gisen*, *R. Glocker* und *E. Osswald*, Z. f. Techn. Phys. Bd. 14 (1936) S. 145.

[2]) *F. Wever* und *H. Möller*, Arch. f. Eisenhüttenwesen Bd. 5 (1931) S. 215. Naturwissenschaften Bd. 22 (1934) S. 401. — *F. Wever* und *A. Rose*, Mitt. KWI. Eisenforsch. Bd. 17 (1935) S. 33. — *H. Möller*, Arch. f. Eisenhüttenwes. Bd. 8 (1934) S. 213. — *H. Möller* und *J. Barbers*, Mitt. KWI. Eisenforsch. Bd. 16 (1934) S. 21; Bd. 17 (1935) S. 157.

[3]) Die Dehnung $\varepsilon = \frac{\Delta l}{l}$ ist mit guter Näherung gleich $\frac{\Delta l}{l + \Delta l}$; l ursprüngliche Länge, Δl Längenänderung.

nung σ_l. Sie bildet mit dem Lot einen Winkel ψ, wobei zweckmäßig $\psi = 45^0$ gewählt wird. Die gesuchte Spannung σ_l ergibt sich aus den in Richtung *I* und *II* gemessenen Werten der Gitterkonstante (d_I bzw. d_II)

$$\frac{d_\text{II} - d_\text{I}}{d_\text{I}} E = \sigma_l (\nu + 1) \sin^2 \psi', \quad \ldots \ldots \ldots \quad (1)$$

wobei E = Elastizitätsmodul, ν = Poissonsche Konstante ist. Es ist ferner $\psi' = \psi \pm \eta$, wobei η der bekannte Winkel zwischen der Einstrahlungsrichtung und der Normalen der reflektierenden Netzebene ist, vgl. Fußanmerkung [4]).

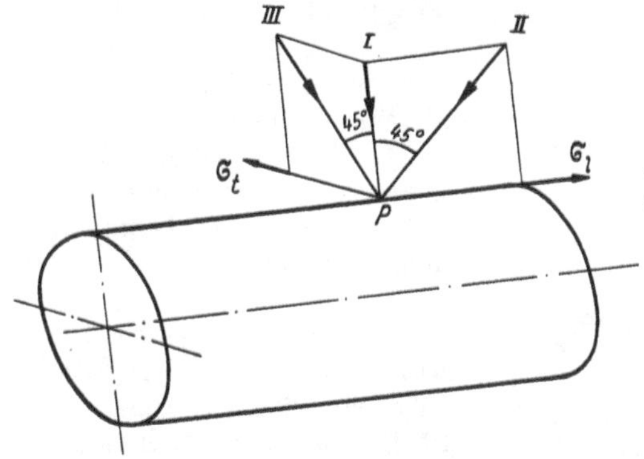

Abb. 1. Aufnahmerichtungen zur Bestimmung der Größe einer Oberflächenspannungskomponente.

In entsprechender Weise wird die Tangentialspannung σ_t, Abb. 1, aus einer Aufnahme in Richtung *III* und der bereits vorhandenen Aufnahme in Richtung *I* erhalten. Zur Ermittlung zweier aufeinander senkrechter Oberflächenspannungskomponenten sind immer drei Aufnahmen nötig, von denen eine senkrecht, die beiden anderen schräg zur Oberfläche einzustellen sind.

Die Messung der Gitterkonstanten erfolgt, wie bei *Wever* und *Möller*, in einer Rückstrahlkammer, deren Strahlengang in Abb. 2 gezeich-

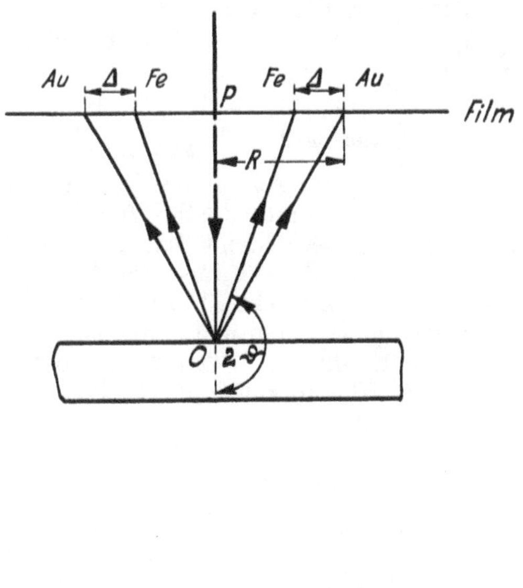

Abb. 2. Messung der Gitterkonstanten.

a)

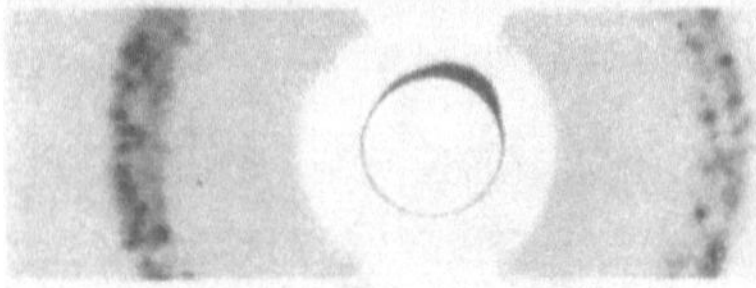

b)

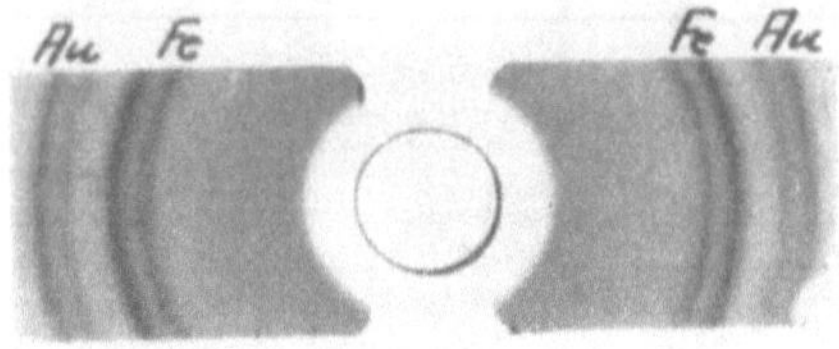

c)

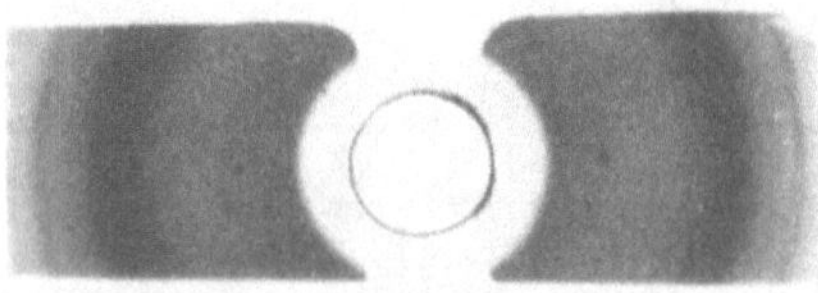

Abb. 3. Ausbildung der Röntgenlinien bei verschiedenen Werkstoffen.
a) Röntgenlinien bei grobkörnigen Werkstoffen, Film nicht bewegt;
b) Doppellinie;
c) diffuse Röntgenlinien; Doppellinie verschwimmt in ein breites Schwingungsband.

net ist. Ein enges Bündel einer Röntgenstrahlung von einheitlicher Wellenlänge fällt bei *O* auf das Werkstück auf. Durch eine Art von Reflexion an den Atomebenen der Kriställchen entstehen Interferenzstrahlen, die auf dem zur Einfallsrichtung senkrechten Film Teile von Schwärzungsringen erzeugen, Abb. 3. Der Durchmesser dieser Ringe hängt nicht bloß von der Wellenlänge und den Atomabständen des betreffenden Kristallgitters, sondern auch von dem Abstand Film—Werkstück ab. Dieser muß sehr genau bekannt sein; er wird am besten nach dem Vorschlag von *Wever* und *Möller* aus der Aufnahme selbst auf folgende Weise bestimmt: Auf der Oberfläche des Stückes wird ein dünner Belag eines Stoffes aufgebracht, der auf dem Film in der Nähe der Interferenzringe des untersuchten Werkstoffes selbst Interferenzringe erzeugt, z. B. Gold bei einer Untersuchung von Eisen mit Kobaltstrahlung der Röntgenröhre, Abb. 2 und 3b. Aus dem Durchmesser $2R$ der Goldringe kann der genaue Abstand des Filmes von der Oberfläche für jede Aufnahme ermittelt werden. Die Änderung der Gitterkonstanten des untersuchten Stoffes ergibt sich aus der Messung des Abstandes Δ der Eisenlinie von der jeweils benachbarten Goldlinie.

Auswertung der Aufnahmen

Die Rechenarbeit bei der Auswertung der Aufnahmen vereinfacht sich auf ein Minimum, wenn man für einen bestimmten Stoff und die benützte Wellenlänge die Beziehung zwischen der gesuchten Gitterkonstante *d* und dem auf dem Film gemessenen Abstand Δ, Abb. 2, für einen Normalabstand Film—Oberfläche ein für allemal ausrechnet. Statt dieses Abstandes wird bequemer der ihm proportionale Goldringdurchmesser $2R$ benützt. So ergibt sich aus Gl. (1) für Eisen und Kobaltstrahlung bei einem Goldringdurchmesser von $2R = 49{,}50$ mm, einem $E = 21000$ und einem $\nu = 0{,}28$ die Spannung σ aus

$$\sigma = -32\,(\Delta_{45} - \Delta_{\perp})\ \mathrm{kg/mm^2}, \qquad (2)$$

wobei die erste Aufnahme senkrecht zur Oberfläche, die zweite unter einem Winkel[4]) von 45° zum Oberflächenlot erfolgt (z. B. *I* und *II* in Abb. 1). Die in Millimetern gemessenen Werte von Δ sind zwecks Reduktion auf den Normalabstand vor dem Einsetzen mit $\frac{49{,}50}{2\,R}$ zu multiplizieren. Die Messung der Linienabstände auf dem Film muß sehr genau vorgenommen werden, bei scharfen Linien am besten bei schwacher, etwa 4facher mikroskopischer Vergrößerung unter Benützung eines Meßschlittens.

Zwei Fälle erfordern eine besondere Behandlung, der grobkörnige Werkstoff und der Werkstoff mit verwaschenen Röntgenlinien. Bei grobkörnigen Werkstoffen wird von dem Röntgenstrahlenbündel nur eine verhältnismäßig kleine Anzahl von Kristalliten getroffen; auf einem nicht bewegten Film, Abb. 3a, treten dann anstatt der Schwärzungsringe einzelne punktförmige Reflexe auf. Bei Senkrechtaufnahmen wurde von *Wever* und *Möller* eine gleichmäßige Schwärzung der Linien durch eine Ausmittlung über eine große Zahl von Reflexen dadurch erzielt, daß der Film während der Aufnahme um die Einfallsrichtung herumgedreht wurde. Bei Schrägaufnahmen sind die beiden Hälften der Aufnahme nicht mehr symmetrisch, so daß eine Drehung um 360° unstatthaft ist. Durch besondere Versuche[5]) wurde ermittelt, daß eine Schwenkung bis zu $\pm 45°$ um die Nullage herum unbedenklich zugelassen werden kann. Schrägaufnahmen an grobkörnigen Werkstoffen sind damit keiner weiteren grundsätzlichen Einschränkung unterworfen.

Diffuse Röntgenlinien, bei denen die Doppellinie, Abb. 3b, in ein breites Schwärzungsband verschwimmt, Abb. 3c, sind bei technisch wichtigen Werkstoffen nicht selten, z. B. bei Hydronalium, bei legierten Stählen u. a. In diesen Fällen ist es zu empfehlen, statt der mikroskopischen Vermessung die Filme mit einem Registrierphotometer mit dem Übersetzungsverhältnis 1:2 zu photometrieren, Abb. 4, und die Abstände der Maxima der Linien auszumessen. Nach besonderen Versuchen[6]) ist dann der Fehler in der Spannungsmessung nicht wesentlich größer als bei scharfen, mikroskopisch gut meßbaren Linien.

---

[4]) Die Richtung der Dehnungsmessung ist immer die Normale auf der reflektierenden Netzebene; diese hat je nach der Wellenlänge und der Art des Kristallgitters eine Winkelneigung η gegen das Oberflächenlot. Es ist in Gl. (1) und (2) z. B. bei Eisen und Kobaltstrahlung, wofür $\eta = 9\frac{1}{2}°$ ist, zu setzen bei Einstrahlung unter 45° zum Oberflächenlot $\psi = 45° + 9\frac{1}{2}°$. Da der Film bei Schrägaufnahmen auf der einen Hälfte Interferenzstrahlen der Richtung $45° + \eta$, auf der andern Hälfte $45° - \eta$ empfängt, so ist nur die der Oberfläche des Werkstückes zugekehrte Filmhälfte auszumessen. (Näheres bei *Glocker* und *Osswald* l. c.)

[5]) Näheres s. bei *Gisen*, *Glocker* und *Osswald*, l. c.

[6]) Die Linienform ist bei Senkrecht- und Schrägaufnahmen bei diffusen Linien verschieden (vgl. *Gisen*, *Glocker* und *Osswald* l. c.).

Abb. 4. Photometrierung von Röntgenlinien.
a) Doppellinie getrennt,
b) Doppellinie bandförmig verwaschen.

Durchbildung der Röntgeneinrichtung

An eine Röntgeneinrichtung für technische Spannungsmessungen ist außer einer vollständigen Strahlungs- und Hochspannungssicherheit noch die Forderung zu stellen, daß das Röntgenstrahlenbündel leicht nach den verschiedenen Richtungen des Raumes hin eingestellt werden kann.

Als Beispiel zeigt Abb. 5 eine solche Anordnung, bestehend aus einem kleinen tragbaren Transformator[7]) und einer damit durch Kabel verbundenen strahlungs- und hochspannungssicheren Röhrenhaube, die an einem gemeinsam mit *E. Schmid*[8]) entwickelten Sonderstativ befestigt ist. Dieses besitzt außer einer Höhen- und einer Horizontalverstellung eine Dreh-

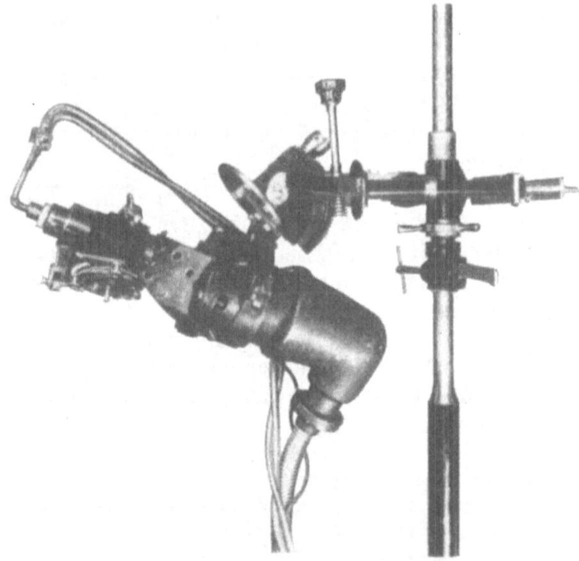

Abb. 5. Ansicht der Röntgeneinrichtung.

möglichkeit um drei verschiedene Achsen. Ein in ein sektorförmiges Schneckenrad eingreifender Trieb ermöglicht einen raschen Übergang von

[7]) Siemens-Feinstrukturgerät (auf Abb. 5 nicht enthalten).
[8]) Berlin-Siemensstadt, Wernerwerk.

einer Senkrecht- zu einer Schrägaufnahme. Die am Kopf der Röntgenröhre befestigte Rückstrahlkammer ist in Abb. 6 noch deutlicher zu sehen. Der Filmträger wird von drei peripher angeordneten Rollen genau zentrisch gedreht. Das aus der Mitte der Kammer herausragende Blendenröhrchen dient gleichzeitig als Hilfsmittel zur Einstellung auf eine gewünschte Richtung. Auf dem Torsionsstab in Abb. 6 ist eine auf dem Stab gut aufsitzende Blechlehre zu sehen, die an ihrer schrägen Kante eine Aussparung erkennen läßt; in diese kommt bei richtiger Einstellung das Blendenröhrchen hineinzuliegen. Vor der Aufnahme wird die Blechlehre entfernt. Dieses Einstellverfahren hat sich bei vielen Versuchen gut bewährt.

Abb. 6. Ansicht der Rückstrahlkammer und der Einstellvorrichtung.

Bestimmung von Hauptspannungen bei unbekannter Lage

Zur Bestimmung der Größe und Richtung von Hauptspannungen bei unbekannter Lage sind insgesamt vier Aufnahmen im elastisch beanspruchten Zustand erforderlich, nämlich eine Senkrechtaufnahme und drei Schrägaufnahmen mit einem Winkel ψ gegen das Oberflächenlot. Aus der Senkrechtaufnahme und einer Schrägaufnahme erhält man zunächst nach Gl. (1) die Größe der Spannungskomponente in der Oberfläche, die in der Ebene durch Strahlrichtung und Oberflächenlot gelegen ist, z. B. σ_x in Abb. 7; die Einstrahlrichtung für die zweite Schrägaufnahme wird so angesetzt, daß sie die zu σ_x senkrechte Oberflächenspannung σ_y liefert. Aus einer dritten entsprechend eingestellten Schrägaufnahme ergibt sich σ_x', und die hierzu senkrechte Spannungskomponente σ_y' folgt aus der Beziehung

$$\sigma_x + \sigma_y = \sigma_x' + \sigma_y' \quad \ldots \ldots \ldots \ldots \ldots (3)$$

Nun kennt man aus der Einstellung den Winkel α zwischen σ_x und σ_x'.

Der unbekannte Winkel φ, den die Richtung σ_x mit einer der beiden Hauptspannungsrichtungen σ_1 bzw. σ_2 bildet, ergibt sich aus dem bekannten Verhältnis

$$V = \frac{\sigma_x - \sigma_y}{\sigma_x' - \sigma_y'} = \frac{\cos 2\varphi}{\cos (2\varphi \pm 2\alpha)} \quad \ldots \ldots \ldots \ldots (4)$$

Diese Gleichung wird am besten graphisch gelöst; der Fall $\alpha = 35^0$ ist in Abb. 8 gezeichnet.

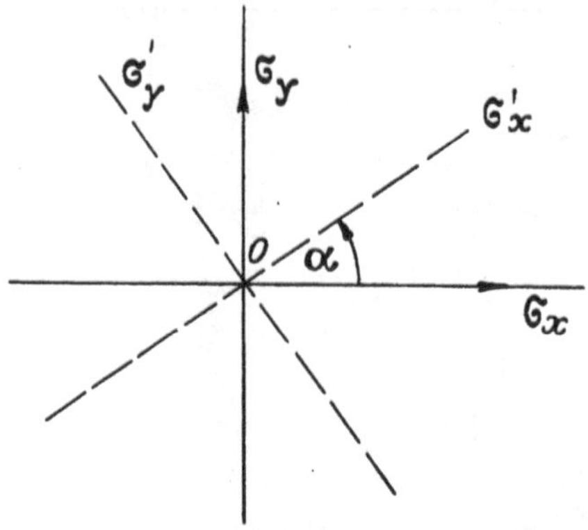

Abb. 7. Bestimmung von Hauptspannungen bei unbekannter Lage.

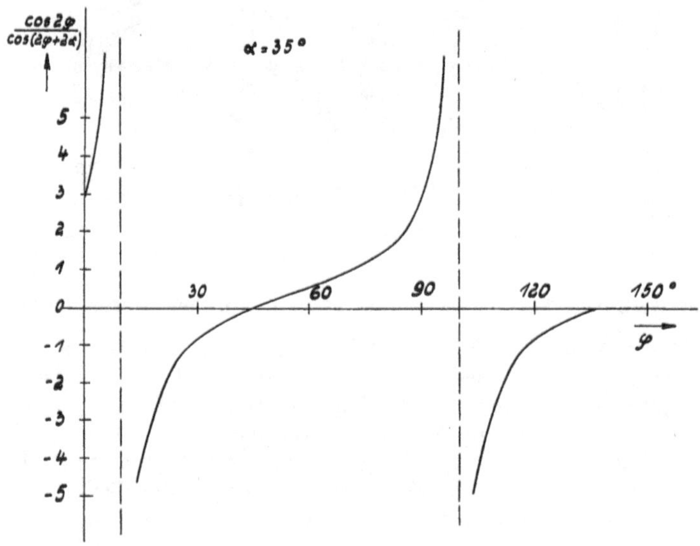

Abb. 8. Graphische Darstellung der Funktion $\frac{\cos 2\varphi}{\cos (2\varphi + 2\alpha)}$ für $\alpha = 35°$.

Im Sonderfall $\alpha = 45^0$ ist einfach

$$V = \mp \operatorname{cotg} 2\varphi \quad \ldots \ldots \ldots \quad (4a)$$

Für die Größe der beiden Hauptspannungen an der Oberfläche σ_1 und σ_2 erhält man die Bestimmungsgleichungen

$$\left.\begin{aligned} 2\sigma_1 \cos 2\varphi &= \sigma_x (1 + \cos 2\varphi) - \sigma_y (1 - \cos 2\varphi) \\ 2\sigma_2 \cos 2\varphi &= -\sigma_x (1 - \cos 2\varphi) + \sigma_y (1 + \cos 2\varphi) \end{aligned}\right\} \quad \ldots \quad (5)$$

Damit ist die Lage der beiden Hauptspannungen und ihre Größe bestimmt. Es kann aber nicht entschieden werden, ob die größere oder kleinere Hauptspannung den Winkel φ mit der gegebenen Richtung σ_x bildet[9]).

Versuchsergebnisse

Von den Versuchsergebnissen wird im folgenden eine Auswahl besonders kennzeichnender Beispiele mitgeteilt werden; diese lassen sich in zwei Gruppen zusammenfassen: Elastische Beanspruchungen durch äußere Kräfte und Eigenspannungen.

Beanspruchung durch äußere Kräfte

Das bisher bekannte Verfahren zur röntgenographischen Bestimmung der Summe der Hauptspannungen konnte auf Verdrehungsbeanspruchung keine Anwendung finden, da hier die Summe der Hauptspannungen an der Oberfläche immer Null ist. Es sei deshalb als erstes Beispiel die Spannungsmessung an einem Torsionsstab aus Kohlenstoffstahl mit 19 mm Durchmesser aufgeführt:

Zahlentafel 1

Messungen an einem Torsionsstab aus Kohlenstoffstahl

Hauptspannung, bestimmt aus je einer Schrägaufnahme auf der Zug- und Druckseite ohne Kenntnis des Nullwertes der Gitterkonstante	11,5 kg/mm²
Hauptspannung, bestimmt auf der Zugseite unter Benützung des Nullwertes der Gitterkonstante	12,6 »
Hauptspannung, bestimmt auf der Druckseite unter Benützung des Nullwertes der Gitterkonstante	11,2 »
Sollwert der Hauptspannung errechnet aus dem aufgebrachten Drehmoment	10,6 »

Zum Vergleich wurden auch Messungen unter Benützung des Nullwertes der Gitterkonstante, der an einem spannungsfrei geglühten Abschnitt bestimmt wurde, ausgeführt. Ein grundsätzlicher Unterschied ist in diesem Fall nicht vorhanden. Die Röntgenwerte liegen im Mittel etwa 1 kg/mm² höher als der errechnete Sollwert.

Ähnliche Messungen wurden an einem sparstoffarmen Kurbelwellen-

[9]) Hierzu ist eine weitere Röntgenaufnahme mit einer bestimmten Einstrahlungsrichtung nötig, vgl. *Glocker* und *Osswald* l. c.; die früher noch erforderliche Kenntnis des Nullwertes der Gitterkonstante ist jetzt überflüssig.

stahl (Chrom-Molybdänstahl) ausgeführt, der völlig verschwommene Röntgenlinien lieferte, wie Abb. 3c zeigt. Die Auswertung erfolgte durch Photometrierung. Die Übereinstimmung der Messung mit den Sollwerten ist gut.

Zahlentafel 2

Messungen an Torsionsstäben aus legiertem Stahl

Durchmesser	Röntgenbestimmung der Hauptspannung aus je einer Schrägaufnahme in Zug- und Druckrichtung (also ohne Benützung des Nullwertes der Gitterkonstanten)	Sollwert (errechnet aus dem Drehmoment)
18,0 mm	11,4 kg/mm²	12,7 kg/mm²
13,0 mm	21,3 kg/mm²	20,1 kg/mm²

Besonders bemerkenswert ist die nunmehr folgende Bestimmung der Randspannung an einem Bohrloch in einer Welle, Abb. 9; hier handelt es sich um Spannungszustände, die sich sehr stark von Ort zu Ort ändern, etwa um 40 kg/mm² auf einer Strecke von 3 mm. Für diese Zwecke ist das Röntgenverfahren ganz besonders geeignet, weil es beliebig kleine Oberflächenbezirke auszumessen gestattet.

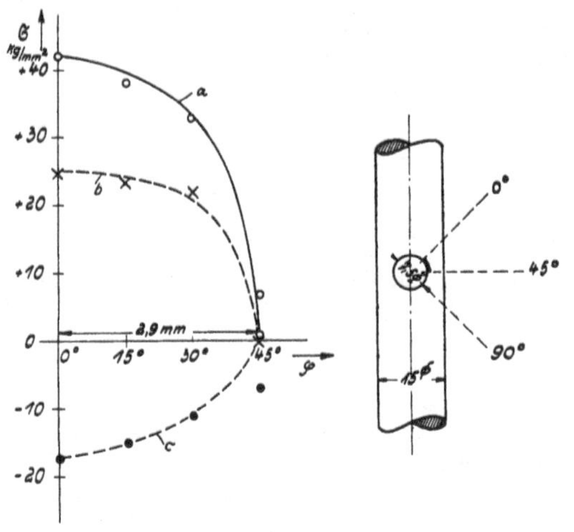

Abb. 9. Meßergebnisse an einer Welle mit Bohrloch:
a) bei rein elastischer Beanspruchung zu erwartende Spannungsverteilung,
b) Ergebnisse der röntgenographischen Spannungsmessung,
c) nach Entlastung verbleibende Eigenspannungen.

In der gemeinsam mit *E. Siebel* durchgeführten Untersuchung wurde in einer Welle von 15 mm Durchmesser aus Kohlenstoffstahl mit 0,6% C und einer Streckgrenze von 33 kg/mm² eine zylindrische Bohrung von 7,5 mm Durchmesser angebracht. Durch längeres Glühen bei 580° C wurden etwa vorhandene Eigenspannungen beseitigt. Um die bei einer Röntgenaufnahme angestrahlte Fläche genau festlegen zu können, wurde eine 1 mm dicke Zellonmaske mit einem Loch von 0,5 mm aufgelegt. Diese Zellondicke genügt, um die sehr weichen Röntgenstrahlen völlig zu absorbieren. Es können also nur die Strahlen einwirken, die von einem Oberflächenbezirk von $^1/_5$ mm², entsprechend einer Kreisfläche von 0,5 mm Durchmesser, ausgehen. Mit Hilfe einer in die Bohrung des Torsionsstabes eingeführten kleinen Glühlampe konnte diese durchsichtige Zellonblende auf jeden gewünschten Punkt des Randes eingestellt werden. Zur Ablesung der Entfernung der einzelnen Meßpunkte auf dem Rand wurde ein gut passender, mit 15°-Teilung versehener Stempel in die Stabbohrung eingeführt. An der Unterseite des Loches der Zellonplatte war ein Zellophanhäutchen mit der dünnen Goldauflage angebracht, so daß ein und dieselbe Goldschicht für alle Aufnahmen verwendet werden konnte. Bei dieser extrem scharfen Ausblendung ist die Expositionszeit naturgemäß groß; sie beträgt mehrere Stunden. Eingestrahlt wurde stets in senkrechter Richtung; der Nullwert der Gitterkonstante wurde an den gleichen Stellen vor der Belastung bestimmt.

Die bei rein elastischer Beanspruchung zu erwartende Spannungsverteilung ist in Abb. 9 als ausgezogene Kurve *a* gezeichnet auf Grund von Versuchen an einem geometrisch ähnlichen dickeren Stab aus dem gleichen Kohlenstoffstahl. Die Spannungsspitze ist viermal so groß wie die Hauptspannung im Vollstab ohne Bohrung. Der in Abb. 9 dargestellte Stab wurde nun absichtlich so hoch beansprucht, daß die errechnete Spannungsspitze von 42 kg/mm² beträchtlich über der Streckgrenze von 33 kg/mm² lag. Die durch Kreuze eingezeichneten Ergebnisse der röntgenographischen Spannungsmessung zeigen, daß die Kurve *b* ziemlich abgeflacht ist und daß die errechneten Höchstwerte bei weitem nicht erreicht werden. Die geringe Änderung der Spannungswerte zwischen 0 und 30° läßt vermuten, daß hier bereits ein Fließen eingesetzt hat. Diese Vermutung wird durch die Messung der nach Entlastung verbleibenden Eigenspannungen bestätigt, Kurve *c* in Abb. 9. Als Folge einer überelastischen Zugbeanspruchung treten erhebliche Druckeigenspannungen auf. Addiert man nun Punkt für Punkt zu den während der Belastung gemessenen Zugspannungen die absoluten Beträge der nach der Entlastung verbleibenden Druckeigenspannungen, so erhält man die Kreispunkte, die mit einer überraschenden Genauigkeit auf der Kurve des Spannungsverlaufes für eine rein elastische Beanspruchung liegen. Die Versuche liefern somit eine ausgezeichnete Bestätigung

Zahlentafel 3

Messungen an einem Stahlrohr unter Innendruck

Versuch Nr.	Winkel der einen Hauptspannungsrichtung		Längsspannung in kg/mm²		Ringspannung in kg/mm²	
	gemessen	Sollwert	gemessen	Sollwert	gemessen	Sollwert
I	36°	45°	11,9	10,3	18,9	20,6
II	24°	25°	10,6		20,4	
III	38°	45°	10,0		20,8	
		Mittel	10,8		20,0	

des Additivitätsgesetzes bei plastischer Verformung und zeigen gleichzeitig die hervorragende Eignung des Röntgenverfahrens zur Bestimmung von Spannungen in fast mikroskopisch kleinen Bereichen.

Zur Erprobung des Verfahrens zur Bestimmung der Größe und Richtung von Hauptspannungen bei unbekannter Lage wurde ein Stahlrohr von 0,80 mm Wandstärke und 30 mm Außendurchmesser mit einer Cailletetschen Öldruckpumpe unter einen Innendruck von 110 at gesetzt. Die Ergebnisse sind in Zahlentafel 3 zusammengestellt.

Die Fehler in der Winkelbestimmung sind größer als in der Messung der Größe der Spannungen; die erzielte Genauigkeit ist durchaus befriedigend. Die Einzelbestimmung weicht vom Sollwert höchstens um den Betrag von 2 kg/mm² ab.

Eigenspannungen

Die zweite Gruppe von Spannungsmessungen befaßte sich mit der Bestimmung von Eigenspannungen durch Abkühlungsvorgänge.

Eine 190 · 145 · 3,8 mm große Platte aus St C 35/61 war durch Zusammenschweißen zweier Teile hergestellt worden. Quer zur Naht wurde die Längs- und die Querspannung einzeln röntgenographisch bestimmt; der gefundene Spannungsverlauf für die Linie *A—N—B* ist in Abb. 10 eingezeichnet. Die Spannungen liegen durchweg unterhalb der Streckgrenze von 35 kg/mm². Die Höchstwerte liegen seitlich der Naht. Dies ist verständlich, da ein beim Schweißen aufgetretenes Verziehen der Teilstücke deutlich wahrnehmbar ist. Der Verlauf der Längsspannung und der Querspannung ist im allgemeinen ähnlich. An den Rändern der Platte erreicht die Längsspannung sehr hohe Werte, die trotz erfolgter Abätzung der Oberfläche möglicherweise auf Bearbeitungswirkungen zurückzuführen sind; sie wurden daher in Abb. 10 nicht eingezeichnet.

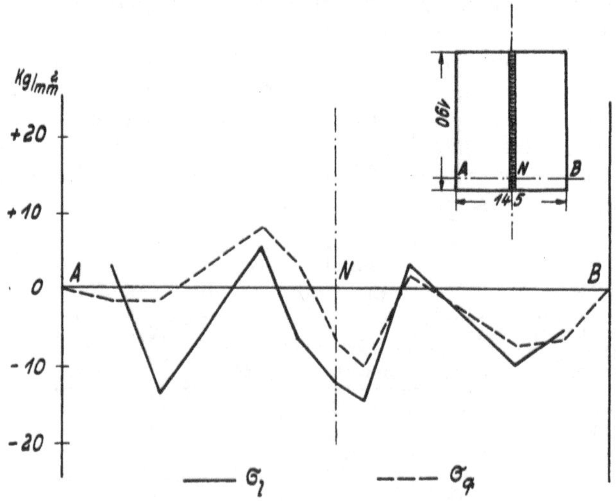

Abb. 10. Röntgenographische Messung der Eigenspannungen quer zu einer Schweißnaht.

Die Aufnahmen wurden mit einer hochbelastbaren, unmittelbar an einer Quecksilberdiffusionspumpe betriebenen Seemann-Universal-Röntgenröhre[10]) hergestellt. Der Abstand des Brennflecks vom Fenster der Röhre beträgt nur 25 mm. Bei 20 mA Stromstärke und 10 mm² bestrahlter Oberfläche betrug die Expositionszeit für eine Aufnahme nur etwa eine Viertelstunde. In den Bezirken mit örtlich rasch wechselnder Spannung wurde auf eine Kreisfläche von 3 mm² ausgeblendet; die erforderlichen Bestrahlungszeiten erhöhten sich dann entsprechend.

In besonderen Versuchsreihen wurden Vergleiche zwischen der aus einer Senkrechtaufnahme und dem Nullwert der Gitterkonstanten erhaltenen Spannungssumme und der von der Einzelbestimmung der beiden Spannungen ohne Benützung des Nullwertes gelieferten Summe der Längs- und Querspannung durchgeführt. An den Stellen der Platte, die der Schweißnaht nicht naheliegen, stimmten die Ergebnisse beider Verfahren innerhalb einer Fehlergrenze von 2 bis 3 kg/mm² überein. In der Umgebung der Schweißnaht ergaben sich aber, besonders bei fortgesetzter Tiefenätzung, grundsätzliche Unterschiede zwischen beiden Bestimmungsarten: während z. B. auf eine Tiefe von ¼ mm die Längsspannung um 4 kg/mm², die Querspannung um 1 kg/mm² abnimmt, ergibt sich aus der Gitterkonstante des spannungsfrei geglühten Abschnittes und einer Senkrechtaufnahme an der Platte eine Zunahme der Spannungssumme um 10 kg/mm². Diese und ähnliche Beobachtungen zeigen, daß die Verwirklichung des spannungsfreien Zustandes durch Ausglühen unter Umständen Gefügeänderungen bewirken kann, die eine Änderung der Gitterkonstante an sich zur Folge haben. Der am ausgeglühten[11]) Stück ermittelte Wert der Gitterkonstante ist gar nicht der wahre Nullwert der Gitterkonstante für den spannungsfreien Zustand. Es ist jetzt verständlich, daß die Diskrepanz beider Verfahren an den Stellen der Platte besonders groß sein muß, wo die größte Erhitzung beim Schweißen aufgetreten ist. Durch das rasche Abkühlen hat sich ein martensitischer Zustand gebildet, dem eine etwas andere Gitterkonstante zukommt als dem durch Ausglühen und langsames Abkühlen erhaltenen Zustand. Beachtet man diese Fehlerquellen nicht, so kann an der Oberfläche des Stückes leicht ein Spannungsgefälle von bis zu 20 kg/mm² auf ¼ mm Tiefe vorgetäuscht werden.

Die hier erwiesene Überlegenheit der Einzelbestimmung von Spannungen ohne Benützung des Nullwertes der Gitterkonstanten kann durch eine weitere Beobachtung belegt werden.

An einer von oberhalb des Umwandlungspunktes abgeschreckten zylindrischen Welle von 75 mm Durchmesser aus St C 25/61 wurde an der Oberfläche an zwei Stellen die Längs- und die Tangentialspannung aus Schrägaufnahmen bestimmt; nach Ausdrehen der Welle auf eine Wandstärke von 5 mm wurden die Aufnahmen wiederholt. Die Summe der beiden Spannungen betrug vorher — 64 kg/mm², nachher — 2 kg/mm².

[10]) Hersteller: Seemann-Laboratorium Freiburg i. Br.

[11]) Bei Herstellung des spannungsfreien Zustandes durch Entnahme eines sehr kleinen Ausschnittes aus dem Stück büßt das Röntgenverfahren einen seiner Hauptvorteile, nämlich ein zerstörungsfreies Prüfverfahren zu sein, ein.

Eine Bestimmung der Spannungssumme nach dem alten Verfahren unter Benützung der Gitterkonstante eines eigenspannungsfrei geglühten Abschnittes ergibt vorher — 43 kg/mm², nachher + 22 kg/mm². Durch die Einzelbestimmung der Spannungen kann mit Sicherheit festgestellt werden, daß diese Werte unzutreffend sind. Die Änderung der Spannungssumme dagegen muß in beiden Fällen praktisch gleich herauskommen, 62 bzw. 65 kg/mm². Eine von *E. Siebel* nach dem Heyn-Sachsschen Ausbohrverfahren durchgeführte mechanische Messung der Spannungsänderung ergibt einen größenordnungsmäßig übereinstimmenden Wert von rund 70 kg/mm².

Gemeinsam mit *E. Siebel* wurden weitere Vergleichsversuche zwischen mechanischer und röntgenographischer Bestimmung von Eigenspannungen an abgeschreckten Wellen unternommen. Dabei hat es sich gezeigt, daß bei beiden Verfahren gewisse Fehlerquellen zu beachten sind: Die mechanische Messung leidet unter der von *Wever* und *Möller*[12]) bereits betonten Schwierigkeit aus dem Dehnungswert der Restdicke auf die Dehnung an der Oberfläche graphisch interpolieren zu müssen. Bei dem Röntgenverfahren der bisherigen Form ist als Fehler vor allem die oben besprochene Unsicherheit des Nullwertes der Gitterkonstante in Betracht zu ziehen. Dazu kommt, daß mitunter einige Zeit nach dem Abschrecken die Gitterkonstante offenbar infolge von Kohlenstoffausscheidungsvorgängen sich allmählich ändert. Beide Fehler können mit Sicherheit ausgeschlossen werden, wenn eine Einzelbestimmung der Spannungen mittels Schrägaufnahmen erfolgt. Unter Beachtung dieser Gesichtspunkte ist eine grundsätzliche Übereinstimmung zwischen Röntgenmessung und Messung nach dem Ausbohrverfahren zu erzielen, wie aus dem in Zahlentafel 4 aufgeführten Beispiel eines von 700° C abgeschreckten Hohlzylinders mit Ferrit-Perlit-Gefüge aus St C 16/61 mit 75 mm Außen- und 20 mm Innendurchmesser hervorgeht.

Zahlentafel 4

Messung der Eigenspannungen in kg/mm² eines Hohlzylinders aus Kohlenstoffstahl

	Röntgenmessung			Mechanische Messung		
	σ_l	σ_q	$\sigma_l + \sigma_q$	σ_l	σ_q	$\sigma_l + \sigma_q$
vor dem Ausdrehen.	— 33,9	— 25,9	— 59,8	— 28,7	— 29,1	— 57,8
nach dem Ausdrehen. . . .	+ 6,6	+ 4,4	+ 11,0	—	—	—
Änderung der Spannungen durch Ausdrehen	40,5	30,3	70,8	35	33,7	68,7

Bei Verteilung der Gesamtspannung auf die beiden Komponenten kommt die Röntgenmessung ein wenig anders heraus, aber die Summe der Spannungen ist bei beiden Meßverfahren gleich. Dabei ist zu bemerken, daß die Extrapolation der Dehnungskurven auf den Oberflächenwert vor dem Ausbohren unter Benützung der aus der Röntgenbestimmung er-

[12]) *F. Wever* und *H. Möller*, Naturwissenschaften Bd. 22 S. 401 (1934). Zur Erklärung der starken Abweichungen ist auch der Einfluß eines unrichtigen Nullwertes der Gitterkonstanten in Betracht zu ziehen.

schlossenen Tatsache, daß als Restspannungen einige kg/mm^2 große Zugspannungen übrigbleiben, vorgenommen wurde. Aus dem Verlauf der Dehnungskurve selbst kann dies nicht entnommen werden. Die Beobachtung der Änderung der Spannungssumme durch Ausdrehen wird dagegen von beiden Verfahren unabhängig voneinander, und zwar mit übereinstimmendem Ergebnis geliefert.

Zusammenfassung.

Zusammenfassend ist zu sagen, daß die röntgenographische Spannungsmessung zwei große Vorteile aufweist, die Zerstörungsfreiheit und die Meßbarkeit in fast mikroskopisch kleinen Bereichen, z. B. in Kerben. Ihr Anwendungsgebiet ist allerdings beschränkt auf die Messung von Oberflächenspannungen. In der hier vorgetragenen Form des Verfahrens zur Einzelmessung von Spannungen werden alle die Gitterkonstante sonst noch beeinflussenden Faktoren ausgeschaltet und damit eine größere Sicherheit des Ergebnisses der Spannungsmessung erlangt.

Welche Forderungen stellt der Statiker und Konstrukteur an die Förderung der Spannungsmeßverfahren?

Von A. Teichmann*)

Vorgetragen am 21. Februar 1936 in Düsseldorf

Die folgenden Bemerkungen sollen zeigen, welche Wünsche von seiten der Flugzeugstatiker und allgemein von seiten der Flugzeugkonstrukteure im Hinblick auf die zukünftige Entwicklung der Spannungsmeßverfahren vorliegen. Dazu ist es notwendig, beiläufig einige erläuternde Ausführungen über die praktische Handhabung von Flugzeug-Festigkeitsnachweisen und über die dafür maßgebenden Gesichtspunkte zu machen. Die Ausführungen beschränken sich auf den Flugzeugbau unter Ausschluß des Triebwerksbaus.

Gegenwärtiger Entwicklungsstand im Versuchswesen der Flugzeugstatik

Da das Fachgebiet des Flugzeugkonstrukteurs und -statikers außer den Fragen der Statik im engeren Sinne auch zahlreiche Fragen der Festigkeitslehre umfaßt, liegt es nahe, anzunehmen, daß das Versuchswesen der Flugzeugstatik bereits heute ein wichtiges Anwendungsgebiet der neuzeitlichen Spannungs- bzw. Dehnungs-Meßverfahren darstellt. Demgegenüber muß aber festgestellt werden, daß gerade im Fachgebiet der Flugzeugstatik bisher keine wesentliche Weiterentwicklung der Meßtechnik gegenüber demjenigen Stand erfolgt ist, der bereits vor etwa fünf und mehr Jahren erreicht war.

Maßgebend für das Zustandekommen des bereits vor Jahren erreichten Entwicklungsstandes war vornehmlich die Aufgabe, in stabartigen Baugliedern die Längskräfte unter gegebener Belastung zu messen. Dazu trat die Aufgabe, den Dehnungsverlauf infolge Biegebeanspruchung über Höhe und Länge stabartiger Bauglieder (Holme, Fachwerkstäbe) zu messen. Weiterhin führte in den letzten Jahren das Aufkommen der Schalenbauweise dazu, Dehnungsmessungen über flächenartige Bauglieder vorzunehmen; dabei handelt es sich einerseits um die Ermittlung der Beanspruchung in den Haut-Versteifungsgliedern, sowie in der Haut selbst längs der Zug-Hauptspannungsrichtung, außerdem aber auch um die Ermittlung des Beanspruchungszustandes in der Umgebung von Ausschnitten und sonstigen Störungsstellen des Kräfteverlaufs. Neuerdings wird ferner die Aufgabe behandelt, die Dehnungskomponenten in Richtung der Druck-Hauptspannung, also senkrecht zur Faltenrichtung der Haut zu messen.

Meßtechnisch ist dieser Entwicklungsstand gekennzeichnet durch die Verwendung von Dehnungsmessern mit Meßlängen von 10, 20, aber auch bis zu 150 mm. In erster Linie handelt es sich dabei sowohl in der Forschung wie in der Praxis um die bekannten Dehnungsmesser nach *Huggenberger* und nach *Staeger* mit Meßlängen von 10 und 20 mm und Übersetzungen in der Größenordnung 1 : 1000. Für Dehnungsmessungen an Verspannungs-

---

*) Dr.-Ing., Deutsche Versuchsanstalt für Luftfahrt E. V., Berlin-Adlershof.

drähten, gelegentlich aber auch an schlanken Stäben, hat sich ferner das Maihak-Gerät mit Meßlängen von 120 bis 150 mm bewährt, bei dem in bekannter Weise die Beanspruchung des Versuchsstücks über die Schwingungsfrequenz einer mit ihm verbundenen Stahlsaite gemessen wird. Bei dieser Gelegenheit sei darauf hingewiesen, daß dieses Gerät neuerdings eine langerwünschte Weiterentwicklung erfahren hat, indem dabei heute an Stelle der rein akustischen Einstellung eine optische Einstellkontrolle benutzt werden kann.

Trotz ihrer weitgehenden Bewährung erfüllen die Dehnungsmesser nach *Huggenberger* und nach *Staeger* noch nicht alle Anforderungen, die im Bereiche der heute üblichen Versuchspraxis der Flugzeugstatik gestellt werden. Für die Benutzung bei Konstruktionsteilen des Flugzeugbaus wäre z. B. die Schaffung entsprechender Geräte mit geringerer Einbauhöhe erwünscht (bei den genannten Geräten 15 cm), die auch an räumlich eingeengten Stellen in Holmen, Rippen u. dgl. untergebracht werden können. Weiterhin wäre es zweckmäßig, Geräte mit vergrößertem Ablesebereich zu schaffen, um bei großen Dehnungen (z. B. bei Fließvorgängen oder bei voller Ausnutzung der in Frage kommenden Zug- und Druckbeanspruchungen) von einem Zurücksetzen oder Umsetzen der Zeiger absehen zu können. Erwünscht wären schließlich auch noch zusätzliche Ableseeinrichtungen, die es gestatten, die Geräte an Stellen zu verwenden, die während des Versuchs nicht mehr zugänglich sind. Ganz allgemein besteht natürlich auch der Wunsch, örtliche Spannungsspitzen zu erfassen und zu diesem Zweck die Meßlängen zu verringern, wenngleich der heutige Entwicklungsstand des Versuchswesens der Flugzeugstatik zeigt, daß diese Verringerung der Meßlängen bis jetzt noch keine zwingende Notwendigkeit geworden ist. Wie die folgenden Ausführungen jedoch zeigen, wird die Forderung kleinerer Meßlängen in Zukunft wesentlich an Bedeutung gewinnen.

Im Gegensatz zu dem Stand, den die Meßtechnik im neuzeitlichen Versuchswesen des Maschinenbaus erreicht hat, fehlt bei dem geschilderten Stand der Flugzeugstatik heute die Messung örtlicher Formänderungszustände über Bereiche einiger Quadratmillimeter, wie sie z. B. erforderlich wird, wenn Anhaltspunkte über die Spannungszustände in verwickelten Werkstücken gewonnen werden sollen. Von vereinzelten Ansätzen abgesehen fehlen dementsprechend in der Flugzeugstatik die an anderen Stellen — besonders auch im Brückenbau — heute laufenden Untersuchungen über die Beanspruchungszustände in Anschluß- und Verbindungselementen, Querschnittsübergängen usw., obwohl gerade solche Stellen besonders gefährdet sind.

Auch haben sich im Versuchswesen der Flugzeugstatik bisher noch keine Untersuchungen über die im fertigen Bauteil auftretenden Eigenspannungen eingebürgert; das gilt sowohl für die Eigenspannkräfte und Eigenspannmomente, die z. B. in ganzen Stäben oder Bauteilen geschweißter Fachwerke auftreten, wie für örtliche Eigenspannungen innerhalb kurzer Bereiche, z. B. in geschweißten Verbindungsstücken, Anschlußlappen usw. (Dieses bezieht sich nicht auf die in verspannten Fachwerkkonstruktionen anzubringenden Vorspannkräfte, für deren Messung wohlbewährte Geräte in Benutzung sind.)

Einfluß der Festigkeitsvorschriften

Die Erklärung dafür, daß die neuzeitlichen Verfahren zur Untersuchung der örtlichen Formänderungszustände sich noch nicht in das Versuchswesen der Flugzeugstatik eingebürgert haben, muß darin erblickt werden, daß die Festigkeitsvorschriften für Flugzeuge vornehmlich auf die Berücksichtigung ausnehmend hoher und dementsprechend seltener Belastungszustände zugeschnitten sind, und daß demzufolge dem Festigkeitsnachweis nur die Festigkeitseigenschaften gegenüber einmaliger Beanspruchung zugrunde gelegt zu werden brauchen. Diese werden aber praktisch weder durch örtliche Spannungsspitzen noch durch Eigenspannungen beeinflußt, da beide Einflüsse nach Überschreiten der Gültigkeitsgrenze des *Hookeschen* Gesetzes in bekannter Weise »abgebaut« werden[1]).

Anderseits sehen die Festigkeitsvorschriften aber auch die Berücksichtigung häufig wechselnder Beanspruchungen und der hierfür maßgebenden Festigkeitseigenschaften gegenüber wiederholter Beanspruchung vor[1]), nur hat diese Forderung mangels näherer Angaben über die anzusetzende Häufigkeit der einzelnen Laststufen bis heute zahlenmäßig noch wenig Bedeutung für die Gestaltung des Festigkeitsnachweises erlangt. Die Erkenntnisse aus den heute laufenden statistischen Beanspruchungsmessungen im Betrieb werden aber aller Voraussicht nach zur Aufnahme von Häufigkeitszahlen für die einzelnen Stufen der Beanspruchung in die Festigkeitsvorschriften führen. Tritt diese Entwicklung ein, so wird sie notwendigerweise zu einer grundsätzlichen Umgestaltung des Versuchswesens führen, indem dann beim Festigkeitsnachweis in höherem Maße als heute die Festigkeitseigenschaften gegenüber wiederholter Beanspruchung berücksichtigt werden müssen.

Solange dem Festigkeitsnachweis vornehmlich die Festigkeitseigenschaften gegenüber einmaliger Beanspruchung zugrunde gelegt werden, genügt der Praxis die Erprobung von Bauteilen mit verwickeltem Beanspruchungszustand durch Bruchversuche einmaliger Belastung ohne nähere Untersuchungen des dem Bruch vorausgehenden Beanspruchungszustandes; in vereinzelten Fällen treten dazu auch Versuche mit wiederholter Belastung, die jedoch durchweg als Tastversuche aufzufassen sind. Sollten demgegenüber in Zukunft grundsätzlich im Festigkeitsnachweis die Festigkeitseigenschaften wiederholter Beanspruchung berücksichtigt werden, so müßten für die verschiedenen Laststufen, denen ein Bauglied ausgesetzt sein wird, die diesen Stufen zukommenden verschiedenen Häufigkeiten berücksichtigt werden; dazu muß weiterhin auch noch in Betracht gezogen werden, daß in Wirklichkeit hohe Spitzenlasten mit niedrigeren Laststufen und beanspruchungsfreien Ruhepausen abwechseln.

Bei solcher Fragestellung des Festigkeitsnachweises steigt die zum vollständigen Festigkeitsnachweis eines Flugzeugs notwendige Versuchs-

---

[1]) Vgl. die Punkte 1007, 1008 und 1015 der Vorschriften für die Festigkeit von Flugzeugen (Januar 1935).

arbeit ganz erheblich über die bisher erforderliche an. Dann muß in höherem Maße als bisher erstrebt werden, die an einem Flugzeugbauteil gefundenen Versuchsergebnisse auch auf andere — wenigstens auf ähnlich geartete Bauteile — zu übertragen; darüber hinaus muß als Endziel angestrebt werden, überhaupt solche Unterlagen über die Festigkeitseigenschaften zu schaffen, die möglichst ohne Einzelversuche eine Vorausbestimmung der Festigkeitseigenschaften für die wiederholte Beanspruchung gestatten.

Wünsche für die Weiterentwicklung der Meßverfahren

Als Vergleichsgröße für die letztgenannte Übertragbarkeit der Versuchsergebnisse von einem auf einen anderen Bauteil bzw. für die Übertragung allgemeiner Unterlagen auf einen bestimmten Bauteil kann neben den reinen Werkstoffeigenschaften und der Oberflächenbeschaffenheit des Versuchsstücks nur der Beanspruchungszustand des Versuchsstücks angesehen werden. Wenn auch zunächst offengelassen werden muß, was im Hinblick auf die Festigkeit bei wiederholter Beanspruchung als Maß für die Beanspruchung anzusehen ist, so steht fest, daß Unterlagen darüber nur durch eingehende Bestimmung der Formänderungen, insbesondere im Bereich der örtlichen Spannungsspitzen, des jeweils vorliegenden Bauteils gewonnen werden können.

Bei den bekannten Schwierigkeiten einwandfreier Spannungs- oder Formänderungsberechnung für verwickelte Bauteile und im Hinblick auf die Unvollkommenheit aller Abschätzungen des Beanspruchungszustandes mittels erfahrungsmäßig gewonnener »Formziffern« muß nach vorangehendem erwartet werden, daß sich die neueren Spannungs- bzw. Formänderungsmeßverfahren zukünftig auch in das Fachgebiet der Flugzeugstatik einbürgern.

Die erste Forderung, die von seiten der Statik im Hinblick auf geeignete Verfahren zur Messung des Formänderungszustandes gestellt werden muß, geht dahin, den Formänderungszustand des Versuchsstücks unter ruhender Belastung zu ermitteln. Soweit es sich um ebene Probleme handelt, Isotropie des Werkstoffes und Gültigkeit des *Hooke-schen* Gesetzes vorausgesetzt werden kann, wird die Behandlung dieser Aufgabe bereits weitgehend durch die bekannten optischen Verfahren mittels durchsichtiger Modellkörper ermöglicht. Dazu tritt in bestimmten Fällen die Möglichkeit, an Stelle der Spannungsfelder gleichartige elektrische Felder, Strömungsfelder, Seifenhäute auszumessen.

Praktisch sind aber die vornehmlich in Frage kommenden Konstruktionsteile (Anschlußglieder, Beschläge, Schäftungen usw.) keine ebenen Gebilde. Man wird sich daher in allen diesen Fällen zunächst durch Dehnungsmessungen längs der Oberfläche der Versuchsstücke zu helfen suchen und ähnlich bekannten Versuchen von *Preuß*, *Rühl*, *Wyss* und *Lehr* mittels Dehnungsmesser, vielleicht auch mittels Meßmikroskops, unter wiederholter Be- und Entlastung des Versuchsstücks an verschiedenen Punkten eine Ausmessung des Formänderungszustandes vornehmen. Damit würden die in neuerer Zeit an verschiedenen Stellen entwickelten Dehnungsmeßgeräte geringerer Meßlänge weitgehend im Gebiet der Flugzeugstatik

Anwendung finden; gedacht wird dabei vornehmlich an die neueren Geräte von *Lehr* und *Cranacher*. Ferner sei auf eine Weiterentwicklung des *Huggenberger* Tensometers hingewiesen; um die Längenänderung von Meßstrecken < 5 mm erfassen zu können, wird bei diesem Gerät die eine Schneide zwischen zwei aufeinanderfolgenden Messungen um eine Strecke $\leqq 5$ mm verschoben; die Längenänderung über diese Strecke ergibt sich dann als Differenz der beiden Ablesungen. (Die Übersetzung bei diesem Gerät beträgt 1 : 2000.)

Bei diesen Untersuchungen kommt ferner die bereits früher in Aussicht genommene Verwendung vergrößerter Modelle der zu untersuchenden Werkstücke in Frage, so daß auch die bisher eingebürgerten Dehnungsmeßgeräte Verwendung finden können.

Die Durchführung solcher langwierigen Versuche, wie sie das Ausmessen von Formänderungsfeldern mittels Dehnungsmesser darstellt, kommt natürlich nur in vereinzelten Fällen in Frage. Erwünscht ist deshalb die Entwicklung anderer Meßverfahren, bei denen ein wiederholtes Umsetzen der Meßgeräte erspart wird, selbst wenn dabei eine Verringerung der Meßgenauigkeit in Kauf genommen werden muß. Meßfehler von $\pm 10\%$ dürften keine wesentliche Rolle spielen. Vielleicht kommt hier neben röntgen- und photographischen Verfahren auch das Lackverfahren nach *Maybach* in Frage.

Die nächste Forderung, die von seiten des Statikers zu stellen ist, geht dahin, an Stelle zweidimensionaler Dehnungsmessungen auch die dritte Dehnungskomponente zu erfassen und allgemein die Dehnungsmessungen längs der Oberfläche durch Dehnungsmessungen im Innern des Versuchsstückes zu ergänzen.

Ähnliches wie für die besprochenen Dehnungsmessungen unter bekannter ruhender Belastung gilt für die versuchsmäßige Bestimmung von Eigenspannungen.

Die Bezugnahme auf den Formänderungszustand unter ruhender Belastung zwecks Abschätzung der Festigkeitseigenschaften bei zeitlich veränderlichen Beanspruchungszuständen setzt voraus, daß die Formänderungs- und Beanspruchungszustände unter ruhender Last gleich denjenigen sind, die sich bei den z. T. schnell einsetzenden und abklingenden Belastungszuständen des Betriebes ausbilden. Denkbar ist es aber, daß in vielen Betriebszuständen örtliche Spitzenwerte des Formänderungszustandes gar nicht erst zur Ausbildung gelangen, anderseits aber auch, daß ein »Abbau« der Spannungsspitzen durch verstärkte Inanspruchnahme der zunächst niedriger beanspruchten Nachbarstellen bei schnell veränderlicher Belastung noch nicht zustande kommt.

Die umgekehrte Fragestellung kann sich ergeben, wenn die Festigkeitseigenschaften eines Werkstückes für langsam veränderliche Betriebszustände zwecks Abkürzung der Versuchsdauer in schnellaufenden Prüfmaschinen untersucht werden sollen.

Zur Beantwortung der Frage, welche Kräfte überhaupt bei schnell veränderlichen Betriebszuständen auftreten, wurde das bekannte DVL-Ritzgerät entwickelt. Bei Meßlängen normalerweise von 50 bis 400 mm, nötigenfalls auch darunter bis 25 mm, dient dieses bewährte Gerät nicht zur Erfassung örtlicher Formänderungszustände im Bereich weniger Quadratmillimeter. Auch muß die Frage gestellt werden, ob bei kurzzeitiger Beanspruchung, z. B. beim Rückstoß von Geschützen, noch mit einer gleichmäßigen Längenänderung der Versuchsstücke zwischen den Schneiden des Ritzgerätes gerechnet werden kann.

Nach dem Vorangegangenen benötigt also das Versuchswesen der Flugzeugstatik in Zukunft auch Geräte und Verfahren zur Messung des örtlichen Formänderungszustandes während *veränderlicher* Belastung, zunächst wenigstens an der Oberfläche der Versuchsstücke. Damit ist auch der Flugzeugstatiker an der Verwendung von Geräten interessiert, wie sie zur Zeit in der Triebwerksforschung entwickelt werden; dieses elektrisch arbeitende Gerät mit einer Meßlänge von 10 mm wird auch der Forderung genügen, daß die Messungen nicht nur im Laboratorium sondern auch im Betrieb möglich sein müssen. Geräte mit einer geringeren Meßlänge sind noch nicht bekannt.

Die Notwendigkeit zur Messung schnell veränderlicher, insbesondere stoßartiger Beanspruchungszustände beschränkt sich keineswegs auf die vorangehend ausführlich besprochenen *häufigen* Beanspruchungszustände; denn bei den seltenen Spitzenlasten werden plastische Formänderungen erreicht, und gerade im Bereich der Plastizität ist es wesentlich, ob die Beanspruchung schnell oder langsam wechselt. Beanspruchungszustände solcher Art ergeben sich z. B., wenn zu den Beanspruchungen beim Abfangen eines Flugzeugs die Wirkung einer Böe oder der Rückstoß eines Geschützes hinzutritt.

In das Gebiet der Formänderungsmessungen gehört schließlich auch noch die Frage, wie bei den üblichen Festigkeitsversuchen mit wiederholter Beanspruchung das *erste Einsetzen von Ermüdungsbrüchen* in einwandfreier Weise festgestellt werden kann. Daran schließt sich weiterhin die Aufgabe, festzustellen, in welchem Maße in einem Bauglied bereits Ermüdung eingetreten ist, also wieviel Lastwechsel der Bauteil voraussichtlich noch aushalten wird.

Verfahren zur Beurteilung dieser Fragen werden bereits heute im Versuchswesen der Flugzeugstatik benötigt; denn häufig werden Bauteile zu Bruch gegangener Flugzeuge zur Durchführung nachträglicher Versuche mit wiederholter Beanspruchung vorgelegt. Ergeben sich dann an einem solchen Versuchsstück ausnehmend geringe Festigkeitswerte, so besteht die Möglichkeit, ungünstige Festigkeitseigenschaften fälschlich auf ungeeignete Formgebung oder auf ungeeigneten Werkstoff zurückzuführen, während in Wirklichkeit der Bauteil vielleicht infolge unbekannter Ursachen dauernd be- und entlastet wurde und aus diesem Grunde bereits nahe an seiner Ermüdungsgrenze ist. (Anläßlich ähnlicher Fragestellung entwickelte Prüfverfahren beschränken sich auf das Aufsuchen bereits eingetretener Dauerbruchansätze oder anderer Anrisse.)

Auch wird die Einführung bestimmter Häufigkeitszahlen der Beanspruchung in den Festigkeitsnachweis zukünftig die Frage nahelegen, wie lange ein in Betrieb stehendes Flugzeug noch benutzt werden darf, bis eine Erschöpfung seiner Festigkeitseigenschaften zu befürchten ist. An ein solches Verfahren, das die Nachprüfung des nach wiederholter Beanspruchung erreichten Ermüdungsgrades gestattet, müßte also auch die Forderung gestellt werden, daß es am fertigen Flugzeug benutzt werden kann, ohne daß dort zerstörende Eingriffe erforderlich sind.

Der Zweck der vorangegangenen Ausführungen bestand darin, im Anschluß an die Vorträge über die heute bestehenden Spannungs-Meßverfahren auf die Erfordernisse eines bestimmten Anwendungsgebietes, nämlich der Flugzeugstatik — worin entsprechend der heute üblichen Ausdrucksweise die Frage nach den Festigkeitseigenschaften bei ein- und mehrmaliger Beanspruchung einbegriffen ist —, einzugehen. Es muß festgestellt werden, daß in diesem Anwendungsgebiet die Meßtechnik noch nicht so weit durchgebildet ist, wie z. B. in der neuzeitlichen Festigkeitsforschung des Maschinenbaus. Demgegenüber ist aber in der Flugzeugstatik bereits heute die Fragestellung wesentlich vielseitiger als in anderen Anwendungsgebieten. Im Hinblick darauf wäre es zu wünschen, daß in Zukunft häufiger Aussprachen zwischen Flugzeugstatikern und Vertretern der Werkstoffprüfung und Meßtechnik stattfänden; denn der Flugzeugbau kann nur dann die gestellten Leistungsforderungen erfüllen, wenn die Unterlagen gegeben werden, um bei der Bemessung jedes einzelnen Baugliedes bis an die Grenzen der möglichen Beanspruchung gehen zu können.

Erfahrungen beim Anlassen der Motoren des Luftverkehrs

Von W. Jellinghaus*)

Vorgetragen am 4. Dezember 1935 in München

Zweckentsprechende Anlaßeinrichtungen sind eine selbstverständliche Voraussetzung für die Abwicklung eines planmäßigen Luftverkehrs. Dieser kurze Bericht unserer Erfahrungen beim Anlassen schildert zuerst die derzeitigen Anlaßverfahren und geht danach auf die allgemeinen Schwierigkeiten beim Anlassen sowie auch kurz auf die besonderen der Dieselmotoren ein.

Anlaßverfahren

Das Durchdrehen der Motoren von Hand an den Luftschrauben ist aus dem Luftverkehr verschwunden. Das Anlassen mit Preßluft wird zum Teil noch bei einigen älteren Reihenmotoren sowie bei den Dieselmotoren benutzt. Die luftgekühlten Sternmotoren, welche zur Zeit 80% unseres gesamten aktiven Motorenparks ausmachen, werden ausschließlich mit elektrischen Schwungkraftstartern angelassen. Wenden wir uns zuerst dem

Anlassen mittels Preßluft

zu. Die Luft beziehen wir in Stahlflaschen mit 40 l Inhalt und 150 at Überdruck im Handel. Die Preßluftflaschen werden auf besonderen Wagen an das Flugzeug herangefahren und über den Außenbordanschluß mit der Bedienanlage im Führersitz verbunden. Das Gewicht des im Flugzeug fest eingebauten Teils der Anlage beträgt für ein mit zwei 650 PS starken Zwölfzylinder-Reihenmotoren ausgerüstetes Flugzeug 18 kg, das sind 1,7% des Gewichts der Motoren. Ein Bordvorrat an Preßluft ist darin nicht enthalten. Das Flugzeug ist beim Anlassen mit Preßluft stets auf fremde Hilfe angewiesen. Nur in einigen älteren Mustern, welche pneumatische Radbremsen besitzen, ist ein selbständiges Anlassen ohne Bodenhilfe in beschränktem Umfange möglich. Die Entwicklung führt aber eben aus dem Wunsch, unabhängig zu werden, auch bei den Bremsen von der pneumatischen zur hydraulischen Betätigung.

Die Bevorratung der Flughäfen mit Preßluft macht in weniger industrialisierten Staaten große Schwierigkeiten. Außerdem hat die Preßluft folgenden Nachteil. Wir haben in unserem Betrieb des öfteren Kolben- und Ventilschäden feststellen müssen, die auf die Abschreckwirkung der durch Expansion erheblich abgekühlten Preßluft zurückzuführen waren. Das Anlassen noch heißer Motoren läßt sich im Verkehrsbetrieb jedoch nicht vermeiden. Eine Anwärmung der Luft stellt eine erhebliche Komplikation dar. Die Borderzeugung von Druckgas durch Kompressoren oder Pulverpatronen haben wir nicht eingeführt. Wir möchten unsere beson-

*) Dipl.-Ing., Deutsche Lufthansa A.G.

deren Sorgenkinder, wie Kolben und Ventile, ganz von schädlichen Einflüssen durch den Anlaßvorgang befreit wissen. So sind wir trotz des geringeren Gewichtes und des geringeren Raumbedarfes von der Preßluft abgekommen.

Mehr und mehr haben sich in den letzten Jahren die elektrisch angetriebenen

Schwungkraftstarter

durchgesetzt. Die Einführung wurde durch den gleichzeitig steigenden Strombedarf der Verkehrsflugzeuge — in erster Linie für die Funkstationen — wesentlich beschleunigt. Ein nicht für besonders lange Strecken bestimmtes Verkehrsflugzeug benötigt heute für den Betrieb seiner Sender, Empfänger, Peilanlagen, Beleuchtungen usw. bereits eine Lichtmaschine von 600 W sowie außerdem zur Deckung des Spitzenbedarfs und zur Pufferung eine Batterie von 38 bis 50 Ah bei einer Spannung von 24 V. Eine solche Batterie genügt bei entsprechendem Aufbau unter üblichen Witterungsverhältnissen zum Anlassen der Motoren. Wird mehrmals angelassen, weil ein Motor nicht gleich anspringt oder weil die Motoren nach der Probe zum Einsteigen der Gäste wieder abgestellt wurden, so ist allerdings während der ersten Viertelstunde des Fluges mit einer geringeren Stromstärke zu rechnen. Dies ist zur Not angängig, da während dieser Zeit der Funkverkehr nur mit dem noch nahen Abflughafen aufrecht erhalten werden muß. Zur Schonung der Bordbatterien benutzen wir trotzdem auf allen größeren Häfen zum Anlassen besondere Batterien, die, wie die Preßluftwagen, an das Flugzeug herangefahren werden. Das Laden solcher Batterien ist überall weitaus einfacher und billiger als die Beschaffung verdichteter Luft zu erreichen. Die bei uns verwendeten elektrischen Schwungkraftstarter — Lizenz Eklipse — sind im Laufe der Jahre zu recht zuverlässigen Geräten durchentwickelt worden. Ihr Hauptnachteil ist ihr hohes Gewicht; dies beträgt einschließlich Zuleitung, jedoch ohne jeden Batterieanteil, 19 bis 25 kg, also ungefähr 4 bis 5% des trockenen Motorgewichts.

Die räumliche Unterbringung macht bei Reihenmotoren noch Schwierigkeiten. Hier ragt der Starter meist weit aus dem Umriß des Motors heraus. Die Schwungmasse des Starters wird in 10 s auf 15000 U/min gebracht. Dann wird sie mittels eines Magnetschalters mit dem Motor gekuppelt. Neuerdings kuppeln wir die Betätigung der Summer-Anlaßzündung und der Einspritzanlage mit der Schalteinrichtung des Starters. Der Maschinist bekommt dadurch die zweite Hand für die Bedienung des Gashebels und gegebenenfalls des Höhensteuers frei. Außerdem kann so nur bei laufendem Motor eingespritzt werden, so daß ein Abwaschen des Schmierfilms durch übertriebenes Einspritzen vermieden wird.

Schwierigkeiten beim Anlassen

Mit dieser Anlaßeinrichtung haben wir unter üblichen Witterungsbedingungen, d. h. bei über $+5^0$ bis $+10^0$ C Außentemperatur, keine besonderen Schwierigkeiten. Sowie es aber kälter wird, beginnen die Anlaßschwierigkeiten. Bei Temperaturen unter 0° ist sicheres Anlassen ohne Bodenhilfe heute nicht gewährleistet.

Betrachten wir die Schwierigkeiten etwas näher.

Unsere heutigen Flugmotoren benötigen ein Schmieröl, das bei einer Öleintritts-Temperatur von 70° C noch eine Viskosität von 7° Engler besitzt. Bei 20° beträgt die Viskosität etwa 120 Englergrade, bei + 5° liegt sie schon ungefähr bei 1000 Englergraden. Hierdurch sind die Schwierigkeiten in erster Linie bedingt.

Wir können nicht damit rechnen, daß die Flugzeuge in Hallen untergestellt werden. Es ergibt sich also die Notwendigkeit, die Motoren im Freien, d. h. in den Breiten unseres Luftverkehrsnetzes, gelegentlich auch bei —30° C und darüber, sicher anzulassen. Mit der fallenden Temperatur und steigenden Viskosität des Schmieröls wächst das von der Anlaßeinrichtung aufzubringende Losreiß- bzw. Durchdrehmoment erheblich. Öle mit wesentlich flacheren Viskositätskurven gibt es jedoch nicht. Bei —15° C liegt der Stockpunkt der heutigen Flugmotoröle. Anlasser, die stark genug sind, trotz erstarrten Schmieröls eine zur Bildung zündfähigen Gemisches genügende Durchdrehgeschwindigkeit zu erreichen, würden bei dem heutigen Stand einen unverhältnismäßig hohen Gewichtsaufwand bedeuten. Es fragt sich, ob dies, selbst wenn es in erträglichen Grenzen gelänge, der richtige Weg ist.

Schon bei Temperaturen um 0° treten erhebliche Schwierigkeiten auf. Es gelingt dabei noch, mit den heutigen Einrichtungen einen Motor in Gang zu bringen. Mit Rücksicht auf die Betriebssicherheit und Wirtschaftlichkeit unserer Triebwerke müssen wir aber nicht nur für planmäßiges Anlassen sorgen, sondern auch darauf sehen, daß das Anlassen ohne Schaden für den Motor sowie mit einem vernünftigen Aufwand geschieht. Dies ist ohne weiteres ab 0° nicht mehr der Fall. Beim Anlassen stark abgekühlter Motoren besteht die Gefahr, daß die Ölpumpe das in der Saugleitung erstarrte Öl nicht ansaugt und die Schmierung versagt. In einigen Fällen sind die Ölpumpenantriebe gebrochen, da der Widerstand auf der Druckseite zu groß war. Die auf Schleuderöl angewiesenen Schmierstellen erhalten erst, wenn der Motor langsam warm wird, genügend Öl. Die Kolbenringe kleben in den Nuten und dichten nicht ab. Kurz, es entstehen derartig viele Gefahrenquellen für den Motor, daß wir alles versuchen müssen, das Anlassen kalter Motoren zu vermeiden.

Wir sind zu der Ansicht gekommen, daß es keinen Wert hat, Anlaßvorrichtungen zu besitzen, die den kalten Motor in Gang setzen. Das Warmlaufenlassen des kalten Motors ist außerdem eine kostspielige Angelegenheit. Eine dreimotorige Junkers Ju 52, die bei — 10° C ½ bis ¾ Stunden vor dem Start warmläuft, bis die Öltemperatur auf 40° gestiegen ist, verbraucht dabei rd. 100 bis 150 l bestes Fliegerbenzin. Die drei Triebwerke einschließlich ihres Ölvorrates wiegen etwa 2000 kg. Bei einer durchschnittlichen spez. Wärme von 2,20 sind für eine verlustlose Aufheizung um 60° 24000 kcal notwendig, das entspricht dem Heizwert von 2,4 l Benzin. Bei einem Wirkungsgrad von 20% würden 12 l notwendig sein.

Vorwärmung der Triebwerke

Zur Vorwärmung der Triebwerke haben wir nun verschiedene Bodengeräte entwickelt. Das Schmieröl im Tank wärmen wir allgemein mit elektrischen Tauchsiedern von rd. 1,6 kW Anschlußwert auf. Während die flüssigkeitsgekühlten Motoren noch durch Auffüllen heißer Kühlmittel angewärmt werden, blasen wir die luftgekühlten Motoren, bei denen gemäß ihrem Konstruktionsprinzip ein möglichst guter Wärmeübergang gesichert ist, mit Warmluft an.

Abb. 1. Vorwärmgerät der Deutschen Lufthansa.

Vorwärmgerät

In Abb. 1 ist ein Vorwärmgerät mit Benzinfeuerung zu sehen, welches in letzter Zeit entwickelt wurde. Das Gerät bläst die Motoren mit Warmluft von 100 bis 150° C an und hat eine Wärmeleistung von 150000 kcal/h bei einer Windleistung von 50 m³/min. Der Anschlußwert der Ventilatormotoren beträgt 2,5 kW. Im Kältetunnel der Technischen Hochschule Charlottenburg bei Prof. *Königer* haben wir Versuche über die Anwärm- und Abkühlungszeit sowie die Wärmeaufnahmefähigkeit des Hornet-Motors machen lassen. Die Anwärmzeit von —20° auf +20° im Ölsieb des Motors beträgt rd. 25 min. Kürzere Zeiten werden so auch bei luftgekühlten Motoren mit großen Kühlflächen im Verhältnis zum Motorgewicht nur durch unzulässig hohe Anblasluft-Temperatur zu erreichen sein. Man sieht aus Abb. 2, wie die Wärmeaufnahme mit fallender Temperatur sinkt.

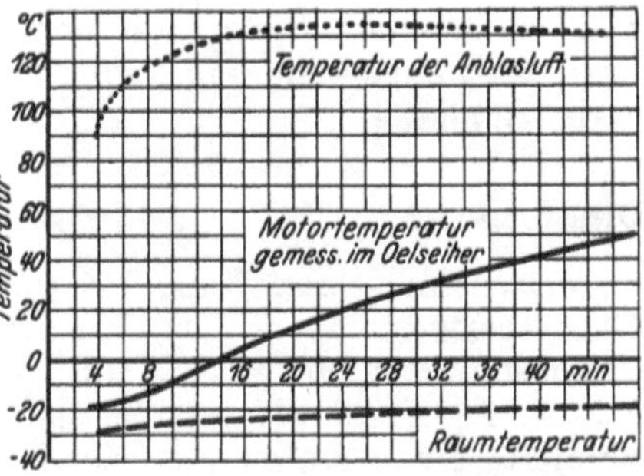

Abb. 2. Aufwärmtemperatur eines luftgekühlten Flugmotors (Hornet) in Abhängigkeit von der Zeit.

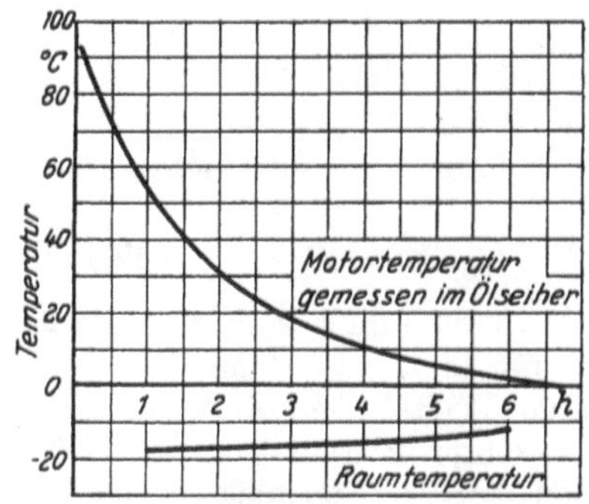

Abb. 3. Abkühlungstemperatur eines luftgekühlten Flugmotors (Hornet) in Abhängigkeit von der Zeit. (Nach Versuchen von Prof. *Königer*.)

Die Wärmeaufnahmefähigkeit der Triebwerksanlage ist beschränkt. Besonders bei flüssigkeitsgekühlten Motoren macht eine schnelle Aufheizung erhebliche Schwierigkeiten. In vielen Fällen wird es deshalb empfehlenswert sein, zur Sicherung steter Betriebsbereitschaft Vorrichtungen zu besitzen, mit denen die Anlagen dauernd auf einer gewissen Temperatur gehalten werden können. Bei Benutzung guter wärmeisolierender Schutzbezüge kann man so voraussichtlich mit geringen Heizleistungen auskommen.

Die Abkühlung des Motors ist aus Abb. 3 zu erkennen. Hiernach kühlt der Motor in 3 h auf etwa +20° ab, sofern er, wie im Tunnel, vor Wind durch Decken geschützt wird. Die Temperatur der Umgebung betrug bei den Versuchen etwa —15 bis —20° C.

Versuchsweise haben wir in eine Ju 52 mit drei Jumo 205-Dieselmotoren elektrische Wärmegeräte für Schmieröl und Kühlwasser fest eingebaut. Die Heizkörper besitzen Wärmefühler, welche den Strom beim Überschreiten einer gewissen Temperatur abschalten und bei Unterschreiten eines etwas niederen Wertes wieder einschalten. Das Gewicht des im Flugzeug fest eingebauten Teils der Anlage beträgt 18 kg, der Anschlußwert 12 kW.

Die Entwicklung der Vorwärmgeräte befindet sich noch in den Anfängen. Zur Sicherung des Anlassens bei kaltem Wetter und zur Schonung der hochgezüchteten Motoren erscheint uns dieser Weg jedoch am aussichtsreichsten. Um einen einigermaßen ruhigen Lauf des Motors nach dem Anlassen, so lange die Auspuffvorwärmung noch nicht wirkt, zu erhalten, ist die Sicherung eines überreichen Benzin-Luftgemisches notwendig. Leider besitzen wir noch keine Flugmotorenvergaser mit Anlaßvergaser-Einrichtung wie bei den Kraftwagen, die für den Anlaßvorgang ein reicheres Gemisch liefern, als für den Leerlauf zulässig ist. Die seit langem erstrebte Vergrößerung der Spanne zwischen Verrußung und Glühzündung bei den Zündkerzen würde das Anlassen ebenfalls erleichtern.

Was die Anforderungen bezüglich des Anlassens an den Brennstoff betrifft, so verlangen wir, daß 5% unter 70° verdampfen. Diese Forderungen werden von den heutigen Benzinen ohne Schwierigkeiten eingehalten.

Eine besonders schwierige Anlaßfrage bildet das

Anlassen der Dieselmotoren

Es handelt sich um die Junkers-Zweiwellenmotoren Jumo 204 und Jumo 205, von denen der Jumo 205 gleitgelagerte Pleuel- und Grundlager besitzt. Zur Zeit benutzen wir für unseren Park von etwa 20 aktiven Dieselmotoren fast ausschließlich Preßluft. In einem Flugzeug befindet sich zur Zeit ein elektrischer Schwungkraftstarter in Erprobung. Zur Erleichterung des Anspringens geben wir, während die Preßluft durch die Anlaßventile in die Zylinder geleitet wird und den Motor durchdreht, ein Gemisch von Gasöl, Schmieröl und Äther in den Spülkanal. Die Selbstzünd-Temperatur wird durch den Ätheranteil wesentlich herabgesetzt. Zur besseren Abdichtung der Kompressionsräume hat es sich als vorteilhaft herausgestellt, vor dem vollen Anlaßvordruck mit der Anlaßluft etwas Schmieröl in die einzelnen Zylinder zu verteilen. Dies birgt allerdings die Gefahr von Explosionen in den Anlaßleitungen bei Benutzung zu großer Drücke in sich.

Besonders bei Motoren mit großem Feuerringspiel machte es Schwierigkeiten, in allen Zylindern eine für die Selbstzündung genügende Kompression zu erhalten. Durch die Eigenart der Junkersschen Feuerringkonstruktion ist im kalten Zustand das Verdichtungsverhältnis wesentlich kleiner, da praktisch der Raum zwischen Feuerring und oberstem Kolbenring zum Kompressionsraum hinzukommt. Die Auskühlung der Motorzylinder durch die sich entspannende Preßluft ist natürlich dem Erreichen einer Selbstzündung ebenso wenig dienlich, wie der Bildung eines explosiblen Benzin-Luftgemisches. Wir hoffen deshalb, in absehbarer Zeit auch bei den Junkers-Dieselmotoren zu Starteinrichtungen zu kommen, welche am Kurbeltrieb angreifen. Ein in Erprobung befindlicher Schwungkraftstarter für den Jumo 205-Motor wiegt zur Zeit 23 kg oder 4,5% des Motorgewichts und benötigt eine Batterie von 60 Ah, die einen größten Anlaßstrom von 600 A hergeben kann.

Diese Motoren sind außerdem mit Einrichtungen ausgerüstet, welche es gestatten, vor dem Anlassen des Motors hinter der Ölpumpe heißes Öl in den Motor zu drücken. Dies hat sich auch bei anderen Motoren als zweckmäßig herausgestellt, um die in den Motoren befindlichen Kammern, welche nach dem Abstellen leerlaufen, aufzufüllen und so so schnell als möglich Öldruck an allen darauf angewiesenen Schmierstellen zu besitzen. Leider besitzen die wenigsten Motoren derartige Anschlußmöglichkeiten. Auch mit Rücksicht auf die Lagerentwicklung erscheint dies erstrebenswert. Die Lager werden schmäler, teilweise werden auch die Spiele größer. Solche Lager halten das Öl nach dem Abstellen wesentlich schlechter und werden darum zweckmäßig vor dem Anlassen wieder aufgefüllt. Es ist deshalb zu überlegen, mit welchen Mitteln es möglich ist, den Ölkreislauf des Motors vor dem Anlassen in Tätigkeit zu setzen, indem durch eine Vorrichtung heißes Öl vom Tank durch den Motor und wieder zurück gepumpt wird. Hierdurch wäre eine Beschleunigung der Anwärmung sowie eine Schonung der Lager zu erreichen. Für den Motorbauer sind damit die günstigsten Verhältnisse geschaffen; denn an dem Verschleiß vieler Teile haben die Bodenlaufzeiten einen prozentual wesentlich höheren Anteil als die Flugstunden.

Ich hoffe, einen kleinen Einblick in die kleinen und großen Sorgen beim Anlassen der Motoren gegeben zu haben. Betriebsmänner haben sich in der letzten Zeit mit diesen Fragen eingehender beschäftigt, nachdem sie feststellen mußten, daß der Motoren-Konstrukteur ihnen in absehbarer Zeit keine Motoren liefern wird, die, ohne Schaden zu nehmen, in stark unterkühltem Zustand angelassen werden können. Die Motoren-Konstrukteure sollten sich dieser Sorge mehr als bisher annehmen und die Arbeit des Flugbetriebsmannes durch geeignete Vorkehrungen erleichtern. In der Hochzüchtung unserer Motoren liegt eine Gefahr für die Bereitschaft, wenn die Anlaßfragen nicht rechtzeitig gelöst werden.

Stand und Ziele der Forschung zur Frage der Gestaltfestigkeit der Kurbelwelle

Von K. Lürenbaum*)

Vorgetragen am 4. Dezember 1935 in München

Für die Beurteilung der Betriebssicherheit eines Bauteiles ist die Kenntnis folgender Einflußgrößen notwendig und hinreichend:

1. Die Betriebsbelastung, d. h. das Feld der äußeren Kräfte und Momente;
2. die Gestaltfestigkeit des naturgroßen Bauteiles, d. h. diejenige Größe der Belastung, die von dem Bauteil für eine bestimmte, z. B. beliebig lange Zeitdauer ohne Bruch ausgehalten wird.

   Der Begriff der Gestaltfestigkeit enthält als maßgebliche Einflußgrößen einerseits den Werkstoff, anderseits die Form des Bauteils bzw. das in ihm herrschende Spannungsfeld. Erst das Zusammenwirken von Werkstoff und Form bestimmt die Gestaltfestigkeit.

Durch den Abbau der Betriebsbelastung und durch die Steigerung der Gestaltfestigkeit sind die Wege gekennzeichnet, die zu einer Steigerung der Leistung des Bauteils führen.

Betriebsbelastung der Kurbelwelle

Die Forschungsarbeiten der letzten Jahre über den Bauteil Kurbelwelle befaßten sich fast ausschließlich mit den Fragen der Betriebsbelastung. Mit Hilfe der wohlbegründeten Lehren der Dynamik, insbesondere der Schwingungstechnik, konnte die Betriebsbelastung für die verschiedenen Fälle weitgehend geklärt werden. Als wesentliches Ergebnis zeigte sich hierbei, daß für die Flugmotorenkurbelwelle die zusätzliche Drehschwingungsbelastung in Resonanz ausschlaggebend ist. Aus dieser Erkenntnis erwuchsen Maßnahmen und Verfahren, die Schwingungsbelastungen zu beherrschen und im Falle ihrer Gefährlichkeit zu mindern, für Triebwerk-Neuentwürfe mit befriedigender Genauigkeit voraussagen. Weiter ergaben sich hieraus Gesichtspunkte für die Entwicklung, künftig die Schwingungsbelastung in möglichst niederen Grenzen zu halten.

Gestaltfestigkeit der Kurbelwelle

Auf die Frage der Gestaltfestigkeit konnte die Forschung erst in letzter Zeit bewußt angesetzt werden, da die Zusammenhänge, die den Begriff der Gestaltfestigkeit kennzeichnen, bisher noch reichlich ungeklärt waren. Die Schlußfolgerung, die der Werkstoff-Fachmann aus den zahlreichen Kurbelwellenbrüchen und aus den Erkenntnissen über die ausschlaggebende

*) Dr.-Ing., Deutsche Versuchsanstalt für Luftfahrt E. V., Berlin-Adlershof.

Bedeutung der Drehschwingungsbelastung zog, war im wesentlichen die, daß der beste Werkstoff für Flugmotoren-Kurbelwellen gerade gut genug sei, wobei unter dem besten Werkstoff zunächst derjenige mit der höchsten statischen und dann auch mit der höchsten Schwingungsfestigkeit verstanden wurde. Diese Auffassung führte zur Entwicklung geschmiedeter Kurbelwellen aus statisch hochfesten und hochlegierten Stählen. Demgegenüber wurde der maßgebliche Einfluß der Formgebung bisher nicht in seiner vollen Bedeutung erkannt und ausgenutzt. Daß diese Entwicklung grundsätzlich abwegig war, soll im folgenden gezeigt und eine kurze Übersicht über die Wege gegeben werden, die die Forschung zur Erreichung eines Bestwertes der Gestaltfestigkeit zu beschreiten hat.

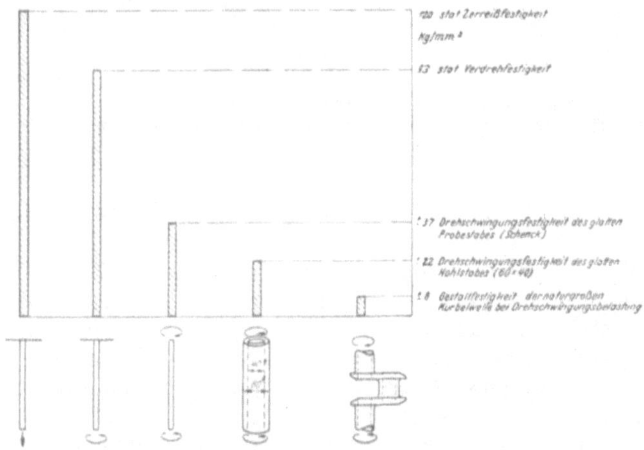

Abb. 1. Festigkeits-Skala (Kurbelwellen-Stahl).

Festigkeits-Skala

Richtungweisend hierfür ist die Festigkeits-Skala, Abb. 1, die für die heute noch gebräuchlichen hochfesten und teilweise hochlegierten Kurbelwellen-Stähle gilt. Bei einer statischen Zerreißfestigkeit von ~ 120 kg/mm² und einer statischen Verdrehfestigkeit von ~ 93 kg/mm² beträgt die Drehschwingungsfestigkeit des glatten Probestabes (Schenckscher Stab) $\sim \pm 37$ kg/mm². Geht man von den Abmessungen des glatten Probestabes auf einen glatten Stab mit den ungefähren Abmessungen von Kurbelwellen (60 mm Außendurchmesser, 40 mm Innendurchmesser) über, so sinkt die Drehschwingungsfestigkeit auf $\sim \pm 22$ kg/mm². Dieser Abfall, vielfach als scale-effect (Maßstab-Einfluß) bezeichnet und heute noch nicht einwandfrei geklärt, soll hier nicht weiter erörtert werden; festzuhalten ist lediglich das Ergebnis, daß die Festigkeitswerte des Schenckschen Probestabes nur einen Vergleich der Werkstoffe untereinander zulassen, dagegen keine absoluten Zahlenwerte für die Schwingungsfestigkeit des naturgroßen Stabes liefern. Von praktisch größter Bedeutung ist

Abb. 2. Kurbelwellen-Prüfmaschine der Deutschen Versuchsanstalt für Luftfahrt für Dauer-Verdrehversuche mit naturgroßen Kurbelwellen in ihrer Eigenschwingungsform und -zahl.

der weitere Festigkeitsabfall auf $\sim \pm$ 8 kg/mm² (Nennspannung, bezogen auf den Hubzapfen) beim Übergang vom naturgroßen glatten Hohlstab auf die naturgroße Kröpfung bzw. Kurbelwelle. Ihre Gestaltfestigkeit beträgt also nur noch ~35% des naturgroßen Hohlstabes[1]).

Die Gestaltfestigkeit von Flugmotoren-Kurbelwellen bei Verdrehschwingungs-Beanspruchung im laufenden Motor wurde schon vor Jahren auf Grund von Drehschwingungsmessungen in Verbindung mit der Kurbelwellen-Bruchstatistik zu $\sim \pm 6$ bis ± 7 kg/mm² ermittelt und bisher mit Erfolg als Maßstab für die Beurteilung der Betriebssicherheit benutzt. In neuester Zeit haben Dauer-Verdrehversuche mit naturgroßen Kurbelwellen auf der Kurbelwellen-Prüfmaschine der Deutschen Versuchsanstalt für Luftfahrt (DVL), vgl. Abb. 2 bis 4, diesen Wert recht gut bestätigt.

Bedingt ist dieser Abfall der Festigkeit zunächst unabhängig vom Werkstoff durch die besondere Form (Geometrie) des Bauteiles (Querschnittsübergänge, Kraftumlenkungsstellen, Kerben usw.), die örtliche Spannungsüberhöhungen gegenüber der gleichmäßigen Spannungsverteilung des glatten Stabes mit sich bringt. Dieser Formeinfluß sei gekennzeichnet durch die Formziffer α. Würde sich der Belastungsvorgang ausschließlich im elastischen Gebiet (Hookesches Gesetz) abspielen, so wäre allein α für die Gestaltfestigkeit bestimmend. Tatsächlich treten jedoch an den Stellen der Spannungsspitzen je nach Art des Werkstoffes verschieden große plastische Verformungen auf, die von den einzelnen Werkstoffen in verschiedener Größe ohne Bruchgefahr dauernd ertragen werden. Diese den Werkstoff kennzeichnende Eigenschaft wird als Kerbempfindlichkeit oder nach der Auffassung von *O. Föppl* auch als Dämpfungs-

[1]) S. *K. Lürenbaum*, Praktische Drehschwingungs-Untersuchungen an Luftfahrzeug-Triebwerken. DVL-Jahrbuch 1932, S. IV, 13.

Abb. 3. Kurbelwellenbruch auf der DVL-Kurbelwellenprüfmaschine.

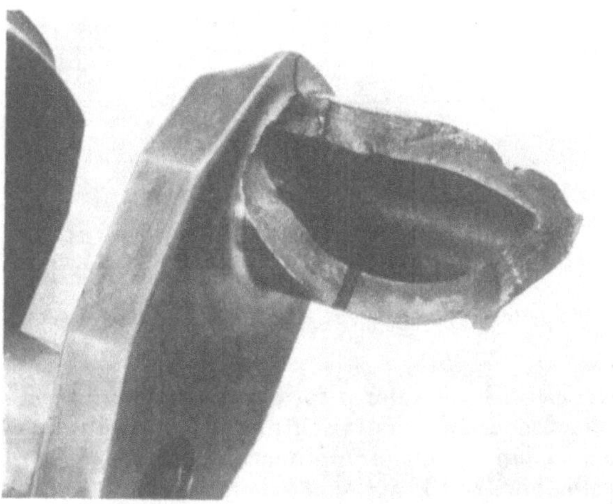

Abb. 4. Betriebsbruch; vgl. hierzu Abb. 3.

fähigkeit β bezeichnet. Erst das Zusammenwirken von α und β bestimmt die tatsächliche Gestaltfestigkeit.

Wege zur Steigerung der Gestaltfestigkeit

Hiermit sind die Wege gekennzeichnet, die zu einer Steigerung der Gestaltfestigkeit führen: Verbesserung der Formgebung im Sinne der Schaffung eines möglichst gleichmäßig verteilten Spannungsfeldes (α); Wahl eines Werkstoffes hoher Dämpfungsfähigkeit selbst unter Inkaufnahme verminderter Schwingungsfestigkeit (β).

Wege zur Verbesserung von α sind in letzter Zeit bereits von den Flugmotorenherstellern selbst beschritten worden. In Abb. 5 sind eine ältere und eine neuzeitliche Kurbelwellenkröpfung einander gegenübergestellt. Dauer-Verdrehversuche auf der DVL-Kurbelwellen-Prüfmaschine, Abb. 2, ergaben für die Kröpfung nach Abb. 5a eine Gestaltfestigkeit von $\sim \pm 8$ kg/mm², für die Kröpfung nach Abb. 5b $\sim \pm 11$ kg/mm², also eine Steigerung um 37%. Die Verbesserung wird herbeigeführt durch die günstigere Ausbildung des Spannungsflusses in der Kraftumlenkungsstelle am Übergang von der Wange auf den Zapfen durch tonnenförmige Ausbildung der Zapfeninnenbohrung und ovale, die Zapfen umfassende Wangen.

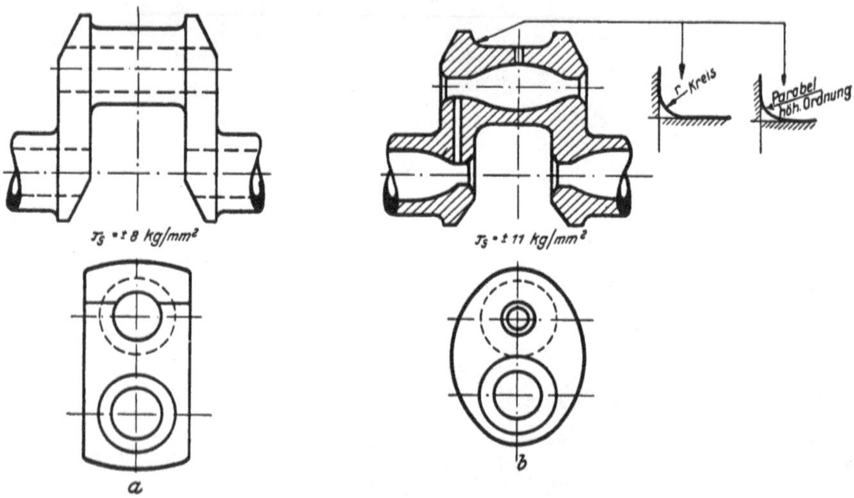

Abb. 5. Ältere (links) und neuzeitliche (rechts) Ausführung einer Kurbelwellen-Kröpfung.

Die Bedeutung der Werkstoff-Kennziffer β fordert grundsätzlich eine Abkehr von der bisher verfolgten Entwicklungsrichtung der statisch hochfesten, hochlegierten, aber kaum noch dämpfungsfähigen, hochkerbempfindlichen Kurbelwellenstähle ($\sim$130 kg) und Übergang zu schwach- oder unlegierten Stählen geringerer statischer ($\sim$60 kg) und dynamischer Festigkeit, aber wesentlich höherer Dämpfungsfähigkeit. Im übrigen liegt eine derartige Entwicklung auch noch im Sinne der heutigen Sparstoffwirtschaft. In ihrer letzten Auswirkung würde diese Richtungsumkehr in der Werkstoffrage zur g e g o s s e n e n bzw. g u ß e i s e r n e n K u r b e l w e l l e führen, die neben der sehr viel höheren Dämpfungsfähigkeit noch eine Reihe weiterer wesentlicher Vorteile hat (billigere und raschere Herstellung, höherer Verschleißwiderstand, hervorragende Formgebungsmöglichkeit, z. B. Angießen der Gegengewichte bei Gegengewichtswellen).

Im amerikanischen Kraftwagenbau läuft heute die gegossene Kurbelwelle bereits an verschiedenen Stellen, z. B. Ford-Kraftwagenwelle, Abb. 6 bis 8, mit gutem Erfolg, und es sprechen kaum ernsthafte Gründe gegen ihre versuchsweise Einführung im Flugmotorenbau. Zu diesem Zwecke wären möglichst bald in Zusammenarbeit zwischen Gießereifachmann und Konstrukteur Richtlinien für die Gestaltung der Guß-Kurbelwelle aufzustellen.

Abb. 6. Gegossene Ford-4 Zylinder-Kraftwagen-Kurbelwelle.

Abb. 7. Gegossene Ford-8 Zylinder-V-Kraftwagen-Kurbelwelle.

Abb. 8. Wangenbruch der gegossenen Ford-8 Zylinder-V-Kraftwagen-Kurbelwelle auf der Kurbelwellen-Prüfmaschine der DVL.

In der DVL laufende Untersuchungen

Im Sinne der oben angedeuteten Zielsetzung der Forschung sind in der DVL zwei grundsätzliche Versuchsreihen an Einzelkröpfungen angesetzt worden:

1. Dauer-Verdrehversuche an Einzelkröpfungen verschiedener Formgebung, aber gleichen Werkstoffs (Ermittlung des günstigsten α-Wertes).
2. Dauer-Verdrehversuche an Einzelkröpfungen verschiedener Stahl- und Eisensorten (einschließlich Guß), aber gleicher Formgebung (Ermittlung des günstigsten β-Wertes).

Zu 1.: Die zahlenmäßige Verbesserung der Gestaltfertigkeit durch tonnenförmige Ausbildung der Zapfenbohrungen und ovale Kurbelwangen, die die Zapfen voll umfassen, wurde bereits oben angegeben, vgl. Abb. 5. Ein weiteres Versuchsergebnis liegt über den Einfluß der Ölbohrung vor. Durch eine Verdickung an der inneren Austrittsöffnung der Ölbohrung, die häufig Ausgangspunkt eines Dauerbruchs ist, konnte die Gestaltfestigkeit um $\sim 40\%$ gegenüber der normal ausgebildeten Ölbohrung gesteigert werden, vgl. Abb. 9. Weitere Versuche befassen sich mit der Profilkurve

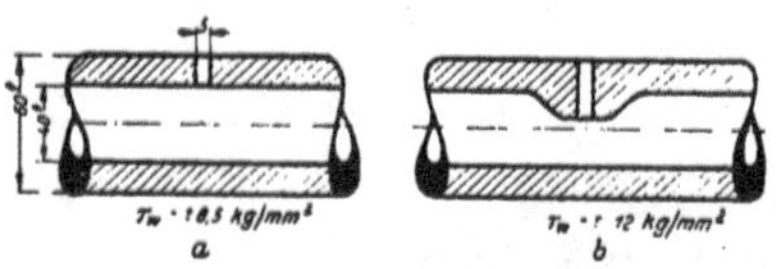

Abb. 9. Steigerung der Gestaltfestigkeit durch Verdickung an der inneren Austrittsöffnung der Ölbohrung.

am Übergang von Wange auf Zapfen. Zahlenmäßige Ergebnisse liegen zur Zeit nicht vor, jedoch kann schon jetzt gesagt werden, daß der bisher allgemein übliche Kreisbogen-Übergang wirksamer durch eine Parabel höherer Ordnung zu ersetzen sein wird, vgl. Abb. 5b. Der Kreisbogen ergibt zwar eine Stetigkeit des Überganges in der ersten Ordnung, dagegen keine Stetigkeit der Krümmung. Darüber hinaus erfordert bei gleicher Spannungsüberhöhung im Übergang die Parabel weniger Platz als der gleichwertige Kreisbogen, was im Hinblick auf die verfügbare Lagerbreite von Bedeutung ist.

Zu 2.: Zur Frage des Werkstoffs liegen noch keine Zahlenergebnisse der hierauf angesetzten Versuchsreihe vor, wohl dagegen das Einzelergebnis eines Dauer-Verdrehversuchs auf der DVL-Kurbelwellen-Prüfmaschine mit der gegossenen 8 Zylinder-V-Ford-Kurbelwelle, Abb. 6 bis 8. Die Gestaltfestigkeit dieser Welle, deren Zusammensetzung aus der Zahlentafel 1 hervorgeht, ergab sich zu $\sim \pm 5$ kg/mm².

Im Hinblick darauf, daß die Formgebung dieser Welle im Vergleich zu einer geschmiedeten Flugmotoren-Kurbelwelle als reichlich roh und primitiv anzusehen ist, überrascht das außerordentlich günstige Ergebnis der Gestaltfestigkeit, die der einer älteren Flugmotoren-Kurbelwelle nur wenig nachsteht, dafür aber einen etwa viermal so großen Dämpfungsbeiwert zeigte.

Zahlentafel 1

Zusammensetzung der gegossenen Ford-8 Zylinder-V-Automobil-Kurbelwelle

(gebunden) C %	(gesamt) C %	Si %	Mn %	P %	S %	Ni %	Cr %	Cu %	Va %	Mo %	Graphit %
1,18	1,43	0,93	0,69	0,065	0,063	—	0,55	1,64	—	Spurcn	0,25

Nach Vorliegen der Ergebnisse der planmäßigen Versuchsreihen ist zu erwarten, daß die vereinigten Anstrengungen zur Herabsetzung der Betriebsbelastung einerseits und zur Steigerung der Gestaltfestigkeit anderseits in absehbarer Zeit die Kurbelwelle zu einem betriebssicheren Bauteil des Motors machen werden.

Aluminiumlegierungen als Lagerwerkstoffe

Von C. Steiner*)

Vorgetragen am 4. Dezember 1935 in München

Mit der Steigerung der spezifischen Leistung unserer Flugmotoren steigen auch die Anforderungen, die an die Lagerung des Triebwerks gestellt werden. Diese sind aber heute schon bei den zur Verfügung stehenden Lagerwerkstoffen, die auf der Zinn- bzw. Kupferbasis aufgebaut sind, in vielen Fällen an der Grenze ihrer zulässigen Belastungen angelangt. Wenn heute aus wehrpolitischen Überlegungen und wegen der gegenwärtigen Devisenknappheit für Zinn und Kupfer Ersatzteile entwickelt werden müssen, so bieten wohl die Leichtmetall-Legierungen infolge ihrer guten Laufeigenschaften gute Aussichten. Im folgenden sollen die Einflüssc, welche die Lagereigenschaften bedingen, kurz beleuchtet werden.

Gefüge übereutektisch

Bei den bisher brauchbaren Lagerwerkstoffen sind in einer verhältnismäßig weichen Grundmasse harte tragfähige Kristalle eingebettet, vgl. Abb. 1. Derselbe Vorgang wird bei den übereutektischen Aluminiumlegierungen dadurch erreicht, daß bei der Erstarrung Siliziumkristalle primär ausgeschieden werden, welche auch bei hohen Temperaturen gute Festigkeits- und Laufeigenschaften gewährleisten. Das Grundgefüge ist allerdings wesentlich härter als z. B. bei Weißmetall bzw. Bleibronze, wodurch neben besten Laufeigenschaften auch noch ein höherer Verschleißwiderstand der Gleitfläche bei übereutektischen Legierungen erreicht wird.

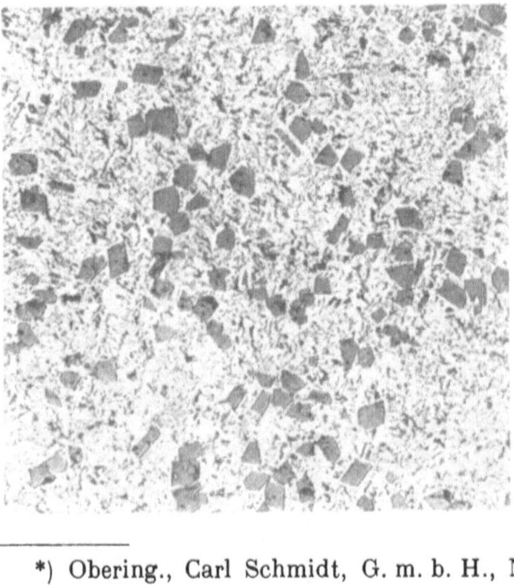

Abb. 1. Übereutektisches Gefüge.

*) Obering., Carl Schmidt, G. m. b. H., Neckarsulm.

Gleichzeitig ist bei hochsiliziumhaltigen Aluminiumlegierungen die Temperaturausdehnung am geringsten.

Der hohe Verschleißwiderstand in Verbindung mit der hohen Brinellhärte läßt allerdings nicht mehr das besonders bei Weißmetall sehr angenehme Einlaufen zu und erfordert außerdem vollkommen reines Schmieröl. Auch die Bearbeitung ist bei derartig verschleißfesten Aluminiumlegierungen mit naturharten Arbeitsstählen nicht mehr einwandfrei durchzuführen und setzt unbedingt Widiaschneiden für tadelloses Bearbeiten voraus.

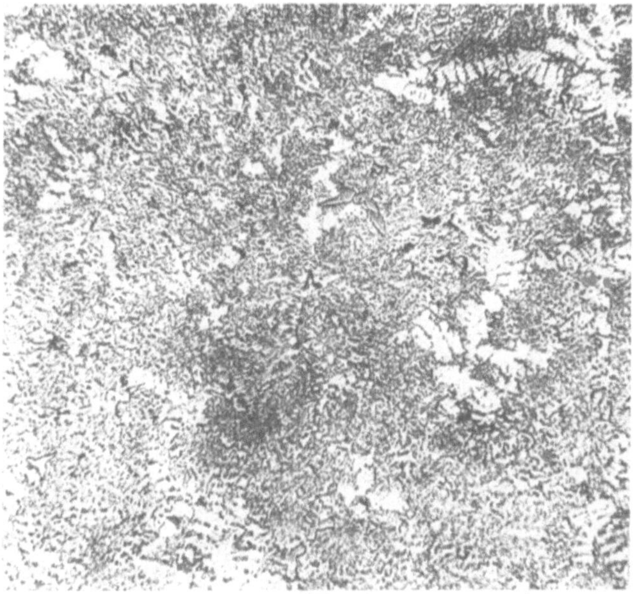

Abb. 2. Eutektisches Gefüge.

Gefüge eutektisch

In bezug auf die Bearbeitung ist die eutektische Legierung, Abb. 2, wesentlich günstiger. Obwohl der Verschleißwiderstand der eutektischen Legierungen immerhin günstiger ist als bei den bisher benützten Lagerwerkstoffen, läßt sich trotzdem die eutektische Legierung mit naturharten Stählen einwandfrei bearbeiten. Die Aluminite der Eisengruppe ergeben auch bei hohen Betriebstemperaturen noch sehr gute Laufeigenschaften gegenüber hochvergüteten bzw. gehärteten Lagerzapfen. Während die Temperaturdehnung bei übereutektischen Aluminiumlegierungen etwa den Werten von Rotguß-Lagerschalen entspricht, ist diese Temperatur-Ausdehnungsziffer bei den eutektischen Legierungen um rd. 20% größer. Auch bei den eutektischen Aluminium-Silizium-Legierungen ist ein möglicht reines Schmieröl anzustreben.

Siliziumfreie Aluminiumlegierungen

Für geringe bzw. mittlere Lagerbelastungen genügen die Laufeigenschaften und der Verschleißwiderstand von siliziumfreien Legierungen, vgl. Abb. 3. Durch Kupferzusätze bzw. die Aluminite der Eisengruppe werden auch hier die für Lagerschalen erforderlichen Festigkeitseigenschaften erreicht. Die Bearbeitung macht so gut wie keine Schwierigkeiten, nur ist die Temperaturdehnungszahl mit 0,000025 außerordentlich groß. Dafür besitzen die siliziumfreien Legierungen noch ein geringes Maß von Einlaufeigenschaften, wenn sie auch nicht an die günstigen Werte von Weißmetall-Lagerschalen herankommen. Auch kann die verhältnismäßig weiche Grundmasse mäßige Verunreinigungen des Schmieröls ohne große Störungen aufnehmen.

Abb. 3. Gefüge einer siliziumfreien Aluminiumlegierung.

Abb. 4 (unten). Reibungskoeffizient verschiedener Lagerwerkstoffe bei 100 kg/cm² Belastung.

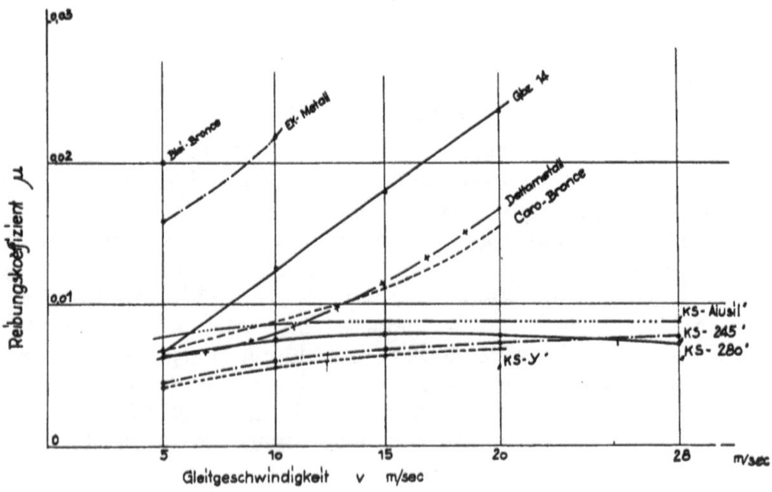

Gleitgeschwindigkeit

Im praktischen Motorbetrieb werden Gleitgeschwindigkeiten von etwa 6 bis 12 m/s gefordert. Wie aus Abb. 4 hervorgeht, bereiten Aluminiumlegierungen selbst bei hohen Gleitgeschwindigkeiten von rd. 20 m/s bei entsprechender Feinstbearbeitung der Lagerflächen keine Schwierigkeiten. Es muß nur darauf geachtet werden, daß zwischen Lagerzapfen und Lagerschale der für gleitende Reibung unerläßliche Schmierölfilm erhalten bleibt bzw. immer wieder von neuem ersetzt wird. Diese Forderung ist insbesondere bei hohen Gleitgeschwindigkeiten zu beachten. Wie aus dem Verlauf der Linienzüge hervorgeht, ist der Reibungskoeffizient bei den Aluminiumlegierungen namentlich bei hohen Gleitgeschwindigkeiten wesentlich geringer als bei den bisher für Lagerschalen benützten Werkstoffen.

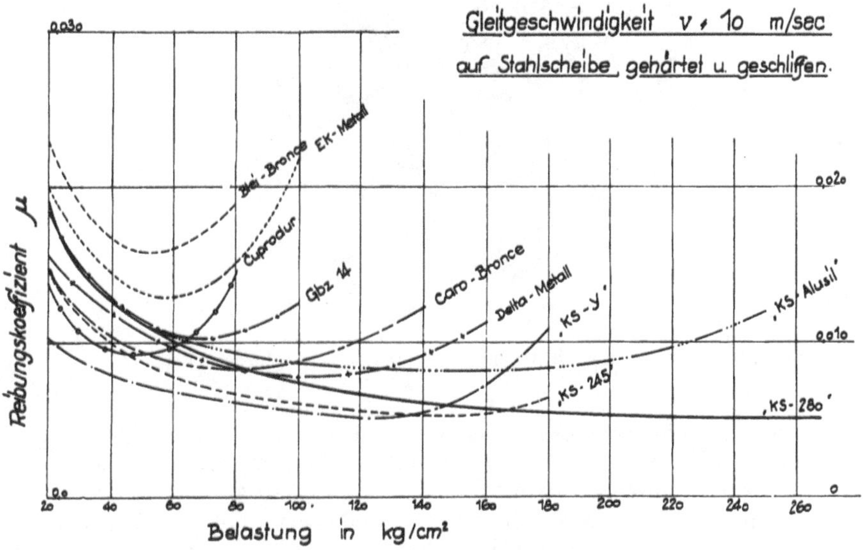

Abb. 5. Reibungskoeffizienten verschiedener Lagermetalle.

Flächenpressungen

Bei der Bemessung von Lagerschalen für eine gegebene Lagerbelastung wird im allgemeinen eine gleichmäßig verteilte spezifische Flächenpressung zugrunde gelegt. Wenn aber zwischen Lagerzapfen und Lagerschalen der für gleitende Reibung unbedingt erforderliche Schmierölfilm erhalten werden soll, kann der hydraulische Druck dieser Schmierölschicht an den Rändern der Lagerfläche nur sehr gering sein. Durch die Kohäsionskräfte ist es möglich, in der Mitte der Lagerfläche höhere Flächendrücke von etwa 250 bis 300 kg/cm² zu erreichen, je nach der Viskosität bzw. Temperatur des Schmieröls. Aus diesem Grunde darf auch das Verhältnis der Lager-

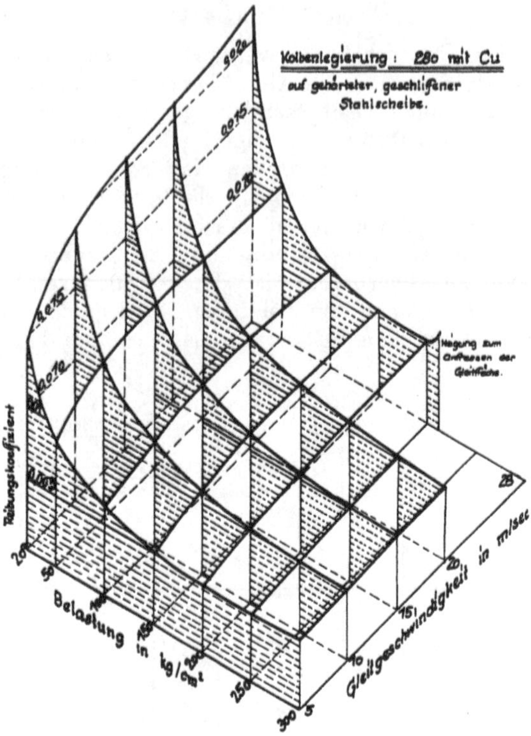

Abb. 6. Reibungskoeffizienten der übereutektischen Legierung KS 280.

länge zum Durchmesser des Lagerzapfens nicht zu klein gewählt werden. In Abb. 5 sind die in der Reibungsprüfmaschine ermittelten Werte des Reibungskoeffizienten bei 10 m/s Gleitgeschwindigkeit graphisch dargestellt.

Aus dem Verlauf dieser Linienzüge ist zu sehen, daß auch hier bei den Aluminiumlegierungen namentlich bei hohen Flächenpressungen, die Reibungswerte geringer sind als z. B. bei Spezialbronze, Lagerweißmetall und Bleibronze.

Zum besseren Verständnis sind in Abb. 6 die gegenüber gehärtetem Stahl mit der übereutektischen Legierung »KS 280» ermittelten Reibungskoeffizienten bei verschiedenen Flächenpressungen und Gleitgeschwindigkeiten räumlich dargestellt. Aus dieser Darstellung ist zu ersehen, daß bei 28 m/s Gleitgeschwindigkeit die Grenze bei rd. 200 kg/cm² Flächenpressung erreicht wird, während bei 20 m/s und darunter noch eine Flächenbelastung von 300 kg/cm² zugelassen werden kann.

Ähnlich verhalten sich auch die eutektischen Legierungen, wie aus Abb. 7 hervorgeht.

Aus diesen Linienzügen ist allerdings schon zu ersehen, daß die eutektischen Legierungen nicht die hohen Flächenpressungen zulassen wie die

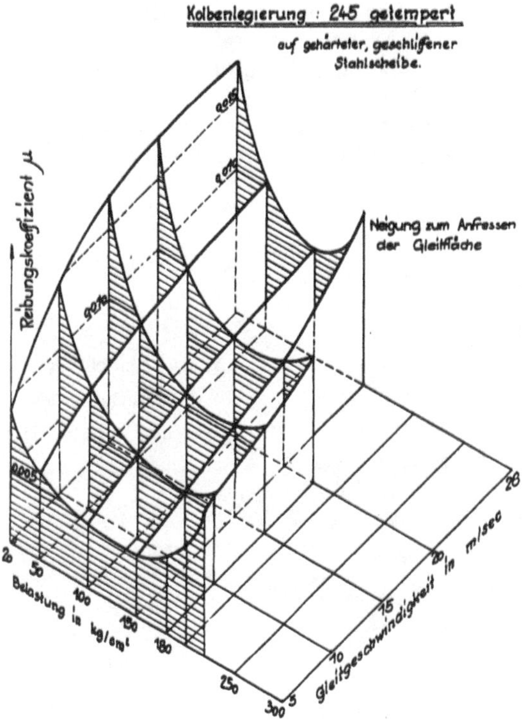

Abb. 7. Reibungskoeffizienten der eutektischen Legierung 245.

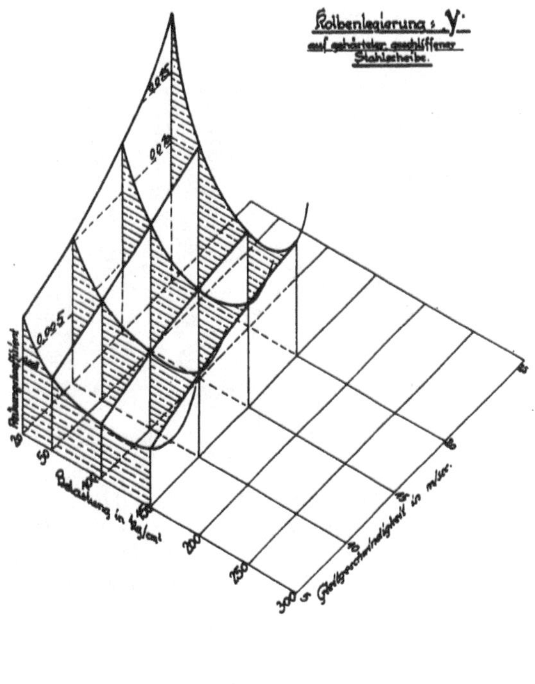

Abb. 8. Reibungskoeffizienten der siliziumfreien Legierung.

übereutektische Legierung »KS 280«, sondern schon bei geringerer spezifischer Flächenbelastung Neigung zum Anfressen besteht.

In noch höherem Maße kommt dies bei den siliziumfreien Legierungen, deren Werte in Abb. 8 dargestellt sind, zum Ausdruck.

Die erwähnten Werte des Reibungskoeffizienten sind mit der in Abb. 9 und Abb. 10 dargestellten Versuchseinrichtung ermittelt worden.

Abb. 9. Einrichtung zur Untersuchung der Reibungsverhältnisse.

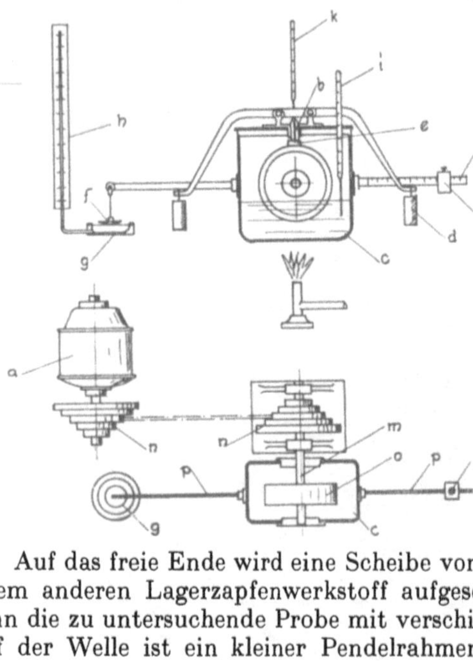

Abb. 10. Schema der Einrichtung zur Messung der gleitenden Reibung.

a = Antriebsmotor
b = Einsatzstück
c = Gehäuse mit Ölbad
d = Belastungsgewichte
e = Prüfstück
f = Druckpilz
g = hydraulische Meßdose
h = Meßskala
i = Thermometer für Ölbad
k = Thermometer für Meßstück
l = Gegengewicht
m = Antriebswelle
n = Stufenscheibe
o = Bremsscheibe
p = Hebelarm

Auf das freie Ende wird eine Scheibe von 150 mm Dmr. aus Stahl oder einem anderen Lagerzapfenwerkstoff aufgesetzt. Auf diese Scheibe wird dann die zu untersuchende Probe mit verschiedenen Belastungen gedrückt. Auf der Welle ist ein kleiner Pendelrahmen auf Kugellager drehbar gelagert. Die zwischen der Probe und der Scheibe entstehende Reibung wird über einen Hebel auf eine Meßdose übertragen, so daß aus dem Ansteigen des hydraulischen Druckes die entstehenden Reibungskräfte abgelesen werden können. Die Skala der Wassersäule wird durch Belasten der Meßdose empirisch bei verschiedenen Umdrehungszahlen und Belastungen ermittelt. Die Welle selbst kann durch Stufenscheiben mit verschiedenen Umdrehungsgeschwindigkeiten von einem Elektromotor aus angetrieben werden.

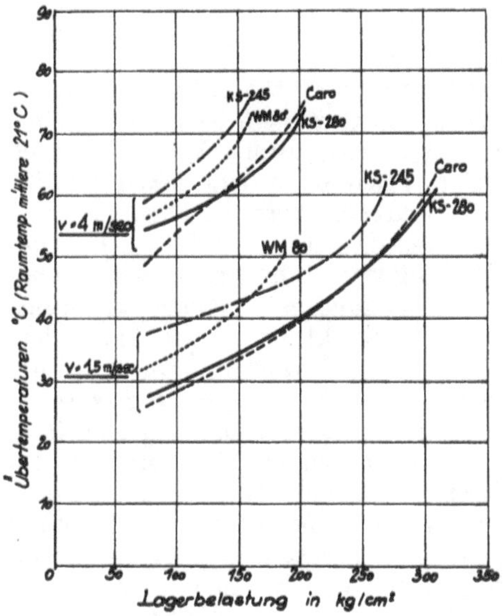

Abb. 11. Ergebnisse der Laufversuche auf dem Prüfstand von *Kammerer-Welter*.

Gleitgeschw. = 1,5 m/s und 4 m/s
Prüfwellen = 40 mm Dmr. Einsatz gehärtet und geschliffen
Lagerlänge = Lagerbreite = 0,5
Ölluft = Lagerspiel = 0,05 mm

Lagertemperatur

Die zwischen der Gleitfläche erzeugte Reibungswärme ist in erster Linie von der Flächenbelastung, den Gleitgeschwindigkeiten und dem Reibungskoeffizienten abhängig. Je nach der Konstruktion des Lagerkörpers wird diese Reibungswärme mit entsprechendem Temperaturgefälle abgeführt. In besonders ungünstigen Fällen muß dafür Vorsorge getroffen werden, daß entsprechend große Ölmengen durch das Lager gedrückt werden, welche dann als Wärmeträger dienen und eine unzulässige Lagertemperatur vermeiden. Aus oben Gesagtem geht aber deutlich hervor, daß bei allen Aluminiumlagerschalen die entstehende Reibungswärme viel geringer ist als bei den bisher bevorzugten Lagerwerkstoffen, die auf der Zinn- bzw. Blei-Kupfer-Grundlage aufgebaut sind. In Abb. 11 sind die Ergebnisse von Laufversuchen auf dem Kammer-Welter-Prüfstand bei 1,5 bzw. 4 m/s zeichnerisch dargestellt. Aus dem Verlauf dieser Linienzüge ist zu ersehen, daß die übereutektische Legierung »KS 280» selbst bei hohen Lagerbelastungen etwa dieselbe Lager-Übertemperatur ergibt wie die Spezial-Carobronze, während die eutektische Legierung »KS 245» sich ähnlich verhält wie Weißmetall.

So lange zwischen Lagerzapfen und Lagerschale der Ölfilm erhalten bleibt, kann die entstehende Reibungswärme klein gehalten werden. In Wirklichkeit ist aber im praktischen Betrieb, namentlich bei hohen bzw. stoßweise wirkenden Lagerbelastungen, immer wieder mit einer halbflüssigen Reibung und damit mit einer entsprechend hohen Lagertemperatur zu rechnen. Aus diesem Grunde müssen auch verhältnismäßig große Ölmengen zwischen Lagerzapfen und Lagerschalen durchgedrückt werden, damit auch bei halbflüssiger Reibung immer wieder für die Neubildung des Ölfilms Gelegenheit geboten ist.

Lagerspiel

Das für den Ölfilm unbedingt notwendige Spiel zwischen der Bohrung der Lagerschale und dem Durchmesser des Lagerzapfens ist in erster Linie von der Temperatur und der Konstruktion des Lagerstuhles abhängig. Auch die Verformung des Lagerzapfens selbst spielt dabei eine gewisse Rolle. Auf alle Fälle muß die Lagerschale im Kurbelgehäuse bei allen Betriebsbedingungen mit einer gewissen Vorspannung eingepreßt werden. Im Hinblick auf die geringere Temperaturdehnung von Stahl, Gußeisen usw. können sowohl Rotgußschalen wie auch Aluminiumlagerschalen mit verhältnismäßig kleiner Vorspannung von etwa 0,05 bis 0,1 mm eingebaut werden, weil die größere Temperaturdehnung von Rotguß bzw. Aluminium bei der Erwärmung auf die Betriebstemperatur eine große Vorspannung zwischen Lagerschale und ihrer Sitzfläche erzeugt. Ist dagegen die Lagerschale in einem Aluminiumgehäuse oder mittels Alumniumdeckel in einem Gußgehäuse gelagert, dann muß die Vorspannung mit etwa 0,1 bis 0,2 mm, also etwas größer gewählt werden, um auch im betriebswarmen Zustand des Lagers einen Festsitz der Lagerschale sicherzustellen. Selbstverständlich müssen die Lagerdeckelschrauben so kräftig gehalten werden und die Streckgrenze des dafür verwendeten Werkstoffes so hoch liegen, daß die durch die Temperaturspannung erzeugten Kräfte anstandslos übertragen werden. Hierbei spielt natürlich die Stärke der Lagerschale auch eine gewisse Rolle.

Aus Abb. 12 ist zu ersehen, daß z. B. eine Vorspannung von 0,1 mm bezogen auf die fertige Bohrung der Lagerschale werkstattmäßig erreicht werden kann, wenn beim Nachlassen einer Seite der Lagerdeckelschrauben ein Auffedern von 0,2 mm erfolgt ist. Hierbei muß die aufgefederte Seite so leicht von Hand angezogen werden, daß die Lagerschalen auf alle Fälle kraftschlüssig ohne Vorspannung aufsitzen.

Abnützung

Für die Beurteilung der Abnützung von Lagerwerkstoffen haben sich die in der Göttinger Verschleißmaschine ermittelten Werte als zuverlässiger Vergleichsmaßstab ergeben. Die Göttinger Verschleißmaschine besteht in der Hauptsache aus einer drehbar gelagerten Welle von 80 mm Dmr., auf welche geschlossene Lagerringe mit 0,2 mm Laufspiel und mit rd. 1500 kg aufgepreßt werden. Diese Abnützungsmaschine ist aus Abb. 13 zu ersehen. Die ganze Welle samt Lagerring taucht dabei in ein Ölbad von etwa 60 bis 65^0 Temperatur ein. Es ist also für reiche Schmierung gesorgt.

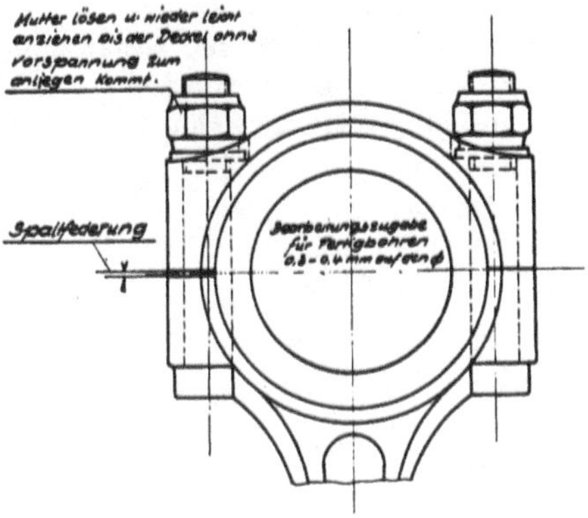

Abb. 12. Bemessung des Lagerspiels.

Die Spaltfederung soll betragen:

a) bei Vergasermotoren bis 75 mm Zapfen-Dmr. 0,1 mm
bei Vergasermotoren über 80 mm Zapfen-Dmr. 0,15 mm

b) bei Dieselmotoren bis 75 mm Zapfen-Dmr. 0,2 mm
bei Dieselmotoren über 80 mm Zapfen-Dmr. 0,3 mm

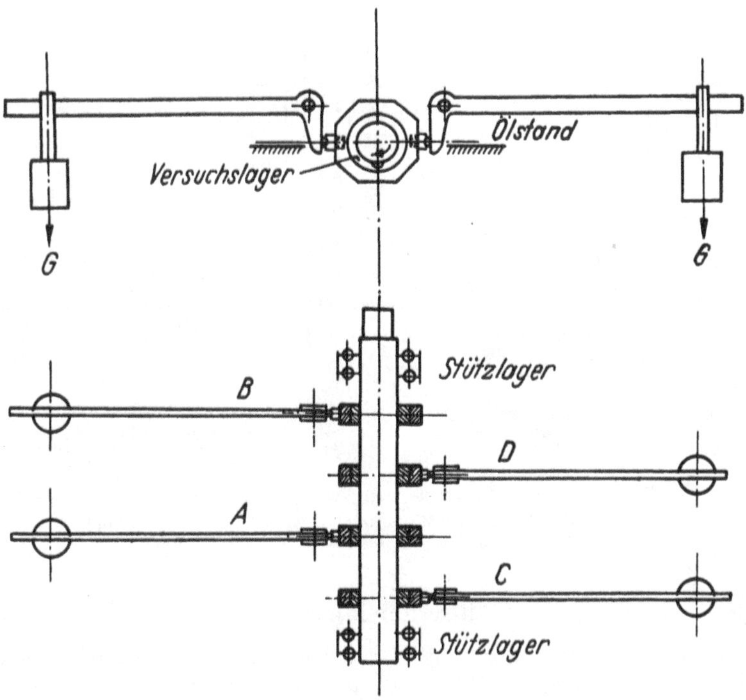

Abb. 13. Schema der Verschleißmaschine, Bauart Eisenbahnversuchsamt Göttingen.

Die unter diesen Verhältnissen ermittelten Abnützungswerte sind in Abb. 14 graphisch dargestellt. Aus diesem Bild ist zu ersehen, daß die mit den eutektischen und übereutektischen Legierungen ermittelten Werte wesentlich geringer sind als die unter diesen Bedingungen mit Weißmetall bzw. Bleibronze ermittelten Werte. Allerdings darf hierbei nicht übersehen werden, daß im praktischen Betrieb die Lagertemperaturen wesentlich höher sind. In dieser Erkenntnis haben wir veranlaßt, daß Ergänzungsversuche bei etwa 150° Lagertemperatur durchgeführt werden. Sobald diese Ergebnisse vorliegen, werden wir nicht versäumen, hierüber nochmals kurz zu berichten.

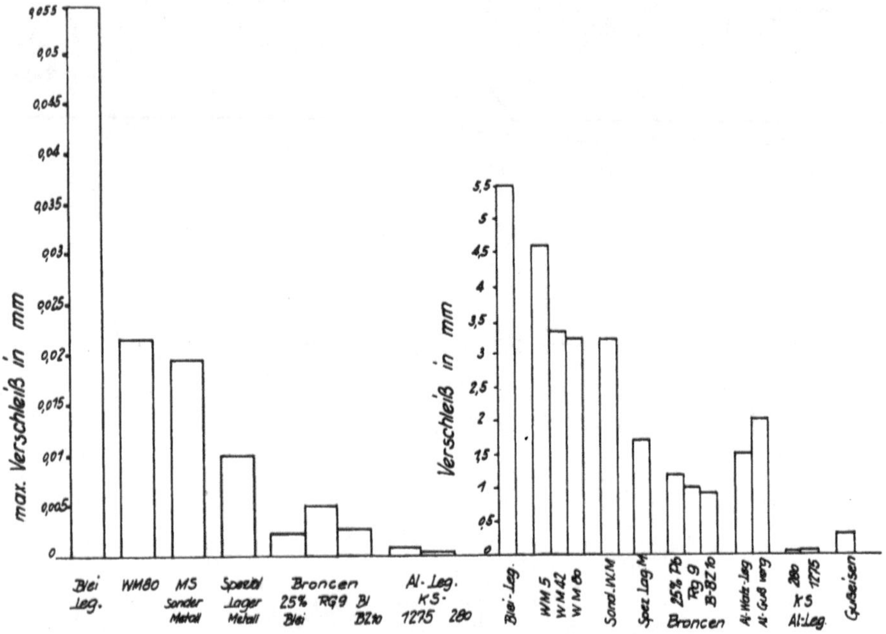

Ergebnisse der Verschleiß-Versuche auf der Göttinger Maschine (gut geschmierte Gleitfläche).

Ergebnisse der Verschleiß-Versuche auf der Maschine nach *E. Koch* (trockene Reibung — Polierrotpapier auf Grammophonplatte).

Abb. 14. Ergebnisse von Verschleißversuchen.

Diagramme aus: Werkstattechnisches Kolloquium der staatl. Materialprüfungsanstalt an der Techn. Hochschule Darmstadt 1933 Heft 2 S. 13.

Ölverunreinigung

Bei der Durchführung von Versuchen mit Aluminiumlagerschalen wurde wiederholt festgestellt, daß selbst bei mäßigen Belastungen und Gleitgeschwindigkeiten einzelne Lager zum Anfressen kamen; ja es kam sogar vor, daß nach erfolgreichem Ausprobieren eines Motors auf der Bremse unter ungünstigen Voraussetzungen nachher im praktischen Betrieb noch Störungen bei einzelnen Lagern auftraten. Aus den noch nicht zerstörten Lagern war mitunter zu ersehen, daß sowohl metallische Fremdkörper wie auch Sand mit dem Schmieröl zwischen Lagerzapfen und Lagerschale gelangt sind, und dabei das Anfressen des Lagers von einer lokalen Stelle aus eingeleitet haben. Dieser Vorgang wiederholt sich auch bei sorg-

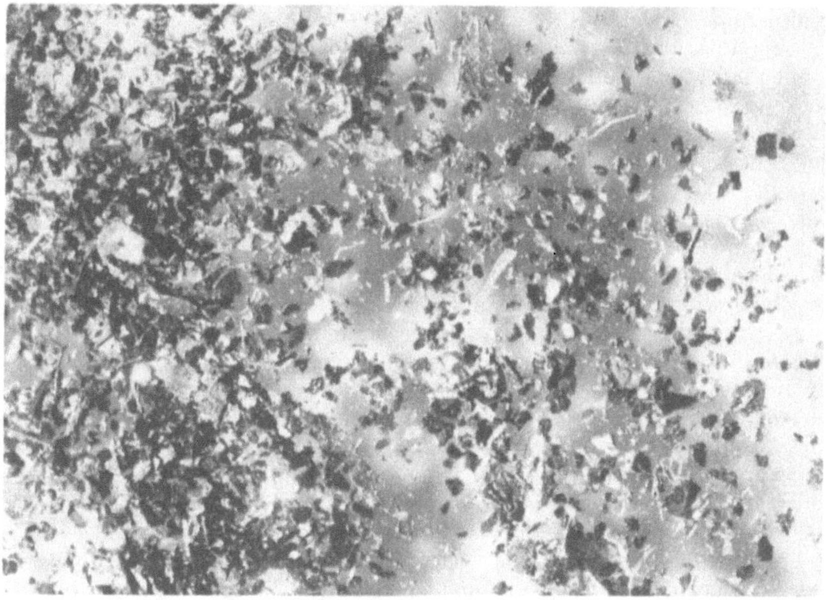

Abb. 15. Gesamte Verunreinigung.

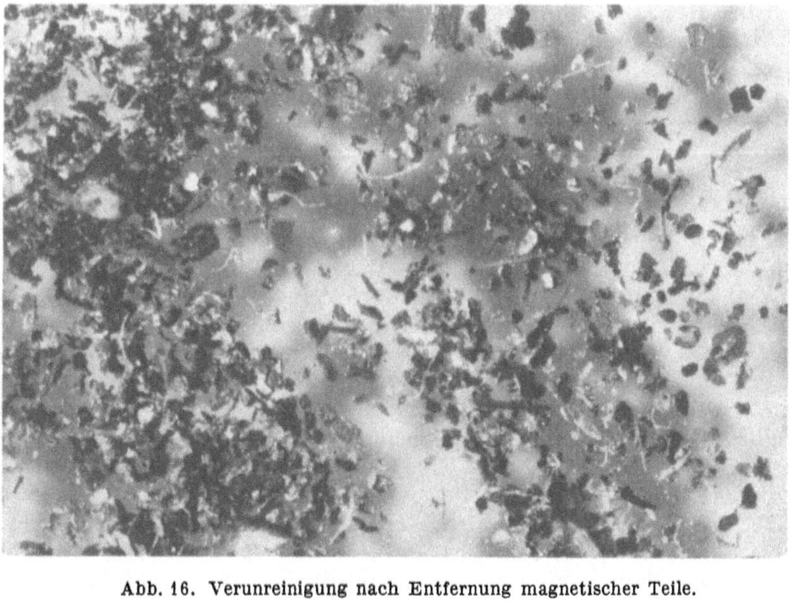

Abb. 16. Verunreinigung nach Entfernung magnetischer Teile.

fältigster Reinigung des ganzen Kurbelgehäuses vor dem Einbau der Aluminiumlagerschalen.

Bei unserem Versuchsmotor lag der Ölreiniger im Nebenschluß und es blieb uns nichts anderes übrig, als zwischen Ölpumpe und Verteilerleitung ein besonderes Filter einzubauen, um festzustellen, ob tatsächlich trotz aller Vorsicht Verunreinigungen mit dem Schmieröl in die Lager kommen konnten. Zur Sicherheit wurde ein Spaltfilter mit 0,08 mm Spaltbreite gewählt. Das Ergebnis war direkt vernichtend, denn bereits nach zweistündiger Betriebszeit war das ganze Spaltfilter von Ölverunreinigungen überzogen. Diese Verunreinigungen sind im Laboratorium extrahiert worden und es ergab sich, daß der Rückstand aus Eisenspänen (magnetisch ermittelt) wie auch aus Aluminium-Kupferspänen sowie aus Sand bis zu 0,5 m Korngröße bestand, vgl. Abb. 15 und 16.

Die hochverschleißfesten übereutektischen Legierungen sind ähnlich wie Kugel- oder Rollenlager gegenüber Ölverunreinigungen sehr empfindlich, während Lagerwerkstoffe mit weichem Grundgefüge wie z. B. Weißmetall, derartige Verunreinigungen aufnehmen, ohne Anlaß zum Anfressen zu geben. Es zeigen sich wohl beim Weißmetallager auch matte Lagerstellen bzw. Riefen, doch wirken sich diese bei weitem nicht so schädlich aus wie bei Lagerwerkstoffen mit höherem Verschleißwiderstand.

Nachdem aber für unsere Flugmotore eine betriebssichere Lagerung ebenso wichtig ist wie ein möglichst hoher Verschleißwiderstand, ist die Forderung berechtigt, das Schmieröl noch weitgehender als bisher dauernd zu reinigen. Spaltfilter mit Spaltbreiten von unter 0,08 mm erzeugen aber bei kaltem Schmieröl außerordentlich große Widerstände, während Ölreiniger, die ein Abstreifen der Verunreinigung nicht zulassen, durch frühzeitiges Verstopfen zu große Widerstände erzeugen. Weit aussichtsreicher ist deshalb das Prinzip der Zentrifugalreinigung des Schmieröls, wenn auch dieses Prinzip in der Konstruktion mehr Schwierigkeiten verursacht. Dafür ist aber eine völlige Reinigung des Schmieröls beim Zentrifugalprinzip gewährleistet und der Widerstand bei kaltem Schmieröl ist bei weitem nicht so störend.

Einlaufen

Wenn es auch heute möglich ist, durch mustergültige Feinstbearbeitung schon von vornherein eine brauchbare Lagerfläche mit kleinstmöglichstem Laufspiel zu erzeugen, so ist für besondere Verhältnisse doch ein Einlaufen des Triebwerks nicht zu umgehen. Insbesondere die Grundlager der Kurbelwellen von Flugmotoren verhalten sich im praktischen Betrieb etwas elastisch, wodurch Kantenpressungen an den Enden der Lagerstellen auftreten. Bei Lagerschalen aus hochverschleißfesten Lagerwerkstoffen muß deshalb an diesen Kanten nachträglich durch Reiben oder Schaben bzw. leicht konische oder ballige Ausbildung der gesamten Lagerfläche Vorsorge getroffen werden.

Aus Abb. 17 ist ein werkstattmäßig hergestellter Lagerspiegel zu sehen. Bei den Lagerschalen für den Kurbelzapfen läßt sich der Pleuelstangenkopf bequem unter Vorspannung einsetzen und dann in einem Feinstbohrwerk

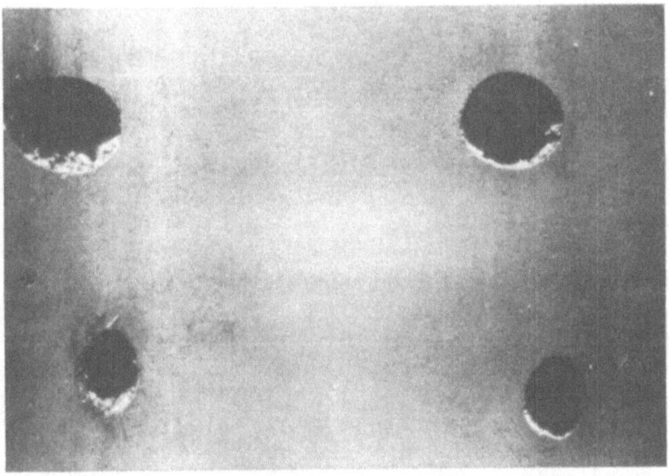

Abb. 17. Werkstattmäßig hergestellter Lagerspiegel.

mit dem Diamanten in dieser Weise feinbohren und gegebenenfalls nachträglich noch läppen. Bei den Grundlagern ist dies jedoch noch nicht möglich. Damit die Grundlager genau fluchten, müssen sie unbedingt mit einer durchgehenden Reibahle genau maßfertig gerieben werden. Da die Bohrungen auf $^1/_{100}$ mm genau fertiggerieben werden müssen, ist eine nachstellbare Reibahle hierfür unerläßlich. Dies trifft in besonders hohem Maße für die Grundlager aus Aluminiumlegierungen zu, weil diese infolge ihres hohen Verschleißwiderstandes kein Einlaufen zulassen. Dafür haben sie aber den Vorteil, daß das für zweckmäßig erkannte Lagerspiel auch nach langer Betriebszeit noch eingehalten werden kann, wenn, wie heute allgemein üblich, die Lagerzapfen im Einsatzverfahren oder im Doppel-Duroverfahren gehärtet werden.

Notlauf

Auf Grund praktischer Erfahrungen muß von einem guten Lagermetall ferner verlangt werden, daß bei vorübergehendem Ausbleiben der Schmierölzufuhr, wenn auch nur kurze Zeit, ein gewisser Notlauf zugelassen werden kann. Es ist bereits schon erkannt worden, daß ein großer Teil von Lagerschwierigkeiten beim Anlaufen des Motors aus dem kalten Zustand heraus erfolgt. Um diese Schwierigkeiten zu vermeiden, soll die Oberfläche des Lagermetalls von Makro- bzw. Mikrolunkern möglichst gleichmäßig durchsetzt sein, welche dann als Ölnester dienen und für kurze Zeit die Schmierung der Gleitflächen übernehmen. Das Lagermetall selbst muß gegen die damit verbundenen Temperatursteigerungen unempfindlich sein, d. h. es muß entsprechend hohe Warmfestigkeit besitzen. Diese Forderung läßt sich viel leichter von den gegossenen Legierungen erfüllen als vom gepreßten Werkstoff. Nachdem aber Aluminiumlegierungen im allgemeinen mit viel geringerer Schmierölmenge auskommen, könnte diese Forderung des Notlaufes erfüllt werden.

Ölnuten

Wie bereits schon bei der Besprechung der höchstzulässigen Flächenpressungen zum Ausdruck gebracht, muß dafür Vorsorge getroffen werden, daß zwischen Lagerzapfen und Gleitfläche der für gleitende Reibung unerläßliche Schmierölfilm auch bei den höchsten auftretenden Flächenpressungen erhalten bleibt. Wenn aber durch die Kohäsionskräfte des Schmieröls eine bestimmte Randspannung erhalten bleibt, so ist diese bei Beharrungstemperatur des Lagers an den Rändern doch immer sehr gering und der in der Mitte des Lagers auftretende höchste hydraulische Druck ist von der Länge der Lagerfläche abhängig. Wird diese aber, wie ab und zu anzutreffen ist, in der am stärksten beanspruchten Lagerhälfte auch noch von einer Ölnute durchbrochen, so ist, wie aus Abb. 18 hervorgeht, die Erhaltung des Schmierölfilms bei einer gegebenen Belastung gefährdet. Wir möchten deshalb zur Forderung erheben, daß die für die Zufuhr des Schmieröls erforderliche umlaufende Ölnute in der schwächer belasteten Lagerhälfte eingedreht wird und von Ölkeil zu Ölkeil durchgeht, so daß die Bohrung aus dem Lagerzapfen genügend Zeit hat für das Zubringen von frischem Schmieröl. Die am stärksten belastete Lagerhälfte sollte seitlich an der Trennfläche nur die beiden Öltaschen bekommen und von diesen aus durch die Drehbewegung den Schmierölfilm zwischen Lagerzapfen und Lagerschale hineinziehen.

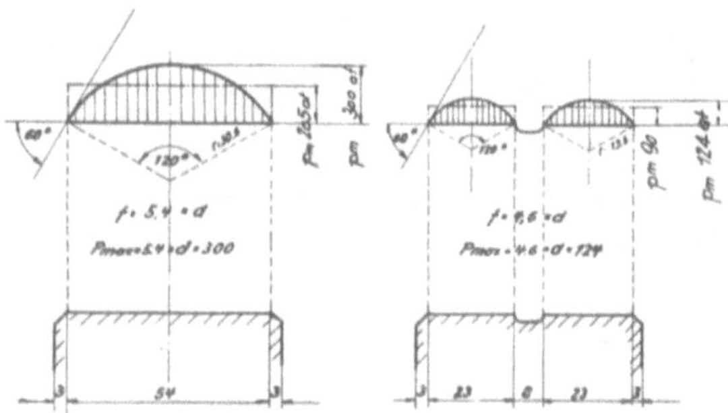

Abb. 18. Beanspruchung einer Lagerfläche ohne und mit Ölnute (Druckverteilung über der Lagerlänge).

Soviel mir bekannt ist, sind gerade von der Deutschen Versuchsanstalt für Luftfahrt neue Meßverfahren entwickelt worden, durch welche es möglich ist, die Druckverteilung über die Lagerlänge versuchsmäßig festzulegen. In Abb. 18 ist dieser Vorgang nur schematisch dargestellt unter der Voraussetzung, daß an den Enden der Lagerflächen ein gewisser konstanter Druck vorhanden ist, der in erster Linie von der Viskosität des Schmieröls und der Oberfläche von Lagerzapfen und Lagerschale abhängt.

Versuchsergebnisse

1. Die ersten Versuche mit Aluminiumlagerschalen für das Triebwerk eines Verbrennungsmotors wurden mit einem MAN.-Lastwagen-Dieselmotor ausgeführt. Allerdings handelte es sich hier um einen Versuchsmotor, der schon längere Zeit vorher im Betrieb war, und es war deshalb ver-

hältnismäßig leichter, die Verunreinigungen des Schmieröls durch Sand und Metallspäne zurückzuhalten. Nach erfolgtem Abschluß der Versuche mit Lagerschalen aus Legierung »KS 280« wurden dann einige Motore mit solchen Lagerschalen ausgerüstet, die heute noch in der Dauererprobung sind.

2. Ein ähnlicher Vorgang wurde mit dem 6-Zylinder-Fahrzeug-Dieselmotor der Firma Daimler-Benz, Gaggenau, erfolgreich durchgeführt. Auch diese Motore sind heute noch in der Dauererprobung.

3. Zweizylinder Lanz-Bulldogg. Glühkopfmotor: Von dieser Type laufen etwa 500 Motore mit Aluminiumlagerschalen im Kurbelzapfen bis heute zur vollen Zufriedenheit. Weitere 250 Motore werden zur Zeit mit Aluminiumlagerschalen ausgerüstet.

4. Am meisten Interesse beanspruchen die Lagerversuche, die zur Zeit von Junkers-Motorenbau in dem Zweitakt-Junkers-Diesel-Flugmotor durchgeführt werden. Auch hier laufen schon eine ganze Reihe von Flugmotoren mit Aluminiumlagerschalen sowohl als Grundlager wie auch als Kurbelzapfenlager zur vollsten Zufriedenheit.

Der Junkers-Motorenbau steht allerdings auf dem Standpunkt, daß die Legierung »KS 280« für Kurbelzapfenlager einwandfrei läuft, die Grundlager aber nicht in allen Motoren betriebsfähig unter Vollast gehalten werden konnten. Der Standpunkt von Junkers, daß das Aluminiumlagerschalen-Problem heute noch nicht restlos geklärt ist, ist zwar richtig, doch haben die bisher durchgeführten Versuche zum Teil derartig günstige Ergebnisse geliefert, daß wir es als angebracht erscheinen lassen, die Voraussetzungen für einwandfreie Versuchsergebnisse zu erörtern. Die Aufgabe, größte Betriebssicherheit für die Lagerung des Triebwerks unserer Flugmotoren zu erreichen, ist ebenso groß wie die Forderung, möglichst unabhängig vom Ausland zu werden. Eine vollkommen vertrauensvolle Zusammenarbeit aller beteiligten Kreise der Forschung, der Herstellung von Lagerschalen sowie der Verbraucher ist durchaus notwendig, um das gesteckte Ziel zu erreichen. Die bisher erzielten Ergebnisse ermutigen, unbedingt auf dem eingeschlagenen Wege weiter zu gehen.

Zum Schluß sei noch erwähnt, daß es durch ein besonderes Gießverfahren möglich ist, in eine Lagerschale aus der oben angeführten Sonderlegierung »KS 280« hochveredelt eine weichere Aluminiumlegierung mit etwa 45 bis 50 Brinellhärte als Gleitfläche so gut einzugießen, daß ein absolut kohäsiver Verband zwischen beiden Aluminiumlegierungen sicher erreicht wird. Es ist deshalb heute ohne weiteres möglich, eine Lagerschale mit höherer mechanischer Widerstandsfähigkeit und geringerer Temperaturdehnung herzustellen, deren Gleitfläche aber noch so weich ist, daß ein gutes Einlaufen sowie genügender Notlauf und außerdem gleichzeitig eine sehr geringe Empfindlichkeit gegen Ölverunreinigungen erzielt wird.

Gleitlager-Untersuchungen

Von E. Gilbert*) und A. Buske**)

Vorgetragen am 4. Dezember 1935 in München

In der Deutschen Versuchsanstalt für Luftfahrt (DVL) wurden im letzten Jahre eine Reihe von rechnerischen und meßtechnischen Untersuchungen zur Klärung des Schmiervorganges im wechselnd belasteten Gleitlager in Angriff genommen. Neben den werkstofflichen Untersuchungen stehen konstruktive Fragen im Vordergrund des Interesses, da die Auswahl und Weiterbildung bestimmter Lagerbaustoffe wesentlich von den Laufbedingungen, die an das Lager zu stellen sind, abhängen. Die Konstruktion muß diesen verschiedenartigsten Bedingungen weitgehend angepaßt sein, um eine bestmögliche Ausnutzung aller vorteilhaften Eigenschaften des Baustoffes zu ermöglichen.

Es ist nicht erwiesen, daß die für ruhende Lagerbelastung aufgestellte Theorie der flüssigen Reibung auch auf das wechselnd belastete Gleitlager übertragbar ist; vielmehr steht zu erwarten, daß die Ausbildung einer tragenden Ölschicht und die Wärmeerzeugung im Lager nach neuartigen Gesetzen vor sich gehen, ohne deren Erforschung eine Entwicklung der Lagerbauform zufällig erscheint.

Zunächst ist es daher notwendig, alle Einzelheiten des Schmiervorganges bei flüssiger und halbflüssiger Reibung zu beobachten.

Versuchseinrichtungen

Zu diesem Zweck wurden zwei verschiedenartige Lagerprüfstände entwickelt, um an Hand von Vergleichsversuchen die einem bestimmten Prüfstand anhaftenden Eigenarten bei der Beurteilung der Meßergebnisse richtig bewerten zu können. Abb. 1 zeigt einen Lagerprüfstand mit Wechselbelastung durch Unwucht. Die sinusförmig wechselnden senkrechten Komponenten der Unwuchtfliehkräfte werden über einen Hebel, Federgelenk und Schubstangen auf die Versuchswelle übertragen, die in der Mitte im Versuchslager abgestützt ist. Die Drehzahl der belasteten Welle ist zwischen $n = 500$ U/min und $n = 3000$ U/min veränderlich, die sinusförmigen Höchstbelastungen betragen ± 9 t.

Als Versuchslager wurde zunächst ein Lager von den Abmessungen eines BMW Va-Gehäuselagers (75 mm Dmr. $\sim$ 50 mm Länge) gewählt. Damit sind spezifische Belastungen von $\sim \pm 250$ kg/cm² und Gleitgeschwindigkeiten von ~ 12 m/s erreichbar.

Der zweite Prüfstand, Abb. 2, besitzt eine Erregung und Antrieb durch einen hydraulischen Pulsator. Die Belastung ist ebenfalls sinusförmig und kann durch einseitige Vorbelastung in der Nullage verschoben werden. Die Versuchswelle ist auf dem Fundament in Rollenlagern gelagert; die Wechsellast wird auf das frei bewegliche Versuchslager mittels Öldruckkolbens und Gegenfeder übertragen. Hierbei sind Gleitgeschwindig-

---

*) Dipl.-Ing., Deutsche Versuchsanstalt für Luftfahrt E. V., Berlin-Adlershof.
**) Ing., Deutsche Versuchsanstalt für Luftfahrt E. V., Berlin-Adlershof.

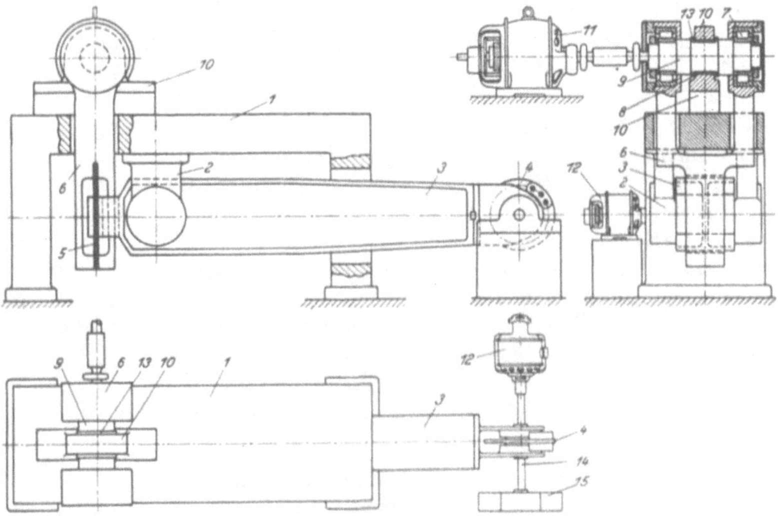

Abb. 1. Gleitlagerprüfstand der DVL. Sinusförmige Belastung durch Unwucht.

Abb. 2. Gleitlagerprüfstand der DVL mit sinusförmiger Belastung und Antrieb durch hydraulischen Pulsator.

keiten bis zu 15 m/s und Höchstbelastungen wechselseitig von $\pm$ 7 t um die Nullage oder zwischen 0 und $+$ 15 t einseitig zu erreichen. Durch Änderung der Lagerabmessungen und Sonderantriebe der Versuchswellen können Belastung und Gleitgeschwindigkeit noch weitgehend gesteigert werden. Die Belastung erfolgt bei beiden Bauarten in einer Hauptrichtung senkrecht zur Teilungsebene des Lagers, womit die für Grundlager bis auf einige Ausnahmen gegebene Hauptlastrichtung bevorzugt ist. Um jedoch auch den Fällen, in denen nach den theoretischen Untersuchungen gleichförmige oder schwellende umlaufende Last auftritt, gerecht zu werden und die für diesen Zustand auftretenden Schmierzustände nachzuahmen, wurde für den Pulsator-Prüfstand eine zweite Lager-Anordnung entworfen. nach der das Lager bei räumlich gleichbleibender Lastrichtung um die feststehende Welle umläuft und somit die Lastrichtung auf den Lagerumfang wandert.

Für die Schmierung ist Umlauf- und Frischölschmierung vorgesehen. Die Siebung durch Spaltfilter hat sich für die Messungen als nicht ausreichend erwiesen. Eine befriedigende Reinigung des Öls wurde durch Stoffilter erreicht.

Zur meßtechnischen Beobachtung des Schmiervorganges müssen zum mindesten die Druckverteilung in der Schmierschicht, die Relativbewegung zwischen Welle und Lager, die Schmierschichtdicke, der Temperaturverlauf und das Reibungsmoment festgestellt werden. Da der größte Teil der bisher für Messungen am ruhend belasteten Lager entwickelten Verfahren sich für diese Untersuchungen als nicht brauchbar erwies, mußten neue Meßverfahren und Geräte entwickelt und erprobt werden. Das Gerät zur

Messung des Druckverlaufs

in der Schmierschicht, Abb. 3, enthält einen auf der Lager-Lauffläche abschließenden Freiflugkolben, der auf der Lagerseite mit dem in der Ölschicht herrschenden Druck belastet ist und auf dessen Gegenseite mittels

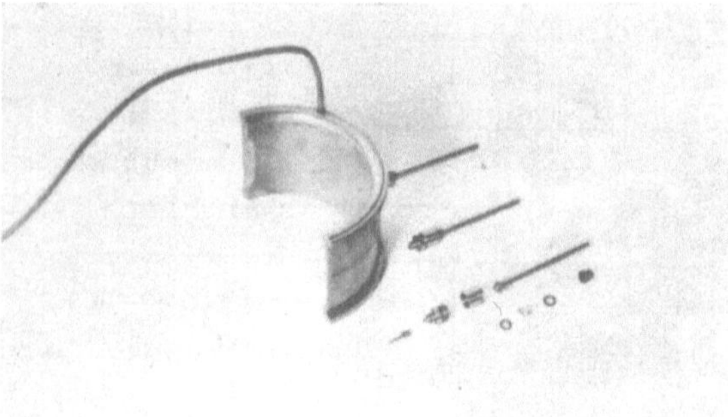

Abb. 3. Lagerschale mit Gerät zum Messen des Druckes im Ölfilm.

Handölpumpe ein beliebig einzustellender Gegendruck gegeben werden kann. Überschreitet der Druck in der Schmierschicht den konstanten Gegendruck, so wird der Kolben nach außen geschleudert, schließt dabei einen elektrischen Kontakt und bringt eine Glimmlampe zum Aufleuchten. Die Längen der Kontaktzeiten werden photographisch als Längsstriche auf einem umlaufenden lichtempfindlichen Papier verzeichnet. Durch Veränderung des Gegendrucks wird das Belastungsbild an der Meßstelle als *pt*-Schaubild aufgezeichnet.

Die kleine Masse des 1 mm starken Druckkolbens und die Kürze des Flugweges (0,02 mm) gewährleisten eine praktisch verzerrungsfreie Wiedergabe. Das Gerät mußte so klein gehalten werden, um den Schmierschichtdruck im Lager an vielen Stellen zugleich aufnehmen zu können. Die Meßstelle durfte dabei den Schmiervorgang nicht beeinträchtigen. Durch Zusammenfassung aller zur gleichen Zeit in den verschiedenen Meßpunkten auftretenden Drücke wird der zeitliche Verlauf der Druckverteilung über die gesamte Lagerfläche bestimmt. Abb. 4 und 5 zeigen einen Meßkörper mit 22 über eine Schalenhälfte verteilten Druckgeräten.

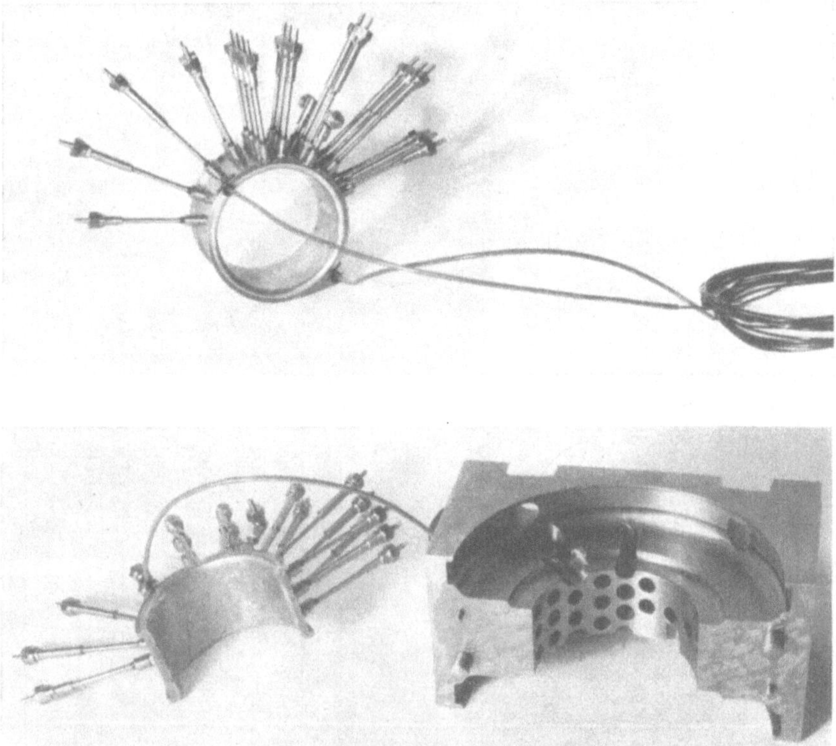

Abb. 4 und 5. Lagerschale mit 22 Druckmeßgeräten und Stützkörper.

Abb. 6 gibt zwei Schaubilder vom Druckverlauf über einen Lastwechsel in Lagermitte wieder. Das untere Bild ist beim Einlauf aufgenommen worden, bei dem keine hohen spezifischen Drücke zu erwarten waren, während das obere Bild einer mittleren spezifischen Belastung von maximal 130 kg/cm² entspricht.

Die Drucküberhöhung nach der Lagermitte zu ist beträchtlich. Diese außerordentlich starke Drucksteigerung war bei allen bisher durchgeführten Messungen zu verzeichnen. Ein weiteres Beispiel für die Drucksteigerung zeigt Abb. 7. Hierbei ist die Drucküberhöhung in Lagermitte neben der auf die Gesamtfläche des Lagers bezogenen mittleren spezifischen Belastung und — in Abb. 8 — in % von dieser aufgetragen. Obwohl dieses eine hier angeführte Beispiel noch keine allgemeine Wertung der Bauform

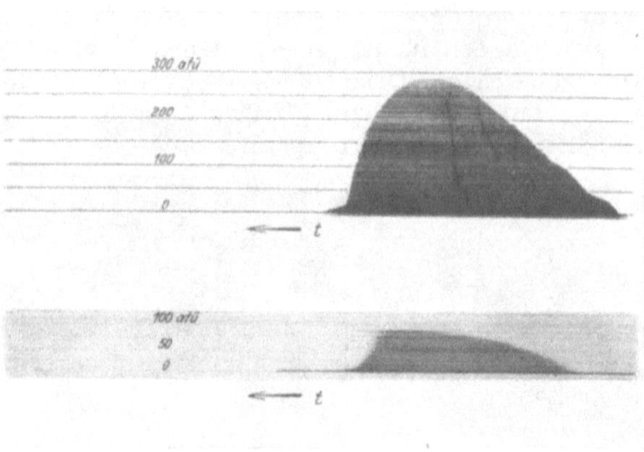

Abb. 6. Druckverlauf im Ölfilm in der Mitte der Oberschale.

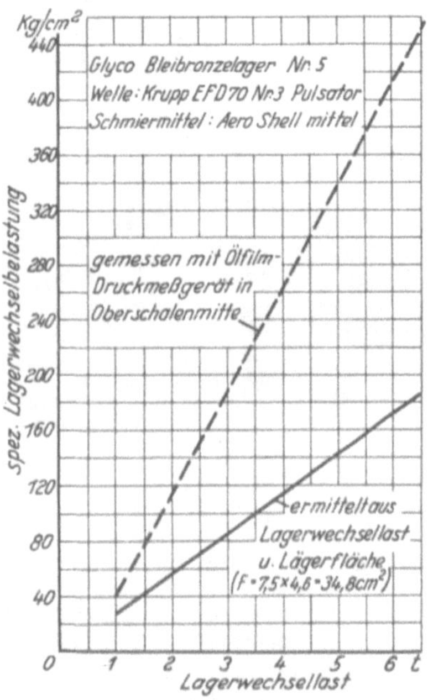

Abb. 7. Druckanstieg in Lagermitte.

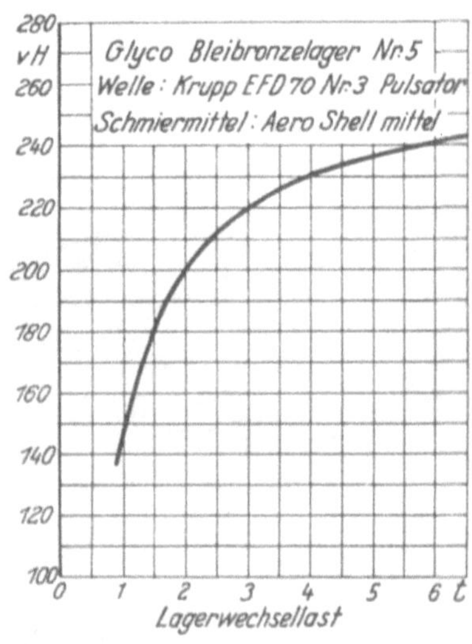

Abb. 8. Abweichung des betrachteten spezifischen Flächendruckes im Schmierfilm in Mitte der Lageroberschale von dem aus Lagerlast und -fläche ermittelten spezifischen Flächendruck in %.

zuläßt, so erscheint ein Hinweis auf diese Messung in Hinsicht auf die Herabsetzung der Baustoffbeanspruchung durch konstruktive Verbesserung der Bauform notwendig. Für die

Bestimmung der Wellenverlagerung

werden zwei senkrecht zueinander angeordnete Kondensatoren benutzt, deren Bewegungen von der Welle selbst gesteuert werden und die über eine Röhrenverstärkeranordnung auf die beiden senkrecht zueinander stehenden Ablenkplatten einer Braunschen Röhre geschaltet sind. Die Bewegung des Lichtpunktes der Röhre ist eine vergrößerte Wiedergabe der Relativbewegung des Wellenmittels zur Schale. Da die ersten behelfsmäßigen Versuchsausführungen günstige Ergebnisse geliefert haben, ist eine verbesserte Ausführung des Gerätes in Bau genommen worden. Aus der Relativstellung der Welle im Lager und aus dem Gesamtspiel zwischen beiden läßt sich die Schmierschichtdicke bestimmen. Bei starker Zapfen- und Schalendurchbiegung kann die Zu- oder Abnahme des Schmierspaltes über die Lagerlänge aus der Druckverteilung und der daraus sich ergebenden Verformung errechnet werden.

Temperaturmessungen

mittels Thermoelementen werden in der Lagerschale und im Ölfilm durchgeführt. Durch geeignete Ausbildung kleinster Oberflächenvertiefungen, die die Elemente aufnehmen, wird eine unmittelbare Umspülung des Elementkopfes erzwungen, ohne daß der Schmierfilm an dieser Stelle unterbrochen wird. Die größten Schwierigkeiten bereitet die

Messung des Reibungsmomentes

Es ist nicht möglich, den Lagerkörper auf eine mechanische Momentenwaage zu setzen, da die Übertragung der hohen Druckkräfte die Messung der verhältnismäßig geringen Lagerreibungsmomente fälschen würde. Die räumlichen Verhältnisse erlauben anderseits die Messung des Momentes an der Welle nicht. Zunächst wird versucht, den Lagerkörper schwimmend auf Druckölpolster zu setzen, die eine gute Übertragung der Druckkräfte gestatten, ohne größere Momente bei der Verdrehung des Körpers hervorzurufen. Das Moment wird an einer seitlichen Abstützfeder aufgenommen und gemessen. Daneben wird versucht, durch kapazitive Differenzdruckmessungen mit Hilfe der Brückenmethode ein zweites Verfahren zur Bestimmung des wechselnden Momentes auszubilden. Die

Berührung zwischen Welle und Lagerschale

kann dadurch sichtbar gemacht werden, daß der Lagerkörper mit der Schale isoliert aufgebaut wird und über die Welle ein Strom von niedriger Spannung in die Schale geleitet wird. Bei flüssiger Reibung und sauberem Öl isoliert das Öl die Schale von der Welle. Schon bei den geringsten Berührungen an den Unebenheiten von Welle und Lageroberfläche ist Stromdurchgang zu beobachten. Im Oszillographen wird dieser Vorgang dadurch sichtbar, daß die den Strom zeichnende Linie beim Übergang von halbflüssiger zu flüssiger Reibung vom Vollausschlag erst in einzelnen kurzen Stromunterbrechungen zur Nullinie durchschlägt und schließlich in diese übergeht. Abb. 9 zeigt einzelne solcher Übergänge bei Anlauf- und Auslaufversuchen.

Größere Verunreinigungen, wie sie im Öl leicht vorhanden sein können, rufen ein fortwährendes Springen der Stromkurve zwischen Isolation und Größtausschlag hervor. Ein Teil dieser Meßverfahren ist z. Z. noch in Erprobung, so daß ein abschließendes Ergebnis noch nicht vorliegt.

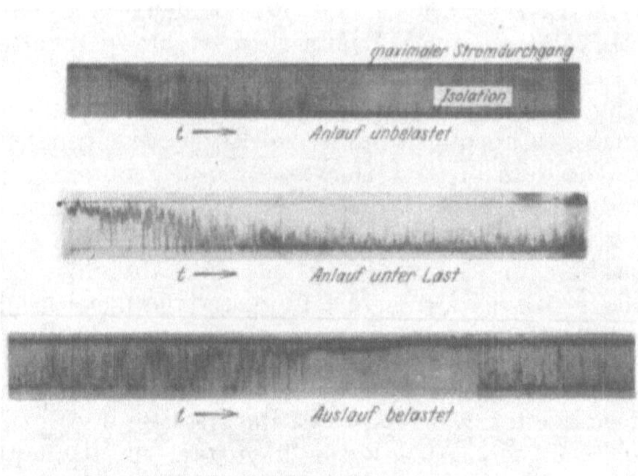

Abb. 9. Messung des Stromüberganges von der Welle zur Lagerschale.

Versuchsprogramm

Die Versuchsreihe der Laguntersuchungen ist zunächst damit begonnen worden, daß mehrere Lager von gleichen äußeren Abmessungen, aber von verschiedenen Lagerbaustoffen auf beiden Lager-Prüfständen unter gleichen Versuchsverhältnissen dauererprobt werden, wobei für verschiedene Lager- bzw. Öltemperaturen die tragbaren Belastungen und Gleitgeschwindigkeiten bestimmt werden. Damit soll eine Grundlage geschaffen werden, die auch unabhängig von den rein meßtechnischen Versuchen zum Vergleich einzelner Bauformen dienen kann, und die die spezifischen Eigenarten der Prüfstände erkennen lassen. Die Lager werden zu diesem Zweck zuerst sehr eng eingepaßt, dann so lange ausgeschabt, bis die Lagerluft einen günstigen Temperaturzustand bei Höchstbelastung zuläßt. Mit dem gefundenen günstigen Lagerspiel werden daraufhin weitere Lager mit Hilfe von Widia- und Diamantstählen feinstbearbeitet. Mit diesen Lagern werden die erwähnten Dauererprobungen durchgeführt. Bei allen Versuchen wird eine genaue Trennung zwischen halbflüssiger und flüssiger Reibung beobachtet. Gleichzeitig werden Verschleiß und Lebensdauer bestimmt, so daß auch hierüber Vergleichswerte für spätere Versuche vorliegen.

Neben den meßtechnischen Untersuchungen über die Dynamik des Schmiervorganges werden weitere Untersuchungen über den Einfluß der geometrischen Abmessungen und der Konstruktion des Lagers ($l:d$, Spiel, Ölzu- und -abfuhr, Öldurchfluß, Laufflächenform, Einstellbarkeit und Nachgiebigkeit der Lagerung zwecks Anpassung an die jeweilige Verformung der Welle) durchgeführt. Darüber hinaus werden Baustoffuntersuchungen angestellt, die Aufschluß über die Eignung verschiedener Lagerbaustoffe unter Berücksichtigung der konstruktiven Form geben sollen. Hierbei werden genaue Wärmebilanzen durchzuführen sein. Besonderes Interesse bei diesen Baustoffragen bieten Gußeisen und Kunstharze, die wegen ihrer günstigen Werkstoffeigenschaften und gleichzeitig als Heimwerkstoffe Bedeutung erlangen können. Gerade bei den Kunstharzen wird die konstruktive Frage der Ausbildung der wärmeleitenden Querschnitte die ausschlaggebende Rolle spielen, da die Laufeigenschaften der Harze an sich denkbar günstig sind. Endlich werden besondere Versuche zur Untersuchung der Schmierung bei unterbrochener oder spärlicher Schmiermittelzufuhr und bei An- und Auslaufversuchen im Gebiet der halbflüssigen Reibung durchgeführt.

Da man bei einem derartigen Versuchsplan zunächst auf Laboratoriumsuntersuchungen angewiesen ist, um die Kernfragen zu klären, wurde eine möglichst einfache, rechnerisch leicht zu behandelnde Belastungsform gewählt. Die Verhältnisse am Motor sind von denen am sinusförmig belasteten Versuchsstand zum Teil doch so verschieden, daß eine Erweiterung dieser Versuche am Einzylinder-Motor unter Last vorgesehen ist, wobei der Schmiervorgang meßtechnisch weitgehend verfolgt wird. Hierbei wird sich dann herausstellen, wie weit die Erkenntnisse, die auf Versuchsständen zu gewinnen sind, auf den Betrieb im Motor übertragbar sind.

Neben diesen Arbeiten werden rechnerische Untersuchungen über die wahren Lagerbelastungen im Motor unter Berücksichtigung der Verformungen der Welle angestellt, um auch hiermit Unterlagen für genauere Rechnungsverfahren zu schaffen.

Propellerforschung vom Gesichtspunkt des Flugzeugkonstrukteurs aus

Von H. B. Helmbold*)

Vorgetragen am 7. Januar 1936 in Aachen

Die Entwicklung der Luftschraube wurde bisher beherrscht durch das Streben nach hohen Wirkungsgraden im Schnellflug und im Steigflug. Man darf wohl sagen, daß die hier gesteckten Ziele voll erreicht wurden; weitere Wirkungsgradgewinne kann die Theorie jedenfalls nicht in Aussicht stellen. Der Standschub reichte in der Regel aus, um die geforderten Abflugbedingungen zu erfüllen.

Mit der gegen Ende der zwanziger Jahre von Amerika aus einsetzenden Schnellflugentwicklung ist das grundlegend anders geworden. Infolge der Begrenzung der Umfangsgeschwindigkeiten durch den in der Nähe der Schallgeschwindigkeit auftretenden Wirkungsgradabfall stiegen mit der Fluggeschwindigkeit auch die Steigungsverhältnisse derart, daß mit starren Luftschraubenflügeln bald kein befriedigender Start mehr möglich war. Hier brachte die Verstelluftschraube zunächst Abhilfe. Es waren nicht etwa Wirkungsgradgewinne im Schnellflug, die den Flugzeugbau veranlaßten, die neue Komplikation und den Mehraufwand an Baugewicht in Kauf zu nehmen, sondern fast ausschließlich die vollkommenere Ausnutzung des Motors beim Start und der bei hohen Steigungsverhältnissen recht bedeutende Schubgewinn am Stand und bei den kleinen Geschwindigkeiten des Abflugs. Daneben sprach bei Mehrmotorenflugzeugen die Verbesserung der Steigleistungen nach Ausfall eines Motors zugunsten der Verstellschraube mit. Mittelbar wirkte sich der Gewinn an Standschub überall da auch auf den Schnellflug günstig aus, wo die Flügelgröße nicht mehr durch Rücksichten auf die Landung, sondern im Hinblick auf den Abflug festgelegt werden mußte.

Überprüfen wir heute die Lage, so hat es den Anschein, als ob die durch die Verstelluftschraube gebrachte Erleichterung für den Schnellflugzeugbau noch nicht das letzte Wort bedeuten könne. Bei der starren Luftschraube geriet man im Zuge der Entwicklung allmählich in das Gebiet hoher Steigungsverhältnisse, wo die Strömung im Standlauf längs des ganzen Flügels abgerissen war. Die Verstelluftschraube brachte hier nur vorübergehend Abhilfe, weil das Anwachsen der Steigungsverhältnisse noch andauert, so daß die Verstelluftschraube selbst im Standlauf noch zu hohes Steigungsverhältnis aufweist. Wir dürfen aber nicht glauben, daß die Verstellschraube von heute bereits die endgültige sei. Es muß die Frage gestellt und beantwortet werden, ob die schmalen Flügelblätter, zu denen die Entwicklung der starren Metalluftschraube schließlich führte, bei der Verstelluftschraube wirklich berechtigt sind. Diese und andere ähnliche Fragen können allerdings nur dann zutreffend beantwortet werden, wenn man die Rückwir-

*) Ernst Heinkel-Flugzeugwerke G. m. b. H., Rostock.

kungen der Luftschraubenauswahl auf den ganzen Flugzeugentwurf ins Auge faßt.

Als Beispiel für derartige Überlegungen erwähne ich folgendes Problem: Von zwei Luftschrauben besitzt die eine einen höheren Schnellflugwirkungsgrad η, die andere dafür einen größeren Standschub S_0; in welchem Verhältnis müssen die prozentualen Unterschiede zueinander stehen, damit beide Luftschrauben gleiche Rollstrecke und gleiche Höchstgeschwindigkeit ergeben? Die Antwort gibt die Gleichung[1])

$$\delta\eta + \frac{F_{wp}}{F_{ws}}\,\delta S_0 = O,$$

in der mit δ die logarithmischen Differentiale $\left(\delta x = \frac{dx}{x}\right)$ bezeichnet sind; das Verhältnis der Profilwiderstandsfläche F_{wp} zur gesamten Stirnwiderstandsfläche F_{ws} beträgt bei heutigen Schnellflugzeugen etwa $1/2$; dann besagt die Gleichung, daß die Luftschraube, deren Standschub um 10% kleiner ist, einen um 5% höheren Wirkungsgrad im Schnellflug haben muß, um der anderen Luftschraube für das betrachtete Flugzeug gleichwertig zu sein. Verbesserungen des Standschubs um 10% dürften heute aber wesentlich leichter erreichbar sein als Wirkungsgradverbesserungen um 5%. Wird die Luftschraube mit dem geringeren Standschub verwendet, so wird die Flügelfläche entsprechend größer gewählt. Die damit verbundene Widerstandsvermehrung wird durch den höheren Schnellflugwirkungsgrad gerade wieder ausgeglichen.

Ursache der schlechten Standschübe ist die Gleitzahlverschlechterung infolge Abreißens der Strömung bei hohen Anstellwinkeln. Wo am Schraubenflügel das Abreißen zuerst zu erwarten ist, vermag die Theorie vorauszusagen. Beispielsweise besitzt die Auftriebszahl bei der starren Luftschraube vom Normaltypus einen Höchstwert ziemlich unabhängig vom Fortschrittsgrad an der gleichen Stelle des Flügels, nämlich etwa im Abstande $r = \frac{H}{2\pi}$ von der Propellerachse; H bedeutet hier die von der Nullauftriebsrichtung aus gemessene konstante Steigung.

Die bisher üblichen Flügelwurzelformen der Metalluftschrauben erscheinen unter dem Gesichtspunkt des Standschubs noch durchaus verbesserungsfähig. Für solche Feststellungen genügen Kraftmessungen nicht; es müssen vielmehr die Verteilungen von Schub- und Drehmoment längdes Schraubenhalbmessers ermittelt werden, die aus Gesamtdruckmess sungen mit Hakenrohr und Differenzdruckmessungen mit Zweifingerrohr leicht abzuleiten sind. Andere Verfahren kommen doch wohl besser nicht zur Anwendung. Jedenfalls müssen wir wissen, wie die einzelnen Profile im Schraubenflügel arbeiten, und ob sie richtig gewählt oder ersatzbedürftig sind. Der »Normalpropeller« kann ja nicht das Ziel, sondern nur der Aus-

---

[1]) Hergeleitet aus der bekannten Faustformel für die Rollstrecke $s_r = \frac{G^2}{c_{a\,max}\,\gamma\, F S_0}$ und der Näherungsformel für die Höchstgeschwindigkeit $v_{max} = \left(\frac{2N\eta}{\varrho\, F_{ws}}\right)^{1/3}$.

gangspunkt der weiteren Entwicklung sein. Überdies umfaßt der Begriff des »Normalpropellers« keine Entscheidung über die Wahl des Dickenverlaufs. Diese Wahl wird je nach dem Baustoff verschieden ausfallen müssen. Dadurch werden eigentlich zwei Luftschraubenfamilien erforderlich, eine für Metall und eine für Holz. Zunächst ist die Metallentwicklung jedoch die dringlichere. Im Gültigkeitsbereich der Theorie sind beide Bauarten in ihren Eigenschaften wenig verschieden, groß sind aber die Unterschiede, sobald Abreißen der Strömung auftritt, weil dann verschiedene Profiltypen stark abweichendes Verhalten zeigen. Die Bedeutung der Profilwahl für das Abflugverhalten wird bisher anscheinend unterschätzt. Theoretische Betrachtungen führen zu dem Schluß, daß als Kriterium für die Profilwahl die Verhältniszahl $c_{a_{max}}/c_{wp}$ überall da gelten muß, wo die Profile beim Standlauf überzogen arbeiten. Ist dies nicht der Fall, so ist c_{wp} allein maßgeblich. Ferner wird man zwei verschiedene Profiltypen zu verwenden haben, je nachdem, ob das Profil in inkompressibler Strömung oder nahe der Schallgeschwindigkeit zu arbeiten hat. Da aber Messungen an naturgroßen Luftschrauben bei voller Drehzahl nicht im erforderlichen Umfang ausgeführt werden können, erscheint eine Zweiteilung der Versuche notwendig:

a) Große Modelle bei möglichst großen Reynoldszahlen.

Die Versuche geben dann die Vorgänge bei anliegender Strömung für die inneren und mittleren Flügelabschnitte einigermaßen richtig wieder.

b) Kleinere Modelle bei naturgroßen Machzahlen.

Diese Versuche geben voraussichtlich vor allem die wichtigen Verhältnisse bei abgerissener Strömung an den äußeren Flügelabschnitten richtig wieder.

Zusammenfassend möchte ich betonen; daß Propellerforschung im engen Sinne nicht genügen kann, sondern daß Propellerentwicklung not tut und auch noch aussichtsreich erscheint.

Statische und dynamische Kerbzähigkeit

Von E. Siebel*)

Vorgetragen am 17. September 1935 in Berlin

Die Bedeutung der Zähigkeit für die Formgebung und in festigkeitstechnischer Hinsicht

Zur Kennzeichnung der Zähigkeit der Werkstoffe werden meist die im Zugversuch bestimmte Dehnung oder Einschnürung benutzt. Die Bedeutung dieser Zähigkeitswerte für Verarbeitung und Formgebung der Werkstoffe liegt auf der Hand. Weniger klar ist es, wie sich diese Eigenschaften in festigkeitstechnischer Hinsicht auswirken. Nur selten dürfte das der Zähigkeit entsprechende Arbeitsvermögen des Werkstoffes bei Überlastungen ausgenutzt werden. Wichtiger erscheint der Spannungsausgleich, der bei ungleichförmiger Beanspruchung oder beim Vorhandensein von Eigenspannungen durch kleine bleibende Formänderungen hervorgerufen wird. Doch betragen die hierzu notwendigen Dehnungen nur einen verschwindenden Bruchteil des beim statischen Zugversuch ermittelten Formänderungsvermögens. Wenn also von den Metallen eine höhere Dehnung und Einschnürung beim Zugversuch verlangt wird, so läßt sich dieses nur damit begründen, daß diese Zähigkeitswerte in den Bauteilen weitgehend herabgesetzt sein können.

Verminderung der Zähigkeit bei zweiachsiger Zugbeanspruchung

Eine Reihe von Umständen können auf die Verminderung der Zähigkeit eines Werkstoffes hinwirken. Schon bei zweiachsiger Beanspruchung läßt das Formänderungsvermögen eines Werkstoffes, wie die Untersuchungen von *A. Maier*[1]) gezeigt haben, bedeutend nach. In Abb. 1 sind Versuche dargestellt, die an rohrförmigen Körpern aus weichem Flußstahl durchgeführt wurden, welche durch Innendruck und einen gleichzeitig wirkenden Längszug oder -druck beansprucht waren. Betrachtet man als Maß des Formänderungsvermögens die größte positive Formänderung φ bis zum Bruch, so sieht man, daß das Formänderungsvermögen bei einachsigem Zug in der Längs- oder Umfangsrichtung am größten ist und um so mehr abnimmt, je weniger die in beiden Richtungen wirksamen Spannungen σ_l bezw. σ_t voneinander abweichen.

Rückgang der Zähigkeit bei dreiachsiger Zugbeanspruchung

Noch deutlicher geht die Zähigkeit des Werkstoffes zurück, wenn in den drei Hauptrichtungen Zugspannungen wirken. Da für das Auftreten einer bestimmten Formänderung entsprechend der Fließkurve

*) Dr.-Ing., Professor an der Technischen Hochschule Stuttgart.

[1]) Z. VDI Bd. 77 (1933), S. 1345; vgl. ferner *A. Maier*, »Einfluß des Spannungszustandes auf das Formänderungsvermögen der metallischen Werkstoffe«, Berlin 1934.

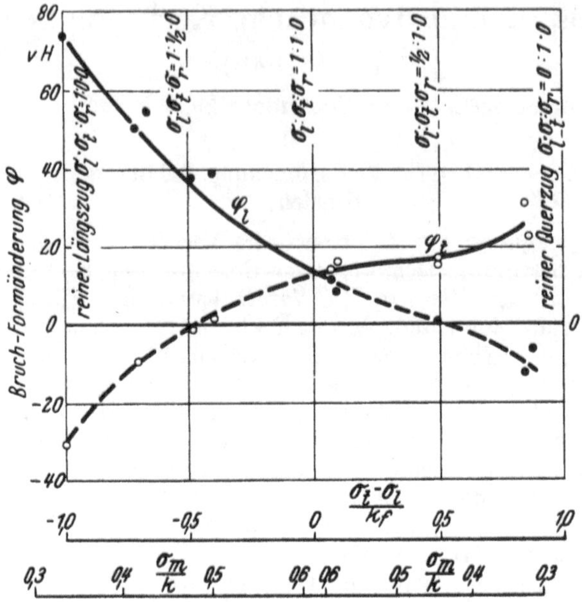

Abb. 1. Bruchformänderung von Rohren aus geglühtem St. 37 bei mehrachsiger Beanspruchung.

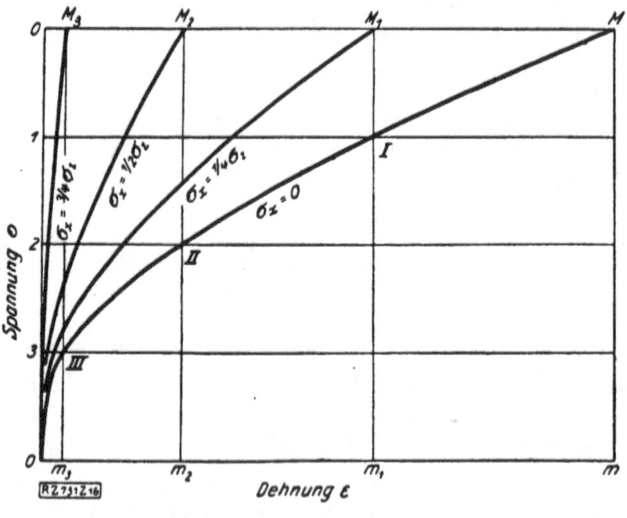

Abb. 2. Einfluß räumlicher Spannungszustände auf das Formänderungsschaubild.

des Werkstoffes ein ganz bestimmter Hauptspannungsunterschied erforderlich ist, die technische Kohäsion des Werkstoffes aber wenig durch den Spannungszustand beeinflußt wird, können selbst Stoffe, die im gewöhnlichen Zugversuch eine große Dehnbarkeit zeigen, sich spröde verhalten, wenn eine dreiachsige Zugbeanspruchung wirksam ist. *F. Ludwik*[2]) hat die unter dreiachsiger Zugbeanspruchung eintretende Beeinflussung des Formänderungsvermögens gemäß Abb. 2 schematisch dargestellt. Wenn die Fließkurve des Werkstoffes bei einachsigem Zug durch die Linie OM wiedergegeben ist, so wird ein Querzug σ_x in Höhe von $1/4$ der Längsspannung σ_z den zur Verformung erforderlichen Längszug auf OM_1 erhöhen, wobei der für die Formänderung als maßgebend erachtete Hauptspannungsunterschied $\sigma_z - \sigma_x$ überall der gleiche bleibt, wie bei einachsigem Zug. Ein Querzug von $1/2\, \sigma_z$ und $3/4\, \sigma_z$ ruft entsprechend eine Erhöhung auf OM_2 und OM_3 hervor. Rechnet man mit einer gleichbleibenden Reißfestigkeit entsprechend der oberen Begrenzungslinie des Schaubildes, so sieht man, daß dieser Spannungswert bei einachsigem Zug bei einer Formänderung OM, bei der zuletzt geschilderten Beanspruchungsweise jedoch bereits bei einer Formänderung OM_3 erreicht ist. Der Bruch tritt also in letzterem Falle früher ein, als bei einachsiger Zugbeanspruchung.

Zweiachsige Zugbeanspruchungen finden sich in allen Behältern, Rohrleitungen usw. Dreiachsige Zugbeanspruchungen vermögen in den Konstruktionsteilen an Querschnittsübergängen, äußeren und inneren Kerben, sowie als die Folge von Eigenspannungen aufzutreten. In allen derartigen Fällen ist daher mit einer Abnahme des Formänderungsvermögens des Werkstoffes zu rechnen. Es können aber noch andere Umstände mitwirken, welche die geschilderte Versprödungswirkung verstärken.

Einfluß der Formänderungsgeschwindigkeit

Zunächst ist hier der Einfluß der Formänderungsgeschwindigkeit zu nennen. Wie die in Abb. 3 dargestellten Zugdiagramme zeigen, die der Arbeit von *F. Körber* und *A. v. Storp*[3]) über den Kraftverlauf bei der Schlagprüfung entnommen sind, liegt der Formänderungswiderstand bei einer Schlag- oder Stoßbeanspruchung wesentlich über demjenigen beim statischen Zugversuch. Da die technische Kohäsion nicht in gleicher Weise ansteigt, wird das Formänderungsvermögen bei der Schlagbeanspruchung meist geringer sein als bei statischer Beanspruchung. Beim Zugversuch äußert sich dies in einer geringen Verminderung der Einschnürung, während die Dehnung meist höher ausfällt, da die Einschnürung hier sich über einen größeren Bereich auswirkt als beim statischen Versuch. Sehr deutlich tritt die Veränderung des Formänderungsvermögens mit der Geschwindigkeit auch bei den statischen und dynamischen Torsionsversuchen in Erscheinung, welche in jüngster Zeit durch *M. Itihara*[4]) durchgeführt wurden.

---

[2]) Z. VDI Bd. 71 (1927), S. 1532.

[3]) Mitt. K.W. Inst. Eisenforschg. Bd. 7 (1925), S. 81.

[4]) Technol. Reports of the Tohoku Imp. Univers. Bd. XI (1935) Nr. 4, S. 73 (489).

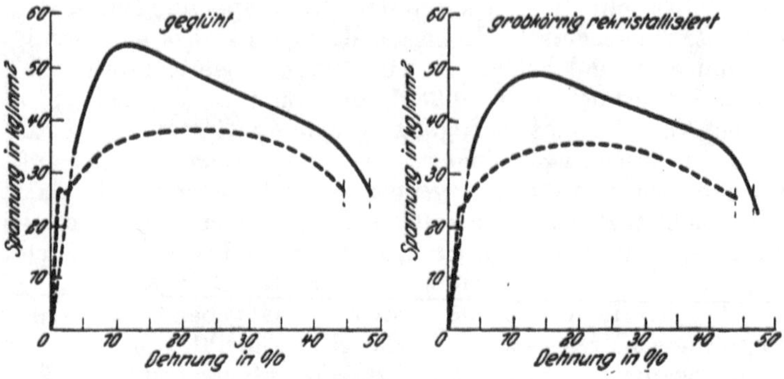

Abb. 3. Zugdiagramme von Weicheisen
(- - - - - - statischer Zugversuch, ———— Schlagzugversuch).

Abb. 4 zeigt den Verlauf der Verdrehungsdiagramme von weichem Flußstahl bei verschiedener Temperatur und läßt deutlich sowohl die Erhöhung des Formänderungswiderstandes als auch die Verminderung des Bruchverdrehungswinkels bei dynamischer Beanspruchung erkennen. Eine ausgeprägte Abnahme des dynamischen Formänderungsvermögens tritt dabei insbesondere bei tiefen Temperaturen in Erscheinung.

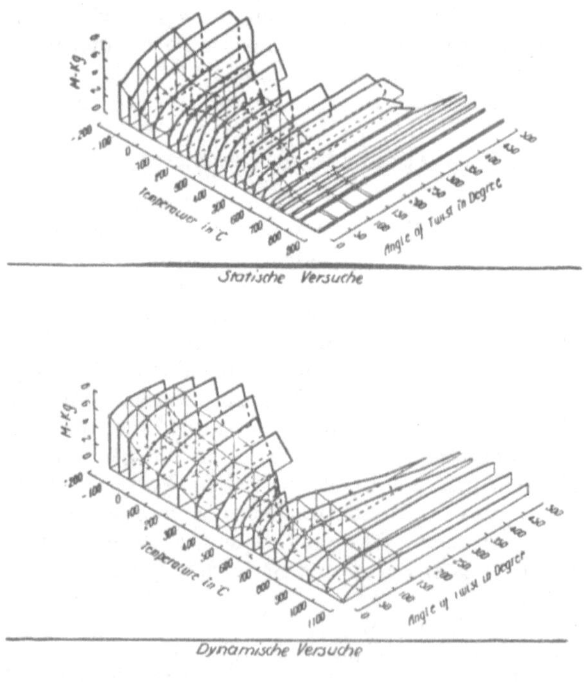

Abb. 4. Verdrehungsfließkurven von weichem Stahl.

Einfluß der Temperatur auf das Formänderungsvermögen

Auch bei statischer Beanspruchung wirkt sich der Einfluß der Temperatur in starkem Maße auf das Formänderungsvermögen aus. So ist beim statischen Verdrehungsversuch eine Verminderung der Bruchverdrehung im Blaubruchgebiet zu erkennen, Abb. 4. Besonders beachtenswert ist aber die ausgesprochene Versprödung, welche nach den Untersuchungen von *G. Gruschka*[5]) sowie von *W. I. De Haas* und *R. Hadfield*[6]) bei den meisten Stahlsorten bei tiefen Temperaturen in Erscheinung tritt. In Abb. 5 ist der Verlauf von Zugfestigkeit, Streckgrenze, Dehnung und Einschnürung bei Armco-Eisen im Temperaturgebiet von 0 bis —200° C nach den Untersuchungen von *G. Gruschka* dargestellt. Während die Festigkeitswerte mit fallender Temperatur stetig zunehmen, sinkt die Zähigkeit bei diesem Werkstoff zwischen —140 und —180° ganz plötzlich auf den Wert Null ab.

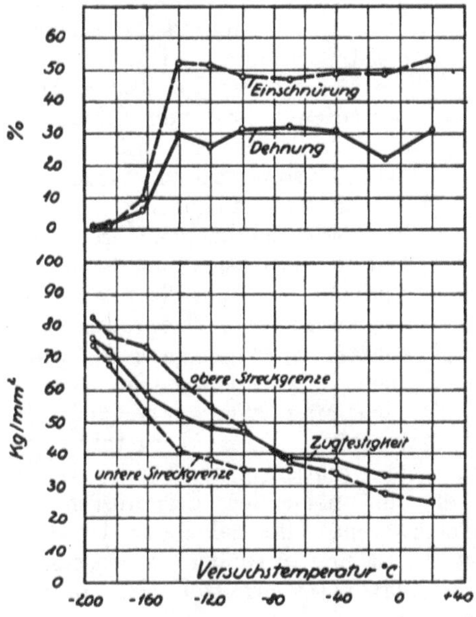

Abb. 5. Ergebnisse von Zugversuchen mit Armco-Eisen.

Alle schwach legierten Stähle zeigen ein ähnliches Verhalten. Bei den Kohlenstoffstählen mit weniger als 0,4% C tritt nach *Gruschka* der Zähigkeitsabfall beim Zugversuch zwischen —160 und —180° in Erscheinung, Abb. 6. Ein Zusatz von 1% Mn ist hierauf ohne Einfluß. Hingegen verschiebt sich bei einem Gehalt von 3% Ni der Zähigkeitsabfall in das Gebiet von —180 bis —200° und bei einem Gehalt von 5% Ni zu noch tieferen Temperaturen. Im Gegensatz zum Eisen büßen nämlich Nickel und Kupfer bei tiefen Temperaturen ihre Zähigkeit nicht ein. Bei den Untersuchungen von *Hadfield* zeigte Nickel vielmehr bei der Prüfung in flüssiger Luft eine Dehnung von 51% gegenüber 43% bei Zimmertemperatur. Andere Nickelproben von höherer Festigkeit, die bei 20° nur 11,5% Dehnung aufwiesen, erreichten bei — 252° eine solche von 21,5%. Eisenlegierungen mit hohem Nickelgehalt nähern sich daher in dem Maße, wie der Nickelzusatz steigt, immer mehr dem Verhalten von reinem Nickel. Ein Nickelstahl mit 31,4% Nickel zeigt noch einen allmählichen Dehnungsabfall von 29 bis 30% bei Zimmertemperatur auf 11% bei — 182° und auf 10% bei — 250°. Bei einem Nickelgehalt von 57,5% ist die Zähigkeit

[5]) Forschungsheft 364, Berlin 1934.

[6]) Engineering Bd. 137 (1934), S. 331; s. a. Forschung. Bd. 5 (1934), S. 195.

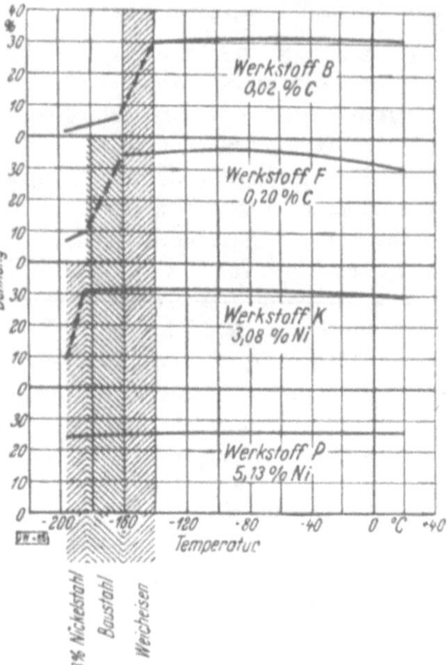

Abb. 6. Einfluß der Zusammensetzung auf den Zähigkeitsabfall beim Zugversuch.

bei den tiefen Temperaturen bereits größer als bei Zimmertemperatur. Auch bei Duraluminium bleibt die Dehnung durch eine Abkühlung auf —252° unbeeinflußt.

Abhängigkeit des Zähigkeitsabfalls von den Beanspruchungsverhältnissen

Von größter praktischer Bedeutung ist es nun, daß der bei den meisten Stählen und vielen anderen Werkstoffen bei tiefen Temperaturen auftretende Zähigkeitsabfall sich in dem Maße zu höheren Temperaturen verschiebt, wie sich die Beanspruchungsverhältnisse ungünstiger gestalten. Daß mehrachsige Zugbeanspruchungen und schnelle Formänderungen auf eine Versprödung hinwirken, wurde eingehend besprochen. Bei mehrachsiger Beanspruchung kann daher das im Zugversuch ermittelte Formänderungsvermögen eines Werkstoffes bereits bei Betriebstemperatur weitgehend verloren gehen, so daß sich das Werkstück viel spröder verhält, als nach den Ergebnissen des Zugversuchs zu erwarten steht. Erschwerend fällt dabei der Umstand ins Gewicht, daß bestimmte Gefügezustände besonders zur Versprödung neigen, ohne daß dies die im Zugversuch ermittelten Dehnungswerte nennenswert beeinflußt.

Die Beanspruchungsverhältnisse beim Kerbschlagbiegeversuch

Über die Neigung eines Werkstoffes, sich unter ungünstigen Beanspruchungsverhältnissen zu verspröden, gibt die Kerbschlagprobe einen Aufschluß. Hier wirken sowohl die dreiachsige Zugbeanspruchung im Kerbgrund, als auch die hohe Verformungsgeschwindigkeit auf eine Verminderung des Formänderungsvermögens hin. Man muß sich jedoch im klaren sein, daß die dynamische Versuchsdurchführung ausschließlich dazu dient, die Wirkung des mehrachsigen Spannungszustandes zu verschärfen, und daß es sich daher nicht um ein eigentliches dynamisches Prüfverfahren handelt. Man erhält vielmehr ganz analoge Prüfergebnisse, wenn man auf die dynamische Versuchsdurchführung vollkommen verzichtet und statt dessen die Verformungsbehinderung durch die Querbeanspruchung verstärkt.

Versprödungsprüfung im Kerbzugversuch

Am einfachsten läßt sich eine derartige Prüfung als statischer Kerbzugversuch durchführen. Man vermag dabei die Versuchsbedingungen durch die Kerbform weitgehend zu beeinflussen. Bereits bei Verwendung von Rundkerbproben erhält man eine gute Kennzeichnung des Gefügezustandes und seiner Neigung zur Versprödung. Werden die Proben mit einem Spitzkerb versehen, so erhält man im Kerbgrund einen noch ausgeprägteren dreiachsigen Spannungszustand. Man vermag die Kerbwirkung schließlich noch dadurch zu verschärfen, daß man die mit Spitzkerbe versehenen Proben vor dem Zugversuch in der Längsrichtung staucht, wodurch es gelingt, einen Kerbwinkel von 0^0 zu erzielen.

Einrichtung zur Dehnungsmessung beim Kerbzugversuch

Entsprechend der auftretenden Versprödung sind die beim Kerbzugversuch ermittelten Formänderungen viel kleiner als beim gewöhnlichen Zerreißversuch. Dabei ist eine Dehnungsfeinmessung mit den üblichen Schneidengeräten nicht möglich, da der Meßbereich für eine Verfolgung des Formänderungsverlaufs bis zum Bruch nicht ausreicht und da eine Beschädigung der Geräte beim Bruch des Stabes zu erwarten steht. Aus dem gleichen Grunde kommt die Verwendung eines Feinmeßgerätes, wie es von *W. Kuntze* zur Bestimmung der Querdehnung ausgebildet wurde, nicht in Frage. Bei umfangreichen Kerbzugversuchen, welche von *M. Pfender* in der Materialprüfungsanstalt Stuttgart durchgeführt wurden, wurden daher die Formänderungen der Kerbzugproben während der Belastung in der in Abb. 7 dargestellten Weise mittels Meßuhren verfolgt. Die Meßuhren waren in einem Halter befestigt, der oberhalb der Kerbstelle an die Probe angeklemmt war. Die Formänderungen wurden mittels einer Traverse auf die Meßuhren übertragen, die unterhalb der Kerbstelle am Probestab befestigt waren. Da beiderseits des Stabes gemessen wurde, waren Fehler, die durch Biegungsbeanspruchungen auftreten konnten, ausgeschaltet. Sollten die Untersuchungen in der Kälte oder Wärme durchgeführt werden, so bereitete dies keine Schwierigkeiten, da die Meßuhren außerhalb des betreffenden Bades angebracht waren und die Formänderungen durch Stifte von der unteren Traverse auf die Meßgeräte übertragen wurden.

Proben und Versuchswerkstoffe

Die für die Kerbzugversuche verwendeten Proben besaßen einen Durchmesser von 20 mm. Die Kerben waren ringsum 4 mm tief eingedreht. In Abb. 8 sind die verwendeten Probeformen dargestellt, wobei gleichzeitig zu ersehen ist, wie die Bruchstücke der Kerbzugproben für Vergleichsproben Verwendung fanden. Zum Vergleich wurden einfache Zugversuche mit ungekerbten Proben, Schlagzugversuche an gekerbten Proben, sowie Kerbschlagbiegeversuche mit der DVM-Probe 55 × 10 × 10 mm mit einem Kerbquerschnitt 7 × 10 mm durchgeführt. Zur Untersuchung kamen verschiedene Flußstahlsorten und zwar St. 37 und St. 60 in geglühtem sowie in gerecktem, gealtertem, rekristallisiertem und überhitztem Zustand, ein Kruppscher Alterungsbestand IZ-Stahl sowie ein austenitischer V2A-Stahl. Weiterhin wurden verschiedene Stahlgußsorten geglüht und ungeglüht, sowie autogene Schweißungen und elektrische Schweißungen, welche mit verschiedenen Elektroden hergestellt waren, geprüft. An Nichteisenmetallen wurden Messing Ms 63, Duraluminium, Elektron, sowie verschiedene Leichtmetall-Gußlegierungen untersucht. Die Untersuchungen fanden sowohl bei Zimmertemperatur als auch bei hohen und tiefen Temperaturen im Bereich von $+ 300^0$ bis $- 50^0$ statt.

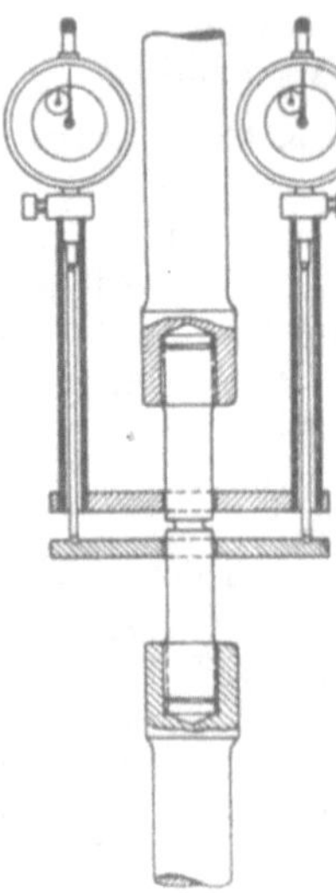

Abb. 7. Vorrichtung zum Messen der Dehnung beim Kerbzugversuch.

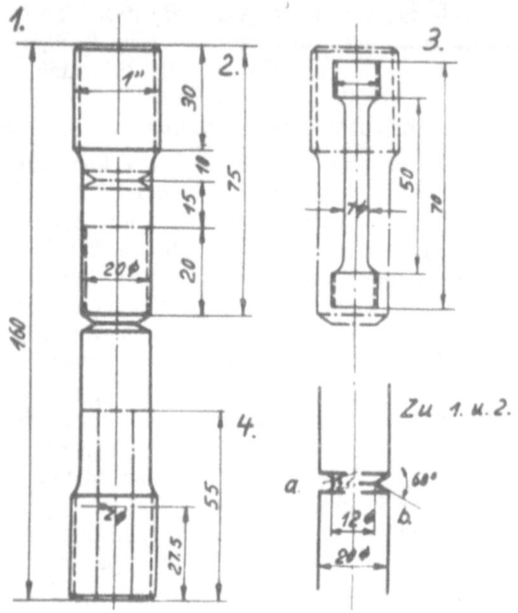

Abb. 8. Probenformen:
1. statische Kerbzugprobe 3. statische Zugprobe
2. dynamische Kerbschlagzugprobe 4. Kerbschlagbiegeprobe.

Kerbzugversuche mit St. 37

In Abb. 9 sind die Spannungs-Dehnungs-Schaubilder dargestellt, welche bei Raumtemperatur mit Flußstahl St. 37 in den verschiedenen Behandlungszuständen gewonnen wurden. Die Dehnungen sind dabei auf eine Meßlänge $l =$ dem Durchmesser d_0 des vollen Stabes bezogen. Die zugehörigen Spannungen sind sowohl als Quotient aus Kraft P und vollem Querschnitt F_0, sowie aus Kraft und Kerbquerschnitt F_k berechnet. Bereits bei Verwendung einer Rundkerbe sind die Dehnungen, verglichen mit denjenigen eines ungekerbten Stabes, nur noch klein. Während die geglühten Proben G und hochgeglühten Proben $\ddot{U}$ aber eine Dehnung von 10 bzw. 16% aufweisen, ist die Dehnung nach einer Reckung von 10% (R) auf unter 6%, nach einer Reckung mit anschließender Alterung bei

250^0 (A) auf 4% und nach einer Reckung und danachfolgender Kristallisation bei 700^0 (K) auf unter 7% abgesunken. Vergleicht man hiermit das Ergebnis der mit Spitzkerb durchgeführten Versuche, so sieht man, daß die Versprödung hier noch bedeutend zugenommen hat. Der geglühte Werkstoff G weist jetzt nur noch 7% Dehnung auf, während die Bruchdehnung bei den überhitzten und rekristallisierten Proben ($\dot{U}$, K) auf 2 bzw. 1% zurückgegangen ist und die gereckten sowie die gealterten Proben (R und A) ein völlig sprödes Verhalten zeigen.

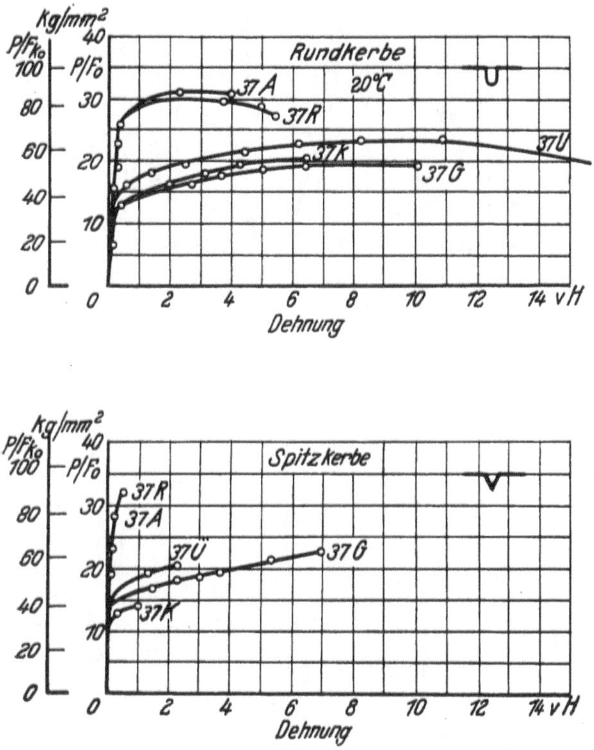

Abb. 9. Kerbzugversuche mit St. 37.

Wirkung von Gefügezustand und Kerbform auf das Verhalten beim Kerbzugversuch

Einen Überblick darüber, wie sich der Gefügezustand einerseits, die Verschärfung des dreiachsigen Spannungszustandes aber anderseits bei den verschiedenen Werkstoffen auf das Formänderungsvermögen beim Kerbzugversuch auswirkt, geben Abb. 10 u. 11. Die Darstellung läßt besonders deutlich erkennen, wie das gute Formänderungsvermögen, das bei allen Stählen beim normalen Zugversuch vorhanden ist, bei den gekerbten Proben auf einen Bruchteil herabgesetzt wird. Bei schlechtem Gefügezustand wirkt sich dieser Rückgang des Formänderungsvermögens

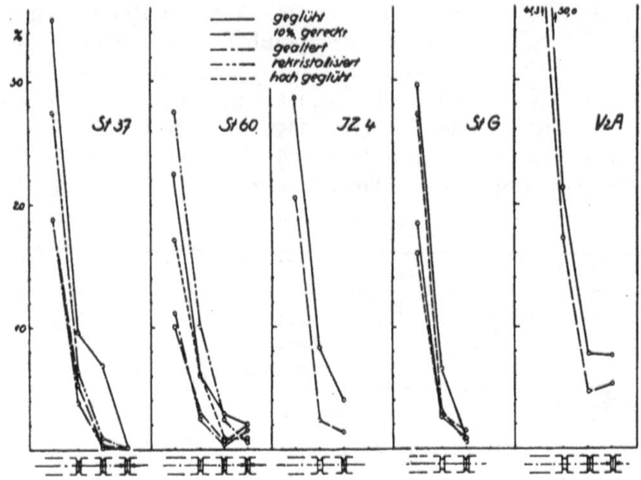

Abb. 10. Einfluß der Probenform auf das Dehnvermögen bei Kerbzugversuchen mit verschiedenen Stählen.

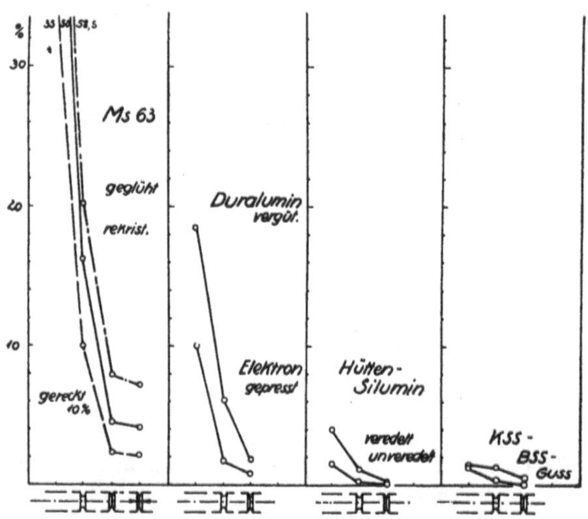

Abb. 11. Einfluß der Probenform auf das Dehnvermögen bei Kerbzugversuchen mit Metallen.

besonders stark aus. Beachtenswert ist das hohe Formänderungsvermögen, welches der V2A-Stahl auch im gekerbten Zustand noch zeigt. Ähnlich verhält sich das ebenfalls aus homogenen Mischkristallen aufgebaute Messing Ms 63. Hiergegen weisen die Leichtmetall-Gußlegierungen ein äußerst geringes Formänderungsvermögen auf, während die Preßlegierungen sich günstiger verhalten.

Der Temperatureinfluß beim statischen und dynamischen Kerbzugversuch

Nach den Ausführungen, welche eingangs über die Wirkung der Temperatur auf die Versprödung der Werkstoffe gemacht wurden, erscheint

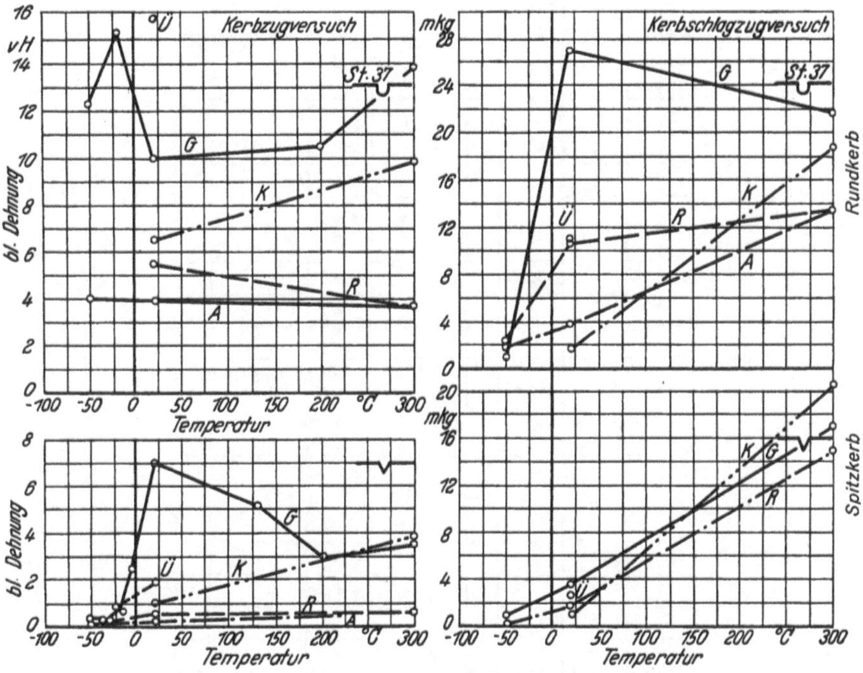

Abb. 12. Statische und dynamische Kerbzugversuche mit St. 37.

das Ergebnis der bei verschiedenen Temperaturen durchgeführten Kerbzugversuche von besonderem Interesse. Wie Abb. 12 zeigt, ist bei Verwendung von Rundkerben und statischer Beanspruchung bei St. 37 in den verschiedenen Behandlungszuständen bis — 50⁰ noch kein Einfluß der Temperatur zu erkennen. Hingegen zeigt der Werkstoff im geglühten Zustand bei den mit Spitzkerben durchgeführten Versuchen deutlich einen Steilabfall der Zähigkeit zwischen + 20⁰ und — 20⁰. Bei — 50⁰ hat der Werkstoff bei dieser Art der Beanspruchung jedes Formänderungsvermögen verloren und verhält sich vollkommen spröde, ganz unabhängig davon, in welchem Behandlungszustand er sich befindet. Vergleicht man hiermit die Ergebnisse der dynamischen Kerbschlagzugversuche, die mit dem gleichen Werkstoff und den gleichen Kerbformen durchgeführt wurden, so sieht man, daß die Verschärfung der Versuchsbedingungen hier bereits bei den Rundkerbproben zu einem Steilabfall im Temperaturgebiet von + 20⁰ bis — 50⁰ führt. Bei den Spitzkerbproben ist in diesem Falle bereits bei Raumtemperatur in allen Behandlungszuständen die Tieflage der Kerbzähigkeit erreicht. Ziehen wir schließlich noch den Kerbschlagbiegeversuch zum Vergleich heran, Abb. 13, so finden wir ebenfalls einen Steilabfall der Kerbzähigkeit zwischen + 20° und — 50°.

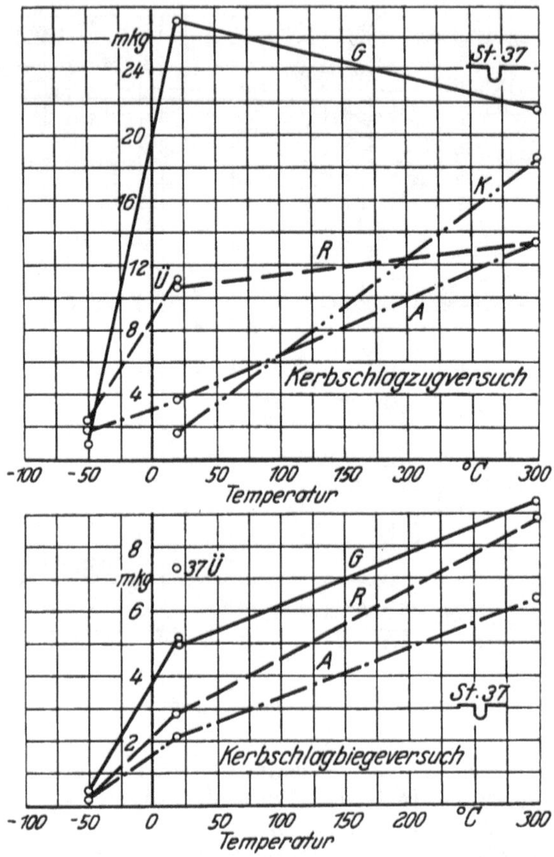

Abb. 13. Dynamische Kerbzug- und Kerbbiegeversuche.

Bei den übrigen untersuchten Werkstoffen zeigt sich bei den vergleichenden Versuchen überall dasselbe Bild wie bei dem vorstehend behandelten St. 37. Durch eine Verschärfung der Versuchsbedingungen wurde stets die Versprödung zu höheren Temperaturen verschoben, ganz gleichgültig, ob diese Verschärfung durch eine Verstärkung der Querbeanspruchung oder durch dynamische Wirkungen verursacht war. Die aus homogenen Mischkristallen aufgebauten Legierungen, also der V2A-Stahl sowie Messing Ms 63 zeigten sowohl bei statischer wie dynamischer

Prüfung bis — 50⁰ noch einen Anstieg der schon an sich außergewöhnlich hohen Kerbzähigkeit.

Kerbzugversuche mit Schweißungen

Besondere Beachtung verdient das Verhalten, welches die untersuchten Schweißungen beim Kerbzugversuch zeigten, Abb. 14. Die Proben waren Schweißverbindungen entnommen, welche an Blechen von 30 mm Dicke

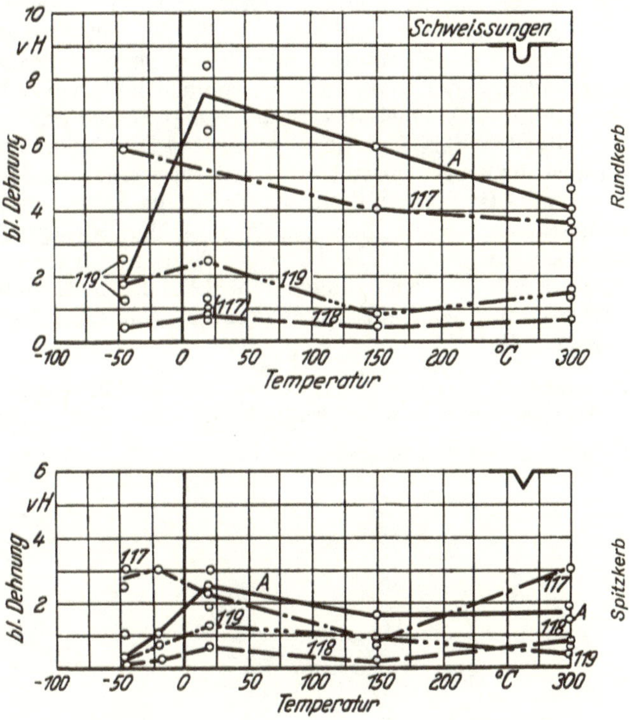

Abb. 14. Kerbzugversuche mit Schweißungen.

hergestellt waren, so daß der Kerb in der Mitte der Schweißnaht zu liegen kam. Die Versuchsergebnisse lassen deutlich die hohe Zähigkeit der Autogen-Schweißung A, sowie der mit austenitischer Elektrode durchgeführten Schweißung 117 gegenüber der Schweißung mit ummantelter Elektrode 119 oder mit Seelenelektrode 118 erkennen. Während die Kerbzähigkeit der Autogenschweißung aber bei tiefen Temperaturen abfällt, bleibt sie bei dem austenitischen Schweißgut erhalten. Die Absolutwerte der mit austenitischen Elektroden erzielten Kerbzähigkeit liegen jedoch bedeutend niedriger als die Werte, die bei dem ebenfalls austenitischen V2A-Stahl ermittelt wurden, was auf das in der Schweißnaht vorhandene Gußgefüge zurückzuführen sein dürfte. Welche Bedeutung einer genügenden Kerbzähigkeit gerade bei Schweißungen bezüglich des Abbaus der Eigenspannungen und des Ausgleichs der durch Kerbstellen hervorgerufenen Spannungsungleichförmigkeiten zukommt, wurde an anderer Stelle eingehend erörtert[7]).

Vorzüge des Kerbzugversuches

Die vorstehend geschilderten Versuche dürften gezeigt haben, daß es möglich ist, die Neigung der Werkstoffe zur Versprödung unter Verzicht auf die übliche dynamische Prüfung durch statische Kerbzugversuche zu ermitteln. Eine derartige Prüfungsweise bietet den Vorzug, daß sie weit klarer als die Kerbschlagprobe den Zusammenhang zwischen dem Spannungszustand und der Versprödung erkennen läßt, vgl. Abb. 10 und 11. Von Bedeutung ist es dabei, daß die beim Zugversuch und beim Kerbzugversuch ermittelten Zähigkeitswerte die gleiche Dimension besitzen. Zu klären bleibt noch die Frage, wieweit beim Kerbzugversuch das Ähnlichkeitsgesetz Geltung hat. Ist dies der Fall, so würden die Ergebnisse des Kerbzugversuchs gestatten, unmittelbare Schlüsse auf den Rückgang des Dehnungsvermögens in den Bauteilen bei einer bestimmten Gestaltung der Übergänge zu ziehen. Die Kerbzähigkeit bleibt dann nicht mehr nur ein Mittel zur Beurteilung der Gefügebeschaffenheit, sondern erhält auch als Konstruktionsgrundlage Wert.

---

[7]) Vgl. *E. Siebel*, »Bestimmung und Auswirkung von Eigenspannung unter besonderer Berücksichtigung von Schweißungen«. Wärme Bd. 57 (1934) S. 781.

Dauerversuche mit Schraubenbolzen

Von K. Schraivogel*)

Vorgetragen am 17. September 1935 in Berlin

Einleitung

Schraubenverbindungen sind im Fahrzeugbau häufig Beanspruchungen wechselnder Größe und auch wechselnder Richtung unterworfen. Immer wieder im Betriebe auftretende Schraubenbrüche, die sehr oft nicht durch mangelhafte Werkstoffeigenschaften oder Herstellungsfehler erklärt werden können, sind ein Zeichen dafür, daß die zulässige Beanspruchung der Schraube vom Konstrukteur überschätzt wurde; sei es nun, daß die auf die Schraube wirkenden äußeren Kräfte zu niedrig in die Berechnung eingesetzt wurden, sei es, daß mit zu hohen Werten der Schraubenfestigkeit gerechnet wurde.

Statische Überbeanspruchung der Schrauben und dadurch bedingtes Versagen kommt im Luftfahrzeugbau eigentlich nur sehr selten vor, da die Kerbwirkung des Gewindes ja eine Erhöhung des Fließwiderstandes gegenüber dem ungekerbten Stab bringt; ebenso ist eine Beschädigung der Schraube durch übermäßiges Anziehen der Mutter bei den hochwertigen Stählen nicht so sehr zu befürchten; jedenfalls ist der Anteil derartiger Schraubenbrüche im Vergleich zu den auf Dauerbeanspruchungen zurückzuführenden sehr gering.

Kerbfaktoren

Die Berechnung der Dauerfestigkeit der Schraube als eines durch Kerben bestimmter Form und Anordnung geschwächten Stabes stößt auf ziemliche Schwierigkeiten, da sie von einer ganzen Reihe von Faktoren sehr stark beeinflußt wird. Zwar kann man an Hand elastizitätstheoretischer Untersuchungen den theoretischen Kerbfaktor, die Formziffer α_K, für die Ringkerbe mit dem Gewindeprofil entsprechender Form ermitteln. Sie beträgt nach der Formel von *Inglis* z. B. für das metrische Gewinde von M 6 bis M 24 7,55 bis 7,8. Diese Formel gibt jedoch für den gekerbten Rundstab offensichtlich viel zu hohe Spannungswerte. Nach dem von *Kuntze*[1]) angegebenen Verfahren ergeben sich etwa halb so große Formziffern (zwischen 3,5 und 3,9 bei den genannten Gewindedurchmessern). Bei voller Auswirkung der Spannungserhöhung im Kerbgrund könnten also bei derartigen Kerbformen nur etwa 25 bis 30% der Dauerfestigkeit des ungekerbten Stabes erreicht werden.

Bei Versuchen von *McAdam*[2]) mit gekerbten Proben aus Kupfer und vergüteten Stählen ($\sigma_B = 100$ bis 125 kg/mm²) wurden etwa 80 bis 95% der theoretischen Werte erreicht. Die Übereinstimmung zwischen den

*) Dipl.-Ing., Deutsche Versuchsanstalt für Luftfahrt E.V., Berlin-Adlershof.

[1]) *W. Kuntze*, Neuzeitliche Festigkeitsfragen, Stahlbau Bd. 8 (1935), S. 9.

[2]) *D. J. McAdam Jr.* und *R. W. Clyne*, Influence of chemically and mechanically formed notches on fatigue of metals. J. of Res. N. Bureau of Stand. Res. Paper 725, S. 507.

Formziffern nach *Kuntze* und den an kerbempfindlichen Werkstoffen gefundenen Dauerfestigkeitswerten ist demnach als befriedigend zu bezeichnen.

Bei den meisten praktisch verwendeten Baustählen ist jedoch die Kerbwirkungszahl σ_W/σ_{WK} kleiner als die Formziffer σ_{max}/σ_N. Beispielsweise wurde an Proben mit einer Ringkerbe (Profil M 14) aus St C 35.61 geglüht ($\sigma_B \approx 55$ kg/mm², $\sigma_W \approx 27$ kg/mm²) eine Kerbdauerfestigkeit von 12,5 kg/mm² ermittelt. Die Kerbwirkungszahl σ_W/σ_{WK} beträgt also 2,15 bei einer Formziffer α_K von 3,6. Bei Stählen höherer Festigkeit ist jedoch, wie die Versuche von Houdremont und Mailänder zeigen, mit steigender statischer Festigkeit zunehmende Kerbempfindlichkeit vorhanden.

Die an Proben mit einer geschlossenen Ringkerbe ermittelten Kerbwirkungszahlen sind gegenüber denen des Gewindes noch zu hoch. Der Gewindegang ist ja keine geschlossene Ringkerbe: In dem eben erwähnten Fall sinkt z. B. die Kerbwirkungszahl von 2,15 bei der Ringkerbe auf 2,0 beim Gewindegang. Ferner wirken die außerhalb der Mutter liegenden Gewindegänge als Entlastungskerben und setzen die Kerbwirkungszahl noch weiter herab.

Beanspruchung der Schrauben

Da die Kerbwirkungsziffer weiterhin auch von der Querschnittsgröße abhängt, ist man für die Bestimmung der Dauerhaltbarkeit von Teilen mit Gewinden vorläufig noch auf Versuche angewiesen, die unter möglichster Annäherung an die Betriebsbedingungen durchgeführt werden müssen. Derartige Versuche sind in den letzten Jahren an verschiedenen Stellen durchgeführt worden; zu erwähnen sind insbesondere die Versuche von *Städel*, *Wiegand* und *Debus* im Institut von Prof. *Thum* an der T. H. Darmstadt. Diese meistens als Dauerschlagversuche durchgeführten Untersuchungen setzten den Idealfall der Schraubenbeanspruchung, nämlich reine Zugbeanspruchung, voraus.

Dabei ergab sich, daß durch Anwendung einer Vorspannung und Verbesserung der Federcharakteristik (durch Schwächung des Schaftes) die Haltbarkeit von Durchgangsschrauben wesentlich gesteigert wird, so daß durch geeignete Schraubenherstellung in Verbindung mit hoher Vorspannung die Dauerbruchgefahr erheblich vermindert werden kann. Im praktischen Betrieb stellen sich die Verhältnisse jedoch häufig etwas anders dar. Zunächst ist die Aufbringung und Erhaltung der verhältnismäßig hohen Vorspannung nicht immer unbedingt gewährleistet und zweitens schützt die Vorspannung im wesentlichen nur gegen Zugbeanspruchung. Bei Hinzutreten von Biegebeanspruchungen infolge von Verformungen der Bauteile, die womöglich unabhängig von den Zugbeanspruchungen auftreten können, ist eine hohe Zugvorspannung unter Umständen sogar nachteilig. Dauerbrüche von Schrauben aus Konstruktionsteilen des Luftfahrzeugbaues zeigen meistens keinen reinen Zug-Dauerbruch, sondern mehr oder minder große Anteile von Biegebeanspruchungen.

Abb. 1 zeigt die Bruchfläche eines Kugelbolzens aus einer Fahrgestellstrebe, der im Gewindeauslauf durch Dauerbiegebeanspruchungen gebrochen

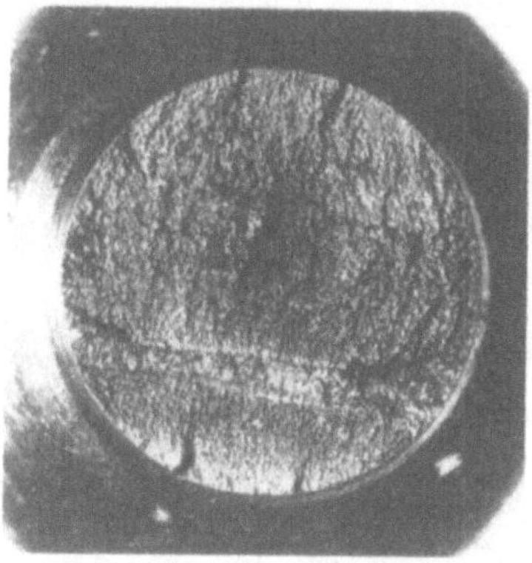

Abb. 1. Gebrochener Kugelbolzen einerFahrgestellstrebe.

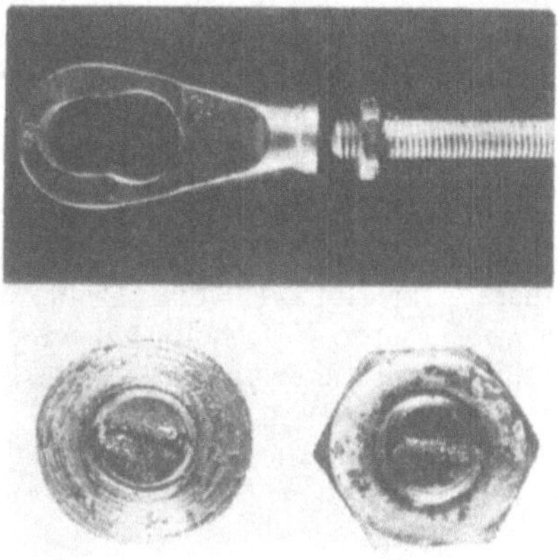

Abb. 2. Profildrahtbruch an der Spannmutter.

ist. Die Biegebeanspruchungen entstehen hier unter dem Einfluß der Reibung des Kugelkopfes in der Kugelpfanne bei Pendelbewegungen der Strebe. Die Reibung braucht nicht unbedingt von zu großer Verspannung der Pfannenhälften herzurühren, sie kann ebensogut im Betriebe durch das Wegquetschen der Fettschicht allmählich hohe Werte erreichen.

Abb. 2 zeigt den Bruch eines Profildrahtes, bei dem durch erzwungene Biegeschwingungen in der Ebene der größten Profilachse ein Dauerbiegebruch an der Eintrittsstelle des Gewindes in die Mutter aufgetreten ist. Die in beiden Fällen nur schmale Restbruchzone ist ein Beweis dafür, daß die zusätzlichen Biegebeanspruchungen für den Eintritt des Bruches maßgeblich waren.

Daß nicht immer das Gewinde der schwächste Teil der Schraube zu sein braucht, zeigt Abb. 3 an Nabenschrauben. Hier setzt der Dauerbruch, trotz Abdrehen des Schaftes und Anbringung einer Längsbohrung, um die Federkonstante zu vergrößern, in der Hohlkehle des Schraubenkopfes an, und zwar geht er von der Seite des Kopfes aus, die angefräst wurde, um die Schraube näher an den Schaft der Welle rücken zu können. In diesem Falle dürften vorwiegend einseitige Zugbeanspruchungen den Bruch herbeigeführt haben. Mit fortschreitendem Dauerbruch wird

Abb. 3. Brüche an Nabenschrauben.

die Schraube biegungsweicher und durch die benachbarten, weniger hoch beanspruchten Schrauben entlastet; der Dauerbruch nimmt demzufolge beinahe die ganze Querschnittsfläche ein.

Prüfeinrichtung

Ausgehend von dem Gedanken, daß die zusätzlichen Biegebeanspruchungen häufig die gefährlicheren sind, wurde in der Deutschen Versuchsanstalt für Luftfahrt eine Prüfeinrichtung entwickelt, auf der Schrauben sowohl reinen Wechselbiegebeanspruchungen als auch Wechselbeanspruchungen mit überlagerter statischer Zugvorspannung unterworfen werden können.

Die wesentlichen Teile davon sind in Abb. 4 schematisch wiedergegeben. In den Einspannkopf ist ein Gewindestück eingeschraubt; in

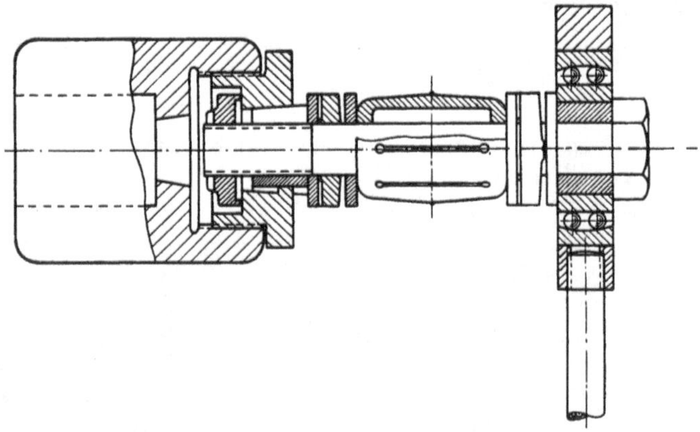

Abb. 4. Prüfvorrichtung für Schraubenbolzen.

diesem sitzt eine auswechselbare, geschlitzte Gewindebüchse. Die Schraube wird in diese Gewindebüchse eingeschraubt und durch Gegenmutter gesichert. Die Gewindebüchse ist deswegen geschlitzt, um das Spiel zwischen Bolzen- und Muttergewinde ausgleichen zu können. Auf die Schraube wird ein einstellbares Kugellager aufgeschoben, das die Belastung auf den Bolzenschaft überträgt. Die statische Zugvorspannung wird mit Hilfe der statisch geeichten Meßhülse aufgebracht, die sich beiderseits auf Kardan-Gelenkscheiben abstützt.

Mit Hilfe dieser Anordnung lassen sich fertige Schrauben verschiedener Gewindeformen und Durchmesser sowohl im Gewinde als auch am Übergang zum Kopf prüfen. Durch Verwendung von Gewindebüchsen aus anderen Werkstoffen kann man auch verschiedene Kombinationen von Schrauben- und Mutternwerkstoff erproben. Der Kraftfluß ist ähnlich dem von Stiftschrauben, während Durchgangsschrauben je nach der Mutternform eine höhere Spannungsspitze im ersten Gewindegang und damit auch eine höhere Kerbwirkungszahl aufweisen. Mit zunehmender statischer

Vorspannung dürften jedoch vermutlich die Beanspruchungsverhältnisse sich allmählich etwas angleichen.

Versuchsergebnisse

Im folgenden seien kurz einige Ergebnisse von Versuchen, die auf dieser Prüfvorrichtung durchgeführt wurden, mitgeteilt (die Versuche wurden von *Staudinger* und *Karcz* durchgeführt). Die erste Versuchsreihe umfaßt Schraubenstähle verschieden hoher statischer Festigkeit. Wie bereits erwähnt, nimmt die Kerbempfindlichkeit der Stähle mit wachsender Zugfestigkeit zu, so daß man je nach der Kerbform früher oder später zu einem Grenzwert kommt, über den hinaus eine weitere Steigerung der statischen Festigkeit keinen Gewinn an Dauerfestigkeit mehr bringt. Es sollte geklärt werden, ob diese Grenze bei den vorliegenden Werkstoffen erreicht ist.

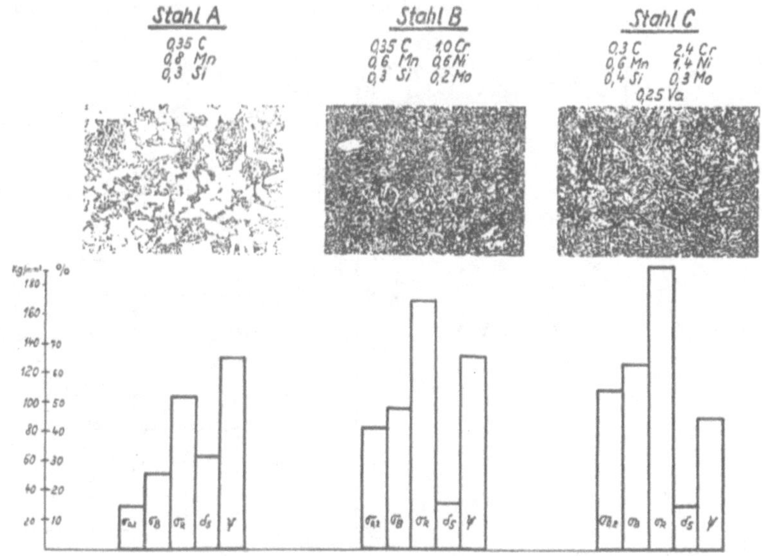

Abb. 5. Kennwerte von drei Schraubenstählen.

Die Kennwerte der Werkstoffe sind in Abb. 5 einander gegenübergestellt: ein unlegierter Stahl (St C 35.61) mit rd. 55 kg/mm² Zugfestigkeit, ein sparstoffarmer Stahl mit etwa 100 kg/mm² Zugfestigkeit und ein höherlegierter Cr-Ni-Stahl mit Mo- und Va-Zusatz von etwa 125 kg/mm² Zugfestigkeit (die Gefügebilder sind im Original 400fache Vergrößerung). Aus Stangen von 20 mm Dmr. wurden M 14-Schrauben angefertigt und die Dauerbiegefestigkeit mit und ohne statische Vorspannung bestimmt. Die Vorspannungsversuche wurden zunächst nur bis 20 kg/mm² ausgedehnt, weil dies die bei diesen Schrauben mit genormtem Schlüssel erreichbare Vorspannung ist. Abb. 6 zeigt die Ergebnisse: Der unlegierte Stahl *A* hat eine Wechselfestigkeit im Gewinde von $\pm$ 15 kg/mm², die Wechselfestigkeit des Stahles B ist demgegenüber nur wenig höher (etwa $\pm$ 19 kg/mm²), während der Stahl C wiederum ein recht günstiges Verhalten zeigt ($\pm$ 30 kg/mm²). Die entsprechenden Kerbwirkungsziffern σ_W/σ_{WK} sind: für Stahl A: 1,8, für Stahl B: 2,6 und für Stahl C: 2,0. Bei einer überlagerten statischen Zugspannung von etwa 20 kg/mm² sind die entsprechenden Wechselspannungen $\pm$ 10 kg/mm² für Stahl A, $\pm$ 14 kg/mm² für Stahl B, und $\pm$ 22 kg/mm² für Stahl C. Über die Kerbwirkungsziffern bei Vorspannung liegen noch keine Versuchsergebnisse vor, sie dürften aber nach überschlägiger Schätzung nicht mehr (etwa um 10%) von den eben genannten Werten abweichen. Daß die reinen Wechselfestigkeitswerte im Vergleich zum sonstigen Verlauf der Kurven herausfallen, dürfte mit den Unterschieden im Kraftlinienverlauf an der Einspannstelle zu erklären sein.

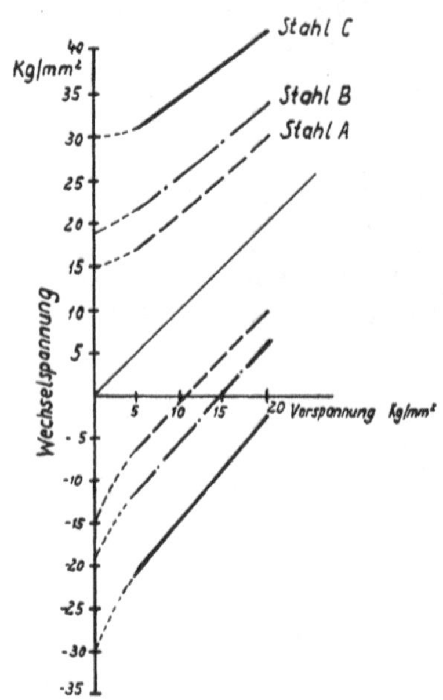

Abb. 6. Dauerbiegefestigkeit von drei Schraubenstählen.

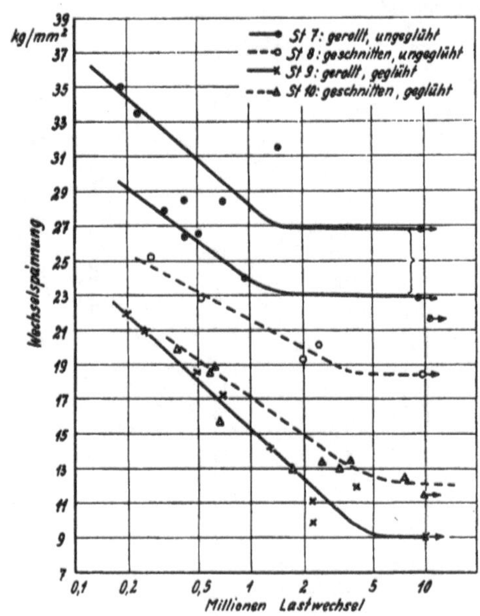

Abb. 7. Einfluß der Herstellung auf die Dauerfestigkeit von ⁵/₈″-Schrauben.

Die Vermutung *McAdams*, daß die dynamische Kerbempfindlichkeit von der Verfestigungsfähigkeit der Werkstoffe (ausgedrückt durch das Verhältnis von Zugfestigkeit zu Reißspannung) abhängig sei, wird in den vorliegenden Versuchen nicht bestätigt, da Stahl A und Stahl B annähernd die gleiche Verfestigungsfähigkeit besitzen. (Für Stahl A Verfestigungsfähigkeit = 46%, für Stahl B = 43%, für Stahl C = 35%.) Aus den statischen Festigkeitswerten ist jedenfalls das verhältnismäßig ungünstige Verhalten des Stahles B bei Dauerbeanspruchungen in gekerbtem Zustand nicht zu erklären.

In den genannten Versuchsreihen war durch gleichartige Verarbeitung der Werkstoffe der Einfluß der Herstellungsbedingungen unveränderlich gehalten worden. Daß die Gewindeherstellung einen großen Einfluß auf die Dauerhaltbarkeit haben kann, ist bekannt, man ist aber mitunter überrascht von der Größe dieses Einflusses. Abb. 7 zeigt die Ergebnisse von handelsüblichen $^5/_8$″-Schrauben aus einem geglühten C-Stahl mit etwa 60 bis 70 kg/mm² Zugfestigkeit. Die Gewinde waren gerollt bzw. mit dem Schneidzeug geschnitten. Ein Teil der Schrauben war, entsprechend den Vorschriften mancher Lieferbedingungen, nach dem Gewindeaufbringen geglüht worden. Die Wirkung dieser Behandlung auf die Wechselbiegefestigkeit ist, wie aus dem Kurvenverlauf hervorgeht, sehr nachteilig. Die Dauerfestigkeit des geschnittenen Gewindes geht von 18,5 auf 12 kg/mm², d. h. um 35% zurück, die des gerollten Gewindes sogar von 23 auf 9 kg/mm², d. h. um 60%. Die Kerbwirkungsziffern der geglühten Schrauben sind ungefähr 2,5 bzw. 3,3. Nachträgliche Vergütung wirkt in ganz ähnlicher Weise wie die Glühbehandlung. Derartige Wärmebehandlungen eines fertigen Gewindes sind deshalb, sofern nicht dabei durch geeignete Maßnahmen wie Einsetzen oder Nitrieren eine Entkohlung verhindert wird, unbedingt zu vermeiden.

Zusammenfassung

In den vorliegenden Ausführungen wurde ein kurzer Abriß der Arbeiten, die bisher bei der Deutschen Versuchsanstalt für Luftfahrt auf dem Gebiete der Dauerfestigkeit von Schrauben und Gewindeteilen durchgeführt wurden, gegeben. Weitere Versuche sind vorgesehen, um den Einfluß der Querschnittsgröße, der Gewindeart u. a. zu untersuchen.

Über die Spannungskorrosion der Leichtmetalle

Von Kurt Matthaes*)

Vorgetragen am 10. Juli 1936 in Berlin

Im folgenden Bericht ist eine Reihe Versuche zusammengestellt, die in den letzten 2 Jahren bei der Ernst Heinkel Flugzeugwerke G. m. b. H. über die Spannungskorrosion der Leichtmetalle durchgeführt wurde. Anlaß zu diesen Versuchen waren gelegentlich aufgetretene Schäden. Diese sind zwar stets rechtzeitig bemerkt worden und haben zu keinem Unfall geführt; bei der schweren Erkennbarkeit von Spannungskorrosionsrissen muß dies jedoch als besonders glücklicher Zufall angesehen werden und es war trotz der Seltenheit der aufgetretenen Schäden geboten, die Erscheinungen näher zu untersuchen, um besonders ungünstige Werkstoffe auszuschließen. Die Durchführung der Untersuchungen erfolgte zum größten Teil durch Herrn Dipl.-Ing. Althof, dem ich auch an dieser Stelle für seine wertvolle Mitarbeit danken möchte.

Prüfverfahren

Zur Prüfung der Spannungskorrosion von Blechen und Bändern dient die in Abbildung 1a dargestellte Probenform, die sich ihrer leichten Herstellbarkeit wegen besonders für die laufende Abnahmeprüfung eignet. Es handelt sich um einfache Schlaufen von 15 mm Breite, die aus dem zu prüfenden Blech gebogen werden. Als normal gilt ein Biegehalbmesser = der 8fachen Blechdicke. Durch die plastische Verformung in dem gebogenen Teil spricht die Probe auch auf solche Werkstoffe an, die bei rein elastischer Verformung keine Spannungskorrosion zeigen.

Für die Prüfung von Gußstücken dient die in Abb. 1b gezeigte Probenform: ein geschlitzter Ring. Die Probe wird in erster Linie zur Musterprüfung von Gußlegierungen verwendet. Hierzu wird aus dem betr. Werkstoff 1 Zylinder abgegossen, der einen seitlichen Flansch trägt. Von diesem Zylinder können dann leicht Ringe abgestochen und im Flansch aufgeschlitzt werden. Die Probe eignet sich naturgemäß nicht für die Abnahmeprüfung von Gußstücken, da derartige Ringe sich nur schlecht oder garnicht herausarbeiten lassen. Für die Abnahmeprüfung bei Stangen, Preßteilen und Gußstücken wurde eine andere Probenform angewendet, die in Abb. 1c gezeigt ist. Die »Gabelprobe« läßt sich aus etwas größeren Querschnitten ohne weiteres herausarbeiten. Für ganz kleine Querschnitte kann die Probe noch verkleinert werden, wie dies in Abb. 1d gezeigt ist, doch ist die Anwendung einer derartigen kleinen Probe nur selten erforderlich.

Bei stark spannungskorrosionsempfindlichen Werkstoffen gehen derartige Proben selbst bei Lagerung in Luft innerhalb von wenigen Tagen bis zu einigen Wochen zu Bruch. Für eine raschere Prüfung ist jedoch eine kräftigere Korrosionswirkung erforderlich. Die Prüfung erfolgt dann

*) Dr.-Ing. Ernst Heinkel Flugzeugwerke G.m.b.H. Rostock.

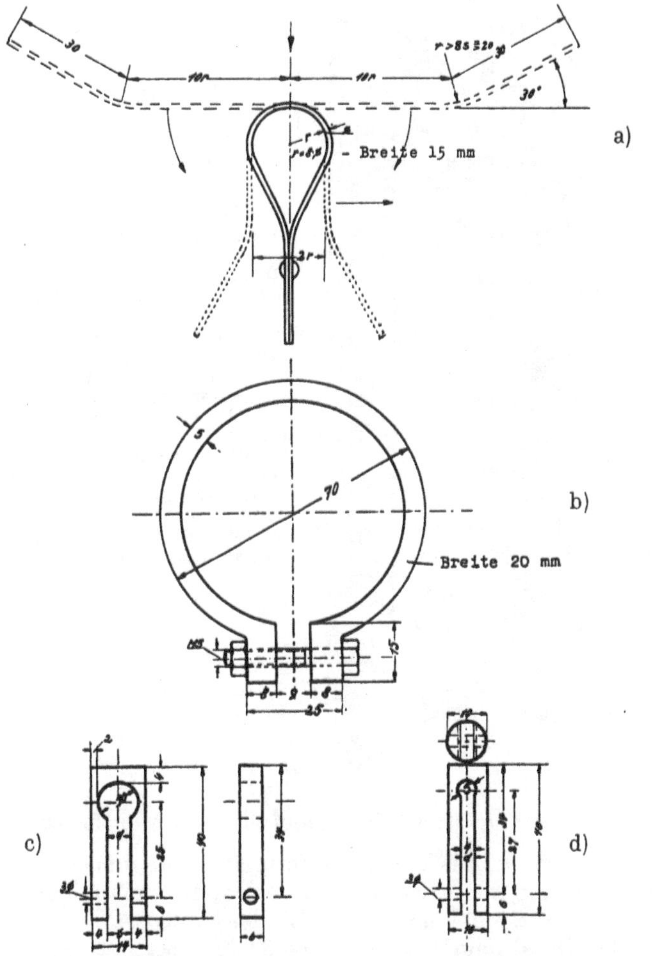

Abb. 1. Probenformen für Spannungskorrosionsversuche.

a) Schlaufenprobe zur Prüfung von Blechen und Bändern. Der Streifen wird bis zu der punktierten Stellung um einen entsprechenden Dorn bleibend vorgebogen, dann werden die Enden zusammengespannt.

b) Ringprobe zur Musterprüfung von Gußlegierungen. Die Probe wird bis zum Anliegen der beiden Schenkel zusammengespannt.

c), d) Gabelproben zur Abnahmeprüfung von Stangen, Preß- und Gußteilen. Der Abstand *d* wird mit einer Schraube auf die Hälfte zusammengespannt.

im Wechseltauchgerät, dessen Ausführung in Abb. 2 dargestellt ist. Der Antrieb ist hydraulisch. Das Eintauchen der Proben erfolgt 1 mal stündlich; die Tauchzeit beträgt etwa 10 min. Als Korrosionsflüssigkeit dient im Regelfall für Magnesiumlegierungen Leitungswasser und für Aluminiumlegierungen künstliches Seewasser. Die Zusammensetzung desselben ist gemäß dem Vorschlag des Vereins Deutscher Eisenhütten-Leute: 1,56 g $CaSO_4$; 7,9 MgS; 7,7 $MgCl_2$; 29,6 g NaCl in 1 kg dest. Wasser.

Abb. 2. Wechseltauchgerät — Bauart Heinkel. Der Antrieb erfolgt durch Wasser. Die Proben sind an beweglichen Rahmen befestigt. Die Rahmen hängen an Drahtlitzen, die über Rollen zu einem Behälter als Gegengewicht geführt sind. Das Wasser strömt aus dem Wasserkasten (in der Abb. rechts oben) durch eine enge Düse in diesen Behälter. Wenn soviel Wasser eingeströmt ist, daß der Behälter schwerer ist als der Proberahmen, senkt sich der Behälter und zieht die Prober aus den Korrosionsbehältern heraus. Das Wasser fließt weiter in den Antriebsbehälter, bis derselbe ganz gefüllt ist und der Wasserstand den Scheitel eines Heberrohres erreicht hat. Dann wird der Behälter durch dieses Heberrohr entleert. Das Arbeitsspiel dauert 1 h, die Eintauchzeit der Proben in die Korrosionsflüssigkeit etwa 10 min.

Art und Verlauf des Spannungskorrosionsbruches

Die einfachste und bekannteste Form des Spannungskorrosionsbruches ist die gewöhnliche interkristalline Korrosion, die auch unabhängig von der Spannung eintritt. Bekannt ist z. B. das Auftreten von Korngrenzenkorrosion bei Duralumin[1]), wenn die Veredelung bei zu tiefen Temperaturen (unterhalb 480° C) erfolgt oder das veredelte Material nachträglich bei Temperaturen von über 120° C längere Zeit angelassen wird. Das so behandelte Material wird bei Korrosion auch ohne Vorliegen äußerer Spannungen an den Korngrenzen angegriffen und dadurch der gesamte Gefügezusammenhalt aufgelockert, so daß trotz eines äußerlich oft nur mäßig erscheinenden Korrosionsangriffes Festigkeit und Dehnung erheblich gelitten haben.

Wenn die Probe während der Korrosion unter Spannung steht, verläuft dieser Vorgang noch rascher und führt schließlich zum Bruch der

[1]) Vgl. *H. Mann*, Beitrag zur Frage des Einflusses der Art der Wärmebehandlung aushärtbarer Aluminium-Walzlegierungen auf die Korrosionsbeständigkeit gegen Seewasser.
Diss. Berlin 1933. Korrosion und Metallschutz Bd. 9 (1933) Nr. 6 und 7.

Probe[2]). Maßgebend für diese Korrosionsart ist, daß hier ein Ausscheidungsvorgang an den Korngrenzen auch ohne das Vorhandensein äußerer Spannungen auftritt, der zu Konzentrationsunterschieden in der Nähe der Korngrenzen führt und den interkristallinen Korngrenzenangriff bedingt.

Abweichend hiervon findet man in einigen Fällen, daß eine Korngrenzenkorrosion nur dann erfolgt, wenn das Material verformt wurde. Hier ist offenbar der kritische Ausscheidungsvorgang an diese Verformung selbst geknüpft. Ein Beispiel hierfür ist eine Aluminiumlegierung mit 6% Magnesium und 4% Zink. Biegt man Probestreifen aus einem halbharten Blech dieser Legierung zu Schlaufen zusammen, so tritt schon

Abb. 3. Spannungskorrosionsriß bei 1-mm-Magnaliumblech mit 6 % Mg; 4 % Zn; ∾ 0,3 Mn; Rest Al. Schlaufenprobe beim Lagern im geschlossenen Raum gerissen. Der Riß verläuft an den Korngrenzen entlang. Ätzung H_3PO_4, $V = 60$.

beim Liegen der Proben in normaler Zimmerluft innerhalb von 1 bis 2 Tagen ein Bruch der Schlaufen auf. Abb. 3 zeigt den Rißverlauf im Gefüge. Der Verlauf entspricht genau den Formen, die bei gewöhnlicher Korngrenzenkorrosion ohne Spannung bei anderen Werkstoffen auftreten. Daß die Korngrenzenkorrosion in diesem Fall an die Verformung gebunden ist, ergibt sich daraus, daß man das Blech jahrelang lagern kann, ohne daß interkristalline Korrosion auftritt. Streifen aus diesem Blech lassen sich deshalb auch nach mehr als 2jähriger Lagerung noch um ziemlich enge Halbmesser abbiegen. Daß die Rißbildung, die bei normaler Zimmerluft so außerordentlich rasch auftritt, trotzdem durch den geringen Korrosionsangriff der Luft verursacht ist, läßt sich nachweisen, indem man den Probestreifen gut einfettet, dann rasch zu der Schlaufe biegt und unter Petroleum aufbewahrt. Die Haltbarkeit der Proben beträgt dann über 16 Monate, und es ist anzunehmen, daß die schließlich auftretenden Anrisse durch die ganz geringe Korrosionswirkung, die auch in diesem Falle noch übrig bleibt, verursacht werden.

---

[2]) Vgl. *P. Brenner*, Untersuchungen über Spannungskorrosionsrisse an Leichtmetallen. Z. Metallkunde 24 (1932) Nr. 7, S. 145ff.

Der Spannungskorrosionsbruch ist nicht in allen Fällen an Korngrenzenkorrosion überhaupt gebunden, sondern man findet auch Brüche, die quer durch die Körner hindurch verlaufen. Diese Korrosionsart wird im folgenden mit Kornspaltungskorrosion bezeichnet. Sie ist die bei den

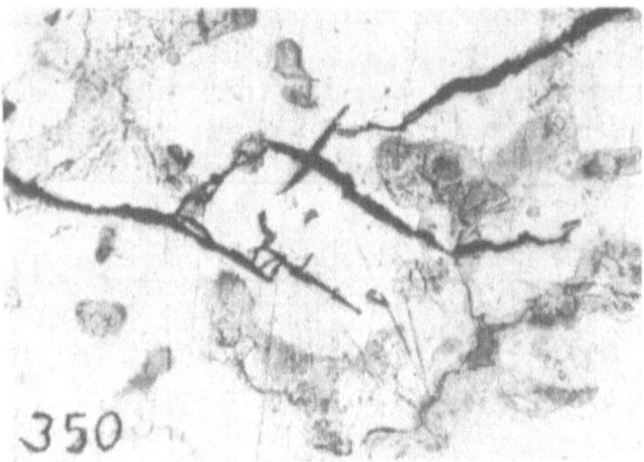

Abb. 4. Spannungskorrosionsriß bei einer Magnesium-Gußlegierung mit 4 Al; 3 Zn; $\sim$ 0,3 Mn. Die Risse verlaufen im Innern der Körner. Geätzt H_3PO_4, $V = 300$.

Magnesiumlegierungen fast allein vorkommende Form des Spannungskorrosionsbruches. Abb. 4 zeigt einen derartigen Bruch bei einer Magnesium-Gußlegierung mit 4 Al; 3 Zn; 0,2 bis 0,5 Mn. (Als Probe diente das gabelförmige Ende eines Steuerungshebels, das durch eine Schraube etwas zusammengespannt und dann der Witterung ausgesetzt wurde. Nach etwa 2 Monaten erfolgte die Rißbildung.) Man sieht, daß der Bruch in allen Fällen durch die Körner hindurchgeht und offenbar in kristallographisch bestimmten Ebenen verläuft. — Eine ähnliche Bruchform bei einer veredelten Magnesium-Gußlegierung mit 9 Al, 0,5 Zn zeigt Abb. 5. Die Probe war eine Ringprobe, die nach 30tägigem Angriff durch Leitungswasser im Wechseltauchgerät gebrochen war. Einen gleichartigen Bruch bei einer Magnesium-Walzlegierung: Elektron AZM — zeigt Abb. 6. Die Probe, eine Schlaufenprobe aus 1 mm Blech, ist nach 58 Tagen Lagerzeit im geschlossenen Raum gebrochen. (Gleichartige aber unter Petroleum aufbewahrte Proben waren dagegen auch nach 16 Monaten völlig unversehrt.)

Abb. 5. Spannungskorrosionsriß bei einer veredelten Magnesium-Gußlegierung. Ringprobe. Gerissen nach 30 Tagen Angriff durch Leitungswasser im Wechseltauchgerät. Geätzt mit H_3PO_4, $V = 150$. Rißverlauf im Korninnern.

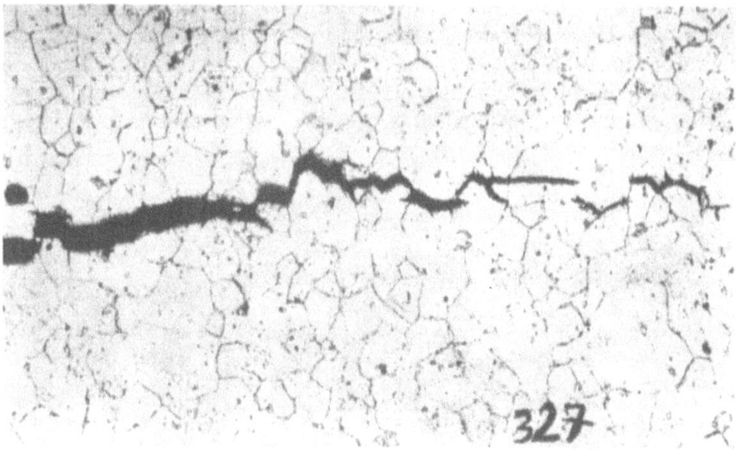

Abb. 6. Spannungskorrosionsriß bei Elektron-AZM-Blech. Schlaufenprobe aus 1,6-mm-Blech, $r = 10$ mm. Gebrochen nach 58 Tagen Lagerzeit im geschlossenen Raum. Geätzt mit H_3PO_4, $V = 200$, Rißverlauf im Korninnern.

Daß diese Kornspaltungsbrüche nicht nur an Magnesiumlegierungen, sondern, wenn auch offenbar nur selten, an Aluminiumlegierungen auftreten, zeigt Abb. 7. Hier handelt es sich um eine Aluminium-Legierung mit 9,25% Magnesium. – Man kann diese Bruchart als eine Abart der im

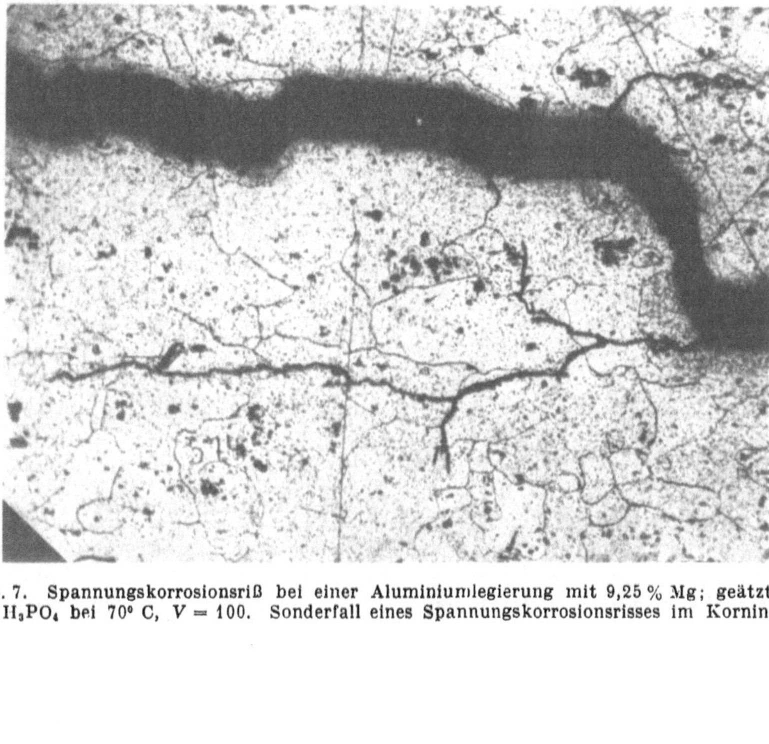

Abb. 7. Spannungskorrosionsriß bei einer Aluminiumlegierung mit 9,25 % Mg; geätzt mit 9 % H_3PO_4 bei 70° C, $V = 100$. Sonderfall eines Spannungskorrosionsrisses im Korninnern.

vorigen Absatz beschriebenen betrachten, wenn man annimmt, daß hier am verformten Werkstoff die Ausscheidungen weniger an den Korngrenzen als vielmehr an Gleitebenen oder Zwillingslamellen auftreten und dort Spannungskorrosionsbrüche hervorrufen. Auch diese Art der Korrosionsrißbildung ist daher zwangsläufig an die Verformung des Werkstoffes gebunden.

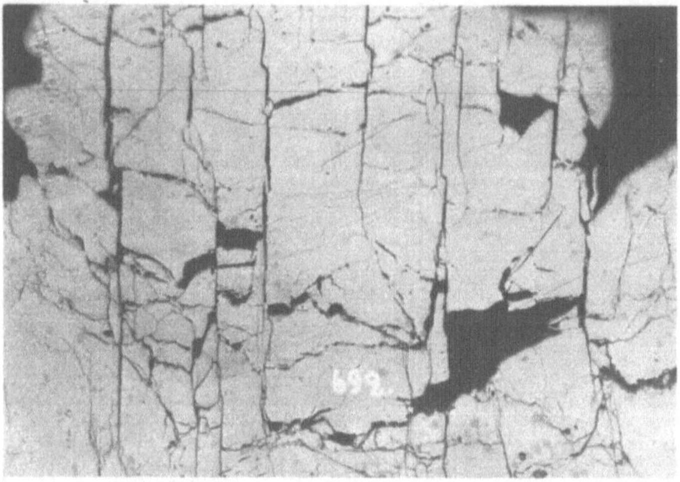

Abb. 8. Spannungskorrosionsriß bei Sonderbronze bzw. Sondermessing mit 35,2 Zn; 3,3 Mn; 1,7 Fe; 3,2 Al; Rest Cu. Gabelprobe. Gerissen bei 12 h Lagerung in Ammoniakatmosphäre. Ungeätzt. $V = 50$. Die zahlreichen Risse zeigen die Zerstörung im Innern eines Einzelkornes.

Eine andere Art des Spannungskorrosionsbruches ist in Abb. 8 gezeigt. Hier handelt es sich um die Korrosion eines Stückes aus Sonderbronze bzw. Sondermessing mit 35,2 Zn; 3,3 Mn; 1,7 Fe; 3,2 Al; Rest Cu. Dabei tritt die charakteristische Gefügezerrüttung auf, die beim Aufreißen von Messing beobachtet wird. Die ziemlich großen Körner, aus denen der Werkstoff besteht, sind durch zahlreiche Risse vollkommen zerfallen. Bei der Prüfung dieses Werkstoffes tritt übrigens die Abhängigkeit der Rißbildung von der Zusammensetzung des Korrosionsmittels ganz besonders stark hervor. Während die Lebensdauer der Proben bei Korrosion im Wechseltauchgerät durch künstliches Seewasser 45 Tage beträgt, ist die Lebensdauer in n/100 NaOH (0,4 g/l) nur 43 h. Selbst in einer Lösung, die nur 40 mg NaOH/l enthält (Verdünnung also 4/100000) ist die Lebensdauer nur 12 Tage. In Ammoniak-Atmosphäre (Proben in abgedecktem Gefäß in 15 cm Abstand von der 1 cm hoch in dem Gefäß stehenden verdünnten Ammoniak-Lösung) ist die Lebensdauer sogar nur 12 h.

Die beschriebenen Korrosionsarten treten bei Werkstoffen auf, deren Gefüge im wesentlichen nur aus einem Bestandteil besteht. Sind mehrere Gefügebestandteile vorhanden, so bestehen noch weitere Möglichkeiten der Bruchausbildung. Abb. 9 zeigt z. B. einen Spannungskorrosionsbruch bei einer Aluminium-Gußlegierung mit 8 Cu; 2 Si; Rest Al. Die Probe war eine Ringprobe, die nach 10 Tagen Korrosionsangriff im Wechseltauchgerät durch 20proz. Kochsalzlösung gebrochen war. Der Riß veräuft in den Siliziumausscheidungen. Und zwar sind die nadelförmigen

Abb. 9. Spannungskorrosionsbruch bei einer Aluminium-Gußlegierung mit 8 Cu; 2 Si; Ringprobe. Gebrochen nach 10-tägigem Angriff mit 20proz. Kochsalzlösung im Wechseltauchgerät. Ungeätzt. $V = 300$. Der Riß verläuft in den Si-Nadeln.

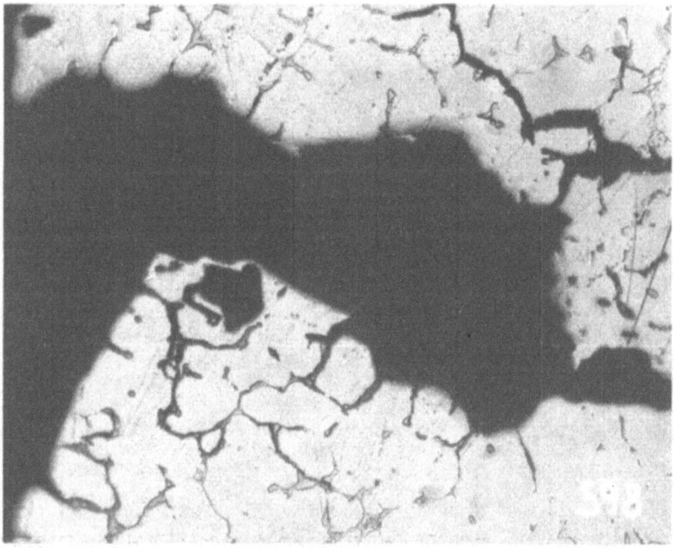

Abb. 10. Spannungskorrosionsriß bei einer Aluminium-Gußlegierung mit 6 % Cu. Gebrochen nach 31 tägigem Angriff durch künstliches Seewasser im Wechseltauchgerät. Der Riß verläuft entlang den Cu-Al_2-Ausscheidungen im Mischkristall (die Ausscheidungen selbst sind unversehrt).

Ausscheidungen direkt aufgespalten worden. — Eine andere Bruchform finden wir bei einer Aluminium-Gußlegierung mit 6% Kupfer (Abb. 10). Der Bruch erfolgte nach 31 Tagen Korrosion im Wechseltauchgerät mit künstlichem Seewasser. Hier verläuft der Riß entlang den $CuAl_2$-Ausscheidungen. Die Ausscheidungen selbst sind unversehrt, dagegen ist der Mischkristall unmittelbar daneben aufgelöst.

Spannungskorrosionsempfindlichkeit der Magnesium-Gußlegierungen

Bei Konstruktionsteilen aus Magnesium-Gußlegierungen wurden gelegentlich Spannungskorrosionsbrüche bemerkt, die kurz nach dem Einbau der Teile, noch vor der Verwendung im Flugbetrieb auftraten. Eine derartige Brucherscheinung wurde von dem Verfasser bei Pendelhebeln aus Elektronguß schon im Jahre 1930 bei der DVL untersucht[3]). Der Bruch war reproduzierbar, indem das gabelförmige Hebelende mit einer Spannung von 13 kg/mm² zusammengespannt und im Freien der Witterung ausgesetzt wurde. Nach 5monatiger Witterungseinwirkung trat ein Bruch des Gabelendes auf. — Einen anderen Fall eines derartigen Bruches zeigt Abb. 11. Der Werkstoff ist Elektron AZF, eine Legierung mit der Zusammensetzung: 4 Al; 3 Zn; 0,3 Mn; Rest Mg. Auch hier war der Bruch an dem gleichen Stück reproduzierbar. Durch Zusammenspannen des Gabelendes und Auslegen des Stückes in der Witterung erfolgte nach 2 Monaten Lagerzeit ein weiterer Anriß. Das Bruchgefüge ist bereits in Abb. 5 gezeigt und beschrieben worden.

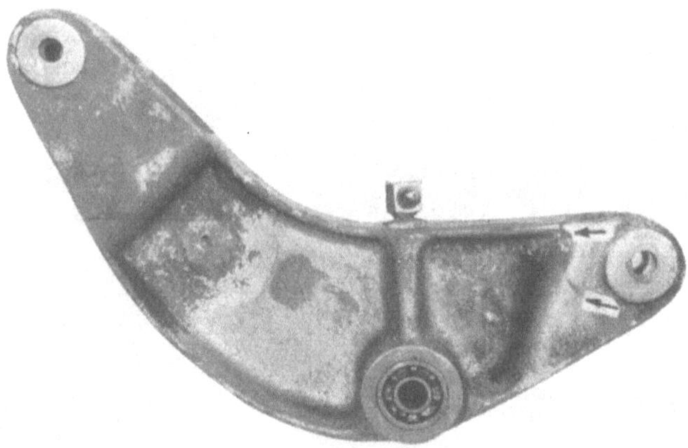

Abb. 11. Beim Lagern gerissener Steuerungshebel aus einer Magnesium-Gußlegierung mit 4 Al; 3 Zn; ∾ 0,3 Mn.

Auf Grund dieses Vorkommnisses wurden fast sämtliche z. Z. verwendeten Elektron-Gußlegierungen auf Spannungsrißempfindlichkeit untersucht. Die Prüfung erfolgte mit den beschriebenen Ringproben, die im Freien der Witterung ausgesetzt wurden und der Korrosion im Wechseltauchgerät durch Leitungswasser und z. T. künstliches Seewasser ausgesetzt wurden. (Die Lebensdauer der Proben im Wechseltauchgerät mit Seewasser war naturgemäß der geringen Korrosionsbeständigkeit der Elektronlegierung entsprechend kurz.) Das Ergebnis der Versuche ist in

[3]) DVL-Bericht Kf 31/6, 3. Witterungsversuch mit einem Pendelhebel aus Elektronguß. *K. Matthaes*, 17. 2. 31. Auszug s. DVL-Jahrb. 1931, S. 26.

Zahlentafel 1

Spannungskorrosion bei Magnesium-Sandguß-Legierungen

Probenform: Ringproben, 9 mm zusammengespannt; für die Versuche im Freien und in Leitungswasser durch Querbohrungen oder kreuzweise Meißelhiebe verschärft (ausgenommen die geschweißten Proben).

Prüfung: a) im Freien (Witterung), b) im Wechseltauchgerät mit Rostocker Leitungswasser und künstl. Seewasser.

Werkstoff					Lebensdauer der Spannungskorrosionsproben. Tage[2])		
Zusammensetzung	Zustand	Festigkeit $\sigma_{0,2}$ kg/mm²	Festigkeit σ_B kg/mm²	δ_5 %	im Freien (Witterung)	im Wechseltauchgerät in Leitungswasser	im Wechseltauchgerät in Seewasser
1,4 Si 0,3 Mn Rest Mg	Anlieferung geschweißt	4,5	8,2	3,4	>480 >300	>480	>8
1,5 Mn Rest Mg	Anlieferung geschweißt	3,2	8,6	5,4	>480 >300	>480	>8
3 Al 1 Zn 0,3 Mn Rest Mg	Anlieferung geschweißt	7,0	19,7	11,6	>450 >300	>450	—
4 Al 3 Zn 0,3 Mn Rest Mg	Anlieferung geschweißt	7,5	17,8	7,1	>480 90—>300	>480	>8
6 Al 3 Zn 0,3 Mn Rest Mg	Anlieferung geschweißt	9,0	15,8	4,0	>480 >300	>480	>8
9 Al 0,5 Zn 0,3 Mn Rest Mg	Anlief. vered. geschweißt	9,2	20,9	8,0	190—250—[>480[1])] >300	35—450[1])—>480	>8

[1]) Nicht verschärfte Proben.
[2]) Die Angabe > bedeutet, daß eine oder mehrere Proben in der Prüfzeit . . . nicht zu Bruch gingen.

Zahlentafel 1 dargestellt. Mit Ausnahme der Proben aus der veredelten Legierung mit 9 Al; 0,5 Zn haben sämtliche Proben die Prüfung rißfrei überstanden. — Das günstige Verhalten der Legierung AZF steht im Einklang mit der Erfahrung; denn diese Legierung wird im Flugbetrieb in sehr großen Stückzahlen verwendet, ohne daß irgendwelche Anstände aufgetreten sind. Es kann deshalb angenommen werden, daß die in 2 Fällen beobachteten Risse offenbar unter besonders ungünstigen, sehr selten vorkommenden Umständen aufgetreten sind. Um festzustellen, ob dies mit der Art der Abkühlung der Gußstücke zusammenhängen kann, wurden Versuche über den Einfluß der Wärmebehandlung durchgeführt. Untersucht wurden Ringproben aus den Legierungen AZF und AZG mit an der oberen Grenze liegendem Al-Gehalt. Das Ergebnis ist in Zahlentafel 2 angegeben. Bei der Legierung AZG, die im Lieferzustand keine Spannungs-

Zahlentafel 2

Einfluß der Wärmebehandlung auf die Spannungskorrosion von Magnesium-Guß-Legierungen

Werkstoff: a) Eletkron AZF, Sandguß mit 4,7 Al, ~ 3 Zn, ~ 0,3 Mn
b) Elektron AZG, Sandguß mit 6,8 Al, ~ 3 Zn, ~ 0,3 Mn

Wärmebehandlung: Stoßglühung in mit Schwefeldioxyd angereicherter Atmosphäre.

Probenform: Ringproben, durch X-Kerben (kreuzweise Meißelhiebe) verschärft. 9 mm zusamengespannt.

Prüfung: Im Wechseltauchgerät mit Rostocker Leitungswasser.

Vorbehandlung	AZF	AZG
	Lebensdauer der Proben Tage	
Anlieferungszustand	>180	>180
8 h bei 400—410° geglüht und		
im Ofen abgekühlt	>180	>180
an Luft abgekühlt	>180	>180
abgeschreckt	>180	91
abgeschreckt und 2 h bei 150° angelassen	>180	84
» » » » 200° »	>180	63
» » » » 250° »	>180	>180
» » » » 300° »	>180	>180

korrosion zeigte, ließ sich durch Abschrecken von 400—410° C Spannungskorrosion erzeugen. Die Spannungskorrosionsempfindlichkeit wird durch Anlassen bei niedriger Temperatur noch vergrößert; durch Anlassen über 250° C läßt sie sich völlig beseitigen. Gußstücke aus dieser Legierung, bei deren Herstellung Schreckplatten angewendet werden, werden daher zweckmäßig vor der Verwendung angelassen. — Bei der Legierung AZF ließ sich — infolge des niedrigen Al-Gehaltes — Spannungskorrosion überhaupt nicht erreichen. Es ist daher zu vermuten, daß der im Betrieb beobachtete Fall der Spannungskorrosion an 2 aus der gleichen Charge stammenden Gußstücken auf einen Fehler in der chemischen Zusammensetzung oder auf Seigerungen zurückzuführen ist.

Spannungskorrosion bei den Aluminium-Gußlegierungen

Spannungskorrosionsbrüche bei Aluminium-Gußlegierungen wurden weder im Flugbetrieb noch bei der Verarbeitung des Materials bisher beobachtet. Daß aber zumindestens bei den kupferhaltigen Legierungen eine gewisse Neigung zur interkristallinen Korrosion oder Spannungskorrosion vorliegt, zeigt die gelegentlich beobachtete Zerstörung an dem Kniestück der Kühlwasserleitung eines Kraftwagens, das zur Änderung der Wasserführung geschweißt worden war und durch Spannungskorrosion oder interkristalline Korrosion vollständig zerstört worden ist (s. Abb. 12 bis 14). Der Werkstoff ist eine Aluminiumlegierung mit 1,76 Si; 4,1 Cu; 0,8 Mn; 1,2 Fe.

Abb. 12. Nachträglich geschweißtes Kniestück aus der Kühlleitung eines Kraftwagens. Werkstoff = Aluminium-Gußlegierung mit 1,76 Si; 4,1 Cu; 0,18 Mn; 1,2 Fe; Rest Al. Das Stück ist allmählich völlig zerfallen.

Um die Empfindlichkeit der Aluminium-Gußlegierungen gegenüber Spannungskorrosion zu prüfen, wurden mit fast sämtlichen z. Z. im Flugzeugbau verwendeten Legierungen (mit Ausnahme der hochmagnesiumhaltigen) Versuche mit »Ringproben« durchgeführt. Der höheren Korrosionsbeständigkeit dieser Legierungen entsprechend wurden nur Bewitterungsversuche im Freien und Versuche im Wechseltauchgerät unter Seewasserangriff vorgenommen. Um außerdem den Einfluß des Korrosionsmittels noch weiter zu erforschen, wurden in Einzelfällen Korrosionsversuche im Wechseltauchgerät in 20proz. Kochsalzlösung, in 3proz. Salzsäure und in 3proz. Natronlauge durchgeführt. Das Ergebnis der Versuche ist in Zahlentafel 3 dargestellt. Bei den Bewitterungsversuchen war bei einer Prüfdauer von fast 1½ Jahren in keinem Fall ein Korrosionsriß zu erzielen. Auch bei den Versuchen im Wechseltauchgerät mit Seewasser, die ebenfalls bis zu sehr langer Prüfdauer (bis zu 450 Tagen) durchgeführt wurden, wurde nur in einem Fall bei der Legierung mit 6% Kupfer ein Korrosionsriß beobachtet, er erfolgte nach 31 Tagen. Das Bruchgefüge ist bereits früher besprochen worden (s. Abb. 9). Bei der Legierung mit 2% Silizium und 8% Kupfer wurde bei der Korrosion in 20proz. Kochsalzlösung ein Bruch nach 8 Tagen beobachtet, der ebenfalls bereits früher

Zahlentafel 3

Spannungskorrosion bei Aluminium-Sandguß-Legierungen

Prüfung: a) im Freien, b) im Wechseltauchgerät in künstlichem Seewasser, in 20% NaCl, in 3% HCl und in 3% NaOH. Probenform: Ringproben, 9 mm zusammengespannt; für die Versuche im Freien und in Seewasser durch Querbohrungen oder kreuzweise Meißelhiebe verschärft (ausgenommen die geschweißten Proben).

Werkstoff					Lebensdauer der Spannungskorrosionsproben. Tage:[3])				
		Festigkeit			im Freien	im Wechseltauchgerät in			
Zusammensetzung	Zustand	$\sigma_{0,2}$ kg/mm²	σ_B kg/mm²	δ_5 %	Witterung	Seewasser	20% NaCl	3% HCl	3% NaOH
99,5 Al	Anlieferung geschweißt	3,4	6,1	22	>400 >300	>400	—	—	—
6 Cu Rest Al	Anlieferung geschweißt	—	16,1	<1	>450 >300	31(>450[1]))	—	—	—
8 Cu 2 Si Rest Al	Anlieferung	—	13,1	<1	>450	>450[2])	11	>9	—
2 Mg 2 Mn 0,5 Si 0,3 Sb Rest Al	Anlieferung	9,8	12,6	2,8	>450	>450	>60	>9	>30
3 Mg Rest Al	Anlieferung geschweißt	6,8	16,5	13,6	>450 >300	>450	—	—	—
2,8 Mg 0,7 Si 0,34 Ti Rest Al	Anlieferung veredelt	17,0	19,8	2,6	>180[1])	> 90	—	—	—
5 Mg Rest Al	Anlieferung geschweißt	9,6	15,3	7,8	>450 >300	>450	>60	>9	—
5 Mg 1 Si Rest Al	Anlieferung geschweißt	8,6	13,5	3,3	>450 >300	>450	—	—	—
7 Mg Rest Al	Anlieferung	—	15,1	<1	>180[1])	> 90	—	—	—
13 Si 0,6 Mn Rest Al	Anlieferung geschweißt	8,4	15,3	3,8	>450 >300	>450	>60	>9	>30
13 Si 0,3 Mg 0,5 Mn Rest Al	Anlieferung veredelt	22,0	23,5	2,4	>450	>450	>60	>9	>30

[1]) Nicht verschärfte Proben. [2]) Nur 2 mm zusammengespannte nicht verschärfte Proben. [3]) Die Angabe > bedeutet, daß eine oder mehrere Proben in der Prüfzeit . . . nicht zu Bruch gingen.

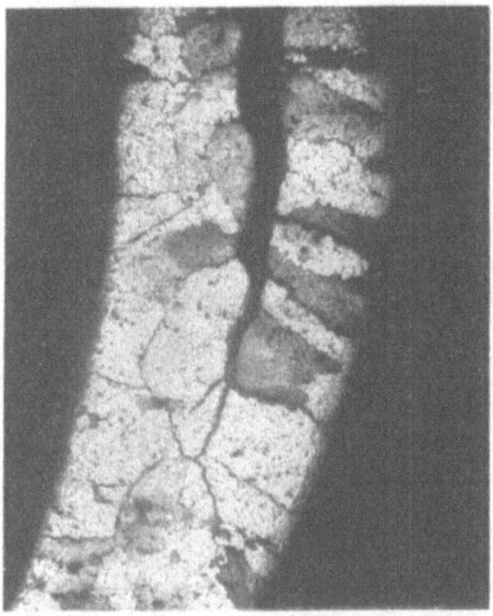

Abb. 13. Gefüge und Rißverlauf des Stückes nach Abb. 12. Geätzt mit Flußsäure-Schwefelsäure in Glyzerin. $V = 8$.

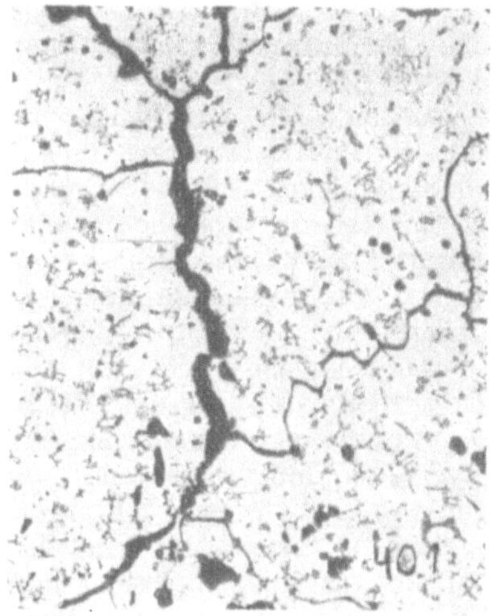

Abb. 14. Gefüge und Korngrenzenrisse des Kniestückes in stärkerer Vergrößerung. Geätzt mit 20proz. Salpetersäure. $V = 60$.

beschrieben wurde (s. Abb. 10). Aus der Untersuchung geht hervor, daß wohl sämtliche gebräuchlichen Aluminium-Gußlegierungen als spannungskorrosionssicher anzusehen sind.

Spannungskorrosion der Magnesium-, Preß- und Walzlegierungen

Systematische Versuche über die Spannungskorrosionsempfindlichkeit von Elektron wurden nicht durchgeführt, da die bei diesen Legierungen vorliegenden Verhältnisse genügend bekannt sind. Die Legierung AM 503 (1,5—2,5 Mn; Rest Mg) ist nicht spannungskorrosionsempfindlich. Schlaufenproben aus 1-mm-Blech gehen daher bei Lagerungen im geschlossenen Raum auch in einer Zeit von mehr als $1\frac{3}{4}$ Jahren nicht zu Bruch. Die Legierung AZM (6—6,5 Al; 0,6—1,0 Zn; 0,2—0,5 Mn) dagegen ist in hohem Maße gegen Spannungskorrosion empfindlich. Schlaufenproben aus AZM-Blech von 0,8 bis 1,6 mm Dicke gehen selbst beim Lagern im geschlossenen Raum schon nach etwa 20 Tagen bis 2 Monaten zu Bruch. Die Bruchform wurde bereits beschrieben (vgl. Abb. 7). Die Legierung AZM ist fast die einzige der im Flugzeugbau verwendeten Legierungen, bei der die Spannungskorrosionsempfindlichkeit regelmäßig im Lieferzustand besteht, also nicht etwa nur durch falsche Wärmebehandlung, fehlerhafte Zusammensetzung (Seigerungen u. dgl.) gelegentlich auftritt. Die Verwendung dieser Legierung erfordert daher stets besondere Vorsichtsmaßregeln, und es muß immer dafür gesorgt werden, daß die betr. Konstruktion nicht unter bleibenden Spannungen steht. Daher soll die Verformung dieser (an sich kalt verformbaren Legierung) stets im warmen Zustand geschehen, oder es muß nach der Verformung geglüht bzw. angelassen werden. — Ähnlich wie bei der Korrosion von Blechen liegen die Verhältnisse bei Schmiedestücken. Spannungskorrosionsversuche, die mit Proben der in Abb. 1c gezeigten Form durchgeführt wurden, ergaben bei der Legierung AZM, bei Korrosion im Wechseltauchgerät mit destilliertem Wasser, eine Haltbarkeit von 5 Tagen. Dabei erwies sich die Lebensdauer als unabhängig von der Probenbreite (Probenbreite = 2,5 — 10 mm). Entsprechende Versuche in Leitungswasser ergaben eine Lebensdauer von 2 Tagen bei 2,5 mm Probenbreite und von 20 Tagen bei 10 mm Probenbreite. Ob tatsächlich ein eindeutiger Einfluß der Probenbreite auf die Lebensdauer derartiger Korrosionsproben besteht, müßte aber durch weitere Versuche geklärt werden. — Auch eine Legierung mit 7,72 Al; 0,35 Zn; 0,18 Mn; Rest Mg, erwies sich als spannungskorrosionsempfindlich. Versuche mit einer bügelförmigen Probe, die mit einer Biegespannung von etwa 23 kg/mm² angespannt war, ergaben bei Bewitterung eine Lebensdauer von 17 Tagen (2 Proben), bei Korrosion mit Leitungswasser im Wechseltauchgerät dagegen eine Lebensdauer von 34 Tagen. Das zeigt, daß der stärkere Korrosionsangriff im Wechseltauchgerät zum mindesten keine Beschleunigung des Bruches bei diesen Legierungen hervorruft. Man kann daher aus der verhältnismäßig guten Beständigkeit derartiger Legierungen im Wechseltauchgerät nicht den Schluß ziehen, daß sie bei schwächerem Korrosionsangriff eine entsprechend größere Lebensdauer hätten und als praktisch spannungskorrosionssicher anzusehen wären. Die Bruchform bei dieser Legierung ist genau die gleiche wie bei den übrigen Elektronlegierungen. Der Bruch läuft in den meisten Fällen als Spaltungsbruch durch die Körner und folgt nur stellenweise den Korngrenzen (s. Abb. 15). — Bei der Verwendung von Preßteilen aus diesen

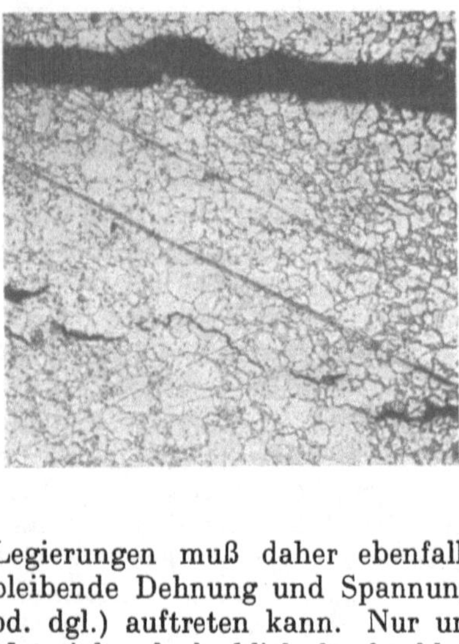

Abb. 15. Spannungskorrosionsriß bei einer geschmiedeten Magnesiumlegierung mit 7,72 Al; 0.35 Zn; 0,18 Mn; Rest Mg. Gabelprobe. Bruch bei Lagerung im Freien (Bewitterungsversuch) nach 17 Tagen. Gefüge. Geätzt H_3PO_4. $V = 200$. Riß im Korninnern, stellenweise auch an den Korngrenzen.

Legierungen muß daher ebenfalls darauf geachtet werden, daß keine bleibende Dehnung und Spannung (z. B. durch Einpressen von Buchsen od. dgl.) auftreten kann. Nur unter dieser Voraussetzung läßt sich das Material unbedenklich für hochbeanspruchte Teile ausnutzen.

Spannungskorrosion von Blechen aus Reinaluminium und Mg-Si-haltigen Aluminiumlegierungen

Bei Aluminium üblicher Reinheit (Al 98/99) besteht keinerlei Spannungskorrosionsempfindlichkeit. Schlaufenproben aus 1-mm-Blech gingen im Wechseltauchgerät mit Seewasser in keinem Fall zu Bruch. Das Material wurde sowohl im Anlieferungszustand wie nach dem Glühen und Abschrecken von 530° C und schließlich nach dem Abschrecken von 530° C und nachfolgendem Anlassen bei 300° C und verschiedener Anlaßdauer (1 min bis 3 Tage) untersucht. — In gleicher Weise wurden Versuche mit Ulmal-Blech (1—1,5 Mg; 0,9 Si; 0,5 Mn; Rest Al) durchgeführt. Auch bei diesem Werkstoff war in keinem Fall ein Bruch der Proben zu beobachten.

Spannungskorrosion von gewalzten und gepreßten Halbzeugen aus Magnalium

Die Magnaliumlegierungen mit geringem Mg-Gehalt weisen eine sehr geringe Empfindlichkeit gegenüber Spannungskorrosion auf. Bei Magnalium mit 5% Mg, 1 mm Blech, konnten weder im Anlieferungszustand noch nach 10- bis 40stündigem Anlassen bei 120° C Spannungskorrosionsrisse erhalten werden; ebensowenig bei 10- und 20stündigem Anlassen bei 150° C[4]). Dagegen wurde durch 40stündiges Anlassen bei 150° C schon merkliche Neigung zur Spannungskorrosion erzeugt (Reißen der Schlaufenprobe im Wechseltauchgerät mit Seewasser nach 8—33 Tagen). Durch 40stündiges Anlassen bei 200° C wird die Spannungskorrosionsempfindlichkeit wesentlich größer (Reißen der Schlaufenproben in drei Tagen).

Mit steigendem Magnesiumgehalt wird das Korrosionsverhalten ungünstiger und die Empfindlichkeit des Materials in bezug auf die Vorbehandlung (Wärmebehandlung) größer. Bei Magnalium mit ∼ 7% Mg bestehen jedoch praktisch noch gar keine Schwierigkeiten, wenn die Weiterverarbeitung und die Verwendung bei Raumtemperatur erfolgt. Bei Lagerung im geschlossenen Raum gingen Schlaufenproben aus 1-mm-Blech auch nach 1½ Jahren noch nicht zu Bruch. Im Wechseltauchgerät mit Seewasser beträgt die Lebensdauer bei Material ähnlicher Zusammensetzung (halbhartes Blech mit 7,02 Mg) 85 bis 102 Tage.

Bei einem Magnesiumgehalt von 9% ist die Spannungskorrosionsempfindlichkeit wesentlich größer, daher treten im praktischen Betriebe gelegentlich Schwierigkeiten auf. Abb. 16 z. B. zeigt den Spannungskorrosionsbruch von 2 Stangenköpfen aus Magnalium mit 9% Mg. Abb. 17 zeigt das Gefüge des Werkstoffes.

Man befindet sich bei den Legierungen mit 9% Magnesium offenbar in einem Grenzgebiet. Schon geringe Unterschiede in der Zusammensetzung (Seigerungen) und Vorbehandlung des Materials beeinflussen die Spannungs-

[4]) Eingehende Untersuchungen über den Einfluß der Anlaßbehandlung auf die Korrosionsbeständigkeit von Legierungen verschiedener Zusammensetzung werden in einem demnächst erscheinenden Aufsatz von *F. C. Althof* beschrieben werden.

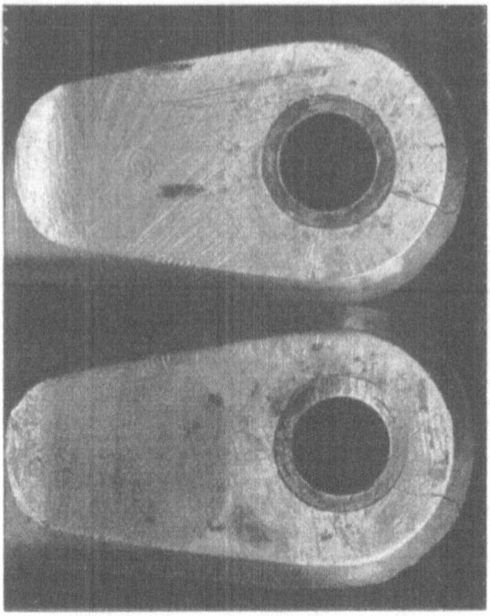

Abb. 16. Spannungskorrosionsriß an 2 Stangenköpfen aus Magnalium mit eingeschraubten Bronzebuchsen.

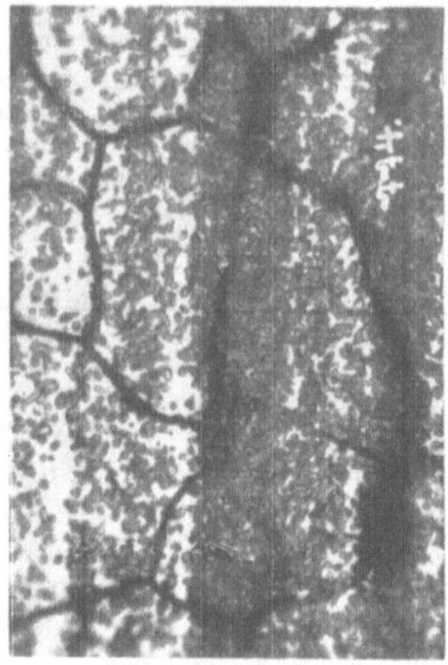

Abb. 17. Gefüge des einen Stangenkopfes nach Abb. 16. Stark zonenförmige Ausscheidungen. Bandartig ausgebildete Korngrenzen. Geätzt mit H_3PO_4. $V = 800$.

korrosionempfindlichkeit sehr stark. Infolgedessen macht es praktisch Schwierigkeiten, diese Verhältnisse zu beherrschen und den günstigsten Zustand sicher einzuhalten. Daher verhalten sich auch die einzelnen Halbzeuggruppen, wie Bleche, Rohre, Stangen usw. sehr verschieden.

Sehr günstig liegen die Verhältnisse bei Blechen und Bändern. Versuche mit Schlaufenproben aus halbhartem 1-mm-Blech aus Magnalium mit 9% Mg ergaben eine Lebensdauer im geschlossenen Raum von etwa 1½ Jahren bei einem Biegehalbmesser = 5mal und 10mal Blechdicke. Bei einem Biegehalbmesser = 2,5mal Blechdicke war die Lebensdauer 207 Tage. Abb. 18 zeigt den Bruchverlauf derartiger Proben. Im Wechseltauchgerät ist die Lebensdauer der Proben (Biegehalbmesser = 5facher Blechdicke) 25 bis zu mehr als 90 Tage. Abb. 19 zeigt den Rißverlauf bei diesen Proben. Ein Unterschied gegenüber dem Rißverlauf bei der Korrosion in Luft konnte nicht festgestellt werden.

Während die Zerstörung der Proben bei Lagerung im geschlossenen Raum wesentlich langsamer erfolgt als bei Korrosion durch Seewasser im Wechseltauchgerät, genügt unter Umständen schon Leitungswasser und selbst destilliertes Wasser, um eine ebenso schnelle Zerstörung hervorzurufen wie Seewasser. In Zahlentafel 4 sind diese Verhältnisse dargestellt. (Die zu den Versuchen verwendeten Bleche wurden zur Erhöhung der Spannungskorrosionsempfindlichkeit angelassen.)

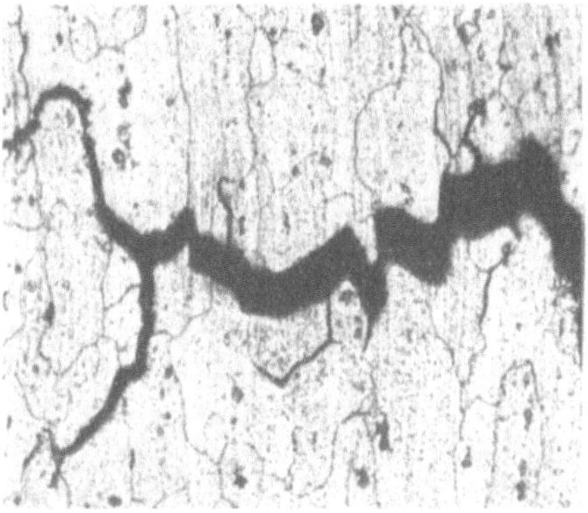

Abb. 18. Spannungskorrosionsriß bei halbhartem Magnaliumblech mit ungefähr 9 % Mg. Schlaufenprobe gerissen beim Lagern im geschlossenen Raum.

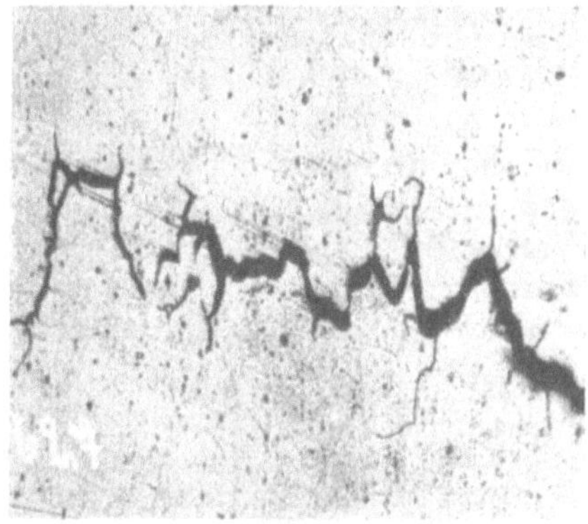

Abb. 19. Spannungskorrosionsriß bei halbhartem Magnaliumblech mit ∾ 9 % Mg. Schlaufenprobe bei der Korrosion im Wechseltauchgerät gebrochen.

Zahlentafel 4

Einfluß des Korrosionsmittels auf die Spannungskorrosion von Magnalium mit 9 % Mg

Werkstoff: a) Hydronalium Hy 9 hh, 1-mm-Blech mit $\sigma_{0,2} = 25,7$ kg/mm², $\sigma_B = 40,6$ kg/mm², $\delta_{10} = 21\%$, zur Erhöhung der Spannungskorrosionsempfindlichkeit 20 h bei 100° C angelassen.

b) Hydronalium Hy 9 w, 1-mm-Blech mit $\sigma_{0,2} = 18,8$ kg/mm², $\sigma_B = 36,9$ kg/mm², $\delta_{10} = 25\%$, zur Erhöung der Spannungskorrosionsempfindlichkeit $4^1/_2$ h bei 200° C angelassen.

Korrosionsmittel	Hy 9 hh	Hy 9 w
	Lebensdauer von Schlaufenproben im Wechseltauchgerät h	
destilliertes Wasser . . .	10 — 10 — 22 — 22 — 33	216 — >2112
Rostocker Leitungswasser	10 — 10 — 10 — 10 — 10	432 — >1920
künstliches Seewasser . .	19 — 24	16 — 240

Da die beschriebenen Versuche nur an einzelnen Halbzeugen vorgenommen werden konnten und daher von Zufälligkeiten abhängig sind, wurde eine Prüfung der angelieferten Bleche und Bänder über einen längeren Zeitraum durchgeführt. Hierdurch sollte untersucht werden, ob das Material genügend gleichmäßig ist oder ob (bedingt durch die Empfindlichkeit des Materials gegen geringe Unterschiede in der Vorbehandlung) gelegentlich Halbzeuge mit besonders ungünstigem Verhalten vorkommen. Zur Untersuchung auf Gleichmäßigkeit wurden von 210 Blechen Schliffe hergestellt und das Gefüge untersucht. Das Gefüge war sehr gleichmäßig und es wurde in keinem Fall eine Gefügeausbildung gefunden, die als gefährlich angesehen werden konnte. — Zur Prüfung auf Spannungskorrosion wurden Schlaufenproben (Krümmungshalbmesser = 8fache Blechdicke) im Wechseltauchgerät mit künstlichem Seewasser geprüft. Die Prüfdauer wurde auf 5 Tage begrenzt, da nur das wirklich unsichere Material erfaßt werden sollte. Dabei ergab sich, daß von insgesamt 1305 geprüften Blechen nur 10 eine Lebensdauer von weniger als 5 Tagen hatten.

Ähnlich günstig war das Verhalten bei Magnaliumband. Von 72 Ringen war nur bei einem Ring die Spannungskorrosionsempfindlichkeit so groß, daß die Probe innerhalb von weniger als 5 Tagen zu Bruch ging. Aus diesen Versuchen ergibt sich, daß die Bleche und Bänder als einwandfrei und praktisch korrosionsspannungssicher gelten können, denn die angegebene Prüfart ist, wie aus allen bisherigen Untersuchungen hervorgeht, außerordentlich scharf.

Ähnlich liegen die Verhältnisse bei gepreßten Rundstangen. Von 175 geprüften Stangen trat nur bei 11 ein Bruch der Proben innerhalb von 3 Tagen auf. Auch Preßteile neigen offenbar nur in verhältnismäßig geringem Maße zu Spannungskorrosion. Es wurden bisher nur in einem Fall einige Preßteile gefunden, die bei der Spannungskorrosion in Seewasser schon innerhalb von 3 Tagen zu Bruch gingen.

Wesentlich ungünstiger als alle anderen Halbzeuge verhalten sich halbharte Rohre aus Magnalium mit $\sim 9\%$ Mg. Um einen Überblick über die Beschaffenheit und Gleichmäßigkeit des angelieferten Rohrmaterials zu erhalten, wurde eine große Anzahl Rohre untersucht. Die Prüfung erfolgte in gleicher Weise wie bei den Blechen, z. T. durch Gefügeuntersuchung und z. T. durch Spannungskorrosionsprüfung (Schlaufenproben im Wechseltauchgerät mit künstlichem Seewasser). Diese Untersuchungen ergaben auch ein Bild über den Zusammenhang zwischen Gefügeausbildung und Spannungskorrosionsempfindlichkeit. Durch Vorversuche konnte zunächst festgestellt werden, daß die Ausbildung der Korngrenzen im Gefügebild für das Korrosionsverhalten maßgebend ist[5]. — Es wurden danach 5 charakteristische Gefügegruppen eingeteilt, die in Abb. 20 bis 25 dargestellt sind. (Sämtliche Angaben beziehen sich auf 15 min Ätzen mit kalter 9proz. Phosphorsäure).

Gefügezustand I (s. Abb. 20 u. 21). Es sind linien- oder bandartige Korngrenzen vorhanden, die zusammenhängend größere Teile der Querschnittsfläche durchziehen. Zwischen diesen Linienzügen (Korngrenzen) finden sich andere Korngrenzen, die entweder als sehr feine Linien ausgebildet sind (besonders kurze Lebensdauer der Proben), oder die perlschnurartig ausgebildet sind (etwas größere Lebensdauer).

Gefügezustand II (s. Abb. 22). Die Korngrenzen sind schnurartig ausgebildet. Die einzelnen Al_3Mg_2-Ausscheidungen an den Korngrenzen hängen unmittelbar aneinander. Das Gefüge selbst zeigt in diesen Fällen meist mehr Ausscheidungen als in den übrigen.

---

[5]) Daß es hier im wesentlichen nur auf die Korngrenzenausbildung ankommt und nicht darauf, ob das Gefüge sonst größere Mengen Ausscheidungen zeigt (also »heterogen« ist), ergibt sich übrigens auch aus dem Gefüge des im Betrieb gerissenen Stangenkopfes (s. Abb. 17). Das Gefüge weist stark heterogene dunkle Zonen bei bandartig ausgebildeten Korngrenzen auf.

Gefügezustand III (s. Abb. 23). Unterbrochene schnurartige Ausbildungen der Korngrenzen. Hierbei sind aber die Al_3Mg_2-Ausscheidungen nur gruppenweise zusammenhängend, und dazwischen treten immer wieder Unterbrechungen auf (perlschnurartig). Es können auch kurze

Abb. 20 bis 25. Gefügegruppen.
Schliffe quer zur Walzrichtung. Geätzt mit 9 % H_3PO_4. $V = 800$.

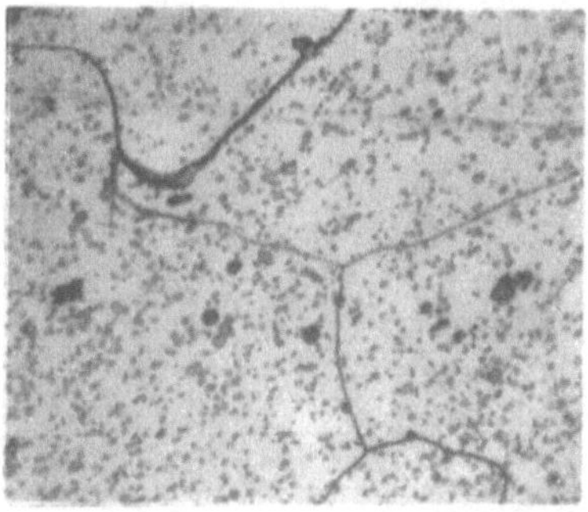

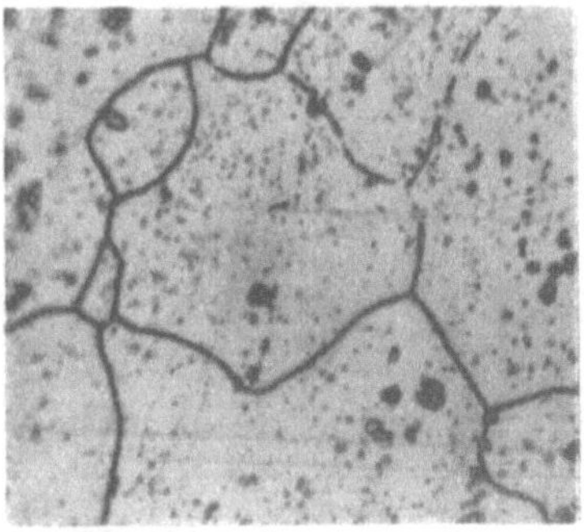

Abb. 20 und 21. Gefügezustand I.
Linien- oder bandartige Korngrenzen, die zusammenhängend größere Teile der Querschnittsfläche durchziehen. Dazwischen als sehr feine Linien erscheinende Korngrenzen (Abb. 20) oder perlschnurartige Korngrenzen (Abb. 21).

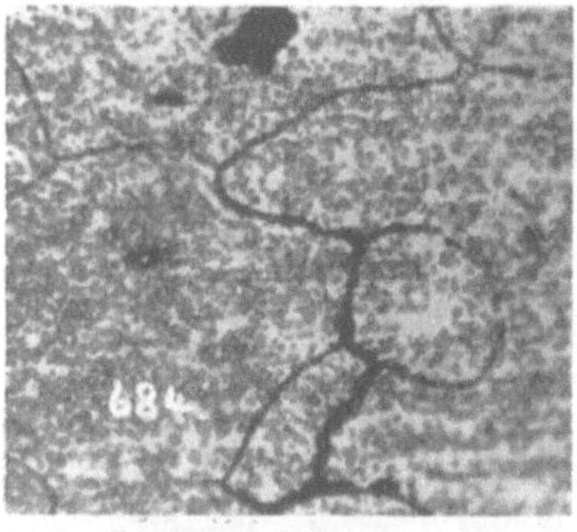

Abb. 22. Gefügezustand II.
Schnurartig ausgebildete Korngrenzen. Die Al_3Mg_2-Ausscheidungen an den Korngrenzen hängen kettenförmig aneinander (zahlreiche Ausscheidungen im Korninnern).

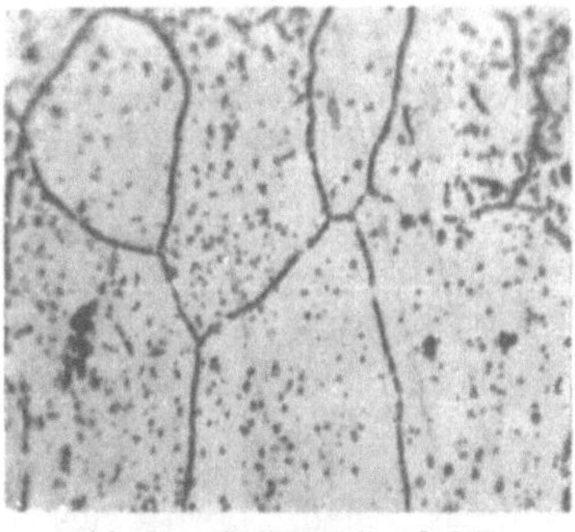

Abb. 23. Gefügezustand III.
Unterbrochene, schnurartige Korngrenzen oder unterbrochene, bandartige Korngrenzen.

bandartige Stücke der Korngrenzen hervortreten, die aber immer wieder kleine Unterbrechungen aufweisen.

Gefügezustand IV (s. Abb. 24). Perlschnurartige Korngrenzenausbildung mit etwas größeren Unterbrechungen zwischen den Al_3Mg_2-

Ausscheidungen. Die Al_3Mg_2-Ausscheidungen sind z. T. durch feine Linien überbrückt.

Gefügezustand V (s. Abb. 25). Keine oder fast überhaupt keine Korngrenzenausbildung.

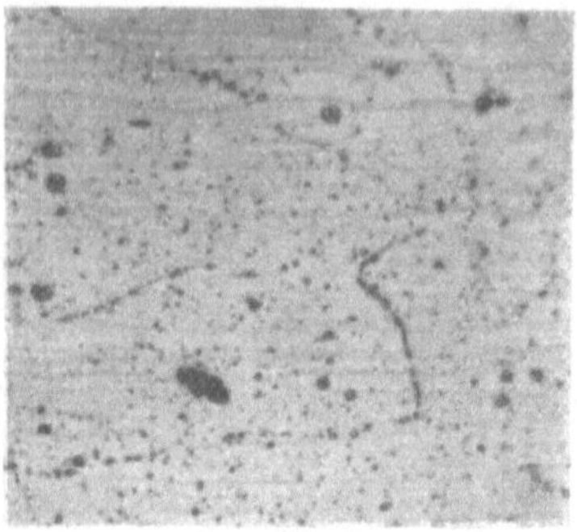

Abb. 24. Gefügezustand IV. Perlschnurartige Korngrenzenausbildung mit etwas größeren Unterbrechungen zwischen den Al_3-Mg_2-Ausscheidungen. Die Ausscheidungen sind z. T. durch feine Linien überbrückt.

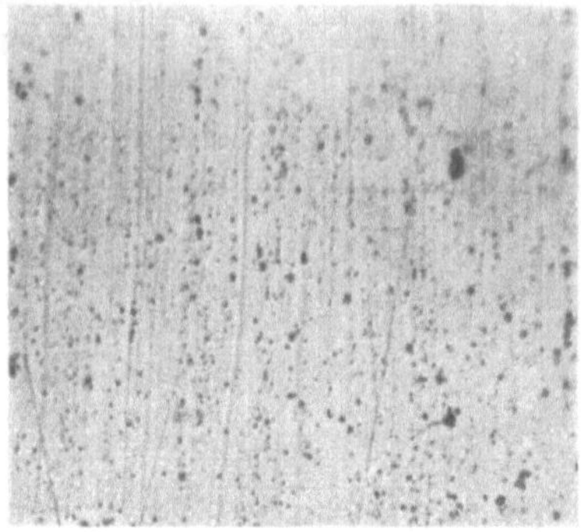

Abb. 25. Gefügezustand V. Keine oder fast überhaupt keine Korngrenzenausbildung.

An insgesamt 237 Proben wurde durch Gefügeuntersuchung und Spannungskorrosionsprüfung der Einfluß der Gefügeausbildung auf die Spannungskorrosionsempfindlichkeit untersucht. In Abb. 26 ist das Ergebnis dargestellt. Beim Gefügezustand I ist die Hälfte der Proben bereits innerhalb eines 3/4 Tages gebrochen, beim Gefügezustand II innerhalb von 2 Tagen. Beim Gefügezustand III innerhalb von 5½ Tagen, während im Gefügezustand IV die mittlere Lebensdauer mehr als 20 Tage beträgt. Bei weitem am größten ist die Lebensdauer im Gefügezustand V. Es hatten 16½% der untersuchten Proben den Gefügezustand I; 17,3% den Gefügezustand II; 29,1% den Gefügezustand III; 33,7% den Gefügezustand IV; und nur 3,4% den Gefügezustand V.

Man sieht aus der Abbildung, daß zwar ein sehr deutlicher Zusammenhang zwischen Lebensdauer und Gefügezustand besteht, daß aber eine exakte Aussage über die Lebensdauer trotzdem auf Grund der Gefügeprüfung nicht möglich ist, da beim gleichen Gefügezustand, z. B. II, III oder IV die Lebensdauer kleiner als 1 Tag, aber auch größer als 20 Tage sein kann. Nur die Gefügeausbildung I ist eindeutig als ganz schlecht, und V als gut anzusehen. Noch schwieriger wird die Beurteilung auf Grund des Gefügezustandes dadurch, daß das Material selbst Seigerungen und an verschiedenen Stellen ungleiches Gefüge enthält. Oft findet man, selbst innerhalb einer verhältnismäßig kleinen Schliff-Fläche, schon ziemlich starke Zonenbildung, und es ist dann noch schwieriger, ein Urteil über das Verhalten des Materials auf Grund der Gefügeprüfung zu geben. Da zudem die Spannungskorrosionsprobe einfacher herzustellen ist als der Schliff, ist derselben für die Abnahmeprüfung der Vorzug zu geben.

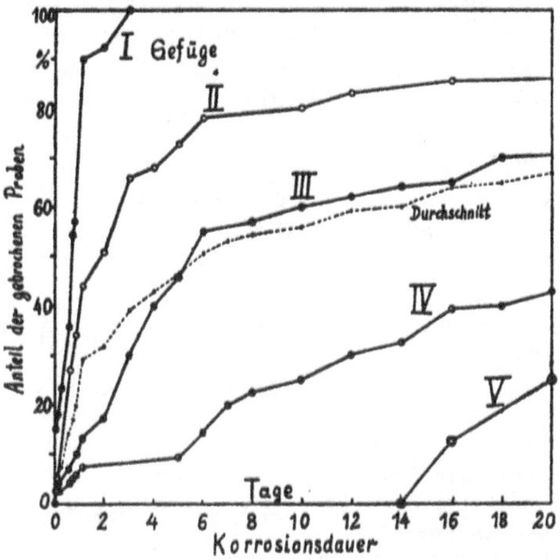

Abb. 26.
Zusammenhang zwischen Lebensdauer und Gefügezustand.

An insgesamt 1982 Rohren wurde die Spannungskorrosionsempfindlichkeit mit Schlaufenproben im Wechseltauchgerät mit künstlichem Seewasser untersucht; dabei zeigte sich, daß etwa 29% von diesen Rohren innerhalb von 5 Tagen zu Bruch gingen (Zahlentafel 5).

Zahlentafel 5

Spannungskorrosion von Magnalium-Rohren

Werkstoff: Magnalium mit 9% Mg, halbhart

Gesamtzahl der geprüften Rohre: 1982

Schlaufenproben mit $r = 8\,s$. Korrosion im Wechseltauchgerät mit künstlichem Seewasser

Korrosionsdauer Tage	Gesamtzahl der gebrochenen Proben	Bruchhäufigkeit %
1	245	12
2	349	18
3	478	24
4	522	26
5	576	29
	nicht gebrochen	
5	1406	71

Bei schwächerem Korrosionsangriff ist das Verhalten günstiger, wie Vergleichsversuche ergaben. Von Schlaufenproben aus 307 Rohren gingen bei Korrosion mit künstl. Seewasser im Wechseltauchgerät 85 innerhalb von 3 Tagen zu Bruch. Bei der Prüfung mit destilliertem Wasser im Wechseltauchgerät gingen 41 Proben innerhalb von 5 Tagen zu Bruch. Eigenartig ist, daß 5 von diesen Rohren bei der Prüfung mit künstl. Seewasser keine Spannungskorrosion ergeben hatten.

Spannungskorrosion bei Duralumin[6])

Spannungskorrosionsrisse bei Duralumin wurden im Betrieb bisher nur selten beobachtet. Immerhin sind bei der DVL bereits im Jahre 1929 derartige Risse, die an den Streben von mehreren Flugbooten vorkamen, untersucht worden[7]). Vor etwa ½ Jahr wurde in einem anderen Falle ein Korrosionsanriß bei einem Duralumin-Rohr festgestellt.

Zahlentafel 6

Einfluß des Oberflächenschutzes auf die Spannungskorrosion von Duralumin 681 ZB und 681 ZB 1/3 pl

Werkstoff: a) Duralumin 681 ZB, 1-mm-Blech; $\sigma_{02} = 33{,}2$ kg/mm²
$\sigma_B = 46{,}6$ »
$\delta_{10} = 19{,}5$ %

b) Duralplat 681 ZB 1/3 pl, 1-mm-Blech
$\sigma_{02} = 33{,}9$ kg/mm²
$\sigma_B = 47{,}1$ »
$\delta_{10} = 20{,}0$ %

Oberflächenbehandlung:
Eloxierung der fertigen Proben nach dem Oxalsäure-Verfahren.
Anstrich: Kunstharz-Tauchlack: Glasurit A 2152. (Nachprüfung ergab ziemlich hohen Säuregehalt des Lackes.)

Oberflächenbehandlung	Duralumin 681 ZB Lebensdauer der Proben¹) bis zum Anriß Tage	Duralumin 681 ZB 1/3 pl Lebensdauer d. Proben²) bis zum Anriß Tage
unbehandelt	7—28—32—>60—>60—>60	>60
lackiert	7—28—30—60—>60—>60	>60
eloxiert	>60—>60—>60—>60—>60—>60	>60
eloxiert u. lackiert	5—5—5—7—7—7	>60

¹) Je 3 Schlaufenproben längs und quer zur Walzrichtung entnommen. Prüfung im Wechseltauchgerät mit künstl. Seewasser. Kein wesentlicher Unterschied zwischen Längs- und Querproben. ²) Sämtliche Proben.

Gelegentlich einer Prüfung des Oberflächenschutzes durch Eloxieren mit nachfolgender Anstrichkonservierung wurde auch bei Duraluminblech Spannungskorrosionsempfindlichkeit in überraschend hohem Maße beobachtet. Die Versuche wurden durchgeführt, um die Brauchbarkeit verschiedener Konservierungen zu prüfen, und zwar wurden hierzu Schlaufenproben aus 1-mm-Blech hergestellt, konserviert und dann im Wechseltauchgerät mit künstlichem Seewasser auf das Korrosionsverhalten geprüft. Das Ergebnis der Versuche ist in Zahlentafel 6 angegeben. Daraus geht hervor, daß das Duralumin 681 ZB-Blech im Anlieferungszustand bereits spannungskorrosionsempfindlich war. Durch den Anstrich allein wurde keine Erhöhung der Lebensdauer erreicht. Von den eloxierten Proben ging dagegen innerhalb der Prüfdauer von 60 Tagen keine zu Bruch.

⁶) Mit »Duralumin« sind im folgenden alle Legierungen des Duralumin-Typs (3—5 Cu, 0,3—1,4 Mg, 0,3—1 Si, 0,2—1,4 Mn) bezeichnet, unabhängig vom Herstellerwerk.

⁷) DVL-Bericht H 34/138. Untersuchung von Korrosionsrissen an Flügelstielen eines Seeflugzeuges. *K. Matthaes*, 9. 7. 1930. Auszug DVL-Jahrbuch 1931, S. 31*.

Ganz auffällig war aber das Verhalten der eloxierten und danach mit einem Anstrich versehenen Proben. Dieselben gingen sämtlich schon innerhalb eine Zeitraumes von 5 bis 7 Tagen zu Bruch. Die Ursachen für dieses Verhalten, überhaupt dafür, daß durch den Anstrich auch bei den nicht eloxierten Proben keine Verbesserung der Haltbarkeit erzielt wurde, ist darin zu finden, daß das Anstrichmittel, ein Kunstharztauchlack (wie sich bei einer nachträglichen Prüfung ergab), selbst etwas säurehaltig war und daher zusätzlich angreifend gewirkt hat. Offenbar hat sich der Säuregehalt des Anstriches bei den eloxierten Proben besonders ungünstig auswirken können, obwohl die Eloxierung allein das Material gegen die Seewasserkorrosion völlig geschützt hat. — Abb. 27 zeigt den Rißverlauf bei einer derartigen Probe.

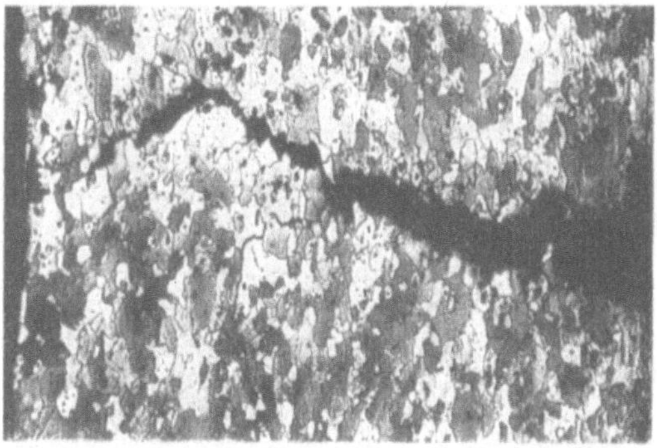

Abb. 27. Spannungskorrosion bei Duralumin 681 ZB. Schlaufenprobe aus 1-mm-Blech. Eloxiert und lackiert. Bruch nach 7 Tagen Korrosion im Wechseltauchgerät. Ätzung 0,5 HF; 1,5 HCl; 2,5 HNO_3. $V = 100$.

Auf Grund dieser Feststellung wurde eine Anzahl Spannungskorrosionsversuche mit Duraluminproben durchgeführt, und zwar wurden sowohl Rohre wie auch Bleche und Bänder untersucht. Der Werkstoff wurde außer im Anlieferungszustand auch noch nach dem Anlassen bei 50° und bei 100° geprüft, um festzustellen, ob durch die Anlaßwirkung eine Vergrößerung der Bruchgefahr besteht und welche Anlaßdauer hierzu erforderlich ist. Das Ergebnis dieser Versuche ist in Zahlentafel 7 angegeben. Von den im Anlieferungszustand geprüften Rohren ist keines innerhalb der Prüfzeit von $3^1/_2$ Monaten zu Bruch gegangen. Durch Recken und Anlassen bei 100° (bei Anlaßdauern von mehr als 18 h!) gingen die Schlaufen im Wechseltauchgerät zu Bruch. Ungünstiger als die Rohre verhielten sich die Proben aus den Duraluminblechen und -bändern. Von den 12 untersuchten Blechen und Bändernsind bei 5 die Proben auch ohne Wärmebehandlung schon in weniger als 6 Tagen gebrochen; bei einer weiteren ist eine Probe nach 34 Tagen auch noch zu Bruch gegangen. Das Anlassen bei 50° C ergab naturgemäß nur eine geringfügige Verschlechterung der Spannungskorrosionsempfindlichkeit, da das angelieferte Halbzeug in gleicher Weise schon vorbehandelt ist. Durch Anlassen bei 100° C stieg die Spannungskorrosionsempfindlichkeit erheblich an. wenn die Anlaßdauer einen Tag überschritt. Bei einer Anlaßdauer von etwa 12 Tagen sind sämtliche Bleche und Bänder spannungskorrosionsempfindlich.

Zahlentafel 7

Einfluß der Vorbehandlung auf die Spannungskorrosion von Duralumin.

Legierung[1])	Halbzeug	Zustand	Lebensdauer von Schlaufenproben im Wechseltauchgerät mit künstl. Seewasser. Tage							
			nicht zugelassen	bei 50° C angelassen Anlaßdauer:			bei 100° C angelassen Anlaßdauer:			
				18 h	72 h	291 h	$4\frac{1}{2}$ h	18 h	72 h	291 h
681 A	Rohr	Anlieferung	>112	—	—	—	—	—	—	—
		nachveredelt	>112	—	—	—	—	—	—	—
681 ZB	Rohr	Anlieferung	>112	—	—	—	—	—	—	—
		Anl. gereckt	> 72	>72	>65	>58	>72	8—>72	6—32	12—12
		nachveredelt	>112	—	—	—	—	—	—	—
		nachveredelt gereckt	>112	—	—	—	—	—	—	—
681 ZB	Blech 8	Anlieferung	7—12	5—10	4—14	9—>58	8— —	3—4	6—14	7—>58
		nachveredelt	>100	—	—	—	—	—	—	—
681 ZB	Blech 34	Anlieferung	>72	>72	>65	10—>58	>72	21—>72	18—32	10—14
		Anl.gehämm.	>72	>72	>65	>58	>72	32—43	16—22	10—10
		nachveredelt	>72	>72	>65	>58	>72	>72	>65	6—10
681 ZB	Blech 43	Anlieferung	4—>72	10—10	21—21	4—7	3—5	1—3	2—2	$2\frac{1}{2}$—$2\frac{1}{2}$
681 ZB	Band 48	Anlieferung	34—>72	>72	>65	>58	>72	>72	18—>65	31—31
681 ZB	Band 49	Anlieferung	>72	>72	>65	>58	24—>72	6—$8\frac{1}{2}$	5—5	9—9
DM 31	Blech 17	Anlieferung	3—3	4—7	4—4	4—7	3—3	$3\frac{1}{2}$—$3\frac{1}{2}$	2—$2\frac{1}{2}$	$2\frac{1}{2}$—9
DM 31	Blech 44	Anlieferung	3—3	5—10	4—$6\frac{1}{2}$	15—>58	4—$6\frac{1}{2}$	$4\frac{1}{2}$—$4\frac{1}{2}$	3—5	$3\frac{1}{2}$—7
DM 31	Blech 45	Anlieferung	>72	23—>72	32—>65	>58	27—>72	32—>72	4—20	10—12
DM 31	Band 50	Anlieferung	>72	>72	>65	>58	>72	13—>72	4—$6\frac{1}{2}$	23—>58
DM 31	Band 51	Anlieferung	3—3	2—2	2—2	$1\frac{1}{2}$—$2\frac{1}{2}$	2—2	1—1	2—2	$1\frac{1}{2}$—$1\frac{1}{2}$

[1]) Die Werkstoffe entstammen verschiedenen Herstellerwerken. Die Legierungsbezeichnung entspricht den Marken der Dürener Metallwerke.

Auf Grund dieser Ergebnisse wurden weitere Untersuchungen angestellt, um die Spannungskorrosionsgefahr bei Duralumin besser beurteilen zu können. Zunächst wurden bei einer größeren Anzahl von Blechen und Bändern aus der Legierung DM 31, die sich bei den Vorversuchen als besonders gefährdet erwiesen hatte, Spannungskorrosionsproben untersucht. Die Proben wurden sämtlich ebenso wie die früher beschriebenen im Wechseltauchgerät der Korrosion durch künstliches Seewasser ausgesetzt. Es zeigte sich, daß bei 291 geprüften Bändern 49, d. h. also 17% spannungskorrosionsempfindlich waren. Die Proben aus diesen gingen innerhalb von 3 Tagen zu Bruch. Bleche verhalten sich wesentlich günstiger. Von 43 unter gleichen Bedingungen geprüften Blechen erwiesen sich nur 2 als so spannungskorrosionsempfindlich. Es ergab sich nun die Frage, ob eine diesem ungünstigen Ergebnis entsprechende Spannungskorrosionsgefahr im Betrieb besteht. Hierfür war in erster Linie zu untersuchen, wie sich der Werkstoff bei schwächeren Korrosionsangriffen verhält. Es war bereits erwähnt worden, daß bei Magnalium mit 9% Mg in dem besonders empfindlichen Zustand der Spannungskorrosionsbruch beim Wechseltauchversuch in destilliertem Wasser und in Leitungswasser fast ebenso schnell erfolgt als im Seewasser. Es wurde untersucht, wie sich Duralumin in dieser Beziehung verhält. Einige Vergleichsversuche zeigten, daß bei Duralumin, das in Seewasser innerhalb weniger Tage zu Bruch ging, bei einer Prüfzeit von mehr als 1 Monat in Leitungswasser und in destilliertem Wasser kein Bruch erfolgte. Daraufhin wurden Schlaufenproben von 321 verschiedenen Bändern aus Duralumin DM 31 bei Spannungskorrosion in Leitungswasser im Wechseltauchgerät untersucht. Die Versuche ergaben, daß 17 Proben nach 14 Tagen zu Bruch gegangen waren, keine davon aber in weniger als 10 Tagen; alle übrigen waren unverletzt. Daraus ergibt sich, daß gegenüber normalen Betriebsbedingungen die Spannungsrißgefahr bei Duralumin (im Gegensatz zu Magnaliumrohr mit 9% Mg) nur gering ist, daß aber bei schärferem Korrosionsangriff, z. B. bei unmittelbarer Berührung mit Seewasser die Spannungskorrosionsgefahr verhältnismäßig groß ist und z. T. wesentlich größer ist als bei Hydronalium.

Die Spannungskorrosion tritt bei Duralumin, soweit feststellbar nur dann auf, wenn das Duralumin im Anlieferungszustand, also in der üblichen nachgerichteten bzw. schwach nachgewalzten und bei niedriger Temperatur (etwa 50° C) ausgehärteten Fertigung vorliegt. Durch Nachveredeln ohne Nachrecken ließ sich auch bei besonders empfindlichem Material die Spannungskorrosion zum Verschwinden bringen (s. Zahlentafel 7).

Als spannungskorrosionssicher erwies sich auch in jedem untersuchten Falle Duralplat. Die Plattierung vermag durch ihre elektrolytische Schutzwirkung, die Spannungskorrosion vollständig zu unterdrücken. Es wurde deshalb nachgeprüft, wie weit sich auch durch Aufspritzen von Reinaluminium ein Schutz gegen Spannungskorrosion erzielen läßt.

Für die Versuche wurde 0,6-mm-Blech aus Duralumin 681 ZB verwendet, das zur Erhöhung der Spannungskorrosionsempfindlichkeit z. T. bei 120° C und z. T. bei 140° C 24 h angelassen wurde. Die daraus hergestellten Schlaufenproben wurden teils ungeschützt, teils nach 1-, 2- und

3maligem Aufspritzen von Reinaluminium, der Korrosion durch Seewasser im Wechseltauchgerät ausgesetzt. In jedem Zustand wurden 2 Proben untersucht. Während bei dem ungeschützten Duralumin (2 × 2 Proben) der Bruch der Proben innerhalb von 5 bis 6 Tagen erfolgte, waren bei dem geschützten Duralumin auch nach 54 Tagen sämtliche Proben (6 × 2) unversehrt. Es besteht also die Möglichkeit, an solchen Stellen, an denen eine Spannungskorrosionsgefahr besteht, das Material durch nachträgliches Aufspritzen von Reinaluminium zu schützen.

Zusammenfassung

Es wurden Spannungskorrosionsuntersuchungen an fast sämtlichen heute verwendeten Leichtmetall-Legierungen durchgeführt. Die untersuchten Magnesium-Gußlegierungen können mit Ausnahme der veredelten Legierungen mit 9% Al; 0,5% Zn als praktisch spannungskorrosionssicher gelten. Auch bei der Magnesiumlegierung mit 9% Al; 0,5% Zn ist die Spannungskorrosionsempfindlichkeit noch nicht so groß, daß hierdurch die Verwendbarkeit dieser Legierung in Frage gestellt wäre. Es ist lediglich eine gewisse Vorsicht in Bezug auf das Auftreten größerer Vorspannungen notwendig. Von den untersuchten Aluminium-Gußlegierungen wiesen nur die kupferhaltigen eine geringe Neigung zur Spannungskorrosion auf. Sämtliche kupferfreien Legierungen erwiesen sich als vollkommen sicher. Allerdings wurden hierbei Legierungen mit 9% Magnesium und mehr nicht untersucht. Die Untersuchung der schmiedbaren Magnesiumlegierungen ergab die Bestätigung der Beobachtung, daß Bleche aus der Legierung AZM zur Spannungskorrosion neigen, während Bleche aus AM 503 nicht durch Spannungskorrosion zu Bruch gebracht werden konnten.

Bleche aus den üblichen kupferfreien Aluminiumlegierungen erwiesen sich als spannungskorrosionssicher, soweit der Magnesiumgehalt 7% nicht überstieg und nicht besonders ungünstige Wärmebehandlungen vorgenommen wurden. Bei Magnalium mit 9% Mg erwiesen sich die Bleche und Bänder im halbharten Zustand zwar als schwach spannungskorrosionsempfindlich, aber als praktisch noch genügend sicher. Rohre aus der gleichen Legierung zeigten dagegen bei der Prüfung in sehr vielen Fällen keine ausreichende Korrosionssicherheit. Obwohl zu berücksichtigen ist, daß die hier angewendete Prüfung außerordentlich scharf ist und Spannungskorrosionsrisse bei der praktischen Verwendung dieser Rohre nur sehr selten beobachtet wurden, erscheint es zweckmäßig, durch eine eingehende Abnahmeprüfung die nicht einwandfreien Halbzeuge auszuscheiden.

Bei Duralumin wurde wider Erwarten ebenfalls Neigung zur Spannungskorrosion festgestellt, besonders stark bei Bändern aus der Legierung DM 31. Hier führt aber nur starker Korrosionsangriff (Seewasser im Wechseltauchgerät) in verhältnismäßig kurzer Zeit zum Aufreißen. Bei schwächerem Korrosionsangriff ist das Verhalten sehr viel günstiger; dadurch erklärt sich auch das günstige Verhalten im Betrieb. — Als praktisch völlig spannungskorrosionssicher erwies sich plattiertes Duralumin.

Über einige neuere Fortschritte auf dem Gebiet der Aluminium-Walzlegierungen

Von P. Brenner*)

Vorgetragen am 10. Juli 1936 in Berlin

Auf dem Gebiete der Aluminium-Walzlegierungen sind in neuerer Zeit sowohl in der Verbesserung der Herstellungsverfahren als auch in der Weiterentwicklung der Legierungen und ihrer Behandlungsweise eine Reihe bemerkenswerter Fortschritte erzielt worden. Bei dem großen Umfang des hier vorliegenden Fachgebietes ist es jedoch kaum möglich, im Rahmen dieses Aufsatzes ein einigermaßen vollständiges Bild über den heutigen Entwicklungsstand zu geben. Ich muß mich daher darauf beschränken, einige Beispiele herauszugreifen, die diese Entwicklung zu kennzeichnen vermögen und insbesondere für den Luftfahrzeugbau von Interesse sind.

Herstellung von Aluminium-Walzlegierungen

Die Eigenschaften der fertigen Halbzeuge sind in hohem Maße von den zu ihrer Herstellung angewendeten Verfahren abhängig. Jeder Fachmann weiß, wie außerordentlich schwierig es ist, bei der laufenden Herstellung im Großen Werkstoffe von gleichmäßiger Güte zu erzeugen. Bei jedem Herstellungsgang muß mit erheblichen Schwankungen der Arbeitsbedingungen gerechnet werden, die nur durch Entwicklung und Anwendung geeigneter Verfahren in erträglichen Grenzen gehalten werden können.

Gießverfahren

Besondere Schwierigkeiten macht die Herstellung einwandfreier Gußblöcke, vor allem wenn es sich um große Abmessungen handelt. In Gußblöcken auftretende Fehler, wie Seigerungen, Schlackeneinschlüsse, Lunker, Gasblasen, Strukturunterschiede u. dgl. machen sich bei der Weiterverarbeitung durch Schmieden, Pressen oder Walzen sowie bei der Wärmebehandlung des fertigen Halbzeuges in der unangenehmsten Weise bemerkbar und sind die hauptsächlichste Ursache ungenügender Werkstoffeigenschaften. Aus dieser Erkenntnis heraus ist daher der Verbesserung der Gießverfahren in neuerer Zeit besondere Aufmerksamkeit zugewandt worden. Abb. 1 gibt an Hand von einigen Beispielen einen Ausschnitt aus dieser Entwicklung.

Das früher übliche Verfahren des Gießens in eine feststehende Kokille hatte vor allem den Nachteil, daß bei dem frei fallenden Eingießen aus dem Tiegel Oxydhäute und Schlacken mitgerissen werden und das flüssige Metall in der Kokille eine stark turbulente Bewegung erfährt.

Bei der Schwenkkokille wird der freie Fall des flüssigen Metalls dadurch vermieden, daß die Kokille vor dem Gießen annähernd in die Waagerechte geneigt und beim Gießen allmählich aufgerichtet wird. Auch hier-

*) Dr.-Ing., Vereinigte Leichtmetall-Werke G. m. b. H., Hannover.

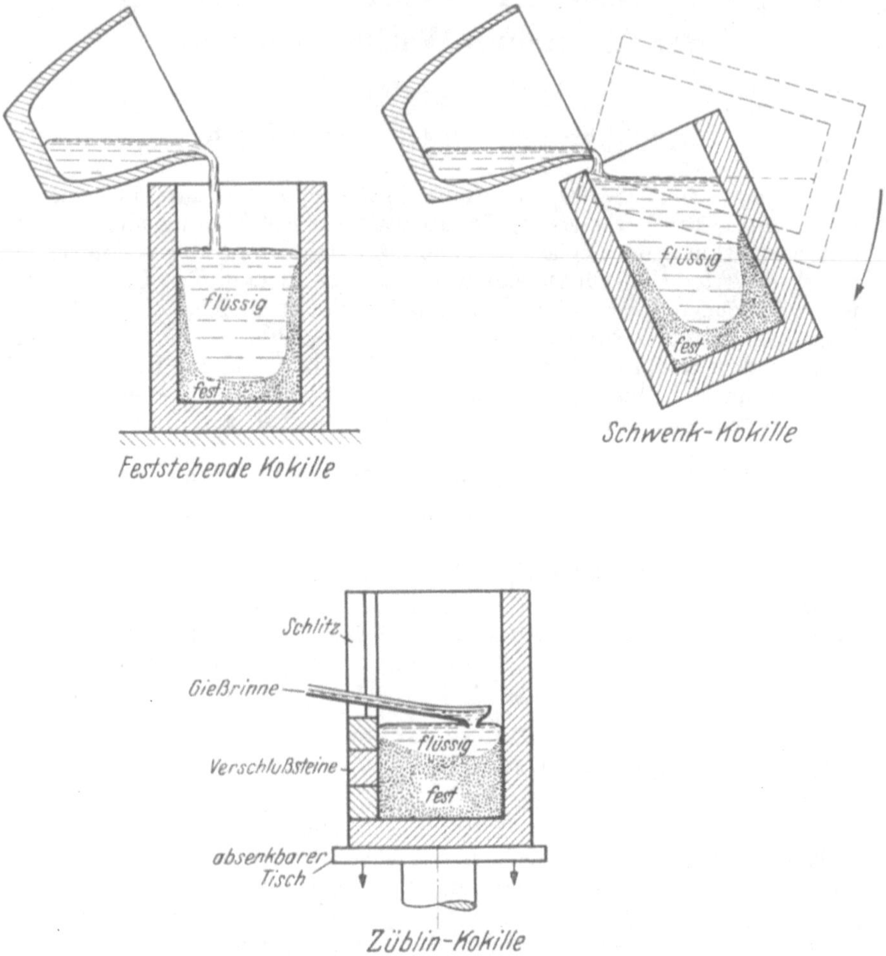

Abb. 1. Entwicklung der Gießverfahren.

bei ist aber die unvermeidliche Bewegung des flüssigen Metalls während des Aufrichtens der Kokille für die Güte des Gusses nachteilig.

Einen weiteren Fortschritt brachte das Züblin-Verfahren**). Das flüssige Metall wird mit Hilfe einer Gießrinne unmittelbar aus dem Schmelzofen der Kokille durch einen seitlich angebrachten Schlitz zugeführt. In dem Maße, wie der Metallspiegel ansteigt, wird der seitliche Schlitz durch Segmente verschlossen und die Kokille in senkrechter Richtung abgesenkt. Dieses Verfahren hat insbesondere folgende Vorteile:

**) DRP. Nr. 489385.

1. Durch Wegfallen des Umgießens des flüssigen Metalls in den Tiegel kann die Temperatur im Schmelzofen niedriger gehalten und die Gasaufnahme herabgesetzt werden.
2. Das Metall fließt der Kokille in einem gleichmäßigen Strom ohne Unterbrechung der an der Metalloberfläche gebildeten Oxydhaut zu.
3. Die Erstarrung erfolgt ohne störende Bewegung des flüssigen Metalls.
4. Die Anwendung geringerer Gießgeschwindigkeiten ermöglicht, die flüssige Zone sehr klein zu halten und die Erstarrung von unten nach oben fortschreiten zu lassen, wodurch starke Seigerungen und Eigenspannungen infolge Schrumpfens vermieden und Gußblöcke bis zu den größten Abmessungen hergestellt werden können.

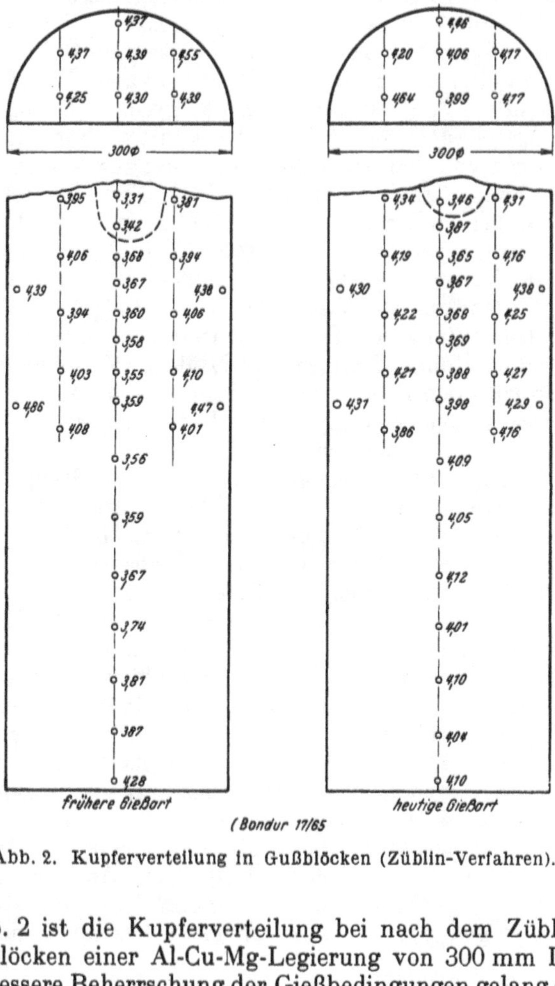

Abb. 2. Kupferverteilung in Gußblöcken (Züblin-Verfahren).

Aus Abb. 2 ist die Kupferverteilung bei nach dem Züblin-Verfahren gegossenen Blöcken einer Al-Cu-Mg-Legierung von 300 mm Dmr. ersichtlich. Durch bessere Beherrschung der Gießbedingungen gelang es, im ganzen

Block ein gleichmäßiges, feines Gefüge zu erzeugen und die Unterschiede im Kupfergehalt auch im laufenden Betriebe auf etwa 0,7% herabzudrücken, während früher bei ähnlichen Blockabmessungen mit Schwankungen des Kupfergehalts von 2 bis 3% gerechnet werden mußte[1]).

Durch die erzielte Einschränkung der Kupferseigerung konnte die Verbrennungsgefahr bei der Glühbehandlung und die mitunter aufgetretene mangelhafte Verformbarkeit von Al-Cu-Mg-Halbzeugen praktisch beseitigt werden. Gleichzeitig konnte die Sicherheitsspanne gegenüber der kritischen Glühtemperatur verringert und damit bessere Festigkeitswerte erreicht werden.

Knetbearbeitung

Während früher der größte Teil der Gießereierzeugung über die Strangpresse geleitet wurde, ist es durch die Einführung der gießtechnischen Verbesserungen möglich geworden, die Gußblöcke unmittelbar durch Walzen oder Schmieden weiter zu verarbeiten. Dadurch kann nicht nur ein Arbeitsgang gespart und die Zahl der verhältnismäßig teuren Strangpreß-Einrichtungen verringert werden, sondern man ist damit auch in den herstellbaren Blechabmessungen von den Ausmaßen der heute zur Verfügung stehenden Strangpreß-Einheiten unabhängig geworden. Ferner ergeben die beim Pressen ständig sich ändernden Fließbedingungen, besonders bei großen Querschnittsabmessungen, sehr unterschiedliche Verformungsgrade, die beim Weiterverarbeiten durch Walzen oder Schmieden nur unvollkommen ausgeglichen werden können. Das Strangpressen eignet sich deshalb vorzugsweise zur Herstellung von Fertigteilen mittlerer oder kleinerer Wandstärke, wie Profile, Rohre, Stangen und Drähte. Versuche haben gezeigt, daß es möglich ist, auch äußerst dünne Profile (Wandstärke < 1 mm) auf der Strangpresse herzustellen und dadurch den neueren Forderungen des Flugzeugbaues gerecht zu werden.

Die Herstellung dickwandigerer Teile, z. B. von Stangen über 80 mm Dmr., von Luftschraubenflügeln u. dgl. erfolgt am besten durch Schmieden, da hierbei auch im Innern des Werkstückes gute mechanische Eigenschaften und bei entsprechender Leitung des Schmiedevorganges in verschiedenen Richtungen ziemlich gleichmäßige Festigkeitswerte erreicht werden können. Bisher vorliegende Erfahrungen lassen aber erkennen, daß für die Auswahl von Schmiedelegierungen offenbar ganz andere Gesichtspunkte maßgebend sind als von Legierungen für die Walz- oder Preßbearbeitung. Als Beispiel seien die Ergebnisse von Schmiedeversuchen mit drei verschiedenen Legierungen angeführt, Abb. 3. Die Legierung III unterscheidet sich von den Legierungen I und II hauptsächlich durch niedrigeren Kupfergehalt, während Legierung I und II bei gleichem Kupfergehalt einen unterschiedlichen Mg-Gehalt aufweisen. Legierung I entspricht in ihrer Zusammensetzung einer normalen Al-Cu-Mg-Legierung, Legierung II dem Flieg-Werkstoff Nr. 3115 von etwas höherer Festigkeit. Aus diesen Legierungen wurden etwa 1 m lange Gußblöcke von 300 mm Dmr. hergestellt, die unter gleichen Bedingungen auf Stangen von etwa 100 mm Dmr. herunterge-

---

[1]) Vgl. auch *H. Röhrig*, Z. Metallkde. Bd. 28 (1936) S. 43.

schmiedet wurden. Nach dem Aushärten wurde die Festigkeit, Streckgrenze und Dehnung in Längs- und Querrichtung ermittelt. Die Längsproben wurden zur Hälfte aus dem Kern und aus dem Rand entnommen. Wie aus Abb. 3 ersichtlich, konnten bei dem angewendeten Verschmiedungsgrad ($\sim 85\%$) bei den drei Legierungen keine nennenswerten Unterschiede in den Festigkeitseigenschaften des Kerns und des Randes festgestellt werden. Es ist nun auffallend, daß die Legierung I und II in geschmiedetem Zustand etwa dieselben Festigkeitseigenschaften aufweisen, während in gewalztem oder gepreßtem Zustand die Legierung II der Legierung I beträchtlich überlegen ist. Die Werte für die Festigkeit und Streckgrenze in Querrichtung liegen bei Legierung II sogar deutlich niedriger als bei Legierung I. Hieraus kann gefolgert werden, daß die Legierung II gegenüber der Legierung I zur Herstellung von Schmiedestücken keinerlei Vorteile bietet, was auf Grund der Erfahrungen mit diesen Legierungen bei Walz- und Preßteilen nicht zu erwarten war.

Während bei Legierung I und besonders bei Legierung II große Unterschiede in der Längs- und Querfestigkeit vorhanden sind, kommen diese bei Legierung III vollkommen zum Verschwinden. Da hier auch die Unter-

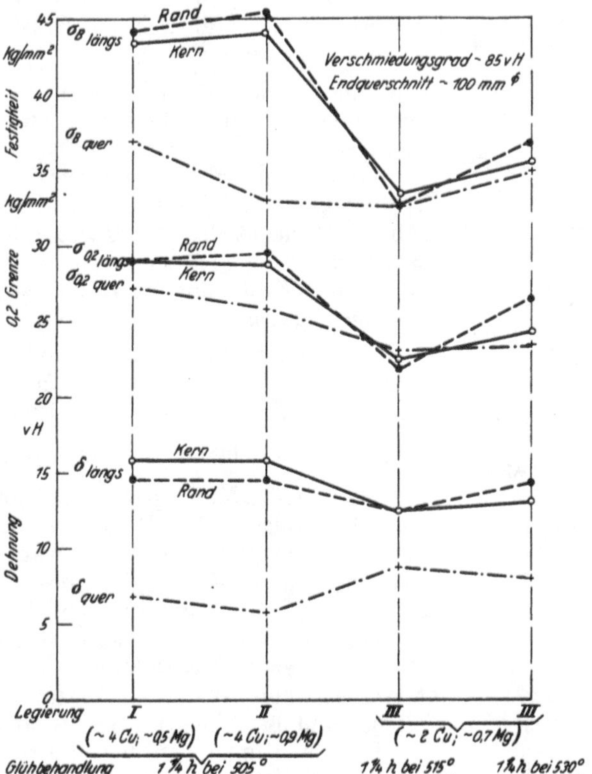

Abb. 3. Schmiedeversuche mit verschiedenen Al-Cu-Mg-Legierungen.

schiede der Dehnung in Längs- und Querrichtung geringer sind als bei den beiden Vergleichslegierungen, so dürfte sich diese Legierung insbesondere zur Herstellung von Schmiedestücken eignen, bei denen auf möglichst gleichmäßige Festigkeitseigenschaften in Längs- und Querrichtung Wert gelegt wird. Wird dagegen möglichst hohe Längsfestigkeit gewünscht, so erscheint Legierung I geeigneter.

Bauschinger-Effekt

Beim Glühen und Abschrecken zum Zwecke des Aushärtens treten an den fertigen Halbzeugen mehr oder weniger starke Verwerfungen und Verziehungen auf, die im allgemeinen durch Richten oder Recken beseitigt werden. Oft wird auch eine Kaltverfestigung des Werkstoffes vorgenommen, um die Streckgrenze zu erhöhen oder innere Spannungen zu beseitigen. Besonders bei der Herstellung von Profilen wird von diesem Verfahren in großem Umfang Gebrauch gemacht. — Es ist aber zu bedenken, daß z. B. eine durch Recken bewirkte Erhöhung der Streckgrenze die Fließgrenze für entgegengesetzte Beanspruchung erniedrigt. Diese als Bauschinger-Effekt bekannte Erscheinung macht sich besonders bei kleinen Verformungsgraden von etwa 1 bis 2% stark bemerkbar, die praktisch am meisten angewendet werden.

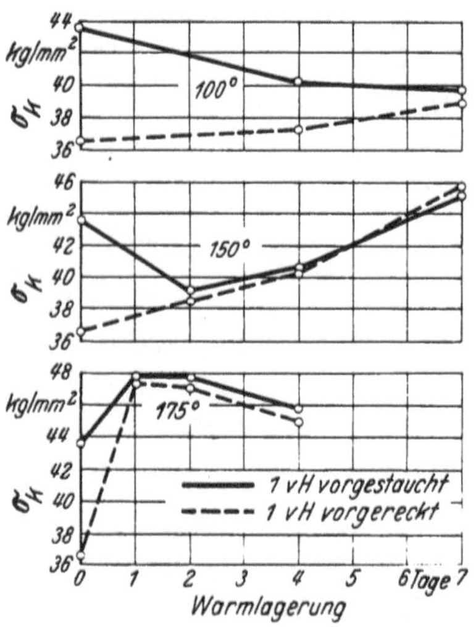

Abb. 4. Erholung der Knickfestigkeit vom Bauschingereffekt. Wirkung der Warmlagerung.

Eine vorhergehende Reckung in dem angegebenen Verformungsbereich wirkt sich besonders bei Knickstäben mit kleinem Schlankheitsgrad, für deren Tragfähigkeit die Quetschgrenze maßgebend ist, nachteilig aus. Dagegen hat eine vorhergehende Stauchung eine entsprechende Erhöhung der Knickfestigkeit im Gefolge.

Abb. 4 zeigt, welchen Einfluß ein Vorrecken und ein Vorstauchen um 1% auf die Knickfestigkeit von Probestäben (Schlankheitsverhältnis $\frac{l}{i} \sim 20$) aus einer Al-Cu-Mg-Legierung hat und wie die Folgen der Vorverformung durch Warmlagerung beseitigt werden können. Die Knickfestigkeit des vorgereckten Stabes liegt um 15 bis 20% unter der Knickfestigkeit des vorgestauchten Stabes. Durch Warmlagerung können infolge der damit verbundenen Kristallerholung die Folgen der Vorverformung beseitigt werden, und zwar sind hierzu bei einer Temperatur von 100° etwa 7 Tage und bei einer Temperatur von 150° etwa 2 Tage erforderlich. Wird bei der Temperatur von 150° die Erwärmungsdauer über 2 Tage hinaus ausgedehnt, so tritt eine Erhöhung der Knickfestigkeit durch Aushärten ein. Bei 175° wird der Vorgang der Kristallerholung fast ganz von der Aushärtung überdeckt.

Da die Bauglieder von Luftfahrzeugen in der Regel sowohl Zug- als auch Druckbeanspruchungen aufzunehmen haben und für die Tragfähigkeit meist die Knickfestigkeit ausschlaggebend ist, erscheint das heute angewendete Verfahren, die Halbzeuge, insbesondere Profile in gerecktem Zustand einzubauen, nicht als besonders zweckmäßig. Es wäre zu erwägen, die heute bestehenden Vorschriften, nach denen bei derartigen Halbzeugen eine hohe Streckgrenze verlangt wird, entsprechend abzuändern und die Folgen eines sich als notwendig erweisenden Reckens durch Warmlagerung zu beseitigen. Man könnte sich auch vorstellen, als letzten Arbeitsgang eine Stauchbehandlung des Halbzeugs einzuführen.

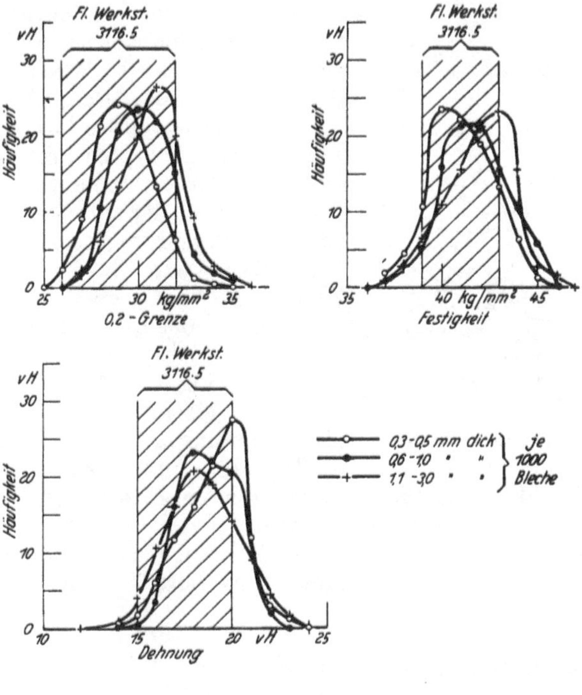

Abb. 5. Häufigkeit von Festigkeitswerten bei Blechen (P 17/39).

Gleichmäßigkeit der Herstellung

Über die Gleichmäßigkeit, mit der bei der laufenden Herstellung bestimmte Eigenschaften in den Halbzeugen erreicht werden, sind bisher nur sehr wenige Angaben bekanntgeworden. Diese Unterlagen stellen aber die wichtigste Grundlage für die Betriebsüberwachung dar und geben wertvolle Hinweise für die Weiterentwicklung der Herstellungsverfahren und der Werkstoffe.

Abb. 5 zeigt das Ergebnis einer statistischen Untersuchung an einer Menge von insgesamt 3000 Blechen aus einer Al-Cu-Mg-Legierung in plat-

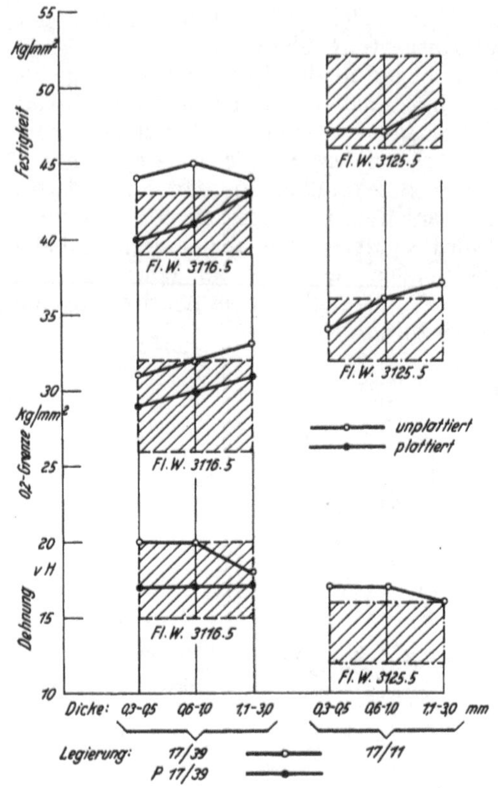

Abb. 6. Häufigste Festigkeitswerte bei Blechen.

tiertem Zustand (Fliegwerkstoff 3116/5). Die Häufigkeitskurven sind getrennt nach drei Blechdickenbereichen (0,3 bis 0,5 mm; 0,6 bis 1,0 mm und 1,1 bis 3,0 mm) aufgetragen. Mit zunehmender Blechdicke sind die Kurven für Festigkeit und 0,2-Grenze etwas nach rechts, die Kurven für die Dehnung etwas nach links verschoben, was auf unterschiedliche Kaltverformungsgrade zurückzuführen ist. Wie ersichtlich, sind die Streubereiche verhältnismäßig schmal und werden gut durch die Anforderungen des Flieg-Werkstoffblattes 3116/5 gedeckt. Bei gepreßten Profilen und Stangen sind die Streubereiche infolge der unterschiedlichen Festigkeitseigenschaften am Anfang und Ende dieser Halbzeuge etwas größer.

In Abb. 6 sind schließlich noch die Höchstwerte solcher Häufigkeitskurven für Bleche aus zwei verschiedenen Al-Cu-Mg-Legierungen (Fliegwerkstoffe 3116/5 und 3125/5) einander gegenübergestellt. Man erkennt, wie sich die Werkstoffe deutlich in ihren Festigkeitswerten unterscheiden und in plattiertem Zustand Festigkeit und 0,2-Grenze etwas niedriger liegen. Auch hier ist eine gute Übereinstimmung mit den Anforderungen an die betreffenden Fliegwerkstoffe festzustellen.

Weiterentwicklung der Werkstoffe

Aushärtbare, kupferhaltige Legierungen

Die aushärtbaren Al-Cu-Mg-Legierungen stellen heute noch, sowohl in Deutschland als auch im Ausland, den hauptsächlichsten Baustoff für Flugzeuge und Luftschiffe dar. Gegenüber dem ursprünglichen Duralumin haben aber diese Legierungen in den letzten Jahren eine immerhin bemerkenswerte Weiterentwicklung erfahren. So konnte insbesondere durch Erhöhung des Mg-Gehalts und durch genauere Abstimmung des Mn-Zusatzes die Festigkeit und Streckgrenze gegenüber dem normalen Duralumin beträchtlich verbessert werden. Im ausgehärteten Zustand können bei der Legierung DM 31 der Dürener Metallwerke Festigkeitswerte von 48 bis 50 kg/mm² bei einer Streckgrenze von 31 bis 33 kg/mm², bei der Legierung 17/11 der Vereinigten Leichtmetallwerke Festigkeitswerte von 48 bis 54 kg/mm² bei einer Streckgrenze von 33 bis 36 kg/mm² erreicht werden. Die Dehnung beträgt bei DM 31 18 bis 19%, bei 17/11 14 bis 18%.

In Amerika hat man versucht, ähnliche Wirkungen durch eine Erhöhung des Si-Gehaltes zu erzielen. Diese unter dem Namen »Superduralumin« bekannt gewordene Legierung erreicht nach den im Schrifttum vorhandenen Angaben die Festigkeitswerte der deutschen Spitzenlegierungen nur bei Aushärtungstemperaturen von etwa 150°[2]). In diesem Zustand zeigt diese Legierung jedoch starke Neigung zu interkristalliner Korrosion[3]). Die neuerdings in Amerika verwendete Legierung 24 S entspricht in ihrer Zusammensetzung etwa unserer Legierung 17/11.

Verbund-Werkstoffe

Seit der Erfindung des Duralumins hat wohl kaum eine andere werkstofftechnische Verbesserung für die Verwendung der Aluminium-Walzlegierungen im Flugzeugbau eine ähnliche Bedeutung erlangt, wie das Plattierverfahren[4]). Es ist dadurch möglich geworden, den hochfesten Al-Cu-Mg-Legierungen einen solchen Grad von Korrosionsbeständigkeit zu verleihen, daß damit auch die schärfsten Anforderungen, die im Luftfahrzeugbau in dieser Hinsicht gestellt werden können, als erfüllt angesehen werden können. Diese Werkstoffe können jahrelang dem Angriff des Meerwassers ausgesetzt werden, ohne daß ihre Festigkeitseigenschaften die geringste Änderung erfahren[5]).

Der wichtigste Vorteil der Plattierung gegenüber anderen Oberflächenschutzverfahren (Eloxieren, Anstriche) ist die Fernschutzwirkung der Deckschicht, d. h. ihre Fähigkeit, auf Grund ihres elektronegativen Verhaltens auch solche Stellen zu schützen, an denen die Deckschicht unterbrochen ist. Spannungs-Korrosionsversuche mit Blechproben, bei denen die Plattierschicht stellenweise entfernt wurde, zeigten, daß selbst bei einer ungeschützten Breite von mehr als 20 mm noch eine deutliche Schutzwirkung vorhanden ist, Abb. 7.

Als Nachteil des Plattierverfahrens wird heute noch die geringere Festigkeit des plattierten gegenüber dem unplattierten Werkstoff angesehen. Wie aus Abb. 8 ersichtlich, wird die Festigkeit des unplattierten Werkstoffes, die hier mit 40 kg/mm² angenommen ist, bei Aluminiumplattierung infolge der geringeren Festigkeit des Reinaluminiums mit wachsender Plattierdicke herabgesetzt. Bei der üblichen Plattierdicke

[2]) *Z. Jeffries*, A »Superduralumin« developes. Iron Age Bd. 119 (1927), S. 704.

[3]) *P. Brenner*, Korrosion und Korrosionsschutz von Al-Walzlegg. im Flugzeugbau. Z. f. Met. 22. Jahrg. (1930), S. 348 u. f.

[4]) *H. G. Heine*, Aluminiumplattierung. Aluminium Bd. 17 (1935), Nr. 9.

[5]) *W. Stenzel*, Korrosionsversuche mit Duralplat in Norderney. Metallwirtschaft Bd. 14 (1935), S. 696.

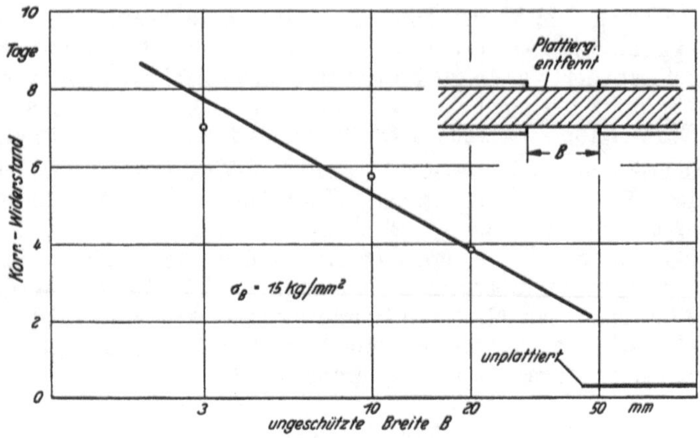

Abb. 7. Fernschutzwirkung der Plattierung (Spannungs-Korrosionsversuche, Angriffsmittel: 3 proz. NaCl-Lösung + 1 % HCL).

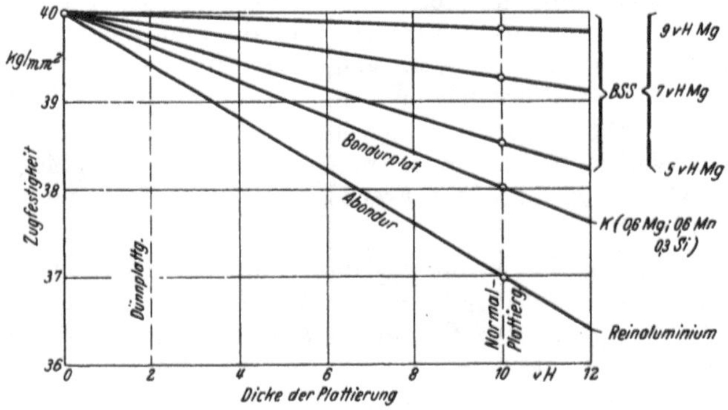

Abb. 8. Festigkeit plattierter Al-Cu-Mg-Bleche (Einfluß verschiedener Plattierdicken und Plattierwerkstoffe).

von 5% der Blechdicke auf jeder Seite ergibt sich hiernach ein Festigkeitsunterschied von 7% gegenüber dem unplattierten Werkstoff.

Man ist aus diesem Grunde dazu übergegangen, für die Zwecke des Flugzeugbaues zum Plattieren an Stelle von Reinaluminium eine etwas festere Aluminiumlegierung mit geringen Zusätzen von Mg, Si und Mn (Legierung K, Pantal oder dgl.) zu verwenden. Diese Legierung besitzt noch eine verhältnismäßig gute Korrosionsbeständigkeit und ermöglicht, die Festigkeitseinbuße gegenüber der Al-Plattierung von 7 auf 5% zu vermindern.

In Wirklichkeit sind die Festigkeitsunterschiede von plattierten gegenüber unplattierten Werkstoffen noch etwas geringer, da bei der Wärmebehandlung eine Diffussion des Kupfers aus dem Kernwerkstoff in die Deckschicht und damit eine Verfestigung des Plattierwerkstoffes stattfindet. Bei genügend dünner Plattierung dringt die Kupferdiffusion schon bei normaler Wärmebehandlung (15 min langes Glühen bei 500°) bis zur

Blechoberfläche vor[6]). Derart »dünnplattierte« Bleche erreichen praktisch die Festigkeit unplattierter Bleche. Es ist auch versucht worden, für die Plattierung an Stelle einer kupferfreien eine kupferhaltige Aluminiumlegierung zu verwenden[1]). Mit zunehmendem Kupfergehalt wird aber die Korrosionsbeständigkeit verschlechtert und damit die Schutzwirkung herabgesetzt. Bei Anwendung der Kupferdiffusion hat man es dagegen durch entsprechende Wahl der Glühzeit in der Hand, eine dünne Zone an der Blechoberfläche kupferfrei zu halten. Auch bei vollständiger Kupferdiffusion bis zur Blechoberfläche liegen die Verhältnisse insofern günstiger, als sich infolge der zunehmenden Diffusionswege eine nach der Blechoberfläche fallende Kupferkonzentration einstellt, die für das Korrosionsverhalten günstiger ist.

Es sei hier noch bemerkt, daß diese Betrachtungen nur für dünne Bleche (bis 3 mm) von Interesse sind, bei denen die Plattierschicht einen verhältnismäßig großen Teil des Querschnitts einnimmt. Da die Schutzwirkung der Plattierung im wesentlichen von der absoluten Dicke der Deckschicht abhängig ist, so können dickere Teile verhältnismäßig dünner plattiert werden, so daß hierbei praktisch von einer Festigkeitseinbuße nicht gesprochen werden kann. Die Anwendung der Plattierung, die sich bisher auf Bleche bis zu 3 mm Dicke beschränkt, dürfte deshalb auch bei Blechen über 3 mm Dicke besondere Vorteile bieten.

Soll höchste Korrosionsbeständigkeit erreicht werden, so ist natürlich ein Kupfergehalt in der Deckschicht in jeder Form nachteilig, da hierdurch nicht nur die Korrosionsbeständigkeit des Plattierwerkstoffes an sich verschlechtert, sondern auch der Potentialunterschied zwischen Deckschicht und Kern und damit die elektrochemische Schutzwirkung der Plattierung herabgesetzt wird. Man würde damit u. U. einen der hauptsächlichsten Vorteile der Plattierung, nämlich die Überbrückung ungeschützter Stellen, wie sie z. B. die Blechkanten oder die unplattierten Nietköpfe darstellen, aufgeben.

Unter den kupferfreien Aluminiumlegierungen, die hohe Korrosionsbeständigkeit mit guten mechanischen Eigenschaften verbinden, nehmen die hochmagnesiumhaltigen Werkstoffe eine besondere Stellung ein[7]). Versuche, Al-Cu-Mg-Legierungen mit Al-Mg-Legierungen zu plattieren, erschienen deshalb als besonders erfolgversprechend. Die Darstellung in Abb. 8 zeigt, wie durch Verwendung von Legierungen nach Art des BS-Seewassers mit 5, 7 oder 9% Mg für die Deckschicht die Festigkeit plattierter Werkstoffe weiter gesteigert werden kann. Es lassen sich hiernach bei einer beiderseitigen Plattierstärke von 5% der Blechdicke bis zu 98% der Festigkeit des unplattierten Werkstoffes erreichen.

Wie Abb. 9 zeigt, ist die Oberflächenhärte bei BSS-Plattierung um etwa 200% größer als bei Al-Plattierung und um etwa 25% größer als bei Plattierung mit Legierung K. Hohe Oberflächenhärte ist mit Rück-

[6]) *A. Burkhardt* und *G. Sachs*, Kupferdiffusion in Plattierschichten vergütbarer Al-Legierungen. Metallw. Bd. 14 (1935), S. 1.

[7]) *G. Siebel*, Über die Korrosionsfestigkeit von Hydronalium, insbesondere gegen Seewasser. Aluminium, 17. Jahrg. (1935), S. 562.

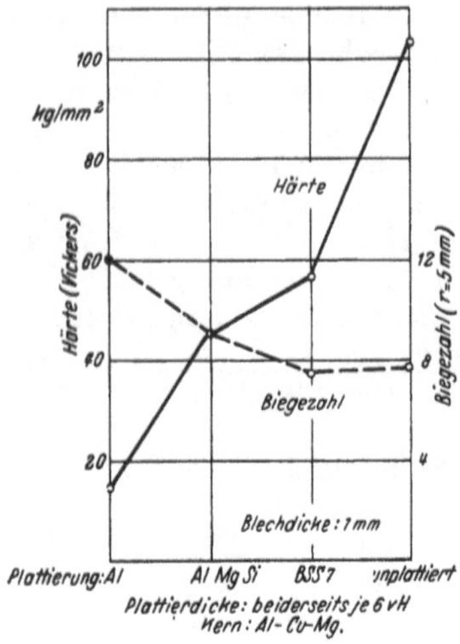

Abb. 9. Oberflächenhärte und Biegefähigkeit bei verschiedenen Plattierwerkstoffen.

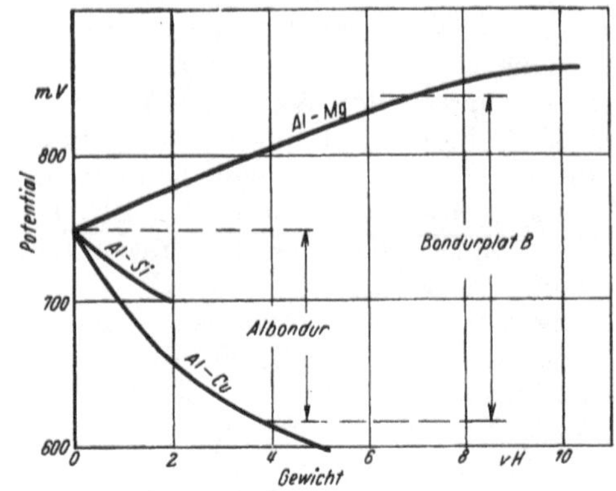

Abb. 10. Potentiale von Al-Mischkristallen gegen Kalomel-Elektrode (3 proz. NaCl-Lösung) nach *M. Boßhardt*.

sicht auf Widerstandsfähigkeit gegen mechanische Beschädigungen gerade im Flugzeugbau sehr erwünscht. Die Biegefähigkeit BSS-plattierter Bleche entspricht ungefähr derjenigen gleich dicker unplattierter Bleche. Aluminiumplattierte Bleche weisen dagegen eine wesentlich bessere Biegefähigkeit auf.

Als Maß für die elektrochemische Schutzwirkung kann die Größe des Potentialunterschiedes zwischen Kern- und Plattierwerkstoff angesehen werden. Wie aus Abb. 10 ersichtlich, wird das Potential von Al-Mischkristallen mit steigendem Mg-Gehalt unedler, bei steigendem Cu-Gehalt dagegen edler[8]). Der Potentialunterschied zwischen Kern- und Deckschicht ist hiernach bei Bondurplat B, d. i. eine mit BS-Seewasser plattierte Al-Cu-Mg-Legierung wesentlich größer wie bei Aluminiumplattierung (»Albondur«). Bei BSS-Plattierung ist daher mit einer besseren Fernschutzwirkung zu rechnen als bei Aluminium- oder K-Plattierung.

Ergebnisse von Korrosionsversuchen

Bei der Untersuchung der Korrosionsbeständigkeit von Werkstoffen aus plattierten Aluminiumlegierungen ist man wegen der außerordentlich langen Dauer von Natur-Korrosionsversuchen weitgehend auf die Anwendung von Kurzprüfverfahren angewiesen. Die nachfolgend mitgeteilten Versuchsergebnisse wurden hauptsächlich mit dem DVL-Schnellprüfverfahren[9]) erhalten, mit dem nach Untersuchungen der Deutschen Versuchs-

[8]) *M. Boshardt*, Erste Mitteilung des Neuen Intern. Verbandes für Materialprüfungen. Verl. NJMV Zürich, 1930.

[9]) *E. K. O. Schmidt*, Verf. z. Korrosionsprüfung. DVL-Jahrbuch 1931, S. 495 und Z. f. Metallk.

anstalt für Luftfahrt (DVL) der Korrosionsangriff gegenüber dem Nordseeversuch um etwa das 18fache beschleunigt wird[10]).

Abb. 11 zeigt, wie bereits durch eine Aluminiumauflage von 1% der Blechdicke die Korrosionsbeständigkeit gegenüber dem unplattierten Werkstoff erheblich verbessert wird. Durch die Anwendung einer derartigen »Dünnplattierung« kann also die Korrosionsbeständigkeit gegenüber dem unplattierten Zustand bei praktisch gleich guten Festigkeitseigenschaften wesentlich verbessert werden. Die beiderseits mit 5% der Blechdicke plattierten Proben haben während der ganzen Korrosionsdauer von 90 Tagen ihre Festigkeitseigenschaften unverändert beibehalten. Bei längerem Glühen (40 min) dieser Proben wird durch Kupferdiffusion die Festigkeit des Bleches von 40 kg/mm² auf etwa 42 kg/mm² gesteigert. Derart behandelte Proben weisen ebenfalls noch sehr gutes Korrosionsverhalten auf; erst nach einer Korrosionsdauer von über 60 Tagen (~ 3 Jahre Nordseeversuch!) macht sich ein Abfall der Festigkeit und Dehnung bemerkbar.

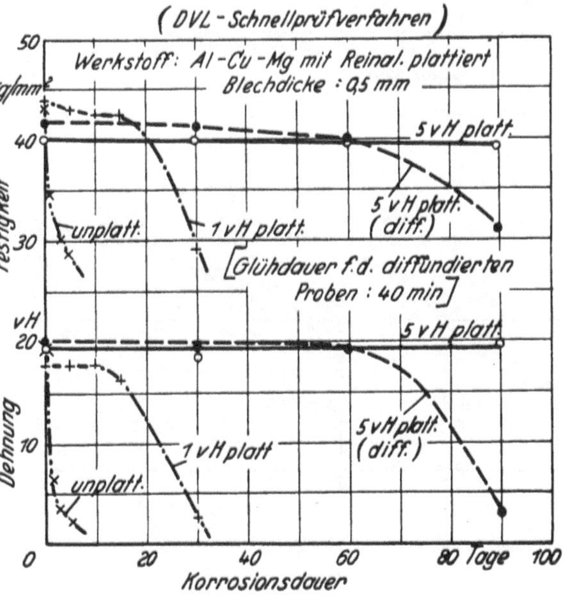

Abb. 11. Korrosionsverhalten plattierter im Vergleich zu unplattierten Al-Cu-Mg-Blechen.

Vergleichsversuche mit 0,5 mm dicken Al-Cu-Mg-Blechproben, die mit einer kupferfreien, einer 1% und einer 3% Cu enthaltenden Legierung (1,0 Mn, 0,8 Mg, 0,4 Fe, Rest Al) plattiert wurden, ergaben, daß mit zunehmendem Kupfergehalt das Korrosionsverhalten stark beeinträchtigt wird, Abb. 12.

[10]) *E. K. O. Schmidt* und *E. Böschel*, Vergleich der Korrosionsbeständigkeit von 11 Leichtmetallen bei Natur- und Laboratoriumsversuchen. Luftfahrtf. Bd. 12 (1935), S. 116.

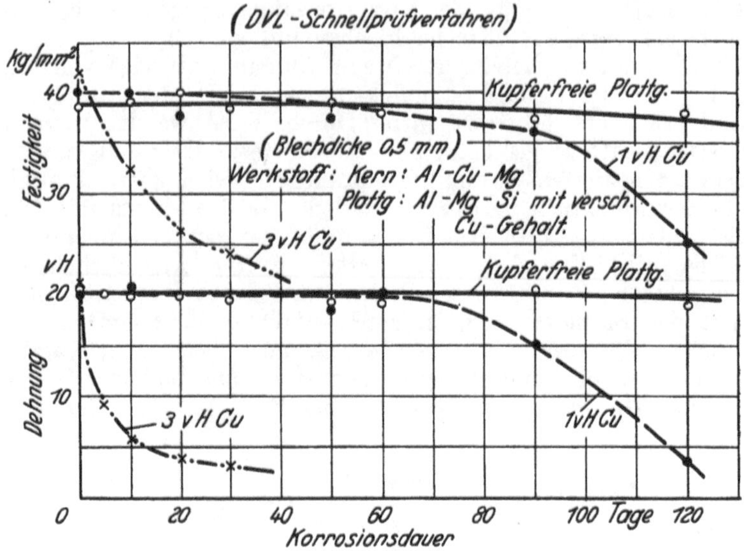

Abb. 12. Korrosionsverhalten bei kupferhaltiger Plattierung.

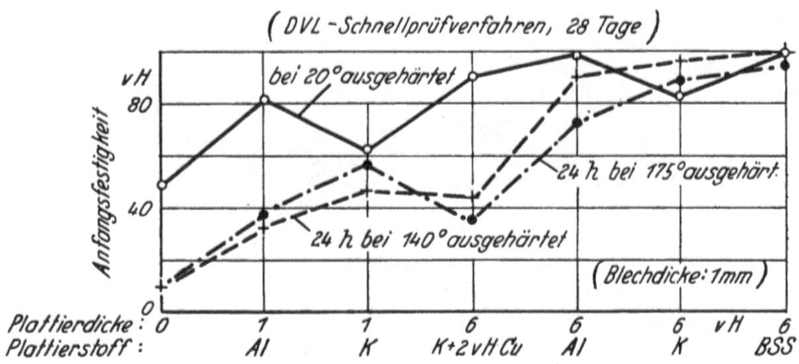

Abb. 13. Korrosionsverhalten verschieden plattierter Al-Cu-Mg-Bleche.

In Abb. 13 sind die Ergebnisse von Korrosionsversuchen (Versuchsdauer 28 Tage) zusammengestellt, die unter Verwendung verschiedener Werkstoffe für die Deckschicht erhalten wurden. Außerdem wurden die Proben in verschiedenem Wärmebehandlungszustand (bei Raumtemperatur, 24 h bei 140° und 24 h bei 175° ausgehärtet) untersucht. Betrachtet man zunächst die bei Raumtemperatur ausgehärteten Proben, so erkennt man, daß sowohl bei Dünnplattierung (Plattierdicke beiderseitig je 1%), als auch bei Normalplattierung (Plattierdicke beiderseitig je 6%) die mit Reinaluminium plattierten Proben korrosionsbeständiger sind, als die mit

Legierung »K« plattierten Proben. Ähnliche Versuchsergebnisse wurden übrigens schon früher von *E. H. Dix*[11]) mitgeteilt. Bei der hier angewendeten Versuchszeit haben die Proben mit kupferhaltiger Plattierung (Legierung »K« mit Zusatz von 2% Cu) noch verhältnismäßig gut abgeschnitten. Die mit Reinaluminium und BSS plattierten Proben (Plattierdicke beiderseitig je 6%) wiesen am Ende des Korrosionsversuches noch ihre volle Ausgangsfestigkeit auf. Bei Korrosionsversuchen der DVL, die über wesentlich längere Versuchszeiten (105 Tage) ausgedehnt wurden, wurde festgestellt, daß BSS-plattierte Proben noch erheblich korrosionsbeständiger sind als aluminiumplattierte Proben[12]). Bemerkenswert ist das Verhalten der bei erhöhter Temperatur ausgehärteten Proben. Diese Behandlung hat bekanntlich bei Al-Cu-Mg-Legierungen eine starke Verschlechterung der Korrosionsbeständigkeit, besonders durch interkristallinen Angriff zur Folge[13]). Die Versuchsergebnisse zeigen nun, daß dieser Zustand bei plattierten Werkstoffen ganz ungefährlich ist, so daß man daran denken kann, diese Werkstoffe für manche Zwecke, insbesondere wenn es auf hohe Streckgrenzenwerte ankommt, in diesem Zustand zu verwenden. Die BSS-Plattierung gewährt auch hierbei wirksamsten Schutz. Ein Kupferzusatz zum Plattierwerkstoff wirkt sich jedoch bei dieser Behandlung sehr ungünstig aus.

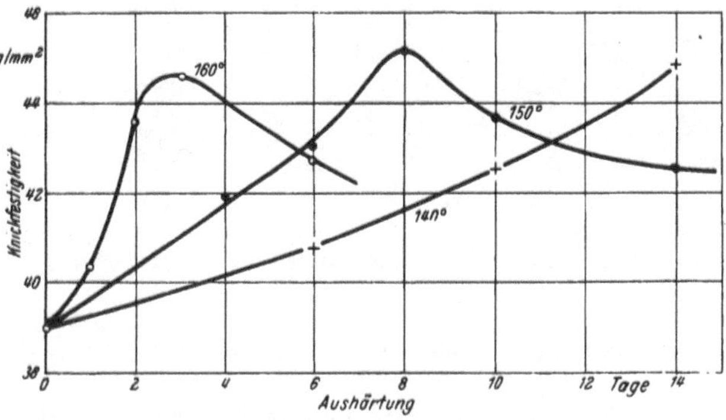

Abb. 14. Erhöhung der Knickfestigkeit plattierter Al-Cu-Mg-Profile durch Warmaushärtung.

Um ein Bild darüber zu bekommen, welche Vorteile sich für den Luftfahrzeugbau durch Anwendung des Warmaushärtens ergeben würden, wurden Profile aus einer Al-Cu-Mg-Legierung verschieden lange bei 140, 150 und 160° ausgehärtet und auf ihre Knickfestigkeit geprüft. Die in Abb. 14 aufgetragenen Ergebnisse lassen erkennen, daß die hierdurch erzielbaren Gewinne sehr beträchtlich sind. Die Knickfestigkeit des bei Raumtemperatur ausgehärteten Profils beträgt etwa 39 kg/mm² und

[11]) *E. H. Dix*, Journ. Inst. Metals Vol. 49 (1932), Nr. 2, S. 145.

[12]) *G. Gürtler*, Vergleichende Korrosionsprüfung von BSS-plattiertem Bondur und Albondur. DVL-Bericht K 12/11 (1934).

[13]) *H. Mann*, Beitrag zur Frage des Einflusses der Wärmebehandlung aushärtbarer Al-Leg. auf die Korrosionsbeständigkeit gegen Seewasser. Z. Korr. u. Metallsch. Bd. 9 (1933), S. 141.

Versuchsbeginn

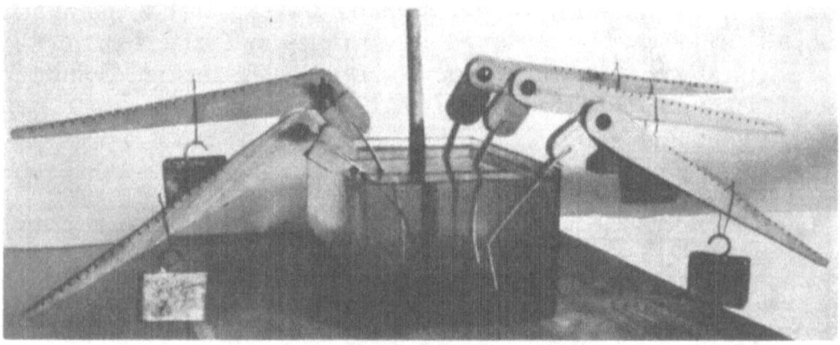

Versuchsende

Abb. 15. Spannungs-Korrosions-Prüfverfahren. Die Proben werden durch ein während des Korrosionsversuches gleichbleibendes Biegemoment belastet (Gewichtsbelastung).

kann z. B. durch 8tägiges Aushärten bei 150° auf etwa 46 kg/mm², d. h. um etwa 20% gesteigert werden.

Für die Beurteilung der praktischen Brauchbarkeit eines Werkstoffes ist vor allem auch sein Korrosionsverhalten im mechanisch beanspruchten Zustand wichtig. Zu diesem Zweck wurden mit den hier interessierenden Werkstoffen Spannungskorrosionsversuche ausgeführt. Das Prüfverfahren[14]) besteht darin, daß Proben von 1 mm starken Blechen bei einer Biegespannung von etwa 15 kg/mm² dem Angriff einer 3proz. Na-Cl-Lösung mit 1% HCl[15]) ausgesetzt werden, Abb. 15. Dieses Prüfverfahren ist äußerst scharf und liefert auch bei sehr korrosionsbeständigen Werkstoffen in kurzer Zeit Ergebnisse. Werkstoffe, die zu interkristallinem Angriff neigen, versagen hierbei schon nach wenigen Stunden oder Tagen.

[14]) *P. Brenner*, Ein neues Verfahren zur Prüfung des Aufreißwiderstandes metallischer Werkstoffe. Luftfahrtfg. Bd. 12 (1935), S. 107.

[15]) *A. J. Sidery*, *K. G. Lewis* und *H. Sutton*, Intercrystaline Corrosion of Duralumin. The Metal Ind. Lond. Bd. 21 (1932), S. 373.

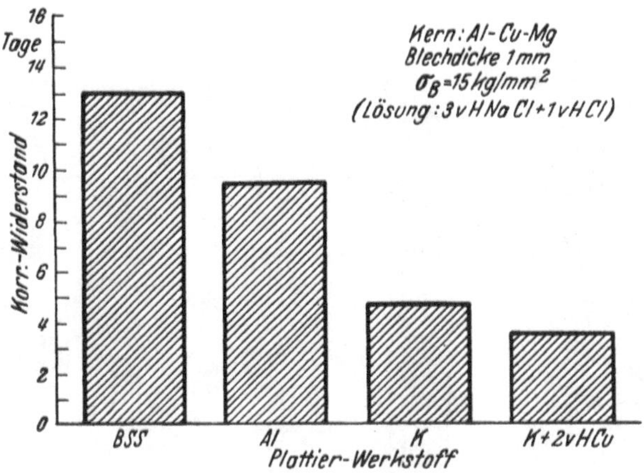

Abb. 16. Korrosionsspannungsversuche mit verschieden plattierten Al-Cu-Mg-Blechen.

Von den geprüften Werkstoffen zeigten die BSS-plattierten Proben wiederum die beste Widerstandsfähigkeit (15 Tage), dann folgt die Reinaluminium-Plattierung. Die kupferfreie Plattierung (Legierung K) schützte nur 4½ Tage lang gegen Aufreißen, Abb. 16. Ein Kupferzusatz von 2% setzte die Widerstandsfähigkeit weiter herab.

Abb. 17 zeigt schließlich noch Mikro-Aufnahmen von verschieden lange bei 500° geglühten Aluminium- und BSS-plattierten Proben. Bei 20 min Glühdauer erstreckt sich die Diffusionszone erst über einen kleinen Teil der Plattierdicke. Wird 1 h lang geglüht, so ist bei der alumiumplattierten Probe das Kupfer bereits bis zur Blechoberfläche durchdiffundiert, während bei der BSS-plattierten Probe noch eine größere kupferfreie Zone auf der Blechoberfläche vorhanden ist. Die bei höherem Mg-Gehalt verlangsamte Kupferdiffusion läßt sich auch röntgenographisch nachweisen. Bei Reinaluminium und Legierung K ist die Diffusionsgeschwindigkeit von Kupfer etwa dieselbe. Eine langsamere Kupferdiffusion ist vor allem bei sehr dünnen Blechen erwünscht, bei denen die Deckschicht nur wenige hundertstel Millimeter dick ist und eine das Korrosionsverhalten beeinträchtigende Kupferdiffusion bei der Wärmebehandlung bisher nur schwer vermieden werden konnte.

Plattieren von Preßteilen

Der Vollständigkeit halber sei noch angefügt, daß man heute nicht nur Bleche und Bänder, sondern auch andere Halbzeuge plattieren kann. Durch eingehenderes Studium der Vorgänge beim Strangpressen wurde ein einfacher Weg aufgezeigt, wie Profile, Stangen und bis zu einem gewissen Grad auch Rohre an der äußeren Oberfläche mit einer Plattierung versehen werden können. In Abb. 18 oben sind die Fließvorgänge beim Pressen durch Einzeichnen von Stromlinien veranschaulicht. Die Größe der Fließgeschwindigkeit ist dabei durch verschieden große Pfeile angedeutet. Man erkennt, daß sich an der Austrittsseite in den Zylinderecken eine Zone kleiner Fließgeschwindigkeiten ausbildet und daß sich an der Grenze dieser

Plattierung:

Al

BSS

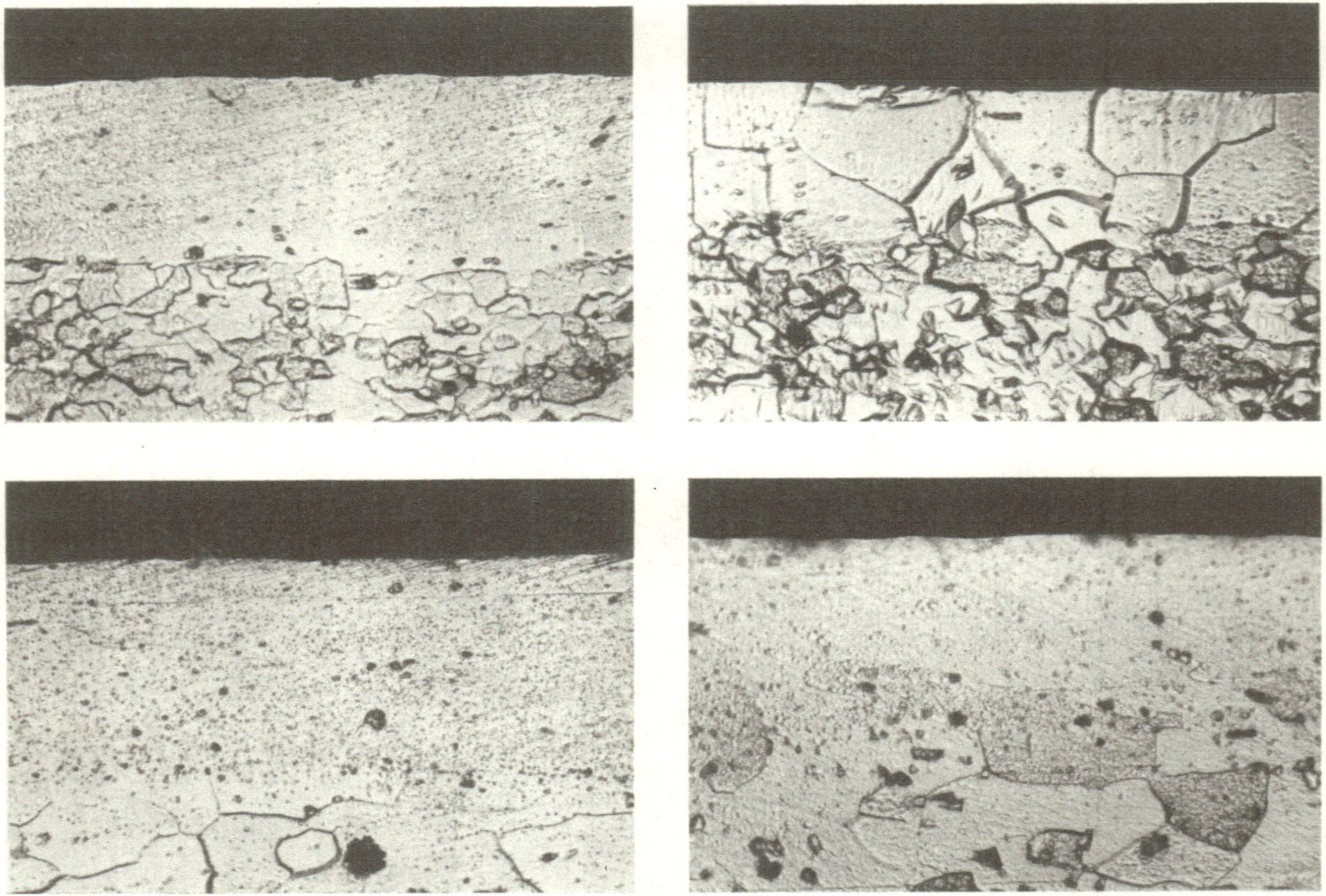

Glühzeit: 20 min

Glühzeit: 3 h

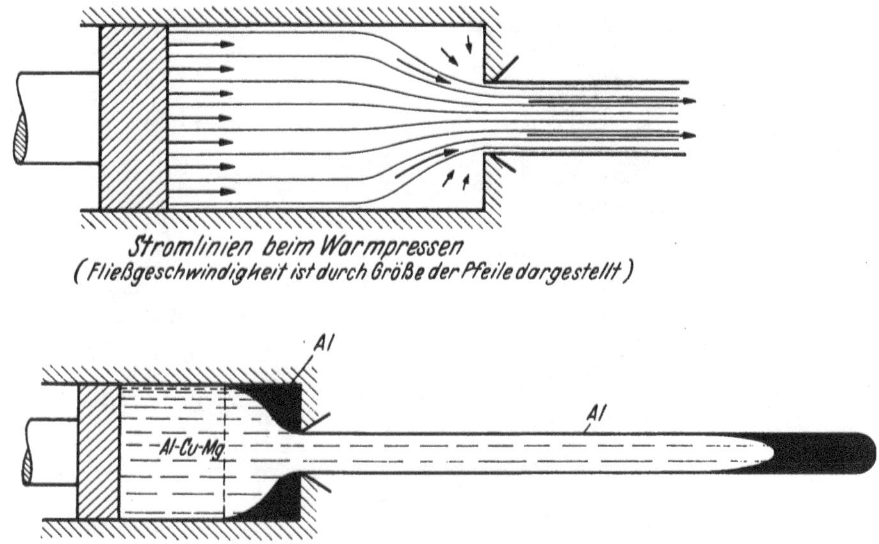

Abb. 18. Schematische Darstellung des Plattierens beim Strangpressen.

Zone die Relativgeschwindigkeit sehr stark ändert. Wird diese Stauzone durch den Plattierstoff ausgefüllt, so ist zu erwarten, daß beim Pressen an der Grenzschicht stets kleine Mengen des Plattierstoffes mit ausfließen, die die äußerste Randschicht des Preßteiles bilden. Das untere Bild zeigt in schematischer Darstellung die Anwendung dieser Erkenntnis beim Plattieren von Preßstangen. An der Austrittseite wird vor dem Preßblock aus der Kernlegierung (Al-Cu-Mg) ein Aluminiumblock eingelegt, dessen Höhe etwa der Tiefe der Stauzone entspricht. Beim Pressen fließt nun zuerst das vor der Matrizenöffnung liegende Aluminium heraus, bis sich der im oberen Bild dargestellte stationäre Zustand eingestellt hat. Durch entsprechende Wahl der Preßbedingungen kann erreicht werden, daß beim weiteren Pressen nur so viel Aluminium mit dem Kernwerkstoff ausfließt, als zur Bildung einer dünnen Schicht an der Oberfläche des Preßteils nötig ist. Es hat sich gezeigt, daß abgesehen von einem kurzen Stück am Anfang die Dicke der Plattierschicht über die ganze Länge des Profils ziemlich gleichmäßig ausfällt. Das Verfahren wird seit mehreren Jahren im großen Umfang zur Herstellung plattierter Profile angewendet.

In Abb. 19 ist ein auf diese Weise hergestelltes U-Profil im Querschnitt wiedergegeben. Infolge der unterschiedlichen Fließgeschwindigkeiten in den Außenzonen ist die Plattierschicht über den Umfang nicht überall gleichmäßig dick. Besonders an den einspringenden Ecken fällt die Plattierschicht ziemlich dünn aus. Infolge der Fernschutzwirkung der Plattierung sind aber solche Ungleichmäßigkeiten unbedenklich. Bei Rundstangen und Drähten erhält man eine über den ganzen Umfang gleichmäßigere Dicke der Deckschicht, Abb. 20.

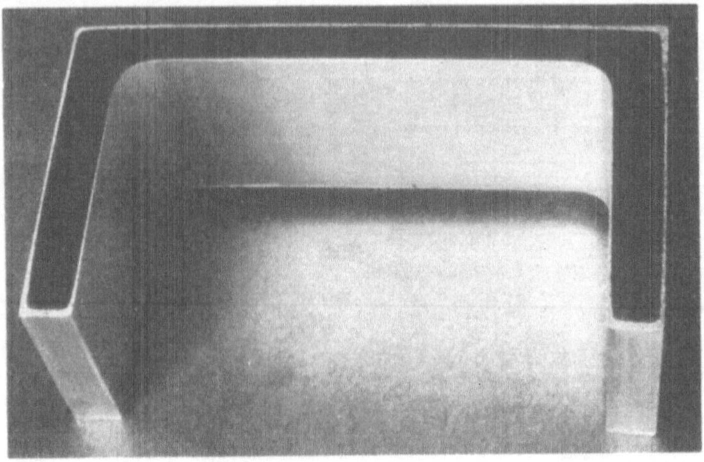

Abb. 19. Plattiertes Preßprofil.

Abb. 20. Plattierte Nieten.

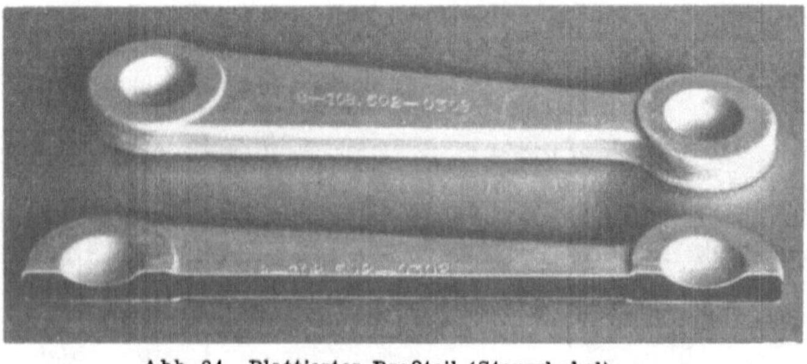

Abb. 21. Plattierter Preßteil (Steuerhebel).

Abb. 21 soll schließlich noch zeigen, daß auch Gesenkpreßteile plattiert werden können. Die Schichtdicke ist hier durchaus gleichmäßig. Nur in der Nähe des Preßgrates hat man mit einer kurzen Unterbrechung der Deckschicht zu rechnen, die aber ebenfalls von der Plattierung ferngeschützt wird.

Al-Mg-Legierungen

Wegen ihrer hohen Korrosionsbeständigkeit und ihren guten Festigkeitseigenschaften, die denjenigen der aushärtbaren Al-Cu-Mg-Legierungen nahekommen, sind die Al-Mg-Legierungen in neuerer Zeit wieder mehr in den Vordergrund des Interesses gerückt. Das Korrosionsverhalten dieser Legierungen ist in ähnlicher Weise wie bei den aushärtbaren Al-Cu-Mg-Legierungen in hohem Maße vom Gefügezustand abhängig. Beide Legierungsarten befinden sich nach dem Abschrecken bei höheren Temperaturen in einem übersättigtem Zustand, der nur bei niederen Temperaturen stabil bleibt. Nachträgliche Erwärmungen bei etwa 100° oder darüber bewirken feine Ausscheidungen, die vorzugsweise an den Korngrenzen auftreten und starke interkristalline Korrosion im Gefolge haben. Eigenartigerweise sind die sich bei höheren Temperaturen bildenden gröberen Ausscheidungen weniger gefährlich.

In Abb. 22 sind einige typische Gefügebilder einer Legierung mit 9% Mg zusammengestellt. Links oben der homogene Zustand, wie er durch Glühen bei 450° und Abschrecken erhalten wird. Das Magnesium ist vollständig im Aluminium gelöst; weder an den Korngrenzen noch innerhalb der Körner können Ausscheidungen festgestellt werden. Rechts daneben ein Gefügebild mit groben Ausscheidungen an den Korngrenzen. Das Abschrecken ist hier bei einer Temperatur, bei der nur ein Teil des Magnesiums in Lösung geht, vorgenommen worden. Das linke untere Gefügebild zeigt feine, fadenförmige Ausscheidungen an den Korngrenzen, das rechte untere Gefügebild außerdem eine größere Zahl von Ausscheidungen innerhalb der einzelnen Kristallite.

Die Ergebnisse der bisher durchgeführten Untersuchungen stimmen darin überein, daß das Gefüge mit den feinen, fadenförmigen Ausscheidungen an den Korngrenzen dem korrosionsgefährlichsten Zustand entspricht, da hierbei mehr oder weniger starker interkristalliner Angriff auftritt, Abb. 23. Im Gegensatz hierzu erweist sich das Gefüge mit groben Ausscheidungen als durchaus widerstandsfähig gegen diese Angriffsform. Die beste Korrosionsbeständigkeit wird im homogenen Zustand erreicht.

Gegen die praktische Anwendung des homogenen Gefüges ist eingewendet worden, daß dieser Gefügezustand bei den im Flugbetriebe auftretenden Temperaturen nicht erhalten bleibt und allmählich in den Zustand der gefährlichen, fadenförmigen Ausscheidungen übergeht. In Abb. 24 sind die Ergebnisse von Spannungskorrosions-Versuchen mit Blechproben einer Aluminiumlegierung mit etwa 7% Mg in einem Raumdiagramm eingezeichnet. Der Korrosionswiderstand in Tagen ist über der Anlaßtemperatur und Anlaßdauer aufgetragen, und zwar sowohl für den weichen als auch für den kaltgewalzten Zustand. Durch langdauernde Erwärmung bei 75°

Homogen

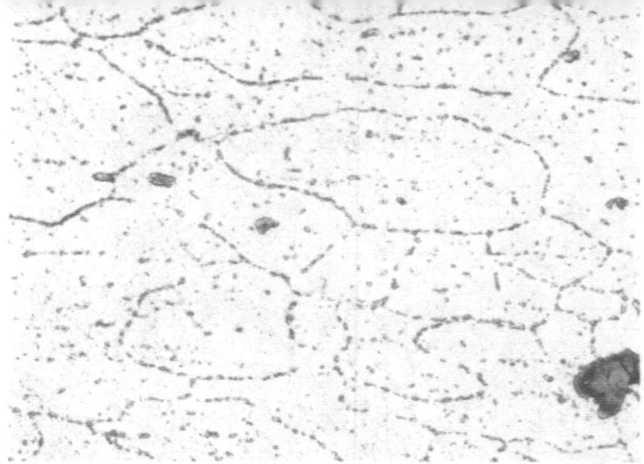

Gröbere perlschnurartige β-Ausscheidungen an den Korngrenzen

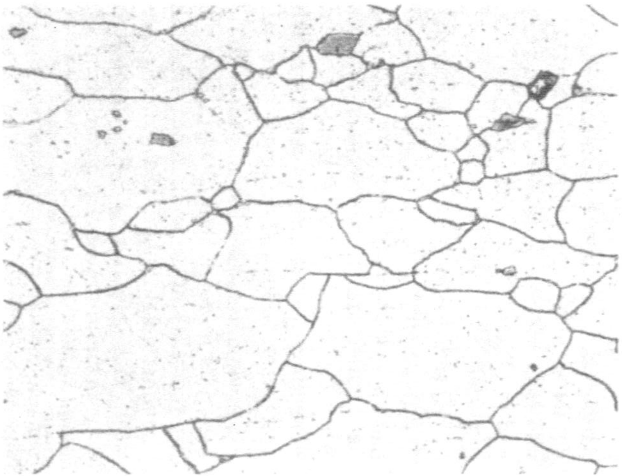

Feine fadenförmige β-Ausscheidungen an den Korngrenzen

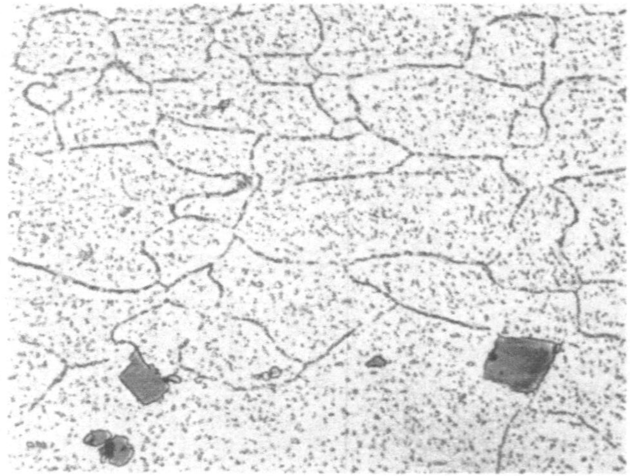

Gröbere β-Ausscheidungen an den Korngrenzen und innerhalb der Körner

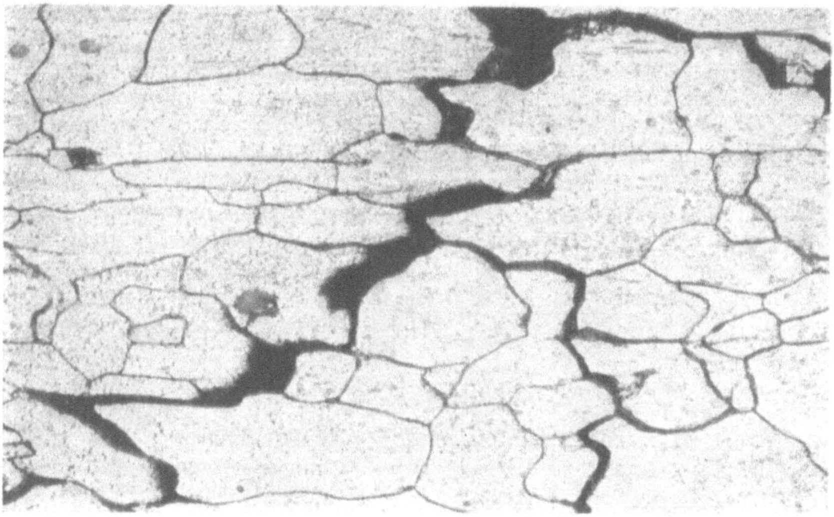

Abb. 23. Interkristalline Korrosion bei Al-Mg-Legierung (~ 9 % Mg).

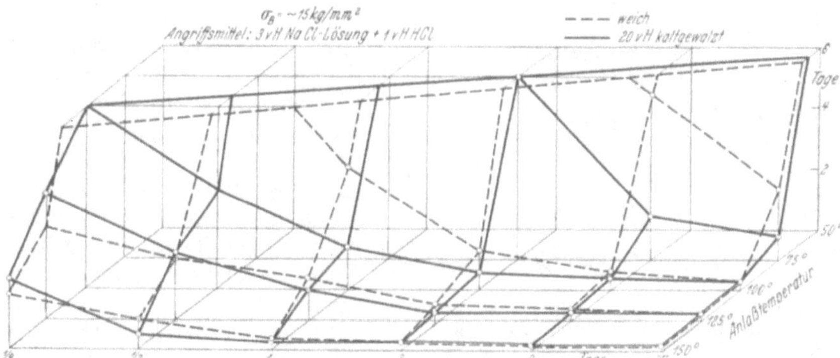

Abb. 24. Anlaßbeständigkeit homogenisierter Al-Mg-Proben (~ 7 % Mg).

wird der Korrosionswiderstand des homogenen Werkstoffes bereits deutlich herabgesetzt. Bei höheren Temperaturen von 125 und 150° genügen hierzu bereits Erwärmungszeiten von weniger als 1 Tag. Kaltverfestigter Werkstoff ist noch etwas empfindlicher gegen Anlassen als weicher Werkstoff.

Eine Erhöhung des Mg-Gehaltes auf 9% hat eine weitere Herabsetzung der Anlaßbeständigkeit im Gefolge.

Leider ist es nicht möglich, die Anlaßbeständigkeit dieser Legierungen mit derjenigen der heute gebräuchlichen Al-Cu-Mg-Legierungen zu vergleichen, da unter gleichen Bedingungen erhaltene Versuchsergebnisse bisher nicht vorliegen. Es ist aber bekannt, daß auch bei den Al-Cu-Mg-

Legierungen schon bei verhältnismäßig niedrigen Temperaturen schädliche Ausscheidungen auftreten[12]). Aus der Tatsache, daß an Werkstoffen aus normal ausgehärteten Al-Cu-Mg-Legierungen auch nach jahrelanger Betriebszeit interkristalline Korrosion bisher nicht beobachtet worden ist, kann gefolgert werden, daß diese Werkstoffe unter den vorliegenden Betriebsbedingungen ausreichende Anlaßbeständigkeit besitzen.

Da auf der anderen Seite keinerlei Erfahrungen über das Verhalten homogenisierter Werkstoffe aus Al-Mg-Legierungen im Flugbetrieb vorliegen, läßt sich die Frage der praktischen Verwendbarkeit dieser Werkstoffe in homogenem Zustand zur Zeit nicht einwandfrei beantworten.

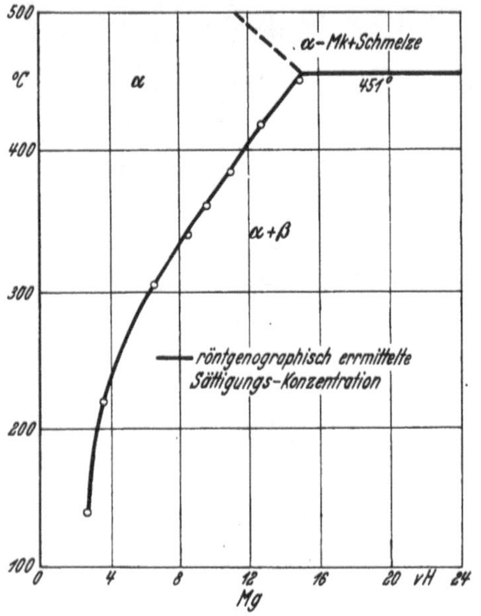

Abb. 25. Zustandschaubild Al — Mg. (Nach *E. Schmid* und *H. Siebel*, Z. Metallk. Bd. 33 (1931) S. 202.

Auf Grund der Bedenken gegen die Erhaltung des homogenen Gefügezustandes unter den Betriebsbedingungen hat man den Weg beschritten, die Al-Mg-Legierungen in heterogenem Gefügezustand zu verwenden. Dieses Gefüge wird dadurch erzeugt, daß der Werkstoff zunächst durch Glühen oberhalb der Löslichkeitslinie homogenisiert und dann auf eine dicht unterhalb der Löslichkeitslinie liegende Temperatur abgekühlt wird. Diese Temperatur wird so lange gehalten, bis sich ein Gleichgewichtszustand einstellt, d. h. das überschüssige Magnesium in Form grober Kristalle aus dem Mischkristall ausgeschieden wird. Hierauf wird auf Raumtemperatur abgeschreckt, Abb. 25. Die Anlaßbeständigkeit derart behandelter Werkstoffe dürfte etwa derjenigen einer homogenen Legierung mit dem der Grundmasse entsprechenden Mg-Gehalt gleichkommen.

In Abb. 26 oben ist eine Mikroaufnahme einer in der beschriebenen Weise heterogenisierten Blechprobe wiedergegeben. Man erkennt die groben, an den Korngrenzen ausgeschiedenen β-Kristalle. Wird diese Probe 3 Tage bei 100⁰ angelassen, so entsteht das in der unteren Mikroaufnahme ersichtliche Gefüge. An den Korngrenzen sind die feinen, fadenförmigen Ausscheidungen entstanden, die für ungünstiges Korrosionsverhalten kennzeichnend sind. Spannungs-Korrosionsversuche bestätigten dieses Ergebnis. Die angelassene Probe hielt nur etwa halb so lange wie die nicht angelassene Probe und zeigte deutlichen interkristallinen Angriff. Die Anlaßbeständigkeit dieses heterogenen Zustandes ist also ebenfalls nicht sehr hoch.

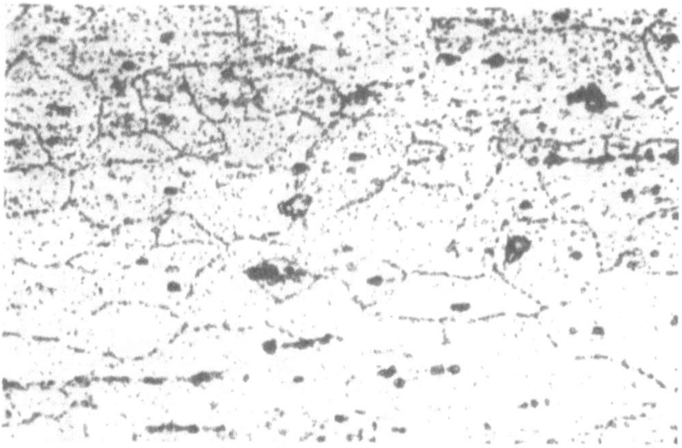

Heterogenisiert (von 460° C auf 290° C abgekühlt und nach $1\frac{1}{2}$ h abgeschreckt).

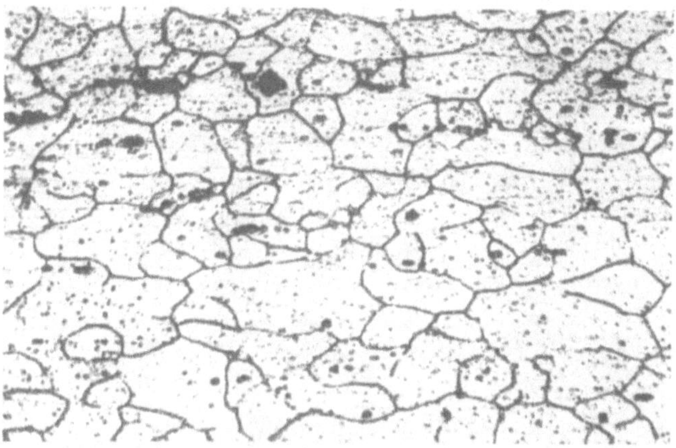

Heterogenisiert und 3 Tage bei 100° C angelassen.

Abb. 26. Änderungen des heterogenen Gefüges durch Anlassen (Al-Legierung mit rd. 7% Mg).

Zur Vermeidung der interkristallinen Korrosion von bei niedrigen Temperaturen angelassenen Al-Mg-Legierungen ist schließlich vorgeschlagen worden, den homogenen Zustand durch Zusätze von kleinen Mengen Zn, Ca, Si, Ti, Cr u. dgl. zu stabilisieren. Nach den bisher vorliegenden Versuchsergebnissen scheint von diesen Metallen Zink und Chrom am günstigsten zu wirken, obwohl durch diese Zusätze wahrscheinlich die allgemeine Korrosionsbeständigkeit beeinträchtigt wird. Ti hat sich in Zusätzen von 0,2 bis 0,5% bei Spannungskorrosionsversuchen als praktisch wirkungslos erwiesen.

Schließlich möchte ich noch über einige Versuche berichten, das vorliegende Problem von einer anderen Seite anzugreifen. Es wurde dabei von der Überlegung ausgegangen, daß die Anlaßbeständigkeit im wesentlichen von der Höhe des Mg-Gehaltes abhängt. So sind z. B. Legierungen

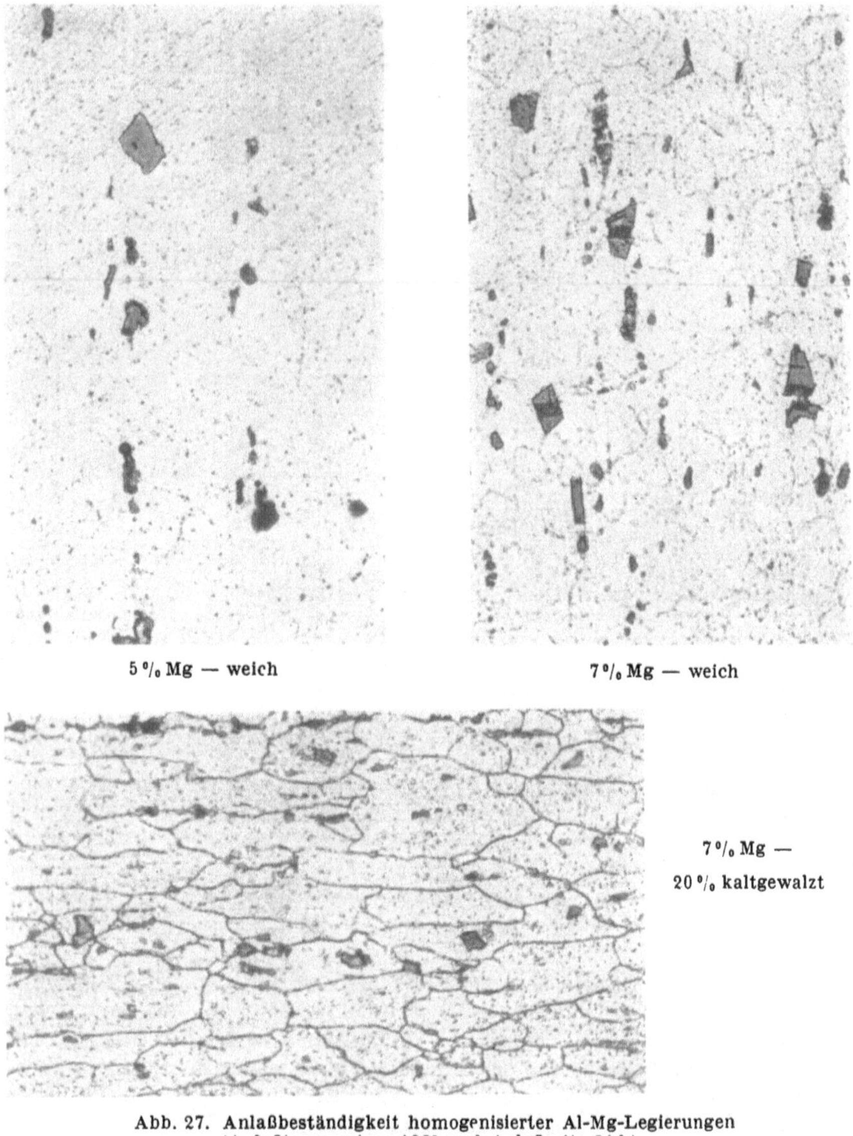

5 % Mg — weich

7 % Mg — weich

7 % Mg — 20 % kaltgewalzt

Abb. 27. Anlaßbeständigkeit homogenisierter Al-Mg-Legierungen (Anlaßtemperatur: 100° und Anlaßzeit: 24 h).

mit 5% Mg wesentlich anlaßbeständiger als Legierungen mit 9% Mg. Schon ein Unterschied von 2% Mg macht sich deutlich bemerkbar. In Abb. 27 oben sind z. B. Mikroaufnahmen homogenisierter BSS-Bleche mit 5 und 7% Mg wiedergegeben, die 3 Tage bei 100° angelassen wurden. Während bei der Probe mit 7% Mg an den Korngrenzen bereits feine Ausscheidungen vorhanden sind, ist die Probe mit 5% Mg bei derselben Behandlung noch fast homogen geblieben. Durch Kaltwalzen werden, wie im unteren Gefügebild ersichtlich, die Ausscheidungen noch wesentlich verstärkt.

Es kommt also darauf an, einen Verbundwerkstoff mit einem hochmagnesiumhaltigen Kern und einer magnesiumarmen Randzone herzustellen.

Für die Versuche wurden Bleche aus einer Legierung mit etwa 7% Mg beiderseitig mit einer Auflage aus einer Legierung mit etwa 5% Mg plattiert. Die Dicke der Außenschichten betrug je etwa 5% der Gesamt-Blechdicke.

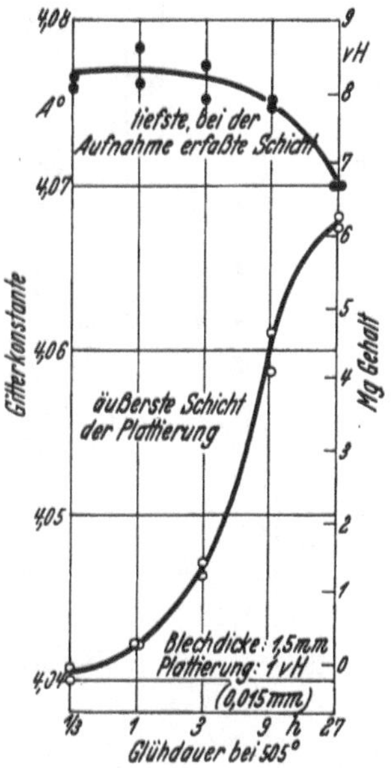

Abb. 28. Mg-Diffusion durch die Plattierschicht von BSS.

Weitere Versuche wurden mit Blechen aus einer Legierung mit ebenfalls 7% Mg durchgeführt, die beiderseitig mit einer dünnen Auflage aus Reinaluminium plattiert wurden. Die Dicke der Aluminiumschicht betrug auf jeder Seite nur etwa 1% der Blechdicke. Beim Homogenisierungsglühen findet eine Mg-Diffussion aus der Kernlegierung in die Reinaluminiumschicht statt. Der Magnesiumgehalt an der Oberfläche kann sehr einfach auf rönthenographischem Wege durch Ermittlung der Gitterkonstanten bestimmt werden. In Abb. 28 ist der an der Blechoberfläche sich einstellende Mg-Gehalt über der Glühdauer aufgetragen. Durch entsprechende Wahl der Glühzeit läßt sich also jeder beliebige Magnesiumgehalt zwischen 0 und 7% an der Blechoberfläche einstellen. Da die Röntgenstrahlen bei der angewendeten Plattierdicke bis in die äußere Schicht der Kernlegierung eindringen, kann man hierbei gleichzeitig den infolge der Abwanderung des Mg in die Plattierung abnehmenden Mg-Gehalt in dieser Schicht ermitteln. Durch Anwendung noch dünnerer Plattierdicke hat man es in der Hand, die zu der gewünschten Magnesium-Diffusion nötige Glühzeit noch weiter herabzusetzen.

In Abb. 29 sind Ergebnisse von Spannungskorrosionsversuchen mit kaltgewalzten Blechproben aus der Legierung BSS 7 in unplattiertem, mit BSS 5 und mit Reinaluminium plattiertem Zustand einander gegenübergestellt. Die Widerstandsfähigkeit von BSS-7-Blechen wird im homogenen Zustand durch Plattieren mit BSS 5 von 5 Tage auf etwa 7½ Tage und durch Plattieren mit Reinaluminium auf über 12 Tage verbessert. Bei einem 9tägigen Anlassen bei 75° sinkt die Widerstandsfähigkeit der homogenen unplattierten Proben auf etwa 8 h, während die BSS-plattierten Proben dem Korrosionsangriff immer noch 6½ Tage lang standgehalten haben. Die Aluminium-plattierten Proben sind innerhalb der angewandten Versuchszeit überhaupt nicht gebrochen. Noch ausgeprägter sind die Unterschiede nach 3tägigem Anlassen bei 100°.

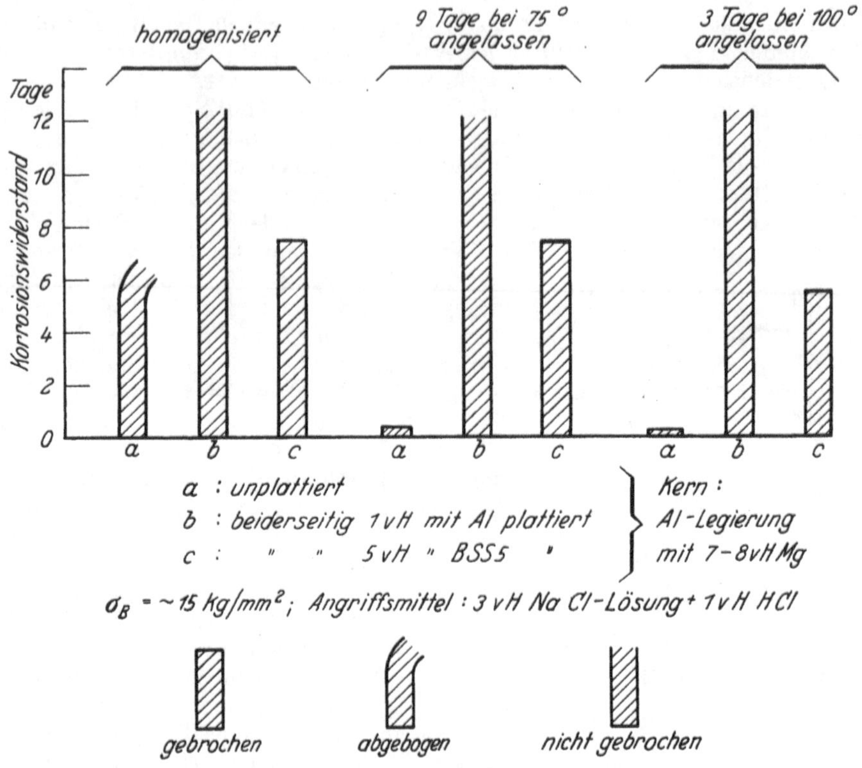

Abb. 29. Spannungskorrosionsversuche mit plattierten und unplattierten Al-Mg-Proben (~ 20% kaltgewalzt).

So erfolgversprechend diese Ergebnisse sind, so möchte ich doch betonen, daß es sich hier um noch nicht abgeschlossene Arbeiten handelt. Weitere Untersuchungen müssen zeigen, ob der eingeschlagene Weg zu einer praktisch brauchbaren Lösung des Problems führt.

Ich habe den Eindruck, daß gerade der Flugzeugbau die weitere Entwicklung auf diesem Gebiete mit Ruhe abwarten kann, da ja vorläufig die Al-Mg-Legierungen schon aus Festigkeitsgründen nur in zweiter Linie interessieren und die heute verwendeten Al-Cu-Mg-Legierungen in plattiertem Zustand nach den bisherigen Erfahrungen allen Anforderungen an die Korrosionsbeständigkeit genügen dürften.

Meinen Mitarbeitern Dr. *Kostron* und Dr. *Roth* möchte ich für ihre Unterstützung bei der Durchführung der Untersuchungen an dieser Stelle bestens danken.

Lagermetalle und ihre Prüfung

Von H. Mann*)

Vorgetragen am 17. September 1935 in Berlin

Gleitlager finden heute bei der Mehrzahl der Flugmotoren zur Lagerung von Kurbelwellen, Pleuelstangen und Nebenwellen Anwendung. Die Lebensdauer dieser Lager hat wesentlichen Einfluß auf die ohne Überholung mögliche Betriebsstundenzahl, während von der Belastbarkeit der Grund- und Pleuellager das Leistungsgewicht des Motors beeinflußt wird. Die Entwicklung zielt auf eine Erhöhung der Leistung je Kilogramm Stoffaufwand ab. Sobald hierbei durch die formgebende Gestaltung die Beanspruchung an die Grenze der Betriebssicherheit gebracht ist, bleibt für weitere Fortschritte nur die Weiterentwicklung der Werkstoffe übrig. Für das hier vorliegende Problem der Gleitlager ergibt sich dann die Frage:

Welches Lager ist unter Berücksichtigung der bei Verbrennungsmotoren vorliegenden besonderen Belastungsverhältnisse imstande, bei geringstem Gewicht höchsten Beanspruchungen standzuhalten?

Vorgänge im Lager

Die Vorgänge im Lager sind bestimmt durch die Wechselwirkung zwischen den Stoffeigenschaften und den Beanspruchungen. Die Beanspruchungen sind verwickelt, da zu jeder Zapfenstellung eine andere Belastung nach Größe und Richtung gehört. Erschwert werden die Bedingungen durch elastische Verbiegungen von Lager und Welle, deren Einfluß teilweise durch bauliche Maßnahmen verhindert werden kann (starre Gehäuse und Wellen, kurze Lager). Die Verbrennungsdruckspitzen und — besonders bei Dieselmotoren — der hohe Verdichtungsenddruck sind die maßgebenden Einflüsse für Reibung, Verschleiß und Zermürbung.

Reibung

Die bei der Reibung entstehende Wärme verändert die Eigenschaften von Öl und Lager bis zum Versagen und muß deshalb beherrscht werden. Sie ist bei reiner Flüssigkeitsreibung am kleinsten. Dieser Zustand kann aber wegen der ungünstigen Belastungsverhältnisse nicht verwirklicht werden. Die Druckerzeugung in der Schmierschicht hängt von der Gleitgeschwindigkeit, ferner vom Lagerspiel und der Ölzähigkeit ab.

Die Reibungsfrage stellt aber nur einen kleinen Ausschnitt aus dem bei der Lagergestaltung zu lösenden Gesamtproblem dar. Wichtiger ist noch die Tragfähigkeit, die in unmittelbarem Zusammenhang mit dem Verschleiß und der Zermürbung steht.

Verschleiß

Der Verschleiß als mechanische Abnutzung infolge metallischer Berührung muß etwas eingehender betrachtet werden, da sich aus den Vor-

*) Dr.-Ing., Deutsche Versuchsanstalt für Luftfahrt E V., Berlin-Adlershof.

gängen dabei wesentliche Gesichtspunkte für die Lagergestaltung ergeben. Sobald die den Bewegungsvorgang tragende Ölschicht beim Betrieb fehlt, berühren sich die Adsorptionsfilme, die den zerklüfteten Metalloberflächen parallel verlaufen. Es ist offenbar, daß bei ideal glatter Oberfläche dieser Film die metallische Berührung verhindern wird. Also bliebe der Bewegungsvorgang auf diese Schicht beschränkt. Hieraus ergibt sich die überragende Bedeutung der Oberflächengüte für den Augenblick des Aufhörens der flüssigen Reibung. Diese Erkenntnis hat in letzter Zeit zur Einführung von Feinstbearbeitung für Lager geführt. Im praktischen Betrieb wird die Grenze der Haftfestigkeit der Adsorptionsfilme überschritten und es kommt zu metallischer Berührung. Hierbei werden die der Oberfläche zunächst liegenden Metallschichten zum Träger des Bewegungsvorganges. Wie tief die betroffenen Schichten sind, ist von der Sprödigkeit bzw. der Härte des Werkstoffes abhängig.

Praktisch wird immer stellenweise die Bruchgrenze des Werkstoffes überschritten, so daß Teilchen losgerissen werden. In der Auswirkung des damit eintretenden Verschleißes zeigen sich jetzt Nachteile der harten Stoffe, da sich die mikroskopisch gesehenen rauhen Flächen beim Herausbrechen von Teilchen immer weiter aufrauhen und neue Angriffspunkte entstehen lassen, so daß immer neue Teilchen losgetrennt werden. Es tritt kein Einlaufen ein. Der Verwendung immer härterer Lagerstoffe steht weiter entgegen, daß die in der Herstellung teurere Kurbelwelle nicht angegriffen werden darf. Die Art des Verschleißes hat den weiteren Nachteil, daß die losgerissenen Teilchen wie Schmirgel wirken und die an sich geringe Abnutzung erheblich beschleunigen. Vom Öl auf seinem Kreislauf mitgeschwemmte Teilchen erzeugen auch bei flüssiger Reibung bedeutenden Verschleiß, der durch Ölfilter beschränkt werden kann.

Anders ist der Verschleiß bei den Lagerwerkstoffen der Weißmetalle. In ihrem Gefüge sind harte Kristalle in weicher Grundmasse eingebettet. Die Teilchen, die losgerissen werden, finden in anderen Lücken Halt. Vorspringende Kristalle können sich in die Grundmasse eindrücken. Der Verschleiß führt zu einer Glättung der Oberfläche, da die Zahl der Angriffspunkte vermindert wird (Laufspiegelbildung).

Zu beachten ist bei dem Verschleißvorgang der Einfluß der Temperaturerhöhung. Einmal ändert sich die Festigkeit der Lagerwerkstoffe, zum anderen wird die Gefahr des Klebenbleibens von Lagerteilchen an der Welle begünstigt. Ist dieser Vorgang erst eingeleitet, was von der Wärme ableitung abhängt, werden Reibung und Wärmeentwicklung schnell so weit gesteigert, daß das Lager festfrißt (Bronze) oder ausläuft (Weißmetall).

Zermürbung

Zermürbung von Lagerausgüssen infolge Ermüdung unter stoßweiser Belastung wurde in der letzten Zeit bei Flugmotoren und Fahrzeug-Dieselmotoren häufig beobachtet. In dieser Art des Lagerschadens liegt der wesentliche Unterschied gegenüber den Lagern des allgemeinen Maschinenbaus. Die früher oder später auftretenden Risse, insbesondere bei Pleuellagern, machen die Auswechslung der Schalen erforderlich, obwohl der Verschleiß der Flächen oft noch in zulässigen Grenzen liegt. Sie treten an den Stellen größter Beanspruchung auf. Wenn die Arbeitsweise auch anfänglich nicht gestört wird, so zeigt sich allmählich eine vollständige Zermürbung des Ausgusses, der zur Loslösung von der Schale führt. Ausbrechende Teilchen können sich im Lager verklemmen und zum Fressen bzw. Auslaufen führen. Das Rissigwerden und die Ablösung von der Grundschale werden oft irrtümlich auf mangelhafte Bindung zurückgeführt. Die Ermüdung des Gefüges unter der stoßweisen Belastung ist jedoch als wesentlicher Grund anzunehmen. Aus den Erkenntnissen über die Vorgänge im Lager und die Lagerbeanspruchungen ergeben sich die

Forderungen an den Lagerwerkstoff

Sie werden in mehr oder weniger vollendeter Form von Lagergleitmetallen erfüllt, die meist aus der praktischen Erfahrung heraus entwickelt wurden. Die Lagergleitmetalle können in zwei technisch bedeutende Hauptgruppen eingeteilt werden, die weichen und die harten Lagergleitmetalle.

Weiche Lagermetalle

Zu den weichen Lagermetallen zählen: Zinn- und Bleilagermetalle, binäre oder fast binäre Blei-Kupfer-Legierungen (Bleibronzen), Kadmiumlagermetalle.

Die weichen Lagermetalle (Brinellhärte von 20 bis 32, bei Cd-Metall bis 42 kg/mm²), insbesondere die Zinn- und Bleilagermetalle, sind durch die Fähigkeit, durch Abtragung der zunächst tragenden Vorsprünge der Lauffläche einen Laufspiegel zu bilden, einlauffähig. Sie bieten infolge dieser Eigenschaft die Möglichkeit, Ungleichmäßigkeiten auszugleichen, wie sie bei den Lagern von Leichtmotoren, insbesondere den Grundlagern von Reihenmotoren, infolge Ungenauigkeiten der Bearbeitung und Verformungen im Betrieb unvermeidlich sind. Günstige Verhältnisse für Einlauf und Notlauf ergeben sich besonders dann, wenn das Lagermetall im Schliffbild aus nebeneinander angeordneten weichen und harten Metallkomponenten besteht. Die harten Bestandteile können dabei als regelmäßig geformte Kristalle, Dendriten oder globulare Einschlüsse auftreten.

Die bis vor wenigen Jahren in Flugmotoren ausschließlich verwendeten Lager mit Zinngehalten zwischen 80 und 92% erwiesen sich als so betriebssicher, daß bis zu diesem Zeitpunkt die Lagersorgen im praktischen Betrieb nur durch den üblichen Verschleiß bestimmt waren. Diese Sachlage ändert sich ziemlich plötzlich mit der Einführung leichter Dieselmotoren sowie der Hochzüchtung von Flugmotoren (Vergasermotoren) durch noch weiter als bisher getriebenen Leichtbau, höheres Verdichtungsverhältnis und höhere Drehzahlen. Diese Entwicklung führte zu so hohen stoßartigen Belastungen der Lager, daß die Ausgüsse durch Zermürbung zu Bruch gingen, bevor der Verschleiß seine zulässigen Grenzen überschritten hatte. Daneben wirken sich infolge der Verformungen von Lager, Lagerträger und Welle im Betrieb noch Biegewechselkräfte, sowie hohe Kantendrücke nachteilig auf die Lebensdauer aus.

Die Herabsetzung der Ausgußstärke war die erste Maßnahme zur Bekämpfung dieser Schwierigkeiten. Der Weißmetallausguß wurde statt mehrerer Millimeter nur einige Zehntel stark genommen. Darüber hinaus setzte sich die Erkenntnis durch, daß die Haftung des Ausgusses an der Schale der Kohäsion der Metalle zuzuschreiben ist. Daraus ergibt sich, daß grobes Schruppen der Stützschale oder gar Einschneiden von Gewindegängen oder Nuten zwecks besserer Haftung unnötig und sogar schädlich ist, da an scharfen Übergängen und Stellen wechselnder Ausgußstärke Dauerbruchgefahr besteht.

Die bessere Bewährung des dünnen Ausgusses wird dadurch erklärt, daß die Möglichkeit plastischer Verformung des Lagerausgusses geringer ist. Außerdem ist die Wärmeableitung besser.

Lagermetalle höherer Festigkeit

Neben baulichen Maßnahmen erwies sich der Übergang zu Lagermetallen höherer Festigkeit im Bereich der Betriebstemperatur als notwendig. Praktische Bedeutung haben dabei bisher binäre oder fast binäre Blei-Kupfer-Legierungen, die sog. weichen Bleibronzen, sowie Kadmiumlegierungen gewonnen.

Weiche Bleibronzen, die für Haupt- und Pleuellager leichter Verbrennungskraftmaschinen geeignet sind, enthalten 20 bis 30% oder mehr Blei, Rest Kupfer und teilweise Sonderzusätze bis zu 2%. Diese Zusätze sollen vorwiegend die Bleiverteilung verbessern, verursachen aber meist eine zusätzliche Härtung, die im allgemeinen unerwünscht ist. Als Zusätze sind zu nennen Sn, Ni, Si, Zn, Fe.

Weiche Bleibronzen werden als Ausgüsse von Stützschalen aus Stahl verwendet. Die Schalen werden als ungeteilte und geteilte Schalen mit und ohne Bund, ferner als schwimmende Büchsen mit Innen- und Außenlauffläche (Pleuellager von Stern-Flugmotoren) ausgeführt. Die Ausgußstärke beträgt 0,3 bis 1 mm.

Der Ausguß wird nach Sonderverfahren durch Gießen, Schleudern oder Tauchen in die Stahlschalen eingebracht. Die Erzielung einer guten Bindung und feinen gleichmäßigen Bleiverteilung erfordert die Beobachtung besonderer gießtechnischer Maßnahmen, die nur mit Sondereinrichtungen von Sonderfirmen beherrscht werden.

Die Anwendung von Kadmium als Lagermetall scheint in Amerika durch die Bohn-Aluminium Co., Hopkine und die Federal Mogul Corporation schon weitgehend gefördert zu sein. Kadmiumlagermetalle bestehen aus Kadmium mit 1 bis 3% härtenden Zusätzen (z. B. Ni, Cu, Ag).

Die Entwicklung der Lagermetalle mit erhöhter Festigkeit gegenüber Weißmetallen brachte neuartige Aufgaben. Die Schwierigkeiten bei der gießtechnischen Herstellung wurden eben genannt.

Die größere Lagerhärte macht vielfach eine größere Laufflächenhärte des Wellenzapfens erforderlich. Während vergütete Wellen auf Weißmetallen ohne bedenklichen Verschleiß laufen, setzt Bleibronze im Flugmotor bei der Forderung der gleichen Betriebsstundenzahl wie bisher eingesetzte Wellen voraus. Über Kadmiumlager liegen in dieser Beziehung in Deutschland noch keine Erfahrungen vor. In beiden Fällen scheint allerdings nach Sammlung weiterer Erfahrungen die Möglichkeit der Verwendung vergüteter Wellen von 100 bis 120 kg/mm^2 Festigkeit erfolgversprechend. Ferner bietet die Zapfenoberflächenhärtung mit dem Schweißbrenner (Doppel-Duro-Härtung), die bei Fahrzeugmotor-Kurbelwellen bereits weitgehend angewendet wird, auch bei Flugmotor-Kurbelwellen die Möglichkeit einer Oberflächenhärtung.

Die neuen Lagermetalle haben geringere Notlauffähigkeit als Weißmetalle. Das liegt zum Teil an der höheren Härte, zum Teil an den speziellen Gleiteigenschaften der Metalle, die bei halbflüssiger Reibung von Bedeutung sind (Neigung des Kupfers zum Anreiben!). Dieses Verhalten zwingt zu besonders sorgfältiger Durchbildung der Lagerkonstruktion, zur sorgfältigen Ermittlung des richtigen Spiels und geeignetsten Schmiermittels. Bleibronze erfordert wegen der größeren entstehenden Reibungswärme sowie ihrer größeren Wärmeausdehnung ein sehr großes, etwa verdoppeltes Spiel gegenüber Weißmetall, während die Anforderung des Kadmiums in dieser Beziehung voraussichtlich zwischen beiden liegt.

Ferner ist besonders bei Bleibronze die Herstellung einer maßhaltigen Oberfläche höchster Genauigkeit ohne Nacharbeit erforderlich. Das Bearbeitungswerkzeug darf dabei nur schneiden, nicht drücken. Dieser Bedingung genügen nur ein Schneidwerkzeug, bei dem die Bildung einer Aufbauschneide vollkommen vermieden wird, d. h. genau genommen nur ein Diamant mit richtig gewählten Schneidewinkeln. Es gibt zur Zeit nur wenige Feinbohrwerke, die den bei der Lagerfertigbearbeitung auftretenden Ansprüchen an Genauigkeit genügen.

Harte Lagermetalle

Zu den harten Lagermetallen, die nur kurz behandelt werden sollen, gehören: harte Bronzen, Leichtmetalle, Gußeisen.

Die harten Lagermetalle können nur verwendet werden, wenn Kantenpressung durch elastische Formänderungen nicht zu erwarten sind, da sie nicht oder nur in geringem Maße die Fähigkeit zur Laufspiegelbildung bei örtlicher Überlastung haben. Anwendungsbeispiele für harte Lagermetalle sind die Lagerstellen der Hilfsantriebe, Kolbenbolzenaugen sowie Führungen für Ventile und Ventilstößel. Selbst bei Nockenwellenlagern sind die Laufeigenschaften harter Lagermetalle oft kaum noch ausreichend, so daß man hier bereits teilweise Stahl- oder Bronzeschalen mit dünnem Weißmetallausguß bevorzugt.

Die Belastbarkeit der harten Lagermetalle ist bei ruhender Last wegen der hohen Festigkeit naturgemäß sehr hoch, sie kann jedoch bei der Möglichkeit örtlicher Schmierfilmstörungen nie voll ausgenutzt werden. Wesentlich ist, daß im Gefügeaufbau des Metalles keine zum Anreiben und Fressen neigenden Bestandteile enthalten sind. Wenn dieser Hauptbedingung entsprochen ist, ist ein Metall, hinreichend großen Härtesprung zwischen Lager und Welle vorausgesetzt, grundsätzlich für die umrissenen Verwendungszwecke geeignet. Für die praktische Verwendung haben sich dabei die obengenannten Gruppen als die geeignetsten herausgestellt.

Die Härte dieser Metalle macht eine möglichst hohe, etwa durch Einsetzen erzielte Wellenhärte wünschenswert, wenn kein unzulässig hoher Verschleiß eintreten soll.

Die Zahl der für Lagerzwecke geeigneten Bronzen ist außerordentlich groß, für Lagerbuchsen im Flugmotorenbau hat sich jedoch für hohe Belastung eine mit Phosphor desoxydierte Zinnbronze mit etwa 9% Sn in Form gezogener Rohre allgemein durchgesetzt.

Unter den Leichtmetallen werden Legierungen vom Y-Typ, d. h. nickelhaltige Duralumine, sowie insbesondere Magnesiumlegierungen wie Elektron AZM und AZG für die Lagerung von Hilfsquellen u. dgl. erfolgreich angewendet.

Die Aussichten auf eine erfolgreiche Verwendung der Leichtmetalle als Austausch auch für weiche Lagermetalle sind aus folgendem Grunde nur gering.

Reines Aluminium mit einer Brinellhärte von 24 bis 32 kg/mm^2 in gegossenem Zustand ist wegen seiner Neigung zum Schmieren und Anreiben ungeeignet. Zusätze von praktisch in Frage kommenden Elementen führen zu einer Härtung der Grundmasse und verringern dadurch die Notlaufeigenschaft so stark, daß die entstehenden Legierungen bereits zu den harten, notlaufschwachen Lagermetallen gerechnet werden müssen. Das Ziel der Legierungsforschung müßte die Ermittlung von Zusätzen sein, welche die Grundmasse nur so weit durchhärten, daß man zu einem Lagermetall mit hinreichenden Notlaufeigenschaften gelangt, anderseits Ausscheidungen im Gefüge erhält, die als harte Tragkristalle in die weiche Grundmasse eingebettet sind. Unter Berücksichtigung des Standes der Konstitutionsforschung des Aluminiums sind die Aussichten auf einen Erfolg derartiger Arbeiten nicht sehr groß. Fortschritte sind voraussichtlich mehr auf dem Gebiet der baulichen Durchbildung wie Vermeidung der Kantenpressung durch Vorweite und elastische Anordnung zu erwarten.

Anforderungen an den Lagerwerkstoff

Aus den vorstehenden Ausführungen geht hervor, daß das Verhalten von Lagermetallen im Betrieb nicht allein von bestimmten Werkstoffeigenschaften abhängt, sondern noch durch andere Faktoren mitbestimmt wird (Bearbeitungsgüte, Ölverhalten und Werkstoffeigenschaften), die ihrerseits wieder in Wechselwirkung mit nicht genau erfaßbaren physikalischen Vorgängen stehen.

Bei der Betrachtung der Vorgänge im einlauffähigen Lager z. B. im Haupt- und Pleuellager des Flugmotors treten Verschleiß und Zermürbung als wesentliche die Betriebssicherheit beeinflussende Faktoren heraus.

Hintanhaltung des Verschleißes macht einen möglichst großen Härtesprung zwischen Lager und Welle, d. h. eine möglichst niedrige Lagergleitmetallhärte wünschenswert. Von diesem weichen Gleitmetall wird dabei eine möglichst geringe Neigung zum Anreiben und Fressen im Zustand halbflüssiger Reibung, d. h. insbesondere beim Anfahren verlangt.

Die Härte des Lagermetalls, ermittelt über den im Betrieb auftretenden Temperaturbereich, bietet unter Berücksichtigung der Wellenhärte gemeinsam mit einem Laufversuch unter Bedingungen, die der Praxis hinreichend nahekommen, zweifellos einen guten Anhalt für den Verschleiß.

Die heute entscheidende Beanspruchung des Flugmotor-Gleitlagers, die Zermürbung infolge Dauerdruckbeanspruchung macht einen Lagerwerkstoff hoher Dauerdruckfestigkeit erforderlich. Die Ansprüche des Verschleißes und der Zermürbung an das Lagermetall widersprechen sich hier also und es gilt, das günstigste und betriebssicherste Kompromiß herauszufinden. Einen Anhalt für den Widerstand gegen Zermürbung bietet die statische Druckfestigkeit, ermittelt im praktisch vorkommenden Temperaturbereich. Auch die Brinellprobe ist bereits ein Anhalt dafür. Für die praktisch wertvollsten Lagerwerkstoffe wurden Härtekurven aufgenommen.

Lagerprüfung

Um die Beanspruchung eines Lagers durch Zermürbung und Verschleiß genauer erfassen zu können als es die bisher genannten technologischen Versuche ermöglichen, ist die Schaffung einer Prüfmaschine notwendig, die diese Beanspruchungsarten an einem Fertiglager bei hinreichender Betriebsähnlichkeit klar definierbar nachahmt. In der Deutschen Versuchsanstalt für Luftfahrt (DVL) wurde eine derartige Lagermetallprüfmaschine mit dynamischer Belastung geschaffen.

Die Maschine hat bei der Erprobung den an sie gestellten Erwartungen entsprochen, und zur Zeit wird auf ihr eine Reihe bewährter sowie aussichtsreich erscheinender Lagermetalle vergleichend geprüft.

Die an den Prüflagern in der Prüfmaschine erzeugten Zermürbungserscheinungen zeigen weitgehende Übereinstimmung mit den Zerstörungen, die an Motorlagern auftreten.

Neben diesen Vergleichsversuchen laufen in der DVL metallurgische Versuche zur Schaffung geeigneter Lagermetalle für die gesteigerten Anforderungen in bezug auf Verschleiß und insbesondere Zermürbung.

Zusammenfassung

Das Flugmotorengleitlager wird durch das Auftreten von Reibungswärme, Verschleiß und Zermürbung beansprucht. Mit der Steigerung der Spitzendrücke unter gleichzeitiger Forderung äußersten Leichtbaues ist die Zermürbung zur kritischen Beanspruchungsart geworden, daneben wirken der Verschleiß und in letzter Linie die Reibungswärme bestimmend auf die Betriebssicherheit. Unter Berücksichtigung der Wellenhärte und unter Voraussetzung ausreichender Oberflächengüten und -spiele geben Härte und statische Druckfestigkeit, ermittelt über den praktisch vorkommenden Temperaturbereich, einen ersten Anhalt für die Eignung eines Metalles für Lager, bei denen Einlauf und Notlauf gefordert werden. Die Prüfung von Lagermetallen auf Zermürbung und Verschleiß in einer geeignet durchgebildeten Prüfmaschine mit dynamischer Belastung läßt Schlüsse auf die Eignung eines Metalles als Gleitmetall in leichten hochbelasteten Verbrennungskraftmaschinen zu.

Fortschritte im Holzbau durch Anwendung neuzeitlicher Bindemittel

Von K. Riechers*)

Vorgetragen am 17. September 1935 in Berlin

Einer der wichtigsten nichtmetallischen Werkstoffe des Fahr- und Flugzeugbaues dürfte auch heute noch das Holz in seinen beiden Verwendungsarten als Schnitt- und Sperrholz sein. Zwar schien noch vor einigen Jahren das Holz allmählich an Bedeutung für den Flugzeugbau zu verlieren, da die fortschreitende Entwicklung in der Leichtmetall- und Stahlbauweise immer mehr die Holzkonstruktion verdrängte. Es ist nicht von der Hand zu weisen, daß die heutige Hochzüchtung des Flugzeugbaues erst durch die mannigfaltigen Vorteile der Leichtmetalle und ihrer neuen Legierungen möglich wurde. Wenn trotzdem die Holzbauweise noch immer ihre Stellung behauptet, und sogar das gesamte Tragwerk der schnellsten deutschen Verkehrsmaschine, der He 70, als kompliziertteste Holzkonstruktion ausgeführt ist, so dürfte dieses dafür sprechen, daß das Holz im Flugzeugbau, neben den Leichtmetallen und Stählen, nicht zu entbehren ist. Die Vorteile für die Verwendung des Holzes im Flugzeugbau sind folgende:

Gute Bearbeitbarkeit, leichte und sichere Verbindungsmöglichkeit durch Leimen, geringe Kerbempfindlichkeit und gute Festigkeit bei niedrigem Eigengewicht.

Diesen Vorteilen stehen

Ungleichmäßigkeit der Festigkeitseigenschaften, mangelhafte Formbeständigkeit, niedrige Druck- und Schubfestigkeit entgegen.

Vergütung des Holzes

Die Nachteile des Holzes können aber zum größten Teil behoben werden. Wenn in den vergangenen Jahrzehnten dem Rohstoff Holz das Interesse entgegengebracht, in seine Erforschung, Vergütung und Verarbeitung so viel Arbeitskraft, geistige und materielle Aufwendungen hineingesteckt worden wären, wie es bei den metallischen Werkstoffen geschah, so würden sich nicht erst in den letzten Jahren die praktischen Möglichkeiten einer weitgehenden Beseitigung der Nachteile dieses Baustoffes gezeigt haben. Wie andere Rohstoffe, z. B. die Erze im Gewinnungszustande für irgendwelche Gebrauchsgüter ungeeignet sind und erst durch metallurgische, technologische Prozesse und intensive Bearbeitung in den für den Konstrukteur brauchbaren Endzustand übergeführt werden, so muß auch der Rohstoff Holz mancher Umformung unterworfen werden, bevor er die Eigenschaften annimmt, die er für bestimmte Verwendungszwecke besitzen muß. Es wird nun kaum gelingen, die naturgegebenen ungünstigen Eigenschaften des Vollholzes selbst bis zur geforderten Güte zu verbessern. Wohl aber kann dieses Ziel annähernd erreicht werden, indem man das

*) Dipl.-Ing., Deutsche Versuchsanstalt für Luftfahrt E.V., Berlin-Adlershof.

Vollholz in möglichst kleine Elemente unterteilt und diese wieder verbindet. Die Weiterentwicklung des Werkstoffes Holz war daher in der geschickten Unterteilung des Vollholzes und der Wahl geeigneter Bindemittel begründet. Kurz erwähnt seien folgende Fortschritte:

1. Verwendung feuchtigkeitsbeständiger Leime an Stelle der früher benutzten Kasein-Kaltleime. Es waren dieses die wohl allgemein bekannten Kunstharzfilme auf Bakelitbasis. Durch sie konnte nicht nur das bisher verwendete kaseinverleimte Birkensperrholz verbessert werden, sondern es gelang sogar, aus dem bis dahin als wertlos angesehenen Holz der deutschen Buche, einwandfreies, heute in der Flugzeugfertigung bereits in großem Umfange verwendetes Buchensperrholz herzustellen.
2. Ein Schritt weiter war die Verleimung sehr vieler Buchenfurniere in einem Preßgang. Dieser Werkstoff, das sog. vergütete Buchenholz, besitzt gegenüber Vollholz beträchtliche Vorteile. Erwähnt sei die gute Formbeständigkeit, die große Druck- und Biegefestigkeit, wodurch dieser Werkstoff mit Erfolg an Stelle des Vollholzes im Flugzeugbau tritt.
3. Während bei der Herstellung von Sperrholz oder vergütetem Holz der Kasein-Kaltleim mit seiner geringen Widerstandsfähigkeit gegen Feuchtigkeitseinflüsse und Angriffe von Schimmelpilzen fast ausschließlich durch das Kunstharz »Bakelit« in Form von Leimfilmen ersetzt worden ist, verdrängt der von der chemischen Industrie entwickelte Kaurit-Kaltleim, ein Karbamitharz, in zunehmendem Maße den Kasein-Kaltleim bei der Weiterverleimung von Holzteilen.

Über die

Ergebnisse der bisher erwähnten Entwicklung

wurde bereits ausführlich in den Jahrbüchern der Deutschen Versuchsanstalt für Luftfahrt von 1930 bis 1933 und in den Mitteilungen des Fachausschusses für Holzfragen im VDI, Heft 12, berichtet. Die bisher erzielten Erfolge lassen die berechtigte Hoffnung zu, daß durch weitere Forschungsarbeit auf diesem Gebiete dem Werkstoff Holz noch weitere Anwendungsmöglichkeiten erschlossen werden können.

Durch die Verwendung sowohl von Kasein, wie auch von den Kunstharzbindemitteln bei der Sperrholzherstellung machte sich immer eine sehr geringe Arbeitsaufnahmefähigkeit der Sperrholzplatten bemerkbar, die sich besonders in der hohen Empfindlichkeit gegen dynamische, d. h. schlag- und stoßartige Beanspruchung, äußerte. Es lag also nahe, das Arbeitsvermögen der Sperrplatten durch elastische Bindemittel zu verbessern. Versuche dieser Art wurden bereits vor Jahren in der Stoffabteilung der Deutschen Versuchsanstalt für Luftfahrt durchgeführt. Die damals verwendeten Azetyl-Zellulose-Folien ergaben aber nur eine unzureichende Bindefestigkeit.

Jüngste Versuche mit einem neuen, ähnlichen Bindemittel, nämlich Folien gewisser Polyvinylester, zeigten, wie aus Zahlentafel 1 und 2 zu er-

Zahlentafel 1

Schlagbiegeversuch an verschieden verleimtem Sperrholz

Holzart	Sperrholzdicke u. Aufbau	Schlagrichtung zur Plattenebene	Spezifische Schlagarbeit cmkg/cm²		
			Tegofilm	Kaurit	P-Folie
Birke	1,2 mm 3fach	senkrecht	16	19	24
		parallel	19	10	34
Buche		senkrecht	14	11	16
		parallel	13	5	18

Zahlentafel 2

Statischer Biegeversuch an verschieden verleimtem Sperrholz

Sperrholzart		Sperrholz verleimt mit	Biegefähigkeit. Vielfaches des Bruchhalbmessers v. d. Probedicke		Feuchtigkeitsgehalt vH
			längs	quer	
3fach	1,5	Tegofilm	47	12	7,5
	1,2	Kaurit	30	18	7,7
	1,5	P-Folie	18	7	7,4

sehen ist, befriedigende Ergebnisse, besonders hinsichtlich statischer und dynamischer Biegebeanspruchung. Die Bindefestigkeit und andere statische Festigkeitseigenschaften genügen den Anforderungen vollkommen.

Die mit diesen *P*-Folien hergestellten Sperrplatten wiesen also neben einer gesteigerten Arbeitsaufnahmefähigkeit eine ausgezeichnete Biegefähigkeit auf, Zahlentafel 2. Somit lag die Vermutung nahe, sie sogar für ein in der Holzforschung wenig beachtetes Anwendungegebiet, nämlich die

Spanlose Verformung

zu benutzen. Bekanntlich kann man Furniere, wie überhaupt Holz, durch geeignete Vorbehandlung, z. B. Dämpfen, Kochen oder Tränken mit geeigneten Stoffen, sehr großen Verformungen unterziehen, leider nur in Faserrichtung. Quer zur Faserrichtung ist die interzellulare Bindung der Fasern so gering, daß nur sehr kleine Kräfte aufgenommen werden können. Ohne Erhöhung dieser interzellularen Festigkeit ist also bei Zugbeanspruchung quer zur Faser, wie sie z. B. bei der Verformung nur eines Furnieres auftritt, ein Bruch nicht zu vermeiden. Durch kreuzweises Übereinanderlegen von drei oder mehr Furnieren und Verleimen derselben ist allerdings eine gewisse Überbrückung der geringen Querfestigkeit möglich. Ein weiterer Vorteil der Verleimung von Furnieren besteht darin, daß bei Anwendung eines nicht zu spröden, ja sogar plastisch-verformbaren Bindemittels, ein Aneinandergleiten der einzelnen Lagen in gewissen Grenzen erreichbar ist. Ein schematisches Beispiel hierfür ist in Abb. 1 dargestellt, in der die Biegung eines vollen bzw. eines aus starr miteinander verleimten Furnieren bestehenden Balkens gezeigt wird, im Gegensatz zu einem Balken, der nur aus lose aufeinander gelegten Furnieren besteht.

Bei ersterem ist das Widerstandsmoment groß. Die geringe Dehnung der Einzelfasern und die Unmöglichkeit, daß die einzelnen beanspruchten Ebenen sich gegeneinander verschieben, führt bereits bei großen Krümmungsradien zum Bruch. Bei dem zweiten unterteilten Balken ist das Widerstandsmoment jeder einzelnen Lage klein. Dadurch, daß sich die Lagen gegeneinander verschieben können, ist eine starke Verformung bei kleiner Last ohne Bruch möglich. Wählt man die Dicke der einzelnen

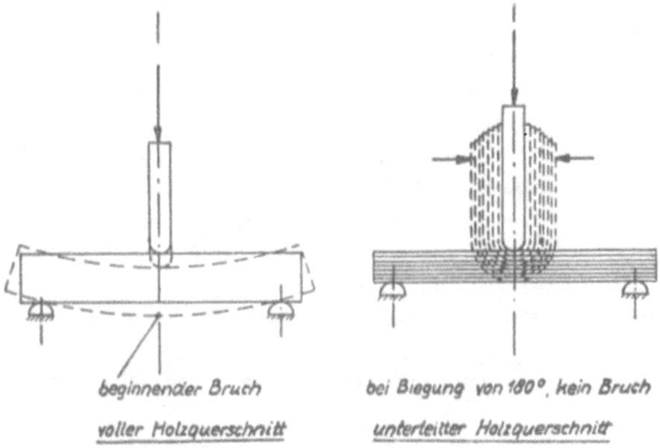

Abb. 1. Holzverformung bei vollem und unterteiltem Holzquerschnitt.

Furniere sehr klein und bringt zwischen je zwei Lagen zur Überbrückung der geringen Querfestigkeit bei kreuzweiser Schichtung ein elastisches Bindemittel, das ein Gleiten der Holzlagen aneinander gestattet, so müßte theoretisch ein Biegen um 180° möglich sein. Auf Grund dieser Überlegungen stehen für die plastische Verformung von Sperrholz zwei Wege offen:

1. Tränkung der einzelnen Furniere mit einem Bindemittel, das eine Erhöhung der interzellularen Festigkeit gewährleistet.
2. Verwendung plastischer Bindemittel, die trotz guter Bindefestigkeit noch so nachgiebig sind, daß sie zwar ein Gleiten der einzelnen Lagen aneinander gestatten, trotzdem aber die geringe Querfestigkeit überbrücken.

Der erste Vorschlag ist heute praktisch noch nicht durchführbar, da ein geeignetes Bindemittel fehlt. Die Verwirklichung des zweiten Vorschlages wäre möglich, wenn man einen Bakelitfilm bei der Sperrholzplattenherstellung nur in den plastischen *B*-Zustand des Bakelits überführt, in einem nachfolgenden Verformungsprozeß die Sperrplatte in einem Gesenk bei Druck- und Wärmeeinwirkung in die endgültige Form preßt und das Bakelit in den festen spröden *C*-Zustand übergehen läßt. Die Schwierigkeit dieser Herstellung liegt darin, das Entstehen des Bakelit-*B*-Zustandes trotz genauester Druck-, Temperatur- und Zeiteinhaltung zu erreichen. Außerdem müssen die Furniere mit einem elastischen Mittel getränkt werden, da ein Dämpfen oder Wässern zwecks Weichmachen der Holzfaser bei der Bakelitverleimung nicht in Frage kommt. Ferner dürfte es sehr schwierig sein, den zwischen Matrize und Patrize befindlichen Preßraum so genau herzustellen und bei den für die Verleimung erforderlichen Temperaturen formgerecht zu erhalten, daß für den Verleimungsvorgang an jeder Stelle der Form eine genügende Druckwirkung gewährleistet ist.

Nach Ansicht der Stoffabteilung der DVL kann aber der zweite Vorschlag leichter in die Praxis umgesetzt werden, wenn zum Verpressen eine mittels eines elastischen Bindemittels hergestellte Sperrplatte Verwendung findet.

Mit der Holzverformung erzielte Versuchsergebnisse

In dieser Richtung bewegten sich die jüngst durchgeführten Versuche, bei denen die schon vorher erwähnten Polyvinylester in Folienform bei der Verleimung von Sperrplatten benutzt wurden. Die Verformung dieser Platten kann bei geeigneten Gesenken durchaus auf einen richtigen Tiefziehprozeß ausgedehnt werden. Aus den mit dem neuartigen Kunstharzfilm verleimten Sperrplatten werden für den Verformungsprozeß Platinen erforderlicher Größe herausgeschnitten oder herausgestanzt und vor dem Verpressen zwecks Erweichung der Holzfasern einige Minuten in kochendes Wasser gebracht. Der Preß- oder Ziehstempel kann bei Zimmertemperatur herabgefahren werden. Der zum Ziehen erforderliche Druck ist äußerst gering. Einige bei Laboratoriumsversuchen erhaltenen Preßstücke zeigt Abb. 2.

Abb. 2. Bei Laboratoriumsversuchen erhaltene Preßstücke.

In Abb. 3 sind Ausschnitte von einigen mit nur 3 mm Krümmungshalbmesser gewellt verpreßten Sperrtafeln zu sehen, die mit Kaurit, Tegoleimfilm bzw. der neuen Leimfolie hergestellt wurden. Die Preßbedingungen waren dieselben. Es ist aber zu erkennen, daß bei der Kaurit- und Tegofilm verleimten Probe stets ein Bruch in der äußersten Lage eingetreten ist. Die mit der Polyvinylfolie verleimte Platte weist dagegen auch bei Durchleuchtung nicht die geringste Bruchstelle auf.

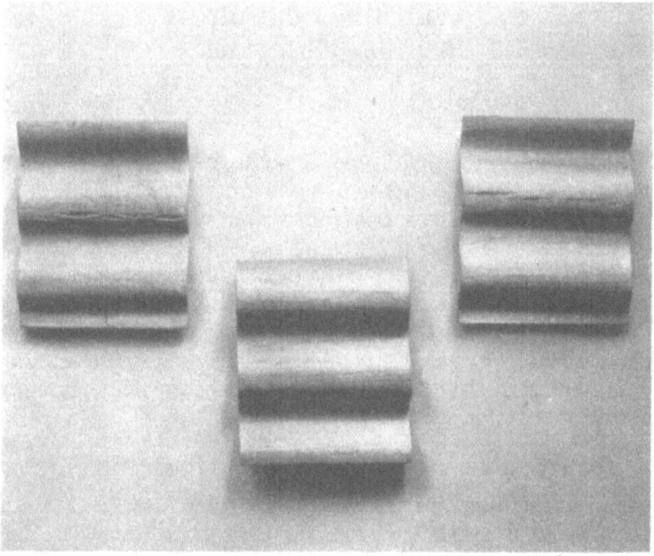

Abb. 3. Gewellt verpreßte Sperrholztafeln mit verschiedenartiger Verleimung. Links: Mit Tegofilm verleimt. Rechts: Mit Kaurit verleimt. Mitte: Mit P-Film verleimt.

Die Preßformen für die Versuche sind mit einfachsten Mitteln hergestellt und bestehen größtenteils aus Holz. Dadurch ist die für das Trocknen erforderliche Wärmezufuhr und der nicht minder wichtige Feuchtigkeitsabtransport nur schwer möglich, so daß für die bisher angefertigten Preßstücke immerhin Trockenzeiten bis zu ½ h nötig waren. Durch Zwischenlegen feiner Draht- oder Gewebelagen zwischen Sperrplatte und Holzgesenk wurde bereits eine erhebliche Verkürzung der Trockendauer erreicht. Mittels Preßformen aus einem wärmeleitfähigen Werkstoff, etwa Aluminium, Aluminiumlegierungen, Magnesiumlegierungen oder sogar porösen Formen dürfte es, wie Vorversuche bewiesen, möglich sein, auf dieselben Preßzeiten zu kommen wie sie heute in der Kunstharzpresserei üblich sind.

Die bisherigen Versuche wurden stets mit 1,2 bis 1,5 mm dickem Sperrholz vorgenommen. Bei Verwendung von 1,0 bzw. 0,8 mm oder gar noch dünnerem Sperrholz, wie es für die Mehrzahl der Preßstücke genügen würde, könnte eine weitere Verringerung der Preßdauer erreicht werden.

Durch Anwendung dieses neuen verformbaren Werkstoffes erschließen sich der Flugzeugindustrie bei Massenherstellung völlig neue Konstruktionsmöglichkeiten. Es ist jedoch verfrüht, aus diesen Laboratoriumsversuchen darauf zu schließen, daß im praktischen Preßbetrieb keine oder nur geringe Schwierigkeiten auftreten. Aufgabe der weiteren Forschung muß es sein, für das Holztiefzieh- und Preßverfahren Formen zu entwickeln, die eine rationelle Verpressung der Sperrholztafeln ermöglichen.

Impuls-Peilung

Von Hans Plendl*)

Nach einem Vortrag am 14. Dezember 1935 in Berlin

Die Flugnavigation erfolgt bei ungenügender Sicht ausschließlich durch Funkpeilung, weil dies bis heute das einzig brauchbare Navigations-Verfahren für den Blind- und Schlechtwetterflug darstellt. Eine erhöhte Bedeutung kommt der Funkpeil-Navigation bei Flügen in unsichtiger Nacht zu, weil ein Verfliegen bei Nacht ganz besonders vermieden werden muß wegen der wesentlich schwierigeren Notlandebedingungen. An die Sicherheit der Funkpeilung müssen daher für die Nachtzeit besonders hohe Anforderungen gestellt werden. Leider wird aber zur Nachtzeit die normale Funkpeilung häufig unzuverlässig, während sie am Tage im allgemeinen zufriedenstellend arbeitet.

Erklärung der nächtlichen Peilstrahlwanderungen

Bei der Funkpeilung auf langen Wellen sind des Nachts und in der Dämmerung häufig Auswanderungen des Peilstrahles aus der Sollrichtung zu beobachten, d. h. bei festgehaltener Lage von Sender und Peiler ändert sich die Richtung des Peilstrahles zeitlich nach beiden Seiten der wahren Peilung. Langsame und schnelle Änderungen von kleinem und großem Betrag sind dabei möglich. Der Funkpeilstrahl kann bei den nächtlichen Peilstrahlwanderungen mitunter fast senkrecht zur wahren Peilung liegen. Es gibt auch Zeiten, in denen überhaupt kein Peilminimum erhalten und damit keine Richtung des Funkpeilstrahles festgestellt werden kann, also eine Peilung unmöglich ist. Anderseits gibt es wieder Nächte, in denen fast gar keine Peilstrahlwanderungen auftreten. Im allgemeinen treten die nächtlichen Peilstrahlwanderungen immer in einer Gruppe von Nächten hintereinander stark auf und verschwinden dann ebenfalls wieder für eine Gruppe von Nächten fast ganz.

Als Ursache für die Funkfehlweisung durch Nacht- und Dämmerungseffekt wurde eindeutig die Reflexion der langen Wellen an der Ionosphäre erkannt, die sich in einer Höhe von 100 km und mehr über der Erdoberfläche befindet. Am Tage ist bei den langen Wellen nur die Bodenwelle wirksam, da die unterhalb der Ionosphäre liegenden Schichten stark absorbieren. Mit dem Verschwinden der Sonnenstrahlung geht die Absorption dieser tieferen Schichten zurück, die Wellen gelangen als Raumwellen bis zur Ionosphäre, werden an dieser nach unten reflektiert und gelangen zusätzlich zur Bodenwelle zum Peiler. Nur die Bodenwelle ist im allgemeinen normal und konstant polarisiert und daher zur Richtungsbestimmung der ankommenden Wellen geeignet, während die an der Ionosphäre reflektierte Raumwelle beliebig und zeitlich veränderlich polarisiert und daher hierzu ungeeignet ist; denn der normale Drehrahmenpeiler ist für den Zustand der Polarisation der einfallenden Wellen sehr empfindlich.

*) Dr.-Ing., Erprobungsstelle Rechlin.

Die Polarisation, die den Rahmenpeiler in schädlicher Weise beeinflußt, ist die quer zur Großkreisebene verlaufende Polarisationskomponente der Raumwelle. Durch diese Querkomponente wird der Drehrahmen in der Empfangsminimumstellung der Bodenwelle noch kräftig induziert. Die dadurch auftretende Rahmenspannung kann erst dann zum Verschwinden gebracht werden, wenn ihr eine gleich große Spannung entgegengesetzt wird, was durch entsprechendes Herausdrehen des Rahmens aus der Minimumstellung der Bodenwelle erreicht wird, so daß die nunmehr von der Bodenwelle im Rahmen induzierte Spannung die von der Raumwelle herrührende Spannung gerade kompensiert. Es ist klar, daß dann die neue Minimumstellung in keiner Beziehung zur Richtung der ankommenden Bodenwelle mehr steht, also eine falsche Peilung ergibt und daß sich diese Falschpeilung außerdem zeitlich ändert mit der Amplitude und Polarisation der einfallenden Raumwelle.

Das Ziel der nacht- und dämmerungssicheren Peilung muß daher sein, entweder die schädliche Querkomponente der Raumwelle am Peiler zu unterdrücken, was beim Adcockpeiler durch Anwendung rein senkrechtpolarisierter Antennen geschieht oder die Raumwelle überhaupt für die Peilung auszuschalten, was bei der Impulspeilung durch Trennung von Bodenwelle und Raumwelle erfolgt.

Beschreibung der Impulspeilung

Aus der Erklärung der nächtlichen Peilstrahlwanderungen ergab sich die logische Folgerung, die Peilung unter Ausschluß dieser Ionosphärenwelle durchzuführen, d. h. in der Nacht genau so wie am Tage nur die Bodenwelle für die Peilung zu benutzen. Diese Aufgabenstellung erfordert eine Trennung zwischen Bodenwelle und Ionosphärenwelle am Empfänger. Das einfachste und sicherste Verfahren hierfür ist das Echo- oder Impulsverfahren, das 1925 von den Amerikanern *G. Breit* und *M. A. Tuve* für die Höhenmessung der Ionosphäre angegeben wurde. Das neue an der Impulspeilung war lediglich die Anwendung dieses wissenschaftlichen Meßverfahrens für die praktische Peilung und der Mut, das Braunsche Rohr für ein Betriebspeilgerät zu verwenden. Die Impulspeilung wurde 1933 fast gleichzeitig und unabhängig voneinander in England von *T. L. Eckersley* und in Deutschland von *H. Plendl* erfunden.

Zur Erklärung des Impulspeilverfahrens sei kurz folgendes gesagt: Die Ausbreitung der uns allein interessierenden langen Wellen erfolgt normalerweise längs der Erdoberfläche. Bei Nacht und Dämmerung werden in der Regel auch die unter einem gewissen Erhebungswinkel abgestrahlten Wellen am Empfänger wirksam, indem sie von der Ionosphäre zu diesen Zeiten reflektiert werden. Der Umweg über die 100 km hoch und höher liegende Ionosphäre ergibt einen Gangunterschied zwischen Boden- und Ionosphärenwelle, d. h. von der gleichen am Sender abgestrahlten Welle hat die Bodenwelle einen erheblich kürzeren Weg zum Empfänger zurückzulegen als die Ionosphärenwelle, Abb. 1. Da die Ausbreitung mit endlicher Geschwindigkeit, nämlich mit Lichtgeschwindigkeit erfolgt, trifft am fernen Empfänger die Bodenwelle vor der Ionosphärenwelle ein. Der

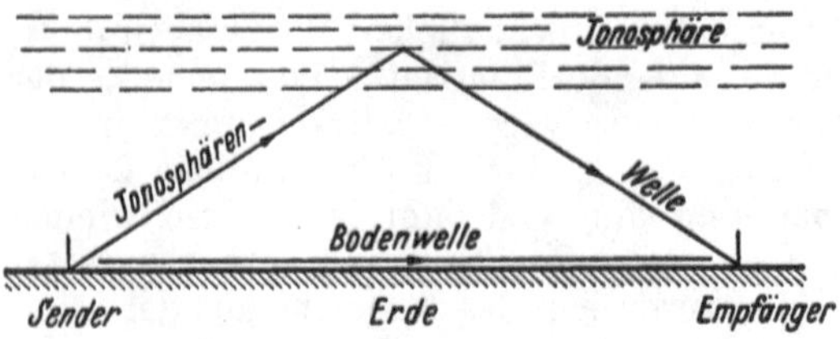

Abb. 1. Weg der Wellen.

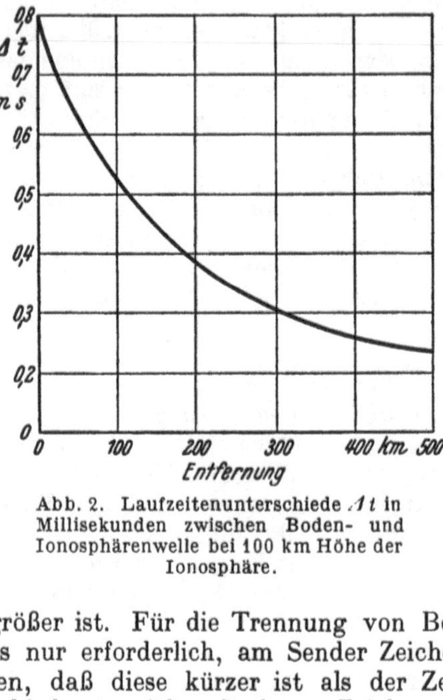

Abb. 2. Laufzeitenunterschiede Δt in Millisekunden zwischen Boden- und Ionosphärenwelle bei 100 km Höhe der Ionosphäre.

Zeitunterschied, mit dem die beiden Wellen eintreffen, hängt bei konstanter Reflexionshöhe der Ionosphäre vom Abstand Sender—Empfänger ab. Die Beziehung zwischen diesem Zeitunterschied und dem Abstand Sender—Empfänger für eine Reflexionshöhe von 100 km ist in Abb. 2 dargestellt. Bei einem Abstand Sender—Empfänger von 100 km beträgt dieser Zeitunterschied z. B. 0,42 Millisekunden, bei 200 km Abstand 0,28 Millisekunden usw., der Zeitunterschied nimmt also ab mit größer werdender Entfernung. Die angegebene Ionosphärenhöhe von rd. 100 km stellt im allgemeinen den niedrigsten Wert der Reflexionshöhe dar, so daß der Zeitunterschied eher größer ist. Für die Trennung von Bodenwelle und Ionosphärenwelle ist es nur erforderlich, am Sender Zeichen von so kurzer Dauer auszustrahlen, daß diese kürzer ist als der Zeitunterschied, der dem Gangunterschied entspricht. So kurze Zeichen von 0,3 Millisekunden und weniger sind erheblich kürzer als der kürzeste Morsepunkt, man nennt sie Impulse. Bei einfacher Reflexion an der Ionosphäre treten für jeden am Sender abgestrahlten Impuls am Empfänger deren zwei kurz hintereinander auf, wovon der erste dem kürzeren Weg und damit der Bodenwelle entspricht, während der zweite dem längeren Weg und damit der Raumwelle zugeordnet ist. Um eine brauchbare Ablesung am Empfänger zu erhalten, sendet man die Impulse zweckmäßig in periodischer Folge z. B. 300 in 1 s und benutzt am Empfängerausgang ein Braunsches Rohr. Auf dessen Schirm wird ein stehendes Impulsbild erzeugt, indem man die Ablenkungsfrequenz mit der Impulsfrequenz synchronisiert. Im einfachsten Fall erzeugt man durch ein Kippgerät eine geradlinige Zeitablenkung und läßt senkrecht dazu die Impulse wirken. Das entstehende Bild zeigt Abb. 3a. Die Zeitachse geht stets von links nach rechts. Der erste Zacken von links stellt daher die Bodenwelle B, der zweite die Ionosphärenwelle J dar. Die Impulspeilung erfolgt in der Weise, daß durch Drehen des Peilrahmens das Impulszeichen *B* auf dem Braunschen Rohr zum Verschwinden gebracht wird. Die so erhaltene Rahmenstellung zeigt dann die richtige Peilung an. In der Regel ist es zweckmäßig, die Impulsablenkung auf der Zeitachse einmal zu wiederholen, wie Abb. 3b zeigt. Dazu ist es nur erforderlich, als Ablenkungsfrequenz die Hälfte der Impulsfrequenz zu wählen. Wird die Entfernung Sender—Empfänger so groß, daß man sich der Grenze des Auflösungsvermögens nähert, so ist das Impulsbild der Abb. 3a vorzuziehen.

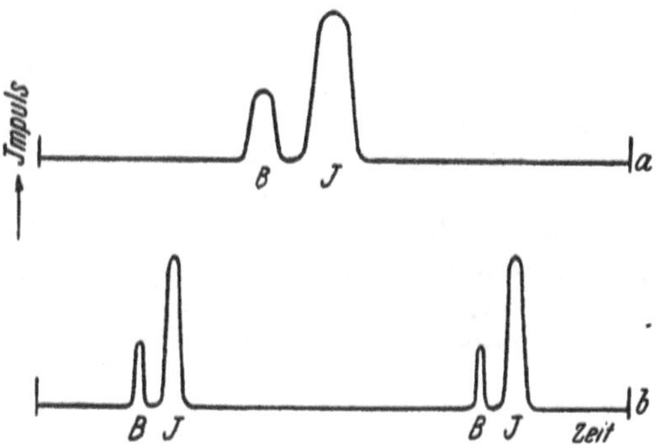

Abb. 3. Impulsbilder im Braunschen Rohr.

Die Synchronisierung am Empfänger erfolgt im praktischen Betrieb der Minimumpeilung von Hand. Ein Tongenerator wird auf die gleiche Frequenz wie die der Impulstastung gebracht, was daraus ersichtlich wird, daß die Impulse zunächst langsamer durch das Bildfeld laufen und schließlich im Synchronismus zum Stehen kommen. Als eine mögliche Lösung für den Tongenerator hat sich die Stimmgabel erwiesen, bei der durch Verstellen der Polschuhe die Frequenz in geringen Grenzen geändert werden kann. Für den Peilvorgang ist es gleichgültig, ob das Impulsbild genau steht oder gleichmäßig langsam wandert. Die Anforderungen an die Bedienung der Synchronisierung sind dadurch geringer als bei feststehendem Bild, die Anforderungen an die Frequenzkonstanz werden dadurch kaum berührt.

Die Reichweite der Impulspeilung hängt außer von der Reichweite der Bodenwelle in gewissem Maße auch von der Impulsbreite ab. Je breiter der ausgesandte Impuls ist, um so höher wird der Sender ausgesteuert und mit um so größerer Amplitude kann der Empfänger anschwingen. Beides wirkt vergrößernd auf die Reichweite. Je größer aber die Entfernung Sender—Empfänger ist, um so schmäler muß anderseits der Impuls sein, damit Bodenwelle und Ionosphärenwelle am Empfänger noch getrennt wahrgenommen werden können, denn sonst ist keine sichere Nachtpeilung möglich. Da sich beide Forderungen widersprechen, gibt es für die maximale nachtsichere Peilreichweite ein Optimum der Impulsbreite, das von der Senderleistung und von der Empfindlichkeit und Durchlaßbreite des Empfängers abhängt.

Die Störanfälligkeit der Impulspeilung kann erheblich geringer sein als die der normalen Hörpeilung. Störimpulse, die ein Vielfaches der Nutzimpulsamplitude betragen, beeinträchtigen den Peilvorgang nicht merklich, da sie nicht synchronisiert sind. Über das stehende Bild der Nutzimpulse huschen sie daher nur lichtschwach hinweg. Auf diese Eigenschaft der Impulspeilung wurde von mir bereits 1933 hingewiesen. Erforderlich ist aber die Anwendung einer besonderen Hochfrequenzgleichrichtung und Niederfrequenzverstärkung, damit auch bei starken Störamplituden der Gleichrichter nicht blockiert wird. Ein drastischer Beweis für diese geringe Störanfälligkeit wurde dadurch erbracht, daß im gleichen Raum, in dem impulsgepeilt wurde, gleichzeitig auf einer nur wenig verschiedenen Welle mit 30 W telegraphie- oder impulsgesendet werden konnte, ohne daß die Peilreichweite merklich zurückging, lediglich die Peilung wurde etwas schwieriger. Mit jedem anderen Peilverfahren wäre eine Peilung unter diesen Umständen ganz unmöglich gewesen. Störungen sind nur dann von wesentlicher Bedeutung, wenn der Störer als Dauerstrich moduliert oder ungedämpft auftritt. Bei Telegraphietastung eines Störsenders bleibt der Impuls jedoch gut erkennbar. Elektrische Geräuschstörungen stören nur dann merklich, wenn ihre Amplitude etwa das Zehnfache der maximalen Impulsamplitude beträgt.

Die für die Impulstastung erforderliche große Bandbreite nimmt zu mit schmäler werdendem Impuls. Sie stellt einen Nachteil des Impulsverfahrens gegenüber der gewöhnlichen Peilung dar. Dieser Nachteil wird aber beim Einsatz mehrerer Sender aufgewogen durch den Umstand, daß alle Impulssender auf der gleichen Welle, also im gleichen Frequenzband arbeiten können. Zur Unterscheidung der einzelnen Impulssender und gleichzeitig als einziges Charakteristikum genügt es, wenn jeder Sender seine eigene Impulstastfrequenz erhält, die von der nächstliegenden nur um 5 bis 10 Hz verschieden zu sein braucht. Damit können die einzelnen Sender bei der Peilung genügend auseinander gehalten werden, denn nur d e r Impulssender gibt ein stehendes Bild im Braunschen Rohr, auf dessen Impulsfrequenz synchronisiert ist. Die anderen Impulssender werden zwar auch empfangen, ihre Impulse laufen aber mit der Differenzfrequenz von z. B. 5 bis 10 Hz durch das stehende Bild des zu peilenden Senders hindurch. Die Peilschärfe wird dadurch praktisch nicht beeinträchtigt. Der Nachteil der großen Bandbreite, die z. B. $\pm$ 3000 Hz bei etwa 0,3 Millisekunden Impulsbreite beträgt, ist durch diese Möglichkeit mehr als aufgehoben, wenn dafür z. B. 10 Sender und mehr gleichzeitig auf der gleichen Welle ohne gegenseitige Störung arbeiten können bei sich überschneidenden Reichweiten.

Für den Einsatz der Impulspeilung im Betrieb ist folgendes zu beachten:

1. Bei der Impulspeilung ist es notwendig, daß der zu peilende Telegraphiesender durch Einschalten eines Zusatzgerätes nach Bedarf impulsgetastet werden kann.

2. Die Impulspeilungen sind den normalen Tagespeilungen vollkommen gleichwertig.

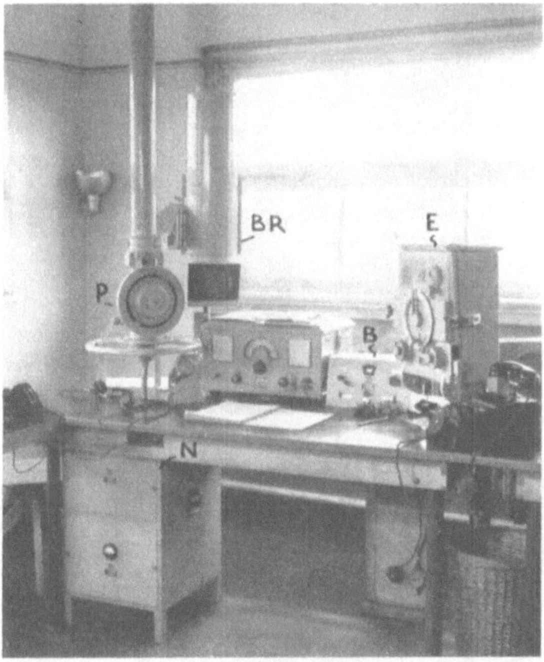

Abb. 4. Einbau der Impulsfremdpeilung (Bauart Telefunken) im Peilhaus des Lufthansa-Flugplatzes Hannover.

P Peilrad. *E* Peilempfänger (2036 N). *BR* Braunsches Rohr. *B* Bedienungsgerät für Impulspeilung. *N* Netzteil und Kippgerät.

3. Richtige Peilungen sind wie bei der normalen Peilung nur im Bereich der Bodenwelle zu erhalten. Wenn also nachts Sender und Empfänger sich aus großer Entfernung nähern, darf nicht schon bei alleinigem Vorhandensein der Ionosphärenwelle gepeilt werden. Bei längerer Beobachtung ist die Bodenwelle an ihrer zeitlichen Konstanz zu erkennen oder an ihrer gleichmäßig mit der Entfernung sich ändernden Amplitude oder Peilung.

Praktische Ergebnisse mit der Impulsfremdpeilung

Die technische Entwicklung der Impulsfremdpeilung wurde 1933 vom Verfasser bei der Deutschen Versuchsanstalt für Luftfahrt (DVL), Berlin-Adlershof, in Angriff genommen. Die damalige Entwicklungsarbeit, die von Oktober 1933 bis Februar 1934 dauerte, endete mit einer zweimonatigen Betriebserprobung im Streckendienst der Deutschen Lufthansa (DLH), die die grundsätzliche Brauchbarkeit der Impulsfremdpeilung im Betrieb erwies. Die Peilschärfen, welche damals in 100 km Entfernung durchschnittlich erzielt wurden, ergaben etwa $\pm 5^0$ Minimumbreite. Als Peilempfänger wurde der Telefunkenpeiler 374 N mit geringen Abänderungen

Abb. 5. Peilhaus Hannover mit Drehrahmen *J* für Impulspeilung.

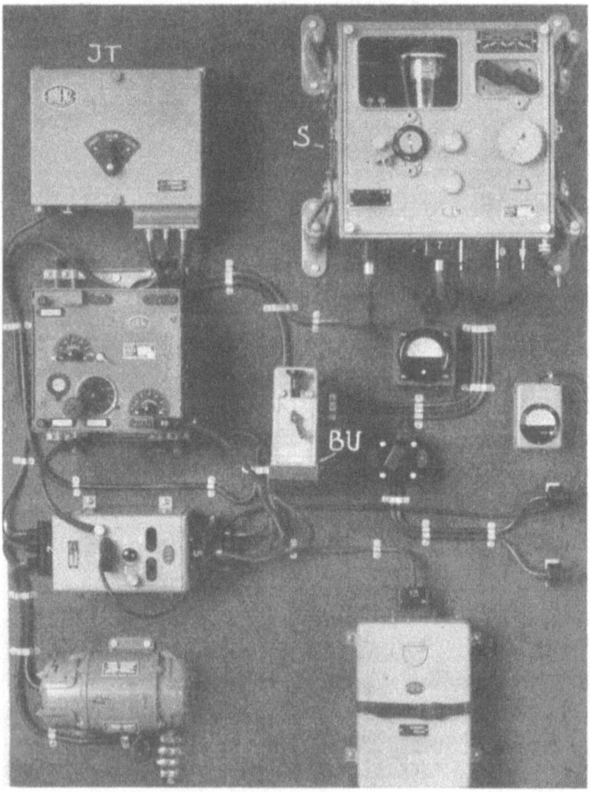

Abb. 6. Impulsgetastete Lufthansa-Funkstation (Bauart Lorenz).
JT Impulstastgerät (Zusatzgerät) mit wählbarer Impulstastfrequenz: 285, 295 und 305 Hz. *S* Sender. *BU* Betriebsumschalter für Übergang von Telegraphiebetrieb auf automatische Impulstastung.

Abb. 7. Aufbau des Impulssende-Zusatzgerätes der Lorenzstation.

benutzt und ein für Impulsempfang entwickelter Widerstands-Niederfrequenzverstärker, der als Zusatzgerät gebaut war.

Späterhin wurde die Boden- und die Bordanlage umgeändert und unter Mitwirkung vom Reichsamt für Flugsicherung, der Erprobungsstelle der Luftwaffe Rechlin, der DVL-Zweigstelle Rechlin und der Firma Telefunken G.m.b.H. mehrfach verbessert. Das Ergebnis dieser Entwicklungsarbeit ist das Gerät 2036 N der Firma Telefunken, Abb. 4 und 5, das z. Z. in mehreren Peilstellen des Flugsicherungsbetriebes im praktischen Betrieb mit Erfolg arbeitet, ferner das zugehörige Impulstastgerät der Telefunken und Lorenz-DLH-Station, welche z. Z. in einigen Nachtstrecken-Flugzeugen der Deutschen Lufthansa eingebaut sind. Die letzteren Geräte sind in Abb. 6, 7 und 8 dargestellt. Von der Firma C. Lorenz A.-G. wird ebenfalls eine Impulsfremdpeilanlage gebaut.

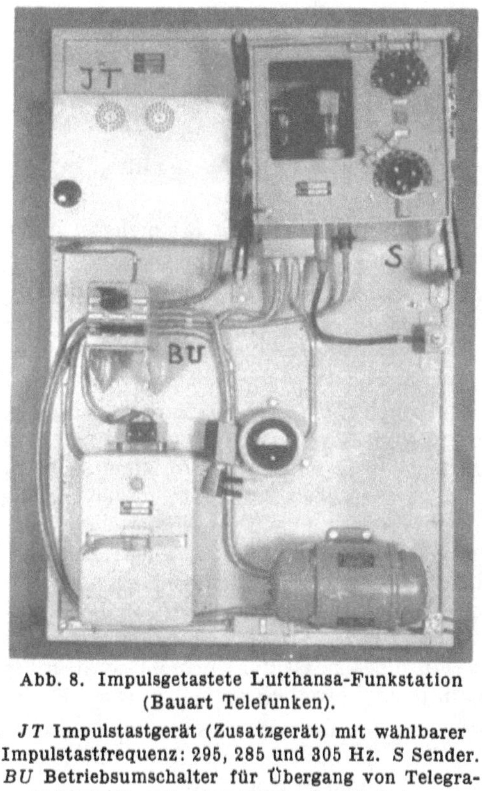

Abb. 8. Impulsgetastete Lufthansa-Funkstation (Bauart Telefunken).
JT Impulstastgerät (Zusatzgerät) mit wählbarer Impulstastfrequenz: 295, 285 und 305 Hz. *S* Sender. *BU* Betriebsumschalter für Übergang von Telegraphiebetrieb auf automatische Impulstastung.

Die Betriebsergebnisse des Impulspeilers (Bauart Telefunken) sind in Abb. 9 dargestellt. Es ergibt sich daraus, daß im Mittel eine Peilreichweite von 150 km erzielt werden konnte bei $\pm 10^0 = 20^0$ Minimumbreite. Unter ungünstigen Bedingungen wurde die gleiche Peilbreite in 120 km Entfernung erhalten, unter günstigen Bedingungen dagegen in 180 km Entfernung. Dabei war der Anflug stets ungünstiger als der Wegflug.

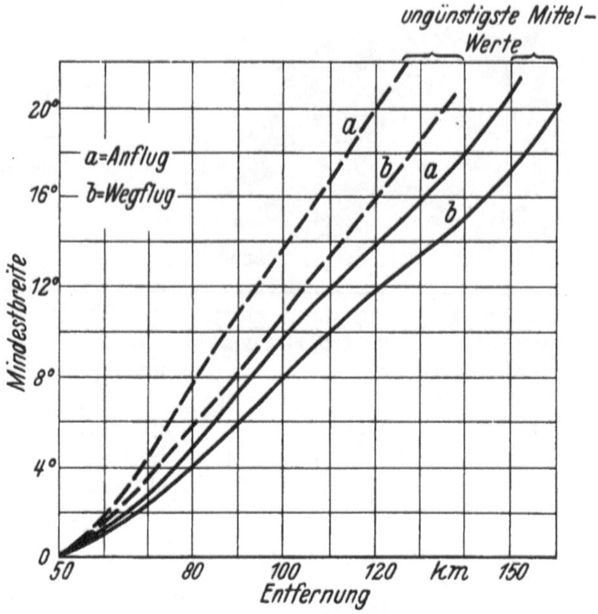

Abb. 9. Peilbreiten der Impulsfremdpeilung (Betriebswerte).

Im Hochsommer bei starken atmosphärischen Störungen ist mit einer Verschlechterung der angegebenen Ergebnisse zu rechnen.

Eine Peilbreite von $\pm 10^0 = 20^0$ hat sich durch die Möglichkeit einer sicheren Mittlung noch als praktisch ausnutzbar für den Betrieb erwiesen.

Die Mittlung soll späterhin automatisch erfolgen, so daß nur eine Ablesung nötig ist und dadurch die für die Ausführung einer Peilung erforderliche Zeit erheblich verringert wird. Ein entsprechendes Gerät wird z. Z. entwickelt.

Die Impulsfremdpeilung hat z. Z. noch nicht die größtmögliche Reichweite, da in der heutigen Anordnung vom Prinzip der Hochtastung noch kein Gebrauch gemacht wurde, im Gegensatz zu den ersten Versuchen im Jahre 1933. Unter Hochtastung ist zu verstehen, daß der Sender für die Impulstastung mit wesentlich höherer Spannung als normal betrieben wird, da die Senderöhren sonst thermisch nur wenig ausgenutzt sind. Der Leistungsaufwand am Sender braucht dabei nicht größer zu sein als bei Telegraphietastung, die Leistung in der Impulsspitze kann aber ein beträchtliches Vielfaches der Telegraphieleistung betragen. Da die Sender hierfür besonders spannungssicher gebaut sein müssen, ist der normale Bordsender nicht ohne weiteres mit Hochtastung zu betreiben.

Für den Einsatz der Impulspeilung im Betrieb ist eine gewisse Umschulung der Peilwachleiter erforderlich, da die Impulspeilung eine Sichtpeilung darstellt, im Gegensatz zur normalen Hörpeilung.

Vergleich der beiden wichtigsten Nachtpeilverfahren

Zum Schluß sollen noch die bekanntesten Nachtpeilverfahren, die Adcock- und die Impulspeilung miteinander verglichen werden.

Die Adcockpeilung hat den Vorteil, daß sich jeder Sender peilen läßt, also keine Vorbereitung am Sender nötig ist. Sie hat den Nachteil, daß sie bei Streustrahlung oder Horizontalrefraktion der Raumwelle nachts mitunter erhebliche Peilfehler geben kann und vorläufig noch empfindlich ist auf Gelände-, Erdboden- und Witterungseinflüsse. Ferner werden für lange Wellen umfangreiche und hohe Anlagen benötigt, die bei Schlechtwetterlandungen ein Flughindernis darstellen können. Die Möglichkeit einer brauchbaren Anwendung des Adcockverfahrens für Flugzeug-Eigenpeilung kann heute noch nicht übersehen werden.

Die Impulspeilung hat den Vorteil, daß sie nachts stets dieselbe Sicherheit gibt wie die normale Tagpeilung mit der Bodenwelle allein, ferner mit ganz wesentlich geringerer Antennenhöhe auskommt als der Adcockpeiler, daß sie für Eigenpeilung sicher anwendbar ist und bei Fremdpeilung vom umgebenden Gelände und Erdboden in gleich geringer Weise beeinflußt wird, wie ein normaler Rahmenpeiler. Der Nachteil der Impulspeilung besteht darin, daß bei ihr vorbereitete, d. h. impulsgetastete Sender erforderlich sind und ein breiteres Frequenzband ausgestrahlt wird.

Die Reichweite der beiden nachtsicheren Peilverfahren läßt sich z. Z. noch nicht genügend vergleichen, da von der Adcockpeilung noch keine für Vergleich geeigneten Ergebnisse vorliegen.

Wo Impuls- und wo Adcockpeilung zweckmäßig angewandt werden, wird sich im Laufe einer beabsichtigten Vergleichserprobung noch ergeben.

Beide Verfahren haben erfreulicherweise den großen Vorteil, daß nach ihrer vollen Einführung in den Flugsicherungsbetrieb der Zustand der Unsicherheit der Nacht- und Dämmerungspeilungen als überwunden gelten kann, wodurch die Nacht-Flugsicherung eine erhebliche Verbesserung erfährt.

Über den gegenwärtigen Stand der Navigation in der Luftfahrt und die vorliegenden Bedürfnisse

Von W. Immler*)

Vorgetragen am 24. September 1935 in Berlin

Um einen Standpunkt zu gewinnen, von dem aus die Zukunftsaufgaben am besten zu überblicken sind, ist es zweckmäßig, den heutigen Stand der Navigationsfrage zu umreißen.

Bei Behandlung luftnavigatorischer Fragen lassen sich deutlich drei Zeitabschnitte unterscheiden. Die erste Etappe kristallisierte sich heraus in der Kriegszeit von 1916 bis 1918 und brach dann jäh ab, um etwa 10 Jahre zu schlummern. Der nächste Auftrieb begann dann um 1927, als die Lufthansa ihre Ziele über die Grenzen Deutschlands hinaus steckte und daran ging, den Ostasienweg und den Südweg auszubauen. Die letzte Etappe setzte ein mit dem Ausbau unserer Luftfahrt und gab der Angelegenheit neben der zivilen eine neue militärische Basis.

Das Kennzeichen aller dieser drei Phasen ist, daß jede wieder von vorn anfing, selten und nur in Einzelheiten auf die Ergebnisse und Erfahrungen der früheren Abschnitte zurückgriff, und die Erfinder mühten sich jedesmal von neuem. Im Vergleich zum Ausland blieb unsere navigatorische Entwicklung durch diese doppelten Anstrengungen langsam zurück, und während wir das Ausland um das Jahr 1930 weit überholt hatten, ist es heute in manchen Dingen wieder unser Lehrmeister.

Auch in diesem Augenblick ist noch ein scharfer Unterschied zu machen zwischen ziviler und militärischer Luftfahrt. Während die Deutsche Lufthansa durch ihre nach dem fernen Süden erstreckten Flüge sich in navigatorischer Hinsicht eine gewisse Stabilität erworben hat, sind wir auf militärischem Gebiet noch fast auf unbeackertem Boden. Bei dem gewaltigen Aufbau, den unsere Luftwaffe in der jetzigen Zeit durchmacht, ist das auch nicht anders zu erwarten gewesen, weil sich in unserer Fliegerei eine Unmenge neuer und junger Kräfte tummeln, die, was zu verstehen ist, zunächst fliegen müssen, ehe sie navigieren lernen. Hier ist unser Ziel, durch sukzessive Ausbildung das Niveau zu heben und auf einen Stand zu bringen, der zu einer sicheren Navigation notwendig ist. Der Stand ist heute so, daß unsere Front vielleicht das Franzen nach der Karte beherrscht, die Grundbegriffe des Kompaßwesens und das Kompensieren zu erfassen lernt und auf dem Gebiete der Windabtrift die ersten theoretischen Erfahrungen sammelt. Bei unserer schnellen Ausbildung ist für weiteres zunächst kaum noch Zeit. Können wir auf der einen Seite den Aufschwung der Fliegerei herzlich begrüßen, so bedauern wir anderseits, daß uns gerade die Schnelligkeit des Aufbaues hindert, mit der gewünschten Gründlichkeit die Navigateure in den ganzen Umfang navigatorischen Wissens einzuweihen.

*) Prof. Oberregierungsrat, Reichsluftfahrtministerium.

Die Ausbildungsfrage

Es ist zur Zeit ein unbestrittenes Bedürfnis, daß dieser Ausbildungsfrage in höchstem Maße das Interesse zugewandt wird. Wir stehen auf dem Standpunkt, daß dieses navigatorische Wissen nicht durch gelegentliches turnusmäßiges Besuchen von kurzen Ausbildungskursen erworben wird. Denn jeder, der z. B. eine navigatorische jahrelange Durchbildung bei der Marine kennengelernt hat, weiß, daß es mit der äußerlichen Erlernung von Verfahren nicht abgetan ist, sondern der Geist der Navigation nur aufgenommen werden kann durch langsames und tiefes Versenken in die dargebotenen Möglichkeiten, durch ein Studium, das nicht allein in der Maschine, sondern letzten Endes auch auf der Schulbank und dort recht gründlich getrieben werden muß. Mag die Stürmigkeit der Entwicklung nun solchen Plänen auch hinderlich entgegenstehen, unser Ziel muß eben die Gründlichkeit der Ausbildung in erster Linie voranstellen. Wir sind dabei, zunächst einmal in mehrmonatlichen Kursen uns tüchtige Navigationslehrer auszubilden, die in alle Geheimnisse der höheren Navigation eingeweiht werden, um dann von dieser Basis aus ihr Wissen weiterzuleiten. Diese Entwicklung muß tunlichst in ein bis zwei Jahren abgeschlossen sein, damit das Feld für uns frei wird in anderer Richtung. Wir sind dabei erfreut, in weitem Umfang auf die Nautiker der seemännischen Praxis zurückgreifen zu können, bei denen uns diese Ausbildung leichter gelingen wird, da diese in zweijährigem Unterricht auf Seefahrtschulen den Geist der Navigationsverfahren aufgenommen haben und den Umfang kennen, und es leichter sein dürfte, auf dieser Grundlage die neuen Aufgaben der Luftnavigation aufzubauen.

Navigatorische Ausrüstung und Flugzeugtyp

Weiter fortgeschritten sind wir glücklicherweise auf technischem Gebiet; gerade im letzten Jahre ist dieser Teil stark vorgetrieben worden. Die Bedürfnisse fangen an, sich sichtbar nach verschiedenen Gesichtspunkten in einzelne Teile aufzulösen, dabei ist ein äußeres Kennzeichen der erstrebte Flugweg sowie der Flugzeugtyp. Kleine Maschinen mit beengtem Raum und beschränktem Aufgabengebiet werden in der navigatorischen Ausrüstung den größeren mit weitgesteckten Aufgaben nachstehen müssen. Es scheint so, als ob sich dabei eine Dreiteilung herausbilden wird. Kleine Maschinen, die nur auf kurze Wegstrecken angesetzt werden, werden sich mit einem Minimum navigatorischer Ausrüstung begnügen müssen, Pilot und Beobachter teilen sich in die navigatorischen Aufgaben. Die Kursführung beschränkt sich auf den einfachen Führerkompaß und die Ortung benützt die Karte, Windabtrift und die damit zusammenhängenden Fragen unterliegen der Schätzung, höchstens der einfachsten Apparatur. Für diesen Zweck interessiert uns hauptsächlich die baldige Herstellung einer einwandfreien Fliegerkarte mit der tunlichst blickreifen Wiedergabe der fliegerisch wissenswerten Bodenoberfläche. Auf diesem Gebiete können wir manches vom Auslande lernen, und es muß unsere demnächstige Sorge sei, mit einem großen Kartenwerke vor den Gebraucher zu treten. Dabei wird sich vielleicht am besten der Maßstab 1 : 500000 für die Streckennavigation und für die besondere Zielfindung ein solcher von 1 : 100000 empfehlen.

Der zweite Typ von größeren Flugzeugen mit Aufgaben über den Bereich von etwa 1000 km wird sich neben diesen Mitteln noch insbesondere einer etwas höheren Ansprüchen genügenden Instrumentation bedienen müssen. Die terrestrische Navigation wird verfeinerte Mittel der Windablenkungsmessung, also besser entwickelte Abtrift- und Windmesser benötigen, und als weiteres Hilfsmittel wird die Ortung durch Funkpeilung maßgebend herangezogen werden. Dabei interessiert uns weniger die Zielpeilung als vielmehr die Eigenpeilung. Die Navigationsverfahren finden ihre Verfeinerung durch Zeichnung und Rechnung in geeigneten Karten, so daß für diesen Fall bereits die Art der Kartenprojektionen eine Rolle spielen dürfte. Die Maschine selbst wird ausgerüstet sein mit mehreren Kompassen, darunter einem Fernkompaß, und mit Blindfluggeräten.

Die dritte Gruppe endlich hat sich die höchste navigatorische Aufgabe zu stellen. Sie darf nicht beschränkt bleiben auf einige wenige Navigationsmittel, sondern muß alle dafür geeigneten Mittel und Verfahren heranziehen. Für ihre Aufgabe, fernste Ziele anzufliegen, gegen Bodensicht abgedeckt zu sein, müssen ihr die Mittel der reinen und abstrakten, rechnenden Navigation zur Verfügung stehen. Die Maschine muß operieren können ohne Zuhilfenahme der Bodennavigation und Bodenorganisation und muß sich über die Funkortung hinaus auch der astronomischen Ortung bedienen können. Dies erfordert aber auf den höchsten Stand entwickelte navigatorische Hilfsmittel und bedarf einer umfassenden Instrumentation und ausgebildeter Methodik.

Forschungsaufgaben

Während für die erste Gruppe die navigatorischen Hilfsmittel in genügender Weise vorhanden sind und nur mehr einer bestimmten Sichtung bedürfen, ist für die zweite Gruppe das Ziel der Eigenpeilung technisch und methodisch noch nicht ganz auf der Höhe. Wir kritisieren dabei weniger die technische Durchbildung des Funkpeilers, die einen Stand erreicht hat, mit dem wir alle im allgemeinen zufrieden sein können, sondern mehr die noch nicht restlos genügende Verwertung. Wir geben uns keiner Illusion hin, wenn wir die Verbindung des Peilers mit dem Kompaßrichtungsweiser auf dem Umweg über das leichtbewegliche Flugzeug als einen für die Auswertung erschwerenden Umstand darstellen. Es ist dabei noch nicht die Frage entschieden, ob hierbei der leichtbewegliche trägheitsschwache oder der trägheitsstärkere Kompaß vorzuziehen ist, und wir versprechen uns viel von der Verbindung mit dem ruhigeren Kurskreisel. Ferner wünschen wir von der technischen Seite die Bekämpfung des Dämmerungs- und Nachteffekts durch Wahl geeigneter Wellen und vermissen sehr eine eingehende Untersuchung über die Wegablenkung der Strahlen verschiedener Sender durch die Bodengestaltung, die jetzt systematisch in Angriff genommen werden sollte. Wir halten die Fixierung der auftretenden Tatsachen für ebenso wichtig wie die magnetische Vermessung der Erdoberfläche.

Über die astronomische Navigation ist zu sagen, daß sie methodisch bereits durchgebildet ist. Wir besitzen aeronautische Rechentafeln und das aeronautische Jahrbuch, das demnächst im zweiten Jahrgang erscheint. Es ist uns eine geringe Sorge, das Verfahren den praktischen Bedürfnissen anzupassen und werden ein wachsames Auge dafür haben, wenn sich hier noch Verbesserungen anbringen lassen. Wir wissen mit der Herausgabe dieser Bücher allerdings selbst, daß wir den Ereignissen damit etwas vorauseilen. Am liebsten wäre es uns gewesen, methodisch und instrumentell zu demselben Augenblick auf den Plan zu treten, weil beide Richtungen eben innig zusammengehören. Aber die instrumentelle Seite läßt noch auf sich warten. Wir haben allerdings heute schon der Luftfahrt angepaßte Chronometer mit Gradteilung, die uns eine Rechenerleichterung versprechen, aber die Beobachtung selbst liegt noch in den Kinderschuhen. Seit dem Kriege quälen wir uns mit dem Libellensextanten herum, um heute auf dem Standpunkt zu stehen, daß jedes System mit der wenig gedämpften Libelle zu keinem Ziele führt. Wir brauchen in der Fixierung des Horizontes stabilere Mittel, und es wiederholt sich dasselbe, was ich vorhin erwähnt habe über den trägheitslosen und trägheitsbehafteten Kompaß. Es ist daher heute das dringendste Bedürfnis, in der instrumentellen Entwicklung sobald wie möglich soweit zu kommen, daß die Frage des künstlichen Horizontes wenigstens auf die Höhe gebracht wird, daß wir in der Lage sind, die gemachten Fehler abzuschätzen. Solange es nicht gelingt, die Genauigkeit dieser Instrumente innerhalb einer bestimmten Grenze anzugeben, wird der Streit, ob astronomische oder Funknavigation die zweckmäßigere ist, nicht ruhen. Ob die Lösung der astronomischen Höhenbeobachtung auf dem Gebiete des Pendelsextanten liegt oder auf der Schaffung eines kreiselstabilisierten künstlichen Horizontes, können wir mit Ruhe entgegensehen. Wir erwarten aber baldigst eine klare Antwort auf die Frage, wie genau das eine oder das andere System in der Maschine zu arbeiten vermag. Unsere Stellungnahme zu diesen Instrumenten wird dann davon abhängen, was jedes System an Genauigkeit leistet, und es wird dann zu entscheiden sein, ob dem einen der Vorzug zu geben sein wird, oder ob innerhalb bestimmter Aufgabenbereiche beide in die Praxis eingeführt werden können.

Für die fernere Entwicklung unserer navigatorischen Bestrebungen ist es also das dringendste Bedürfnis, über die Frage des künstlichen Horizontes baldmöglichst eine klare Entscheidung zu bekommen. Diese Frage berührt sich auch enge mit der Kompaßfrage. Wir sehen mit Interesse den angestellten Versuchen entgegen, einen Flugzeugkompaßkreisel vor uns zu haben, der den Flugzeugbeschleunigungen in höchstem Maße entzogen ist. Wir stellen unsere Hoffnung aber nicht allein auf einen solchen Kreiselkompaß ab, von dem wir wissen, daß er nur in den höchstentwickelten Flugzeugtypen verwendbar sein wird, sondern wünschen von den Kompaßbaufirmen auch eine intensive Beschäftigung mit dem gewöhnlichen Magnetkompaß. Die Bedingungen, unter denen ein Magnetkompaß (im Gegensatz zum Schiff) im Flugzeug zu arbeiten hat, sind durch langjährige Untersuchungen heute so ziemlich geklärt. Trotzdem ist der Flugzeugmagnetkompaß seit dem Kriegsende in seiner Entwicklung kaum weitergekommen. Ob der Weg über magnetgesteuerte Kreiselkompasse oder über kreiselgestützte Magnetkompasse zu gehen hat, die doch immerhin eines ziemlich umfangreichen Apparates bedürfen, oder ob noch Möglichkeiten in einem zweckmäßigeren Bau der Rose, des Kessels oder der Füllung stecken, sollte einer Untersuchung wert sein.

Zusammenfassung

Wenn ich also noch einmal zusammenfassen darf[1]), welches die augenblicklichen Bedürfnisse sind, die uns in der Richtung unserer navigatorischen Aufgaben besonders am Herzen liegen, so sind es folgende Punkte:

1. Schaffung eines geeigneten Kartenwerks für die besonderen Bedürfnisse des Fliegers;
2. Entwicklung der Funkpeilung, Funkortung, insbesondere der Eigenpeilung auf das höchsterstrebenswerte Maß der Genauigkeit und Bekämpfung der störenden Einflüsse;
3. Entwicklung der astronomischen Meßgeräte
   a) in Richtung Pendelsextant,
   b) in Richtung des künstlichen Horizontes für Gestirnshöhenmessung;
4. Entwicklung eines den Flugzeugbedingungen entsprechenden Kreiselkompasses;
5. Weiterentwicklung der einfachen Magnetkompasse, und, um es kurz zu sagen,
6. die Durchtränkung des Personals mit navigatorischem Geist.

---

[1]) Der Inhalt ist teilweise durch die Entwicklung des Jahres 1936 bereits überholt.

Der gegenwärtige Stand der Navigation in der zivilen Luftfahrt und ihre Bedürfnisse

Von Fr. v. Buddenbrock*)

Vorgetragen am 24. September 1935 in Berlin

Wenn ich im folgenden einen kurzen Bericht über die bisherigen Ergebnisse der Navigation im zivilen Luftverkehr gebe, so kann dieser wegen des beschränkten verfügbaren Raums keinesfalls erschöpfend sein. Es kann nur daran gedacht werden, einen Überblick über die Ergebnisse der Praxis zu geben und die Richtung aufzuzeigen, in der nach unserer Ansicht die Entwicklung in der Zukunft zu gehen haben wird.

Wenn heute von Flugzeugnavigation gesprochen wird, so ist damit im wesentlichen die Langstreckennavigation über See zu verstehen, d. h. diejenige Art der Navigation, bei der sich der Führer so gut wie völlig freimacht von festen Beobachtungspunkten am Boden. Auf diesen Strecken, in denen zwangsläufig die feste Grundlage einer dichten und zuverlässigen Bodenorganisation verlassen und der Schwerpunkt auf die eigenen Bordhilfsmittel verlagert wird, erlebt die absolute Navigation, wie sie in der Schiffahrt seit Jahrhunderten entwickelt worden ist, eine neue Wandlung und Erweiterung.

Navigation im kontinentalen Luftverkehr

Im kontinentalen, insbesondere europäischen Luftverkehr wird die Ausübung einer reinen Navigation gehemmt durch die Kürze der zwischen den einzelnen Landungen liegenden Strecken. Vorherrschend ist hier das Element der Streckenkenntnis und aller hiermit zusammenhängenden Erfahrungen. Die Vervollkommnung der Fluggeräte und Flugzeuge selber, die Erhöhung der Geschwindigkeit und damit die Verringerung von Flugzeit- und Windeinfluß wird weiterhin die Wichtigkeit reiner Navigation herabmindern. Das Problem auf diesen Strecken ist heutzutage vielmehr dasjenige geworden, welches in der Schiffahrt mit demjenigen des Hereinlotsens in schwierige Gewässer verglichen werden kann, während das Auffinden eines Zieles unter normalen Bedingungen keine besonderen Aufgaben stellt. Über die Koppelung mit Kompaß und Winddreieck gehen diese Aufgaben im allgemeinen nicht hinaus. Auch bei Blindflug ändert sich die Art dieser Navigation im allgemeinen nicht; erst in unmittelbarer Nähe des Zieles treten die erwähnten Schwierigkeiten auf, welche die Wiedergewinnung der Erdsicht bzw. die Einsteuerung in den Flughafen bieten. Dies sind jedoch Aufgaben der Kleinnavigation, bei denen schnelle Denkfähigkeit, Orientierungssinn und Entschlußkraft die Hauptrolle spielen. Im übrigen fehlt zur Ausübung einer wirklichen Großnavigation in den Flugzeugen dieser Strecken auch die notwendige Einrichtung und entsprechende Personalbesetzung. Ich möchte deshalb auch dieses Gebiet nur kurz streifen.

---

*) Oberleutnant z. See a. D., Deutsche Lufthansa A.G., Berlin.

Soweit im kontinentalen Luftverkehr die Standortbestimmung nicht durch Sichtortung erfolgen kann, treten die Fremdpeilungen des dichtgezogenen Funknetzes an ihre Stelle. In der Zukunft wird der Eigenpeiler sowohl für Standortbestimmung wie Zielflug eine immer größere Rolle spielen. Mit diesen Einrichtungen sollten die Bedürfnisse der Kontinentalen Luftfahrt vorderhand befriedigt sein. Die Kürze der Strecken bzw. der Flugzeit wird auch im allgemeinen für die Standortbestimmung nur Geräte zulassen, welche das Ergebnis mit größter Schnelligkeit bringen. Astronomische Bestimmungen fallen wegen des unverhältnismäßigen Aufwandes und ihrer relativen Schwerfälligkeit gegenüber den anderen erwähnten Einrichtungen daher auch vollständig aus. Eine Ausnahme hierzu werden gegebenenfalls nur diejenigen Strecken bilden, die unter ähnlichen Bedingungen wie die Überseestrecken zu befliegen sind, d. h. reine Luftpoststrecken über große Entfernungen ohne Zwischenlandung.

Navigation im transozeanischen Luftverkehr

Es ist also festzuhalten, daß im innereuropäischen Luftverkehr Probleme der Ortsbestimmung, welche die Entwicklung beeinflussen könnten, im eigentlichen Sinne nicht bestehen. Während die Sachlage auf diesem Gebiet mit fortschreitender Organisation in den einzelnen Ländern immer günstiger wird, da das Ergebnis unmittelbar abhängig von der Dichte und Leistungsfähigkeit des Bodendienstes ist, bleibt das Luftfahrzeug im Ozeandienst mehr oder weniger auf sich selbst angewiesen. Die Zahl der Schiffe, welche in beschränktem Umfange für die Navigation eine Unterstützung sein könnten — analog den Bodenstationen im kontinentalen Verkehr — ist verhältnismäßig gering und ein Ausbau dieser Möglichkeiten nur in sehr engen Grenzen denkbar.

Zur Zeit unserer ersten Versuche im Atlantikdienst beschäftigten sich die an der Langstrecken-Navigation interessierten Kreise vorwiegend mit der Methodik der astronomischen Navigation, während die Gerätefrage demgegenüber eigentlich eine minder wichtige Rolle spielte. Es wurde sehr weitgehend darüber debattiert, welches Rechnungsverfahren am besten zum Ziele führe, und welche Rekordzeiten bei diesen Berechnungen zu erreichen wären. Bei Gelegenheit einer großen Aussprache über diese Navigationsfragen vor dem technischen Beirat der Deutschen Lufthansa im März 1933 unmittelbar vor der ersten Ausreise der Westfalen, hatte ich Gelegenheit unseren Standpunkt dahingehend festzulegen, daß die Auswertungverfahren vom Standpunkt des zivilen Luftverkehrs so gut wie nebensächlich seien, und daß der Hauptschwerpunkt auf die Schaffung einwandfreier Beobachtungen, d. h. wirklich brauchbaren Geräts gelegt werden müßte.

Seitdem sind 2½ Jahre vergangen und — abgesehen von den Erprobungsflügen — über 100 regelmäßige Postflüge über den Ozean ausgeführt worden. Die während dieser Zeit gesammelten Erfahrungen haben uns bewiesen, daß unser damaliger Standpunkt in vollem Umfange durch die Praxis erhärtet worden ist. Es spielt bei der Länge dieser Flüge absolut keine Rolle, ob das Auswertungsergebnis in 1, 2, 5 oder 10 min erzielt wird.

Selbstverständlich ist es durchaus erwünscht, für diese Arbeit so wenig Zeit wie möglich aufzuwenden, und es ist ebenfalls klar, daß je länger und je verwickelter die Rechnung wird, desto leichter sich Irrtümer und Rechenfehler einschleichen. Vom reinen Zeitaufwand aus gesehen liegt aber kein Grund vor, auf allergrößte Geschwindigkeit hinzuarbeiten. Bei diesen Flügen, die stets mit zwei Führern besetzt sind, ist die Beanspruchung des Führers nicht so groß, um nicht auch längere Rechnungen durchführen zu können. Das Flugzeug selbst ist auf diesen reinen Poststrecken mit allen dazugehörigen Einrichtungen wie Kartentisch usw. versehen. Ausschlaggebend ist auf jeden Fall immer nur die Zuverlässigkeit der Beobachtung und die Richtigkeit der Auswertung. Z. B. ist es nicht von erheblicher Bedeutung, ob man auf der Mitte der Ozeanstrecke eine astronomische Beobachtung sofort auswertet oder dies erst nach einer Stunde tut. Wichtig ist nur, daß man sich auf dieses Ergebnis verlassen kann und die Koppelnavigation eine wesentliche Bestätigung oder Korrektur zu einem bestimmten Zeitpunkt erfahren kann.

Von diesem Grundsatz ausgehend haben wir in dieser ganzen Zeit auch keinerlei Einwirkung mehr darauf genommen, welcher Verfahren sich die einzelnen Flugzeugführer bei ihren Ausrechnungen bedienen. Dies ist mehr Gewohnheitssache und individuell häufig sehr verschieden.

Beobachtungsmöglichkeiten auf der Südatlantik-Flugstrecke

Es wäre an dieser Stelle etwas Grundsätzliches zu den Beobachtungsmöglichkeiten überhaupt zu sagen. Wie bekannt sein dürfte, beginnt die eigentliche Langstrecke in Sevilla und endet in Natal. Die Strecke Stuttgart—Sevilla wird mit einer Reihe von Zwischenlandungen geflogen unter den üblichen Bedingungen des europäischen Luftverkehrs. Die nächste Etappe zwischen Sevilla und Las Palmas ist 1600 km lang und entbehrt bereits der üblichen Bodenorganisation. Das gleiche trifft zu für die Strecke Las Palmas—Bathurst, die rund 1800 km lang ist. Auf beiden Strecken bietet sich zwar noch hier und da Gelegenheit zu Erdbeobachtungen, doch sind diese

1. infolge des wüstenartigen Charakters der Gegend recht unzuverlässig und
2. entfällt eine solche Möglichkeit in der Regel bei Nachtflug oder, wenn der Wetterlage wegen der Kurs weiter nach See verlegt oder zum Höhenflug übergegangen wird.

Die rund 3100 km lange Strecke zwischen Bathurst und Natal besitzt zwischen diesen beiden Punkten nur einen terrestrischen Ansteuerungspunkt, nämlich die Insel Fernando Noronha, welche von Bathurst 2650 km entfernt ist.

Auf der Strecke zwischen Sevilla und Bathurst verkehren in der Regel Ju 52-Landflugzeuge und auf der Seestrecke bekanntlich Dornier-Wale von 10 t Fluggewicht. Alle diese Flugzeuge sind mit Gerät für astronomische Beobachtungen ausgerüstet, besitzen jedoch keinen Abtriftmesser. Selbsttätige Steuergeräte befinden sich in der Einführung. Weitere Hilfsmittel, wie z. B. das Echo-Lot sind gelegentlich zu Versuchszwecken in Betrieb. Die Funkeinrichtung besteht aus Lang- und Kurzwellengerät und Eigenpeiler. Teilweise wird an Stelle des letzteren auch bereits das Zielfluggerät von Telefunken benutzt. Diesen Einrichtungen der Flugzeuge entsprechen diejenigen unserer Katapultschiffe, die an den beiden Endpunkten der Seestrecke den Sicherungsdienst versehen und als besonders leistungsfähige Bodenfunkstellen ausgerüstet sind.

Der Flugbetrieb im Süd-Atlantikdienst wurde seinerzeit aufgenommen in der festen Absicht, alle Möglichkeiten der Navigation weitgehend auszuschöpfen und nicht von vornherein einer bestimmten Art den Vorzug zu geben. Wie notwendig dies ist, zeigt schon die Tatsache, daß die Überseeflüge unter ständig wechselnden Bedingungen vor sich gehen. Während der eine Flug sich überwiegend bei Tage vollzieht, wo sowohl mit astronomischen Messungen wie auch Abtrift- und Windbestimmung nach der See gerechnet werden kann, wird ein anderer bei Nacht durchgeführt, fast ausschließlich im Blindflug, ohne jede Beobachtungsmöglichkeit nach außen und unter schweren atmosphärischen Störungen, die unter Umständen auch den Funkverkehr in erheblichem Maße erschweren oder überhaupt zeitweilig lahmlegen. Sie sehen schon hieraus, daß der Flugzeugführer gar nicht in der Lage ist, eine bestimmte Navigationsart eindeutig zu bevorzugen, sondern daß er alle ihm zu Gebote stehenden Mittel je nach Lage zum Einsatz bringen muß. Naturgemäß wird im Laufe der Zeit sich ein Unterschied in der Inanspruchnahme und Bewertung dieser verschiedenen Mittel herausstellen. Aber auch dieser wird sich wandeln, wenn mit der Entwicklung der Flugzeuge die Art der Flugdurchführung sich ändert.

In dem heutigen Entwicklungsabschnitt ist unbestreitbar ein Überwiegen der Funknavigation gegenüber der astronomischen zu beobachten, und zwar aus verschiedenen Gründen. Zunächst ist die Funknavigation, wenn man sie über die ganze Strecke anwenden könnte, zweifellos die bequemste, und zwar sowohl was die Beobachtungen selbst als auch ihre Auswertung betrifft. Sie ist ferner nicht von den Sichtverhältnissen abhängig und nur in beschränktem Umfange von der Wetterlage.

Die Anwendung der astronomischen Navigation ist in den heute üblichen Flughöhen aus Wettergründen häufig nicht möglich, und in vielen Fällen schwierig und unzuverlässig. Zu berücksichtigen ist hierbei allerdings, daß dies in hohem Maße von der Entwicklung der Beobachtungsgeräte abhängt, die in vielfacher Beziehung den Anforderungen noch nicht entsprachen. So hat sich heute im Süd-Atlantikdienst ein System herausgebildet, dessen Grundlage die übliche Koppelnavigation bildet und das sich im übrigen in erheblichem Maße auf die Funkmittel stützt. Die astronomische Navigation wird herangezogen — soweit die Umstände dies erlauben —, d. h. Beobachtungsmöglichkeit gegeben ist. Ihre Ergebnisse bilden vorläufig aber mehr eine Nachprüfung und Bestätigung der beiden übrigen Arten.

Gesetzt den Fall, alle drei Arten würden zu einem bestimmten Zeitpunkt des Fluges voneinander abweichende Ergebnisse liefern, so würde der Flugzeugführer in der Regel seine Wahl nach den Ergebnissen seiner Koppelung und der Funknavigation treffen. Wenn also heute aus genannten Gründen die astronomische Navigation noch nicht als vollberechtigter Teilhaber in dieser Gesellschaft zu gelten hat, so sind sich alle Beteiligten darüber klar, daß ihr in wachsendem Maße Bedeutung zukommen wird, besonders auch auf anderen Strecken, bei denen die allgemeinen Vorbedingungen noch schwieriger sind als diejenigen auf dem Süd-Atlantik. Im übrigen ist sie auch hier ein unentbehrliches Hilfsmittel für Notfälle, d. h. Außenlandungen, bei denen die Peilmöglichkeit bedeutend verschlechtert ist, oder infolge von technischen Störungen möglicherweise ganz ausfällt.

Ein solches Beispiel haben wir — wie bekannt sein wird — erst kürzlich in der Praxis gehabt, als ein Flugboot infolge Wasserverlust während der Nacht mit einem Motor zu fliegen gezwungen war. Hierbei gelang es nach Ausfall des einen Motors, das Flugzeug bei sehr schlechter Wetterlage, Regen und Böigkeit, 6 h lang bis zum Anbruch des Tages im Blindflug zu halten. An eine einigermaßen zuverlässige Navigation war während dieser Zeit nicht zu denken, da beide Flugzeugführer rein physisch mit der Steuerung des Flugzeuges unter den geschilderten Bedingungen vollauf beschäftigt waren. Da außerdem die Staudruckanzeige wegen der abnormalen Anstellung des Flugzeuges zum Teil vollkommen ausfiel, zum Teil falsche Werte ergab, fehlte auch eine brauchbare Grundlage für die Koppelnavigation, und die Flugzeugführer waren somit auf reine Schätzungen angewiesen. Nachdem bei Tagesanbruch die Landung notwendig geworden war, konnte erst die astronomische Beobachtung einen zutreffenden Anhalt für den Standort und die weiteren Maßnahmen des Sicherungsdienstes geben.

Wenn also auf der einen Seite die astronomische Navigation bei dem gegenwärtigen Stand zwar eine sehr erwünschte und notwendige Hilfe, jedoch nicht das Rückgrat der Langstreckenflüge ist, so erfährt sie doch gerade mit Rücksicht auf die zu erwartende Entwicklung unsere besondere Förderung. Im besonderen legen wir Wert darauf, die jungen Flugzeugführer bei jeder sich bietenden Gelegenheit darauf einzuüben und ihnen Erfahrungen zu verschaffen. Wenn wir dann später in der Lage sind, unsere Flüge in großen Höhen, d. h. nach Möglichkeit über der Wolkengrenze durchzuführen, so wird die astronomische Beobachtung in ganz anderem Maße in Anspruch genommen werden können, dies um so mehr, als Windbestimmung und Abtriftmessung ohne Bodensicht Probleme bieten, deren Lösung voraussichtlich noch lange auf sich warten lassen wird. In diesem Zusammenhang seien kurz auch die

Navigationsverhältnisse beim Luftschiff

gestreift. Wenngleich ich nicht ermächtigt bin, hier im Namen der Deutschen Zeppelinreederei zu sprechen, so möchte ich doch den Eindruck wiedergeben, den wir aus den verschiedensten Unterhaltungen mit den Herren vom Luftschiff gewonnen haben. Hiernach wird auf dem Luftschiff in noch stärkerem Maße als auf unseren Flugzeugen mit reiner

Koppel-Navigation gearbeitet, während sowohl die astronomische Beobachtung wie auch die Funknavigation im Vergleich hierzu eine minder wichtige Rolle spielen. Es dürfte zu weit führen, auf die Gründe im einzelnen einzugehen, doch dürfte es im allgemeinen richtig sein, wenn man das Ergebnis mit den besonderen Bordverhältnissen im Luftschiff begründet. Fest steht, daß wegen der geringen Fahrhöhe des Luftschiffes und der besseren Beobachtungsmöglichkeiten nach unten, welche bei Nacht noch durch einen starken Scheinwerfer unterstützt werden, die terrestrische Beobachtung im allgemeinen die Grundlage für die Navigation liefert.

Zuverlässigkeit der Navigationsverfahren

Es wird nun hier voraussichtlich die Frage gestellt werden, welchen Grad von Zuverlässigkeit die augenblicklich üblichen Navigationsverfahren geboten haben. Dazu wäre zu sagen, daß auf der eigentlichen Ozeanstrecke bisher kein Fall zu verzeichnen ist, wo das Flugzeug infolge Versagens oder von Fehlern seiner navigatorischen Mittel das Ziel nicht programmäßig erreicht hätte. Dieses Ergebnis ist naturgemäß im wesentlichen dem Umstand zu verdanken, daß in den Zielhäfen der Seestrecke unsere Hilfsschiffe stationiert sind, die in funktechnischer Hinsicht den besten europäischen Bodenstationen mindestens gleichwertig sind. Somit wird erreicht, daß in den allermeisten Fällen das letzte Stück des Fluges als reiner Zielflug zurückgelegt werden kann. Aber auch hierbei treten doch gelegentlich technische oder atmosphärische Störungen von solcher Stärke auf, daß die Funkverbindung und die Peilmöglichkeit unterbunden ist. Insbesondere sind derartige Schwierigkeiten bekanntlich in den Stunden der Dämmerung zu beobachten, in denen sehr häufig Abflug oder Landung stattfindet. Auch in solchen Fällen konnte der Flug ohne Zwischenfälle und ohne Umwege in dem vorgeschriebenen Hafen beendet werden, wobei zu berücksichtigen ist, daß der beschränkte Aktionsradius der Do-Wale eine größere Navigationsreserve nicht enthält. Trifft das Flugzeug in der Dunkelheit im Zielhafen ein, so wird die Ansteuerung weiterhin durch das kreisende Leuchtfeuer des Schiffes, das normal auf eine halbe bis dreiviertel Stunde sichtbar wird, gesichert. Für die gute navigatorische Arbeit, die auf diesen Flügen geleistet wird, spricht auch der Umstand, daß die Güte des eingesetzten Funkerpersonals nicht immer gleichbleibend sein konnte, weil bei dieser besonderen Art der Tätigkeit im Südatlantik in nicht zu großen Abständen ein Wechsel des Personals notwendig wird, und somit auch Funker mit weniger großer Erfahrung auf diesem Sondergebiet gelegentlich eingesetzt werden mußten.

Die Gerätefrage

Wir kommen nun zu dem beinahe wichtigsten Punkt auf dem navigatorischen Gebiet, nämlich der Gerätefrage. Das Funkgerät hat im großen und ganzen den Erwartungen voll entsprochen und sie zum Teil übertroffen. Einen besonderen Raum nimmt hierbei das Kurzwellengerät ein, das zwar nicht unmittelbar zur Navigation benötigt wird, aber erst die Möglichkeit schafft, eine ständige Verbindung während des Fluges zwischen den Sicherungsschiffen und dem Flugzeug zu unterhalten, Standortmeldungen abzusetzen und weiter entfernt stehende Schiffe, mit denen das Flugzeug auf der langen Welle noch keine Verbindung bekommen kann, auf dem Wege über die Sicherungsschiffe zur Abgabe von Peilzeichen zu veranlassen. Im Falle einer Außenlandung ist das Kurzwellengerät der letzte Rückhalt, da gerade in einem solchen Falle der Wirkungsgrad der Langwellenstation sehr gering ist. Die Zuverlässigkeit dieses Funkverkehrs kann als sehr hoch bezeichnet werden. Es sind damit gelegentlich vom Flugzeug Entfernungen wie zwischen Bathurst und Hamburg und sogar Rio und Hamburg überbrückt worden.

Eine ähnliche Zuverlässigkeit weist das Langwellengerät auf, doch liegt die Reichweite heute noch unter dem gewünschten Maß. Dies wirkt sich darin aus, daß, wie schon oben erwähnt, häufig die Verbindung mit entfernter stehenden Dampfern nicht aufgenommen werden kann. Das Peilverfahren hat sich beim Südflug-Dienst von Anfang an ausgezeichnet bewährt. Wie erinnerlich, wurden in der ersten Betriebszeit, als nur ein Schiff zur Verfügung stand, regelmäßig eine Zwischenlandung Mitte Ozean bei der Westfalen vorgenommen. Bei diesem Verfahren waren einwandfreie Peilungen unerläßlich. Entgegen den von vielen Seiten geäußerten Befürchtungen haben wir in dieser Hinsicht niemals mit Schwierigkeiten zu kämpfen gehabt. Es muß bemerkt werden, daß in dieser ganzen Zeit Peilungen von Katapultschiffen nur in Ausnahmefällen gemacht werden, und in der Regel das Flugzeug selber peilt. An gewissen Punkten der Strecke sind häufig Ablenkungen des Peilstrahls zu beobachten, deren Ausmaß aber in gewissen Grenzen liegt und für die sich anscheinend auch eine bestimmte Gesetzmäßigkeit wird aufstellen lassen.

Wie schon erwähnt, verfügen die Flugzeuge über keine Abtrift-Meßgeräte. Mit den früher eingebauten Geräten wurden keine befriedigenden Ergebnisse erzielt, weil der Einbau in den Flugboden einesteils schwierig war, anderseits die Abtriftmessung nur innerhalb bestimmter Höhen brauchbare Ergebnisse lieferte. Auf die Entwicklung dieses Geräts wurde auch im Verlauf dieser Jahre schließlich deshalb kein besonderes Gewicht gelegt, weil die Schätzung der Abtrift nach der See in der Praxis durchaus zu brauchbaren Ergebnissen führt. Es darf hierbei nicht übersehen werden, daß die Flugbedingungen im Süd-Atlantik allerdings auch besonderer Natur sind, da die Flugstrecke ungefähr in der Windrichtung liegt, auf jeden Fall aber der durchschnittliche Einfluß des Seitenwindes keine besonders hohen Werte annimmt. Es ist sicher, daß auf dem Nordatlantik die Verhältnisse nicht so günstig liegen.

Bei den Geräten für astronomische Navigation kann der Libellensextant noch nicht als restlos befriedigend angesprochen werden. Wenn die Urteile über seine Brauchbarkeit auch nicht völlig einheitlich sind, so steht doch fest, daß die Libelle in vielen Fällen nur sehr unzuverlässige Beobachtungen gestattet. Es ist zuzugeben, daß eine lange Übung und Erfahrung dazu gehört, um aus dem Gerät das mögliche herauszuholen. Dies vorausgesetzt, bleibt immer noch der Eindruck bestehen, daß es mit dem augenblicklichen Gerät noch nicht möglich ist, eine zuverlässige Navigation aufzubauen.

Damit wären die hauptsächlichsten Geräte erwähnt, welche für die Langstreckennavigation in Frage kommen. Die Ausbeute ist also nicht überwältigend groß, und die Verfahren der Langstreckennavigation bei der Luftfahrt sind nicht viel neuzeitlicher als bei der Seefahrt. Es ist weiterhin zu ersehen, daß die Wege für die Entwicklung durchaus klar vorgezeichnet sind und grundsätzlich über die Schaffung von zuverlässigem Beobachtungsgerät führen.

Wege für die Weiterentwicklung

Um mit dem Abtriftmesser anzufangen, der schon seit den Kindertagen der Luftfahrt in den verschiedensten Ausführungen gebaut worden ist, muß von uns die Ansicht vertreten werden, daß auf dem bisher beschrittenen Wege nicht weiter zu kommen ist. Ein Sicht-Abtriftmesser ist in sehr hohem Maße an das Tageslicht und bestimmte Flughöhen gebunden. In allen den Fällen, in denen er benutzt werden kann, ist in der Praxis auch die Augenschätzung des Piloten möglich, die zwar unter bestimmten Bedingungen manchmal weniger genau ist, aber doch in Verbindung mit den übrigen Navigationsmitteln in der Praxis ausreichte. In allen den Fällen aber, wo man einen Anhalt über die Windversetzung viel dringender benötigt, nämlich bei Nacht- und Blindflug, war mit dem bisherigen Gerät nichts anzufangen.

Wenn daher die astronomische und Funknavigation noch in irgendeiner Weise ergänzt werden müssen, so ist es durch ein Gerät, das nicht auf optischen Mitteln aufgebaut ist. Es ist heute schon so, daß 50% der Flüge bei Nacht vor sich gehen, nicht immer im reinen Blindflug, aber doch bei mangelhafter Sicht. Im Nordatlantik, wo die Wetterverhältnisse erheblich schlechter sind, wird der Prozentsatz der Flüge ohne Bodensicht noch wesentlich größer, aber gleichzeitig auch der Windeinfluß ganz bedeutend stärker sein. Wenn man schließlich davon ausgeht, daß im Zuge der Entwicklung die Flughöhe voraussichtlich immer größer werden wird, so kommt ausschließlich ein Abtriftgerät in Frage, das ohne Bodensicht arbeitet. Auf welchem Wege dies zu erreichen sein könnte, ist von uns natürlich nicht zu beurteilen, doch liegen bestimmte Vorstellungen darüber vor. Wenn diese Forderung verwirklicht werden kann, wird der Koppelnavigation eine Hilfe von weittragender Bedeutung geleistet.

Es wurde schon erwähnt, daß auch der Libellensextant in der Praxis noch viele Wünsche offen läßt. Nach bei uns vorliegenden Ergebnissen dürften Zweifel am Platze sein, ob auf diesem Wege überhaupt sehr viel weiter zu kommen ist. Auf jeden Fall sind die Gründe der vielfach auftretenden Fehler nicht ohne weiteres zu erkennen, und es besteht der Eindruck, daß ein grundsätzlich anderer Aufbau des Beobachtungsgerätes vonnöten ist.

Bessere Ergebnisse möchten wir uns davon versprechen, wenn man dazu übergeht, den künstlichen Horizont von dem Beobachtungsgerät getrennt zu entwickeln, was bei dem heutigen Stand der Technik denkbar sein sollte. Der dabei vorherrschende Wunsch ist, vor allem die Zuverlässigkeit der Beobachtung zu verbessern, d. h. zu vermeiden, daß durch die Eigenart des Gerätes unter bestimmten Bedingungen sich nicht nachprüfbare Fehler einstellen.

Die Meßgenauigkeit braucht dabei nicht zu weit getrieben zu werden, wenn man sicher sein kann, daß die Beobachtung auf jeden Fall innerhalb der bekannten Meßgenauigkeit liegt. Eine derartige Sicherheit hat man bei dem heutigen Libellensextanten nicht. Ein weiterer Vorteil der Messung über einen besonderen künstlichen Horizont dürfte darin bestehen, daß der Meßvorgang einfacher wird.

Nächtliche Gestirnsmessungen sind im Südflug-Dienst bisher nur in einem geringen Prozentsatz ausgeführt worden. Dies hängt z. Z. mit den Beobachtungsmöglichkeiten zusammen, im wesentlichen aber auch damit, daß die Beobachtung von Sternen mit dem Libellensextanten im Flugzeug nicht einfach ist, und nach Angabe unserer Führer leicht Verwechselungen eintreten. Es wäre zu überlegen, ob das Gerät noch mit einer besonderen unmittelbaren Visiervorrichtung auszustatten wäre.

Auf die Kompaßfrage braucht an dieser Stelle nicht besonders eingegangen werden, weil grundlegende Probleme in dieser Hinsicht wohl nicht mehr bestehen. Die Einführung des Kreiselkompasses ist sicherlich erwünscht, bedeutet aber nur eine Verbesserung und keine grundsätzliche Änderung. Die bisher bei uns üblichen magnetischen Kompasse haben sich bei sorgfältiger Beobachtung und Überwachung im Dienst bewährt. Auch der Katapultstart hat keinen nennenswerten Einfluß hierauf gehabt.

Anwendbarkeit der Geräte

Nun hängt das Ergebnis der Navigation an Bord nicht nur von der Zuverlässigkeit der Geräte sondern in hohem Grade von der Anwendbarkeit in den verschiedenen Typen ab. Es ist anzunehmen, daß in den kommenden Jahren im Ozeandienst eine Steigerung der Größenordnung bei den Flugzeugen eintreten wird, insbesondere dann, wenn der Fluggastverkehr hinzutritt.

Für eine gewisse Übergangszeit jedoch, die nach unserer Schätzung noch 4 bis 5 Jahre dauern dürfte, werden wir aber an eine gewisse Grenze gebunden sein, die mit der Leistungsfähigkeit unserer Katapultanlage zusammenhängt

Der Zwang zu aerodynamischer Verbesserung führt dabei zu Einschränkungen der Rumpfgröße, die den Beobachtungsmöglichkeiten jedenfalls nicht förderlich sind. Da gleichzeitig die Fluggeschwindigkeiten weiterhin steigen werden, wird auch das Öffnen von Beobachtungsluken nur in beschränktem Umfange möglich sein. Um astronomische Beobachtungen mit der nötigen Zuverlässigkeit machen zu können, wird man daher u. E. zu Einrichtungen kommen müssen, die sich dem Aufbau der gedeckten Maschinengewehr-Kuppeln in den modernen Kampfflugzeugen annähern.

Zusammenfassung

Wenn wir somit das Ergebnis unserer bisherigen Langstreckenpraxis zusammenfassen, so ergibt sich folgendes:

Die Navigation auf den Überseestrecken kann mit den heutigen Mitteln mit genügender Zuverlässigkeit ausgeübt werden, wobei die Koppelnavigation mit Schätzung des Windeinflusses die Grundlage bildet. Unmittelbare Funknavigation tritt hinzu im ersten und letzten Viertel des Fluges durch Rückwärts- bzw. Vorauspeilung. Ergänzt wird diese durch gelegentliche Querpeilungen mit anderen Schiffen. Die astronomische Navigation bildet eine wichtige Unterstützung und Kontrolle, leidet jedoch hinsichtlich ihrer Zuverlässigkeit unter Mängeln des Gerätes. Ihre Wichtigkeit wird auf Strecken mit so ungünstigen Wetterverhältnissen wie im Nordatlantik ganz besonders hervortreten.

Die Forderungen von unserer Seite für die fernere Entwicklung erstrecken sich auf Schaffung eines zuverlässigen künstlichen Horizontes für astronomische Beobachtungen und eines Abtrift-Meßgerätes, das auch im Blindflug eine Anzeige ergibt. Im Vergleich zu diesen beiden Forderungen treten alle übrigen Fragen als untergeordnet zurück. Wenn diese Grundlagen geschaffen sind, dürfte den Bedingungen der Praxis auf lange Zeit hinaus Rechnung getragen sein. Mit fortschreitender Entwicklung der Flugzeuge wird sich im Laufe der Zeit entsprechend der Einführung von Hochflug und der weiteren Abkürzung der Flugzeiten das Schwergewicht zwischen den einzelnen Anforderungen zwar etwas verschieben, der Aufbau jedoch als solcher beibehalten werden.

Auch auf dem Nordatlantik z. B. wird bei der Erhöhung der Fluggeschwindigkeiten der Windeinfluß und damit die notwendige Korrektur immer geringer werden. Die Reichweiten werden sich vergrößern und die astronomische Beobachtung im Höhenflug zuverlässiger werden. Bis dahin aber ist noch ein weiter Weg zu durchlaufen und das Ziel nur zu erreichen, wenn die geschilderten Möglichkeiten nebeneinander die gleiche Förderung finden.

Magnetisch gesteuerte Kompasse

Von G. Wünsch*)

Vorgetragen am 24. September 1935 in Berlin

Erdfeld

Der Richtungsimpuls für alle magnetisch gesteuerten Kompasse wird dem magnetischen Erdfeld entnommen. Abb. 1 zeigt, wie die Feldlinien auf der Erdkugel verlaufen und wie sie in die Erdoberfläche ein- und aus-

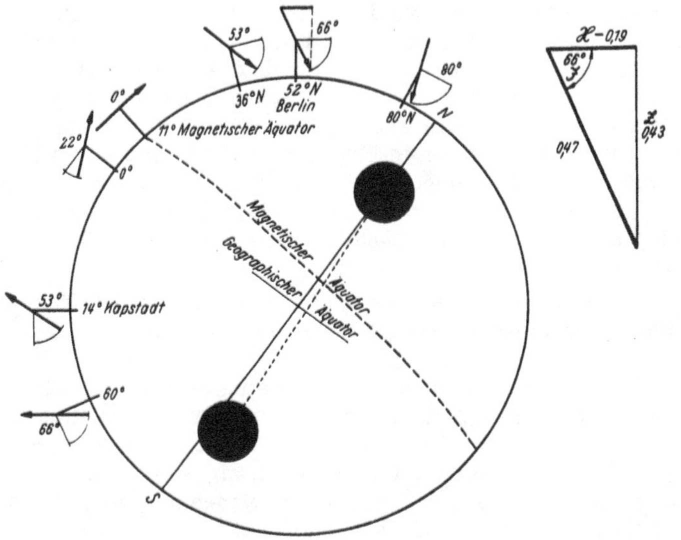

Abb. 1. Verlauf der Feldlinien auf der Erdkugel.

treten. In unseren Breiten fallen die Kraftlinien etwa 70° geneigt zur Erdoberfläche ein. Unter »Kompaßkurs« versteht man die Richtung dieses Erdfeldes, bezogen auf die Horizontalebene. Infolge der Neigung des Erdfeldes tritt ein Projektionsfehler auf, wenn die Bezugsebene gegen die Horizontale geneigt ist, und zwar ergibt in unseren Breiten eine Neigung von 1° gegen die Horizontale einen Projektionsfehler von 2° auf Nord-Süd-Kurs. Vorbedingung für die Ermittlung des Magnetkurses ist also außer der Kenntnis der Richtung des Magnetfeldes die genaue Kenntnis der Horizontalrichtung bzw. der Lotrichtung.

Schiffskompasse

Die erste Entwicklung der Magnetkompasse ist im Schiffsbetrieb vor sich gegangen. Die Drehachse der Magnetnadel wird bei diesen

*) Direktor, Askania-Werke A.G., Berlin-Friedenau.

Kompassen durch pendelnde Aufhängung der Rose lotrecht gehalten. Beim Schlingern und bei Kursänderungen des Schiffes treten Seitenbeschleunigungen auf, die die Lotrichtung verfälschen. Kursänderungen gehen jedoch verhältnismäßig langsam vor sich, und es ist dabei erträglich, daß der Kompaß in der Kurve etwas abweicht, da er ja im wesentlichen zur Ermittlung der Geradeausfahrtrichtung dient. Die Wirkung der Schlingerbeschleunigung sucht man dadurch abzuschwächen, daß die Schwingungsdauer des Magnetsystems groß gehalten wird gegenüber der Schlingerperiode. Im allgemeinen betragen die Schwingungszeiten von Schiffskompassen 30 bis 40 s, während die Schlingerperiode etwa 6 bis 10 s ausmacht.

Es sind hauptsächlich zwei Bauarten entwickelt worden, das Trockensystem und der Fluidkompaß. Beim Trockensystem wird das Gewicht des beweglichen Systems entsprechend dem zulässigen Auflagedruck der Pinne auf etwa 10 g gehalten, und die lange Schwingungszeit wird durch ein großes Trägheitsmoment der Rosenkarte erreicht. Beim Fluidkompaß werden stärkere und schwerere Magnete benützt, und das Auflagegewicht wird durch einen Schwimmer auf das zulässige Maß gebracht. Beim Fluidkompaß läßt sich durch die Flüssigkeitsreibung eine bessere Schwingungsdämpfung erzielen, und hauptsächlich wegen dieses Vorteils sind die Trokkensysteme heute kaum mehr anzutreffen.

Eine weitere Störungsquelle sind die durch die Schiffsmaschine hervorgerufenen periodischen Erschütterungen. Man unterscheidet lineare und zyklisch verlaufende Schwingungen. Im Schiffskörper überwiegen die linearen, die vorzugsweise in einer bestimmten Richtung des Schiffskörpers verlaufen. Unter der Wirkung solcher Erschütterungen sucht sich die Kompaßrose mit ihrer Hauptträgheitsachse in die Erschütterungsrichtung einzustellen. Abhilfe hiergegen ist durch streng symmetrische Ausbildung erreichbar, in der Weise, daß das Trägheitsmoment in allen Richtungen (horizontal) die gleiche Größe hat.

Flugzeugkompasse

Im Flugzeug sind die Erschütterungen um ein Mehrfaches größer und es treten hier auch in stärkerem Maße zyklisch verlaufende Schwingungen auf. Deren drehende Wirkung auf das Magnetsystem konnte dadurch abgeschwächt werden, daß die Pinne, die beim Schiffskompaß im allgemeinen im Kompaßkessel fest war und das Magnetsystem trug, nunmehr im Magnetsystem selbst angeordnet wurde und die aus einem geschliffenen Stein bestehende Pfanne im Kompaßkessel feststand. Außerdem versuchte man, die Erschütterungen durch Aufhängung des Kompasses in Federn oder Gummischnüren zu mildern. Abb. 2 zeigt einen neuzeitlichen Kompaß »Franz«, bei dem das Magnetsystem zwar auch in einer Flüssigkeit arbeitet, aber so leicht ausgeführt ist, daß es ohne Schwimmer das Auflagegewicht von 10 g nicht überschreitet.

Außer diesen Draufsichtkompassen, die wie der Schiffskompaß eine volle Rosenkarte besitzen, sind noch Trommelkompasse entwickelt worden,

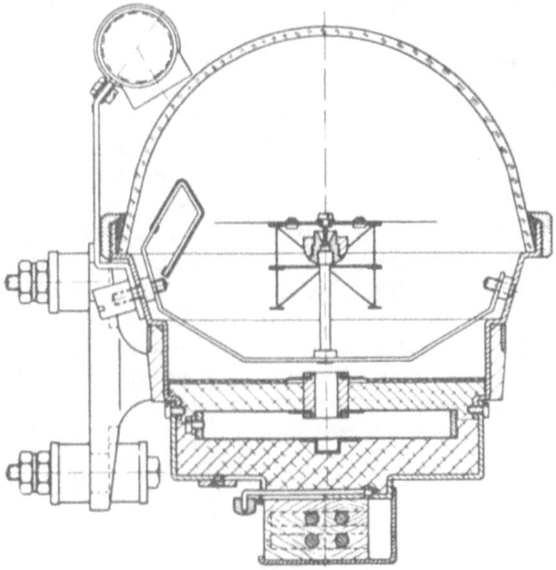

Abb. 2. Flugzeugkompaß »Franz«, Baumuster Lkf 5.

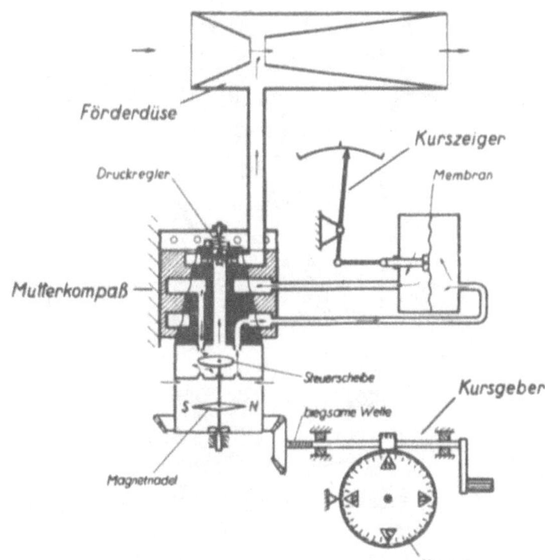

Abb. 3. Schema der Fernkompaßanlage.

bei denen die Rosenteilung auf einer zylinderförmigen Trommel angebracht wird. Diese Ausführung ist für die Unterbringung im Instrumentenbrett geeigneter.

Alle diese Kompasse müssen in unmittelbarer Nähe des Flugzeugführers angebracht sein, da er ja die Rose sehen muß, wenn er danach fliegen soll. Der Platz im oder beim Instrumentenbrett ist aber im allgemeinen wegen der unvermeidbaren benachbarten Eisenmassen ungünstig, und man hat deshalb schon frühzeitig versucht, den eigentlichen Kompaß an einen magnetisch günstigeren Ort zu versetzen und seine Stellung durch Fernanzeige nach dem Instrumentenbrett zu leiten. Die Ausbildung einer Fernübertragung wird jedoch erschwert, weil die Magnetsysteme pendelnd aufgehängt sind, so daß ihre Drehachse sich selbsttätig in die Richtung des Lotes einstellen kann.

Etwa im Jahre 1920 gelang die Herstellung eines Kompaßsystems mit fester Drehachse, wobei die Horizontierung durch pendelnde Aufhängung des Kompaßkessels erreicht wurde. Abb. 3 und 4 zeigen den

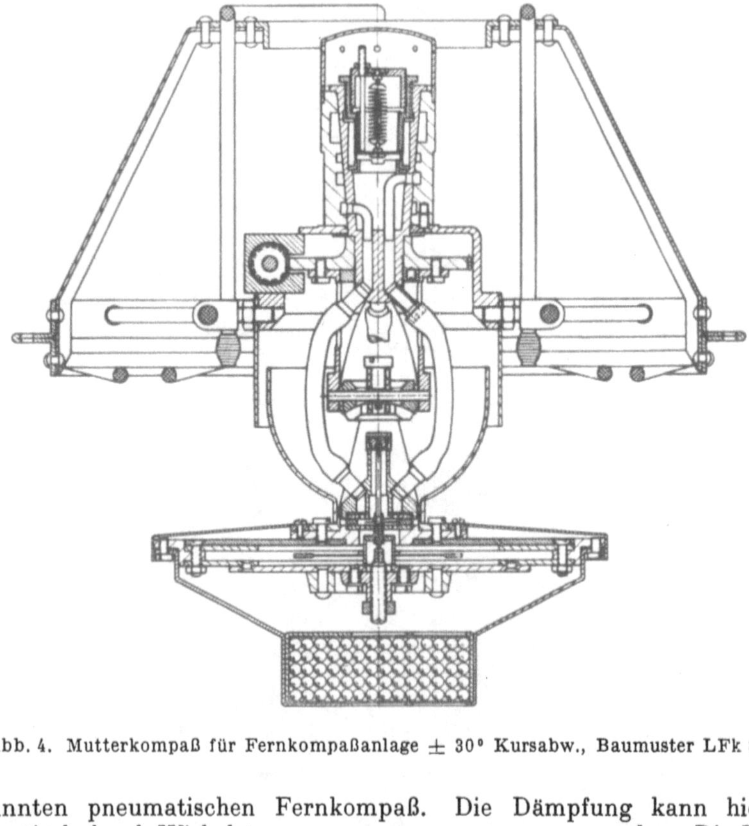

Abb. 4. Mutterkompaß für Fernkompaßanlage ± 30° Kursabw., Baumuster LFk 8.

bekannten pneumatischen Fernkompaß. Die Dämpfung kann hierbei magnetisch durch Wirbelstromerzeugung vorgenommen werden. Die Fernübertragung erfolgt durch Steuerung zweier Luftstrahlen durch eine mit der Systemachse verbundene Exzenterscheibe und Fortleitung des erzeugten Druckunterschiedes auf einen im Instrumentenbrett sitzenden Kurszeiger. Durch eine mechanische Wellenverbindung läßt sich der Kompaß auf einen beliebigen Kurs einstellen, der als Soll-Kurs an einem gleichfalls vorn sitzenden Kursgeber angezeigt wird und bei dem dann der Kurszeiger auf Null steht, wenn der geflogene Kurs mit dem Soll-Kurs übereinstimmt.

Bei gewissen Maschinen sind Schwierigkeiten durch Vibration des Rumpfes aufgetreten. Durch sehr eingehende Untersuchung hat sich jedoch gezeigt, daß sich die Wirkung solcher Erschütterungen durch geeignete Aufhängungen praktisch unschädlich machen läßt.

Schwingungszeit klein oder groß?

Bei der Entwicklung der Flugzeugkompasse bis zu diesem Punkt ist die Frage nach der günstigsten Schwingungszeit immer wieder aufgeworfen worden und hat nicht eindeutig beantwortet werden können. Während beim Schiff praktisch nur die Schlingerschwingung berücksichtigt zu werden braucht, treten beim Flugzeug, insbesondere bei böigem Wetter, Schwingungen jeder Art, Größe und Zeitdauer auf. Es ist also kaum möglich, durch Abstimmung der Magnetsysteme auf eine bestimmte Schwingungszeit aus der erregenden Frequenz herauszukommen, da diese eben alle möglichen Werte annehmen kann.

Für die einzuschlagende Entwicklungsrichtung wären zwei Wege denkbar, einmal der Weg zu ganz kurzen Schwingungen und zweitens der zu außerordentlich langen Schwingungszeiten. Der erstere ist vornehmlich mit dem Plath-Projektionskompaß beschritten worden. Es ist auf diesem Wege durchaus möglich, die Schwingungszeit so kurz zu machen, daß der Kompaß sich fast sofort in die jeweilige Richtung des Erdfeldes einstellt. Diese Fähigkeit ist noch stärker ausgebildet bei dem Erdinduktorkompaß, den Abb. 5 zeigt. Hierbei wird die Richtung des Erdfeldes durch eine umlaufende Drahtschleife ermittelt, und da hier überhaupt keine

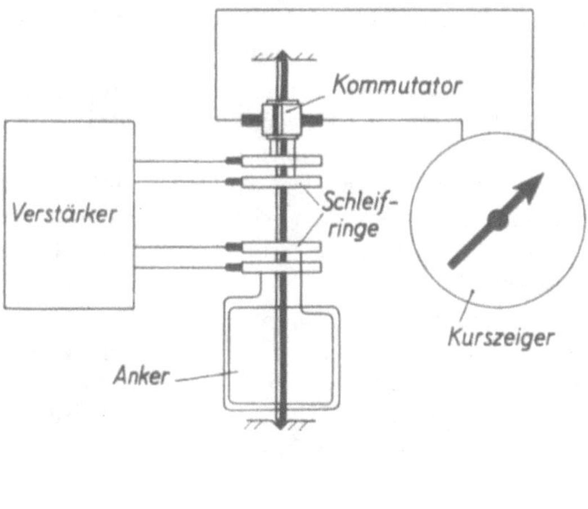

Abb. 5. Erdinduktor mit Verstärker.

schwingungsfähige Masse vorhanden ist, gibt das Kompaßsystem tatsächlich unmittelbar stets die Richtung des Erdfeldes an.

Ebenso ist der sog. Elektronenstrahlkompaß, der mehrfach versucht wurde und bei dem ein langsamer Elektronenstrahl durch das Magnetfeld abgelenkt wird, in seiner Anzeige vollkommen trägheitslos.

Leider aber führt dies nicht zu dem gewünschten Ziel. Der Kompaß zeigt zwar unmittelbar die Erdfeldrichtung an, aber er gibt nicht den gesuchten Kompaßkurs, wenn die Bezugsebene nicht horizontal ist. In den neuzeitlichen Flugzeugen sind nun die Beschleunigungskräfte rund zehnmal größer als bei den Maschinen, die wir vom Kriege her kennen, und infolgedessen zeigt auch das Scheinlot im Flugzeug immer größere Abweichungen vom wahren Lot. Da nun, wie vorher gesagt, eine Abweichung von rund 1^0 bereits 2^0 Kursfehler zur Folge hat, so zeigt sich leider, daß man auf diesem Wege in eine Sackgasse gerät. Man erhält wohl die Feldrichtung, aber nicht den Kurs.

Der andere Weg führt zu Langschwingungszeiten. Das Herauslaufen des Kompasses durch eine Störung in der Lotrichtung soll so langsam erfolgen, daß bei der üblichen Dauer dieser Störungen praktisch keine merkliche Fälschung des Kurses eintritt. Untersucht man diese Forderung näher, so zeigt sich, daß Schwingungszeiten von der Größenordnung 1000 s erforderlich wären. Das ist etwa das Hundertfache des jetzt üblichen. Wollte man nun derartige Schwingungszeiten durch Vergrößerung des Trägheitsmomentes erreichen, so zeigt eine einfache Überlegung, daß dies nicht in Frage kommt. Die Schwingungszeit wächst mit dem Quadrat der Masse, und man müßte diese auf etwa das 10000fache, also 100 kg, vergrößern!

Kreisel

Hier setzt nun der Vorzug des Kreisels ein, bei dem durch zusätzliche Umlaufgeschwindigkeit die Richtungsträgheit sehr stark erhöht wird. Der Kreisel läßt sich wie eine große künstliche Masse verwenden. Die ersten Kreiselsystemgeräte zur Einhaltung eines bestimmten Kurses sind von der Marine zur Steuerung von Torpedos entwickelt worden; sie wurden durch Preßluft angeblasen und hielten den einmal eingestellten Kurs mit großer Genauigkeit über eine Zeit von etwa 20 min ein.

Für den Flugbetrieb sind brauchbare Kurskreisel zuerst von *Sperry* in Amerika herausgebracht worden. Der Antrieb erfolgt gleichfalls durch Luftstrahlen, und das Gerät ist so klein und leicht gehalten, daß es im Instrumentenbrett untergebracht werden kann. Die Anzeige erfolgt durch eine große Trommelrose. Es gelang in letzter Zeit, diesen Kurskreisel mit einer Fernübertragung zu versehen, die ähnlich arbeitet, wie die vorher gezeigte Übertragung am Fernkompaß.

Ein solcher Kreisel verhält sich nun, wie schon gesagt, ähnlich wie eine große Masse, d. h. er hält die einmal eingestellte Richtung eine gewisse Zeit ein, besitzt aber keine eigene Richtkraft und läuft deshalb mehr oder weniger aus dem Kurs, wenn er längere Zeit arbeitet. Es erscheint nun möglich, die Eigenschaften des Kreisels — große Masse, aber keine Richt-

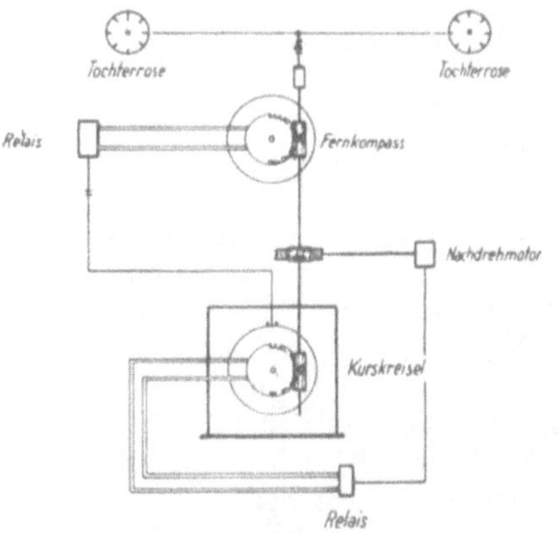

Abb. 6. Kompaßzentrale mit Tochterrosen.

kraft — mit der des Kompasses — Richtkraft, aber kleine Masse — zu verbinden. Abb. 6 gibt eine derartige Schaltung wieder. Sowohl der Kompaß wie der Kurskreisel ist mit einer Fernanzeige versehen, deren Grundwerte durch eine gemeinsame Einstellvorrichtung gleichlaufend verstellt werden können. Diese Verstelleinrichtung wird von dem Kurskreisel über ein Schaltrelais und einen Nachdrehmotor in Bewegung gesetzt, so daß also die Fernübertragung mit ihrer Grundstellung sowohl beim Kurskreisel wie beim Fernkompaß immer dem Kreiselazimut folgt. Stimmt nun diese Richtung nicht mit der Magnetrichtung im Fernkompaß überein, so gibt dieser einen elektrischen Impuls auf das System des Kurskreisels, der so lange wirkt, bis Kurskreisel und Fernkompaß im Azimut übereinstimmen. Die Nachdrehung erfolgt hierbei so langsam, daß sowohl die Schwingungen des Kompasses wie die durch die Flugzeugbeschleunigungen verursachten Auslenkungen sich am Kurskreisel kaum bemerkbar machen. Der Kurskreisel wirkt hierbei als Mittelwertbildner über alle Kompaßrichtungen. Über eine lange Zeit gemittelt, muß diese Richtung dem genauen Kompaßkurs entsprechen. Die angeschalteten, elektrisch fernübertragenden Tochterrosen sind nun gleichfalls von den Kompaßschwingungen unabhängig und geben, wie der Kurskreisel, den wirklichen Magnetkurs.

Magnetkreisel

Die gezeigte Einrichtung erfüllt zwar das gesteckte Ziel, ist aber noch verhältnismäßig vielteilig und umfangreich. In letzter Zeit ist es nun gelungen, in einem einzigen Gerät Kompaß und Kreisel derart miteinander zu koppeln, daß der Kompaß einerseits den Kreisel auf Mittelkurs einsteuert und anderseits der Kreisel das Kompaßsystem mit seiner Drehachse in der Ost-West-Richtung im wahren Lot hält. Die Kompaßdrehachse kann also nur in Richtung magnetisch Nord-Süd schwingen. Dadurch wird zwar die augenblickliche Größe und Richtkraft, aber nicht deren Richtung beeinflußt. Die Erprobung dieses Gerätes ist aber erst im Anfangstadium, und bei der Schwierigkeit des ganzen Problems dürfte es immerhin noch einige Zeit dauern, ehe es herausgegeben werden kann. Wenn dieses Gerät auch im praktischen Betrieb das hält, was es am Versuchsstand gezeigt hat, so würde das für die Kompaßentwicklung einen kräftigen Schritt vorwärts bedeuten.

Der Kreiselkompaß auf Flugzeugen

Von J. W. Geckeler*)

Vorgetragen am 24. September 1935 in Berlin

Im Jahre 1908 wurde das erste Fahrzeug mit einem Kreiselkompaß ausgerüstet; es war das Linienschiff »Deutschland«. Heute sind alle Schiffe der deutschen Kriegsmarine mit Ausnahme der kleinen Sperr- und Bewachungsfahrzeuge mit einem Kreiselkompaß versehen. Von den Handelsschiffen der deutschen Reedereien besitzen die mit 10000 BRT und darüber alle einen Kreiselkompaß, von den Schiffen mit 8000 BRT und darüber sind es noch 66%. Auch das Luftschiff »Graf Zeppelin« hat sich auf allen seinen Reisen des Kreiselkompasses bedient.

Es ist naheliegend, daran zu denken, den Kreiselkompaß auch für die Navigation der Flugzeuge nutzbar zu machen. Tatsächlich beschäftigt sich die Firma Anschütz seit 1923 mit dieser Aufgabe. Denn der für Seeschiffe gebaute Typ ist auf Flugzeugen nicht ohne weiteres brauchbar. Es sind hauptsächlich die folgenden Forderungen, die neu hinzutreten:

1. Verringerung des Gewichtes, der Abmessungen und tunlichst auch des Stromverbrauches,
2. Nachdrehung des Kompaßgehäuses nicht nur um die Hochachse, sondern auch um die zwei horizontalen Achsen, d. h. Stabilisierung des Gehäuses im wahren Horizont,
3. Erhöhung der Trägheit des Kreiselsystems bezüglich der Nordsüdachse und damit Erhöhung der Periodendauer für die Schwingungen um diese Achse.

Dazu kommen noch einige andere Forderungen, die an geeigneter Stelle erwähnt werden.

Die ersten zwei der genannten Punkte stellen im wesentlichen konstruktive Aufgaben. Der letzte Punkt — Erhöhung der Periode für die Schwingungen um die Nordsüdachse — ist vom Standpunkt der Kreiselmechanik aus der interessanteste; er führt aber auch praktisch zu den wichtigsten Folgerungen. Um zu verstehen, weshalb für den Flugzeugkompaß diese Schwingungsperiode erhöht werden muß, ist es notwendig, sich erst einmal

die kreiselmechanischen Grundlagen des handelsüblichen Schiffskompasses

zu vergegenwärtigen. Das richtungweisende System des Anschütz-Kompasses ist eine Kugel, die vollkommen frei in einer Flüssigkeit schwebt. In dieser Kugel ist das Kreiselsystem luftdicht eingeschlossen und befestigt.

Diese Kreiselanordnung ist in Abb. 1 im Grundriß schematisch dargestellt. Es handelt sich um einen Verband von zwei Kreiseln, deren Achsen durch die Schwere quasielastisch an die horizontale Ebene gefesselt sind,

*) Direktor, Anschütz u. Co., Kiel-Neumühlen.

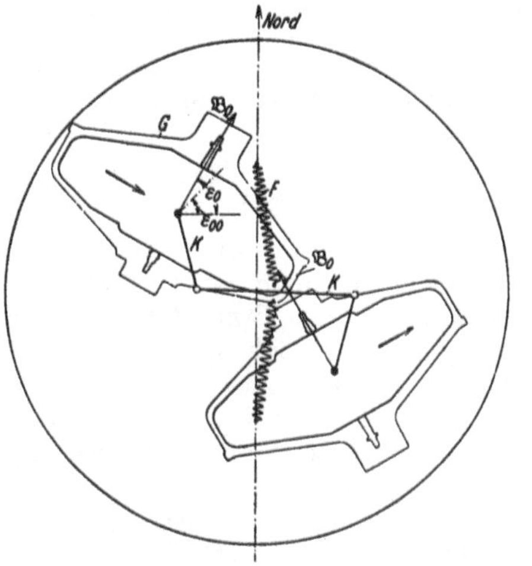

Abb. 1. Schema der Kreiselanordnung beim Anschütz-Kugelkompaß (Typ FM).

indem der Schwerpunkt der schwebenden Kugel um eine Strecke a, die metazentrische Höhe, unterhalb des Kugelmittelpunktes gelegt ist. Jeder der beiden Kreisel ist in einem Gehäuse gelagert, das um eine senkrechte Achse drehbar ist. Diese Kreiselgehäuse sind hinsichtlich der Drehung um ihre senkrechte Achse durch eine Symmetriekoppel so miteinander verbunden, daß diese Drehungen stets um entgegengesetzt gleiche Winkel erfolgen, d. h. daß die Winkelhalbierende der Richtungen der Kreiselachsen stets erhalten bleibt. Da ferner der Drall für beide Kreisel den nämlichen Betrag B hat, so fällt die Drallresultante immer in die Richtung dieser Winkelhalbierenden, sie liegt in der Kugel fest. Wir wollen diese Richtung als Hauptachse des Kompaßsystems bezeichnen. Bei dem für Seeschiffe gebräuchlichen Typ stehen die Kreiselachsen, wenn die Kreisel nicht laufen, aufeinander senkrecht. Nach Gesetzen, die ich als bekannt voraussetzen darf, stellt sich die Drallresultante in die Nordsüdrichtung ein, aber auch jeder einzelne Kreisel für sich hat das Bestreben, seine Achse in die Nordsüdrichtung einzustellen, was eine Verringerung des Winkels der Achsen gegeneinander bedeutet. Diesem letzteren Bestreben wirkt die elastische Kraft einer Feder F entgegen, die die beiden Kreisel verbindet. Beim Schiffskompaß ist diese Feder so bemessen, daß der ursprünglich rechte Winkel zwischen den Kreiselachsen um etwa $1^{1}/_{2}{}^{0}$ verändert wird.

Ist der ortsfest aufgestellte Kompaß in seine Gleichgewichtslage eingeschwungen, so zeigt die Hauptachse, wie schon gesagt, genau die Richtung des Meridians an.

Sie liegt dabei nicht ganz genau horizontal, sondern hat gegen Norden eine geringe Elevation, die für jede geographische Breite bekannt ist und praktisch einige Winkelminuten beträgt.

Ist der Kompaß auf einem Fahrzeug eingebaut und bewegt sich dieses in ostwestlicher Richtung, so ändert sich an dem Verhalten der

Hauptachse nichts. Ist jedoch eine nordsüdliche Fahrtkomponente vorhanden, so tritt eine dieser Komponente proportionale Ablenkung der Hauptachse aus dem Meridian, der sog. Fahrtfehler auf. Diese Ablenkung gehorcht einem einfachen Gesetz; sie kann an Hand von Tabellen oder mittels mechanischer Getriebe eliminiert werden.

Einfluß von Beschleunigungen

Wir sind inmitten der hier interessierenden Probleme, wenn wir zu dem Fall übergehen, daß das Fahrzeug beschleunigt wird. Zwar haben Beschleunigungen in ostwestlicher Richtung keinen Einfluß auf die Kompaßweisung, Nordsüdbeschleunigungen bringen jedoch im allgemeinen die Hauptachse aus ihrer Gleichgewichtslage und veranlassen daher Schwingungen. Diese sind dem Wesen des Kreiselkompasses zufolge sehr langperiodisch und wirken sich als Fehler aus. Es zeigt sich aber nach Aufstellung der Differentialgleichungen für die Schwingung des Kompasses bei beliebiger Fahrzeugbewegung, daß man diese Störungen vermeiden kann durch eine ganz bestimmte Abstimmung von Kreiseldrall und metazentrischer Höhe des Kompaßsystems. Es muß nämlich sein

$$B = m\,a\,(V + v_E).$$

Dabei ist

$B =$ die Drallresultante des Kreiselverbandes,
$m =$ die Masse der schwebenden Kompaßkugel,
$a =$ die metazentrische Höhe,
$V = R\,U \cos \varphi$ die lineare Geschwindigkeit des Kompaßortes infolge der Erdumdrehung,
$v_E =$ die Ostwestkomponente der Fahrzeuggeschwindigkeit.

Setzt man diese Bedingungsgleichung in die Formel für die Periodendauer der Schwingung der Hauptachse ein, so erhält man für diese den Festwert von rd. 84 min. Ein Kompaß mit einer Eigenschwingungsperiode von 84 min wird demnach durch Beschleunigungen nicht gestört. Das wird auch durch die Praxis voll bestätigt.

Man sieht aber aus der angeschriebenen Bedingung, daß diese Abstimmung für jede geographische Breite eine andere ist und daß sie überdies von einer allenfalls vorhandenen Ostkomponente der Fahrzeuggeschwindigkeit beeinflußt wird. Beim handelsüblichen Schiffskompaß erfolgt diese Abstimmung möglichst für eine dem Verwendungsort entsprechende mittlere Breite und man nimmt die kleinen Abweichungen, die sich in anderen Breiten und beim Hinzutreten einer Ostfahrkomponente ergeben, in Kauf; sie sind für Seeschiffe unerheblich. Anders wird es bei Flugzeugen, weil bei diesen sehr viel höhere Beschleunigungen vorkommen und weil die Geschwindigkeit v_E Beträge annehmen kann, die gegen die Umlaufgeschwindigkeit V der Erde (bei uns etwa 900 km/h) nicht mehr vernachlässigt werden können. Die Abstellung dieses Mangels ist eine der vorher nicht erwähnten Forderungen, die an den Flugzeugkompaß zu stellen sind. Wie sie in einfacher Weise erfüllt werden kann, werden wir nachher sehen. Unter der Voraussetzung, daß der Kompaß auf eine Schwingungsperiode von 84 min abgestimmt ist, ist die Elevation der Hauptachse, d. h. ihre Neigung gegen die wahre Horizontale im Gleichgewichtszustand, ebenso groß, wie die Ablenkung des Lotes aus der Richtung der reinen Gravitationsbeschleunigung durch die Zentrifugalkraft infolge der Rotation der Erde. Mit anderen Worten: die Hochachse des Kompasses hat, wenn die Kreisel nicht laufen, die Richtung der Resultierenden aus Gravitations- und Zentrifugalkraft, dagegen, wenn die Kreisel laufen, die Richtung der reinen Gravitationskraft. Dieser Unterschied ist maximal 6′, die Anzeige kann mittels einer Libelle ohne weiteres auf die Lotrichtung bezogen werden.

Das Verhalten der Querachse

Nun haben wir noch das Verhalten der Ostwestachse des Kompasses, wir wollen sie Querachse nennen, zu betrachten. Beim Magnetkompaß hat man der Stabilität der Ostwestachse, d. h. der Periode der Eigenschwingungen um die Nordsüdachse etwa seit 1800 Beachtung geschenkt. Um diese Zeit kamen nämlich die Mehrnadelrosen zur Einführung; ihre Vorteile sind bekannt. In diesem Zusammenhang muß nur darauf hingewiesen werden, daß durch die Verlängerung der Querschwingungsperiode auch ein gewisser Fehler in der azimutalen Weisung vermindert oder vermieden wird, den man Schlingerfehler nennt. Er wird dadurch verursacht, daß ein durch periodische Anstöße (wie sie z. B. durch Seegang, Maschine und Schraube veranlaßt werden) in Schwingung versetzte Rose, deren Trägheitsmomente um die horizontalen Achsen verschieden sind, sich so zu drehen sucht, daß eine Hauptträgheitsachse in die Ebene der Anstöße fällt. Dies bedeutet im allgemeinen eine Ablenkung aus dem Meridian. Beim Einkreiselkompaß, wie er seit 1908 gebaut wurde, liegen ähnliche Verhältnisse vor, und der Schlingerfehler machte sich bald stark bemerkbar. Die durch die Kreiselwirkung erzeugten dynamischen Trägheitsmomente spielen nämlich dieselbe Rolle wie bei der Rose des Magnetkompasses die statischen Trägheitsmomente. Es mußte daher auch beim Kreiselkompaß zur Vermeidung des Schlingerfehlers das Trägheitsmoment um die Nordsüdachse vergrößert werden. In genügend wirksamer Weise kann dies nur dynamisch, d. h. durch Kreiselwirkung geschehen. So entstanden die Zwei- und Dreikreiselkompasse (1912). Die Periode der Schwingungen um die Nordsüdachse betrug beim Einkreiselkompaß etwa 1 s, beim Anschütz-Dreikreiselkompaß etwa 40 bis 60 s. Dies genügt, um den Schlingerfehler praktisch zu beseitigen.

Man ging aber zu noch längeren Perioden über. Beim Anschütz-Zweikreiselkompaß, dem eben beschriebenen Kugelkompaß, der seit 1927 eingeführt ist, werden 12 bis 15 min erreicht. Der Grund für diese weitere Verlängerung der Querschwingungsperiode war, daß bei stark schlingerndem Schiff gelegentlich größere Abweichungen der Querachse aus dem Horizont vorkommen konnten, die dann Fehler geometrischer Natur auch in der azimutalen Anzeige ergeben. Für den Gebrauch im Flugzeug reicht aber auch diese Periode noch nicht aus. Bei den hohen Geschwindigkeiten und Beschleunigungen des Flugzeuges können sich auch bei einer Querschwingungsperiode von 15 min immer noch Neigungen der Querachse ergeben, die die Azimutanzeige in unzulässigem Maße fälschen, ja es kann sogar vorkommen, daß die mit solchen Querneigungen stets verbundenen Bewegungen der Kreisel um die Hochachsen so stark werden, daß sie an die Endanschläge stoßen, das Kompaßsystem dadurch seine Vertikalstabilität ganz verliert und umschlägt. Um solche Mängel ein für allemal zu vermeiden, wird man versuchen, eine strenge Stabilisierung der Ostwestachse im Horizont zu erreichen.

Stabilisierung der Querachse

H. Anschütz-Kaempfe, der 1928 an die Lösung dieser Aufgabe herantrat, vermutete mit Recht, daß diese vollständige Stabilisierung dadurch erreicht werden kann, daß man die Schwingungsperiode der Querachse auf den nämlichen Betrag von 84 min verlängert, der sich für die Schwingungen der Hauptachse als notwendig erwiesen hatte. Die Stabilität der Querachse hängt von der Federfesselung zwischen den zwei Kreiseln ab. Je geringer diese Fesselung ist, um so länger wird die Periode. Hierin liegt die praktische Schwierigkeit, derart lange Perioden zu erreichen, wie sie hier gefordert werden. Die Federkräfte werden nämlich so gering, daß ihr Spiel allzuleicht durch Lagerreibungen u. dgl. gestört wird. Doch hängt die Periode der Querschwingungen nicht nur von der Intensität der Fesselung ab, sondern auch von ihrer Art und Anordnung, d. h. vom Federgesetz. Mit der vorhin geschilderten Anordnung des Schiffskompasses z. B. kann eine Querschwingungsperiode von 84 min nicht erreicht werden; die theoretische Grenze liegt bei 35 min.

Wenn die Gleichheit von azimutaler und Querschwingung nur in einer bestimmten geographischen Breite gewährleistet sein soll, so hat man in der Wahl der Fesselung noch allerlei Freiheiten. Wenn man aber, wie *H. Anschütz-Kaempfe* es von vornherein tat, die Forderung stellt, daß diese Gleichheit in jeder Breite erhalten bleiben soll, so kann dies nur durch eine Fesselung erreicht werden, die wie folgt beschaffen ist:

1. Wenn die Kreisel nicht laufen, so müssen sich ihr Achsen in gleicher Richtung gegenüberstehen.
2. Das Moment der Federkraft, das um jede der beiden Hochachsen wirkt, muß mit $\sin 2\varepsilon$ wachsen, wenn ε die Auslenkung der Kreiselachsen aus der eben beschriebenen statischen Nullage bezeichnet.

Ebenso wie vorhin beschrieben, hat jeder Kreisel für sich das Bestreben, seine Achse in die Nordsüdrichtung einzustellen. Dies führt dazu, daß die Symmetrielinie des Kreiselverbandes, die wir wieder Hauptachse nennen wollen, schließlich in die Nordsüdrichtung fällt, vgl. Abb. 2, während die Kreisel entgegen dem Widerstand der Feder um einen gewissen Winkel ε ausgelenkt sind. Diesen Winkel wollen wir Anstellwinkel nennen. Er ist dadurch bestimmt, daß das Moment der Meridianrichtkraft, das ihn zu vergrößern sucht, gerade ebenso groß ist, wie das rückziehende Moment der Feder. Dieser Winkel ist nun in verschiedenen geographischen Breiten verschieden, weil das Meridianrichtmoment mit der geographischen Breite

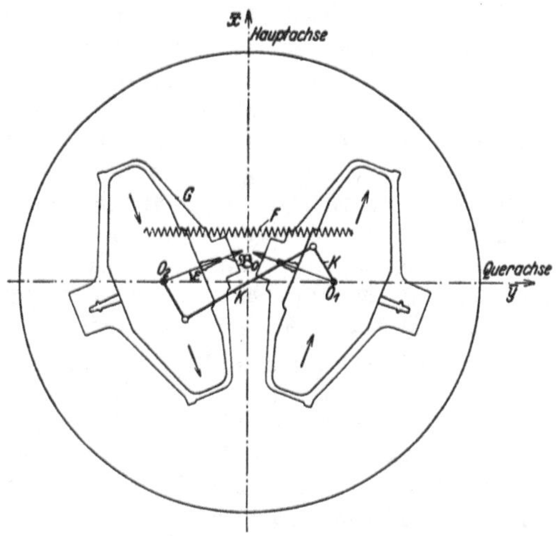

Abb. 2. Schema der Kreiselanordnung beim Raumkompaß.

veränderlich ist: für den ortsfesten Kompaß ist es gleich $B\ U \cos \varphi$. Der Anstellwinkel ist am Äquator größer, als in der Nähe der Pole. Daraus folgt, daß auch die Drallresultante des Kreiselverbandes mit der geographischen Breite veränderlich ist; sie ist $2\ B_0 \sin \varepsilon$.

Einen ähnlichen Einfluß auf Anstellwinkel und damit die Drallresultante hat die Ostwestkomponente v_E der Fahrzeuggeschwindigkeit. Diese wirkt ebenso, als ob die Erde mit größerer oder kleinerer Winkelgeschwindigkeit rotieren würde. Es ergibt sich, daß die Drallresultante

$$B = \frac{2\ B_0^2}{R\ f}\ (V + v_E)$$

ist, wo mit f die Federkonstante bezeichnet ist. Damit nimmt die oben angeschriebene Bedingung für die Beschleunigungsunempfindlichkeit des Systems die Form an:

$$\frac{2\ B_0}{R\ f} = m\ a.$$

Alle hierin vorkommenden Größen sind konstant, d. h. von der geographischen Breite und der Ostwestfahrt unabhängig. Die Erfüllung dieser Bedingungsgleichung verbürgt, daß die Schwingungen von Haupt- und Querachse unter allen Umständen und an jedem Ort stets gleich sind und stets 84 min als Periode haben. Die Drallresultante wird durch das Wechselspiel zwischen Federkraft und Meridianrichtkraft selbsttätig so geregelt, daß die Bedingung $B = m\ a\ (V + v_E)$ stets erfüllt bleibt.

Ergebnisse der strengen mathematischen Untersuchung

Diese Betrachtungen sind natürlich nicht als Beweis für die Beschleunigungsunempfindlichkeit des beschriebenen Systems anzusehen, ganz besonders nicht, was die Ostwestachse betrifft. Ein einwandfreier Beweis[1]) verlangt eine sorgfältige Aufstellung der Differentialgleichungen für die Schwingungen des Systems unter Zugrundelegung einer beliebigen Fahrzeugbewegung und aller auf das System einwirkender Kräfte. Solche folgen aus der Federwirkung, der Schwere, der Bahn- und Radialbeschleunigungen, schließlich sind die Zentrifugal- und Corioliskräfte zu berücksichtigen, die aus der Erdrotation folgen. Es ergeben sich vier simultane Differentialgleichungen mit Störungsfunktionen; letztere rühren von der Bewegung des Kompaßsystems relativ zum festen Raum her. Dieser rein mathematische Teil der Untersuchung muß hier ganz übergangen werden, es können nur die Ergebnisse kurz angedeutet werden.

Es bestätigen sich zunächst streng die Eigenschaften, von denen schon die Rede war: Unabhängigkeit der Periodendauer von der geographischen Breite und der Ostwestfahrt und Gleichheit der dynamischen Trägheit in bezug auf alle Achsen, damit auch Gleichheit der Periode für die Schwingung um jede der drei Achsen.

Eine konstante ostwestliche Geschwindigkeit hat auf den Kompaß keinerlei Einfluß, er verhält sich genau so wie bei ortsfester Aufstellung, d. h. er ist fehlerfrei.

Dasselbe gilt für eine Bewegung mit konstanter Geschwindigkeit in nordsüdlicher Richtung. Nur muß in diesem Falle mittels Tabellen oder mechanischer Getriebe in der Azimutanzeige der schon erwähnte Fahrtfehler eliminiert werden.

Einfluß von Beschleunigungen

Ostwestbeschleunigungen haben auf die Horizontlage der Ostwestachse keinen störenden Einfluß. Für die Hauptachse in nordsüdlicher Richtung ergibt sich ein Fehler im Horizont, der aber selbst bei einer Beschleunigung von 0 auf 300 km/h nur 2′ beträgt. Der azimutale Fehler der Hauptachse kann für Beschleunigungen, die sich über nicht mehr als etwa 5 bis 10 min erstrecken, angegeben werden durch die einfache Formel

$$\Delta \alpha = -\frac{s}{R} \operatorname{tg} \varphi,$$

wo s die während der Beschleunigung zurückgelegte Strecke, R der Erdhalbmesser ist. Der Fehler beträgt also ebenso viele Winkelminuten, wie die Anlaufstrecke in Seemeilen mißt, in unseren Breiten noch multipliziert mit 1,3. Selbst wenn also z. B. bei einem Start eine Startstrecke von 900 m zurückgelegt wird, d. i. rd. ½ Seemeile, so ist der azimutale Fehler nur $\frac{1}{2} \cdot 1{,}3' = 0{,}65'$.

Ungefähr ebenso sind die Verhältnisse bei nordsüdlichen Beschleunigungen. Rechnet man die Fehler für praktisch vorkommende Fälle aus, so ergeben sich meist nur Winkelsekunden. Wir wollen auf die formelmäßige Darstellung dieser praktisch nicht interessierenden Fehler verzichten.

---

[1]) *J. W. Gerkeler*, Ing. Archiv, Bd. 6 (1935) S. 229.

Alles in allem ergibt sich, daß der beschriebene Kreiselverband geeignet ist, auf einem beliebig bewegten Fahrzeug die drei Koordinaten der räumlichen Orientierung nach Horizont und Meridian zu liefern, wobei die Fehler rechnungsmäßig null sind oder unter der Grenze liegen, die praktisch interessiert.

Wir wollen ein solches Gerät, das auf bewegtem Fahrzeug die räumliche Orientierung nach drei Koordinaten ebenso angibt, wie ein gewöhnlicher Kompaß die azimutale Orientierung in der horizontalen Ebene Raumkompaß nennen. Ein solcher ist also gleichzeitig Kompaß und künstlicher Horizont.

Raumkompaß

Wir waren davon ausgegangen zu überlegen, wie der auf Schiffen gebräuchliche Kreiselkompaß so vervollkommnet werden kann, daß er auch den gesteigerten Ansprüchen einer Verwendung auf dem Flugzeug genügt. Es hat sich dann gezeigt, daß der von *H. Anschütz-Kaempfe* angegebene Zweikreiselverband diesen Anforderungen, mindestens vom kreiseltechnischen Standpunkt, genügt; zwangsläufig ergaben sich dabei aber auch die beiden Horizontkomponenten. Es ist ja auch verständlich, daß man ein genaues Azimut nur angeben kann, wenn die horizontale Ebene, d. h. das Lot bekannt ist. Jeder Fehler, der einer Komponente der Orientierung anhaftet, erzeugt aus geometrischen Gründen Fehler in den beiden anderen. Man kennt entweder alle drei Komponenten oder keine genau. Es verdient nochmals besonders vermerkt zu werden, daß ein Verband zweier Kreisel vollständig genügt, um die drei Komponenten streng zu liefern.

Wenn aber die drei Komponenten einmal vorhanden sind, dann empfiehlt es sich auch von allen, also auch von den Horizontkomponenten Gebrauch zu machen, zumal gerade die Ermittlung des wahren Horizontes auf dem Flugzeug zu den fundamentalen Aufgaben des Fluginstrumentenbaues gehört. Man hat dabei an die Navigierung und Steuerung, auch automatische Steuerung, zu denken, ebenso wie an die Stabilisierung von Zielgeräten und Waffen.

Die Übertragung der Weisung von der richtig im Raum orientierten Kompaßkugel auf die verschiedenen Gebrauchsstellen, d. h. auf die verschiedenen Tochterapparate erfolgt in ähnlicher Weise rein elektrisch, wie beim gebräuchlichen Schiffskompaß. Dabei ist die Verstärkung für jede Gebrauchsstelle individuell und dem betreffenden Kraftgebrauch entsprechend vorgesehen. Nun zu den mehr

praktischen Fragen

Was die Genauigkeit betrifft, so ist zunächst noch auf folgenden Umstand hinzuweisen. Wir haben bis jetzt immer nur von dem ungedämpft schwingenden Kompaß gesprochen, obwohl die Schwingungsdämpfung aus praktischen Gründen nicht entbehrt werden kann. Würde es doch ohne eine solche Dämpfung etwa 15 Tage dauern, bis eine irgendwie angeregte Schwingung auf 1% abgeklungen ist. Hierin kommt die ganz außerordentliche und grundlegend wichtige Reibungsfreiheit des orientierenden Systems zum Ausdruck. Die nach dem Prinzip der Frahmschen Schlingertanks künstlich eingeführte Dämpfung verursacht aber Fehler, sobald Beschleunigungen auftreten. Diese sind mathematisch genau errechenbar[2]) und können für jedes Manöver genau angegeben werden. Wir brauchen uns aber damit nicht weiter zu beschäftigen, weil durch automatisches oder von Hand betätigtes Ausschalten der Dämpfung während der Dauer von Beschleunigungen diese Fehler so gut wie vollständig vermieden werden können.

Die Ursache dafür, daß vorerst noch größere Fehler auftreten, als rechnungsmäßig zu erwarten ist, liegt darin, daß es noch nicht gelungen ist, den Kreiselmechanismus ganz genau so zu verwirklichen, wie es den mathematischen Gleichungen entspricht; eine Rolle spielen hier vor allem die Lagerreibung, ferner kleine Störungen in der Stromversorgung und in der Dämpfungsschaltung.

---

[2]) Ing. Archiv Bd. 4 (1933) S. 127.

Rollfeldbefestigung mit Bezug auf Rad- und Sporndruck

Von R. Bilfinger*)

Vorgetragen am 22. November 1935 in Berlin

Von sämtlichen Fachleuten des In- und Auslandes wird ohne weiteres anerkannt, daß eine gute Grasnarbe die beste und wünschenswerteste Oberfläche für ein Rollfeld abgibt; außerdem aber ist bekannt, daß es außerordentlich schwer ist, dieser Idealforderung in allen Fällen bei sämtlichen Bodenarten und unter allen klimatischen Verhältnissen gerecht zu werden. Und selbst wenn es gelingt, so entsteht die außerordentliche Schwierigkeit, den Rasen zu unterhalten und zu verhindern, daß er sich in eines seiner beiden Extreme — sei es Schlamm bei Regenwetter oder Staub bei Trockenheit — verwandelt. Von diesen beiden Möglichkeiten ist die erstere wahrscheinlich einfach zu beheben. In den meisten Fällen wird eine gutziehende Oberflächen-Entwässerung den Boden bis zu einer bestimmten Grenze daran hindern, sich wie Schwamm mit Wasser vollzusaugen und den Platz dadurch unbrauchbar zu machen. Allerdings wird bei sehr schwerem Verkehr und schwerem Boden kein Drainagesystem während der Hauptniederschlagzeiten und während Tauwetter die Schlammbildung bzw. Wasseransammlung, wegen des geringen zulässigen Gefälles von max. 1:50 auf dem Rasenplatz vollständig beheben können. Wenn auch das Rollfeld für einzelne Starts nicht unbrauchbar sein wird, so wird doch dieser Umstand dazu führen, daß der Platz dauernd durch die Laufräder bzw. Sporne derart durchfurcht wird, daß sich seine Unterhaltung von Jahr zu Jahr immer schwieriger gestaltet.

Grasnarbe

Wenn man überlegt, warum die Grasnarbe das Ideal für die Flugplatzbefestigung ist, so ergibt sich, daß die günstigen Eigenschaften der Grasnarbe nicht an den Gräsern selbst liegen, sondern in deren Lebens- und Wachstumsbedingungen. Diese bestehen im wesentlichen darin, daß der Boden eine gewisse Feuchtigkeit zurückhält, und es ist gerade diese Feuchtigkeit, welche sowohl bei den schweren als auch bei den leichten Böden den Boden zusammenbindet. Diese durch Feuchtigkeit hervorgerufene Wirkung wird noch durch Gras- und Wurzelpolster, welche die Bodenoberfläche erheblich verstärken, erhöht. Außerdem wird die Bodenoberfläche durch das Graspolster gegen mechanische Beschädigungen einigermaßen geschützt. Fehlen diese Voraussetzungen, welche das Wachstum und die Unterhaltung des Rasens gestatten oder ist der Flugplatz überbelastet, dann stirbt der Rasen ab, und es muß ein Mittel gefunden werden, den Boden künstlich zu binden. Zugleich muß mit diesen Mitteln die Elastizität und die Bremswirkung des Bodens erhalten werden, welche den Rasen zu einer Ideallösung machen.

---

*) Oberreg.-Baurat, Reichsluftfahrtministerium.

Die Eignung und Lebensdauer eines Rasen-Rollfeldes hängt von verschiedenen Faktoren ab:

1. von der Bodenart und der Qualität des Rasens,
2. von der Anzahl der startenden und landenden Maschinen,
3. dem Rollbetrieb,
4. von der Bereifung der Maschine,
5. von der Ent- und Bewässerungsmöglichkeit.

Bodenbeanspruchung

Es ist eine bekannte Tatsache, daß Flugplätze mit leichten Böden — d. h. sandige Plätze — bei nassem Wetter ohne weiteres beflogen werden können, selbst wenn auf dem Flugplatz keine Grasnarbe vorhanden ist; anders ist das bei schweren Böden, denn hier kann der Platz nur bei trockenem Wetter, ohne Nachteil für den Platz, unter gewissen Voraussetzungen beflogen werden.

Die Anzahl der Starts auf den einzelnen Plätzen ist außerordentlich schwankend; es gibt Plätze mit 1000 bis 1500 Starts im Tage und solche, wo kaum mehr als 5 Maschinen starten, z. B. Verkehrsplätze.

Für die Bodenbeanspruchung durch Flugzeuge sind im allgemeinen vier Fälle zu unterscheiden:

1. das ruhende (stehende) Flugzeug,
2. das rollende Flugzeug,
3. das startende Flugzeug,
4. das landende Flugzeug.

Da die Laufräder sämtlicher Flugzeuge mit Luftreifen versehen sind, ist über die Bodenbeanspruchung grundsätzlich folgendes festzustellen:

a) Der Innendruck im Luftreifen ist immer gleich der Bodenpressung, d. h. der Auflagerreaktion. Die Berührungsfläche der Außenhaut des Reifens mit dem Boden ist automatisch der Quotient aus Belastung und spezifischem Bodendruck $F = \frac{G}{P}$, wenn das Manometer am Ventil einen Druck von P at anzeigt.

b) Bei nicht ruhender Belastung ist der Innendruck des Reifens nicht konstant; infolgedessen ist auch die Bodenpressung nicht konstant. Auf jeden Fall aber ist die jeweilige Bodenpressung immer gleich dem jeweiligen Innendruck des Reifens.

c) Bei dynamischen Beanspruchungen (wie unter b) des Reifens sind die Schwankungen des Innendrucks zur Feststellung der jeweiligen Bodenpressung zu untersuchen.

Nach einfachen Überlegungen kann der Innendruck des Reifens bei einer langsamen Belastungszunahme nicht mehr als 25% über den im unbelasteten Zustande vorhandenen Innendruck liegen. Bei starkem Stoß tritt infolge des nicht möglichen Wärmeabflusses eine Druckspitze innen ein; die Gesamt-Druckerhöhung wird aber auch hierbei nach den an Kraftfahrzeugen gemachten Beobachtungen 50% über den ursprünglichen Innendruck nicht übersteigen.

In einem Fall, und zwar in dem Augenblick, wo die Laufräder des Flugzeuges den Boden berühren, wird erfahrungsgemäß eine bedeutend größere Beanspruchung (wie die oben geschilderte) des Rollfeldes eintreten, und zwar deshalb, weil bei der ersten Berührung die bisher noch im Ruhezustand sich befindenden Räder in eine Beschleunigung versetzt werden müssen, die der Eigengeschwindigkeit des Flugzeuges entspricht. Hierbei treten, wie auch durch Lichtbilder und Beobachtungen bei landenden Flugzeugen bewiesen, außerordentlich starke Schub- und Scherbeanspruchungen im Boden auf. Sie werden dadurch erhöht, daß in vielen Fällen die Piloten bereits vor der Landung die Laufräder abbremsen und infolgedessen noch bedeutend größere Zerstörungen am Rollfeld auftreten. Eine mathematische Erfassung dieser Vorgänge ist außerordentlich schwierig. Aus diesen Überlegungen heraus kann gesagt werden, daß die spezifische Bodenpressung beim rollenden, startenden und landenden Flugzeug bei Verwendung von Niederdruckreifen mit einem Innendruck von 2½ at 3,75 kg/cm² in senkrechter Richtung und bei Verwendung von Hochdruckreifen mit 6 at Innendruck 9 kg/cm² in senkrechter Richtung nicht überschreiten kann.

Aus den Beobachtungen von Landespuren wurde festgestellt, daß die Verwendung von Niederdruckreifen mit einem Innendruck von 2½ at von einem gut gepflegten und gut entwässerten Rasenteppich bei verhältnismäßig wenigen Starts von der gleichen Stelle aus allenfalls ausgehalten werden kann, aber nur dann, wenn die Anzahl der Starts eine bestimmte Zahl von annähernd 50 pro Tag nicht überschreitet und der Rasen nachher Zeit zur Erholung hat. Hingegen hat sich bei diesen Beobachtungen und der Verwendung von Hochdruckreifen gezeigt, daß es keine Rasennarbe geben kann, welche den Beanspruchungen der mit Hochdruckreifen versehenen Maschine auf die Dauer gewachsen ist.

Eine Beanspruchung von 6 bis 9 kg/cm² ist derart groß, daß man, falls diese Art von Bereifung weiter beibehalten wird, auf allen Flugplätzen ohne weiteres zur Schaffung von künstlichen festen Start- und Landebahnen übergehen muß, und ob dies für die Schlagkraft der Luftwaffe das erstrebenswerte Ziel ist, möchte ich auf jeden Fall bezweifeln.

Obwohl ich für die Entwicklung von Flugzeugen nicht zuständig bin, möchte ich für die Herren Flugzeugkonstrukteure eine Anregung geben, und zwar die, daß man bei der Bemessung der Bereifung der Flugzeuge sich nicht allein von den Wünschen bezüglich Start-Geschwindigkeit, Abfederung usw. leiten läßt, sondern auch von der zulässigen und möglichen Beanspruchung der Rasenrollfelder.

Die Beanspruchungen beim startenden und landenden Flugzeug werden immer bedeutend geringer sein, und zwar aus folgenden Gründen:

1. wirkt bei der in Bewegung befindlichen Maschine die Flächenbelastung mit — es kommt also das volle Dienstgewicht der Maschine auf den Boden nicht zur Übertragung;

2. spielt die von dem Reifen geleistete Arbeit auf dem Rollfeld eine große Rolle — d. h. die Zeit, während derer die Belastung auf die einzelnen Bodenteilchen wirkt, ist sehr gering.

Es ist dies die gleiche Erscheinung wie beim Skilaufen; während man auf einem idealen Pulverschnee im Ruhestand mit seinen Skiern ohne weiteres einsinkt, sieht man bei einer richtigen Abfahrt nur noch eine leichte Spur der Skier.

Eine Erklärung darüber, daß eine Rasennarbe trotz der schweren Belastung nicht nach einmaliger Belastung zerstört wird, liegt darin, daß der Rasen wegen seiner Verwurzelung eine gewisse Zähigkeit hat. Er setzt der Belastung durch die Flugzeugreifen einen sehr erheblichen, arbeitsverzehrenden Widerstand, welcher mit der Geschwindigkeit der eingeleiteten Formänderung wächst, entgegen. Die Formänderung bedarf aber infolge der Massenträgheit der einzelnen Teile des Rasens einer bestimmten Zeit, und es wird die Zerstörung des Rasens nur dann eintreten, wenn Pressung und Formänderung eine gewisse Grenze erreicht hat.

Neben der Belastung durch die Räder und den Beanspruchungen durch den Flugzeugsporn ist der Propellerwind ein nicht zu unterschätzender Faktor für die Zerstörung des Rasens. Seine zerstörende Wirkung besteht in der Hauptsache zusammen mit der Wirkung des Rades und Sporns in der durch die Luftbewegung eintretenden Auflockerung des Boden- und Rasengefüges, d. h. die die Wurzeln des Rasens umhüllenden und ausfüllenden Bodenteilchen werden als Staub in die Luft gewirbelt, und die Wurzeln müssen infolge dieses mangelnden Schutzes unweigerlich vertrocknen.

Die Erscheinungen und die Nachteile der Staubbildung sind wohl allgemein bekannt, und es bedarf hierüber keiner weiteren Erörterung.

Aus diesen Überlegungen und gezwungen durch die Unmöglichkeit, auf den meisten Plätzen eine gesunde Rasennarbe zu erhalten, weiterhin aus wirtschaftlichen Erwägungen heraus, haben wir im Laufe des letzten Jahres ein Verfahren entwickelt, welches den Anforderungen des Flugbetriebes gerecht zu werden scheint, und zwar das Bodenmischverfahren im Heiß- und Kalt-Einbau.

Bodenmischverfahren

Das Bodenmischverfahren ist grundsätzlich möglich in allen sandigen Böden, die möglichst wenig wasserlösliche chemisch-aktive oder humusartige Stoffe aufweisen. Über ein Verfahren, lehmige Böden zu binden, sie wasserabweisend und standfest bei Regen zu machen, sind Untersuchungen, über die zu gegebener Zeit berichtet werden wird, im Gange. Das Verfahren ist in Amerika seit längerer Zeit als »mixed in place«-Verfahren bekannt; es wurden jedoch vornehmlich nach diesem Verfahren Böden bearbeitet, die aus grobkörnigen, kiesigen Sanden bestanden. Wo der Boden keine kiesigen Bestandteile aufwies, wurden diese künstlich in Form von Grobkies, Schlacke oder Schotter zugegeben. Das erste Verfahren kann kurz wie folgt beschrieben werden:

Der Boden wurde mit einem asphaltigem Rohöl oder bei Erdölen von geringem Asphaltgehalt mit einem Destillationsrückstand von etwa 65% Asphaltgehalt getränkt. Daraufhin wurde der Boden mit dem »grader« einer Maschine, die den Sand durch häufiges Umlegen mischte, bearbeitet.

Nach dieser Durchmischung wurde der Boden abgewalzt und zunächst dem Verkehr übergeben. Das Verfahren wurde gegebenenfalls nach einem Jahre wiederholt. Die Durcharbeitung des Bodens erfolgte in einer durchschnittlichen Tiefe von etwa 20 cm und mit einem derartigen Asphaltgehalt, daß man ein Durchpflügen des Bodens durch den Flugzeugsporn in Kauf nehmen konnte, ohne dadurch den Bestand der Decke zu gefährden. Infolge der Billigkeit und der bequemen Beschaffungsmöglichkeit der Rohstoffe konnte ein großer Bindemittelverbrauch je m^2 in Kauf genommen werden.

In der vorliegenden Form konnte dieses Verfahren nicht übernommen werden, da uns erstens das Bindemittel nicht in unbegrenzten Mengen und nur zu hohem Preis zur Verfügung steht und zweitens kiesige Böden nur selten vorkommen. Wir haben daher für die Flugplatzbefestigung in Deutschland neue Verfahren entwickelt, die wir zweckmäßigerweise nach der Beanspruchungsart durch die Flugzeuge wie folgt einteilen:

Landeflächen

Die Landeflächen haben drei Forderungen zu erfüllen: erstens müssen sie so fest sein, daß sie ein Einsinken der Flugzeuge bei der Landung vermeiden und daß Beschädigungen des Bodens bei der Landung und beim Ausrollen möglichst nicht vorkommen. Zweitens müssen sie so plastisch sein, daß Maschinen nicht durch einen zu harten Landestoß gefährdet werden und daß der Sporn beim Ausrollen auf der plastischen Fläche so viel Halt findet, daß die Maschine nicht ausbricht; drittens muß sie in ihrer Zusammensetzung dauernd regenerierfähig sein, d. h. sich ohne Hinzubringen von Neumaterialien dauernd von sich aus reparieren lassen.

Roll- und reine Startbahnen

Auf diesen Flächen kommen Landungen im allgemeinen nicht vor, daher kann die Festigkeit der bearbeiteten Fläche so eingestellt werden, daß eine Beschädigung durch rollende Maschinen so gut wie ausgeschlossen ist, und daß die Rollwiderstände selbst auf der Fläche möglichst gering sind.

Aufstellflächen

Da in der Hauptsache bei den Aufstellflächen zeitlich lang anhaltende Druckbeanspruchungen auftreten, so ist bei diesen Flächen ausschließlich Wert auf hohe Druckfestigkeit zu legen.

Ich will in folgendem versuchen, die für die drei vorgenannten Belastungsfälle entwickelten Verfahren im einzelnen zu beschreiben.

Befestigung bei Landeflächen

Bei den Landungsflächen soll, wie wir bereits erwähnten, das Bindemittel so weich sein, daß der damit behandelte Boden eine genügende Standfestigkeit für den Rollverkehr aufweist, dabei aber nicht zu fest wird. Es muß verlangt werden, daß das Bindemittel diese Eigenschaften über eine möglichst lange Zeit beibehält. Die Festigkeit des mit Asphalt gemischten Bodens hängt aber nicht nur vom Bindemittel, sondern auch von der Eigenfestigkeit des Sandes ab. Böden mit einer hohen Druckfestigkeit — es handelt sich dabei in der Hauptsache um gut abgestufte und kiesige Sande — können mit einem dünnflüssigeren Bindemittel auf die gleiche Endfestigkeit gebracht werden wie z. B. Feinsande ohne jede Kornabstufung. Falls ein Sand mit guter Kornabstufung die Verwendung verhältnismäßig dünnflüssiger Bindemittel zuläßt, so ist es durchaus möglich, diese Böden mit einem Bindemittel zu mischen, das sich während des Mischvorgangs und auch nachher in keiner Weise sehr nachzuverfestigen braucht. Das Bindemittel kann also ausschließlich aus Asphalt und möglichst schwerflüssigen Ölen bestehen, die ihren Charakter auch über Jahre hinaus nicht ändern werden. Will man dagegen Sande mit geringer Eigendruckfestigkeit in der gleichen Weise verfestigen, so ist man gezwungen, den zu verwendenden Asphalt ganz oder zum Teil mit Fluxmitteln von niedrigem Siedepunkt zu verschneiden. Man erreicht dadurch, daß das Verschnittmittel während des Mischvorgangs und nachher aus dem Asphaltsandgemisch entweicht und daß dadurch eine Nachverfestigung des gemischten Bodens bis zur gewünschten Festigkeit eintritt. Durch eine geeignete Wahl des Verhältnisses zwischen Asphalt, hochsiedendem Fluxmittel und niedrigsiedendem Fluxmittel kann erreicht werden, daß sich die gewünschte Endviskosität des Bindemittels nach einer vorauszubestimmenden Zeit einstellt.

Dieses Verfahren hat jedoch folgende Nachteile: erstens stellt sich die verlangte Bodenfestigkeit erst nach Ablauf einer gewissen Zeit ein. Der Platz kann also nicht sofort dem Verkehr übergeben werden. Zweitens sind die niedrigsiedenden Bestandteile des Asphaltölgemisches verhältnismäßig schwer und teuer zu beschaffen. Da sie außerdem aus dem Belag herausgehen müssen, sind sie als Bindemittel vollständig wertlos. Man muß also um den Betrag des Fluxmittels, das aus dem gemischten Boden entweicht, mehr Gesamtbindemittel in den Boden hereinmischen.

Da dieses Verfahren bei den hohen Bindemittelkosten in Deutschland zu unwirtschaftlich ist, haben wir folgendes Verfahren entwickelt, um mit Sicherheit jede notwendige Verfestigung des Bodens zu erreichen.

Der Boden wird mit einem Bindemittel gemischt, das ausschließlich aus Asphalt und aus Ölen als Fluxmittel besteht, die größtenteils erst über 360° sieden. Solche Öle sind in Deutschland verhältnismäßig leichter zu beschaffen als unter 300° siedende Öle, weil diese zu Hydrierungszwecken dringend benötigt werden. Nachdem der Boden mit diesem Bindemittel genügend durchmischt ist, wird in das noch zu weiche Sand-Asphaltgemisch so viel gemahlener Hartasphalt zugegeben, daß mit Sicherheit und vor allem sehr schnell jede gewünschte Endviskosität des Bindemittels und damit jede gewünschte Festigkeit des gemischten Bodens erreicht werden kann. Da das Hartasphaltpulver mit den Ölen zusammen ein neues Bindemittel bildet, werden sämtliche verwendete Stoffe restlos zur Bindung des Sandes ausgenützt. Das vorgenannte Verfahren hat noch den Vorteil, daß man dazu an Stelle des Asphalt und der Asphaltöle Teerschweröle mit Weichpechzusatz, also nur deutsche Materialien verwenden kann, die durch späteres Zumischen von gemahlenenem Hartpech beliebig nachverfestigt werden können. Dadurch, daß man in der Lage ist, Teeröle zu verwenden, deren Siedepunkt über 360° liegt, ist die Gefahr einer Versprödung, wie sie bei normalen Straßenteeren auftritt, beseitigt.

Falls später, d. h. nach Jahren einmal doch noch eine unangenehme Nachhärtung der nach vorstehendem Verfahren gemischten Böden auftreten sollte, so kann die gewünschte Elastizität ohne weiteres durch Anspritzen der Fläche mit Schweröl wiederhergestellt werden. Die Böden, die immerhin noch große Hohlraumgehalte aufweisen, werden das aufgebrachte Schweröl verhältnismäßig schnell und gleichmäßig in sich aufnehmen.

Über die maschinelle Bearbeitung der vorgenannten Flächen ist folgendes zu sagen: Falls der Boden mit Gras bewachsen ist, oder oben eine stark humushaltige Schicht führt, wird er durch Pflügen so tief umgelegt, daß ein möglichst reiner Sand nach oben kommt. Daraufhin wird der Boden mit Walzen angedrückt und aus Tankwagen, die im allgemeinen wegen der geringen Festigkeit des Bodens auf Raupen laufen müssen, je nach der Stärke des verlangten Belages mit mehr oder weniger Bitumen getränkt. Als Stärke des Mischbelages genügt im allgemeinen 10 cm. Daraufhin wird der Boden mit Bodenfräsen auf die vorgeschriebene Tiefe durchgemischt und dann abwechselnd so oft abgewalzt und gemischt bis eine genügende Verteilung des Bindemittels in dem Boden erfolgt ist.

Die Verwendung des Graders ist bei unseren sandigen Böden nicht möglich, da man mit diesem Bodenmischer keine Klumpen zerteilen kann. Eine starke Klumpenbildung ist aber bei feinsandigen Böden, vor allem wenn sie noch humusartige Teile enthalten, nicht zu vermeiden. Die Fräse zerteilt aber infolge der schnell anlaufenden Fräswelle diese Klumpen. Dann wird mit Streumaschinen Asphaltpulver auf die so vorbereitete Fläche aufgebracht, das ebenfalls in mehreren Frägängen in den Boden gemischt wird. Zum Schluß wird der Belag mit Walzen oder Raupentraktoren so lange abgewalzt, bis eine merkliche Festigkeitserhöhung durch weiteres Walzen nicht mehr eintritt. Nach diesem Verfahren wurden bisher zwei Plätze bearbeitet, der eine mit 12 kg/m² Asphalt ohne Asphaltpulverzugabe, der andere mit 8,5 kg Weichasphalt und 1,5 kg Asphaltpulverzugabe. Es ist möglich, daß sich im nächsten Sommer die Notwendigkeit ergibt, den ersten Platz durch Asphaltpulver nachzuverfestigen, da bei der Bearbeitung dieses Platzes das Verfahren der Verfestigung mit Asphaltpulver noch nicht genügend ausgearbeitet war.

Das vorgenannte Bodenmischverfahren läßt Leistungen von etwa 10000 m² in einem Arbeitstag zu.

Verfestigung für Roll- und Startbahnen

Für Roll- und reine Startbahnen ist im allgemeinen eine stärkere Verfestigung des Bodens notwendig, um Verletzungen des Belages und Rollwiderstände auf ein Minimum herabzudrücken. Man kann dies erstens dadurch erreichen, daß man dem Sand die Bestandteile zugibt, die zur Erreichung einer guten Kornabstufung und damit einer guten Festigkeit notwendig sind. Auf der anderen Seite kann man eine größere Festigkeit des fertigen Belages durch Wahl eines zähflüssigeren Bindemittels erreichen.

Es wird von Fall zu Fall zu entscheiden sein, ob man die eine oder die andere Möglichkeit zur Erzielung einer höheren Bodenfestigkeit wählt. Es sei hier nur das gesagt, daß man durch Wahl einer sorgfältigen Abstufung die Druckfestigkeit und durch Wahl eines zäheren Bindemittels die innere Zähigkeit des Belages erhöht. Eine Decke, die durch Wahl eines zäheren Bindemittels druckfester gehalten wird, wird gegen Bewegungen des Belages durch den Verkehr oder durch Bodensenkungen unempfindlicher sein als beispielsweise ein Belag, der durch Füllerzugabe druckfest gemacht wurde. Bei diesem Belag werden durch die Zugabe von Füller die Oberflächen des Minerals enorm vergrößert, das Bindemittel wird auf eine sehr geringe Schichtstärke verteilt, so daß ein solcher Belag eher zu Rißbildungen neigt als ein Belag, zu dessen Verfestigung ein zäheres Bindemittel verwendet wurde. Infolge der dünnen Schichtstärke sind die einzelnen Kornteilchen wenig klebefähig und außerdem sind sie wenig durch Bitumen belastet. Wenn also Teile aus solchen Decken durch Flugzeuge herausgerissen werden, so werden sie im Propellerwind weggeblasen und eine Staubentwicklung bewirken, die man vermeiden wollte. Außerdem ist noch zu sagen, daß Füllerzugabe Geld kostet und daß man zweckmäßigerweise die Decke mit härteren und dafür mit mehr Bitumen mischt.

Es ergibt sich hieraus, daß man die Druckfestigkeit des Mineralgemischs möglichst durch Mischung verschiedener Sande erhöhen soll, da dadurch die Oberflächen nicht zu stark vergrößert werden. Falls man infolge verlangter besonders hoher Druckfestigkeiten dieser Beläge mit Asphalten von besonders hoher Härte bzw. mit hohen Asphaltpulverzugaben arbeiten muß, so empfiehlt es sich, diese Beläge mit einer Oberflächenbehandlung zu versehen. Die zur Zeit liegenden Beläge dieser Art, die allerdings, wie wir nachher zeigen werden im Heißverfahren bzw. mit Emulsion gemischt wurden, zeigen jedoch, daß man die Oberflächenbehandlung so gestalten muß, daß eine Reibung der Flugzeugsporne an der Oberfläche möglichst vermieden wird, da sonst erstens ein starker Verschleiß der Sporne eintritt und außerdem durch Ankleben der heißen Sporne an der Oberfläche Beschädigungen der Decke eintreten können. Es wird in vielen Fällen genügen, die Oberfläche dieser Beläge durch Einfegen von Kalksteinmehl oder noch besser durch Einfegen von Hartasphaltpulver, das wir zur Zeit mit gutem Erfolg verwenden, nachzudichten.

Verfestigung von Abstellflächen

Für reine Abstellflächen liegt der Belastungsfall grundsätzlich anders. Es treten reine statische Druckbeanspruchungen über längere Zeit auf, so daß die Zähigkeit der Decke nicht mehr die Rolle spielt wie bei den hauptsächlich dynamischen Beanspruchungen der Belastungsfälle auf den Start-, Lande- und Anrollbahnen. Dauerdruckfestigkeiten können nur erzielt werden, wenn man durch geeignete Kornabstufungen eine genügende Druckfestigkeit des Mineralgerüstes selbst erzielt. Man kann dies durch Mischung geeigneter Sande, durch Zugabe von Füller oder, um gleichzeitig eine Erhöhung der Zugfestigkeit zu bekommen, durch Zugabe von billigen Abfallsplitten oder Steinsand erreichen. Steinsand erhöht erstens die Druckfestigkeit des Belages dadurch, daß er die Kornabstufung verbessert und zweitens dadurch, daß er die innere Reibung des Mineralgerüstes durch seine Scharfkantigkeit erhöht.

Für Abstellflächen, Vorfelder usw. wird im allgemeinen das Verfahren, das nach dem amerikanischen mixed in place-Verfahren entwickelt wurde, nicht anwendbar sein, da man zur Erzielung gleichmäßiger und guter Druckfestigkeiten den Boden ganz besonders sorgfältig mischen muß. Wir haben daher das Verfahren dahingehend abgeändert, daß der Boden entweder aus der Vorfeldfläche selbst aufgenommen oder einer besonders geeigneten Stelle des Platzes entnommen wird, und dann in Großmischaggregaten gemischt und in der Vorfeldfläche eingebaut wird. Es sind hierzu drei Einzelverfahren entwickelt worden:

1. Der Sand wird in einer Mischmaschine, die für Heiß-Asphaltstraßenbau gebräuchlich ist, zunächst erhitzt, dann mit einem heißen Bitumen von einer Penetration, die zwischen 60 und 300^0 wechseln kann, unter Zugabe von Füller oder Steinsand als Zuschlagsstoffe gemischt und in zwei Schichten, von denen die obere fetter sein kann als die untere, eingebaut. In Anbetracht der möglichen Zerstörung der Decke durch abtropfende Öle usw. empfiehlt es sich, diese Decken mit einer besonders guten Oberflächenbehandlung zu versehen. Bei der Festsetzung der Druckfestigkeit der Decke nützt es nichts, wenn man sich dabei auf die asphaltierte Fläche allein beschränkt. Die Stärke der asphaltierten Fläche und die Festigkeit des Bodens unter der asphaltierten Fläche spielen bei der Gesamtfestigkeit des Belages eine erhebliche Rolle. Wenn z. B. auf die asphaltierte Fläche ein Druck ausgeübt wird und wenn die Asphaltdecke für sich allein imstande ist, diesen Druck aufzunehmen, dann gibt sie an den Untergrund einen Druck weiter, der etwa mit dem Quadrat der Deckenstärke kleiner wird. Man muß also die Deckenstärke so groß wählen, daß der Druck, der von der Asphaltdecke weiter übertragen wird, nicht größer ist als die Standfestigkeit des Bodens, auf dem die Asphaltfläche liegt. Die Stärke der Asphaltdecke kann also geringer gehalten werden, wenn die Standfestigkeit des Bodens größer wird. Dadurch ergibt sich, daß eine gute Bearbeitung des Untergrundes die Vorbedingung für die Haltbarkeit der Decke ist. Gibt die Asphaltdecke auf den Untergrund einen stärkeren Druck ab als dieser vertragen kann, so wird sich die Asphaltdecke trotz der an sich genügenden Druckfestigkeit durchbiegen. Hat man für die Asphaltdecke ein plastisches Bindemittel genommen, so wird diese Durchbiegung ohne Rißbildung erfolgen, hat man aber ein sehr hartes Bindemittel gewählt, so wird die Asphaltdecke voraussichtlich unter dem Druck aufreißen. Man kann also für Asphaltdecken des Belastungsfalles 3 keine Druckfestigkeit vorschreiben, ohne gleichzeitig eine Behandlung des Untergrundes bis zur Erreichung einer Bodenfestigkeit von bestimmter Höhe festzusetzen.

Die Verfestigung des Untergrundes kann durch Walzen, Stampfen und Schlämmen erfolgen. Gegebenenfalls muß eine zusätzliche Verfestigung durch Wahl geeigneter Kornabstufungen des Untergrundes oder durch Einfräsen von Bindemitteln, etwa Zement in geringen Mengen, erreicht werden.

Eine weitere Möglichkeit, den Sand mit einem harten Bindemittel zu mischen, ist die der Verwendung von Emulsionen.

Es ist ohne weiteres möglich, Sande jeder Kornabstufung in Betonzwangsmischern oder Freifallmischern unter zusätzlicher Wasserzugabe mit stabilen Emulsionen zu mischen. Das Verfahren hat jedoch drei Nachteile; erstens ist ein Abwalzen des frischverlegten Belages und dadurch ein Nachprüfen der Festigkeiten nicht möglich. Es können daher leicht spätere Setzungen eintreten. Zweitens treten infolge der ausdünstenden starken Wassermengen, etwa $^2/_3$ des Gesamtbindemittels, beim Austrocknen des Belages Schwunderscheinungen und damit Rißbildungen auf. Drittens ist die Emulsion, die nur etwa 50% Asphalt enthält, in Deutschland teurer als ein normaler Heiß-Asphalt. Die Kosten des Belages werden also höher, da man das in der Emulsion enthaltene Wasser nicht als Bindemittel rechnen kann.

Das Verfahren der Zumischung von Hartasphaltpulver zum Weichbitumen haben wir inzwischen so weit entwickelt, daß man damit Druckfestigkeiten erzielt, die für Abstellplätze und Vorfelder vollständig genügen. Der Sand wird zusammen mit Füller oder Steinsand, Weichbitumen und Hartasphaltpulver im Betonzwangsmischer gemischt und dann in einer oder in zwei Schichten eingebaut. Die Verfestigung erfolgt zunächst durch leichte Motorwalzen. Nach Ablauf von etwa 10 Tagen wird der Belag mit schwereren Walzen bis zu etwa 5 t nachgewalzt. Der Abschluß erfolgt je nach Bedarf durch Einfegen von Asphaltpulver oder durch eine Oberflächenbehandlung, die jedoch in diesem Falle möglichst nach Ablauf von einigen Monaten erfolgen soll.

Hilfseinrichtungen für den praktischen Flugbetrieb, insbesondere für die Motorenvorwärmung

Von E. Dierbach*)

Vorgetragen am 22. November 1935 in Berlin

Im neuzeitlichen Flugbetrieb spielen die Flughafeneinrichtungen und Bodengeräte, die zur Vorbereitung des Fluges und zur Instandhaltung des Flugzeugparks dienen, eine wesentliche Rolle. Ihre Weiterentwicklung muß daher mit der der Flugzeuge selbst Schritt halten. Hinzu kommt, daß heute viele Einrichtungen, die zur Startvorbereitung des Flugzeuges dienen, bodenseitig vorgehalten werden müssen, um die Baugewichte der Flugzeuge möglichst gering halten zu können. Mit dem Einsatz von Flugzeugen mit luftgekühlten Motoren und der Notwendigkeit, diese Flugzeuge zum Teil im Freien oder in ungeheizten Hallen unterzustellen, trat das Problem der Vorwärmung im Winter auf.

Anforderungen an das Vorwärmgerät

Das Anlassen kalter Motoren ist bekanntlich nachteilig, da dabei die Schmierfähigkeit des Öles gering ist und ein Festfressen beweglicher Teile eintreten kann. Ferner können sich die im Zylinder und Kolben auftretenden Wärmespannungen nachteilig auswirken. Seitens des Motorenbaues wird auf diese Schwierigkeit im Winter wohl hingewiesen, jedoch bei der Konstruktion der Motoren darauf weiter keine Rücksicht genommen. Es mußte daher bodenseitig nach einer Abhilfe gesucht, also eine Einrichtung geschaffen werden, die es ermöglicht, den Motor im Winter so vorzuwärmen, daß er ohne Schaden an irgendeinem seiner Teile zu erleiden, angelassen werden kann, d. h. die es ermöglicht, ihn in ungefähr den gleichen Zustand zu versetzen, in dem er sich während des Sommers befindet. Der Motor ist also auf eine Temperatur vor dem Start von rd. + 20 bis 30° C zu bringen.

Die Anwärmung des Öles im Öltank mittels Tauchsieder genügt dafür nicht. Es läßt sich leicht überblicken, welche Wärmemengen zur Verfügung stehen müssen, um diese Forderung zu erfüllen. Man muß mit einem Temperaturgefälle von rd. 50° C, d. h. mit einer erforderlichen Erwärmung von etwa minus 20° C auf plus 30° C rechnen. Wenn man ein Massegewicht des Motors von rd. 500 kg und eine mittlere spezifische Wärme des Materials von rd. 0,2, d. h. zwischen der spezifischen Wärme von Eisen und Aluminium, und wenn man als Zeit für die Vorwärmung etwa 15 min annimmt, so erhält man eine erforderliche stündliche Wärmeleistung von rd. 150000 WE für die Erwärmung der drei Motoren einer Ju 52 bei einem Wirkungsgrad von 30%.

Die Hallenheizung dafür heranzuziehen, ist nur in wenigen Fällen praktisch durchführbar und dann höchst unwirtschaftlich. Vorhandene Heizgeräte wie Katalyt- und Koksöfen, größere Lötlampen usw., mit

*) Dr.-Ing., Deutsche Lufthansa A.-G.

denen man sich wohl hier und dort zu behelfen suchte, konnten wegen ihrer geringen Leistung und ihrer unzureichenden Sicherheit nicht übernommen werden. Es mußte also ein Gerät geschaffen werden, das erstens die erforderliche Wärmeleistung besitzt, zweitens ungefährlich ist und drittens einfach in seiner Bedienung und Wartung und vollkommen zuverlässig im Betrieb ist, wenn es den Anforderungen eines modernen Flugbetriebes genügen sollte.

Man konnte daran denken und es wurde auch gemacht, elektrische Geräte für diesen Zweck zu bauen, da dabei die beiden letzten Forderungen leicht zu erfüllen sind. Es liegen auch verschiedene Konstruktionen für derartige elektrische Heizapparaturen vor. Wir selbst haben, da wir nichts Besseres hatten, ein solches Gerät in Betrieb genommen, und zwar mit einem Anschlußwert von 12 kW, das entspricht einer stündlichen Wärmeleistung von rd. 10000 kcal. Um die tatsächlich erforderliche Wärmemenge durch Umwandlung elektrischer Energie freizumachen, wären jedoch Geräte mit Anschlußwerten von etwa 180 kW erforderlich, das ist eine Leistung, die praktisch nirgends zur Verfügung steht. Es mußte somit nach einem Gerät gesucht werden, das mit Benzin, Öl oder einem ähnlichen flüssigen bzw. gasförmigen Brennstoff betrieben wird. Es lag nahe, sich für Benzin zu entscheiden, da dieser Brennstoff auf allen Häfen zur Verfügung steht und seine Verbrennung verhältnismäßig einfach ist.

Das von uns entwickelte und in Betrieb genommene Motorenvorwärmgerät ist für eine stündliche Wärmeleistung von 150000 kcal gebaut bei einer geförderten Warmluftmenge von rd. 3000 m^3/h und einer Pressung der Warmluft am Austritt von rd. 50 mm WS, das entspricht einer Strömungsgeschwindigkeit von rd. 40 m/s.

Wir haben diese unserer Ansicht nach günstigsten Betriebszahlen durch eingehende Versuche in einem Kälteraum des Instituts für Kälte- und Trockentechnik an der Technischen Hochschule zu Berlin bei Professor Dr. *Königer* festgestellt. Sie mußten durchgeführt werden, wollte man zu einem brauchbaren Gerät kommen, da noch keinerlei Erfahrungen auf diesem Gebiet vorlagen. Die Versuche sollten in der Hauptsache Klarheit über folgende Fragen ergeben:

1. in welcher kürzesten Zeit ist es möglich, die Masse eines Sternmotors mit Hilfe von zugeführter Warmluft von etwa 150° C möglichst gleichmäßig zu erwärmen, so daß auch das im Innern des Motors befindliche Schmieröl genügend hohe Temperaturen erhält;
2. welche Wärmemengen sind dazu erforderlich;
3. welche Luftmenge wird dazu benötigt und mit welcher günstigsten Geschwindigkeit muß die Warmluft dem Motor zugeführt werden, um den günstigsten Wirkungsgrad zu erreichen.
4. welche Wärme- und Luftleistung muß demnach ein Warmluftgerät für diese Zwecke haben unter Berücksichtigung des Wirkungsgrades des ganzen Systems;
5. in welcher Zeit nimmt der auf etwa plus 30° C erwärmte Motor die Außentemperatur von etwa minus 20° wieder an und wie verläuft diese Abkühlung;

6. kann mit den Abgasen unmittelbar gearbeitet werden oder ist es erforderlich, auf indirektem Wege zu arbeiten.

Wir glauben auf Grund der Versuchsergebnisse und der bisher gemachten Erfahrungen sagen zu können, daß es mit Hilfe des von der Firma Hoffmann nach unseren Angaben gebauten Gerätes möglich ist, die drei Motoren einer Ju 52 in etwa 15 bis 20 min so vorzuwärmen, daß sie, ohne Schaden an irgendeinem ihrer Teile zu erleiden, angelassen werden können, ihre Durchschnittstemperatur also um etwa 50° C zu erhöhen. Der

Aufbau und die Wirkungsweise des Gerätes

ist kurz folgender:

Abb. 1. Ansicht des Motorvorwärmgerätes.

Auf einem Wagen mit zwei festen und zwei lenkbaren, luftbereiften Rädern ist ein Hochdruck-Elektromotorengebläse aufgebaut, das etwa 4 m^3/min Luft ansaugt und auf 400 mm WS verdichtet, vgl. Abb. 1. Diese Luft, deren Menge durch eine in der Druckleitung eingebaute Drosselklappe geregelt werden kann, wird einem Zerstäubungsbrenner zugeführt. Aus einem Brennstoffbehälter mit rd. 30 l Inhalt strömt durch eigenes Gefälle der Brennerdüse Benzin zu. Der Brennstoff wird durch den Luftstrom des Hochdruckgebläses aus der Brennerdüse injektorartig herausgesaugt, dabei nebelartig zerstäubt, durch einen elektrischen Funken entzündet und in einem Chromnickel-Stahlfeuerkorb verbrannt. Die Verbrennungsgase, deren Temperatur am Brenner etwa 1000° C betragen, werden durch einen schornsteinartigen Aufbau geleitet, wobei ihnen durch ein zweites Niederdruck-Elektromotorgebläse Sekundärluft, und zwar rd. 50 m³/min mit einer Pressung von 50 mm WS zugesetzt wird, so daß ihre Temperatur auf die gewünschte Höhe von etwa plus 150° C fällt. Das Abgas-Frischluftgemisch wird dann durch drei doppelwandige Spezial-Asbestschläuche den Motoren zugeführt. Die Wärmeleistung des Gerätes kann durch Regelung der Brennstoffmenge sowie der Verbrennungsluft entsprechend eingestellt werden.

Sicherheitseinrichtungen

Auf die Sicherheit mußte bei der Entwicklung dieses Gerätes besonderer Wert gelegt werden. Sie wird u. a. durch folgende Einrichtungen gewährleistet:

Wird aus irgendeinem Grunde von einem der beiden parallel geschalteten Gebläse keine oder zu wenig Luft gefördert, so schließt selbsttätig ein Druckventil in der Benzinzuführungsleitung und sperrt die Brennstoffzufuhr zur Verbrennungsdüse. Außerdem wird die Brennstoffzufuhr durch ein elektrisches Magnetventil unterbrochen, sobald die Temperatur des Abgasluftgemisches zu tief sinkt oder falls beim Einschalten des Zündschalters keine Zündung erfolgt. Des weiteren ist eine Drucksicherheitsklappe vorgesehen, die geöffnet wird, sobald aus irgendeinem Grunde der Druck in der Abgas-Frischluftleitung unnormal hoch ansteigt, was sich unangenehm auf die Verbrennung auswirken würde. Zwischen Einschaltung der Motoren und Einschaltung der Zündung wird durch ein Verzögerungsrelais eine Verzögerung von 30 s hervorgerufen, damit die beiden Gebläsemotoren erst auf volle Leistung kommen, bevor die Benzinzufuhr geöffnet wird. Ein weiterer Zeitschalter sorgt dafür, daß nach erfolgter Zündung der Zündfunke ausgeschaltet wird.

Die Erwärmung der Motoren erfolgt durch die bei der Verbrennung des Benzins entstehenden Abgase unmittelbar. Es wurde von uns genauestens untersucht, ob diese Abgase sich irgendwie schädlich auf den Motor auswirken können. Wir sind zu der Überzeugung gelangt, daß das nicht der Fall ist. Bei vollkommener Verbrennung von 1 kg Benzin entsteht rd. 1 kg Kohlensäure und etwa 1 kg Wasser. Die Kohlensäure ruft keine Korrosion an den Motorenteilen hervor, besonders, wenn man berücksichtigt, daß die Abgase nur etwa den fünfzehnten Teil der gesamten Warmluftmenge, die dem Motor zugeführt wird, ausmacht. Das bei der Verbrennung freiwerdende Wasser kann sich ebensowenig schädlich auswirken, da die relative Feuchtigkeit der dem Motor während der Anwärmung umspülenden Luft soweit unter dem Taupunkt liegt, daß die Gesamtmenge des freiwerdenden Wassers zur Sättigung der Luft dient und nicht als Kondensat niederschlagen kann. Die beiden an dem Gerät vorhandenen Elektromotorengebläse, die parallel geschaltet sind und durch Betätigung eines gemeinsamen Schalters in Betrieb gesetzt werden können, haben einen Anschlußwert von zusammen 3 kW.

Neuere Entwicklung der Lichtquellen für Landebahnleuchten

Von F. Born*)

Vorgetragen am 22. November 1935 in Berlin

In den letzten zwei Jahren hat die stürmische Entwicklung auf allen Gebieten des Flugwesens auch hinsichtlich der Landebahnbeleuchtung viel Neues gebracht, so daß es berechtigt ist, dieses Thema wiederum einmal zu erörtern.

Grundlagen der Landebahnbeleuchtung

Es erscheint mir zweckmäßig, bevor wir in die Besprechung der Neuerungen eintreten, mit wenigen Sätzen noch einmal auf die Grundlagen einzugehen, um uns das vor einiger Zeit Gehörte zu vergegenwärtigen. Ich möchte dabei verweisen auf eine Arbeit von *Höpcke*[1]).

Bei Annäherung an einen Flughafen sieht der Pilot die beleuchtete Landebahn zunächst aus größerer Entfernung; während der Annäherungszeit bieten sich ihm nur Hell-Dunkelunterschiede dar (Unterschiedsempfindlichkeit). Beim Einschweben und Abfangen müssen zusätzlich noch möglichst viele Einzelheiten auf der Landebahn möglichst schnell wahrgenommen werden (Formenempfindungsgeschwindigkeit). Sowohl die Unterschiedsempfindlichkeit als auch die Formenempfindungsgeschwindigkeit hängen vor allem ab von der Größe der ausgeleuchteten Fläche und ihrer Leuchtdichte. Die Unterschiedsempfindlichkeit steigt mit der Größe der beleuchteten Fläche. Abb. 1 soll uns die Abhängigkeit

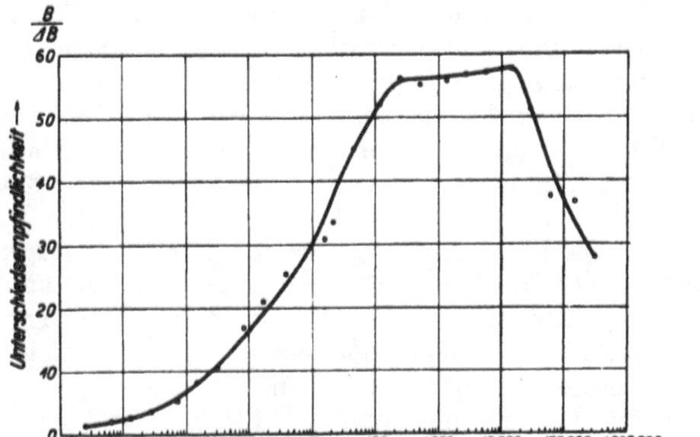

Abb. 1. Unterschiedsempfindlichkeit des Auges.

*) Dr.-phil., Osram G. m. b. H., Berlin.

[1]) *O. Höpcke*, Das Licht, Bd. 5 (1935), Nr. 7, 8, 9.

der Unterschiedsempfindlichkeit von der Leuchtdichte zeigen[2]). Der Höchstwertbereich der Unterschiedsempfindlichkeit ist verhältnismäßig breit und erstreckt sich von etwa 200 bis 20000 Asb. Bei gutem Wetter und Sonnenschein haben wir etwa 100000 Lx, also 10000 Asb, bei trübem Wetter haben wir 2 bis 3000 Lx, also 2 bis 300 Asb, befinden uns also immer noch im Gebiet günstiger Unterschiedsempfindlichkeit. Bei der künstlichen Landebahnbeleuchtung befinden wir uns auf dem unteren Ast der Kurve, etwa bei 0,2 bis 10 Asb, also in einem viel ungünstigeren Bereich.

Auch die Bedeutung der Blendung für die Unterschiedsempfindlichkeit wollen wir uns noch einmal vergegenwärtigen, vgl. Zahlentafel 1.

Zahlentafel 1

Einfluß der Blendung auf die Unterschiedsempfindlichkeit

Adaptations-Leuchtdichte Lux auf weiß	Empfindbarer Kontrast ohne Blendung	mit Blendung von 40 HK
0,01	1:1,1	1:11
0,1	1:1,05	1:2
1	1:1,04	1:1,1
10	1:1,02	1:1,03

Gerade bei den niedrigen Leuchtdichten ist die Blendungsempfindlichkeit am größten. Es muß also besonders sorgfältig auf die unbedingte Vermeidung der Blendung geachtet werden.

Eingehende Untersuchungen haben ferner gezeigt, daß die Unterschiedsempfindlichkeit am besten ist, wenn möglichst große Gleichmäßigkeit in der Beleuchtung der Fläche vorliegt. Aus diesen theoretischen Überlegungen ergeben sich folgende praktische Forderungen: Ausleuchtung ausreichend großer Flächen, erzielbar durch hohe Axiallichtstärken und große Horizontalstreuung, Herabsetzung der Blendungsgefahr durch geringe Vertikalstreuung, ferner möglichst gleichmäßige Beleuchtungsstärke.

Sowohl für die Beleuchtungsstärke auf der Landebahn als auch für ihre Form und Größe sind von der Internationalen Luftfahrtkonferenz und von der Internationalen Beleuchtungskommission auf Grund eingehender Untersuchungen in vielen Ländern einheitliche Mindestwerte festgelegt worden. Die Beleuchtungsstärke soll mindestens 2 lx = 2,3 Hlx betragen, während der frühere Wert 1,8 lx war. Die Lufthanssa fordert auf Grund ihrer Versuche 3 Hlx. Die mit der Mindestbeleuchtungsstärke auszuleuchtende Fläche soll nach den neuen internationalen Richtlinien $300 \times 600\ m^2$ betragen entsprechend den Vorschlägen der Deutschen Lufthansa, Abb. 2. Die auszuleuchtenden Flächen sind also recht groß und daher die aufzuwendenden Energien erheblich. Die Energieversorgung

[2]) Es tritt nicht die Beleuchtungsstärke, sondern die Leuchtdichte auf, da es auf das von der Fläche zurückgestrahlte Licht ankommt. Diese Leuchtdichte ergibt sich als Produkt der Beleuchtungsstärke mit dem Reflexionsvermögen des bestrahlten Gegenstandes und wird in Apostilb (Asb) gemessen. Das Reflexionsvermögen des Grases nehmen wir zu etwa 10% an.

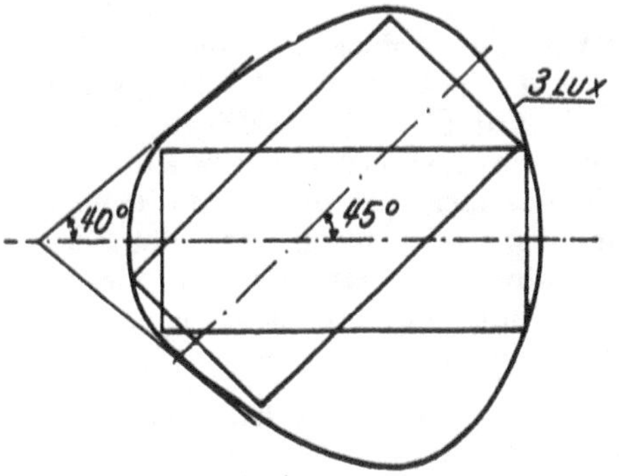

Abb. 2. Mindestabmessungen der mit 3 Hlx auszuleuchtenden Fläche.

geschieht entweder durch eine Zentralstromquellenanlage oder, wie in Deutschland meist üblich, durch ein mit der fahrbaren Leuchte eng verbundenes Aggregat mit Benzin- oder dieselmotorischem Antrieb.

Lichtquellen

Über die verschiedenen Arten von Leuchten, die für Landebahnbeleuchtungszwecke Verwendung finden, ist bereits früher eingehend gesprochen worden. Heute wollen wir uns lediglich mit den Lichtquellen befassen.

Glühlampen

Festzustellen ist, daß bis heute fast ausschließlich elektrische Glühlampen als Lichtquellen für Landebahnleuchten Verwendung finden. Solche Glühlampen sind für die verschiedenen Arten von Leuchten in zahlreichen Ausführungen hergestellt worden. Die neuere Entwicklung ist den Weg nach Bevorzugung langgestreckter, niedrig gebauter Leuchtkörper gegangen, da sich auf diese Weise die Forderungen nach großer Horizontalstreuung und möglichst geringer Vertikalstreuung am besten erfüllen lassen. Ferner ist ein Streben nach höherer Leuchtdichte festzustellen, um die erforderliche hohe Axiallichtstärke zu erzielen, deren Größe ja nur durch die Leuchtdichte neben der Größe und Form der Optik und der Abschlußscheiben gegeben ist. Eine Erhöhung der Leuchtdichte des Leuchtkörpers kann im allgemeinen erreicht werden durch Übergang zu höheren Strömen, also bei gleicher Wattzahl zu kleineren Spannungen.

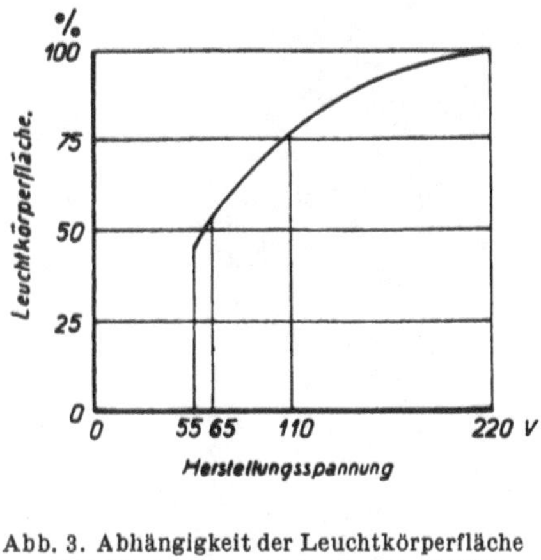

Abb. 3. Abhängigkeit der Leuchtkörperfläche von der Herstellungsspannung bei Glühlampen für Landebahnscheinwerfer.

Abb. 3 soll uns dies verdeutlichen. Mit abnehmender Spannung wird die leuchtende Fläche bei gleicher Wattzahl kleiner, also die Leuchtdichte höher. So ist es zu erklären, daß die in letzter Zeit neu geschaffenen Lampenausführungen ausschließlich Lampen für niedrigere Spannung, und zwar für 55 V, darstellen. Auch mit Lampen für 24 V sind Versuche im Gange. Bei diesen niedrigen Spannungen wird die Leuchtdichte gegenüber den üblichen Netzspannungen erheblich vergrößert, ohne daß die damit zwangsläufig verbundene Erhöhung des Stromes zu große lampentechnische Schwierigkeiten mit sich bringt. Als Beispiele für neugeschaffene Lampentypen möchte ich erwähnen die Lampen

24 V/250 W mit langgestreckter Großkern-Einfachwendel für waagerechte Brennlage,

24 V/1000 W mit langgestreckter Großkern-Einfachwendel für waagerechte Brennlage,

55 V/2000 W mit Doppelwendelleuchtkörper, die in kopfverspiegelter Ausführung, allerdings nur versuchsweise, benutzt wurde. Brennlage waagerecht, Abb. 4,

55 V/3000 W mit langgestreckter Großkern-Einfachwendel für hängende Brennlage, Abb. 5,

55 V/3000 W mit langgestreckter Großkern-Einfachwendel für waagerechte Brennlage, Abb. 6,

55 V/5000 W mit langgestreckter Großkern-Einfachwendel für stehende Brennlage, Abb. 7.

Abb. 4. Lampe für 55 V 2000 W mit Doppelwendelleuchtkörper, die in kopfverspiegelter Ausführung, allerdings nur versuchsweise, benützt wurde; Brennlage waagerecht.

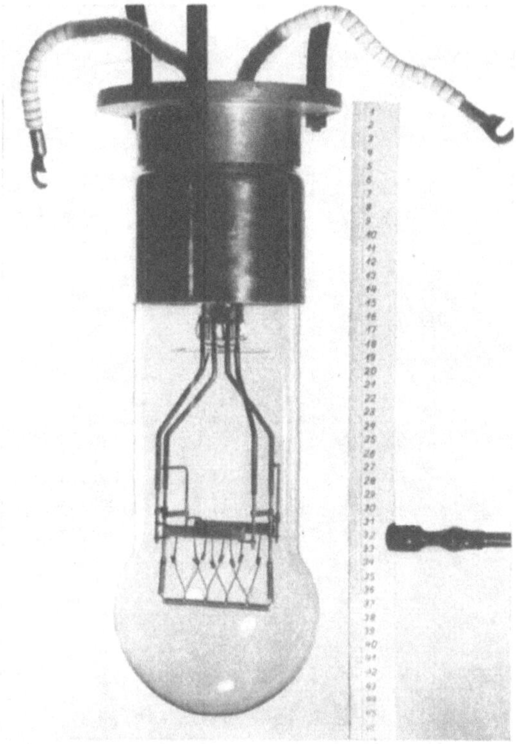

Abb. 5. Lampe für 55 V 3000 W mit langgestreckter Großkern-Einfachwende für hängende Brennlage.

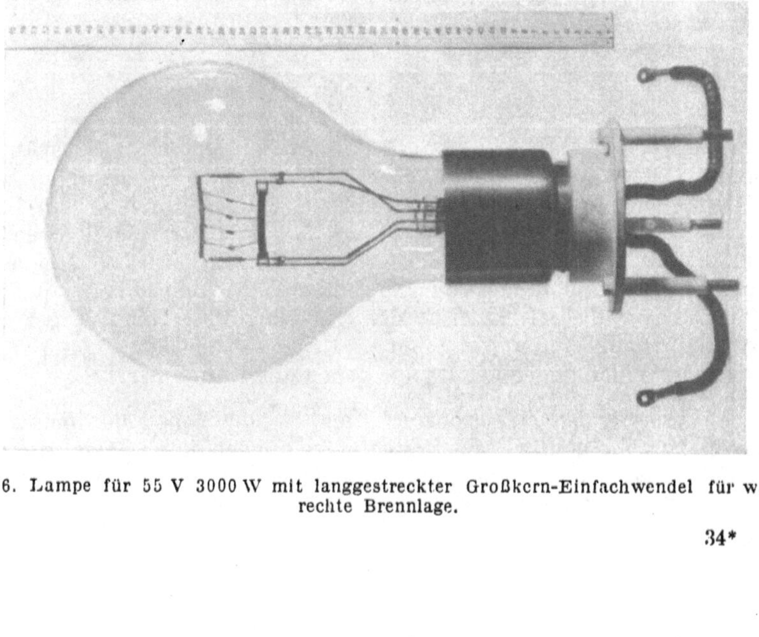

Abb. 6. Lampe für 55 V 3000 W mit langgestreckter Großkern-Einfachwendel für waagerechte Brennlage.

Abb. 7. Lampe für 55 V 5000 W mit langgestreckter Großkern-Einfachwendel für stehende Brennlage.

Abb. 8. Lampe für Dreiphasenstrom 35/60 V 10 kW.

Ferner ist seit Mai 1936 eine für den Betrieb an Dreiphasenspannung bestimmte Lampe mit drei Leuchtkörpern, die in einer Geraden angeordnet sind, verfügbar. Die Lampe hat bei einer Leistungsaufnahme von 10 kW einen Lichtstrom von etwa 310000 Hlm und ist für stehende Brennlage gebaut. Die in Sternschaltung angeordneten Leuchtkörper sind bemessen für eine verkettete Spannung von 60 V, entsprechend einer Phasenspannung von 35 V. Die Null-Leitung ist an den Sockelmantel geführt. Die Wendel hat einen Durchmesser von 6,5 mm und eine Gesamtlänge von 180 mm. Die übrigen Abmessungen der Lampe gehen aus Abb. 8 hervor.

Die Eignung der beschriebenen Lampen, die neben den früher entwickelten zur Verfügung stehen, richtet sich nach ihrer Form und nach der in den verschiedenen Leuchten vorgesehenen Brennlage sowie nach den im Einzelfall gestellten Anforderungen.

Gasentladungslampen

Über die Gasentladungsröhren im allgemeinen brauche ich nichts Näheres auszuführen; ihren Bau und ihre Wirkungsweise darf ich als bekannt voraussetzen.

Für Zwecke der Landebahnbeleuchtung kommen als Lichtquellen unter den Entladungsröhren nur solche mit Quecksilberdampffüllung in Betracht. Die Gründe hierfür sind folgende: Zunächst haben nur wenige Gasentladungsröhren eine Wirtschaftlichkeit, die ihre Verwendung an Stelle anderer Lichtquellen, z. B. Glühlampen, mit Vorteil ermöglicht. Unter diesen Röhren haben nur diejenigen mit Quecksilberdampfentladung eine Lichtfarbe, die für die Beleuchtung der Landebahn in Betracht kommt. Bekanntlich geben die Entladungsröhren kein kontinuierliches Spektrum wie die Glühlampen, sondern ein Linienspektrum, Abb. 9. Das Verhältnis

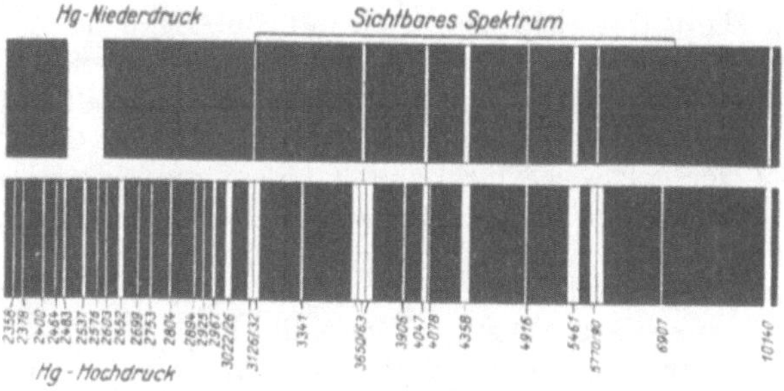

Abb. 9. Gasentladungslampen: Quecksilberdampfspektrum bei Hoch- und Niederdruckentladung.

der Intensitäten der einzelnen Linien ist nun stark von den Entladungsbedingungen, insbesondere vom Entladungsdruck abhängig. Die Lichtstärke der grünen Linie des Quecksilbers steigt mit dem Entladungsdruck. Daher ist die Hochdruckentladung von Quecksilberlicht gerade für die Beleuchtung von grünen Gegenständen besonders geeignet. Man macht sich diese Tatsache gerne zunutze, z. B. bei der Anleuchtung von mit Patina bedeckten Türmen, von Baumgruppen und von Grasflächen. Das Gras, das uns ja grün erscheint, hat den Höchstwert seines Reflexionsvermögens im grünen Bereich.

Der Vorteil der Benutzung von Quecksilberlicht zur Beleuchtung grüner Flächen wird deutlich, wenn man eine grüngestrichene Fläche mit Glühlampenlicht und Quecksilberlicht derart beleuchtet, daß die Beleuchtungsstärken in beiden Fällen gleich sind. Die Beleuchtung mit dem Quecksilberlicht erscheint deutlich heller.

Neben den geringeren Reflexionsverlusten am Grasbewuchs der Landebahn hat das Quecksilberlicht aber noch einen weiteren Vorteil. Es konnte nachgewiesen werden, daß die Formenempfindungsgeschwindigkeit bei monochromatischer Beleuchtung erheblich höher ist als bei Beleuchtung mit einem Licht mit kontinuierlichem Spektrum. Allerdings ist das Quecksilberlicht nicht rein monochromatisch, jedoch wirkt sich das Linienspektrum in diesem Sinne aus. Bei Beleuchtung der Landebahn mit Quecksilberlicht ist also auch eine höhere Formenempfindungsgeschwindigkeit zu erwarten.

Wir unterscheiden nun drei Arten von Quecksilberentladungsröhren: Die Niederdruckröhren, die Hochdruckröhren und die Höchstdruckröhren. Die Niederdruckröhren haben einen Betriebsdruck im Innern der Röhre von etwa $^1/_{100}$ bis 1 mm, die Hochdruckröhren etwa $^1/_2$ bis 20 at und die Höchstdruckröhren oberhalb 50 bis 150 at. Mit den Niederdruckröhren brauchen wir uns hier nicht zu befassen, da sie in der Wirtschaftlichkeit unterlegen sind und außerdem Leuchtdichten aufweisen, die für die Verwendung in Optiken zu gering sind. Es bleiben also die Hochdruck- und die Höchstdruckröhren.

Von den Hochdrucklampen kommt für Landebahnleuchten z. Z. nur die 1000-W-Lampe in Betracht. Die Lampe hat bei 400 V rd. 3 A Stromaufnahme und ergibt einen Lichtstrom von rd. 50000 Lumen. Die Betriebsspannung ist 750 V. Die Anheizzeit beträgt im Gegensatz zu den früher bereits versuchsweise für Landebahnleuchten angewandten Typen jetzt nur noch etwa 1 min. Bereits nach 45 s sind 90% der Höchstlichtstärke erreicht.

Die kurze Anlaufzeit der neuesten Röhren bedeutet natürlich einen großen Vorteil für die praktische Verwendbarkeit. Die Länge der Entladungsstrecke beträgt etwa 40 cm, der Durchmesser des voll brennenden Bogens etwa 3 bis 4 mm, so daß sich eine Leuchtdichte von 300 bis 400 Sb ergibt. Zum Vergleich sei daran erinnert, daß die Leuchtdichte von Glühlampen für Landebahnbeleuchtung etwa bei 2000 Sb liegt. Die verhältnismäßig große Länge gestattet nur die Verwendung in Zylinderparabolspiegeln, in deren Brennlinie die Röhren anzuordnen sind. Die geringere Leuchtdichte ergibt naturgemäß kleinere Lichtstärken als die Glühlampen. Doch wird dieser Nachteil zum großen Teil wieder ausgeglichen durch die besprochenen geringeren Reflexionsverluste am Gras und die höhere Formenempfindungsgeschwindigkeit. Die Versuche mit einer Leuchte, die drei Quecksilberhochdruckröhren dieser Art enthielt, waren als erster Anfang recht befriedigend und vielversprechend. Die Röhren haben eine Lebensdauer von mehr als 500 h bei Dauerbetrieb. Der Einfluß häufigen Ein- und Ausschaltens ist noch nicht untersucht worden. Die Röhren sind voll verwendungsreif.

Im Gegensatz zu diesen Hochdruckröhren befinden sich die nun zu besprechenden Höchstdrucklampen noch vollständig im Versuchsstadium. Ich möchte das ausdrücklich betonen, um jede falsche Auffassung von vornherein auszuschließen. Wir haben uns trotzdem entschlossen, auch eine dieser Röhren vorzuführen, ohne damit über ihre Verwendbarkeit für Landebahnleuchten ein endgültiges Urteil abzugeben.

Ich möchte die Röhre zeigen, über die vor einiger Zeit bereits manches aus den Tageszeitungen und technischen Zeitschriften bekannt geworden ist. Es handelt sich um eine von dem holländischen Physiker *Bol* zuerst vorgeführte Lampe von etwa 600 V 1,3 A $\sim$ 600 W Leistungsaufnahme, deren Entladungsstrecke aus einer Kapillaren von etwa 30 mm Länge und 2 mm Dmr. besteht. Die Lampe ist vollständig aus Quarz hergestellt. Zum Betrieb ist es erforderlich, die Kapillare mit Wasser zu kühlen, um die beträchtlichen Wärmemengen schnell abzuführen, die das Quarzgefäß gefährden könnten. Die Lichtausbeute beträgt etwa 60 lm/W, also fast das Doppelte der für Landebahnbeleuchtungszwecke verwendeten Glühlampen, aber nur unwesentlich mehr als die 1000-W-Hochdrucklampe. Der Lichtstrom beläuft sich auf 30 bis 40000 lm, die Leuchtdichte ist, da sich die Entladung innerhalb der Quarzkapillaren auf nur 0,3 mm Dmr. zusammenzieht, außerordentlich hoch. Sie beträgt rd. 40000 Sb und übertrifft damit die Leuchtdichte der Glühlampen mit Großkernwendel für Landebahnleuchten um das Mehrfache. Die Anlaufzeit ist sehr kurz, sie beläuft sich auf etwa $\frac{1}{2}$ min. Bemerkenswert ist nun der sehr hohe Druck, der während des Betriebes im Entladungsrohr vorhanden ist; er beträgt 150 at. Die weitere Entwicklungsarbeit wird sich u. a. insbesondere auf die Verlängerung der z. Z. noch sehr kurzen Brenndauer erstrecken müssen. Auch die Form gestattet noch nicht die Verwendung als Lichtquelle für Landebahnleuchten. Die Abmessungen der leuchtenden Fläche sind so gering, daß die notwendige Streuung durch zusätzliche Hilfsmittel erzielt werden müßte. Grundsätzlich läßt sich zu den Höchstdrucklampen folgendes sagen. Durch Steigerung des Betriebsdruckes ist es wohl möglich, die Leuchtdichte der Entladung zu steigern, Abb. 10, jedoch erhöht

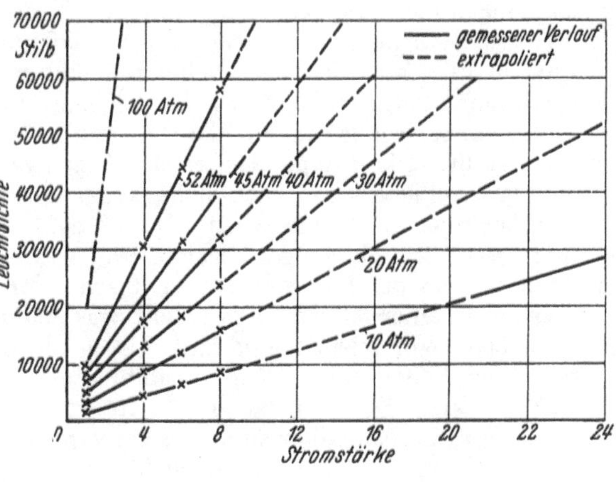

Abb. 10. Leuchtdichte von Quecksilberdampf-Entladungslampen in Abhängigkeit von der Stromstärke bei verschiedenen Drücken.

sich die Lichtausbeute, auf die es natürlich bei der Bereitstellung der für die Ausleuchtung großer Flächen erforderlichen großen Energiemengen sehr ankommt, mit dem Druck nur noch wenig, wie Abb. 11 zeigt. Zudem sind die technischen Schwierigkeiten, die die Höchstdrucklampen bieten, sehr groß.

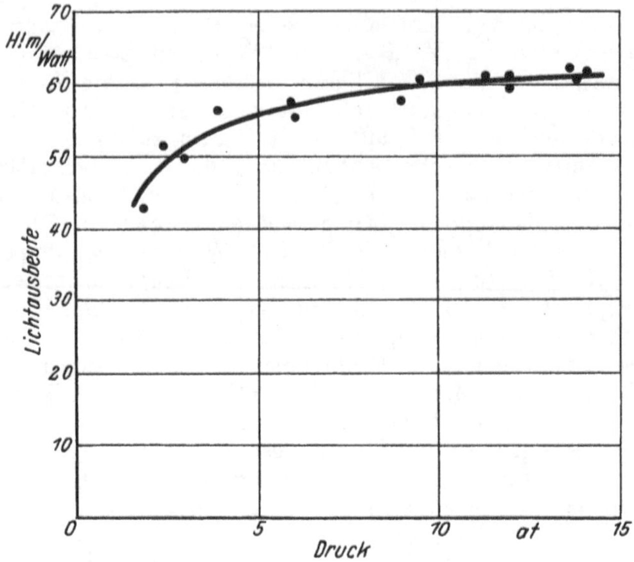

Abb. 11. Lichtausbeute von Quecksilberdampf-Entladungslampen in Abhängigkeit vom Druck bei einer Stromstärke von 3 A.

Als Werkstoff für die Lampen kommt nur Quarz in Betracht; aber auch dieser wird auf das äußerste beansprucht, einmal durch den sehr hohen Druck im Innern des Gefäßes, ferner in noch höherem Maße durch die starken Temperaturunterschiede. Die Temperatur des Bogens, die sich aus den Strahlungseigenschaften berechnen läßt, beläuft sich auf einige tausend Grad. Zwar füllt der Bogen nicht die ganze Kapillare aus, berührt die Wandung also nicht, doch ist die Wärmewirkung noch so stark, daß ohne die Wasserkühlung die Röhre in kürzester Zeit zum Schmelzen kommen würde. Infolge der Wasserkühlung herrscht nun zwischen Außen- und Innenwandung ein starkes Temperaturgefälle, das für den Quarz ebenfalls eine starke Beanspruchung darstellt. Die Temperatur an der Innenwand ist immer noch so hoch, daß die Kapillare schon nach nicht langer Brennzeit von innen zu entglasen beginnt, also trübe wird. Damit geht die Leuchtdichte auf $^1/_7$ des Anfangswertes und weniger zurück. Man erkennt, daß wir uns mit diesen Röhren z. Z. an den Grenzen der technischen Möglichkeiten befinden, und daß es noch einer langen Entwicklungszeit bedarf, um sie anwendungsreif zu machen. Vor allem bemüht man sich, die beschriebenen Nachteile wie geringe Lebensdauer, Wasserkühlung usw. in erster Linie zu beseitigen. Sobald klar erkennbar ist, ob die Röhren auch für Landebahnbeleuchtung mit Vorteil anwendbar sind, werden wir natürlich sofort Versuche mit diesen Lampen in Landebahnleuchten anregen.

Zusammenfassend läßt sich feststellen: Die Entwicklung der Glühlampen für Landebahnleuchten hat Fortschritte zu verzeichnen. Einige neue Formen sind in Gebrauch gekommen. Die Verwendung von Quecksilberröhren der Hochdrucktype als Lichtquellen für Landebahnleuchten hat recht gute Aussichten, während über die Höchstdruckröhren z. Z. noch kein endgültiges Urteil abgegeben werden kann.

Leichtmetallkonstruktion im Segelflugzeugbau

Von L. Roth*)

Vorgetragen am 8. Mai 1936 in Friedrichshafen

Zunächst erscheint dem Fachmann die Verwendung von Leichtmetallkonstruktionen im Segelflugzeugbau eine Selbstverständlichkeit. Beschäftigt er sich dann selbst mit der Herstellung von Segelflugzeugen, so findet er sehr bald, daß eine Übertragung des Metallbaues der Motorflugzeuge auf den Segelflugzeugbau nur in sehr kleinem Umfange möglich ist. Ich glaube im Gegenteil, daß gerade die im Segelflugzeugbau zu sammelnden Erfahrungen späterhin den Motorflugzeugbau befruchten können; denn im Hochleistungssegelflugzeugbau ist die Forderung nach geringstem Gewicht bei sehr hoher Festigkeit bis auf das Äußerste getrieben, so daß ganz notgedrungen neue Wege gesucht werden müssen, die eine leichte Bauweise ermöglichen.

Bisher war der Hauptbauwerkstoff im Segelflugzeugbau das Holz in den beiden Formen des Sperr- und Stammholzes. Die Herstellung des Sperrholzes aus ausländischer Birke wurde aus wirtschaftspolitischen Gründen aufs äußerste eingeschränkt und dafür einheimische Buche verwendet. In Kauf genommen wurde hierbei eine sehr fühlbare Verschlechterung des Werkstoffes. Die Zugfestigkeit des Buchensperrholzes ist wohl sehr gut, dafür aber die Schub- und Biegefestigkeit außerordentlich schlecht. Vergleicht man die Verhältnisse Festigkeit zu Gewicht für Holz und Duralumin, so wird es immer zugunsten des letzteren ausfallen. Außerdem hat man im Duralumin einen homogenen Werkstoff dessen Festigkeit und elastische Eigenschaften von der Feuchtigkeit unabhängig sind, während bei Holz die Festigkeiten in außerordentlich weiten Grenzen schwanken.

Es ist selbst bei ausgesuchtestem Werkstoff im Holzbau nicht zu vermeiden, daß sich gewisse Teile verziehen oder Beschläge in geschrumpftem Holz lockern. Es wird also wohl in erster Linie für den Hochleistungssegelflugzeugbau eine Entwicklungsaufgabe sein, die Leichtmetallkonstruktion in das Bauprogramm aufzunehmen.

Welche Metalle kommen nun für den Leichtmetallbau in Frage? Vor allem das Duralumin wegen seiner hohen Festigkeit für Profile und Gurtbleche zusammen mit Alumin auch für Niete. Aluminiumniete haben sich an nicht hoch beanspruchten Stellen wegen ihrer leichten Verarbeitbarkeit sehr gut bewährt. Duralniete bedürfen sorgfältiger und umständlicher Behandlung und werden deshalb oft durch MG 5 ersetzt. Bei den Versuchen, die im Deutschen Forschungsinstitut für Segelflug (DFS) durchgeführt wurden, kam zuerst Ulmin für Profile zur Verwendung. Es hat sich jedoch wegen seiner Sprödigkeit nicht bewährt. Als Werkstoff für nicht beanspruchte Haut und ähnliches kommt in erster Linie Elektron in Frage.

*) Dipl.-Ing., Deutsches Forschungsinstitut für Segelflug, Darmstadt, Flughafen.

Ebenfalls wurde für einzelne Teile Hydronalium verwendet. Es wird Aufgabe des Konstrukteurs sein, für die verschiedenen Bauteile den jeweils günstigsten Werkstoff einzusetzen.

Herstellung der Leichtmetallkonstruktionen

Mit der wichtigste Grund gegen die Einführung der Leichtmetallkonstruktion im Segelflugzeugbau ist die Herstellungsart. Für den wichtigsten Baustoff, das Duralumin, kommt Schweißen nicht in Frage, d. h. es bleibt nur die Möglichkeit der Vernietung oder Verschraubung. Aber auch wenn eine Schweißung möglich wäre, so würde diese sich im Segelflugzeugbau nur schwer durchsetzen, da dann nicht mehr die notwendige leichte Reparaturmöglichkeit gegeben ist. Nur ein Teil der Segelflugzeughalter wird über eine eigene Schweißanlage verfügen, und nur einige wenige werden die Möglichkeit haben, diese ins Gelände mitzunehmen, d. h. während des Flugbetriebes im Fluggelände ist eine Reparatur durch Schweißung unmöglich. Die Reparatur eines genieteten Teiles ist jedoch ohne weiteres möglich, wenn bei der Konstruktion auf gute Nietmöglichkeit Rücksicht genommen wird. Verschraubungen werden nur in den seltensten Fällen Verwendung finden, und zwar da, wo ein öfteres Lösen notwendig ist.

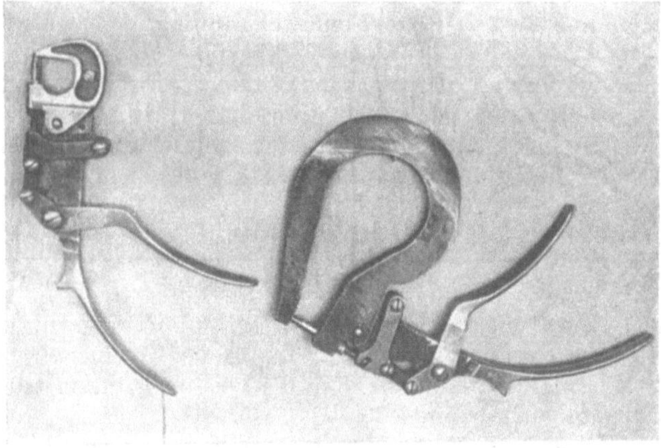

Abb. 1. Nietzange »Konstruktor«.

Die Einführung genieteter Leichtmetallkonstruktionen im Segelflugzeugbau wäre nun von vornherein unmöglich gewesen, wenn nicht die Werkzeugindustrie in der Nietzange ein Werkzeug entwickelt hätte, das in seiner Universalität bei geringem Preise die teuren Sondervorrichtungen für Nietungen erspart. Die Hellersche Nietzange »Konstruktor« ist ja bekannt. Sie kam aus dem Spielzeugkasten über den Modellbau zum Segelflugzeugbau und hat sich auch schon im Motorflugzeugbau eingebürgert. Die Zange wurde durch Anregungen des DFS systematisch für Verwendung im Segel- und Motorflugzeugbau weiterentwickelt, und es können jetzt im Handbetrieb, Abb. 1, Duralniete bis zu 3 mm, im Fußbetrieb, Abb. 2, Duralniete bis zu 5 mm gedrückt werden. Verschiedene

Abb. 2. Nietgerät für Fußbetätigung.

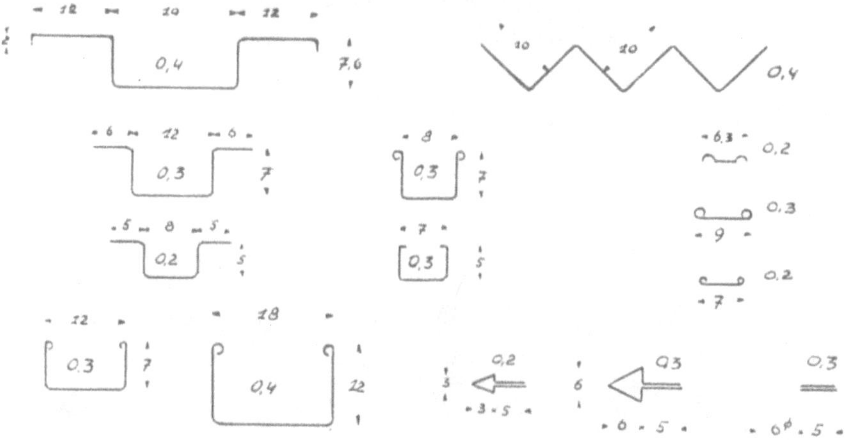

Abb. 3. Profile für Leichtmetallkonstruktionen.

Ausbildung des Kopfes gestattet Nietung auch an schwer zugänglichen Stellen. Es muß bei der Konstruktion der Bauglieder natürlich auf die Möglichkeit der Nietung Rücksicht genommen werden. Das DFS hat im vorigen Jahre mit der Entwicklungsarbeit für genietete Konstruktionen begonnen. Ich will kurz einige dieser Ergebnisse zeigen.

Genietete Konstruktionen

Vorbedingung für die Konstruktionsentwicklung war eine bestimmte Auswahl geeigneter Profile. Eine zu große Zahl verschiedener Profile sollte dabei vermieden werden, um die Lagerhaltung nicht zu teuer zu gestalten. Es wurden etwa 12 Profile entwickelt, mit denen fast sämtliche

Abb. 4. Normalrippe für Zweiholmer.

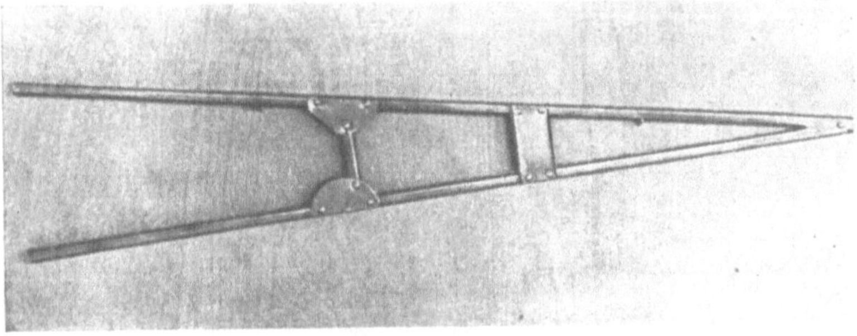

Abb. 5. Rippe für Ruder.

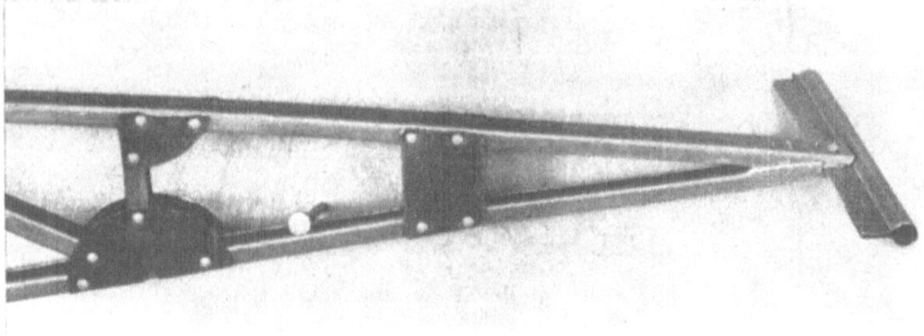

Abb. 6. Randleistenbefestigung.

Konstruktionen im Segelflugzeugbau beherrscht werden, Abb. 3. Die Herstellung der

Rippen

bereitete keine allzu große Schwierigkeit, da es mit den gegebenen Profilen leicht ist, verhältnismäßig steife Rippen zu bauen, Abb. 4 und Abb. 5. Schwieriger war schon die Anbringung einer griffesten Randleiste an den Rippenschwänzen besonders dann, wenn z. B. an Ruderhinterkanten Korrekturbleche angebracht werden sollten, Abb. 6. Die Aufhängung der Rippen am Holm erfolgt am günstigsten durch Knotenbleche, Abb. 7.

Abb. 7. Rippenbefestigung am Holm.

Abb. 8. Vollwandträger; Kastenholm von großer Breite.

Abb. 9. Aufgelöste Bauweise des Holmes mit Gegendiagonalen.

Schwieriger war das Problem für die Herstellung der

Holme.

Es wurden eine ganze Reihe von Holmen entwickelt, und zwar Kastenholme, Abb. 8, und solche in aufgelöster Bauweise, Abb. 9. Aufgelöste Holme haben den Vorteil leichterer Vernietung, während Vollwandträger besonders in Einholmern mit Torsionsnase überlegen sind. Besonders wichtig war bei den Holmen die Verlegung des Werkstoffes in die äußersten Fasern, um so die gesamte Festigkeit auszunützen. Vorherrschend ist das Streben nach einfach aufgebauten Holmen mit guter Anschlußmöglichkeit bei geringstem Gewicht. Erwähnt sei, daß verschiedene Profile erst während der Entwicklung der Holme konstruiert wurden. Manche Profile wurden später nicht mehr verwendet, da sich ihre Ungeeignetheit erwies. Die Holme wurden alle mit der Biegemaschine auf ihre Festigkeit untersucht. Für den

Ruderbau

war es weiterhin wichtig, eine gut ausgebildete Nase zur Aufnahme der Torsion zu konstruieren. Hierbei machte naturgemäß das Problem der Nasenvernietung am meisten zu schaffen. Die günstigste Bauart wurde dann durch Verwendung eines Holmes mit Durchzügen entwickelt. Hierdurch war es möglich, eine einwandfreie Verbindung zwischen Nasenhaut und Holmsteg herzustellen. Die Aussparung der Nasen an den Lagerstellen wird dann durch Schottrippen abgegrenzt. Die Torsion wird über Diagonalen weitergeleitet, Abb. 10 und 11.

Die Ausbildung der Ruder selbst wird man möglichst einfach halten, Abb. 12. Sorgfalt muß auf die Befestigung des Antriebshebels und der Lagerböcke verwendet werden, da die örtliche Festigkeit von Leichtmetallbauteilen ohne größeren Gewichtsaufwand verhältnismäßig gering

Abb. 10. Vorschlag für gering beanspruchte Rudernase.

Abb. 11. Nase von Ruderstück.

Abb. 12. Entwurf für ein genietetes Leichtmetallruder; Fläche $F = 0{,}5$ m², Gewicht $G = 625$ g.

ist, vgl. Abb. 13 und 14. Ebenfalls muß die Festigkeit der Randleiste den Anforderungen genügen, was durch Sonderprofile möglich ist.

Einige Versuchsteile für Ruder haben bei Belastung außerordentliche Festigkeiten und Steifigkeiten gezeigt, vgl. Abb. 15. Bei dem Querruder einer Motormaschine, das in Leichtmetall nur 42% des Gewichtes in Holz wog, genügte die Festigkeit vollauf den Vorschriften und betrug teilweise bis zu 200 kg/m². Gerade im Ruderbau tritt die Zweckmäßigkeit der Leichtmetallbauweise wohl am deutlichsten hervor. Die Herstellung eines solchen Ruders erfordert verhältnismäßig geringen Zeitaufwand. Reparaturen sind denkbar leicht auszuführen.

Eines der schwierigsten Probleme stellt die Herstellung einer Tor-

Abb. 13. Querruder-Antriebshebel.

Abb. 14. Querruder-Lager.

Abb. 15. Querruder.

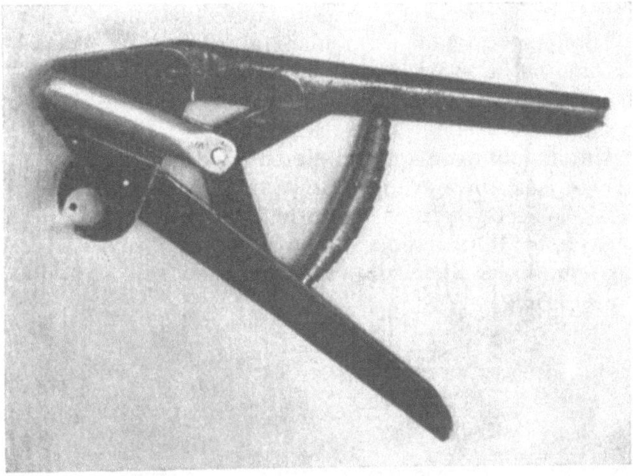

Abb. 16. Junkers-Nietzange.

Abb. 17. Flügelnase aus Dural mit Junkers-Nietzange genietet.

sionsnase für Einholmer dar. Die Nietung einer Röhre mit Zange ist normalerweise nicht möglich. Junkers hat jedoch eine Zange entwickelt, Abb. 16, mit der es möglich ist, eingesteckte Niete von außen zu schließen. Die Zange ist jedoch in ihrer Handhabung nicht besonders einfach. Ein mit dieser Zange hergestelltes Nasenstück zeigt Abb. 17. Die so vernieteten Nasen haben den großen Mangel, daß die mit Junkers-Zange geschlossenen Niete Hohlniete sind und infolgedessen verschlossen werden müssen. Es bringt dies natürlich unnötiges Gewicht. Die gezeigte Nase ist mit 0,2 mm Dural beplankt.

Bei dem Belastungsversuch bildeten sich schon bei geringer Belastung starke Falten aus. Der Bruch trat an der Momenteneinleitung auf. Die Versuche mit dieser Torsionsnase sind noch nicht abgeschlossen. Jedoch kann gesagt werden, daß bei Torsionsnasen Sperrholz dem Leichtmetall wesentlich überlegen sein wird, da die Beulgefahr bei gleichem Gewicht um ein Vielfaches geringer ist. Neben diesen Versuchen mit Torsionsnasen liefen systematische Untersuchungen an genieteten Rohren, die rein auf Drehung beansprucht werden. Die Faltungen, die bei verschiedenen Blechstärken auftraten, sind außerordentlich gleichmäßig und laufen sogar über die Überlappung ohne Winkeländerung weiter, vgl. Abb. 18. Die Stärke der Spantringe muß der Blechstärke angeglichen sein, da sonst Einknicken der Spante erfolgt.

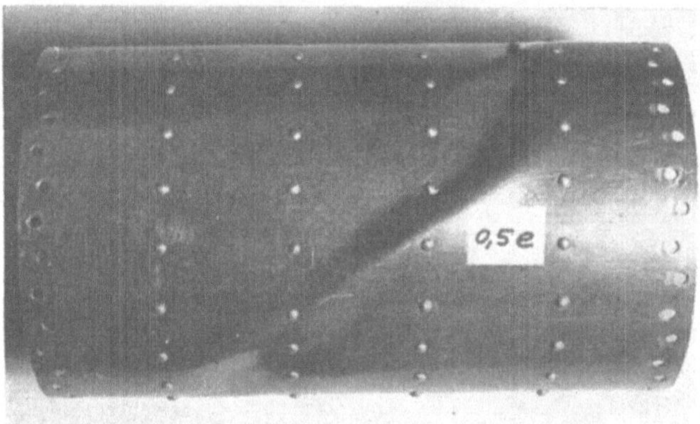

Abb. 18. Auf Verdrehung beanspruchtes Rohr 100 × 0,5; Faltung bei M_d = 99 mkg.

Ausgeführte Tragfläche

Um die gemachten Erfahrungen an einer Maschine anzuwenden, wurde vom DFS ein ganz aus Leichtmetall bestehendes Schulflugzeug mit Rumpf entworfen und die Zeichnungen der Firma Heller zur Verfügung gestellt. Die genannte Firma baute dann nach diesen Entwürfen eine Tragfläche für die Maschine, Abb. 19 bis 21. Es handelt sich um eine abgestrebte Rumpfmaschine mit 12 m Spannweite. Die größte Schwierigkeit bei der Konstruktion der Fläche bestand in der Aufnahme der Stielkräfte. Wie schon vorher erwähnt, ist es außerordentlich schwer, genügende örtliche Festigkeit bei den außerordentlich dünnwandigen Profilen zu erreichen. Es gelang jedoch durch Verwendung großer gut gebördelter Stegbleche, die Stielkräfte einwandfrei aufzunehmen.

Nach Fertigstellung der Fläche wurden die Festigkeiten durch einen Belastungsversuch nachgeprüft. Der Flügel wurde in unbespanntem Zustand untersucht. Es wurde als Belastungsfall der A-Fall gewählt und dementsprechend die Fläche auf dem Rücken liegend durch angehängte Gewichte belastet. Die Belastung wurde bis zu 450 kg durchgeführt. Es entspricht dies ungefähr einem Lastvielfachen von 5,5. Dabei trat

Abb. 19. Ausgeführte Leichtmetall-Tragfläche.

kein Bruch auf, auch war die bleibende Formänderung unter der zulässigen. Der Flügel würde demnach ein Bruchlastvielfaches von etwa 9 besitzen. Das Gewicht des Flügels beträgt bei einer Fläche von 8,8 m² 20 kg, das sind 2,3 kg/m².

Bemerkt sei jedoch, daß bei späteren Holmuntersuchungen wesentlich günstigere Formen gefunden wurden, deren Steifigkeit sehr viel besser ist als die der hier verwendeten. Das Ergebnis des Versuches ist trotzdem als sehr gut zu bezeichnen.

Zusammenfassung

Zusammenfassend kann gesagt werden, daß die bisher durchgeführten Versuche den Beweis erbracht haben, daß durch geschickte Ausnutzung des Werkstoffes eine wesentliche Gewichtsersparnis erzielt werden kann. Dabei bleiben Herstellung und Reparaturmöglichkeit so einfach, daß sie auch von Nichtfacharbeitern ausgeführt werden können. Am günstigsten liegen bisher die Ergebnisse für die Ruder, für die eine Gewichtsverminderung ja von äußerst großer Wichtigkeit ist.

Ich habe bisher in meinen Ausführungen den Leichtmetallbau in Richtung der Ganzmetallbauweise behandelt. Es ist selbstverständlich, daß auch das meiste des Gesagten für den Gemischtbau zutrifft, über den ja die Entwicklung zum Ganzmetallbau gehen wird. In den heute gebauten Segelflugzeugen wird das Leichtmetall bisher nur in ganz geringem Umfange verwendet. Durch Ausführung von gering beanspruchten Beschlägen,

Abb. 20 und 21. Ausgeführte Tragfläche.

Lagerböcken, Steuerungsteilen usw. in Leichtmetall könnte außerordentlich viel Gewicht gespart werden.

Die Ergebnisse der Versuche zeigen jedenfalls, daß es von Wert ist, wenn durch Forschung ein Weg zur Leichtmetallbauweise gezeigt wird, der sich wahrscheinlich nicht nur auf den Segelflugzeugbau beschränkt, sondern auch anregend auf den Motorflugzeugbau wirken kann.

Zusammenhänge zwischen Flugstabilität, Schwimmstabilität und Flugwerksgestaltung bei Wasser- und Segelflugzeugen

Von F. Wenk*)

Vorgetragen am 7. Mai 1936 in Friedrichshafen

Beim Bau von Wasserflugzeugen begegnen sich verschiedene flugleistungsmäßige, flugeigenschaftsmäßige und seetechnische Forderungen. Der folgende kleine Beitrag zu diesem Problem soll einfache quantitative Überlegungen zur Anwendung bringen, welche immer am Platze sind, wo es sich um ein solches Kombinationsproblem handelt.

Flugstabilität

Eine der wichtigsten aerodynamischen Größen, durch welche die Flugeigenschaften der Flugseitenbewegung mitbestimmt werden, ist das Schiebe-Rollmoment des Flugzeugs. Man versteht darunter dasjenige Luftkraftmoment um die Längsachse in bezug auf den Flugzeugschwerpunkt, welches bei seitlicher Anblasung entsteht. Dieses Moment bzw. sein dimensionsloser aerodynamischer Beiwert ist in erster Näherung proportional dem Schiebewinkel τ, wenigstens bis zu Schiebewinkeln von $\pm 15^0$. Im folgenden wird hauptsächlich die in diesem Bereich also konstante Ableitung des Moments oder seines Beiwertes zu betrachten sein[1]):

$$c_{l\tau} = -\frac{\partial c_l}{\partial \tau}.$$

Auch hierfür sei im folgenden kurz dieselbe Bezeichnung »Schiebe-Rollmoment« verwendet, wie dies neben der Verwendung des Ausdrucks »Querstabilität« in der Seitenstabilitätstheorie heute üblich geworden ist.

Die Forderung der Flugeigenschafts-Aerodynamik, welche bezüglich des Schiebe-Rollmoments heute von der flugtechnischen Praxis gestellt wird, läßt sich kurz dahin formulieren, daß das Verhältnis des Schiebe-Rollmomentes $c_{l\tau}$ zur Richtungsstabilität $c_{n\tau}$ etwa gleich dem Verhältnis des Wenderollmomentes c_{lz} zur Wendedämpfung c_{nz} sein soll:

$$\frac{c_{l\tau}}{c_{n\tau}} \approx \frac{c_{lz}}{c_{nz}}.$$

Wird ein kleineres Schiebe-Rollmoment gewählt, als dieser Forderung entspricht, so wird die Spiralsturzneigung des Flugzeugs zu groß. Anderseits ist auch ein beträchtlich größeres Schiebe-Rollmoment, welches die reinen Seitenstabilitäts-Vorschriften an sich noch zulassen würden, in der Flugpraxis unerwünscht, da in diesem Falle bei böigem Wetter fliegerisch

---

*) Dr., Deutsche Versuchsanstalt für Luftfahrt E. V., Berlin-Adlershof.

[1]) Die Vorzeichengebungen sowie die Bezeichnungen sind begründet durch den Falu-Vorschlag über die Formelzeichen der Flugmechanik.

unangenehme Querneigungsamplituden und Schwerpunktsbewegungen auftreten. Die Größe des Schiebe-Rollmomentes ist also auf einen ziemlich engen günstigen Bereich festgelegt durch die genannten drei anderen Seitenstabilitätsfaktoren, d. h. durch die sonstwie gegebene Form des Flugzeugs.

Eine zweite aerodynamische Größe, welche bei seitlicher Anblasung auf die Seitenbewegung des Flugzeugs einwirkt, ist die Seitenkraft, eine Luftkraft, deren Richtung im wesentlichen senkrecht auf der Symmetrie-Ebene des Flugzeugs steht, bzw. deren aerodynamischer Beiwert c_s. Auch hier wird zweckmäßig die Ableitung dieser Größe nach dem Schiebewinkel eingeführt:

$$c_{s\,t} = -\frac{\partial c_s}{\partial \tau}.$$

Die Flugstabilitätseigenschaften werden durch diese Größe nur wenig beeinflußt. Der zahlenmäßige Wert für die Seitenkraft oder deren Ableitung ist demgemäß zunächst nur konstruktiv bedingt, erreicht aber besonders beim Wasserflugzeug eine Größenordnung, welche für die Schwimmstabilität des Flugzeugs eine beträchtliche Rolle spielt.

Die dritte aerodynamische Größe, welche bei seitlicher Anblasung berücksichtigt werden muß, ist das entstehende Moment um die Hochachse, dessen Ableitungen nach dem Schiebewinkel »Richtungsstabilität« genannt wird. Für dieses Moment ist hinsichtlich der Flugstabilität eine positive Mindestgröße zu fordern, welche also einer ausgeprägten Windfahnenwirkung entspricht. Da diese Forderung in keinerlei Gegensatz steht zu derjenigen der Schwimmstabilität und ihre Erfüllung mit den üblichen Formen der Flugwerksgestaltung möglich ist, kann die Größe der Richtungsstabilität im folgenden außer Betracht bleiben. Ihr sonstiger Zusammenhang mit den übrigen Größen der Flug-Seitenstabilität ist bereits oben besprochen worden.

Schwimmstabilität

Die weiteren Betrachtungen sind in erster Linie auf das Flugboot abgestimmt als dasjenige Wasserflugzeug-Muster, welches hinsichtlich seiner zukünftigen flugtechnischen, aerodynamischen und seetechnischen Weitergestaltung die meisten Aussichten bietet.

Da die Schwimmstabilität um die Querachse beim Flugboot ohne konstruktive Schwierigkeiten genügend groß gehalten werden kann, um allen Seefähigkeitsanforderungen zu genügen, seien die folgenden Betrachtungen auf die Schwimmstabilität bezüglich der Längsachse beschränkt.

Eine Forderung der statischen seitlichen Schwimmstabilität verlangt, daß ein Seeflugzeug bei einem bestimmten seitlichen Anblasewinkel τ_s und einer bestimmten Anblasewindstärke, deren Staudruck mit q_s bezeichnet werden möge, einen bestimmten Krängungswinkel φ_s nicht überschreiten darf. Dazu treten noch einige weitere Seefähigkeitsforderungen, die mit der dynamischen Schwimmstabilität zusammenhängen, die sich aber im allgemeinen durch konstruktive Mittel leichter erfüllen lassen, als die eben gekennzeichnete Forderung der statischen Schwimmstabilität.

Diese Forderung aber läßt sich unter der Voraussetzung mäßiger Krängungswinkel und Seitenanblaswinkel folgendermaßen formulieren, Abb. 1,

$$\frac{F}{G}\, b\, \frac{c_{l\,\prime} + \frac{a-z}{b}\, c_{s\,\prime}}{r-a} < \frac{\sin \varphi_s}{q_s\, \tau_s}.$$

Die Größen $c_{l\,\prime}$ und $c_{s\,\prime}$ können zwar in manchen Fällen beim Schwimmen durch die Nähe der Wasseroberfläche, durch die Windbremsung an derselben und sonstige ähnliche Strömungsbeeinflussungen andere Werte annehmen als beim Flug in freier Luft. Doch werden einerseits die Änderungsbeträge nicht groß sein und andererseits wird sich fast jede Änderung der Flugzeugform für die beiden Stabilitätsfälle in gleichem Sinne auswirken. Der Abstand r des Metazentrums vom Verdrängungsschwerpunkt ist lediglich durch die Form des Schwimmkörperaggregates bestimmt. Die Formel zeigt deutlich, in welch hohem Maße durch die Höhe a des Flugzeugschwerpunktes G über dem Verdrängungsschwerpunkt F die linke Seite der Ungleichung beeinflußt werden kann. Eine Verkleinerung von a vergrößert nämlich nicht nur ihren Nenner, sondern verkleinert auch ihren Zähler unter Wahrung der anzustrebenden Flugstabilitätsverhältnisse.

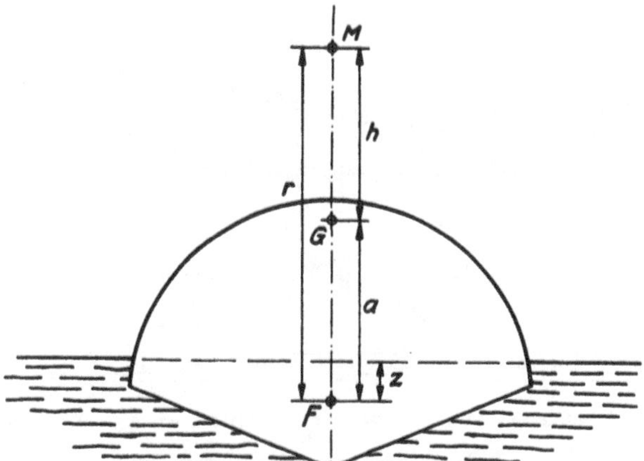

Abb. 1. Skizze zur Schwimmstabilität.

Flug- und Schwimmwerksgestaltung

Für jedes Wasserflugzeug verlangt eine weitere Seetüchtigkeitsforderung, daß ein bestimmter Krängungswinkel möglich ist, ohne daß die Flügelspitzen zu Wasser kommen. Durch diese Forderung wird die Gestalt eines Wasserflugzeugs häufig stark beeinflußt. Insbesondere die V-Stellung des Tragflügels könnte an sich als ein Mittel herangezogen werden, um diese Forderung zu erfüllen.

Für den V-Stellungswinkel ν möge im folgenden die Definition angewendet werden:

$$\operatorname{tg} \nu = \frac{h_\nu}{b/2};$$

die Größe h_ν bedeute hierin den Höhenabstand der Flügelspitzen über der Flügelwurzel, Abb. 2.

Für die durch die besprochene Flugstabilitätsforderung festgelegte Größe des Schiebe-Rollmoments kann in erster Näherung der lineare Ansatz gemacht werden:

$$c_{l\tau} = c_{l\tau_0} + \varkappa_u \nu.$$

Durch die Umrißgestaltung des Tragflügels allein läßt sich nur wenig an dem Proportionalitätsfaktor $\varkappa_u$ ändern, was z. B. schon, praktisch vergeblich, durch übertriebene Spitzendigkeit versucht wurde. Die Größe $c_{l\tau_0}$ ist beim geradlinigen Flügel sehr klein, doch durchweg für die in Frage kommenden Flugzeugformen wesentlich positiv.

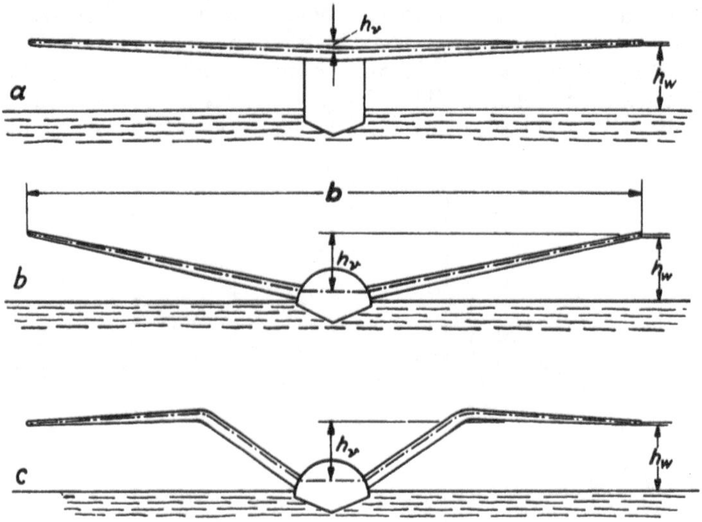

Abb. 2. Verschiedene Möglichkeiten der Flug- und Schwimmwerksgestaltung.

Soll also die eben genannte Seetüchtigkeitsforderung mit der obigen Flugstabilitätsforderung in Einklang gebracht werden, so ist bei geradlinigen Tragflügeln stets eine beträchtliche Höhe der Flügelwurzel über der Wasserlinie notwendig. Dadurch wird aber entweder eine extreme Hochdeckerbauart mit ihren bautechnischen und aerodynamischen Nachteilen oder eine Schulterdeckerbauart mit extrem hohem Bootsrumpf erzwungen, welche diese Nachteile vielleicht vermindern, nicht aber beseitigen kann, Abb. 2a.

Ein Schulterdecker-Flugboot dagegen, bei dem man den erforderlichen Flügelspitzenabstand bei niedrigerem Bootsrumpf durch extreme V-Stellung zu erreichen sucht, wird im Gegensatz stehen sowohl zu den Flugstabilitäts- wie auch zu den Schwimmstabilitätsforderungen, Abb. 2b.

Grundsätzlich anders als der geradlinige Flügel verhält sich in dieser Hinsicht der Knickflügel oder Mövenflügel, Abb. 2c. Wird für ν dieselbe Definition wie oben verwandt, so kann beim Mövenflügel durch geeignetes Herabziehen der äußeren Flügelenden und geringfügige Flügelschränkung der entsprechenden Größe $c_{l\tau_0}$ ein hinreichend negativer Wert verliehen werden[2]). Der Mövenflügel gestattet es also, ohne Schädigung der Flugstabilität die V-Stellung ν soweit zu vergrößern, daß unter Erfüllung der beiden genannten Forderungen auch für gedrungene niedrige Flugboot-Rümpfe die Schulterdeckerbauart möglich wird.

Eine derartige Schulterdeckerbauart gestattet es aber, besonders beim freitragenden Eindecker, den Flugzeugschwerpunkt erheblich tiefer zu legen als jede Hochdeckerbauart, welche ohne Anwendung des Knickflügels zwangsläufig gegeben erscheint. In weiterer Folge läßt sich diese Möglichkeit zu einer grundsätzlichen Erleichterung und aerodynamischen Verbesserung des Schwimmwerks ausnützen durch Einsparungen an den seitlichen Schwimmstützorganen. Hierdurch wiederum wird aber jede aerodynamische Verbesserung an einem derartigen Flugboot in derselben Weise wirksam wie beim modernen schnellen Landflugzeug. Die flugtechnische Entwicklung des vergangenen Jahrzehnts hat gezeigt, was sich auf diesem Wege erzielen läßt.

Aus den obigen Überlegungen kann man leicht diejenigen herausgreifen, welche sich mit voller Gültigkeit auch auf das heutige Leistungs-Segelflugzeug anwenden lassen. Auch bei diesem begegnen sich drei Forderungen: Flugeigenschaften, Flügelspitzenhöhe und freitragende Schulterdeckerbauart. Wohl nur damit ist es zu erklären, weshalb beim Leistungs-Segelflugzeug der Mövenflügel allmählich den geradlinigen Flügel verdrängte, obwohl die sonstigen Vorteile des Mövenflügels dabei noch kaum zur Anwendung gelangten.

Schlußbemerkungen

Ob aus dieser interessanten Parallele zwischen dem Wasserflugzeug und dem Segelflugzeug im Laufe der kommenden flugtechnischen Entwicklung praktische Folgerungen gezogen werden können, hängt nicht allein von den oben geschilderten aerodynamischen und hydrodynamischen Verhältnissen ab, sondern auch von sonstigen flugtechnischen Einzelheiten. Von besonderem Interesse dürfte die Parallele sein für diejenigen Flugbootprojektierungen, welche auf die Verwendung eines einzigen, zentralen, windschnittigen und doch ausreichend schwimmstabilen Schwimmkörpers mit allen seinen aerodynamischen, bautechnischen und seetechnischen Vorteilen abzielen.

---

[2]) Nach einer von *F. W. Achenbach* veranlaßten, überschläglichen Messung im Windkanal der T. H. Charlottenburg lassen sich mit einem geeigneten Mövenflügel Werte erzielen von $c_{l\tau_0} = -0{,}1$ und darunter.

Kommt die Feinkornentwicklung für das Luftbild zur Zeit in Frage?

Von E. Stenger*)

Vorgetragen am 17. Januar 1936 in Hildesheim

Das bildgemäße Auflösungsvermögen der Negativschichten hängt von deren Feinkörnigkeit ab. Feinkörnigkeit ist notwendig:

1. zur erkennbaren Wiedergabe kleinster Bildteile,
2. bei Vergrößerung der Negative.

Feinkörnigkeit hängt ab von der Korngröße der lichtempfindlichen Emulsion und ist beeinflußbar durch die Entwicklung.

Früher stand die Feinkörnigkeit der Emulsionen im umgekehrten Verhältnis zur Lichtempfindlichkeit: nur niederempfindliche Schichten waren feinkörnig, mit steigender Empfindlichkeit wuchs die Korngröße. Neuzeitliche Emulsionen sind auch bei höherer Empfindlichkeit verhältnismäßig feinkörnig; die photographische Industrie ist durch die Kleinbild-Photographie gezwungen worden, feinkörnige Emulsionen hoher Empfindlichkeit herzustellen.

Feinkornentwickler

Die Feinkornentwicklung ist umstritten; sie beruht zumeist darauf, daß man einen in seiner vollen Wirksamkeit gehemmten Entwickler nur eine begrenzte Zeit wirken läßt, um die mit der Bildung gröberen Korns verbundene Ausentwicklung zu verhindern. Eine solche Unterentwicklung verlangt in den meisten Fällen eine 2- bis 4fache Überbelichtung und erzeugt Negative in einem zu Vergrößerungen geeigneten Gepräge.

Außerdem gibt es einzelne Entwicklersubstanzen, welche das Silberkorn im Negativ tatsächlich verfeinern. Ihre Anwendung ist meist mit besonderen Schwierigkeiten verknüpft.

Will man die Wirkungsweise der Feinkornentwickler kennenlernen und Schlüsse ziehen auf ihre Anwendbarkeit zu besonderen Zwecken, so muß man ihre chemische Zusammensetzung kennen und versuchen, aus den zahlreichen, im internationalen Schrifttum zerstreuten Rezepten und durch Analysierung der in dem Handel eingeführten fertigen Präparate gewissermaßen ein Leitmotiv zu finden, welches diesen Entwicklern eigen ist, ihre Sonderstellung beweist und abgestimmt werden kann auf ihre Verwendung bei Erledigung besonderer Aufgaben.

Gemeinsam mit meinem Assistenten Dr. *E. Mutter* habe ich versucht, eine »Systematik« der Feinkornentwickler durchzuführen. So entstanden Zahlentafeln, in welchen zahlreiche, und zwar die gebräuchlichsten Entwicklerrezepte und die in ihrer Zusammensetzung unbekannt gewesenen Handelsprodukte (mit »X« bezeichnet) zusammengestellt sind. Die Aufzählung erfolgte unter Systematisierung nach Entwicklersubstanzen, Mengenverhältnissen, Zugaben und, soweit dies möglich war, chronolo-

*) Prof. Dr., Technische Hochschule Berlin.

gisch; es stehen deshalb in diesen Zahlentafeln ähnlich geartete Entwickler benachbart.

Von den von uns analysierten Entwicklern des Handels (X) sind die Mehrzahl einfache Metol-Entwickler; sie besitzen trotz vielfach angepriesener Sondereigenschaften keine wesentlich andere Zusammensetzung als die schon lange veröffentlichten Vorschriften.

In Zahlentafel 1 finden sich die metolhaltigen Entwickler, und zwar die reinen und die mit anderen Entwicklersubstanzen gemischten.

Man trachtet danach, die Alkalität herabzusetzen, um die Rapidität zu hemmen. Als Alkali dienen in geringer Konzentration Soda, Borax und Trinatriumphosphat. Auch Metolsulfit ohne jedes Alkali wird empfohlen. Früher war man allgemein der Ansicht, daß infolge der bromsilberlösenden Wirkung gerade sehr viel Sulfit die Korngröße günstig beeinflußt. Um so bezeichnender ist es, daß es neben Rezepten des Schrifttums auch Feinkornentwickler des Handels gibt, die sehr wenig Sulfit enthalten (z. B. Zahlentafel 1, Nr. 3).

Metol-Hydrochinon-Entwicklerkombinationen sind auch heute noch am weitesten verbreitet. Infolgedessen finden wir auch hier die Mehrzahl der Feinkornentwicklerrezepte. Beachtenswert ist, daß beim Metol-Hydrochinon-Entwickler nur die schwachen Alkalien (Borax und Trinatriumphosphat) angegeben werden. Ein Entwicklerrezept (Zahlentafel 1, Nr. 9) enthält zwar als Alkali sogar Pottasche, doch sind die Mengen der Entwicklersubstanzen dermaßen gering, daß diese in den Lichtern bald verbraucht sind, und so die Reduktionswirkung zum Stillstand kommt. Die Sulfitkonzentrationen schwanken ähnlich wie bei reinen Metol-Entwicklern außerordentlich.

Auch die Entwicklersubstanz p-Phenylendiamin, auf die später noch besonders einzugehen ist, findet sich hier in Mischung mit Metol und mit Metol-Hydrochinon.

In Zahlentafel 2 sind die Feinkornentwickler zusammengestellt, die frei von Metol oder Metol-Hydrochinon sind.

Auch bei diesen Entwicklern gilt die Regel, daß vor allem schwache Alkalien oder geringe Alkalimengen die Feinkörnigkeit veranlassen sollen. Die Verwendung von Pottasche findet sich nur in einem sulfitfreien Brenzkatechin-Entwickler.

Wenn wir von den wenigen, durch ihren p-Phenylendiamin-Gehalt eine besondere Stellung einnehmenden Entwicklern der Zahlentafeln 1 und 2 absehen, so müssen wir feststellen, daß eine gewisse Einheitlichkeit im Aufbau der Feinkornentwickler nur darin besteht, daß in den weitaus meisten Fällen das Metol als reduzierendes Prinzip, und zwar vielfach allein, in einer ganz beträchtlichen Anzahl von Vorschriften auch im Verein mit Hydrochinon, in seltenen Fällen auch mit anderen Entwicklersubstanzen verwendet wird. Eine Einheitlichkeit im Aufbau mit dem Ziel der besonderen Wirkungsweise dieser Feinkornentwickler besteht sonst nicht; wenn aus der systematischen Übersicht der Zahlentafel 1 einige bezüglich der Metolmenge ganz gleichstehende Entwickler verglichen werden, so ergibt sich, daß die Auffassung der verschiedenen Autoren oder auch der gleichen

Zahlentafel 1
Metolhaltige Feinkornentwickler

Nr.		Metol	Hydrochinon	p-Phenylen-diamin	o-Amidophenol	Pyrogallol	Natriumsulfit (entwässert)	Pottasche	Soda (entwässert)	Borax	Trinatrium-phosphat	Natrium-bicarbonat	Borsäure	Milchzucker	Kaliumbromid	Natrium-thiosulfat	Wasser	Entw.-Zeit in Minuten
1	Andresen, F. Veldman (1928)	15	—	—	—	—	75	—	—	—	—	—	—	—	0,2	—	1000	—
2	Zeiss Ikon (1932)	10	—	—	—	—	88	—	—	—	—	—	—	10	—	—	1000	9—12
3	X (1930)	2	—	—	—	—	20	—	3	—	—	—	—	—	0,1	—	1000	10
4	X (1931)	6	—	—	—	—	80	—	6	—	—	—	—	—	0,5	—	1000	6—7
5a	Agfa 14 (1932)	4,5	—	—	—	—	85	—	1	—	—	—	—	—	0,5	—	1000	15—20
5b	Agfa 15 (1932)	8	—	—	—	—	125	—	12	—	—	—	—	—	1,5	—	1000	8
6	Morse & White (1930)	2,5	—	—	—	—	41	—	—	5	—	—	—	—	—	—	1000	—
7	X (1932)	5	—	—	—	—	104	—	—	5	—	—	—	—	1	—	1000	10
8	X (1932)	5	—	—	—	—	90	—	—	—	10	—	—	—	—	—	1000	10
9	Zeiss Ikon (1932)	0,4	0,9	—	—	—	4,5	7,5	—	—	—	—	—	—	0,4	—	1000	25
10a	Kodak (1927)	2	5	—	—	—	100	—	—	2	—	—	—	—	1,5	—	1000	10—15
10b	Kodak (1929)	2	5	—	—	—	100	—	—	8	—	—	8	—	—	—	1000	10—20
10c	Kodak D 76	2,8	2,8	—	—	—	100	—	—	2	—	—	—	—	1,5	—	1000	10—20
10d	Kodak (1934)	2	5	—	—	—	100	—	—	2	—	—	14	—	—	—	1000	15—17
11	Morse & White (1930)	2	5	—	—	—	52	—	—	2	—	—	—	—	—	—	1000	—
12	Herzog (1932)	2	5	—	—	—	200	—	—	4	—	—	—	—	—	—	1000	—
13	Wellington (1932)	2	2	—	—	—	10	—	—	20	—	—	—	—	—	—	1000	—
14	Westendorp & Wehner (1931)	4	1	—	—	—	90	—	—	2	—	—	—	—	1,5	—	1000	10
15	X (1932)	4	2	—	—	—	45	—	—	5	—	—	—	—	0,25	—	1000	4—6
16	Perutz (1931)	4	2	—	—	—	80	—	—	5	—	—	—	—	0,5	—	1000	5—6
17	Seyewetz (1934)	4	2	—	—	—	65	—	—	7,5	—	—	—	—	—	—	1000	3
18	Gevaert (1932)	4	2	—	—	—	100	—	—	2	—	—	—	—	—	—	1000	—
19	Thorne Baker (1930)	2	5	—	—	—	200	—	—	—	0,5	—	—	—	1	—	1000	—
20	Gevaert G 232	2,5	1,25	—	—	—	25	—	—	—	—	1,5	—	—	—	0,5	1000	—
21	Seyewetz I (1933)	5	—	10	—	—	60	—	—	—	3,5	—	—	—	1	—	1000	7
22	Seyewetz II (1933)	10	1,5	5	—	—	60	—	—	—	5	—	—	—	1	—	1000	15
23	Seyewetz (1934)	5	—	—	10	—	60	—	—	—	3,5	—	—	—	1	—	1000	20
24	Kodak (Tank-Entwickl.)	0,17	0,58	—	—	0,58	6,33	—	3,2	—	—	—	—	—	0,08	—	1000	—

Zahlentafel 2

Feinkornentwickler, die frei von Metol sind

		Amidol	Brenzkatechin	Glyzin	p-Phenylen-diamin (Base)	Pyrogallol	Natriumsulfit (entwässert)	Kalium-hydroxyd	Natrium-hydroxyd	Pottasche	Soda (entwässert)	Ammonium-carbonat	Azeton	Natriumbisulfit	Zucker	Kaliumbromid	Wasser	Entw.-Zeit in Min.
25	X (1934)	2	—	—	—	—	3	—	—	—	1	—	—	—	—	0,5	1000	20
26	X (1932)	—	6	—	—	—	—	4	—	—	—	—	—	—	—	—	1000	7
27	Eder (1928)	—	4	—	—	—	10	—	—	—	15	—	—	—	—	—	1000	60
28	Stiller (1928).	—	4	—	—	—	—	—	—	10	—	—	—	—	—	—	1000	20—25
29	Windisch H.	—	2	—	—	—	0,5	—	1	—	—	—	—	—	—	—	1000	—
30	Hepner (1927)	—	—	30	—	—	75	—	—	—	—	—	—	—	—	10	1000	—
31	Purdon A. (1933)	—	—	5	—	—	100	—	—	—	—	—	5 ccm	—	125	—	1000	30—35
32	Lobel u. Brunel (1926).	5	—	—	13	—	—	—	—	—	—	—	—	75 ccm	—	(2)	1000	—
33	Sease III. (1933)	—	—	6	10	—	90	—	—	—	—	—	—	—	—	—	1000	—
34	Purdon A. (1933)	—	—	—	10	—	75	—	—	—	—	0,5	—	—	—	—	1000	30
35	Seyewetz (1934)	—	—	—	—	7	120	—	—	—	—	—	4 ccm	—	—	1	1000	11

Autoren zu verschiedenen Zeiten bezüglich Zugabemengen und Art der übrigen Entwicklerbeigaben wohl das früher bereits erwähnte Streben zur Erzeugung gewisser Entwicklereigenschaften, keinesfalls jedoch eine Übereinstimmung in der Wahl des bestgeeigneten Weges erkennen lassen.

Eine Systematisierungsmöglichkeit der verschiedenen Feinkornentwickler versagt also und so einstweilen auch die Möglichkeit, zielbewußt in einer bestimmten Richtung weiter zu arbeiten, um diese Art der Entwicklung besonderen Aufgaben anpassen zu können.

Photographische Eigenschaften der Feinkornentwickler

Auch die photographischen Eigenschaften der verschiedenen Feinkornentwickler wurden von uns eingehend untersucht. Alle Entwickler wurden sensitometrisch unter gleichen Bedingungen geprüft, so daß völlig vergleichbare Ergebnisse entstanden. Ich kann an dieser Stelle nicht auf die Einzelheiten dieser Prüfung eingehen, sondern muß mich darauf beschränken, zusammenfassend zu sagen, daß Gradation und Schwärzung in den geringst gedeckten Negativstellen übereinstimmen mit den unter sonst gleichen Bedingungen erhaltenen Ergebnissen aus normalen Entwicklern. Die Gradation des geraden Kurvenabschnittes, also der wesentlichen bildaufbauenden Negativteile ist entsprechend der verschiedenen Zusammensetzung der einzelnen Entwickler sehr verschieden und schwankt zwischen

$$\gamma = 0{,}62 \text{ bis } 1{,}10.$$

Mit der Bezeichnung γ drücken wir das mehr oder weniger kontrastreiche Arbeiten einer Negativschicht aus, wobei eine normal arbeitende Schicht den γ-Wert 1, eine hart arbeitende Schicht einen höheren Wert, eine weich arbeitende Schicht einen geringeren Wert als 1 hat. Der γ-Wert ist abhängig einerseits von Eigenschaften der Emulsion selbst, anderseits von dem Entwickler und der Entwicklungszeit. Man sieht also, daß in der Feinkornentwicklung bei mittleren Negativdeckungen eine Neigung zur Weichheit besteht. Dies kommt noch mehr zum Ausdruck in den höchsten Negativschwärzungen, in welchen die Feinkornentwickler in besonders starkem Maße eine Verflachung der Schwärzungszunahme zeigen in der Art, wie Ausgleichsentwickler zu wirken pflegen, deren Aufgabe es ist, allzu starke Kontraste im Negativ zu unterdrücken und gewisse Überbelichtungen herabzumindern. Die Feinkornentwickler erzeugen also Negative unter Unterdrückung der starken Schwärzungen auf Grund ihrer verminderten entwickelnden Kraft und zeitlich begrenzter Entwicklungszeit.

Die als Hauptsache angestrebte Feinkörnigkeit tritt nachweislich gleichzeitig nur in ganz geringem, für die Praxis fast belanglosem Maße auf und verschwindet, wenn die »Feinkorn-Entwicklung« durch entsprechende Verlängerung der Entwicklungszeit bis zur sonst angestrebten und mit normalen Entwicklern erreichten Ausentwicklung getrieben wird.

p-Phenylendiamin als Entwicklersubstanz

Im Gegensatz zu den bis jetzt behandelten Feinkornentwicklern steht das p-Phenylendiamin als Entwicklersubstanz, die wirklich befähigt ist, auch aus gröberkörnigen Emulsionsschichten ein feinkörniges Negativ zu erzeugen. Das p-Phenylendiamin ist bereits seit 1904 im Schrifttum bekannt, hat jedoch erst in den letzten Jahren wieder Verwendung gefunden. Es ist in seinen allgemeinen Eigenschaften den anderen bekannten Entwicklersubstanzen nicht gleichwertig; es verlangt nämlich nicht nur eine starke Überbelichtung des Negativs, sondern auch eine bis zu einer Stunde verlängerte Entwicklungszeit und erzeugt ein unschönes, hellgefärbtes Negativsilber. Außerdem stäubt und schmutzt die Substanz. Erst die Forderung nach Feinkornnegativen in der Kleinbildphotographie brachte die neuerliche Verwendung der an sich höchst beachtenswerten Entwicklersubstanz.

Um ohne allzustarke Überbelichtung in kurzer Entwicklungszeit ein dunkelgefärbtes Silber erzeugen zu können, ohne gleichzeitig allzuviel Einbuße an Feinkörnigkeit zu erleiden, gingen neuere Versuche dahin, das p-Phenylendiamin mit anderen Entwicklersubstanzen zu vereinigen. In den vorher gezeigten Zahlentafeln sind solche Entwicklerrezepte der neuesten Zeit aufgeführt worden. Tatsächlich wird mit ihnen bei Einhaltung einer genau gemessenen Entwicklungszeit, die nicht überschritten werden darf, beträchtliche Feinkörnigkeit erzielt.

In den letzten Monaten sind von zwei deutschen Firmen Feinkornentwickler in den Handel gebracht worden, denen nachgerühmt wird, daß sie kein p-Phenylendiamin enthalten, jedoch durch Verwendung einer anderen neuartigen Substanz die gleiche Wirkung erzielen sollen. Der eine dieser Entwickler »Atomal« der »Agfa« hat sich in mehreren Händen schon gut bewährt. Eine Analysierung des neuen Präparates ist an verschiedenen Stellen und so auch uns noch nicht gelungen; denn die Feststellung komplizierter organischer Verbindungen stößt immer auf ganz beträchtliche Schwierigkeiten. Auch für diese beiden Entwickler wird reichliche Belichtung gefordert.

Feinkornentwicklung und Luftbild

Nachdem ich nunmehr den augenblicklichen Stand der Feinkornentwicklung umrissen habe, kann ich diese Art der Hervorrufung in Beziehung zum Luftbild bringen. Zuerst sollen die allgemeinen Grundforderungen kurz umrissen werden, die an eine aus großen Höhen zu verwendende Luftbild-Negativemulsion und an das so entstehende Negativ zu stellen sind, ohne auf einzelne Sonderforderungen, wie z. B. Farbenempfindlichkeit, einzugehen. Diese Grundforderungen sind:

Feinkörnigkeit zwecks guter Bildauflösung und erkennbarer Wiedergabe kleinster Einzelheiten,

kontrastreiches Arbeiten, um die geringen Helligkeitsunterschiede im Bild möglichst zu erhöhen,

höchste Empfindlichkeit, um mit kürzesten Belichtungszeiten arbeiten zu können.

Wie verhält sich zu diesen Forderungen die Anwendung der verschiedenen Feinkornentwickler?

Feinkornentwickler verlangen stets eine reichliche, wenn nicht sogar eine auf das Mehrfache verlängerte Belichtungszeit, während wir in der Flieger-Photographie stets die Belichtungszeit so kurz wie möglich wählen und gezwungenermaßen in zahlreichen Fällen mit Unterbelichtungen rechnen müssen.

Feinkornentwickler entwickeln zu einem niedrigen »γ«, also zu einem weich gearteten Negativ, während die Flieger-Photographie ein kontrastreiches Negativ, also ein solches mit hohem »γ« verlangt. Die heute im Gebrauch befindlichen hochempfindlichen panchromatischen Negativschichten, die von Haus aus zu Weichheit neigen, bedürfen einer kräftigen Hervorrufung und verbieten eine Unterstützung weicher Gradation. Im Gegenteil, es wird in vielen Fällen notwendig sein, das kräftig und kontrastreich entwickelte Negativ zwecks weiterer Kontraststeigerung auf hart arbeitendes Papier zu kopieren.

Feinkornentwickler verlangen in der Regel neben der Überbelichtung auch eine Verlängerung der Entwicklungszeit; im Ernstfall, in welchem die schnellstmögliche Bildherstellung eine der wichtigsten Forderungen ist, müssen Arbeitsverfahren verwendet werden, welche die Bildherstellungszeit verkürzen.

Feinkornentwicklung ist in ihrer jetzigen Form aus den Forderungen der Kleinbildphotographie entstanden; sie mag mit festumrissener Entwicklungszeit als gute Durchschnittsentwicklung für den Kleinbild-Filmstreifen mancherlei Vorteile besitzen, bei welchem der Aufbau des einzelnen Negativs nicht mit dem Auge verfolgt werden kann. Bei der Hervorrufung der unter den schwierigsten Verhältnissen gewonnenen Aufnahmen aus der Luft wird es jederzeit die in der Dunkelkammer zu lösende Aufgabe sein, aus jeder Aufnahme in angepaßter Einzelbehandlung in Abhängigkeit vom Aufnahmeobjekt, von der Belichtungszeit und der Negativschicht das bestmögliche Negativ hervorzurufen. Hierzu gibt die Feinkornentwicklung in ihrer jetzigen Form keine Handhabe. Das, was wir brauchen, ist eine feinkörnige und trotzdem hochempfindliche, kräftig arbeitende Emulsion. Die Feinkörnigkeit des Luftbildes ist deshalb einstweilen in weitgehendem Maße und in erster Linie noch ein Emulsionsproblem, welches erfreulicherweise bereits erfolgreich von der deutschen photographischen Industrie gelöst worden ist. Die Verwendung von Feinkornentwicklern für das Luftbild ist also einstweilen noch aus den verschiedenen genannten Gründen abzulehnen.

Ein Einschneidegerät zur Punktbestimmung aus Nadiraufnahmen

Von O. v. Gruber*)

Vorgetragen am 17. Januar 1936 in Hildesheim

Zweck

Aufgabe des Gerätes ist die Lagebestimmung von Punkten aus Nadiraufnahmen in einem vorgegebenen Kartenmaßstab.

Prinzip

Die Lage von Punkten wird durch Vorwärtseinschneiden von den beiden Bildhauptpunkten aus bestimmt. Da die Bildgröße es nicht erlaubt, die beiden Bildhauptpunkte in solchen gegenseitigen Abstand zu bringen, daß ihre Entfernung der Aufnahmebasis im Kartenmaßstab gleicht, wird von dem sog. Zeißschen Parallelogramm Gebrauch gemacht. Dieses Parallelogramm, Abb. 1, wird von vier Punkten gebildet, deren

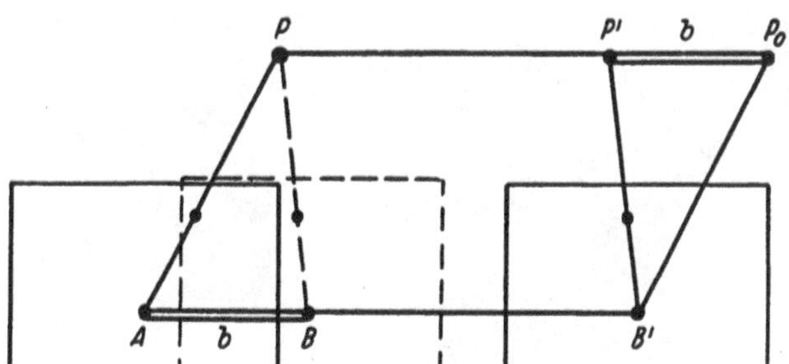

Abb. 1. Zeißsches Parallelogramm.

zwei die Bildhauptpunkte darstellen, während das andere Paar die Lage des zu bestimmenden Punktes relativ zu dem zugehörigen Bildhauptpunkt angeben soll. Der Abstand der beiden Bildhauptpunkte kann in diesem Fall beliebig gewählt werden. Der Abstand der beiden anderen Punkte muß dann um den Betrag der Aufnahmebasis im Kartenmaßstab verkleinert werden.

Aufbau

Das Gerät besteht, Abb. 2 und 3, aus einem Reißbrett, über dem, geführt von einem Doppelgelenkparallelogramm, die Einschneide- und Zeichenvorrichtung gleitet. Eine Zellhornplatte trägt oben einen Zeichen-

*) Prof. Dr., Carl Zeiß, Jena.

Abb. 2. Radialeinschneidgerät in Stellung für das Vorwärtseinschneiden von Punkten, die oberhalb der Verbindungslinie der Hauptpunkte liegen.

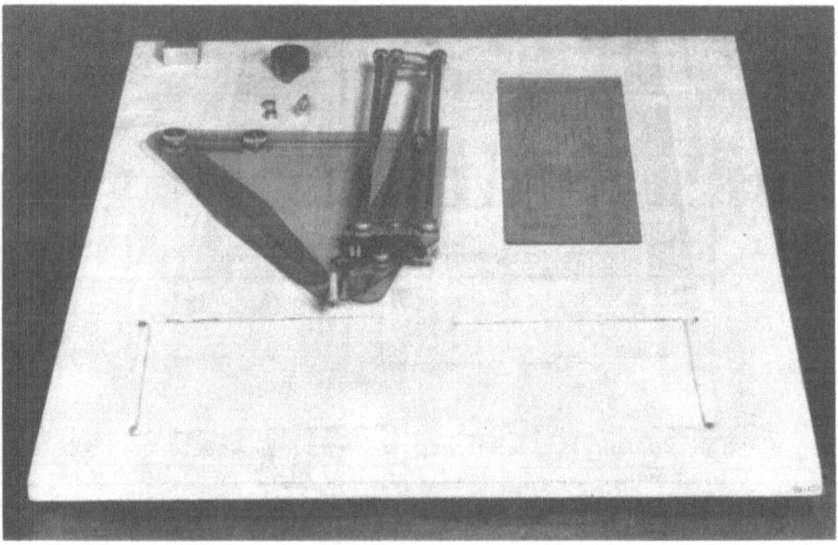

Abb. 3. Radialeinschneidgerät bereit zum Verpacken.

stift, unten zwei schwenkbare Lineale aus Zellhorn. Das linke Lineal ist um eine feste Achse gegenüber der Grundplatte drehbar und in beliebiger Stellung klemmbar. Die Achse des rechten Lineales kann in einem Schlitz der Grundplatte verschoben und festgeklemmt werden. Im übrigen ist das rechte Lineal ebenfalls in beliebige Richtung einstellbar und kann in der betreffenden Richtung festgeklemmt werden.

Vorbereitung der Bilder

Bevor die Bilder auf dem Reißbrett festgeklebt werden, müssen auf ihnen die Bildhauptpunkte bezeichnet werden, außerdem die Richtungen zwischen den Bildhauptpunkten benachbarter Bilder. Letzteres geschieht zweckmäßig in der Weise, daß man die Bilder in ihren Hauptpunkten mit Nadeln feststeckt, an diese Nadeln ein Lineal anschiebt und nun die Bilder unter dem Lineal solange verdreht, bis an der ganzen Linealkante auf beiden Bildern identische Bildpunkte zu liegen kommen. In dieser Lage wird die Richtung der Linealkante an den Bildrändern eingeritzt. Für dieses Ausrichten verwendet man zweckmäßig ein Klappspiegelstereoskop.

Um durch Identifizieren von Punkten bei dem eigentlichen Ausarbeiten keine Zeit zu verlieren, ist es zweckmäßig, auf beiden Bildern unter dem Stereoskop identische Bildpunkte durch Nadelstiche zu markieren und mit roten Tuschkreisen und zugeschriebenen Zahlen zu bezeichnen.

Arbeitsweise

Nachdem die Zeichenvorrichtung auf dem Zeichenbrett befestigt ist, wird die Grundplatte so verschoben, daß die Achse des linken Lineals die Lage des Hauptpunktes des linken Bildes bezeichnet. Mit einem passenden Stift wird diese Lage durch die Durchbohrung der Achse hindurch auf dem Reißbrett markiert. Ohne die Lage der Grundplatte zu ändern, wird in gleicher Weise durch die Achse des rechten Lineales hindurch deren Stellung markiert. Auf dem Reißbrett wird dann die Verbindungslinie der beiden markierten Punkte ausgezogen. Auf diese Linie werden die beiden Bilder so aufgelegt, daß die vorher markierten Richtungen zwischen den Bildhauptpunkten genau auf die markierte Linie zu liegen kommen. Der Abstand der beiden Bilder kann beliebig gewählt werden, doch ist es zweckmäßig, es so einzurichten, daß identische Bildpunkte etwa 25 bis 26 cm voneinander entfernt sind, so daß man die Bilder auch nachträglich noch mit dem Klappspiegelstereoskop bequem betrachten kann. Die Bilder werden mit Nadirband festgeklebt.

Um die Lage von Neupunkten festlegen zu können, ist es notwendig, vorher den Abstand der beiden Linealachsen um den Betrag der Aufnahmebasis kleiner einzustellen, als der Abstand der beiden Bildhauptpunkte auf dem Reißbrett beträgt.

Diese Einstellung ist dann besonders einfach, wenn etwa durch eine Radialtriangulation die Lage der beiden Bildhauptpunkte in der gewünschten Karte bereits festgelegt ist. In diesem Fall bringt man die linke Linealachse mit Hilfe des Punktierstiftes genau über den Hauptpunkt des linken Bildes und schiebt bei dieser Lage der Grundplatte den in die Karte eingetragenen zugehörigen Kartenpunkt unter den Zeichenstift. Das Kartenblatt wird dann in diesem Punkt genadelt und so eingeschwenkt, daß die Richtung nach dem zweiten Bildhauptpunkt parallel zu der Richtungslinie auf dem Reißbrett läuft. Hierauf wird der Zeichenstift auf die Kartenlage des rechten Bildhauptpunktes eingestellt und nun die rechte Linealachse solange verschoben, bis sie genau über dem Hauptpunkt des rechten

Bildes liegt. In dieser Stellung wird die Verschiebung der rechten Achse geklemmt.

Die Bestimmung von Neupunkten geschieht in der Weise, daß man die Klemmen der beiden Lineale löst, zunächst das linke Lineal über dem linken Bild so dreht, daß das Bild des Neupunktes und der Hauptpunkt zwischen der Doppellinie des Lineales liegt und in dieser Stellung die Drehung des Lineals verklemmt. Dasselbe geschieht mit dem rechten Lineal in bezug auf das rechte Bild. Man kann dabei die Grundplatte beliebig verschieben. Nachdem beide Lineale in den richtigen Richtungen festgeklemmt sind, wird die Grundplatte so verschoben, daß für beide Lineale die Bilder des Neupunktes und die Hauptpunkte zwischen den Doppellinien liegen. In dieser Stellung gibt der Zeichenstift die gewünschte Grundrißlage des gesuchten Punktes. Da bei der Einstellung des Lineales das Bild des Neupunktes stets zwischen der Linealachse und dem Hauptpunkt liegen muß, kann es vorkommen, daß die Lineale teilweise unterhalb der Grundplatte liegen, Abb. 4. Eine Einstellung der Lineale ist trotzdem

Abb. 4. Radialeinschneidgerät in Stellung für das Vorwärtseinschneiden von Punkten, die unterhalb (vor) der Verbindungslinie der Bildhauptpunkte liegen.

möglich. In der beschriebenen Weise wird die Richtung nach den verschiedenen Punkten eingestellt und werden diese bestimmt.

Eine Schwierigkeit tritt dann auf, wenn Neupunkte in der Nähe der Verbindungslinie der beiden Bildhauptpunkte liegen. In diesem Fall ist der Vorwärtseinschnitt so stumpf, daß die Lage des zu bestimmenden Punktes unsicher wird. Um dieser Schwierigkeit zu begegnen, kann man das Vorwärtseinschneiden in eine Kernebene verlegen. Man denke sich diese in die Zeichenebene umgeklappt. Die Standpunkte erscheinen dann nicht mehr am Ort der Bildhauptpunkte, sondern auf Linien, die normal zur Verbindungslinie der Bildhauptpunkte stehen. Die Abstände der Standpunkte von den Hauptpunkten werden unter der Annahme einer konstanten Flughöhe und gleicher Bildweite untereinander gleich sein und können beliebig gewählt werden. Zweckmäßig klappt man die Kernebene sowohl nach vorne wie auch nach hinten um und wählt also zwei Paare von Hilfsstandpunkten. Von diesen aus schneidet man den Neupunkt in gleicher Weise vorwärts ein wie von den beiden Bildhauptpunkten aus. Man erhält dadurch zwei Lagebestimmungen des Neupunktes, deren gerade Verbindungslinie ein geometrischer Ort für die richtige Lage des Neupunktes ist. Diese selbst findet man, indem man nun den Neupunkt in der üblichen Weise von den Hauptpunkten aus einschneidet und dabei den Zeichenstift stets auf der ebenbestimmten Verbindungslinie der Hilfspunkte führt.

Sobald die Lage der den Hauptpunkten entsprechenden Kartenpunkte nicht gegeben ist, muß mindestens die Lage von irgend zwei Punkten bekannt sein, die sich auf den Bildern identifizieren lassen. Man bestimmt dann zunächst den Abstand dieser Punkte auf den Bildern selbst und errechnet sich daraus den Bildmaßstab. Mißt man nun auf den beiden Bildern den Abstand von Punkten, die den beiden Bildhauptpunkten entsprechen, so kann man sich einen ersten Näherungswert für die Länge der Aufnahmebasis errechnen und den Abstand der beiden Linealachsen entsprechend einstellen. Ist dies geschehen, so wird man zunächst den ersten gegebenen Punkt aus den Bildern in der für Neupunkte vorher beschriebenen Weise vorwärts einschneiden, die Karte so unter den Zeichenstift schieben, daß sich dieser mit der Lage des gegebenen Punktes deckt und die Karte in diesem Punkt nadeln. Schneidet man in gleicher Weise den zweiten gegebenen Punkt aus den Bildern vorwärts ein, so wird man die Karte um den ersten Punkt so einschwenken können, daß der Zeichenstift auf die Verbindungslinie der zwei gegebenen Punkte fällt. Er wird sich jedoch mit dem zweiten Punkt nicht vollständig decken. Entsprechend der Differenz ist nun der Abstand der beiden Linealachsen zu vergrößern oder zu verkleinern, bis nach Wiederholung des Arbeitsvorganges der Zeichenstift beim Vorwärtseinschneiden der gegebenen Punkte sich stets auch mit deren Kartenlage deckt. Hierauf können Neupunkte in der üblichen Weise bestimmt werden.

Erreichte Genauigkeit

Zahlentafel 1 enthält die Ergebnisse einer Probemessung, die in einem Kartenmaßstab 1:25000 ausgeführt worden ist. Gegeben waren zwei Geländepunkte I und II. v sind die Verbesserungen, die man an der Auswertung anbringen muß, wenn man die Einpaßfehler nicht berücksichtigt. v' sind die Verbesserungen nach Ausschalten der Orientierungsfehler. Es ergeben sich für die Rechtswerte und für die Hochwerte verschiedene mittlere Fehler. Der Unterschied ist darin begründet, daß das Gelenkparallelogramm, welches die Grundplatte führt, ein klein wenig Spiel hatte. Dieses Spiel muß sich infolge der Anordnung von Zeichenstift und Linealachsen

Zahlentafel 1

Probemessung mit dem Radialeinschneidgerät

Punkt	Rechts aus Bildern	aus Karte	v	v'	Hoch aus Bildern	aus Karte	v	v'
I	4 566 550 m	566 550 m	—	—	5 822 650 m	822 650 m	—	—
II	59 010	59 010	—	—	24 990	24 990	—	—
1	58 772	58 774	+ 2	— 2	22 508	22 530	+ 22	+ 34
2	59 620	59 623	+ 3	— 1	22 840	22 840	0	+ 12
3	62 405	62 430	+ 25	+ 21	24 510	24 460	— 50	— 38
4	61 385	61 380	— 5	— 9	22 625	22 590	— 35	— 23
5	61 165	61 160	— 5	— 9	22 417	22 390	— 27	— 15
6	59 112	59 120	+ 8	+ 4	24 615	24 610	— 5	+ 7
7	60 940	60 950	+ 10	+ 6	26 260	26 250	— 10	+ 2
8	66 225	66 240	+ 15	+ 11	23 372	23 350	— 22	— 10
9	64 455	64 480	+ 25	+ 21	21 530	21 530	0	+ 12
10	63 568	63 570	+ 2	— 2	20 933	20 940	+ 7	+ 19
11	63 535	63 530	— 5	— 9	20 770	20 780	+ 10	+ 22
12	60 828	60 820	— 8	— 12	24 785	24 760	— 25	— 13
13	61 210	61 200	— 10	— 14	23 517	23 510	— 7	+ 5
13a	61 615	61 630	+ 15	+ 11	23 832	23 810	— 22	— 10
14	59 540	59 549	0	— 4	22 205	22 210	+ 5	+ 17
15	60 473	60 470	— 3	— 7	22 132	22 130	— 2	+ 10
16	62 960	62 960	0	— 4	25 625	25 610	— 15	— 3
17	64 578	64 590	+ 12	+ 8	25 202	25 160	— 42	— 30
18	67 095	67 090	— 5	— 9	25 170	25 150	— 20	— 8
19	64 575	64 570	— 5	— 9	23 882	23 860	— 22	— 10
20	64 628	64 630	+ 2	— 2	23 205	23 190	— 15	— 3
21	65 543	65 550	+ 7	+ 3	21 050	21 060	+ 10	+ 22
			+ 4				— 12	

$$m_r = \pm \frac{2376}{22} = \pm 10{,}4 \text{ m} \qquad m_h = \pm \frac{10\,081}{22} = \pm 21{,}4 \text{ m}$$

$$m_r' = \pm \frac{2088}{22} = \pm 9{,}8 \text{ m} \qquad m_h' = \pm \frac{6889}{22} = \pm 17{,}7 \text{ m}$$

$$m_L = \pm 23{,}8 \text{ m}$$
$$m_L' = \pm 20{,}1 \text{ m}$$

so auswirken, daß die Fehler in der Verbindungsrichtung der beiden Bildhauptpunkten größer werden als quer dazu. Bei der Probemessung fiel die Hochrichtung mit dieser Richtung näherungsweise zusammen. Als mittlerer Lagefehler ergibt sich unter Einschluß der Orientierungsfehler ein mittlerer Fehler von $\pm$ 24 m, oder im Kartenmaßstab nicht ganz 1 mm.

Anläßlich der Probemessung wurde ein Zeitbedarf für das Vorwärtseinschneiden eines Punktes von 80 s festgestellt. Ein Punktplan mit 400 Punkten kann also in etwa 9 h ausgearbeitet werden. Die Probemessung hat damit gezeigt, daß die gestellte Aufgabe, einen Punktplan von 400 Punkten mit einer Genauigkeit von 1 mm innerhalb 24 h herzustellen, mit Hilfe dieses Gerätes lösbar ist.

Ergebnisse einer Aerotriangulation und eines Aeronivellements für Kolonialgebiete

Von O. v. Gruber*)

Vorgetragen am 17. Januar 1936 in Hildesheim

Bereits vor 15 Jahren wurden Versuche zu einer Aerotriangulation im Raum durchgeführt. Hierbei waren die Richtungen nach gegebenen und neu zu bestimmenden Punkten aus Schrägluftbildern mit dem Bildtheodolit gemessen und Standpunkte und Neupunkte berechnet worden. Der Versuch wurde seinerzeit abgebrochen als sich nach einer Strecke von etwa 18 km ergab, daß Punkte, die etwa 30 m über dem Meer liegen sollten, eine Höhe von minus 20 m aufwiesen. Seitdem wurden die Verfahren in verschiedener Weise weiter gebildet. Die Nadirtriangulation wurde für die Bestimmung der Lage von Punkten im Grundriß ausgebildet. Die räumliche Methode des Aneinanderschließens aufeinanderfolgender Bilder wurde von verschiedenen Seiten und in verschiedener Weise versucht und zeigte bisher stets das Auftreten systematischer Fehler in ähnlicher Weise, wie dies bei dem ersten Versuch sich gezeigt hatte.

Ein neues Verfahren

ergibt sich dann, wenn man die relativen Höhenunterschiede aufeinanderfolgender Aufnahmeorte in genauer Weise barometrisch mißt und die so bestimmten Höhenunterschiede der Aufnahmeorte bei dem Folgebildanschluß als Zwangsbedingungen einführt[1]). Dieses Verfahren ist außer durch den Stereoanschluß von Folgebildern mit der Zwangsbedingung, daß die relativen Höhenunterschiede aus den Angaben eines Registrierstatoskopes beibehalten werden müssen, gekennzeichnet durch:

a) die Maßstabsübertragung von Modell zu Modell ausschließlich durch Messen der Geländehöhe in der Nadirgegend des je zwei aufeinanderfolgenden Modellen gemeinsamen Bildes, also durch Messung in Lotebenen im Gegensatz zur Radialmethode, wo der Maßstab durch Strecken in Horizontalebenen übertragen wird.

b) das charakteristische Auftreten systematischer Fehler, die jedoch im Gegensatz zum früheren räumlichen Verfahren kein quadratisches Anwachsen der Höhenfehler mit der Streckenlänge bewirken, sondern nur ein lineares. Dabei besteht ein innerer Zusammenhang zwischen Höhen-, Maßstabs- und Lagefehlern, so daß Konstanten für die Korrektur schon aus einem einzelnen Fehler ermittelt werden können.

Die Zusammenhänge der systematischen Fehler sind:

---

*) Prof. Dr., Carl Zeiß, Jena.

[1]) Dieses Verfahren ist ausführlich entwickelt in der Zeitschrift »Bildmessung und Luftbildwesen« 1935 Heft 3 und 4.

Maßstabsfehler $= c \cdot x$ ($x =$ Länge des Zuges, $c =$ Konstante)
Höhenfehler $= -h \cdot c \cdot x$ ($h =$ relative Höhe über Grund)
Längenfehler $= \frac{1}{2} c \cdot x^2$

Zahlenmäßig bedeuten diese Zusammenhänge:

Für $c = 1 \cdot 10^{-7}$ ergibt sich bei einer Flughöhe von 4000 m für:

Zuglänge	2 km	10 km	20 km	50 km	100 km	
Maßstabsfehler am Ende . . .	0,02%	0,1%	0,2%	0,5%	1,0%	linear
Höhenfehler am Ende	1 m	5 m	10 m	20 m	40 m	linear
Längenfehler am Ende	0,2 m	5 m	20 m	125 m	500 m	quadratisch

Charakteristisch ist die im Verhältnis zum Längenfehler große Genauigkeit der Höhe bei wachsender Zuglänge.

Unterschied des neuen Verfahrens gegenüber älteren

Der Unterschied des neuen Verfahrens des Aeronivellements gegenüber den älteren zeigt sich am besten auf den Abbildungen.

Abb. 1 zeigt in schematischer Weise die Verhältnisse bei der Aufnahme: Nadiraufnahmen in gleichen Abständen aus konstanter Höhe.

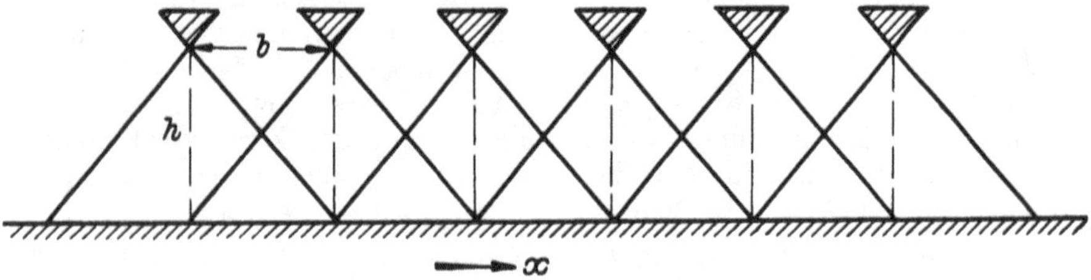

Abb. 1. Verhältnisse bei der Aufnahme.

Abb. 2 zeigt die Orientierungs- und »Verbiegungs«-Fehler bei dem Vorliegen von Verzeichnungsdifferenz zwischen Aufnahme und Ausmessung. Die ursprünglich parallel gerichteten Aufnahmen erscheinen beispielsweise divergent und dementsprechend erscheint die Geländefläche nicht mehr als Ebene, sondern als Zylinder verbogen.

Abb. 3 zeigt das Wachsen von Höhenfehlern mit dem Quadrat der Zuglänge, wenn man in einer der früher geübten Weisen die einzelnen Modelle aneinander fügt. Der Streifen verbiegt sich nach oben. Beispielsweise würde der Höhenfehler für eine Verbiegungskonstante, wie sie gelegentlich eines Versuches erhalten wurde (1 m/km²), in einer Entfernung von 100 km vom Anfang 10000 m betragen.

Abb. 4 zeigt demgegenüber die Wirkungsweise des Aeronivellements mit Registrierstatoskop, wenn durch das Meßgerät keinerlei systematische

Abb. 2. Orientierungs- und Verbiegungsfehler bei Verzeichnungsdifferenz von Aufnahme und Ausmessung.

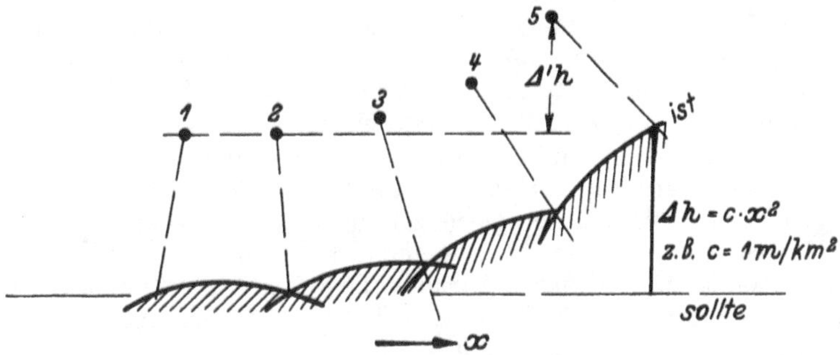

Abb. 3. Wachsen der Höhenfehler bei dem älteren Verfahren.

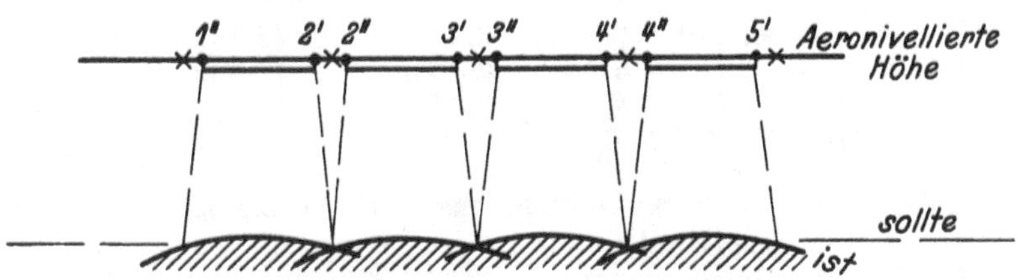

Abb. 4. Wirkung des Aeronivellements mit Registrierstatoskop **ohne** Horizontbilder.

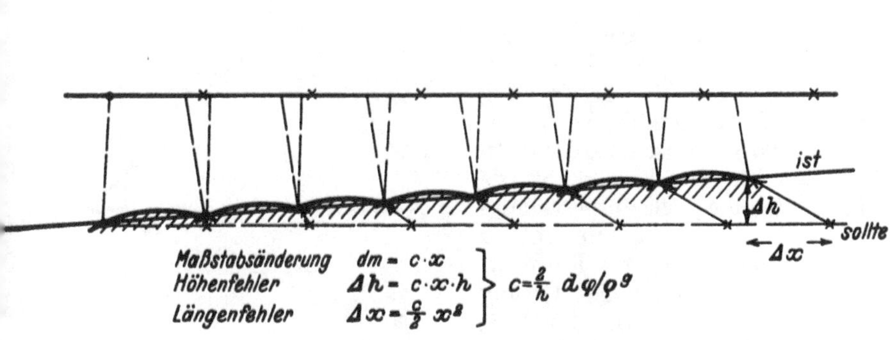

Abb. 5. Wirkung systematischer Fehler $d\varphi$ bei der Ausmessung.

Fehler hervorgerufen würden und wenn nicht etwa durch Verwendung von Horizontbildern für die Bestimmung der Neigung der Aufnahmen in der Flugrichtung ein systematischer Fehler entsteht.

Abb. 5 zeigt die Wirkung eines systematischen Fehlers bei der Ausmessung. Der Höhenfehler wächst proportional zur Zuglänge. Zur

Prüfung des Verfahrens

wurde im Sommer 1935 in Holland ein Versuch großen Stiles durchgeführt.

Drei Flüge beginnen an der Meeresküste; alle drei enden an der Stelle, wo der Rhein nach Holland übertritt bei Doornenburg. Die gestellte Aufgabe war, von den drei gegebenen Basen an der Küste aus die Lage eines wenigstens 100 km landeinwärts gelegenen Punktes, sowie dessen Höhe ausschließlich durch Aerotriangulation und Aeronivellement zu bestimmen.

Zur Aufnahme diente eine Weitwinkelkammer 18 × 18 mit 10 cm Bildweite in Verbindung mit einem Registrierstatoskop Väisälä. Dem Führer des Flugzeuges stand ein entsprechendes Führerstatoskop zur Verfügung. Dieses Statoskop besteht aus einem mit einem U-Rohr abgeschlossenen Glaskörper, der in der gewünschten Flughöhe von der Außenluft abgeschlossen wird, so daß Änderungen des Luftdruckes Ausschläge der Flüssigkeitssäule im U-Rohr bewirken. Der Glaskörper befindet sich in einer mit schmelzendem Eis gefüllten Thermosflasche. Abb. 6 zeigt die Anlage der Flüge. Es ergaben sich:

$$h = 4000 \text{ m}$$

Streifen	Länge	Bildzahl	Bildabstand b	Größter Flughöhen-unterschied	b/h
I	115 km	50	2,3 km	13,4 m	0,58
II	126 km	47	2,8 km	11,5 m	0,70
III	117 km	43	2,9 km	11,7 m	0,72
	358 km	140			

Bei der Aufnahme wirkten im Flugzeug mit: Ein Pilot zur Bedienung der Maschine und insbesondere zur Überwachung des genauen Einhaltens der Höhe entsprechend den Angaben des Führerstatoskopes; ein Orter, verantwortlich für die gerade Flugrichtung nach dem gewünschten Ziel; ein Photograph zur Bedienung und Überwachung der Geräte hinsichtlich Abtrifteinstellung und richtiger Überdeckung. Wie die Zahlentafel zeigt, wurde bei dem Flug die Höhe ausgezeichnet gut eingehalten. Auch hinsichtlich der Richtung können die Flüge als Beispiel einer vorbildlichen Ortung dienen. Das gleiche gilt hinsichtlich der Überdeckung. Während

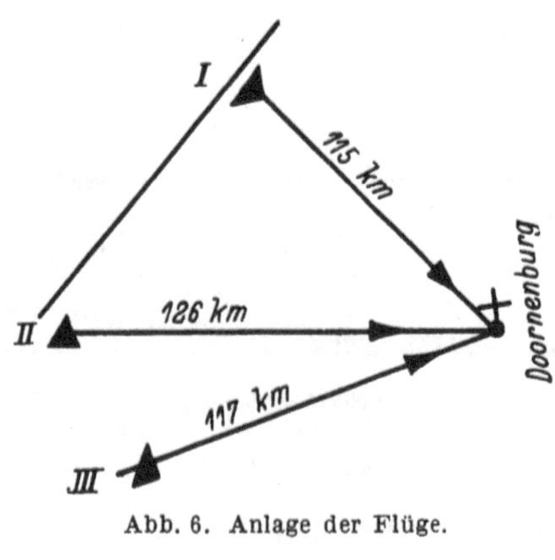

Abb. 6. Anlage der Flüge.

der Flüge wurden die Änderungen des Barometerstandes an einer Bodenstation registriert.

Die Entwicklung erfolgte mit einem Williamsongerät (ähnlich dem bei Völk gebauten deutschen Gerät). Unglücklicherweise wurde der noch nasse Film Interessenten gezeigt und dabei von Hand umgerollt. Obwohl der Film nicht auf der Schichtseite, sondern auf der Filmseite angefaßt wurde, ergaben sich Verquetschungen der Schicht, die bei stereoskopischer Betrachtung die Fingerabdrücke in Gestalt von parallaktischen Verzerrungen zeigen und selbstverständlich eine Fehlerquelle der Ausmessung bildeten.

Die Ausmessung erfolgte am Stereoplanigraph. Zur Beschleunigung der eigentlichen Meßarbeit wurden die Bilder in der Weise vorbereitet, daß auf jedem Bild dessen Hauptpunkt sowie die Hauptpunkte der Nachbarbilder mit Kreisen bezeichnet wurden. Außerdem wurden Punkte mit Tuschkreisen markiert, die als Kontrollpunkte der Messung für Lage und Höhe dienen sollten. Diese vorbereitende Tätigkeit unter einem Klappspiegelstereoskop hatte sich bereits anläßlich von Vorversuchen in Urwaldgebiet als außerordentlich zeitsparend erwiesen, da man mit Hilfe der Bezeichnungen jede Identifizierungsschwierigkeit während der Ausmessung vermeidet.

Die Orientierung im Stereoplanigraph erfolgte streng systematisch, indem auch die für die Orientierung nötigen Geländepunkte in jedem Bild nach Maßgabe einer aufgelegten Schablone stets an der gleichen Stelle gewählt wurden, um auf diese Weise streng systematische Fehler zu erzielen. Im Streifen selbst erfolgte der Maßstabanschluß aufeinanderfolgender Bilder ausschließlich durch Höhenanschluß im Bildhauptpunkt des jeweils vorausgehenden Bildes. Der Richtungsanschluß wurde dadurch gesichert, daß auch die Richtungen nach den Rahmenmarken jeweils koordinatenmäßig festgelegt wurden. Diese Sicherung erwies sich als besonders nützlich für den Zusammenschluß der drei Streifen im Knotenpunkt bei Doornenburg.

An der Maschine wurden die Koordinaten der den einzelnen Bildhauptpunkten entsprechenden Geländepunkte sowie die Koordinaten und Höhen aller Kontrollpunkte gemessen. Außerdem wurde jeder Streifen im Maßstab 1:50000 kartiert. Die einzelnen Streifen wurden an die in der Nähe der Küste gegebenen Fixpunkte und Höhenpunkte angeschlossen. Für die Streifenanfänge ergaben sich folgende Orientierungsunsicherheiten:

Streifen	Azimut	Maßstab
I	$\pm 0{,}018^g$	$\pm 0{,}02\%$
II	$\pm 0{,}061^g$	$\pm 0{,}02\%$
III	$\pm 0{,}013^g$	$\pm 0{,}025\%$

Der größere Orientierungsfehler im Azimut bei Streifen II hat seine Ursache darin, daß das zweite Bild des Streifens etwas verwackelt ist.

Die Berechnungen erfolgten zunächst in der Weise, daß jeder einzelne Streifen als endfreier Zug berechnet wurde. Typisch ist das Verhalten des Zuges I, Abb. 7. Es zeigen sich hier Schwankungen der Höhe, denen je-

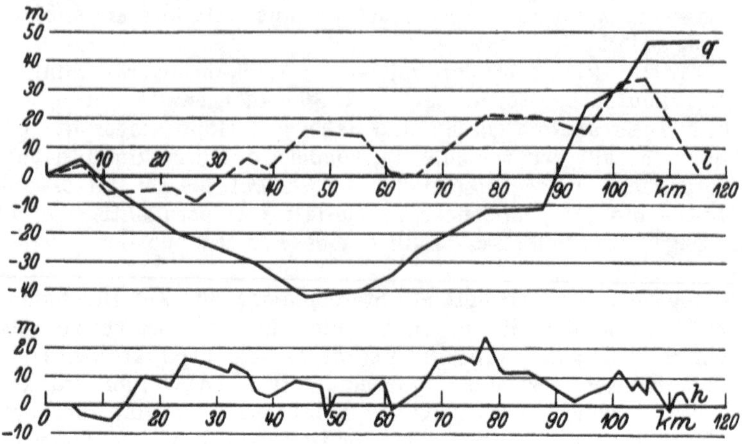

Abb. 7. Ergebnis des Streifens 1 vom Sternflug Holland, wobei der Streifen nur an einem Ende orientiert ist (endfreier Zug).
l Längenfehler, q Querfehler, h Höhenfehler.

weils Schwankungen des Längenfehlers entsprechen. Der Querfehler zeigt den Verlauf einer Schwingung.

Die Streifen wurden dann im Knoten zusammengefaßt und der Knotenpunkt einer Ausgleichung unterzogen. Als Bedingungen für die Ausgleichung gelten:

a) der Knotenpunkt muß aus jedem der drei Züge die gleichen Grundrißkoordinaten erhalten (zwei Fehlergleichungen für jeden Zug),

b) der Knotenpunkt muß aus allen Zügen die gleiche Höhe erhalten (eine Fehlergleichung für jeden Zug),

c) ein an alle drei Züge im Knotenpunkt angeschlossenes Bild muß aus allen drei Zügen das gleiche Azimut erhalten (eine Fehlergleichung für jeden Zug).

Die Ausgleichung erfolgte nach vermittelnden Beobachtungen, und zwar wurde einmal die Lage des Knotenpunktes aus den beiden gut orientierten Zügen I und III bestimmt, dann auch aus allen drei Zügen. Für die in der Nähe des Knotenpunktes gelegene Kirche Doornenburg ergaben sich folgende Fehler:

	f_x	f_y	f_h
Aus I + III	+ 50,3 m	— 12,6 m	+ 7 m
» I + II + III	+ 43,4 m	— 45,3 m	+ 6 m

Als mittlerer Fehler für die Bestimmung der Konstante c ergab sich:

$$m_c = \pm 0{,}2 \cdot 10^{-7}.$$

Der mittlere Fehler betrug also $^1/_5$ des in der Anfangstabelle angenommenen Betrages. Er entspricht einem systematischen Fehler der Längsneigung in der Maschine von $0{,}0026^g$ oder $8\frac{1}{2}''$ bzw. 0,04 mm auf 1 m Länge.

Es entspricht dies für eine Zuglänge von 100 km einem Maßstabfehler am Ende des Zuges von 0,2% oder einem Längenfehler von 0,1% für die ganze Länge, ferner einem Höhenfehler von ± 8 m am Zugende.

Der Zeitaufwand für die Bearbeitung der 358 km langen Strecken betrug 115½ h oder pro Bild 50 min (einschl. Kartierung). Der Arbeitsfortschritt pro Tag war 25 km Aeronivellement. Als

besondere Erfahrungen

ergaben sich:

1. Starke lokale Schwankungen des Höhenfehlers infolge der »Fingerabdrücke« auf dem nassen Film.
2. Flatternde Höhenfehler an beiden Streifenseiten infolge der Unsicherheit der Querneigung.
3. Schwankungen des Querfehlers als Folge einmal von Querneigungsfehlern, dann von Krümmungen des Films während der Trocknung (die Periode entspricht einer Filmkrümmung von 2 mm auf 4 m Filmlänge).
4. Systematische Streifenkrümmung, wenn die Flugrichtung an der Maschine nicht genau mit der x-Achse der Maschine zusammenfällt. Diese Krümmung hängt mit dem Fehlerfortpflanzungsgesetz für Längen- und Querfehler zusammen und entspricht den gleichen Verkrümmungen, wie sie die geodätische Linie bei Darstellung in konformen Koordinaten aufweist. Diese Krümmung macht eine zweite Korrektion nötig. Sie ist bei der Darstellung des Ergebnisses von Streifen I berücksichtigt. Als

Folgerungen

ergeben sich einmal eine mögliche Verbesserung der Ergebnisse dadurch, daß die Unsicherheit der Querneigung durch das Aufnehmen von Horizontbildern beseitigt bzw. eingeschränkt wird; ferner dadurch, daß der Film außerordentlich sorgfältig behandelt wird. Es betrifft dies einmal die Behandlung während der Entwicklung (Fingerabdrücke!), dann den Trockenprozeß. Es dürfte sich empfehlen, auf der Trockentrommel Holznägel in sauberen Spiralen anzubringen, so daß der Film in ebenso sauberen Spiralen auf die Trommel aufgewickelt wird und die Windungen nicht etwa im Anfang mit weiteren, hernach mit engeren Abständen erfolgen, oder umgekehrt.

Im ganzen hat der Versuch in Holland ergeben, daß das Aeronivellement einen großen Fortschritt der Luftbildmessung darstellt, indem es nun möglich ist, nicht nur die Lage sondern auch die Höhe von Punkten in völlig unbetretbarem Gelände durch Luftbildmessung auf große Entfernungen mit einer für militärische und viele technische Zwecke ausreichenden Genauigkeit zu ermitteln.

Der Versuch hat weiter ergeben, daß neue Großversuche zweckmäßig sind, und zwar in der Weise, daß nicht nur wie in Holland ebenes Gelände aufgenommen wird, sondern Bergland, außerdem daß die Aufnahmen

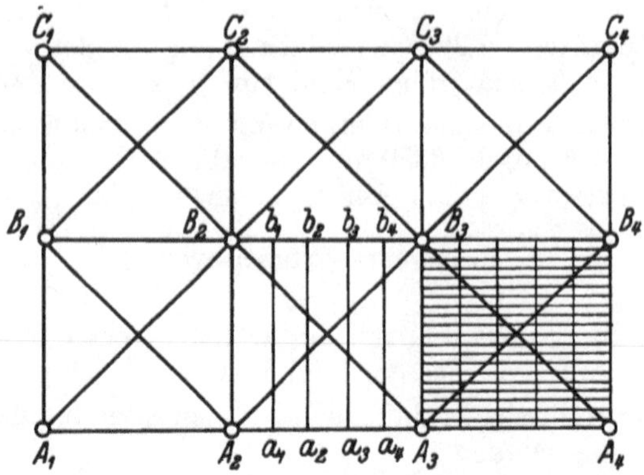

Abb. 8. Schematische Darstellung einer Aerotriangulation in Kolonialgebiet.
A_1, A_2, A_3 ... astronomisch-geodätisch bestimmte Küstenpunkte.
B_1, B_2, B_3 ... C_1, C_2 ... Punkte des Aeronetzes 1. Ordnung.
a_1, b_1, a_2, b_2 ... Punkte des Aeronetzes 2. Ordnung.

gleichzeitig mit Horizontbildaufnahmen erfolgen. Diese Großversuche mögen etwa nach dem in Abb. 8 gezeigten Schema stattfinden. Wichtig ist hierbei für das gute Gelingen 1. gerade Flugrichtung, 2. konstante Höhe, 3. gute und gleichmäßige Überdeckung der aufeinanderfolgenden Bilder, also eine Aufnahme mit gut eingespielter Besatzung.

Ein lichtelektrisches Feinmeßverfahren zur Bestimmung von Sauerstoff- und Kohlenoxyd-Hämoglobin im Blutstropfen

Von H. Hartmann*) und A. v. Muralt**)

Vorgetragen von H. Hartmann am 14. Februar 1936

Jede Höhenanpassung ist verknüpft mit einer Zunahme der Sauerstoffkapazität des Blutes, die sowohl durch eine Verschiebung der Sauerstoffdissoziationskurve als auch durch eine direkte Zunahme des Hämoglobins (Hb) zustande kommt. Um die Änderungen der Hämoglobinkonzentration im Blut bei Unterdruckkammerversuchen und Höhenflügen schnell und genau verfolgen und damit einen Einblick in den Anpassungsmechanismus des Körpers gewinnen zu können, steht bisher kein brauchbares Verfahren zur Verfügung. Von einem solchen muß gefordert werden, daß

1. die Hämoglobinkonzentration in einem Tropfen Blut mit einem Fehler von weniger als 1% gemessen und
2. gleichzeitig eine etwa vorhandene geringfügige Sättigung des Hämoglobins mit Kohlenoxyd (CO-Hb) auf 1% genau festgestellt werden kann.

Besonders die zweite Bedingung ist schwer zu erfüllen. Sie ist aber von ausschlaggebender Bedeutung, nicht nur, weil die Kenntnis der prozentigen CO-Sättigung des Blutfarbstoffs beim Höhenflieger ein dringliches Problem darstellt, sondern vor allem, weil eine wirklich genaue Bestimmung des Verhältnisses von $\frac{\text{CO-Hb}}{\text{gesamt Hb}}$ im Blut uns in die Lage versetzt, durch Atmenlassen kleiner völlig ungefährlicher CO-Mengen die zirkulierende Blutmenge im Körper zu bestimmen. Wenn die Messung hierbei in einer Blutmenge von wenigen Kubikmillimetern ausgeführt werden kann, lassen sich sogar kurzzeitige Änderungen der zirkulierenden Blutmenge, bzw. der Blutverteilung, wie sie bei der Entleerung von Depotblut (z. B. aus der Milz usw.) zu erwarten sind, durch kurz aufeinanderfolgende kleine Blutentnahmen verfolgen.

Alle subjektiven photometrischen Verfahren, denen durch die begrenzte Unterschiedsempfindlichkeit des Auges eine unübersteigbare Schranke gesetzt ist, sind nicht in der Lage, die von uns gestellten Forderungen zu erfüllen. Auch die bisher benutzten objektiven lichtelektrischen Verfahren, die mit Sperrschichtphotozellen arbeiten, können wegen der Inkonstanz der Photoelemente nicht zu der für unsere Zwecke notwendigen Genauigkeit gebracht werden, zumal die direkten photometrischen Verfahren mit aufeinanderfolgenden Messungen der primären und der geschwächten Intensität (I_0 und I) noch durch die unvermeidlichen Schwan-

*) Dr. med., Luftfahrtmedizinisches Forschungsinstitut, Berlin.

**) Dr. phil. et. med., Prof. für Physiologie, Kaiser Wilhelm-Institut für medizinische Forschung, Heidelberg.

kungen der Lichtquelle begrenzt sind. All diese Schwierigkeiten können allein durch Verwendung von zwei Vakuumphotozellen gleicher Charakteristik in Kompensationsschaltung vollständig überwunden werden. Deshalb wurde eine solche Vakuumzellenanordnung zum Aufbau des neuen Verfahrens benutzt.

Genauigkeit des Verfahrens

Grundlage aller neuen Verfahren sollte immer eine exakt durchgearbeitete Fehlerrechnung sein. Die Rechnungen, die zu dem neuen Verfahren geführt haben, wurden von *v. Muralt* ausgeführt und sind in allgemeiner Form auf alle photometrischen Konzentrationsbestimmungen anwendbar. Sie beanspruchen daher ein weit über die vorliegende Aufgabe hinausgehendes Interesse; sie sollen in diesem Vortrag aber nur in ihren Ergebnissen herangezogen werden.

Es ergibt sich, daß der prozentuale Fehler einer photometrisch ermittelten Konzentration p_c abhängt von dem prozentualen Fehler der Messung der Gesamtintensität p_0 (d. h. von der Ablesungsgenauigkeit) und von der Funktion $\frac{\sqrt{1+i^2}}{\ln i}$, wobei i das Verhältnis der Gesamtintensität I_0 zu der durch die Farblösung geschwächten Intensität I darstellt. Diese Funktion ist in Abb. 1 dargestellt gleichzeitig mit einer kurzen Übersicht über die Rechnung, die zur Ermittlung dieser Funktion geführt hat.

Durch Ablesung der zu einem gemessenen Wert von i gehörigen Ordinate wird die Zahl gefunden, mit der der prozentuale Fehler der Messung der ungeschwächten Intensität p_0 multipliziert werden muß, um den prozentualen Fehler der Konzentrationsbestimmung zu ergeben.

Ein Beispiel, was größenordnungsmäßig unseren Messungen entstammt, aber abgerundete Zahlen verwendet, soll dies erläutern: Eine Blutprobe in einer Verdünnung von 1:100 ergebe in einer Schichtdicke von 0,5 cm einen Wert für $i = 4{,}0$ bei monochromatischem Licht der Wellenlänge 546 mμ (grüne Hg-Linie). Am Elektrometer seien für die Gesamtintensität $(I_0) = 600$ Skalenteile und für die Blutlösung $(I) = 150$ Skalenteile abgelesen worden, wobei der Ausschlag auf 0,2 Skalenteile genau abzulesen ist. Dann ist $p_0 = 0{,}033\%$ und der zu $i = 4$ gehörige Wert von $\frac{\sqrt{1+i^2}}{\ln i}$ ist 2,97. Die Konzentration des Hämoglobins in der Blutprobe wird auf $0{,}033 \cdot 2{,}97 = 0{,}099\%$, d. h. rd. 1‰ genau mit dem Photometer gemessen werden.

Für die gleiche Blutprobe kann bei subjektiver Photometrie der prozentuale Fehler der Konzentrationsbestimmung unter den günstigsten Beleuchtungsbedingungen wegen der begrenzten Unterschiedsempfindlichkeit des Auges auf 2,04% gebracht werden wie die Fehlerrechnung ergibt, auf die hier nicht näher eingegangen werden kann.

Grundlage des Verfahrens

Bevor ich die Apparatur in ihren Einzelheiten schildere, will ich noch kurz auf die theoretischen Voraussetzungen der gleichzeitigen Bestimmung von Kohlenoxyd- und Sauerstoff-Hämoglobin eingehen.

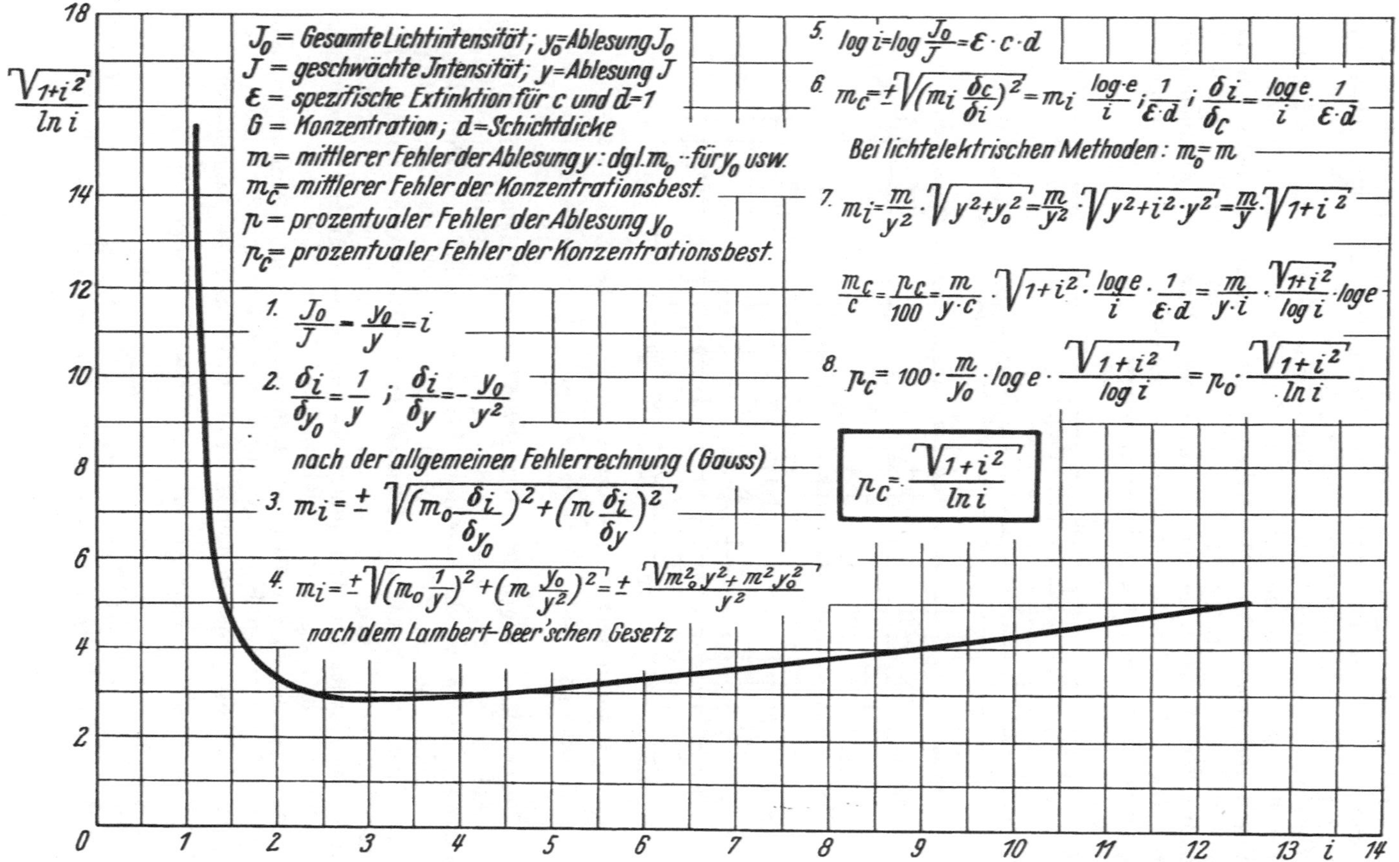

Abb. 1. Fehlerrechnung zur Ermittlung des prozen len Fehlers bei lichtelektrischen Konzentrationsbestimmungen.

Die Bestimmung von Kohlenoxyd-Beimischungen im Blut ist von *Vierordt*, *Hüfner*, *Heilmeyer* und *Krebs* und *Baena* auf spektroskopischem Wege mit dem subjektiven Verfahren bis zu einer gewissen Grenze der Genauigkeit ausgearbeitet worden. Diese Grenze liegt recht tief und mußte überschritten werden, um die großen Vorteile des lichtelektrischen Verfahrens voll auszunutzen. Wir haben daher ein Verfahren der Differenzphotometrie ausgearbeitet, welches die große Empfindlichkeit der lichtelektrischen Methodik und die Präzision der vollständigen Kompensation ausnutzt und die gesuchten Konzentrationswerte durch ein einfaches Rechenverfahren aus den Meßwerten liefert.

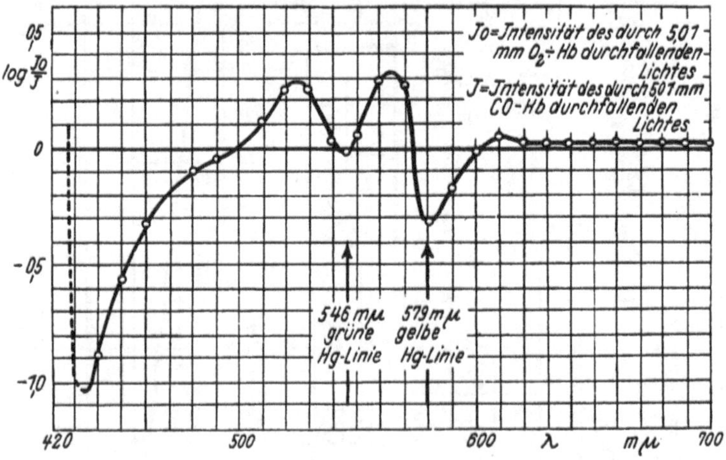

Abb. 2. Unterschiede der spektralen Absorption zwischen O_2-Hb und CO-Hb im Bereich von 420 bis 700 m μ.
(Verwandte Blutlösung: 0,169 g Hb auf 100 cm³ bei 5,01 mm Schichtdicke.)

Bei der gleichzeitigen Bestimmung von Sauerstoff-Hämoglobin (O_2-Hb) und Kohlenoxydhämoglobin (CO-Hb) in derselben Blutprobe müssen zwei getrennte photometrische Messungen bei zwei verschiedenen Wellenlängen durchgeführt werden, da hier zwei Unbekannte vorhanden sind, die nur durch Kombination von zwei Gleichungen ermittelt werden können. Die Festlegung der beiden Wellenlängen, bei denen gemessen werden soll, bildet den eigentlichen Angelpunkt des ganzen Verfahrens, von dem wir vor einem Jahr ausgegangen sind und auf den ich besonders hinweisen möchte. Wir haben damals die Absorptionskurve einer verdünnten, mit Sauerstoff gesättigten Blutprobe gegen die gleiche mit Kohlenoxyd gesättigte Lösung gemessen und so eine Differenz-Absorptionskurve von $\frac{O_2\text{-Hb}}{\text{CO-Hb}}$ gleicher Konzentration erhalten. Diese Differenzkurve ist in Abb. 2 wiedergegeben.

Bei näherem Zusehen ergibt sich, daß die Absorptionen von CO-Hb und O_2-Hb bei 546 mμ beinahe identisch sind, und daß sie sich bei 580 mμ

besonders stark unterscheiden, und zwar zeigt die Kurve bei diesen beiden Wellenlängen deutliche Umkehrpunkte mit einem Plateau von endlicher Breite im Spektralbereich. Nun liegt aber bei 546 mμ die grüne und bei 578 mμ die gelbe Quecksilberlinie, die beide außerordentlich intensiv erhalten und sehr rein durch Filterkombinationen ausgeblendet werden können. Diesem glücklichen Zufall haben wir die Einfachheit und Genauigkeit des vorliegenden Verfahrens zu verdanken.

Ein Unterschied in den Extinktionen (y—y') einer vollständig mit Sauerstoff gesättigten, 1 zu 100 verdünnten Blutlösung (y) und einer solchen, die bei gleicher Konzentration neben 99% Sauerstoff-Hämoglobin 1% Kohlenoxyd-Hämoglobin enthält (y'), kann mit vorliegender Meßanordnung bei der gelben Hg-Linie noch deutlich erkannt werden. Um die absoluten Extinktionen und damit ein Maß für die Konzentration angeben zu können, ist außerdem noch die Kenntnis der jeweiligen Gesamt-Lichtintensität (y_0) notwendig. Ihre Bestimmung ist aber gerade dann, wenn das Differentialverfahren auf höchste Empfindlichkeit eingestellt ist, mit großen Schwierigkeiten verbunden, da $y_0 \gg (y - y')$. Der Bereich des Meßgerätes kann dabei nur durch umständliche Zwischenstufen so erweitert werden, daß y_0 ohne Preisgabe der bei der Messung von (y—y') erreichten Genauigkeit ermittelt wird (z. B. muß in unserer Anordnung y_0 einem Elektrometerausschlag von etwa 500 Skalenteilen entsprechen, wenn $(y - y')$ noch hinreichend genau gemessen werden soll, dabei umfaßt die Ableseskala nur 100 Teile). Diese Schwierigkeit haben wir durch folgenden Kunstgriff rasch — und wie die Fehlerrechnung zeigt — zuverlässig umgangen:

An Stelle der Gesamtintensität wird jedesmal nur eine kleine Teilintensität gemessen, die durch den Unterschied in der Extinktion von zwei genau ausgemessenen Zeißschen Umbralglasfiltern festgelegt ist (diese Filter wurden so gewählt, daß die Lichtabsorption des einen der Hämoglobin-Konzentration einer besonders schwachen (10 g Hb in 100 cm^3 Blut), das andere einer normalen (15 g Hb in 100 cm^3 Blut) 100fach verdünnten Blutprobe bei 0,5 cm Schichtdicke entspricht. Von dieser Extinktionsdifferenz $(Eg_2 - Eg_1) = A$, die eine unveränderliche Konstante darstellt, kann rechnerisch auf die Gesamtlichtintensität geschlossen werden.

Um den Hämoglobingehalt einer Blutprobe aus der Lichtabsorption (Extinktion) mit vorliegender Apparatur bestimmen zu können, werden am vorteilhaftesten bei der grünen Hg-Linie folgende zwei Messungen ausgeführt:

1. muß die Differenz der Lichtabsorption zwischen den zwei Umbralgläsern, deren absolute Extinktionen sehr genau bekannt sind, am Elektrometer abgelesen und
2. die Differenz der Blutprobe gegen eines der beiden Umbralgläser festgestellt werden.

Wenn in einer Blutprobe neben dem Gesamt-Hämoglobingehalt eine etwa vorhandene prozentische Kohlenoxydsättigung ermittelt werden soll, so müssen die beiden oben gekennzeichneten Messungen (1 + 2) sowohl bei der grünen (546 mμ) wie bei der gelben (578 mμ) Hg-Linie (3 + 4) ausgeführt werden.

Ohne auf die zu den Konzentrationsangaben führende Rechnung näher einzugehen, die auf dem Lambert-Beerschen Gesetz ($\log \frac{I_0}{I} = \log i = \varepsilon \cdot c \cdot d$ und $c = \frac{\log i}{\varepsilon \cdot d}$, ε = spezifische Extinktion für c und $d = 1$; c = Konzentration; d = Schichtdicke) beruht, und sich bei der Verwendung von Differenzlogarithmen sehr einfach gestalten läßt, sei nur erwähnt, daß u. a. die Extinktion eines Umbralglases aus einer Zusammenstellung von 40 Messungen mit gleichzeitiger Berechnung des mittleren Fehlers der Bestimmungen nach Gauß ermittelt wurde.

Der prozentuale Fehler für sämtliche dort ausgeführten Extinktionsbestimmungen beträgt 1,8‰. Das ist eine Genauigkeit, die mit den theoretischen Forderungen völlig im Einklang steht, und die bisher in keinem anderen derartigen Verfahren für biologische Zwecke erreicht worden ist.

Aufbau der Versuchseinrichtung

Abb. 3 zeigt einen schematischen Grundriß der Meßanordnung mit der dazugehörigen Schaltung. Das Licht einer Quecksilber-Hochdruck-(Spektral)-Lampe (*Hg L*) wird in vollkommen symmetrischer Weise durch Blenden (B_1; B_2) und Glasfilter (F_1; F_2) auf zwei Vakuumphotozellen (Z_1; Z_2) geworfen, die in Kompensationsschaltung gegeneinander im Stromkreis liegen. In dem Elektrometer (*E*) wird nur die Differenz in den Photoströmen zwischen linker und rechter Seite angezeigt. Die Schwankungen der Lichtintensität der Quecksilberlampe werden dadurch praktisch voll-

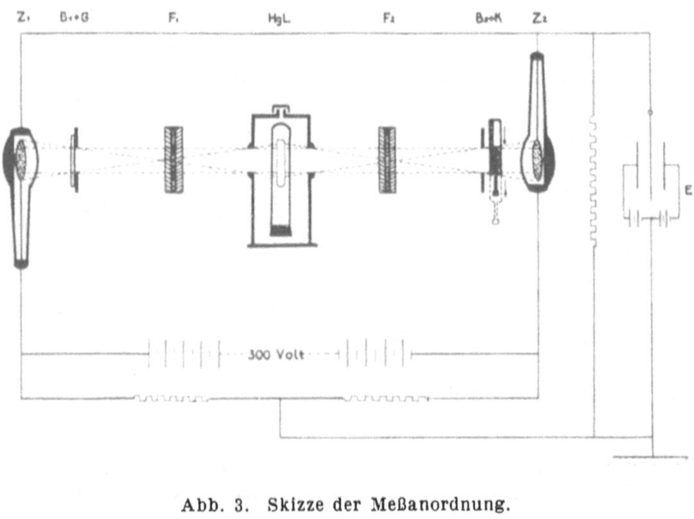

Abb. 3. Skizze der Meßanordnung.

ständig ausgeschaltet. Die Gesamtschaltung stellt eine Brückenschaltung dar, in der zwei Widerstände durch Photozellen ersetzt sind und wobei das im Nullzweig liegende Lindemann-Elektrometer durch einen Stabilisierungswiderstand überbrückt ist.

Ganz besonderer Wert wurde bei vorliegender Anordnung auf Monochromasie des Lichtes gelegt, um die Messungen der Lichtschwächung genau bei der theoretisch geforderten grünen bzw. gelben Hg-Linie ausführen zu können. Es zeigte sich, daß die von Zeiß geschaffenen Filter zur Isolierung der grünen bzw. gelben Hg-Linie nicht ausreichen, da sie noch Licht anderer Spektralbereiche durchlassen. Durch zahlreiche Versuche wurden folgende Filterkombinationen von Farbgläsern verschiedener Dicke zusammengestellt, die eine ausreichende Farbreinheit bei weitgehender Erhaltung der Intensität gewährleisten.

Zur Ausblendung der grünen Hg-Linie (546 mμ) werden benutzt:

1 mm O.G. (Schott u. Gen., Jena),
2,5 mm B.G. 7 (Schott u. Gen., Jena),
5 mm Neophanglas (Auerwerke).

Zur Isolierung der gelben Linie (577/579 mμ) wird als Zusatz zu einem Zeißfilter *A*, das noch etwas Rot durchläßt, eine 1 mm dicke Platte von B.G. 7 (Schott u. Gen.) verwendet.

Abb. 4 zeigt die gesamte Meßanordnung in ihrer endgültigen Form.

Der optische Teil ist auf einer Zeißschen Schiene montiert und an einem Holzkasten befestigt, der in seinem Inneren die Batterie von 300 V für die Saugspannung der Photozellen enthält und gleichzeitig den Sockel für das Elektrometer abgibt. Die Anordnung der Blenden und Filter und des Küvettenschiebers geht aus dem Bild deutlich hervor.

Zum Schluß sei noch kurz der praktische Gang einer Blutmengenbestimmung mit dem vorliegenden Verfahren erläutert.

Man läßt die Versuchsperson eine kleine genau abgemessene Kohlenoxydmenge von 60 bis 100 cm^3 aus einem Spirometer atmen, wobei man mit Sauerstoff mehrmals nachspült. 3 min später wird nach einem Stich mit der Franckschen Nadel aus der Fingerbeere oder dem Ohrläppchen eine Blutmenge von 20 mm^3 entnommen. Das Blut wird 100fach verdünnt, kurz mit Luft geschüttelt und in eine Küvette von 5 mm Dicke gefüllt. Dann werden die oben beschriebenen Messungen der Extinktion (1 bis 4) bei der grünen und gelben Hg-Linie ausgeführt. Aus den vier Ablesungen ergibt sich

1. der Gesamthämoglobingehalt des Blutes und
2. die prozentische Sättigung des Hämoglobins mit Kohlenoxyd.

Das Gesamtvolumen *V* beträgt dann:

$$V = \frac{10^4 \cdot c}{1,34 \cdot a \cdot p},$$

wobei *a* die Hämoglobinkonzentration in g/100 cm^3 Blut und *p* die prozentische Hb-CO-Sättigung angeben und *c* die Anzahl der cm^3 CO bedeutet,

Abb. 4. Ansicht der Versuchseinrichtung.

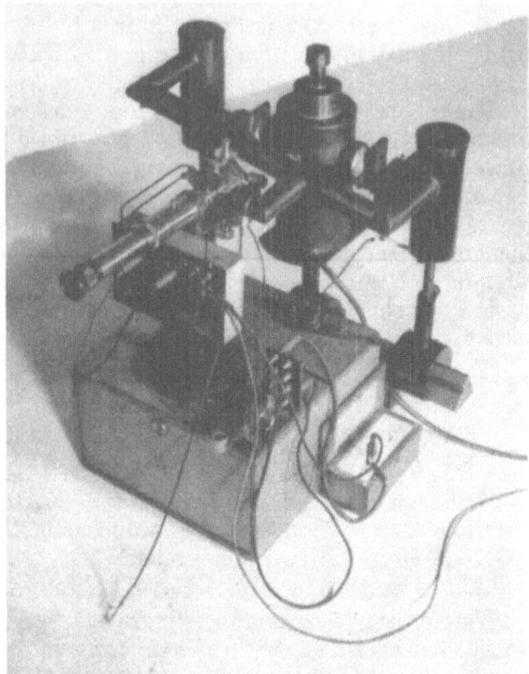

die geatmet wurden. Die Zahl 1,34 ist die sog. Hüfnersche Zahl. Sie gibt an, wieviel cm³ CO oder O_2 an 1 g Hämoglobin maximal gebunden werden.

Die zirkulierende Blutmenge von Prof. *v. Muralt* wurde mit diesem Verfahren in Ruhe mehrmals aus einem einzigen dem Ohrläppchen entnommenen Blutstropfen bestimmt. Sie betrug knapp 5 l.

Was die Hämoglobinkonzentrationen im Blut anbelangt, so haben die im letzten Jahr bei der Entwicklung vorliegenden Verfahrens ausgeführten zahlreichen vergleichenden Bestimmungen mit dem Refraktometer, der Blutgasanalyse, dem König-Martens-Spektrophotometer und dem neuen Feinmeßverfahren ergeben, daß die Normalwerte, die alle an Akademikern meines Alters gewonnen wurden, zwischen 16 und 17 g Hämoglobin pro 100 cm³ Blut liegen. Dabei waren die Werte im Frühjahr deutlich höher als im Spätherbst. Bei mir wurden z. B. im März im Mittel 16,6 g Hb/100 cm³ Blut gefunden, im November dagegen nur 16,0 g.

Diese kurzen Andeutungen über die bei der Entwicklung des neuen lichtelektrischen Hämoglobinbestimmungsverfahrens sozusagen nebenbei zugefallenen Ergebnisse mögen genügen.

Der Einfluß der Atmung auf den Gasstoffwechsel

Von Th. Benzinger*) und H. Hartmann**)

Vorgetragen am 14. Februar 1936 in Berlin

Einleitung und Verfahren

Unter den Lebensvorgängen, die für das Ertragen großer Flughöhen entscheidend sind, steht die Atmung an wichtiger Stelle. Jeder Versuch, mit oder ohne künstliche Hilfsmittel in große Höhen vorzudringen, muß mit den physiologischen Gegebenheiten des Atmungsvorganges rechnen. Es war das Ziel der vorliegenden Untersuchungen, durch fortlaufende Registrierung aller wesentlichen Meßgrößen das Verhalten des Gasstoffwechsels bei willkürlicher Steigerung der Atmung zu beschreiben.

Die Versuche sind mit dem von *H. Rein* geschaffenen Verfahren zur fortlaufenden Analyse von Atemgasen ausgeführt worden. Zur Erfassung der Zusammensetzung der Alveolarluft[1]) und zur unmittelbaren Aufschreibung des Sauerstoffverbrauchs und der Kohlensäureabgabe in l/min dienten die Verfahren von *Benzinger* und *Brauch*. Bei dem zuletzt genannten Verfahren wird die Ausatmungsluft einem konstanten Luftstromvolumen beigemischt, so daß das Atemvolumen als Faktor des Gasumsatzes nicht bekannt sein muß und die gasanalytische Kurve eine Mengenmessung darstellt. Die Versuche wurden in der Weise vorgenommen, daß die Versuchsperson nach einer Registrierung in Ruhelage plötzlich das Atemvolumen willensmäßig auf einen Wert von rd. 30 l/min steigerte und diese Atmung verschieden lange Zeit durchhielt. Nach der Überventilation wurde das Einschlafen der Atmung bewußt verhindert. Geschieht dies nicht, so macht die Apnoe die Registrierung der Alveolarluft technisch unmöglich. Das natürliche Verhalten der Atmung in der Nachperiode war nicht Gegenstand der vorliegenden Untersuchung. In den Originalkurven der Abb. 1 bis 5 sind aufgezeichnet:

1. Die Kohlensäurespannung in der Alveolarluft in mm Hg.
2. Die Sauerstoffaufnahme in Litern in 1 min.
3. Die Kohlensäureabgabe in Litern in 1 min.
4. Das Atemvolumen in Litern in 1 min.
5. In Abb. 2, 3 und 5 außerdem die errechnete Abgabe von Kohlensäure aus den Vorräten des Körpers in Litern in 1 min.
6. In Abb. 2 ferner die errechnete alveolare Sauerstoffspannung.

Nähere Angaben enthält die Beschriftung der Abbildungen.

Ergebnisse

Der Sauerstoffgehalt der Alveolarluft

Aus den Kurven für den Umsatz an Kohlensäure und Sauerstoff läßt sich für beliebige Punkte der respiratorische Quotient ermitteln. Aus dem

*) Dr. med. et rer. nat., Erprobungsstelle der Luftwaffe Rechlin.
**) Dr. med., Luftfahrtmed. Forschungsinstitut d. RLM, Berlin.

[1]) Klinische Wochenschrift 1934 Nr. 52 S. 1852.

Kohlensäuregehalt der Alveolarluft und dem respiratorischen Quotienten ergibt sich durch Rechnung die alveolare Sauerstoffspannung[2]). Die Kon-

[2]) Der Unterschied des Quotienten $\frac{CO_2}{O_2}$ in Gesamtausatmungsluft einerseits und Alveolarluft andererseits ist so klein, daß er hier außer Betracht bleiben kann.

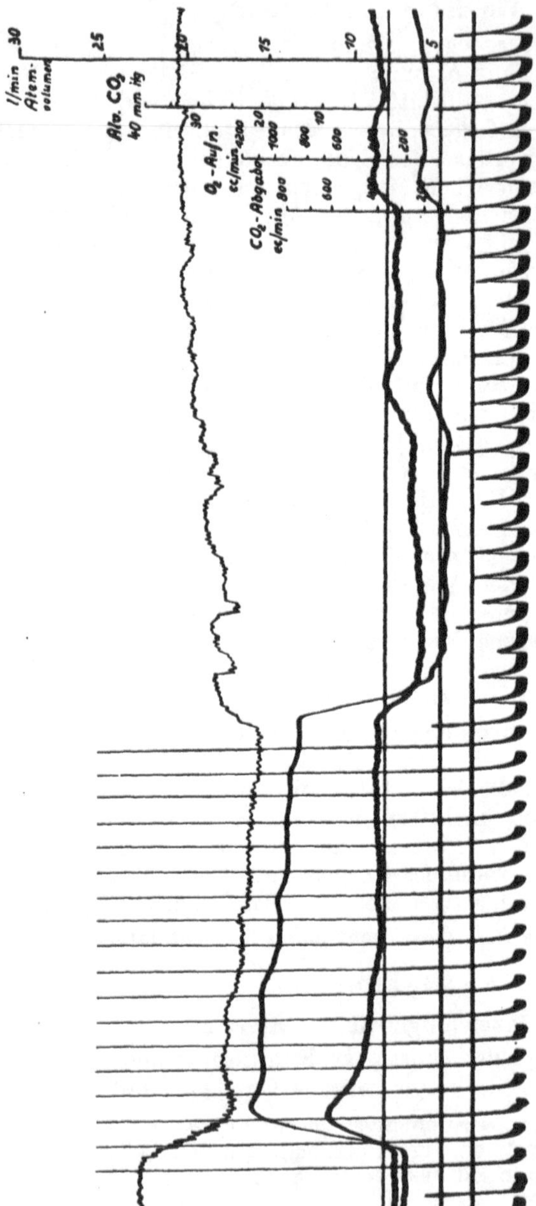

Abb. 1. Verhalten des Gasstoffwechsels beim Übergang von normalem zu gesteigertem Atemvolumen.

Obere (schwache) Kurve: CO_2-Spannung der Alveolarluft.
Mittlere (glatte) Kurve: CO_2-Ausscheidung in cm^3/min.
Untere (leicht gezackte) Kurve: O_2-Aufnahme in cm^3/min.
Senkrechte Striche: Atemvolumen in 10 s Abstand.
Schneller hoher Anstieg der CO_2-Ausscheidung. Vorübergehender Anstieg der O_2-Aufnahme. Senkung der alveolaren CO_2-Spannung.

struktion ihres Verlaufs ist in Abb. 2 durchgeführt. Der Sauerstoffgehalt der Alveolarluft sinkt bei gleichbleibender Sauerstoffaufnahme im gleichen Verhältnis, in dem die Ventilation der Alveolen ansteigt. Der neue Wert wird mit Verzögerung erreicht, da der Austausch der alten Alveolarluft gegen die sauerstoffreichere neue Luft eine Anzahl von Atemzügen erfordert.

Die Aufnahme von Sauerstoff bei Erhöhung des Atemvolumens

Schreibt man während des Übergangs von normaler Atmung zu erhöhter Ventilation die Ausscheidung von »Minus-Sauerstoff« fortlaufend auf, so erhält man den auf Abb. 1 bis 5 wiedergegebenen Kurvenverlauf.

Die Aufnahme von Sauerstoff steigt vorübergehend an und kehrt dann auf einen Wert zurück, der etwa 30% über dem Ruheumsatz liegt. Dieses Verhalten erklärt sich aus der oben beschriebenen Veränderung der alveolaren Sauerstoffspannung. Alveolarluft von niederem Sauerstoffgehalt wird aus der Lunge entfernt und durch die sauerstoffreiche Alveolarluft der Überventilationsperiode ersetzt. Im Beispiel Abb. 2 beträgt der Unterschied im O_2-Gehalt der Alveolarluft vor und während der Überventilation 4,86%. Wenn man das mittlere Lungenvolumen mit ca. 3000 cm^3

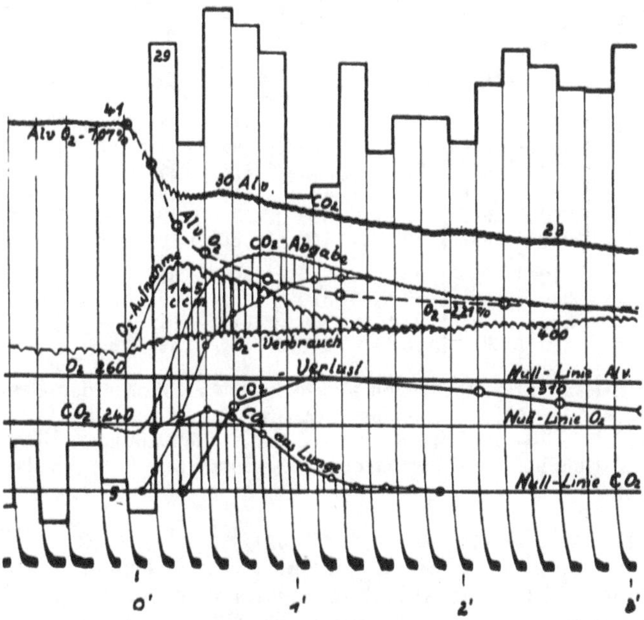

Abb. 2. Verhalten des Gasaustausches beim Übergang von normalem Atemvolumen auf 30 l/min.

Außer den im Versuch registrierten Kurven für alveolare CO_2-Spannung, O_2- und CO_2-Umsatz und Atemvolumen wurde die berechnete alveolare O_2-Spannung und das wirkliche Verhalten des Umsatzes eingetragen.

Die Änderung der alveolaren O_2-Spannung ist größer als die Änderung der alveolaren CO_2-Spannung.

Scheinbare Steigerung des O_2-Verbrauchs, vorgetäuscht durch Ausschüttung O_2-armer Luft aus den Lungenalveolen. CO_2-Verlust aus dem Körper dargestellt nach Abzug der Menge, die auf Ausschwemmung von CO_2 aus der Lunge entfällt.

annimmt, so müßte der Austausch der Alveolarluft eine Menge von 145 cm^3 Minus-Sauerstoff herausbefördern. Diese Menge findet man bei Auswertung der Fläche, die durch den Buckel in der Sauerstoffverbrauchskurve begrenzt wird. Die Richtigkeit der vorstehenden Überlegung wird dadurch bewiesen.

Für die Auswertung von Stoffwechselversuchen, bei denen Atmung und O_2-Gehalt der Alveolarluft sich ändern, ist es wichtig, diesen Zusammenhang zu kennen und zu berücksichtigen, weil der Vorgang eine Stoffwechselsteigerung vortäuschen kann.

Nach dem Abklingen dieser Erscheinung kehrt der Sauerstoffverbrauch nicht ganz zum Ruhewert zurück. Die erhöhte Tätigkeit der Atemmuskeln kann auf den Energieumsatz nicht ohne Einfluß bleiben und die Erhöhung des Sauerstoffverbrauches um 20 bis 30% (vgl. hierzu Zahlentafel 1) muß dem Sauerstoffbedarf der mehr arbeitenden Atemmuskeln zugeschrieben

Zahlentafel 1

Vorgänge beim Gasaustausch bei Überventilation

Versuch-Nr.	Versuchsperson	O_2-Verbrauch in der Ruhe	O_2-Verbrauch im Beginn der Überventilat.	Stoffwechselsteig. f. Atemmuskulatur %	O_2-Verbrauch bei Schluß der Überventilat.	Alveol. CO_2-Spannung v. d. Überventilat.	Alveol. CO_2-Spannung n. d. Überventilat.	Gesamt-CO_2-Verlust cm^3	Änderung der alveol. CO_2-Spannung	Zusätzliche Stoffwechselsteigerung %
R 20	Be	250	330	32 %	425	42	30	2050	— 12	40 %
R 19	Ha	220	300	36 %	410	38	23	2550	— 15	50 %
R 21	Ha	290	380	31 %	520	41	25	2000	— 16	48 %
R 22	Be	250	340	36 %	480	41	23	1700	— 18	56 %
R 9	Ha	270	355	32 %	530	40	22	3430	— 18	65 %
R 16	Ha	220	300	36 %	450	38	18	3550	— 20	68 %
Rx 1	Be	270	330	22 %	330	40	55	—	—	0 %
Rx 2	Be	240	310	25 %	310	42	56	—	—	0 %
Rx 3	Be	220	280	27 %	280	42	61	—	—	0 %
Rx 4	Be	240	300	25 %	300	38	48	—	—	0 %

Die drei letzten Spalten zeigen aus mehreren Versuchen den Gesamtverlust an CO_2, die Minderung der alveolaren CO_2-Spannung und die dadurch verursachte zusätzliche Stoffwechselsteigerung bei willensmäßiger Überventilation sowie das Ausbleiben der Stoffwechselsteigerung bei Überventilation durch CO_2-Atmung.

werden. Abb. 4 (Überventilation durch CO_2-Atmung) zeigt die Einstellung des Sauerstoffbedarfs auf einen höheren gleichbleibenden Wert sehr anschaulich; bei den Kurven Abb. 3 und 5 wird sie durch einen anderen Vorgang überlagert, der bei willensmäßiger Überventilation hinzukommt: Die Sauerstoffaufnahme nimmt hier geradlinig ansteigend zu bis auf Werte, die um mehr als 60% des Ruheumsatzes größer sein können als der durch den Bedarf der Atemmuskeln schon gesteigerte Wert im Beginn der Überventilation, vgl. hierzu Abb. 3 und 5 und Zahlentafel 1. Diese Erscheinung tritt nicht auf, wenn die Überventilation durch Zugabe von CO_2 zur Einatmungsluft erzeugt wird, Abb. 4. Sie ist also eine Folge

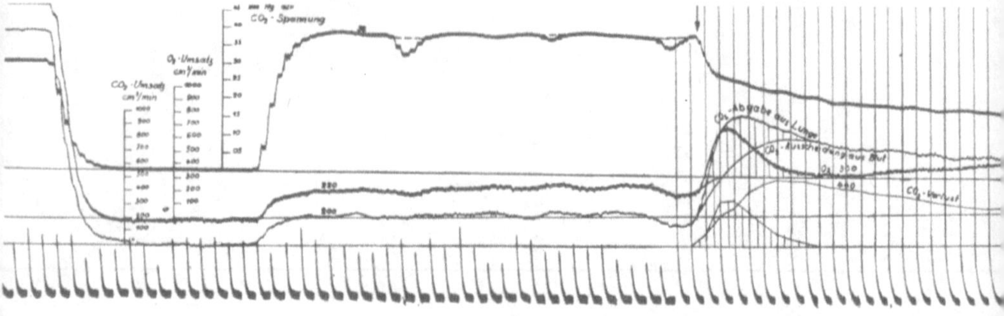

Abb. 3. Gas
Obere Kurve: Alveolare CO_2-Spannung. Mittlere Kurve: O_2-Aufnahme.
Fortdauerndes Ansteigen des Sauerstoffverbrauchs bei Ab

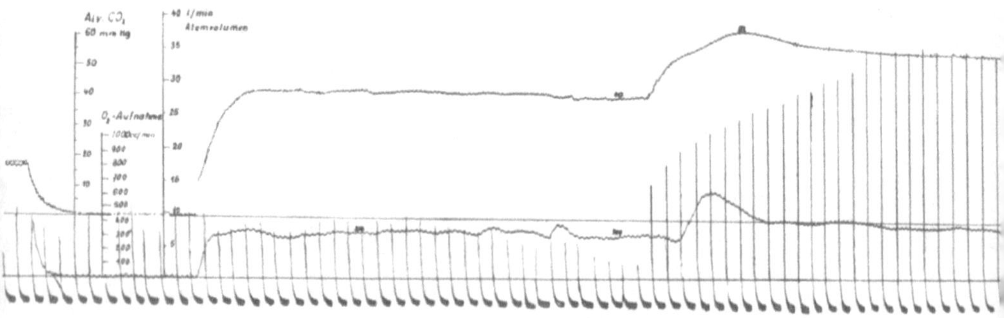

Abb. 4. Alveolare CO_2-Spannung (obere Kurve) und Sauerstoffverbrauch (untere Kurve) bei einer Überventilation
aus der Lunge) bleibt der Sauerstoffverbrauch konstant. Die anfänglich stark erhöhte C

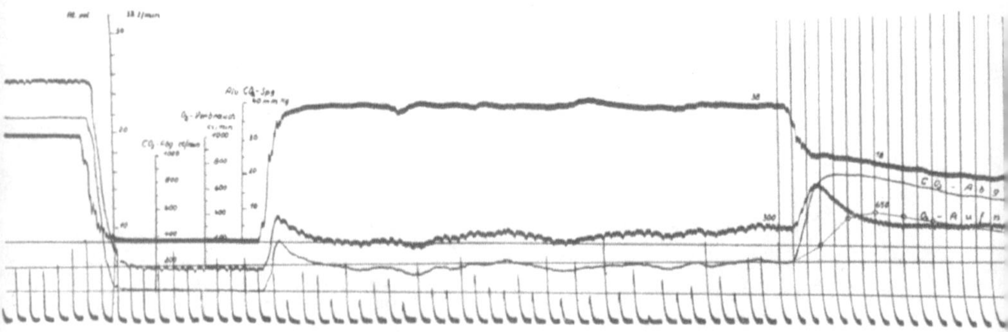

Abb. 5. Gasaustausch bei langdauernder Überventilation. Zeichenerklärung

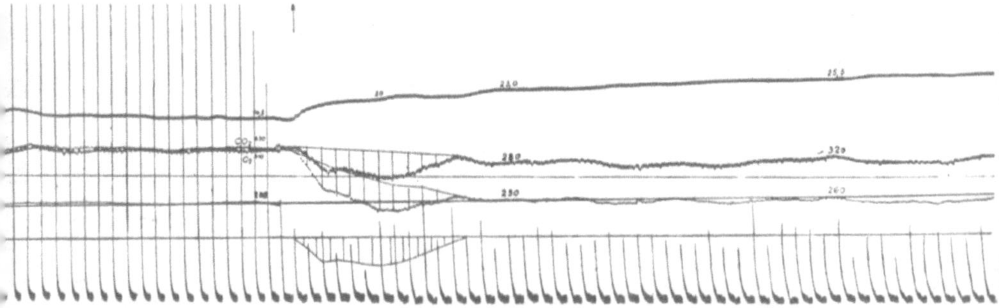

Überventilation.
ung. Senkrechte Striche: Atemvolumen, gleichzeitig Zeitmarkierung (10 s).
nnung und des CO_2-Verlustes. Gesamtverlust an CO_2 : 2550 cm³.

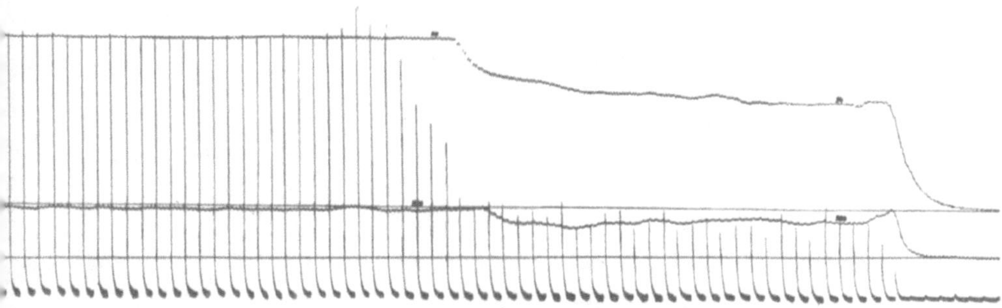

$)_2$ zur Einatmungsluft hervorgerufen ist. Nach einem vorübergehenden Anstieg (Ausschüttung von CO_2-armer Luft
wird durch das steigende Atemvolumen auf den konstanten Wert von 55 mm Hg einreguliert.

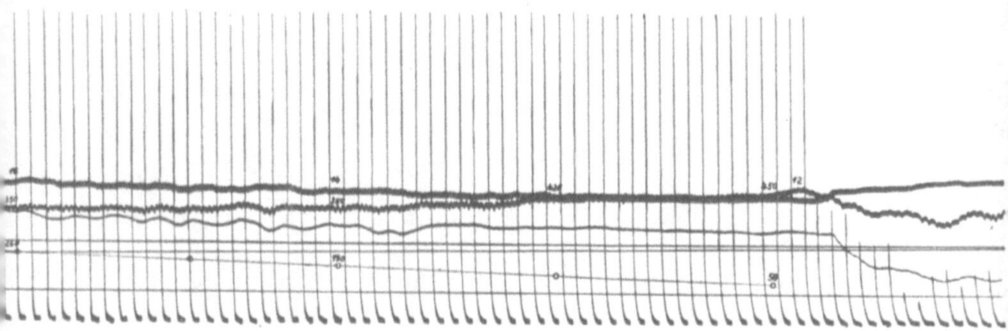

teigerung und Abnahme des CO_2-Verlustes. Gesamtverlust an CO_2: 3550 cm³.

der Verminderung des alveolaren Kohlensäuredrucks. Der Mechanismus ihrer Entstehung im einzelnen ist unbekannt. In seiner Wirkung bildet dieser Vorgang einen Ausgleich für die unphysiologische Alkalisierung während der Überventilation. Der Stoffwechsel nähert sich dem Wert, der zu der erhöhten Atmung passen würde, und die Verluste von Kohlensäure aus den Vorräten des Körpers werden eingeschränkt.

Liljestrand (4) hat gefunden, daß der Sauerstoffverbrauch durch willkürliche Überventilation mehr gesteigert wird als durch eine mit Kohlensäure hervorgerufene Mehratmung gleicher Größe. Damit stimmt die von uns beobachtete Erscheinung überein. Die fortlaufende Messung hat aber darüber hinaus ergeben, daß die Steigerung des Sauerstoffverbrauchs bei willkürlicher Überventilation nicht mit der Atmungsgröße parallel geht (in diesem Falle müßte sie mit dem Beginn der Atem-Muskeltätigkeit einsetzen und bei gleicher Muskeltätigkeit gleich groß bleiben), sondern daß sich in ihrem Verlauf eine klare Abhängigkeit von den Veränderungen der Kohlensäurebestände des Körpers zeigt. Der Mehrverbrauch ist also nicht eine Folge unzweckmäßiger Muskelinnervation, sondern eine Folge des Kohlensäuremangels.

Alveolare Kohlensäurespannung und Ausscheidung von CO_2 beim Übergang von normalem zu erhöhtem Atemvolumen

Beim Übergang von normalem auf vergrößertes Atemvolumen nimmt der Gehalt an Minus-Sauerstoff und an Kohlensäure in der Alveolarluft ab. Die Abnahme würde in beiden Fällen gleich und der Steigerung der alveolaren Ventilation proportional sein, wenn die Kohlensäureausscheidung wie die Sauerstoffaufnahme bei der Überventilation unverändert bliebe. Statt dessen findet sich, wie seit langem bekannt ist, eine gesteigerte Kohlensäureausscheidung, und die Kohlensäurespannung sinkt nicht in demselben Umfang, wie der Sauerstoffgehalt der Alveolarluft ansteigt.

Der Grund hierfür ist folgender: Während der Sauerstoffgehalt des arteriellen Blutes durch Erhöhung des alveolaren Sauerstoffdrucks nicht beeinflußt wird (sofern dieser schon vorher zur Sättigung des Hämoglobins ausreichte), ist der CO_2-Gehalt des arteriellen Blutes eine Funktion der alveolaren CO_2-Spannung. Senkung der alveolaren CO_2-Spannung, wie sie bei der Überventilation eintritt, hat Senkung des arteriellen CO_2-Gehaltes zur Folge. Der Verlust an CO_2, den das Blut auf seinem Weg durch die Lunge erfährt (die arteriovenöse Differenz), wird größer und die Kohlensäureausscheidung muß, wenn alles übrige gleich bleibt, anwachsen. Der Verlauf der Kurven für alveolare Kohlensäurespannung und Kohlensäureumsatz ließ in diesem Zusammenhang eine Gesetzmäßigkeit vermuten, die in der Abhängigkeit der Größen vom Minutenvolumen des Blutkreislaufes gefunden wurde. Die folgenden rechnerischen Überlegungen sind angestellt mit dem Zweck, das verwickelte Verhalten des Gasstoffwechsels und der alveolaren Gasspannungen bei Änderungen der Atmungsgröße soweit als möglich als Folge bekannter Ursachen aufzuklären. In diesen Berechnungen erscheint die Größe des Herz-Minutenvolumens als Unbekannte. Da alle übrigen Größen unmittelbar oder mittelbar in den hier angeführten Versuchen gemessen wurden, könnte man versuchen, das Herz-Minutenvolumen auf diesem Wege zu bestimmen. Dem stehen aber Schwierigkeiten grundsätzlicher und versuchstechnischer Art entgegen. Mit der verwendeten Alveolarluftschreibung wird ein Wert erfaßt, welcher nach den Untersuchungen von *Schoedel* und *Grosse-Brockhoff* der Zusammensetzung der Alveolarluft kurz vor dem Ende einer Ausatmung entspricht (3). Der Mittelwert der alveolaren CO_2-Spannung, welcher einer genauen Berechnung des Herz-Minutenvolumens zugrundeliegen müßte, kann je nach der Länge der Atempause mehr oder weniger von dem gemessenen Wert abweichen. Einige grundsätzliche Schwierigkeiten werden später erwähnt.

Der Abtransport von Kohlensäure aus den Geweben ins Blut ist gleich dem Produkt aus dem Minutenvolumen des Kreislaufs V und dem Unterschied im CO_2-Gehalt des venösen und arteriellen Blutes.

Wenn dieser Unterschied sich um den Betrag d vergrößert, so muß der Abtransport von Kohlensäure um den Betrag dV ansteigen. Dieser Vorgang findet beim Übergang von normalem zu vergrößertem Atemvolumen statt. Die CO_2-Spannung der Alveolarluft sinkt. Mit ihr sinkt der CO_2-Gehalt des arteriellen Blutes, während der CO_2-Gehalt des venösen Blutes zunächst gleich bleibt, da der Kreislauf Zeit erfordert und die großen, in Blut und Gewebsflüssigkeit verteilten CO_2-Mengen die Abnahme verzögern. Die arteriovenöse CO_2-Differenz wächst also um den Betrag, um den der CO_2-Gehalt des arteriellen Blutes abnimmt. Dieser ist näherungsweise bestimmbar, weil die CO_2-Spannung der Alveolarluft vor und während der Überventilation registriert wurde und weil der CO_2-Gehalt des arteriellen Blutes eine Funktion der alveolaren CO_2-Spannung darstellt, die in der CO_2-Bindungskurve gegeben ist.

Als Unterschied im CO_2-Abtransport vor der Überventilation U_1 und während der Überventilation U_2 ist die Größe dV gleichfalls meßbar. Für V ergibt sich die einfache Gleichung

$$V = \frac{U_2 - U_1}{d} \qquad \ldots\ldots\ldots\ldots\ (1)$$

Aus einer Reihe von Überventilationsversuchen wurde mit Hilfe dieser Formel der Wert für V berechnet. Die Zahlen sind in Zahlentafel 2 zusammengestellt und zeigen, daß Übereinstimmung mit den Werten besteht, die auf andere Weise für das Herz-Minutenvolumen gefunden werden.

Eine genaue Bestimmung des Minutenvolumens auf diesem Wege begegnet trotzdem erheblichen Schwierigkeiten. Die erste Voraussetzung für die Gültigkeit der Berechnung ist die, daß während der Messung der CO_2-Gehalt des gemischten Venenblutes sich nicht verändert. Diese Forderung würde keine Schwierigkeiten bereiten, wenn es möglich wäre, die alveolare CO_2-Spannung vor und während der Überventilation unmittelbar nacheinander zu messen. Da aber der Gasumsatz im Beginn einer Überventilation durch den Austausch hoch ausgenützter Alveolarluft gegen CO_2-arme Alveolarluft überlagert wird, muß mit der zweiten Messung bis zum Abklingen dieser Erscheinung gewartet werden. Es ist fraglich, ob die

Zahlentafel 2

Näherungsweise Berechnung des Herz-Minutenvolumens aus den Gaswechseländerungen bei Überventilation in 7 Versuchen

Versuch-Nr.	mm Hg alveol. CO_2-Spannung in Ruhe -a_1-	mm Hg alveol. CO_2-Spannung bei Überventilation -a_2-	Vol% arterieller CO_2-Gehalt zu a_1 -fa_1-	Vol% arterieller CO_2-Gehalt zu a_2 -fa_2-	Differenz im arteriellen CO_2-Gehalt Vol% -d-	Differenz der CO_2-Ausscheidung U_2-U_1	Herz-Minutenvolumen in l/min V
R 8	40	24,5	51	41,5	10,5	500	4,76
R 16	38	18	50	36	14	625	4,46
R 18	38	22,5	50	40	10	650	6,50
R 20	42	22,5	52	40	12	700	5,83
R 21	41	25	51,5	42,5	9,0	550	6,11
R 22	42	26,5	52	43	9,0	560	6,21
R 27	39,5	23,5	52	41	9,0	525	5,83

Voraussetzung einer unveränderten venösen CO_2-Spannung dann noch so erfüllt ist, daß die Meßgenauigkeit nicht leidet. Die zweite Voraussetzung, daß während der beiden Messungen das Minutenvolumen gleich bleibt, kann ebenfalls Schwierigkeiten bereiten. Wenn das Minutenvolumen zwischen den beiden Messungen ansteigt, würden Werte gefunden werden, die noch größer sind als das erhöhte Minutenvolumen während der Überventilation. Auf Grund der Versuche von *Herbst* ist mit der Möglichkeit zu rechnen, daß durch Überventilation das Minutenvolumen sich ändert.

Die angeführte Berechnung gibt aber die Erklärung für die Vorgänge, die man an Gasumsatz und alveolarer Kohlensäurespannung bei Überventilation beobachtet. Es ist dadurch möglich, für ein bestimmtes Minutenvolumen die Veränderungen im Gasstoffwechsel vorauszusagen, die bei einer Vergrößerung des Atemvolumens auftreten müssen. Hierzu wird die Gleichung (1) umgeformt, indem der Wert von d als Funktion der meßbaren Alveolar-Gasspannungen a_1 und a_2 ausgedrückt wird.

$$U_2 - U_1 = \frac{V}{100}(fa_1 - fa_2); \quad \ldots \ldots \quad (1a)$$

fa_1 bzw. fa_2 bedeutet hierin den CO_2-Gehalt des Blutes in Volum-%, welcher nach der Bindungskurve zur alveolaren CO_2-Spannung a_1 bzw. a_2 gehört. Zwischen der CO_2-Abgabe U, der alveolaren Ventilation A und der alveolaren CO_2-Spannung a besteht nun die weitere Zahlenbeziehung

$$U = a \cdot A, \quad \ldots \ldots \quad (2)$$

da der Umsatz dem Produkt aus alveolarer Ventilation und alveolarem CO_2-Gehalt gleich ist.

Dies gilt sowohl für den Umsatz in der Ruhe

$$U_1 = a_1 \cdot A, \quad \ldots \ldots \quad (3)$$

als auch für den Umsatz während der Überventilation, die das c-fache der normalen Atmung betragen soll:

$$U_2 = a_2 \cdot A \cdot c \quad \ldots \ldots \quad (4)$$

Aus (3) und (4) folgt:

$$\frac{U_2}{U_1} = c \cdot \frac{a_2}{a_1} \quad \text{. . . . .} \quad (5)$$

Aus den Gleichungen

$$U_2 - U_1 = \frac{V}{100} (fa_1 - fa_2) \text{ und } \frac{U_2}{U_1} = c \cdot \frac{a_2}{a_1}$$

und aus der CO_2-Bindungskurve des arteriellen Blutes ergibt sich die Abhängigkeit der Größen U_2 und a_2 für beliebige Werte der Atemvolumenerhöhung. Das Schaubild, Abb. 7, gibt diese Beziehung wieder für ein Beispiel, in dem folgende Werte vorausgesetzt wurden:

$$U_1 = 250 \text{ cm}^3,$$
$$a_1 = 38 \text{ mm Hg},$$
$$V = 5000 \text{ cm}^3.$$

Mit Hilfe der normalen Bindungskurve, Abb. 6, wurde der Wert fa_1 bestimmt und fa_2 aus Gleichung (1a) für verschiedene Werte von U_2 berechnet. Aus fa_2 wurden wieder mit Hilfe der CO_2-Bindungskurve die Werte a_2 graphisch bestimmt und nun mit Hilfe der Gleichung (5) die zugehörige Größe von c berechnet.

Im Schema Abb. 7 sind die Werte so aufgetragen, wie sie bei geradlinigem Anwachsen des Faktors c, also bei linear ansteigender Alveolarventilation, sich im Koordinatensystem verteilen. Es zeigt sich, daß mit wachsendem Atemvolumen die CO_2-Ausscheidung zunächst proportional, dann hinter dem Atemvolumen zurückbleibend zunimmt, wobei die Zu-

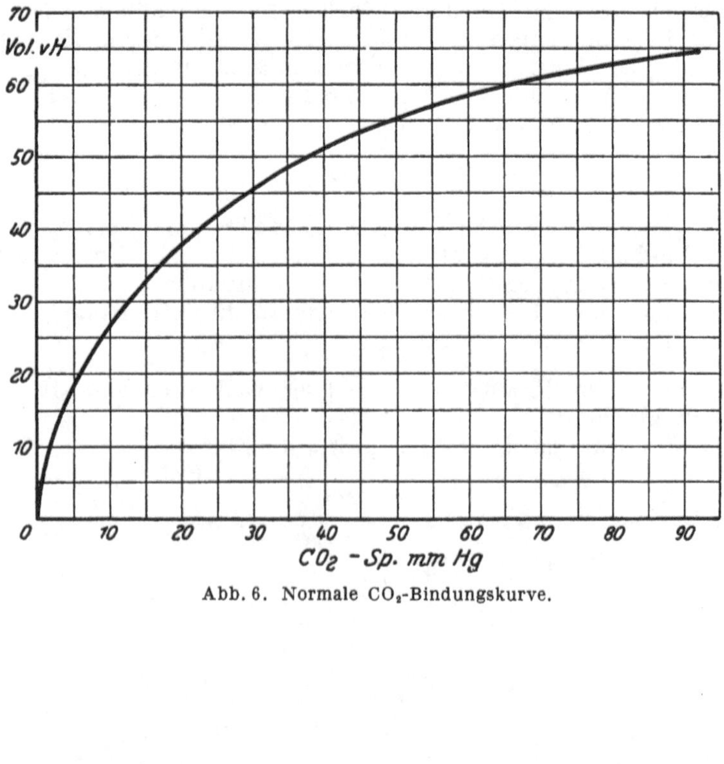

Abb. 6. Normale CO_2-Bindungskurve.

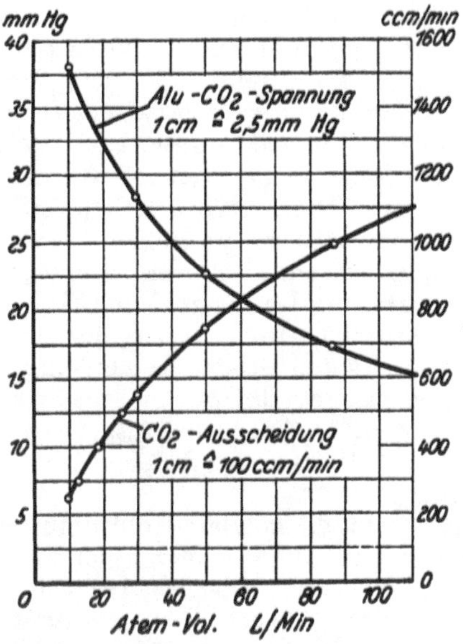

Abb. 7. Verhalten der CO_2-Ausscheidung und der alveolaren CO_2-Spannung beim Übergang von normalem auf gesteigertes Atemvolumen, berechnet für die Ruhewerte:

CO_2-Ausscheidung	$U_1 =$	250 cm³/min
Alveolare CO_2-Spannung	$a_1 =$	38 mm Hg
Herz-Minutenvolumen	$V =$	5000 cm³/min

unter Verwendung der CO_2-Bindungskurve nach Abb. 6.

nahme schließlich einen Grenzwert erreicht. Die CO_2-Spannung der Alveolarluft nimmt asymptotisch ab und würde bei unendlich großem Atemvolumen zu Null werden.

An Hand dieses Beispiels kann die Wirkung des Übergangs von normaler auf gesteigerte Atmung vorausgesagt werden. Ausgehend von den Anfangswerten für Umsatz und alveolare CO_2-Spannung vollzieht sich dann der Verlust von CO_2 aus den Beständen des Körpers nach weiteren Regeln, die im folgenden gezeigt werden.

Der Kohlensäureverlust bei Überventilation

Die Berechnungen des vorangegangenen Abschnittes gingen von der Voraussetzung aus, daß im Beginn einer Überventilation die venöse Kohlensäurespannung zunächst noch gleichbleibt. Trotz der Senkung des arteriellen CO_2-Gehalts ist zu dieser Zeit die Kohlensäurespannung in den Geweben und im Venenblut noch unverändert. Ein umfangreicher Verlust hat nicht stattgefunden und nach Aussetzen der Überventilation würden die früheren Verhältnisse sich rasch wieder herstellen. Anders bei längerer Dauer der Überventilation: Der gesteigerten Ausfuhr von CO_2 steht eine wenig veränderte Produktion im Stoffwechsel gegenüber. Der Überschuß der Ausfuhr muß aus den Beständen des Körpers genommen werden. Die CO_2-Spannung in Venenblut und Gewebe sinkt.

Aus den Registrierungen des Umsatzes und der alveolaren CO_2-Spannung läßt sich nun ermitteln, welcher CO_2-Verlust in cm^3 pro Minute im Verlauf der Überventilation stattfindet und welche Änderung der alveolaren CO_2-Spannung durch ihn hervorgerufen wird. Der Verlust in cm^3 pro Minute ergibt sich aus der Subtraktion der O_2-Umsatzwerte, multipliziert mit dem während der Ruhe ermittelten *RQ* für den Gewebstoffwechsel, von der CO_2-Umsatzkurve. Die Kurve des CO_2-Verlustes ist in Abb. 2, 3 und 5 eingetragen. Der Verlust kann im Beginn über 600 cm^3/min betragen.

Die Zusammenhänge zwischen CO_2-Verlust und CO_2-Spiegel im Körper sind schwieriger zu beurteilen. Da die größten CO_2-Vorräte des Körpers in den Geweben unter einem CO_2-Druck stehen, der dem venösen CO_2-Druck entspricht (vgl. hierzu die unten zitierte Abhandlung von *F. Meyer*), kann ein Vergleich des Kohlensäureverlustes mit seinem Einfluß auf den CO_2-Spiegel nur von der venösen CO_2-Spannung ausgehen oder von der arteriellen CO_2-Spannung unter Verhältnissen, bei denen gleichbleibende arteriovenöse Differenz anzunehmen ist.

Es wäre sehr erwünscht, die mittlere Kohlensäurespannung im venösen Blut und im Gewebe im Verlauf der Überventilation messend zu verfolgen. Ein solcher Versuch leidet aber unter derSchwierigkeit, daß die arteriovenöse CO_2-Differenz im Verlauf des Versuchs nicht konstant bleibt. Da der CO_2-Umsatz fortwährend zurückgeht, muß bei gleichbleibendem Minutenvolumen auch die arteriovenöse Differenz kleiner werden. Die Kurve für die venöse CO_2-Spannung würde nicht parallel mit der arteriellen CO_2-Spannung, sondern schneller sinken. Man kann unter der Annahme, daß das Minutenvolumen unverändert bleibt, aus der *AV*-Differenz zu Beginn des Versuchs und aus der Veränderung des Umsatzes den ungefähren Verlauf der venösen CO_2-Spannung berechnen und findet dann, daß einem CO_2-Verlust von 1 l eine Abnahme des venösen CO_2-Gehalts um 4 bis 6 Vol.-% entspricht. Die an der Abgabe von Kohlensäure beteiligte Flüssigkeitsmenge (Blut und Gewebsflüssigkeit) würde demnach etwa 20 bis 25 l betragen. Zum gleichen Ergebnis kommt man, wenn man die arterielle CO_2-Spannung vor und nach der Überventilation vergleicht an zwei Punkten, die gleiche CO_2-Ausscheidung und gleiches Atemvolumen aufweisen. Für diese ist gleiche *AV*-Differenz und gleicher Unterschied im CO_2-Gehalt für venöses Blut vor und nach der Überventilation und für arterielles Blut vor und nach der Überventilation anzunehmen. Die Mengen an Kohlensäure, die bei Ventilationssteigerung auf 30 l bis zum Erreichen des Gleichgewichtszustandes insgesamt zu Verlust gehen, sind in Zahlentafel 1 verzeichnet. Sie betragen 1700 bis 3500 cm^3. Eine strenge Parallelität zwischen dem CO_2-Verlust und dem Spannungsabfall läßt sich nicht zeigen. Solche Kohlensäuremengen bedeuten einen ansehnlichen Verlust, wenn man bedenkt, daß die CO_2-Produktion des Stoffwechsels bei Körperruhe etwa 300 cm^3/min beträgt. Bei völligem Atemstillstand würde es 5 bis 10 min dauern bis die Vorräte des Körpers an CO_2 wieder zur alten Höhe ergänzt wären. Nur durch Unterventilation kann der CO_2-Verlust einer Überventilation wieder eingebracht werden. Während der Unterventilation droht die Gefahr der Höhenkrankheit.

Die asymptotische Annäherung der Kurve für die arterielle CO_2-Spannung an einen neuen Grenzwert bei der Überventilation erscheint nun als logische Folge der beschriebenen Zusammenhänge. Das Gleichgewicht wird dann erreicht, wenn die alveolare CO_2-Spannung soweit gesunken ist, daß bei dem gegebenen Atemvolumen nicht mehr Kohlensäure weggeatmet wird als im Stoffwechsel neu entsteht. Während das Verhalten des Gasumsatzes im Beginn der Überventilation vorwiegend vom Minutenvolumen des Kreislaufs abhängt, wird der Endzustand durch den Gewebstoffwechsel bestimmt. Er wird entscheidend beeinflußt durch die oben beschriebene Umsatzsteigerung infolge des CO_2-Verlustes. Diese Umsatzsteigerung ist ein wirksamer Schutz vor übermäßigem Verlust des Atmungsreizmittels Kohlensäure, der bei willkürlicher Überventilation des Höhenfliegers vorkommen und zu vorzeitiger Höhenkrankheit führen kann.

Zusammenfassung

Durch fortlaufende gleichzeitige Registrierung der Atmung, der Gasspannungen der Alveolarluft und des Gasumsatzes wurde das Gasstoffwechselgeschehen in seiner Abhängigkeit von der Atmung einer genauen Analyse unterzogen.

Mehratmung durch Willensanstrengung führt zu erheblichen Verlusten von Kohlensäure aus den Vorräten des Körpers, was zu nachträglichem Einschlafen der Atmung und zu Höhenkrankheit führen kann. Als Folge des Kohlensäureverlustes entsteht eine Stoffwechselsteigerung, die dem Kohlensäureverlust entgegenwirkt. Sie kann über 60% des Ruheumsatzes betragen.

Durch Ausschüttung von hochausgenützter Alveolarluft wird eine vorübergehende Steigerung des Sauerstoffverbrauches im Beginn der Überventilation vorgetäuscht. Das Verhalten der alveolaren Kohlensäurespannung und der Kohlensäureabgabe im Beginn der Überventilation ist eine Funktion des Herz-Minutenvolumens.

Schrifttum

1. *Meyer F.*, Über die Messung des Sauerstoffdruckes im Gewebe und die relative Anoxie der Kreislaufkranken. Klinische Wochenschrift Jahrg. 14, 627 (1935).
2. *Herbst R.*, Das Verhalten des Kreislaufs bei Behinderung der Atmung. Bad Nauheimer Fortbildungslehrgänge Bd. XI, S. 108 (1935).
3. *Schoedel W.* u. *F. Grosse-Brockhoff*, Schwankungen in der Zusammensetzung der Alveolarluft während der Atemphase. Pflügers Archiv 1936 im Druck.
4. *Liljestrand G.* Skand. Arch. Physiol Bd. 35 (1918) S. 199.

Aus der Tätigkeit der Ausschüsse und Fachgruppen der Lilienthal-Gesellschaft für Luftfahrtforschung

Fachgruppe für Aerodynamik

Bericht von H. Blenk*)

Die Fachgruppe für Aerodynamik veranstaltete im Berichtsjahr nur eine Tagung, und zwar am 19. und 20. März 1936 in Dessau.

Unter dem Vorsitz von *L. Prandtl*, Göttingen, wurden am Vormittag des ersten Tages zwei Vorträge theoretischer Natur gehalten und sehr eingehend erörtert. Zunächst berichtete *Harry Schmidt*, Köthen, über seine neuesten Rechnungen zur Auftriebsverteilung von Tragflügeln längs der Spannweite.

Es ist bekannt, daß für die Aufgabe, zu einem gegebenen Tragflügel (d. h. bei gegebener Verteilung von Flügeltiefe und geometrischem Anstellwinkel längs der Spannweite) die zugehörige Auftriebsverteilung unter Ersatz des Tragflügels durch eine sog. »tragende Linie« zu finden, bisher nur Näherungslösungen angegeben werden konnten. Daß diese Näherungen immer mit irgendwelchen Reihenentwicklungen arbeiteten, um deren Konvergenz man sich im allgemeinen keine Sorgen machte, konnte bei strenger Auffassung der Aufgabe nicht ganz befriedigen. Aus diesem Anlaß unternahm es *H. Schmidt*, aus der großen Anzahl von Berechnungsverfahren durch kritische Sichtung das für die Praxis brauchbarste auszuwählen und durch eine Fehlerabschätzung mathematisch zu fundieren. Diese Aufgabe konnte jedoch bald als unnötig verlassen werden, da es gelang, eine mathematisch strenge Lösung der Aufgabe anzugeben. Die strenge Lösung bezog sich zunächst nur auf Flügel elliptischen Umrisses mit beliebiger Verwindung. In dem Dessauer Vortrag berichtete *H. Schmidt* erstmalig über die Verallgemeinerung des Verfahrens auf eine allgemeine Klasse nicht-elliptischer Flügelumrisse; es wurde gezeigt, daß die der Rechnung zugängliche Klasse von Umrißformen alle praktischen Fälle mit genügender Genauigkeit erfaßt. Besonders wertvoll ist die neue Theorie für unstetige Anstellwinkelverteilungen, wie sie bei Ausschlag der Querruder oder Landeklappen auftreten. Die Deutsche Versuchsanstalt für Luftfahrt (*Kupper*) hat es übernommen, die Ergebnisse der *Schmidt*schen Rechnungen zu praktisch handlichen Rechenblättern zu verarbeiten, wobei zu hoffen ist, daß der in einem Einzelfall notwendige Arbeitsaufwand nicht allzu groß sein wird. In der Erörterung des Vortrages von *H. Schmidt* wurden Erweiterungen der Theorie auf Doppeldecker, auf Flügel mit V- und Pfeilstellung und auf große Anstellwinkel (mit teilweise abgerissener Strömung) als dringend erwünscht bezeichnet; die Schwierigkeiten, die sich der Lösung solcher Aufgaben entgegenstellen, sind jedoch sehr beträchtlich.

Den zweiten Vortrag des Vormittags hielt *Irmgard Lotz*, Göttingen, über die »Beeinflussung der Auftriebsverteilung durch den Schraubenstrahl (nach *Koning*)«[1]. In dem sehr verdienstvollen Handbuch »Aero-

---

*) Dr., Deutsche Versuchsanstalt für Luftfahrt, E. V., Berlin-Adlershof.

[1]) s. S. 57.

dynamic Theory« von *W. F. Durand* (Verlag von J. Springer, Berlin) berichtet in Bd. IV der Holländer *Koning* über seine theoretischen Ansätze zur Klärung des Schraubenstrahleinflusses auf die Auftriebsverteilung am Tragflügel. Es ist im Jahrbuch 1935 schon darüber berichtet worden, daß die Fachgruppe für Aerodynamik sich wiederholt mit dieser Aufgabe befaßt hat, und daß an verschiedenen Forschungsanstalten Deutschlands experimentelle Untersuchungen dazu im Gange sind. *Koning* berücksichtigt in seiner Theorie zum erstenmal den Umstand, daß auf der Oberfläche des Schraubenstrahls eine gewisse Druckbedingung zu erfüllen ist, während alle früheren Arbeiten über diesen Gegenstand sich mit der Annahme begnügten, daß ein Teil des Tragflügels in einem Gebiet erhöhter Geschwindigkeit liegt. Die Behandlung der Aufgabe gelingt jedoch nur unter starken Vereinfachungen: die Strahldrehung wird vernachlässigt, die Schraubenachse wird in die Windrichtung verlegt, die Aufgabe wird in gewissem Sinne als »ebenes Problem« behandelt. Die sehr umständliche Rechnung führt dann zu Ergebnissen, die sich mit Versuchsergebnissen qualitativ, in einigen Fällen auch quantitativ in Übereinstimmung bringen lassen. Für die Praxis ist jedoch wegen der starken Vereinfachungen der Aufgabe und der Unübersichtlichkeit der Ergebnisse noch nicht viel gewonnen, so verdienstvoll die schwierigen Rechnungen von *Koning* an sich sind. Neuzeitliche Flugzeuge mit großen Flächenleistungen zeigen infolge des Schraubenstrahleinflusses eine unbefriedigende Kleinheit der Längsstabilität im Steigflug. Offenbar wandert mit wachsendem Schraubenstrahl der Indifferenzpunkt des Gesamtflugzeuges (Tragwerk + Höhenleitwerk) sehr stark nach vorn, und zwar gelegentlich bis nahe an den Neutralpunkt des Flügels allein heran. Wie unübersichtlich das ganze Fragengebiet zur Zeit noch ist, ergibt sich aus dem zusätzlichen Bericht von *H. Muttray*, Göttingen, der aus Göttinger Windkanalversuchen den Schluß zieht, daß die Abwindvergrößerung durch die laufende Schraube in den üblichen Leitwerkshöhenlagen nur unbedeutend ist. Dieses Ergebnis steht zu vielen Flugversuchen und Modellversuchen aus anderen Windkanälen in Widerspruch. Es erscheint notwendig, dem äußerst schwierigen und für die Praxis ungemein wichtigen Fragengebiet von allen Seiten her (Vervollkommnung der Theorie, Feststellung der Einzeleinflüsse im Modellversuch, sorgfältiger Vergleich von Flug- und Windkanalmessung) gleichzeitig zu Leibe zu gehen.

Der Nachmittag des 19. März war mit Besichtigungen der Junkers-Werke ausgefüllt.

Am 20. März berichtete zunächst *A. W. Quick*, Dessau über die »aerodynamische Entwicklung des Ju 86-Tragflügels«[2]). Es muß seitens der Forschung besonders begrüßt werden, daß die Firma Junkers sich bereit erklärte, einem größeren Kreis von Fachleuten durch einen Vortrag dieser Art Einblick in ihre Entwurfstätigkeit auf aerodynamischem Gebiet zu geben. Den in den Forschungsanstalten tätigen Aerodynamikern werden im allgemeinen fertige Flügelentwürfe zur Messung vorgelegt, ohne daß

---

[2]) s. S. 157.

sie über den Entwicklungsgang unterrichtet werden. *Quick* schilderte, wie die Entwicklung der letzten Jahre zu immer stärkeren Trapezformen führte, die wegen der günstigeren statischen Verhältnisse Gewichtsersparnis und Verbesserung der Flugleistungen brachten. Mit wachsender Trapezform verschlechterte sich jedoch die Kippsicherheit des Flugzeugs um die Längsachse. Von neuzeitlichen Flugzeugen wird gefordert, daß sie bis zum Auftriebshöchstwert und darüber hinaus quersteuerbar bleiben. Eine wesentliche Bedingung hierfür ist, daß die Ablösung der Strömung nicht an der Flügelspitze, sondern in Rumpfnähe beginnt und sich bei weiterer Vergrößerung des Anstellwinkels allmählich über den ganzen Flügel fortsetzt. Der ursprüngliche Flügel der Ju 86 befriedigte in dieser Hinsicht nicht. Eine Nachrechnung der Auftriebsverteilung längs der Spannweite (nach den Verfahren von *H. Glauert*, *I. Lotz* oder *R. Fuchs*) zeigte, daß die Querschnitte in der Nähe der Flügelspitze zuerst ihren Auftriebshöchstwert erreichten und der Flügel deshalb zu bedenklichem Abkippen neigen mußte. Auf Grund dieser Erkenntnis wurde ein neuer Flügel entworfen, der gegenüber dem ursprünglichen Flügel eine völligere Tiefenverteilung und größere Verwindung aufwies. Der neue Flügel zeigte befriedigende Quersteuerverhältnisse. Für beide Flügel wurden die Auftriebsverteilungen gerechnet und Windkanal- und Flugversuche über die Strömungsablösung angestellt. Es muß als ganz besonders erfreulich bezeichnet werden, daß Theorie, Windkanal- und Flugversuch eine recht gute Übereinstimmung zeigen, so daß man wohl behaupten kann, daß man durch Anwendung bekannter Verfahren der Tragflügeltheorie für einen Flügelentwurf im voraus entscheiden kann, ob die Forderungen hinsichtlich Kippsicherheit erfüllt werden oder nicht.

Danach berichtete *Th. Zobel*, Deutsche Versuchsanstalt für Luftfahrt (DVL) über »Kufenlandungen bei 50 kg/m^2 Flächenbelastung«, die *M. Kramer* in Zusammenarbeit mit dem Vortragenden bei der DVL durchgeführt hat. Für gewisse Bauaufgaben verspricht die Verwendung eines abwerfbaren Fahrgestells und die Landung auf einer Kufe beträchtliche Vorteile. Es war zu prüfen, ob sich das vom Segelflugzeug her bekannte Verfahren der Kufenlandung auch bei höheren Flächenbelastungen anwenden läßt. Die praktischen Flugversuche haben gezeigt, daß bis zu Flächenbelastungen von 50 kg/m^2 keinerlei Schwierigkeiten auftreten.

Es folgte ein Vortrag von *F. Wenk*, DVL, über »Neue Untersuchungen über die Seitenstabilität der Flugzeuge«[3]). Die Untersuchungen beziehen sich in erster Linie auf Flugversuche. Es wurden zwei verschiedene Meßverfahren erprobt, von denen das erste die wichtigsten Faktoren der Seitenstabilität (Schieberollmoment, Richtungsstabilität, Wenderollmoment und Wendedämpfung) aus Einzelmessungen im Geradeausflug und im Kurvenflug ohne Schieben auszuwerten gestattet. Das Verfahren ist leider nur teilweise durchführbar, z. B. sind die Kurvenflugmessungen bei mangelnder Spiralsturzstabilität nicht möglich. Außerdem ist das Verfahren praktisch recht mühsam, so daß seine Anwendung sich in vielen Fällen

---

[3]) s. S. 171.

von selbst verbietet. Das zweite Meßverfahren besteht in einer Vermessung der freien Schwingungen des Flugzeugs und ihrer Analyse. Das Verfahren ist einfach durchzuführen und liefert ausreichende Einsichten in allen Fällen, wo die Seitenstabilität vorhandener Flugzeuge genauer studiert werden soll. Durch einen Trickfilm wurden einige wichtige Ergebnisse der Seitenstabilitätsuntersuchung anschaulich gemacht.

Der letzte Vortrag der Tagung wurde von *A. Kupper*, DVL, über das Thema »Einige Gesichtspunkte für die aerodynamische Forschung der nächsten Zukunft« gehalten. Die Erörterungen und Vorschläge lehnten sich an die Einzelvorträge der Tagung an, und zwar besonders an die Vorträge von *H. Schmidt* und *I. Lotz.* Es wurden vielerlei wertvolle Vorschläge für die Fortführung der begonnenen Arbeiten (Erweiterung der Theorie, Kontrolle durch Windkanalversuche) gemacht, wobei die Bedürfnisse der Praxis in den Vordergrund gestellt wurden.

Die Dessauer Tagung fand ihr Ende in einem Schlußwort von *L. Prandtl*, der seiner Freude über die außerordentlich lebhafte Aussprache und über die vorgetragenen neueren Arbeiten zur Tragflügeltheorie besonders Ausdruck gab.

Die bereits im Jahresbericht 1935[4]) erwähnte Arbeitsgruppe für »Längsstabilität, Abwind und Schraubenstrahl« tagte in kleinem Kreise am 4. Juni 1936 in Adlershof unter dem Vorsitz von *H. Blenk*, DVL. In zwangloser Folge berichteten die Sachbearbeiter aus der Industrie und der Forschung über ihre Arbeiten und Erfahrungen auf diesem — wie oben schon erwähnt — wichtigen und schwierigen Gebiet. Besonders wertvolle Beiträge lieferten seitens der Industrie *Ph. v. Doepp*, Junkers, *H. B. Helmbold*, Heinkel, und *R. Schmidt*, Dornier, seitens der Göttinger Versuchsanstalt *I. Lotz*, *H. Muttray*, *R. Seiferth* und *Stüper*, seitens der DVL *H. Doetsch*, *B. Hesselbach* und *R. Ramshorn.* Als Ergebnis der Besprechung kann man ganz kurz etwa folgendes angeben: Die Theorie steckt noch ganz in den Anfängen, und es ist nicht abzusehen, ob auf theoretischem Wege in absehbarer Zeit ein nennenswerter Erfolg erzielt werden kann; die Ergebnisse von Flug- und Windkanalversuchen liefern manche wertvolle Einzelerkenntnisse, stimmen aber bei oberflächlicher Betrachtung untereinander wenig und oft gar nicht überein. Eine sorgfältige Überprüfung aller heute vorliegenden Meßergebnisse und ihre Auswertung unter einheitlichen Gesichtspunkten erscheint als dringendste Aufgabe für die nächste Zukunft.

Die Teilnehmer an dieser Arbeitstagung unternahmen am 5. Juni 1936 einen Flug nach Rechlin und Travemünde, wo die Anlagen der Erprobungsstellen besichtigt wurden. In Rechlin gab *A. Thoenes* einen wertvollen Ergänzungsbericht über praktische Flugerfahrungen hinsichtlich Längsstabilität.

Zum Schluß sei noch die Sondertagung über »Flügelschwingungen« erwähnt, die am 17. Juli 1936 in Bremen unter dem Vorsitz von *H. Blenk*, DVL, stattfand und an der auch zahlreiche Mitglieder der Fachgruppe

---

[4]) Jahrbuch 1935 der Vereinigung für Luftfahrtforschung, S. 12.

für Aerodynamik teilnahmen. *Quessel*[5]) und *Boelk*[6]) von den Henschel Flugzeugwerken berichteten über ihre im Anschluß an die Theorie von *Küssner* durchgeführten rechnerischen Untersuchungen über den Einfluß des Querruders und insbesondere der Querruderdämpfung auf die kritische Geschwindigkeit. Ein Ergebnis dieser Rechnungen, daß nämlich unter gewissen Bedingungen der Instabilitätsbereich nicht nur eine untere Grenze (die für die Praxis wichtige »kritische« Geschwindigkeit) besitzt, sondern auch eine obere Grenze haben kann, wo die Schwingungen wieder gedämpft werden, konnte durch Windkanalversuche bei der DVL, über die *H. Voigt*[7]), DVL, berichtete, qualitativ bestätigt werden. Ein Vortrag von *Kassner* (Flugtechn. Institut der TH Berlin) behandelte die Berücksichtigung der Dämpfung beim ebenen Problem der Flügelschwingungen nach der Theorie von *H. Wagner.* Zwei weitere Vorträge (*O. Nissen*, Junkers, und *H. Burow*, DVL) waren der praktischen Feststellung der kritischen Geschwindigkeit im fliegenden Flugzeug nach dem von *v. Schlippe*, Junkers, eingeführten Flugschwingungsverfahren gewidmet.

Die Teilnehmer dieser Tagung besichtigten am Nachmittag des 16. Juli verschiedene Anlagen des Focke-Wulf Flugzeugbaues.

Fachgruppe für Hydrodynamik

Bericht von G. Kempf*)

Die Tätigkeit der Fachgruppe für Hydrodynamik erstreckte sich im Berichtsjahr auf:

1. Sammlung des vorliegenden Materials zur Seegangsforschung,
2. Vorarbeiten zur methodischen Erfassung der Seegangsverhältnisse,
3. Berichterstattung über den Stand der deutschen Schwimmerforschung und Zielsetzung,
4. Besichtigungen von verschiedenen Laboratorien und Flugzeugwerken mit Bezug auf das Arbeitsgebiet der Fachgruppe.

Die zweite Tagung der Fachgruppe für Hydrodynamik fand am 23. und 24. März 1936 in Hamburg statt, und zwar am ersten Tage in den Technischen Lehranstalten, am zweiten Tage in der Hamburgischen Schiffbau-Versuchsanstalt. Der erste Tag war der Berichterstattung und Aussprache über die vorliegenden Erfahrungen und die wünschenswerten Kenntnisse der Seegangsverhältnisse gewidmet, wie sie in den verschiedenen Meeren auftreten, mit dem Ziel, die bisher bestehenden Unklarheiten und Unsicherheiten in der Beurteilung des Seegangs einerseits und seiner Bewertung für Konstruktionszwecke andererseits zu beseitigen.

*) Dr.-Ing., Hamburgische Schiffbau-Versuchsanstalt, Hamburg.

[5]) s. S. 196.

[6]) s. S. 206.

[7]) s. S. 216.

Vier Vorträge beschäftigten sich zunächst mit den Fragen der Beurteilung und Messung des Seeganges, wie sie bisher üblich war:

Kempf berichtete über bisher vorliegendes Material über Windstärken und Seegänge auf den verschiedenen Meeren[1]).

Schuhmacher sprach über die Untersuchung des Seeganges mit Hilfe der Stereophotogrammetrie, zeigte Aufnahmen verschiedener Seegänge und gab einen Ausblick auf Entwicklungsmöglichkeiten dieses Verfahrens, das von der Deutschen Seewarte angewandt wird[2]).

Weinblum zeigte einige Aufnahmen großer Sturmseen nach dem gleichen Verfahren und wies auf die Bedeutung von Modelluntersuchungen über Oberflächenwellen hin[3]).

Hubrich kennzeichnete die besonderen Aufgaben der Seegangsforschung für die Luftfahrt und stellte die maßgeblichen Faktoren heraus, welche bei der Beobachtung und Bewertung von Seegang berücksichtigt werden sollten[4]).

In der folgenden Aussprache zeigte *Mewes* die bisher vorliegenden Ergebnisse mit der von der Deutschen Versuchsanstalt für Luftfahrt, Abtlg. Hydrodynamik (DVL) für Seegangsmessungen verwandten Boje, welche bereits einen guten Eindruck über die auftretenden Verhältnisse zumindest in der Lübecker Bucht vermittelten.

Die Aussprache führte dazu, daß ein Arbeitsausschuß für die Bearbeitung der Seegangsfragen gebildet wurde aus den Herren:

Dipl.-Ing. *E. Mewes*, DVL, Hamburg, als Obmann,
Dipl.-Ing. *C. Hubrich*, Erprobungsstelle Travemünde,
Dr. phil. *A. Schuhmacher*, Deutsche Seewarte, Hamburg,
Dr.-Ing. *G. Weinblum*, Preuß. Versuchsanstalt für Wasserbau und Schiffbau, Berlin,
Dr.-Ing. *G. Kempf*, Hamburgische Schiffbau-Versuchsanstalt, Hamburg.

Dieser Arbeitsausschuß hat inzwischen in vielfachem Gedankenaustausch gestanden, auch eine besondere Sitzung abgehalten, auf der die Aufstellung eines Fragebogens beschlossen wurde, welcher an zahlreiche Stellen versandt wird, um über die verschiedenen Verfahren der Seegangsbewertung ein Urteil zu gewinnen.

Bei Aufstellung dieses Fragebogens traten bereits besonders klar die noch zu überwindenden Schwierigkeiten hervor. Die einzelnen Mitglieder des Arbeitsausschusses verfolgen nun zunächst einzeln auf der Grundlage des Fragebogens an verschiedensten Stellen die Angelegenheit, um dann nach gewisser Zeit ihre Erfahrungen gegenseitig auszutauschen und bestimmte Vorschläge auf Grund des vorliegenden Materials zu machen.

Auf diese Weise wird eine gleichmäßige methodische Beurteilung und Bewertung der verschiedenen Seegangszustände angestrebt. Die weitere

---

[1]) s. S. 227.
[2]) s. S. 239.
[3]) s. S. 248.
[4]) s. S. 255.

Aufgabe wird dann darin bestehen, die Wirkung dieser so bestimmten Seegänge auf das Schwimmwerk zu ermitteln, sei es unmittelbar durch Messungen an Flugzeugen, sei es auf dem Umwege über die Modellforschung.

Parallel zu diesen Arbeiten gehen die theoretischen und versuchstechnischen Untersuchungen über den Einfluß der verschiedenen Schwimmwerksformen, besonders über den Einfluß der Kielung bei Schwimmern und Booten.

Über den Stand der hierzu durchgeführten Arbeiten wurde am zweiten Tage der Fachgruppentagung in Hamburg berichtet, und zwar von *Sottorf* über Ergebnisse von systematischen Modellversuchen mit zwei Schwimmerfamilien zur Herausbildung eines Einheitsschwimmers unter den hydrodynamischen Gesichtspunkten der Widerstands- und Spritzwasserbildung während des gesamten Startverlaufes.

Mewes brachte eine Zusammenfassung der bisherigen Ergebnisse von Fallversuchen mit Schwimmerkästen von verschiedener Kielung und gleicher konstruktiver Ausbildung, wie bei den ausgeführten Schwimmern, so daß die Einflüsse der Nachgiebigkeiten im Schwimmer und Schwimmergestell ermittelt und die theoretischen Gesetzmäßigkeiten für die Stoßkräfte hiernach korrigiert werden können.

Croseck gab einen Überblick über die Hauptgesichtspunkte zur weiteren Arbeit der Seeflugabteilung der Deutschen Versuchsanstalt für Luftfahrt.

Die Besichtigungen erstreckten sich auf die Institute der Technischen Staatslehranstalten und der Schiffbau-Versuchsanstalt, ferner die Werkanlagen des Hamburger Flugzeugbaus bei Blohm & Voß.

Die Weiterarbeit auf den Arbeitsgebieten der Fachgruppe geschieht auf vier Wegen:

1. durch Versuche und Messungen über die Beanspruchungen an Flugzeugen beim Starten und Landen in Travemünde,
2. durch Modelluntersuchungen zur Schwimmwerkgestaltung bei der Deutschen Versuchsanstalt für Luftfahrt in Hamburg,
3. durch Beobachtung und Messung von Seegangsverhältnissen an verschiedenen Stellen auf Veranlassung der hierfür gebildeten Arbeitsgruppe,
4. durch Förderung von Bootsversuchen mit Sonderkonstruktionen, welche für die Schwimmwerkausbildung aussichtsreich erscheinen.

Fachgruppe für konstruktive Fragen

Bericht von Wilh. Hoff*)

Am Schlusse des vorjährigen Berichtes[1]) wurde der Hoffnung Ausdruck gegeben, daß sich die Fachgruppe für konstruktive Fragen mehr an ihre Hauptaufgabe, konstruktive Fragen des Flugzeugbaus im ganzen zu be-

*) Dr.-Ing., Professor an der Technischen Hochschule Berlin.
[1]) Vgl. Vereinigung für Luftfahrtforschung, Jahrbuch 1935, S. 16.

handeln, halten und darüber hinaus wichtige Randgebiete bearbeiten könne. Ihrer Tagung in Berlin am 28. 11. 1935 lag dieser Gedanke zugrunde.

Zunächst sprach *R. Uding* »Über konstruktive Erfahrungen aus Unfalluntersuchungen«. Dem Redner standen Beobachtungen zur Verfügung, die er als Leiter der Untersuchungsstelle für Unfälle in der Luftfahrt gemacht hatte. Er legte dar, daß viele Unfallursachen sich in deutlichen Hauptgruppen wiederholen, daß andere dagegen aus deren Bereich herausfallen. Die im Vortrag gegebene Gesamtübersicht war den Hörern sehr willkommen, denn die vorausgegangenen ersten Bekanntgaben der einzelnen Unfallerscheinungen hatte dem nicht unmittelbar betroffenen Werk oft nur eine lückenhafte Vorstellung von dem Unfallereignis, seiner Ursache und den getroffenen Abhilfen gegeben.

In der an den Vortrag anschließenden lebhaften Aussprache wurden einzelne für die Konstruktion wichtige Fragen wie Beherrschung des Trudelns und Passungen in der Fertigung behandelt. Bei vielen, oft harmlos verlaufenen Unfällen hatte sich gezeigt, daß die Grundsätze der Fertigung weiterer eingehender Pflege bedürfen.

Den weiteren Vorträgen

»Über die Notwendigkeit und Nutzanwendung des Fernantriebs« von *G. Madelung*,
»Fernantrieb und Ergebnisse der Untersuchungen von Dornier« von *H. Grosse*,
»Rechnungsgrundlagen für den Fernantrieb« von *K. Lürenbaum*

lag ob, die bedeutungsvolle Frage der Verbesserung des Flugzeugantriebs zu behandeln. Diese ist zu gewinnen, wenn die Luftschraube nicht in der üblichen Weise unmittelbar mit dem Motor verbunden ist, sondern derart erfolgt, daß zwischen Luftschraube, die an einer für sie günstig gelegenen Stelle, und Motor, der ebenfalls zweckmäßig und für die Wartung im Betrieb zugängig eingebaut wird, Zwischenglieder wie Kupplungen, Getriebe, Wellen, Schwingungsdämpfer eingeschaltet werden.

G. Madelung schilderte seine Überlegungen, die er anläßlich der ersten Baupläne eines Flugbootes für weite Überseestrecken im Auftrage der Dornier Metallbauten G. m. b. H. Friedrichshafen, angestellt hatte, und die sich auf Auswahl der Schraubenabmessungen, ihrer Drehzahlen und auf ihre Wirkungsweisen bei den verschiedenen zu erwartenden Betriebsbedingungen bezogen. *H. Grosse* gab im Anschluß hieran einen Bericht über die konstruktive Gestaltung der Anlage, wie sie von dem genannten Werk geschaffen worden ist, und über die ersten Betriebsergebnisse, die eine weitere günstige Entwicklung des Fernantriebs erwarten lassen. *K. Lürenbaum* ging in seinem Vortrag besonders auf die schwingungstechnischen Überlegungen ein, die bei dem gewählten Fernantrieb zu beachten waren. Im Anschluß an die Vorträge wurden einige durch die Zuhörer gestellte Sonderfragen von den Rednern beantwortet.

Die Novembertagung des vergangenen Jahres hatte gezeigt, wie wichtig es ist, konstruktive Fragen über den engen Kreis der Werksangehörigen und Behördenvertreter hinaus im erweiterten Kreis zu behandeln. Treten doch häufig gleiche oder ähnliche Schwierigkeiten an verschiedenen Stellen auf. Gegenseitiger Erfahrungsaustausch auch in konstruktiven Dingen fördert in letzter Hinsicht alle. Dabei wird solche Gemeinschaftsarbeit ihr besonderes Gepräge besitzen und sich in vieler Beziehung von derjenigen unterscheiden, wie sie sich in anderen Fachgruppen herausgebildet hat. Konstruktive Untersuchungen können ihrer Natur nach selten schon den endgültigen Stand erkennen lassen, wie etwa eine Forschungsarbeit aus dem Gebiet der angewandten Physik und Mathematik, die ihre Folgerungen aus fest begründeten Gesetzen zieht.

Die Konstruktion hat von jeher gewagte Brücken über Fachgebiete geschlagen, über die wenig oder nur unvollkommene Kenntnisse vorlagen. Sie wird das auch in Zukunft tun müssen. Die Kenntnis über die Trudelvorgänge, über die Schwingungen in Bauteilen, über das Baustoffverhalten, über den Strömungsverlauf, um einige Beispiele zu nennen, muß noch in hohem Maße durch die in jedem Land hierfür errichteten und mit reichen Mitteln unterhaltenen Forschungsanstalten erweitert werden, trotzdem werden Flugzeuge gebaut, deren Konstrukteure sich mit Annahmen behelfen müssen, wo Erkenntnisse noch nicht vorliegen. Der Flugzeugbau hebt sich dabei aus dem Rahmen der allgemeinen Technik noch dadurch heraus, daß er diese Brücken über unbekannte Gebiete nur mit begrenztem Aufwand schlagen darf, um nicht die Leistungsfähigkeit des Flugzeuges erheblich einzuengen.

Die Pioniere bei der Verwirklichung neuer Baugedanken im Flugzeugbau hatten oft eine glückliche Hand, aber leider erwiesen sich auch häufig die Brücken über das unbekannte Gebiet als zu schwach. Die Erfahrungsberichte über Flugunfälle erwiesen das. Es wird daher eine dauernde Aufgabe der Fachgruppe bleiben, die Ergebnisse aus Unfallerfahrungen zu verfolgen und für die Nutzanwendung bei der konstruktiven Gestaltung zu sorgen.

In den eben vergangenen Jahren ist die deutsche Luftfahrt kräftig aufgebaut worden. Wie im Kriege wurden die zur Einführung vorgeschlagenen Flugzeugmuster in großen Reihen aufgelegt, abgeliefert und in Dienst gestellt. Der Fertigungsverlauf ist aber wegen der höheren Leistungseinheiten und wegen der neuzeitlichen Bauweisen ein ganz anderer geworden. Neue Fragen bedürfen der Behandlung. Dabei ist es wichtig, daß neue Wege der Fertigung nicht eng mit neuen Versuchen in der äußeren und inneren Anordnung verbunden werden und umgekehrt. Zu viel des Neuen auf einmal hat die Fortentwicklung in der Technik meist gehemmt.

In der Hand der Konstrukteure liegt es, sich die Erkenntnisse aus allen Wissensgebieten wie Flugmechanik, Aerodynamik, Festigkeitslehre usw., die ihm für seine Aufgabe alle als Hilfswissenschaften erscheinen, dienstbar zu machen und mit den Forderungen der Fertigung zu vereinigen. Den Gedankenaustausch auf diesem Gebiet zu pflegen und gemeinsame Ziele zu erkennen, ist die zukünftige Aufgabe der Fachgruppe für konstruktive Fragen.

Fachgruppe für Festigkeitsfragen

Bericht von A. Hertwig*)

Unter den Aufgaben, die die Fachgruppe für Festigkeitsfragen nach dem Bericht des vorigen Jahres bearbeitet hat, stand im Mittelpunkt der

Schalenbau

Auch in diesem Jahre waren alle Versuchsstellen, besonders die statische Abteilung der Deutschen Versuchsanstalt für Luftfahrt (DVL) und die Fachgruppe mit dieser Aufgabe stark beschäftigt. Auf der Tagung der Fachgruppe am 28. und 29. Januar 1936 in Darmstadt schloß sich an den Vortrag von *Bornemann*-Arado über »Beulsteife Schalentragwerke und ihr Anwendungsbereich« und an den Vortrag von *Ebner*, DVL, über »Festigkeit von Schalenrümpfen« eine sehr rege Aussprache mit zwei umfangreicheren Beiträgen von *Krauß*, Bayerische Flugzeugwerke, und *Neubert*, Dornier-Metallbauten, an.

Ebner gab zunächst einen Überblick über die heutige übliche Bauweise der Schalenrümpfe. Dann berichtete er über die Forschungsergebnisse der DVL, und zwar erstens über die Bestimmung des Spannungszustandes in versteiften Schalenrümpfen bei Biegung und Drillung, und zweitens über die Bruchfestigkeit versteifter Schalenrümpfe bei Biegung und Drillung. Bei den beulsteifen Schalen kann man zur Vereinfachung die Schale zunächst unter gleichmäßig auf dem Rande verteilter Druckspannung untersuchen, mit dem Ergebnis, daß die *Redshawsche* Formel eine recht gute Annäherung für die kritische Knickbelastung liefert und die *Donellsche* brauchbare Werte für die kritische Schubbelastung. Bei den nicht mehr beulsteifen Schalen wird für Biegungsbelastung eine verbesserte *Kármánsche* Formel für die mittragende Breite geliefert. »Die Tragfähigkeit einer versteiften Schale mit dünner Haut ist bei Biegung erschöpft, sobald die Längsversteifungen zu Bruch gehen. Die maßgebende Größe für das Bruchbiegemoment einer solchen Schale ist danach die Bruchfestigkeit der Längsversteifungen.« Für die Spannungen und Verformungen auf Drillung wird eine eingehende Darstellung der Theorie und ein Vergleich mit den Versuchsergebnissen demnächst erscheinen. Bei der Untersuchung der Bruchfestigkeit unter Biegungsbelastung hat sich gezeigt, daß man die kostspieligen und langwierigen Versuche mit Vollschalen oder ganzen Schalenrümpfen durch einfache Teilschalenversuche unter Druck ersetzen kann.

Bornemann kommt bei der Untersuchung der beulsteifen Schalen zu dem Ergebnis, daß die beulsteife Bauweise, wenn es sich um die Aufnahme von reinen Druckkräften handelt, der Bauweise mit beschränkt mittragender Haut bei einer sicheren Belastung zwischen 100 und 150 kg/cm Schalenbreite gleichwertig ist, unter der Voraussetzung einer Bruchbeanspruchung der Stringer bis zu 2000 kg/cm². Bei der Bauweise mit be-

*) Geh. Reg.-Rat, Dr.-Ing., Professor an der Technischen Hochschule Berlin, Vorsteher der Versuchsanstalt für Statik der Baukonstruktionen.

schränkt mittragender Haut werden die möglichen »Spantabstände mit steigender Umfangsbelastung größer, während sie bei beulsteifer Bauweise mit steigender Umfangsbelastung kleiner werden«. Die Hautstärke der beulsteifen Bauweise ist in dem Belastungsbereich, in dem sie der Bauweise mit beschränkt mittragender Haut gleichwertig ist, etwa doppelt so groß wie die der beschränkt mittragenden Haut.

Für beulsteife Schalen sind folgende Forderungen zu stellen:

kleinstmöglicher Stringerabstand,
geringste Stringerfläche,
enge Spantteilung.

Beulsteife Schalen sind anwendbar, wenn, wie oben schon angedeutet, die sicheren Drucklasten über 100 kg auf 1 cm der Schalenbreite betragen oder bei geringeren Drucklasten das Verhältnis der Schublast zum Krümmungshalbmesser groß ist oder wenn eine große Steifigkeit gefordert wird.

In der Aussprache zeigte *Krauß* die konstruktive Durchbildung der Messerschmitt-Schalenrümpfe und ihre Entwicklung in den letzten Jahren. *Neubert* berichtete über vergleichende Versuche der Dornier-Metallbauten G. m. b. H. mit zwei Schalenflügeln mit dünner und mit starker Haut und sagte, im Einklang mit den Ausführungen von *Bornemann*, daß bei genügend großer Belastung je cm Schalenbreite auch die beulsteife Haut wirtschaftlich sein kann. Außerdem zeigten die Versuche, daß die Ergebnisse von Teilschalenversuchen bei der Festigkeitsrechnung des Schalenflügels verwendbar sind.

Es seien noch einige Forschungsberichte der DVL über den Schalenbau erwähnt: »Biegeversuche mit einer versteiften Kreiszylinderschale« von *Ebner* und *Heck* und von *Ebner* und *Schapitz*, »Schubversuche zur Bestimmung der Festigkeit des Bleches bei längsversteiften Zylinderschalen« von *Thielemann*; »Festigkeitsversuche mit versteiften Kreiszylinderschalen bei zusammengesetzter Biegung und Drillung« von *Ebner* und *Schapitz*, und schließlich eine Arbeit des Flugtechnischen Instituts der Technischen Hochschule Berlin »Über die bei Einleitung von Längskräften in Zylinder- und Kegelschalen auftretende Beanspruchung von Ringspanten« von *Drescher* und *Gropler.*

Das zweite Hauptthema der diesjährigen Tagung in Darmstadt war die

Festigkeit bei wiederholter Beanspruchung

Rühl berichtete[1]) über die Versuche der Henschel-Flugzeugwerke mit Rohren aus Chrom-Molybdän-Stahl und Duralrohren in der Dauerprüfmaschine, die gegenübergestellt sind Dauerversuchen mit einfachen, nicht gelochten Stäben aus Duralblech. Es wurden die Wöhler-Linien für Lastwechselzahlen zwischen 10^4 und 10^6 ermittelt. *Rühl* sagt: »Die Versuche zeigen, daß sich aus einer Untersuchung der Zeitfestigkeiten bei den in Frage kommenden Lastwechselzahlen unter Umständen noch Veränderungen in den notwendigen Sicherheitsgraden ergeben werden. Voraussetzung dazu ist allerdings die Sammlung eingehender Versuchsunterlagen.«

---

[1]) s. S. 258.

Die Schaffung solcher Versuchsunterlagen hat die DVL bereits in Angriff genommen, über die *Kaul* berichtete. Er schließt sich der Ansicht *Rühls* an, daß das Endziel solcher Untersuchungen eine Änderung der in den Festigkeitsvorschriften vorgesehenen Sicherheitszahlen sein muß, besonders auch aus dem Grunde, »da gegenwärtig der Konstrukteur durch die Abnahmebedingungen nicht dazu angeregt wird, bei der Werkstoffauswahl auf geeignete Dauerfestigkeitseigenschaften Wert zu legen, so daß die Gefahr besteht, daß auch die Werkstoffentwicklung nicht immer in der Richtung beeinflußt wird, die den Betriebsbeanspruchungen der Flugzeuge Rechnung trägt«. Trotzdem hält er eine Änderung dieser Vorschriften aber erst dann für zweckmäßig, wenn weitere Versuchsergebnisse eine ausreichende Klarheit in den mit der Zeitfestigkeit der Flugzeugbauglieder zusammenhängenden Fragen geschaffen haben.

Auch *Seydel* geht in seinem Vortrag »Überblick über das Aufgabengebiet der Statischen Abteilung der DVL« auf die Festigkeit bei wiederholter Beanspruchung ein und bezeichnet die Wöhler-Diagramme von Anschluß- und Verbindungselementen gegenüber dem Wöhler-Diagramm des Halbzeugs oder der Werkstoffprobe für besonders wichtig. Ganz allgemein soll angestrebt werden, Richtlinien für die zweckmäßige Gestaltung und Unterlagen für die Bemessung von Baugliedern zu schaffen, die gegen wiederholte Beanspruchung besonders empfindlich sind.

Sehr anregend für diese Frage war der Vortrag von *Thum* »Werkstoff und Festigkeit in der Betrachtungsweise der neuen Konstruktionslehre«; er zeigte die Bedeutung der Dauerfestigkeit im Maschinenbau[2]).

Der Vortrag von *Seydel* behandelte weiterhin die auch schon früher in den Vordergrund geschobene Untersuchung über die Knickung von Profilstäben, besonders die Beulfestigkeit gedrungener Profilstäbe, sowohl als Einzelstab als auch als Stab im Verband; hier erwähnt er ein von *Borkmann* angegebenes einfaches Berechnungsverfahren[3]).

Kritische Geschwindigkeit

Rühl hat in Darmstadt auch wieder die Berechnung der kritischen Geschwindigkeit angeschnitten. Er berichtete über Berechnungen nach dem Verfahren von *Blenk-Liebers*, dem Verfahren von *Küssner* und dem Verfahren von *Wagner*. Es wurde ein bestimmter Flügel ohne Querruder untersucht:

a) ohne Berücksichtigung der freien Wirbel,
b) als ebenes Problem,
c) als räumliches Problem.

Die Ergebnisse nach dem Verfahren a), b) und c) liefern kritische Geschwindigkeiten, die zwischen 105 m/s bis 340 m/s schwanken. Zur Klärung dieser großen Abweichungen wurden Modelle untersucht und nachgerechnet, mit dem Ergebnis, daß eine Vernachlässigung der freien Wirbel sicherlich unzulässig ist, daß eine richtige Erfassung der kritischen Geschwindigkeit

[2]) Vgl. dazu den Aufsatz auf S. 75.
[3]) Luftfahrtforschung Bd. 13 (1936) Nr. 1.

»nur durch Verfahren möglich ist, die den Flügel als räumliches Problem behandeln, wie es *Küssner* in seiner Veröffentlichung tut«. *Seydel* weist in seinem Vortrag auf einen von *Teichmann* angegebenen Weg hin, durch den sich auch in verwickelten Fällen die Berechnung der kritischen Geschwindigkeit verhältnismäßig einfach durchführen lassen wird.

Zum Schluß noch einige Worte über die weiteren Arbeiten der Fachgruppe. In der Schalenbauweise bleiben immer noch ungelöste Aufgaben sowohl theoretischer wie konstruktiver Art, besonders im Hinblick auf die serienweise Ausführung. Eine der Hauptaufgaben wird aber sein, für die oben schon erwähnte Änderung der Vorschriften über die Sicherheitszahl die erforderlichen experimentellen und theoretischen Unterlagen zu schaffen. Für die im Flugzeugbetrieb zu erwartenden Lastwechselzahlen müssen noch weitere statistische Erhebungen angestellt werden, ferner sind die Wöhler-Kurven für die wichtigsten Bauglieder zu ermitteln und schließlich die wirklichen Spannungsverteilungen in solchen Baugliedern mit allen heute zur Verfügung stehenden rechnerischen und experimentellen Hilfsmitteln zu bestimmen.

Fachgruppe für Flugmotorenforschung

Bericht von W. Kamm*)

Die Arbeit der Fachgruppe für Flugmotorenforschung erstreckte sich im Anschluß an die Aufgaben, die im Jahrbuch 1935 der Vereinigung für Luftfahrtforschung behandelt sind[1]), auf die Gebiete der allgemeinen Entwicklung der Flugmotorentriebwerke, der Schwingungserscheinungen an Flugmotoren, des Anlassens und Betriebsbereithaltens, der Regelung der Motoren und der Gebläse, der Erzielung kleinen Kraftstoffverbrauchs, der Fortentwicklung der Lager, der Kurbelwellen und der Ventile in ihrer baulichen Gestaltung, sowie in ausführlicher Behandlung auf die elastische Lagerung der Flugmotoren im Flugzeug.

In allgemeineren Ausführungen anläßlich der Tagung der Fachgruppe in München am 4. 12. 1935 wurde festgestellt, daß die Entwicklung der Flugmotoren noch nicht so weitgehend als abgeschlossen angesehen werden kann, daß eine Einschränkung des Umfangs der vorliegenden Forschungsaufgaben auf wenige Ziele möglich wäre. In dringlicher Weise werden die Kolben- und Lagerfragen, die Vorgänge in Vergasern, Ladeleitungen und in den Zylindern sowie die Einzelaufgaben für die Entwicklung der Lader- und Dieselmotoren die Forschung in absehbarer Zeit beschäftigen. Daneben hat sie sich mit der Weiterbearbeitung der Grundlagen für die Ent-

*) Dr.-Ing., Professor an der Technischen Hochschule Stuttgart, Direktor des Forschungsinstituts für Kraftfahrwesen und Fahrzeugmotoren.

[1]) a. a. O. S. 17.

wicklung zu großen Motorleistungen bei sicher beherrschbaren Betriebsbeanspruchungen zu befassen.

Auf dieser Tagung wurden erste Beiträge geliefert zu der Frage der baulichen Entwicklung fester und zusammengesetzter Kurbelwellen (*Riekert*), die ergaben, daß gut gebaute geteilte Kurbelwellen den aus einem Stück gefertigten Wellen in der Steifigkeit und in den wesentlichen Punkten des Schwingungsverhaltens nicht nachstehen.

Aus dem Bereich des Luftverkehrs wurden die Erfahrungen mit den verschiedenen Arten des Anlassens der Flugmotoren und die dabei in Erscheinung tretenden Schwierigkeiten sowie die zum Vorwärmen der Motoren bisher in Anwendung gekommenen Verfahren erörtert (*Jellinghaus*[2]). Aus der Flugmotorenindustrie wurden Ergänzungen geliefert (*Löhner*), die die verschiedenen Anlaßverfahren zahlenmäßig zu beurteilen gestatten und auch einen Einblick in die noch niedrigen Wirkungsgrade vermitteln, mit denen die Anlaßverfahren arbeiten.

Aus den Vorträgen und ihrer Erörterung hat sich ergeben, daß das Anlassen von Flugmotoren, deren Bauteile und Schmieröle auf Wintertemperaturen abgekühlt sind, als ein der technischen Zweckmäßigkeit zuwiderlaufender unnatürlicher Vorgang angesehen werden muß, dessen Ausschaltung durch die in der Zwischenzeit grundsätzlich geklärten Maßnahmen der Betriebswarmhaltung der Triebwerke notwendig ist, womit ein wesentlicher Fortschritt in Betriebsbereitschaft und Betriebssicherheit der Motoren erzielt werden kann.

Die Regelung von Flugmotoren wurde an Beispielen behandelt (*Ammann*), die sich nach Begründung der Notwendigkeit der Regelung auf die Gemischregelung für Diesel- und Otto-Motoren, insbesondere auf die Korrekturregelung für Vergasermotoren und auf die Ladedruckregelung erstreckten und als wichtige Aufgaben, neben der Vervollkommnung der im Gang befindlichen Arbeiten auf den genannten Gebieten, die Lösung der selbsttätigen Höhenkorrektur, der Regelung bei selbsttätiger Verstellschraube und den selbsttätigen Schutz gegen zu hohe Dauerbeanspruchung in Erscheinung treten ließen.

Im Anschluß an frühere Arbeiten der Deutschen Versuchsanstalt für Luftfahrt (DVL) wurden die Maßnahmen zur Erzielung kleinen Kraftstoffverbrauchs erörtert (*Löhner*) mit dem Ergebnis, daß bei Ausnützung der heute zur Verfügung stehenden Mittel in der Entwicklung der Motoren und der Kraftstoffe die Möglichkeiten bestehen, den Verbrauch auch bei der Benzinmaschine ohne Schwierigkeiten unter die Grenze von 200 g/PSh im Dauerbetrieb zu senken, wovon bisher, wohl in erster Linie mit Rücksicht auf die Innenkühlung der Motoren, noch recht wenig Gebrauch gemacht worden ist.

Aus Mitteilungen aus den Kreisen der Leichtmetallherstellung (*Steiner*[3]) und des Flugmotorenbaus (*Neugebauer* und *Steudel*) zu der Frage der Leichtmetallgleitlager ergab sich, daß diese noch keineswegs abge-

---

[2]) s. S. 341.

[3]) s. S. 356.

schlossene Entwicklung sich aussichtsreich im Gang befindet. Die Frage hat an Bedeutung gewonnen, nicht nur im Hinblick auf die Rohstofflage, sondern auch weil mit der Entwicklung der Flugmotoren zu höherer Leistungsausnützung schwer beherrschbare Belastungen und Wärmebeanspruchungen in den Gleitlagern auftreten, die den Vergleich des Gleitlagers mit dem Rollenlager immer wieder zur Erörterung kommen lassen. Die Erfahrungen zeigen, daß das Rollenlager, das in seiner Anpassung an die einzelnen Gestaltungsfälle längere und mühsame Entwicklungen erfordert, in den Betriebserfolgen dem Gleitlager überlegen ist, so daß die Grenzen für die Entwicklung und Wärmebeanspruchungsmöglichkeit des gegenüber dem Rollenlager viel einfacheren und auch leichteren Gleitlagers der weitergehenden Erforschung bedürfen. In diesem Sinne bewegen sich die im Gang befindlichen Gleitlageruntersuchungen (DVL), über deren Anlage berichtet wurde (*Lürenbaum*[4])), im Verein mit Rollenlageruntersuchungen (FKFS). Beide werden die Grundlagen für die Gestaltung der Lager, die heute noch recht unsicher sind, festigen.

Auf dem Gebiete der Kurbelwellengestaltung wurde über Fortschritte in der Ermittlung der Gestaltfestigkeit und der Erkennung der Maßnahmen zu ihrer Erhöhung berichtet (*Lürenbaum*[5])), wobei sich eine Besprechung des Übergangs von hochlegierten Chromnickelstählen auf Stähle in weniger hochlegierter Zusammensetzung und auf gegossenes Eisen ergab. Diese Möglichkeiten, die in der letzten Zeit allgemeiner zu Erörterungen und Fortschritten geführt haben (z. B. *Thum*, VDI-Tagung 1936, Darmstadt), stellen auch dem Flugmotorenbau Verbesserungen und Erleichtungen in der Ausbildung der Kurbelwellen in Aussicht.

Im Hinblick auf die Betriebsschwierigkeiten, die bei Ventilen von Flugmotoren noch auftreten, wurde über Messungen zur Erfassung der mechanischen und thermischen Belastungen (DVL) durch Ermittlung der Ventilspiele und der Betriebstemperaturen während des Laufes berichtet (*Schif*). Die Ausführungen lieferten Einblicke in die Wirkung einiger in letzter Zeit angewandter Verbesserungsmaßnahmen, die sich insbesondere auf eine wirksame Temperatursenkung erstrecken, und rollten noch weitere Fragen über die Wirkung der Wärmeleitfähigkeit auf.

Auf der Sondertagung in Bremen am 16. Juli 1936, die mit den Mitgliedern der Fachgruppe für Flugmotorenforschung die an diesen Fragen teilnehmenden Mitglieder aus anderen Fachgruppen vereinigte, wurde in zusammenhängender Form die elastische Lagerung von Flugmotoren erörtert.

Aus den Ergebnissen kann als feststehend bezeichnet werden, daß die gefederte Aufhängung der Motoren am Flugzeug eine grundsätzlich zu stellende Forderung darstellt, weil bei unelastischer Aufhängung die vom Motor in den Motorvorbau und in die Zelle eingeleiteten Kräfte trotz kleiner Schwingungsausschläge groß und in der weiteren Entwicklung schwer beherrschbar sind und weil die aus dem Motor in die Zelle eingeleite-

[4]) Vgl. die Arbeit von *E. Gilbert* und *A. Buske* auf S. 372.

[5]) s. S. 348.

ten hochfrequenten Körperschwingungen kleiner Amplituden zu der Abstrahlung von Schallschwingungen im Flugzeug führen, die insbesondere bei den Kabinenmaschinen des Luftverkehrs unerträglich werden.

Die bisher vorliegende Bearbeitung der Einzelaufgaben zeigt, daß Gummipuffer als Federglieder gegenüber Stahlfedern in weitergehendem Maße in Betracht zu ziehen sein werden, da sie sich, wenigstens bei Unterbringung der Federglieder unmittelbar am Kurbelgehäuse, baulich leichter einordnen und die erwähnten hochfrequenten Körperschwingungen ausreichend dämpfen; doch werden auch Stahlfedern weiterhin anzuwenden sein, insbesondere wenn die Streben des Motorvorbaus als federnde Zwischenglieder ausgebildet werden; in diesem Fall wird es aber nicht ohne weiteres möglich sein, bei Anwendung gleicher Federhärte in allen Streben die Eigenschaften des federnden Vorbaus auf beste Wirkung abzustimmen.

Demnach ist die Bestimmung des günstigsten Orts für die Unterbringung der elastischen Zwischenglieder dem Gestalter in gewissem Sinn noch anheimgestellt, doch haben sich wesentliche Vorteile für die Unterbringung unmittelbar an den Aufhängestellen des Motors, also am Kurbelgehäuse selbst, ergeben.

Eingehende und noch nicht zu einer Entscheidung geführte Erörterung fanden die Fragen, nach welchen Gesichtspunkten die Bemessung der Federung in ihrer Weichheit und in den Ausschlagsgrößen zu erfolgen hat, ob die Bewegungsfreiheit des Motors bei seinen Federungsausschlägen eine allseitig gleichberechtigte oder in gewissen Richtungen begrenzte sein soll und in welcher Richtung im letzteren Fall die bevorzugten Federwege hauptsächlich zu liegen haben.

In den Vorträgen, die über Untersuchungen und Erfahrungen bei der Flugmotorenindustrie berichteten, sind zwei verschiedene Auffassungen bezüglich der die Schwingungen in den Vorbauten hervorrufenden Triebwerkskräfte hervorgetreten, die eine (*v. Schlippe*) bezeichnete im wesentlichen die freien Massenkräfte, die andere (*Tonn*) die Schwankungen des Tangentialdruckdiagramms als Ursache der Erregungen. Zusammenstellungen über zahlreiche Triebwerksmessungen (*v. Schlippe*) und Ausführungen, welche die grundsätzlichen Fragen des Triebwerkseinbaus, z. T. unter Zurückgreifen auf schon länger bestehende Berechnungen und Untersuchungen (DVL) behandelten (*Lürenbaum*), ergaben, daß nicht so sehr auf die Schwankungen im Tangentialdruckdiagramm, die bei Vielzylindermaschinen zurücktreten und nur bei unregelmäßig arbeitendem Motor zu wesentlicher Wirkung kommen, Rücksicht genommen werden muß, als auf die freien Massenkräfte, soweit sie durch die Mechanik des Triebwerks bedingt sind, wobei auch die Anlenkung der Nebenpleuel im Sternmotor nicht unbedeutende Einflüsse liefert, und soweit sie durch Unwuchten der Luftschraube und deren Kreiselmomente hervorgerufen werden.

Das Frequenzband dieser Erregungen ist sehr breit und, wenn auch die Eigenfrequenzen des Motorvorbaus in den 6 Freiheitsgraden nahe beieinanderliegen, so ist es doch nicht möglich, sie so niedrig zu legen, daß der ganze Drehzahlbereich des Motors frei von Resonanzen sein könnte. Immerhin besteht die Möglichkeit, im Bereich der im Dauer- und Vollastbetrieb angewandten Drehzahlen und auch noch genügend weit unterhalb der ersteren resonanzschwingungsfrei zu bleiben.

Die zweckmäßige Abstimmung der Eigenschwingungszahlen des federnden Vorbaus und die Festlegung der Richtung bevorzugter Federwege unter Einschränkung der vollen Bewegungsfreiheit des Motors, also die Festlegung bevorzugter Schwingungsachsen, wird noch von weiteren Untersuchungen abhängig sein, die eine gewisse Verteilung des Aufgabengebietes (*Horn*) notwendig machen und sich auch auf die Entwicklung von Prüf- und Versuchsverfahren erstrecken sollen, nach denen die zur Wirkung kommenden freien Massenkräfte der Triebwerke in ihren Frequenzen, Wirkungsrichtungen und Größen ermittelt und die Möglichkeiten einer weitergehenden Beseitigung der freien Luftschraubenkräfte untersucht werden sollen.

Insgesamt haben die Arbeiten der Fachgruppe für Flugmotorenforschung eine weitere Klarstellung einzelner Teilfragen und eine so weitgehende Behandlung noch nicht lösbarer Aufgaben geliefert, daß sie anregend auf die Forschungsarbeiten der Institute und auf die Entwicklungsarbeiten der in der Fachgruppe vertretenen Werke des Flugmotorenbaus wirken konnten.

Fachgruppe für Luftschraubenforschung

Bericht von Fr. N. Scheubel*)

Nach längerer Pause tagte die Fachgruppe für Luftschraubenforschung am 7. Januar 1936 in Aachen. Nach einem kurzen Bericht über die Tätigkeit im Jahre 1934/35 referierte *Weinig* über einen von ihm ausgearbeiteten Versuchsplan, der Unterlagen zur Nachprüfung der theoretischen Arbeiten von *Goldstein* und *Helmbold* geben soll. Zu diesem Versuchsprogramm nahmen Stellung *Helmbold*[1]), der besonders die Bedürfnisse des Flugzeugs selbst und die Zusammenarbeit von Flugzeug und Schraube beleuchtete, und *Ebert*, der die Ansicht eines Luftschraubenkonstrukteurs darlegte. *Dirksen* gab einen Überblick über die Möglichkeiten, eine Versuchsreihe, wie sie von *Weinig* vorgeschlagen worden ist, durchzuführen und berichtete über die Ergebnisse einiger Vorversuche.

In einer regen Aussprache, an der sich außer dem Referenten und den Korreferenten besonders *Betz* und *v. Doepp* beteiligten, wurde eingehend über den Wert von Modellversuchen und über die Grenzen der Übertragbarkeit gesprochen. Die im wesentlichen übereinstimmende Anschauung war die, daß Modellversuche bei kleinen Machschen und Reynoldsschen Zahlen nur für die Fortschrittsgrade der Luftschrauben, an denen die Strömung nicht abgerissen ist, übertragbar sein werden. Als dringend erwünschte Ergänzung wurden verlangt einmal Modellversuche bei Mach-

*) Dr.-Ing., Professor an der Technischen Hochschule Darmstadt.

[1]) s. S. 380.

schen Zahlen, die der Großausführung entsprechen, und ferner einige Stichproben im Großversuch.

v. Doepp wies auf die Bedeutung hin, die eine Vereinfachung der Theorie oder wenigstens eine einfache Darstellung ihrer wichtigsten Ergebnisse für den Flugzeug- und Luftschraubenkonstrukteur hat. Er gab die Ergebnisse einiger Rechnungen an Schrauben, deren Luftkraftbeiwerte bekannt waren, zur Kenntnis und erläuterte kurz die hierbei benutzten Annahmen und die Möglichkeiten, die diese Darstellung gibt[2]).

Anschließend machte der Vorsitzende der Fachgruppe Vorschläge über die Aufgabenstellung für die Arbeit der nächsten Zeit. Er war der Ansicht, daß bei weiterer Steigerung der von einer Schraube aufzunehmenden Motorleistung und bei weiterer Steigerung der Fluggeschwindigkeiten sehr bald ein Gebiet erreicht würde, für das weder von seiten des Modellversuchs, noch von seiten der Theorie befriedigende Unterlagen vorliegen. Er schlug deshalb vor, diesen Fragen besondere Aufmerksamkeit zu schenken. Nach einer Aussprache hierüber erklärten sich die Herren *Betz* und *Walchner*, *Dirksen*, *Blenk*, *Stolle*, *Weinig* und *Ebert* zur Mitarbeit bereit. Es wurde in Aussicht genommen, gegen Ende des Jahres auf einer Tagung diese Fragen eingehender zu erörtern.

Im Laufe des Frühjahres 1936 wurde den Mitarbeitern der Fachgruppe ein umfassendes Forschungsprogramm, das *v. Doepp* ausgearbeitet hatte, zur Kenntnis und Stellungnahme übersandt. Am 3. Juni kamen die Herren *Betz*, *Blenk*, *v. Doepp*, *Helmbold* und *Scheubel* in Dessau zusammen, um dieses Programm durchzusprechen. Es ist beabsichtigt, die Ergebnisse dieser Besprechung in geeigneter Weise den interessierten Stellen zur Kenntnis zu bringen.

Ausschuß für Werkstoffragen

Bericht von W. Müller-von der Heyden*)

Im Berichtsjahr fanden Sitzungen der Arbeitsgruppenleiter und ihrer Stellvertreter am 18. September 1935 in Berlin und am 11. Mai 1936 in Essen statt, in denen über den Stand der Arbeiten in den einzelnen Arbeitsgruppen berichtet und die Aufnahme neuer Arbeiten besprochen wurde. Bei dieser Gelegenheit wurden einige Spezialabteilungen der Firma Krupp A.G. in Essen und der Ruhrstahl A.G. in Witten besichtigt, wobei in einer Reihe von Vorträgen durch Werksangehörige aktuelle Werkstoffprobleme, mit denen sich diese Werke bzw. ihre Versuchsanstalten und die entsprechenden Arbeitsgruppen des Werkstoffausschusses der Lilienthal-Gesellschaft befassen, behandelt wurden.

---

*) Dipl.-Ing., Chef-Ing. der Deutschen Lufthansa A.G.

[2]) Dieses Rechnungsverfahren ist in der Zwischenzeit eingehend beschrieben worden, vgl. *v. Doepp*, Luftschraubenrechnungen nach dem Verfahren der gleichwertigen Tragflügel-Polare, Luftfahrtforschung Bd. 13 (1936) Nr. 2, S. 46.

Der Vortrag von *R. Mailänder* über »Die Schwingungsfestigkeit von geschmiedetem und gegossenem Werkstoff« beleuchtete die werkstoffmäßigen Unterschiede bei gegossenen und geschmiedeten Kurbelwellen. Die von der Arbeitsgruppe 13, »Kurbelwellen«, durchgeführten Vergleichsuntersuchungen von sparstoffarmen bzw. sparstoffreien Kurbelwellenstählen ergaben keine Bedenken gegen eine praktische Erprobung solcher Kurbelwellen, die auch bereits in einigen Motoren laufen und bisher noch keine Beanstandungen ergeben haben. Weitere Arbeiten über die wichtige Frage der Gestaltfestigkeit von Kurbelwellen sind in Arbeit.

K. Zeyen sprach »Zur Frage der Schweißempfindlichkeit«, die auch in der Arbeitsgruppe 12, »Schweißrissigkeit«, Gegenstand eingehender Untersuchungen ist. Das Arbeitsprogramm für die Durchführung der Arbeiten wurde in einer Sitzung dieser Arbeitsgruppe am 7. Oktober 1935 in Düsseldorf festgelegt. Eine Teilaufgabe, den Einfluß von durch Schwefel- und Phosphorwasserstoff verunreinigten Schweißgasen festzustellen, konnte durch Vergleichsuntersuchungen bei den verschiedensten Werken und Instituten gelöst werden. Hiernach ergab sich, daß bei Verwendung von reinem Flaschengas oder verunreinigtem Entwicklergas kein wesentlicher Unterschied im Auftreten der Schweißrissigkeit festzustellen ist. Die weiteren Fragen, die den Zusammenhang der Schweißrissigkeit mit der Herstellung und Art des Werkstoffes, mit der Größe der auftretenden Schweißspannungen und mit den Prüfverfahren klären sollen, werden zur Zeit noch bearbeitet.

In der Arbeitsgruppe 6, »Auspufftöpfe«, konnte durch Versuche festgestellt werden, daß man bei weniger hoher thermischer Belastung, wie bei Dieselmotoren, mit Tiefzieheisen bzw. schwach legiertem Werkstoff, etwa vom Deutrotyp, und bei höherer thermischer Belastung an Stelle des Sparstoffes V 2 A e mit mittellegierten Werkstoffen, etwa vom Sicromaltyp, auskommt. Die teilweise schwierigere Verform- und Schweißbarkeit der letzteren soll durch Schaffung neuer geeigneter Legierungen überwunden werden. Die Forschung ist weiter damit beschäftigt, für höchste thermische Beanspruchungen Legierungen mit ausreichenden Festigkeitseigenschaften, insbesondere einer genügenden Dauerstandfestigkeit, zu entwickeln. Hierüber berichtete *W. Tofaute* in seinem Vortrag über »Warmfeste Legierungen für Temperaturen von 600 bis 1000°«.

In gleicher Richtung erstrecken sich die Versuche, neue Ventilwerkstoffe für höhere thermische Belastungen zu entwickeln. Von der Arbeitsgruppe 8, »Ventilstähle«, wurden in einer Sitzung am 16. September 1935 in Berlin die durchzuführenden Arbeiten besprochen. Nach den bisherigen Ergebnissen scheinen sich von der Werkstoffseite her nicht mehr viel Aussichten auf eine Verbesserung zu bieten; diese muß deshalb gleichzeitig von der konstruktiven Seite her versucht werden.

Die Korrosion von Ventilkegelwerkstoffen, die sich nach Einführung des Bleibenzins unangenehm bemerkbar machte, wird zur Zeit eingehend untersucht, worüber *C. Carius* in seinem Vortrag »Zunderbeständigkeit von Ventilkegelstoffen in Auspuffgasen von Explosionsmotoren« berichtete.

Die Aufgabe der Herstellung einheimischer Ventilfedern, die von der Arbeitsgruppe 7, »Ventilfedern«, behandelt wird, ist durch eine z. Z. laufende Erprobung einer größeren Menge fabrikationsmäßig von deutschen Firmen hergestellter Drähte im Gange. Weiterhin konnten diese Bestrebungen durch Entwicklung eines magnetischen Verfahrens für die Oberflächenprüfung der Drähte gefördert werden. In diesem Zusammenhange war auch der Vortrag von *Stevens* »Planmäßige Werkstoffüberwachung und -auslese bei der Herstellung von Spanndrähten« von besonderem Interesse.

Die Werkstoffragen der Arbeitsgruppe 5, »Kolben, Kolbenringe, Zylinder und Zylinderköpfe«, wurden auf einer Tagung in Köln am 8. und 9. Juni 1936 behandelt, auf der durch eine Reihe von Vorträgen über den Stand der einzelnen Arbeiten berichtet wurde. In dem Vortrag von *Schif* über »Untersuchungen an Kolben und Kolbenringen mit neuen Verfahren der Deutschen Versuchsanstalt für Luftfahrt« wurden die Verformungsvorgänge betriebsmäßig belasteter Kolben aufgezeigt, aus denen sich neue Erkenntnisse für die günstigste Gestaltung von Kolben gewinnen lassen. *Sterner-Rainer* kommt in seinem Vortrag über »Vergleichende Betrachtungen über Kolbenlegierungen in gegossenem und geknetetem Zustand« zu dem Schluß, daß sich die Vor- und Nachteile gegossener und geschmiedeter Kolben fast die Waage halten und daß daher die Aufwendung höherer Kosten für den geschmiedeten Kolben nur in seltenen Fällen gerechtfertigt ist. *Koch* sprach über die »Weiterentwicklung von Kolbenlegierungen« und berichtete auch über »Herstellung und Erprobung eloxierter Kolben«, die jedoch bisher noch keine nennenswerten Vorteile ergeben hätten.

Die Frage nach einem geeigneten Zylinderkopfwerkstoff wurde im Anschluß an die Ausführungen *v. Göhlers* über »Untersuchungen über Legierungen für luftgekühlte Zylinderköpfe« eingehend erörtert.

Einen breiten Rahmen in der Aussprache nahmen die Kolbenringe ein, über die von seiten der Herstellerwerke *Geisler* und *Lemken* über »Untersuchungen und Weiterentwicklung von Kolbenringwerkstoffen« sprachen. Die Entwicklung geht einerseits dahin, die Kolbenringwerkstoffe durch Sonderlegierung, Vergütung und Oberflächenbehandlung in bezug auf ihre Laufeigenschaften zu verbessern, anderseits dahin, durch eingehende Erforschung des Betriebsverhaltens der Kolbenringe in bezug auf Schwingungsfestigkeit und Ölabsorptionsfähigkeit der Metallflächen in Abhängigkeit vom Werkstoff und seiner Oberflächenbearbeitung Unterlagen zu gewinnen, die für die Herstellung und Gestaltung von Kolbenringen neue Gesichtspunkte ergeben sollen.

Zur schwierigen Frage der Verschleißuntersuchungen von Kolbenringen konnte *Siebel* über eine neu von ihm entwickelte Verschleiß-Prüfmaschine berichten, die bisher gute, wiederholbare Ergebnisse erbracht hat.

In Wechselwirkung mit den Kolbenringen stehen die Zylinderlaufbahnen, die zwar an sich keine Schwierigkeiten bereiten; doch auch hier laufen bereits praktische Versuche, Stahlzylinder mit gußeisernen Laufbahnen zu versehen, um auf diese Weise den Kolbenringen die Werkstoffschwierigkeiten abzunehmen. In diesem Zusammenhang müssen auch die Versuche mit Leichtmetallzylindern erwähnt werden, über die *Bollenrath* einen kurzen Bericht erstattete. Ebenso werden auch die Möglichkeiten der Verwendung nitrierter Laufbahnen weiter verfolgt.

Die Arbeitsgruppe 1, »Duralumin«, Arbeitsgruppe 2, »Elektron«, und Arbeitsgruppe 3, »Al-Mg-Legierungen«, traten zu einer gemeinsamen Tagung in Berlin am 10. und 11. Juli 1936 zusammen. Die bei dieser Gelegenheit gehaltenen Vorträge:

H. Altwicker, »Bericht über die Studienreise nach Nordamerika«;

P. Brenner, »Über einige neuere Fortschritte auf dem Gebiete der Aluminium-Walzlegierungen«[1];

A. Reimitz, »Entwicklung dünnwandiger Preßprofile«;

R. Sterner-Rainer, »Über die Entwicklung korrosionsbeständiger Aluminiumlegierungen mit hoher Dehnung«;

K. Matthaes, »Die Spannungskorrosionsempfindlichkeit der Leichtmetalle«;

G. Siebel, »Einfluß der Spannungen auf die Korrosion von Elektronmetall«;

H. Voßkühler, »Die Weiterentwicklung der Hydronaliumlegierungen«

bildeten die Grundlage für eine eingehende Aussprache über den gegenwärtigen Stand und die zukünftige Entwicklungsrichtung der Arbeiten.

Bei Duralumin ist der Gußblock bereits entscheidend für die Güte des Endproduktes, so daß die Gießverfahren zur Herstellung eines gleichmäßigen, seigerungsfreien Blockes eine große Rolle spielen. Die Aussprache hierüber zeigte, daß die Herstellerwerke auf den verschiedensten Wegen mit der Lösung dieses Problems beschäftigt sind. An der Herstellung von Schmiedestücken mit guten und gleichmäßigen Festigkeitseigenschaften in Längs- und Querrichtung wird durch Verwendung geeigneter Schmiedelegierungen und Schmiedebedingungen erfolgreich gearbeitet. Weiterhin ist es gelungen, dünnwandige Preßprofile von 0,8 und 0,5 mm herzustellen. Die Verbesserung der Festigkeitseigenschaften von Duralumin durch Sonderlegierungen wird zwar noch weiter verfolgt, doch scheinen die bisherigen Ergebnisse nicht allzuviel Erfolg zu versprechen.

Dem Elektron als ausgesprochenem Sparstoff mit dem geringsten spezifischen Gewicht wird weiterhin größte Beachtung geschenkt. Nachdem es gelungen ist, das Problem der Plattierung der spannungskorrosionsempfindlichen Legierung AZM mit der unempfindlichen Legierung AM503 grundsätzlich zu lösen, wird an der fabrikationsmäßigen Durchführung der Plattierung gearbeitet. Weiterhin sind eine Reihe von Arbeiten im Gange,

[1]) Vgl. S. 431.

einerseits die Blockgießverfahren zu verbessern und legierungstechnisch die Elastizitäts- und Streckgrenze von Elektron zu erhöhen, anderseits die Kenntnis seiner mechanischen Eigenschaften, wie der Dauerfestigkeit bei tiefen Temperaturen und der Gestaltfestigkeit zu vertiefen. An den weiteren Aufgaben, die Kerbempfindlichkeit bei Dauerbeanspruchung durch Legierungszusätze und Sonderbehandlung zu verringern und schließlich die Formänderungsbedingungen zur Erzielung gleichmäßig fester Schmiedestücke festzustellen, wird rege gearbeitet.

Bei den Al-Mg-Legierungen vom Hydronaliumtyp können auch erhebliche Fortschritte verzeichnet werden, da es durch eingehende Untersuchungen gelungen ist, eine gewisse Klarheit über den Einfluß des Gefügezustandes auf Festigkeitseigenschaften und Korrosionsverhalten und über die Kaltaushärtung zu gewinnen. Die noch bestehenden, teilweise gegensätzlichen Ansichten über den günstigsten Gefügezustand bei gegossenem Werkstoff werden noch überprüft, so daß auch hierüber eine baldige Klarstellung zu erwarten ist. Eine neue Legierung, die insbesondere die bei Rohren auftretenden Schwierigkeiten beheben soll, ist entwickelt worden, deren praktische Bewährung in größerem Umfange jedoch noch abzuwarten ist.

In der Arbeitsgruppe 15, »Zerstörungsfreie Prüfverfahren«, konnte in der Berichtszeit erfolgreiche Arbeit geleistet werden. Auf einer Sondertagung am 21. und 22. Februar 1936 in Düsseldorf fand über den Stand der Prüfverfahren und über neue Versuchsergebnisse auf diesem Gebiete ein reger Meinungsaustausch statt. Zuerst berichtete *Bollenrath* »Über mechanische Verfahren zur Bestimmung der Eigenspannungen«[2]). Dann schilderte *Wever* den »Heutigen Stand des Röntgenverfahrens zur Messung der Summe der Hauptspannungen«[3]) und kommt zu dem Schluß, daß das Röntgenverfahren in der Lage ist, den oberflächlichen Spannungszustand spannungsbehafteter Werkstücke mit befriedigender Genauigkeit zu erfassen. In dem Vortrag »Einzelbestimmung von Oberflächenspannungen mit Röntgenstrahlen« berichtet *Glocker*[4]) über eine Erweiterung des Röntgenverfahrens durch Messung der Größe der einzelnen Hauptspannungen und Bestimmung ihrer Richtung bei unbekannter Lage, durch Messung der Größe von beliebigen Spannungskomponenten gegebener Richtung, die nicht Hauptspannungen zu sein brauchen und schließlich durch Wegfall der bisher notwendigen Bestimmung der Gitterkonstante im spannungsfreien Zustand. Von *E. Siebel* wurde sodann noch ein »Überblick über die verschiedenen mechanischen, optischen und röntgenographischen Verfahren der Spannungsmessung, ihre Anwendungsgebiete und Fehlerquellen« gegeben[5]). Zum Schluß sei erwähnt, daß auch an der Ausgestaltung des magnetischen Durchflutungsverfahrens gearbeitet wird.

---

[2]) Siehe S. 278.
[3]) Siehe S. 312.
[4]) Siehe S. 320.
[5]) Siehe S. 265.

Eine Reihe der hier aufgezeichneten Werkstoffprobleme konnte dank der zielstrebigen Mitarbeit der einzelnen Forschungsanstalten und ihrer Mitarbeiter ihrer Lösung näher gebracht werden. Im Hinblick auf unsere besondere Rohstofflage werden in Zukunft erhöhte Anforderungen an die Werkstofforschung gestellt werden, für die der Ausschuß weiterhin seine ganze Kraft einsetzen wird.

Fachgruppe Flugnavigierung

Bericht von W. v. Gronau*)

Maßgeblich für die Aufgaben einer Forschungsgesellschaft, die nicht das »morgen« bearbeitet, sondern das »übermorgen« im Auge haben soll, ist der Stand der Erkenntnisse und der Gang der eingeleiteten Entwicklung, ferner die Möglichkeiten weitergehender Forschung. Es galt auf dem Gebiete der Flugnavigierung zunächst also einmal diese Basis festzustellen. Die Aufgaben der Fachgruppe für Flugnavigierung umfassen nicht nur die äußere Wegfindung mittels Gerät, Beobachtung und Rechnung, sondern auch die gesamte innere Navigation, die es dem Flugzeug ermöglicht, bei Nacht und Nebel seinen angegebenen Kurs sicher zu fliegen, und am Flughafen angekommen auch ohne Sicht des Bodens zu landen. Auf beiden Arbeitsgebieten spielt die Funkpeilung, die Funkrichtungsweisung und die elektrische Signalgebung eine große Rolle, woraus sich ergibt, daß sich die Grenzen gegenüber der in demselben »Ausschuß für angewandtes Fliegen« befindlichen »Fachgruppe für Funkwesen« verwischen bzw. daß eine sehr enge Zusammenarbeit beider Gruppen notwendig ist und eingeleitet werden mußte.

Bei Beginn des Neuaufbaues deutscher Luftfahrt war der Kreis der Praktiker, welche alle Gebiete der Luftnavigation beherrschten, klein, derer, die sie fördernd bearbeiteten, an den Fingern aufzuzählen; die Entwicklung ließ Planmäßigkeit vermissen und wurde von nur wenigen Firmen, teilweise wegen späteren ungenügenden Absatzes mit Opfern betrieben. Es darf dabei nicht vergessen werden, daß erst 15 Jahre, nachdem sich die ersten Flugzeuge in die Luft erhoben, infolge der wachsenden Reichweite und der Notwendigkeit absoluter Regelmäßigkeit das Bedürfnis nach einer exakten Flugnavigation und nach Blindfluggeräten auftrat. Bei der Erweiterung des Mitarbeiterkreises stellte sich nun zunächst für alle Beteiligten das Bedürfnis heraus zu erfahren, was der andere betrieb, arbeitete und entwickelte, und wie weit er jeweils dabei gekommen. Die erste sich ergebende Aufgabe war also: Ermittlung des Standes der Arbeiten, der Entwicklung und Wünsche in bestimmten Zeitabschnitten und Verbreitung des Ergebnisses an alle interessierten Stellen, mit der Möglichkeit einer

*) Präsident des Aero-Club von Deutschland.

freien gegenseitigen Aussprache. Die ersten Tagungen der Fachgruppe mußten also in erster Linie nachrichtlichen Charakter tragen, alle auf dem großen Gebiete Tätigen und Arbeitenden erfassen, ihnen mitteilen, wo der Nebenmann steht, und die Richtlinien für die Entwicklung und Forschung aufstellen. Die Arbeiten des Ausschusses der Lilienthal-Gesellschaft schließen sich unmittelbar an diejenigen der »Vereinigung für Luftfahrtforschung« an, die wiederum ihrerseits anknüpfte an die Tagungen für Luftnavigation, die die Deutsche Verkehrsflieger-Schule, Abt. See, alljährlich veranstaltete, und zu deren Programm die Entwicklung von Verfahren und die Unterrichtung ihres Lehrkörpers über die neuesten technischen Errungenschaften und die Wünsche der anderen Luftfahrt treibenden Stellen gehörte. Da alle Entwicklungsarbeiten aneinander schließen und ständig laufen, läßt sich auch nicht ohne weiteres die Bilanz eines bestimmten Stichtages ziehen, sondern nur ein allgemeiner Überblick über den Stand der Entwicklung und der Förderungen geben.

Das Gebiet der äußeren Navigation ist unterteilt in:
terrestrische (Koppelnavigation),
astronomische
und Funknavigation.

Ziel dieser Navigation im Frieden muß sein, von einem Hafen oder Flugplatz oder sonstigen Ort der Erde zum anderen auf große Entfernungen auch ohne Zuhilfenahme einer Bodenorganisation bei jedem Wetter und jeder Tageszeit ein entsprechend ausgerüstetes Flugzeug sicher zu führen.

Die Forderung für den Kriegsfall greift noch weiter, indem sie dasselbe verlangt, wobei jedoch auf Erdsicht größtenteils verzichtet werden muß und mit starken Störungsmöglichkeiten von feindlicher Seite zu rechnen ist.

Von den Geräten, die zu diesem Zweck zur Verfügung stehen, verdient die größte Beachtung der Kompaß. Dieser ist nicht nur für die genaue Wegfindung unerläßlich, sondern auf ihm baut sich auch die Messung des Windes nach Richtung und Stärke und vor allem die wichtige Funkeigenpeilung auf.

Der Magnetkompaß als solcher ist sehr weit entwickelt und in sehr vielen Arten durchkonstruiert — als gedämpfter oder hochempfindlicher, als träger oder masseloser, groß oder winzig klein, als Fernkompaß mit den verschiedensten Übertragungen in Verbindung mit Kreiseln. Die Unzulänglichkeiten, die ihm noch anhaften, sind begründet in den Naturgesetzen, die sich nun einmal nicht ausschalten lassen. Bei den bisher verwendeten Kreiseln handelt es sich nicht um Kompasse, sondern um Richtungskreisel, die nur in Verbindung mit einem Magnetkompaß Anwendung finden können und eigentlich in das Gebiet der inneren Navigation gehören.

Der theoretisch genaue Kurs, den der Kompaß anzeigt, wird falsch durch die Abtrift, die Zeit, die ich zum Durchfliegen einer bestimmten

Strecke benötige, durch den Windeinfluß. Die Messung der Abtrift ist bei Bodensicht relativ einfach, die der Geschwindigkeit über den Grund hängt jedoch von der relativen Höhe ab, die ich im allgemeinen nicht genau kenne. Ganz aus ist es mit diesen Bestimmungen über der geschlossenen Wolkendecke.

Zur Höhenmessung, die einerseits wichtig ist für die Geschwindigkeitsbestimmung, anderseits aus Sicherheitsgründen für das Flugzeug — damit auch in das Gebiet der inneren Navigation, des Blindfluges und der Blindlandung gehörend — dienen zwei Arten von Höhenmessern. Die barometrischen, die nur die absolute Höhe anzeigen können und außerdem den barometrischen Druckveränderungen unterliegen, sind nur beschränkt verwendungsfähig; die relativen, die die wirkliche Höhe über Grund anzeigen, zu denen die akustischen und elektrischen Echolote gehören, sind im Stadium der Entwicklung, für Flugzeuge aber bisher nur sehr begrenzt anwendbar.

Mit die wichtigste Stelle nimmt heute der Funkpeiler bzw. das sog. Zielfluggerät oder ein Bakenstrahlempfangsgerät ein. Während das letztere einen gerichteten Strahl, also einen organisierten Luftweg zur Voraussetzung hat, gestattet das Zielfluggerät den Zielflug auf einen beliebigen Sender. Das Universalgerät ist der Peiler, der auch durch Kreuzpeilungen Standortsbestimmungen ermöglicht. Er ist jedoch beeinträchtigt durch elektrische Fehler und durch Kompaßfehler, und seine Bedienung erfordert große Übung. Immerhin sind elektrische Durchbildung und Auswertungsmethoden so weit, daß gute Resultate erzielt werden.

Während der Funkpeiler immer noch das Vorhandensein von Funkstationen in nicht zu großer Entfernung zur Voraussetzung hat, ist das einzige Verfahren, das vollkommen frei ist, die astronomische Navigation; sie bedingt wiederum Sichtbarkeit der Gestirne. Ist schon hierdurch ihre Verwendungsmöglichkeit stark eingeschränkt, so besteht die größte Schwierigkeit darin, einen absolut sicheren Horizont zu besitzen, auf den die Messungen bezogen werden können. Alle bisher verwendeten Verfahren, Libellen, Pendel, Kreisel, verlieren durch die im Flugzeug dauernd wechselnden Beschleunigungen die nötige Genauigkeit, ein Zustand, der mit wachsender Geschwindigkeit der Flugzeuge noch viel schlimmer wird.

Aus den obigen Schilderungen ergeben sich folgende Forderungen:

Die Funknavigation als Rückgrat der Ortung im normalen Streckenverkehr, sowie die übrigen Verfahren als zusätzliche Hilfsmittel genügen unter der Voraussetzung einer entsprechenden Bodenorganisation im allgemeinen den Anforderungen der Handelsluftfahrt. Es muß besonders gearbeitet werden gegen die Störungen, denen die Funkpeilung durch den Nacht- und Dämmerungseffekt ausgesetzt ist, und auch gegen die Gefahr elektrischer atmosphärischer Entladungen, die die Funkanlage und den Kompaß außer Betrieb setzen können.

Für militärische Aufgaben sind die vorhandenen Mittel keineswegs ausreichend. Hierfür sind notwendig:

1. ein einwandfreier Horizont,
2. leichte Messung der Gestirne für die astronomische Navigation,
3. Abtrift-, Geschwindigkeits- und relative Höhenmessung ohne Sicht der Erde.

Der inneren Navigation stehen für den Blindflug zur Verfügung: Wendezeiger, Längsneigungsmesser, Variometer und Kreisel-Horizont. Ihre Anzeige und Zuverlässigkeit sind hinreichend, um mit einigermaßen stabilen Maschinen bei jedem Wetter den Flug durchzuführen. Schwierigkeiten können noch auftreten bei starker Vereisung und vor allen Dingen bei den immer stärker wachsenden Beschleunigungen schneller Flugzeuge. Unterstützt wird der Flugzeugführer durch automatische Kurssteuerung oder vollautomatische Steuerung. Wenngleich diese Fragen grundsätzlich gelöst sind, sind die Anlagen noch sehr verbesserungsfähig, und es ist zur Zeit jedesmal zu erwägen — trotz gelegentlich hervorragender Leistungen — ob der Zuverlässigkeitsgrad und das Gewicht den Einbau solcher verwickelten Apparaturen für den gedachten Zweck rechtfertigen.

Wenn nun für den Flug ohne Sicht die vorhandenen Geräte ausreichend sind, trifft dies nicht zu für die Nebellandung auf beschränktem Raum, womöglich noch mit umgebenden Hindernissen. Die heute eingeführte Kurzwellenbake setzt doch immer noch eine gewisse, wenn auch nur sehr beschränkte Sicht voraus, außerdem das ganz einwandfreie Arbeiten von Sende- und Empfangsgerät und nimmt dabei den Piloten so stark in Anspruch, daß eine solche Landung im planmäßigen Passagierverkehr wenn irgend möglich vermieden wird. — Die Beherrschung des Gleitwegverfahrens ist noch komplizierter. Der relative Höhenmesser fehlt.

Als Forderungen der inneren Navigation sind daher zu stellen: Sichtbarmachung der Flugplatzgrenzen im Flugzeug oder Sicht durch den Nebel, einwandfreie leichte Höhenmessung, ein Hinderniswarngerät und schließlich eine wesentliche Vereinfachung des künstlichen Horizontes.

Die in großen Zügen hier angeführten Probleme enthalten naturgemäß eine Fülle von Einzelaufgaben und Etappen, die nur schrittweise, wenn überhaupt, lösbar sein werden. Nachdem über die Aufgabenstellung bei allen Beteiligten Klarheit und Einigkeit erzielt worden ist, wird es sich die Fachgruppe für Flugnavigierung angelegen sein lassen, namhafte Forscher auf andern Gebieten von deren Arbeiten auch für diese Materie ein Nutzen zu erhoffen ist, mit der Luftfahrt und in Sonderheit den ihnen obliegenden Aufgaben bekanntzumachen.

So ist zu hoffen, daß durch die Unterstützung weitester Kreise der Wissenschaft, die von jeher Deutschland einen guten Namen in der Welt verschafft hat, auch die letzten Schranken fallen, die die Verwendung des Flugzeuges heute noch beeinträchtigen.

Fachgruppe für Flughäfen und Landeeinrichtungen

Die Mannigfaltigkeit der Aufgaben, die die Anlage und der Betrieb eines Flugplatzes stellen, spiegelt sich auch in der Vielseitigkeit der Fragestellungen wieder, die in der Fachgruppe für Flughäfen und Landeeinrichtungen im Laufe des vergangenen Jahres behandelt wurden. Drei wichtige, umfassende Gebiete standen auf der Tagung, die die Fachgruppe am 22. November 1935 in Berlin veranstaltete, zur Erörterung: Die Frage der Bodenbefestigung, die Landebahnbeleuchtung und die Entwicklung von Hilfseinrichtungen für den praktischen Flugbetrieb.

In seinen Ausführungen über »Rollfeldbefestigung mit Bezug auf Rad- und Sporndruck« ging *Bilfinger*[1]) von der Feststellung aus, daß die bei Verwendung von Niederdruckreifen auftretende spezifische Bodenpressung beim rollenden, startenden und landenden Flugzeug etwa 3,75 kg/cm² beträgt; eine Bodenbeanspruchung dieser Größe kann von einem gut gepflegten Rasenteppich, der die beste und wünschenswerteste Oberfläche für ein Rollfeld darstellt, noch ausgehalten werden, sofern die Zahl der täglichen Starts den Betrag von etwa 50 nicht überschreitet. Ist aber auf einem Flugplatz mit regem Betrieb zu rechnen — bei Plätzen mit starkem Schulbetrieb kommen bis zu 1700 Starts an einem Tage vor — und werden Hochdruckreifen benutzt, die eine Bodenpressung von etwa 9 kg/cm² verursachen, so ergibt sich die Notwendigkeit, auf die künstliche Bodenverfestigung zurückzugreifen. Diese hat auch darum große Bedeutung, weil auf diese Weise leicht Sandplätze für den Flugbetrieb hergerichtet werden können.

Es sind in Anlehnung an Bodenverfestigungsmethoden, die in Amerika besonders für grobkörnige, kiesige Sande erprobt worden sind, in Deutschland neue Verfahren für die verschiedenen Beanspruchungsarten, denen Landebahnen, Roll- und Startbahnen und Aufstellflächen gewachsen sein sollen, entwickelt worden. Dabei werden vor allem auch nur solche Bindemittel benutzt, die wir aus heimischen Rohstoffen in genügender Menge zur Verfügung stellen können. Die maschinelle Ausrüstung für die praktische Anwendung der Verfahren ist ebenfalls bereits weitgehend durchgebildet, so daß es gelingt, eine Startbahn von 50 m × 500 m in etwa einem Tag anzulegen.

Für die immer stärker anwachsende Zahl der Nachtflüge ist die »Neuere Entwicklung der Lichtquellen für Landebahnleuchten«, über die *Born*[2]) berichtete, von besonderer Bedeutung. Für die Güte der Landebahnbeleuchtung sind kennzeichnend die Ausleuchtung einer möglichst großen Fläche mit möglichst großer, aber gleichmäßiger Beleuchtungsstärke unter Vermeidung jeglicher Blendung. Unter diesen Voraussetzungen lassen sich günstigste Werte für die Unterschiedsempfindlichkeit und die Formenempfindungsgeschwindigkeit erzielen.

---

[1]) s. S. 513.
[2]) s. S. 527.

Als Lichtquelle für Landebahnleuchten werden heute noch fast ausschließlich Glühlampen benutzt; hierbei werden langgestreckte, niedriggebaute Leuchtkörper bevorzugt, mit denen sich die Forderung nach großer Horizontal- und geringer Vertikalstreuung am besten erreichen läßt. In dem Bestreben, möglichst hohe Leuchtdichten des Glühkörpers zu benutzen, ist man zu höheren Strömen und damit zu niedrigeren Brennspannungen übergegangen. Die in letzter Zeit geschaffenen Lampen sind fast ausschließlich für 55 V gebaut; Lampen für 24 V befinden sich im Versuchsstadium. Auch sind letzthin Lampen mit drei Glühkörpern zum Betrieb an einem Dreiphasennetz gebaut worden.

Die hohe Wirtschaftlichkeit der Lichtausbeute bei den Gasentladungslampen und das für das Anleuchten grüner Flächen besonders geeignete Spektrum der Quecksilberdampf-Hochdrucklampen machen diese besonders geeignet für die Verwendung in Landebahnleuchten, zumal die früher recht beträchtliche Anheizzeit durch die neuere Entwicklung ganz bedeutend herabgesetzt werden konnte; bereits 45 s nach dem Einschalten gibt eine neuzeitliche Quecksilberdampf-Hochdrucklampe 90% der Höchstlichtstärke. Ob indessen die erst kürzlich bekannt gewordene Höchstdrucklampe, die eine außerordentlich hohe Leuchtdichte zu erzielen gestattet, in absehbarer Zeit für die Zwecke der Landebahnbeleuchtung praktisch nutzbar gemacht werden kann, läßt sich gegenwärtig noch nicht überblicken.

Unter den Hilfseinrichtungen, die für die Abwicklung des Flugbetriebes von Wichtigkeit sind, stehen an vorderster Stelle die Hilfsmittel für die Startvorbereitung. Hier bereitet vor allem das Anlassen des Motors[3]) im Winter Schwierigkeiten. Als Ergebnis einer eingehenden Prüfung der technischen Möglichkeiten, die für die Überwindung dieser Schwierigkeiten herangezogen werden können, und ihrer Wirtschaftlichkeit ist das von der deutschen Lufthansa für die Motorvorwärmung entwickelte Gerät anzusehen, über das *Dierbach*[4]) eingehende Mitteilungen machte. In dem Gerät werden durch einen mit Benzin gespeisten Zerstäubungsbrenner stündlich 3000 m³ Luft auf etwa 150° erhitzt, mit der dann die vorzuwärmenden Motoren umspült werden. Das Gerät ist vorläufig nur für luftgekühlte Motoren brauchbar; Versuche über ein Anheizgerät für einen flüssigkeitsgekühlten Motor sind in Angriff genommen.

Ausschuß für Segelflugwesen

Bericht von W. Georgii*)

Der Ausschuß für Segelflugwesen hat im Berichtsjahr bisher eine Tagung im Mai dieses Jahres in Friedrichshafen abgehalten. Die zweite vorgesehene Zusammenkunft findet im Herbst dieses Jahres in Warnemünde

---

[3]) Vgl. *Jellinghaus*, S. 341.

[4]) s. S. 523.

*) Dr. phil., o. Prof. an der Techn. Hochschule Darmstadt, Leiter d. Deutschen Forschungsinstituts für Segelflug, Darmstadt, Flughafen.

statt. Die Probleme, welche im Jahrbuch 1935 der Vereinigung für Luftfahrtforschung (VLF) hervorgehoben und auf den Ausschuß-Sitzungen zur Erörterung gestellt worden sind, konnten inzwischen erheblich vorangebracht werden. Auf den Tagungen, die seit der Herausgabe des voraufgehenden Jahresberichtes abgehalten worden sind, wurden

Technische Fragen

des Segelfluges in den Vordergrund gestellt und Neubauten von Segelflugzeugen behandelt, welche für die Weiterentwicklung des Segelfluges notwendig sind. Das für die Durchführung dieser Aufgaben in erster Linie verantwortliche Deutsche Forschungsinstitut für Segelflug (DFS) hat die Anregungen der VLF-Tagungen inzwischen zum großen Teil verwirklicht.

Nachdem während vieler Jahre das doppelsitzige Segelflugzeug vernachlässigt und für die Segelflugschulung fast gar nicht eingesetzt worden war, hat nunmehr das DFS den Segelflugdoppelsitzer »Kranich« herausgebracht, der allen Anforderungen in weitgehendem Maße entspricht. Die Konstruktion des »Kranich« ist eine Weiterentwicklung des bekannten Segelflugzeugmusters »Rhönsperber«. Das Rüstgewicht beträgt 265 kg, die Spannweite 18 m, der Gleitwinkel 1 : 20 und die Sinkgeschwindigkeit 0,80 m/s. Das doppelsitzige Segelflugzeug »Kranich« ist zunächst ein ausgezeichnetes Forschungssegelflugzeug, in dem der mitfliegende Beobachter, von jeder fliegerischen Tätigkeit befreit, unbehindert alle erforderlichen Messungen und Beobachtungen durchführen kann, die zur weiteren Erschließung der thermischen Segelflugmöglichkeiten notwendig sind. Der »Kranich« ist als Forschungsflugzeug besonders geeignet, da die Flugleistungen einem einsitzigen Segelflugzeug kaum nachstehen.

Auch in der Segelflugschulung hat sich das doppelsitzige Segelflugzeug hervorragend bewährt. Die Transportschwierigkeiten, die früher bei der Segelflugschulung am Hang die Einführung des Doppelsitzers unzweckmäßig erscheinen ließen, fallen bei der Segelflugschulung mit Flugzeugschlepp fort. Es zeigt sich bei der Doppelsitzerschulung nicht nur, daß die Segelflugschulung infolge längerer Dauer der einzelnen Flüge schneller vonstatten geht, sondern auch unter der Steuerkontrolle des Lehrers gründlicher und sicherer durchgeführt werden kann.

Als weitere wichtige konstruktive Aufgabe wurde die Entwicklung eines Kunstflugsegelflugzeuges zum Abschluß gebracht. Nachdem der Kunstflug für die normalen Segelflugzeuge auf Grund mehrfacher Unfälle gesperrt worden ist, war die Pflege des Kunstfluges im Segelflugzeug mehrere Jahre unterbunden. Das Segelflugzeug »Habicht« des DFS, welches nunmehr seine Erprobung abgeschlossen hat, besitzt nicht nur ausreichende Festigkeit, um sämtliche vom Motorflug bekannten Kunstflugfiguren unbedenklich durchzuführen, sondern verbindet damit auch noch gute Segelflugleistungen, so daß das Segelflugzeugmuster »Habicht« eine umfassende Verwendung gewährleistet.

Besonders für Forschungszwecke wurde das Wassersegelflugzeug »Seeadler« entwickelt. Erfahrungen über Segelflugmöglichkeiten über dem Wasser liegen bisher nicht vor. Es ist durchaus zu erwarten, daß durch die Entwicklung eines Wassersegelflugzeuges und die Erprobung der Wasserstartmöglichkeiten dem Segelflug erhebliche neue Flugmöglichkeiten erschlossen werden. Vor allem dürften sich auf größeren Wasserflächen, welche keinen zu großen Seegang aufweisen, thermische Segelflugmöglichkeiten zu den Tages- und Jahreszeiten ergeben, an welchen das Wasser wärmer als die Luft ist, d. h. bei bestimmten sommerlichen Wetterlagen, außerdem aber ziemlich regelmäßig im Herbst und Winter. Sehr weitgehende Anwendung kann das Wassersegelflugzeug an brandungsfreien Steilküsten finden, wo Start und Landung auf dem Wasser, der Segelflug selbst im Hangaufwind des Küstengebirges oder im thermischen Aufwind über Land durchgeführt wird. Die Technik des Flugzeugschleppstartes vom Wasser aus ist vom DFS durch Versuchsflüge auf dem Chiemsee und Bodensee hinreichend erprobt worden. Systematische Forschungsflüge zur Erschließung der thermischen Segelflugmöglichkeiten über Wasser konnten aber mangels des geeigneten Schleppflugzeuges bisher noch nicht durchgeführt werden. Auf seiner Tagung in Friedrichshafen im Mai dieses Jahres hat sich der Segelflugausschuß der Lilienthal-Gesellschaft eingehend mit den technischen Fragen des Wassersegelflugzeuges befaßt. Bei dieser Gelegenheit wurde auch das Segelflugzeug »Seeadler« vorgeflogen.

Die für den Segelflug wichtige Entwicklung des Motorseglers, d. h. des Segelflugzeuges mit Hilfsmotor, hat in dem Berichtsjahr nennenswerte Fortschritte in konstruktiver Hinsicht nicht aufzuweisen. Die Verwendungszwecke des Motorseglers und die bisher durchgeführten wesentlichsten Entwicklungsarbeiten wurden schon im Segelflugbericht des Jahrbuches 1935 der Vereinigung für Luftfahrtforschung hervorgehoben[1]). Daß der Motorsegler weitgehendes Interesse in der Segelflugbewegung findet, beweisen auch die vielseitigen Erörterungen der Probleme des Motorseglers durch verschiedene internationale Organisationen des Luftsportes und der Segelflugwissenschaft. Die von Deutschland geleitete Internationale Studienkommission für den motorlosen Flug (Istus) hat auf ihrer wissenschaftlichen Tagung in Budapest die bisherigen Erfahrungen mit Motorseglern durch ein deutsches und italienisches Referat eingehend erörtert. Die Fédération Aéronautique Internationale (FAI) hat auf ihrer Generalversammlung in Doubrovnik im September 1935 die Begriffsbestimmungen für Motorsegler festgelegt und Rekordbestimmungen für Strecken-, Höhen- und Dauerflüge aufgestellt. Von grundlegender Bedeutung für den Einsatz von Motorseglern sind vor allen Dingen aber die Zulassungsbestimmungen, die in den verschiedenen Ländern noch sehr mannigfach gehandhabt werden und um deren Vereinheitlichung und Vereinfachung sich die Istus insbesondere bemüht.

Über die Metallbauweise von Segelflugzeugen ist erstmalig auf der Tagung des Segelflugausschusses der Vereinigung für Luftfahrtforschung im August 1935 berichtet worden. Die Einführung genieteter Leichtmetallkonstruktionen im Segelflugzeugbau wurde durch die von der Firma Heller, Schmalkalden, entwickelte Nietzange wesentlich erleichtert.

---

[1]) Jahrbuch 1935, S. 37.

Da sich die übliche Holzbauweise nicht ohne weiteres auf Metallbau umstellen läßt, ist vom DFS die Arbeitsweise des Metallbaues von Segelflugzeugen, über die im August vorigen Jahres vorgetragen worden ist, systematisch weiterentwickelt worden[2]). Als Grundlage für eine evtl. später einzuführende Ganzmetall- oder Gemischtbauweise von Segelflugzeugen wurde zunächst eine Reihe Bauglieder, Rippen, Holme und Ruder für genietete Konstruktion entwickelt. Die Ergebnisse dieser Konstruktionen zeigen, daß sich durch Anwendung des Metallbaues, wenn auch nur in einzelnen Baugliedern, erhebliche Gewichtsersparnisse erzielen lassen, die für Leistungssegelflugzeuge von wesentlicher Bedeutung sind. Außer beim DFS ist die Leichtmetallbauweise von motorlosen Flugzeugen bei den technischen Staatslehranstalten in Köln erprobt worden. Die Gesichtspunkte, unter welchen von Ingenieur *J. von der Sanden* in Köln der Versuchsbau eines Gleitflugzeuges in Leichtmetall durchgeführt worden ist, sind andere als die des DFS. Steht bei der Bauweise des DFS die leichte Anwendungsmöglichkeit im Selbstbau von Segelflugzeugen im Vordergrund, bei welcher die Beschaffung komplizierter Werkzeuge und Verarbeitungsmaschinen nicht in Frage kommt, sondern alle Arbeiten möglichst mit einem handlichen preiswerten Universalwerkzeug durchgeführt werden müssen, so stellt der Versuchsbau der technischen Lehranstalt in Köln die handwerkliche Schulung in den Vordergrund, die dem Nachwuchs allgemeine Kenntnisse von der Bearbeitung des Werkstoffes vermitteln will und sich deshalb der normalen Bauweise anpassen muß, die sich nicht auf den Gebrauch eines speziellen Werkzeuges, wie es die Hellersche Nietzange darstellt, beschränken darf.

Flugleistungsmessungen

Die Angaben der Sinkgeschwindigkeit der Segelflugzeuge beruhen im allgemeinen auf Berechnung. Messungen der Sinkgeschwindigkeit in Abhängigkeit von verschiedenen Horizontalgeschwindigkeiten, die ernstlichen Anspruch auf Genauigkeit erheben können, lagen bisher nur wenige vor, obwohl gerade diese Messungen für die Beurteilung der Eignung eines Segelflugzeuges für bestimmte Flugaufgaben besonders wertvoll sind. Beim DFS ist deshalb eine systematische Vermessung der Flugleistungen der bekanntesten Segelflugzeuge vor Jahresfrist begonnen worden. Für die Messungen ist der optisch aufzeichnende Vierfachschreiber von Askania eingesetzt worden. Da die Genauigkeit der Messungen sehr erheblich vom Luftzustand abhängt und nur Tageszeiten mit vertikaler Luftruhe ausgenutzt werden können, schreiten die Messungen nur verhältnismäßig langsam vorwärts. Bisher liegen die Flugleistungsmessungen der Segelflugzeuge »Falke«, »Bussard«, »Präsident«, »Fafnir II«, »Seeadler« und »Rhönsperber« vor. Der Vergleich der verschiedenen Segelflugzeugmuster ergibt wertvolle Ergebnisse. Das aerodynamisch höchstentwickelte Segelflugzeug »Sao Paulo« (Muster Fafnir II) hat bei einer Horizontalgeschwindigkeit von 60 km/h eine Sinkgeschwindigkeit von 0,7 m/s. Das weniger durchgebildete Segelflugzeug »Präsident« hat bei gleicher Horizontalgeschwindigkeit die

[2]) Vgl. dazu die Arbeit von *L. Roth*, S. 537 dieses Buches.

gleiche Sinkgeschwindigkeit. Die Überlegenheit der »Sao Paulo« wirkt sich demnach bei geringen Geschwindigkeiten nicht aus. Anders wird es bei größeren Geschwindigkeiten. Bei einer Horizontalgeschwindigkeit von 90 km/h beträgt die Sinkgeschwindigkeit der »Sao Paulo« 1,0 m/s, die des »Präsident« dagegen 1,3 m/s. Man erkennt also deutlich die hervorragende Eignung der »Sao Paulo« für den Flug mit großer Geschwindigkeit, der die Voraussetzung für die heute erstrebten großen Fernsegelflüge über 500 km bildet.

Umfassender sind die Flugvermessungen vom Boden aus unter Verwendung von Kinotheodoliten. Beim DFS ist der Kinotheodolit Bauart *Raethjen* für diese Aufgaben eingesetzt, bei welchem das Zielobjekt unmittelbar in dem mitphotographierten Koordinatennetz erscheint und so eine leichte Koordinatenbestimmung ermöglicht. Über die bisher durchgeführten Messungen wurde im Segelflugausschuß der VLF im August vorigen Jahres erstmalig Bericht erstattet. Diese Messungen dienten vor allem der Erprobung und Verbesserung des angewandten Auswertungsverfahrens. Von Segelflug- und Motorflugzeugen wurden verschiedene Flugfiguren (Loopings, Männchen) vermessen und die Bahnkurve, Geschwindigkeit, Beschleunigung, Längs- und Querneigung des Flugzeuges abgeleitet. Die ursprünglich außerordentlich mühselige und zeitraubende Auswertung des Meßfilmes konnte so verbessert werden, daß eine Messung von $^1/_2$ min Dauer oder 150 Aufnahmen in 14 Tagen ausgewertet vorliegt. Inzwischen wurden weitere Kinotheodolith-Vermessungen durchgeführt, über deren Ergebnisse auf der nächsten Tagung des Ausschusses für Segelflugwesen berichtet werden soll.

Fliegerische Fragen

Entsprechend der Tradition, im Segelflug wissenschaftliche Probleme in engster Verbindung mit dem praktischen Flug zu behandeln, wurden auch im Berichtsjahr die Tagungen des Segelflugausschusses durch Vorträge über das praktische Fliegen ergänzt und durch Segelflugvorführungen erweitert. Manche dieser Vorführungen des vergangenen Jahres hat offenbart, wie außerordentlich wertvoll gewisse zunächst im Interesse des Segelfluges durchgeführte technische Versuche sich für den Motorflug auswirken können. Weiterhin hat die im Segelflugausschuß der VLF noch bestehende enge Verbindung von Segelflugforschung und praktischem Flug dazu geführt, neue Wege in der segelfliegerischen Ausbildung zu beschreiten, um dem Segelflieger selbst neue fliegerische Aufgaben zu stellen.

Zur Heranbildung eines wissenschaftlich und technisch gut vorgebildeten Nachwuchses im Segelflug, durch den auch die Probleme der Segelflugforschung fliegerisch erprobt oder selbst gelöst werden können, hat das DFS eine Übungsmöglichkeit für ingenieurmäßiges Segelfliegen in seinem Dienstbereich geschaffen. Systematisches Erfliegen der Flugeigenschaften verschiedener Segelflugzeugmuster nach einheitlichen Grundsätzen ist bisher nur in beschränktem Maße durchgeführt worden. Geschulte Piloten, welche die Flugeigenschaften eines Flugzeuges objektiv so anzugeben vermögen, daß der Konstrukteur die notwendigen Folgerungen aus der Flugerprobung ziehen kann, gibt es unter den Segelfliegern nicht in großer Zahl. Aus diesem Grund ist die Heranbildung eines geschulten Nachwuchses für das ingenieurmäßige Fliegen eine notwendige Aufgabe, zu deren Durchführung gerade beim DFS weitgehende Möglichkeiten bestehen.

Aus der Erkenntnis, daß durch das Zusammenwirken von Fliegen und Forschen gerade im Segelflug die schönsten und weittragendsten Erfolge erzielt worden sind, haben das DFS und die Flugtechnischen Fachgruppen im Sommer 1935 erstmalig einen größeren Wandersegelflug über Süddeutschland durchgeführt. Auf diesem Flug mußten bestimmte Flugstrekken mit Zwangslandungen auf vorgeschriebenen Flugplätzen an bestimmten aufeinanderfolgenden Tagen zurückgelegt werden. Durch diesen Wandersegelflug sollten zunächst dem Leistungssegelflug neue Wege gewiesen werden. Beim derzeitigen Stand der Höchstleistungen im Segelflug sind weitere Steigerungen durchaus von einer ausnehmend günstigen Wetterlage abhängig, die man nicht zu einem bestimmten Termin erwarten kann, sondern die zufällig im Verlauf des Jahres einmal einsetzt. Unter diesen Umständen zeigt der Wandersegelflug fliegerische Aufgaben, die, ohne auf Spitzenleistungen eingestellt zu sein, hohes fliegerisches Können, genaue Kenntnis der thermischen Aufwindverhältnisse und planvolle Flugdurchführung voraussetzen, also gerade die Anforderungen stellen, welche die Grundlagen des Leistungssegelfluges bilden. Weiterhin ist ein derartiger Wandersegelflug, bei welchem eine größere Anzahl Flugzeuge gleiche Gebiete überfliegt, ein ausgezeichnetes Forschungsmittel, um die Abhängigkeit der thermischen Aufwindverhältnisse von der Oberflächengestaltung der Erde zu untersuchen. Gerade dieser Süddeutschlandsegelflug, welcher über Gebirge, Hochebenen, breite Flußauen, Moore und ausgedehnte Wälder führte, gab in dieser Hinsicht sehr vielseitige Aufschlüsse. Schließlich ist ein solcher Gemeinschaftsflug zahlreicher Segelflugzeuge unter gleichen Wetterbedingungen auch eine technische Prüfung der verschiedenen Flugzeugmuster. Es zeigte sich eindeutig, daß die gebräuchlichen Übungssegelflugzeuge solchen Aufgaben nicht gewachsen sind, da sie sich nur bei günstigsten thermischen Verhältnissen auf Streckenflügen bewähren. Nur das aerodynamisch hochwertige Segelflugzeug mit bestem Gleitwinkel, geringer Sinkgeschwindigkeit und guter Wendigkeit vermag die wechselnden thermischen Aufwindverhältnisse, wie sie unseren Wetterverhältnissen an aufeinanderfolgenden Tagen eigentümlich sind, zu meistern. Über die Ergebnisse dieses ersten Rundfluges mit Segelflugzeugen wird auf der nächsten Tagung des Ausschusses für Segelflugwesen noch eingehender berichtet werden.

Auch dieser Wandersegelflug soll, wie überhaupt alle vorgenannten Aufgaben, mit welchen sich der Ausschuß für Segelflugwesen befaßt hat, Anregung des technisch-wissenschaftlichen Segelfluges für den sportlichen Segelflug geben, um dessen Fortschritt auch in Zukunft zu gewährleisten. Wenn diese technisch-wissenschaftlichen Aufgaben des Segelfluges gerade im abgelaufenen Berichtsjahr in besonderem Maße auch dem Motorflug nutzbar gemacht werden konnten, bestätigt dies nur von neuem die Erkenntnis, daß Segelflug, Forschungsflug und sportliches Fliegen heute einen notwendigen Teil der Gesamtluftfahrt bilden und ihrem Fortschritt dienen.

Ausschuß für Luftbildwesen

Bericht von W. Geßner*)

Gliederung des Ausschusses

Der Ausschuß für Luftbildwesen nahm seine Tätigkeit am spätesten von allen Untergliederungen der Vereinigung für Luftfahrtforschung, erst am 17. Oktober 1934, auf. Auf der ersten Sitzung wurden durch Einzelreferate ein Überblick gegeben:

a) über die behördliche Organisation des Luftbildwesens;
b) über die aus der Verwendung des Luftbildes für militärische Zwecke für die Forschung herzuleitenden Aufgaben;
c) über die Zielsetzung für vermessungstechnische Aufgaben für zivile Zwecke;
d) über die an der Deutschen Versuchsanstalt für Luftfahrt bislang geleisteten photochemischen Arbeiten.

Die Aufgaben des Luftbildwesens haben nach der Wiederherstellung der Wehrhoheit am 16. März 1935 und durch die Maßnahmen der Reichsregierung zur Neuordnung des deutschen Wirtschaftsraumes (Bodenschätzung, Landesplanung, Ausbau des Verkehrsnetzes, Landgewinnungsarbeiten usw.) an Umfang und Bedeutung weitgehend zugenommen.

Die Behandlung der einzelnen Aufgabengebiete wurde einzelnen Arbeitsgruppen überwiesen. Als solche wurden gebildet:

Arbeitsgruppe 1. Dunst- und Wolkenaufnahmen;
2. Dämmerungs- und Nachtaufnahmen;
3. Unterwasserphotographie;
4. Photogrammetrie in kleinen Maßstäben;
5. Photogrammetrie in großen Maßstäben.

Gelegentlich der Tagung des Gesamtausschusses in Hildesheim am 16. und 17. Januar 1936 wurden zwei Arbeitsgruppen neu gebildet:

6. Photographische Verarbeitung;
7. Luftbildaufnahmen.

Gelegentlich dieser Tagung fand eine eingehende Besichtigung der Fliegerbildschule in Hildesheim statt.

Berichte der einzelnen Arbeitsgruppen

Arbeitsgruppe 1: Dunst- und Wolkenaufnahmen
Arbeitsgruppe 2: Dämmerungs- und Nachtaufnahmen

*) Direktor, Hansa Luftbild G. m. b. H., Berlin.

Da die Aufgaben der beiden Arbeitsgruppen sich stark berühren, stehen sie in engster Zusammenarbeit und tagen unter der Leitung von Dr.-Ing. *U. Schmiescheck* gemeinsam.

Es wurden Versuche zur Empfindlichkeitssteigerung höchstempfindlicher Luftbild-Emulsionen angestellt. Es gelang, die höchstempfindlichen orthochromatischen und panchromatischen Handelsemulsionen um den 5- bis 8fachen Betrag ihrer Empfindlichkeit zu steigern.

Untersuchungen über die Zweckmäßigkeit von orthochromatischem, panchromatischem und infrarotempfindlichem Material ergaben, daß für Luftaufnahmen bei einigermaßen günstigem Wetter durch neue hochempfindliche panchromatische Emulsionen in Verbindung mit Gelbfilter die besten Ergebnisse erzielt wurden. Bei Sonderaufgaben, also etwa bei Aufnahmen bei stark diesigem Wetter, ist eine Sonderemulsion, z. B. eine höchstempfindliche Infrarotemulsion zu verwenden. Die Versuche wurden unter Benutzung einer Vierfachkammer gleichzeitig mit verschiedenen Plattensorten unter Vorschaltung verschiedener Filter durchgeführt. Ferner wurden praktische Untersuchungen über das Photographieren bei Dunst und Nebel vorgenommen.

Versuche mit Schnelltrockenverfahren zeitigten gute Ergebnisse.

Die Frage der Anwendung der Feinkornentwicklung für Luftbilder ist untersucht. Sie ist im gegenwärtigen Stand abzulehnen[1]). Dagegen ist die Forderung nach Feinkornemulsion zu bejahen und von der deutschen photographischen Industrie bereits erfolgreich gelöst.

Die Frage der Nachtaufnahmen wurde einmal von der photographischen Seite aus behandelt durch die Steigerung der Empfindlichkeit höchstempfindlicher, panchromatischer Handelsemulsionen. Anderseits wurde an der Weiterentwicklung der pyrotechnischen Seite und an der Schaffung geeigneter Blitzlichtbomben gearbeitet. Auch die Frage der Schaffung von Sonderaufnahmegeräten wird geprüft.

Für die Weiterarbeit interessiert insbesondere die Frage nach der Lagerfähigkeit höchstempfindlicher Emulsionen, die von der Industrie weiter zu behandeln ist.

Arbeitsgruppe 3: Unterwasserphotographie
Leiter: Dr.-Ing. *E. Ewald*

Die Gruppe wurde am 11. Juni 1935 eingerichtet. Es fanden drei Sitzungen statt: Am 19. Juli 1935 in Kiel, am 20. Dezember 1935 in Berlin-Adlershof und am 5. Juni 1936 in Kiel.

Bei der Schwierigkeit der Aufgaben wurde zunächst die Aufnahme von einem unter Wasser liegenden Gelände — von Sänden, Untiefen, Fahrrinnen und Schiffahrtshindernissen — bei den praktischen Versuchen in den Vordergrund gestellt. Diese Arbeiten sind noch nicht abgeschlossen.

Es sind Versuche anzustellen, mit Hilfe verschiedener Emulsionen und Filter möglichst tief in das Wasser einzudringen, um die für die vorliegenden Arbeiten geeigneten Materialien festzustellen. Durch Verwen-

[1]) Vgl. *E. Stenger*, S. 554.

dung von Polarisatoren ist zu versuchen, die Reflexerscheinungen der Wasseroberfläche zu überwinden. Wissenschaftliche Versuche, insbesondere auch über die Absorption des Seewassers, werden von der Chemisch-Physikalischen Versuchsanstalt in Kiel durchgeführt.

Arbeitsgruppe 4: Photogrammetrie in kleinen Maßstäben
Leiter: Professor Dr. *O. Lacmann*

Die Gruppe trat am 7. Dezember 1934 in Jena, am 25. Januar 1935 und am 10. Februar 1936 in Berlin zusammen.

Diese Arbeitsgruppe befaßt sich in der Hauptsache mit der Untersuchung, in welchem Maße und mit welchen Mitteln die Photogrammetrie für die Herstellung von Karten in kleinen Maßstäben dienen kann. Es soll also vor allem die wissenschaftliche Grundlage ausgearbeitet werden für eine Anwendung der Photogrammetrie für Ergänzung und Neumessung von Meßtischblättern sowie die kartographische Erschließung unbekannter und unzugänglicher Gebiete.

Es wurde festgestellt, daß die Berichtigung von Meßtischblättern mit Hilfe von Luftbildern genauer, vollständiger und weniger zeitraubend ist als das übliche Verfahren, die an anderer Stelle gesammelten Veränderungen in die Karte einzutragen.

Soweit Luftbilder bereits vorhanden sind, sind diese auch mit gutem wirtschaftlichen Erfolg für die Berichtigung von Meßtischblättern herangezogen worden. Werden die Gebiete ausschließlich zum Zwecke der Berichtigung beflogen, so entstehen hierdurch bislang noch zu hohe Kosten.

Untersuchungen am Multiplex-Gerät zeigten, daß dieses überraschend gute Ergebnisse erzielt und für Herstellung kleinmaßstäblicher Karten mit Vorteil eingesetzt werden kann.

Versuche zur Ermittlung der Genauigkeit von Bildtriangulationen am Multiplex und am Planigraphen, die durch genaue örtliche Vergleichsmessungen gestützt waren, brachten folgende Ergebnisse:

	m_x	m_y	m_z	m_h
Multiplex	± 4,0 m	± 3,6 m	± 3,8 m	± 4,0 m
Stereoplanigraph . .	± 4,9 m	± 4,5 m	± 3,6 m	± 3,0 m

Als Unterlage dienten trigonometrische Punkte der Landesaufnahme und Höhen aus Meßtischblättern. Einschränkend ist zu bemerken, daß es sich bei dem Planigraphen um die ältere Bauart ohne die Einrichtung des optischen Bildwechsels handelte, außerdem fand eine Vergrößerung der Aufnahmebildweite, die bisher 205 mm betrug, auf 211 mm beim Aeroprojektor Multiplex keine, beim Stereoplanigraphen keine vollständige Berücksichtigung, so daß bei Ausschaltung dieses Umstandes eine weitere Verbesserung der Ergebnisse zu erwarten ist.

Die Arbeiten zur Herstellung einer Karte von einem ungefähr 50000 km² großen Gebiet von Ostgrönland, die gemeinsam von der Hansa Luftbild G. m. b. H. und der Technischen Hochschule Berlin, Lehrstuhl für Photogrammetrie (Professor Dr. *Lacmann*) durchgeführt wurden, sind zum Abschluß gekommen. Ein Bericht mit Vervielfältigungen der ausgewerteten

Karten wird im Herbst dieses Jahres erscheinen. Das aufgenommene Gebiet liegt zwischen 72° und 75° nördlicher Breite, die Aufnahmen wurden mit einer Zeiß-Kammer f = 21 cm im Format 18 × 18 in einer Flughöhe von 2500 bis 3500 m über Meeresspiegel ausgeführt, und zwar als Schrägmeßaufnahmen mit einer Neigung von ca. 35° gegen die Horizontale. Die Aufnahmezahl betrug ungefähr 2100 Aufnahmen. Schrägaufnahmen wurden gewählt, weil es sich um eine Extensivvermessung handelt; die Auswertung wurde am Stereoplanigraphen im Maßstab 1:50000 mit 100 m-Höhenschichtlinien durchgeführt, eine gewisse Kontrolle lieferte die Küstenlinie. Die Aufnahmen wurden im August 1932 in 10 etwa achtstündigen Flügen im Rahmen und im Auftrage einer Expedition der Norges Svalbard og Ishavs Undersokelser (Oslo) gewonnen.

Von Professor *von Gruber* wurden die Ergebnisse einer Aerotriangulation und eines Aeronivellement für Kolonialgebiete mitgeteilt. Es ist ein neues Verfahren entwickelt, das die äußere Orientierung durch Registrierstatoskop und gegebenenfalls durch Horizontabbildung näher bestimmbar macht. Der mittlere unregelmäßige Fehler der im Maßstab 1:50000 durchgeführten Vermessung, der sich für einen endfreien Zug von 115 km Länge ergab, betrug für die Höhen ± 9 m, der Maximal-Längenfehler 35 m, der Maximal-Querfehler 48 m; die Aufnahmen erfolgten mit einer ZA-Weitwinkelkammer in Verbindung mit einem Registrierstatoskop. Nähere Einzelheiten über diese Arbeiten, die einen bedeutsamen Fortschritt für die Luftvermessung bringen, sind in dem eingehenden Bericht von *O. v. Gruber* in »Bildmessung und Luftbildwesen« Nr. 3 und 4 des Jahrgangs 1935 zu finden[2]).

Arbeitsgruppe 5: Photogrammetrie in großen Maßstäben
Leiter: Professor Dr.-Ing. *O. Eggert*

Die Gruppe trat am 26. Januar 1935 zu einer Sitzung zusammen.

Die vordringlichsten Aufgaben liegen in der Untersuchung der Verwendbarkeit der Luftbildmessung für die Arbeit des Katasters und für die Herstellung der deutschen Grundkarte 1:5000.

Um die Frage der Verwertung von Luftaufnahmen für die Herstellung von Katasterplänen zu klären, ist folgende Versuchsarbeit in die Wege geleitet. Von einem Gebiet von rd. 0,4 qkm Größe, von dem eine neuzeitliche gute Katastermessung besteht, sind Luftaufnahmen i. M. rd. 1:4000 gefertigt. Diese werden zu einem Katasterplan 1:1000 ausgemessen, der mit dem vorhandenen Katasterplan in Vergleich gestellt werden soll. Auch weitere für Zwecke der Bodenschätzung und im Auftrag der Stadtverwaltung Essen durchgeführte Meßarbeiten werden der weiteren Klärung dieser Frage dienen.

Eine zweite Frage ergibt sich aus der jetzt dringend gewordenen Forderung, für die großen Aufgaben der Wirtschaft die notwendigen großmaßstäblichen Kartenunterlagen herzustellen, nämlich die deutsche Grundkarte und als Vorstufe zu ihr die Katasterplankarte 1:5000 zu schaffen.

[2]) Vgl. auch S. 567.

Dieses Kartenwerk umfaßt rd. 144000 Blätter zu je 4 qkm. Praktisch kann diese Zahl auf 30000 bis 40000 Blätter vorläufig beschränkt werden. Das Luftbild ist wegen seiner besonderen Eigenschaften:

Vollständige Wiedergabe des Zustandes im Augenblick der Aufnahme,
anschauliche Darstellung des Geländes mit allen Einzelheiten,
Schnelligkeit der Herstellung und der Verarbeitung

das gegebene technische Hilfsmittel für die Erfüllung dieser Aufgaben. In einem Erlaß des Reichs- und Preußischen Ministers des Innern sollen für die Herstellung der Katasterplankarte Neuaufnahmen in erster Linie als Luftbildmessungen ausgeführt werden, während die terrestischen Messungen auf trigonometrische und polygonometrische Messungen zur Bestimmung von Paßpunkten vorzugsweise beschränkt bleiben. Versuchsarbeiten zur Klärung der Frage, in welcher Weise und Zeit, mit welchen Kosten und mit welcher Genauigkeit Katasterplankarten aus kleinmaßstäblichen Aufnahmen mit Hilfe des Aero-Projektors Multiplex hergestellt werden können, sind in die Wege geleitet. Die Arbeiten versprechen ein gutes Ergebnis.

Seitens des Reichsministeriums des Innern, Zentralreferat für das Vermessungswesens, ist in Aussicht genommen, die deutsche Grundkarte 1:5000 als Grundkarte für die Herstellung aller weiteren Kartenwerke, also auch für Meßtischblätter, zu verwenden. Für ein Meßtischblatt 1:25000 sind 30 Blätter der Grundkarte erforderlich. Da vom Reichsamt für Landesaufnahmen jährlich 12 Meßtischblätter neu hergestellt werden, sind 360 Blätter 1:5000 erforderlich. Außerdem bleibt aber die Aufgabe der unmittelbaren Herstellung von Meßtischblättern i. M. 1:25000 nach Luftbildern bestehen.

In den Aufgabenkreis der Arbeitsgruppe 5 sind die Arbeiten von Professor *Gast*, Hannover, für Entwicklung eines Bildtriangulationsgeräts »Die optische Pyramide« einzuschalten, die von dem Konstrukteur gedacht ist für die Paßpunktbestimmung für großmaßstäbliche Aufnahmen und für die Entlastung des Stereoplanigraphen bei der Auswertung von Bildfolgen über festpunktlose Räume.

Das Prinzip der optischen Pyramide beruht auf dem räumlichen Rückwärtseinschnitt eines Bildes nach vier räumlich bekannten Paßpunkten. Es lassen sich dann die räumlichen Koordinaten des Aufnahmestandortes und die Orientierung der optischen Achse ablesen.

Durch die Einführung weitwinkeliger Aufnahmegeräte, insbesondere durch die neue Weitwinkelkammer von Zeiß ist die Möglichkeit für die Durchführung einer derartigen Raumtriangulation verbessert. Die Rolle, die dieses Gerät für die praktische Photogrammetrie unter Umständen übernehmen kann, wird an Hand von Weitwinkelaufnahmen weiter geprüft werden.

Als weitere Arbeit der Gruppe ist die Steigerung der Genauigkeit großmaßstäblicher Ausmessungen durch Steigerung der Schärfe des Meßbildes vorgesehen. Hierbei ist zu prüfen, wie die durch die Flugzeugbewegung hervorgerufene Unschärfe, die bei großmaßstäblichen Bildern eine besondere Rolle spielt, sich auf die Genauigkeit auswirkt, und wie sie beseitigt werden kann.

Die Aufgaben der neuen Arbeitsgruppen 6 und 7 sind bisher von den anderen Gruppen durchgeführt worden.

Arbeitsgruppe 6: Photographische Verarbeitung
Leiter: Professor Dr. *E. Stenger*

soll vornehmlich die Frage der praktischen Photographie, wie z. B. Lichthoffreiheit, Entwicklung, Kopieren und Trocknen bearbeiten.

Arbeitsgruppe 7: Luftbildaufnahmen
Leiter: Professor Dr. *O. v. Gruber*

soll die bei der Aufnahme von Luftbildern auftretenden Fragen behandeln, zunächst die Untersuchung der Schwingungen im Flugzeug eingebauter Bildgeräte und die Vorbedingungen für erschütterungsarmen Einbau.

Schlußbemerkung

Die einzelnen Arbeitsgruppen sind, wie aus den Berichten zu entnehmen ist, rege tätig gewesen. Manche Fragen sind zwar noch ungelöst, aber die vorliegende Aufgabenstellung ist klargelegt, Richtlinien für die weitere Behandlung sind gegeben und erfreuliche Ergebnisse sind erreicht. Es steht zu erwarten, daß die Arbeiten des Ausschusses wesentlich dazu beitragen werden, daß das Luftbild noch umfangreicher als bisher in alle ihm zustehenden Gebiete eingesetzt werden kann.

Ausschuß für flugmedizinische Forschung

Bericht von H. Strughold*)

Im Jahrbuch der Vereinigung für Luftfahrtforschung 1935 gab *H. Rein* in großen Zügen einen Überblick über die Aufgaben der luftfahrtmedizinischen Forschung, die darin gipfeln, das Mißverhältnis zwischen der technischen Leistung in der Luftfahrt und den menschlichen Fähigkeiten zu überbrücken. Auf der ersten Jahresversammlung dieser Vereinigung führte derselbe Forscher in einem Vortrag in Berlin näher aus[1]), wo auf medizinischer Seite die Probleme liegen, die im wesentlichen aus der Höhen- und Beschleunigungswirkung sich herleiten.

Inzwischen konnten auf den verschiedenen Gebieten der Luftfahrtmedizin weitere Fortschritte erzielt werden, worüber auf einer im Luftfahrtmedizinischen Forschungsinstitut des Reichsluftfahrtministeriums am

*) Oberregierungsrat, Prof. Dr., Luftfahrtmedizinisches Forschungsinstitut des Reichsluftfahrtministeriums.

[1]) *H. Rein*, Sonderheft Luftwissen, Dezember 1935, S. 32.

14. II. 1936 stattgefundenen Tagung von den einzelnen Bearbeitern berichtet wurde. Nach Eröffnung der Tagung durch Herrn Dipl.-Ing. *Kirchhoff* machte Herr Prof. *Bock* grundsätzliche Ausführungen über die vordringlichen Aufgaben der flugmedizinischen Forschung. Hierauf wurden unter der Leitung von Prof. *Rein* Vorträge und Übersichtsberichte gegeben, über die im folgenden kurz Mitteilung gemacht werden soll.

Bei der Durchsicht des medizinischen Schrifttums über das Verhalten des Blutes in großen Höhen fällt auf, daß in der Frage des roten Blutfarbstoffes große Meinungsverschiedenheiten herrschen, die teils auf die Versuchsbedingungen, teils auf die Unzulänglichkeit der Untersuchungsmethoden zurückzuführen sind. Was letztere anlangt, so ist durch die Schaffung eines lichtelektrischen Feinmeßverfahrens zur Bestimmung von Sauerstoff- und Kohlenoxyd-Hämoglobin im Blutstropfen durch *H. Hartmann* und *A. von Muralt* der Weg geebnet, in objektiver Weise mit bisher nicht erreichter methodischer Genauigkeit das Hämoglobinproblem in großen Höhen zu lösen[2]). Die hieraus sich ergebenden physiologischen Unterlagen für die Höhenanpassung und für die Fliegerauslese liegen auf der Hand.

Über die Frage des Gasaustausches in den Lungen sprach *Th. Benzinger*, desgleichen über den Einfluß der Atmung auf den Gasstoffwechsel[3]).

Über die Kreislauferscheinungen im Tierexperiment bei Verminderung des Luftdruckes berichtete *E. Koch*. In Unterdruck-Untersuchungen findet letzterer im Gegensatz zu der im Schrifttum fast durchweg vertretenen Ansicht zunächst nicht eine Erregung der den Kreislauf regulierenden Nervenzentren, sondern eine Tonusabnahme (Phase I). Dies äußert sich z. B. in einer Abnahme der Herzschläge und u. U. auch des Blutdruckes. Erst bei weiterem Steigen kommt es zu einer Reizung der Nervenzentren (Phase II), die nach Erreichen der »kritischen Höhe« umschlägt in eine Lähmung derselben (Phase III). Beim Abstieg werden diese Phasen in umgekehrter Reihenfolge durchlaufen. Bestimmte Anregungen für die Höhentauglichkeitsprüfungen auf Grund dieser Versuche wurden von dem Vortragenden gegeben. In einem weiteren Vortrag sprach *E. Koch* über Blutgase im Unterdruck.

Über die Symptomatologie des Kreislaufes des Menschen bei Unterdruck im Hinblick auf die Höhentauglichkeitsprüfung gab *A. J. Anthony*, Hamburg, einen Überblick, in dem im wesentlichen eine Analyse des »Frühkollapses« gegeben wurde.

Nach diesen Vorträgen erstattete *H. Rein* einen Bericht über die Fortschritte auf dem Gebiete der Atmung. Einige Probleme, die vor zwei Jahren erhebliche Sorgen bereiteten, können hier heute als erledigt angesehen werden, z. B. das Bleibenzin- und das Kohlenoxydproblem.

Eine Übersicht über die Ergebnisse auf dem Gebiete des Kreislaufes wurde von *E. Koch* gegeben.

---

[2]) s. S. 575.

[3]) Die Ergebnisse seiner Untersuchungen sind auf S. 583 dieses Jahrbuches beschrieben.

Über das Nervensystem und die Sinnesorgane in großen Höhen wurde ein Bericht von *H. Strughold* vorgetragen. In Untersuchungen am Tier über das Auftreten von Krämpfen in großen Höhen in Abhängigkeit von der Steiggeschwindigkeit stellte letzterer fest, daß dieselben um so später auftreten, je langsamer die Steiggeschwindigkeit (bei Steiggeschwindigkeiten von 1000 m in 1 bis 10 min) ist. Auf dem Gebiete der Sinnesphysiologie konnten *Kyrieleis* und *Siegert* im Hamburger Institut für Luftfahrtmedizin entgegen den Ergebnissen von *Schubert* und *Goldmann* nachweisen, daß eine Gesichtsfeldeinschränkung bis zu einer Nennhöhe von 6000 bis 8000 m nicht eintritt, die als Ausdruck einer organischen Funktionsstörung angesprochen werden könnte. *Velhagen*, Halle, machte die Feststellung, daß bei bestimmten Personen eine angeborene, normalerweise latente Farbenschwäche durch Sauerstoffmangel manifest wird. Auf Vorschlag von *Fr. Noltenius* wurden von diesem und *H. Hartmann* schwellenmäßige Untersuchungen am Gehör durch Bestimmung der oberen Hörgrenze durchgeführt, wobei in sämtlichen Fällen ein Abfallen der oberen Hörgrenze oberhalb von 5000 m beobachtet wurde. Durch Sauerstoffgabe konnte diese Gehörstörung augenblicklich rückgängig gemacht werden.

Zuletzt erstattete auf dieser Tagung *H. Lottig*, Hamburg, seinen Bericht über die Richtlinien zur Fliegertauglichkeitsprüfung.

Am 14. März fand unter dem Vorsitz des Chefs der Medizinalabteilung des Reichsluftfahrtministeriums, Oberstarzt *Hippke*, eine Tagung statt, in der über die Fragen der Fliegertauglichkeit erneut beraten wurde.

Im großen und ganzen standen die Besprechungen im verflossenen Jahre im Zeichen der Höhenforschung. Es soll jedoch nicht unerwähnt bleiben, daß an den über Beschleunigungsfragen arbeitenden Stellen die Untersuchungen in vollem Flusse sind.

Sachverzeichnis

Inhaltsverzeichnis

Aus der Tätigkeit der Ausschüsse und Fachgruppen der Lilienthal-Gesellschaft für Luftfahrtforschung

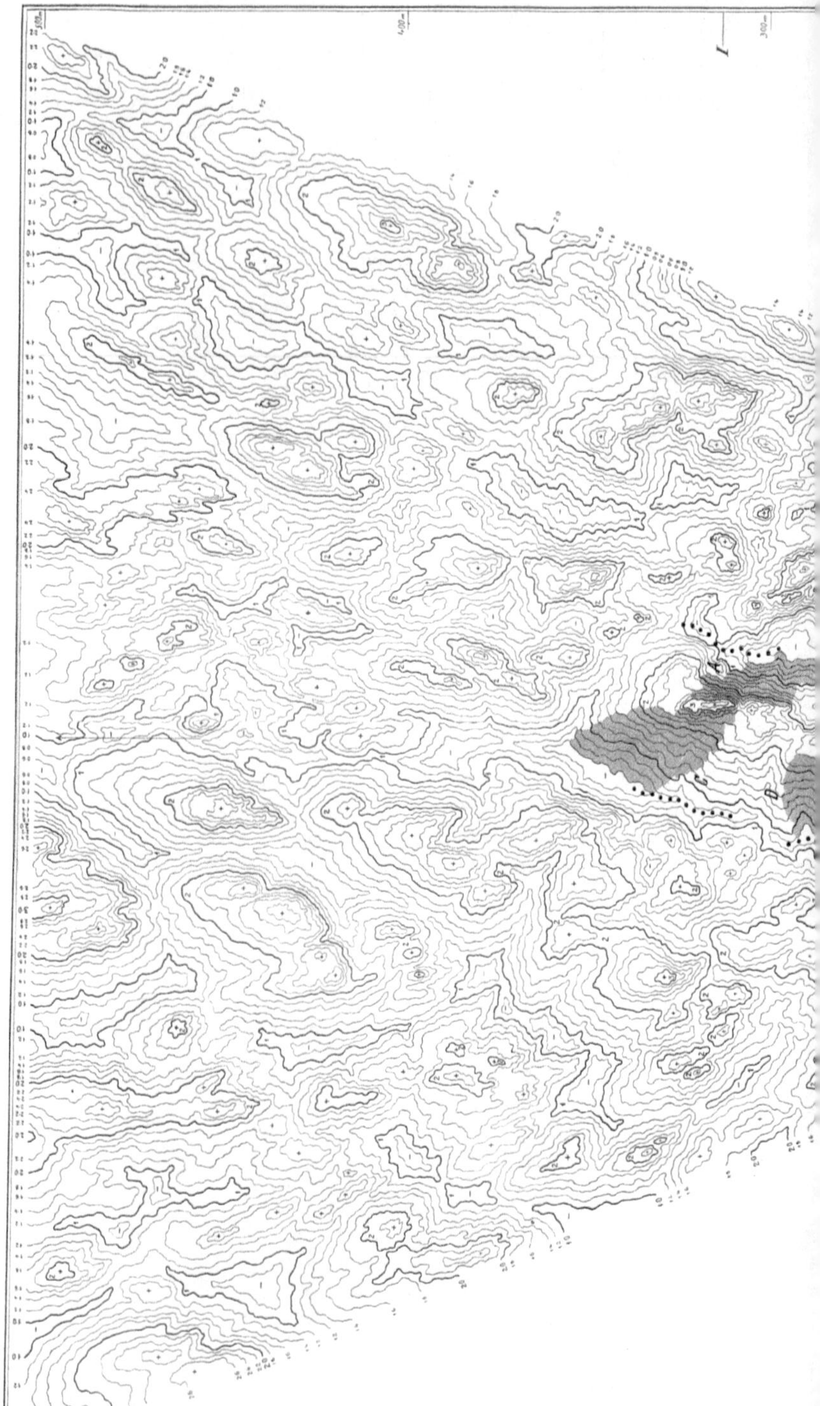

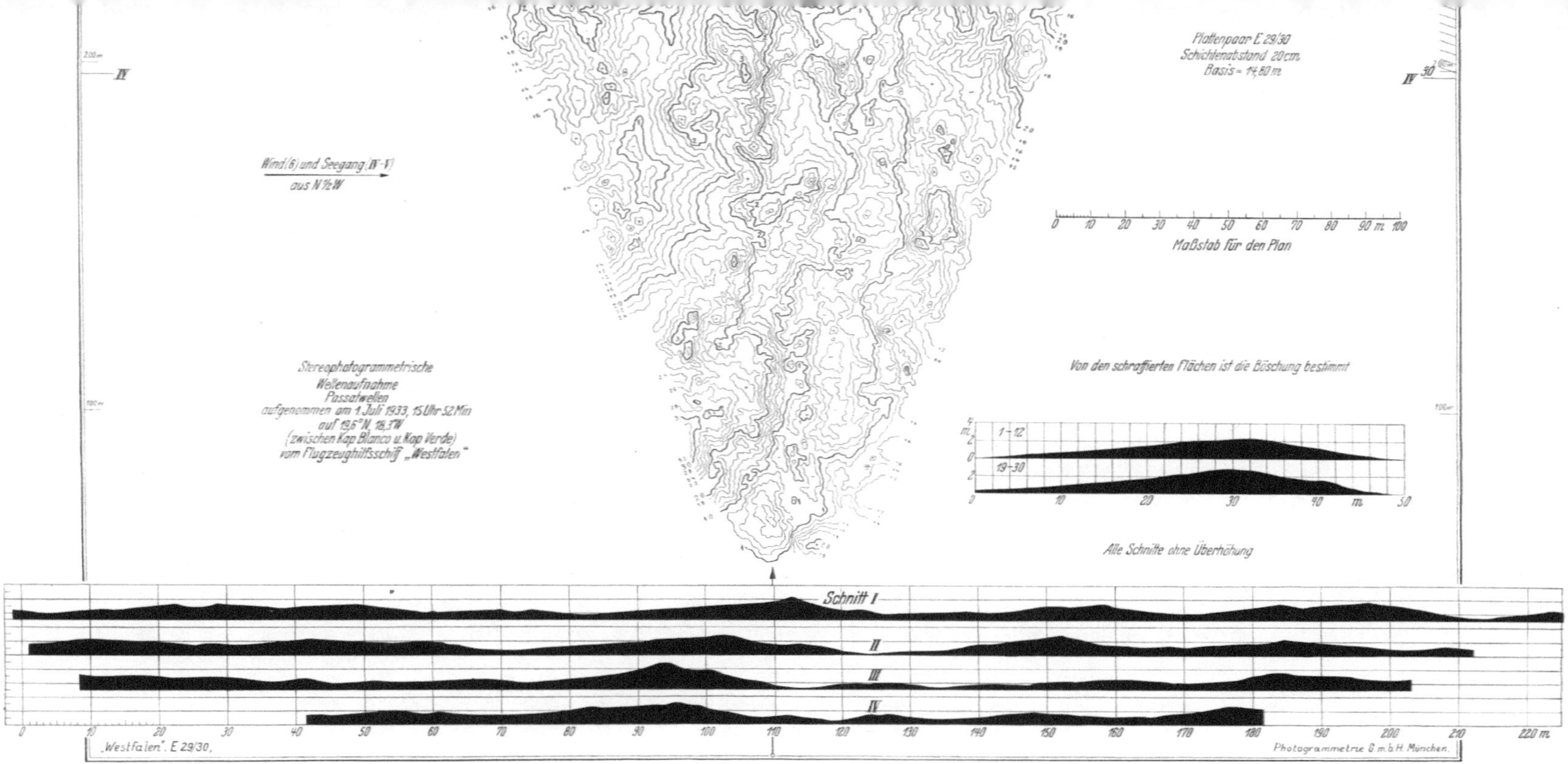

Abb. 2. Schichtlinienplan einer Passatsee.

www.ingramcontent.com/pod-product-compliance
Lightning Source LLC
LaVergne TN
LVHW092122300926
849161LV00002B/201